AF885425

SOTHIS PRESS

Sothis Press aims to completely reimagine the public domain book with an emphasis on universal access to captivatingly designed print editions. We believe that technology will enable every single book ever published to be perpetually accessible in beautiful print form. Sothis is beauty in ubiquity.

Printed and bound by CPI Group (UK) Ltd,
Croydon, CR0 4YY

www.sothis.press
1 Waterhouse Square, London, EC1N 2ST

Archiv der Pharmazie

E. Schmidt

SOTHIS PRESS

ISBN 978-1-0365-1096-1

Archiv der Pharmazie is
in the public domain.

This edition is published by
Sothis Press © 2023. The company
is registered in England and Wales.
The Company Number is 14900389.

ARCHIV

DER

PHARMAZIE

herausgegeben

vom

Deutschen Apotheker-Verein

unter Redaktion von

E. Schmidt und H. Beckurts.

Band 241.

BERLIN.

Selbstverlag des Deutschen Apotheker-Vereins.

1903.

ARCHIV

DER

PHARMAZIE

herausgegeben

vom

Deutschen Apotheker-Verein

unter Redaktion von

E. Schmidt und **H. Beckurts.**

Band 241. Heft 1

BERLIN.

Selbstverlag des Deutschen Apotheker-Vereins.

1903.

Ausgegeben den 13. Februar 1903.

INHALT.

Eingegangene Beiträge.

C. Hartwich und **W. Uhlmann,** Ueber den Nachweis fetter Oele durch mikrochemische Verseifung.

E. Schmidt, Ueber einige Ketonbasen.

K. Scheda, Ueber einige Abkömmlinge des Bromacetanilids.

(Geschlossen den 5. II. 1903.)

Soeben erschienen:

Neue Preisliste.

Max Arnold

Stammfabrik: **Chemnitz.** Filiale: **Breslau.** [7

Anzeigen.

Dieselben werden mit 40 Pfg. für die durchgehende und mit 25 Pfg. für die gespaltene Petitzeile oder deren Raum berechnet. **Beilage-Gebühr für das Tausend der Auflage — z. Z. 4100 — Mk. 10.** Für Beilagen, welche nicht dem Format des „Archiv“ entsprechen, bleibt besondere Vereinbarung vorbehalten.

Aus dem pharmakologischen Institut der Universität Leipzig.

Ueber Lichesterinsäure.

(II. Abhandlung.)

Von Dr. phil. Richard Böhme.

(Eingegangen den 6. I. 1903.)

Es war mir die Aufgabe gestellt, die chemische Untersuchung der Lichesterinsäure fortzusetzen, welche im Leipziger pharmakologischen Institute von Sinnhold[1]) 1898 begonnen worden war. Hinsichtlich der älteren Litteratur über den Gegenstand kann auf die Abhandlung des genannten Autors verwiesen werden, welcher auf Grund eingehender Untersuchung die Zusammensetzung der Säure durch die Formel $C_{19}H_{32}O_4$ ausdrückte und für den Schmelzpunkt 124,5° C. ermittelte. Es war ihm außerdem gelungen, Lichesterinsäure durch Behandlung mit Alkalien zu Lichesterylsäure abzubauen und auch dieses Produkt genauer zu charakterisieren.

Als Sinnhold's Arbeit bereits abgeschlossen war, erschien eine Mitteilung über Lichesterinsäure von O. Hesse[2]). Hesse erhielt bei der Elementar-Analyse Werte, welche denen von Schnedermann und Knop, sowie von Sinnhold nahe kommen (im Mittel 69,19% C und 9,63% H) und berechnete hieraus die Formel $C_{17}H_{28}O_4$. — Als Schmelzpunkt der Säure gibt er 109—110° C. an.

Hesse beschreibt außerdem ein Acetylprodukt, das er durch Einwirkung von Essigsäureanhydrid auf die Säure gewann und dessen hoher, mit dem der Lichesterinsäure Sinnhold's übereinstimmender Schmelzpunkt (124°) für ein Acetylprodukt auffallend ist, wie Boehm in einer Anmerkung zur Sinnhold'schen Arbeit schon bemerkt.

Sinnhold erhielt bei der Einwirkung von Essigsäureanhydrid auf Lichesterinsäure stets die unveränderte, bei 124° C. schmelzende Säure wieder.

In seiner nächsten Mitteilung[3]) erklärt dann Hesse auch, daß die quantitative Untersuchung des vermeintlichen Acetylderivates fast

---

[1]) Archiv d. Pharm. 1898, Bd. 236, S. 504.
[2]) Journ. f. prakt. Chem., N. F., Bd. 57, S. 303.
[3]) Journ. f. prakt. Chem., N. F., Bd. 62, S. 344 ff.

genau die Menge der angewandten Substanz ergeben habe, sodaß hieraus geschlossen werden mußte, daß durch das Essigsäureanhydrid nur eine gewisse Beimengung aus der Lichesterinsäure entfernt worden sei.

Hesse gelangt nun weiter zu der Annahme, daß in Flechten von verschiedenem Standorte verschiedene Lichesterinsäuren enthalten seien und beschreibt drei solcher Produkte, nämlich:

1. Eine α-Lichesterinsäure, Schmelzpunkt 122—123° C., soll identisch sein mit der nach seinen früheren Angaben bei 109° C., bezüglich 107—108° C. schmelzenden oben erwähnten Säure.

2. Eine β-Lichesterinsäure, Schmelzpunkt 121° C.

3. Eine γ-Lichesterinsäure, Schmelzpunkt 121—122° C.

Nach den Resultaten der Elementaranalyse (im Mittel von 7 Analysen der drei Säuren 66,51% C und 9,43% H — gegenüber den früher für die α-Lichesterinsäure gefundenen 69,19% C und 9,63% H), berechnet er für diese Säuren die Formel $C_{18}H_{30}O_5$.

α- und β-Lichesterinsäure drehen die Ebene des polarisierten Lichts gleich stark, während die γ-Säure es nur ungefähr $^2/_3$ mal so stark tut. Außer durch dieses verschiedene optische Verhalten unterscheiden sich die drei Säuren Hesse's nur durch die geringen Schmelzpunktsdifferenzen, welche aus obigem ersichtlich sind und ferner dadurch, daß die Ammonsalze der β- und γ-Säure im Gegensatz zu dem der α-Säure in Wasser leicht löslich sind. — Endlich soll die γ-Lichesterinsäure Hesse's im Gegensatz zu α- und β-Säure wahrscheinlich zweibasisch sein.

Als die oben erwähnte zweite Arbeit von O. Hesse erschien, war ich auf Veranlassung des Herrn Geheimrat Prof. Dr. R. Boehm schon damit beschäftigt, die Untersuchungen über die Lichesterinsäure fortzusetzen.

Da mir zu diesem Zwecke größere Mengen von Lichesterinsäure zur Verfügung standen, resp. von mir noch darzustellen waren, so mußte mein Augenmerk naturgemäß zunächst darauf gerichtet sein, endgültig einmal festzustellen, ob denn in der Tat mehrere Lichesterinsäuren existieren.

Nach Sinnhold, der Lichesterinsäure aus 60 kg Lichen islandicus dargestellt hatte, hat sich Pedersen im pharmakologischen Institut Leipzig mit dieser Flechtensäure beschäftigt. Pedersen machte hauptsächlich Oxydationsversuche mit der Lichesterin- bezw. Lichesteryl-Säure, die negative Resultate ergaben und, da noch nicht veröffentlicht, später mit erwähnt werden müssen.

Als Ausgangsmaterial für die Darstellung seiner Lichesterinsäure benutzte Pedersen ein bei Gehe & Co. in Dresden hergestelltes ätherisches Extrakt von 100 kg Lichen islandicus. Er erhielt daraus nach der Sinnhold'schen Methode ca. 130 g Säure vom Schmelzpunkt 120° C., die nach der vollkommenen Reinigung scharf bei 124—125° C. schmolz.

Ich selbst habe dann im Verlaufe meiner Versuche dreimal, im ganzen ca. 200 g (entsprechend ca. 100 kg Lichen islandicus), Lichesterinsäure dargestellt und zwar nach folgender Methode, die im Prinzip der Sinnhold'schen entspricht:

Das ätherische Extrakt des Mooses — nachdem der Aether vollkommen verjagt war, eine dunkelgrüne, in der Kälte ziemlich feste, schmierige Masse — wurde mehrere Tage lang auf dem siedenden Wasserbade erhitzt, bis keine Spur Alkohol mehr vorhanden war (ganz geringe Mengen von Alkohol verursachen nach Sinnhold's und Pedersen's Beobachtungen starke Löslichkeit der Lichesterinsäure in Petroläther). Das Extrakt wurde hierauf mit leichtsiedendem Petroläther extrahiert, bis kein Fett mehr in Lösung ging. Der grünlich graue, in Petroläther unlösliche Rückstand (aus Lichesterinsäure und Cetrarsäure bestehend), nach dem Verdunsten des noch anhaftenden Petroläthers pulverig, wurde nun mit ca. 50%igem Alkohol gekocht. Dabei schied sich eine große Menge schwarzen, in der Hitze flüssigen Harzes ab, welches vermutlich auch die Hauptmenge der Cetrarsäure enthielt. Aus der von diesem Harze abgegossenen gelbbraunen, verdünnt-alkoholischen Lösung krystallisiert beim Erkalten die Lichesterinsäure in Blättchen aus. Dieses Verfahren wurde solange fortgesetzt (ca. 14 Tage), bis sich aus der abgegossenen Lösung keine Krystalle mehr abschieden. Die gesamte, grünlichgelb gefärbte Krystallmasse wurde scharf abgesaugt, an der Luft getrocknet und dann in Aether aufgenommen mit Tierkohle gekocht, bis die Lösung farblos war. Nach dem Trocknen und Abdestillieren des Aethers restierte die gelblich-weisse Substanz, die nun noch ein- bis zweimal aus 50%igem Alkohol und zuletzt aus Eisessig umkrystallisiert wurde, woraus sie in prachtvollen schneeweißen Blättchen sich abschied.

In dieser Weise habe ich

1. ein bei Caesar & Loretz in Halle hergestelltes ätherisches Extrakt von 25 kg Lichen islandicus verarbeitet. Die Ausbeute an Lichesterinsäure, Schmelzpunkt 124—125° C., betrug 32 g.

2. Eine zweite Portion Säure wurde aus einem ätherischen Extrakte gewonnen, welches ich selbst hergestellt hatte aus 20 kg Lichen islandicus elect. conc. von Theuerkauf & Scheibner, Leipzig. — Die Ausbeute an Säure vom Schmelzpunkt 119° C. betrug 30 g. Durch Zersetzung des Ammonsalzes und Umkrystallisieren der daraus abgeschiedenen Säure aus Eisessig, konnte dieselbe ebenfalls bis zum Schmelzpunkte 124—125° C. gereinigt werden.

3. Weiter wurden von mir mit Aether extrahiert: 50 kg Lichen islandicus nat. conc. von Caesar & Loretz in Halle.

Die Ausbeute — ca. 135 g schneeweißer, schön krystallinischer Säure, Schmelzpunkt 117—120° C., — war eine ausnahmsweise gute.

15 g davon wurden in Wasser suspendiert mit Ammoniak versetzt. Es schied sich sofort das Ammonsalz der Lichesterinsäure in feinen, atlasglänzenden Nadeln ab und wurde nach einigem Stehen scharf abgesaugt, mit kaltem Wasser ausgewaschen, aus heißem noch einmal umkrystallisiert und dann mit Salzsäure zersetzt. Die ausgeschiedene Lichesterinsäure wurde nach dem Auswaschen mit Wasser zunächst aus 50%igem Alkohol und dann aus Eisessig umkrystallisiert. Der Schmelzpunkt der Säure lag bei 124—125° C.

Bei der Elementaranalyse ergaben die Säuren folgende Werte:

1. 0,2130 g Substanz lieferten 0,5450 g CO_2 und 0,1931 g H_2O.
2. 0,1639 „ „ „ 0,4220 „ „ „ 0,1450 „ „
3. 0,3147 „ „ „ 0,8069 „ „ „ 0,2835 „ „

	Gefunden: 1.	2.	3.	Berechnet für $C_{19}H_{32}O_4$:
C	69,78%	70,22%	69,93%	70,37%
H	10,07 „	9,83 „	10,00 „	9,88 „.

Um eine bessere Uebersicht über die bisher vorhandenen Resultate der einzelnen Autoren zu ermöglichen, stelle ich dieselben noch einmal tabellarisch zusammen.

Autor	Analysen-Resultate im Mittel % C	% H	Schmelzpunkt	Aufgestellte Formel
Schnedermann & Knop	70,44	10,09	ca. 120° C.	$C_{29}H_{25}O_5$ (alt. At.-Gew.) von Strecker umgerechnet in: $C_{14}H_{24}O_3$
Hilger & Buchner	64,55	9,56	120° C.	$C_{48}H_{76}O_{18}$ (zweibasisch)
Pharmakol. Institut Leipzig: Sinnhold (aus 60 kg Lich. island.)	70,00	9,77	124—125° C.	$C_{19}H_{32}O_4$
Pharmakol. Institut Leipzig: Pedersen (aus 100 kg)	—	—	124—125° C.	berechnet:
Pharmakol. Institut Leipzig: Böhme (aus ca. 100 kg)	69,98	9,97	124—125° C.	C 70,37% H 9,88 „
O. Hesse 1. Mitteilung	69,19	9,63	100—110° C.	$C_{17}H_{28}O_4$
O. Hesse 2. Mitteilung	α, β, γ 66,51	9,43	α 122—123° C. β 121° C. γ 121—122° C.	$C_{18}H_{30}O_5$

Ich habe dann noch einige Versuche gemacht, Lichesterinsäure nach dem Verfahren von O. Hesse darzustellen, und zwar wurde zu dem ersten dieselbe Droge von Theuerkauf & Scheibner benutzt, welche zu der Darstellung der unter 2) beschriebenen Portion Lichesterinsäure gedient hatte. Es wurde ein ätherisches Extrakt aus 5 kg Lichen islandicus, nachdem der Aether bis auf ca. 1 *l* abdestilliert war, durch Ausschütteln mit einer 4%igen wässerigen Lösung von Kaliumbikarbonat entsäuert, aus der alkalischen Lösung durch verdünnte Schwefelsäure die Lichesterinsäure (und Cetrarsäure) ausgefällt, mit Aether aufgenommen, in dieser Lösung mit Tierkohle entfärbt und endlich aus 50%igem Alkohol und zuletzt aus Eisessig umkrystallisiert. — Ich erhielt so 13 g einer schneeweißen Säure vom Schmelzpunkt 113—115° C., der auch durch öfteres Umkrystallisieren aus Eisessig nicht höher zu bringen war. Da auch ein krystallinisch sich abscheidendes Ammonsalz von der so hergestellten Säure nicht zu erhalten war, dieselbe vielmehr in Wasser suspendiert und mit Ammoniak versetzt, nach einiger Zeit eine Gallerte gab (dieselbe Bemerkung machte Hesse bei seiner β-Säure), so war es nicht möglich, sie bis zum Schmelzpunkte 124—125° C. zu reinigen.

Es gab also dieselbe Droge, einerseits, nach dem im pharmakologischen Institute üblichen Verfahren eine Lichesterinsäure vom Schmelzpunkt 119° C., die aber durch das sich sehr leicht krystallinisch abscheidende Ammonsalz ohne Schwierigkeit bis zum Schmelzpunkt 124—125° C. gereinigt werden konnte, andererseits aber nach dem Verfahren von Hesse (Anwendung von Kaliumbikarbonat) eine Säure vom Schmelzpunkt 113° C., die ein krystallinisches Ammonsalz nicht gab.

Dieser Versuch wurde noch mehrfach mit verschiedenen Drogen von Caesar & Loretz wiederholt und die Erfahrung gemacht, daß die mit Kaliumbikarbonat ausgeschüttelten Säuren stets niedriger schmolzen, kein oder nur selten ein Ammonsalz gaben, welches abgesaugt werden konnte, und infolgedessen nur schwer in ganz reinem Zustande zu erhalten waren.

Eine Einwirkung des Alkalis auf die Lichesterinsäure, beim Ausschütteln derselben aus ätherischer Lösung, scheint nicht stattzufinden; die in dieser Richtung mit reiner Säure angestellten Versuche ergaben stets die unveränderte Substanz (Schmelzpunkt 124—125° C.).

Durch das Kaliumbikarbonat geht also wohl eine Verunreinigung mit in Lösung, von der die Lichesterinsäure durch Umkrystallisieren aus den gebräuchlichen Lösungsmitteln nicht zu befreien ist und die vor allen Dingen eine sonst regelmäßig erfolgende Abscheidung des Ammonsalzes in den meisten Fällen verhindert.

Hesse gibt gerade die verschiedene Löslichkeit der Ammonsalze als Hauptunterschied zwischen seinen Säuren an.

Nach den Resultaten meiner Untersuchungen kann das Entstehen oder Nichtentstehen eines krystallinischen Ammonsalzes wohl als Kriterium für die mehr oder minder große Reinheit der Lichesterinsäure gelten, aber nicht als Hauptgrund für die Annahme dreier verschiedener Säuren.

Wenn man ferner in Betracht zieht, daß im hiesigen pharmakologischen Institute, im Laufe der Zeit reichlich 260 kg Lichen islandicus, von verschiedenen Firmen und aus verschiedenen Gegenden bezogen, zu Lichesterinsäure verarbeitet wurden, und daß doch noch nie eine andere, als die hauptsächlich von Sinnhold charakterisierte Säure gefunden worden ist, kann man wohl mit einigem Rechte die Ansicht aussprechen, daß nur diese eine, von 124—125°C. schmelzende Lichesterinsäure existiert, für welche die Formel $C_{19}H_{32}O_4$ feststeht.

Da Sinnhold das optische Verhalten der Lichesterinsäure noch nicht geprüft hatte, so wurden einige diesbezügliche Versuche von mir ausgeführt.

1. bei $p = 0{,}9278$ g; $d = 1{,}4714$; $l = 2$; $t = 15^0$ C. betrug $\alpha = 0{,}8^0$ $[\alpha]D = +29{,}30^0$.

2. bei $p = 1{,}6860$ g; $d = 1{,}4742$; $l = 2$; $t = 15^0$ C. war $\alpha = 1{,}44^0$ $[\alpha]D = +28{,}97^0$.

Nach Abschluß meiner Arbeit, im Sept. d. J. erschien eine Mitteilung aus dem botanischen Institut zu Münster von W. Zopf[1]) „Zur Kenntnis der Flechtenstoffe". Zopf hat verschiedene Cetrarien untersucht und neben anderen Bestandteilen eine Säure $C_{18}H_{32}O_5$, vom Schmelzpunkt 104° C. isoliert, die er Protolichesterinsäure nennt, da sie leicht in Lichesterinsäure übergeführt werden kann. Zopf ist daher der Ansicht, daß die Lichesterinsäure nicht als solche, sondern als Protolichesterinsäure in der Droge vorkommt und nur deshalb bis jetzt nicht isoliert werden konnte, weil nicht mit ganz indifferenten Lösungsmitteln und bei zu hoher Temperatur gearbeitet wurde. Er gewinnt die Protolichesterinsäure durch entsprechende Behandlung des ätherischen Extrakts der Cetrarien mit Aether resp. Benzol. Im übrigen ist er der Ansicht, daß die Sinnhold'schen Resultate bezüglich der Lichesterinsäure bestehen bleiben.

Es ist mir leider aus Mangel an Zeit nicht mehr möglich gewesen, mich selbst durch Versuche von dem Vorhandensein der Protolichesterinsäure in der Droge zu überzeugen.

---

1) Ann. Bd. 324, S. 39 (1902).

Wie schon erwähnt, hat Pedersen versucht, oxydierende Agentien auf Lichesteryl- und Lichesterinsäure einwirken zu lassen.

Da nach Sinnhold's Untersuchungen das außerhalb des Karboxyls stehende Sauerstoff-Atom der Lichesterylsäure $C_{18}H_{34}O_3$ weder als Hydroxyl gebunden zu sein, noch einer Ketongruppe anzugehören schien, so war an die Möglichkeit zu denken, daß das O-Atom ätherartig gebunden sei, und daß bei der Oxydation der Lichesterylsäure eine Spaltung des Moleküls an der betreffenden Stelle erfolgen könnte. Pedersen hat größere Mengen Lichesterylsäure nach der von Sinnhold angegebenen Methode dargestellt und sowohl Kaliumpermanganat in alkalischer Lösung, als auch das von Beckmann[1]) angegebene Chromsäuregemisch auf Lichesterylsäure einwirken lassen. Er erhielt aber stets die unveränderte Lichesterylsäure wieder, wie er durch Schmelzpunktsbestimmung und Analyse feststellte.

Ebenso negativ, wie die Versuche, die Lichesterylsäure zu oxydieren, verliefen die sowohl in saurer, als auch in alkalischer Lösung vorgenommenen Versuche, Kaliumpermanganat auf die Lichesterinsäure einwirken zu lassen. Pedersen kommt zu dem Schluß, daß diese große Widerstandsfähigkeit der beiden Säuren gegen Oxydationsmittel nicht dafür spricht, daß das O-Atom ätherartig gebunden sei.

Der Versuch Pedersen's, eine Ketongruppe in der Lichesterylsäure durch Phenylhydrazin nachzuweisen, blieb ebenso erfolglos, wie der von Sinnhold früher ausgeführte.

Zuletzt hat Pedersen Lichesterinsäure im Vakuum erhitzt und festgestellt, daß dabei ein Körper vom Schmelzpunkt 41—42° C. entsteht. Er war verhindert, seine Untersuchungen über denselben fortzusetzen und ich hatte zunächst die Aufgabe, den Körper zu charakterisieren.

Verhalten der Lichesterinsäure beim Erhitzen im Vakuum.

Die geringe Menge vorhandenen Materials machte eine Neudarstellung des Körpers nötig, und es wurden daher zum 1. Versuche 5 g trockener Lichesterinsäure im Vakuum (40 mm) allmählich bis auf 190° C. erhitzt. Die Säure schmilzt bei ca. 60° C. zu einer gelbbraunen Flüssigkeit zusammen. Bei 95—135° C. ist Blasenentwickelung zu beobachten, und die Flüssigkeit siedet, ohne daß etwas überdestilliert. Beim Erkalten im Vakuum erstarrt die Flüssigkeit krystallinisch. Die Krystallmasse wurde in wenig absolutem Alkohol bei gelinder Wärme gelöst und zur Krystallisation über Schwefelsäure gestellt. Nach dreimaligem Umkrystallisieren restierten 2,1 g einer in Drusen

[1]) Ann. Bd. 250.

krystallisierenden, von 39—40° C. schmelzenden, ziemlich weißen Substanz, deren Schmelzpunkt nach noch öfterem Umkrystallisieren aus absolutem Alkohol bis auf 42° C. stieg.

Ein kleiner Versuch, der unter Vorlegung von Barytwasser vorgenommen wurde, ergab, daß die beim Erhitzen der Lichesterinsäure beobachtete Blasenentwickelung von entweichender Kohlensäure herrührt. Um diese CO_2 soweit wie möglich quantitativ zu bestimmen, wurden zum nächsten Versuche mit der kleinen Vorlage der Retorte ein Hahnrohr luftdicht verbunden, und nachdem der Apparat bis zu dem Hahne evakuiert war, zwei tarierte Natronkalk-Absorptionsapparate angefügt, evakuiert und durch nachheriges Oeffnen des Hahnes mit der Retorte in Verbindung gesetzt.

Die mit 9,99 g trockener Lichesterinsäure beschickte Retorte wurde, wie beim ersten Versuche, bis auf 190° C. erhitzt. Die Absorptionsapparate zeigten eine Zunahme von 0,86 g. Ein etwa von abgespaltenem Wasser herrührender Beschlag auf dem ziemlich langen Wege bis zu den Absorptionsapparaten war nicht zu bemerken. Die Zunahme derselben mußte also von Kohlensäure herrühren.

Angenommen, es spalte sich aus einem Molekül Lichesterinsäure ein Molekül CO_2 ab, so hätten aus 9,99 g der Säure 1,36 g CO_2 gewonnen werden müssen. Um der Theorie näher zu kommen, habe ich noch zwei Versuche in derselben Weise ausgeführt, deren Resultate hier folgen:

1. 5,0265 g Lichesterinsäure ergaben nach ca. 4½stündigem Erhitzen: 0,6146 g CO_2, während die Retorte um 0,6255 g abgenommen hatte. Berechnet 0,68 g CO_2.

2. 0,9483 g Säure lieferten nach ca. 3stündigem Erhitzen: 0,1340 g CO_2 (berechnet 0,1288 g) und eine Abnahme der Retorte um 0,1346 g.

Der in der Retorte zurückbleibende Körper krystallisiert, wie schon erwähnt, aus Alkohol in Drusen, schmilzt in reinem Zustande von 41—42° C. und erstarrt von 33—32° C. wieder krystallinisch. Er ist optisch inaktiv, unlöslich in Wasser und Natriumkarbonatlösung, schwer löslich in Alkalien, wird dagegen leicht aufgenommen von Alkohol, Aether, Chloroform, Schwefelkohlenstoff. Seine alkoholische Lösung rötet blaues Lackmuspapier nicht. Brom wirkt nicht auf ihn ein.

Die Elementaranalyse ergab folgende Werte:

1. Mit Bleichromat im Bajonettrohre verbrannt lieferten:
   0,1890 g Substanz 0,5380 g CO_2 und 0,1985 g H_2O.
2. Mit feinem CuO im Bajonettrohre:
   0,1589 g Substanz gaben 0,4512 g CO_2 und 0,1770 g H_2O.
3. 0,1660 „ „ „ 0,4682 „ „ „ 0,1790 „ „

	Gefunden:			Berechnet für
	1	2.	3.	$C_{18}H_{32}O_2$:
C	77,63%	77,44%	76,92%	77,14%
H	11,67 „	12,38 „	11,98 „	11,43 „.

Molekulargewichtsbestimmung nach Baumann und Fromm.

Mit Naphthalin. Konstante 70.

Lösungsmittel in g	Gelöste Substanz	Erstarrungspunkts-Erniedrigung	Molekular-Gewicht	Berechnet für $C_{18}H_{32}O_2$
10,00	0,1542	0,39	276,77 } Mittel: 270	280
10,00	0,1720	0,46	261,74 }	

Vorstehende Analysen, die Molekulargewichtsbestimmungen des neuen Körpers, sowie auch die quantitative Bestimmung der bei seiner Bildung aus der Lichesterinsäure sich abspaltenden CO_2, sprechen zur Genüge für die angenommene Formel $C_{18}H_{32}O_2$. Nach seinen sonstigen Eigenschaften — neutrale Reaktion und Unlöslichkeit in Natriumkarbonat — muss dieser Körper als ein Lakton angesehen werden.

Die Eigenschaft, Kohlensäure abzuspalten und Laktone zu geben, beobachtete Fittig[1]) bei der trocknen Destillation all seiner Laktonsäuren, und man kommt zu dem Schluß, daß in der Lichesterinsäure eine Laktonsäure vorliegt. Vorausgesetzt, das Lichesteryl-Lakton

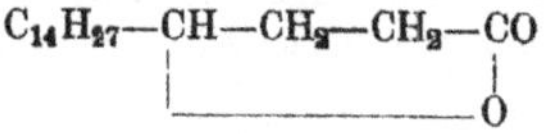

ist ein γ-Lakton, so sind für die Stellung der Karboxylgruppe in der optisch aktiven Lichesterinsäure folgende zwei Möglichkeiten vorhanden:

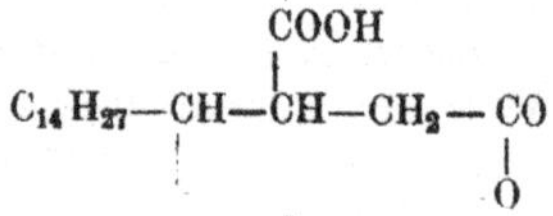 oder 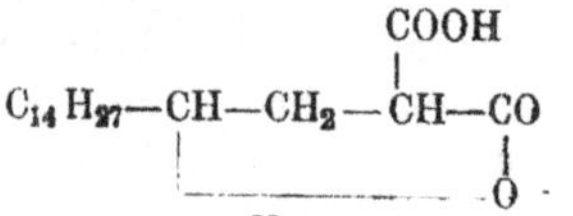

I. II.

In Anbetracht der außerordentlich leichten Abspaltbarkeit der CO_2 erscheint Formel II wahrscheinlicher, in welcher die Karboxylgruppe die am meisten exponierte Stellung einnimmt.

Analog den Fittig'schen[2]) angestellte Versuche, durch Einwirkung von Ammoniak auf das Lichesteryl-Lakton zum Amid der entsprechenden Oxy-Säure zu gelangen, verliefen resultatlos. Es wirkte bei 0° gesättigter, alkoholischer Ammoniak weder bei gewöhnlicher

[1]) Ann. Bd. 255, S. 10.
[2]) Ann. Bd. 256, S. 147.

Temperatur, noch bei 100° C. im geschlossenen Rohre auf das Lakton ein. Auch beim Kochen mit wässerigem konz. Ammoniak blieb es unverändert.

Um das Lichesteryl-Lakton in die entsprechende Oxy-Säure überzuführen, wurden 2 g desselben mit 20 ccm 10%iger wässeriger Kalilauge ca. 1 Stunde lang am Rückfluß gekocht. Die Substanz schwamm zunächst als Oel auf der Kalilauge, bis sie nach längerem Sieden klar in Lösung ging. Die Flüssigkeit erstarrte beim Erkalten zu einer hellbraunen durchsichtigen Gallerte. In Wasser gelöst und mit verdünnter Schwefelsäure im Ueberschuß versetzt, gab sie einen weißen, flockigen Niederschlag, welcher nach einiger Zeit auf der klaren Flüssigkeit schwamm. Der abgesaugte und mit Wasser ausgewaschene Niederschlag wog nach dem Trocknen ca. 2 g. Aus absolutem Alkohol krystallisierte der Körper in schönen, strahligen Sternchen, die nach dem Absaugen und Trocknen von 82—84° C. schmolzen. Durch fraktionierte Krystallisation aus absolutem Alkohol wurden zwei von 83—84° C. schmelzende Fraktionen erhalten.

Die gewonnene Säure löste sich klar in Natriumkarbonat und hatte sowohl Schmelzpunkt als auch die charakteristische Krystallform der von Sinnhold[1]) aus der Lichesterinsäure durch Behandlung mit Kalilauge erhaltenen Lichesterylsäure.

Die Elementar-Analyse ergab die für Lichesterylsäure berechneten Werte:

0,1505 g Substanz lieferten 0,3978 g CO_2 und 0,1620 g H_2O.

	Gefunden:	Berechnet für $C_{18}H_{34}O_3$:
C	72,09%	72,48%
H	11,96 „	11,41 „.

Die etwas konzentrierte ammoniakalische Lösung der Säure gab auf Zusatz von Kupfersulfatlösung sofort den für das lichesterylsaure Kupfer charakteristischen voluminösen seidenglänzenden krystallinischen Niederschlag.

Eine mit dem Lichesteryl-Lakton vorgenommene Kalischmelze ergab ebenfalls Lichesterylsäure als Reaktionsprodukt.

Die dem Lichesteryl-Lakton entsprechende Oxy-Säure ist also die Lichesterylsäure:

$$C_{14}H_{27}-\underset{\displaystyle OH.}{\underset{|}{CH}}-CH_2-CH_2-COOH$$

Die Lichesterylsäure ist optisch inaktiv, wie es nicht anders zu erwarten war.

---

[1]) Archiv d. Pharm. Bd. 236, S. 515.

Sinnhold kam zu dieser Oxy-Säure, indem er Lichesterinsäure mit Kalilauge kochte, wobei er Abspaltung von CO_2 konstatierte. Es ist wohl anzunehmen, daß die Lichesterinsäure bei der Behandlung mit Alkali interimistisch ebenfalls das Lichesteryl-Lakton gibt, das aber nicht zu isolieren ist, sondern durch Aufnahme von Wasser sofort in die entsprechende Oxy-Säure, die Lichesteryl-Säure, übergeht.

Das diese Abspaltung von CO_2 aus dem Karboxyl der Lichesterinsäure und Bildung der Lichesterylsäure unter Aufnahme von Wasser mit großer Leichtigkeit, selbst beim Erhitzen mit den schwächsten Alkalien erfolgt, ist aus den nächstbeschriebenen Versuchen ersichtlich; dieselben scheiterten gerade an der großen Reaktionsfähigkeit der Lichesterinsäure in besagter Richtung.

Um nämlich die Lichesterinsäure als Laktonsäure noch bestimmter zu kennzeichnen, wurde sie der Reihe nach mit Kalk-Baryt-Wasser und einer 10%igen wässerigen Natriumkarbonatlösung gekocht. — Nach Fittig[1]) gehen Laktonsäuren beim Kochen mit diesen Alkalien in Dikarbonsäuren über. — Es entstanden aber in allen drei Fällen die entsprechenden Salze der Lichesterylsäure, die durch Zersetzen mit Salzsäure die freie, nach dem Umkrystallisieren aus Alkohol von 83—84° C. schmelzende Säure gaben.

Bei der Zersetzung der Salze einer Dikarbonsäure müßte nach Fittig[2]) die entsprechende Laktonsäure, also hier Lichesterinsäure (Fp. 124° C.) entstehen.

O. Hesse[3]) will beim Kochen der Lichesterinsäure mit Barytwasser erhalten haben:

1. ein Lakton (Lichestron), Schmp. 83—84° C. (C 72,09%; H 10,71% gefunden); dasselbe rötet in alkoholischer Lösung blaues Lackmuspapier kaum. In wässeriger Kaliumbikarbonatlösung suspendiert, löst es sich allmählich auf, in Kaliummonokarbonatlösung bedeutend rascher, sofort bei der Behandlung mit Aetzlauge.

2. Lichestronsäure, Schmp. 80° C. (gefunden: C 67,70%; H 10,72%).

Auffallend war schon für Hesse das vollkommene Uebereinstimmen seines Lichestrons mit der Lichesterylsäure in Bezug auf Schmelzpunkt und C-Gehalt und er sieht sich deshalb veranlaßt, den Säurecharakter der Lichesterylsäure anzuzweifeln und sie mit seinem Lichestron zu identifizieren.

Sowohl Sinnhold's als auch meine Untersuchungen haben ergeben, daß bei der Behandlung der Lichesterinsäure mit Alkali in

[1]) Ann. Bd. 255, S. 23 ff.

[2]) Ann. Bd. 255, S. 60.

[3]) Journ. f. prakt. Chem., N. F., Bd. 62, S. 352.

allen Fällen Lichesterylsäure entsteht, die sich durch ihre Eigenschaften außerordentlich scharf als Säure zu erkennen gibt.

Da es mir außerdem gelungen ist, das Lichesteryl-Lakton in der oben beschriebenen Weise zu isolieren, so darf ich mich wohl dahin aussprechen, daß in Hesse's vermeintlichem Lichestron reine Lichesterylsäure, in seiner Lichestronsäure dagegen weniger reine vorgelegen hat.

Auffallend erscheint auch die Eigenschaft des vermeintlichen Laktons Hesse's, mit Kaliumbikarbonat resp. Monokarbonat bei gewöhnlicher Temperatur in Lösung zu gehen und der Uebergang in die entsprechende Oxy-Säure, während es vorher dem Einflusse des siedenden Barytwassers widerstanden hatte.

Verhalten der Lichesterylsäure gegen Essigsäure-Anhydrid bezw. Phenylisocyanat.

Die Hydroxylgruppe, deren Vorhandensein in der Lichesterylsäure jetzt außer Frage steht, habe ich durch ein entsprechendes Derivat ebensowenig nachweisen können, wie Sinnhold, der Acetylchlorid auf die Säure einwirken ließ.

Bei den beiden von mir zu dem Zweck ausgeführten Versuchen entstand jedesmal derselbe Körper (vermutlich ein Anhydrid der Lichesterylsäure).

I. Es wurden zunächst zweimal 3 g Lichesterylsäure mit je 15 g Essigsäure-Anhydrid und 3 g geschmolzenem Natriumacetat 6 Stunden lang im Einschmelzrohre auf 100° C. erhitzt. Das Reaktionsprodukt war ein gelbes Oel, welches durch Wasser vom Essigsäure-Anhydrid befreit wurde.

Die Elementar-Analyse des getrockneten Oels ergab 72,32% C und 10,82% H, während sich für ein Acetylprodukt $C_{20}H_{36}O_4$ nur 70,59% C und 10,59% H berechnen.

Nach mehreren Wochen konnten aus dem Oele ca. 0,15 g eines krystallinischen Körpers abgesaugt werden, der nach mehrmaligem Umkrystallisieren aus absolutem Alkohol von 55—57° C. schmolz.

Der in Drusen krystallisierende Körper löste sich ebenso, wie die ölige Mutterlauge, in Kalilauge nach längerem Kochen auf. Die erkaltete Lösung gab auf Zusatz von verdünnter Schwefelsäure im Ueberschuß einen flockigen Niederschlag, der nach dem Reinigen durch Umkrystallisieren, durch den Schmelzpunkt 83—84° C. und die sonstigen physikalischen Eigenschaften als Lichesterylsäure erkannt wurde.

Da die Ausbeute, besonders an krystallinischer Substanz, zu gering war, war eine weitere Untersuchung des Reaktionsproduktes ausgeschlossen. Dagegen aber, daß ein Acetylprodukt der Lichesterylsäure vorlag, spricht neben dem angeführten Analysenresultat vor allen Dingen der Umstand, daß bei dem nächsten, mit Phenylisocyanat ausgeführten Versuche derselbe Körper wieder entstand.

II. 3 g Lichesterylsäure wurden mit einer Lösung von 1,7 g Phenylisocyanat in 5 g absolutem Benzol im Einschlußrohre ca. 8 Stunden lang auf 100° C. erhitzt. Die Herstellung der Lösung und das Einfüllen in das Rohr waren so ausgeführt, daß die Einwirkung der Feuchtigkeit der Luft als ausgeschlossen gelten mußte. — Das Rohr wurde nach dem Einbringen der Substanzen sofort durch Chlorcalciumrohr verschlossen und dann unterhalb desselben abgeschmolzen.

Das aus einem Krystallbrei bestehende Reaktionsgemisch wurde mit etwas absolutem Benzol aus dem Rohre auf ein Filter gespült und mit Benzol nachgewaschen.

Es blieb auf dem Filter eine verhältnismäßig große Menge, durch N- und Schmelzpunktsbestimmung als Diphenylharnstoff erkannter Substanz zurück.

Nach der Anordnung des Versuchs konnte die Zersetzung des Phenylisocyanats in Diphenylharnstoff durch anhaftende Feuchtigkeit nicht hervorgerufen sein. Es mußte vielmehr bei dem Prozesse selbst eine Abspaltung von Wasser stattgefunden haben.

Nach dem Eindampfen der Benzollösung und dem Verjagen des noch vorhandenen Phenylisocyanats restierte denn auch, neben wenig Diphenylharnstoff, ein N-freies Produkt, welches in Schmelzpunkt und sonstigem Verhalten mit dem unter I beschriebenen vermutlichen Anhydrid vollkommen übereinstimmte.

Der erwartete Phenylkarbaminsäureäther war jedenfalls nicht entstanden.

Fittig[1]) führte verschiedene niedere Oxy-Fettsäuren durch Behandlung mit mäßig verdünnter Schwefelsäure in die entsprechenden Laktone über.

Die zahlreichen, von mir mit Schwefelsäure verschiedener Konzentration ausgeführten Versuche, durch Abspaltung von 1 H_2O aus der Lichesterylsäure ($C_{18}H_{34}O_3$) wieder zum Lichesteryl-Lakton ($C_{18}H_{32}O_2$) zu gelangen, hatten das Resultat, daß der größte Teil des Ausgangsmaterials unverändert blieb, während nur ganz geringe Mengen des Laktons (Fp. 41—42° C.) erhalten wurden, die nach mehrmaligem Umkrystallisieren gerade zu einigen Schmelzpunktsbestimmungen und Verseifungsversuchen ausreichten.

Beim Erhitzen im Vakuum (40 mm) bis auf ca. 200° C. erleidet die Lichesterylsäure keinerlei Veränderung.

---

[1]) Ann. Bd. 255, S. 64.

Verhalten gegen Jodwasserstoffsäure.

Die Sinnhold'schen Untersuchungen bezüglich der Einwirkung von Jodwasserstoffsäure auf die Lichesterylsäure wurden von mir wiederholt. Man konnte hoffen, ebenso wie es Saytzew[1]) mit der Oxystearinsäure und der Oelsäure gelungen war, zu einer Jodstearinsäure und von dieser eventuell zur Stearinsäure zu gelangen. — Ich habe aber dabei dieselben Erfahrungen gemacht wie Sinnhold. Beim Erhitzen der Lichesterylsäure mit Jodwasserstoffsäure (1,7 spez. Gew.) und rotem Phosphor im Einschlußrohre bis auf 250° C., entstand stets ein öliges Produkt, welches sich durch Destillation nicht reinigen ließ, weil es nicht unzersetzt siedete. Es enthielt außerdem Phosphor in wechselnder Menge und in unbekannter Weise gebunden, von dem es nicht zu befreien war. Auch als mit Phosphor gearbeitet wurde, der durch Behandlung mit Schwefelkohlenstoff etc. von etwa beigemengtem gelben Phosphor befreit war, wurde dasselbe P-haltige Oel erhalten.

Bei der Einwirkung von HJ ohne Gegenwart von P, entstand, wie bei Sinnhold's Versuchen, ein stark verkohltes, öliges Produkt. Ein ebenso zersetztes Produkt erhielt ich, als ich nach Liebermann und Sachse[2]) Eisenjodür als J-Ueberträger benutzte.

Behandlung der Lichesterinsäure mit Jodwasserstoffsäure.

Von besserem Erfolge begleitet waren die Versuche, Jodwasserstoffsäure auf Lichesterinsäure einwirken zu lassen — die nach Hesse[3]) bei der Behandlung mit Jodwasserstoffsäure (1,7 spez. Gew.) völlig unverändert bleiben soll. —

Es wurden nach und nach ca. 130 g Lichesterinsäure in folgender Weise zunächst in jodhaltiges Produkt verwandelt:

Je 3 g Lichesterinsäure,
6 „ Jodwasserstoffsäure (1,7 spez. Gew.),
0,45 „ roter Phosphor (durch CS_2 gereinigt)

wurden in der Einschmelzröhre 6—8 Stunden lang auf 190—210° C. erhitzt. Das Reaktionsprodukt schwamm als gelbliches, oft auch farbloses Oel oder als Gallerte auf der entfärbten Jodwasserstoffsäure.

Es wurde mit Wasser, resp. Aether aus dem Rohre herausgespült und mit Aether ausgeschüttelt. Beim Abdestillieren des Aethers hinterblieb ein rotbraunes Oel, welches ich in den ersten Versuchen mit Wasser solange digerierte und schüttelte, bis es keine Jodwasserstoffsäure mehr abgab. Es enthielt keinen Phosphor (im

---

1) Journ. f. prakt. Chem., N. F., Bd. 33, S. 300.
2) Ber. Bd. 24, S. 4113.
3) Journ. f. prakt. Chem. Bd. 57, S. 303.

Gegensatz zu dem entsprechenden Lichesterylsäure-Reaktionsprodukt), wohl aber Jod in größerer Menge. Letzteres wurde aber anscheinend beim Digerieren mit Wasser schon teilweise abgespalten, denn die J-Bestimmungen verschiedener, getrennt dargestellter Portionen ergaben ziemlich weit auseinander liegende Zahlen (18,49%; 20,80%; 22,75% J). Da die Jodverbindung außerdem nicht krystallinisch zu erhalten war, unterwarf ich sie direkt der Reduktion, indem ich in den ersten Versuchen die alkoholische Lösung ca. 5 Stunden lang mit granuliertem Zink und rauchender Salzsäure am Rückfluß erhitzte. Die saure Reaktionsflüssigkeit wurde mit Kaliumhydroxyd stark alkalisch gemacht und ca. 2 Stunden lang gekocht, um einen möglicherweise entstandenen Ester zu verseifen. Die vom Zinkhydroxyd abfiltrierte und durch Destillation von Alkohol befreite Flüssigkeit versetzte ich sodann mit verdünnter Schwefelsäure im Ueberschuß und nahm das hierbei ölig abgeschiedene Reduktionsprodukt in Aether auf. Die mit kalziniertem Natriumsulfat getrocknete Lösung hinterließ beim Abdestillieren des Aethers ein hellgelbes, ziemlich dückflüssiges, jodfreies Oel von saurer Reaktion. Nach mehrtägigem Stehen in der Kälte schieden sich geringe Mengen von Krystallen aus, die durch scharfes Absaugen von dem Oele befreit, nach mehrmaligem Umkrystallisieren aus sehr wenig absolutem Alkohol von 48—49° C. schmolzen.

Da auch bei den weiteren, in derselben Weise ausgeführten Reduktionsversuchen die Ausbeute an diesem krystallinischen Körper so gering blieb, daß eine nähere Untersuchung nicht möglich war, so wurde das Produkt der Einwirkung der Jodwasserstoffsäure späterhin behufs Reduktion mit Zinkstaub und Natronlauge gekocht, wobei es als Oel auf der Flüssigkeit schwamm. Nach dieser Operation wurde mit Wasser verdünnt und vom Zinkstaub durch Abgießen getrennt. Durch ein gehärtetes Filter lief die alkalische Flüssigkeit klar hindurch, während das aufschwimmende Oel, vermutlich einen Kohlenwasserstoff enthaltend, auf dem Filter zurückblieb. Es wurde in ätherischer Lösung getrocknet und nach dem Abdestillieren des Aethers aufbewahrt.

Das klare alkalische Filtrat schied beim Uebersäuren mit verdünnter Schwefelsäure gelbliche Flocken ab. Durch Absaugen, Trocknen und wiederholtes Umkrystallisieren aus Alkohol konnte ich hieraus wiederum die bei 49—50° C. schmelzenden Krystalle gewinnen. Die Ausbeute war wiederum sehr gering, reichte aber doch zu einigen Analysen aus, deren Resultate später folgen.

Eine etwas größere Menge (ca. 12 g aus 50 g Lichesterinsäure) von dem bei 50° schmelzenden Körper wurde endlich erhalten, als das Produkt der Einwirkung von Jodwasserstoff auf Lichesterinsäure direkt;

ohne vorherige Befreiung von Jod durch Behandlung mit Wasser, durch ca. zweistündiges Kochen mit Zinkstaub und Eisessig reduziert wurde. Die klare, farblose Lösung goß ich nach dieser Operation vom Zink resp. Zinksalze in viel kaltes Wasser ab. Dabei schied sich das Reaktionsprodukt in Form von gelblichweißen Flocken aus, die nach längerem Stehen auf der Flüssigkeit schwammen und abgesaugt werden konnten.

Zwischen Fließpapier abgepreßt und über Schwefelsäure getrocknet, wurde die immer noch schmierige Masse in wenig heißem Eisessig aufgenommen und filtriert.

Beim Erkalten scheiden sich auf der Eisessiglösung Oeltropfen aus, die nach längerem Stehen krystallinisch erstarren. Nach ca. 24stündigem Stehen kann die Krystallmasse abgesaugt werden. Sie wird noch drei- bis viermal aus heißem Eisessig umkrystallisiert und daraus in Form farbloser, sechsseitiger rhombischer Tafeln erhalten.

Die vollkommen reine Substanz schmilzt (in Wasser bestimmt) von 49,5—50,5° C., während sie von 38—37° C. wieder erstarrt. Sie löst sich beim Erwärmen in verdünnter Natriumkarbonat-Lösung klar auf und scheidet sich beim Zusatz von überschüssiger verdünnter Schwefelsäure unverändert wieder ab, ist also als eine organische Säure anzusehen.

Die Säure ist unlöslich in Wasser, dagegen leicht löslich in Aether. Aethyl- und Methyl-Alkohol, Chloroform, Benzol, Schwefelkohlenstoff, Petroläther, von Aceton wird sie ziemlich leicht aufgenommen, ebenso von heißem Eisessig, während sie in kaltem weniger löslich ist. — Die alkoholische Lösung rötet blaues Lackmuspapier.

Die Elementaranalyse ergab folgende Werte: Säure, gewonnen durch Reduktion des J-Produktes mit Zn + NaOH, im Bajonettrohre mit feinem CuO vermischt:

1. 0,2020 g Substanz lieferten 0,5606 g CO_2 und 0,2334 g H_2O.
2. 0,2155 „ „ „ 0,5977 „ „ „ 0,2485 „ „

Im offenen Rohre, O-Strom:

3. 0,2080 g Substanz lieferten 0,5750 g CO_2 und 0,2375 g H_2O.

Die durch Reduktion in Eisessiglösung gewonnene Säure, mit Bleichromat im Schiffchen gemengt:

4. 0,2297 g Substanz lieferten 0,6383 g CO_2 und 0,2673 g H_2O.

	Gefunden:				Berechnet für
	1.	2.	3.	4.	$C_{18}H_{36}O_3$:
C	75,69 %	75,64 %	75,39 %	75,79 %	76,05 %
H	12,84 „	12,81 „	12,69 „	12,93 „	12,68 „.

Bei den Versuchen, das Molekulargewicht der vorliegenden Säure zu bestimmen, stellte es sich heraus, daß der richtige Wert weder nach der Methode von Baumann und Fromm, mit Naphthalin, noch nach der Beckmann'schen Gefrier- bezügl. Siedemethode, mit Benzol als Lösungsmittel, zu erhalten war. Die so ausgeführten Bestimmungen ergaben ziemlich das doppelte Molekulargewicht und stimmten untereinander schlecht überein, während die richtige Zahl bei Benutzung von Aether als Lösungsmittel gefunden wurde.

Molekulargewichtsbestimmung nach der Beckmann'schen Siedemethode.

Mit absolutem Aether. Konstante 2110.

Lösungsmittel in g	Gelöste Substanz	Siedepunkts-Erhöhung	Molekular-Gewicht		Berechnet für $C_{18}H_{36}O_2$
17,882	0,2091	0,090	274,1	Mittel: 285,3	284
17,882	0,2503	0,110	268,5		
18,129	0,2971	0,113	306,0		
17,993	0,2145	0,090	279,5		
17,993	0,2458	0,100	288,2		
17,993	0,1764	0,070	295,5		

Nach den Resultaten der Elementar-Analyse und der Molekulargewichtsbestimmungen kommt der neuen Säure die Formel $C_{18}H_{36}O_3$ zu, es liegt somit eine Iso-Stearinsäure vor, welche ich zum Unterschiede von anderen λ-Iso-Stearinsäure nennen will.

Natriumsalz oder λ-Iso-Stearinsäure.

Die Säure wird in überschüssigem wässerigen Natriumkarbonat in der Wärme gelöst. Aus der Lösung scheidet sich nach mehrstündigem Stehen in der Kälte das aus feinen Nadeln bestehende Natriumsalz ab. Nach dem Absaugen, Auswaschen und zweimaligen Umkrystallisieren aus heißem Wasser muß es, bevor es analysenrein ist, in fein zerriebenem Zustande noch mit Aether mehrmals ausgeschüttelt werden, der etwas beigemengte freie Säure aufnimmt.

Die reinen, blendend weißen, seidenglänzenden Krystalle sind in heißem Wasser klar löslich, während sie von kaltem nur in Spuren aufgenommen werden. Aethyl- und Methyl-Alkohol lösen leicht, Chloroform in der Hitze, Aether garnicht.

Zur Analyse wurde das Salz bei 100° getrocknet.

1. 0,2026 g gaben 0,0341 g Na_2CO_3 = 7,31 % Na, 0,0471 g Na_2SO_4 = 7,55 % Na
2. 0,2920 „ „ 0,0498 „ „ = 7,40 „ „ 0,0675 „ „ = 7,50 „ „
3. 0,3441 „ „ 0,0599 „ „ = 7,56 „ „ 0,0792 „ „ = 7,47 „ „

Gefunden im Mittel:	Berechnet für $C_{18}H_{35}O_3Na$:
Na 7,52 %	7,47 %.

Silbersalz der λ-Iso-Stearinsäure.

Das Natriumsalz der λ-Iso-Stearinsäure wird in heißem Wasser gelöst und mit wenig Alkohol versetzt. Auf weiteren Zusatz von überschüssiger wässeriger Silbernitratlösung scheidet sich das Silbersalz in amorphem Zustande flockig ab. Es wird vor Licht geschützt abgesaugt, mit Wasser ausgewaschen und über Schwefelsäure getrocknet. Bei der Analyse gibt es um ca. ½% zu niedrige Silberwerte, wenn es nicht vorher, wie das Natriumsalz, mit Aether ausgeschüttelt wird.

Das λ-iso-stearinsaure Silber ist unlöslich in Wasser, Aether, Petroläther, während es von siedendem Alkohol und Chloroform spurenweise aufgenommen wird.

1. 0,2390 g lieferten 0,0658 g Ag = 27,53% Ag.
2. 0,3363 „ „ 0,0928 „ „ = 27,59 „ „

	Gefunden:		Berechnet für
	1.	2.	$C_{18}H_{35}O_2Ag$:
Ag	27,53%	27,59%	27,62%.

Baryumsalz der λ-Iso-Stearinsäure.

Das λ-iso-stearinsaure Baryum wird ähnlich, wie das Silbersalz, erhalten durch Fällung der wässerigen, mit sehr wenig Alkohol und einigen Tropfen Ammoniak versetzten Lösung des Natriumsalzes mit Chlorbaryum.

Es scheidet sich beim Schütteln in Flocken aus, wird abgesaugt und mit kaltem Wasser ausgewaschen. Nach dem Trocknen im Exsiccator wird es in zerriebenem Zustande mit Aether ausgeschüttelt.

Das Baryumsalz der λ-Iso-Stearinsäure ist amorph und unlöslich in Wasser, Aether und kaltem Chloroform, während Petroläther es leicht, Alkohol und Chloroform es in der Siedehitze lösen.

1. 0,2011 g gaben 0,0551 g $BaCO_3$ = 19,07% Ba, 0,0653 g $BaSO_4$ = 19,11% Ba.
2. 0,2223 „ „ 0,0613 „ „ = 19,16 „ „ 0,0728 „ „ = 19,25 „ „
3. 0,1916 „ „ 0,0530 „ „ = 19,26 „ „ 0,0627 „ „ = 19,26 „ „
4. 0,2602 „ „ 0,0724 „ „ = 19,37 „ „ 0,0858 „ „ = 19,37 „ „

Gefunden im Mittel:	Berechnet für $C_{36}H_{70}O_4Ba$:
Ba 19,23%	19,49%.

λ-Iso-Stearinsäure-Chlorid: $C_{17}H_{35}COCl$,

Analog der Darstellungsweise des von Krafft und Bürger[1]) untersuchten Stearylchlorids wurden gleiche Moleküle vollkommen reiner λ-Iso-Stearinsäure (3 g) und zerriebenen Phosphorpentachlorids (2,3 g) in einem Fraktionskölbchen gemischt, auf dem Wasserbade

[1]) Ber. Bd. 17, S. 1378.

kurz erwärmt und dann im Vakuum (20 mm) bis ca. 100° C. erhitzt, um das entstandene Phosphoroxychlorid zu verjagen.

Es restierte eine etwas braune, dünne Flüssigkeit, die mit kaltem Wasser nicht reagierte. Eine Probe, mit Wasser erhitzt, spaltete Salzsäure ab und die freigewordene λ-Iso-Stearinsäure schwamm nach dem Erkalten als feste Masse auf der sauren Flüssigkeit. (Schmelzpunkt nach dem Umkrystallisieren 50° C.)

Das Säurechlorid wurde nach mehrtägigem Stehen im Vakuum über Schwefelsäure analysiert, die Chlor-Bestimmung nach der Methode von Carius ausgeführt.

1. 0,2249 g Substanz gaben 0,5875 g CO_2 und 0,2390 g H_2O.
2. 0,2242 „ „ „ 0,1058 „ AgCl.

	Gefunden:		Berechnet für
	1.	2.	$C_{17}H_{35}COCl$:
C	71,24 %	—	71,41 %
H	11,81 „	—	11,57 „
Cl	—	11,69 %	11,74 „.

Aethyl-Ester der λ-Iso-Stearinsäure.

Einen Teil des Säurechlorids erhitzte ich mit wenig absolutem Aethylalkohol zum Sieden und goß die Lösung dann in Wasser. Der auf der sauren Flüssigkeit schwimmende Ester wurde zunächst im Scheidetrichter von dieser getrennt und dann in Aether aufgenommen, durch Schütteln der ätherischen Lösung mit wässerigem Natriumkarbonat von Salzsäure befreit. Nach dem Abdestillieren der mit Natriumsulfat getrockneten Aetherlösung verblieb der Ester als eine gelbliche Flüssigkeit. Ein Teil davon wurde mit alkoholischem Kali verseift und dann mit Wasser versetzt. Nach dem Verjagen des Alkohols wurde durch Zusatz verdünnter Schwefelsäure im Ueberschuß die freie λ-Iso-Stearinsäure erhalten.

0,1970 g Ester gaben 0,5535 g CO_2 und 0,2340 g H_2O.

	Gefunden:	Berechnet für $C_{17}H_{35} \cdot COOC_2H_5$:
C	76,63 %	76,92 %
H	13,14 „	12,82 „.

Die im vorhergehenden charakterisierte Iso-Stearinsäure, die dritte bis jetzt bekannte, wird durch Kaliumpermanganat in alkalischer Lösung nicht angegriffen. Brom wirkt ebenfalls nicht auf sie ein. Sie ist destillierbar und geht, sowohl bei gewöhnlichem Druck, als auch im Vakuum (25 mm), bei ca. 200° C. über; sie ist optisch inaktiv, wie es nach der Art ihrer Entstehung erwartet werden mußte. Die Säure enthält ein C-Atom weniger als die optisch aktive Lichesterinsäure, und es war anzunehmen, daß es das C-Atom der Karboxyl-Gruppe sein wird, welches beim Erhitzen mit Jodwasserstoffsäure abgespalten wird, ebenso wie dies im Vakuum resp. unter dem Einfluß des Alkalis geschehen war.

Um den direkten Beweis für die Abspaltung von CO_2 zu erbringen, wurde ein Einschmelzrohr genau so beschickt, wie dies beim Erhitzen der Lichesterinsäure mit Jodwasserstoff geschehen war, dann aber so ausgezogen, daß sich hinter der zugeschmolzenen Kapillare eine Verdickung befand, sodaß ein Gummischlauch darüber gezogen und befestigt werden konnte. Nachdem in gewohnter Weise erhitzt worden und das Rohr wieder vollständig erkaltet war, wurde das Ende eines ca. 75 cm langen Schlauches über die Kapillare gezogen und andererseits mit zwei hintereinander geschalteten, Barytwasser enthaltenden Waschflaschen verbunden. Als die Kapillare innerhalb des Schlauches abgebrochen wurde, entstand ein starker, weißer Niederschlag, sogar noch in der zweiten Flasche. Daß derselbe aus Baryumkarbonat bestand, wurde nachgewiesen.

Lichesterinsäure, $C_{19}H_{32}O_4$, geht also durch Behandlung mit Jodwasserstoff, unter Abspaltung von CO_2 in eine gesättigte Fettsäure von der Formel $C_{18}H_{36}O_2$ über. Da die Beziehungen der Lichesterinsäure zur Lichesterylsäure und dem Lakton derselben befriedigend aufgeklärt sind, so bleibt nur noch rätselhaft, warum einerseits, Lichesterin- und Lichesterylsäure mit dem scheinbar ungesättigten Reste $C_{14}H_{27}$ . . . die Eigenschaften von höchst beständigen, gesättigten Verbindungen zeigen, andererseits, durch welchen Vorgang dieser Rest $C_{14}H_{27}$ bei der Einwirkung von Jodwasserstoff in den um zwei Wasserstoffe reicheren $C_{14}H_{29}$ übergeht. Am einfachsten würde diese Schwierigkeit durch die Aenderung der Lichesterin- resp. Lichesterylsäureformel in $C_{19}H_{34}O_4$ resp. $C_{18}H_{36}O_3$ behoben werden können. Die Resultate der Analysen sprechen aber, wenn auch die Differenzen nicht bedeutend sind, nicht zu Gunsten dieser Aenderung:

Es ergibt sich in Prozenten:

	C	H		C	H
1. für $C_{19}H_{32}O_4$:	70,37	9,88	Gefunden im Mittel:	69,99	9,87
„ $C_{19}H_{34}O_4$:	69,94	10,43	„ „ „	—	—
2. für $C_{18}H_{34}O_3$:	72,48	11,41	„ „ „	72,45	11,70
„ $C_{18}H_{36}O_3$:	72,00	12,00	„ „ „	—	—

Da dem Vorhandensein doppelter C-Bindung in dem Reste $C_{14}H_{27}$ das ganze Verhalten der beiden Säuren strikte widerspricht, so bleibt nur noch die eine Möglichkeit übrig, daß in dem Reste $C_{14}H_{27}$ eine ringförmig angeordnete Kohlenstoffgruppe enthalten ist. — Es muß weiteren Forschungen überlassen bleiben, diesen Punkt aufzuklären.

Der größte Teil des bei der Jodwasserstoffeinwirkung resp. Reduktion der Lichesterinsäure erhaltenen Reaktionsprodukts war flüssig geblieben und teils direkt von der auskrystallisierten λ-Jso-Stearinsäure durch Absaugen getrennt worden, teils in den Mutterlaugen der Fettsäure enthalten. — Das gesamte, vermutlich einen Kohlenwasserstoff enthaltende Oel wurde zunächst mit 30%iger wässeriger Kalilauge mehrmals ausgekocht, bis diese keine Iso-Stearinsäure mehr aufnahm, dann bei gewöhnlichem Druck destilliert, wobei es zum größten Teil bei ca. 180—210° C. überging.

Eine Elementaranalyse des zweimal fraktionierten, zuletzt von 190—200° C. übergegangenen, hellgelben, neutralen Oels ergab folgende Werte, die auf einen Kohlenwasserstoff deuten:

0,2730 g Substanz lieferten 0,8225 g CO_2 und 0,3283 g H_2O, entsprechend 82,17% C und 13,36% H.

Es wurden zahlreiche Versuche gemacht, den vorliegenden Stoff vollkommen zu reinigen. Aber, weder nochmaliges Kochen mit starkem Alkali, Ausschütteln der ätherischen Lösung des Oels mit Kalilauge, noch Destillation mit Wasserdampf führten zu ganz befriedigenden Resultaten. — Die Werte, welche die so behandelte Substanz bei einer erneuten Verbrennung ergab, liegen zwar immer noch ziemlich weit von den berechneten entfernt, werden aber doch angegeben, da sie sehr wohl die Annahme gestatten, daß bei der Reduktion der Lichesterinsäure neben der λ-Iso-Stearinsäure ein gleichviel C-Atome enthaltender Kohlenwasserstoff entsteht.

0,1782 g Substanz lieferten 0,5486 g CO_2 und 0,2202 g H_2O.

	Gefunden:	Berechnet für $C_{18}H_{38}$:
C	83,96%	85,04%
H	13,73 „	14,96 „
	97,69%	100,00%

Resultate.

Als Ergebnisse meiner Arbeit möchte ich folgende Punkte hervorheben:

1. Es existiert nur eine Lichesterinsäure, Schmelzpunkt 124—125° C.

2. Die Lichesterinsäure ist eine Laktonsäure und es kommt ihr folgende Formel zu:

3. Beim Erhitzen im Vakuum spaltet sie 1 CO_2 aus dem Karboxyl ab und geht in das Lichesteryl-Lakton über:

$$C_{14}H_{27}-\underset{|\qquad\qquad\qquad\quad|}{CH-CH_2-CH_2-CO}$$
$$\llcorner\!\!-\!\!-\!\!-\!\!-\!\!-\!\!-\!\!-\!\!-\!\!-\!\!-\!\!-\!\!-O$$

4. Die von Sinnhold zuerst dargestellte Lichesterylsäure ist eine Oxy-Säure:

$$C_{14}H_{27}-\underset{\substack{|\\ OH}}{CH}-CH_2-CH_2-COOH$$

Sie entsteht:

a) durch Kochen des Lichesteryl-Laktons mit Alkalien;

b) durch Behandlung der Lichesterinsäure in derselben Weise.

5. Bei der Behandlung der Lichesterinsäure mit Jodwasserstoffsäure bei Gegenwart von rotem Phosphor entsteht unter Abspaltung von 1 CO_2 aus der Karboxylgruppe ein flüssiges, I-haltiges Produkt, aus welchem nach der Reduktion isoliert wurden:

a) die λ-Iso-Stearinsäure $C_{18}H_{36}O_2$;

b) ein gesättigter Kohlenwasserstoff, vermutlich $C_{18}H_{38}$.

Beiträge zur Kenntnis der Sesquiterpene und Sesquiterpenalkohole.

Von J. Gadamer und T. Amenomiya.

(Eingegangen den 9. I. 1903).

Während die Chemie der Terpene durch zahlreiche Arbeiten, namentlich von Baeyer und Wallach jetzt so weit aufgeklärt ist, daß die Terpene mit zu den best bekannten Verbindungen des Pflanzenreiches gehören, ist über die doch immerhin nahe verwandten Sesquiterpene und die sich davon ableitenden Sesquiterpenalkohole nur sehr wenig sicheres ermittelt: kaum mehr als die physikalischen Konstanten neben der allen gemeinsamen empirischen Formel! Die Ursache für diese Tatsache ist nur zum kleinsten Teil in der schwierigeren Zugänglichkeit der Sesquiterpene zu suchen, in der Hauptsache vielmehr darin, daß ihre Bearbeitung große Schwierigkeiten macht und im allgemeinen wenig erfreulich ist. Unter diesen Umständen muß jeder kleinste Beitrag, der unsere Kenntnis auf dem Gebiete der Sesquiterpene zu erweitern im stande ist, willkommen sein. Es soll daher im nachstehenden über eine Anzahl von Untersuchungen berichtet werden, die wir im Sommer 1901 im Laboratorium des pharmazeutisch-chemischen Instituts der Universität Marburg begonnen und vor etwa einem halben Jahre dort vorläufig abgeschlossen haben. Dieselben sollten sich ursprünglich nur auf das von dem einen von uns aus Japan mitgebrachte Atractylol von *Atractylis ovata Thunb.* erstrecken. Die bei der Bearbeitung auftretenden Schwierigkeiten brachten es jedoch von selbst mit sich, daß wir auch anderen Sesquiterpenen und Sesquiterpenalkoholen unsere Aufmerksamkeit zuwandten, da wir dadurch hoffen konnten auf dem eigentlichen Arbeitsgebiete mit besserem Erfolge voranzukommen. Durch die liebenswürdige Freigebigkeit der Firma Schimmel & Co. sind wir für genannten Zweck mit einem nicht unbeträchtlichen Quantum Guajol, Patchoulialkohol und Caryophyllen versehen worden. Als es dann später wünschenswert erschien, auch das ätherische Oel von Carlina acaulis, einer Komposite, welche der Atractylis ovata botanisch nahe steht und daher in ihrem ätherischen Oele denselben oder doch einen nahe verwandten Stoff zu erwarten berechtigte, in den Kreis der Untersuchung einzuziehen, hat genannte Firma ihren ganzen Bestand, ca. 60 g, ebenfalls bereitwilligst zur Verfügung gestellt. Wir möchten daher nicht verfehlen, den Herren Schimmel & Co. für ihr an den nachstehenden Untersuchungen bewiesenes Interesse auch an dieser Stelle unseren wärmsten Dank auszusprechen.

I. Ueber Atractylol, einen Sesquiterpenalkohol aus *Atractylis ovata Thunb.*

Aus der feingeschnittenen Wurzel der in Japan einheimischen Komposite *Atractylis ovata Thunb.* haben Shimoyama und Itirano durch Destillation mit Wasserdampf ein wohlriechendes, schwach gelb gefärbtes, ätherisches Oel erhalten, das nach kurzer Zeit krystallinisch erstarrte. Es wurde von ihnen als Atractylol bezeichnet. Nähere Untersuchungen wurden später von Ueno[1]) ausgeführt. Nach ihm ist das Atractylol nach der Formel $C_{10}H_{18}O$ zusammengesetzt, also ein Terpenalkohol, ein Isomeres des Borneokampfers. Sein Schmelzpunkt soll bei 56°, sein Siedepunkt unter gewöhnlichem Druck bei 271—273° C. (unkorr.) liegen. Für die Aufstellung der Formel waren die analytischen Daten maßgebend:

	Gefunden: 1.	2.	Berechnet für $C_{10}H_{18}O$:
C	78,8	78,3	78,94
H	10,8	11,6	10,53.

[1]) Journ. of the pharmaceutical society of Japan No. 129, 1074.

Molekulargewichtsbestimmungen, welche die Formel kontrolliert hätten, wurden nicht ausgeführt.

Alle Versuche, welche von Ueno zur Erschließung der Konstitution angestellt wurden, verliefen ohne positives Ergebnis. Es soll jedoch in nachstehendem kurz über dieselben referiert werden, da sie immerhin von Interesse und Wert für die Beurteilung des Charakters des Atractylols sind.

1. Eine Auflösung von Atractylol in Schwefelkohlenstoff wurde unter Abkühlung tropfenweise mit Brom versetzt. Es fand Entfärbung statt. Nach dem Verdunsten der Lösung hinterblieb eine grünlichbraune, harzartige Masse, deren Auflösung in Aether auch bei fünfstündigem Abkühlen auf unter -12^0 C. nicht zur Krystallisation zu bringen war.

2. Atractylol wurde mit rauchender Salzsäure behandelt und dadurch eine gelblich braune, harzartige Substanz erhalten, die 5% Chlor enthielt. Es hatte also eine Aufnahme von Salzsäure stattgefunden, ohne daß jedoch eine glatte Reaktion eingetreten wäre, denn für die Aufnahme von einem Molekül Salzsäure in ein Molekül $C_{10}H_{18}O$ z. B. nach der Gleichung

$$C_{10}H_{17}OH + HCl = C_{10}H_{17}Cl + H_2O$$

sind 20,6% Chlor berechnet.

3. Oxydationsversuche mit Chromsäuregemisch nach der Methode von Bertram und Gildemeister, mit Kaliumpermanganat und mit Salpetersäure führten nicht zu greifbaren Produkten. Entweder blieb Atractylol unverändert, oder es wurden braune harz- oder balsamartige Substanzen erhalten, aus denen ein gut charakterisierter Körper nicht erhalten werden konnte.

4. Die Reduktionsversuche mit Natriumamalgam, Natriumäthylat und 12%iger alkoholischer Kalilauge lieferten in allen Fällen das unveränderte Atractylol zurück.

5. Hydroxylamin war ohne Einwirkung.

Die Ergebnisse lassen sich dahin zusammenfassen, daß nicht einmal der Alkoholcharakter des Atractylols sicher festgestellt war.

Der eine von uns unternahm es daher auf Veranlassung von Herrn Prof. Dr. Shimoyama das Atractylol von neuem darzustellen. Das in einer Menge von etwa 300 g gewonnene Rohmaterial wurde alsdann von uns gemeinschaftlich weiter untersucht.

Darstellung und Reinigung des Atractylols.

Das Rohmaterial, welches zu 7% aus der Wurzel von Atractylis ovata gewonnen wurde, während Nagai 5—10% erhalten hatte, bestand aus schwach bräunlich gefärbten, krystallinischen Krusten von eigentümlichem, starkem, an Muskat erinnerndem Geruche. Eine Probefraktionierung ergab, daß bei gewöhnlichem Druck das Oel bei 290 bis 292° C. überging, während nur ein geringer, dunkel gefärbter Rückstand im Kolben verblieb.

Das Destillat erstarrte allmählich zu einem farblosen Krystallkuchen und war anscheinend einheitlich. Der Schmelzpunkt lag bei 56—57°. Der Geruch war unverändert.

Der hohe Siedepunkt (Nagai gibt nur 271—273° C. an) machte es von vornherein unwahrscheinlich, daß in dem Atractylol ein Terpenalkohol vorliege, vielmehr deutete derselbe auf einen Sesquiterpenalkohol; ja der Schmelzpunkt erinnerte sogar lebhaft an den schon lange bekannten Patchoulialkohol, einen Sesquiterpenalkohol, der bei 56° C. schmilzt. Patchoulialkohol ist jedoch linksdrehend, während das Atractylol sich als optisch inaktiv erwies. War jedoch das Atractylol ein Sesquiterpenalkohol, so stand zu erwarten, daß dasselbe wie die anderen bekannten Sesquiterpenalkohole geruchlos wäre, daß also der eigentümliche Geruch desselben einem anderen, vielleicht nur in kleinen Mengen anwesenden Körper zukäme. Wir haben daher versucht das Atractylol zu reinigen und zwar durch Krystallisation. Wir begegneten jedoch dabei großen Schwierigkeiten, da das Atractylol in den üblichen Lösungsmitteln wie Alkohol, Aether, Petroläther, Schwefelkohlenstoff, Benzol, Chloroform etc. spielend leicht löslich ist und anscheinend noch mehr zu übersättigten Lösungen neigt, als der Patchoulialkohol. Wir haben jedoch auf zwei verschiedene Weisen durch Krystallisation reines Atractylol erhalten können, nämlich durch starke Abkühlung mittelst fester Kohlensäure und Aether von äußerst konzentrierten Lösungen in Petroläther (Siedepunkt bis 50°) und absolutem Alkohol. Das in der gleichen Weise wiederholt umkrystallisierte Material schmolz bei 59° C., war aber nicht geruchlos, sondern besaß einen, namentlich im stark verdünnten Zustande höchst angenehm an Maiblumen (Convallaria majalis) lebhaft erinnernden Geruch. Frisch destilliertes Atractylol besaß im flüssig-zähen Zustande nur einen schwachen Geruch, der aber nach dem Krystallinischwerden stärker hervortrat. Es ist daher zum mindesten zweifelhaft, ob das Atractylol gleich den anderen Sesquiterpenalkoholen im ganz reinen Zustande wirklich geruchlos ist.

Eigenschaften des reinen Atractylols: lockere, weiche Krystallnadeln von eigenartigem Geruch, bitterem, etwas kratzendem Geschmack. Wird Atractylol in wenig Chloroform gelöst und setzt man dazu einige Tropfen Schwefelsäure, so tritt erst eine rotbraune, nach einiger Zeit eine tief violette Färbung ein. Schmp. 59° C.; Sdp. (760 mm)

290—292 °C.; 15 mm 162° C. n_D^{20} (in unterkühlter Schmelze) = 1,51029 s 1,51101. Es ist optisch inaktiv.

Daß im Atractylol ein Sesquiterpenalkohol vorliegt, wird durch den Ausfall der Elementaranalysen und die Molekulargewichtsbestimmung höchst wahrscheinlich gemacht.

Die Ausführung der Elementaranalysen bedurfte der größten Vorsicht, da sonst um einige Prozente zu niedrige Werte für Kohlenstoff gefunden werden, wie ja auch die von Ueno (l. c.) ermittelten Werte beweisen.

1. 0,2758 g Substanz gaben 0,8188 g CO_2 und 0,2842 g H_2O.
2. 0,2486 „ „ „ 0,7361 „ „ „ 0,2603 „ „

	Gefunden: 1.	2.	Berechnet für $C_{15}H_{26}O$:
C	81,0	80,8	81,01
H	11,5	11,7	11,8.

Die Molekulargewichtsbestimmung wurde nach dem Verfahren der Siedepunktserhöhung, absoluter Aether als Lösungsmittel, ausgeführt.

	1.	2.
Lösungsmittel	59,57 g	57,47 g
Substanz	1,8029 „	2,5754 „
Temperaturerhöhung . .	0,295° C.	0,440° C.

Daraus folgt:

	Gefunden: 1.	2.	Berechnet für $C_{15}H_2O$:
M	215,4	213,8	222.

Dadurch erscheint die Formel $C_{15}H_{26}O$ als ausreichend sicher gestellt. Es handelte sich nunmehr um die Charakterisierung der Verbindung als Alkohol.

Nachweis der Hydroxylgruppe.

Die Gegenwart einer alkoholischen Hydroxylgruppe — nur um eine solche, nicht um eine Phenolhydroxylgruppe konnte es sich handeln — läßt sich am leichtesten und glattesten durch Ueberführung in das entsprechende Phenylurethan mittelst Phenylisocyanat oder durch Acylierung, d. h. durch Esterbildung beweisen. Beide Wege wurden, z. T. in mannigfaltiger Weise variiert, betreten und zwar mit dem Erfolge, daß die Existenz eines alkoholischen Hydroxyls als erwiesen betrachtet werden kann, obwohl es kaum in einem Falle gelungen ist, ein reines Reaktionsprodukt zu erhalten. Der Grund dafür dürfte darin zu suchen sein, daß das Atractylol ein tertiärer Alkohol ist (siehe Oxydationsversuche) und bei der Behandlung mit Phenylisocyanat oder bei der Esterifizierung unter der Abspaltung von

Wasser und Bildung des zugehörigen Sesquiterpens eine Veränderung erfährt nach der Gleichung:

$$C_{15}H_{25}OH = C_{15}H_{24} + H_2O.$$

Diese Reaktion ist durchaus nicht befremdend, sondern steht in bester Uebereinstimmung mit den Eigenschaften anderer Sesquiterpenalkohole. Hat doch beispielsweise E. Schmidt[1]) gefunden, daß der Sesquiterpenalkohol aus dem Kubebenöl schon bei der Aufbewahrung über Schwefelsäure Wasser abgibt. Wir selbst konnten beobachten, daß der Patchoulialkohol bei der Destillation unter gewöhnlichem Drucke wenigstens teilweise in Wasser und Sesquiterpen übergeht etc.

1. Einwirkung von Phenylisocyanat.

Geschmolzenes und unterkühltes (auf gewöhnliche Temperatur) Atractylol wurde mit der berechneten Menge Phenylisocyanat versetzt. Nach einiger Zeit erstarrte die vor Luftzutritt geschützte Mischung zu einer braunen Masse, während gleichzeitig eine Gasentwickelung zu beobachten war. Die Krystalle wurden durch den Schmelzpunkt als Diphenylharnstoff identifiziert. Es hatte sich also eine Reaktion nach der Gleichung

$$2\,C_6H_5NCO + H_2O = C_6H_5NH\cdot CO\cdot NHC_6H_5 + CO_2$$

abgespielt. Das dazu erforderliche Wasser war aus dem Atractylol abgespalten worden. Dafür sprach auch der Umstand, daß die mit Benzol durch Ausziehen des Reaktionsproduktes erhaltene Lösung beim Verdunsten eine sirupförmige Masse hinterließ, die nicht zur Krystallisation zu bringen war, da sie zum Teil aus dem flüssigen Sesquiterpen $C_{15}H_{24}$ bestand.

Nicht anders verlief die Reaktion bei der Einwirkung im Wasserbade[2]), nur trat hier die Abscheidung von Diphenylharnstoff noch schneller ein.

2. Acylierungsversuche.

a) Einwirkung von Chlorwasserstoff auf Atractylol.

Ueno (l. c.) hat bei der Einwirkung von rauchender Salzsäure auf Atractylol ein Reaktionsprodukt erhalten, welches nur 5% Cl enthielt, während für $C_{15}H_{25}Cl$ 14,73% berechnet sind. Wir haben versucht, die Hydroxylgruppe durch Chlor zu ersetzen, indem wir trockenen Chlorwasserstoff auf eine Lösung des Atractylols in Aether einwirken ließen. Es zeigte sich jedoch hierbei, daß die Reaktion bei der Veresterung nicht stehen bleibt, sondern daß noch außerdem eine Anlagerung von HCl an eine vermutlich vorhandene Doppelbindung

---

1) Privatmitteilung.

2) Wallach u. Tuttle, Ann. 279, 391.

stattfindet. Die gewonnene Verbindung entsprach daher den Additionsprodukten, welche z. B. Wallach[1]) bei der Behandlung des Cadinens mit Chlorwasserstoff erhielt: $C_{15}H_{24} \cdot 2\,HCl$. Die Reaktion muß sich also in 2 Phasen abgespielt haben:

1. $C_{15}H_{25}OH + HCl = C_{15}H_{25}Cl + H_2O$.
2. $C_{15}H_{25}Cl + HCl = C_{15}H_{26}Cl_2$.

10 g Atractylol wurden in dem doppelten Volum absoluten Aether aufgelöst, mit Eiswasser auf 0° abgekühlt und dann mit trockenem Chlorwasserstoff behandelt. Letzterer wurde sehr begierig aufgenommen. Unter Erwärmung färbte sich die Lösung erst braun, später schön tief violett. Nach eingetretener Sättigung wurde die Lösung in einem Vakuumexsiccator über Aetzkalk verdunstet. Dabei verschwand die Färbung; es verblieb zunächst eine sirupartige Flüssigkeit, die ein schmutzig gefärbtes Nebenprodukt enthielt, welches aber allmählich vollständig verschwand, sodaß endlich eine klare, schwach grünlich gefärbte, dickflüssige Substanz verblieb. Weder durch Abkühlung noch aus Lösungsmitteln konnte dieselbe zur Krystallisation gebracht werden. Sie bestand aber, wie aus der Halogenbestimmung nach Carius folgt, aus der Verbindung $C_{15}H_{26}Cl_2$:

0,2714 gaben 0,2871 g AgCl.

	Gefunden:	Berechnet für $C_{15}H_{26}Cl_2$:
Cl	26,2	25,59.

b) Einwirkung von Bromwasserstoff auf Atractylol.

Das Verhalten des Atractylols gegen Bromwasserstoff ist ganz analog dem oben für Chlorwasserstoff beschriebenen. Als das in der doppelten Menge absoluten Aethers gelöste Atractylol unter Abkühlung durch Eiswasser mit trockenem Bromwasserstoff gesättigt wurde, traten dieselben Farbenerscheinungen auf. Beim Verdunsten über Aetzkalk im Vakuum verblieb ein bräunlicher Sirup, dem wiederum eine kleine Menge eines schmutzig gefärbten Nebenproduktes beigemengt war. Nach monatelangem Stehen in der Luftleere über Aetzkalk wurde die klar abgegossene Verbindung analysiert. Es zeigte sich, daß zwar die analoge Bromwasserstoffverbindung entstanden war, daß dieselbe aber von geringerer Beständigkeit sein mußte, da der Bromgehalt um mehrere Prozente hinter den berechneten zurückblieb.

1. 0,2836 g gaben 0,2724 g AgBr
2. 0,2350 „ „ 0,2230 „ „

	Gefunden: 1.	Gefunden: 2.	Berechnet für $C_{15}H_{26}Br_2$:
Br	40,9	40,4	43,68.

---

[1]) Ann. 238, 80.

c) Ersatz der Hydroxylgruppe durch Jod. Atractylyljodid.

Nach den im vorstehenden beschriebenen Erfahrungen wurde davon abgesehen, Jodwasserstoff direkt auf eine Lösung des Atractylols in Aether einwirken zu lassen, da im günstigsten Falle die Verbindung $C_{15}H_{26}J_2$ entstehen konnte. Es wurde vielmehr der Ersatz der Hydroxylgruppe durch Jod mittelst Phosphortrijodid bewerkstelligt, indem zu einer Auflösung von 3 Mol. Atractylol in Schwefelkohlenstoff eine ebensolche Lösung von 1 Mol. Phosphortrijodid allmählich zugesetzt wurde [1]). Die Umsetzung erfolgte unter geringer Wärmeentwickelung und gleichzeitiger Bildung eines roten, unlöslichen Nebenproduktes. Von letzterem wurde abfiltriert, der Schwefelkohlenstoff abdestilliert und das verbleibende braune Oel mit Sodalösung gewaschen. Darauf wurde mit Aether aufgenommen, die Lösung mit entwässertem Natriumsulfat getrocknet, und, vor Feuchtigkeit geschützt, verdunstet. Es verblieb eine nicht krystallisierbare braune ölige Substanz von der annähernd erwarteten Zusammensetzung:

0,2756 g gaben 0,1822 g AgJ.

Gefunden:	Berechnet für $C_{15}H_{25}J$:
J 35,7	38,2.

Dieses Jodid ist, wie schon die Analyse vermuten läßt, außerordentlich wenig beständig. Bewahrt man es auf, so trennt es sich allmählich in 2 Schichten, eine obere, farblose, leicht bewegliche, von terpenartigem Geruch und eine untere, dunkelbraune zähe, fast harzartige Masse. Vermutlich hat hierbei unter Abspaltung von Jodwasserstoff sich aus einem Teil Sesquiterpen gebildet, während der dabei freiwerdende Jodwasserstoff von dem anderen Teil durch Addition gebunden wird, vielleicht nach der Gleichung:[2])

$$2\,C_{15}H_{25}J = C_{15}H_{24} + C_{15}H_{26}J_2.$$

d) Einwirkung von rauchender Salpetersäure auf Atractylol.

O. Wallach[3]) hat durch Einwirkung von rauchender Salpetersäure auf durch Alkohol verflüssigten Caryophyllenalkohol einen sehr beständigen, gut krystallisierbaren Salpetersäureester erhalten. Es stand daher zu hoffen, vom Atractylol eine analoge Verbindung zu gewinnen. Zu dem Zwecke wurde Atractylol mit wenig Aethylalkohol verflüssigt, in einer Kältemischung abgekühlt und dann tropfenweise mit überschüssiger, rauchender Salpetersäure versetzt. Anfangs schien die Reaktion glatt vor sich zu gehen; die eintretende dunkel-

[1]) Vergl. Wallach, Ann. 271, 290.
[2]) Vergl. auch das Verhalten des Atractylens gegen Jodwasserstoff.
[3]) Ann. 271, 291.

violette Färbung deutete zwar darauf hin, daß zum mindesten ein Teil des Atractylols durch Wasserabspaltung in Atractylen überging, doch konnte eine oxydierende Wirkung der Salpetersäure nicht beobachtet werden. Nach ein bis zwei Stunden trat jedoch plötzlich eine sehr stürmische Reaktion ein, so daß der Inhalt des Kolbens überstieg, und das Reaktionsprodukt stellte eine rotgelbe, zähe, harzartige Masse dar, welche in Alkohol etwas schwieriger, in Aether und Chloroform leichter löslich war. Nach dem Auswaschen mit Wasser wurde versucht, das Reaktionsprodukt aus Alkohol zu krystallisieren, jedoch ohne Erfolg; es verblieb als eine klebrige, harzartige Substanz. Darauf wurde es mit Wasserdampf destilliert, wobei ein terpenartiges, ätherisches Oel überging, während im Kolben eine harzige Masse zurückblieb, die aber auch jetzt nicht krystallisiert erhalten werden konnte. Aus dem ganzen Verlauf der Reaktion geht jedenfalls hervor, daß ein Salpetersäureester nicht entstanden war, daß vielmehr Oxydation und vielleicht Bildung von Nitrokörpern stattgefunden hatte.

e) Acetylierungsversuche.

α) *Einwirkung von Eisessig auf Atractylol*[1].

Nach dem Vorgange von Parry wurden 1,66 g Atractylol mit 0,9 g Eisessig im Einschmelzrohre eine Stunde auf 100° erwärmt. Da hierbei eine äußere Veränderung nicht bemerkt werden konnte, wurde nunmehr eine Stunde auf 150° C. erhitzt, das Reaktionsprodukt mit Kaliumbikarbonatlösung geschüttelt und dann mit Aether aufgenommen. Nach dem Verdunsten des letzteren verblieb eine braune, sirupartige Flüssigkeit, die in der Hauptsache immer noch aus unverändertem Atractylol bestand.

β) *Einwirkung von Essigsäureanhydrid auf Atractylol bei Gegenwart von Natriumacetat.*

Etwas bessere Resultate wurden erzielt, als nach dem Verfahren von Liebermann und Hörmann mit Essigsäureanhydrid und und entwässertem Natriumacetat die Acetylierung versucht wurde. Bei 100° konnte allerdings auch danach eine Acetylierung nicht beobachtet werden, als aber 2 g Atractylol mit 8 g Essigsäureanhydrid und 0,5 g Natriumacetat eine Viertelstunde auf dem Luftbade zum Sieden erhitzt wurden, wurde bei der üblichen Weiterbehandlung eine braune, angenehm riechende Flüssigkeit erhalten, die wenigstens zum größten Teile aus dem gesuchten Acetat bestand.

---

[1]) Vergl. Parry, pharmaceutical journal, London 55, 118 (1895).

1,0115 g nach Benedict und Ulzer[1]) verseift und titriert brauchten 4,66 ccm $^n/_2$ Kalilauge zur Sättigung.

Gefunden:	Berechnet für 1 CH_3CO:
CH_3CO 9,9	16,3.

Durch Destillation bei 50 mm ging die Hauptmenge zwischen 173—197° C. als ein schwach gelblich gefärbtes Oel über, anscheinend jedoch nicht ganz ohne Zersetzung, da nunmehr nur noch 9,1 % Acetyl gefunden wurden.

1,9696 g wie oben behandelt neutralisierten 8,25 ccm $^n/_2$ KOH.

Gefunden	Berechnet für 1 CH_3CO:
CH_3CO 9,1	16,3.

γ) *Einwirkung von Essigsäureanhydrid bei Gegenwart von Pyridin.*

In neuester Zeit haben A. Verley und Fr. Bölsing[2]) eine Methode zur Acetylierung, resp. zur Hydroxylbestimmung mitgeteilt, die nach dem von ihnen gelieferten experimentellen Material besonders geeignet erscheinen mußte, im vorliegenden Atractylol die Gegenwart der Hydroxylgruppe zu beweisen. Die Methode beruht darauf, daß Alkohole resp. Phenole mit Säureanhydriden in der Kälte nur sehr langsam reagieren, während bei Gegenwart von Pyridin sofort eine lebhafte Reaktion eintritt unter merklicher Temperaturerhöhung. Die Bestimmung ist maßanalytisch, indem das Essigsäureanhydrid nach Ueberführung in Essigsäure durch Wasser mit $^n/_2$ Kalilauge vor und nach der Reaktion ermittelt wird, Phenolphthalein als Indikator. Als Reagens dient eine ca. 12 gewichtsprozentige Auflösung von Essigsäureanhydrid in Pyridin.

25 ccm dieser Mischung entsprachen in unserem Falle 114,1 ccm $^n/_2$ Natronlauge.

25 ccm derselben Mischung wurden zu einer Auflösung von 1,9676 g Atractylol in Pyridin hinzugegeben und, da eine Erwärmung nicht zu beobachten war, eine Viertelstunde auf dem Wasserbade erwärmt. Darauf wurde das Reaktionsprodukt mit Wasser verdünnt und titriert. Zur Neutralisation waren diesmal 113,4 ccm $^n/_2$ Natronlauge erforderlich, so daß also nur eine 0,7 ccm $^n/_2$ NaOH entsprechende Menge von Essigsäureanhydrid zur Esterbildung verbraucht sein konnten. Auf Atractylol berechnet, entspricht dies kaum 4%. Einen ähnlichen Wert haben A. Verley und F. Bölsing beim Terpineol mit 3,07% gefunden. Auch das Terpineol ist ein tertiärer Alkohol, so daß dieses Ergebnis die tertiäre Alkoholnatur des Atractylols sehr wahrscheinlich macht.

---

[1]) Monatshefte für Chemie 8, 41.

[2]) Ber. 34, 3354 (1901).

f. Einwirkung von Benzoylchlorid auf Atractylol in Pyridinlösung.

Nach dem Vorgange von A. Einhorn und F. Holland[1]) wurde 1 Mol. Atractylol, aufgelöst in der fünffachen Menge Pyridin, unter guter Eiskühlung tropfenweise mit 1 Mol. Benzoylchlorid versetzt. Nach mehrstündigem Stehen wurde das Reaktionsprodukt mit stark verdünnter Schwefelsäure gewaschen, wobei es sich als eine ölige Substanz abschied, die mit Aether aufgenommen wurde. Beim Verdunsten der mit Natriumsulfat entwässerten ätherischen Lösung verblieb eine braune sirupartige Substanz, die noch leichter zersetzlich war als die Acetylverbindung. Als sie nämlich bei 50 mm Druck destilliert wurde, ging bei 195—215° C. Terpen und Benzoësäure über, welch letztere im Kühlrohr krystallinisch erstarrte und leicht identifiziert werden konnte. Das nicht destillierte Reaktionsprodukt, welches ziemlich wohlriechend war, enthielt, nach der Methode von Benedict und Ulzer untersucht, ca. 30% des Benzoësäureesters.

0,9506 g Substanz neutralisierten 1,72 ccm $^{n}/_{2}$ KOH.

Gefunden:	Berechnet für 1 C_6H_5CO:
(C_6H_5CO) 9,4	32,2.

3. Oxydationsversuche.

Die Versuche, welche darauf hinzielten durch Oxydation die Natur des Atractylols aufzuklären, haben nur insofern zu einem positiven Resultate geführt, als sie den tertiären Alkoholcharakter bestätigten, der schon durch das Verhalten gegen Phenylisocyanat und bei der Acylierung im höchsten Grade wahrscheinlich gemacht worden war. Wäre Atractylol ein primärer oder sekundärer Alkohol, so müßte es, namentlich bei der Behandlung mit Chromsäuremischung, in der Wärme leicht angegriffen werden und dabei in einen Aldehyd resp. ein Keton übergehen. Im Gegensatz dazu ist aber das Atractylol gegen Chromsäure sehr beständig. Erst bei längerer Einwirkung findet eine Reaktion statt, die aber nur in einer Abspaltung von Wasser unter Bildung des Sesquiterpens (Atractylen) besteht. Auch gegen Kaliumpermanganat ist das Atractylol sehr widerstandsfähig. Als eine ätherhaltige wässerige Mischung desselben unter guter Abkühlung und heftigem Umrühren in saurer Lösung mit 1%iger Kaliumpermanganatlösung behandelt wurde, wurde wohl der Aether angegriffen, nicht aber das Atractylol, welches unverändert wiedergewonnen werden konnte.

Nach alledem stehen wir nicht an, das Atractylol als einen tertiären Alkohol von der Formel $C_{15}H_{25}OH$ anzusprechen. Einen weiteren Einblick gewährt die Untersuchung des durch Wasserabspaltung aus Atractylol entstehenden Atractylens.

[1]) Ann. 301, 95 ff.

II. Ueber Atractylen: $C_{15}H_{24}$.

Wird Atractylol mit wasserentziehenden Agentien behandelt so geht es leicht in Atractylen über:

$$C_{15}H_{25}OH = C_{15}H_{24} + H_2O.$$

Am geeignetsten hat sich uns für den Zweck der Wasserabspaltung das Monokaliumsulfat [1]) erwiesen. Wurde Atractylol mit der halben Menge desselben 1½ Stunden auf 180° im Paraffinbade am Steigrohre erhitzt, so bestand das Reaktionsprodukt aus einer dunkel gefärbten, beweglichen Flüssigkeit, die in ihrem Geruch an Zedernholz erinnerte. Die Trennung von dem Kaliumbisulfat geschah durch Aufnehmen mit Aether, Entwässern der ätherischen Lösung mit Natriumsulfat und Abdestillieren des Aethers aus dem Wasserbade. Der braune Rückstand wurde der fraktionierten Destillation unterworfen, wobei fast die gesamte Menge innerhalb weniger Grade überging. So wurden bei gewöhnlichem Druck aus 59 g erhalten:

1.	256—259°	5,8 g	= 9,8 %
2.	259—260°	8,0 „	= 13,5 „
3.	260—261°	17,7 „	= 29,9 „
4.	261—262°	13,6 „	= 23,0 „
5.	262—263°	12,0 „	= 20,3 „
	Sa.	57,1 g	= 97,5 %.

Bei 10 mm lagen die respektiven Siedepunkte bei 125—133° C. und zwar in der Hauptmenge zwischen 125—126°. Das spezifische Gewicht (d) der einzelnen Fraktionen und deren Brechungskoeffizienten (n) variieren so wenig, daß die einzelnen Fraktionen als im wesentlichen identisch angesehen werden können:

	d^{15}_{15}	d^{20}_{15}	n^{20}_{D}
1.	0,9147		1,50938
2.	0,9163		1,50957
3.	0,9154	— 0,9101	1,50893
4.	0,9184		1,50993
5.	0,9174		1,51020.

Die zuletzt übergehenden Anteile färbten sich schwach blau [2]), wurden aber durch metallisches Natrium leicht entfärbt, so daß man wohl, ähnlich wie Wallach und Tuttle beim Guajen, in dem blaugefärbten Körper ein sauerstoffhaltiges Oxydationsprodukt des Atractylens erblicken darf.

---

[1]) Wallach, Ann. 279, 394.

[2]) Vergl. Wallach u. Tuttle, Ann. 279, 397.

Die Elementaranalyse der III. Fraktion gab auf $C_{15}H_{24}$ gut passende Werte:

0,2365 g gaben 0,7640 g CO_2 und 0,2477 g H_2O.

	Gefunden:	Berechnet für $C_{15}H_{24}$:
C	88,1	88,23
H	11,6	11,76.

Wir haben jedoch noch auf einem anderen Wege versucht das Atractylen rein zu erhalten, nämlich nach der Methode, welche Wallach[1]) zur Reingewinnung des Cadinens befolgte, indem wir Atractylendichlorhydrat, welches wir bei der Behandlung der ätherischen Lösung des Atractylols mit Chlorwasserstoff erhalten hatten, mit der doppelten Menge Anilin ungefähr 10 Stunden auf dem Wasserbade erwärmten.

Das Reaktionsprodukt wurde sodann mit Wasser und verdünnter Salzsäure zur Entfernung des Anilins behandelt, wobei sich eine braune, ölige Schicht abschied. Letztere wurde mit Aether aufgenommen und nach dem Verdunsten desselben mit Wasserdampf destilliert. Das übergegangene Sesquiterpen wurde abgetrennt, mit Kalihydrat getrocknet und fraktioniert. Es siedete bei 14,5 mm Druck zwischen 133—141° C. Das spezifische Gewicht wurde zu d_4^{20} = 0,9267, der Brechungkoeffizient zu n_D^{20} = 1,50565 gefunden. Nähern sich auch diese Werte den für Atractylen, aus Atractylol mit Monokaliumsulfat dargestellt:

	d	n_D^{20}
Atractylen mit $KHSO_4$ bereitet (I)	0,9101 (d_{15}^{20})	1,50893
Atractylen aus Atractylenchlorhydrat bereitet (II)	0,9267 (d_4^{20})	1,50565,

so differieren sie doch andererseits mehr, als für identische Körper zu erwarten ist. Die Berechnung der Molekularrefraktion aus obigen Werten beweist in der Tat, daß die Körper verschieden sind, daß die Verbindung II durch Polymerisation aus I entstanden sein muß.

MR für I = 66,9

MR für II = 65,4.

Berechnet für $C_{15}H_{24}$ + 2 ⌈		+ ⌈	
nach Brühl	nach Traube	nach Brühl	nach Traube
65,72	66,70	63,94	65,2.

Daraus dürfte hervorgehen, daß dem reinen nicht polymerisierten Atractylen 2 Aethylenbindungen (⌈) zukommen, und daß die mit Kaliumbisulfat gewonnene Verbindung reines Atractylen ist, während

1) Ann. 238, 82.

das Atractylen II (namentlich nach Traube) im wesentlichen polymerisiertes Atractylen vorstellt. Auch das mittelst Kaliumbisulfat dargestellte Atractylen polymerisiert leicht, schon bei der Aufbewahrung bei gewöhnlicher Temperatur; es ist daher auch leicht verständlich, daß das nach der zweiten Methode dargestellte Atractylen eine Polymerisation erfahren hat. Frisch dargestelltes Atractylen ist ziemlich leicht beweglich und von zedernartigem Geruch, bei der Aufbewahrung wird es dickflüssig und nimmt einen limonenartigen Geruch an. Auch reagiert das längere Zeit aufbewahrte Atractylen viel träger, so daß für die folgenden, meist negativ verlaufenden Versuche stets frisch bereitetes Sesquiterpen verwendet wurde.

Die Gegenwart zweier Aethylenbindungen im Atractylen war übrigens aus dem Verhalten des Atractylols gegen Halogenwasserstoff bereits zu folgern, so daß die Befunde der optischen Untersuchung nur zur Bestätigung der analytischen dienen.

Zur Vervollständigung der mit dem Atractylol ausgeführten Arbeiten wurde nunmehr das Verhalten des Atractylens gegen Jodwasserstoff und gegen Brom studiert.

Einwirkung von Jodwasserstoff auf Atractylen.

Das in dem doppelten Volumen absoluten Aethers aufgelöste Atractylen wurde unter starker Abkühlung mit trockenem Jodwasserstoff gesättigt. Nach dem Verdunsten des Lösungsmittels über Aetzkalk im Vakuum, verblieb eine Flüssigkeit, welche infolge ihrer leichten Zersetzlichkeit nach kurzer Zeit in zwei Schichten sich trennte, noch bevor das Material analysenbereit war. Die obere Schicht bildete eine leichtbewegliche sesquiterpenartige Flüssigkeit, während die untere aus einem braunschwarzen harzartigen Sirup bestand. Das Bild erinnerte durchaus an das, welches Atractylyljodid (siehe dieses) nach mehrtägiger Aufbewahrung darbot. Von einer Analyse mußte unter diesen Umständen um so mehr abgesehen werden, als noch fortwährend Jodwasserstoff abgegeben wurde.

Einwirkung von Brom auf Atractylen.

Atractylen wurde in einem mehrfachen Volumen Vierfachchlorkohlenstoff aufgelöst, durch eine Kältemischung stark abgekühlt und mit einer Auflösung von 2 Atomen Brom (etwas mehr als berechnet) tropfenweise versetzt. Das Brom wurde sofort begierig aufgenommen, ganz gegen Ende entwickelte sich auch etwas Bromwasserstoff, so daß also neben der Addition zweifellos, wenn auch in untergeordnetem Grade, eine Substitution stattfand. Nach dem Verdunsten des Lösungsmittels verblieb ein schön grün gefärbter Sirup, der nicht zur Krystallisation zu bringen war und sich unter Entwickelung von Bromwasserstoff leicht zersetzte. Wurde nämlich eine Lösung des Bromids in Aether mit Calciumkarbonat neutralisiert, so war nach kurzer Zeit bereits wieder eine stark saure Reaktion bemerkbar. Unter diesen Umständen ist es erklärlich, daß die Analyse einen zu niedrigen Bromgehalt ergab.

0,2647 g gaben 0,2438 g AgBr.

	Gefunden:	Berechnet für $C_{15}H_{24}Br_2$:
Br	39,2	43,92.

Bemerkenswert ist, daß trotz zweier Aethylenbindungen anscheinend nur eine durch Aufnahme von Brom leicht aufgelöst wird. Man dürfte dadurch wohl zu der Folgerung berechtigt sein, daß die beiden Aethylenbindungen verschiedener Natur sind. Diese Annahme erscheint noch berechtigter, wenn man in Betracht zieht, daß infolge der Bildung des Atractylens aus dem tertiären Alkohol Atractylol durch Wasserabspaltung ein Kohlenstoffatom an einer Aethylenbindung notwendig ein tertiärer sein muß.

Versuch zur Anlagerung von Wasser an Atractylen.
(Rückbildung eines Alkohols.)

Das zuerst von Bertram empfohlene Verfahren zur Hydratisierung von Terpenen, Erhitzen des Sesquiterpens mit verdünnter Schwefelsäure in Eisessiglösung, ist von Wallach[1]) mit Erfolg zur Darstellung von Caryophyllenalkohol aus Caryophyllen benutzt worden. Wir haben uns eng an seine Vorschrift angelehnt, ohne jedoch eine Wiederanlagerung von Wasser an Atractylen erzielen zu können.

10 g Atractylen wurden mit 400 g Eisessig, 8 g konzentrierter Schwefelsäure und 16 g Wasser 12 Stunden lang auf dem Wasserbade erwärmt. Anfänglich färbte sich die Lösung violett, später braun. Das Reaktionsprodukt wurde nunmehr mit Wasserdämpfen destilliert. Zuerst ging Essigsäure und ein leichtes ätherisches Oel über, das zweite Destillat enthielt hauptsächlich ätherisches Oel und hätte den Sesquiterpenalkohol enthalten müssen. In der Retorte verblieben braune harzartige Massen. Aus keinem der Destillate schieden sich selbst bei starker Abkühlung Krystalle ab, ebensowenig erstarrten die mit Aether extrahierten ätherischen Oele. Infolgedessen wurde nach dem Verdunsten des Aethers und Trocknen mit Aetzkali das verbleibende Oel der fraktionierten Destillation unterworfen. Es siedete zwischen 265 und 285°; da Atractylol bei 290—292°, Atractylen bei 256—263° siedet, konnten eventuell die höher siedenden Anteile

[1]) Ann. 271, 288.

regeneriertes Atractylol (oder einen isomeren Alkohol) enthalten. Jedoch ist uns dessen Isolierung nicht gelungen; auch bei starker Abkühlung blieben die einzelnen Fraktionen flüssig. Zieht man allerdings in Betracht, wie schwierig Atractylol krystallisiert, so kann die Möglichkeit der erfolgten Hydratation nicht unbedingt verneint werden.

Atractylen-Nitrosochlorid.

Das Caryophyllen[1]) liefert mit Leichtigkeit ein Nitrosochlorid. Als wir in entsprechender Weise eine abgekühlte Mischung von 3 ccm Eisessig und 3 ccm roher Salzsäure in eine auf —9 bis 10° C. abgekühlte Lösung von 3 ccm Atractylen, 7 ccm Eisessig und 4,2 ccm frisch rektifizierten Amylnitrits langsam einträufelten, derartig, daß die Mischung nicht über —5° C. sich erwärmte, färbte sich die Mischung anfangs grün und schied allmählich ein grünliches Oel in ziemlich reichlicher Menge ab. Dasselbe — vermutlich das Nitrosochlorid — war jedoch sehr leicht zersetzlich; in absolutem Alkohol löste es sich allmählich auf ohne Krystalle zu bilden, verlor seine Farbe, zersetzte sich also anscheinend vollständig.

Das Verfahren wurde noch mannigfaltig variiert, jedoch ohne Erfolg. So wurde z. B. nach dem Verfahren von Kraemer und Schreiner[2]) eine Lösung von 3 ccm Atractylen, 7 ccm Alkohol + Essigäther und 4,2 ccm Aethylnitrit mit einer Mischung von 3 ccm Salzsäure und 3 ccm Alkohol langsam tropfenweise versetzt. Es entstand auch hier ein grünliches Oel, ohne daß es uns gelungen wäre das Nitrosochlorid zu isolieren, da es sich sehr rasch zersetzte.

Krystallisationsfähiger noch als das Nitrosochlorid ist beim Caryophyllen das Nitrosat[3]), welches in analoger Weise unter Ersatz der Salzsäure durch Salpetersäure gewonnen werden kann. Der Erfolg war jedoch nicht besser. Zwar entstand auch hier ein grünliches Oel, doch zersetzte es sich noch leichter als das Nitrosochlorid.

Die Mißerfolge, welche trotz sorgfältigster Arbeit, unsere Untersuchungen begleiteten, waren, wie bereits in der Einleitung erwähnt, die Veranlassung, weswegen wir in den Kreis der Untersuchungen auch bereits bekannte Sesquiterpene und Terpenalkohole einbezogen. Wir wollten uns dadurch die Gewißheit verschaffen, bei der Bearbeitung der gestellten Aufgabe durchaus sachgemäß verfahren zu sein. Diese Gewißheit wurde uns in der Tat, indem bei der Untersuchung des Caryophyllens uns mit Leichtigkeit die Darstellung der gewünschten

[1]) Siehe dort und Wallach, Ann. 271, 295.

[2]) Pharmaceutical Arch. 2, 273, 293 (1899)

[3]) Wallach, Ann. 279, 391.

Körper gelang. Weil dadurch die vorstehenden Mitteilungen über das Atractylen an Wert gewinnen, seien im nachstehenden unsere Untersuchungen über das Caryophyllen wiedergegeben, die allerdings nicht viel Neues, im wesentlichen nur Bestätigung des bereits bekannten ergeben haben.

III. Caryophyllen.

Das uns von der Firma Schimmel & Co. in liberalster Weise zur Verfügung gestellte Caryophyllen, das Sesquiterpen des Nelkenöls, zeigte in seinen physikalischen Eigenschaften die beste Uebereinstimmung mit den in der Litteratur angegebenen und dürfte so rein gewesen sein, als es zur Zeit überhaupt darstellbar ist. Es ist eine leichtbewegliche, farblose Flüssigkeit. Die physikalischen Konstanten[1]) wurden ermittelt zu:

$$d_4^{20} = 0,9032$$

$$n_D^{20} = 1,50076$$

$$[\alpha]_D^{20} = -8,95^0.$$

Daraus berechnet sich die Molekularrefraktion zu 66,5. Dieselbe würde der Formel $C_{15}H_{24}$ mit 2 Aethylenbindungen entsprechen. Es ist dies insofern von Bedeutung, als nach Wallach[2]) und Walker das über den Caryophyllenalkohol entstehende mit dem Caryophyllen isomere Cloven nur eine Aethylenbindung enthalten dürfte.

Caryophyllen-Nitrosat = $C_{15}H_{24}N_2O_4$.

Das auf — 9—10° C. abgekühlte Gemisch von 3 ccm Caryophyllen, 2,7 ccm Amylnitrit und 4,8 ccm Eisessig wurde mit einer Mischung von 3 ccm Salpetersäure und 3 ccm Eisessig unter stetem Umrühren tropfenweise versetzt. Die Flüssigkeit wurde allmählich dicker und grünlich, schließlich fing sie an sich zu trüben. Als nun die doppelte Menge stark abgekühlter Alkohol hinzugefügt und das Gemisch in der Kälte stehen gelassen wurde, krystallisierte in reichlicher Menge das bei 152° C. schmelzende, weiße Nitrosat aus. Aus dem Filtrat schied sich nach mehrtägigem Stehen noch eine weitere Menge desselben Körpers aus.

Caryophyllen-Nitrosochlorid = $C_{15}H_{24}NOCl$.

Die auf — 11—12° C. abgekühlte Lösung von 3 ccm Caryophyllen, 2,7 ccm Amylnitrit und 4,7 ccm Alkohol-Essigäther wurde unter stetem Umrühren mit einer Mischung von 3 ccm konz. Salz-

1) cfr. E. Kraemer u. O. Schreiner: Pharm. Arch. 2 (1899), 273. 293.
2) Ann. 271, 294 (1892).

säure und 3 ccm Alkohol tropfenweise versetzt. Allmählich schieden sich grünliche Tröpfchen aus, die abgetrennt und mit kaltem Alkohol gewaschen wurden. Letzterer nahm mehr oder weniger auf. Beim Schütteln mit gewöhnlichem Alkohol wurde die grünliche, ölige Substanz bald krystallinisch. Auch beim Stehen der alkoholischen Lösung fing das Nitrosochlorid an auszukrystallisieren. Die alkoholische Mutterlauge schied beim Versetzen mit Wasser wieder ölige Tropfen aus, die bei der erneuten Behandlung mit Alkohol bei gelindem Erwärmen in ein weißes Pulver übergingen, beim Stehen in der Kälte sich aber wieder verflüssigten. Sowohl die Krystalle, wie das ausgeschiedene Pulver schmolzen bei 158° C., bestanden also aus dem Nitrosochlorid, für welches Wallach und Walker (l. c.) den Schmelzpunkt 161—163° ermittelt haben.

Ueberführung in den Caryophyllenalkohol [1]).

Eine Mischung von 10 g Caryophyllen, 400 g Eisessig, 8 g konz. Schwefelsäure und 16 g Wasser wurden 12 Stunden im Wasserbade erwärmt. Die anfangs rötlich gefärbte Flüssigkeit ging allmählich in Braun über. Das Reaktionsprodukt wurde mit Wasserdämpfen destilliert, wobei anfangs Essigsäure und ätherisches Oel überging; nach kurzer Zeit aber fing bereits im Kühler eine Substanz krystallinisch zu erstarren an, die zwischen Tontellern gepreßt und einmal aus Alkohol umkrystallisiert wurde; sie schmolz alsdann bei 91°, während Wallach für den reinen Caryophyllenalkohol 96° angibt.

IV. Patchoulialkohol: $C_{15}H_{25}OH$.

Der Patchoulialkohol, ein Bestandteil des Patchouliöles, ist einer der am längsten bekannten Sesquiterpenalkohole. Die richtige Zusammensetzung ist von Montgolfier[2]) ermittelt worden, während Gal[3]) dem Patchoulialkohol die Formel $C_{15}H_{27}OH$ zuerteilte. Als Alkohol erkannt wurde er erst durch Wallach und Tuttle[4]), während er bis dahin als Kampher angesprochen wurde. Die leichte Ueberführbarkeit in ein Terpen (Wasserabspaltung) wird namentlich von Montgolfier hervorgehoben. Auch hat letzterer dasselbe näher untersucht. Seine Befunde sind von Wallach und Tuttle im ganzen bestätigt worden.

---

1) Wallach u. Walker, Ann. 271, 288.
2) Compt. rend. 84, 88 (1877).
3) Ztschr. f. Chem. 1869, 220.
4) Ann. 279, 394 (1894).

Wir haben diesen Patchoulialkohol hauptsächlich deswegen zur Untersuchung herangezogen, weil wir nach den bestehenden Litteraturangaben zunächst an eine physikalische Isomerie mit dem Atractylol dachten. Unsere Untersuchungen haben aber ergeben, daß davon nicht die Rede sein kann. Bei aller Aehnlichkeit der beiden Alkohole sind die Verschiedenheiten größer, als bei bloßer physikalischer Isomerie zu erwarten wäre. Namentlich spaltet der Patchoulialkohol noch viel leichter Wasser ab, als das Atractylol, indem er schon bei der Destillation bei gewöhnlichem Druck teilweise in Sesquiterpen und Wasser zerfällt. Daher ist auch die Angabe seines Siedepunktes 206°, als irrig zu bezeichnen. Als ungefähren Siedepunkt haben wir 266—271° ermittelt; im Destillat, namentlich den letzten bei dieser Temperatur übergehenden Anteilen, ist noch unveränderter Patchoulialkohol enthalten.

Der von der Firma Schimmel & Co. in einer Menge von 100 g zur Verfügung gestellte rohe Patchoulialkohol roch noch stark nach Patchouli. Durch wiederholte Umkrystallisation aus Alkohol wurde er in geruch- und farblosen, durchsichtigen Krystallen von ansehnlicher Größe, hexagonale Prismen, erhalten. Am leichtesten krystallisiert er aus Petroläther und hat dann den Schmp. 56° C., übereinstimmend mit Wallach, während Montgolfier 59° angibt. Er siedet nicht unzersetzt, wie bereits bemerkt, bei etwa 266—271° (unkorr.). Er ist linksdrehend. Im geschmolzenen Zustande wurde $[\alpha]_D^{70,5^0}$ zu — 119,65° ermittelt. Montgolfier gibt für $[\alpha]_D$ im überschmolzenen Zustande — 118° an. Uns ist eine Bestimmung im überschmolzenen Zustande nicht gelungen, da der Patchoulialkohol, vermutlich wegen seiner großen Reinheit, sehr leicht erstarrte. In 10%iger alkoholischer Lösung war das Drehungsvermögen etwas geringer (— 111,3°). Das spezifische Gewicht betrug $d_4^{70,5}$ = 0,9945.

Die Elementaranalyse ergab die Reinheit.

0,2756 g gaben 0,8160 g CO_2 und 0,2911 g H_2O.

	Gefunden:	Berechnet für $C_{15}H_{25}OH$:
C	80,8	81,01
H	11,8	11,8.

Die Hydroxylgruppe wurde durch das Verhalten gegen Phosphortrijodid nachgewiesen.

Einwirkung von Phosphortrijodid auf Patchoulialkohol.

Zu 1 Mol. Phosphortrijodid in Schwefelkohlenstoff wurden 3 Mol. Patchoulialkohol in dem gleichen Lösungsmittel gelöst, tropfenweise hinzugegeben. Das Reaktionsprodukt wurde in analoger Weise wie beim Atractylol behandelt. Es wurde so eine fast farblose, ölige Flüssigkeit erhalten, die als solche, wie auch in ätherischer Lösung sich sehr leicht zersetzte, noch leichter als das Atractylyljodid. Wie dort bildeten sich zwei Schichten, von denen die obere, klare schwach gelb gefärbt und terpenartig beweglich war, während die untere aus einer dunkelbraunen sirupartigen Flüssigkeit bestand. Die Bestimmung des Jodgehaltes der letzteren Substanz ergab befremdlicherweise den Gehalt von zwei Jodatomen.

0,2648 g gaben 0,2623 g AgJ.

	Gefunden:	Berechnet für $C_{15}H_{25}J$:	$C_{15}H_{26}J_2$:
J	53,5	38,21	55,17.

Wir müssen also hier wiederum annehmen, daß eine Umsetzung nach der Gleichung

$$2\,C_{15}H_{25}J = C_{15}H_{24} + C_{15}H_{26}J_2$$

stattgefunden hat. Befremdlich ist hier in diesem Falle die Umsetzung deswegen, weil nach Wallach und nach unseren eigenen Untersuchungen im Patchoulen nur eine Aethylenbindung enthalten sein kann, wenn anders die Molekularrefraktion überhaupt von Wert sein soll. Vielleicht erklärt sich dieser scheinbare Widerspruch dadurch, daß das Patchoulen, welches wir kennen, garnicht das einfache Sesquiterpen ist, sondern ein Polymerisationsprodukt, das analog dem Atractylen wäre, welches aus Atractylendichlorhydrat (siehe dort) dargestellt worden ist. Das hohe spezifische Gewicht des Patchoulens würde damit in Uebereinstimmung stehen. Gelegentlich soll dieser Umstand weiter untersucht werden.

Patchoulen.

Das Patchoulen bildet sich schon bei der Destillation des Patchoulialkohols bei gewöhnlichem Druck. Zu seiner Darstellung folgten wir der Angabe Wallach's, indem wir Patchoulialkohol mit Kaliumbisulfat 1½ Stunden im Paraffinbade auf 180° erhitzten. Die Weiterbehandlung des Reaktionsproduktes geschah in der bei Atractylen angegebenen Weise. Das Rohsesquiterpen wurde der fraktionierten Destillation unterworfen; unter 12—12,5 mm Druck ging fast alles bei 112—115° C. über.

Die physikalischen Konstanten wurden gefunden zu:

	Montgolfier	Wallach
$d^{20}_{4} = 0{,}9296$	$d^{0}_{4} = 0{,}946$; $d^{13,5}_{4} = 0{,}937$	$d^{23}_{?}$ 0,939
$n^{20}_{D} = 1{,}49835$		$n_D = 1{,}50094$.
$[\alpha]^{20}_{D} = -38{,}08$	$[\alpha]_D = -42^0\,10'$	

Die großen Abweichungen im spezifischen Gewicht sind unseres Erachtens nicht zufällig, sondern die Folgen der mehr oder weniger weitgehenden Polymerisation, und zwar wäre unser Präparat am wenigsten weit polymerisiert.

Die Molekularrefraktion macht jedoch auch bei unserem Präparat die Anwesenheit von nur einer Aethylenbildung wahrscheinlich.

	Gefunden:	Berechnet für $C_{15}H_{24}\overline{|}$	
		nach Brühl	nach Traube
MR	64,42	63,94	65,21.

Wir haben dann weiter versucht, von dem Patchoulen ein Nitrosat und Nitrosochlorid darzustellen, indem wir genau wie bei Atractylen und Caryophyllen verfuhren, konnten jedoch in keinem Falle einen greifbaren Körper erhalten. Die in kleiner Menge ausgeschiedenen öligen Flüssigkeiten zersetzten sich sofort bei dem Versuche sie zu isolieren und zu reinigen.

Ebensowenig gelang es uns das Patchoulen wieder in einen Sesquiterpenalkohol zurückzuverwandeln. Das nach der Methode von Bertram (l. c.) bereitete Reaktionsprodukt enthielt, abgesehen von verharzten Bestandteilen, nur unverändertes Sesquiterpen vom Sdp. 254—259° C., während Wallach 254—256, Montgolfier 252—255° C. angibt.

Nach dem ganzen Verhalten erblicken wir daher, wie Wallach, in dem Patchoulialkohol einen tertiären Alkohol.

V. Guajol: $C_{15}H_{25}OH$.

Das Guajol[1]) oder Champacol kommt im Guajak- und Champacaholz vor. Es ist verhältnismäßig sehr leicht rein zu gewinnen. Das uns von Schimmel & Co. zur Verfügung gestellte, ziemlich rohe Guajol wurde in Alkohol gelöst und mit Wasser bis zur beginnenden Trübung versetzt. Beim Stehen in der Kälte scheidet sich reines Guajol von Schmp. 91° C. in schönen prismatischen Krystallen aus. Das Guajol ist linksdrehend. Eine absolut alkoholische Lösung von der Konzentration c = 10 zeigte im 2 dm Rohr $\alpha_D^{20} = -5{,}96^0$; daraus berechnet sich $[\alpha]_D^{20} = -29{,}8^0$. Die Reinheit des Präparates wurde durch die Elementaranalyse ermittelt: .

0,2384 g gaben 0,7072 g CO_2 und 0,2518 g H_2O.

	Gefunden:	Berechnet für $C_{15}H_{25}OH$:
C	80,9	81,01
H	11,8	11,8.

1) Wallach und Tuttle: Ann. 279, 395.

Durch Einwirkung von Phosphortrijodid (Vergl. Atractylol und Patchoulialkohol) wurde das Guajyljodid als ein ebenfalls sehr unbeständiger Körper erhalten. Schon die ätherische Lösung färbte sich allmählich blau und nach dem Verdunsten des Aethers verblieb eine blaue harzartige Masse, die aus Lösungsmitteln nicht krystallinisch erhalten werden konnte. Die blaue Färbung ist offenbar darauf zurückzuführen, daß aus einem Teil des Guajyljodids Guajen wird, das durch Sauerstoffaufnahme sich blau färbt [1]). Eine Jodbestimmung bestätigte, daß eine Abgabe von Jodwasserstoff stattgefunden haben mußte.

0,2152 g gaben 0,1140 g Jodsilber.

Gefunden:	Berechnet für $C_{15}H_{25}J$:
J 28,7	38,21.

Guajen: $C_{15}H_{24}$.

Das Guajen ist bereits von Wallach und Tuttle (l. c.) durch einstündiges Erhitzen mit Chlorzink auf 180° dargestellt worden. Es war durch eine mehr oder weniger intensiv indigoblaue Färbung ausgezeichnet. Durch Behandlung mit metallischem Natrium aber wurde es entfärbt; damit war bewiesen, daß die Blaufärbung von einer sauerstoffhaltigen Beimengung herrührte.

Wir haben das Guajol wie die übrigen Sesquiterpenalkohole mit Kaliumbisulfat 1½ Stunden auf 180° C. erhitzt und dabei eine sehr gute Ausbeute an Guajen erhalten. Guajol ist zwar an sich beständiger, aber es gelingt, wie man sieht, doch auch hier die Wasserabspaltung ziemlich leicht. Das getrocknete Guajen wurde bei 9 mm rektifiziert und siedete zwischen 123 und 124°; das Destillat war schwach gelblich gefärbt, eine Blaufärbung konnten wir nicht beobachten. Frisch destilliert ist das Guajen fast geruchlos, beim Aufbewahren aber wird es, ähnlich wie Patchoulen, schwach wohlriechend.

Die physikalischen Konstanten wurden ermittelt zu:

	Wallach
$d_4^{20} = 0,9085$	$d^{20} = 0,910$
$n_D^{20} = 1,50049$	$n_D^{20} = 1,50114$
$[\alpha]_D^{20} = -40,35^0$	—

Das Guajen ist also, wie das Guajol linksdrehend. Die Molekular-Refraktion macht die Anwesenheit zweier Doppelbindungen wahrscheinlich.

Gefunden:	Berechnet für $C_{15}H_{24}\cdot 2 =$ nach Brühl	nach Traube
MR 66,2	65,72	66,70.

[1]) Wallach und Tuttle l. c. 397.

Einwirkung von Chlorwasserstoff auf Guajen.

Wegen der zwei Aethylenbindungen stand zu erwarten, daß sich Guajen ähnlich wie Atractylen, Caryophyllen, Cadinen mit 2 Mol. Chlorwasserstoff verbinden würde. Intermediär scheint dies auch der Fall zu sein; doch ist die neue Verbindung von sehr geringer Beständigkeit, indem sie mit großer Heftigkeit wiederum Chlorwasserstoff abspaltet.

Guajen wurde in der doppelten Menge absoluten Aethers aufgelöst und unter Eiskühlung mit trockenem Chlorwasserstoff gesättigt. Derselbe wurde begierig aufgenommen unter gleichzeitiger Violettfärbung der Flüssigkeit. Aether und Ueberschuß an Chlorwasserstoff sollten durch Stehen über Aetzkalk im Vakuumexsiccator beseitigt werden, doch gelang es nicht den Chlorwasserstoff vollständig zu entfernen. Als endlich die immer noch Chlorwasserstoff exhalierende ölige Substanz analysiert wurde, wurden nur Spuren von Chlorwasserstoff gefunden.

0,2544 g gaben 0,0118 g AgCl.

Gefunden:	Berechnet für $C_{15}H_{26}Cl_2$:
Cl 1,14	25,59.

Guajen-Nitrosochlorid.

Ebensowenig ist es uns gelungen nach den erwähnten Methoden ein Nitrosochlorid des Guajens zu isolieren. Offenbar entstand zunächst eine derartige Verbindung, denn bei der Behandlung mit Amylnitrit (oder Aethylnitrit) und Chlorwasserstoff schied sich eine reichliche Menge einer öligen Substanz ab, die in Alkohol sich nur schwierig löste, also unmöglich aus unverändertem Guajen bestehen konnte. Jedoch wurde aus der alkoholischen Lösung weder sofort noch später ein krystallinischer Körper erhalten, und beim Verdunsten verblieb ein Oel, das nach dem ursprünglichen Sesquiterpen roch und wohl auch daraus bestand.

Aus vorstehenden Untersuchungen geht hervor wie schwierig im allgemeinen die Bearbeitung der Sesquiterpene und ihrer Alkohole ist, und wie wenig die aufgewendete Mühe belohnt wird. Wir haben daher zur Zeit von einer weiteren Bearbeitung abgesehen, hoffen aber später darauf zurückzukommen, da uns noch Rohmaterial zur Verfügung steht.

VI. Eberwurzelöl (Carlina acaulis).

Das Eberwurzelöl interessierte uns, weil aus demselben durch Abkühlung ein weißer, krystallinischer Körper der bei 61° C. schmelzen soll, abgeschieden werden kann, wie erst kürzlich wieder Heinrich

Haensel[1]) mitgeteilt hat. Der Gedanke lag nahe, daß dieser Körper zu dem Atractylol in Beziehung steht, da *Atractylis ovata* auch als *Carlina* bezeichnet wird. Die übrigen Angaben über das Eberwurzelöl sind recht spärlich; nicht ein einziges chemisches Individuum ist mit Sicherheit isoliert und gekennzeichnet. Semmler[2]) hat durch Destillation über Natrium in Vacuo einen Kohlenwasserstoff gewonnen, der vielleicht ein Sesquiterpen gewesen ist. Der Hauptbestandteil siedet bei 21 mm bei 169—171° und besteht aus einer sauerstoffhaltigen, spezifisch schweren Flüssigkeit. Von dem Oel selbst ist zu bemerken, daß es nach Haensel schwach linksdrehend ist (—3,5°), ein spezifisches Gewicht $d_{?}^{15}$ = 1,042 (Haensel), $d_{?}^{18}$ = 1,030 (Schimmel & Co.) besitzt und bei gewöhnlichem Druck zwischen 171 und 260° siedet, wobei etwa die Hälfte unter Verharzung in der Retorte verbleibt.

Uns kam es, wie gesagt, hauptsächlich auf den festen Körper an, in dem wir einen Sesquiterpenalkohol vermuteten. Leider waren wir jedoch nicht in der Lage, uns darüber Gewißheit zu verschaffen, da das uns von Schimmel & Co. in dankenswertester Weise zur Verfügung gestellte Material vermutlich infolge seines hohen Alters[3]) selbst beim Abkühlen auf —10° C. nicht die geringste feste Ausscheidung erfuhr. Der erwartete Sesquiterpenalkohol war also wohl im Laufe der Jahre durch Oxydation oder Polymerisation in andere Verbindungen übergegangen. Da das Oel uns aber einmal zur Verfügung stand, haben wir es einer kurzen Untersuchung unterworfen, worüber im nachstehenden berichtet werden soll.

Das in einer Menge von etwa 60 g vorliegende Eberwurzelöl war von dunkelbrauner Farbe, dem charakteristischen Geruch der Wurzel und ziemlich dickflüssiger Beschaffenheit. Das spez. Gewicht betrug d_{4}^{16} = 1,047; optische Aktivität konnten wir nicht beobachten, da das Oel zu dunkel gefärbt war.

In der weiteren Untersuchung wurden 55,9 g Oel mit konz. Kalilauge geschüttelt; die Lauge wurde wiederholt ausgeäthert, um gelöstes ätherisches Oel zu beseitigen, darauf angesäuert und von neuem mit Aether ausgezogen. Beim Verdunsten des letzteren verblieben ca. 0,1 g eines phenolartig riechenden Sirups, der schwach sauer reagierte und mit Eisenchlorid sich schwach orange färbte. Es waren also nur Spuren von Phenolen zugegen. Eine Untersuchung auf Methoxyl im ursprünglichen Oele ergab die Abwesenheit von Methoxylgruppen, die nach Benedict und Ulzer auf Ester, die Abwesenheit von Estern.

[1]) Ber. von Heinrich Haensel 1902 (I. Quartal).

[2]) Chem.-Ztg. 13, 1158 (1889).

[3]) Nach Mitteilung von Schimmel & Co. war das Oel ca. 12 Jahre alt.

Das von Phenol befreite Oel wurde sodann der fraktionierten Destillation unter vermindertem Drucke unterworfen, wobei 75—88 % übergingen, gegen etwa 50 % bei gewöhnlichem Drucke.

1. Fraktion:	130—158° C.	(19 mm)	3,95 g	= 16,6 %
2. „	158—160° „	(17 — 16 mm)	9,45 „	= 39,8 „
3. „	160—164° „	(16 mm)	4,35 „	= 18,3 „.

Die erste Fraktion (I) färbte sich schwach gelb und besaß einen stechenden Geruch, während die II. und III. bald braun wurden und den dem ursprünglichen Oel eigentümlichen narkotischen Geruch aufwiesen.

Die physikalischen Konstanten waren folgende:

	d_4^{20}	n_D^{20}
1.	0,9819	1,54315
2.	1,059	1,58083
3.	1,063	1,58157.

Die zweite und dritte Fraktion, die ja auch im Siedepunkt nur wenig auseinanderliegen, dürften danach im wesentlichen als identisch anzusehen zu sein.

Die erste Fraktion mußte das von Semmler (l. c.) untersuchte, als Sesquiterpen angesprochene Terpen enthalten.

Es wurde daher versucht das Sesquiterpen in ein Nitrosochlorid und in ein Nitrosat überzuführen und so eventuell zu kennzeichnen. Es ist jedoch nicht gelungen diese öligen Derivate zu fassen, da sie wiederum sehr leicht zersetzlich waren. Schließlich haben wir die zweite Fraktion, die wegen ihres konstanten Siedepunktes den Eindruck einer einheitlichen Verbindung machte und mit der schon anderwärts [1]) beschriebenen, bei 169—171° C. (21 mm) siedenden identisch sein mochte, untersucht.

Die Elementaranalyse ergab:

1. 0,2454 g gaben 0,7667 g CO_2 und 0,1346 g H_2O.
2. 0,2354 „ „ 0,7362 „ „ „ 0,1268 „ „

Eine Molekulargewichtsbestimmung nach Beckmann durch Ermittelung der Erhöhung des Siedepunktes führte zu 188,4.

Substanz 1,5860
Absoluter Aether . . 64,55
Siedepunktserhöhung 0,274°; daher Mol.-Gew. = 188,4.

Die Elementaranalysen im Verein mit der Molekulargewichtsbestimmung führen zu der Formel $C_{14}H_{12}O$, die vor den Konkurrenzformeln $C_{13}H_{10}O$ und $C_{13}H_{12}O$ wenigstens nach dem Ausfall der Elementaranalysen entschieden den Vorzug verdient:

[1]) Die ätherischen Oele, Gildemeister u. Hoffmann, S. 902.

	Gefunden:		Berechnet für		
	1.	2.	$C_{14}H_{12}O$:	$C_{13}H_{10}O$:	$C_{13}H_{12}O$:
H	6,1	6,0	6,12	5,53	6,57
C	85,2	85,3	85,71	85,67	84,74
O	8,7	8,7	8,16	8,79	8,69
M.-G.	188,4		196	182	184.

Wir haben dann noch versucht die Natur des Sauerstoffes zu ergründen, indem wir auf Fraktion II Phenylisocyanat, Natriumbisulfit, Hydroxylamin, Semikarbazon, Amidoguanidin etc. einwirken ließen. Alle Versuche waren ohne Erfolg, so daß wir nicht in der Lage sind, nähere Angaben über die Bindungsweise des Sauerstoffes zu machen. Ebensowenig vermögen wir etwas über die Natur des Kohlenstoffkernes auszusagen; das hohe spezifische Gewicht und der niedrige Wasserstoffgehalt deuten allerdings auf einen aromatischen Komplex, doch muß es späteren Untersuchungen überlassen bleiben, die Natur des interessanten Körpers aufzuklären. Wir gedenken zunächst die von der Firma Heinrich Haensel in Aussicht gestellten weiteren Mitteilungen abzuwarten, bevor wir Anstalten zur Fortführung unserer Untersuchungen treffen werden.

Dezember 1902.

Pharm.-chem. Institut Marburg und Breslau.

Mitteilung aus dem pharm.-chemischen Laboratorium der technischen Hochschule in Braunschweig.

Von H. Beckurts.

Ein einfaches Verfahren zur quantitativen Bestimmung der Salpetersäure im Wasser.

Von G. Frerichs.

Die zur Bestimmung der Salpetersäure im Wasser bisher angewandten Methoden sind entweder nicht sehr genau, oder ihre Ausführung ist zu umständlich. Letzteres gilt namentlich für die gasometrische Methode nach Schulze-Tiemann. Die kolorimetrischen

Bestimmmungen lassen zwar an Einfachheit nichts zu wünschen übrig, die Genauigkeit ist aber keine besonders hervorragende. Dasselbe trifft auch für die Indigomethode zu.

Im nachstehenden soll nun eine Methode beschrieben werden, welche es ermöglicht, die Salpetersäure im Wasser auf mühelose Weise mit derselben Genauigkeit zu bestimmen, mit welcher die Chloride durch Titration mit Silbernitratlösung bestimmt werden.

Das Verfahren beruht einfach darauf, daß sich die im Wasser vorkommenden Nitrate durch Salzsäure sehr leicht in Chloride verwandeln lassen und daß ein Ueberschuß an Salzsäure schon beim Abdampfen auf dem Wasserbade entfernt wird.

Man hat also weiter nichts nötig, als den ursprünglichen Gehalt an Chloriden zu titrieren, mit Salzsäure zur Trockne einzudampfen und wieder mit Silbernitrat zu titrieren. Die nach Abzug der ursprünglichen Menge verbleibende Menge des Chlors entspricht dann dem vorhanden gewesenen Gehalt an Salpetersäure. Vorausgesetzt ist hierbei natürlich die Entfernung der Karbonate, da die Kohlensäure ebenfalls durch Chlor ersetzt wird und als Salpetersäure mit bestimmt werden würde.

Um die Karbonate des Calciums und Magnesiums, sowie auch Eisen und Aluminiumverbindungen und die geringen Mengen von Silikaten zu entfernen, hat man nur nötig das Wasser zur Trockne zu verdampfen und den Abdampfrückstand, dessen Menge man in der Regel ja auch bestimmt, mit Wasser zu behandeln. Man kann dann das Filtrat, welches die Gesamtmenge der Chloride und Nitrate und einen Teil der Sulfate enthält, zur Bestimmung der Salpetersäure ohne weiteres benutzen, indem man dasselbe mit Salzsäure eindampft und den Rückstand mit Silbernitrat titriert.

Zur Entfernung von Alkalikarbonaten, welche aber nur höchst selten und dann nur in geringer Menge vorkommen, fügt man dem Wasser eine kleine Menge Chlorcalcium oder Chlorbaryum hinzu, bestimmt die nun vorhandene Menge Chlor, dampft zur Trockne ein und verwendet den kalten Auszug des Abdampfrückstandes zur Bestimmung der Salpetersäure.

Ist die ursprünglich vorhandene Menge an Chlor sehr groß, etwa mehr als 30 mg in 100 ccm Wasser — ein Fall der selten vorkommen dürfte — so ist es zweckmäßig, den größten Teil der Chloride in Sulfate zu verwandeln, indem man das Wasser mit Silbersulfat behandelt. Um 10 mg Chlor zu entfernen, sind theoretisch 43,9 mg Silbersulfat erforderlich. Da es nun von Nachteil ist, wenn das Wasser Silber im Ueberschuß enthält, so darf man nicht die ganze erforderliche Menge an Silbersulfat anwenden, sondern es empfiehlt sich, auf je 1 mg Chlor 4 mg Silbersulfat dem Wasser zuzusetzen, es bleibt dann etwa der 10. Teil des Chlors im Wasser zurück. Man führt die Behandlung eines Wassers mit Silbersulfat einfach in der Weise aus, daß man zunächst die Menge des Chlors bestimmt, dann 300 ccm des Wassers mit dem vierfachen des in dieser Menge enthaltenen Chlors an trockenem zerriebenen Silbersulfat versetzt und unter öfterem Umschütteln einige Zeit an einem warmen Ort stellt. Nach dem Abfiltrieren des Chlorsilbers bestimmt man in einem Teil des Filtrates die Menge des noch vorhandenen Chlors und in einem anderen Teil die Salpetersäure.

Die Umwandlung der Chloride in Sulfate ist nicht unbedingt notwendig, sie ist aber bei Gegenwart nur kleiner Mengen von Salpetersäure deswegen vorteilhaft, weil die zur Erzielung genauer Resultate nötige Menge Wasser unverhältnismäßig viel Silberlösung zur Bindung des ursprünglichen Chlors erfordern würde. Sehr zu empfehlen ist die Entfernung der größten Menge des Chlors dann, wenn dasselbe an Magnesium gebunden ist, weil größere Mengen Chlormagnesium eine vorsichtigere Ausführung der Bestimmung bedingen.

Bei der Bestimmung der Salpetersäure nach dem oben erläuterten Prinzip ist die Beschaffenheit der zur Verwendung gelangenden Salzsäure zu berücksichtigen, denn selbst die reinste Säure hinterläßt beim Abdampfen größerer Mengen einen Rückstand, welcher bestimmbare Mengen von Chloriden enthält. Um die dadurch bedingten Fehler auszuscheiden, ist es nicht etwa nötig, jedesmal eine frisch destillierte Salzsäure zu verwenden, sondern man braucht nur einen blinden Versuch auszuführen, indem man die gleiche Menge an Salzsäure, welche man bei der Bestimmung der Salpetersäure verwendet, in einer Porzellanschale verdampft und das Chlor in dem Rückstande bestimmt.

Da die Umsetzung zwischen Nitraten und Chlorwasserstoff ein Prozeß ist, welcher nicht im einfachen stöchiometrischen Verhältnisse vor sich geht, sondern nur dann im gewünschten Sinne verläuft, wenn die Menge des Chlorwasserstoffes diejenige der Nitrate um ein Vielfaches übertrifft, so ist zur vollständigen Zersetzung der Nitrate ein erheblicher Ueberschuß an Salzsäure erforderlich[1]). So genügte einmaliges Abdampfen von 0,1 g Kalisalpeter mit 20 ccm Salzsäure nicht zur vollständigen Entfernung der Salpetersäure; nach nochmaligem Eindampfen mit 20 ccm Salzsäure war jedoch keine Salpetersäure mehr nachzuweisen, 50 ccm 25 %iger Salzsäure werden also auf jeden Fall zur Zersetzung von 0,1 g Salpeter ausreichen. In 50 ccm verschiedener

[1]) Umgekehrt kann man durch Salpetersäure Chloride wieder in Nitrate verwandeln.

Salzsäuren wurden nun 0,5—2,3 mg Chlor im Rückstande gefunden, eine Menge, welche bei einer Salpetersäurebestimmung erhebliche Fehler bedingen würde und deshalb auf jeden Fall in Rechnung zu setzen ist.

Um nun eine Bestimmung der Salpetersäure im Wasser auszuführen, orientiert man sich zunächst über die Menge der vorhandenen Salpetersäure, wozu die Diphenylaminreaktion genügt. Erhält man eine starke Blaufärbung, so genügen zur Bestimmung 100 ccm des Wassers, ist die Reaktion nur schwach, so verwendet man eine entsprechend größere Menge. Das Wasser wird zur Trockne verdampft, der Rückstand mit Wasser behandelt und das Unlösliche abfiltriert. Das Filtrat wird dann mit 50 ccm Salzsäure in einer Porzellanschale auf dem Wasserbade zur Trockne verdampft, bis kein stechender Geruch mehr bemerkbar ist. Hierbei hat man auch darauf zu achten, daß am inneren Rande der Schale kein feuchter Beschlag sich befindet, weil ein solcher noch Salzsäure enthalten würde. Zur Sicherheit kann man auch die Schale noch einige Zeit in einem Trockenschrank bis 100° erhitzen. Darauf löst man den Abdampfrückstand in etwa 30—50 ccm Wasser und überzeugt sich nun zunächst davon, daß alle Salpetersäure entfernt ist, indem man einen Tropfen der Lösung mit Diphenylaminschwefelsäure zusammenbringt. In den seltensten Fällen wird ein nochmaliges Eindampfen mit Salzsäure erforderlich sein.

Ist keine Salpetersäure mehr nachweisbar, so titriert man direkt in der Porzellanschale mit Silbernitrat unter Anwendung von Kaliumchromat als Indikator. Gleichzeitig verdampft man 50 ccm derselben Salzsäure zur Trockne und bestimmt im Rückstande das Chlor. Zur Titration verwendet man zweckmäßig eine Silberlösung, welche 4,8 g Silbernitrat im Liter enthält, und von welcher jedes Kubikzentimeter 1 mg Chlor entspricht. Von der im Rückstande gefundenen Menge Chlor subtrahiert man nun diejenige Menge, welche ursprünglich im Wasser enthalten war und die für den Rückstand der Salzsäure gefundene. Der Rest wird dann zur Ermittelung der vorhanden gewesenen Salpetersäure (N_2O_5) mit 1,525 multipliziert, da 1 mg Chlor 1,525 mg N_2O_5 entspricht. Bei der Verwendung von $^1/_{100}$ N.-Silbernitratlösung berechnet man ebenfalls zunächst die Menge des für die Salpetersäure eingetretenen Chlors und multipliziert diese mit 1,525.

Zum Beweise der Zuverlässigkeit der oben beschriebenen Methode wurden folgende Versuche ausgeführt:

1. 50 ccm einer Lösung von 1 g KNO_3 in 1 Liter wurden mit 2 × 20 ccm 25%iger Salzsäure eingedampft und das Chlor im Rückstand titriert. (Nach einmaligem Eindampfen mit 20 ccm Salzsäure war noch eine geringe Spur Salpetersäure nachzuweisen.)

Es wurden im Rückstande gefunden	19,0 mg Cl	
	40 ccm HCl entsprachen	1,4 „ „
	für N_2O_5 eingetreten	17,6 mg Cl,

17,6 mg Cl = 26,84 mg N_2O_5, 50 ccm der Lösung = 0,05 g KNO_3 entsprechen 26,73 mg N_2O_5 —, die gefundene Menge stimmte also mit der angewandten sehr gut überein. Zwei gleiche Versuche lieferten genau dasselbe Resultat.

2. 100 ccm der Salpeterlösung wurden mit 70 ccm Salzsäure eingedampft:

Chlor im Rückstand	37,4 mg
für 70 ccm HCl	2,45 „
für N_2O_5	34,95 mg,

34,95 mg Cl = 53,30 mg N_2O_5, angewandt 53,46 mg N_2O_5.

3. 25 ccm der Salpeterlösung wurden mit 20 ccm Salzsäure eingedampft:

Chlor im Rückstand	9,45 mg
für 20 ccm HCl	0,7 „
für N_2O_5	8,75 mg,

8,75 mg Cl = 13,34 mg N_2O_5, angewandt 13,36 mg N_2O_5.

4. 20 ccm einer Chlormagnesiumlösung, welche in 100 ccm 69 mg Chlor enthielt, wurden auf dem Wasserbade zur Trockne verdampft; der Rückstand enthielt 13,8 mg Chlor, es war also kein Verlust an Chlor eingetreten.

Einige weitere in derselben Weise ausgeführte Versuche lieferten die gleichen Resultate, sodaß also beim Eindampfen von chlormagnesiumhaltiger Lösung auf dem Wasserbade ein Verlust an Chlor nicht zu befürchten ist.

5. 50 ccm der Salpeterlösung (1:1000) wurden mit 25 ccm der Chlormagnesiumlösung (69 mg Cl in 100 ccm) und 50 ccm Salzsäure (2,0 mg Cl im Rückstand) zur Trockne verdampft:

Chlor im Rückstand	36,7 mg
für 50 ccm HCl	2,0 „
	34,7 mg
für 25 ccm $MgCl_2$	17,25 „
für N_2O_5	17,45 mg,

17,45 mg Cl = 26,61 mg N_2O_5, angewandt 26,73 mg N_2O_5.

6. 25 ccm Salpeterlösung wurden mit 50 ccm Chlormagnesiumlösung und 50 ccm Salzsäure eingedampft:

Chlor im Rückstand	41,4 mg
für 50 ccm HCl (neue Säure)	1,6 „
	39,8 mg
für 50 ccm $MgCl_2$	34,5 „
für N_2O_5	5,3 mg,

5,3 mg Cl = 8,18 mg N_2O_5, angewandt 13,36 mg N_2O_5.

Die gefundene, ganz erhebliche Differenz erklärt sich dadurch, daß beim Eindampfen der Chlormagnesium enthaltenden Flüssigkeit das Wasserbad ausgekocht war, und durch die dadurch bedingte höhere Temperatur eine Zersetzung des wasserhaltigen Chlormagnesiums in Magnesiumoxychlorid und Salzsäure eingetreten war. Der Versuch wurde nur deswegen zu Ende geführt, um den Einfluß größerer Menge von Chlormagnesium bei höherer Temperatur kennen zu lernen. Eine Wiederherstellung der normalen Bedingung dieses Versuches wäre sehr einfach durch nochmaliges Eindampfen mit Salzsäure bei Wasserbadtemperatur zu erzielen gewesen; der Versuch lehrt aber, daß ein großer Gehalt an Chlormagnesium unter Umständen störend wirken kann, und daß deshalb eine Entfernung des Chlors bei Gegenwart größerer Menge von Chloriden durch Silbersulfat vorteilhaft ist.

7. 100 ccm Salpeterlösung und 200 ccm Chlormagnesiumlösung (= 138 mg Cl) wurden mit 0,55 g Silbersulfat in der Wärme geschüttelt und abfiltriert, bevor alles Silbersulfat in Lösung gegangen war. 100 ccm des Filtrates enthielten 26,8 mg Chlor.

100 ccm des Filtrates wurden mit 50 ccm Salzsäure eingedampft:

Chlor im Rückstand	38,8 mg
für 50 ccm Salzsäure (neue Säure)	0,5 „
	38,3 mg
für ursprüngliches Chlor	26,8 „
für N_2O_5	11,5 mg,

11,5 mg Cl = 17,54 mg N_2O_5, angewandt 17,82 mg N_2O_5 ($^1/_3$ von 100 ccm Lösung).

Andere Chloride, wie Chlornatrium, Chlorkalium und auch Chlorcalcium üben auf die Bestimmung keinen Einfluß aus, größere Mengen derselben lassen sich durch Silbersulfat gegebenenfalls leicht beseitigen.

8. 100 ccm eines salpetersäurefreien Leitungswassers, welche 3,5 mg Chlor enthielten, wurden mit 25 ccm der Salpeterlösung versetzt, zur Trockne verdampft und der wässerige Auszug des Rückstandes mit 50 ccm Salzsäure eingedampft:

Chlor im Rückstand	13,9 mg
für 50 ccm HCl	1,6 „
	12,3 mg
für ursprüngliches Chlor	3,5 „
für N_2O_5	8,8 mg,

8,8 mg Cl = 13,42 mg N_2O_5, angewandt 13,36 mg N_2O_5.

9. 100 ccm salpetersäurefreies Flußwasser mit 10,5 mg Chlor wurden mit 50 ccm Salpeterlösung versetzt und in der unter 8 beschriebenen Weise weiter behandelt:

Chlor im Rückstand	29,5 mg
für 50 ccm HCl	1,6 „
	27,9 mg
für ursprüngliches Chlor	10,5 „
für N_2O_5	17,4 mg,

17,4 mg Chlor = 26,53 mg N_2O_5, angewandt 26,73 mg N_2O_5.

Aus den beschriebenen Versuchen geht hervor, daß das Verfahren Resultate liefert, deren Genauigkeit von keiner anderen Methode übertroffen werden dürfte. An Einfachheit läßt das Verfahren ebenfalls nichts zu wünschen übrig, da das Eindampfen des Wassers, das Ausziehen des Rückstandes mit Wasser und das Wiedereindampfen mit Salzsäure nur wenig Mühe verursacht.

Daß nach dieser Methode die salpetrige Säure als Salpetersäure mit bestimmt wird, ist ein nur kleiner Fehler, welcher auch fast allen anderen Methoden anhaftet. Die Menge der im Wasser zuweilen vorkommenden salpetrigen Säure ist außerdem meistens so gering, daß die Bestimmung der Salpetersäure dadurch kaum beeinflußt wird.

Bei Ausführung der Versuche bin ich in dankenswerter Weise durch Herrn Apotheker H. Hollandt unterstützt worden.

Mitteilungen aus dem pharm.-chemischen Laboratorium der Technischen Hochschule in Braunschweig.

Von H. Beckurts.

Die Bestimmung des Chinins in Gemischen der Chinaalkaloide, in der Chinarinde und den daraus hergestellten galenischen Präparaten.

Von Wald. Hille.

(Eingegangen den 26. XII. 1902.)

Um eine Chinarinde auf ihren Wert zu prüfen, genügt es den Anforderungen der Jetztzeit nicht mehr, den Gesamtalkaloidgehalt derselben festzustellen. Die Chinarinde gehört keineswegs zu den Drogen, deren wirksame Bestandteile stets in einem gewissen Verhältnis zu einander stehen, so daß nach Bestimmung des Gesamtalkaloidgehaltes sofort geschlossen werden kann, wieviel von dem wirksamsten Alkaloid, dem Chinin zugegen ist, wie dies z. B. bei den Samen von Strychnos Nux vomica, in welchen Strychnin und Brucin annähernd zu gleichen Teilen vorhanden sind, der Fall ist. Zur Zeit gibt es Handelssorten der Chinarinde, deren Gesamtalkaloidgehalt den Anforderungen des Deutschen Arzneibuches entspricht, während sie Chinin nur in ganz unbedeutenden Mengen enthalten. Es ist daher von größter Wichtigkeit, eine einfache, aber dennoch genaue Methode ausfindig zu machen, die dem Apotheker ermöglicht, ohne bedeutende Verluste an Zeit und Geld eine möglichst genaue quantitative Chininbestimmung der Cortex Chinae, des Extractum Chinae und der Tinctura Chinae vorzunehmen.

Neben Chinin sind die wichtigsten Chinaalkaloide Chinidin, Cinchonin und Cinchonidin, und sollen nur diese vier Basen im folgenden berücksichtigt werden.

Das Mengenverhältnis, in dem die vier hauptsächlichsten Chinaalkaloide in der Droge vorkommen, ist nun, wie bereits bemerkt, stets ein verschiedenes[1]). Es gibt Rinden mit 12—13% Gesamtalkaloidgehalt, wovon 11—12% auf Chinin und nur 1% auf andere Alkaloide kommt. Andererseits gibt es wieder Rinden, die etwa 5% Gesamtalkaloide, aber nur 0,3% Chinin, dagegen 2,9% Cinchonin enthalten, oder auch solche, bei denen Cinchonidin oder Chinidin in bedeutend größeren Mengen zugegen ist, als das Chinin.

[1]) Pharm. Jahresber. 1876, S. 134.

Es kann kaum ausbleiben, daß, solange das Deutsche Arzneibuch keinen Minimal-Chiningehalt vorschreibt, die Apotheker meist die an Chinin ärmeren Rinden, die Chininfabriken dagegen die an Chinin reichsten Rinden erhalten werden. Die Fabriken kaufen die Chinarinden allein nach deren Chiningehalt und betrachten, wie in der Pharm. Zentralh. 1902, S. 376 mitgeteilt wird, die Nebenalkaloide als Gratisbeigabe.

Es hat nun schon von jeher das Bestreben bestanden, einen Weg aufzufinden, mit Hilfe dessen das Chinin isoliert und quantitativ bestimmt werden könnte. Zunächst behandelte man das Alkaloidgemisch mit verschiedenen Lösungsmitteln und fand sehr bald ein abweichendes Verhalten der Alkaloide der Lösungsfähigkeit des Aethers gegenüber. Sodann untersuchte man die Alkaloidsalze näher, und so wurden mit der Zeit verschiedene Verfahren ausgearbeitet.

I.

Die älteste Methode fußte auf der

Trennung der verschiedenen Chinaalkaloide durch Behandlung mit Aether.

Die Litteraturangaben[1]) über die Löslichkeit der Alkaloide in Aether zeigen große Verschiedenheiten für Chinin und Cinchonidin, während die Angaben für Chinidin und Cinchonin überall übereinstimmen.

Die Löslichkeit in Aether soll sein für Chinin 1 : 22 (bezw. 1 : 1), für Chinidin 1 : 22, für Cinchonin 1 : 371, für Cinchonidin 1 : 1053 (bezw. 1 : 188).

Die Methode besteht nun einfach darin, daß 0,5 g Chinaalkaloide mit etwa 20 ccm Aether einige Stunden unter häufigem Umschütteln stehen gelassen werden, daß die Flüssigkeit sodann in ein tariertes, bei etwa 80—100° getrocknetes Schälchen filtriert, und das Filter mit wenig Aether nachgewaschen wird. Der Aether wird verdunstet, und die Gewichtszunahme des Schälchens nach dem Trocknen bei 100° soll nun die Menge des in dem Alkaloidgemisch enthaltenen Chinins angeben.

Das Aetherverfahren findet sich auch in einigen Arzneibüchern, so z. B. in der British Pharmacopoeia[2]) von 1885 und in der Pharm. Ital.[3]). Es wird dort vorgeschrieben, das durch Extraktion der China-

---

[1]) Schmidt, Pharm. Chem. II., S. 1537, 1562, 1565, 1571 u. Beilstein, Organ. Chem., S. 807, 823, 828, 849. Löslichkeit des Cinchonidins in Aether nach Hesse 1:188, nach Skraup 1:1053.

[2]) Hirsch, Universal-Pharmakopöe, S. 378.

[3]) Pharm. Zentralh. 1892, S. 638.

rinde erhaltene Alkaloidgemisch mit Aether zu behandeln. Die in Lösung gegangenen Alkaloide werden dann als Chinin verrechnet.

Die Ungenauigkeit dieser Methode liegt klar auf der Hand. Neben Chinin geht zunächst sämtliches Chinidin mit in Lösung; außerdem aber auch gewisse, leicht zu berechnende Mengen von Cinchonin und Cinchonidin. Daß der Fehler, welcher durch die Löslichkeit der Nebenalkaloide in Aether entsteht, ein bedeutender sein muß, geht schon aus folgender Berechnung hervor:

20 ccm Aether (spez. Gew. 0,720) = 14,4 g lösen, falls solche in genügender Menge vorhanden sind, Cinchonin (Löslichkeit 1 : 371) 0,038 g, Cinchonidin (Löslichkeit 1 : 1056) 0,013 g und Chinidin (Löslichkeit 1 : 22) 0,654 g. Es mußte demnach dieses Verfahren stets zu hohe Resultate geben.

Eine ganz ähnliche Methode benutzten Glénard und Guillier-mond[1]) zur Bestimmung des Chinins in der Chinarinde.

Sie extrahierten 10 g fein gepulverte Chinarinde mit Aether, und zwar mit Hilfe eines eigens hierzu von ihnen konstruierten Apparates. Die ätherische Lösung wurde mit Aether zu 100 ccm aufgefüllt. Hiervon wurden 20 ccm abpipettiert und mit 10 ccm Schwefelsäure ausgeschüttelt, welche soviel H_2SO_4 in 10 ccm enthielt, daß auch, wenn die Rinde den angenommenen Maximalgehalt von 5% Chinin hatte, alles Chinin in Chininsulfat übergeführt worden wäre. (Etwa $^1/_7$ Normal-Schwefelsäure.) Der Säureüberschuß wurde nun mit einer verdünnten Ammoniakflüssigkeit, die genau auf die oben beschriebene Schwefelsäure eingestellt war, zurücktitriert, unter Anwendung von Campecheholztinktur als Indikator. Wurde die zum Zurücktitrieren der überschüssigen Säure angewandte Menge Ammoniakflüssigkeit von 10 ccm abgezogen, so erhielt man die Menge der zur Bindung des Alkaloids gebrauchten Säure, woraus der Prozentgehalt an Chinin leicht zu berechnen war.

Diese Methode basiert eben auch auf der falschen Voraussetzung, daß durch Aether nur Chinin aufgenommen wird. Jedoch kann es wohl kaum einem Zweifel unterliegen, daß, wenn die Rinde mit Aether extrahiert wird, bis alles Chinin gelöst ist, dann auch ein großer Teil der Nebenalkaloide mit aufgenommen sein wird, so daß das gefundene Resultat zwischen dem wahren Chiningehalt und dem Gesamtalkaloidgehalt der Rinde in der Mitte stehen wird.

Um die Größe dieses Fehlers, soweit er auf Cinchonin und Cinchonidin allein zurückzuführen ist, festzustellen, und um auch für

---

[1]) Journ. de Pharm. et de Chim. 1860, tome 37, S. 5; auszugsweise Archiv der Pharm. 1861, Bd. 156, S. 321; 1863, S. 80.

spätere Analysen zu wissen, wieviel Nebenalkaloide außer dem Chinin vom Aether aufgenommen werden, führte ich eine Reihe von Versuchen mit Alkaloidmischungen von genau bekannter Zusammensetzung aus.

Zu den Versuchen wurde verwendet;

1. Chininum purissimum von E. Merck,

2. Chininum purissimum von der Chininfabrik Buchler & Co. in Braunschweig.

Beide waren von rein weißer Farbe, klar löslich in Alkohol, Aether und verdünnten Säuren. Durch konzentrierte Schwefelsäure wurden sie kaum gefärbt. Bei der Prüfung nach der Methode von Kerner und Weller[1]) wurden genau 3,5 ccm 10 % Ammoniakflüssigkeit zur Klärung gebraucht; es lag demnach chemisch reines Chinin vor.

Um aber ganz sicher zu gehen, überzeugte ich mich noch durch Bestimmung des spezifischen Drehungsvermögens von der Reinheit dieser Alkaloide. Verwendet wurde hierbei eine Lösung in Chloroformalkohol[2]). Der Wassergehalt beider Marken war allerdings ein sehr verschiedener. Der des Merck'schen Präparates betrug 13,25 %, der des von Buchler & Co. 6,37 %, bei nachbestelltem Chinin aber 4,7 %.

3. Chinidinum sulfuricum; dasselbe wurde nach den Angaben in Schmidt's Lehrbuch der Pharmazeutischen Chemie geprüft und rein befunden[3]).

Neben den Chinidinsulfat wurde noch die freie Base benutzt, die ich aus der Lösung des Salzes mittels verdünnter Natronlauge abgeschieden, umkrystallisiert und bei mäßiger Temperatur getrocknet hatte. Auch hier wurde noch durch Polarisieren die Reinheit festgestellt, ebenso beim Cinchonin und Cinchonidin.

4. Das Cinchonin (Cinchoninum purissimum Merck) bildete farblose, durchsichtige, luftbeständige Prismen und gab in neutralisierter, schwefelsaurer Lösung weder mit Seignettesalzlösung, noch mit Jodkalium eine Fällung.

5. Das Cinchonidin (Cinchonidinum purum Merck) bildete farblose Blättchen. Eine mit Hilfe von Schwefelsäure hergestellte Lösung des Alkaloides gab nach der Neutralisation und nach dem Ausfällen mit Seignettesalzlösung ein Filtrat, welches durch Ammoniak nicht getrübt wurde.

Aus genau abgewogenen Mengen dieser Alkaloide stellte ich Gemische her, und zwar aus Chinin, Cinchonin und Cinchonidin.

---

[1]) Schmidt, Pharm. Chem. II., S. 1420.

[2]) Alkoholchloroform nach Hesse, Liebig's Ann. Bd. 176, S. 203, ist 1 Vol. Alkohol und 2 Vol. $CHCl_3$.

[3]) Schmidt, Pharm. Chem. II., S. 1433.

Chinidin ließ ich fort, denn dasselbe hätte sich ja doch mit dem Chinin aufgelöst, da die Löslichkeit beider Alkaloide in Aether gleich groß ist. Das Alkaloidgemisch wurde in einem Meßzylinder mit ca. 30—40 ccm Aether geschüttelt, nach einigen Stunden ein aliquanter Teil der klaren Flüssigkeit herausgenommen und in einem bei 100° getrockneten und gewogenen Schälchen abgedunstet. Die Gewichtszunahme mußte entsprechen der berechneten, in dem aliquanten Teil enthaltenen Chininmenge nebst dem Gewichte der gelösten Nebenalkaloide. Setzt man das Gewicht des berechneten Chinins gleich 100%, so fand ich bei dem ersten Versuche 101,2%, bei dem zweiten Versuche 102,35% und bei dem dritten Versuche, der genau unter denselben Bedingungen, in Bezug auf die Länge der Einwirkungszeit, stattgefunden hatte 98,7%. Bei allen drei Versuchen gaben die ungelöst gebliebenen Alkaloide noch die Thalleiochin-Reaktion; es war demnach noch nicht alles Chinin in Lösung gegangen, und ist es wohl nur Zufall, daß bei ein- bis zweistündiger Einwirkung von reinem Aether auf ein derartiges Alkaloidgemisch eine dem Chiningehalt annähernd entsprechende Menge Alkaloid gelöst wurde. Diese Versuche zeigen, daß selbst eine mehrstündige Einwirkung von Aether auf Gemische von Chinaalkaloiden nicht ausreicht, das Chinin quantitativ in Lösung zu bringen. Ein solches Gemisch von Chinaalkaloiden bedarf einer sehr sorgfältigen, mindestens einen Tag dauernden Behandlung mit Aether, wenn man ganz sicher gehen will, daß alles Chinin gelöst ist.

Sodann wurde ein Gemisch von 0,3899 g Chinin = 0,3482 g wasserfreien Chinins mit 0,3 g Cinchonidin mehrere Stunden mit warmem Aether behandelt, bis an der gleichmäßigen Beschaffenheit des ungelösten Rückstandes zu erkennen war, daß alles Chinin gelöst war. Die ätherische Lösung betrug 80 ccm.

15 ccm enthielten gelöst 0,0787 g; $^{15}/_{80}$ des angewandten Chinins = 0,0653. Folglich war gelöst 0,0134 g Cinchonidin.

Dies entspricht also 17% gelösten Nebenalkaloids. Daraus geht hervor, daß, wenn man ein Alkaloidgemisch so mit Aether behandelt, daß sich wirklich alles Chinin gelöst haben muß, auch bedeutende Mengen Nebenalkaloide mit in Lösung gehen.

Bei allen diesen Versuchen überraschte mich die Schwerlöslichkeit des Chinins in Aether. Nach den in der Litteratur befindlichen Angaben mußte man annehmen, daß Chinin sich leicht in Aether löse. Es ist aber in Wirklichkeit sehr schwer in Aether löslich. Schüttelt man reines Chinin (Wassergehalt 6,37%) mit Aether, so quillt dasselbe gallertartig auf, giebt aber an den Aether nur äußerst wenig ab; selbst nach vielstündigem Stehen unter häufigem Umschütteln geht es nur sehr langsam in Lösung. Erwärmt man dagegen, so geht in siedenden Aether schon mehr über; beim Erkalten resultiert eine klare, ziemlich beständige Lösung. Schüttelt man diese klare Lösung dann stark, so scheidet sich auf einmal der größte Teil des Chinins aus. Nach dem Ausscheiden des Chinins ließ ich den Aether unter häufigem Umschütteln noch einige Stunden auf das Chinin einwirken. Eine dann ausgeführte Löslichkeitsbestimmung ergab in 10,56 g Lösung = 0,0999 g Chinin.

Wenn nun 10,56 g Lösung 0,0999 g Chinin gelöst enthalten, dann bestehen diese 10,56 g aus 10,4601 g Lösungsmittel und 0,0999 g Substanz. Es ist die Löslichkeit demnach 1 : 104,7. Wenn fernerhin von Löslichkeit kurz weg gesprochen ist, so ist dieselbe stets berechnet wie vorstehendes Beispiel zeigt. Da ich nun hier für die Löslichkeit des Chinins in Aether ein von den gewöhnlichen Angaben so abweichendes Resultat bekommen hatte, so führte ich noch eine ganze Reihe von Löslichkeitsbestimmungen der Chinaalkaloide in Aether aus und zwar folgendermaßen:

In gut verschließbaren Flaschen wurden die zerriebenen Alkaloide mit absolutem Aether (spez. Gew. 0,718 bei 17° C.) übergossen, das Gemisch in einen Schüttelapparat gebracht und einen ganzen Tag bei einer Temperatur von 18—20° geschüttelt. Die ätherische Lösung wurde rasch in ein bei 105° getrocknetes und gewogenes, verschließbares Schälchen filtriert und so zur Wägung gebracht.

Die Resultate waren folgende:

Löslichkeit	des Chinins	1 : 45,2 — 1 : 47,7.	Im Durchschnitt		1 : 46,5.
„	„ Chinidins . . .	1 : 60,1 — 1 : 57,6.	„	„	1 : 58,8.
„	„ Cinchonidins .	1 : 376 — 1 : 332.	„	„	1 : 354.
„	„ Cinchonins . .	1 : 654 — 1 : 658.	„	„	1 : 656.

Diese Löslichkeitsbestimmungen der Chinaalkaloide in Aether ergaben bedeutende Abweichungen gegenüber den sonstigen Angaben. Es war daher zunächst meine Pflicht, das Verhalten der Alkaloide gegen Aether noch näher zu untersuchen.

Da nach einigen Litteraturangaben[1]) Chininanhydrid sich anders dem Aether gegenüber verhält, als das Chininhydrat, so stellte ich auch die Löslichkeit des wasserfreien Chinins in absolutem Aether fest.

3,05 g ätherische Lösung ergaben 0,0863 g gelöste Substanz. Löslichkeit 1 : 34,4.

Nach Hesse[2]) bedarf Chinin zu seiner Lösung nicht 60 Teile Aether, wie hin und wieder angegeben ist, sondern gleiche Gewichts-

[1]) z. B. Schmidt, Pharm. Chem. II., S. 1409.

[2]) Liebig's Ann. der Chem. u. Pharm. Bd. 135, S. 327.

mengen Aether. 0,5859 g gesättigte ätherische Lösung ergaben 0,2905 g bei 110° getrocknetes Chinin.

Lösungsverhältnis 1 : 1. Der Aether hatte das spez. Gew. 0,7305 bei 10° Temperatur.

Aus Hesse's Angaben geht nicht hervor, wie er diese gesättigte Chininlösung herstellte. Eine annähernd derartig konzentrierte Chininlösung ist nur zu erhalten, wenn man Chinin mittels Alkali aus seiner Salzlösung fällt und sofort mit wenig Aether ausschüttelt. So erhielt ich ohne viele Mühe in 0,71 g Lösung 0,0762 g Chinin. Löslichkeit 1 : 8,3.

Allerdings liegt in diesem Falle gar kein reiner, sondern mit Wasser gesättigter Aether vor. Auch die übersättigten Lösungen von Chinin in siedendem Aether haben niemals solche Konzentration; wohl aber läßt sich ohne weiteres durch andauerndes Erwärmen von Chinin mit Aether eine übersättigte Lösung von der Konzentration 1 : 22 herstellen. Dieselbe ist oft sehr beständig, scheidet aber bei starkem Schütteln, namentlich mit etwas Chinin, einen Teil des bereits gelösten Chinins wieder ab. Im allgemeinen leistet Chinin dem Lösungsbestreben des Aethers einen bedeutenden Widerstand, so daß man wohl sagen kann, Chinin ist ziemlich schwer löslich in Aether.

Das Verhalten des Chinidins Aether gegenüber entspricht ganz dem des Chinins, während Cinchonin und Cinchonidin schwerer und weniger löslich sind. Doch haben diese beiden Alkaloide das Bestreben, übersättigte Lösungen zu bilden, sobald man das frisch gefällte Alkaloid mit Aether ausschüttelt; dasselbe scheidet sich schon nach kurzer Zeit wieder von selbst ab.

Von großem Einfluß auf die Löslichkeit der Alkaloide in Aether ist auch die Beschaffenheit des letzteren.

Ich verwandte einen Aether vom spez. Gew. 0,718 bei 17° C. Sein niedriges spez. Gew. garantierte eine absolute Reinheit. Hesse[1]) verwandte einen Aether vom spez. Gew. 0,7305 bei 10° C., während absolut reiner Aether bei dieser Temperatur das spez. Gew. 0,726 haben muß. War sein Aether etwas alkoholhaltig, so wäre die große Differenz zwischen seinen Löslichkeitsbestimmungen und den meinigen wohl leicht zu erklären. Schüttelt man nämlich etwa 1,0 g Chinin mit einem Aether, welcher etwa 5 Tropfen Alkohol auf etwa 10 ccm Aether enthält, so tritt kein gelatinöses Aufquellen des Chinins ein, sondern die Lösung vollzieht sich sehr rasch.

Ich führte daher nochmals Löslichkeitsbestimmungen aus, indem ich diesmal einen Aether verwandte, welcher 4% Alkohol enthielt und das spez. Gew. 0,726 bei 15° hatte. Derselbe entspricht seinem spez. Gew. nach dem von Hesse angewandten Aether.

[1]) Liebig's Ann. der Chem. u. Pharm. Bd. 135, S. 327.

Es ergab sich die Löslichkeit für:

Chinin	1 : 10	Im Mittel aus 2 Versuchen.
Chinidin	1 : 40	
Cinchonin	1 : 743	
Cinchonidin . .	1 : 68	

Für Chininanhydrid fand sich dieselbe Löslichkeit, wie für das angewandte, 12,37% Wasser enthaltende Chinin, nämlich 1 : 10.

Um zu sehen, wie sehr die Löslichkeit des Chininanhydrids in Aether zunimmt, wenn ein Aether verwandt wird, der noch mehr als 4% Alkohol enthält, machte ich eine Löslichkeitsbestimmung des Chininanhydrids in Aether, welcher 10% Alkohol enthielt. Es zeigte sich, daß die Löslichkeit in Aether bei weiterem Spirituszusatz keineswegs zunahm, sie blieb 1 : 10. Es scheint also eine Eigentümlichkeit des Chinins zu sein, gerade in Aether mit geringem Zusatz von Spiritus sich besonders leicht zu lösen. Ein größerer Zusatz von Spiritus scheint zwecklos zu sein.

Sehr auffallend ist bei diesen Löslichkeitsbestimmungen, daß trotz des nur geringen Alkoholgehaltes die Löslichkeit des Chinins und auch des Cinchonidins so bedeutend zugenommen hat, während die Löslichkeit des Cinchonins sogar zurückgegangen ist. Vor allen Dingen hat aber der alkoholhaltige Aether vor dem reinen Aether den Vorzug, daß die Auflösung sich verhältnismäßig rasch und leicht vollzieht.

Schüttelt man große Mengen frisch gefällten Chinins mit nicht zu viel Aether, welcher 4% Alkohol enthält, aus der alkalischen Flüssigkeit aus, so erhält man eine äußerst konzentrierte Lösung. Eine derartige konzentrierte Flüssigkeit macht garnicht den Eindruck einer Lösung. Der Aether dieser Flüssigkeit ist nicht mehr bei Handwärme vertreibbar, auch nicht bei einer Temperatur von 60—80° C., sondern er bedarf einer Temperatur von 90—100°, um zunächst soweit zu verdunsten, daß eine gelatinöse Mischung zurückbleibt, und erst über 100—110° hinterbleibt reines Chininanhydrid. Wie ich vermute, gibt das Chinin mit wenig Aether unter gewissen Umständen eine Verbindung, die eine dicke Flüssigkeit darstellt, aber nur bei mittlerer Temperatur beständig ist. Bei stärkerem Erwärmen entsteht zuerst eine ätherärmere, gelatinöse Verbindung, die dann beim andauernden Austrocknen bei 100—110° wieder in reines Chinin übergeht.

Es ist eine bekannte Sache, daß die Alkaloide im allgemeinen äußerst leicht und rasch im frisch gefällten Zustande beim Ausschütteln mit Aether in denselben übergehen. Dies ist bei den Chinaalkaloiden auch der Fall, und da Aether beim Ausschütteln sich sofort mit Wasser sättigen wird, so lag die Möglichkeit wohl vor, daß vielleicht ein mit Wasser gesättigter Aether die Alkaloide schneller und leichter lösen würde; dies ist auch in der Tat der Fall. Eine überschüssige Menge des Alkaloides wurde mit Aether, welcher vorher mit Wasser gesättigt war, im Schüttelapparat fast einen ganzen Tag lang geschüttelt. Die dann ausgeführten Löslichkeitsbestimmungen ergaben folgende Resultate:

Chinin	1 : 19,8
Chinidin	1 : 69,4
Cinchonin	1 : 741
Cinchonidin	1 : 222.

Nachdem auf diese Weise die Löslichkeit der Chinaalkaloide in reinem Aether, in Aether mit 4% Alkohol und in mit Wasser gesättigtem Aether geprüft und gefunden war, daß absolut reiner Aether die Alkaloide besonders schwer aufnahm, schien es angebracht, wieder zu der Frage zurückzukehren, wie am besten durch Aether die Trennung und quantitative Bestimmung der Chinaalkaloide vorzunehmen sei.

Dabei verfolgte ich zunächst den Weg, den auch Shimoyama[1]) einschlug. Derselbe verfuhr folgendermaßen: 0,2 g Chinin werden in säurehaltigem Wasser gelöst und nach dem Ausfällen des Chinins mittels Natronlauge zweimal mit je 15 ccm alkoholfreiem Aether ausgeschüttelt. Die wiedererhaltene Chininmenge betrug fast ebenso viel, wie die angewendete.

Nach dem Ausfällen des Alkaloides nimmt Aether sofort das gesamte Chinin wieder auf. Allerdings muß man wohl, um das Chinin quantitativ in ätherische Lösung zu bringen, mehrere Male mit Aether nachschütteln. Die Löslichkeit des Chinins in mit Aether gesättigtem Wasser ist nicht ganz unbedeutend, doch gelingt es, das Chinin quantitativ daraus zu entfernen, da nach dem Berthelot'schen Verteilungsgesetz durch mehrmaliges Ausschütteln mit Aether auch die kleinsten Mengen des Chinins schließlich in ätherische Lösung gehen müssen.

Der zweite Versuch Shimoyama's hatte den Zweck, zu ermitteln, ob sich das Chinin einer Mischung, welche eine erhebliche Menge Cinchonidin enthielt, durch zweimaliges Ausschütteln mit je 15 ccm Aether vollständig entziehen läßt. Zu diesem Zweck löste er 0,15 g Chinin und 0,35 g Cinchonidin in säurehaltigem Wasser, fällte mit Natronlauge und schüttelte zweimal mit je 15 ccm Aether aus. Die erhaltene Alkaloidmenge betrug 0,142 g. Die ungelöst gebliebenen Alkaloide zeigten in schwefelsaurer Lösung noch eine deutliche blaue Fluorescenz.

---

[1]) Archiv d. Pharm. 223, S. 96.

Ich machte denselben Versuch, ebenfalls mit 0,15 g Chinin und 0,35 g Cinchonidin, wandte aber anstatt zweimal je 15 ccm Aether, dreimal je 10 ccm Aether an. Ich erhielt gelöste Alkaloide 0,155 g, nachdem sich aus der ersten ätherischen Lösung reichlich Cinchonidin abgeschieden hatte. Die ungelöst gebliebenen Alkaloide zeigten allerdings noch geringe Fluorescenz in schwefelsaurer Lösung.

Derselbe Versuch wurde nun wiederholt, indem ich fünfmal mit je 10 ccm Aether ausschüttelte. Ich erhielt 0,198 g Alkaloide, also viel zu viel. Allerdings erwies sich nun der Rückstand als frei von Chinin.

Shimoyama fand in seinem dritten Versuch, indem er dasselbe Alkaloidgemisch (0,15 g Chinin und 0,35 g Cinchonidin) fünfmal mit je 15 ccm Aether ausschüttelte, 0,445 g in Aether gelöste Alkaloide. Alles Chinin 0,15 g und 0,295 g des Cinchonidins waren in Lösung gegangen. Das Alkaloidgemisch, das vorher 30% Chinin und 70% Cinchonidin enthalten hatte, bestand jetzt aus etwa 40% Chinin und 60% Cinchonidin. Er erklärte daher, daß es vollkommen zwecklos sei, ein Alkaloidgemisch vor der quantitativen Analyse des Chinins mit Aether zu behandeln, um hierdurch ein an Chinin reicheres Alkaloidgemisch zu erhalten. Jedoch bin ich anderer Meinung. Verfährt man, wie unten folgt, so wird es stets gelingen, einerseits alles Chinin in ätherische Lösung zu bringen, andererseits ein Alkaloidgemisch herzustellen, welches mindestens 70—80%, meistens 80—90% Chinin enthält. Von welchem Werte dies ist, wird weiter unten gezeigt werden.

Ein Gemisch von 0,2 g Chinin, Cinchonin und 0,3 g Cinchonidin wurde in säurehaltigem Wasser gelöst, mit Natronlauge im Ueberschuß versetzt, und mit 15 ccm Aether kräftig, aber nur kurze Zeit, ausgeschüttelt. Sodann wurden einige Tropfen Aether hinzugefügt, der fast ebenso gut wie Alkohol verursacht, daß die Flüssigkeiten sich schnell trennen, und die ätherische Schicht rasch in ein Kölbchen gebracht. Man erreicht dies am schnellsten, wenn man diesen Versuch in einem Glaskolben ausführt, der nach Art einer Spritzflasche verschließbar ist. Man bläst dann einfach die ätherische Schicht in das Kölbchen. Letzteres schüttelt man tüchtig, wodurch die Nebenalkaloide Cinchonin und Cinchonidin sich zum größten Teile wieder ausscheiden. Dieselben werden abfiltriert, das Filter mit Aether nachgewaschen und nun die alkalische Flüssigkeit noch viermal mit je 10 ccm Aether ausgeschüttelt. Die zurückbleibende Flüssigkeit gab mit Schwefelsäure angesäuert und mit Chlorwasser und Ammoniak versetzt keine Grünfärbung mehr. Die in Aether gelöste Alkaloidmenge schwankte zwischen 0,24 bis 0,28 g, entsprechend einem Gehalt von 70—82% Chinin.

Bemerkt sei jedoch, daß dies Verfahren nur dazu taugt, größere Mengen von Cinchonidin oder Cinchonin fortzuschaffen, daß es jedoch bei Gegenwart größerer Mengen von Chinidin vollkommen nutzlos ist. Anwendbar dürfte dies Verfahren in allen Fällen sein, wo ein zu hoher Cinchonidingehalt vorliegt, der die Brauchbarkeit der quantitativen Bestimmungsmethoden nach de Vrij oder nach Shimoyama, von welchen sogleich die Rede sein wird, in Frage stellt.

Doch bevor ich zu diesen Methoden übergehe, will ich zunächst erwähnen, daß ich viele Versuche ausführte mit einem Aether, welcher mit einem oder mehreren Nebenalkaloiden gesättigt war, und daß diese Versuche mich dazu führten, ein neues Verfahren auszuarbeiten, welches ermöglicht, Chinin durch Behandlung mit Aether von den Nebenalkaloiden zu trennen und quantitativ zu bestimmen. Dies Verfahren wird weiter unten ausführlich besprochen werden.

In dem weiteren Verlauf der Arbeit wird zunächst die Herapathitmethode von de Vrij, die Oxalatmethode von Shimoyama und die Polarisationsmethode beschrieben werden. Dann werden folgen einige neuere Verfahren, Chinin quantitativ zu bestimmen, das Verfahren von P. Carles und das Verfahren von Schmidt. Sodann sollen einige Alkaloidsalze näher untersucht werden, welche Differenzen in der Löslichkeit in gleichen Lösungsmitteln zeigen, wie die jodwasserstoffsauren Salze, die Nitroprussidsalze, die Chromate und die benzolthiosulfonsauren Salze der Alkaloide, und wird festgestellt werden, ob es möglich ist, diese Salze zur Trennung und quantitativen Bestimmung der Chinaalkaloide zu benutzen.

Zum Schluß, nach den Angaben über die Einwirkung von mit Chinidin, Cinchonin und Cinchonidin gesättigtem Aether auf Gemische von Chinaalkaloiden, werden quantitative Chininbestimmungen in verschiedenen Chinarinden, Chinatinkturen und Chinaextrakten beschrieben werden.

II. Herapathitmethode von de Vrij.[1])

Eine wesentlich bessere Methode, als das zuerst besprochene Aetherverfahren, ist die viele Jahre später aufgefundene Herapathitmethode von de Vrij. Die ursprüngliche Methode, welche anfangs noch bedeutende Mängel aufwies, ist später von de Vrij selbst wesentlich verändert und verbessert worden; und diese modifizierte Herapathitmethode ist auch jetzt noch eine der besten Chininbestimmungsmethoden.

[1]) Archiv d. Pharm. Bd. 200, S. 253; Bd. 223, S. 81—97. Fresenius, Ztschr. f. analyt. Chem. Bd. 12, S. 320; Bd. 20, S. 147 u. 309; Bd. 21, S. 295. Pharm. Ztschr. f. Russland 1880, S. 451; 1881, S. 581—592. Ber. d. d. chem. Ges. 1882, S. 1091a, 2315b.

Das zuerst im Jahre 1872 von de Vrij [1]) aufgestellte Verfahren gründet sich auf die Leichtlöslichkeit des Chinins und Chinidins und die Schwerlöslichkeit des Cinchonins und Cinchonidins in Aether; ferner auf die große Löslichkeit des Jodsulfats des Chinidins und die schwache Löslichkeit des Chininjodsulfats (des Chininherapathits) in Alkohol.

Die Trennung des Chinins von den anderen Chinaalkaloiden wurde nach dem älteren Verfahren de Vrij's folgendermaßen ausgeführt.

Etwa 1 g eines Gemisches von Chinaalkaloiden, welches durch Extraktion von Cort. Chinae gewonnen war, wurde mit Aether behandelt, das Filtrat durch Erwärmen vom Aether befreit und der Rückstand in Alkohol gelöst, welcher $^1/_{20}$ seines Gewichtes an Schwefelsäure enthielt. Die klare Lösung wurde mit Jodtinktur gefällt und der Niederschlag auf einem bei 100° getrockneten und gewogenen Filter gesammelt, mit Alkohol gewaschen, getrocknet und gewogen. 1,0 g des gefundenen Chininherapathits entspricht 0,565 g Chinin.

Diese Methode mußte stets ungenaue Werte geben, da ein Alkohol verwendet wurde, welcher 5% Schwefelsäure enthielt und daher bedeutende Mengen Chininherapathit zu lösen vermochte. Auch andere Mängel stellten sich heraus, z. B. daß Chininjodsulfate von verschiedener Zusammensetzung ausgefällt wurden.

Im Jahre 1875 gab de Vrij daher seine verbesserte Herapathitmethode bekannt [2]).

Zur Ausführung dieses Verfahrens ist es zunächst notwendig, eine Chinoidinherapathitlösung herzustellen. Die Bereitung dieses sogenannten de Vrij'schen Reagens ist folgende:

10 g Chinoidin werden in 40 g 5%iger Schwefelsäure gelöst; zu der klaren Flüssigkeit wird eine Lösung von 5 g Jod und 10 g Jodkalium in 500 g Wasser langsam und unter beständigem Umschwenken hinzugefügt, sodaß kein Teil der Chinoidinlösung mit einem Jodüberschuß in Berührung kommt. Das Gemisch wird schwach erwärmt, wodurch die harzigen Flocken sich zusammenballen. Die harzige Substanz wird mit Wasser unter gelindem Erwärmen abgewaschen und getrocknet. Ein Teil derselben, auf dem Wasserbade in sechs Teilen Alkohol von 92% gelöst, scheidet beim Erkalten einen Bodensatz ab. Die abgetrennte Lösung wird eingedampft und der Rückstand in fünf Teilen kaltem Alkohol gelöst, wobei ebenfalls ein kleiner Teil ungelöst bleibt. Die klare Flüssigkeit ist das de Vrij'sche Reagens.

Zur Bestimmung des Chinins in Gemischen von Chinaalkaloiden verfährt man nun nach de Vrij folgendermaßen [3]):

---

[1]) Archiv d. Pharm. 1872, Bd. 200, S. 253 und Fresenius, Ztschr. f. analyt. Chem. Bd. 12, S. 320.

[2]) Fresenius, Bd. 20, S. 147 u. 309; Bd. 21, S. 295. Encyklopädie d. Pharm. II., S. 674. Ber. d. d. chem. Ges. 1882, S. 1091a.

[3]) Ber. d. d. chem. Ges. 1882, S. 1091a.

1 g Chinaalkaloide werden in 20 g Alkohol gelöst, welcher 1,5% Schwefelsäure enthält. Nach dem Verdünnen mit 50 g Alkohol wird sämtliches Chinin durch allmählichen Zusatz des Reagens mit der Vorsicht ausgefällt, daß sich das Reagens im mäßigen Ueberschuß befindet. Letzteres ergibt sich daraus, daß die über dem Niederschlage stehende Flüssigkeit gelb gefärbt erscheint. Der entstandene Niederschlag wird durch Erhitzen bis zum Kochen gelöst. Nach zwölfstündigem Stehen bei ein und derselben Temperatur wird das Gewicht der gesamten Flüssigkeitsmenge bestimmt. Dann wird der ausgeschiedene Chininherapathit auf einem tarierten Filter gesammelt, mit gesättigter alkoholischer Chininherapathitlösung gewaschen, nach dem Absaugen auf Filtrierpapier bei 100° getrocknet und gewogen. Für je 100 g Mutterlauge werden 0,125 g Chininherapathit hinzugerechnet. (Löslichkeit des Herapathits bei 16° 1:800.) Das Chinin beträgt 55,055%, vom Herapathit.

Näher untersucht wurde diese Methode von Hielbig[1]) und von A. Christensen[2]).

Nach A. Christensen löst säurehaltiger Weingeist eine bedeutende Menge des Herapathits auf, und besteht eine Abhängigkeit von der Acidität derart, daß ein Zuwenig wie Zuviel der Säure schädlich ist. Dies ist ohne Zweifel richtig, jedoch findet es hier keine Anwendung; verfährt man genau nach der Vorschrift von de Vrij und löst 1 g Alkaloidgemisch in 1,5% alkoholischer Schwefelsäure, so verhält sich die Lösung bei Anwendung von 20 g dieser Säure annähernd neutral. Angenommen, dies Alkaloidgemisch bestände nur aus Chinin, so würde dasselbe etwa 0,15 g Schwefelsäure verbrauchen, um in das neutrale Salz, und 0,3 g Schwefelsäure, um in das saure Salz überzugehen. In 20 g säurehaltigem Alkohol sind aber genau 0,3 g Schwefelsäure enthalten, gerade genug, um die freien Alkaloide in das saure Salz überzuführen. Tatsache ist, daß die Mutterlauge Lackmuspapier nur leicht rötet, also nur ganz schwach sauer reagiert.

Shimoyama[3]) stellte die Löslichkeit des Chininherapathits in 1,6% Säure enthaltenden Weingeist fest, er fand dieselbe 1 : 225 und gab an für die Löslichkeit

des Cinchonidinherapathits . . 1 : 92,
„ Chinidinherapathits . . . . 1 : 61,
„ Cinchoninherapathits . . . 1 : 42,

aber wohlbemerkt in Weingeist, welcher 1,6% Schwefelsäure enthielt. Er findet sodann auch als Korrektur der gefundenen Herapathitmenge

---

[1]) Pharm. Ztschr. f. Russland 1880, S. 451 u. 456. Berl. Ber. 1881, S. 2315.

[2]) Pharm. Ztschr. f. Russland 1881, S. 581—592. Archiv d. Pharm. Bd. 223, S. 81.

[3]) Archiv d. Pharm. Bd. 223, S. 81—97.

0,53 g für 100 g Mutterlauge, eine Zahl, die natürlich absolut nicht zutrifft, da die ganze Analyse in einem fast neutralen Alkohol vor sich geht. Auf die Löslichkeit des Chininherapathits und auf die anzuwendende Korrektur komme ich noch weiter unten zu sprechen.

Weiter gibt Christensen[1]) an, die Konzentration der Flüssigkeit könne das Resultat beeinflussen. Oder auch Chininperjodsulfate könnten gebildet werden, wenn man nicht bei gewöhnlicher Temperatur fällt und bald darauf filtriert. Dies ist wohl anzunehmen, und ist es daher notwendig, sich genau nach der de Vrij'schen Vorschrift zu richten. Auch sagt Christensen, daß bei größeren Cinchonidinmengen auch Cinchonidinperjodsulfat trotz des von de Vrij angegebenen Handgriffes gefällt werden könnte. Dieses ist die schwache Seite der de Vrij'schen Methode. Infolge dieser Angriffe gegen sein Verfahren modifizierte de Vrij dasselbe nochmals[2]). Er verwandte einen Alkohol, der 1,55% Schwefelsäure enthielt und behandelte den ausgeschiedenen Herapathit zunächst noch einmal mit siedendem Alkohol; aber trotzdem vermochte Shimoyama festzustellen, daß aus einem Alkaloidgemisch, welches 30% und weniger Chinin enthielt stets ein Cinchonidin enthaltender Chininherapathit erhalten wurde. Er zersetzte den gewonnenen Herapathit mittels wässeriger, schwefliger Säure und fällte das Alkaloid mittels Natronlauge. Im Wild'schen Polaristrobometer geprüft, ergab die spezifische Rotation — 130,5°, während aus reinem Chininherapathit auf demselben Wege hergestelltes Chinin nach Hesse die spez. Drehung — 142,57° hat.

Uebrigens bietet die de Vrij'sche Methode den großen Vorteil, daß man sofort erkennen kann, ob reines Chinin gefällt wurde oder nicht. Enthält der aus warmem Alkohol krystallisierende Niederschlag schmierige, braune, an den Gefäßwandungen anhaftende Massen, so besteht er nicht aus reinem Chininherapathit; während andernfalls bei gleichmäßiger Krystallisation die Garantie für Reinheit mir gewährleistet schien.

Besonders mußte auffallen, was Shimoyama auch erwähnt[3]), daß beim Ausfällen des Chinins als Herapathit der Zeitpunkt, an dem dies quantitativ geschehen ist, nicht zu erkennen ist. De Vrij empfiehlt, Chinoidinherapathitlösung solange hinzu zu fügen, bis die über dem Niederschlage stehende Flüssigkeit gelb erscheint. Gelb ist die Flüssigkeit schon von Anfang an gefärbt, und eine plötzliche Steigerung der Färbung ist nicht wahrzunehmen; es muß eben das Reagens im

---

1) Pharm. Ztschr. f. Russland 1881, S. 581.
2) Fresenius, Ztschr. f. analyt. Chem. Bd. 21, S. 296.
3) Archiv d. Pharm. Bd. 223, S. 88.

berechneten Ueberschuß zugesetzt werden. Zu 0,5 g Chinin werden annähernd 10 ccm desselben nötig sein.

Shimoyama erklärt in seiner Arbeit über das de Vrij'sche Verfahren, es sei unmöglich, eine für alle Fälle brauchbare Korrektur zu finden. Dies ist entschieden zu bestreiten. Verfährt man genau nach de Vrij'scher Vorschrift, so muß, da stets unter den gleichen Bedingungen gearbeitet wird, auch die Löslichkeit bei ein und derselben Temperatur in dem schwach sauren Alkohol dieselbe sein.

Nach Shimoyama[1]) gibt C. Hielbig die Löslichkeit des Chininherapathits in Alkohol von 90% 1 : 600 an. Trotzdem berechnete er die Korrektur für 100 g Mutterlauge 0,125 g Chininherapathit. Die Zahlen stimmen nicht zu einander, da bei der Löslichkeit 1 : 600, die Korrektur für 100 g Mutterlauge 0,166 g sein müßte. Es scheint also ein Druckfehler vorzuliegen.

Um nun zu ermitteln, wieviel Chininherapathit bei dem de Vrij'schen Verfahren in 100 g Mutterlauge gelöst bleiben, führte ich mehrere Versuche aus.

Zunächst wurde ein Weingeist mit genau 1,5% Schwefelsäuregehalt dargestellt. Das spez. Gew. betrug 0,836. 10 ccm desselben brauchten zur Neutralisation 25,7 ccm $^1/_{10}$ N. Kalilauge = 1,506% H_2SO_4.

I. Versuch: Abgewogen wurde 1,0333 g Chinin = 0,8962 g wasserfreien Chinins, entsprechend 1,6278 g Chininherapathit. Dieselben wurden genau nach der oben schon erwähnten de Vrij'schen Vorschrift behandelt. Erhalten wurde 1,5057 g Chininherapathit. Folglich blieb in Lösung 0,1221 g uud zwar in 75,8 g Mutterlauge. Berechnet auf 100 g ergibt eine Korrektur von 0,161 g Chininherapathit.

II. Versuch: 1,028 g Chinin = 0,8916 g wasserfreien Chinins, entspricht 1,6194 g Chininherapathit. Gefunden wurde 1,504 g. Die fehlenden 0,1154 g waren in 75,4 g Mutterlauge gelöst. Für 100 g Mutterlauge beträgt dies 0,1531 g.

Im Mittel enthalten hiernach 100 g Mutterlauge 0,157 g Chininherapathit.

Zur Prüfung der Herapathitmethode im allgemeinen und um noch mehrere vergleichende Analysen in Betreff der Korrekturzahl zu haben, führte ich folgende Versuche aus:

I. Versuch: 0,6602 g Chinin mit einem Wassergehalt von 13,27 % = 0,5726 g wasserfreien Chinins und je 0,1 g Chinidin, Cinchonin und Cinchonidin lieferten 0,9205 g Chininherapathit. Die Mutterlauge betrug 76,9 g.

Nach der Korrektur von C. Hielbig ist 76,9 × 0,00125 = 0,0955 g Chininherapathit hinzuzurechnen; die gesamte Chininherapathitmenge, 1,0155 g, entspricht 0,5591 g Chinin. Es wäre somit 97,68 % der angewandten Menge wiedergefunden.

---

[1]) Archiv d. Pharm. Bd. 223, S. 83.

Bei Anwendung der Korrekturzahl 0,157 für 100 g Mutterlauge ist 76,9 × 0,00157 g = 0,1207 hinzuzurechnen. Die gesamte Chininherapathitmenge ist dann 1,0412 g, entsprechend 0,5732 g Chinin, also sind gefunden 100,1 % der angewandten Menge.

II. Versuch: 0,4326 g Chinin mit einem Wassergehalt von 13,27 % = 0,3752 g wasserfreien Chinins, 0,3 g Cinchonidin und je 0,1 g Chinidin und Cinchonin lieferten 0,6683 g Chininherapathit, nämlich 0,5735 g in Substanz und 0,0948 g in der Mutterlauge (75,8) nach der Korrektur von C. Hielbig. Dies entspricht 0,3679 g Chinin, d. h. 98,05 % der angewandten Menge.

Bei Anwendung der Korrektur für je 100 g Mutterlauge = 0,157 g betrug die Menge des Chininherapathis 0,5735 + 0,119 = 0,6925. Dies entspricht 0,3812 g Chinin, d. h. 101,5 % der angewandten Menge.

Das im zweiten Versuch verwandte Alkaloidgemisch enthielt nur 42 % Chinin, und ist deswegen die Möglichkeit, daß geringe Mengen Cinchonidin mit niedergeschlagen wurden, durchaus vorhanden. Es erscheint mir also auch hier das Resultat mit der Korrektur 0,157 g für 100 g Mutterlauge genauer, als das Resultat mit der Hielbig'schen Korrektur.

Jetzt handelt es sich nur noch darum, ob überhaupt und wie das de Vrij'sche Verfahren anzuwenden ist, wenn das aus der Chinarinde enthaltene Alkaloidgemisch nicht mehr als 30 % Chinin enthält. De Vrij läßt in diesem Falle nach dem Auskrystallisieren des Chininherapathits denselben nochmals aus reinem Alkohol umkrystallisieren. Dies ist angebracht, wenn an der Ausscheidung zu erkennen ist, daß noch Nebenalkaloide mit gefällt sind.

Dies Verfahren muß entschieden ungenaue Resultate geben, da die Korrektur für die erste Mutterlauge eine etwas andere ist, als für die zweite. Hat man ein Alkaloidgemisch, welches 30 % oder noch weniger Chinin enthält, so behandelt man das Gemisch am besten zuerst mit Aether, welcher 4 % Alkohol enthält, nach dem Verfahren, welches weiter oben angegeben ist. Der Verdunstungsrückstand der ätherischen Lösung wird nach der Methode von de Vrij behandelt und gibt jetzt ein richtiges Resultat. Uebrigens hat de Vrij selbst anfänglich stets zuerst das Alkaloidgemisch mit Aether behandelt, ist dann aber, da es im allgemeinen unnötig ist, ganz davon abgekommen.

Nach diesen Ausführungen erscheint die de Vrij'sche Herapathitmethode im allgemeinen brauchbar; nur scheint mir die Korrekturzahl 0,157 g für 100 g Mutterlauge richtiger zu sein, als die früher angegebene von 0,125 g. Nicht direkt brauchbar ist sie jedoch bei einem Alkaloidgemisch, das 30 % oder weniger Chinin enthält. (Auch scheint mir beim Behandeln eines Alkaloidgemisches von 40 % Chinin schon ein nicht vollkommen reiner Chininherapathit zu resultieren, jedoch veranlaßt dies nur einen geringen Fehler.) Aber auch in diesem Falle ist das Verfahren de Vrij's nach vorheriger Behandlung der Alkaloide mit Aether wohl anwendbar und gibt dann, wenn man die Schwierigkeit dieser Aufgabe berücksichtigt, noch leidliche Resultate.

III. Oxalatmethode von Shimoyama[1]).

Schon 1879 hatte Langbeck[2]) in London die Schwerlöslichkeit des oxalsauren Chinins zur Trennung von den übrigen Alkaloiden und zur quantitativen Bestimmung benutzt. Nach Langbecks Methode wurden die aus der Chinarinde mittels Alkohol und Kalk erhaltenen Alkaloide zweimal mit Aether behandelt, die ätherische Lösung eingedampft; der Rückstand wurde in sehr verdünnter Schwefelsäure gelöst und mit einer Lösung von oxalsaurem Ammon ausgefällt. Nach etwa sechs Stunden sollte sich sämtliches Chinin als oxalsaures Salz ausgeschieden haben, welches bei 100° getrocknet, gewogen und auf Chinin umgerechnet wurde.

Da oben bereits gezeigt wurde, wie schwer es ist, Chinin quantitativ in ätherische Lösung zu bringen, so wird dies Verfahren wohl stets zu niedrige Resultate geliefert haben. Der Gedanke, aus einem Chinaalkaloidgemisch durch Behandlung mit Aether eine Lösung zu gewinnen, in welcher ein höherer Prozentsatz an Chinin enthalten ist, als in dem ursprünglichen Gemisch, ist sehr gut, scheitert aber an der Schwerlöslichkeit des Chinins in absolutem Aether. Es läßt sich dies nur erreichen bei tagelanger Einwirkung, oder beim Ausschütteln der aus alkalischer Flüssigkeit frisch gefällten Alkaloide.

Auch Perret[3]) benutzte die Schwerlöslichkeit des Chininoxalates zur quantitativen Bestimmung des Chinins in Gemischen von Chinaalkaloiden.

Perret verfuhr folgendermaßen:

10 g gepulverte Chinarinde wurden mit 50 g Alkohol (90%), dem 5 g einer stark alkalischen Lösung von kieselsaurem Natrium zugesetzt war, erhitzt und das Gemisch nach zehn Minuten filtriert. Diese Operation wurde noch zweimal wiederholt, zuerst mit 30 g Alkohol und 2,5 g Wasserglas und zuletzt mit 20 g Alkohol. Die vereinten Filtrate wurden bis zur Honigkonsistenz eingedampft, und der Rückstand zuerst mit 30 g, dann mit 20 g und schließlich mit 10 g Aether behandelt. Die ätherische Lösung wurde verdunstet, der Rückstand in schwefelsäurehaltigem Wasser gelöst, neutralisiert, die neutrale Flüssigkeit mit oxalsaurem Ammon ausgefällt und das Chinin als Oxalat zur Wägung gebracht.

---

1) Archiv d. Pharm. Bd. 223, S. 209—229.

2) Archiv d. Pharm. Bd. 214, S. 181.

3) Fresenius, Ztschr. f. analyt. Chem. Bd. 13, S. 328. Ber. d. d. chem. Ges. 1874, S. 335.

Perret gibt an, daß das Chinin nur durch Spuren von Chinidin und Cinchonin verunreinigt sei. Dies kann wohl kaum der Fall sein, da die Oxalate des Chinidins und Cinchonins viel leichter löslich sind, als das Chininoxalat, und namentlich Cinchonin nach Behandlung mit Aether nur in geringen Mengen zugegen sein kann. Auch diese Methode krankt an dem Uebel der Ungenauigkeit; denn im allgemeinen vermag eine dreimalige Behandlung eines Alkaloidgemisches mit Aether das Chinin nicht quantitativ in Lösung zu bringen. Allerdings ist die Zeitdauer der Einwirkung des Aethers nicht angegeben. Eine zweite Fehlerquelle liegt darin, daß keine Korrektur angegeben ist; denn Chininoxalat ist immerhin etwas löslich in Wasser. Dies Verfahren mußte also zu niedrige Resultate geben.

Das Verdienst, die Oxalatmethode zu einer der genauesten Chininbestimmungsmethoden, die wir bislang haben, gemacht zu haben, gebührt Shimoyama.

Er giebt folgende Löslichkeitsverhältnisse der Oxalate der China alkaloide in Wasser an[1]):

Chininoxalat	1 : 1652
Cinchonidinoxalat	1 : 228
Cinchoninoxalat	1 : 100
Chinidinoxalat	1 : 151[2]).

Ferner zeigte Shimoyama, daß die Löslichkeit des Chininoxalats gegenüber der Löslichkeit des Cinchonidinoxalats, da sie etwa sich verhält wie 1 : 7,5, wohl eine Trennung dieser fast untrennbaren Chinaalkaloide ermöglichte. Sodann fand er, daß Cinchonidinoxalat das Bestreben hatte, übersättigte Lösungen zu bilden, so daß schon bei einer Verdünnung 1 : 125 weder Chinidin noch Cinchonidin oder Cinchonin gefällt wurden. Da das Chininoxalat nicht ganz unlöslich ist, so muß stets eine Korrektur angebracht werden. Shimoyama stellte nun fest, daß beim Ausfällen mit oxalsaurem Ammon ziemlich bedeutende Schwankungen für die Korrekturzahlen eintraten, so daß sie nach dem Gehalt der Mutterlauge an Ammoniumacetat mehr oder weniger Chininoxalat gelöst enthielt. Dieser Uebelstand verschwand sofort, als er Natriumoxalat in Anwendung brachte; die Korrekturzahl betrug nun für alle Fälle 0,00064 g für jedes Gramm der Mutterlauge. Allerdings erwies es sich hierbei als notwendig, daß stets ein bedeutender Ueberschuß von Natriumoxalat zugegen war; denn nur in diesem Falle enthielt die Mutterlauge stets gleichmäßig 0,00064 g Chininoxalat pro 1 g Mutterlauge gelöst. Weiter bewies Shimoyama, daß in einer Verdünnung von 1 : 140 reines Chininoxalat gefällt wurde. Er

[1]) Archiv d. Pharm. Bd. 223, S. 209—229.

[2]) Vergl. auch Beilstein, Organ. Chem. III., S. 1909, 1914, 1917, 1923

wandte die Kerner'sche Prüfungsmethode des Chininsulfats auf das Chininoxalat an. Dieses durfte er deswegen ruhig tun, da die Löslichkeit der Oxalate der Löslichkeit der Sulfate analog ist. Außerdem führte er den Nachweis hierfür mittels des Wild'schen Polaristrobometers. Das spez. Drehungsvermögen des Chininoxalates ist —230°. Shimoyama fand die Zahl —231,12°, also leidlich übereinstimmende Resultate. Das spez. Drehungsvermögen des Cinchonidinoxalats ist = —15°; infolgedessen würde die geringste Verunreinigung eine weit geringere spez. Drehung bedingen müssen. Zugleich stießen dem Erfinder dieser Metode einige Fehlerquellen auf. Er fand, daß Alkaloidgemische, welche weniger als 20% Chinin enthielten, in 140facher Verdünnung überhaupt keinen Niederschlag mehr gaben, daß dagegen in geringerer Verdünnung, etwa 1 : 50 die quantitative Trennung der Alkaloide nicht mehr möglich war. Auch scheidet sich aus Alkaloidgemischen, welche aus der Chinarinde durch Extraktion gewonnen sind, Chinin nur schwierig ab. Er verbesserte daher seine Methode, und die verbesserte Oxalatmethode gründet sich darauf, daß Cinchonidinoxalat in der gesättigten Lösung von Chininoxalat leicht löslich ist. Shimoyama zeigte, daß man wohl zunächst das Chinin mit geringen Mengen Cinchonidin fällen kann, daß dann beim Behandeln des Niederschlages mit etwa 50 ccm gesättigter Chininoxalatlösung, entsprechend 200facher Menge des vermutlich darin enthaltenen Cinchonidinoxalats, alles Cinchonidin wieder aufgelöst wird, so daß reines Chininoxalat zur Wägung gebracht wird.

Um diese Shimoyama'sche Oxalatmethode auf ihre Genauigkeit zu prüfen, wurden folgende Versuche angestellt, aus welchen zugleich der Untersuchungsgang in seinen Einzelheiten zu ersehen ist.

Es wurde ein Gemisch hergestellt aus 0,5472 g Chinin und je 0,05 g Cinchonin, Cinchonidin und Chinidin. Da das angewandte Chinin 6,37% Wasser enthielt, so waren darin enthalten an reinem Chinin 0,5123 g.

Dieses Alkaloidgemisch wurde mit Hilfe von Essigsäure in etwa 40 ccm Wasser bei gelinder Wärme gelöst und die Lösung mit verdünnter Natronlauge neutralisiert. Die Flüssigkeit wurde in einem gewogenen Becherglase mit 10 ccm einer gesättigten Natriumoxalatlösung versetzt, und die Flüssigkeit im Dampfbade auf etwa 10 g eingeengt. Darauf wurde der Becherglasinhalt mit etwa 15 g Wasser versetzt und unter öfterem Umrühren drei Stunden beiseite gestellt. Alsdann wurde das Gewicht des Becherglases mit Flüssigkeit bestimmt, und zwar wurde gefunden 89,258
Gewicht des leeren Becherglases 42,429
folglich Mutterlauge mit Niederschlag . 46,829 g. Der Niederschlag

wurde auf einem Doppelfilter gesammelt und unter Anwendung einer Saugpumpe einige Male mit einer bei 18° gesättigten Chininoxalatlösung[1]) nachgewaschen, sodann mit 50 ccm gesättigter Chininoxalatlösung in ein Kölbchen gespült, der Kolben 15—20 Minuten kräftig geschüttelt und mehrere Stunden zur Seite gestellt. Der Niederschlag wurde dann auf einem bei 110° getrocknetem und gewogenem Doppelfilter gesammelt und mit gesättigter Chininoxalatlösung unter Anwendung einer Saugpumpe sorgfältig ausgewaschen. Das feuchte Filter wurde mit dem nassen Niederschlage zwischen Uhrgläsern gewogen. Die feuchte Substanz, d. h. der Niederschlag nebst der Feuchtigkeitsmenge, welche darin und im Filter vorhanden waren, wog 6,9935 g. Das Filter wurde dann nach dreistündigem Trocknen bei 110° wiederum gewogen und das Gewicht des trockenen Niederschlages zu 0,5623 g festgestellt. Somit war im Filter und Niederschlage 6,9935 — 0,5623 = 6,4312 g gesättigte Chininoxalatlösung vorhanden gewesen, welche, da in 1 g derselben 0,00069 g Chininsalz gelöst ist, 0,0044 g des letzteren entsprechen. Diese Menge ist von der des Niederschlages in Abzug zu bringen, so daß für diesen 0,5579 g bleibt. Andererseits ist nun aber dem Niederschlag die Menge Chininoxalat hinzuzurechnen, welche in der Mutterlauge gelöst vorhanden ist.

Das Gewicht der Mutterlauge mit Niederschlag betrug 46,829 g. Also Mutterlauge allein 46,829 — 0,5579 = 46,27 g. Da nun in 1 g Mutterlauge 0,00064 g Chininoxalat gelöst ist, so beträgt die in der ganzen Mutterlauge enthaltene Menge 0,0296 g und die Gesamtmenge des Chininoxalats 0,5579 + 0,0296 = 0,5875 g.

Der Chiningehalt des Oxalats ist nun 87,8%; die gefundene Menge von 0,5875 g Oxalat enthielt somit 0,5158 g Chinin.

Angewandt waren 0,5123 g. Es sind somit 100,68% gefunden worden.

Ein zweiter Versuch wurde in derselben Weise ausgeführt mit einem Gemisch von 0,4284 g Chinin (entsprechend 0,4011 g reinen, wasserfreien Chinins), 0,05 g Cinchonin, 0,1 g Chinidin und 0,1 g Cinchonidin.

Das Gewicht der feuchten Substanz, d. h. des Niederschlages nebst der Feuchtigkeitsmenge, welche darin und im Filter enthalten war, betrug 4,1912 g. Das Gewicht der trockenen Substanz war 0,4462. Somit war im Filter und Niederschlag 4,1912 — 0,4462 = 3,7450 g gesättigte Chininoxalatlösung enthalten, welche, da in je 1 g derselben 0,00069 g Chininoxalat gelöst war, 0,0026 g des letzteren entsprechen.

[1]) Etwa 1 g Chininoxalat in etwa 1 l Wasser bei 18—20° suspendiert, wurde unter häufigem Umschütteln einen Tag stehen gelassen; das Filtrat stellte eine solche gesättigte Chininoxalatlösung dar.

Wurde die Menge in Abzug gebracht von der Menge des gefundenen Chininoxalats, so blieb 0,4436 g.

Andererseits war hinzuzurechnen für je 1 g der Mutterlauge, die diesmal 32,1 g betrug, 0,00064 g, also im ganzen 0,0205 g; es betrug demnach die Gesamtmenge des Chininoxalats 0,4436 + 0,0205 g = 0,4641 g, wovon 87,8% Chinin war, nämlich 0,4077 g.

Angewandt war 0,4011 g, gefunden demnach 101,4%.

Beim dritten Versuch wurde ein Gemisch angewandt von 0,274 g Chinin = 0,2212 g reinen, wasserfreien Chinins, 0,05 g Cinchonin, 0,08 g Chinidin und 0,2 g Cinchonidin. Der Versuch, ausgeführt, wie oben bei der ersten Analyse näher beschrieben ist, ergab einen feuchten Niederschlag von 4,8489 g. Der trockene Niederschlag wog 0,2293 g. Das Gewicht der im Filter und Niederschlag verbliebenen gesättigten Chininoxalatlösung betrug 4,8489 — 0,2293 = 4,62 g.

1 g derselben enthalten gelöst 0,00069 g Chininsalz, 4,62 g demnach 0,0032 g. Wird diese Menge abgezogen vom trockenen Niederschlage, so bleibt 0,2261 g.

Das Gewicht der Mutterlauge betrug 44,1 g. Dieselbe enthält gelöst in jedem Gramm 0,00064 g Chininoxalat, im ganzen also 0,0282 g. So ergibt sich die Gesamtmenge des Chininoxalats = 0,2261 + 0,0282 = 0,2543 g. Diese Menge enthält 87,8%, also 0,2233 g Chinin.

Angewandt war 0,2212 g, gefunden 100,95%.

Das Verfahren von Shimoyama gibt hinreichend genaue Resultate, aber es erscheint mir doch etwas zu umständlich, um gerade für das Laboratorium einer Apotheke passend zu sein.

IV. Polarisationsmethode.

Die spezifische Drehung der Chinaalkaloide ist von Hesse[1]) ausführlich untersucht worden, und es können die festgestellten Zahlen einerseits als Grundlage dienen, um andere Präparate auf ihre Reinheit zu prüfen, andererseits um die Zusammensetzung von Gemischen zu ermitteln. Auch von Oudemanns[2]) liegen eine Anzahl von diesbezüglichen Beobachtungen vor. Sehr genau sind die Rotationskonstanten von Chinin, Chinidin, Cinchonin und Cinchonidin bestimmt. Während Chinin und Cinchonidin den polarisierten Strahl nach links drehen, so drehen Chinidin und Cinchonin nach rechts.

Die Rotationskonstante für Chininhydrat $C_{20}H_{24}N_2O_2 + 3\,H_2O$ in einer Lösung von 97 Vol.-pCt. Alkohol ist $[\alpha]^D = -(145{,}2 - 0{,}657 \cdot c)$.

---

[1]) Landolt, Das optische Drehungsvermögen organischer Substanzen, S. 189 ff. Liebig's Ann. Bd. 176, S. 203; Bd. 182, S. 128.

[2]) Liebig's Ann. Bd. 182, S. 33.

Wobei c gleich der Konzentration der Lösung, d. h. der Menge von Chininhydrat in 100 ccm Flüssigkeit, ist; für Cinchonidin in 97 Vol.-pCt. Alkohol $[\alpha]^D = -(107{,}48 - 0{,}297 \cdot c)$; für Chinidin in 97 Vol.-pCt. Alkohol $[\alpha]^D = +(269{,}57 - 3{,}90 \cdot c)$; für Cinchonin in Chloroform-Alkohol $[\alpha]^D = +(238{,}8 - 1{,}46 \cdot c)$.

Die spezifische Drehung ist nicht nur abhängig von der Konzentration des angewandten Lösungsmittels, sondern auch von der Natur des Lösungsmittels selbst.

Man kann nun leicht den Gehalt einer Lösung an Alkaloid aus der spezifischen Drehung der Flüssigkeit berechnen.

2,0 g Chininhydrat wurden in 95% igen Alkohol gelöst und polarisiert. Die Drehung betrug 5,66°.

Die Konzentration der Lösung, d. h. der Gehalt an Chininhydrat in 100 ccm Flüssigkeit berechnet sich nach der Gleichung:

$$c = \frac{1}{[\alpha]^D} \cdot \frac{100}{l} \cdot \varphi.$$

Es ist c = Gehalt an Alkaloid in 100 ccm Lösung. $[\alpha]^D$ = Rotationskonstante für die Natriumflamme. l = Länge der Röhre in Decimetern φ = der am Polarisationsapparat gefundene Winkel.

$[\alpha]^D$ für Chinin war $-(145{,}2 - 0{,}657 \cdot c)$ oder $-145{,}2 + 1{,}314 = -143{,}9^0$, $l = 2$, $\varphi = 5{,}66$, folglich $c = \frac{1 \cdot 100 \cdot 5{,}66}{143{,}9 \cdot 2} = 1{,}966$ g.

Da nun alle vier Chinaalkaloide ganz wesentlich andere Rotationskonstanten haben und andererseits sich aus dem Drehungsvermögen die Konzentration der Lösung ohne Schwierigkeit berechnen läßt, so lag es nahe, mit Hilfe des Wild'schen Polaristrobometers eine quantitative Bestimmung des Chinins neben anderen Chinaalkaloiden vorzunehmen.

Zur Feststellung des Verfahrens hat Hesse[1]) die spezifische Rotation einer Anzahl Mischungen von bekannter Zusammensetzung bestimmt und versucht, ob sich die erstere aus dem Drehungsvermögen der Bestandteile berechnen läßt. Es zeigte sich, daß dies mit genügender Annäherung möglich ist, also die einzelnen Alkaloide, wenn sie gemeinschaftlich in einer Lösung vorhanden sind, gegenseitig keine wesentliche Störung in ihrem optischen Verhalten ausüben. Hesse verfuhr folgendermaßen:

4 g Chininhydrat und Cinchonidin zu gleichen Teilen wurden zu 100 ccm 97 Vol.-pCt. Alkohol gelöst und im Wild'schen Polaristrobometer der Ab-

[1]) Landolt, Das optische Drehungsvermögen organ. Substanzen, Seite 199.

lenkungswinkel = 9,95° nach links festgestellt. Die spezifische Drehung ergibt sich nach der Gleichung: $[\alpha]^D = \frac{\alpha \cdot 100}{l \cdot c}$.

Also in diesem Falle

$$[\alpha]^D = \frac{9,95 \cdot 100}{2 \cdot 4} = -124,37^0;$$

spezifische Drehung des Chininhydrats c = 4 ist $[\alpha]^D = -142,57^0$;
spezifische Drehung des Cinchonidins c = 4 ist $[\alpha]^D = -106,29^0$.

Ist x die gesuchte Chininmenge, so ist 100 — x die gesuchte Cinchonidinmenge. Es ergibt sich die Gleichung:

$$-142,57x - 106,29\ (100 - x) = -124,37 \cdot 100;$$

aufgelöst ergibt die Gleichung

$$x = \frac{100\ (124,37 - 106,29)}{142,57 - 106,29} = 49,8.$$

Folglich Cinchonidin = 100 — 49,8 = 50,2%.

Es zeigt sich also, daß der Analysenfehler nur gering ist.

Ich führte eine ähnliche Analyse aus. 0,8234 g Cinchonidin und 0,4509 g Cinchonin wurden zu 100 ccm Alkohol-Chloroform gelöst und im Wild'schen Polaristrobometer in allen vier Quadranten der Drehungswinkel bestimmt. Derselbe betrug + 0,45° und ergibt das spezifische Drehungsvermögen

$$[\alpha]^D = + \frac{0,45 \cdot 100}{2,2 \cdot 1,28} = +17,3^0.$$

Für Cinchonidin c = 0,8234 ist $[\alpha]^D = -108,66^0$.

Für Cinchonin c = 0,5 ist $[\alpha]^D = +238,07^0$ Mischung c = 1,28 ist $[\alpha]^D = +17,3^0$.

Versteht man unter x den Prozentgehalt der Mischung an Cinchonin, so ist der Prozentgehalt der Mischung an Cinchonidin = (100 — x).

Es ist daher 238,07 x — 108,66 (100 — x) = 17,3 · 100 oder

$$x = \frac{1730 + 10866}{238,07 + 108,66} = 36,6\%.$$

Cinchonin 36,6% und Cinchonidin 63,4%.

Der Wägung nach bestand die Mischung aus Cinchonin 35,9%, Cinchonidin 64,1%.

Aeußerst schwierig ist es dagegen, ein Gemenge von drei Chinaalkaloiden zu analysieren; es muß dann die spezifische Drehung des Gemisches unter Anwendung von zwei verschiedenen Lösungsmitteln bestimmt werden. Hesse[1]) führte eine optische Analyse eines durch Abwägen hergestellten Gemisches von Cinchonidin, Cinchonin und Chinidin auf.

---

[1]) Liebig's Ann. Bd. 182, S. 152.

Zuerst wurden 0,5 g Alkaloide mittels Alkohol von 97 Vol.-pCt. zu 25 ccm gelöst, demnach war c = 2. Der Drehungswinkel α war + 2,78°, somit $[\alpha]^D = +69,5°$.

Dann wurden 0,5 g derselbe Alkaloidmischung in 25 ccm salzsaurer Flüssigkeit (3 Mol. HCl auf 1 Mol. Alkaloid) gelöst. c = 2 ergab eine Ablenkung $\alpha = +2,82°$, woraus sich berechnete $[\alpha]^D = +64,09°$.

Die spezifischen Rotationen der drei Alkaloide sind bei der Konzentration c = 2 nachfolgende.

Cinchonidin in Alkohol gelöst $[\alpha]^D = -106,89°$, in Salzsäure gelöst $[\alpha]^D = -177,47°$.

Chinidin in alkoholischer Lösung $[\alpha]^D = +261,77°$, in Salzsäure gelöst $[\alpha]^D = +329,94$.

Cinchonin in alkoholischer Lösung $[\alpha]^D = +226,13°$, in Salzsäure gelöst $[\alpha]^D = +259,12°$.

Setzt man die gesuchte Menge Cinchonidin = x, Chinidin = y und Cinchonin = z, so ist der Prozentgehalt der Alkaloidmischung auszurechnen mit Hilfe folgender drei Gleichungen mit drei Unbekannten

$$\text{a)}\quad x + y + z = 100$$
$$\text{b)}\quad -106,89\,x + 261,77\,y + 226,13\,z = 100 \cdot 69,50$$
$$\text{c)}\quad -177,47\,x + 329,94\,y + 259,12\,z = 100 \cdot 64,09.$$

Die Rechnung führt zu folgendem Resultat:

	Optische Analyse	Wirkliche Zusammensetzung
Cinchonidin	51,5%	51,3%
Chinidin	42,9 „	38,3 „
Cinchonin	5,6 „	10,4 „

Die erheblichen Differenzen würden, wie Hesse berechnet hat, in Wegfall kommen, wenn der Drehungswinkel der Lösung a 2,80° anstatt 2,78° und bei der Lösung b ebenfalls 2,80° anstatt 2,82° ergeben hätte. Man sieht hieraus, welchen großen Einfluß der Beobachtungsfehler bei der Polarisation auszuüben vermag. Wenn auch Oudemanns Analysen etwas bessere Resultate gaben, so glaube ich doch, daß die optische Analyse eines Gemisches von drei Alkaloiden keinen Anspruch auf genügende Genauigkeit machen kann. Der Theorie nach wäre es durchaus möglich, durch optische Analyse eines Gemisches von allen vier Chinaalkaloiden direkt die prozentische Zusammensetzung und damit das Chinin quantitativ zu bestimmen. Wird die spezifische Rotation in drei verschiedenen Lösungsmitteln bei derselben Konzentration aufs genaueste festgestellt, so läßt sich mit Hilfe der Rechnung von vier Gleichungen mit vier Unbekannten, wovon die erste ohne weiteres gegeben ist als

$$x + y + z + q = 100,$$

ohne viel Schwierigkeiten die prozentische Zusammensetzung des Alkaloidgemisches berechnen. Einen praktischen Wert würde diese optische Analyse wohl kaum haben, da der Beobachtungsfehler am Wild'schen Polaristrobometer wohl noch mehr, wie bei einem Gemisch von drei Alkaloiden, veranlaßt, daß der Analysenfehler ein zu bedeutender wird.

Sehr wohl brauchbar ist die optische Analyse, wenn man dieselbe anwendet, nachdem zuvor eine teilweise Trennung der Alkaloide vorgenommen war. Man verfährt am besten folgendermaßen:

1 g des durch Extraktion möglichst rein erhaltenen Alkaloidgemisches wird in salzsäurehaltigem Wasser gelöst, die Flüssigkeit neutralisiert und mit Seignettesalzlösung ausgefällt. Der erhaltene Niederschlag, bestehend aus den Tartraten von Chinin und Cinchonidin, wird sorgfältig ausgewaschen, getrocknet und gewogen.

0,4 g der Tartrate mit 3 ccm Normal-Salzsäure und Wasser zu 20 ccm aufgelöst, werden mit Hilfe des Wild'schen Apparates polarisiert.

Wird die spezifische Drehung mit M bezeichnet und ist x gleich dem gesuchten Prozentgehalt an Chinintartrat, so ist

$$x = \frac{100\,(M - 131{,}3)}{215{,}8 - 131{,}3}.$$

Es wurden nämlich von Oudemanns[1]) unter den gleichen Bedingungen, also bei Gegenwart von freier Salzsäure und Weinsäure, die Rotationskonstanten festgestellt und gefunden für Chinintartrat $[\alpha]^D = -215{,}8^0$ und für Cinchonidintartrat $[\alpha]^D = -131{,}3^0$.

Die von Oudemanns nach diesem Gange ausgeführten, zahlreichen Analysen von Alkaloidgemischen von bekannter Zusammensetzung gaben gute Resultate.

Es folgen nun zwei weitere Verfahren, von denen das erstere, von P. Carles 1870 aufgefundene, sich auf die verschiedene Löslichkeit der Alkaloidsulfate und der vollkommenen Unlöslichkeit des Chininsulfats in Lösungen von schwefelsaurem Ammonium stützt, während das zweite, 1892 aufgestellte Verfahren auf der Schwerlöslichkeit der Tartrate des Chinins und Cinchonidins, gegenüber der Leichtlöslichkeit der Tartrate des Cinchonins und Chinidins, uud der Trennung des Chinins vom Cinchonidin durch Behandeln mit einem mit Cinchonidin gesättigten Aether, beruht.

[1]) Landolt, Das optische Drehungsvermögen, S. 203.

V. Das Verfahren von P. Carles[1])

zeichnet sich durch große Einfachheit aus, weswegen es mir für die Praxis ganz besonders empfehlenswert erscheint.

Die Löslichkeit der Sulfate bei der Temperatur 15° ist nach E. Schmidt[2]) folgende:

Chininsulfat	1 : 800
Chinidinsulfat. . . .	1 : 100
Cinchoninsulfat . . .	1 : 65
Cinchonidinsulfat . .	1 : 97,5.

Nach Guareschi[3]) ist jedoch Chininsulfat in Wasser, welches Ammoniumsulfat enthält, so gut wie unlöslich. P. Carles sowohl wie auch Guareschi hielten daher gar keine Korrektur für nötig. Durch Versuche mit genau abgewogenen Chininmengen habe ich festzustellen versucht, ob eine Korrektur notwendig ist, und wie groß eventuell dieselbe sein muß.

I. Versuch. 0,496 g Chinin = 0,4727 g reinen wasserfreien Chinins (entsprechend $0{,}4727 \cdot \frac{746}{648} = 0{,}5503$ g Chininsulfat) wurde in Schwefelsäure enthaltendem Wasser gelöst und kochend heiß neutralisiert. Nach dem Erkalten wurden die ausgeschiedenen Krystalle gesammelt, mit 20 ccm Wasser ausgewaschen und bei 105° getrocknet. Gefunden wurde 0,5421 g Chininsulfat. Angewandt war 0,5503 g. Es fehlten demnach 0,0082 g.

II. Versuch. Ausgeführt wie oben mit 0,5823 g reinen, wasserfreien Chinins gab 0,6135 g Chininsulfat. Die berechnete Menge Chininsulfat betrug 0,6209 g. Es fehlten demnach 0,0074 g.

Nach diesen Versuchen ist wohl anzunehmen, daß Chininsulfat in Lösungen von schwefelsaurem Ammon vollkommen unlöslich ist, daß dagegen für die anzuwendenden 20 ccm Waschwasser eine kleine Korrektur und zwar von 0,0078 g Chininsulfat hinzuzurechnen ist.

Der Gang der Analyse zur Bestimmung des Chinins in der Chinarinde ist nach Guareschi[4]) folgender:

20 g sehr feines Rindenpulver werden mit 10 g Calciumhydroxyd vermischt, das Ganze mit 35 g Wasser durchfeuchtet und mit einem Pistill durchgearbeitet. Das Gemisch wird dann auf dem Dampfbade bis zur staubigen Trockne ausgetrocknet, d. h., bis eine auf die Schale gelegte Glasplatte nicht mehr beschlägt.

---

1) Fresenius, Ztschr. f. analyt. Chem. 1870, Bd. 9, S. 497.
2) Schmidt, Pharm. Chem. II., S. 1418, 1433, 1438, 1441.
3) Guareschi, Studium d. Alkaloide, S. 521.
4) Guareschi, Studium d. Alkaloide, S. 521.

Nachdem auf diese Weise die Basen in Freiheit gesetzt sind, extrahiert man die nochmals pulverisierte Mischung im Extraktionsapparat so lange mit Chloroform, bis eine Probe des ablaufenden Extraktionsmittels beim Verdunsten keinen Rückstand mehr hinterläßt, welcher nach dem Lösen in schwefelsäurehaltigem Wasser die Thalleiochinreaktion gibt. Dieser Punkt ist meist nach zwei- bis dreistündiger Extraktion erreicht. Der nach dem Abdestillieren des Chloroforms hinterbleibende Rückstand besteht aus den durch nur wenig harzige Beimengungen verunreinigten Basen.

Zur Bestimmung des in ihm enthaltenen Chinins nimmt man den Rückstand unter Erwärmen im Wasserbade mit 10—12 ccm 10%iger Schwefelsäure auf, filtriert durch ein ganz kleines Filter vom Ungelösten ab, behandelt den Rückstand nochmals in derselben Weise mit 2 ccm schwefelsäurehaltigem Wasser und trennt die Lösung, indem man sich des gleichen Filters bedient, vom ungelöst gebliebenen Harz. Die vereinigten Filtrate werden auf dem Wasserbade mit verdünntem Ammoniak bis zur nur ganz schwach sauren Reaktion versetzt. Die Flüssigkeitsmenge soll ungefähr 40 g betragen. Nach dem Erkalten scheidet sich alles Chinin als basisches Sulfat aus. Man sammelt die Krystalle, nachdem die Flüssigkeit kräftig umgerührt wurde, auf einem kleinen, bei 100° getrockneten und gewogenen Filter, läßt abtropfen, wäscht mit sehr wenig Wasser nach, entfernt letzteres nach Möglichkeit durch Absaugen, trocknet bei 100° und wägt. Aus dem gefundenen Gewicht läßt sich leicht nach der Formel $(C_{20}H_{24}N_2O_2)_2, H_2SO_4$, Mol.-Gew. 746, der Gehalt an Chinin, Mol.-Gew. 648, berechnen.

Analog dem vorstehenden Verfahren führte ich eine Analyse mit reinen Alkaloiden aus.

Angewandt wurde ein Gemisch von 0,5795 g reinen, wasserfreien Chinins und je 0,1 g Chinidin, Cinchonin und Cinchonidin.

Gefunden wurde 0,6721 g Chininsulfat. Dazu gerechnet für 20 ccm Waschwasser 0,0078 g ergibt Gesamtchininsulfat 0,6721 + 0,0078 = 0,6799 g, entsprechend 0,5905 g Chinin oder 101,89% der angewandten Mengen.

Weitere Analysen, die ich nach dieser Methode mit Alkaloidgemischen, welche ich durch Extraktion der Chinarinde erhalten hatte, ausführte, werden im letzten Teile dieser Arbeit aufgeführt werden.

Absolut genaue Resultate erhält man nach diesem Verfahren allerdings nicht, denn schon 0,3 g eines der Nebenalkaloide gibt, nach obigem Verfahren behandelt, eine getrübte Flüssigkeit, während je 0,2 g Chinidin, Cinchonin und Cinchonidin in etwa 40 ccm Flüssigkeit schon eine geringe, wägbare Fällung erkennen lassen.

(Fortsetzung folgt.)

Zu beziehen vom Deutschen Apotheker-Verein in Berlin C. 2.

Formulare zur monatlichen Liquidation über die den Stadtarmen gelieferten Arzneien. Vorgeschrieben in den von der Armendirektion herausgegebenen Formulae Magistrales Berolinenses 1903 (S. 44). 25 Stück 1 M. 25 Einlagebogen 1 M.

Für die Herren Revisoren von Drogenhandlungen:

Grundzüge über die Regelung des Verkehrs mit Arzneimitteln außerhalb der Apotheken und die Beaufsichtigung desselben. Preußischer Ministerial-Erlaß vom 22. Dezember 1902. Broschüre mit Umschlag 30 Pf.

Kaiserliche Verordnung vom 22. Oktober 1901, betreffend den Verkehr mit Arzneimitteln (Arzneimittel, welche außerhalb der Apotheken nicht feilgehalten oder verkauft werden dürfen) und **Polizei-Verordnung über den Handel mit Giften vom 24. August 1895 bezw. 10. Oktober 1901.** Mit Umschlag. Preis 30 Pf.

DIE UMSCHAU

DIE UMSCHAU · Pro Quartal M. 3.80

BERICHTET ÜBER DIE FORTSCHRITTE UND BEWEGUNGEN DER WISSENSCHAFT, TECHNIK, LITTERATUR UND KUNST IN PACKENDEN AUFSÄTZEN

Jährlich 52 Nummern. Illustriert.

»Die Umschau« zählt nur die hervorragendsten Fachmänner zu ihren Mitarbeitern.

Prospekt gratis durch jede Buchhandlung, sowie den Verlag H. Bechhold, Frankfurt a. M., Neue Kräme 19/21.

[8

Diese Zeitschrift erscheint in zwanglosen Heften (in der Regel monatlich einmal) in einem jährlichen Umfange von 40 bis 50 Bogen. Ladenpreis für den Jahrgang Mk. 12,—.

Alle Beiträge für das „**Archiv**" sind an die

Archiv-Redaktion

Herrn Geh. Reg.-Rat Professor Dr. *E. Schmidt* in Marburg (Hessen) oder Herrn Geh. Med.-Rat Professor Dr. *H. Beckurts* in Braunschweig, alle die Anzeigen u. s. w., überhaupt die Archiv-Verwaltung und die Mitgliederliste betreffenden Mitteilungen an den

Deutschen Apotheker-Verein

Berlin C. 2, Neue Friedrichstr. 43

einzusenden.

K. F. Koehler's Antiquarium in Leipzig
sucht zu kaufen: [2
Archiv der Pharmazie Bd. 1—238.

Schweisshemmend
THEODOR HAHN'S
FLÜSSIGE FORMALINSEIFE
Fl. à 250 gr. Mk. 1.30 } durch die
" " 1000 " " 3.00 } Apotheken.
TH. HAHN & Co. Schwedt a. O. 6

Extr. Filicis Ph. G. IV.
Frisch bereitet.
Dr. Weppen & Lüders,
Blankenburg a. Harz. [5

Signirapparat

allein. Erfindung des Pharmazeut.

J. Pospisil, Stefanau-Olmütz.

Unbezahlbar zum vorschriftsmässigen Signiren der Standgefässe, Schubladen, Preisnotiren etc. liefert schöne, dauerhafte Schilder in allen vorkommenden Grössen in schwarzer, rother und weisser Schrift. **Muster gratis.** Andere Signirapparate sind Nachahmungen. [3

Neu erschienen:

Ergänzungs-Taxe

des

Deutschen Apotheker-Vereins

zur

Königlich Preussischen Arzneitaxe

für

— 1903 —

herausgegeben vom

Deutschen Apotheker-Verein

und in dessen Auftrag bearbeitet von **Hermann Stein.**
Zweite Ausgabe. Preis 2 Mark.
Zu beziehen durch den **Deutschen Apotheker-Verein Berlin C. 2**
und durch jede Buchhandlung.

von PONCET Glashütten-Werke

BERLIN SO., Köpnickerstr. 54.

Fabrik und Lager

sämmtlicher Gefässe u. Utensilien für chem., pharmac. Gebrauch

Atelier für Emaille-Schriftmalerei

auf Glas- und Porzellangefässe.

Specialität: Einrichtung v. Apotheken, chem. Laboratorien etc.

Preisverzeichnisse gratis und franco. [4

Beigefügt eine Beilage der Meteor-Kontrollkassen-Fabrik Hermann Carius, Würzburg.

Druck von Denter & Nicolas, Berlin C., Neue Friedrichstrasse 43.

ARCHIV

DER

PHARMAZIE

herausgegeben

vom

Deutschen Apotheker-Verein

unter Redaktion von

E. Schmidt und **H. Beckurts.**

Band 241. Heft 2

BERLIN.

Selbstverlag des Deutschen Apotheker-Vereins.

1903.

Ausgegeben den 23. März 1903.

INHALT.

Eingegangene Beiträge.

G. Frerichs und **H. Hupka**, Beitrag zur Kenntnis der Thioharnstoffe der Phenylendiamine.

W. Bickern, Beitrag zur Kenntnis der Casimiroa edulis La Llave.

(Geschlossen den 16. III. 1903.)

Gebrauchsfertige aseptische Verbandstoffe

D. R. G. M. 173 311

nach Angaben von Prof. Dr. Perthes (Leipzig)

Vergl. Münchener med. Wochenschrift 1903 No. 6.

Max Arnold

[Stammfabrik: Zweiggeschäft:

Chemnitz. ✱ Breslau.

7]

Anzeigen.

Dieselben werden mit 40 Pfg. für die durchgehende und mit 25 Pfg. für die gespaltene Petitzeile oder deren Raum berechnet. **Beilage-Gebühr** für das Tausend der Auflage — z. Z. 4100 — Mk. 10. Für Beilagen, welche nicht dem Format des „Archiv“ entsprechen, bleibt besondere Vereinbarung vorbehalten.

VI. Tartratmethode.

Die Schwerlöslichkeit der Tartrate des Chinins und Cinchonidins gegenüber der Leichtlöslichkeit der Tartrate des Chinidins und Cinchonins wurde schon mehrfach zur quantitativen Chininbestimmung benutzt, so z. B. von Moens. Jedoch verdanken wir es erst J. H. Schmidt, diese Methode so verbessert zu haben, daß dieselbe als eine gute bezeichnet werden muß.

Was zunächst das Verfahren von Moens[1]) anbetrifft, so verfuhr derselbe folgendermaßen:

Das durch Extraktion aus der Chinarinde erhaltene Alkaloidgemisch wurde mit Hilfe von Salzsäure in wässerige Lösung gebracht, so daß die Flüssigkeit 40—50 ccm betrug. Er erwärmte bis zur Siedetemperatur, neutralisierte mit Ammoniak und versetzte die filtrierte Mischung mit gepulvertem Seignettesalz (wie er angibt, 0,5 g für jedes Gramm des zu erwartenden Niederschlages). Der Niederschlag wurde abfiltriert, in Salzsäure gelöst, die Lösung mit Soda alkalisch gemacht und mit Aether geschüttelt. Nach 1—2 tägigem Stehen wurde die ätherische Lösung abgegossen, die wässerige Flüssigkeit mit Aether nachgespült, der Verdunstungsrückstand getrocknet und als Chinin verrechnet.

Dieses Verfahren ist von Edwin Johanson[2]) genauer geprüft; dabei stellten sich viele Fehlerquellen heraus, von denen ich nur eine kurz erwähnen möchte, welche sich auf die Angaben über die anzubringende Korrektur erstreckt. Nach Moens sollen 0,0008 g Chinintartrat für 1 g Waschwasser berechnet werden. Johanson fand die Korrektur für 1 g Mutterlauge = 0,00098 g und kam sogar später auf 0,00196 g.

Von sehr wesentlichem Einfluß auf den Gehalt der Mutterlauge an Chinintartrat ist offenbar auch in diesem Falle die Menge des noch im Ueberschuß befindlichen Fällungsmittels, also hier des Seignettesalzes. Es scheint notwendig zu sein, stets einen großen Ueberschuß desselben anzuwenden, wodurch die anzuwendende Korrekturzahl annähernd die gleiche bleibt. Ebenso ist es notwendig, ein genau abgemessenes Volumen Wasser zum Auswaschen des Niederschlages zu benutzen. Wird z. B. stets mit 20 ccm Waschwasser nachgewaschen, so genügt eine Korrekturzahl für Waschwasser und Mutterlauge zusammen.

---

[1]) Pharm. Jahresber. 1875, S. 99. Niew Tijdschr. vor de Pharm. en Nederl. 1875, S. 129.

[2]) Archiv d. Pharm. Bd. 210, S. 418.

Ich führte einen Versuch in diesem Sinne aus, indem ich 0,316 g Chinin = 0,3011 g reinen, wasserfreien Chinins, entsprechend 0,3875 g Chinintartrat, anwandte. Die neutralisierte Lösung des Chinins wurde mit 2 g Seignettesalz ausgefällt und das Tartrat auf einem Filter gesammelt, mit 20 ccm nachgewaschen, getrocknet und gewogen. Das Gewicht betrug 0,3555; folglich bleiben 0,3875 — 0,3555 = 0,032 g als in der Mutterlauge gelöst übrig. Die Menge entspricht 0,0005 g für 1 g Mutterlauge und Waschwasser. Es scheint mir demnach die von Moens vorgeschlagene Korrekturzahl richtiger zu sein als die nach Edwin Johanson.

Wesentlich verbessert ist dies Verfahren von J. H. Schmidt [1]).

Nach Schmidt werden 20 g lufttrockene feingepulverte Chinarinde (nach Prollius) mit 10 ccm Ammoniak von 10%, 20 ccm Spiritus von 90% und 170 ccm Aether in einen Erlenmeyer'schen Kolben gebracht und während 24 Stunden maceriert, wobei von Zeit zu Zeit stark umgeschüttelt wird. Hierauf bringt man 100 ccm der Flüssigkeit in ein Becherglas, fügt 27 ccm Wasser, 3—4 ccm Normal-Salzsäure hinzu und stellt zur freiwilligen Verdunstung 24 Stunden beiseite. Aus der zurückbleibenden Flüssigkeit werden durch Erwärmen auf dem Wasserbade Spiritus sowie Ammoniak verjagt und, falls nötig, Salzsäure bis zur neutralen oder schwach sauren Reaktion hinzugefügt. Nach dem Abkühlen läßt man an der Luft stehen, wobei sich gewöhnlich ein rotbrauner Farbstoff ausscheidet. Ist die Flüssigkeit durch Absetzen klar geworden, so wird filtriert. Man fügt 2—3 g Natrium-Kaliumtartrat hinzu und erwärmt 15 Minuten auf dem Wasserbade. Die Flüssigkeit wird darauf von den Tartraten abfiltriert, das Filter mit so wenig Wasser, wie möglich, abgewaschen und abgesogen. Für jeden Kubikzentimeter Mutterlauge wird 0,0008 g und für jeden Kubikzentimeter Waschwasser 0,0004 g Chinintartrat berechnet.

Das auf dem Filter befindliche Tartrat wird in ein als Spritzflasche eingerichtetes Kölbchen gebracht und in Salzsäure enthaltendem Wasser gelöst. Auf die nicht zu stark saure Flüssigkeit wird Aether gegossen und hiermit ausgeschüttelt. Der Aether wird so häufig erneuert, bis er nicht mehr gefärbt erscheint und auch beim Verdampfen keinen wägbaren Rückstand hinterläßt, also ätherlösliche Harzstoffe in der Flüssigkeit nicht mehr vorhanden sind. Darauf werden in dem Fläschchen die Alkaloide mit Natronlauge gefällt und durch sanftes Schütteln in Aether gelöst. Der Aether wird durch Abblasen in ein Kölbchen gebracht. Das Ausschütteln mit Aether wird solange wiederholt, bis die Alkaloide völlig aufgenommen sind. Der Aether wird im

[1]) Pharm. Zentralh. Bd. 33, S. 594. Fresenius, Ztschr. f. analyt. Chem. Bd. 32, S. 260.

Kölbchen verdampft. Das Kölbchen wird bei 100—110° getrocknet und das Gewicht notiert. Auf den Rückstand gießt man eine gesättigte Auflösung von Cinchonidin in Aether. Chinin wird hierdurch aufgelöst, während Cinchonidin als weißes, krystallinisches Pulver zurückbleibt. Der Aether, in dem jetzt das Chinin gelöst ist, wird vorsichtig abgegossen und der Kölbcheninhalt mit einigen Kubikzentimetern reinen Aethers schnell abgewaschen. Nach Erwärmen des Kölbchens bis zum konstanten Gewicht findet man aus dem Gewichtsverlust das Gewicht des Chinins.

Schmidt gibt noch an, man könne auch das Tartratgemisch polarisieren, oder darin das Chinin als Herapathit bestimmen.

Die Trennung der Alkaloide durch Ausfällen mittels Seignettesalzlösung ist eine quantitative, denn Chinidin- und Cinchonidintartrat sind leicht löslich, während Chinin- und Cinchonidintartrat etwa 30 mal so schwer löslich sind. Es handelt sich alsdann nur um die Bestimmung des Chinins bei Gegenwart von Cinchonidin. Die optische Analyse giebt brauchbare Resultate; jedoch gehört zur Ausführung genauer optischer Analysen doch eine gewisse Uebung, wodurch dieselbe für den praktischen Gebrauch nicht geeignet erscheint. Außerdem dürfte sie auch für das Apotheken-Laboratorium deswegen nicht zu empfehlen sein, weil viele Apotheken gar keine Polarisationsapparate besitzen.

Die Trennung von Chinin und Cinchonidin mit Aether, wie sie Moens ausführte, ist eine sehr mangelhafte, weil, wie bereits oben ausgeführt ist, viel Cinchonidin mit in Lösung geht. Die Behandlung der aus dem Tartrat abgeschiedenen Alkaloide mit einem Aether, welcher mit Cinchonidin gesättigt war, ist dagegen sehr zu empfehlen und führt auch zu genauen Resultaten.

Eigene Untersuchungen ergaben, daß solch ein Aether, welcher Cinchonidin nicht mehr lösen kann, beim Auflösen von Chinin kein Cinchonidin abscheidet, vorausgesetzt, daß man nicht zu wenig eines solchen mit Cinchonidin gesättigten Aethers auf viel Chinin einwirken läßt. Ich werde darauf weiter unten noch zurückkommen.

VII. Einwirkung von Jodkalium auf die Lösungen von Chinaalkaloidsalzen.

Wird eine neutrale, nicht zu sehr verdünnte Lösung eines Chininsalzes mit Jodkalium versetzt, so entsteht eine gelblichweiße Fällung von Chininhydrojodid.

Das jodwasserstoffsaure Chinin bildet zunächst eine harzige Masse, welche aber schon nach kurzer Zeit ein krystallinisches Aussehen annimmt. Die Löslichkeit des Chininhydrojodids in Wasser wurde bei einer Temperatur von 18—20° zu 1 : 121 gefunden.

Wurde die Lösung eines Chinidinsalzes mit Jodkalium versetzt, so entstand sofort eine reichliche, weiße, sandige, krystallinische Fällung von Chinidinhydrojodid.

Die Bestimmung der Löslichkeit in Wasser ergab sich zu 1 : 1256.

Jodwasserstoffsaures Cinchonin stellte frisch gefällt eine gelbliche, harzige Masse vor, die nach kurzer Zeit krystallinische Form annahm. Die Löslichkeit in Wasser wurde zu 1 : 97 gefunden.

Das Cinchonidinhydrojodid verhielt sich ganz analog dem Cinchoninsalze; es war noch leichter löslich in Wasser, als das Cinchoninsalz, nämlich 1 : 75,8.

Es zeigte sich also, daß eine Trennung des Chinins von den Nebenalkaloiden mit Hilfe der Hydrojodide nicht möglich ist; wohl aber kann mit Hilfe von Jodkalium sehr leicht nachgewiesen werden, ob in einem durch Extraktion von Chinarinde erhaltenen Alkaloidgemisch mehr als 10% Chinidin enthalten ist.

Werden 0,5 g Alkaloide in säurehaltigem Wasser gelöst, und wird die neutralisierte Flüssigkeit auf 65 ccm mit Wasser aufgefüllt, so gibt 0,3 g Jodkalium nur dann einen weißen Niederschlag, wenn mehr als 10% Chinidin in dem Alkaloidgemisch enthalten ist.

VIII.

Sodann wurden die

Nitroprussidsalze der Alkaloide

näher untersucht. Veranlassung hierzu gab der Hinweis von J. G. Kramers[1]), daß man wegen der Verschiedenheit in der Löslichkeit der Nitroprussidsalze ein Chinin sehr leicht auf Reinheit durch Behandeln mit Nitroprussidnatrium prüfen könne.

Gießt man zu einer neutralen Lösung eines Chininsalzes eine Lösung von Nitroprussidnatrium, so nimmt die Flüssigkeit eine milchige Trübung an unter Bildung kleiner, klebriger Tropfen, welche sich allmählich in schöne, lachsfarbige Nadeln verwandeln. Bei höherer Temperatur mischen sich die Lösungen anfangs ohne Bildung eines Niederschlages. Die Nadeln erscheinen erst nach einiger Zeit, und ihre Menge nimmt beim Erkalten der Flüssigkeit zu. Nach J. G. Kramers[2]) kommt dem Chininsalz die Formel $(C_{20}H_{24}N_2O_2)_4Fe_2(CN)_{10}(NO_2)_2H_4$ zu.

Die Löslichkeit des Nitroprussidchinins in Wasser bei der Temperatur von 18—20° ergab sich zu 1 : 2757 (Mittel aus 2 Bestimmungen).

---

[1]) Rec. Trav. Chim. Pays-Bas Bd. 15, S. 138—147, und auszugsweise Ber. d. d. chem. Ges. 1896, 4, S. 802.

[2]) Ber. d. d. chem. Ges. 1896, 4, S. 803.

Zum Unterschiede von dem Chininsalz stellte das Chinidin- und Cinchoninsalz harzige Massen vor, welche nicht krystallinisch zu erhalten waren.

Die Löslichkeit des Nitroprussid-Chinidins in Wasser wurde zu 1 : 231 festgestellt. Die Löslichkeit des Cinchoninnitroprussids betrug 1 : 211. Etwas abweichend im Verhalten zeigte sich das Nitroprussid-Cinchonidin. Dasselbe fiel ebenfalls zunächst als eine ölige Masse aus, ging dann aber bald in eine sandige, krystallinische Form über. Die Löslichkeit dieses Salzes in Wasser fand ich zu 1 : 482. Neben dem Chinin war also das Cinchonidin am schwersten löslich, allerdings letzteres sechsmal so leicht wie jenes. In einer Verdünnung 1 : 500 gab keines der drei Nebenalkaloide eine Fällung. Anders verhielt es sich jedoch, wenn alle drei Nebenalkaloide zu gleicher Zeit zugegen waren. Es entstand dann sogar in einer Verdünnung 1 : 700 noch eine Trübung. Hieraus ergibt sich also, daß man eine sehr starke Verdünnung anwenden muss, wenn man sicher gehen will, daß wirklich nur Chinin allein als Nitroprussidsalz gefällt wird. Es scheint mir demnach nicht zweckmäßig, ein Gemisch von Chinaalkaloiden zwecks Trennung und quantitativer Bestimmung des Chinins mit Nitroprussidnatrium zu behandeln. Anders ist es jedoch, wenn ein Gemisch vorliegt, welches über 90% Chinin enthält, wie dies bei der Prüfung eines minderwertigen, unreinen Chinins der Fall ist. Es liefert dann bei Gegenwart von Nebenalkaloiden die Mischung, ein Filtrat, welches durch Ammoniak getrübt wird.

IX. Chromatmethode.

Vielfach finden sich in der Litteratur[1]) Angaben über die Chininprüfungsmethode von de Vrij, bei welcher die Chromate der Chinaalkaloide benutzt werden, um Chinin auf Nebenalkaloide zu prüfen. Nähere Angaben darüber, ob schon eine quantitative Bestimmung des Chinins und Trennung von den Nebenalkaloiden unter Benutzung der Chromate ausgeführt wurde, fand ich nicht. Jedoch empfiehlt de Vrij dies Verfahren[2]) zur quantitativen Bestimmung des Chinins im Chininsulfat, wobei er angibt, daß für je 100 g Mutterlauge und Waschwasser 0,05 g Chininchromat als Korrektur hinzuzurechnen sei.

[1]) Pharm. Zentralh. Bd. 27, S. 551; Bd. 28, S. 44. Archiv d. Pharm. Bd. 225, S. 68; Bd. 233, S. 359. Fresenius, Ztschr. f. analyt. Chem. Bd. 26, S. 659; Bd. 27, S. 575. Pharm. Ztg. Bd. 32, S. 23. Chemisches Zentralblatt Bd. 18, S. 733.

[2]) Archiv d. Pharm. Bd. 224, S. 1022 u. 1073. Recueil des travaux chimiques des Pays-Bas 5, S. 264. Journ. de Pharm. et de Chimie [5] 15, S. 360.

Bevor ich näher auf die Methode eingehe, möchte ich einiges über diese Salze berichten.

1. Chininchromat, $(C_{20}H_{24}N_2O_2)_2CrO_4H_2 + 2H_2O$, entsteht beim Versetzen einer neutralen Chininsalzlösung mit gelbem, chromsaurem Kalium. Es bildet gelbe, glänzende Nadeln oder auch gelbe, glänzende, krystallinische, runde Scheiben von regelmäßiger Struktur. Den Grund, weswegen ab und zu solche schönen Scheiben entstehen und ein anderes Mal wieder nicht, habe ich nicht erkennen können. Die Bestimmung der Löslichkeit in Wasser ergab bei einer Temperatur von 18—20° das Verhältnis von 1 : 2337.

2. Chinidinchromat, $(C_{20}H_{24}N_2O_2)_2H_2CrO_4 + 6H_2O$, krystallisiert in gelben Tafeln. Nach einigen Litteraturangaben[1]) soll das Chinidinchromat ziemlich leicht löslich sein. Eine Löslichkeitsbestimmung ergab aber, daß es sich in Wasser bei 18—20 im Verhältnis von 1 : 230, auf wasserfreies Salz berechnet, löst.

3. Cinchoninchromat, $(C_{19}H_{22}N_2O)_2H_2CrO_4$, fällt als gelblichweißer, an den Gefäßwandungen anhaftender Niederschlag. Nach Schlickum[2]) ist dasselbe fast so schwer löslich, wie Chininchromat. Dies ist jedoch nicht ganz der Fall. Allerdings ist es bedeutend schwerer löslich, als die anderen Nebenalkaloide. Die Löslichkeit fand ich 1 : 974.

4. Cinchonidinchromat, $(C_{19}H_{22}N_2O)_2H_2CrO_4$, fällt ebenfalls als gelblicher, aber meist klebriger Niederschlag. Nach Schmidt[3]) ist die Löslichkeit 1 : 250. Meine Löslichkeitsbestimmung ergab ein ähnliches Resultat, nämlich 1 : 272.

Um nun zu versuchen, ob es möglich ist, mit Hilfe der chromsauren Salze eine Trennung der Alkaloide und eine quantitative Chininbestimmung auszuführen, stellte ich folgende Versuche an.

Je 0,1 g Chinidin und Cinchonidin wurden in 40 g Wasser gelöst und mit 0,1 g gelbem, chromsaurem Kalium ausgefällt. Selbst nach vierstündigem Stehen hatte sich noch nichts ausgeschieden.

Andererseits wurde 0,1 g Cinchonin in neutraler Lösung mit Wasser auf 100 g aufgefüllt und mit 0,1 g gelbem, chromsaurem Kalium versetzt. Die Flüssigkeit, welche zwei Stunden klar geblieben war, zeigte nach Verlauf von drei Stunden geringe, krystallinische Abscheidung von Cinchoninchromat.

---

1) Schmidt, Pharm. Chem. II., S. 1434.
2) Pharm. Ztg. Bd. 32, S. 23.
3) Schmidt, Pharm. Chem. II., S. 1434.

Wurden dagegen je 0,1 g Cinchonin, Chinidin und Cinchonidin aufgelöst auf 80 ccm und die Flüssigkeit mit gelbem, chromsaurem Kalium versetzt, so entstand zunächst keine Fällung, wohl aber trat im Verlauf von einigen Stunden eine geringe Trübung ein.

Es zeigt sich hier also, daß nicht, wie bei den Nitroprussidsalzen, die einzelnen Alkaloide die Löslichkeit sich gegenseitig erschweren, sondern daß die Gegenwart von Chinidin- und Cinchonidinchromat sogar auflösend auf das Cinchoninchromat wirkt, so daß also die Verhältnisse sich günstiger gestalten, als nach den Löslichkeitsbestimmungen anzunehmen ist.

Da aber trotzdem etwa die 800—1000 fache Menge Wasser notwendig ist, um Cinchoninchromat in Lösung zu erhalten, so dürfte auch dies Verfahren nur mit der Beschränkung annehmbar sein, daß es allein bei solchen Alkaloidgemischen angewandt werde, die nur einen geringen Prozentgehalt Cinchonin enthalten. Es ist daher bei Anwendung des Chromatverfahrens das Alkaloidgemisch stets in 200 g Flüssigkeit zu analysieren, wodurch selbst bei Gegenwart von 0,2 g Cinchonin noch ein richtiges Resultat erhalten werden kann. Da nun eine Chinarinde mit größerem Cinchoningehalte wohl nur sehr selten in den Handel kommt, so wird in den meisten Fällen das Verfahren nicht versagen. Denn Chinarinden, welche ein Alkaloidgemisch liefern, das mehr als 20% Cinchonin enthält, dürften zu den Seltenheiten gehören.

Was nun die anzuwendende Korrektur betrifft, so hat de Vrij [1]) zunächst dieselbe als 0,05 g Chininchromat für je 100 g Mutterlauge angegeben. Später [2]) änderte er dieselbe um in 0,0378 g für je 100 g Mutterlauge.

G. Vulpius [3]) schreibt, daß die Korrekturzahl viel zu hoch ist. Ein von ihm ausgeführter Versuch hatte folgenden Verlauf:

200 g heiße Mutterlauge, in der 0,086 g Chininchromat vorhanden war, gab beim Erkalten nach vierstündigem Stehen einen Niederschlag von 0,056 g Chininchromat. Wäre die Korrekturzahl von de Vrij 0,05 g richtig, so hätte gar keine Trübung entstehen dürfen. Auch die zweite Korrekturzahl 0,0378 g Chininchromat, welche de Vrij für je 100 g Mutterlauge anwenden läßt, wäre hiernach zu hoch. Es blieben in diesem Falle bei dem Versuch von

---

[1]) Recueil des travaux chimiques des Pays-Bas Bd. 5, S. 264.

[2]) Schweizer. Wchschr. XXV., S. 117.

[3]) Archiv d. Pharm. Bd. 225, S. 33. Chem. Zentralblatt 1887, S. 121.

G. Vulpius nur gelöst 0,03 g in 200 g Mutterlauge, also 0,015 g für je 100 g Mutterlauge.

Ich führte einen ähnlichen Versuch aus. 0,3726 g Chinin = 0,3489 g reines, wasserfreies Chinin, entsprechend 0,4003 g Chininchromat, wurde in neutraler Lösung als Chininchromat gefällt. Letzteres ausgewaschen, getrocknet und gewogen, hatte das Gewicht 0,3906 g. Es fehlten demnach 0,0097 g an Gewicht, welche in der Mutterlauge 48,2 g gelöst waren. Berechnet auf 100 g ergibt die Korrekturzahl 0,020 g für je 100 g Mutterlauge mit Waschwasser.

Diese Korrekturzahl scheint mir richtiger zu sein, als die andere, und habe ich dieselbe stets bei meinen Versuchen angewandt. Allerdings ist auch hier zu berücksichtigen, daß dieselbe auch abhängig ist von der Menge des chromsauren Kaliums, welches, da es natürlich im Ueberschuß zugesetzt werden muß, stets in der Mutterlauge vorhanden ist. Um die Korrekturzahl auf 0,02 g pro 100 g Mutterlauge und Waschwasser konstant zu erhalten, muß stets dieselbe Menge, nämlich ⅓ des Gewichts der Gesamtalkaloide, angewandt werden. Auch muß stets mit derselben Menge Waschwasser, nämlich mit 20 ccm ausgewaschen werden, damit nicht die Anwendung zweier Korrekturzahlen notwendig werde.

Zur Prüfung des Verfahrens führte ich eine Analyse mit reinen Alkaloiden aus.

0,4631 g Chinin = 0,4413 g wasserfreien Chinins wurde mit je 0,2 g Cinchonin, Chinidin und Cinchonidin vermischt. (Die Mischung enthält demnach 44% Chinin.) Die Alkaloide wurden mit Hilfe von Säure in wässerige Lösung gebracht, die Lösung neutralisiert, auf 180 ccm aufgefüllt und 0,4 g gelbes chromsaures Kalium hinzugefügt. Nach vierstündigem Stehen wurde das Gemisch filtriert, der Filterrückstand mit 20 ccm Wasser nachgewaschen, abgesogen, getrocknet und das Gewicht desselben zu 0,4809 g festgestellt.

Das Gewicht der Mutterlauge mit Waschwasser betrug 193 g. Dieselben enthielten gelöst $0{,}02 \cdot \frac{193}{100} = 0{,}0386$ g Chininchromat. Die Gesamtmenge Chininchromat ist demnach $0{,}4809 + 0{,}0386 = 0{,}5195$ g. Dies entspricht an Chinin 0,4392 g.

Angewandt war 0,4413 g. Demnach gefunden 99,5%.

Es zeigt sich also, daß dies Verfahren bei Gemischen von Chinaalkaloiden, welche 40% Chinin enthalten, noch sehr wohl anwendbar ist. Es versagt eben nur, sobald der Cinchoningehalt eines Alkaloidgemisches zu groß ist, etwa 25% übersteigt.

Nach dem Chromatverfahren ausgeführte Analysen von Alkaloidgemischen, welche durch Extraktion der Chinarinde erhalten waren, werde ich noch im letzten Teile der Arbeit anführen. Allerdings stellte sich dabei heraus, daß bei Anwendung des Chromatverfahrens leicht zu hohe Resultate gefunden werden.

X. Trennungsmethode mit Hilfe der benzolthiosulfonsauren Salze der Chinaalkaloide.

Bei näherer Untersuchung der benzolthiosulfonsauren Salze der Chinaalkaloide zeigten sich Verschiedenheiten derselben, welche Veranlassung boten, zu versuchen, ob diese Salze nicht zu einer Trennung der Chinaalkaloide benutzt werden könnten. Bevor ich auf die Trennungsmethode komme, erscheint es angebracht, zunächst einiges über die Darstellung und Eigenschaften der benzolthiosulfonsauren Salze der Chinaalkaloide mitzuteilen.

Zur Darstellung dieser Verbindungen wurde eine 5%ige Lösung von benzolthiosulfonsaurem Kalium in Wasser zu einer vorher auf das sorgfältigste neutralisierten Alkaloidsalzlösung hinzugefügt. Bei nicht zu großer Verdünnung entstand bei allen vier Chinaalkaloiden zunächst ein milchiger Niederschlag, dessen Verhalten nicht immer gleich war.

Was das benzolthiosulfonsaure Chinin[1]) $C_{20}H_{24}N_2O_2C_6H_5SO_2SH$ anbelangt, so stellt dasselbe beim Fällen aus kalter Lösung einen harzigen, klebrigen Niederschlag vor, welcher beim Erhitzen der Mischung bis zum Sieden eine klare Lösung gibt. Hieraus scheidet sich das Salz beim Erkalten krystallinisch ab. Jedoch ist dies nicht immer der Fall, sondern nur unter gewissen Bedingungen. Das Salz in seiner harzigen Modifikation ist leicht in Alkohol löslich. Aus der Lösung hinterbleibt nach Abdunsten des Alkohols das Salz als durchsichtige, harzige Masse und war selbst nach wochenlangem Stehen noch nicht erhärtet. Sehr wichtig waren für mich Löslichkeitsbestimmungen des benzolthiosulfonsauren Chinins. Dieselben, ausgeführt bei einer Temperatur von 18—20° C., ergaben als Mittel von 3 Versuchen das Löslichkeitsverhältnis von 1:5211 Wasser.

Benzolthiosulfonsaures Chinidin, $C_{20}H_{24}N_2O_2C_6H_5SO_2SH$. Wird eine Lösung von benzolthiosulfonsaurem Kalium zusammengebracht mit einer Lösung eines Chinidinsalzes, so fällt das benzolthiosulfonsaure Chinidin als ein in der Mischung äußerst fein suspendiertes Oel aus. Nach einiger Zeit ballt es sich in Tröpfchen zusammen. An der Luft erhärtet es leicht und bildet dann ein klares

[1]) J. Troeger und O. Linde, Archiv d. Pharm. Bd. 239, S. 135.

und durchsichtiges Harz. Durch Behandeln mit Alkohol läßt es sich zum Unterschiede von benzolthiosulfonsaurem Chinin krystallinisch erhalten, jedoch nicht, wie jenes, aus heißem Wasser.

Die Löslichkeit in Wasser von 18—20° ergab sich im Mittel aus 2 Versuchen zu 1:654.

Benzolthiosulfonsaures Cinchonin, $C_{19}H_{22}N_2O$, $C_6H_5SO_2SH$. Darstellungsweise und Eigenschaften dieses Salzes sind vollkommen analog den Eigenschaften des Chinidinsalzes. Die Löslichkeitsbestimmung in Wasser ergab das Verhältnis von 1:282, in Alkohol 1:17.

Benzolthiosulfonsaures Cinchonidin, $C_{19}H_{22}N_2O\,C_6H_5SO_2SH$. Darstellungsweise und Eigenschaften dieses Salzes entsprechen denen des Chinidin- und Cinchonin-Salzes. Es kann aus heißem Wasser nicht krystallinisch erhalten werden, wie das Chininsalz, wohl aber aus alkoholischer Lösung durch Abdunsten des Alkohols bei gewöhnlicher Temperatur; beim Eindampfen auf dem Dampfbade bleibt das Salz als eine durchsichtige, klare, harzige Masse zurück. In Wasser von 18—20° löst sich dieses Salz im Verhältnis von 1:296.

Die Löslichkeit der benzolthiosulfonsauren Salze der verschiedenen Chinaalkaloide zeigt also bedeutende Differenzen. Sie beträgt beim

Chininsalze	1 : 5211
Chinidinsalze	1 : 654
Cinchoninsalze	1 : 282
Cinchonidinsalze	1 : 296.

Soll nun ein Gemisch von allen vier Chinaalkaloiden mit einer Lösung von benzolthiosulfonsaurem Kalium behandelt werden, und will man ausprobieren, in welcher Verdünnung dies vor sich gehen muß, damit der Niederschlag nur aus dem Chininsalz der Benzolthiosulfonsäure besteht, so muß man sich überzeugen, ob die Gegenwart des Chinins die Abscheidung der Nebenalkaloide erleichtert oder erschwert oder garnicht beeinflußt. Man findet dies am besten, indem man Löslichkeitsbestimmungen der Salze des Cinchonins, Chinidins und Cinchonidins ausführt in mit benzolthiosulfonsaurem Chinin gesättigtem Wasser.

Es erwies sich die Löslichkeit des Chinidinsalzes wie folgt: 12,37 g der Lösung gaben 0,0261 g gelöste Substanz. Davon ist abzuziehen 0,00237 g für gelöstes benzolthiosulfonsaures Chinin (Löslichkeit 1:5211). Somit bleiben 0,0237 g für gelöstes benzolthiosulfonsaures Chinidin, die Löslichkeit ist demnach 1:520.

Das Cinchoninsalz gab folgendes Resultat:

10,6 g Flüssigkeit enthielten gelöste Substanz	0,0433 g
Davon gehen ab	0,0020 „
für benzolthiosulfonsaures Chinin. Es bleibt	0,0413 g übrig.

Die Löslichkeit ist demnach 1 : 258. Bei der Bestimmung der Löslichkeit des benzolthiosulfonsauren Cinchonidins in gesättigter, wässeriger Lösung des Chininsalzes ergab sich im Mittel zweier Versuche die Löslichkeit 1 : 270.

Es zeigt sich überall, daß die Löslichkeit durch Gegenwart von benzolthiosulfonsaurem Chinin begünstigt wird. Um zu sehen, welche Verdünnung nötig ist, damit aus einem Gemisch von Chinaalkaloiden auf Zusatz einer Lösung von benzolthiosulfonsaurem Kalium nur Chinin gefällt wird, wurden je 0,2 g Cinchonin und Cinchonidin in 60 g Wasser mit einer Lösung von benzolthiosulfonsaurem Kalium versetzt, es entstand noch eine starke Opalescenz. Dies war auch nicht anders zu erwarten, wenn man bedenkt, daß aus 0,2 g Alkaloid ungefähr 0,3 g benzolthiosulfonsaures Salz gebildet wird, also die Verdünnung nur 1 : 210 war.

Derselbe Versuch, in 100 g Flüssigkeit ausgeführt, gab keine Trübung mehr. Andererseits wurden 0,2 g Chinidin (entsprechend etwa 0,3 g das benzolthiosulfonsauren Salzes) in 150 g Wasser mit einer Lösung von benzolthiosulfonsaurem Kalium versetzt. Dieselben gaben nur eine geringe Trübung, während bei Wiederholung des Versuches in 180 g Flüssigkeit keine Trübung mehr entstand. Um nun ganz sicher zu gehen, daß wirklich keine Nebenalkaloide mehr gefällt werden, erscheint es notwendig, die Versuche stets in 200 g wässeriger Flüssigkeit auszuführen. Bei der Benutzung der benzolthiosulfonsauren Salze zur Trennung der Chinaalkaloide und quantitativen Bestimmung des Chinins ergaben sich aber bald einige Unzuträglichkeiten. Es zeigte sich bei dem Versuche, das benzolthiosulfonsaure Chinin gewichtsanalytisch zu bestimmen, daß es fast unmöglich war, die ausgefällte Verbindung quantitativ auf einem Filter zu sammeln, da wohl der größte Teil krystallinisch erhalten wird, aber stets eine bedeutende Menge an den Wandungen der Gefäße hängen blieb. In konzentrierteren Lösungen geht die Krystallisation des Niederschlages überhaupt weit schneller vor sich, als in verdünnten Lösungen, wo erst nach mehrstündigem Stehen der harzige, ölige Niederschlag zum größten Teil eine krystallinische Form annimmt. Es ist demnach unmöglich, das benzolthiosulfonsaure Chinin gewichtsanalytisch zu bestimmen; es wurde daher versucht, die Bestimmung desselben maßanalytisch mit Hilfe von Jodlösung durchzuführen. Jodlösung wirkt auf benzolthiosulfonsaure Salze ähnlich ein, wie auf Natriumthiosulfat, wie J. Troeger und O. Linde[1]) gezeigt haben. Das Kaliumsalz setzt sich mit Jod um nach der Gleichung:

$$2(C_6H_5)SO_2SK + 2J = 2KJ + \begin{array}{l} C_6H_5SO_2S \\ \quad\quad\quad | \\ C_6H_5SO_2S. \end{array}$$

Setzt man zu einer Chininsalzlösung eine solche von benzolthiosulfonsaurem Kalium, deren Wirkungswert gegenüber Jodlösung bekannt ist, so kann man, nachdem der Niederschlag abfiltriert ist, durch Titration mit $^1/_{10}$ oder $^1/_{100}$ N.-Jodlösung bestimmen, wieviel vom benzolthiosulfonsaurem Kalium unzersetzt geblieben ist, daraus den an Chinin gebundenen Teil und somit auch das Chinin selbst berechnen.

Die Titration, welche unter Anwendung von Stärkelösung als Indikator ausgeführt wurde, gab jedoch ebenfalls keine günstigen Resultate. Der Grund hierfür ist der, daß der Farbenumschlag nicht scharf zu sehen ist. Das sogenannte Benzoltetrathionat stellt eine weiße, in Wasser unlösliche Verbindung vor, welche in der Flüssigkeit während der Titration suspendiert, derselben einen weißen, bläulichen Schein verleiht, auch wenn noch nicht die Bildung von Jodstärke vor sich gegangen ist. Die Titration kann also nur ausgeführt werden, indem man möglichst genau den Punkt festzustellen sucht, wo ein deutlicher Uebergang der bläulichen Farbe in Blau stattfindet. Hierbei sind aber Analysenfehler bis zu 5 % möglich.

Drei Versuche, die ich mit einer genau abgewogenen Menge ausführte, und zwar verwandte ich reines Chinin ohne Anwendung von Nebenalkaloiden, ergaben 97,6 %, 95,8 % und 96,4 % der angewandten Menge.

Dieser Analysenfehler ist aber bei der Untersuchung eines Alkaloidgemisches aus dem Grunde bedeutend größer, weil hierbei auch noch durch Jod braungefärbte Verbindungen der Nebenalkaloide auftreten, sodaß das Gemisch bei der Titration, anstatt blau, grünlich gefärbt erscheint. Ich habe versucht, noch auf andere Weise die Chinaalkaloide durch Titration mit benzolthiosulfonsaurem Kalium zu bestimmen, will jedoch auf diese Versuche nicht weiter eingehen, da sie nicht zu befriedigenden Ergebnissen führten.

---

[1]) Archiv der Pharmazie 1901, Bd. 239, S. 121.

XI. Quantitative Bestimmung des Chinins mit Hilfe von Aether, welcher mit den Nebenalkaloiden gesättigt ist, folglich nur noch Chinin zu lösen vermag.

J. H. Schmidt[1]) verwendet zur Trennung des Chinins vom Cinchonidin, nachdem er aus einem Alkaloidgemisch diese beiden Alkaloide durch Fällen mit Seignettesalz isoliert und aus den Tartraten die freien Alkaloide abgeschieden hatte, einen mit Cinchonidin gesättigten Aether. Er schreibt dabei, daß, so weit bekannt wäre, solch ein mit Cinchonidin gesättigter Aether wohl Chinin löse, aber kein Cinchonidin, zugleich aber auch kein Cinchonidin fallen ließe. Ich stellte mehrere diesbezügliche Versuche an, indem ich zunächst einen mit Cinchonidin gesättigten Aether bereitete. Derselbe enthielt in 15 ccm = 10,4 g 0,0292 g Substanz. Dies entspricht auch der von mir weiter oben angegebenen Löslichkeit des Cinchonidins.

Die Versuche wurden folgendermaßen ausgeführt:

I. 0,326 g Chinin, entsprechend 0,3054 g reinen, wasserfreien Chinins, wurden mit 30 ccm des oben angeführten Aethers, welcher Cinchonidin gelöst enthielt, geschüttelt. Nach 24stündiger Einwirkung war vollkommene Lösung eingetreten, und die Flüssigkeit wurde auch durch andauerndes, heftiges Schütteln nicht verändert, so daß wohl anzunehmen ist, daß das Cinchonidin keineswegs beim Auflösen des Chinins aus seiner Lösung verdrängt wird.

15 ccm dieser Lösung enthielten 0,1818 g gelöste Substanz; dies entspricht fast genau der zu erwartenden Menge.

II. Eine Alkaloidmischung, bestehend aus 0,452 g Chinin = 0,4233 g reinen, wasserfreien Chinins und 0,2 g Cinchonidin wurde mit 45 ccm des mit Cinchonidin gesättigten Aethers behandelt. Nach 24stündigem Stehen, während dessen häufig umgeschüttelt war, wurden 15 ccm der Lösung in einem vorher getrockneten und gewogenen Becherglase verdunstet, und das Gewicht des Rückstandes zu 0,1724 g festgestellt. In 15 ccm der ätherischen Flüssigkeit mußte an Cinchonidin 0,0292 g enthalten sein, somit bleibt für Chinin 0,1724 —0,0292 = 0,1432 g.

Angewandt waren 0,4233 g Chinin, deren dritter Teil 0,1411 g beträgt. Gefunden wurden demnach 101,4 %.

Wie im Anfange dieser Arbeit gezeigt ist, löst sich Chinin nur sehr langsam in absolutem Aether; es ist auch hier nur bei sehr häufigem und andauerndem Schütteln möglich gewesen, das Chinin binnen 24 Stunden quantitativ in Lösung zu bekommen. Zugleich wurde aber etwas später von mir nachgewiesen, daß ein nur geringer Alkoholzusatz zum Aether genügt, um sowohl die Löslichkeit des Chinins überhaupt zu steigern, als auch die Auflösung selbst zu beschleunigen.

[1]) Pharm. Zentralh. Bd. 33, S. 594. Fresenius, Ztschr. f. analyt Chem. Bd. 32, S. 260.

Ich verwandte daher auch jetzt einen Aether, welcher 4% Alkohol enthielt. Dieser Aether wurde nun mit Cinchonin und Cinchonidin gesättigt. Dies war nach zweitägiger Einwirkung, während welcher das Gemisch häufig geschüttelt war, geschehen. Dieser Aether enthielt in 15 ccm 0,0595 g gelöste Substanz.

Mit 30 ccm dieses Aethers wurde ein Gemisch von 0,5192 g Chinin = 0,4948 g wasserfreien Chinins mit je 0,3 g Cinchonin und Cinchonidin behandelt. Nach einstündiger Einwirkung dieses mit Cinchonin und Cinchonidin gesättigten Aethers wurden 15 ccm desselben in einem vorher gewogenen Becherglase verdunstet. Es war darin gelöst 0,3076 g Substanz; zieht man hiervon 0,0595 g, das Gewicht des gelösten Cinchonins und Cinchonidins ab, so bleibt 0,2481 g für Chinin über. Angewandt war 0,4948, wovon die Hälfte 0,2474 g beträgt.

Gefunden wurde demnach 100,2%. Das Resultat war also ein sehr gutes.

Zwei andere Versuche, ausgeführt wie vorstehend, ergaben 99,62% und 99,75% der angewandten Menge.

Es scheint mir hierdurch bewiesen, daß ein solcher mit Cinchonin und Cinchonidin gesättigter Aether beim Auflösen von Chinin keines der beiden ersteren Alkaloide wieder abgibt.

Nachdem diese Versuche günstig ausgefallen waren, ging ich einen Schritt weiter, indem ich versuchte, einen mit Cinchonidin, Cinchonin und Chinidin gesättigten Aether herzustellen, welcher aus Gemischen von Chinaalkaloiden nur noch Chinin zu lösen vermag, wodurch eine verhältnismäßig einfache quantitative Bestimmung des Chinins in Chinaalkaloidgemischen möglich wäre, selbst in solchen Gemischen, in denen Chinin nur in ganz geringen Mengen vorhanden ist.

Zunächst möchte ich hier eine Reihe von Versuchen erwähnen, welche allerdings nur negative Resultate gaben.

Da es ziemlich umständlich erschien, Aether mit allen drei Alkaloiden zu sättigen, wozu immer mindestens zwei Tage nötig sind, bis derselbe nichts von den drei Nebenalkaloiden mehr aufzunehmen vermag, so versuchte ich, einen gesättigten Aether dadurch herzustellen, daß ich die in reichlichen Mengen frisch gefällten Alkaloide mit Aether aus der alkalischen Flüssigkeit ausschüttelte. Jedoch ließ sich eine Chininbestimmung mit dem auf diesem Wege mit Nebenalkaloiden und mit Wasser gesättigten Aether nicht ausführen, da die Neigung vorhanden war, übersättigte Lösungen zu bilden. Die Versuche ergaben Fehler von mehr als 20%, also ganz unbrauchbare Resultate.

Die Darstellung eines mit allen drei Nebenalkaloiden gesättigten Aethers ist nun nicht ganz einfach, wenn zugleich dabei eine konstante Zusammensetzung verlangt wird. So erhielt ich, je nachdem, ob der 4% Alkohol enthaltende Aether erst mit Chinidin gesättigt wurde, dann mit Cinchonidin und schließlich mit Cinchonin, oder aber ob das Reagens hergestellt wurde, indem zunächst der Aether mit Cinchonidin, dann mit Cinchonin und schließlich mit Chinidin gesättigt, oder ob endlich der Aether mit allen drei Alkaloiden zu gleicher Zeit gesättigt wurde, eine ätherische Flüssigkeit, welche in gleichen Volummengen keineswegs dieselbe Menge Alkaloide gelöst enthielt.

Unter Berücksichtigung dieser Tatsache versuchte ich nun auf folgende Weise ein Reagens mit konstanter Zusammensetzung zu erhalten. Unter Zugrundelegung der von mir gefundenen Löslichkeitsverhältnisse der Nebenalkaloide in Aether, welcher 4% Alkohol enthielt,

Chinidin . . . . . . 1 : 40
Cinchonidin . . . . 1 : 68
Cinchonin . . . . . 1 : 743

hielt ich es für angebracht, die Mengenverhältnisse nach den umgekehrten Löslichkeitsverhältnissen zu bemessen und das Gemisch mit weingeisthaltigem Aether zu schütteln. Es wurde demnach 2,44 g Chinidin, 1,45 g Cinchonidin und 0,14 g Cinchonin mit 96 g Aether und 4 g Alkohol geschüttelt und nach zweitägiger Einwirkung, während welcher häufig geschüttelt wurde, die klare, über dem Ungelösten stehende Flüssigkeit verwendet. Nach den Löslichkeitsbestimmungen müßte jedes einzelne der Nebenalkaloide sich vollkommen auflösen. Dies geschieht jedoch nicht, da sich die Alkaloide gegenseitig in ihrer Löslichkeit beeinträchtigen. Es löst sich nur etwa $^3/_5$ der angewandten Alkaloide.

Bei der Bestimmung des Gewichtes der gelösten Alkaloide wurde folgendermaßen verfahren: Da eine ätherische Flüssigkeit nur sehr schlecht zu wägen ist, wurden 15 ccm der ätherischen Lösung abpipettiert, und zwar immer mit derselben Pipette, die eine sehr feine Spitze hatte, so daß ein Verlust ganz ausgeschlossen war. Die Flüssigkeit wurde in einem Becherglase abgedunstet und der Rückstand bei einer Temperatur von 125—135° getrocknet. Diese hohe Temperatur ist notwendig, um den letzten Rest des Aethers, der sich mit den Alkaloiden chemisch zu verbinden scheint, zu vertreiben. Wurde bei einer Temperatur von 110—120° eine halbe Stunde lang getrocknet, so erhielt ich stets viel zu hohe Resultate, während erst bei 125° eine geringe Blasenbildung in den dickflüssigen Alkaloiden eintritt, welche bei 135° wieder aufhört. Weit über 140° darf jedoch auch nicht erhitzt werden, da dann eine Bräunung der Alkaloide eintritt, also eine geringe Zersetzung. Nach Litteraturangaben[1]) liegt der Schmelzpunkt, über welchen die Alkaloide nicht erhitzt werden dürfen, weil sie sonst eine Zersetzung erleiden,

für Chinin bei . . . . . . 174,6°
„ Chinidin bei . . . . . 220—250°
„ Cinchonidin bei . . . 168°
„ Cinchonin bei . . . . 220—250°.

Ein Gemisch der Chinaalkaloide schmilzt aber bei einer bedeutend niedrigeren Temperatur. Eine Zersetzung der Chinaalkaloide bei einer Temperatur von 125—135° tritt jedoch nicht ein.

Ist im folgenden von „Reagens“ die Rede, so ist darunter folgende Mischung zu verstehen: Chinidin 2,44 g, Cinchonidin 1,45 g, Cinchonin 0,14 g, Aether 96,0, Spiritus 4,0. Die nach zweitägiger Einwirkung, während welcher das Gemisch häufig geschüttelt wurde, erhaltene klare, ätherische Flüssigkeit ist als „Reagens“ zu benutzen. Eine Filtration desselben erscheint mir überflüssig.

Die Menge der aus 15 ccm des Reagens gewonnenen Nebenalkaloide hängt nun aber in sehr auffälliger Weise von der Temperatur ab. Bei einer Temperatur von 16° C. enthielten 15 ccm des Reagens nach drei Versuchen 0,2442, 0,2431 und 0,2429 g. Im Mittel also = 0,2434 g. Es erschien mir nun erforderlich, den Einfluß der Temperatur auf die Menge der gelösten Alkaloide genauer zu untersuchen und eine Tabelle danach aufzustellen.

Bei 20° C. enthielten 15 ccm des Reagens an gelöster Substanz

= 0,2686 g
> 0,0063 g pr. 1° C.
bei 16° = 0,2434 „
> 0,0060 „ „ 1° C.
bei 12° = 0,2194 „
> 0,0057 „ „ 1° C. berechnet.

Von 20° bis 16° ist in 15 ccm das Reagens 0,0252 g weniger gelöst. Diese Abnahme, gleichmäßig verteilt, ergibt für je 1° C. eine Abnahme des Gewichtes der gelösten Substanz von 0,0063 g. Von 16° bis 12° ist die Abnahme etwas geringer; sie beträgt im ganzen 0,0240 g resp. für je 1° C. = 0,0060 g. Da wohl anzunehmen ist, daß die Abnahme von 12° bis 8° C. in Bezug auf das Gewicht der gelösten Nebenalkaloide annähernd dieselbe ist, so ergibt sich hier für je 1° C. eine Abnahme von 0,0057 g. Um zu prüfen, ob diese Annahme auch berechtigt ist, führte ich bei 8° C. eine Gewichtsbestimmung der in 15 ccm des Reagens gelösten Nebenalkaloide aus.

[1]) Schmidt, Pharm. Chem. II, S. 1409.

Die Abweichung der gefundenen Menge von der berechneten betrug nur sechs Deci-Milligramm.

Hieraus ergibt sich nun für die Temperaturen von 20—8° folgende Gehaltstabelle:

C.	15 ccm	25 ccm	25 ccm für ½ Grade	C.
20°	0,2686	0,4477		
			0,4424	19,5°
19°	0,2623	0,4372		
			0,4319	18,5°
18°	0,2560	0,4267		
			0,4214	17,5°
17°	0,2497	0,4162		
			0,4109	16,5°
16°	0,2434	0,4057		
			0,4007	15,5°
15°	0,2374	0,3957		
			0,3907	14,5°
14°	0,2314	0,3857		
			0,3807	13,5°
13°	0,2254	0,3757		
			0,3707	12,5°
12°	0,2194	0,3657		
			0,3610	11,5°
11°	0,2137	0,3562		
			0,3515	10,5°
10°	0,2080	0,3467		
			0,3420	9,5°
9°	0,2023	0,3372		
			0,3325	8,5°
8°	0,1966	0,3277		

Die Tabelle zeigt, wieviel der Alkaloide in 15 ccm und 25 ccm des Reagens gelöst ist. Diese Angaben erschienen mir wünschenswert, da ich, nachdem ich anfangs das zu untersuchende Alkaloidgemisch mit 30 ccm des Reagens behandelt hatte, wovon 15 ccm = ½ p. zur Untersuchung verwendet wurden, sehr bald dazu überging, 50 ccm des Reagens zu verwenden, wovon ½ p. = 25 ccm zur Bestimmung der darin enthaltenen Alkaloidmenge dienten. Weil aber die Differenz der gelösten Menge von Grad zu Grad schon eine ziemlich bedeutende ist, erschien es mir notwendig, in einer dritten Reihe auch die Gewichtsmengen für die halben Grade anzugeben, also von 8½ bis 19½° C.

Ist das Reagens hergestellt, so ist die Ausführung des Verfahrens sehr einfach.

Etwa 0,5 g eines Alkaloidgemisches werden mit 50 ccm des Reagens in einem Zylinder, welcher gut verschließbar ist, übergossen; eine Stunde lang wird das Gemisch häufig geschüttelt und an einem Orte, welcher eine konstante, nicht schnell sich verändernde Temperatur hat, z. B. im Keller, stehen gelassen. Nach etwa 12stündigem Stehen wird die Temperatur der Flüssigkeit genau festgestellt; es werden 25 ccm abpipettiert, in ein getrocknetes und gewogenes Becherglas gebracht; der Aether wird abgedunstet und der Rückstand im Trockenschranke bei einer Temperatur von 125 bis 135^0 getrocknet.

Von dem Gewicht der erhaltenen Alkaloide wird die für die betreffende Temperatur für 25 ccm angegebene Zahl abgezogen und das so gefundene Resultat zur Feststellung des Chiningehalts verdoppelt.

Nach diesem Verfahren wurde eine ganze Reihe von Versuchen ausgeführt; dieselben fielen anfangs weniger gut aus, da nicht genügend auf eine konstante Temperatur gesehen wurde. Sinkt die Temperatur während des Versuches und steigt nachher, so findet man stets zu niedrige Resultate, da die ausgeschiedenen Nebenalkaloide sich nur sehr langsam zu lösen vermögen.

I. Versuch, ausgeführt bei der Temperatur von 17°. 0,4402 g Chinin = 0,4195 g reines, wasserfreies Chinin und je 0,15 g Nebenalkaloide (also 0,87 g eines Alkaloidgemisches, welches etwa 48% Chinin enthielt) wurden in einem Zylinder mit 50 ccm des Reagens behandelt. Nach zwölfstündigem Stehen des Gemisches enthielten 25 ccm der klaren, ätherischen Flüssigkeit 0,6257 g gelöst. Die Tabelle gibt an, daß an Nebenalkaloiden in 25 ccm bei 17° C. gelöst sind 0,4162 g. Also beträgt die Menge des gefundenen Chinins 0,6257 — 0,4162 = 0,2095 g. Angewandt war 0,2098 g ($\frac{1}{2}$ p.), gefunden sind 99,85%.

II. Versuch, ausgeführt bei 20° C. 0,399 g Chinin = 0,3803 g reines, wasserfreies Chinin und je 0,1 g Nebenalkaloide (also 0,68 g eines Alkaloidgemisches, welches etwa 56% Chinin enthielt) ergab in 25 ccm der klaren Flüssigkeit 0,6366 g gelöste Substanz. Nach der Tabelle betrug das Gewicht der gelösten Nebenalkaloide 0,4477 und das Gewicht des Chinins daher 0,6366 — 0,4477 = 0,1889 oder in der Gesamtflüssigkeit = 0,3778 g. Gefunden sind demnach 99,31%. Die folgenden Versuche wurden im Keller ausgeführt, woselbst eine konstante Temperatur von 12° C. herrschte.

III. Versuch. 0,2936 g Chinin = 0,275 g reines, wasserfreies Chinin und je 0,2 g Nebenalkaloide (also 0,87 g eines Alkaloidgemisches, welches 32% Chinin enthielt) ergab in 25 ccm der klaren Flüssigkeit 0,5026 g gelöste Substanz.

Die Menge der Nebenalkaloide beträgt 0,3657 „,

also bleibt 0,1369 g Chinin. Gefunden sind somit 99,2%.

IV. Versuch. 0,1082 g Chinin = 0,1013 g reines, wasserfreies Chinin und je 0,2 g Cinchonin und Chinidin, sowie 0,3 g Cinchonidin (also 0,8 g eines Alkaloidgemisches, welches 15% Chinin enthielt), behandelt wie vorstehend, ergab in 25 ccm gelöst 0,4169 g

minus Nebenalkaloide 0,3657 „

Chinin 0,0512 g × 2 = 0,1024 g; gefunden 100,9%.

V. Versuch. 0,0946 g Chinin = 0,0886 g reines, wasserfreies Chinin und je 0,2 g Cinchonin und Chinidin, sowie 0,3 g Cinchonidin (also 0,78 g eines

Alkaloidgemisches, welches etwa 12% Chinin enthielt), behandelt wie oben, ergab in 25 ccm gelöst 0,4104 g
minus Nebenalkaloide 0,3657 „
Chinin 0,0447 g × 2 = 0,0894, gefunden demnach 100,9%.

VI. Versuch. 0,5047 g Chinin = 0,481 g reines, wasserfreies Chinin und je 0,1 g Nebenalkaloide (also 0,78 g eines Alkaloidgemisches von 61% Chinin), behandelt wie vorstehend, ergaben in 25 ccm gelöste Substanz 0,6071 g
minus Nebenalkaloide 0,3657 „
Chinin 0,2414 g × 2 = 0,4828, gefunden demnach 100,3%.

VII. Versuch. 0,6061 g Chinin = 0,5776 g reines, wasserfreies Chinin und je 0,1 g Nebenalkaloide (0,87 g eines Alkaloidgemisches, welches 66% Chinin enthält) ergaben in 25 ccm 0,6556 g gelöste Substanz,
minus Nebenalkaloide 0,3657 „
Chinin 0,2899 g × 2 = 0,5798, gefunden 100,4%.

VIII. Versuch. 0,4202 g Chinin = 0,3936 g reines, wasserfreies Chinin und 0,4 g Chinidin (also 0,79 g eines Alkaloidgemisches von etwa 50% Chinin), behandelt wie oben, ergab in 25 ccm gelöst 0,5670 g
minus Nebenalkaloide 0,3657 „
Chinin 0,2013 g × 2 = 0,4026 g, gefunden demnach 102,3%.

Dieser letzte Versuch zeigt, unter welchen Umständen dieses Verfahren anfängt ungenau zu werden. Bei Gegenwart von viel Chinidin und Chinin, und namentlich dann, wenn Cinchonin und Cinchonidin ganz fehlen, vermögen die beiden ersteren Alkaloide doch etwas der beiden letzteren Alkaloide zu verdrängen, wofür dann Chinidin entsprechend der Löslichkeit in Lösung geht, natürlich in größeren Mengen, als Cinchonin und Cinchonidin. Es werden in diesem Falle die Resultate zu hoch ausfallen; allerdings wird der Fehler, wie auch der letzte Versuch zeigt, nicht mehr als einige Prozente betragen.

Bevor ich nun zu dem letzten Teil der Arbeit komme, in welchem besprochen werden soll, wie eine quantitative Chininbestimmung in der Chinarinde und den aus diesen bereiteten Extrakten und Tinkturen am besten ausgeführt wird, will ich noch kurz die verschiedenen Verfahren einer Vergleichung unterziehen.

Wenn es sich darum handelt, ein Verfahren auszuwählen, welches für das Deutsche Arzneibuch geeignet erscheint, so können nach meinem Dafürhalten nur folgende sechs in Frage kommen.

1. Das Herapathitverfahren von de Vrij.
2. Das Oxalatverfahren von Shimoyama.
3. Die Sulfatmethode nach P. Carles.

4. Die Tartratmethode von H. Schmidt.
5. Die Chromatmethode und schliesslich
6. Das Aetherverfahren mit einem Aether, welcher mit Nebenalkaloiden gesättigt war.

Ganz fort fallen dabei die Methoden von Langbeck und von Moens, sowie auch das Aetherverfahren mit reinem Aether.

Die genauesten Verfahren sind wohl diejenigen von de Vrij, von Shimoyama und von H. Schmidt. Alle drei sind aber sehr umständlich und langwierig und erscheinen mir deshalb wenig geeignet für das Apothekenlaboratorium. Die Chromatmethode, welche auch häufig brauchbar sein dürfte, ist doch zu unsicher, da dieselbe bei Gegenwart von viel Cinchonin leicht falsche Resultate geben kann. Diese Unsicherheit in dem Resultat fällt jedoch fort bei der Sulfatmethode und meinem Aetherverfahren. Beide Methoden, verhältnismäßig die einfachsten von den genannten, haben ihre Licht- und Schattenseiten.

Bei der Sulfatmethode beruht die ganze Schwierigkeit des Versuches in einer sehr genauen Neutralisation der schwefelsauren Lösung mit Ammoniak. Eine solche genaue Neutralisation ist aber bei allen anderen Verfahren, mit Ausnahme des Aetherverfahrens, als Vorbedingung ebenfalls notwendig. Von der genauen Ausführung dieser Neutralisation hängt die ganze Genauigkeit des Ergebnisses ab. Es erscheint mir demnach die Sulfatmethode für das Apothekenlaboratorium geeignet. Die Schattenseite der Sulfatmethode liegt nun darin, daß sie anfängt unsicher zu werden, sobald ein Alkaloidgemisch weniger als etwa 20% Chinin enthält.

Kurz anführen möchte ich hier eine sehr abfällige, aber unberechtigte Kritik der Sulfatmethode, welche sich im Archiv der Pharmazie Bd. 197, S. 99 und Bd. 201, S. 38 findet. Der Verfasser dieser Kritik, C. Schacht, hat nicht die beiden Begriffe einer Gesamtalkaloidbestimmung und einer Chininbestimmung auseinander gehalten; denn er hat ganz übersehen, daß durch Fällen mit Natronlauge sämtliche Alkaloide niedergeschlagen werden, während P. Carles bei seiner Sulfatmethode die Nebenalkaloide unberücksichtigt ließ. Es muß daher das Filtrat vom Chininsulfatniederschlage stets mit Natronlauge eine Fällung der Nebenalkaloide geben. C. Schacht verwandte, wie es scheint, eine Chinarinde, die überhaupt nur Spuren von Chinin enthielt, und deren Gesamtalkaloidgehalt eben nur 2,87% betrug.

Da aber leider die Tatsache schon eingetreten ist, daß die Handelsware für Apotheker eine Cortex Chinae vorstellt, welche wohl 5% Gesamtalkaloide, aber nur sehr wenig, meistens nicht einmal 1% Chinin enthält, so scheint mir bei einer solchen minderwertigen Rinde die Sulfatmethode weniger geeignet zu sein, den Chiningehalt festzustellen, als das Verfahren mit gesättigtem Aether. Letzteres Verfahren ist auch wohl noch einfacher, wenigstens dann, wenn man von der jedesmaligen Herstellung des Reagens ganz absieht, vielmehr dasselbe vorrätig hält. Die Genauigkeit dieses Verfahrens hängt lediglich davon ab, ob der Raum, in dem das Gemisch 24 Stunden zur Seite gestellt wurde, wirklich konstante Temperatur hatte. Ein solcher Raum mit konstanter Temperatur ist der Keller, und bietet daher die Bedingung, bei konstanter Temperatur die Chininbestimmung vorzunehmen, auch keine Schwierigkeit. Außerdem ist dies Verfahren das einzige, welches ermöglicht, eine Chininbestimmung in einem Alkaloidgemisch vorzunehmen, welches nur 10% und noch weniger Chinin enthält. Sämtliche anderen Verfahren versagen schon, sobald der Chiningehalt geringer wird, als 20—30%.

Allerdings haftet dem Verfahren mit einem mit den Nebenalkaloiden gesättigten Aether der Nachteil an, daß dasselbe erst die Darstellung des Reagens erfordert. Da dies aber mehrere Tage in Anspruch nimmt, so scheint mir das Verfahren nur dann für das Apothekenlaboratorium empfehlenswert zu sein, wenn das Reagens stets vorrätig gehalten werden muß und dann im Keller aufbewahrt wird.

Das Reagens ist zu bereiten nach folgender Vorschrift: Chinidin 2,44, Cinchonidin 1,45, Cinchonin 0,14, Aether 96,0, Spir. absol. 4,0.

Das Gemisch wird unter häufigem Umschütteln bei einer Temperatur von etwa 20° circa zwei Tage stehen gelassen; nach zweitägigem Stehen im Keller wird die über den ausgeschiedenen Krystallen stehende klare Flüssigkeit als Reagens verwandt. (Filtrieren ist unnötig). Dasselbe ist von Zeit zu Zeit durchzuschütteln.

Ich komme nun zum letzten Teile der Arbeit. Es handelt sich in diesem um die Bestimmung des Chinins in der Chinarinde, der Tinct. Chinae, Tinct. Chinae composit. und dem Extract. Chinae aquos. und spirituos.

Diese Chininbestimmung wird man zweckmäßiger Weise mit der Gesamtalkaloidbestimmung verbinden. Bei der Ausarbeitung der diesbezüglichen Prüfungsmethoden sind hauptsächlich die Sulfat- und meine Aethermethode berücksichtigt.

Bestimmung des Gesamtalkaloidgehaltes und des Chiningehaltes der Chinarinde.

I. Sulfatmethode.

Man übergieße 12 g feines bei 100° getrocknetes Chinarindenpulver in einem Arzneiglase mit 90 g Aether und 30 g Chloroform, versetze die Mischung mit 10 ccm Natronlauge und lasse unter häufigem, kräftigem Umschütteln drei Stunden lang stehen. Hierauf füge man

10 ccm oder nötigenfalls soviel Wasser hinzu, daß sich das Chinarindenpulver beim kräftigen Umschütteln zusammenballt, und die darüberstehende Chloroform-Aetherflüssigkeit sich vollständig klärt. Nach einstündigem Stehen filtriere man alsdann 100 g von der klaren Chloroform-Aetherflüssigkeit durch ein trocknes, gut bedecktes Filter in ein vorher getrocknetes und gewogenes Kölbchen, verdunste die Chloroform-Aetherflüssigkeit und trockne das Kölbchen bei etwa 110°. Die Gewichtszunahme des Kölbchens entspricht dem Gesamtalkaloidgehalt von 10 g der Rinde und betrage mindestens 0,5 g.

Der in dem Kölbchen verbliebene Rückstand wird nun mit Wasser und verdünnter Schwefelsäure erwärmt, die Lösung filtriert, das Kölbchen noch dreimal mit Schwefelsäure enthaltendem Wasser nachgespült, und die Flüssigkeit durch dasselbe Filter gegossen. Die klare Flüssigkeit wird mit Wasser auf etwa 50 ccm verdünnt und mit Ammoniakflüssigkeit, bezw. später mit verdünnter Ammoniakflüssigkeit genau neutralisiert. Die Neutralisation geschehe in siedender Flüssigkeit. Nach dem Erkalten und sechsstündigem Stehen der Flüssigkeit werden die flockigen Ausscheidungen auf einem vorher getrockneten und gewogenen Filter gesammelt. Das Filter wird mit 20 ccm Wasser abgewaschen und bei einer Temperatur, welche 110° nicht übersteigt, getrocknet und gewogen. Das gefundene Gewicht wird um 0,0078 g vermehrt und durch Multiplikation mit $\frac{648}{746}$ auf Chinin umgerechnet; es soll dann mindestens 0,2 (resp. 0,3, je nach den zu stellenden Ansprüchen) betragen.

Nach diesem Verfahren wurden verschiedene Versuche ausgeführt, indem Alkaloidgemische analysiert wurden, die durch Extraktion aus verschiedenen Rinden erhalten waren.

I. Cort. Chinae succirubr.

Der Gesamtalkaloidgehalt wurde zu 4,98 % gefunden. Die Chininbestimmung ergab aus 10 g Rinde, nach obigem Verfahren gefunden:

	0,1958 g Chininsulfat
Korrektur	0,0078 „ „
	0,2036 g Chininsulfat.

Dies entspricht, multipliziert mit $\frac{648}{746} = 0{,}177$ g Chinin, also 1,77 %.

II. Cort. Chinae regius.

I. Versuch: Gesamtalkaloidgehalt 3,18 %. Erhaltenes Chininsulfat 0,07 g + 0,0078 = 0,0778 g. Entspricht 0,0676 g Chinin, also 0,68 %.

II. Versuch: Gesamtalkaloidgehalt 2,93 %. Erhaltenes Chininsulfat = 0,0643 + 0,0778 = 0,0721 g $\cdot \frac{648}{746}$ = 0,0626 g Chinin, also 0,63 % Chinin.

III. Cort. Chinae rubr.

Wassergehalt[1]) 6,82 %.

I. Versuch: Gesamtalkaloidgehalt 4,57 %. Die Chininbestimmung nach diesem Verfahren erwies sich hier als unsicher, weil der Gehalt an Chinin so sehr gering war. Es scheinen die Nebenalkaloide, wenn sie in großem Uebergewicht zugegen sind, die Abscheidung des Chininsulfats zu erschweren. Es trat zunächst beim Erkalten keine Fällung ein, wohl aber war nach 24 stündigem Stehen eine geringe flockige, gefärbte Ausscheidung zu erkennen, herrührend von Chininsulfat. Das Gewicht dieses getrockneten Niederschlages betrug 0,028 g; dies ergibt mit Korrektur 0,0358 g Chininsulfat oder 0,0311 g Chinin. Hiernach beträgt der Chiningehalt unter Berücksichtigung des Wassergehaltes der Rinde 0,33 % Chinin.

II. Versuch: Gesamtalkaloide 4,69 %. Um nun sicher zu gehen, daß alles Chinin wirklich ausgefällt wurde, wurde das erhaltene Alkaloidgemisch mit einer genau abgewogenen Menge Chinin (0,0974 g wasserfreies Chinin) vermischt. Es wurden hierdurch für den Untersuchungsgang genau dieselben Bedingungen geschaffen, als wenn die Rinde viel Chinin enthalten hätte.

Nach obigem Verfahren behandelt, wurden hier erhalten 0,1482 g Chininsulfat, mit Korrektur 0,156 g. Dies entspricht Chinin 0,1355 g abzüglich 0,0974 g wurde erhalten 0,0381 g. Dies entspricht 0,407 % Chinin in der trockenen Rinde.

Das letztere Resultat ist entschieden genauer, als das erstere.

IV. Cort. Chinae succirubr. Ph. G. III.

Gesamtalkaloidgehalt 5,5 %.

Die Chininbestimmung ergab 0,1534 g + 0,0078 = 0,1612 g Chininsulfat $\times \frac{648}{746}$ = 0,14 g Chinin. Da der Wassergehalt der Rinde 5,7 % betrug, berechnet sich der Chiningehalt in der trockenen Rinde zu 1,48 %.

V. Chinarinde von unbekannter Herkunft.

Gesamtalkaloidgehalt 5,51 %.

Die Chininbestimmung ergab Chininsulfat 0,0374 g + 0,0078 g = 0,0452 g $\times \frac{648}{746}$ = 0,039 g Chinin. Demnach Prozentgehalt 0,39.

Auch hier war die Abscheidung des Chininsulfats eine sehr langsame wegen der Minderwertigkeit der Rinde.

II. Anwendung des Aetherverfahrens zu quantitativen Chininbestimmungen in der Chinarinde.

Man isoliere und bestimme die Gesamtalkaloide, wie bei der Sulfatmethode angegeben.

Nach dem Wägen der Gesamtalkaloide wird das Alkaloidgemisch mit 50 ccm des Reagens, d. h. des mit den Nebenalkaloiden gesättigten

[1]) Der Chiningehalt und Gesamtalkaloidgehalt ist stets bezogen auf 100 g bei 100° getrocknete Rinde. Wo dieselbe nicht angewandt wurde, ist der Wassergehalt bestimmt und danach das Resultat berechnet.

Aethers, übergossen, das Kölbchen verschlossen und dasselbe, nachdem es eine Stunde lang häufig geschüttelt war, einen Tag im Keller zur Seite gestellt. Sodann wird die Temperatur der Flüssigkeit festgestellt. 25 ccm der klaren Lösung werden in einem vorher getrockneten und gewogenen Becherglase verdunstet, und wird der Rückstand bei 125° bis 135° getrocknet. Das Gewicht desselben betrage nach dem Erkalten im Exsiccator 0,2 g (resp. 0,3 g), vermehrt um das Gewicht der bei der beobachteten Temperatur gelösten Nebenalkaloide.

Nach diesem Verfahren wurden mehrere Versuche mit verschiedenen Rinden[1]) ausgeführt.

Cort. Chinae regius.

I. Versuch. Gesamtalkaloidgehalt gefunden zu 2,97%. Das Alkaloidgemisch, behandelt nach diesem Verfahren, ergab, gelöst in 25 ccm des Reagens, 0,3986 g Rückstand. Die Temperatur war 12° C., demnach war abzuziehen 0,3657 g für Nebenalkaloide. Es bleibt für Chinin $0{,}0329 \times 20 =$ 0,66% Chinin.

II. Versuch. Gesamtalkaloidgehalt 3,26%. 25 ccm der klaren Lösung hinterließen nach dem Verdunsten und Trocknen bei 125—135° 0,3955 g Alkaloide. Die Temperatur betrug 11½° C., daher war abzuziehen 0,361 g für gelöste Nebenalkaloide; es blieb also für Chinin $0{,}0345 \times 20 = 0{,}69\%$.

Cort. Chinae fuscus.

Der Gesamtalkaloidgehalt wurde festgestellt nach den allgemeinen Grundsätzen, wie sie von O. Linde in der „Apotheker-Zeitung“ 1901, S. 77, 78 entwickelt sind.

Es wurden 20 g der fein gepulverten Chinarinde mit weingeistiger Ammoniakflüssigkeit durchfeuchtet und im Soxhlet'schen Apparat extrahiert, bis eine Probe der Chloroformflüssigkeit, welche mit einer Pipette aus dem Apparat entnommen war, nach dem Verdunsten des Chloroforms und Lösen des Rückstandes in säurehaltigem Wasser mit Mayer'schem Reagens keine wesentliche Trübung mehr gab. Nach dem Abdunsten des Chloroforms und Trocknen des Rückstandes wurden die Alkaloide gewogen und der Gesamtalkaloidgehalt zu 6,22% gefunden.

Aus derselben Rinde waren nach dem Keller'schen Extraktionsverfahren 4,92% Alkaloide isoliert. Es gibt demnach das erstere Verfahren bedeutend höhere und bessere Resultate. Allerdings waren die gefundenen Alkaloide stark mit harzigen Beimengungen verunreinigt. Die Chininbestimmung, ausgeführt nach meinem Aetherverfahren, ergab bei einer Temperatur von 12° C. in 25 ccm gelöste Substanz 0,5791 g

minus Nebenalkaloide 0,3657 „

Chinin 0,2134 g. Dies entspricht 2,13% Chinin.

---

[1]) Vergl. die Resultate bei Ausführung der Versuche nach der Sulfatmethode.

Chinarinde von unbekannter Herkunft.

Gesamtalkaloidgehalt 5,7%. Die Chininbestimmung ergab bei 11° C.
in 25 ccm gelöste Substanz 0,3854 g,
bei 11° gelöste Nebenalkaloide 0,3562 „
Chinin 0,0292 g. Dies entspricht 0,58% Chinin.

Vergleicht man dies Resultat mit dem bei derselben Rinde mittels der Sulfatmethode erhaltenen, so ergibt sich daraus wiederum, daß die Sulfatmethode leicht ungenaue und zu niedrige Resultate gibt, sobald der Chiningehalt ein zu geringer ist.

Anführen möchte ich hier auch noch zwei Versuche, bei denen die Extraktion nach dem Keller'schen Verfahren vorgenommen wurde, die Chininbestimmung jedoch nach der Chromatmethode.

Cort. Chinae succirubr.

Gesamtalkaloidgehalt 5,22%. Erhalten wurde an Chininchromat 0,1935 g; mit Korrektur 0,0214 g = 0,2149 g. Auf Chinin berechnet 0,1816 g = 1,82% Chinin.

Wie oben angegeben ist, wurde durch Anwendung der Sulfatmethode gefunden: Gesamtalkaloidgehalt 4,98%, Chiningehalt 1,77%. Die Resultate stimmen also leidlich überein.

Cort. Chinae fuscus.

Gesamtalkaloidgehalt 4,92%. Erhalten wurde an Chininchromat 0,1822 g; mit Korrektur 0,028 g = 0,2102 g, berechnet auf Chinin = 0,1777 g = 1,78% Chinin.

Vergleicht man das Resultat mit dem auf Seite 104 dieser Arbeit aus derselben Rinde erhaltenen, so zeigt es sich, daß durch Ausziehen mittels des Soxhlet'schen Apparates sowohl Gesamtalkaloidgehalt, wie auch Chiningehalt bedeutend höher ausfallen. Ersterer betrug 6,22%, letzterer 2,13%.

Die Extraktion nach dem Keller'schen Verfahren ist somit eine ungenügende. Die dabei erhaltenen Ergebnisse sind nur relative. In obiger Rinde wurden hiernach nicht viel über 80% der vorhandenen Gesamtalkaloide, sowie des Chinins gefunden. Allerdings muß, wenn man die Alkaloide aus der Chinarinde mit dem Soxhlet'schen Extraktionsapparat vollkommen ausziehen will, mehrere Tage extrahiert werden, weshalb dieses Extraktions-Verfahren sich für die Einführung in das Apothekenlaboratorium weniger eignet.

Bestimmung des Gesamtalkaloidgehaltes und des Chiningehaltes des Extr. Chinae aquosum.

Nach Vorschrift des Deutschen Arzneibuches edit. IV. wird zwecks Alkaloidgehaltsbestimmung 2 g wässeriges Chinaextrakt in 5 g Wasser und 5 g absolutem Weingeist gelöst. Man fügt 50 g

Aether und 20 g Chloroform hinzu und versetzt nach kräftigem Umschütteln mit 10 ccm Natriumkarbonatlösung. Nach einstündigem Stehen werden 50 g der klaren Chloroformätherflüssigkeit mit $^1/_{10}$ Normal-Salzsäure versetzt, und der Ueberschuß der Säure wird unter Anwendung von Haematoxylin als Indikator mit $^1/_{10}$ Normal-Kalilauge zurücktitriert. Da angenommen wird, daß 50 g genau $^2/_3$ der Chloroform-Aether-Flüssigkeit ist, sollen zur Bindung der Alkaloide 1,3 ccm Säure verbraucht sein.

Der Endpunkt der Titration ist nun aber bei Anwendung von Haematoxylin als Indikator sehr schwierig zu erkennen. Ich habe viele Dutzend Titrationen mit Haematoxylin als Indikator auszuführen versucht. Es ist niemals mit Sicherheit zu sagen: Jetzt ist der Farbenumschlag eingetreten. Man wird im allgemeinen bei Anwendung von $^1/_{10}$ Normallösungen innerhalb eines ganzen Kubikzentimeters im Zweifel sein, ob der Farbenumschlag eingetreten ist oder nicht. Nimmt man jedoch den Punkt als richtig an, wo eben die Flüssigkeit anfängt, die Farbe etwas zu verändern, so bekommt man viel zu niedrige Resultate, wie ich mit reinen Alkaloiden nachgewiesen habe. Von dieser ersten Farbenänderung an ändert sich mit jedem Tropfen $^1/_{10}$ Normal-Kalilauge die Färbung etwas, so daß man immer im Zweifel ist, wann der richtige Punkt eingetreten ist. Titrationen, welche ich mit reinen Alkaloiden ausführte, ergaben Resultate von 85—115% der angewandten Menge. Wendet man dagegen größere Mengen, etwa 2 g Alkaloide, an, so bleibt der Analysenfehler an und für sich derselbe. Wird er dagegen dann in Prozenten ausgerechnet, beträgt er bloß ungefähr 2%. Außerdem liegt in der Vorschrift noch eine Fehlerquelle, welche nach meinen Versuchen einen Fehler von etwa 4% verursacht. Es wird angenommen, daß nach der Behandlung, wie weiter oben angegeben, 50 g der ätherischen Flüssigkeit $^2/_3$ der gesamten ätherischen Flüssigkeit ist. Dies stimmt jedoch keineswegs genau. Die ätherische Schicht enthält nicht nur Aether, Chloroform und Alkohol, sondern auch z. B. Wasser, Alkaloide und etwas Harzstoffe gelöst. Andererseits nimmt auch die wässerige Flüssigkeit etwas Aether und sicher auch etwas Weingeist auf.

Zur Prüfung, ob hierbei ein Fehler entsteht, und eventuell wie groß er ist, verfuhr ich folgendermaßen:

5 g Wasser, 5 g absoluter Weingeist, 50 g Aether, 20 g Chloroform und 10 ccm Natriumkarbonatlösung wurden in einem Meßzylinder vermischt. Die ätherische Flüssigkeit betrug 90,1 ccm. 50 g derselben nahmen einen Raum von 59,1 ccm ein. 75 g sind hiernach 88,6 ccm. Die Differenz ist also 1,5 ccm. Es beträgt daher der Fehler bei der Annahme, daß 50 g $^2/_3$ der ätherischen Flüssigkeit ist, bei Anwendung

reiner Ingredienzien 1,7%. Bedeutend größer wird derselbe aber, wenn ein Extrakt nach obiger Vorschrift behandelt wird. Bei einem solchen Versuche betrug die ätherische Flüssigkeit 85 ccm. 50 g derselben nahmen einen Raum von 59 ccm ein. 75 g sind hiernaoh 88,5 ccm. Die Differenz ist 3,5 ccm. Dies entspricht einem Fehler von 4%.

Das Verfahren erscheint mir am besten folgendermaßen ausführbar:

Man löse 3 g wässeriges Chinaextrakt in einem Meßzylinder mit Hilfe von 5 g Wasser und 5 g absolutem Weingeist, bringe zu dieser Lösung 50 ccm Aether und 10 ccm Chloroform, sowie nach kräftigem Umschütteln 10 ccm Natriumkarbonatlösung (1:3) und lasse die Mischung hierauf unter häufigem Umschütteln drei Stunden lang stehen. Nachdem sich das Gemisch vollkommen in zwei Schichten getrennt hat, fülle man die ätherische Flüssigkeit mit Aether zu 75 ccm auf. Nach vorsichtigem Umschwenken nehme man 50 ccm der klaren Chloroform-Aether-Flüssigkeit, bringe sie in ein vorher bei 100° getrocknetes und gewogenes Kölbchen, verdunste die Flüssigkeit, trockne eine Stunde bei 105° und wäge das Kölbchen. Die Gewichtszunahme betrage mindestens 0,12 g. Sie entspricht einem Gesamtalkaloidgehalt von 6%.

Zwecks Chininbestimmung nach der Sulfatmethode verfahre man folgendermaßen:

Die im Kölbchen befindlichen Alkaloide übergieße man mit Wasser und verdünnter Schwefelsäure, erwärme das Gemisch und filtriere. Nachdem man noch dreimal das Kölbchen mit heißer verdünnter Schwefelsäure und Wasser ausgespült hat, so daß die Flüssigkeit nach Vereinigung der Filtrate etwa 50 ccm beträgt, erhitze man sie zum Sieden und neutralisiere die Flüssigkeit mit Ammoniak und nachher mit verdünntem Ammoniak aufs sorgfältigste. Der nach dem Erkalten und nach zweistündigem Stehen erhaltene Niederschlag wird auf einem getrockneten und gewogenen Filter gesammelt, mit 20 ccm Wasser abgewaschen, bei 105° getrocknet, gewogen, um 0,0078 g vermehrt und als Chinin durch Multiplikation mit $\frac{648}{746}$ in Anrechnung gebracht. Man erhalte so mindestens 0,048 g Chinin (resp. 0,072 g) je nach den Ansprüchen, welche in Betreff des Chiningehaltes, nämlich ob 2% oder 3%, an die Chinarinde gestellt werden sollen.

Chininbestimmung, ausgeführt nach dem Aetherverfahren.

Die in dem Kölbchen befindlichen Alkaloide werden mit 30 ccm des Reagens, d. h. mit 30 ccm des mit Nebenalkaloiden gesättigten Aethers übergossen; das Kölbchen wird gut verschlossen und eine Stunde lang unter häufigem Umschütteln stehen gelassen und im Keller zur Seite gestellt. Nach Verlauf von 24 Stunden werden 25 ccm der ätherischen Lösung, nachdem die Temperatur festgestellt war, in einem vorher getrockneten und gewogenen Becherglase zur Trockne gebracht. Der Rückstand wird bei einer Temperatur von 125—135° getrocknet. Die Gewichtszunahme des Becherglases, abzüglich der Menge der gelösten Nebenalkaloide bei der beobachteten Temperatur, betrage nicht weniger als 0,04 g Chinin (resp. 0,06 g Chinin je nach den zu stellenden Ansprüchen).

Nach diesen selben Vorschriften kann ganz analog auch die Chininbestimmung und Gesamtalkaloidbestimmung des Extr. Chinae spirit., der Tinct. Chinae und der Tinct. Chinae composit. vorgenommen werden.

Das Extr. Chinae spirituos., genau nach obigen Angaben analysiert, gebe bei der Bestimmung des Gesamtalkaloidgehaltes mindestens 0,25 g Alkaloide.

Letztere, behandelt nach der Sulfatmethode, müssen geben mindestens 0,1073 g Chininsulfat, mit Korrektur 0,1151 g, entsprechend 0,1 g Chinin. (Oder bei höheren Ansprüchen, wenn 3% Chinin in der Chinarinde verlangt wird, erhalte man mindestens 0,1649 g Chininsulfat, mit Korrektur, also + 0,0078 g = 0,1727 g, entsprechend 0,15 g Chinin.)

Werden dagegen die erhaltenen Alkaloide nach dem Aetherverfahren, wie oben gezeigt, behandelt, so betrage die Gewichtszunahme des Becherglases, abzüglich der Menge der gelösten Nebenalkaloide bei der beobachteten Temperatur, nicht weniger, als 0,0833 g (resp. 0,125 g je nach den zu stellenden Ansprüchen).

Bei der Untersuchung der Tinkturen lautet nur der Anfang der Prüfungsvorschrift etwas anders.

Behufs Gesamtalkaloidgehalts- und Chiningehaltsbestimmung dampfe man 50 g der Tinktur in einer Porzellanschale bis auf etwa 10 g ein, bringe sie durch Nachspülen mit 5 g Wasser und 5 g absolutem Weingeist vollständig in einen Meßzylinder, füge 50 ccm Aether und 10 ccm Chloroform, sowie nach kräftigem Umschütteln 10 ccm Natriumkarbonatlösung (1 : 3) hinzu und lasse die Mischung hierauf unter häufigem Umschütteln drei Stunden lang stehen u. s. w. wie oben.

Tinct. Chinae.

Für Tinct. Chinae sei bei Anwendung von 50 g der Tinktur das Gewicht der erhaltenen Gesamtalkaloide mindestens 0,333 g. Letztere, behandelt nach der Sulfatmethode, geben mindestens 0,1455 g Chininsulfat, mit der Korrektur 0,0078 = 0,1533, entsprechend 0,1332 g Chinin. (Resp. bei größeren Ansprüchen von 3% Chinin in der Cort. Chinae mindestens 0,2224 + 0,0078 = 0,2302 g Chininsulfat. $\frac{648}{746}$ = 0,2 g Chinin.)

Die Chininbestimmung, ausgeführt nach meinem Aetherverfahren, ergebe eine Gewichtszunahme des Becherglases (s. oben), abzüglich der Menge der gelösten Nebenalkaloide bei der beobachteten Temperatur, von mindestens 0,111 g (resp. 0,1646 g).

Tinct. Chinae composit.

Werden 50 g der Tinktur angewandt, so betrage die bei der Bestimmung der Gesamtalkaloide erhaltene Menge Alkaloide mindestens 0,2 g.

Letztere, behandelt nach der Sulfatmethode, sollen mindestens geben 0,0842 + 0,0078 = 0,092 g Chininsulfat, entsprechend 0,08 g Chinin (resp. wenn eine Rinde verlangt wird, welche 3% Chinin enthält, so erhalte man an Chininsulfat 0,1303 + 0,0078 = 0,1381 g, entsprechend 0,12 g Chinin).

Wird die Chininbestimmung ausgeführt nach dem Aetherverfahren, so betrage die Gewichtszunahme des Becherglases, abzüglich der Menge der gelösten Nebenalkaloide bei der beobachteten Temperatur mindestens 0,0666 g (resp. 0,1 g).

Nach diesem für die Extrakte und Tinkturen verwendbaren Verfahren wurden verschiedene Bestimmungen ausgeführt.

I. Extract. Chinae spirituos.

I. Versuch, ausgeführt nach der Sulfatmethode: Unter Anwendung von 3 g des Extraktes, genau wie oben angegeben, verfahren, wurde an Alkaloiden erhalten 0,256 g. Dies entspricht einem Gesamtalkaloidgehalt von 12,83 %.

Die Alkaloide, behandelt nach der Sulfatmethode, ergaben an Chininsulfat 0,1603 + 0,0078 = 0,1681 g, entsprechend 0,146 g Chinin × 50 = 7,3 % Chinin.

II. Versuch, ausgeführt nach dem Aetherverfahren: Die Gesamtalkaloidbestimmung, ausgeführt wie vorhin, ergab an Alkaloiden 0,2594 g. Dies entspricht einem Gesamtalkaloidgehalt von 12,97 %.

Die Alkaloide, mit dem Reagens, d. h. dem mit Nebenalkaloiden gesättigten Aether, behandelt, ergaben in 25 ccm an gelöster Substanz 0,4977 g. Die Temperatur betrug 12½°. Die gelösten Nebenalkaloide wogen demnach 0,3707 g. Somit bleibt für Chinin 0,1269 g.

Dies entspricht der Menge Chinin in 1,666 g des Extraktes; der Prozentgehalt ist demnach 7,6 % Chinin.

Das Extrakt übertraf, was Gesamtalkaloidgehalt anbetrifft, die Anforderungen des Deutschen Arzneibuches, was den Chiningehalt anbetrifft, genügte es sogar den erhöhten Anforderungen, d. h. daß zur Bereitung eine Rinde verwandt war, welche 3% Chinin enthielt.

II. Tinct. Chinae.

Die Gesamtalkaloidbestimmung ergab 0,264 g Alkaloide, was einem Prozentgehalt von 0,79% entspricht. Verlangt muß werden 1% Gesamtalkaloide; demnach genügte die Tinktur keineswegs.

Die Chininbestimmung, nach der Sulfatmethode ausgeführt, ergab an Chininsulfat 0,1112 + 0,0078 = 0,119 g, entsprechend 0,103 g Chinin, also 0,31 %.

Bei Darstellung der Tinktur aus einer Rinde, welche 2 % Chinin enthielt, mußte die Ausbeute betragen 0,133 g, bei Darstellung aus einer Rinde, welche 3 % Chinin enthielt, mußte 0,2 g Chinin erhalten werden.

III. Tinct. Chinae composit.

Die Gesamtalkaloidgehaltsbestimmung ergab 0,115 g Alkaloide. Dies entspricht einem Prozentgehalt von 0,34.

Verlangt muß werden 0,6 % Gesamtalkaloide. Die Tinktur genügte also keineswegs.

Die Chininbestimmung, ausgeführt nach der Sulfatmethode, ergab an Chininsulfat 0,042 + 0,0078 = 0,0498 g, entsprechend 0,0433 g Chinin, also 0,13 % Chinin.

Bei Darstellung der Tinktur aus einer Rinde, welche 2 % Chinin enthielt, mußte die Ausbeute 0,08 g, bei Darstellung aus einer Rinde, welche 3 % Chinin enthielt, mußte die Ausbeute 0,12 g betragen, entsprechend einem Chiningehalt von 0,24 % (resp. 0,36 %).

Beide Tinkturen waren käuflich erworben, nicht etwa selbst hergestellt.

Zum Schluß sei noch angeführt, daß es ganz verkehrt wäre, bei der Cort. Chinae und den daraus dargestellten Präparaten zu wenig Chinin zu verlangen. Es gibt Ledgeriana-Rinden, welche 6—12 % Chinin enthalten. Schreibt das Deutsche Arzneibuch einen hohen Chiningehalt für die Rinde vor, so erhält der Apotheker auch solche vollwertigen Rinden, während im anderen Falle die chininreichen Rinden in die Fabriken wandern. Verlangt das Deutsche Arzneibuch, daß durch Extraktion nach dem Keller'schen Verfahren 5 % Alkaloide gewonnen werden, so genügt dies vollkommen, namentlich auch deswegen, weil der wahre Gesamtalkaloidgehalt dann annähernd 6 % betragen wird. Außerdem sollte das Deutsche Arzneibuch einen Chiningehalt von 3 % verlangen und dementsprechend auch den Chiningehalt der aus derselben bereiteten Extrakten und Tinkturen festsetzen.

In diesem Falle erscheint es mir dann vollkommen unbedenklich, die Sulfatmethode von P. Carles zur Chininbestimmung vorzuschlagen. Dieselbe gibt nur bei chininarmen Rinden leicht ungenaue Resultate, eignet sich aber vorzüglich für verhältnismäßig chininreiche und ist dabei leicht und einfach ausführbar.

Mitteilungen aus der pharmazeutischen Abteilung des Eidgenössischen Polytechnikums.

Ueber den Nachweis fetter Oele durch mikrochemische Verseifung.

Von C. Hartwich und W. Uhlmann.

(Eingegangen den 16. I. 1903.)

Wir haben in einer vor kurzem in d. Z. erschienenen Arbeit: „Beobachtungen über den Nachweis des fetten Oeles und seine Bildung, besonders in der Olive" 1902, S. 471, einige Mitteilungen darüber gemacht, daß man wertvolle Anhaltspunkte zur Beurteilung von Fetten erhält, wenn man dieselben in kleinster Menge mit Kali-Ammoniaklauge verseift und die entstehenden krystallinischen Seifen unter dem Mikroskop teils bei gewöhnlichem, teils bei polarisiertem Licht untersucht.

Eine erneute Durcharbeitung des Gegenstandes veranlaßt uns, unsere damaligen Mitteilungen in mehreren Punkten zu erweitern resp. zu modifizieren:

Die Lauge, von der wir ausgingen, war eine völlig konzentrierte Kalilauge, die erhalten wird, indem man Aetzkali mit Wasser 24 Stunden unter häufigem Umschütteln stehen läßt, es muß ein Teil des Aetzkalis ungelöst bleiben. Dieser Lauge wird ein gleiches Volumen 20%iger Ammoniakflüssigkeit zugesetzt. (Im folgenden als $^1/_1$ Lauge bezeichnet.) Diese Lauge wird für manche Versuche verdünnt; mit dem gleichen Volumen Wasser (½ Lauge), mit zwei Volumen Wasser (⅓ Lauge), mit 3 Volumen Wasser (¼ Lauge). Weiter sind wir nicht gegangen mit dem Verdünnen, da schon bei der ¼ Lauge oft die Verseifung nur eine schwache war oder doch erst nach längerer Zeit eintrat. — Ein Tropfen der Lauge wird auf den Objektträger gesetzt und mit der Nadelspitze eine Spur Oel darin verrührt. Man erhält so Tröpfchen ganz verschiedener Größe, was, wie man weiter sehen wird, von erheblicher Bedeutung ist. Das Ganze wird dann mit dem Objektträger bedeckt und von Zeit zu Zeit untersucht sowohl bei gewöhnlichem wie bei polarisiertem Licht. Beides ist nötig, da die entstehenden Nadeln zuweilen im dunkelen Gesichtsfeld nicht aufleuchten, also der Beobachtung entgehen würden, andererseits unveränderte Tropfen und Sphaerite oft bei gewöhnlichem Licht nicht zu unterscheiden sind, also die Beobachtung im polarisierten Licht verlangen, wobei die letzteren dann mit dunkelem Polarisationskreuz aufleuchten.

Man darf sich nicht begnügen, das Oel nur einmal nach einiger Zeit anzusehen, da die Erscheinungen im Laufe der Zeit ganz wechselnde sein können. Ein Oel kann anfangs oder längere Zeit hindurch Sphaerite erkennen lassen und erst später entstehen nadelförmige Krystalle, wir haben sogar wiederholt beobachten können, daß zuerst wenig Sphaerite entstehen, die dann verschwinden und Nadeln Platz machen. Oder es entstehen zuerst Nadeln und erst später tritt bei größeren Tropfen partielle Sphaeritbildung ein. Länger wie 3 Tage haben wir die Beobachtung der Präparate nicht fortgeführt, da neue Erscheinungen dann nicht mehr eintreten.

Ferner ist die Konzentration der Lauge von großer Wichtigkeit und man tut gut, das Oel in allen vier genannten Konzentrationen zu untersuchen, es kommt vor, daß ein Oel in ganz starker ($^1/_1$) Lauge Nadeln und in schwächerer Sphaerite zeigt.

Die beobachteten Formen sind folgende:

1. Sphaerite, kugelige Aggregate feinster nadelförmiger Krystalle, die im polarisierten Licht das schon oben erwähnte charakteristische dunkele Kreuz erkennen lassen. Sehr beachtenswert und mit unserer ersten Mitteilung nicht im Einklang ist es nun, daß, wie wir jetzt gesehen haben, sämtliche untersuchten Fette in den kleinsten Tröpfchen Sphaerite bilden. Man muß das sehr im Auge behalten, wenn es sich darum handelt, trocknende und nicht trocknende Oele zu unterscheiden, da man bei Nichtberücksichtigung dieser Tatsache in Gefahr kommt, ein nicht trocknendes Oel für mit einem trocknenden verfälscht zu halten, während in Wahrheit gar keine Rede davon ist.

Den Sphaeriten zuzurechnen sind dann Formen, bei denen am Rande größerer Tropfen oder Massen nur eine Schicht von feinen, dicht gelagerten Nadeln entsteht, wogegen das Innere amorph bleibt, auch wohl von der Lauge gar nicht angegriffen wird. Solche Formen lassen, wenn man sie bei genügend schwacher Vergrößerung unter dem Polarisationsmikroskop betrachtet, ebenfalls das schwarze Kreuz erkennen.

Selten kommt es vor, daß sich nach innen an eine solche krystallinisch gewordene Schicht eine zweite, an diese eine dritte anlegt usw. Es kommen so Formen zu stande, die an ganz grob geschichtete Stärkekörner erinnern. Indessen scheint es, als ob niemals größere Tropfen vollständig in solche Schichten von Seife umgewandelt werden, im Zentrum bleibt stets ein mehr oder weniger großer nicht verwandelter Rest.

2. Nadeln: Sie können von sehr verschiedener Größe und Dicke sein; sehr charakteristisch sind die kurzen dicken Nadeln, die

das Rizinusöl gibt, am häufigsten kommen lange, gerade oder wenig gebogene Nadeln vor. Zuweilen (Oleum Arachidis) wird die Biegung so stark, daß die Nadel fast lockenförmig gedreht erscheint. Während besonders kurze, dicke Nadeln das Licht stark brechen und daher im Polarisationsmikroskop hell erscheinen, ist das bei den langen und gedrehten Nadeln ihrer großen Dünnheit wegen oft nicht der Fall, das Gesichtsfeld bleibt völlig dunkel.

Ich lasse nun die an einer Reihe von Oelen und Oelsäuren gewonnenen Resultate folgen unter Berücksichtigung der Konzentration der Lauge und der Dauer der Einwirkung: Die Brüche $^1/_1$, ½, ⅓, ¼ bezeichnen die Konzentration der Lauge (vergl. oben).

Olivenöl.

a) nach einstündiger Einwirkung der Lauge:
$^1/_1$ wenige der kleinsten Tröpfchen sind in Sphaerite verwandelt
½ ebenso.
⅓ und ¼ läßt keine Einwirkung erkennen.

b) nach 4½ stündiger Einwirkung der Lauge:
$^1/_1$ wenig kleine Sphaerite, wie bei a), außerdem auf der Oberfläche der großen Tropfen Nadeln, die im polarisierten Licht aufleuchten.
½ ebenso, aber die Nadeln sind reichlicher und besser entwickelt sie sind gerade oder wenig gekrümmt.
⅓, ¼ ebenso.

c) nach 22 stündiger Einwirkung der Lauge:
$^1/_1$, ½, ⅓, ¼. Die ganzen Tropfen sind in ein Haufwerk von Nadeln umgewandelt, daneben Sphaerite, aus den kleinsten Tröpfchen entstanden.

d) nach dreitägiger Einwirkung der Lauge:
Es beginnen neue Sphaerite zu entstehen.

Am deutlichsten sind die Erscheinungen nach 4—22 Stunden, am meisten charakteristisch die geraden oder wenig gebogenen Nadeln, die im polarisierten Licht aufleuchten. Bei Anwendung ganz starker ($^1/_1$) Lauge treten die Nadeln anfänglich langsamer auf.

Mandelöl.

a) nach einstündiger Einwirkung der Lauge:
wie beim Olivenöl.

b) nach 4½ stündiger Einwirkung der Lauge:
$^1/_1$, ½ wie beim Olivenöl, doch sind die Nadeln mehr gebogen und leuchten meist im dunkelen Gesichtsfeld nicht auf.
⅓, ¼ keine Nadeln, nur kleine Sphaerite.

c) nach 22 stündiger Einwirkung der Lauge:
$^1/_1$, ½, ⅓, ¼ wie beim Olivenöl, größere Tropfen zeigen am Rande Sphaeritbildung (vergl. oben).

d) nach dreitägiger Einwirkung der Lauge:
wie Olivenöl.

Die ganzen Erscheinungen sind den beim Olivenöl beobachteten außerordentlich ähnlich.

Pfirsichkernöl.

a) nach einstündiger Einwirkung der Lauge:
wie bei den beiden vorhergehenden.

b) nach 4½ stündiger Einwirkung der Lauge:
den beim Mandelöl beobachteten Erscheinungen ganz ähnlich, die Nadeln sind auch hier meist so dünn, daß sie im polarisierten Licht nicht aufleuchten. Die Sphaeritbildung am Rande grösserer Tropfen wird ebenfalls beobachtet und zwar besonders bei ⅓ und ¼, wo Nadeln noch nicht zu beobachten sind.

c) nach 22 stündiger Einwirkung der Lauge:
wie bei den beiden vorigen, doch ist für das Pfirsichkernöl charakteristisch, daß die Nadeln kürzer und dicker sind.

d) nach dreitägiger Einwirkung der Lauge:
keine weitere Aenderung.

Arachisöl.

b) nach 4 stündiger Einwirkung der Lauge:
$^1/_1$ gerade, relativ kurze Nadeln, wie die schon genannten Oele.
½ lange gebogene, oft lockenförmig gekrümmte Nadeln.
⅓, ¼ Einwirkung der Lauge nicht zu erkennen.

c) nach 24 stündiger Einwirkung:
$^1/_1$ wie bei b.
½ wie bei b), außerdem vereinzelte kleine Sphaerite.
⅓, ¼ wie ½, außerdem Sphaeritbildung am Rande der großen Tropfen.

Die langen, lockenförmig gebogenen Nadeln sind für dieses Oel außerordentlich charakteristisch. Sie treten aber bei völlig konzentrierter Lauge meist nicht auf

Leinöl.

a) nach einstündiger Einwirkung der Lauge:
  1/1—¼ vereinzelt kleine Sphaerite.
b) nach 4stündiger Einwirkung der Lauge:
  1/1 ganz wenig kleine Nadeln, außerdem Sphaerite.
  ½—¼ nur Sphaerite.
c) nach 22stündiger Einwirkung der Lauge:
  1/1—¼ nur Sphaerite.
d) nach dreitägiger Einwirkung der Lauge:
  ½ es traten einzelne, haarförmige, gebogene Nadeln auf.

Wie wir schon in der ersten Mitteilung sagten, ist das Leinöl charakterisiert dadurch, daß fast ausschließlich Sphaerite auftreten, indessen ist zu beachten, daß bei voller Konzentration der Lauge anfänglich kleine Nadeln auftraten und ebenso nach 3 Tagen. Hält man sich aber an die mitgeteilte Zeit und ebenso an die ½—¼ Lösung, so erhält man nur Sphaerite. Indessen ist eine andere Ansicht, die wir in unserer ersten Mitteilung aussprachen, zu modifizieren. Wir waren damals der Meinung, daß das bei Leinöl Beobachtete sich auch für andere trocknende Oele bestätigen würde und glaubten, das besonders aus unseren Beobachtungen beim Mohnöl schließen zu dürfen. Eine erneute Untersuchung hat das nicht bestätigt.

Mohnöl.

b) nach 4stündiger Einwirkung der Lauge:
  1/1 kurze Nadeln.
  ½—¼ anscheinend keine Einwirkung.
c) nach 24stündiger Einwirkung der Lauge:
  1/1 reichlich kurze gebogene Nadeln, keine Sphaerite.
  ½ kurze und lange, lockig gebogene Nadeln und reichlich Sphaerite.
  ⅓ und ¼ keine Nadeln, nur Sphaerite.

Rizinusöl

läßt von vornherein durch die ganze Dauer der Versuche hindurch kleine Nadeln erkennen (die kleinsten von allen untersuchten Arten) und nur zuweilen ganz vereinzelt und zweifelhaft kleine Sphaerite.

Von freien Oelsäuren, die untersucht wurden, bilden Palmitinsäure, Stearinsäure, Laurinsäure kurze Nadeln, Arachinsäure bildet dicke kurze Nadeln und Platten, Oelsäure bildet kurze Nadeln und Sphaerite.

Mitteilungen aus dem pharmazeutisch-chemischen Institut der Universität Marburg.

161. Ueber einige Ketonbasen.

Von Ernst Schmidt.

(Eingegangen den 15. I. 1903.)

Unter obigem Titel habe ich in den letzten Jahren über Untersuchungen berichtet, welche auf meine Veranlassung von den Herren L. Furnée[1]), D. Knuttel[2]), H. van Ark[3]), H. Rumpel[4]) und H. Ihlder[5]) zur Ausführung gelangten. Die Gesichtspunkte, welche mich bei Aufnahme dieser Arbeiten leiteten, sowie die bisher bei denselben erzielten Resultate sind ebenfalls bereits in dieser Zeitschrift (1898, S. 334 u. f.) niedergelegt. Es mußte jedoch dahingestellt bleiben, ob die von uns studierten Umlagerungen der Ketoxime (durch Einwirkung von Phosphorpentachlorid) im Sinne der früher von E. Beckmann und von V. Meyer und Warrington an einfacheren Ketoximen gemachten Beobachtungen, wie es nach dem Gesamtverhalten der dabei gebildeten Basen den Anschein hatte, tatsächlich stattfinden. Ebensowenig wurde bisher ermittelt, in welcher Beziehung diese Umlagerungsprodukte in ihrer physiologischen Wirkung zu den entsprechenden Ketoximen stehen. Diese Lücken sind in der Zwischenzeit, wenigstens zum Teil, ausgefüllt worden, indem die relativ beständigen Umlagerungsprodukte der Oxime des Trimethyl-Acetophenyl-Ammoniumbromids (I) und des Pyridyl-Acetophenylbromids (II) nach dieser Richtung hin von neuem untersucht wurden.

Wenn die Umlagerung dieser Ketoxime in dem von mir vermuteten Sinne:

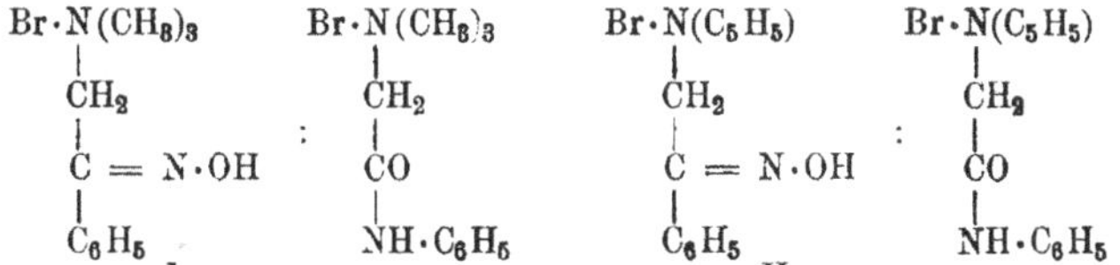

I. II.

1) Dieses Archiv 1898, 343.

2) Ibidem 1898, 580.

3) Ibidem 1900, 321.

4) Ibidem 1899, 223.

5) Ibidem 1902, 691.

stattfand, so müßten die Umwandlungsprodukte dieser Oxime identisch sein mit den Additionsprodukten des Trimethylamins, bezw. Pyridins mit Bromacetanilid: $CH_2Br—CO—NH \cdot C_6H_5$,

$$\begin{array}{l} CH_2Br \\ | \\ CO \\ | \\ NH\cdot C_6H_5 \end{array} + N(CH_3)_3 = \begin{array}{l} Br\cdot N(CH_3)_3 \\ | \\ CH_2 \\ | \\ CO \\ | \\ NH\cdot C_6H_5 \end{array} \qquad \begin{array}{l} CH_2Br \\ | \\ CO \\ | \\ NH\cdot C_6H_5 \end{array} + C_5H_5N = \begin{array}{l} Br\cdot N(C_5H_5) \\ | \\ CH_2 \\ | \\ CO \\ | \\ NH\cdot C_6H_5 \end{array}$$

Zur Prüfung dieser Annahme habe ich Herrn K. Scheda[1]) veranlaßt, obige Additionsprodukte darzustellen und dieselben in ihren Eigenschaften mit denen der fraglichen Umlagerungsprodukte zu vergleichen. Hierbei hat sich ergeben, daß in der Tat diese Verbindungen identisch sind. Es ist hierdurch somit der experimentelle Beweis geliefert, daß die Umlagerung obiger Ketoxime ebenfalls, entsprechend den Beobachtungen von E. Beckmann, sowie von V. Meyer und Warrington, im Sinne der Gleichung (R, R' = einwertiges Alkoholradikal) erfolgt:

$$\begin{array}{l} R \\ | \\ C = N\cdot OH \\ | \\ R' \end{array} = \begin{array}{l} R \\ | \\ CO \\ | \\ NH\cdot R'. \end{array}$$

Die Identität der fraglichen Verbindungen ergibt sich aus nachstehender Zusammenstellung:

I. Oxim des Trimethyl-Acetophenyl-Ammoniumbromids.

	Umlagerungsprodukt	Additionsprodukt
Chlorid	$C_{11}H_{17}N_2OCl + H_2O$ farblose, säulenförmige Krystalle, Sp. 204—207°	$C_{11}H_{17}N_2OCl + H_2O$ farblose, säulenförmige Krystalle, Sp. 204—207°
Goldsalz	$C_{11}H_{17}N_2OCl \cdot AuCl_3$ orangegelbe Nadeln, Sp. 170—171°	$C_{11}H_{17}N_2OCl \cdot AuCl_3$ orangegelbe Nadeln, Sp. 170—171°
Platinsalz	$(C_{11}H_{17}N_2OCl)_2PtCl_4$ orangerote Nadeln	$(C_{11}H_{17}N_2OCl)_2PtCl_4$ orangerote Nadeln
Quecksilbersalz.	$C_{11}H_{17}N_2OCl \cdot HgCl_2$ kleine, sternförmige Nadeln, Sp. 192—197°	$C_{11}H_{17}N_2OCl \cdot HgCl_2$ kleine, sternförmige Nadeln. Sp. 192—197°.

[1]) Inauguraldissertation Marburg 1899.

II. Oxim des Pyridyl-Acetophenylbromids.

	Umlagerungsprodukt	Additionsprodukt
Chlorid	$C_{13}H_{13}N_2OCl$ farblose Blättchen	$C_{13}H_{13}N_2OCl$ farblose Blättchen
Goldsalz	$C_{13}H_{13}N_2OCl \cdot AuCl_3$ glänzende, gelbe Blättchen, Sp. 180—181°	$C_{13}H_{13}N_2OCl \cdot AuCl_3$ glänzende, gelbe Blättchen, Sp. 180—181°
Platinsalz	$(C_{13}H_{13}N_2OCl)_2PtCl_4$ kleine, orangerote Nadeln, Sp. 204—206°	$(C_{13}H_{13}N_2OCl)_2PtCl_4$ kleine, orangerote Nadeln, Sp. 204—206°
Quecksilbersalz.	$C_{13}H_{13}N_2OCl \cdot HgCl_2$ farblose Nadeln, Sp. 187—189°	$C_{13}H_{13}N_2OCl \cdot HgCl_2$ farblose Nadeln, Sp. 187—189°.

Die physiologische Wirkung der vorstehenden Umlagerungs- bezw. Additionsprodukte ist von Herrn Professor Dr. Hans Meyer-Marburg in bereitwilligster Weise einer Prüfung unterzogen worden. Es sei mir gestattet, Herrn Professor Meyer auch an dieser Stelle meinen verbindlichsten Dank auszusprechen für die erneute Förderung, welche er hierdurch meinen Arbeiten hat zuteil werden lassen. Die bezüglichen Versuche lehren, wie aus den nachstehenden Mitteilungen von Herrn Professor Meyer hervorgeht, daß mit der durch die molekulare Umlagerung der fraglichen Oxime bedingten Aenderung der chemischen Eigenschaften, auch eine Verschiebung der physiologischen Wirkung Hand in Hand geht.

Das Pyridinbromacetanilid hat wesentlich nur Curarewirkung das zentrale Nervensystem scheint gar nicht beeinflußt zu werden, weder im erregenden, noch lähmenden Sinne. Neben der Curarewirkung macht sich nur noch eine ziemlich starke Schwächung und Verlangsamung der Herztätigkeit geltend, die durch Atropinapplikation nicht geändert wird, mithin nicht von den Vagusapparaten abhängt, sondern wahrscheinlich die Muskelfasern des Herzens betrifft. Hierin unterscheidet sich die Wirkung dieser Substanz besonders deutlich von der des ihr isomeren Pyridylacetophenonoxims[1]).

Das Trimethylbromacetanilid zeigt die eben besprochene Herzwirkung nicht, sondern neben der dominierenden Curarelähmung läßt sich durch geeignete Versuchsanordnung auch eine starke Abschwächung der Funktionen des Zentralnervensystems, namentlich des Rückenmarkes, nachweisen; die Wirkung gleicht mithin sehr der des Phenylcoprins (Trimethyl-Acetophenylammonbromids) und unterscheidet sich (durch seine zentralen Wirkungen) von dem isomeren Phenylcoprinoxim[2]).

---

[1]) Dieses Archiv 1898, 337 u. f.

[2]) Dieses Archiv 1898, 339.

Nach den Untersuchungen von E. Beckmann[1]) vollzieht sich die Umlagerung der Ketoxime, sowohl durch Phosphorpentachlorid, als auch durch andere Agentien, in zwei Phasen, z. B.:

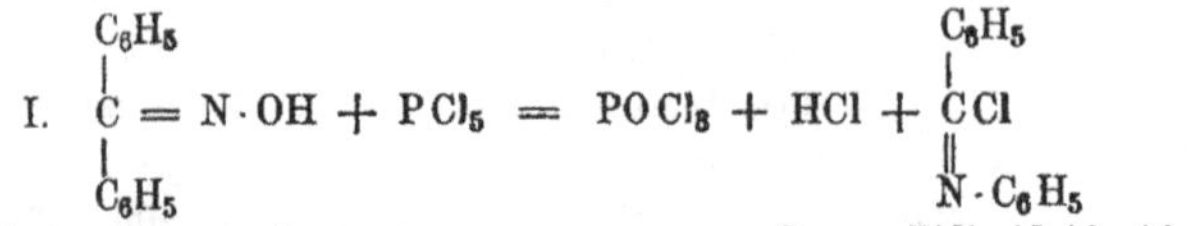

Benzophenonoxim. Benzanilidimidchlorid.

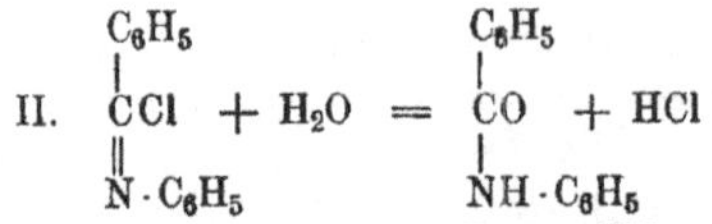

Benzanilid.

Ob bei den Umlagerungen der Oxime des Trimethylamin-Phenacylchlorids und des Pyridin-Phenacylchlorids durch Phosphorpentachlorid zunächst entsprechende Imidchloride gebildet werden, wie es nach dem Reaktionsverlauf wohl denkbar wäre, habe ich nicht feststellen können, da sich die direkten Einwirkungsprodukte des Phosphorpentachlorids auf die genannten Oxime bisher nicht in eine analysierbare Form überführen ließen. Bei dem Oxim des Isochinolin-Phenacylchlorids dürfte jedoch der Umlagerungsvorgang, wie aus der Natur des Endproduktes hervorgeht, in etwas anderem Sinne verlaufen.

Bei der Untersuchung des Chinolin- und Isochinolinphenacylbromids, welche Herr Ihlder auf meine Veranlassung ausführte[2]), hatte sich ergeben, daß sich diese Verbindungen schon gegen Hydroxylamin wesentlich anders verhalten als die entsprechenden Trimethylamin- und Pyridinderivate. Es gelang von jedem der gedachten Körper zwei isomere Oxime darzustellen, von denen das eine (I) als das Hydrochlorid eines Anhydrooxims, das andere (II) als ein Oximchlorid anzusprechen war:

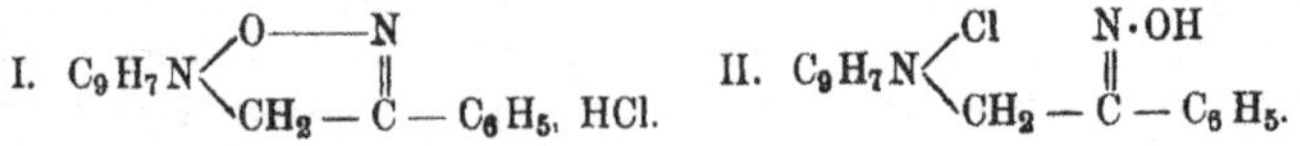

Von diesen beiden Oximen verhielt sich die Anhydroverbindung (I), sowohl als Chinolin-, als auch als Isochinolinderivat, gegen umlagernde Agentien indifferent. Das Chinolinphenacyloximchlorid (II) wurde durch Einwirkung von Phosphorpentachlorid, unter Abspaltung der Oximgruppe, in Chinolinphenacylchlorid zurückverwandelt, wogegen das Isochinolinderivat unter den gleichen Bedingungen eine molekulare

[1]) Ber. d. chem. Ges. 1887, 1507.

[2]) Dieses Archiv 1902, 691.

Umlagerung erfuhr. Es schien bei letzterer Verbindung das Phosphorpentachlorid jedoch nicht nur umlagernd im Sinne der Beckmann'schen Reaktion einzuwirken, sondern das primär gebildete Umlagerungsprodukt direkt weiter in ein Dichlorsubstitutionsprodukt verwandelt zu werden:

$$\begin{array}{l} Cl\cdot NC_9H_7 \\ | \\ CH_2 \\ | \\ C = N\cdot OH \\ | \\ C_6H_5 \end{array} \qquad \begin{array}{l} Cl\cdot NC_9H_7 \\ | \\ CH_2 \\ | \\ CO \\ | \\ NH\cdot C_6H_5 \end{array} \qquad \begin{array}{l} Cl\cdot NC_9H_7 \\ | \\ CH_2 \\ | \\ CCl_2 \\ | \\ NH\cdot C_6H_5. \end{array}$$

Ob der damals in Form seines sehr charakteristischen Golddoppelsalzes studierte Körper $C_{17}H_{15}N_2Cl_3$ zu dem Isochinolinchloracetanilid wirklich in gedachter Beziehung steht, mußte damals zunächst dahingestellt bleiben.

Zur Aufklärung dieses eigentümlichen Reaktionsverlaufes habe ich die Verbindung $C_{17}H_{15}N_2Cl_3$ in Gestalt des Dichlor-Isochinolinchoracetanilids zum Vergleich dargestellt und zu diesem Zwecke das Isochinolinchloracetanilid (s. nachstehende Abhandlung) 12 Stunden lang mit Phosphorpentachlorid bei Gegenwart von Phosphoroxychlorid auf dem Wasserbade am Rückflußkühler erwärmt. Beim Vermischen des Reaktionsproduktes mit Eiswasser schied sich ein klebriges, öliges Produkt aus, welches jedoch auf Zusatz von Alkohol wieder in Lösung ging. Da Goldchlorid direkt aus dieser Lösung einen schön gelben, krystallinischen Niederschlag in großer Menge ausschied, fällte ich die gesamte Flüssigkeit damit aus, sammelte das ausgeschiedene Doppelsalz und krystallisierte es nach dem Auswaschen aus siedendem Alkohol um. Das Reaktionsprodukt resultierte hierbei in prächtigen orangegelben, etwas glänzenden, breiten Nadeln, welche in dem Aeußeren, den Löslichkeitsverhältnissen und in dem Verhalten beim Erhitzen (es schmolz im Kapillarrohr noch nicht bei 250° C.) mit der von Ihlder dargestellten Verbindung übereinstimmte.

Die Analyse ergab folgende Daten:

1. 0,2332 g lieferten 0,0695 g Au (als Schwefelgold gefällt) und 0,2024 g AgCl.

2. 0,1790 g lieferten 0,0536 g Au und 0,2338 g AgCl (nach schwachem Glühen mit Na_2CO_3).

3. 0,1836 g enthielten 0,0553 g Au.

	Gefunden:			Berechnet für
	1.	2.	3.	$C_{17}H_{15}N_2Cl_3$, $AuCl_3$:
Au	29,80	29,94	30,12	29,98
Cl	21,74	—	—	21,62 (4 Cl)
Cl	—	32,31	—	32,44 (6 Cl).

Nach diesen Beobachtungen ist das Einwirkungsprodukt des Phosphorpentachlorids auf Isochinolin-Chloracetanilid identisch mit dem durch das gleiche Agens erhaltenen Umlagerungsprodukt des Isochinolin-Phenacyloximchlorids; der Reaktionsverlauf dürfte somit bei dieser Umlagerung wohl in dem oben angedeuteten Sinne verlaufen.

Bei den ersten Versuchen, welche ich zur Darstellung des Dichlor-Isochinolinchloracetanilids anstellte, war ich von Isochinolin-Bromacetanilid ausgegangen. Zur Beseitigung des Broms digerierte ich dabei die verdünnt-alkoholische Lösung des durch Einwirkung von Phosphorpentachlorid erhaltenen Reaktionsproduktes mit frisch gefälltem Chlorsilber und stellte hierauf ein Gold- und Platindoppelsalz dar.

Das Golddoppelsalz unterschied sich nach dem Umkrystallisieren aus siedendem Alkohol in dem Aeußeren kaum von dem in vorstehendem beschriebenen, nur schmolz dasselbe bei 246° C.

Die Analyse desselben ergab jedoch nur einen Goldgehalt von 27,81%.

0,2064 g enthielten 0,0574 g Au.

Das Platindoppelsalz resultierte als ein schwer lösliches, krystallinisches, rotgelb gefärbtes Pulver.

0,1968 g enthielten 0,0336 g Pt = 17,07%.

Beide Doppelsalze erwiesen sich bei weiterer Prüfung als bromhaltig, so daß durch die Digestion mit Chlorsilber das Brom aus dem Reaktionsprodukt des Phosphorpentachlorids auf Isochinolin-Bromacetanilid nicht entfernt worden war.

Eine Verbindung $C_{17}H_{15}N_2Cl_2Br, AuCl_3$ verlangt: 27,94% Au, eine Verbindung $(C_{17}H_{15}N_2Cl_2Br)_2PtCl_4$: 17,17% Pt.

Versuche, die Umlagerungsprodukte der Oxime des Trimethylamin-Acetonylchlorids und des Pyridin-Acetonylchlorids in ähnlicher Weise weiter zu kennzeichnen, wie es im vorstehenden für die entsprechenden Phenacylderivate geschehen ist, scheiterten bisher an der leichten Zersetzbarkeit dieser Verbindungen. Mit Wahrscheinlichkeit dürfte jedoch auch bei jenen Oximen die beobachtete Umlagerung im Sinne der Beckmann'schen Regel erfolgen.

---

162. Ueber einige Abkömmlinge des Bromacetanilids.

Von Dr. K. Scheda[1]).

Das zu den nachstehenden Versuchen verwendete Bromacetanilid:

$C_6H_5 \cdot NH—CO \cdot CH_3$ — Acetanilid (Antifebrin) $C_6H_5 \cdot NH—CO \cdot CH_2Br$ — Bromacetanilid

wurde nach den Angaben von Abenius[2]) durch Einwirkung von Bromacetylbromid (1 Mol.) auf Anilin (2 Mol.), gelöst in Benzol, erhalten. Dasselbe krystallisiert aus verdünntem Alkohol in farblosen, bei 130—131° schmelzenden Blättchen. Dieses Bromid wurde mit Trimethylamin, Pyridin, Chinolin und Isochinolin in Reaktion versetzt und die hierbei resultierenden Produkte, soweit sie das Trimethylamin und Pyridin betreffen, zur Identifizierung der Umlagerungsprodukte der Oxime des Phenacyl-Trimethylammoniumbromids und des Phenacyl-Pyridinchlorids (s. S. 117) verwendet.

I. Acetanilid-Trimethylammoniumbromid: $\begin{matrix}(CH_3)_3\\C_6H_5 \cdot NH—CO—CH_2\end{matrix}\!\!>N \cdot Br.$

Zur Darstellung dieser Verbindung brachte ich gleiche Gewichtsmengen Bromacetanilid und alkoholische Trimethylaminlösung von 33% zusammen, ließ das Gemisch zunächst 24 Stunden verschlossen stehen, um es alsdann nach 3 Stunden auf dem Dampfbade zu erwärmen. Durch Umkrystallisieren aus heißem Alkohol resultierte das Reaktionsprodukt in farblosen, zu Büscheln angeordneten Nadeln, die bei 201 bis 203° schmolzen. Bei 100° verlor die Verbindung nicht an Gewicht.

1. 0,2081 g lieferten 0,1419 g AgBr.
2. 0,1881 g lieferten nach Dumas 17,6 ccm Stickstoff bei 22° und 758 mm Druck.
3. 0,254 g lieferten 0,4477 g CO_2 und 0,1505 g H_2O.

	Gefunden: 1.	2.	3.	Berechnet für $C_{11}H_{17}N_2OBr$:
Br	29,01	—	—	29,30
N	—	10,59	—	10,26
C	—	—	48,07	48,35
H	—	—	6,58	6,23.

Chlorid: $\begin{matrix}(CH_3)_3\\C_6H_5 \cdot NH—CO—CH_2\end{matrix}\!\!>N \cdot Cl + H_2O.$ Obiges Bromid ließ sich durch Digerieren mit Chlorsilber in wässeriger Lösung leicht in das entsprechende Chlorid verwandeln. Dasselbe schied sich aus

[1]) Inauguraldissertation Marburg 1899

[2]) Journ. f. prakt. Chem. 40, 428.

der bis zum dünnen Sirup eingedampften Lösung in farblosen, tafelförmigen Krystallen aus. Aus absolutem Alkohol krystallisierte es in säulen- oder nadelförmigen Gebilden. Das Chlorid enthält 1 Mol. Krystallwasser. Wasserfrei schmilzt es bei 204—207°.

1. 0,2135 g verloren bei 100° 0,0154 g an Gewicht.
2. 0,2592 „ „ „ 100° 0,0192 „ „ „
3. 0,1981 „ wasserfreier Substanz lieferten 0,1226 g AgCl.

	Gefunden:			Berechnet für
	1.	2.	3.	$C_{11}H_{17}N_2OCl + H_2O$:
H_2O	7,21	7,41	—	7,30
Cl	—	—	15,31	15,53 (wasserfrei).

Goldsalz: $C_{11}H_{17}N_2OCl + AuCl_3$. Lange, orangegelbe, in heißem Wasser leicht lösliche Nadeln. Schmelzpunkt 170—171°.

0,2809 g enthielten 0,1032 g Au.

	Gefunden:	Berechnet für $C_{11}H_{17}N_2OCl, AuCl_3$:
Au	36,74	36,98.

Platinsalz: $(C_{11}H_{17}N_2OCl)_2PtCl_4$. Aus heißem, salzsäurehaltigem Wasser umkrystallisiert, ein orangerotes, kleinkrystallinisches Pulver bildend. Bei 214° fing es an zusammenzusintern; bei 228° trat völlige Zersetzung ein.

0,2636 g enthielten 0,0645 g Pt.

	Gefunden:	Berechnet für $(C_{11}H_{17}N_2OCl)_2PtCl_4$:
Pt	24,47	24,51..

Quecksilbersalz: $C_{11}H_{17}N_2OCl + HgCl_2$. Quecksilberchlorid ruft in der wässerigen Lösung des Chlorids eine weiße, amorphe Fällung hervor, die sich durch Umkrystallisieren aus heißem, salzsäurehaltigem Wasser in kleine, sternförmig gruppierte Nadeln verwandeln läßt. Schmelzpunkt 192—197°.

0,1965 g lieferten 0,0912 g HgS und 0,1665 g AgCl.

	Gefunden:	Berechnet für $C_{11}H_{17}N_2OCl, HgCl_2$:
Hg	40,01	40,04
Cl	20,96	21,32.

Ein Vergleich der Eigenschaften der Gold- und Platindoppelsalze des Trimethyl-Acetanilid-Ammoniumchlorids und des von Rumpel dargestellten Oxim-Umlagerungsproduktes des Phenacyl-Trimethyl-Ammoniumchlorids[1]) läßt keinen Zweifel, daß es sich bei diesen Verbindungen um identische Körper handelt. Da Rumpel das Oxim-Umlagerungsprodukt als Chlorid und als Quecksilber-Doppelsalz nicht isolierte, so habe ich zum Vergleich auch diese Verbindungen dargestellt

[1]) Dieses Archiv 1899, 223.

und zu diesem Zweck das Oxim des Phenacyl-Trimethyl-Ammoniumchlorids durch Einwirkung von Phosphorpentachlorid umgelagert.

Quecksilbersalz: $C_{11}H_{17}N_2OCl + HgCl_2$. Kleine, sternförmig gruppierte Nadeln, bei 192—197° schmelzend.

0,297 g lieferten 0,1392 g HgS und 0,2516 g AgCl.

	Gefunden:	Berechnet für $C_{11}H_{17}N_2OCl, HgCl_2$:
Hg	40,40	40,04
Cl	20,96	21,32.

Chlorid: $C_{11}H_{17}N_2OCl + H_2O$. Farblose, nadel- oder säulenförmige Krystalle, wasserfrei bei 204—207° schmelzend.

0,1521 g verloren bei 100° 0,0112 g H_2O.
0,2135 g des getrockneten Chlorids lieferten 0,1319 g AgCl.

	Gefunden:	Berechnet für $C_{11}H_{17}N_2OCl + H_2O$:
H_2O	7,36	7,30
Cl	15,28	15,53 (wasserfrei).

Auch die aus diesem Chlorid dargestellten Gold- und Platinsalze stimmten in dem Aeußeren und in den Eigenschaften vollständig mit denen des Trimethyl-Acetanilid-Ammoniumchlorids überein.

II. Acetanilid-Pyridinbromid: $C_5H_5N{<}^{Br}_{CH_2-CO-NH\cdot C_6H_5}$.

Bromacetanilid und Pyridin wirken schon bei gewöhnlicher Temperatur auf einander ein, wenn beide Verbindungen in molekularen Mengen zusammengebracht werden. Nach 24stündigem Stehen und darauffolgendem 3stündigem Erwärmen auf dem Dampfbade wurde das Reaktionsprodukt aus heißem Alkohol umkrystallisiert. Dasselbe resultierte in farblosen, zu Drusen angeordneten Nadeln, die bei 199—200° schmolzen. Bei 100° verlor die Verbindung nicht an Gewicht.

1. 0,2105 g lieferten 0,1333 g AgBr.
2. 0,1472 g lieferten nach Dumas 12,2 ccm Stickstoff bei 18° und 743 mm Druck.
3. 0,2284 g lieferten 0,4458 g CO_2 und 0,0986 g H_2O.

	Gefunden: 1.	2.	3.	Berechnet für $C_{18}H_{18}N_2OBr$:
Br	26,95	—	—	27,30
N	—	9,38	—	9,55
C	—	—	53,23	53,24
H	—	—	4,79	4,44.

Chlorid: $C_5H_5N{<}^{Cl}_{CH_2-CO-NH\cdot C_6H_5}$. Durch Umsetzung des Bromids mit Chlorsilber erhalten, scheidet sich das Chlorid aus der genügend konzentrierten wässerigen Lösung in farblosen Blättchen aus. Dieselben zersetzen sich bei 234° unter Aufschäumen, jedoch tritt schon vorher ein Zusammensintern und eine Färbung der Verbindung ein.

0,1936 g lieferten 0,1108 g AgCl.

	Gefunden:	Berechnet für $C_{18}H_{18}N_2OCl$:
Cl	14,15	14,27.

Goldsalz: $C_{18}H_{18}N_2OCl + AuCl_3$. Orangegelbe, glänzende Blättchen, bei 180—181° schmelzend.

0,1035 g enthielten 0,0367 g Au.

	Gefunden:	Berechnet für $C_{18}H_{18}N_2OCl, AuCl_3$:
Au	35,46	35,63.

Platinsalz: $(C_{13}H_{18}N_2OCl)_2PtCl_4$. Feine orangerote Nadeln, bei 204—206° schmelzend.

0,142 g enthielten 0,0327 g Pt.

	Gefunden:	Berechnet für $(C_{18}H_{18}N_2OCl)_2PtCl_4$:
Pt	23,03	23,34.

Quecksilbersalz: $C_{18}H_{18}N_2OCl, HgCl_2$. Kleine, weiße Nadeln, bei 187—189° schmelzend.

0,2214 g lieferten 0,0991 g HgS und 0,1848 g AgCl.

	Gefunden:	Berechnet für $C_{18}H_{18}N_2OCl, HgCl_2$:
Hg	38,59	38,49
Cl	20,65	20,50.

Zum Vergleich mit obigen Verbindungen habe ich nach van Ark's Angaben[1]) das Umlagerungsprodukt des Oxims des Pyridin-Phenacylchlorids dargestellt. Den Schmelzpunkt des Goldsalzes fand ich zu 180—181° (van Ark: 180°), den des Platinsalzes zu 204—206° (van Ark: 213°). In der Krystallform und in den Löslichkeitsverhältnissen war vollständige Uebereinstimmung zu konstatieren. Die gleiche Uebereinstimmung war bei dem Quecksilberdoppelsalz und bei dem Chlorid vorhanden, sodaß bezüglich der Identität der beiderseitigen Verbindungen kein Zweifel obwalten kann.

Quecksilbersalz: $C_{13}H_{18}N_2OCl + HgCl_2$. Farblose, bei 187—189° C. schmelzende Nadeln.

0,1991 g lieferten 0,0892 g HgS und 0,1638 g AgCl.

	Gefunden:	Berechnet für $C_{18}H_{18}N_2OCl, HgCl_2$:
Hg	38,62	38,49
Cl	20,35	20,50.

---

[1]) Dieses Archiv 1900, 321.

Chlorid: $C_{18}H_{18}N_2OCl$. Nach wiederholtem Umkrystallisieren aus absolutem Alkohol farblose Blättchen bildend. Beim Erhitzen zeigten sich dieselben Erscheinungen wie bei dem Acetanilid-Pyridinchlorid; bei 234° trat unter Aufschäumen vollständige Zersetzung ein.

0,2348 g lieferten 0,1353 g AgCl.

	Gefunden:	Berechnet für $C_{18}H_{13}N_2OCl$
Cl	14,26	14,27.

III. Acetanilid-Chinolinbromid: $C_9H_7N<{}^{Br}_{CH_2-CO-NH\cdot C_6H_5}+H_2O$.

Zur Darstellung dieser Verbindung bringt man Bromacetanilid und Chinolin in äquivalenten Mengen zusammen, fügt noch eine kleine Menge Chinolin als Ueberschuß zu und läßt das Gemisch 24 Stunden vor Licht geschützt stehen. Das krystallinisch erstarrte Produkt ist hierauf mit Aether-Alkohol zu waschen und schließlich aus einem Gemisch von Alkohol und Essigäther umzukrystallisieren. Das Acetanilid-Chinolinbromid bildet farblose oder blaßrötliche Blättchen, die sich leicht in Wasser und verdünntem Alkohol, schwer in absolutem Alkohol und in Essigäther lösen. Nach dem Trocknen bei 100° schmilzt das Bromid bei 225—227°.

0,2207 g verloren bei 100° 0,0105 g an Gewicht.

	Gefunden:	Berechnet für $C_{17}H_{15}N_2OBr+H_2O$:
H_2O	4,77	4,99.

1. 0,2102 g getrockneter Substanz lieferten 0,1135 g AgBr.
2. 0,2502 „ „ „ „ 0,5444 g CO_2 u. 0,1057 g H_2O.
3. 0,2249 „ „ „ „ nach Dumas 16,8 ccm Stickstoff bei 19° und 740 mm Druck.

	Gefunden: 1.	2.	3.	Berechnet für $C_{17}H_{15}N_2OBr$:
Br	22,98	—	—	23,32
C	—	59,34	—	59,47
H	—	4,69	—	4,37
N	—	—	8,36	8,16.

Chlorid: $C_9H_7N<{}^{Cl}_{CH_2-CO-NH\cdot C_6H_5}+H_2O$. Durch Umsetzung des Bromids mit Chlorsilber erhalten, scheidet sich das Chlorid aus der genügend eingedampften wässerigen Lösung in farblosen Blättchen aus. Bei 100° getrocknet, schmilzt das Chlorid bei 210 bis 212°, nachdem bereits vorher eine Rotfärbung eingetreten ist.

0,2145 g verloren bei 100° 0,0118 g an Gewicht.

	Gefunden:	Berechnet für $C_{17}H_{15}N_2OCl+H_2O$:
H_2O	5,50	5,69.

0,2027 g getrocknetes Chlorid lieferten 0,0958 g AgCl.

Gefunden:	Berechnet für $C_{17}H_{15}N_2OCl$:
Cl 11,69	11,89.

Goldsalz: $C_{17}H_{15}N_2OCl + AuCl_3$. Lange, goldgelbe, glänzende Nadeln, bei 180—185° schmelzend.

0,2049 g enthielten 0,0668 g Au.

Gefunden:	Berechnet für $C_{17}H_{15}N_2OCl + AuCl_3$:
Au 32,60	32,68.

Platinsalz: $(C_{17}H_{15}N_2OCl)_2PtCl_4$. Orangerote, glänzende Blättchen, welche bei 224° zu schmelzen anfangen, aber erst bei 236° völlig zersetzt sind.

0,2152 g enthielten 0,0441 g Pt.

Gefunden:	Berechnet für $(C_{17}H_{15}N_2OCl)_2PtCl_4$:
Pt 20,49	20,83.

IV. Acetanilid-Isochinolinbromid: $C_9H_7N{<}{}^{Br}_{CH_2-CO-NH\cdot C_6H_5}$.

Diese Verbindung wurde in ähnlicher Weise gewonnen, wie das entsprechende Chinolinderivat. Durch Umkrystallisieren aus einem Gemisch aus absolutem Alkohol und Essigäther resultierte diese Verbindung in farblosen, glänzenden, rosettenförmig angeordneten Nadeln, welche bei 216—218° schmolzen. In verdünntem Alkohol und in Wasser ist auch dieses Bromid ziemlich leicht löslich. Dasselbe enthält kein Krystallwasser.

1. 0,300 g lieferten 0,162 g AgBr.
2. 0,2451 „ „ 0,5359 g CO_2 und 0,1039 g H_2O.
3. 0,2556 „ „ nach Dumas 18,8 ccm Stickstoff bei 19° und 719 mm Druck.

	Gefunden: 1.	2.	3.	Berechnet für $C_{17}H_{15}N_2OBr$:
Br	22,99	—	—	23,32
C	—	59,63	—	59,47
H	—	4,71	—	4,37
N	—	—	8,18	8,16.

Chlorid: $C_9H_7N{<}{}^{Cl}_{CH_2-CO-NH\cdot C_6H_5}$. Durch Umsetzung des Bromids mit Chlorsilber dargestellt, bildet das Chlorid farblose, krystallwasserfreie Blättchen, die bei 202—206° schmelzen.

0,2538 g lieferten 0,1192 g AgCl.

Gefunden:	Berechnet für $C_{17}H_{15}N_2OCl$:
Cl 11,61	11,89.

Goldsalz: $C_{17}H_{15}N_2OCl + AuCl_3$. Große, goldgelbe Krystallblättchen, bei 167—175° schmelzend.

0,2296 g enthielten 0,0757 g Au.

Gefunden:	Berechnet für $C_{17}H_{15}N_2OCl + AuCl_3$:
Au 32,97	32,68.

Platinsalz: $(C_{17}H_{15}N_2OCl)_2PtCl_4$. Schwer lösliches, aus feinen Nadeln bestehendes Krystallmehl, welches sich bei 220° anfängt zu zersetzen.

0,232 g enthielten 0,0496 g Pt.

Gefunden:	Berechnet für $(C_{17}H_{15}N_2OCl)_2PtCl_4$:
Pt 21,03	20,83.

Quecksilbersalz: $C_{17}H_{15}N_2OCl + HgCl_2$. Während es bei dem Acetanilid-Chinolinchlorid nicht gelang ein Quecksilberdoppelsalz von konstanter Zusammensetzung zu erhalten, war die Gewinnung obiger Verbindung mit keinen Schwierigkeiten verknüpft. Sie resultierte in weißen Krystallnadeln, die bei 198—200° schmolzen.

0,2915 g lieferten 0,1177 g HgS und 0,2167 g AgCl.

Gefunden:	Berechnet für $C_{17}H_{15}N_2OCl + HgCl_2$:
Hg 34,81	35,12
Cl 18,42	18,70.

Die physiologische Wertbestimmung der Digitalisblätter.

Von Dr. C. Focke, Düsseldorf.

(Eingegangen den 7. II. 1903.)

I. Methode der Untersuchung.

Bei den Arzneimitteln der Digitalisgruppe bietet die Bestimmung des Giftwertes auf dem physiologischen Wege des Tierexperiments bekanntlich den Vorteil, daß die Wirkungsstärke der gesamten auf das Herz wirksamen Bestandteile zugleich festgestellt wird. Auch steht es seit einiger Zeit fest, daß zu dieser Untersuchung unsere braunen Landfrösche am allergeeignetsten sind.

Mit derartigen Untersuchungen habe ich mich bereits mehrere Jahre hindurch beschäftigt, nachdem meine ärztlichen Befunde mich schon länger auf die außerordentlichen Schwankungen im Wert der offizinellen Digitalisblätter aufmerksam gemacht hatten[1]). Wenn ich es jetzt wage, über diese experimentellen Untersuchungen, die von mir ausgeführt wurden, einiges zu berichten, so hat mich dazu die in dieser Zeitschrift vor mehreren Monaten von H. Ziegenbein (Marburg) erschienene interessante Veröffentlichung angetrieben, die denselben Gegenstand betraf[2]). Gerade im Hinblick auf letztere Arbeit muß ich auf den folgenden Seiten zunächst meine Untersuchungsmethode darlegen, weil sie in einigen Punkten von der dieses Autors sowie anderer Forscher abweicht, sich mir aber trotz oder vielleicht wegen dieser Abweichungen bei meinen zahlreichen Versuchen in den letzten 3 Jahren als die einstweilen beste erwiesen und bewährt hat.

Was zuerst die Herstellung des Auszuges betrifft, so war es, wenn die Methode ausgiebiger angewandt werden sollte, notwendig, daß möglichst wenig Umstände damit verknüpft sind. Dieser Forderung entspricht das Aufkochen mit Alkohol, das fernere 12 stündige Stehenlassen unter demselben, darauf Nachwaschen mit Alkohol, Eindampfen des Alkohols und schließliches Nachgießen von Wasser bis auf 1:10 nach Meyer nicht; Ziegenbein selbst hat zwar nicht die Umständlichkeit des Verfahrens, wohl aber die dabei auftretenden harzigen Ausscheidungen als störend empfunden und in der letzten Zeit bis auf 1:40 verdünnt. Allerdings enthält ja ein mit derartiger Intensität bereiteter alkoholischer Auszug weit mehr von den Bestandteilen als ein gewöhnlicher wässeriger. Aber auf die möglichste Intensität der Extraktion kommt es hier ja gar nicht an, sondern nur auf die möglichste relative Gleichmäßigkeit der Extraktion; und in dieser Hinsicht habe ich bei zahlreichen Kontrollversuchen keinen Anlaß gehabt, mit dem wässerigen Aufguß unzufrieden zu sein. Neben der Annehmlichkeit der leichteren Herstellung, die in weniger als einer Stunde geschehen ist, bietet das wässerige Infus mit Rücksicht auf alle vorliegenden praktischen Fragen noch den Vorzug, daß es auch der in der arzneilichen Praxis bei Digitalis gebräuchlichsten Extraktionsform am meisten entspricht.

Mein Vorgehen ist nun das folgende. Ein Teil der Blätter wird gewogen, kräftig bei künstlicher Wärme nachgetrocknet, wieder gewogen und durch Reiben auf einem Drahtsiebe grob gepulvert. Darauf werden 2 g in einem kleinen Porzellangefäß mit ca. 24 ccm kochenden Wassers übergossen, 30 Minuten stehen gelassen und filtriert unter schließlichem Ausdrücken; dabei erhält man von dem hellbraunen

---

[1]) Vergl. Focke: Therapie der Gegenwart 1902, Jan., S. 44 ff. — und Zeitschr. f. klin. Medizin 1902, Bd. 46, S. 377 ff.

[2]) H. Ziegenbein: Archiv der Pharmazie 1902, H. 6, S. 454 ff.

fast klaren Filtrat etwas weniger als 20 ccm. Bis zu diesem Quantum, welches durch einen Strich am Reagensglase markiert ist, wird mit abgekochtem Wasser nachgefüllt, sodaß also stets ein 10%iges Infus entsteht. Dagegen wird von Proben, die vorheriger Erfahrung gemäß von besonders geringer Kraft sind, das Filtrat über dem kochenden Wasserbade auf 10 ccm eingeengt, wobei laut Kontrollversuchen trotz der längeren Erwärmung nichts von der Wirkung verloren geht; die mit diesem nunmehr 20%igen Infus gewonnenen Resultate werden nachher natürlich auf das 10%ige umgerechnet. Jedes Infus wird spätestens einige Stunden nach seiner Herstellung untersucht. Es wird in die Oberschenkel-Lymphsäcke injiziert, nachdem das Herz des in der üblichen Weise befestigten Frosches „unter Vermeidung von Nebenverletzungen und Blutungen" frei präpariert worden ist.

Bei der Wertbestimmung ging ich im übrigen von dem Grundgedanken aus: wenn man die Zeiten feststellt und die eingespritzten Mengen, nach denen bei Fröschen von bekanntem Gewicht die Herzkammer zum systolischen Dauerstillstand kommt, so muß der aus diesen 3 Faktoren hervorgehende Dezimalbruch — innerhalb gewisser gleich zu besprechender Grenzen — den in jedem einzelnen Versuch wirksam gewesenen Giftwert des betreffenden Infuses darstellen. Und zwar, da der Giftwert oder die Virulenz V dem Gewicht p des Frosches direkt proportional, hingegen der angewandten Dosis d und der erforderlich gewesenen Zeit t umgekehrt proportional ist, so muß die einfache Formel lauten: $V = \frac{p}{d \cdot t}$.

Ein vierter Faktor, der Ernährungszustand der Frösche, ist gewiß manchmal nicht gleichgültig, besonders nicht im Winter; doch durfte er hier unberücksichtigt bleiben, weil die Tiere immer in der günstigsten Jahreszeit gefangen waren und stets nur wenige Tage nachher untersucht wurden. Auch konnte ich zeitliche Unterschiede in der Erregbarkeit des Herzens von Ende Juli bis anfangs Oktober nicht mehr finden, nachdem ich mich gewöhnt hatte, von den im Keller aufbewahrten Tieren schon vormittags die zur Untersuchung bestimmten Exemplare in das fast immer 17° C. haltende Parterrezimmer zu bringen, in welchem sie an demselben Abend untersucht wurden. Dabei habe ich auch zwischen den beiden Geschlechtern einen prinzipiellen Unterschied in der Reaktionsfähigkeit nicht bemerkt.

Für die Anwendung der Formel mache ich nun folgende zwei Einschränkungen: die Kraft der eingespritzten Dosis darf nicht so schwach sein, daß der Kammerstillstand später als nach 30 oder höchstens 35 Minuten eintritt; sie darf nicht so stark sein, daß der Stillstand früher als nach 10 Minuten eintritt!

Denn wenn selbst unter gleichzeitiger Ausnutzung beider Oberschenkel bei schwachwirkenden Proben die Dosis so schwach ist, daß der Kammerstillstand innerhalb 35 Minuten nicht erreicht wird, so kann er sich (falls er überhaupt noch eintritt) so unverhältnismäßig lange hinausschieben, daß damit t relativ zu groß und also V relativ — nämlich zu dem den Blättern in Wahrheit zukommenden Wert — zu klein ausfällt; dann muß die Konzentration des Infuses erhöht werden. Andererseits darf man von starkwirkenden Infusen nicht so viel geben, daß der Kammerstillstand schon eher als frühestens in 10 Minuten eintritt; denn, gibt man mehr, so wird diese Zeit doch nur in unregelmäßigem und ungenügendem Grade weiter verkürzt, (eine kürzere Zeit als 7 Minuten konnte ich auch bei weiterer Dosenverstärkung überhaupt nicht erzielen), sodaß t wiederum einen relativ zu großen und damit V einen kleineren Wert erhalten würde, als den betreffenden Blättern zukommt. Mit anderen Worten: die jeder Wertbestimmung zu Grunde liegende Beziehung zwischen Dosengröße und Zeitdauer ist bei minimalen, ebenso wie bei maximalen Dosen ganz unzuverlässig und hat nur bei Dosen von mittlerer Stärke die erforderliche ausreichende Regelmäßigkeit.

Aus diesen Gründen sollten Froschversuche mit einer Zeitdauer von weniger als 10 oder mehr als 35 Minuten zur Wertbestimmung der Digitalis überhaupt nicht benutzt werden. Auch lassen sich nach jedem ersten Versuch, der über die Kraft eines Infuses ungefähr orientiert, die weiter dazugehörigen 3—4 Versuche vermittelst der Dosengröße oder der Konzentration leicht so einrichten, daß der Kammerstillstand in dem Zeitraum zwischen 10 und 35 Minuten eintritt. Ein Befund, bei dem dennoch einmal t diese Grenzen überschreitet, ist durch einen weiteren Versuch mit entsprechend schwächerer oder stärkerer Dosis zu ersetzen.

Bei gleichmäßiger Beachtung dieser Regel pflegen die für die einzelnen Tiere derselben Untersuchung gefundenen Werte einander sehr nahe zu liegen. Der an durchschnittlich 4 Tieren für eine bestimmte Probe gefundene Durchschnittswert wich von anderen bei derselben Probe an den nächsten Tagen zur Kontrolle erhobenen Durchschnittswerten niemals um mehr als 8% ab. Hiernach ist diese Untersuchungsart, die ich als „Methode der mittleren Zeiten" benennen möchte, wesentlich sicherer als die von Ziegenbein benutzte Methode, die man die der maximalen Zeiten nennen kann.

Ziegenbein hat als Wertzahl die niedrigste Dosis genommen. die überhaupt noch gerade den Kammerstillstand bei Fröschen von nahezu gleichem Gewicht hervorruft. Die nach solchen minimalen Dosen beobachteten Maximalzeiten liegen aber stets über 35, gewöhnlich bei 70—100 oder mehr Minuten; und das Verhältnis dieser langen Zeiten zur Größe oder Stärke der Dosen ist eben ein überaus launisches. Unter den 10 von ihm mitgeteilten Untersuchungen wurde z. B. bei der 1. der Herzstillstand durch eine Injektion von 0,075 bewirkt in 108, durch eine Injektion von 0,1 in nicht etwa, wie zu erwarten wäre, ca. 81 sondern 28 Minuten; bei der 5. Untersuchung brauchte ein und dieselbe Dosis von 0,075 einmal 40, das andere Mal mehr als doppelt soviel, nämlich 95 Minuten zur gleichen Endwirkung. Das ist ein Fehlerspielraum von gewaltigem Umfang. Dieselbe Wirkung trat bei 3 Untersuchungen (der 6., 9. und 10.) nach einer um $^1/_5$—$^1/_4$ höheren Dosis sogar später ein als bei der niedrigeren Dosis! Welche Zahl man hier als Grenzwert bezeichnen soll, ist ohne erhebliche Willkür gar nicht zu entscheiden.

Fast dasselbe dürfte leider auch bezüglich der von A. Fränkel befolgten Methode gelten; denn auch er hat bei seinen Versuchen eine sehr lange Zeit bis zum Kammerstillstand als Grundlage gewählt, nämlich eine Stunde oder genauer einen Zeitraum von 50 Minuten bis zu 1 Stunde und 10 Minuten[1]). Da dieses Intervall den maximalen Zeiten sehr nahe liegt, so können auch hier große Fehler oder Unsicherheiten in den Resultaten nicht ausbleiben.

Die bei meiner Methode der mittleren Zeiten aus den verschiedenen unvermeidlichen Fehlerquellen entspringende Unsicherheit konnte ich bei den bisherigen Kontrollversuchen wie gesagt zu etwa 8% berechnen; selbst wenn sie aber einmal 10% erreichen sollte, so würde das immer noch einen relativ hohen Grad von Zuverlässigkeit bedeuten, der eben darauf beruht, daß das Zeitintervall von 10—35 Minuten nun einmal das physiologisch günstigste für die Gleichmäßigkeit der Resultate ist. Die Methode ist außerdem wesentlich bequemer als die eben in Vergleich gezogenen, weil ihre Ausführung etwa die Hälfte weniger Zeit erfordert. Und schließlich sind ihre Endzahlen auch praktisch besser verwendbar. Denn während bei den anderen Maßbezeichnungen die Gramm- oder Zentigramm-Ziffer umgekehrt wie der Blätterwert fällt oder steigt, wodurch ihre Brauchbarkeit sehr leidet, so bewegt sich die Zahl V ganz naturgemäß mit dem Blätterwert auf und ab, da sie ihn unmittelbar selbst darstellt.

Eine Erörterung des eigenartigen Verhältnisses vom Giftwert zum Digitoxingehalt ist hier nicht am Platze; ich denke, darauf anderwärts eingehender zurückzukommen.

---

[1]) A. Fränkel (Badenweiler). Therapie der Gegenwart, 1902, März.

II. Ergebnisse der Untersuchung.

Die wichtigsten Ursachen, aus denen die Kraftunterschiede der offizinellen Digitalisblätter hervorgehen können, sind nun auf die angegebene Weise von mir untersucht worden. Wenn ich im folgenden die Ergebnisse abgekürzt mitteile, so wird bei jedem einzelnen die Frage zu erledigen sein, welche praktischen Schlüsse daraus für die Behandlung der Blätter etwa zu ziehen sind.

A. Der Standort der Pflanzen.

Von allen wichtigen Ursachen der Kraftunterschiede verdienen diejenigen, welche auf dem Standort der Pflanzen beruhen, schon aus historischen Gründen zuerst genannt zu werden. Was nach dieser Hinsicht in älterer Zeit beobachtet worden ist, wird freilich nicht selten durch die ungleichartige Behandlung der Blättersorten bedingt gewesen sein. Indessen ist die älteste Annahme, daß die in Gärten kultivierte Pflanze für gewöhnlich eine geringere Kraft besitze als die wildgewachsene auch durch meine Untersuchungen von Blätterproben aus einer hiesigen und einer bei Hilden gelegenen Gärtnerei bestätigt worden. Denn sie zeigten einen Giftwert V = 2,6 und 3,0 gegenüber einem Durchschnitt von 5,0 bis 6,0 bei den wildgewachsenen. — Im übrigen hatte schon die Durchsicht der kasuistischen Litteratur mich zu der Vermutung geführt, daß die von einzelnen Klinikern behaupteten prinzipiellen größeren Unterschiede zwischen wildgewachsenen Blättern einer guten Digitalisgegend und ebensolchen Blättern einer anderen guten Digitalisgegend, z. B. zwischen Harz und Schwarzwald, den Tatsachen immer nur vorübergehend entsprochen haben dürften. Dies hat sich auch als richtig erwiesen.

Es wurde eine Anzahl von Proben aus dem Harz, dem Schwarzwald und aus rheinischen Berggegenden, dem Hunsrück, Westerwald und mehreren Orten im Bergischen (Reg.-Bez. Düsseldorf) untersucht. Die Proben hatte ich teils selbst gesammelt, teils von zuverlässiger Hand frisch erhalten; dann waren sie, was für Vergleichungen ja besonders wichtig ist, möglichst rasch und gleichartig präpariert worden. Von einer tabellarischen Zusammenstellung sehe ich der Kürze halber an dieser Stelle ab und beschränke mich darauf, zu sagen, daß das Resultat folgendes war: In dem einen Jahre war eine Probe aus dem einen Bezirk besonders gut, im nächsten Jahre eine aus einem anderen und im dritten Jahre eine aus einem dritten Bezirk. Was die verschiedenen Oertlichkeiten eines bestimmten Bezirkes betrifft, so habe ich, soweit ins einzelne gehend, nur den Regierungsbezirk Düsseldorf untersucht. Auch hier zeigte sich, daß aus den im übrigen geeigneten, d. h. bergigen Partien des Bezirks, die Proben nach den Orten sich von Jahr zu Jahr wechselnd verhielten. In dem einen Jahre hatte Ort a die besten, b die schwächsten, c und d mittelmäßige Blätter; im nächsten Jahre lag die Verteilung wieder ganz anders. — Alles in allem hatte die schwächste Probe einen Wert von 4,3, die stärkste 8,5; das ist ein Verhältnis von ungefähr 1:2 oder eine Differenz von ca. 100%.

Nach diesen Tatsachen könnte nun jemand schon die Flinte ins Korn werfen wollen und sagen, demzufolge sei das Streben nach einer Gleichmäßigkeit der Blätterstärke in den Apotheken doch vergebliche Mühe, da die Erreichung des Zieles ja von der Natur selbst unmöglich gemacht werde. Das ist nicht richtig. Unmöglich ist die Erreichung der Gleichmäßigkeit freilich für denjenigen Apotheker, der es noch für praktisch hält, von einem bestimmten Platz seiner Umgegend das für seine Offizin nötige Jahresquantum, im trockenen Zustande vielleicht zwei Kilo, selbst zu sammeln. Aber eine Drogen-Großhandlung, die jährlich hunderte oder tausende Kilogramm aus mehreren Orten eines größeren Bezirks zu beziehen pflegt, braucht nur den Giftwert der eintreffenden Posten zu bestimmen; dann ist sie durch entsprechende gewissenhafte Mischung immer im stande, ein grobes Pulver von stets gleichmäßigem, mittlerem Gehalt an die Apotheken zu liefern.

B. Das Entwickelungsstadium der Pflanzen.

Eine an den Standort sich anschließende Frage ist die nach dem Kraftverhältnis von zweijährigen (i. e. blühenden) zu einjährigen (i. e. nichtblühenden) Pflanzen. Die Vorschriften über diesen Punkt sind nicht immer gleichlautend gewesen. Die Pharmak. Boruss. VI und VII (von 1846 und 62) hatten die Ernte „e plantis florescentibus“ gefordert, da man die blühenden Pflanzen für kräftiger hielt. Das jetzige Arzneibuch, IV. Ausgabe, verlangt nur „die zu Beginn der Blütezeit“ gesammelten Blätter. Damit wird m. E. bloß der Zeitpunkt des Sammelns (also etwa Ende Juni) ausgedrückt, nicht aber, daß die Ernte allein von den blühenden Pflanzen erlaubt sei. Einige Pharmazeuten, die dennoch das Gebot dieser Trennung als bestehend ansehen und gleichzeitig gerade die nichtblühende Pflanze für kräftiger halten (z. B. Hager), wünschen, daß der Ausschluß letzterer ausdrücklich aufgehoben werde. Ich habe nun in mehreren Fällen zusammengehörige Proben von ein- und zweijährigen Blättern untersucht. Es fand sich, daß der Giftwert in den ersten Tagen des Juli bei den zweijährigen Pflanzen um 15—20% höher war, als bei den an derselben Stelle gleichzeitig gesammelten einjährigen; dagegen war der Giftwert anfangs August umgekehrt bei den einjährigen Pflanzen um fast ebensoviel höher als bei den gleichzeitig gesammelten zweijährigen. Dieses Verhalten erscheint ganz naturgemäß und gut begreiflich. Denn in den ersten Tagen des Juli befindet sich die vollerblühte Pflanze auf dem Gipfel ihrer Kraft, während die Pflanze des jüngeren Jahrganges noch im Wachstum zurück ist; anfangs August aber vollzieht sich bei der ersteren schon die Samenbildung und ihre Blätter zeigen durch ihre Entfärbung bereits den beginnenden Rückbildungsprozeß an, während jetzt die großen und sattgrünen Blätter der einjährigen Pflanze in höchster Kraft stehen.

Also die Blätter beider Jahrgänge besitzen zu derjenigen Zeit ihren größten Giftwert, in der sie gerade am üppigsten entwickelt sind. Und da nun die Sammler schon im eigenen Interesse stets die üppigsten Pflanzen beim Ernten vorziehen, so müßte nur vorgeschrieben werden, daß die Blätter von Ende Juni bis Ende August zu sammeln sind, weil vorher und nachher beide Jahrgänge minderwertig sind. Dagegen wäre bezüglich der Blüte oder des Alters der zu wählenden Pflanzen eine Vorschrift ganz überflüssig; sie wäre sogar nachteilig, weil sie (abgesehen von der Unmöglichkeit einer Kontrolle) selbst von sorgfältigen Sammlern garnicht strenge durchgeführt werden könnte. Denn wenn auf geeigneten Plätzen die verschiedenaltrigen Pflanzen dicht durcheinander stehen, sodaß oft zwischen den Wurzelblättern einer zweijährigen Pflanze die Blätter einjähriger Exemplare emporwuchern, dann ist die Beachtung ihrer Zugehörigkeit zu dem einen oder anderen Jahrgang sehr mühselig und auf die Dauer kaum ausführbar.

C. Das Alter der getrockneten Blätter.

Wie von mir (Ztschr. f. klin. Med. l. c.) bereits nachgewiesen worden ist, haben die getrockneten Blätter überall sehr erhebliche Unterschiede je nach ihrem Alter oder, wenn man als die gewöhnlichste Zeit für die Ernte den Juli ansieht, je nach der Jahreszeit gezeigt. Bei den hierher gehörigen Versuchen habe ich es für ganz wesentlich gehalten, die betreffenden Proben möglichst so aufzubewahren, wie es in unseren Apotheken und Dispensieranstalten geschieht. Bekanntlich gelangen die Fol. Digit. in die Apotheke einstweilen noch gewöhnlich als Rohdroge, d. h. als ganze Blätter, nachdem sie vorher an der Luft mehr oder weniger gut getrocknet waren. Zum Teil werden sie dort auch so aufbewahrt und zwar entweder (in den neueren Apotheken) in Blechkasten oder (in den älteren, also weitaus meisten Apotheken) in Holzschiebekästen. Schon die Blechkasten schließen nicht immer luftdicht, die Holzschiebekästen wohl niemals; die Zimmerluft hat also in geringem Grade fast immer Zutritt. Ein Teil der Blätter wird kleingeschnitten und in dieser Form, ebenfalls in den verschiedensten (am Deckel manchmal nicht luftdichten) Büchsen, für die Infusbereitung verwahrt; ein kleineres Quantum wird besonders im Trockenschrank nachgetrocknet, zu feinem Pulver verrieben und für die Pulver- resp. Pillenbereitung in einem Glase aufgehoben, welches gewöhnlich im Schrank, nur selten im Tageslicht stehend angetroffen wird. Wenn der Vorrat an zerschnittenen oder gepulverten Blättern nach Monaten zur Neige geht, so wird von der Rohdroge ein weiteres Quantum zerkleinert.

Diesen Verhältnissen entsprechend habe ich im Sommer 1900 eine frische größere Probe, die sich bei einem Wassergehalt von ca. 8% in gewöhnlicher Weise trocken anfühlte, Westerwald 00 III (sie stammte von einer rheinischen Drogenfirma, die die Blätter an mehrere hiesige Apotheken liefert), zunächst einige Wochen als ganze Blätter, dann zerschnitten aufbewahrt, und zwar in mehreren vor Licht geschützten Gefäßen; das eine (A) hatte einen Deckel mit weitem Spalt, während das andere (B) geschlossen, aber nicht gerade luftdicht geschlossen war. Letztere Aufbewahrungsart muß ich, den soeben mitgeteilten Tatsachen gemäß, als die bisher in den Apotheken „gewöhnliche Aufbewahrungsart" bezeichnen. Von diesem Glase B ergaben die Untersuchungen das in Tab. I dargestellte Resultat.

Tabelle I.

Jahreszeit	Alter der Blätter	Giftwert V
Anfangs Juli 1900	frisch getrocknet	8,5
„ August 1900 . . .	1 Monat	6,7
Ende August 1900	1½ Monat	4,4
„ September 1900 . . .	2½ Monat	4,0
Juli 1901	1 Jahr	2,0 (in 8 Versuchen).

Es geht aus diesen Befunden klar hervor, daß bei der bisher üblichen Präparation nur bis zur Lufttrockenheit und bei der gewöhnlichen Aufbewahrungsart in nicht luftdichten Gefäßen tatsächlich die Fol. Digital. der Apotheke im Laufe eines Jahres so „altern" können, daß sie während dieser Zeit allmählich den größten Teil ihrer Wirkung verlieren. — Von den weiteren hierher gehörigen Versuchen, besonders auch denen mit dem Inhalt von Glas A, wird bei Besprechung des Einflusses der Feuchtigkeit die Rede sein.

D. Beeinflussung durch das Tageslicht.

Die zersetzende Wirkung der Lichtstrahlen ist bekannt. Die Blätter, die auf dem Wege vom Drogisten bis zu ihrer arzneilichen Verwendung dem Tageslicht öfter ausgesetzt sind, könnten durch dessen Einwirkung geschädigt werden; es durfte daher bei Verfolgung der Frage, welches Moment an jenem Altern der Blätter schuld sei, der Einfluß des Lichtes nicht unbeachtet bleiben. Demgemäß habe ich zwei grob gepulverte Proben in weißen Gläsern unter gelegentlichem Umschütteln längere Zeit dem Tageslicht, nie der Sonne, ausgesetzt gehalten. Ihre Untersuchung und die der im Dunkeln aufbewahrten Kontrollproben hatte das Ergebnis, welches Tab. II zeigt.

Tabelle II.

1 Jahr alte Blätter von	Der Versuche Anzahl	Jahreszeit	V	Bemerkungen	
Westerwald 99 II (Giftwert im frischen Zustande 1899 unbekannt)	6	August 1900	2,6	a) Nach gewöhnlicher Aufbewahrung im Dunkeln.	Wassergehalt bei beiden ca. 6½ %.
	3	„	2,5	b) Die Probe hatte mit dem gleichen Verschluß, wie die vorige, 7 Monate, vom Januar bis August, im Tageslicht gestanden.	
Westerwald 00 III B. (im Juli 1900 im frischen Zustande Giftwert 8,5)	8	Juli 1901	2,0	(Teil 1) Nach gewöhnlicher Aufbewahrung im Dunkeln.	Wassergehalt bei beiden ca. 8 %.
	4	„	1,95	(Glas D) Die Probe hatte mit dem gleichen Verschluß 10 Monate, Sept. 00 bis Juli 01 im Tageslicht gestanden.	

Die Unterschiede zwischen den im Dunkeln verwahrten und den dem diffusen Tageslicht ausgesetzt gewesenen Proben sind so minimal, daß sie gänzlich innerhalb des Fehlerspielraumes bleiben. Man kann daher sagen: wenn das Tageslicht trotz 7—10 Monate langer Einwirkung nicht wesentlich geschadet hat, so sind in Anbetracht der in der Apothekenpraxis doch meistens nur kurzen Dauer der Belichtung besondere Schutzmaßregeln, wie Blechbüchsen oder Dunkelfärbung der Gläser überflüssig. Es genügen weiße Gläser, die den Vorzug bieten, daß der Inhalt durch Besichtigung geprüft werden kann, ohne daß der Verschluß gelöst zu werden braucht.

E. Schädigung durch die Feuchtigkeit der Blätter und der Luft.

Daß die Feuchtigkeit, und zwar soweit sie den Blättern selbst nach dem Trocknen noch innewohnt oder nachträglich von außen wieder in sie eindringt, an den Kraftverlusten ursächlich beteiligt sei, war leicht zu vermuten; doch wußte ich beim Beginn meiner Versuche noch nicht, daß den pharmazeutischen Bearbeitern der Digitalisfrage beide Arten von Feuchtigkeit schon als nachteilig bekannt waren. Der Nachteil der aus der Luft angezogenen Feuchtigkeit ist z. B. besonders von Hans Benyschek betont worden[1]); und auch ich nahm zuerst an, daß diese Art von Feuchtigkeit hauptsächlich in Betracht komme. Im Laufe der Versuche stellte sich aber heraus, daß ihr die von Anfang an zürückbleibende Feuchtigkeitsmenge an Schädlichkeit mindestens ebenbürtig ist. Alle diesbezüglichen Versuche habe ich je nach der Trockenheit und der Aufbewahrungsart der Blätter in Gruppen vereinigt und diese Gruppen nach der Reihenfolge ihrer prozentualen Abschwächung in Tab. III zusammengestellt. Das Ergebnis ist, glaube ich, deutlich.

Man sieht ohne weiteres, daß die Differenzen im Wassergehalt an sich nicht im stande sind, die großen Differenzen im Giftwert zu erklären. Die größte Abschwächung kam vor bei den gewöhnlich lufttrocken gewesenen Blättern, die bei absichtlich ganz undichtem Verschluß (NB. in einem kühlen Parterrezimmer) aufbewahrt waren; in kürzester Frist war die Kraft dieser Proben schon auf einen geringen Wert vermindert worden, bei Gruppe 1c von 100% auf 31% in 3 Wochen, bei 1d von 100% auf 24% in 2¾ Monat. Das sind die Fälle, die ich (l. c. S. 398) als „vorzeitiges Altern" der Blätter bezeichnet hatte und die nach der klinischen Beobachtung keineswegs selten gewesen sein dürften. Man kann die Verminderung des Giftwertes auch, wie andere es tun, so ausdrücken, daß er herabgegangen sei in 2¾ Monaten von 416 auf 100% Leider konnte ich diese Probe nicht mehr nach Ablauf des ganzen Jahres untersuchen, weil ich sie vorher wegen ihrer Minderwertigkeit fortgeschüttet hatte; sonst hätte der Verlust im ganzen Jahre gewiß die doppelte Höhe erreicht und also eine Abnahme von vielleicht 800 auf 100% gezeigt. Groß genug

---

[1]) Sonderabdruck der Pharmazeutischen Post, 1899 (No. 34—36) S. 4 oben.

Tabelle III.

Gruppe	Blätterprobe	Untersuchung am	V	Abermalige Untersuchung am	V	also Abschwächung um	also Abschwächung in	Bemerkungen zur Präparation u. Aufbewahrung
1 a	Hunsrück 00	6. Aug. 00	6,4	27. Sept. 00	3,8	**41 %**	7 Wochen	Gewöhnlich lufttrocken (Wasser-Gehalt 7—10%), absichtlich oberflächlicher Verschluß, sodaß die Zimmerluft freien Zutritt hat. (Nachheriger Wasser-Gehalt bei a und b über 10%, bei c und d über 12%: „vorzeitiges Altern".)
b	Schwarzwald 00	20. Aug. 00	5,7	26. Sept. 00	3,8	34 %	5 Wochen	
c	Westerwald 00 III	6. Juli 00	8,5	27.—29. Juli 00	Glas A 2,6	69 %	3 Wochen	
d				29. Sept. 00	2,0	**76 %**	2¾ Monat	
2 a	Westerwald 00 III	6. Juli 00	8,5	4. Aug. 00	Glas B 6,7	21 %	4 Wochen	Gewöhnlich lufttrocken, in gewöhnlicher Weise aufbewahrt, d. h. nicht luftdicht — vgl. Tab. I. (W.-G. vorher 8% zwischendurch 6%, nachher wieder 8%.)
b				28. Sept. 00	4,0	52 %	2¾ Monat	
c				26. u. 27. Juli 01	(Teil 1) 2,0	**76 %**	1 Jahr	
3	Mettmann 01	23.—30. Juli 01	6,1	9. Aug. 02	Glas K 2,0	**67 %**	1 Jahr	Gut lufttrocken (W.-G. 5%) absichtlich undicht aufbewahrt wie bei Gruppe 1. (W.-G. nachher ca. 7%).
4	Mettmann 01	23.—30. Juli 01	6,1	10. Aug. 02	Glas L 2,5	**59 %**	1 Jahr	Künstlich nachgetrocknet (bis auf W.-G. ca. 3%), absichtl. undicht aufbewahrt (nachher W.-G. ca. 5%).
5 a	Harz 00	16.—18. Aug. 00	6,4	20. Aug. 01	Glas H 3,0	**53 %**	1 Jahr	Gewöhnlich lufttrocken, dicht aufbewahrt (vor der ersten und nach der letzten Untersuchung, Wasser-Gehalt ca. 6½%).
b (Bei der 1. Unters. bereits alte Blätt.)	Westerwald 99 II c	5. Juli bis 26. Aug. 00	3,0	22. Juli 01	2,4	20 %	1 Jahr	
c	Westerwald 98 I	28. Juli bis 29. Aug. 00	2,9	22. Juli 01	2,5	14 %	1 Jahr	
6	Langenberg 00	19. Aug. 00	4,7	29. Sept. 00	Glas E 4,1	13 %	6 Wochen	Gut lufttrocken (W.-G. 5%), dicht aufbewahrt (nachher Wasser-Gehalt unverändert).
7 a	Langenberg 00	19. Aug. 00	4,7	7. Aug. 01	Glas F 4,0	**15 %**	1 Jahr	Nach der 1. Untersuchung künstlich nachgetrocknet (bis auf W.-G. ca. 3%), dicht aufbewahrt (nachher Wasser-Gehalt ebenso).
b	Westerwald 00 III B	28. Sept. 00	4,0	7. u. 8. Aug. 01	(Teil 2) 3,4	15 %	10½ Monat	
c	Harz 00	16.—18. Aug. 00	6,4	26. Sept. 00	Glas G 5,8	10 %	6 Wochen	
8 a	Rath 00	22. Aug. 00	4,9	27. u. 28. Sept. 00	4,8	2 %	5 Wochen	Künstlich stärker nachgetrocknet (bis auf W.-G. 1,5%), dicht aufbewahrt (W.-G. nachher ebenso).
b	Mettmann 01	23.—30. Juli 01	6,1	11. Aug. 02	Glas M 5,8	**5 %**	1 Jahr	

ist auch noch die bei der gewöhnlichen Behandlung der Blätter in Gruppe 2 gefundene Abschwächung, von der ja schon in Abschnitt C gesprochen war und die einen Jahresverlust um 76% oder, anders ausgedrückt, von ca. 400 auf 100% darstellt. — Ferner sieht man an den Gruppen 3 und 4, daß bei guter Witterung ein gutes Trocknen auf dem Trockenboden (bis zu 5% Wassergehalt) oder ein kurzes Nachtrocknen bei künstlicher Wärme (bis zu ca. 3% Wassergehalt) allein nicht genügt, den Blättern ihren Anfangswert zu erhalten, wenn sie infolge undichter Aufbewahrung Gelegenheit haben, nachträglich aus der Luft wieder mehr Feuchtigkeit aufzunehmen. — Andererseits genügt auch wie 5a zeigt, die luftdichte Aufbewahrung allein nicht, wenn die Blätter vorher nur einfach an der Luft getrocknet waren; die darin noch zurückgebliebene, beim Befühlen kaum erkennbare Feuchtigkeit reicht aus, um mehr als die Hälfte der Wirkung zum Fortfall zu bringen. Wenn die Proben 5 b und c bei derselben Aufbewahrungsart weniger verloren haben, so handelt es sich hier einfach um Blätter, die bei einem Alter von 1 resp. 2 Jahren schon vor der ersten Untersuchung von ihrem ursprünglichen Gehalt vermutlich mehr als die Hälfte verloren gehabt hatten. Die größten Verluste treten überhaupt stets in den ersten Monaten oder Wochen ein, wie aus allen Versuchen hervorgeht.

Die relativ besten Resultate ergab schließlich die Gruppe 8, in der die Blätter mittelst künstlicher Wärme rasch und kräftig getrocknet waren, unter nachheriger völlig dichter Aufbewahrung! Es konnte da nach Jahresfrist bei 1,5% Wassergehalt nur noch eine Wertverminderung um 5% beobachtet werden; das ist ein bereits innerhalb des Fehlerspielraumes liegender Verlust, der in Wirklichkeit vielleicht noch geringfügiger war oder ganz fehlte, sodaß die gleichbleibende Wirkung bei 1,5% Wassergehalt bereits als ziemlich erreicht betrachtet werden kann. Das wäre zweifelsohne noch sicherer gewesen, wenn ein noch stärkeres Austrocknen angewendet worden wäre, etwa bis auf 1% Wassergehalt, was sich bei einer mehrstündigen Wärmeeinwirkung von ca. 80° C. ganz gut erreichen läßt. Die absolute Wasserfreiheit wird dabei freilich auch noch nicht erzielt, ist aber auch unnötig; denn da das letzte 1% H_2O so fest an die Pflanzenteile gebunden ist, so kann man annehmen, daß es auch nicht aktiv genug ist, um noch merkbaren Schaden zu tun.

Alles in allem beweisen die Resultate dieser Untersuchungsreihe, daß die Feuchtigkeit nicht nur dann wesentlich schadet, wenn ihr Vorhandensein äußerlich erkennbar ist, sondern daß jede selbst äußerst geringe Feuchtigkeit, die von den Blättern zurückbehalten oder neu aufgenommen wurde, wie es bei der bisher üblichen Präparation und

Aufbewahrung kaum vermeidbar war, für den Giftwert von ausschlaggebender Bedeutung wird. Es ist hier zu betonen, daß das Tempo des Trocknens der Blätter noch aus einem anderen Grunde nicht gleichgültig ist; es muß rasch geschehen, nicht nur um das Schwinden wirksamer Bestandteile zu hindern, sondern auch um die bei deren Zersetzung leicht entstehenden nachteiligen Produkte, das Digitaliresin und Toxiresin, fernzuhalten. Diesen Punkt hat ja besonders Kobert mehrfach hervorgehoben[1]). Ob dazu ein Trocknen im Vakuum, wie A. Wolff es empfiehlt[2]), das Beste ist, lasse ich dahingestellt sein. Höchstwahrscheinlich kann man diese Prozedur auf verschiedene Arten zweckmäßig bewerkstelligen und unsere rastlose Technik wird auch darin gewiß noch Verbesserungen bringen.

III. Folgerungen.

Das hauptsächliche Resultat der im vorigen mitgeteilten Untersuchungen läßt sich in folgende Sätze zusammenfassen:

Die zwischen den Digitalisblättern verschiedener Apotheken zur Zeit bestehenden großen Kraftunterschiede beruhen zu einem kleineren Teile auf Standortverschiedenheiten, zum größeren Teile auf dem im allgemeinen mit der Jahreszeit zusammenhängenden „Altern" der Blätter, welch letzteres allein von der Einwirkung der beim Trocknen zurückgebliebenen oder nachher wieder eingedrungenen Feuchtigkeit herrührt.

Die Standortunterschiede können durch geeignetes Mischen verschieden starker Blättersorten ausgeglichen werden, während die Einwirkung der Feuchtigkeit durch ein besonders sorgfältiges Präparieren und Aufbewahren der Blätter zu verhüten ist.

Alle dazu notwendigen Maßnahmen sind für den ja vor allem in Betracht kommenden Großbetrieb gut ausführbar[3]).

Jeder beim Drogenhändler eintreffende Blätterposten ist bei künstlicher Wärme, jedoch unter Vermeidung einer an 100° C. heranreichenden Temperatur, möglichst rasch soweit zu trocknen, daß der Wassergehalt unter 1,5 % beträgt. Darauf werden die Blätter, nach Entfernung der dickeren Stiele bei andauernder trockener Wärme grob gepulvert. Für das Pulver wird von sachverständiger Seite an Fröschen

1) R. Kobert: Lehrbuch der Intoxikationen, 1893, S. 678 u. a. a. O.

2) A. Wolff: Therapie der Gegenwart, 1902, September, S. 424.

3) Die Richtigkeit dieses Satzes ist mir auf meine Anfrage bezüglich der Trocknung, Mischung und Aufbewahrung von der Firma Caesar & Loretz, Halle a. S., bestätigt worden.

der Giftwert bestimmt. Dann werden die verschiedenen Posten je nach ihrem Giftwert maschinell gleichmäßig gemischt, sodaß jede Mischung einen mittleren Wert von etwa 5—6 V besitzt. Das Pulver braucht nur in der einen groben Form hergestellt zu werden, weil es als solches unmittelbar zur Infusbereitung zu benutzen ist und bei seiner völligen Trockenheit auch ohne weitere Vorbereitung zu der einzelnen Pulver- und Pillenanfertigung vom Apotheker feiner gepulvert werden kann. Es ist nach der Mischung sofort in durchsichtige Gläser zu füllen, die nur ein mäßiges Quantum, z. B. 50 g, fassen sollen, damit der Inhalt beim Verbrauch nicht zu häufig mit der Luft in Berührung kommt. Die Gläser sind sogleich luftdicht zu schließen, ihre Aufschriften mit dem Datum und dem Giftwert zu versehen.

Hieraus ergibt sich, daß in den Apotheken die „ganzen" Digitalisblätter überhaupt fortfallen müßten und überall ersetzt werden sollten durch die „grob gepulverten" Digitalisblätter, Folia Digitalis pulverisata, die in der beschriebenen Weise präpariert und konserviert sind. Das ist keineswegs eine unerhörte Zumutung. Werden doch Kindermehle ebenso wie manche pulverförmige Kolonialwaren und Genußmittel in luftdichten Gläsern aufbewahrt; was für diese möglich ist, sollte für unser wichtigstes Drogenpulver in den Apotheken wohl nicht zuviel verlangt sein. — Auch gibt es zur Beibehaltung der ganzen Blätter kaum einen triftigen Grund; denn unzerkleinert werden sie ja niemals gebraucht, und selbst die pharmakognostische Identifizierung, die doch wesentlich durch das Mikroskop geschieht, würde durch die Form des groben Pulvers eher erleichtert als erschwert werden. Auf jeden Fall wäre die allgemeine Einführung des näher besprochenen Blätterpulvers an Stelle der ganzen Digitalisblätter in die Pharmakopöe als ein erfreulicher Fortschritt zu begrüßen.

Wie die damit ermöglichte örtliche und zeitliche Gleichmäßigkeit des Giftwertes der offizinellen Blätter weiterhin durch eine Prüfungsvorschrift der Pharmakopöe zur wirklichen Durchführung gebracht werden könnte, das wäre an einer anderen Stelle zu beantworten.

Mitteilungen aus der pharmazeutischen Abteilung des chemischen Instituts der Königlichen Universität Münster i. W.

Untersuchungen über die Orthoplumbate der Erdalkalien (V).

Ueber ein gemischtes Kalk-Blei-Orthoplumbat.

Von Georg Kaßner.

(Eingegangen den 20. II. 1903.)

Nachdem von mir[1]) bereits früher und später von Grützner und Höhnel[2]) gezeigt worden war, daß aus dem Calciumorthoplumbat Ca_2PbO_4 durch Abspaltung von Kalk auf trockenem wie auf nassem Wege das entsprechende Metaplumbat $CaPbO_3$ erhalten werden kann, welches, nach dem Verfahren der beiden letztgenannten Autoren gewonnen, 4 Moleküle Krystallwasser enthält, erschien es mir aus mehreren Gründen wichtig, zu versuchen, ob sich nicht auch auf synthetischem Wege das Metaplumbat erzeugen lasse. Es schien mir auch technisch von gewissem Wert zu sein, wenn es gelänge, mit ähnlicher Leichtigkeit, mit der das Ca_2PbO_4 durch Glühen seiner Komponenten an der Luft erhalten werden kann, auch das entsprechende Metaplumbat $CaPbO_3$ zu erzeugen.

Ich ging dabei von dem Gedanken aus, daß sich die Vereinigung der Komponenten Kalk und Bleioxyd unter Aufnahme von Sauerstoff aus der Luft zu Metaplumbat vielleicht bei einer Temperatur bewirken lasse, welche unter der Zersetzungstemperatur dieses Stoffes liegt, wobei daran erinnert[3]) sein möge, daß beim Erhitzen wesentlich über 500° C. hinaus das Calciummetaplumbat im Sinne folgender Gleichung zerfällt:

$$2\,CaPbO_3 = Ca_2PbO_4 + PbO + O.$$

Allein sämtliche auf das gesteckte Ziel gerichteten Versuche ergaben ein negatives Resultat. Obwohl beim Erhitzen äquivalenter Mengen von Kalk und reinem Bleioxyd Sauerstoff aus der Luft aufgenommen wird, so war doch seine Menge unter den erwähnten Temperaturbedingungen nicht derartig groß, daß man aus ihr auf eine glatte Entstehung des Calciummetaplumbates schließen könnte. Es

[1]) Archiv der Pharm. 1895, Bd. 233, S. 503.
[2]) Ebendaselbst S. 516 u. 518.
[3]) Ebenda S. 504.

zeigte sich vielmehr, daß als Hauptprodukt nur ein gemischtes Kalkbleiorthoplumbat, offenbar der Formel $\genfrac{}{}{0pt}{}{Ca}{Pb}{>}PbO_4$ entsprechend, erhalten wird, welchem der überschüssige Kalk als solcher beigemischt bleibt oder als Karbonat, wenn nicht sorgfältigst aller Zutritt von Kohlensäure fern gehalten wurde.

Experimenteller Teil.

Versuch 1. Es wurden 5,6 g (= $^1/_{10}$ Molekül) reiner Aetzkalk, wie man ihn leicht durch Glühen von reinem präzipierten Calciumkarbonat vor dem Gebläse erhalten kann, mit 22,3 g (= $^1/_{10}$ Molekül) reinsten ausgeglühten gelben Bleioxyds (Massicot) innig gemischt und in einem aus schwer schmelzbarem Glase gefertigten Kölbchen mit flachem Boden innerhalb eines Luftbades erhitzt, während langsam ein Strom kohlensäurefreier Luft hindurchgeleitet wurde. Die Temperatur betrug 300—400° C. und dauerte dieser erste Versuch im ganzen 20 Stunden. Von Zeit zu Zeit wurden Proben entnommen und auf ihren Sauerstoffgehalt hin untersucht. Zu diesem Zwecke wurde eine abgewogene Probe der Substanz im Bunsenschen Apparat mit Salzsäure gekocht und das entwickelte Chlor in einer Lösung von jodsäurefreiem Jodkalium aufgefangen. Das ausgeschiedene Jod wurde mittelst $^1/_{10}$ N.-Natriumthiosulfatlösung titriert.

Den Fortschritt der Oxydation zeigen folgende Zahlen, welche die Anzahl der auf je 0,2 g des Produktes verbrauchten Kubikzentimeter $^1/_{10}$ N.-$Na_2S_2O_8$-Lösung ausdrücken:

1,56, 3,16, 3,64, 4,87, 5,55, 5,43.

Das Produkt unterschied sich im Aussehen nur wenig von dem der Rohmischung; in den späteren Versuchen wurde es immer deutlicher rot gefärbt.

Versuch 2. Hier wurde die Temperatur höher gewählt; sie wurde auf 450—475° C. gehalten, da der langsame Fortschritt der Oxydation im Versuch 1 mit dem Fehlen der richtigen Hitze in Zusammenhang gebracht wurde. Außerdem wurde die Mischung vor dem Erhitzen schwach mit Wasser befeuchtet, in der Meinung, daß sich das Metaplumbat aus Calciumhydrat leichter bilden lasse wie aus dem Anhydrid. So wurde wiederum 20 Stunden lang im Strome kohlensäurefreier Luft erhitzt.

Nach dieser Zeit beobachtete ich, daß die Mischung in der überwiegenden oberen Hälfte (a) des Gefäßes eine rötliche Farbe angenommen hatte, während sich am Boden des Glasgefäßes eine niedrige Schicht eines helleren Produktes (b) befand; offenbar war hier die Temperatur ein wenig zu hoch gewesen, da das Glasgefäß auf der Asbest-Wandung des geheizten Luftbades direkt aufgelegen hatte.

Es verbrauchten nun 0,2 g des rötlichen Präparates (a) aus der oberen Hälfte des Kolbeninhalts 5,88 ccm $^1/_{10}$ N.-$Na_2S_2O_3$-Lösung und 0,2 g des helleren Präparates (b) 5,33 ccm. Es war also die Oxydation nicht wesentlich über das Resultat des ersten Versuches hinausgekommen.

Versuch 3. Die aus dem vorigen Versuch stammende Masse wurde nochmals gründlich gemischt, mit Wasser befeuchtet, wobei wegen des in derselben enthaltenen Aetzkalks Erwärmung beobachtet wurde, und alsdann wiederum zwischen 450 und 475° C. erhitzt.

Nach 3stündigem Erhitzen entsprachen 0,2 g des Präparates 6,34 ccm $^1/_{10}$ N.-$Na_2S_2O_3$-Lösung, nach weiteren 5 Stunden Erhitzungsdauer 6,9 ccm.

Auch hier war am Boden des Glasgefäßes eine geringe Abblassung der Färbung zu erkennen; 0,2 g dieses helleren Produktes verbrauchten nur 6,62 ccm $^1/_{10}$ N.-$Na_2S_2O_3$-Lösung.

Versuch 4. Eine neue Portion der ursprünglichen Mischung wurde 40 Stunden lang auf 460—480° C. im Luftstrome erhitzt. Es wurde auf diese Weise ein ziegelrotes Pulver erhalten, von welchem 0,2 g ebenfalls wie in Versuch 3 6,9 ccm $^1/_{10}$ N.-$Na_2S_2O_3$-Lösung verbrauchten.

Damit schien mir nun das Maximum der Sauerstoffaufnahme erreicht zu sein. Nichtsdestoweniger zeigte sich die Masse doch nicht homogen, da man schon mit bloßem Auge weißliche Körperchen in derselben erkennen konnte. Wurde das Präparat auf 540° C. erhitzt, so fand offenbar eine Umlagerung statt, die mit Sauerstoffverlust verknüpft ist; denn nach dem Erhitzen sah das vorher rote Produkt in kaltem Zustande dunkelfleischfarben aus und statt 6,9 ccm wurden dann nur noch 5,33 ccm $^1/_{10}$ N.-$Na_2S_2O_3$-Lösung auf 0,2 g Substanz verbraucht.

Da ich die erwähnten helleren Körperchen für ungebundenen Kalk hielt, so wurde das Präparat durch Macerieren mit Wasser von demselben zu befreien gesucht.

0,5 g des Präparats wurden zu diesem Zwecke mit kohlensäurefreiem destillierten Wasser angerieben, rasch in einen Maßkolben von 100 ccm Inhalt gespült und mit demselben Wasser bis zur Marke aufgefüllt. Nach längerem Stehen bei wiederholtem Umschütteln wurde durch ein trockenes Filter filtriert. 25 ccm des Filtrats verbrauchten zur Neutralisation 1,6 ccm $^1/_{10}$ Normal-Salzsäure; im ganzen war also eine 6,4 ccm $^1/_{10}$ N.-Salzsäure entsprechende Menge Kalk (= 0,0179 CaO) durch Wasser ausgezogen worden. Der Gehalt an ungebundenem Kalk ist also nur gering und entspricht somit nur 3,58% des Präparats. Das letztere enthielt indessen auch trotz aller bei der Herstellung beobachteten Vorsicht eine geringe Menge Kohlensäure. Dieselbe wurde aus einer gewogenen Probe mit verdünnter Salpetersäure in der Wärme ausgetrieben, durch ein Chlorcalciumrohr getrocknet und in einem Liebig'schen Kaliapparat aufgefangen.

In 1,5824 g Substanz wurden auf diese Weise 0,023 g Kohlensäure gefunden, sodaß sich hieraus ein Gehalt des Präparats an 3,28 $CaCO_3$ berechnet.

Das Präparat war demnach um die Summe beider Verunreinigungen (3,58% CaO + 3,28% $CaCO_3$ = 6,86) zu vermindern und somit auf ein nur 100 — 6,86 = 93,14%iges Präparat die gefundene Sauerstoffmenge zu übertragen.

Würde man nun die Entstehung des Calciummetaplumbats $CaPbO_3$ annehmen nach der Gleichung

$$\text{a)}\quad CaO + PbO + O = CaPbO_3,$$

so müßten auf 0,2 g eines derartigen 93,14%igen Präparats 12,57 ccm $^1/_{10}$ N.-Natriumthiosulfatlösung verbraucht werden zur Titrierung des davon im Destillationsprozeß mit Salzsäure ausgeschiedenen Jods.

Für den Verlauf der Oxydation nach der Gleichung

$$\text{b)}\quad 2\,CaO + 2\,PbO + O = {}^{Ca}_{Pb}\!>\!PbO_4 + CaO$$

würden dagegen für 0,2 g eines 93,14%igen Präparats 7,19 ccm $^1/_{10}$ N.-Natriumthiosulfatlösung erforderlich sein.

Bei der Entstehung einer bloßen Mischung von Mennige und Kalk nach der Gleichung

$$\text{c)}\quad 3\,PbO + 3\,CaO + O = Pb_3O_4 + 3\,CaO$$

berechnet sich auf 0,2 g eines 93,14%igen Präparats nur ein Verbrauch von 5,48 ccm $^1/_{10}$ N.-$Na_2S_2O_3$-Lösung.

Schließlich könnte auch noch die Gleichung

$$\text{d)}\quad 2\,PbO + 2\,CaO + O = Pb_2O_3 + 2\,CaO$$

in Betracht kommen; ein nach dieser entstandenes Produkt müßte für 0,2 g eines 93,14%igen Präparats 8,07 ccm $^1/_{10}$ N.-$Na_2S_2O_3$-Lösung erfordern.

In den vorstehenden 4 Fällen ist bei der Berechnung zunächst immer nur der reine kalkfreie Körper, also in a) $CaPbO_3$, in b) ${}^{Ca}_{Pb}\!>\!PbO_4$, in c) Pb_3O_4 und in d) Pb_2O_3 als 93,14%iges Präparat in Rechnung gezogen worden.

Berechnet man dagegen, was allein nur zur Vergleichung herangezogen werden kann, die immer für die ganze rechte Seite obiger Gleichungen, also in b—d für die betreffenden Mischungen in Betracht kommende Menge $^1/_{10}$ N.-$Na_2S_2O_3$-Lösung, so erhält man

in a)	für 0,2 g	$CaPbO_3$ (93,14%)	12,57 ccm	(100%)	13,49 ccm	
„ b)	„ 0,2 „	${}^{Ca}_{Pb}\!>\!PbO_4 + CaO$ (93,14%)	6,49 „	(100 „)	6,97 „	
„ c)	„ 0,2 „	$Pb_3O_4 + 3\,CaO$ (93,14%) . .	4,37 „	(100 „)	4,69 „	
„ d)	„ 0,2 „	$Pb_2O_3 + 2\,CaO$ (93,14%) . .	6,49 „	(100 „)	6,97 „.	

Es käme also hiernach nur die Bildungsgleichung b) und d) in Betracht, da bei den besten der erhaltenen Präparate für 0,2 g nicht mit Wasser ausgezogene Substanz 6,9 ccm $^1/_{10}$ N.-$Na_2S_2O_8$-Lösung verbraucht wurden.

Da indessen der Betrag an mit Wasser ausziehbarem Kalk nur 3,58 + 1,838% (letztere Zahl aus den gefundenen 3,28% $CaCO_3$ berechnet) beträgt, also = 5,418%, während sich für die Reaktionsgleichung d) ein Gehalt von 19,54% freiem Kalk berechnet, so kann tatsächlich nur die Bildungsgleichung b) berücksichtigt werden.

Es ergibt sich also, daß aus der Mischung von Bleioxyd und Aetzkalk bei niedriger Erhitzungstemperatur von 450—480° C. nur ein Kalkblei**ortho**plumbat der Formel $\frac{Ca}{Pb}>PbO_4$, aber kein Metaplumbat $CaPbO_3$ erhalten wird.

Dasselbe stellt ein lockeres, in Wasser unlösliches Pulver von schöner ziegelroter Farbe dar, von etwas hellerer Nuance als die der Mennige.

Das Verhalten der neuen Verbindung ist ganz dasjenige der Orthoplumbate, Salzsäure entwickelt mit derselben Chlor, Salpetersäure, Essigsäure und andere Säuren scheiden braunes Bleidioxyd ab.

Die bei stärkerem Erhitzen der Verbindung eintretende, mit Sauerstoffverlust verknüpfte Verfärbung dürfte vielleicht auf folgende Weise zustande kommen:

$$2\left(\frac{Ca}{Pb}>PbO_4 + CaO\right) = Ca_2PbO_4 + 3\,PbO + 2\,CaO + O$$

oder für den reinen Körper:

$$2\,\frac{Ca}{Pb}>PbO_4 = Ca_2PbO_4 + 3\,PbO + O.$$

Daß aber der Verlust an Sauerstoff nicht so groß gefunden wurde, als er nach diesen Gleichungen erwartet werden mußte, hängt offenbar damit zusammen, daß die Zersetzungstemperatur des gemischten Kalkbleiplumbats und die Bildungstemperatur des Calciumorthoplumbats nahe beieinander liegen, sodaß sich bei der in der ersten Gleichung berücksichtigten Gegenwart von Kalk an die Zersetzungsgleichung sofort die Bildungsgleichung

$$2\,CaO + 3\,PbO + O = Ca_2PbO_4 + 2\,PbO$$

anschließt, sodaß kein höherer Betrag an Sauerstoff verloren gehen kann.

Zusammenfassung.

1. Beim Erhitzen einer Mischung äquivalenter Mengen Bleioxyd und Calciumoxyd erhält man bei Temperaturen zwischen 450 und 480° C. an kohlensäurefreier Luft kein Calciummetaplumbat $CaPbO_3$

sondern neben unverbundenem Kalk eine neue Verbindung, welche als ein gemischtes Kalkbleiorthoplumbat aufgefaßt werden muß und welcher daher die Formel $\genfrac{}{}{0pt}{}{Ca}{Pb}{>}PbO_4$ gegeben wird.

2. Die Verbindung $\genfrac{}{}{0pt}{}{Ca}{Pb}{>}PbO_4$ ist ein Körper von rötlicher Farbe, welcher bei Temperaturen über 550° C. hinaus wieder zerstört wird, indem er unter Farbenänderung und partiellem Sauerstoffverlust in eine Mischung von Calciumorthoplumbat und Bleioxyd zerfällt, gemäß der Gleichung: $2\genfrac{}{}{0pt}{}{Ca}{Pb}{>}PbO_4 = Ca_2PbO_4 + 3PbO + O$.

Ueber das Rechts-Cadinen.

Von Dr. E. Deussen-Leipzig.

(Eingegangen den 19. II. 1903.)

E. Grimal veröffentlicht in den Comptes rendus (Oktoberheft 1902, No. 15, pag. 1582 und Dezemberheft 1902, No. 23, pag. 1057) seine Untersuchungen über das Atlas-Cedernholzöl und gibt pag. 1058 (No. 23) an, daß bis jetzt nur Links-Cadinen und seine Halogenwasserstoffderivate bekannt wären, während es ihm gelungen wäre, Rechts-Cadinen und seine Halogenwasserstoffderivate herzustellen. Seine diesbezüglichen Worte lauten: „Comme, jusqu'ici, les dérivés halogénés du cadinène, droit ou gauche, ainsi que le cadinène régénéré, n'étaient connus que sous la seule forme lévogyre, la présente Note a pour but de faire connaître nos résultats sur ce sujet".

Grimal hat das Rechts-Cadinen 1. durch fraktionierte Destillation aus dem Oele, 2. durch Behandlung des Rechts-Cadinendichlorhydrats mit Natriumacetat und Eisessig gewonnen.

Auch meine Untersuchungen über die Zusammensetzung des westindischen Sandelholzöles (dieses Archiv 1900, pag. 149 und Mai 1902, pag. 288) führten zur Isolierung eines rechtsdrehenden Cadinens, das ich durch häufig fraktioniertes Destillieren im Vakuum zu trennen im stande war.

Mithin ist die Bemerkung Grimal's, daß vor seinen Untersuchungen ein rechtsdrehendes Cadinen unbekannt war, nicht stichhaltig, unbekannt war nur ein regeneriertes Rechts-Cadinen.

Arbeiten aus dem pharmazeutischen Institut der Universität Bern.

Untersuchungen über die Sekrete.

51. Ueber das Carana-Elemi von Protium Carana (Humb.) L. March.

Von A. Tschirch und Otto Saal.

(Eingegangen den 4. III. 1903.)

Das Harz trug die Bezeichnung: Resine de Carâna du Protium Carana, gesammelt 1887 von M. A. Gaillard bei San Fernando de Atabapo. San Fernando de Atabapo liegt in Venezuela an der Grenze von Kolumbien, an der Mündung des Rio Guaviare in den Orinoco (4° n. Br. und c. 68° w. L.). Es war in Hanflappen gewickelt und mit Bast umschlungen. Die äußere Schicht ist ziemlich hart, die innere halbweich. Die Färbung ist grünlichgelb. Der eigenartige Geruch erinnert an Fenchel, Dill und Zitronenöl. Eine kleine Menge des Harzes unter dem Deckglase mit Alkohol behandelt, löste sich teilweise auf, während eine ganze Anzahl kleiner nadelförmiger Krystalle ungelöst zurückblieben. Es ist in der Elemiliste von Tschirch und Cremer (Arch. d. Pharm. 1902, S. 295) unter No. 8 aufgeführt[1]).

Es war vollständig unlöslich in Wasser, vollständig löslich in Aether, Essigäther, Chloroform, Schwefelkohlenstoff, Benzol, Toluol und warmem Alkohol, zum Teil löslich in kaltem Alkohol, Petroläther, Methylalkohol, Tetrachlorkohlenstoff und 80%iger Chloralhydratlösung. Um das Harz von den Verunreinigungen zu befreien, wurde es in Aether gelöst, die Lösung filtriert und der Aether abdestilliert.

Da sich das Caranaharz ganz wie ein Elemi verhielt, wurde die bei diesem angewendete Untersuchungsmethode und Terminologie auch hier angewandt.

I. Isocareleminsäure.

Zur Gewinnung der im Carana-Elemi enthaltenen Säuren lösten wir 250 g des Harzes in 1000 g Aether, worin es sich bis auf einen Rückstand von 12—15% Verunreinigungen vollständig auflöste. Die filtrierte ätherische Lösung schüttelten wir im Scheidetrichter zunächst

[1]) Bezgl. der Litteratur über Elemi vergl. Tschirch, Harze und Harzbehälter, Berlin 1900.

mit 1 % Ammonkarbonatlösung aus, trennten die ätherische von der wässerigen Schicht und fällten letztere nach dem Verdampfen des Aethers, indem wir sie nach dem Erkalten in salzsäurehaltiges Wasser eingossen. Hierbei fiel ein rein weißer Niederschlag aus, den wir auf einem Filter sammelten, gut auswuschen und auf Tontellern ohne Anwendung von Wärme trockneten.

Nach sechsmaliger Wiederholung des Ausschüttelns mit je einem Liter 1 %iger Ammonkarbonatlösung gab die ätherische Harzlösung nichts mehr an diese ab. Die getrockneten Niederschläge der Fällungen vereinigten wir und erhielten so ca. 6 g Rohsäure.

Mit einem Teil der Rohsäure machten wir Versuche dieselbe zu krystallisieren, doch gelang es uns weder aus Aethylalkohol, noch Methyläthylalkohol, noch aus Aetheralkohol Krystalle zu erhalten. Selbst nach mehrwöchentlichem Stehen, schied sich die Säure immer wieder als gelbbraune harzige Masse ab. Nun suchten wir die Säure in Petroläther zu lösen, worin sie sich bis auf einen minimalen Rückstand vollkommen auflöste. Durch Abdunsten des Petroläthers, Wiederauflösen in Aether und erneutes Ausschütteln mit 1 %iger Ammonkarbonatlösung erhielten wir so nach dem Ausfällen und Trocknen ca. 4 g einer rein weißen Säure. Dieselbe schmolz bei 75° C. und erstarrte zu einer amorphen glasigen Masse. Sie war in Wasser unlöslich, löslich in Aether, Alkohol, Petroläther, Essigäther, Aceton, Toluol und Amylalkohol. Die weingeistige Lösung reagierte schwach sauer.

Die Elementaranalyse der über H_2SO_4 getrockneten Isocareleminsäure ergab folgende Resultate:

1. 0,0640 g Substanz gaben 0,1866 g CO_2 und 0,0530 g H_2O.
2. 0,0648 „ „ „ 0,1898 „ „ „ 0,0560 „ „

Somit beträgt der Prozentgehalt:

	1.	2.	Im Mittel:	Berechnet für $C_{40}H_{56}O_4$:
C	79,51	79,88	79,68	79,92
H	9,20	9,62	9,41	9,33.

Optisch erwies sich die Säure als inaktiv.

Cholesterinreaktionen.

1. Liebermann'sche Reaktion: Färbung rot, schmutzig rot violett, graublau, braun.

2. Salkowski-Hesse'sche Reaktion: Chloroform gelb, H_2SO_4 gelbbraun ohne Fluorescenz.

3. Salkowski'sche Reaktion: Keine Tropfenfärbung des Chloroforms in der Porzellanschale.

4. Mach'sche Reaktion: Färbung des Rückstandes violettrot schmutzig grün.

5. Hirschsohn'sche Reaktion: (0,03 Substanz in einer Mischung von 9 Trichloressigsäure + 1 HCl gelöst) gab in der Kälte keine, bei gelindem Erwärmen eine gelbe Färbung.

6. Tschugaeff'sche Reaktion: Die Flüssigkeit war rosarot mit eosinartiger Fluorescenz. Nach 2stündigem Stehen wurde die Flüssigkeit schmutzig gelbrot, die Fluorescenz bleibt.

2. Careleminsäure.

Nachdem die ätherische Harzlösung mit Ammonkarbonatlösung vollständig erschöpft war, d. h. an diese keine Säure mehr abgab, behandelten wir die ätherische Lösung mit 1%iger Sodalösung in derselben Weise, wie oben bei der amorphen Ammonkarbonatsäure beschrieben. Wir erhielten so ca. 70 g einer fast weißen Säure, die wir durch wiederholtes Auflösen in Aether, Ausschütteln mit Sodalösung und Fällen mit HCl haltigem Wasser rein weiß erhielten. Der anfangs flockige Niederschlag ballte sich beim Umrühren zusammen. Um die ätherische Lösung vollständig von der Harzsäure zu befreien waren 26 *l* 1%ige Sodalösung erforderlich. Nach dem Auswaschen und Abpressen des Niederschlages, mit Hilfe der Zentrifuge trockneten wir denselben ohne Anwendung von Wärme auf Tontellern. Die so erhaltene Rohsäure lösten wir nun in einem Gemisch gleicher Teile Methyl- und Aethylalkohol und stellten zur Krystallisation zur Seite. Nach einiger Zeit schieden sich hübsche Büschel rein weißer Krystallnadeln von Silberglanz ab, deren einzelne Nadeln eine Länge von 7—9 mm hatten. Die Mutterlaugen filtrierten wir ab, wuschen die Krystalle mit Alkohol nach und krystallisierten dieselben noch mehrmals um. Aus den Mutterlaugen schieden sich noch weitere Mengen von Krystallen ab, die wir in derselben Weise reinigten. So erhielten wir ca. 18 g einer reinen krystallisierten Säure. Beim Verbrennen im Platintiegel hinterließ dieselbe keinen Rückstand. Sie war in Wasser unlöslich, löste sich aber leicht in Aether, warmem Alkohol, Essigäther, Methylalkohol, Amylalkohol, Aceton und Toluol, weniger leicht in kaltem Alkohol und CS_2. Die weingeistige Lösung reagierte schwach sauer.

Der Schmelzpunkt lag bei 215°. Optisch erwies sich die Säure als inaktiv. Die Elementaranalyse der bei 100° getrockneten Careleminsäure ergab für:

1. 0,1072 g Substanz 0,3148 g CO_2 und 0,0895 g H_2O.
2. 0,1116 „ „ 0,3273 „ „ „ 0,0940 „ „

Somit beträgt der Prozentgehalt:

	1.	2.	Im Mittel:	Berechnet für $C_{40}H_{56}O_4$
C	80,09	79,98	80,03	79,92
H	9,27	9,35	9,31	9,33.

Die Molekulargewichtsbestimmung nach der Beckmann'schen Siedepunktsmethode mit Aceton (konst. Erhöhung 16,9°) als Lösungsmittel ausgeführt, lieferte folgende Werte:

1.	2.	3.	4.	5.	Im Mittel:
585	548	626	597	613	593.

Es stimmt also das Molekulargewicht mit der Formel $C_{40}H_{56}O_4$ (= 600) gut überein.

Cholesterinreaktionen.

1. Liebermann'sche Reaktion: Färbung rot, schmutzig rot, violett, graublau, braun.

2. Salkowski-Hesse'sche Reaktion: Chloroform farblos, Schwefelsäure rotbraun ohne Fluorescenz.

3. Salkowski'sche Reaktion: Keine Tropfenfärbung des Chloroforms in der Porzellanschale.

4. Mach'sche Reaktion: Färbung des Rückstandes violettrot, schmutzig grün.

5. Hirschsohn'sche Reaktion gab in der Kälte keine Färbung, bei gelindem Erwärmen hellrot, bordeauxrot.

6. Tschugaeff'sche Reaktion: Die Flüssigkeit färbt sich rosarot und zeigt eosinartige Fluorescenz. Nach 2stündigem Stehen färbt sich die Flüssigkeit schmutzig gelbrot, die Fluorescenz bleibt bestehen.

3. Carelemisäure.

Nachdem sich aus den Mutterlaugen der Careleminsäure selbst nach monatelangem Stehen keine Krystalle mehr abschieden, versuchten wir die in der zu terpentinartiger Konsistenz erstarrten Mutterlauge noch enthaltene amorphe Säure rein zu erhalten. Zu diesem Zwecke verdünnten wir die Mutterlauge mit Alkohol und gossen sie in HCl-haltiges Wasser ein. Es fiel zunächst ein gelbgefärbter Niederschlag aus, den wir durch wiederholtes Auflösen in Alkohol und erneutes Fällen rein weiß erhielten. Nach dem Auswaschen und Abfiltrieren trockneten wir die Säure wieder auf Tontellern ohne Anwendung von Wärme. Dieselbe zeigte einen Schmelzpunkt von 120°. Wir erhielten ca. 25 g amorpher Säure. In Petroläther war dieselbe bis auf einen geringen Rückstand löslich. Wir lösten deshalb zur Reinigung die ganze Säure in Petroläther, destillierten diesen ab und lösten den Rückstand in Alkohol, um ihn wieder mit HCl-haltigem Wasser zu fällen. Nach dem Trocknen resultierte wieder eine rein weiße, geruchlose, amorphe Säure von demselben Schmelzpunkt (120°). Dieselbe löste sich leicht in warmem Alkohol, Aether, Essigäther, Chloroform, Aceton, Toluol, Benzol, etwas schwieriger in kaltem Alkohol und Petroläther. Optisch erwies sie sich als inaktiv.

Die Elementaranalyse der über H_2SO_4 getrockneten Carelemisäure ergab für

1. 0,0834 g Substanz 0,2414 g CO_2 und 0,0741 g H_2O.
2. 0,1010 „ „ 0,2902 „ „ „ 0,0884 „ „

Demnach gefunden in Prozenten:

	1.	2.	Im Mittel:	Berechnet für $C_{37}H_{56}O_4$:
C	79,04	78,36	78,70	78,70
H	9,59	9,72	9,65	9,89.

Cholesterinreaktionen.

1. Liebermann'sche Reaktion: Färbung rot, violett, blaugrün, braun.

2. Salkowski-Hesse'sche Reaktion: Chloroform farblos, H_2SO_4 gelbbraun.

3. Salkowski'sche Reaktion: Keine Tropfenfärbung des Chloroforms in der Porzellanschale.

4. Mach'sche Reaktion: Färbung des Rückstandes violettrot, dunkelgrün.

5. Hirschsohn'sche Reaktion: In der Kälte tritt keine Reaktion ein, beim Erwärmen färbt sich die Flüssigkeit erst rot, dann gelbbraun.

6. Tschugaeff'sche Reaktion: Die Flüssigkeit färbt sich rosarot, zeigt eosinartige Fluorescenz, die auch noch nach 2 Stunden bestehen bleibt, während sich die Flüssigkeit schmutzig gelbrot färbt.

Das Caramyrin.

Zur Darstellung des Caramyrins lösten wir die von Säuren und ätherischem Oel vollkommen befreite Harzmasse in Aetheralkohol auf, und stellten zur Krystallisation bei seite. Nach einiger Zeit schieden sich Krystalle aus, die wir durch mehrmaliges Umkrystallisieren reinigten. Wir erhielten so zuletzt prachtvolle Aggregate rein weißer, geruchloser, seidenglänzender Nadeln von ca. 20 mm Länge. Dieselben schmolzen bei 175°. Das Caramyrin löste sich leicht in Aether, Chloroform, Benzol, heißem Alkohol, Essigäther, Toluol und Schwefelkohlenstoff, fast garnicht in kaltem Alkohol und Petroläther. An Kalilauge gab der Körper nichts ab, auch schmelzendes Kali wirkte auf den Körper nicht ein, denn das aus der Schmelze mit Aether ausgezogene Amyrin wurde wieder in denselben Krystallnadeln und von demselben Schmelzpunkte wiedererhalten.

Bei den Cholesterinreaktionen zeigte der Körper folgendes Verhalten:

1. Liebermann'sche Reaktion: Färbung kirschrot, purpurrot, violett (dauerhaft), nach langem Stehen braun.

2. Salkowski-Hesse'sche Reaktion: Chloroform gelb, H_2SO_4 dunkelgelb, stark fluorescierend.

3. Salkowski'sche Reaktion: Keine Tropfenfärbung des Chloroforms in der Porzellanschale.

4. Mach'sche Reaktion: Färbung des Rückstandes violettrot blau, violett graublau.

5. Hirschsohn'sche Reaktion: In der Kälte keine Färbung, bei gelindem Erwärmen rosarot, schmutzig rot, gelbbraun.

Tschugaeff'sche Reaktion: Färbung der Flüssigkeit rosarot, eosinartig fluorescierend, die Fluorescenz bleibt auch nach 2 Stunden bestehen, Flüssigkeit färbt sich schmutzig gelbrot.

Die Elementaranalyse des bei 100° getrockneten Körpers ergab folgende Resultate:

1. 0,1744 g Substanz gaben 0,5383 g CO_2 und 0,1819 g H_2O.
2. 0,2046 „ „ „ 0,6342 „ „ „ 0,2173 „ „

Demnach gefunden in Prozenten:

	1.	2.	Im Mittel:	Die Formel $C_{30}H_{50}O$ verlangt:
C	84,17	84,98	84,57	84,51
H	11,57	11,80	11,68	11,74.

Um nun das Amyrin in ein α- und β-Amyrin zu zerlegen, schlugen wir die von Vesterberg angegebene, von Tschirch und Cremer modifizierte Methode, ein. 15 g des Caramyrins versetzten wir mit 8 g Benzoylchlorid und erwärmten dies Gemenge solange auf 130°, bis keine Salzsäure mehr entwich, was ca. 6 Stunden in Anspruch nahm. Das erkaltete Gemenge, bestehend aus den beiden Benzoaten und Benzoësäure, wurde, um die beiden Benzoate zu trennen, mit 80% Aethylalkohol ausgezogen. Das α-Amyrinbenzoat ging neben der gebildeten Benzoësäure in Lösung, während das hierin unlösliche β-Amyrinbenzoat zurückblieb. Die ganz geringen Mengen des β-Amyrinbenzoates, die mit in Lösung gingen, schieden sich beim Erkalten der Flüssigkeit zuerst aus und konnten so leicht getrennt werden. Das gebildete α-Amyrinbenzoat krystallisierten wir mehrmals aus Aetheralkohol um und erhielten es so zuletzt als lange Prismen, die bei 191—192° schmolzen.

Die Elementaranalyse des bei 100° getrockneten Körpers ergab folgende Resultate:

1. 0,1903 g Substanz gaben 0,5854 g CO_2 und 0,1735 g H_2O.
2. 0,2145 „ „ „ 0,6598 „ „ „ 0,1955 „ „

Demnach gefunden in Prozenten:

	1.	2.	Im Mittel:	Berechnet für $C_{30}H_{49}O(COC_6H_5)$:
C	83,59	83,78	83,68	83,77
H	10,09	10,24	10,17	10,19.

Das β-Amyrinbenzoat, das sich beim Kochen mit Alkohol nicht löste, lösten wir in Ligroin auf und krystallisierten es mehrere Male aus diesem um. So erhielten wir rein weiße, etwas derbere Krystallaggregate. Es schmolz bei 229°. Die Elementaranalyse des bei 100° getrockneten Körpers ergab für:

1. 0,1532 g Substanz 0,4726 g CO_2 und 0,1388 g H_2O.
2. 0,1730 „ „ 0,5305 „ „ „ 0,1590 „ „

Demnach gefunden in Prozenten:

	1.	2.	Im Mittel:	Berechnet für $C_{30}H_{49}OCOC_6H_5$:
C	84,13	83,63	83,88	83,79
H	10,07	10,21	10,14	10,13.

Um nun aus den beiden Benzoaten die reinen Amyrine in Freiheit zu setzen, verseiften wir dieselben mit 5%iger alkoholischer Kalilauge. Bei dem α-Benzoat ging die Spaltung leichter vor sich und war schon nach zweistündigem Erhitzen auf dem Wasserbade vollendet. Das β-Benzoat war nicht so leicht zu verseifen und mußten wir ca. 10 Stunden erhitzen, indem wir jedesmal den gelösten Teil abfiltrierten, den noch nicht gelösten aber mit frischer Kalilauge weiter erwärmten. Die Lösungen dampften wir bis zur Trockne ein, wuschen die Reaktionsprodukte auf dem Filter mit heißem Wasser gut aus und lösten endlich die auf dem Filter zurückbleibenden reinen α- und β-Amyrine in Aether-Alkohol. Nach mehrmaligem Umkrystallisieren erhielten wir das α-Amyrin als derbe Krystallaggregate, die bei 181° schmolzen.

Die Elementaranalyse des bei 100° getrockneten Körpers ergab:

1. 0,1742 g Substanz gaben 0,5420 g CO_2 und 0,1838 g H_2O.
2. 0,1548 „ „ „ 0,4822 „ „ „ 0,1655 „ „

Demnach gefunden in Prozenten:

	1.	2.	Im Mittel:	Berechnet für $C_{30}H_{50}O$:
C	84,56	85,05	84,80	84,51
H	11,72	11,87	11,79	11,74.

Das β-Amyrin bildete feine seidenglänzende Krystallnadeln von ca. 5—7 mm Länge. Sie schmolzen bei 192°.

Bei 100° getrocknet ergab die Elementaranalyse:

1. 0,1532 g Substanz gaben 0,4752 g CO_2 und 0,1588 g H_2O.
2. 0,1420 „ „ „ 0,4416 „ „ „ 0,1514 „ „

Demnach gefunden in Prozenten:

	1.	2.	Im Mittel:	Berechnet für $C_{30}H_{50}O$
C	84,60	84,81	84,70	84,51
H	11,51	11,84	11,67	11,74.

Optisch erwiesen sich beide Amyrine als inaktiv.

Die Cholesterin-Reaktionen des reinen α- und β-Amyrins stimmten mit denen des Caramyrins überein.

Die Molekulargewichtsbestimmung nach der Beckmannschen Siedepunktsmethode mit Aceton (konst. Erhöhung 16,941°) als Lösungsmittel ausgeführt ergab für das Caramyrin folgende Resultate:

1.	2.	3.	4.	5.	Im Mittel:
411	441	425	414	427	423.

Es stimmt also das Molekulargewicht mit der Formel $C_{30}H_{50}O$ (= 426) gut überein.

Das ätherische Oel.

Zur Gewinnung des ätherischen Oeles benutzten wir die ätherische Harzlösung, die, nachdem die Säuren mit Ammonkarbonat und Sodalösung entfernt worden waren, auch an eine 1% ige Kalihydroxydlösung nichts mehr abgab.

Wir destillierten zunächst den Aether vollkommen ab, worauf eine hellbraun gefärbte Masse von Honigkonsistenz zurückblieb. Diese unterwarfen wir der Destillation mit Wasserdampf. Das ätherische Oel sammelte sich auf dem Destillat an und konnte so leicht durch Ausschütteln mit Aether von der wässerigen Schicht getrennt werden. Nach dem freiwilligen Verdunsten des Aethers verblieben etwa 30 g eines hellgelben ätherischen Oeles von angenehmen, an Dill, Fenchel und Zitronenöl erinnernden Geruch. Dasselbe wurde der fraktionierten Destillation unterworfen. Die Hauptmenge desselben ging zwischen 170—172° als eine angenehm riechende, farblose Flüssigkeit über. Zwischen 172—200° ging ein dickeres, gelb gefärbtes Oel über. Bei weiterem Erhitzen ging ein dickflüssiges, braunes, brenzlich riechendes Produkt über. Konzentrierte Schwefelsäure färbt den zwischen 170 bis 172° übergehenden Anteil des Oeles kirschrot.

Im Destillationsrückstande, der bei der Destillation des ätherischen Oeles zurückblieb, fand sich beim Eindampfen, und nach monatelangem Stehen noch ein anderer Körper, dessen geringe Menge uns aber eine Reindarstellung und Identifizierung unmöglich machte.

Das Careleresen.

Nach monatelangem Stehen der Mutterlaugen des Amyrins schieden sich aus diesen keine Amyrinkrystalle mehr ab, dagegen hinterblieb eine gelbbraune Masse von Honigkonsistenz. Unter dem Deckglas mit kaltem Alkohol behandelt, zeigte diese unter dem Mikroskop jedoch noch feine Nadeln, die offenbar noch aus Amyrin bestanden. Um diese gänzlich zu trennen, digerierten wir die amorph erscheinende Masse einige Tage mit kaltem Alkohol. Der größere Teil ging in Lösung; den geringeren unlöslichen Teil lösten wir in Aetheralkohol und erhielten aus ihm noch geringe Mengen von Krystallen, die sich als Amyrin erwiesen.

Den in kaltem Alkohol löslichen Teil der Mutterlauge prüften wir nach dem Verdunsten des Alkohols nochmals unter dem Mikroskop, und erwies sich derselbe nun als vollständig frei von krystallinischen Bestandteilen. Er stellte eine honigartige Masse dar von eigentümlichen, harzartigem Geruch. Wir lösten ihn wieder in Alkohol und fällten die Lösung durch Eingießen in salzsäurehaltiges Wasser. Es fiel ein flockiger, gelbweißer Niederschlag aus, der beim Umrühren zu einem Klumpen zusammenballte. Nach mehrmaligem Dekantieren und Auswaschen sammelten wir ihn auf einem Filter und trockneten ihn ohne Anwendung von Wärme durch Abpressen auf Tontellern. Nach dem Trocknen lösten wir ihn wieder in Alkohol und fällten ihn erneut aus. Dies Verfahren wiederholten wir noch fünf- bis sechsmal und erhielten so schließlich eine rein weiße, pulverisierbare Masse, der jedoch ein schwacher Geruch anhaftete, welcher nicht als Verunreinigung zu betrachten ist. Denn hält man den Körper längere Zeit bei Schmelztemperatur, so tritt der Geruch nach dem Erkalten wieder auf.

Das Careleresen stellte ein rein weißes Pulver dar, das bei 75 bis 77° schmolz. Es löste sich leicht in Alkohol, Aether, Essigäther, Aceton, Chloroform, Benzol, Petroläther und Toluol. Alle Versuche, dasselbe zu krystallisieren, verliefen resultatlos. In konzentrierter Schwefelsäure löst es sich mit erst roter, allmählich braun werdender Farbe.

Ueber konzentrierter H_2SO_4 getrocknet ergab die Elementaranalyse für:

1. 0,1272 g Substanz 0,3816 CO_2 und 0,1156 H_2O.
2. 0,0857 „ „ 0,2552 „ „ 0,0782 „

Demnach gefunden in Prozenten:

	1.	2.	Im Mittel:	Berechnet für $C_{27}H_{40}O_2$
C	81,81	81,21	81,50	81,60
H	10,09	10,13	10,11	10,00.

Bei den Cholesterinreaktionen zeigte das Careleresen folgendes Verhalten:

1. Liebermann'sche Reaktion: Färbung rotbraun, braun, schmutzig grün.

2. Salkowski-Hesse'sche Reaktion: Chloroform gelbrot, H_2SO_4 dunkelrot, fluorescierend.

3. Salkowski'sche Reaktion: Beim Verdunsten des Chloroforms auf einer Porzellanschale hinterbleibt ein rotbrauner Rückstand.

4. Mach'sche Reaktion: Färbung des Rückstandes violettrot, schmutzig-grün, braun.

5. Hirschsohn'sche Reaktion: Die Flüssigkeit färbt sich in der Kälte gelb, bei gelindem Erwärmen dunkelgelb, endlich bordeauxrot.

6. Tschugaeff'sche Reaktion: Die Flüssigkeit färbt sich rosarot und zeigt eosinartige Fluorescenz. Die Fluorescenz bleibt auch nach 2 Stunden bestehen, während sich die Flüssigkeit schmutzig gelbrot färbt.

Allgemeine Ergebnisse und quantitative Zusammensetzung.

Die Zusammensetzung des Carana-Elemi ist folgende:

I. Freie Harzsäuren.

1. Durch Ausschütteln mit Ammonkarbonatlösung erhält man eine amorphe Säure, Isocareleminsäure, vom Schmelzpunkt 75°, der Formel $C_{40}H_{56}O_4$ entsprechend.
2. Durch Ausschütteln mit Sodalösung erhält man:
   a) eine gut krystallisierte Säure, die Careleminsäure $C_{40}H_{56}O_4$, Schmp. 215°.
   b) eine amorphe Säure, die Carelemisäure $C_{37}H_{56}O_4$, Schmp. 120°.

II. Amyrine.

Das Caramyrin, mit den aus anderen Elemisorten isolierten Amyrinen identisch, Schmp. 175°, jedoch optisch inaktiv.

Das Caramyrin läßt sich in α- und β-Amyrin trennen, die sich durch weit auseinanderliegende Schmelzpunkte unterscheiden:

α-Amyrin Schmp. 181°, β-Amyrin Schmp. 192°.

Beide entsprechen der Formel $C_{30}H_{50}O$, was durch die Molekulargewichtsbestimmung bestätigt wurde. Beide gehören zu den Resinolen.

III. Aetherisches Oel.

Ein farbloses, angenehm riechendes Oel, dessen Hauptmenge bei 170—172° destilliert.

IV. Resen.

Das Careleresen, ein gegen Alkalien beständiger, amorpher Körper $C_{27}H_{40}O_2$, Schmp. 75—77°.

Bryoïdin schien in geringer Menge vorhanden zu sein, doch ließ es sich nicht isolieren und identifizieren.

In 100 Teilen der Droge sind enthalten:

Amyrin	20—25%
Aetherisches Oel .	10 „
Isocareleminsäure .	2 „
Careleminsäure . .	8 „
Carelemisäure . .	10 „
Resen	30—35 „
Verunreinigungen .	12—15 „.

Die Resina Carana, das Caranaharz, ist also ein typisches Elemi und zwar gehört es zu den eigentlichen Elemis im engeren Sinne, die sich alle durch den Gehalt an Amyrin auszeichnen. Das aus Caranaharz isolierte α- und β-Amyrin besitzt die gleiche Zusammensetzung wie das Amyrin aus Manila- und Yucatan-Elemi. Die Harzsäuren jedoch besitzen abweichende Zusammensetzung. Die amorphe Carelemisäure stimmt in der Zusammensetzung allerdings mit der schön krystallisierenden α-Manelemisäure überein, die beiden Careleminsäuren jedoch bilden einen neuen Typus der Elemisäuren.

Protium Carana (Humb.) L. March. wird als in Nordbrasilien vorkommend angegeben. Es wird also wohl auch in den unmittelbar benachbarten Bezirken Venezuelas sich finden.

Gegen die Annahme, daß in der Tat diese Pflanze die Stammpflanze ist, dürften also Zweifel nicht bestehen.

Mitteilungen aus dem pharmazeutisch-chemischen Laboratorium der technischen Hochschule in Braunschweig

Von H. Beckurts.

Ein titrimetrisches Verfahren zur Bestimmung von freier und gebundener Schwefelsäure.

Von G. Frerichs.

(Eingegangen den 22. II. 1903.)

Vor kurzem wurde in dieser Zeitschrift[1]) von H. Frerichs eine Methode zur Bestimmung des Selens in organischen Verbindungen mitgeteilt, welche darauf beruht, daß selenigsaures Silber in Alkohol unlöslich ist und dadurch von dem in Alkohol löslichen Silbernitrat leicht befreit werden kann. Durch Bestimmung des Silbers durch Titration mit Rhodanlösung läßt sich dann die Menge der selenigen Säure genau ermitteln.

Ein analoges Verfahren läßt sich nun auch zur Bestimmung von Schwefelsäure, freier sowohl wie gebundener, verwenden, da schwefelsaures Silber ebenfalls in Alkohol unlöslich ist.

Dampft man eine Lösung von schwefelsaurem Alkali, z. B. Kaliumsulfat, mit einem Ueberschuß von Silbernitrat zur Trockne ein, so besteht der Rückstand aus Silbersulfat, Kaliumnitrat und überschüssigem Silbernitrat. Dieser Rückstand wird mit einigen Tropfen Alkohol (95%) mittelst eines Pistilles oder auch mit dem Boden eines Reagensglases sehr fein verrieben, dann mit Alkohol auf ein Filter

---

[1]) Diese Zeitschr. 1902, 656.

gespült und solange mit Alkohol ausgewaschen, bis einige Kubikzentimeter des Filtrates auf Zusatz von Salzsäure keine oder nur noch eine äußerst schwache Opalescenz zeigen. Darauf bringt man das Filter mit dem Rückstand, welcher nun aus Silbersulfat und Kaliumnitrat besteht, in ein Becherglas, übergießt mit etwa 10 ccm verdünnter Salpetersäure und etwa 100 ccm Wasser und erhitzt etwa 5 Minuten lang zum Sieden, bis das Silbersulfat in Lösung gegangen ist. Nachdem die Flüssigkeit sich etwas abgekühlt hat, fügt man Eisenammonalaunlösung hinzu und titriert mit $^1/_{10}$ N.-Rhodankaliumlösung. Jedes Kubikzentimeter der Rhodanlösung entspricht 0,0040 g SO_3 oder 0,0049 g H_2SO_4.

Auf diese Weise wurden in einer Kaliumsulfatlösung, deren Gehalt an Schwefelsäure gewichtsanalytisch ermittelt war, die Schwefelsäure (als SO_3) bestimmt und folgende Werte gefunden:

Versuch I. Das aus 10 ccm der Kaliumsulfatlösung auf die oben angegebene Weise erhaltene Silbersulfat erforderte 29,8 ccm $^1/_{10}$ Rhodanlösung = 0,1192 g SO_3.

Versuch II, III und IV erforderten ebenfalls 29,8 ccm Rhodanlösung = 0,1192 g SO_3.

Gewichtsanalytisch waren gefunden:

I. 10 ccm der Lösung gaben 0,3472 g $BaSO_4$ = 0,1192 g SO_3.
II. 10 „ „ „ „ 0,3470 „ „ = 0,1191 „ „

Die auf titrimetrischem Wege erhaltene Zahlen stimmen also mit den bei der Gewichtsanalyse erhaltenen genau überein.

Was die Schnelligkeit der Ausführung betrifft, so erfordert das Eindampfen der Sulfatlösung mit Silbernitrat, wenn erstere nicht zu sehr verdünnt ist, etwa so viel Zeit, wie das Ausfällen der Schwefelsäure mit Chlorbaryum und das Wiederabkühlen der Flüssigkeit. Die Zeit des Filtrierens dürfte in beiden Fällen die gleiche sein. Die Titration des Silbersulfats läßt sich aber erheblich schneller erledigen als das Glühen und Wägen des Baryumsulfats.

Zur Bestimmung des Schwefels in organischen Verbindungen läßt sich die Methode in derselben Weise verwenden wie von H. Frerichs für die Bestimmung des Selens angegeben wurde. Man zerstört etwa 0,2—0,3 g der schwefelhaltigen Substanz nach Carius mit konzentrierter Salpetersäure unter Zusatz von Silbernitrat, spült den Röhreninhalt mit Wasser in eine Porzellanschale, dampft zur Trockne ein und behandelt den Rückstand weiter wie oben beschrieben. Die Zerstörung der Substanz erfolgt durch den Zusatz des Silbernitrats in manchen Fällen anscheinend besser bezw. schneller. als durch Salpetersäure allein.

Auch zur gleichzeitigen Bestimmung von Halogen und Schwefel in organischer Verbindung ist die Methode anwendbar, man hat nur nötig, das Halogensilber nach dem Zerstören der Substanz in bekannter Weise zu bestimmen und kann dann das Filtrat nach dem Eindampfen zur Trockne zur Bestimmung der Schwefelsäure benutzen.

Die auf diese Weise bei verschiedenen organischen, Schwefel sowie Schwefel und Halogen enthaltenen Verbindungen gefundenen Resultate stimmten durchaus mit den gewichtsanalytischen Befunden überein.

Zu beziehen vom Deutschen Apotheker-Verein in Berlin C. 2.

Formulare zur monatlichen Liquidation über die den Stadtarmen gelieferten Arzneien. Vorgeschrieben in den von der Armendirektion herausgegebenen Formulae Magistrales Berolinenses 1903 (S. 44). 25 Stück 1 M, 25 Einlagebogen 1 M.

Vorschriftsmäfsige Formulare für Anmeldungen und Abmeldungen eines Apothekenbesitzers — Apothekenvorstandes — Gehilfen — Lehrlings, beim Königlichen Kreisarzt, à 10 Stück 25 Pf. (unter 10 Stück werden nicht abgegeben). Siehe Bekanntmachung des Königlichen Polizei-Präsidenten von Berlin vom 7. Oktober 1902 (Apotheker-Zeitung 1902, No. 83).

Das Handelsgesetzbuch und das pharmazeutische Personal der Apotheken. Preis 20 Pf.

Für die Herren Revisoren von Drogenhandlungen:

Grundzüge über die Regelung des Verkehrs mit Arzneimitteln außerhalb der Apotheken und die Beaufsichtigung desselben. Preußischer Ministerial-Erlaß vom 22. Dezember 1902. Broschüre mit Umschlag 30 Pf.

Kaiserliche Verordnung vom 22. Oktober 1901, betreffend den Verkehr mit Arzneimitteln (Arzneimittel, welche außerhalb der Apotheken nicht feilgehalten oder verkauft werden dürfen) und **Polizei-Verordnung über den Handel mit Giften vom 24. August 1895 bezw. 10. Oktober 1901.** Mit Umschlag. Preis 30 Pf.

Verlag von Gustav Fischer in Jena.

Soeben erschien:

Lehrbuch der

Pharmakognosie des Pflanzenreiches

für Hochschulen und zum Selbstunterricht.

Mit Rücksicht auf das neue deutsche Arzneibuch

bearbeitet von

Dr. George Karsten

a. o. Professor der Botanik an der Universität Bonn. [9

Mit 528 Abbildungen im Text. Preis: 6 Mark, geb. 7 Mark.

Diese Zeitschrift erscheint in zwanglosen Heften (in der Regel monatlich einmal) in einem jährlichen Umfange von 40 bis 50 Bogen. Ladenpreis für den Jahrgang Mk. 12,—.

Alle Beiträge für das „**Archiv**" sind an die

Archiv-Redaktion

Herrn Geh. Reg.-Rat Professor Dr. *E. Schmidt* in Marburg (Hessen) oder Herrn Geh. Med.-Rat Professor Dr. *H. Beckurts* in Braunschweig, alle die Anzeigen u. s. w., überhaupt die Archiv-Verwaltung und die Mitgliederliste betreffenden Mitteilungen an den

Deutschen Apotheker-Verein

Berlin C. 2, Neue Friedrichstr. 43

einzusenden.

Signirapparat

allein. Erfindung des Pharmazeut.
J. Pospisil, Stefanau-Olmütz.
Unbezahlbar zum vorschriftsmässigen Signiren der Standgefässe, Schubladen, Preisnotiren etc. liefert schöne, dauerhafte Schilder in allen vorkommenden Grössen in schwarzer, rother und weisser Schrift. **Muster gratis.** Andere Signirapparate sind Nachahmungen. [3

Extr. Filicis Ph. G. IV.

Frisch bereitet.
Dr. Weppen & Lüders,
Blankenburg a. Harz. [5

Schweisshemmend
THEODOR HAHN'S
FLÜSSIGE FORMALINSEIFE
Fl. à 250 gr. Mk. 1.30 } durch die
" " 1000 " " 3.00 } Apotheken.
TH. HAHN & Co. Schwedt a. O. [6

Neu erschienen:

Ergänzungs-Taxe

des

Deutschen Apotheker-Vereins

zur

Königlich Preussischen Arzneitaxe

für

— 1903 —

herausgegeben vom

Deutschen Apotheker-Verein

und in dessen Auftrag bearbeitet von **Hermann Stein.**
Zweite Ausgabe. Preis 2 Mark.
Zu beziehen durch den **Deutschen Apotheker-Verein Berlin C. 2**
und durch jede Buchhandlung.

von PONCET Glashütten-Werke

BERLIN SO., Köpnickerstr. 54.

Fabrik und Lager

sämmtlicher Gefässe u. Utensilien für chem., pharmac. Gebrauch

Atelier für Emaille-Schriftmalerei

auf Glas- und Porzellangefässe.

Specialität: Einrichtung v. Apotheken, chem. Laboratorien etc.

Preisverzeichnisse gratis und franco. [4

Druck von Denter & Nicolas, Berlin C., Neue Friedrichstrasse 43

ARCHIV

DER

PHARMAZIE

herausgegeben

vom

Deutschen Apotheker-Verein

unter Redaktion von

E. Schmidt und **H. Beckurts**

Band 241. Heft 3.

BERLIN.

Selbstverlag des Deutschen Apotheker-Vereins.

1903.

Ausgegeben den 27. Mai 1903.

INHALT.

Eingegangene Beiträge.

H. Matthes und **B. Wagner**, Quantitative Bestimmungen wässeriger Lösungen mit dem Zeiß'schen Eintauchrefraktometer.

E. Schmidt, Ueber das Citropten.

G. Korndörfer, Ueber das Guanidin.

(Geschlossen den 12. V. 1903.)

Gebrauchsfertige aseptische Verbandstoffe

D. R. G. M. 173 311

nach Angaben von Prof. Dr. Perthes (Leipzig)

Vergl. Münchener med. Wochenschrift 1903 No. 6.

Max Arnold

Stammfabrik: Zweiggeschäft:

7] **Chemnitz. ✱ Breslau.**

Anzeigen.

Dieselben werden mit 40 Pfg. für die durchgehende und mit 25 Pfg. für die **gespaltene** Petitzeile oder deren Raum berechnet. **Beilage-Gebühr** für das Tausend der Auflage — z. Z. 4100 — Mk. 10. Für Beilagen, welche nicht dem Format des „Archiv" entsprechen, bleibt besondere Vereinbarung vorbehalten.

Mitteilungen aus dem pharmazeutisch-chemischen Laboratorium der technischen Hochschule in Braunschweig.

Von H. Beckurts.

Beitrag zur Kenntnis der Thioharnstoffe der Phenylendiamine.

Von G. Frerichs und H. Hupka.

(Eingegangen den 22. III. 1903.)

Von den 3 Phenylendiaminen lassen sich theoretisch je 4 Thioharnstoffe ableiten und zwar:

I. Aminophenylthioharnstoffe, $CS<^{NH\,C_6H_4NH_2}_{NH_2}$,

II. Diaminodiphenylthioharnstoffe, $CS<^{NH\,C_6H_4NH_2}_{NH\,C_6H_4NH_2}$,

III. Phenylenthioharnstoffe, $CS<^{NH}_{NH}>C_6H_4$,

IV. Phenylendithioharnstoffe, $^{NH_2CS\,NH}_{NH_2CS\,NH}>C_6H_4$.

Von den 12 möglichen Thioharnstoffen sind eine Anzahl der unter II, III und IV angegebenen Formeln bekannt. Die Diaminodiphenylthioharnstoffe sowie auch Phenylenthioharnstoffe erhält man durch Einwirkung von Schwefelkohlenstoff auf die Phenylendiamine[1])

$$\text{I. } 2\,C_6H_4(NH_2)_2 + CS_2 = H_2S + CS<^{NH\,C_6H_4NH_2}_{NH\,C_6H_4NH_2}$$

$$\text{II. } C_6H_4(NH_2)_2 + CS_2 = H_2S = CS<^{NH}_{NH}>C_6H_4$$

m- und p-Phenylendithioharnstoff, sowie o-Phenylenthioharnstoff wurden von Lellmann[2]) aus den Phenylendiaminrhodaniden durch Eindampfen der Lösungen erhalten. Eigentümlich ist der hierbei von Lellmann konstatierte Unterschied in dem Verhalten der drei Phenylendiamine.

Dampft man eine Lösung von 1 Mol. m- oder p-Phenylendiaminchlorhydrat mit 2 Mol. Rhodankalium, also eine Lösung von Phenylendiaminrhodanid ein, so entstehen durch molekulare Umlagerung in bekannter Weise ganz glatt die Phenylendithioharnstoffe $^{NH_2CS\,NH}_{NH_2CS\,NH}>C_6H_4$, dagegen erhielt Lellmann aus dem o-Phenylendiaminchlorhydrat bei gleicher Behandlung den o-Phenylenthioharnstoff $CS<^{NH}_{NH}>C_6H_4$.

1) Ber. 24, R. 849.

2) Ber. 21, R. 521.

Unbekannt waren bisher die unter I angeführten Aminophenylthioharnstoffe $CS<^{NHC_6H_4NH_2}_{NH_2}$.

Dieselben bilden sich nun, wie wir gefunden haben, sehr leicht bei der Einwirkung von Rhodankalium auf die Phenylendiaminchlorhydrate bei längerem Kochen einer Lösung von 1 Mol. Phenylendiaminchlorhydrat mit 1 Mol. Rhodankalium.

Auf diese Weise haben wir zuerst den

p-Aminophenylthioharnstoff $NH_2CSNHC_6H_4NH_2$

dargestellt. 9 g p-Phenylendiaminchlorhydrat wurden in etwa 200 ccm Wasser gelöst, die Lösung mit 5 g Rhodankalium versetzt und etwa eine Stunde lang zum Sieden erhitzt. Während des Erhitzens schied sich nach einiger Zeit ein krystallinischer Niederschlag ab, der, wie das Verhalten gegen Lösungsmittel und der Schmelzpunkt zeigte, aus dem von Lellmann beschriebenen p-Phenylendithioharnstoff bestand. Die von diesem abfiltrierte Flüssigkeit wurde nach dem Abkühlen mit Natronlauge versetzt und lieferte so eine reichliche Menge einer krystallinischen Verbindung, welche aus heißem Wasser umkrystallisiert in farblosen, langen, flachen Nadeln erhalten wurde. Der erhaltene Körper löste sich schwer in kaltem und heißem Alkohol und in kaltem Wasser, ziemlich leicht dagegen in heißem Wasser. Der Schmelzpunkt liegt bei 190°. Durch leichte Löslichkeit in verdünnter Salzsäure und Wiederabscheidung aus dieser Lösung durch Alkalien gab sich die Verbindung als Base zu erkennen.

Analyse:

I. 0,1994 g Substanz gaben 0,3675 g CO_2 = 0,1002 g C = 50,25 % C und 0,0884 g H_2O = 0,00981 g H = 4,92 % H.

II. 0,3108 g Substanz gaben 0,4304 g $BaSO_4$ = 0,0591 g S = 19,01 % S.

Gefunden: I.	Gefunden: II.	Berechnet für $C_7H_9N_3S$:
50,25 %	—	C_7 = 84 = 50,30 %
4,92 „	—	H_9 = 9 = 5,39 „
—	—	N_3 = 42 = 25,15 „
—	19,01 %	S = 32 = 19,16 „
		167 = 100,00 %.

Das salzsaure Salz des p-Aminophenylthioharnstoffs wurde in der Weise dargestellt, daß eine alkoholische Lösung der Base mit der eben genügenden Menge rauchender Salzsäure und mit soviel Aether versetzt wurde, daß eben eine schwache Trübung bestehen blieb. In kurzer Zeit schieden sich farblose Krystalle ab, deren Zusammensetzung der Formel $C_7H_9N_3S \cdot HCl$ entsprach. In Wasser ist das Chlorhydrat leicht löslich.

Analyse:

0,1904 g Substanz gaben 0,1372 g AgCl = 0,0349 g HCl = 18,32% HCl.

Berechnet für $C_7H_9N_3S \cdot HCl$:
17,93% HCl.

Das schwefelsaure Salz wurde erhalten aus der alkoholischen Lösung der Base durch Zusatz von konzentrierter Schwefelsäure und Aether. In Wasser ist das Sulfat ziemlich schwer löslich und krystallisiert aus der heißen Lösung in farblosen Krystallen aus. Man erhält das Salz deshalb auch, wenn man die Base in heißer verdünnter Schwefelsäure auflöst und auskrystallisieren läßt, oder indem man eine heiße Lösung des Chlorhydrats mit einer Lösung von Natriumsulfat vermischt. Die Zusammensetzung des Sulfats entspricht der Formel $(C_7H_9N_3S)_2 \cdot H_2SO_4$.

Analyse:

0,1544 g Substanz gaben, in wässeriger Lösung mit Chlorbaryum gefällt, 0,0848 g $BaSO_4$ = 0,0291 g SO_3 = 18,85% SO_3.

Berechnet für $(C_7H_9N_3S)_2H_2SO_4$:
18,51% SO_3.

Beim Erhitzen über den Schmelzpunkt spaltet der p-Aminophenylthioharnstoff Ammoniak ab und geht in p-Phenylenthioharnstoff über

$$CS{<}^{NHC_6H_4NH_2}_{NH_2} = NH_3 + CS{<}^{NH}_{NH}{>}C_6H_4.$$

Letzterer bildet ein grauweißes Pulver, welches in den gewöhnlichen Lösungsmitteln unlöslich ist und bei 279° schmilzt. Die gleiche Verbindung wurde von Lellmann[1]) durch Erhitzen von p-Diphenylphenylenthioharnstoff dargestellt, welcher dabei in Thiokarbanilid und Phenylenthioharnstoff zerfällt. Durch Erhitzen einer wässerigen Lösung des Chlorhydrats des p-Aminophenylthioharnstoffs mit Rhodankalium bildet auch die zweite Amidogruppe des Phenylendiamins mit dem Rhodanwasserstoff eine Thioharnstoffgruppe und es entsteht der von Lellmann beschriebene p-Phenylendithioharnstoff. Wie schon oben erwähnt, entsteht eine kleine Menge dieser Verbindung auch bei der Darstellung des p-Aminophenylthioharnstoffs, was dadurch leicht zu erklären ist, daß ein Teil des Phenylendiaminchlorhydrats mit 2 Mol. Rhodankalium reagiert.

Eine eigentümliche Erscheinung zeigt sich, wenn man eine Lösung von p-Phenylendiaminchlorhydrat mit überschüssiges Rhodankalium (mehr als 2 Mol.) erhitzt. Es scheidet sich dabei bald eine reichliche

[1]) Ann. 221, 31.

Menge Phenylendithioharnstoff ab und die Lösung enthält, wie auf Zusatz von Natronlauge zu erkennen ist, auch Aminophenylthioharnstoff. Während des Kochens der Lösung entweicht nun freier Rhodanwasserstoff in reichlicher Menge. Man erkennt diesen leicht an dem sauren Geruch wie durch die Rötung, welche mit Eisenchlorid getränktes Papier erleidet. Auch scheiden sich in dem Kolbenhalse ölige Tröpfchen von Rhodanwasserstoff ab. Es scheint also beim Kochen der Lösung auch eine teilweise Spaltung des Phenylendiaminrhodanids in Rhodanwasserstoff und freies Phenylendiamin oder auch Phenylendiaminmonorhodanid einzutreten. Letzteres würde dann bei weiterem Kochen Aminophenylthioharnstoff liefern.

In analoger Weise wie die p-Verbindung wurde auch der

m-Aminophenylthioharnstoff $CS<^{NH C_6 H_4 NH_2}_{NH_2}$

erhalten. 9 g m-Phenylendiaminchlorhydrat wurden in Wasser gelöst und die Lösung, weil dieselbe ziemlich dunkel gefärbt war, zunächst durch Erhitzen mit Tierkohle entfärbt und filtriert. Die nur noch wenig gefärbte Lösung wurde mit 5 g Rhodankalium versetzt und längere Zeit erhitzt. Es schied sich dabei ein krystallinisches Pulver ab, welches sich als identisch mit dem von Lellmann dargestellten m-Phenylendithioharnstoff erwies. Die von diesem abfiltrierte Flüssigkeit schied nach Zusatz von Natronlauge den m-Aminophenylthioharnstoff krystallinisch ab. Durch Umkrystallisieren aus heißem Wasser wurde derselbe in Form von schwach gelblich gefärbten Krystallen erhalten, welche bei 170° schmolzen. In kaltem Alkohol und kaltem Wasser ist der m-Aminophenylthioharnstoff schwer löslich, leichter dagegen in heißem Alkohol und heißem Wasser.

Analyse:

0,1964 g Substanz gaben 0,3611 g CO_2 = 0,09848 g C = 50,14% C und 0,0892 g H_2O = 0,00991 g H = 5,04% H.

Berechnet für $C_7H_9N_3S$:
50,29% C
5,39 „ H.

Das salzsaure Salz des m-Aminophenylthioharnstoffs wurde in derselben Weise erhalten wie das der p-Verbindung. Es bildet farblose Krystalle, welche sich leicht in Wasser lösen. Die Zusammensetzung des Salzes entspricht der Formel $C_7H_9N_3S \cdot HCl$.

Analyse:

0,1943 g Substanz gaben 0,1394 g AgCl = 0,03547 g HCl = 18,25% HCl.

Berechnet für $C_7H_9N_3S \cdot HCl$:
17,93% HCl.

Das schwefelsaure Salz wurde ebenfalls leicht in krystallinischem Zustande erhalten durch Vermischen der alkoholischen Lösung der Base mit Schwefelsäure und Aether. Es bildet weiße Nadeln, welche in Alkohol schwer, in Wasser ziemlich leicht löslich sind. Die Zusammensetzung entspricht der Formel $(C_7H_9N_3S)_2H_2SO_4$.

Analyse:

0,2202 g Substanz gaben, in wässeriger Lösung mit Chlorbaryum gefällt, 0,1221 g $BaSO_4$ = 0,04192 g SO_3 = 19,03% SO_3.

Berechnet für $(C_7H_9N_3S)_2H_2SO_4$:
18,51% SO_3.

o-Aminophenylthioharnstoff $CS<^{NH\,C_6H_4NH_2}_{NH_2}$.

Zur Darstellung dieser Verbindung wurde eine wässerige Lösung von 9 g o-Phenylendiaminchlorhydrat mit 5 g Rhodankalium längere Zeit erhitzt. Beim Erkalten der Flüssigkeit schieden sich Krystalle ab, welche nach dem Umkrystallisieren aus heißem Wasser bei 290° schmolzen und sich durch den Schmelzpunkt sowie durch die Analyse als identisch mit dem von Lellmann erhaltenen o-Phenylenthioharnstoff $CS<^{NH}_{NH}>C_6H_4$ erwiesen. Das von Lellmann beschriebene abnorme Verhalten des o-Phenylendiamins konnte also auch bei unserem Versuche beobachtet werden.

Die von dem Phenylenthioharnstoff abfiltrierte Flüssigkeit wurde mit Natronlauge versetzt, wodurch sich eine krystallinische Verbindung abschied, welche durch Umkrystallisieren aus Alkohol in farblosen, bei 167° schmelzenden Prismen erhalten wurde. In Wasser sowohl wie in Alkohol ist der o-Aminophenylthioharnstoff leichter löslich als die p- und m-Verbindung.

Analyse:

0,2083 g Substanz gaben 0,3858 g CO_2 = 0,1052 g C = 50,50% C und 0,0992 g H_2O = 0,01102 g H = 5,29% H.

Berechnet für $C_7H_9N_3S$:
50,29% C
5,39 „ H.

Die Salze des o-Aminophenylthioharnstoffs wurden in der analogen Weise erhalten wie diejenigen der m- und p-Verbindung. Das Chlorhydrat entsprach der Formel $C_7H_9N_3S \cdot HCl$, das Sulfat der Formel $(C_7H_9N_3S)_2 \cdot H_2SO_4$.

Mitteilungen aus der pharmazeutischen Abteilung des Eidgenössischen Polytechnikum in Zürich.

Von C. Hartwich.

Beitrag zur Kenntnis der Casimiroa edulis La Llave

Von W. Bickern.

(Eingegangen den 1. III. 1903.)

Im Jahre 1900 erhielt die Abteilung von Herren E. H. Worlée & Co. in Hamburg ein Muster aus Mexiko stammender Samen einer dort als „Zapote blanco" bezeichneten Pflanze mit der Angabe, daß die eingesandten Samen und die ganzen Früchte, ähnlich wie Opium, eine schlafmachende Wirkung haben, ohne dessen nachteilige Eigenschaften zu besitzen.

Die botanische Untersuchung zeigte bald, daß es sich um die Samen der *Rutacee Casimiroa edulis La Llave* handelte. Die Pflanze ist in Mexiko und Mittelamerika weit verbreitet, ihre Früchte sind ein viel genossenes Obst, was eben nicht geeignet war, die obige Angabe zu bestätigen. (In Guatemala heißt die Pflanze „Mata sano"[1]). Eine Umschau in der Litteratur und direkte Erkundigungen brachten indessen doch einiges, was geeignet war, eine Untersuchung nicht nutzlos erscheinen zu lassen. Francisco Hernandez[2]), der sich 1571—1578 in Mexiko aufhielt, berichtet „de Cochitzapotl seu Tzapotl somnifero: die Früchte wirken schlafmachend, wovon sie den Namen erhalten haben". Bernabe Cabo sagt von „Zapote blanco: die Frucht erzeugt Schlaf bei denen, die sie genießen, der Kern ist ein tötliches Gift, aber verbrannt und gepulvert heilt er die faulen Wunden". Rosenthal[3]) sagt von der köstlich schmeckenden Frucht der Casimiroa, daß ihr Genuß schläfrig mache. Engler-Prantl[4]) erwähnen ebenfalls, daß die Früchte einschläfernd wirken. Das ist alles, was ich in der Litteratur gefunden habe, die zahlreichen Werke, die die Frucht erwähnen, aber von einer einschläfernden Wirkung nichts wissen, will ich übergehen. Indessen komme ich gleich noch einmal auf diesen Punkt zurück.

---

[1]) Dr. K. Preuß, Expedition nach Zentral- und Südamerika. Berlin 1899/1900.

[2]) Nova plantorum, animalium et mineralium mexicanorum historia a Francesco Hernandez .... compilata, dein a Nardo Antonio Reccho in volumen digesta. Roma 1651.

[3]) Rosenthal, Synopsis plantarum diaphoriacum. Erlangen 1862.

[4]) Engler-Prantl, Natürliche Pflanzenfamilien III, 4.

Auf mehrfache schriftliche und mündliche Anfragen habe ich auch nur in einem Falle einen positiven Bescheid erhalten: Herr Hanns Rother, Betriebschemiker der Fabrik Apollo in Monterrey in Mexiko, berichtet, daß, als er auf einem anstrengenden Ritt sein Pferd mit einigen Früchten der Casimiroa erfrischen wollte, er von seinem indianischen Diener daran gehindert wurde mit dem Bemerken, daß die Pferde von diesen Früchten schläfrig und zum Bergsteigen ungeeignet würden. Er teilt ferner mit, daß in den Krankenhäusern von Mexiko ein Fluidextrakt von Casimiroa als Narkotikum in Dosen von höchstens 4,0 g mit Erfolg verwendet werde. Ich unterlasse auch hier, die weiteren resultatlosen Erkundigungen, die wir eingezogen haben, anzuführen.

Aus dem bisher angeführten geht hervor, daß die Wirkung anscheinend nicht den Samen, sondern den Früchten resp. dem Fruchtfleisch zukommt, denn es ist nicht anzunehmen, daß die mehrere Zentimeter großen und unangenehm schmeckenden Samen mitgegessen werden, und ferner daß diese Wirkung keine starke sein kann, da die Frucht, wie ich schon sagte, ein beliebtes Obst ist, das in großen Mengen genossen wird.

Ich hätte danach gar keine Veranlassung gehabt, mich weiter mit der Droge zu befassen, wenn nicht eine neuere wissenschaftliche Arbeit, die in Mexiko und gerade mit den Samen gemacht sind, ein anscheinend sehr positives Resultat ergeben hätte. Die Arbeit ist mir in extenso zugänglich gewesen in: „Datos para la Materia medica Mexicana. Segunda parte. Mexico. Oficina tip. de la Secretaria de Fomento 1898". Vorher hatte José Sanchez unter dem Titel: „Breve estudio sobre la almendra del fruto del Zapote blanco" schon eine Arbeit über die Samen veröffentlicht, die sich aber, sie liegt mir nur im Auszug vor, nur mit der Chemie beschäftigt hat. Ich will hier gleich erwähnen, daß Herr Prof. Dr. Cloëtta in Zürich mit den von mir dargestellten, unten zu beschreibenden Körpern, sowie mit verschiedenen alkoholischen und ätherischen Auszügen der Samen Tierversuche bezüglich der hypnotischen Wirkung angestellt hat, aber ohne jeden Erfolg.

Trotzdem habe ich die Untersuchung der Droge unternommen, aber aus einem anderen Grunde. In der soeben genannten Arbeit von Sanchez wird unter den Bestandteilen ein Alkaloid aufgeführt, in der anderen mexikanischen Arbeit ein Glykosid, wogegen die Anwesenheit eines Alkaloids ausdrücklich bestritten wird. Ferner ist von Sanchez in den Samen Gerbstoff aufgefunden, von dem zweiten Untersucher nicht.

Es war weiter von Interesse, auch andere Teile der Pflanze zu untersuchen und den Bemühungen des Herrn Worlée gelang es, mir auch ein Quantum der Rinde und der Blätter zu beschaffen. Am wichtigsten wäre es gewesen, die Frucht zu untersuchen, da auf das Fruchtfleisch, wie ich schon oben andeutete, die Angaben über die schlafmachende Wirkung besonders hinwiesen. Leider gelang es mir nur, in den Besitz einer einzigen Frucht zu kommen, die noch dazu in verdorbenem Zustande hier ankam.

Ich gehe nun über zu meinen eigenen Versuchen:

Um ein Alkaloid nachzuweisen, wurden die Pflanzenteile mit Alkohol erschöpft, der 1 % Weinsäure enthielt, der Alkohol abdestilliert, der Rückstand mit Wasser verdünnt, um Harze etc. abzuscheiden, filtriert und das Filtrat untersucht mit Kaliumquecksilberjodid (weißgelblicher Niederschlag), Jod-Jodkalium (rotbrauner Niederschlag), Tanninlösung (gelbweißer Niederschlag), Pikrinsäurelösung (gelbgrüner Niederschlag), Wismutjodid-Jodkaliumlösung (gelbrötlicher Niederschlag), Phosphor-Molybdänsäurelösung (weißgelber Niederschlag). Alle Niederschläge waren amorph und wurden auch nach längerer Zeit nicht krystallinisch. An der Anwesenheit eines Alkaloids ist danach nicht zu zweifeln.

Um ein Urteil zu gewinnen über etwaige Anwesenheit eines Glukosids wurden gleiche Mengen wässeriger Auszüge vor und nach dem Kochen mit Säure mit Fehling'scher Lösung behandelt. Es trat in allen Fällen Reduktion der Lösung ein, indessen war die Abscheidung von Kupferoxydul in den mit Säure behandelten Auszug stärker, als in dem unveränderten, ein Beweis, daß freilich von vornherein eine reduzierende Substanz in der Flüssigkeit vorhanden war, aber auch, daß noch mehr solcher durch die Säure abgespalten wurde.

Die quantitative Bestimmung der Alkaloide in den verschiedenen Pflanzenteilen war etwas mühsam, da dieselben in Wasser recht leicht löslich sind. Die wässerigen, alkalisch gemachten Auszüge der Drogen wurden zunächst mit Aether ausgeschüttelt, so lange derselbe etwas aufnahm, die ätherischen Auszüge verdunstet, der Rückstand mit Alkohol aufgenommen, wieder verdunstet, mit wasserfreiem Aether aufgenommen, verdunstet und gewogen. Den Rest der Alkaloide schüttelte ich aus der wässerigen Lösung mit Isobutylalkohol aus. Da die Lösung sehr stark gefärbt war, wurde der Isobutylalkohol abdestilliert, der Rückstand mit verdünntem Alkohol aufgenommen, der Alkohol verjagt und die wässerige Lösung weiter verdünnt. Die schwach alkalische Lösung wurde mit Jod-Jodkalium (J 12,7, KJ 60,0, H_2O zu 1 *l*) in der Kälte gefällt, der Niederschlag gesammelt, auf dem Filter ausgewaschen und mit Aceton in Lösung gebracht. Die Lösung wurde nach einander mit Lauge und Säure übersättigt und mit ⅓ Wasser vermischt. Dann wurde das Aceton durch Erwärmen auf dem Wasserbade verjagt, mit wenig Natriumthiosulfatlösung versetzt, mit Ammoniak alkalisch gemacht und mit Aether ausgeschüttelt. Es gelang so den Rest des Alkaloides zu gewinnen. Es stellte sich heraus, daß die anfängliche Ansicht, daß mehrere Alkaloide anwesend sein müßten, wahrscheinlich irrig war und ich erhielt so folgende Mengen von Alkaloid:

Samen	0,628 %
Rinde	0,535 „
Blätter	0,25 „
Fruchtfleich . . .	0,89 „.

Das Nächste war nun zu konstatieren, ob diese Alkaloide aus den verschiedenen Pflanzenteilen alle identisch waren, soweit die teilweise nur geringe, zur Verfügung stehende Menge das gestattete. Gegen Fällungsreagenzien verhielten sie sich sämtlich gleich und ich kann deshalb auf das oben Gesagte verweisen. Meine Bemühungen, charakteristische Farbreaktionen aufzufinden, waren von einigem Erfolge, ich habe die folgenden ermittelt:

1. Eine kleine Menge des Alkaloids wurde auf dem Uhrgläschen in konzentrierter Schwefelsäure gelöst und einige Krystallfragmente von Kaliumbichromat zugegeben. Nach 5 Minuten begann die Flüssigkeit sich grünlich zu färben, nach 12 Stunden war sie schön grün.

2. Eine kleine Menge des Alkaloids wurde ebenfalls auf dem Uhrglase mit in konzentrierter Schwefelsäure gelöster Vanadinsäure übergossen. Die Flüssigkeit war nach 12 Stunden ebenfalls grün, aber mit mehr gelblichem Ton.

Diese Reaktionen gaben sämtliche Alkaloide mit Ausnahme des aus den ersten Aetherausschüttelungen aus dem Fruchtfleisch erhaltenen, die Farbe war bei beiden Reaktionen mehr bräunlich-grün. Da mir nur eine einzige Frucht zu Gebote stand, war ich außer stande, das weiter zu verfolgen, muß es daher dahingestellt sein lassen, ob dieses Alkaloid wirklich von den übrigen verschieden ist. Jedenfalls wird man für die Zukunft diesen Punkt im Auge zu behalten haben, da sich, wie oben angeführt, die Angaben über die schlafmachende Wirkung der Pflanze im wesentlichen auf das Fruchtfleisch beziehen.

Um nun größere Mengen des Alkaloids zu gewinnen, wurden die gepulverten Samen zunächst zur Entfernung des fetten Oeles mit Petroläther extrahiert. Da der Petroläther etwas Alkaloid mit aufnahm, wurden die Auszüge zuerst mit 1% Weinsäure, dann mit Wasser ausgeschüttelt.

Dann wurde der Petroläther abdestilliert, der Rückstand, das fette Oel, betrug 1,89% vom Gewichte der angewendeten Samen. Es war klar, gelblich gefärbt, geruchlos, von bitterlich-brennendem Geschmack. Spez. Gew. 0,903. Beim Schütteln mit Wasser verlor das Oel allmählich den bitteren Geschmack, ein Beweis, daß dieser Geschmack einem in Petroläther und Wasser löslichen Körper, der nicht Oel und nicht Alkaloid war, zukam. Das Oel löste sich in Aether, Chloroform usw. klar, trübe in Alcohol absolutus, 95% Weingeist, unlöslich in Glyzerin, es war von neutraler Reaktion.

Das entfettete und wieder getrocknete Samenpulver wurde im Perkolator zuerst mit 1% Weinsäure, später mit Wasser erschöpft, d. h., bis das Ablaufende mit Kaliumquecksilberjodid nicht mehr reagierte. Die gesammelte, dann etwas konzentrierte Flüssigkeit wurde mit Ammoniak alkalisch gemacht und im Perforationsapparat mit Aether ausgezogen. Nach etwa 8 Tagen nahm der Aether nichts mehr auf, obschon die Flüssigkeit noch auf Alkaloid reagierte. Der Aether wurde verdunsten gelassen, der Rückstand mit absolutem Alkohol aufgenommen, mit Tierkohle entfärbt, von neuem eingedunstet und wieder mit Aether aufgenommen. Aus dieser Lösung wurde das Alkaloid mit ätherischer Salzsäure quantitativ als Salz ausgefällt. Es fiel farblos aus, färbte sich aber rasch gelblich. Der Niederschlag wurde mit Aether gewaschen, in etwas Wasser gelöst, mit Ammoniak alkalisch gemacht, mit Aether ausgeschüttelt und verdunsten gelassen.

Das Alkaloid hinterblieb jetzt in einigen Fällen leicht gelb gefärbt als amorpher Lack, meist aber in Form von warzenförmig zusammengelagerten Nadeln. Es wurde aus wasserfreiem Aether umkrystallisiert, bis der Schmelzpunkt bei 106° konstant war.

Ich hatte aus der wässerigen Lösung nicht alles Alkaloid mit Aether ausschütteln können, ich verjagte daher den gelösten Aether und schüttelte den Rest des Alkaloids mit Isobutylalkohol aus und behandelte den Auszug, indem ich mit Jodjodkalium fällte, weiter, wie ich oben angeführt habe, fällte aber schließlich ebenfalls mit ätherischer Salzsäure.

Einen Teil des Materials habe ich anders verarbeitet, ich habe das Samenpulver mit $^1/_8$ seines Gewichtes Aetzkalk gemischt und mit Aether im Soxhlet extrahiert, solange dasselbe Alkaloid aufnahm. Beim Verdunsten der ätherischen Lösung fiel ein weißlicher Körper aus, über dessen Untersuchung ich später zu berichten habe. Die ätherische Lösung des Alkaloids wurde dann, wie oben angegeben, weiter verarbeitet.

Ich habe aus diesen verschiedenen Prozessen nach und nach 0,8 g reines Alkaloid erhalten. Es krystallisierte in Nadeln, schmolz bei 106° (unkorrigiert) unzersetzt. Es besaß zuerst einen unangenehmen, an Konium erinnernden Geruch, das reine Alkaloid roch nach dem in verschiedenen Rutaceen nachgewiesenen Methylnonylketon, es war ziemlich hygroskopisch, löste sich in Wasser leicht, ebenso in Alkohol jeder Verdünnung, schwer löslich war es in Aether, Chloroform und Essigäther, unlöslich in Benzol und Petroläther. Die Anwesenheit von Stickstoff wird in gewohnter Weise durch Bildung von Berliner Blau nachgewiesen. Versuche, krystallisierte Salze zu gewinnen, waren resultatlos, ich habe solche Versuche angestellt mit Salzsäure, Salpetersäure, Schwefelsäure, Oxalsäure und Pikrinsäure. Platinchlorid und Goldchlorid gaben Niederschläge, die aber nicht krystallinisch wurden.

Wie ich schon oben mitteilte, hatte der eine der früheren Untersucher ein Alkaloid, der andere ein Glukosid gefunden, ich hatte Bestätigungen für deren Anwesenheit schon erhalten und habe auch schon darüber berichtet. Es stellte sich nun heraus, daß es das Alkaloid ist, welches im stande war, Fehling'sche Lösung zu reduzieren. Eine kleine Menge des Alkaloids, direkt mit Fehling'scher Lösung erwärmt, gab eine minimale Abscheidung von Kupferoxydul, die viel stärker war, wenn ich das Alkaloid in Wasser löste, mit etwas Salzsäure versetzte und kochte. Das Fortschreiten der Hydrolyse wurde durch Beobachtung des jedes Mal mit einer neuen Menge von Salzsäure gekochten Alkaloids im Polarisationsapparat beobachtet und es stellte sich dabei heraus, daß die Spaltung erst vollendet war, wenn ich ½ Stunde mit 30%iger Salzsäure gekocht hatte, da die Drehung im Polarisationsapparat dann nicht mehr zunahm. Die sauere Lösung wurde dann alkalisch gemacht und mit Aether ausgeschüttelt. Der Rückstand des Aethers ergab noch sämtliche Alkaloidreaktionen, wie ich sie oben angeführt habe, wogegen der etwa abgespaltene Zucker in der wässerigen Lösung zurückgeblieben sein mußte. Der Zucker war Glykose, wie sich aus folgenden Reaktionen ergab:

a) Fehling'sche Lösung wird nach kurzem Erhitzen reduziert.
b) Nylander's Reagens (alkalische Wismutlösung) färbt sich nach kurzer Zeit dunkel und gibt einen braunschwarzen Niederschlag.
c) Alkalische Pikrinsäurelösung mit der Flüssigkeit erwärmt, färbt sich blutrot.
d) Versetzt man die Flüssigkeit mit etwas konzentrierter Schwefelsäure und läßt einige Tropfen einer 5%igen alkoholischen Thymollösung einfließen, so entsteht an der Berührungsfläche beider Flüssigkeiten eine rosenrot gefärbte Zone, die langsam von oben her kornblumenblau wird.
e) Zur Bildung des Glykosazons werden 5 ccm wässeriger Lösung mit 2 ccm Essigsäure, die vorher mit Natriumacetat gesättigt war, und 0,1 g salzsaurem Phenylhydrazin zum Sieden erhitzt und auf dem Wasserbade auf 3 ccm eingedampft. Der nach

dem Abkühlen entstandene Niederschlag bestand aus Nadeln. Er wurde gesammelt, getrocknet und der Schmelzpunkt bestimmt, derselbe lag bei 202°. Obschon der Schmelzpunkt des Glykosazons bei 204° liegt, so trage ich doch kein Bedenken, den abgespaltenen Zucker als Glykose anzusprechen, da alle übrigen Reaktionen tadellos eintraten und die unerhebliche Abweichung im Schmelzpunkt auf geringe Verunreinigung des nur in ganz geringer Menge gewonnenen Körpers geschoben werden kann.

Es ergibt sich also, daß der aus den Samen der Casimiroa edulis gewonnene Körper ein Glykoalkaloid ist, dem ich den Namen Casimirin gebe an Stelle des älteren unpassenden: Casimirose, der ja auch zur Voraussetzung hatte, daß es sich um ein Glykosid handele.

Solche Glykoalkaloide sind im Pflanzenreiche nur wenig bekannt, ich nenne das Solanin (Firbas, Monatshefte f. Ch. 1889, X. Bd., S. 541), das Consolidin (Greiner, Archiv d. Ph., 1900), vielleicht ein Glykoalkaloid in der als Contrayerba blanca benutzten Wurzel von Psoralea pentaphylla L. (Datos para la Materia medica mexicana, primera parte, S. 40. Mexiko 1894.).

Elementaranalyse:

0,1506 g der bei 100° getrockneten Substanz lieferten bei der Verbrennung:

0,3916 g CO_2
0,0927 „ H_2O.

Zur Bestimmung des Stickstoffs nach der Methode von Dumas wurden 0,0875 g Substanz verbraucht. Ich erhielt 4,4 ccm N bei 22° C. und 722 mm Barometerdruck.

Daraus ergaben sich folgende Prozentzahlen:

	70,92	C
	6,84	H
	5,4	N
aus der Differenz:	16,84	O.

Daraus berechnet sich die empirische Formel $C_{30}H_{32}N_2O_5$:

70,92	C
6,77	H
5,4	N
16,91	O
100,00.	

Hydrolyse:

Ich hatte, wie oben erwähnt, beobachtet, daß das Casimirin beim Erhitzen mit 30%iger Salzsäure Zucker abspaltet, und daß der abgespaltene Zucker Glykose ist. Aus der hydrolysierten Flüssigkeit hatte ich das Restalkaloid mit Aether ausgeschüttelt und gefunden, daß dasselbe 78% der ursprünglichen Substanz betrug; 22% waren also Glykose oder rund 4:1. Davon ausgehend, daß bei der Hydrolyse 1 Mol. H_2O aufgenommen und 1 Mol. $C_6H_{12}O_6$ abgespalten wird, gelangte ich zu folgender Gleichung:

$$2(C_{30}H_{32}N_2O_5) + H_2O = C_{54}H_{54}N_4O_5 + C_6H_{12}O_6.$$

Das doppelte Molekulargewicht des Casimirins + H_2O ist 1018, das des Restalkaloids nach obiger Gleichung 838, das der Glykose 180, also 82,2% Restalkaloid zu 17,6% Glykose, was mit dem oben gefundenen Verhältnis 4:1 leidlich gut übereinstimmt.

Ich habe dann noch mit 0,038 g Restalkaloid eine Elementaranalyse gemacht und gefunden:

H 6,69% (theoretisch 6,44%)
C 73,2 „ (theoretisch 77,3 „).

Leider war ich nicht in der Lage, die Analyse zu wiederholen, da das Material zu Ende war.

Untersuchung des in Aether schwer löslichen Körpers.

Ich habe oben erwähnt, daß, als ich Samenpulver mit Kalk mengte und mit Aether extrahierte, beim Einengen des Auszuges ein weißlicher Körper ausfiel. Der Körper wurde durch wiederholtes Umkrystallisieren aus Chloroform gereinigt, er stellte dann weiße Nadeln dar, die bei 207° C. schmolzen. Er war leicht löslich in absolutem Alkohol, Eisessig und Chloroform, schwer löslich in Aether, Petroläther, Essigäther, Amylalkohol, Benzol und verdünntem Alkohol, unlöslich in Wasser. Er enthielt keinen Stickstoff und auch kein Glykosid. Da er sich in konzentrierter Schwefelsäure mit schön roter Farbe löste, so lag die Möglichkeit vor, daß es sich bei ihm um einen dem Cholesterin resp. dem Phytosterin nahestehenden Alkohol handele, wie sie in Samen wiederholt gefunden sind. Diese Vermutung hat sich bestätigt. Der Körper gab folgende Reaktionen:

1. Hesse'sche Reaktion: Eine kleine Menge des Körpers in Chloroform gelöst, wird mit konzentrierter Schwefelsäure versetzt und geschüttelt; die Chloroformschicht wird blaß-rötlich, bald feuerrot, während die Schwefelsäureschicht gelb mit grünlicher Fluorescenz ist.

2. Liebermann'sche Reaktion: Eine kleine Menge des Körpers wird in Essigsäureanhydrid gelöst, konzentrierte Schwefelsäure zugetröpfelt und umgeschüttelt, es entsteht eine rotviolette Färbung, die später in blaugrün übergeht.

3. Likiernik'sche Reaktion: Eine kleine Menge der Substanz wird in 5 ccm Chloroform gelöst, die Lösung mit 10 Tropfen Essigsäureanhydrid und zwei Tropfen konzentrierter Schwefelsäure versetzt. Es entsteht eine rötliche, später eine rote Färbung.

4. In konzentrierter Schwefelsäure löst sich der Körper mit zuerst gelber, später roter Farbe.

5. Eine kleine Menge der Substanz wird mit zwei Tropfen Eisenchloridlösung und einem Tropfen Salzsäure befeuchtet, 2 g Chloroform dazu gegeben, bei gelinder Wärme bis fast zur Trockne verdampft; dann abkühlen gelassen, von neuem etwas Chloroform zugegeben, dieses kalt verdunsten gelassen und der Rückstand erhitzt, es tritt eine violette, später blauviolette, schließlich schmutzig grüne Farbe ein.

6. Eine kleine Menge, mit Jod-Jodkaliumlösung verrieben, gibt, mit einigen Tropfen konzentrierter Schwefelsäure befeuchtet, zuerst eine violette, dann schmutzig braune Färbung. Stickstoff fehlte dem Körper.

Elementaranalyse.

0,1309 g der getrockneten Substanz lieferten bei der Verbrennung:

0,3861 g CO_2
0,1416 „ H_2O.

Daraus ergaben sich folgende Prozentzahlen:

80,49 C
12,02 H
aus der Differenz: 7,49 O.

Daraus berechnet sich die empirische Formel $C_{27}H_{48}O_2$

80,40 C
11,90 H
8,00 O.

Bei der Vergleichung des Körpers mit anderen ähnlichen ergibt sich, daß er sich von ihnen unterscheidet durch 2 O. Eine Wiederholung der Elementaranalyse war leider bei dem Mangel an Material nicht möglich.

Ferner ist der hohe Schmelzpunkt von 207° C. auffallend, indessen fehlt es nicht an Analogen, Lupeol aus den Lupinussamen schmilzt bei 204°, Alcornol aus der Rinde der Bowdichia virgilioides H. B. K. bei 205° und Phaseol aus den Samen von Phaseolus vulgaris bei 190°.

Man wird also meinen Körper, das Casimirol, hier einstweilen anzureihen haben.

Botanischer Teil.

Die Stammpflanze: Casimiroa edulis La Llave (syn: Zanthoxylon araliaceum Furcz) gehört zur Familie der Rutaceen, Unterfamilie der Toddalioideae-Toddalieae. Die Gattung umfaßt außer Casimiroa edulis noch drei Arten:

Casimiroa Sapota Oerst. in Nicaragua,
Casimiroa Watsonii Engler,
Casimiroa Pringlei Wats. und Engler, beide in Mexiko.

1896 hat Ramirez von der Casimiroa edulis eine Form mit stärker behaarten Blättern als Casimiroa pubescens abgetrennt, sie führt im Volke den Namen „Zapote de rata = Rattenzapote“ und soll bezüglich der Wirksamkeit der Casimiroa edulis gleich sein.

Casimiroa edulis ist ein ansehnlicher Baum mit gefingerten Blättern, kleinen grünlichgelben Blüten, die Dolden bilden. Der Baum gedeiht in Mexiko von der Küste bis zu einer Höhe von 2300 m, kultiviert wird er im Tal von Mexiko, außerdem auch sonst in Mittel-Amerika. Daß die Frucht in Guatemala häufig auf den Märkten erscheint, erwähnt Preuß (l. c.); ganz neuerdings werden Versuche gemacht, den Baum in Kamerun einzubürgern.

Die *Frucht* ist eine niedergedrückte kugelige Beere, von grünlicher Farbe, die eine Faust groß werden kann, mit weißem, wohlschmeckendem Fleisch; sie ist fünffächerig, die Fächer sind durch Einkerbungen außen kenntlich, in jedem Fache ein Same.

Der Same ist durchschnittlich 3,5 cm lang, 2,5 cm breit, 1,8 cm dick, nierenförmig bis eiförmig, weißgelblich, quer gerunzelt, mit zäher Samenschale, von schwach widerlichem Geschmack. Außen am Samen befinden sich Reste des Fruchtfleisches aus dünnwandigem Parenchym mit vereinzelten Stärkekörnern. Die Samenschale besteht vorwiegend aus faserigen Zellen, an denen sich 2 Schichten unterscheiden lassen: in der äußeren dicken Schicht laufen die Fasern quer zur Längsrichtung des Samens, die der inneren sind damit gekreuzt. Daran schließt sich eine Schicht zusammengepreßter Zellen, wohl die „Nährschicht“. Die Hauptmasse des Samens wird vom Embryo gebildet, in den dicken Kotyledonen verlaufen zarte Gefäßbündel mit Spiralgefäßen. Das Parenchym enthält reichlich Stärke, man kann große, rundliche, zentralgebaute Körner, die bis 28 μ messen, unterscheiden und kleinere, die 8—9 μ messen, sie sind ebenfalls rundlich, einzeln oder aus mehreren Teilkörnern zusammengesetzt.

Die *Blätter* sind ziemlich groß, fingerförmig geteilt, aus 5 Teilblättchen zusammengesetzt, die einzelnen Blättchen ziemlich lang gestielt, breit-lanzettlich. Die Epidermis der Oberseite enthält keine Spaltöffnungen, sie besteht aus geradlinig-polygonalen Zellen mit feinstreifiger Kutikula. Zuweilen sind ganze Gruppen von Epidermiszellen mit feinen nadelförmigen Krystallen erfüllt, die häufig zu kugelförmigen Gebilden zusammengestellt an Sphärite erinnern. Aehnliche Krystalle findet man z. B. in den Blättern von Mentha und Conium, man hält sie für Hesperidin.

Die Epidermis der Unterseite besteht ebenfalls aus geradlinig-polygonalen Zellen, die aber keine Krystallnadeln enthalten und deren Kutikula nicht gestreift ist. Zwischen diesen normalen Zellen fallen, paarweise oder zu mehreren zusammengestellt, kleinere auf, die je eine Oxalatdruse enthalten. Ueber den Nerven sind die Zellen gestreckt und führen häufig Einzelkrystalle von Oxalat. Die Spaltöffnungen sind zahlreich vorhanden, rundlich; besonders charakteristische Nebenzellen fallen nicht auf; beide Epidermen führen vereinzelt einzellige, wenig gebogene Haare. Der Querschnitt läßt folgendes erkennen: an der Oberseite befinden sich 2 Schichten kurzer Palissaden; die Zellen sind häufig gefächert und enthalten dann in jedem Fach eine Oxalatdruse. An der Unterseite liegen ebenfalls zwei Reihen wenig ausgeprägter Palissaden, sodaß das Blatt sich den zentrisch gebauten nähert. Der Mittelnerv ist auf der unteren Seite stark hervorgewölbt, auf der Oberseite flach. Das kollaterale Gefäßbündel umschließt ein kleineres Mark, um das Gefäßbündel läuft ein fast geschlossener Kreis von Fasern. Außerhalb dieses Kreises liegen im Parenchym Einzelkrystalle von Oxalat, eine Scheide bildend, sie finden sich auch im Phloëm. Betrachtet man das Blatt mit der Lupe gegen das Licht, so erkennt man durchscheinende Punkte: das sind schizolysigene Sekretbehälter, die, der Oberseite des Blattes nahe gerückt, die Palissaden auseinanderdrängen.

Die *Rinde* besteht aus rinnenförmigen Stücken, die bis ½ cm dick sind, außen ist sie etwas höckerig, runzlich, von schwärzlicher Farbe, innen schmutzig hellbraun. Im Bruch körnig und weißlich gelb, ein charakteristischer Geruch und Geschmack fehlen. Sie besteht aus primärer und sekundärer Rinde und Periderm, letzteres setzt sich zusammen aus Kork, dessen Zellen ziemlich hoch und außerordentlich, bis fast zum Verschwinden des Lumens, verdickt sind; darunter liegt eine Phellodermschicht aus ungefähr 12 Reihen dünnwandiger Zellen. In der primären Rinde fallen reichliche Gruppen sehr stark verdickter Steinzellen auf, die zu breiten tangentialen Platten angeordnet sind; außerdem finden sich vereinzelt im Parenchym Krystalle von Calciumoxalat, reichlich liegen sie meist an den Gruppen der Steinzellen. Die Markstrahlen in der sekundären Rinde sind bis 4 Zellen breit, bis 22 Zellen hoch, zuweilen scheinen sie zu dilatieren. In dem äußeren Teile der Baststrahlen finden sich dieselben Gruppen von Steinzellen und Krystallen wie in der primären Rinde; sie sind so reichlich vorhanden, daß das Bild dadurch stark unübersichtlich wird. Fasern fehlen völlig, ebenso Sekretbehälter irgend welcher Art. Die Siebröhren sind zu tangentialen Gruppen zusammengepreßt. Im Parenchym finden sich spärlich kleinkörnige, zuweilen aus einigen Teilkörnchen zusammengesetzte Stärkekörner.

Mitteilungen aus dem pharm.-chemischen Laboratorium der Technischen Hochschule in Braunschweig.

Von H. Beckurts.

Ueber die Einwirkung von Selencyankalium auf Verbindungen der Chloressigsäure.

Von Heinrich Frerichs.

(Eingegangen den 1. III. 1903.)

Läßt man auf Chloracetylharnstoff, $CO<^{NH_2}_{NH\,CO\,CH_2\,Cl}$ in alkoholischer Lösung Rhodankalium einwirken, so finden, wie G. Frerichs nachgewiesen hat, Umsetzungen in verschiedener Richtung statt. Die hauptsächlichste Umsetzung geht nach folgenden Gleichungen vor sich, wobei der zunächst entstehende Isorhodanacetylharnstoff nur als unbeständiges Zwischenprodukt auftritt und schon im statu nascendi weitere Umsetzungen erfährt.

$$CO<^{NH_2}_{NH\,CO\,CH_2\,Cl} + KSCN = CO<^{NH_2}_{NH\,CO\,CH_2-N=C=S} + KCl$$

Chloracetylharnstoff. Isorhodanacetyharnstoff.

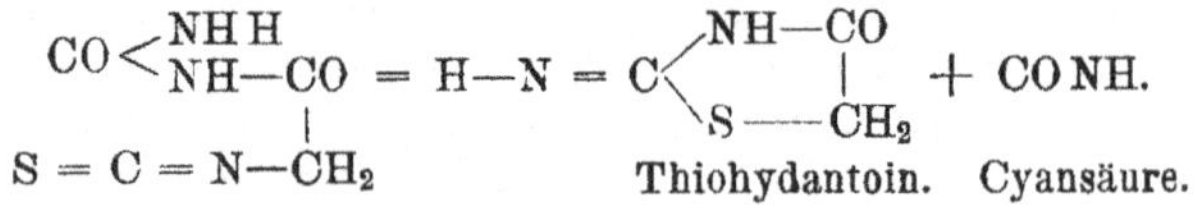

Thiohydantoin. Cyansäure.

Bei Anwendung von Wasser als Lösungsmittel liefert die Cyansäure Ammoniak und Kohlensäureanhydrid, bei Gegenwart von Alkohol bildet sich dagegen als Nebenprodukt Allophansäureäthylester

$$2\,CONH + C_2H_5OH = CO<^{NH_2}_{NH\,COO\,C_2H_5}$$

Allophansäureäthylester.

Ein kleiner Teil des Isorhodanacetylharnstoffes erfährt nur eine molekulare Umlagerung, ohne daß Cyansäure abgespalten wird und es bildet sich

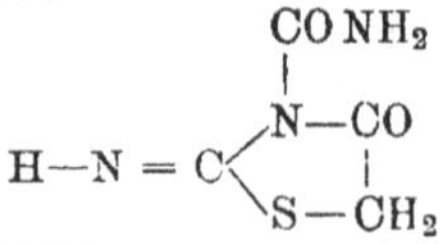

= Thiohydantoincarbamid[1]).

[1]) Arch. d. Pharm. 1900, 319.

In ganz analoger Weise erfolgt die Umsetzung substituierter Chloracetylharnstoffe mit Rhodankalium, wobei substituierte Cyansäuren — Carbonimide — abgespalten werden; so liefert der Chloracetylmethylharnstoff, $CO<^{NH\,CH_3}_{NH\,CO\,CH_2\,Cl}$, Methylcarbonimid, $CON\,CH_3$, der Chloracetylphenylharnstoff, $CO<^{NH\,C_6H_5}_{NH\,CO\,CH_2\,Cl}$, Carbanil, $CON\,C_6H_5$. Letzteres liefert mit Wasser weiter Diphenylharnstoff $CO<^{NH\,C_6H_5}_{NH\,C_6H_5}$.

Bei der Einwirkung von Rhodankalium auf Chloracetylurethane erhält man als erstes Produkt die hier beständigen Isorhodanacetylurethane, z. B. $CO<^{NH\,CO\,CH_2\,NCS}_{O\,C_2H_5}$ = Isorhodanacetyläthylurethan.

Erhitzt man die Lösungen dieser Verbindungen längere Zeit zum Sieden, so tritt eine molekulare Umlagerung ein und es entstehen Derivate des Thiohydantoins, z. B. aus dem Isorhodanacetyläthylurethan:

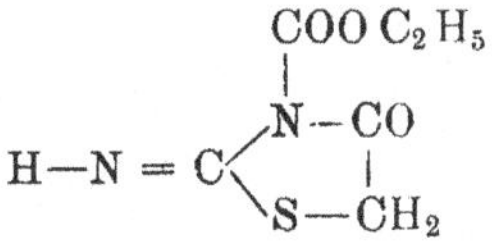 =

Thiohydantoincarbonsäureäthylester[1]).

Wie H. Beckurts und G. Frerichs später nachgewiesen haben, entsteht durch Einwirkung von Rhodankalium auf Chloracetamid zunächst das Isorhodanacetamid $\begin{matrix} CH_2CONH_2 \\ | \\ C=N=S \end{matrix}$ und aus diesem dann Thiohydantoin; aus Chloracetanilid und Rhodankalium dagegen zunächst normales Rhodanacetanilid, $CH_2(S-C\equiv N)\cdot CONHC_6H_5$, welches sich dann in Phenylthiohydantoin

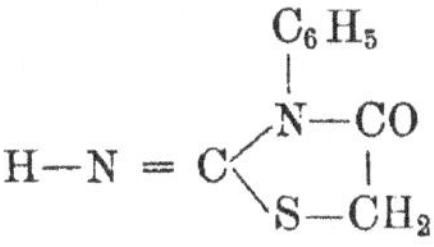 umlagert.

Sekundäre Anilide, wie z. B. Chloracetmethylanilid liefern mit Rhodankalium Derivate der Isorhodanessigsäure, z. B. $CH_2(N=C=S)CON<^{CH_3}_{C_6H_5}$ = Isorhodanacetmethylanilid. Dieselben sind aber beständig und erleiden auch bei tagelangem Er

[1]) Journ. f. prakt. Chem. 1902, 181.

hitzen ihrer Lösung keine weitere Zersetzung als eine teilweise Spaltung in die Komponenten.

Beckurts und Frerichs (l. c.) haben die Resultate ihrer Untersuchung über die Einwirkung von Rhodankalium auf Chloressigsäure und ihre Derivate in einer Tabelle zusammengestellt, aus welcher sich ergibt, daß drei Reihen von Verbindungen entstehen können, und zwar:

I. Derivate der Isorhodanessigsäure, z. B. Isorhodanacetmethylanilid.

II. Derivate der normalen Rhodanessigsäure, z. B. norm. Rhodanacetanilid.

III. Ringförmige Verbindungen, z. B. Phenylthiohydantoin.

Weiterhin stellten dieselben Autoren fest, daß sowohl die Isorhodanacetverbindungen, als auch die normalen Derivate durch Einwirkung rauchender Salzsäure leicht in Verbindungen der Carbaminthioglycolsäure übergeführt werden können, und zwar durch teilweise Verseifung der Rhodangruppe, z. B.

$$\begin{array}{l} CH_2CONHC_6H_5 \\ | \\ S-C \equiv N \end{array} + H_2O = \begin{array}{l} CH_2CONHC_6H_5 \\ | \\ SCONH_2 \end{array}$$

norm. Rhodanacetanilid. Carbaminthioglycolsäureanilid.

Diese Verbindungen sind insofern interessant, als sie bei der Einwirkung von Ammoniak oder Aetzalkalien Cyansäure abspalten und Derivate der Thioglycolsäure, z. B. $CH_2SHCONHC_6H_5$ = Thioglycolsäureanilid, liefern, welche bei der Oxydation in Verbindungen der Dithioglycolsäure, z. B. $\begin{array}{l} SCH_2CONHC_6H_5 \\ | \\ SCH_2CONHC_6H_5 \end{array}$ = Dithioglycolsäureanilid, übergehen.

Der Zweck der vorliegenden Arbeit war nun, das Verhalten des dem Rhodankalium analogen Selencyankalium gegen die Verbindungen der Chloressigsäure zu studieren.

Selencyankalium erhält man leicht nach der von W. Muthmann und G. Schröder[1]) angegebenen Methode. Man mischt 70 g Kaliumcyanid mit 79 g fein gepulvertem, käuflichem Selen und schmilzt die Mischung bei möglichst niedriger Temperatur zusammen. Die Schmelze nimmt man mit 40 ccm Wasser auf, erhitzt drei bis vier Stunden lang unter Ergänzung des verdampfenden Wassers auf dem

[1]) Ber. d. d. chem. Ges. 33, 1765—1769.

Wasserbade und dampft dann unter beständigem Umrühren zur Trockne ein. Der Rückstand wird mit einem Liter siedenden, absoluten Alkohol aufgenommen. Nach zweistündigem Hindurchleiten von Kohlensäureanhydrid durch die Lösung wird filtriert. Man destilliert den Alkohol ab und trocknet die Krystalle des so gewonnenen Kaliumselencyanids. Da nun zu den im nachstehenden beschriebenen Umsetzungen eine alkoholische Lösung angewendet werden konnte, so wurde der Alkohol nicht abdestilliert, sondern in der Lösung der Gehalt an Selencyankalium festgestellt. Die alkoholische Lösung erwies sich durchaus haltbar.

Bei der Einwirkung von Selencyankalium auf die Chloracetylderivate stellten sich zunächst große Schwierigkeiten heraus, reine Körper in guter Ausbeute zu erhalten. Während zuweilen der gewünschte Körper in sehr reinem Zustande erhalten wurde, entstanden, wenn die Einwirkungsdauer nur sehr wenig länger ausgedehnt wurde, dunkel gefärbte Flüssigkeiten, aus denen nur selten noch reine Körper isoliert werden konnten. Bei näherer Untersuchung stellte sich heraus, daß diese Erscheinung die Folge eines geringen Gehaltes des Selencyankaliums an Kaliumkarbonat war und es zeigte sich, daß die Umsetzungen durchaus glatt verliefen, wenn die Selencyankaliumlösung bei jedem Versuche mit einer geringen Menge Salzsäure versetzt wurde, sodaß sie nicht mehr alkalisch reagierte. Auch bei käuflichem, krystallisiertem Selencyannatrium zeigte sich derselbe Umstand. Durch den Zusatz der Salzsäure, von welcher nur jedesmal etwa zwei bis drei Tropfen erforderlich sind, wird immer eine geringe Menge Selen ausgeschieden. Diese Selenabscheidung stört aber die Umsetzung nicht und wird zusammen mit dem ausgeschiedenen Chlorkalium durch Filtration beseitigt.

Die Bestimmung des Selens in den erhaltenen Verbindungen wurde nach einer besonderen, an anderer Stelle[1]) mitgeteilten Methode ausgeführt.

Experimenteller Teil.

Einwirkung von Selencyankalium auf Chloracetylharnstoff.

250 g einer siedenden 10%igen Lösung von Selencyankalium in Alkohol wurden nach Zusatz von 10 Tropfen Salzsäure mit 25 g Chloracetylharnstoff versetzt, wobei eine sehr lebhafte Reaktion eintrat, indem sich anfangs reichlich Chlorkalium abschied, die ganze Flüssigkeit dann aber bald zu einem Krystallbrei erstarrte. Dieser wurde noch etwa 2 Minuten auf dem Wasserbade erhitzt, worauf die ausgeschiedenen Krystalle nach dem Erkalten gesammelt und zunächst

[1]) Arch. d. Pharm. 1902, Heft 9.

mit 30%igem Alkohol und dann mit Wasser gewaschen wurden, um alles entstandene Chlorkalium zu entfernen. Die erhaltene Verbindung stellte nach dem Trocknen ein aus feinen, gelblichen Blättchen bestehendes Krystallmehl dar, welches aus Eisessig umkrystallisiert wurde. Die auf diese Weise erhaltenen, schwach gelb gefärbten, gut ausgebildeten Blättchen schmolzen bei 178—179° unter Zersetzung und waren schwer löslich in den üblichen Lösungsmitteln, leichter in heißem Eisessig.

Analysen:

1. 0,3360 g Substanz gaben 0,2888 g CO_2 = 0,07876 g C = 23,44 % C und 0,0688 g H_2O = 0,00764 g H = 2,27 % H.

2. 0,1254 g Substanz gaben bei 15° und 755 mm Druck 22,2 ccm feuchten N = 0,0258 g N = 20,57 % N.

3. 0,1907 g Substanz gaben 0,0731 g Se = 38,33 % Se.

4. 0,1859 „ „ „ 0,0711 „ „ = 38,24 „ „

Diese Zahlen entsprechen einer unitären Formel $C_4H_5N_3SeO_2$.

Gefunden: 1.	2.	3.	4.	Berechnet für die Formel $C_4H_5N_3SeO_2$:
23,44 %	—	—	—	C_4 = 48 = 23,30 %
2,27 „	—	—	—	H_5 = 5 = 2,43 „
—	20,57 %	—	—	N_3 = 42 = 20,39 „
—	—	38,33 %	38,24 %	Se = 79 = 38,35 „
—	—	—	—	O_2 = 32 = 15,53 „
				206 = 100,00 %

Der unitären Formel $C_4H_5N_3SeO_2$ entsprechen nun drei isomere Verbindungen:

I. Isoselencyanacetharnstoff

$$CO<^{NH_2}_{NHCOCH_2NCSe.}$$

II. Normaler Selencyanacetharnstoff

$$CO<^{NH_2}_{NHCOCH_2SeCN.}$$

III. Das dem Thiohydantoincarbamid analoge Selenhydantoin carbamid

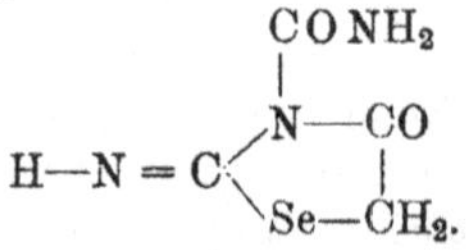

Da nun die erhaltene Verbindung beim Erhitzen mit Natron lauge Blausäure abspaltete, was auch bei den Isorhodanacetverbindungen der Fall ist, so durfte angenommen werden, daß ein Isoselencyanacetharnstoff $CO<^{NH_2}_{NHCOCH_2CNSe}$ vorlag.

Im weiteren Verlaufe der Untersuchung dieser Verbindung stellte sich aber heraus, daß verschiedene Umsetzungen derselben leichter eine Erklärung finden, wenn die Formel der normalen Verbindung, $CO<^{NH_2}_{NHCOCH_2SeCN}$, zu Grunde gelegt wird.

Da auch die normale Verbindung beim Erhitzen mit Natronlauge im Gegensatze zu den normalen Rhodanacetverbindungen Cyannatrium liefern kann, ist mit Sicherheit nicht zu entscheiden, welche der beiden Formeln der Verbindung zukommt, und soll dieselbe deshalb schlechthin als Selencyanacetharnstoff bezeichnet werden.

Daß die ringförmige Verbindung, Selenhydantoincarbamid

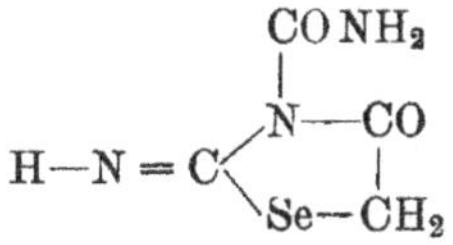

vorlag, war sowohl auf Grund der Blausäurereaktion, als auch der weiteren Umsetzungen völlig ausgeschlossen.

Bemerkenswert ist noch, daß der Selencyanacetharnstoff eine verhältnismäßig beständige Verbindung darstellt, während nach den Untersuchungen von G. Frerichs der entsprechende Rhodanacetharnstoff überhaupt nicht existenzfähig ist und sich entweder in die ringförmige Verbindung

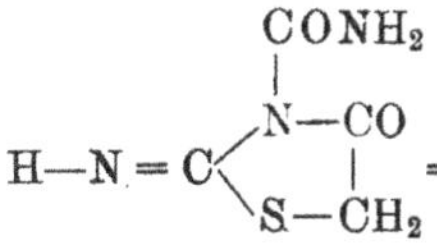

= Thiohydantoincarbamid

umlagert, oder unter Abspaltung von Cyansäure sich in Thiohydantoin verwandelt.

Da nun die Untersuchungen von G. Frerichs gezeigt haben, daß sich die Isorhodanacetylurethane, welche im Gegensatz zu den Harnstoffderivaten beständige Verbindungen darstellen, durch längeres Erhitzen ihrer Lösungen in die entsprechenden ringförmigen Verbindungen von der Formel

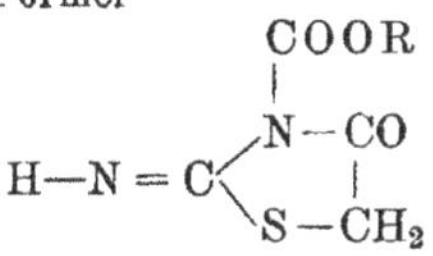

Thiohydantoincarbonsäureester — verwandeln, schien es möglich, auch den Selencyanacetharnstoff in die isomere Verbindung überzuführen, oder aber dadurch eine Abspaltung von Cyansäure und die Bildung von Selenhydantoin zu bewirken. Zu diesem Zwecke wurden 5 g

Selencyanacetharnstoff mit etwa 100 ccm Wasser erhitzt. Hierbei löste sich zuerst der Selencyanacetharnstoff ziemlich glatt auf, nach kurzer Zeit trat aber anscheinend eine Zersetzung ein, und es wurde ein starker Geruch nach Blausäure bemerkbar. Beim Erkalten schied sich ein krystallinischer Körper ab, welcher bei 214° unter Bräunung schmolz. Aus den Resultaten der Analyse dieses Körpers ergab sich nun, daß derselbe kein einheitlicher sein konnte, und es wurde deswegen versucht, denselben durch Umkrystallisieren zu reinigen. In heißem Alkohol löste sich nur ein ganz geringer Teil. Der hierbei ungelöst gebliebene Teil löste sich jedoch fast vollständig in heißem Eisessig und schied sich nach dem Erkalten als etwas gelbliche, krystallinische Massen ab. Der Schmelzpunkt dieses Körpers lag bei 221°.

Analysen:

1. 0,1928 g Substanz gaben 0,1438 g CO_2 = 0,0392 g C = 20,33 % C und 0,0548 g H_2O = 0,0061 g H = 3,16 % H.

2. 0,1656 g Substanz gaben bei 22° und 757 mm Druck 24 ccm feuchten N = 0,027 g N = 16,30 % N.

3. 0,1546 g Substanz gaben 0,0674 g Se = 43,60 % Se.

Diesen Zahlen entspricht nun die unitäre Formel $C_3H_5N_2SeO_2$, welche verlangt: 20 % C, 2,77 % H, 15,55 % N, 43,89 % Se; gefunden: 20,33 % C, 3,16 % H, 16,30 % N, 43,60 % Se.

Da nach dem Gesetz der paaren Atomzahlen diese Formel jedenfalls verdoppelt werden muß, so hatte die neue Verbindung wahrscheinlich die Zusammensetzung $C_6H_{10}N_4Se_2O_4$. Eine Verbindung dieser Formel kann aus 2 Molekülen Selencyanacetharnstoff durch Austritt von Cyan $(CN)_2$ entstehen. Letzterer kann nun jedenfalls nur aus der Selencyangruppe stattgefunden haben und die Zersetzung des Selencyanacetharnstoffes durch Kochen mit Wasser würde nach folgender Gleichung vor sich gegangen sein.

$$\begin{matrix} CO<^{NH_2}_{NH\,CO\,CH_2\,Se} & CN \\ CO<^{NH\,CO\,CH_2\,Se}_{NH_2} & CN \end{matrix} = (CN)_2 + \begin{matrix} CO<^{NH_2}_{NH\,CO\,CH_2\,Se} \\ \qquad\qquad\qquad\quad | \\ CO<^{NH\,CO\,CH_2\,Se}_{NH_2}. \end{matrix}$$

Es müßte demnach Dicyan aus 2 Molekülen Selencyanacetharnstoff ausgetreten sein und ist das Reaktionsprodukt aufzufassen als:

$$\text{Diselenglycolylharnstoff} \quad \begin{matrix} Se\,CH_2\,CO\,HN\,CO\,NH_2 \\ | \\ Se\,CH_2\,CO\,HN\,CO\,NH_2. \end{matrix}$$

Der Diselenglycolylharnstoff ist fast unlöslich in kaltem und heißem Alkohol, Aether und Essigäther, sowie in kaltem Eisessig, etwas leichter in heißem Eisessig.

Außer dem Diselenglycolylharnstoff konnte keine weitere Verbindung isoliert werden, obgleich es nicht unwahrscheinlich war, daß noch andere Körper entstanden waren, da die Analyse des nicht umkrystallisierten Körpers ziemlich abweichende Zahlen ergab. Die Menge der möglicherweise noch entstandenen Körper war aber so gering, daß die Isolierung bei der in Arbeit genommenen Menge nicht möglich war.

Eine analoge Reaktion wie die Abspaltung der Cyangruppe aus dem Selencyanacetharnstoff ist in der Litteratur bereits beschrieben. So erhielt V. Coblentz[1]) aus dem durch Einwirkung von Selencyankalium auf β-Bromäthylphtalimid entstandenen β-Selencyanäthylphtalimid durch Kochen mit 10%iger Natronlauge Aethyl β-diseleniddiphtalaminsäure im Sinne folgender Gleichung:

$$\begin{array}{ll} C_6H_4<\genfrac{}{}{0pt}{}{CO}{CO}>NH\,CH_2CH_2Se \;\vdots\; CN & \\ & + 2H_2O = \\ C_6H_4<\genfrac{}{}{0pt}{}{CO}{CO}>NH\,CH_2CH_2Se \;\vdots\; CN & \end{array}$$

$$(CN)_2 + \begin{array}{l} HOOC\cdot C_6H_4-CO\,NH\,CH_2CH_2Se \\ \qquad\qquad\qquad\qquad\qquad\quad | \\ HOOC\cdot C_6H_4-CO\,NH\,CH_2CH_2Se. \end{array}$$

In analoger Weise erhielt Coblentz aus γ-Selencyanpropylphtalimid Propyl-γ-diselenidphtalaminsäure.

Es wurde nun die Einwirkung von Ammoniak auf Selencyanacetharnstoff untersucht und zwar zunächst bei gewöhnlicher Temperatur.

3 g Selencyanacetharnstoff wurden mit 20 ccm 10%igem wässerigem Ammoniak übergossen, wobei die gelbliche Farbe in eine weiße überging, ohne daß selbst nach längerem Stehen Lösung eintrat. Der ungelöste Körper gab keine Blausäurereaktion mehr, schmolz bei 220° unter Zersetzung und erwies sich als mit dem Diselenglycolylharnstoff identisch.

Analysen:

1. 0,2180 g Substanz gaben bei 21° und 755 mm Druck 30,8 ccm feuchten N = 0,0348 g N = 15,96 % N.
2. 0,2194 g Substanz gaben 0,0945 g Se = 43,07 % Se.

	Gefunden:	Berechnet für die Formel $C_6H_{10}N_4Se_2O_4$:
N	15,96 %	15,55 %
Se	43,07 „	43,89 „.

Die Einwirkung von Ammoniak auf Selencyanacetharnstoff in der Wärme ergab ein wesentlich anderes Resultat.

---

[1]) Ber. d. d. chem. Ges. 24, 2131.

10 g Selencyanacetharnstoff wurden mit etwa 50 ccm 10%igem Ammoniak ungefähr $^1/_4$ Stunde lang gekocht, wobei eine kleine Menge ungelöst blieb. Die Flüssigkeit wurde heiß abfiltriert. Beim Erkalten schieden sich reichlich durch Selen etwas rötlich gefärbte Nadeln ab, welche gesammelt, mit wenig Wasser gewaschen und getrocknet wurden. Auf dem Platinblech allmählich erhitzt, sublimierten dieselben und gaben beim Verbrennen keine kornblumenblaue Flammenfärbung, wie sie für selenhaltige organische Substanzen charakteristisch ist. Zur Reinigung wurde die Verbindung in heißem Wasser gelöst und die filtrierte Lösung wieder eingedampft. Der in Nadeln krystallisierte Rückstand schmolz bei 215° und erwies sich als vollständig selenfrei.

Analysen:

1. 0,1140 g Substanz gaben 0,1492 g CO_2 = 0,0407 g C = 35,7 % C und 0,0435 g H_2O = 0,00483 g H = 4,23 % H.

2. 0,0731 g Substanz gaben bei 23° und 756 mm Druck 18,9 ccm feuchten N = 0,0211 g N = 28,92 % N.

Den gefundenen Zahlen entspricht nun eine Verbindung von der Formel $C_8H_4N_2O_2$.

Gefunden: 1.	2.	Berechnet für die Formel $C_8H_4N_2O_2$:
35,70%	—	C_8 = 36 = 36%
4,23 „	—	H_4 = 4 = 4 „
—	28,92%	N_2 = 28 = 28 „
—	—	O_2 = 32 = 32 „
		100 = 100%

Eine Verbindung von der unitären Formel $C_3H_4N_2O_2$ ist nun das Hydantoin $CO\left\langle\begin{array}{l}NH \cdot CO \\ \quad\quad | \\ NH \cdot CH_2\end{array}\right.$. Mit diesem teilte der gefundene Körper alle Eigenschaften, sodaß es keinem Zweifel unterliegt, daß die isolierte Verbindung mit dem Hydantoin identisch ist, zumal der Schmelzpunkt des Hydantoins ebenfalls bei 215° liegt.

Die von dem Hydantoin erhaltene Mutterlauge schied beim Stehen im offenen Becherglase bereits Selen ab, vermutlich infolge der in der Luft enthaltenen Säuredämpfe. Auf Zusatz von Salzsäure zu einer Probe der Mutterlauge trat reichlich Selenabscheidung ein unter Entwickelung von Blausäure. Beim Eindampfen der Mutterlauge hinterblieb eine durch reichliche Selenabscheidung rotbraun gefärbte, hygroskopische, krystallinische Masse. Dieselbe wurde mit etwas warmem Wasser versetzt und filtriert und wiederum eingedampft. Auch diesmal schied sich reichlich Selen ab und es resultierte eine ebensolche Masse wie vorher. Ein Teil derselben wurde mit Natronlauge erwärmt, wobei starke Ammoniakentwickelung auftrat. Ein anderer Teil wurde mit etwas Wasser versetzt und darauf mit Salzsäure angesäuert und bis zum Zusammenballen des hierbei ausgeschiedenen Selens gekocht. Das farblose Filtrat hinterließ beim Eindampfen eine weiße krystallinische Masse, die sich bei näherer Untersuchung als nur aus Chlorammon bestehend erwies. Da nun in der Mutterlauge nichts weiter nachzuweisen war als Blausäure, Ammoniak und Selen, so konnte in derselben nur Selencyanammonium enthalten sein.

Der bei der Behandlung des Selencyanacetharnstoffes mit heißem Ammoniak verbliebene unlösliche Rückstand bestand vermutlich aus Diselenglycolylharnstoff. Derselbe schmolz undeutlich bei etwa 210°.

Die Analyse ergab folgende Zahlen:

1. 0,1380 g Substanz gaben 0,0439 g Se = 31,81 % Se.

2. 0,1099 „ „ „ bei 21° und 754 mm Druck 21 ccm feuchten N = 0,0237 g N = 21,59 % N.

Diselenglycolylharnstoff verlangt dagegen 43,89% Se und 15,55% N,
gefunden 31,81 „ „ „ 21,59 % „.

Aller Wahrscheinlichkeit nach lag deshalb ein Gemisch von Diselenglycolylharnstoff mit dem selenfreien, stickstoffreichen Hydantoin vor, welches ja auch schwer löslich ist. Für ein solches Gemisch spricht auch der niedrige Schmelzpunkt von 210° (Hydantoin 215°, Diselenglycolylharnstoff 221°). Beim Erhitzen einer kleinen Probe im trockenen Reagenzglase trat ein aus feinen Nadeln bestehendes Sublimat auf, was ebenfalls für die Anwesenheit von Hydantoin spricht. Da die Menge der erhaltenen Verbindung zu gering war, mußte von einer Reinisolierung des Diselenglycolylharnstoffes abgesehen werden. Daß dieser entstanden ist, unterliegt wohl keinem Zweifel, da derselbe ja auch bei der Einwirkung von kaltem Ammoniak auf Selencyanacetharnstoff entsteht.

Die Einwirkung von heißem Ammoniak auf Selencyanacetharnstoff hatte also als Umsetzungsprodukte ergeben:

I. Hydantoin.

II. Selencyanammonium.

III. Diselenglycolylharnstoff.

Wie erklärt sich nun die Bildung dieser drei Verbindungen?

Die Bildung des Diselenglycolylharnstoffs erklärt sich auf dieselbe Weise, wie bei der Einwirkung von kaltem Ammoniak auf Selencyanacetharnstoff, durch Abspaltung von $(CN)_2$ aus 2 Molekülen Selencyanacetharnstoff.

Eine Erklärung für die Bildung des Hydantoins ergibt sich aus der von v. Baeyer[1]) aufgefundenen Bildungsweise des Hydantoins aus

[1]) Ber. d. d. chem. Ges. 8, 612.

Bromacetylharnstoff und alkoholischem Ammoniak. Erhitzt man Bromacetylharnstoff mit alkoholischem Ammoniak, so bildet sich Hydantoin nach folgender Gleichung:

$$CO\begin{cases} NH_2 \\ NHCOCH_2Br \end{cases} + NH_3 = NH_4Br + CO\begin{cases} NH-CO \\ \quad | \\ NH-CH_2. \end{cases}$$

Nun kann man annehmen, daß die Selencyangruppe — Se — C ≡ N oder — N = C = Se als elektronegativer Atomkomplex sich in manchen Fällen einem in organische Radikale eingetretenen Halogenatom ähnlich verhalten wird, also auch in derselben Weise gegen andere Gruppen ausgetauscht werden kann. Der Selencyanacetharnstoff vertritt dann also vollständig die Stelle des Brom- bezw. Chloracetylharnstoffes. Hierbei darf man wohl mit Recht annehmen, daß nur die Isoselencyangruppe — N = C = Se austauschbar ist, da in diesem Falle eine weniger feste Bindung vorliegt, als wenn das Selenatom direkt an Kohlenstoff gebunden ist. In letzterem Falle erklärt sich leichter die Bildung von Diselenglycolylharnstoff. Der Selencyanacetharnstoff tritt also bei diesen Umsetzungen als tautomere Verbindung auf, oder aber er besitzt die Konstitution einer Isoselencyanacetverbindung und es findet dann bei denjenigen Umsetzungen, bei welchen sich Diselenglycolylharnstoff bildet, immer erst eine molekulare Umlagerung der Selencyangruppe statt.

Der abgespaltene Selencyanwasserstoff bildet natürlich mit dem Ammoniak Selencyanammonium.

In ähnlicher Weise, wie hier die Selencyangruppe ausgetauscht wird, läßt sich die analoge Rhodangruppe des Rhodanessigsäureäthylesters, welcher nach Beckurts und G. Frerichs[1]) als Isorhodanessigsäureäthylester aufzufassen ist, durch Jod oder Brom ersetzen. Beim Erhitzen von Rhodanessigsäureäthylester mit Jodäthyl oder Bromäthyl auf 120° bildet sich nämlich Aethylrhodanid und Jod- oder Bromessigsäureäthylester[2]).

Um nun zu untersuchen, ob die Selencyangruppe auch gegen andere Atomkomplexe austauschbar ist, wurden die von G. Frerichs[3]) mit dem Chloracetylharnstoff angestellten Umsetzungen versucht.

Chloracetylharnstoff liefert beim Erhitzen mit benzolsulfinsaurem Natrium in alkoholischer Lösung Phenylsulfonacetylharnstoff:

$$CO<\begin{matrix} NH_2 \\ NHCOCH_2Cl \end{matrix} + C_6H_5SOONa = CO<\begin{matrix} NH_2 \\ NHCOCH_2SO_2C_6H_5 \end{matrix} + NaCl.$$

1) Journ. f. prakt. Chem. 1902, 172.

2) Beilstein, Handbuch d. organ. Chem. III. Aufl., Bd. I, S. 1228.

3) Arch. d. Pharm. 1899, 233.

Bei mehrstündigem Erhitzen einer alkoholischen Lösung von benzolsulfinsaurem Natrium mit Selencyanacetharnstoff schieden sich bereits in der siedenden, vorher klaren Flüssigkeit feine Krystallnadeln ab, deren Menge sich beim Erkalten und auf Zusatz von Wasser noch bedeutend vermehrte. Dieselbe Erscheinung tritt nach G. Frerichs bei der Einwirkung von benzolsulfinsaurem Natrium auf Chloracetylharnstoff ein. Die ausgeschiedenen Krystalle wurden gesammelt und aus Alkohol umkrystallisiert. Sie schmolzen dann bei 225°, enthielten Schwefel, aber kein Selen und zeigten im übrigen dieselben Eigenschaften wie der Phenylsulfonacetylharnstoff, namentlich reizten sie auch wie dieser zum Niesen.

Analyse:

0,1994 g Substanz gaben 0,1911 g $BaSO_4$ = 0,02624 g S = 13,16% S.

Phenylsulfonacetylharnstoff $C_9H_{10}N_2SO_4$ verlangt: 13,22% S,

gefunden: 13,16% „.

Es hatte somit der erwartete Austausch der Selencyangruppe gegen die Phenylsulfongruppe $C_6H_5SO_2$ stattgefunden. Die Selencyangruppe mußte hierbei natürlich an Natrium gebunden werden und die Mutterlauge mußte demnach Selencyannatrium enthalten. Sie verhielt sich auch vollständig wie eine verdünnte Lösung von Selencyannatrium und gab auf Zusatz von Salzsäure allmählich eine starke Selenabscheidung und starken Geruch nach Blausäure.

Von großem Interesse war die Entscheidung der Frage, ob die Selencyangruppe gegen die analoge Rhodangruppe austauschbar ist. Bei der Einwirkung von Rhodankalium auf Chloracetylharnstoff entsteht, wie bereits erwähnt, entweder nur Thiohydantoin oder nebenbei auch Thiohydantoincarbamid. Außerdem entsteht noch, wenn die Umsetzung in alkokolischer Lösung stattfindet, aus der bei dem Prozesse auftretenden Cyansäure und dem Alkohol Allophansäureäthylester.

Um die Einwirkung von Rhodankalium auf Selencyanacetharnstoff zu untersuchen, wurden 2 g des letzteren mit einer alkoholischen Lösung von etwa 2 g Rhodankalium einige Stunden am Steigerohr auf dem Wasserbade erwärmt. Die Flüssigkeit färbte sich dabei dunkel und es schied sich eine kleine Menge einer krystallinischen Verbindung aus, welche allem Anscheine nach mit Diselenglycolylharnstoff identisch war. Um das etwa entstandene Thiohydantoin zu isolieren, wurde die filtrierte Flüssigkeit mit Salzsäure angesäuert — wodurch eine starke Selenabscheidung und der Geruch nach Blausäure auftrat —, erhitzt und von dem ausgeschiedenen Selen abfiltriert. Das Filtrat wurde mit Ammoniak versetzt und zur Trockne verdampft. Der Rückstand wurde mit Wasser aufgenommen, wobei ein Teil ungelöst blieb, welcher höchstwahrscheinlich das Thiohydantoin darstellte, verunreinigt mit einer kleinen Menge Selen. Durch Umkrystallisieren aus heißem Wasser wurden aus demselben etwas gelblich gefärbte Nadeln erhalten, welche ihrem Aeußeren nach vollkommen dem Thiohydantoin glichen und sich auch, auf dem Platinbleche erhitzt, ohne vorher zu schmelzen, zersetzten. Die Analyse ergab, daß der Körper Schwefel aber kein Selen enthielt.

Analyse:

0,1013 g Substanz gaben 0,2026 g $BaSO_4$ = 0,02782 g S = 27,46% S.
Thiohydantoin $C_3H_4N_2SO$ verlangt: 27,58% S, gefunden: 27,46% S.

Die übrigen Umsetzungsprodukte, welche möglicherweise auftreten konnten, also Thiohydantoincarbamid und Allophansäureäthylester konnten nicht isoliert werden. Ein Austausch der Selencyangruppe durch die Rhodangruppe ist aber durch die Bildung von Thiohydantoin erwiesen und es läßt sich nach den beiden beschriebenen Versuchen wohl behaupten, daß die Selencyangruppe im Selencyanacetharnstoff in derselben Weise austauschbar ist, wie das Chloratom des Chloracetylharnstoffes.

Die Abspaltung der Cyangruppe aus dem Selencyanacetharnstoff erfolgt auch beim Erhitzen desselben bis über den Schmelzpunkt. Da aber hierbei eine weitergehende Zersetzung stattfindet, ist es notwendig ein Lösungsmittel anzuwenden, welches sonst keine Umsetzung bewirkt. Als solches erwies sich Anilin als anwendbar. 5 g Selencyanacetharnstoff wurden in einem trockenen Reagenzglase mit etwa 10 ccm Anilin über freier Flamme erhitzt, wobei ein unangenehm riechendes Gas in reichlicher Menge entwich. Nachdem die Gasentwickelung beendigt war, wurde das Reaktionsgemisch nach dem Erkalten mit Alkohol versetzt, wobei sich ein krystallinisches Pulver ausschied. Letzteres wurde mit Alkohol und dann mit Wasser gewaschen und getrocknet. Dasselbe schmolz bei 221° unter Braunfärbung und erwies sich als schwer löslich in den üblichen Lösungsmitteln, besaß also dieselben Eigenschaften wie der Diselenglycolylharnstoff.

Die Analyse ergab folgende Resultate:

1. 0,2304 g Substanz gaben 0,1720 g CO_2 = 0,047 g C = 20,39% C und 0,0536 g H_2O = 0,00595 g H = 2,60% H.

2. 0,1272 g Substanz gaben bei 18° und 756 mm Druck 17,2 ccm feuchten N = 0,01975 g N = 15,54% N.

3. 0,1308 g Substanz gaben 0,05767 g Se = 44,09% Se.

Diselenglycolylharnstoff $C_8H_{10}N_4Se_2O_4$ verlangt: 20% C, 2,77% H, 15,55% N, 44,89% Se; gefunden: 20,39% C, 2,60% H, 15,54% N, 44,09% Se.

Das Anilin nimmt bei diesem Versuche an der Umsetzung nicht teil und läßt sich, wie ein zweiter Versuch zeigte, auch durch Toluidin ersetzen.

Einwirkung von Selencyankalium auf Chloracetylmethylharnstoff.

110 g einer 10%igen Lösung von Selencyankalium in Alkohol wurden zum Sieden erhitzt und nach Zusatz von 6 Tropfen Salzsäure mit 10 g Chloracetylmethylharnstoff versetzt. Die Flüssigkeit, in der sich hierbei reichlich Chlorkalium abschied, wurde noch etwa drei Minuten im Sieden erhalten und dann filtriert. Das Filtrat wurde in einer flachen Schale einen Tag ruhig stehen gelassen, wobei sich reichlich schwach gelblich gefärbte Nadeln ausschieden. Dieselben wurden gesammelt, mit Wasser gewaschen und getrocknet und schmolzen bei 148—149° unter Zersetzung. In Alkohol und Essigäther waren dieselben löslich, weniger in Aether, und leicht löslich in heißem Alkohol und Eisessig.

Analysen:

1. 0,3190 g Substanz gaben 0,3210 g CO_2 = 0,08755 g C = 27,44% C und 0,0918 g H_2O = 0,0102 g H = 3,19% H.

2. 0,1379 g Substanz gaben 0,05016 g Se = 36,37% Se.

Gefunden: 1.	2.	Berechnet für die unitäre Formel $C_5H_7N_3SeO_2$:		
27,44%	—	C_5 =	60 =	27,28%
3,19 „	—	H_7 =	7 =	3,18 „
—	—	N_3 =	42 =	19,09 „
—	36,37%	Se =	79 =	35,91 „
—	—	O_2 =	32 =	14,54 „
			220 =	100,00%

Da der Körper nach dem Erhitzen mit Natronlauge Blausäurereaktion gab, so unterlag es keinem Zweifel, daß derselbe aus Selencyanacetmethylharnstoff, $CO<^{NHCH_3}_{NHCOCH_2SeCN}$, bestand und eine analoge Zusammensetzung besaß, wie der Selencyanacetharnstoff.

Verhalten des Selencyanacetmethylharnstoffs beim Kochen mit Wasser.

Beim Erwärmen von etwa 4 g Selencyanacetmethylharnstoff mit Wasser ging derselbe zunächst in Lösung. Beim Kochen dieser Lösung entwickelten sich bald außerordentlich stechend riechende Dämpfe, genau wie beim Erhitzen von Chloracetylmethylharnstoff mit Rhodankalium, wobei nach den Untersuchungen von G. Frerichs Methylcarbonimid, $CONCH_3$, auftritt. Nachdem solange gekocht war, bis kein Methylcarbonimid mehr entwich, schied sich beim Erkalten ein Krystallmehl ab, welches sich unter dem Mikroskop als aus kleinen Nadeln bestehend erwies. Der Schmelzpunkt derselben lag bei 183 bis 184°. Der Körper war wenig löslich in Alkohol, fast unlöslich in Aether und Essigäther, leichter löslich in Eisessig.

Analysen:

1. 0,1938 g Substanz gaben 0,1786 g CO_2 = 0,0487 g C = 25,12% C und 0,0597 g H_2O = 0,00663 g H = 3,42% H.

2. 0,1150 g Substanz gaben bei 23° und 752 mm Druck 15,4 ccm feuchten N = 0,01717 g N = 14,93% N.

3. 0,1206 g Substanz gaben 0,0484 g Se = 40,13% Se.

Gefunden: 1.	2.	3.	Berechnet für die Formel des Diselenglycolylmethylharnstoffs = $C_8H_{14}N_4Se_2O_4$:		
25,12%	—	—	C_8	= 96	= 24,74%
3,42 „	—	—	H_{14}	= 14	= 3,61 „
—	14,93%	—	N_4	= 56	= 14,43 „
—	—	40,13%	Se_2	= 158	= 40,72 „
—	—	—	O_4	= 64	= 16,50 „
				388	= 100,00%

Die gefundenen Zahlen stimmen also auf den zu erwartenden Diselenglycolylmethylharnstoff =

$$\begin{array}{l} SeCH_2CONHCONHCH_3 \\ | \\ SeCH_2CONHCONHCH_3. \end{array}$$

Aus der Mutterlauge war keine organische Verbindung zu isolieren, obgleich der bei der Reaktion auftretende Geruch nach Methylcarbonimid vermuten ließ, daß nebenbei auch eine gleiche oder ganz ähnliche Umsetzung stattgefunden habe, wie sie von G. Frerichs bei der Umsetzung zwischen Chloracetylmethylharnstoff und Rhodankalium festgestellt ist. Wahrscheinlich erleidet aber nur ein ganz geringer Teil des Selencyanacetmethylharnstoffes diese Umsetzung, so daß es nicht möglich war, das Reaktionsprodukt — es hätte hierbei Selenhydantoin entstehen müssen — ohne Anwendung von sehr großen Mengen des Ausgangsproduktes zu fassen. Die von dem Diselenglycolylmethylharnstoff abfiltrierte Mutterlauge hinterließ beim Eindampfen nur einen geringen schmierigen Rückstand, der durch ausgeschiedenes Selen rot gefärbt war.

Die Einwirkung von Ammoniak auf Selencyanacetmethylharnstoff bei gewöhnlicher Temperatur und in der Wärme wurde nicht weiter untersucht, da von derselben keine von den bei dem Selencyanacetharnstoff beschriebenen abweichende Reaktion erwartet wurde.

Die Einwirkung von Anilin in der Wärme verlief ebenfalls wie erwartet wurde, in dem der bei 183° schmelzende Diselenglycolylmethylharnstoff erhalten wurde.

Einwirkung von Selencyankalium auf Chloracetylphenylharnstoff.

80 g einer 10 %igen Lösung von Selencyankalium in Alkohol wurden zum Sieden erhitzt und nach Zusatz von 4 Tropfen Salzsäure mit 10 g Chloracetylphenylharnstoff versetzt. Die Mischung wurde

noch etwa 2 Minuten im Sieden erhalten, wobei sich reichlich Chlorkalium abschied. Letzteres wurde durch Filtration entfernt, und das Filtrat mit Wasser versetzt, bis dasselbe milchig trübe wurde. Nach einigem Stehen hatten sich reichlich flache, fast farblose Nadeln abgeschieden, welche gesammelt, mit verdünntem Alkohol und dann mit Wasser gewaschen und hierauf getrocknet wurden. Dieselben schmolzen bei 147—148^0 und waren löslich in Alkohol, Eisessig und Essigäther, wenig löslich in Aether.

Analysen:

1. 0,2296 g Substanz gaben 0,3555 g CO_2 = 0,0970 g C = 42,25 % C und 0,0642 g H_2O = 0,00713 g H = 3,11 % H.

2. 0,2310 g Substanz gaben 0,0643 g Se = 27,85 % Se.

Gefunden: 1.	2.	Berechnet für die Formel $C_{10}H_9N_3SeO_2$:		
42,25 %	—	C_{10}	= 120	= 42,55 %
3,11 „	—	H_9	= 9	= 3,19 „
—	—	N_3	= 42	= 14,89 „
—	27,85 %	Se	= 79	= 28,01 „
—	—	O_2	= 32	= 11,35 „
			282	= 99,99 %

Da der erhaltene Körper beim Erhitzen mit Natronlauge Blausäurereaktion gab, so lag unzweifelhaft Selencyanacetphenylharnstoff $CO<^{NHC_6H_5}_{NHCOCH_2SeCN}$ vor.

Verhalten des Selencyanacetphenylharnstoffes beim Kochen mit Wasser.

3 g Selencyanacetphenylharnstoff wurden mit etwa 50 ccm Wasser gekocht. Hierbei entwich ein stechend riechendes Gas und es hinterblieb ein anscheinend unlöslicher krystallinischer Rückstand, welcher heiß abfiltriert und mit heißem Wasser gewaschen und hierauf in heißem Eisessig gelöst wurde. Die Lösung wurde mit Wasser versetzt und es schied sich beim Erkalten ein Gemisch von Nadeln und Blättchen ab. Dieses jedenfalls aus zwei verschiedenen Körpern bestehende Gemisch wurde mit Essigäther behandelt, wodurch die Nadeln in Lösung gingen. Aus der Lösung schieden sich dann beim Verdunsten wieder lange Nadeln ab, welche bei 235^0 schmolzen und frei von Selen waren.

Die Analyse dieses Körpers ergab folgende Zahlen:
0,0798 g Substanz gaben 0,2154 g CO_2 = 0,05876 g C = 73,63 % C und 0,0388 g H_2O = 0,0043 g H = 5,39 % H.

Gefunden:	Berechnet für die Formel $C_{13}H_{12}N_2O$:
73,63 %	C_{13} = 156 = 73,58 %
5,39 „	H_{12} = 12 = 5,66 „
—	N_2 = 28 = 13,21 „
—	O = 16 = 7,54 „
	212 = 99,99 %

Der erhaltene Körper bestand unzweifelhaft aus symm. Diphenylharnstoff $CO<\begin{matrix}NHC_6H_5\\NHC_6H_5\end{matrix}$ zumal auch der Schmelzpunkt desselben bei 235° lag.

Die Analyse des in Essigäther unlöslichen Körpers, welcher nach dem Umkrystallisieren aus Eisessig bei 205° schmolz, ergab keine für den vermutlich entstandenen Diselenglycolylphenylharnstoff stimmende Zahlen. Der Kohlenstoffgehalt war etwas zu hoch und der Selengehalt etwas zu niedrig, wahrscheinlich enthielt also der Diselenglycolylphenylharnstoff noch etwas Diphenylharnstoff. Die Menge des Körpers war aber zu gering, um eine Reindarstellung des Diselenglycolylphenylharnstoffes erzielen zu können.

Da die Menge des beim Kochen hinterbliebenen Rückstandes nur etwa ⅓ des Gewichtes des angewendeten Selencyanacetphenylharnstoffes betrug, so war anzunehmen, daß in dem heißen Filtrate, in dem beim Erkalten nur eine schwach milchige Trübung entstanden war, noch ein Teil des Reaktionsproduktes gelöst war. Um dieses zu isolieren wurde die gesamte Flüssigkeit nach dem Erkalten mit Essigäther ausgeschüttelt, wobei die Flüssigkeit vollständig klar wurde. Die essigätherische Lösung wurde mit Chlorcalcium getrocknet und der Essigäther bei gelinder Temperatur verdunsten gelassen, wobei nur ein ganz geringer Rückstand hinterblieb. Die wässerige Flüssigkeit wurde nunmehr auf dem Wasserbade eingedampft und hierbei hinterblieb ein krystallinischer Rückstand, der aus wenig heißem Wasser umkrystallisiert schwach gelbliche, derbe Nadeln darstellte, die bei 190° unter Zersetzung schmolzen.

Analysen:

1. 0,1137 g Substanz gaben 0,0932 g CO_2 = 0,0254 g C = 22,34 % C und 0,0250 g H_2O = 0,00278 g H = 2,44 % H.

2. 0,1176 g Substanz gaben 0,0573 g Se = 48,71 % Se.

Diese Zahlen stimmen nun sehr gut für Selenhydantoin

$$H\cdot N:C\begin{matrix}\diagup NH\cdot CO\\ \quad\quad\;\; | \\ \diagdown Se-CH_2\end{matrix} = C_3H_4N_2SeO.$$

Gefunden: 1.	2.	Berechnet:
22,34%	—	C_9 = 36 = 22,09%
2,44 „	—	H_4 = 4 = 2,45 „
—	—	N_2 = 28 = 17,18 „
—	48,71%	Se = 79 = 48,46 „
—	—	O = 16 = 9,80 „
		163 = 99,98%

Durch das Erhitzen des Selencyanacetphenylharnstoffes mit Wasser waren also außer dem nicht rein erhaltenen Diselen glycolylphenylharnstoff entstanden:

I. Diphenylharnstoff,

II. Selenhydantoin.

Die Zersetzung des Selencyanacetphenylharnstoffes durch Erhitzen der wässerigen Lösung liefert also ganz die analogen Verbindungen wie die Einwirkung von Rhodankalium auf Chloracetylphenylharnstoff. Letztere verläuft in der Weise, daß der als nicht beständiges Zwischenprodukt auftretende Rhodanacetylphenylharnstoff sofort in Carbanil und Thiohydantoin zerfällt.

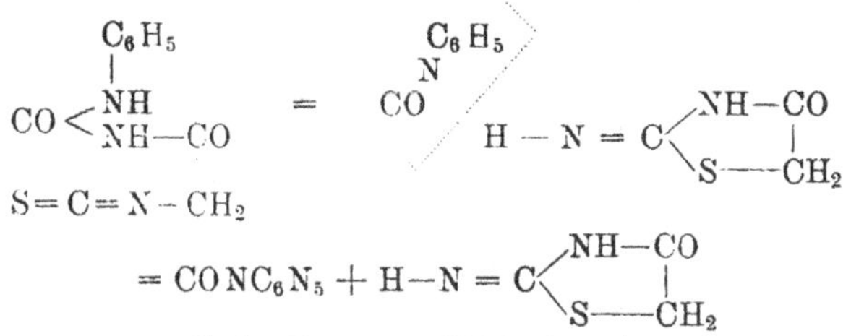

Carbanil Thiohydantoin.

Das Carbanil, welches zum geringen Teil sich verflüchtigt und den bei der Reaktion auftretenden stechenden Geruch bedingt, liefert dann durch die Einwirkung des heißen Wassers Diphenylharnstoff

$$2\,CONC_6H_5 + H_2O = CO{<}^{NHC_6H_5}_{NHC_6H_5} + CO_2.$$

Letzterer tritt auch bei der Zersetzung des Selencyanacetphenylharnstoffes auf. An Stelle des Thiohydantoins entsteht in letzterem Falle dann das Selenhydantoin.

Bei der Einwirkung von Ammoniak auf Selencyanacetphenylharnstoff wurde ein Gemisch verschiedener Körper erhalten, aus welchen sich der Diselenglycolylphenylharnstoff, dessen Darstellung beabsichtigt war, nicht rein isoliert werden konnte.

Die Untersuchung der Einwirkung von Selencyankalium auf Chloracetylharnstoffe hat also wesentlich andere Resultate ergeben, wie die Einwirkung von Rhodankalium auf dieselben. Während in letzterem Falle außerordentlich leicht eine ringförmige Verbindung, das Thiohydantoin, entsteht, gelang es nicht, aus dem Selencyanacetharnstoff und dem Selencyanacetmethylharnstoff, welche im Gegensatz zu den nicht existenzfähigen Rhodanverbindungen verhältnismäßig beständig sind, das dem Thiohydantoin entsprechende Selenhydantoin darzustellen, obgleich das bei der Zersetzung des Selencyanacetmethylharnstoffes auftretende Methylcarbonimid vermuten läßt, daß die Zersetzung zum Teil eine ähnliche ist, wie bei der Einwirkung von Rhodankalium auf Chloracetylmethylharnstoff. Die Zersetzung des Selencyanacetphenylharnstoffes verläuft dagegen wieder ganz analog wie diejenige des nicht beständigen Rhodanacetphenylharnstoffes.

Um nun zu untersuchen, ob etwa die Einwirkung von Selencyankalium auf das nächst höhere Homologe des Chloracetylharnstoffes bezw. die demselben entsprechende Bromverbindung, auf α-Brompropionylharnstoff in anderer Richtung verläuft, wurde zunächst aus Harnstoff und α-Brompropionylbromid der bisher in der Litteratur nicht beschriebene α-Brompropionylharnstoff $CO<^{NH_2}_{NH\,CO\,CH\,Br\,CH_3}$ dargestellt. Zu diesem Zwecke wurden 10 g getrockneter Harnstoff fein zerrieben in Aether suspendiert und das Gemisch mit 35 g α-Brompropionylbromid, welches in etwas Aether gelöst war, versetzt und auf dem Wasserbade bis zur Verdunstung des Aethers erwärmt. Der Rückstand wurde mit Wasser gewaschen und aus Alkohol umkrystallisiert. Es resultierten so kleine Nadeln, welche bei 162° schmolzen. Dieselben waren fast unlöslich in kaltem Wasser, wenig löslich in Aether und Essigäther, leicht löslich in heißem Wasser, heißem Alkohol und Eisessig. Wie Chloracetylharnstoff erzeugten sie auf der Haut Brennen.

Analysen:

1. 0,1330 g Substanz gaben bei 22° und 758 mm Druck 16,8 ccm feuchten N = 0,0190 g N = 14,27 % N.
2. 0,1264 g Substanz gaben 0,1206 g AgBr = 0,0513 g Br = 40,60 % Br.

Gefunden:		Berechnet für die Formel
1.	2.	$C_4H_7N_2BrO_2$:
—	—	C_4 = 48 = 24,61 %
—	—	H_7 = 7 = 3,59 „
14,27 %	—	N_2 = 28 = 14,35 „
—	40,60 %	Br = 80 = 41,02 „
—	—	O_2 = 32 = 16,41 „
		195 = 99,98 %

Einwirkung von Selencyankalium auf α-Brompropionylharnstoff.

35 g einer 10%igen Lösung von Selencyankalium in Alkohol wurden zum Sieden erhitzt und nach Zusatz von 2 Tropfen Salzsäure mit 5 g α-Brompropionylharnstoff versetzt und etwa 2 Minuten im Sieden erhalten, wobei sich reichlich Bromkalium abschied. Durch Filtration wurde das letztere entfernt und die Flüssigkeit sodann einen Tag stehen gelassen, wobei sich eine reichliche Menge farbloser flacher Nadeln ausgeschieden hatte. Dieselben wurden mit etwas verdünntem Alkohol und dann mit Wasser gewaschen und getrocknet. Die so erhaltenen Nadeln schmolzen bei 136° und waren löslich in Alkohol, Eisessig und Essigäther, weniger in Aether, leicht löslich in heißem Wasser und heißem Alkohol. Mit Natronlauge erhitzt gaben dieselben Blausäurereaktion.

Analysen:

1. 0,2256 g Substanz gaben 0,2246 g CO_2 = 0,0613 g C = 27,18 % C und 0,0680 g H_2O = 0,00756 g H = 3,35 % H.

2. 0,1676 g Substanz gaben 0,06004 g Se = 35,82 % Se.

Gefunden: 1.	2.	Berechnet für die Formel $C_5H_7N_3SeO_2$:
27,18 %	—	C_5 = 60 = 27,27 %
3,35 „	—	H_7 = 7 = 3,18 „
—	—	N_3 = 42 = 19,09 „
—	35,82 %	Se = 79 = 35,91 „
—	—	O_2 = 32 = 14,54 „
		220 = 99,99 %

Die gefundenen Zahlen stimmen also sehr gut auf α-Selencyanpropionylharnstoff $CO<^{NH_2}_{NH\,CO\,CH(Se\,CN)\,CH_3}$.

Wurde die wässerige Lösung des α-Selencyanpropionylharnstoffes längere Zeit im Sieden erhalten, so war keinerlei Gasentwickelung oder sonstige Veränderung zu bemerken. Beim längeren Stehen schied sich aus der Lösung ein Körper von derselben Krystallform und demselben Schmelzpunkte aus, welcher nach dem Erhitzen mit Natronlauge Blausäurereaktion gab. Es hatte sich der α-Selencyanpropionylharnstoff beim Kochen mit Wasser also anscheinend nicht verändert.

Einwirkung von Ammoniak auf α-Selencyanpropionylharnstoff.

Beim Erhitzen von α-Selencyanpropionylharnstoff mit 10%igem wässerigen Ammoniak trat anscheinend eine Umsetzung ein, jedoch war das Reaktionsprodukt nicht zu isolieren, da aus der Lösung beim längeren Stehen nichts auskrystallisierte und beim Eindampfen derselben ein durch abgeschiedenes Selen braungefärbter schmieriger Rückstand hinterblieb. Es wurde nun eine kleine Probe mit etwa 5 ccm alkoholischem Ammoniak etwa 5 Minuten im Sieden erhalten. Beim Erkalten schieden sich aus der Lösung fast farblose derbe Nadeln ab. Es wurde dieser Versuch nun mit etwa 3 g α-Selencyanpropionylharnstoff wiederholt, und es wurde auch hierbei ein Körper von derselben Krystallform erhalten. Der Schmelzpunkt sowohl dieses Körpers als auch des bei dem Vorversuche erhaltenen lag bei 179°, sodaß angenommen werden konnte, daß ein einheitlicher Körper vorlag.

Analysen:

1. 0,1793 g Substanz gaben 0,1818 g CO_2 = 0,0496 g C = 27,66 % C und 0,0530 g H_2O = 0,0059 g H = 3,29 % H.

2. 0,1716 g Substanz gaben bei 20° und 758 mm Druck 24,5 ccm feuchten N = 0,02795 g N = 16,27 % N.

3. 0,0910 g Substanz gaben 0,04088 g Se = 44,92 % Se.

Gefunden: 1.	2.	3.	Berechnet für die unitäre Formel $C_4H_6N_2SeO$:		
27,66 %	—	—	C_4	= 48 =	27,12 %
3,29 „	—	—	H_6	= 6 =	3,39 „
—	16,27 %	—	N_2	= 28 =	15,82 „
—	—	44,92 %	Se	= 79 =	44,63 „
—	—	—	O	= 16 =	9,04 „
				177 =	100,00 %

Dieser unitären Formel entspricht nun ein α-Methylselenhydantoin, H—N = 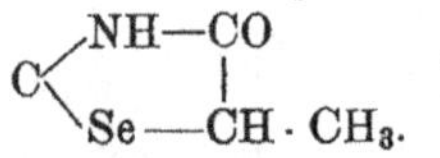 Es ist also die Einwirkung von alkoholischem Ammoniak auf α-Selencyanpropionylharnstoff in der Weise verlaufen, daß der letztere Cyansäure abspaltet und in α-Methylselenhydantoin übergeht, analog wie der nicht beständige Rhodanacetylharnstoff unter Abspaltung von Cyansäure Thiohydantoin liefert

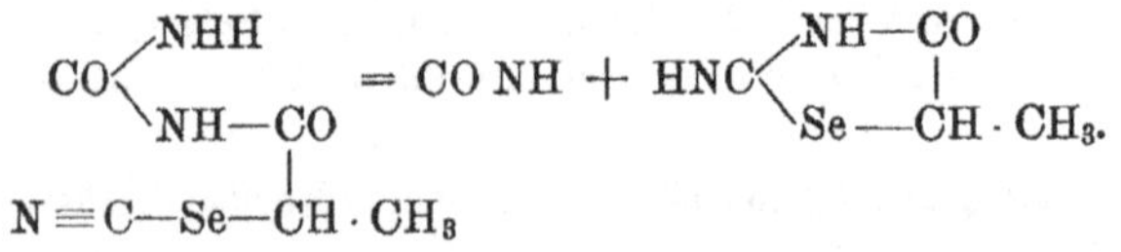

Ein Diselenlactylharnstoff konnte nicht isoliert werden.

Die Einwirkung von Ammoniak auf α-Selencyanpropionylharnstoff verläuft also wesentlich anders wie beim Selencyanacetharnstoff, auch scheint ersterer wesentlich beständiger zu sein.

Einwirkung von Selencyankalium auf Chloracetamid.

In 120 g einer zum Sieden erhitzten 10%igen Lösung von Selencyankalium in Alkohol wurden nach Zusatz von 4 Tropfen Salzsäure 7,5 g Chloracetamid eingetragen und die Flüssigkeit noch etwa 1 Minute lang im Sieden erhalten. Hierbei schied sich reichlich Chlorkalium ab, welches durch Filtration entfernt wurde. Das Filtrat wurde in einer flachen Schale verdunsten gelassen, wobei sich farblose, bis zu 10 cm lange und mehrere Millimeter dicke prismatische Krystalle ausschieden. Dieselben wurden mit etwas 30%igem Alkohol abgespült und getrocknet. Die auf diese Weise erhaltenen Krystalle schmolzen bei 123—124° und waren in Alkohol, Eisessig und Essigäther löslich, fast unlöslich in Aether, leicht löslich in heißem Wasser und heißem Alkohol.

Analysen:

1. 0,2990 g Substanz gaben 0,2452 g CO_2 = 0,0669 g C = 22,37% C und 0,0644 g H_2O = 0,00715 g H = 2,39% H.
2. 0,1906 g Substanz gaben 0,0920 g Se = 48,27% Se.

Gefunden: 1.	2.	Berechnet für die Formel $C_3H_4N_2SeO$:		
22,37%	—	C_3	= 36 =	22,09%
2,39 „	—	H_4	= 4 =	2,45 „
—	—	N_2	= 28 =	17,17 „
—	48,27%	Se	= 79 =	48,47 „
—	—	O	= 16 =	9,82 „
			163 =	100,00%

Mit Natronlauge erhitzt gab der erhaltene Körper Blausäurereaktion; es lag also zweifellos Selencyanacetamid, $\underset{\displaystyle SeCN}{\underset{|}{CH_2}}CONH_2$, vor.

Versuche aus dem Selencyanacetamid durch Einwirkung von Wasser und von Ammoniak das Diselenglycolsäureamid zu erhalten, waren vergeblich. Ebensowenig ließ sich dasselbe in Selenhydantoin überführen, während das analoge Isorhodanacetamid leicht in Thiohydantoin übergeht.

Einwirkung von Selencyankalium auf Chloracetyläthylurethan.

45 g einer 10%igen Lösung von Selencyankalium in Alkohol wurden zum Sieden erhitzt, nach Zusatz von 2 Tropfen Salzsäure mit 5 g Chloracetyläthylurethan versetzt und noch etwa 1 Minute lang im Sieden erhalten. Das hierbei ausgeschiedene Chlorkalium wurde durch Filtration entfernt. Da beim Erkalten und längerem

Stehen sich kein fester Körper ausschied, eine Probe der Flüssigkeit auch auf Zusatz von Wasser klar blieb, so wurde das Filtrat bei gelinder Wärme eingedampft, wobei ein öliger Rückstand hinterblieb, der durch ausgeschiedenes Selen rötlich gefärbt war und nach längerem Stehen nicht fest wurde. Dieser Rückstand wurde mit etwa 30 ccm Wasser aufgenommen und mit 30 ccm Aether ausgeschüttelt. Die ätherische Lösung wurde durch Chlorcalcium getrocknet, und dann der Aether bei gelinder Wärme verdunstet. Es hinterblieb wiederum ein öliger Rückstand, der nach mehrmonatlichem Stehen fest wurde, aber nicht umkrystallisiert werden konnte. Der erhaltene Körper gab nach dem Erhitzen mit Natronlauge Blausäurereaktion.

Analyse:

0,3242 g Substanz gaben 0,3634 g CO_2 = 0,0991 g C = 30,56 % C und 0,0990 g H_2O = 0,0110 g H = 3,39 % H.

Gefunden:	Berechnet für die Formel $C_6H_8N_2SeO_3$:
30,56 %	C_6 = 72 = 30,64 %
3,39 „	H_8 = 8 = 3,40 „
—	N_2 = 28 = 11,91 „
—	Se = 79 = 33,62 „
—	O_3 = 48 = 20,43 „
	235 = 100,00 %

Es war demnach der erhaltene Körper Selencyanacetäthylurethan $CO<^{OC_2H_5}_{NHCOCH_2SeCN}$.

Versuche, das Selencyanacetäthylurethan durch langes Erhitzen seiner Lösung in den isomeren Selenhydantoincarbonsäureester überzuführen, ergaben negative Resultate.

Einwirkung von Selencyankalium auf Chloracetanilid.

50 g einer 10 %igen Lösung von Selencyankalium in Alkohol wurden zum Sieden erhitzt und nach Zusatz von 3 Tropfen Salzsäure mit 5 g Chloracetanilid versetzt und auf dem Wasserbade noch etwa 1 Minute im Sieden erhalten. Das hierbei entstandene Chlorkalium wurde durch Filtration entfernt und das Filtrat bis zur eben eintretenden Trübung mit Wasser versetzt. Nach einigem Stehen hatten sich reichlich farblose Blättchen abgeschieden, welche mit etwas 30 %igem Alkohol und dann mit Wasser gewaschen und getrocknet wurden. Dieselben schmolzen bei 129° und waren leicht löslich in Alkohol und Essigäther, Aether und Eisessig und gaben nach dem Erhitzen mit Natronlauge Blausäurereaktion.

Analysen:

1. 0,2786 g Substanz gaben 0,4638 g CO_2 = 0,1265 g C = 45,40 % C und 0,0880 g H_2O = 0,00978 g H = 3,51 % H.

2. 0,2270 g Substanz gaben bei 18° und 757 mm Druck 24,2 ccm feuchten N = 0,02783 g N = 12,26 % N.

3. 0,5100 g Substanz gaben 0,1688 g Se = 33,10 % Se.

Gefunden: 1.	2.	3.	Berechnet für die Formel $C_9H_8N_2SeO$:		
45,40 %	—	—	C_9 =	108 =	45,18 %
3,51 „	—	—	H_8 =	8 =	3,35 „
—	12,26 %	—	N_2 =	28 =	11,72 „
—	—	33,10 %	Se =	79 =	33,06 „
—	—	—	O =	16 =	6,69 „
				239 =	100,00 %

Es war die erhaltene Verbindung somit Selencyanacetanilid $C_6H_5NHCO \cdot CH_2SeCN$.

Es wurde versucht, das Selencyanacetanilid in das isomere Phenylselenhydantoin überzuführen. Während die Umwandlung des analogen Rhodanacetanilides in Phenylthiohydantoin durch längeres Kochen mit Wasser leicht zu bewerkstelligen ist, gelang diese Umwandlung beim Selencyanacetanilid nicht. Es trat augenscheinlich zwar eine Zersetzung ein und es schieden sich beim Erkalten der Flüssigkeit auch Krystalle von anderer Form aus, dieselben gaben aber nach dem Erhitzen mit Natronlauge immer noch Blausäurereaktion und die Analyse ergab keine befriedigende Resultate. Auch wechselte der Schmelzpunkt der bei verschiedenen Versuchen erhaltenen Produkte sehr. Es lag somit entschieden ein Gemisch verschiedener Körper vor, aus welchen trotz vieler Versuche keine einheitliche Verbindung, weder Phenylselenhydantoin noch Diselenglycolsäureanilid isoliert werden konnte.

Einwirkung rauchender Salzsäure auf Selencyanacetanilid.

Wie in der Einleitung erwähnt wurde, erhielten Beckurts und Frerichs durch Einwirkung von rauchender Salzsäure auf Rhodanacetanilid das Carbaminthioglycolsäureanilid, $CH_2CONHC_6H_5$ (mit $SCONH_2$ am CH_2), welches

$$\begin{array}{l} CH_2CONHC_6H_5 \\ | \\ SCONH_2 \end{array}$$

sich durch partielle Verseifung der in der Rhodangruppe enthaltenen Cyangruppe bildet. Es wurde deshalb versucht, auch analoge Selenverbindungen darzustellen. 2 g Selencyanacetanilid wurden zu diesem Zwecke mit etwa 15 ccm rauchender Salzsäure erwärmt und die in kurzer Zeit entstandene Lösung mit etwa der doppelten Menge Wasser versetzt. Es entstand dadurch eine milchige Flüssigkeit, welche in kurzer Zeit durch reichliche Ausscheidung blätteriger Krystalle erstarrte. Letztere wurden mit Wasser gewaschen und getrocknet und schmolzen dieselben bei 118—119°. Beim Versuche, einen Teil derselben aus Alkohol umzukrystallisieren, zeigte es sich, daß dieselben sich leicht in Alkohol lösten, wurde die Lösung aber bis zum Sieden erhitzt, so trat eine lebhafte Gasentwickelung ein, welche längere Zeit anhielt. Beim Erkalten der Lösung schieden sich kleine farblose Nadeln ab, welche bei 158° schmolzen. Dieser Schmelzpunkt änderte sich auch nach nochmaligem Umkrystallisieren nicht mehr.

Die Analyse der bei 158° schmelzenden Verbindung ergab folgende Resultate:

1. 0,2137 g Substanz gaben 0,3538 g CO_2 = 0,0965 g C = 45,16% C und 0,0692 g H_2O = 0,00769 g H = 3,59% H.

2. 0,3193 g Substanz gaben bei 24° und 764 mm Druck 19,5 ccm feuchten N = 0,022 g N = 6,89% N.

3. 0,1467 g Substanz gaben 0,0546 g Se = 37,22% Se.

Die gefundenen Zahlen stimmen nun auf eine Verbindung von der unitären Formel C_8H_8NSeO.

Gefunden:			Berechnet für die Formel C_8H_8NSeO:		
1.	2.	3.			
45,16%	—	—	C_8	= 96 =	45,07%
3,59 „	—	—	H_8	= 8 =	3,76 „
—	6,89%	—	N	= 14 =	6,57 „
—	—	37,22%	Se	= 79 =	37,08 „
—	—	—	O	= 16 =	7,52 „
				213 =	100,00%

Dieser verdoppelten unitären Formel entspricht nun das Diselenglycolsäureanilid, $\begin{array}{l}SeCH_2CONHC_6H_5\\ |\\ SeCH_2CONHC_6H_5\end{array}$. Die Bildung dieser Verbindung erklärt sich sehr leicht dadurch, daß das zunächst aus dem Selencyanacetanilid durch die Einwirkung der rauchenden Salzsäure entstandene Carbaminselenglycolsäureanilid durch das Erhitzen der alkoholischen Lösung in analoger Weise wie das Carbaminthioglycolsäureanilid Cyansäure abspaltet, und das auf diese Weise entstandene Selenglycolsäureanilid durch Oxydation in Diselenglycolsäureanilid übergeht.

I. $C_6H_5NHCOCH_2SeCN + H_2O = C_6H_5NHCOCH_2SeCONH_2$.
Selencyanacetanilid — Carbaminselenglycolsäureanilid

II. $C_6H_5NHCOCH_2Se$ / $CONHH$ $= C_6H_5NHCOCH_2SeH + CONH$.
Carbaminselenglycolsäureanilid — Selenglycolsäureanilid — Cyansäure

$$\text{III.}\quad \begin{matrix} C_6H_5NHCOCH_2SeH \\ C_6H_5NHCOCH_2SeH \end{matrix} + O = \begin{matrix} C_6H_5NHCOCH_2Se \\ | \\ C_6H_5NHCOCH_2Se \end{matrix} + H_2O.$$

Selenglycolsäureanilid　　　　Diselenglycolsäureanilid

Der beim Erhitzen des Selencyanacetanilids mit rauchender Salzsäure zuerst erhaltene Körper vom Schmp. 118—119° stellte deshalb höchstwahrscheinlich das Carbaminselenglycolsäureanilid dar. Da derselbe sich nicht unzersetzt umkrystallisieren ließ, so wurde das erhaltene Produkt direkt einer Analyse unterworfen.

1. 0,2548 g Substanz gaben 0,4071 g CO_2 = 0,1110 g C = 43,56 % C und 0,0907 g H_2O = 0,0101 g H = 3,96 % H.

2. 0,3130 g Substanz gaben bei 23° und 760 mm Druck 29,9 ccm feuchten N = 0,0337 g N = 10,79 % N.

Gefunden: 1.	2.	Berechnet für die Formel $C_9H_{10}N_2SeO_2$:		
43,56 %	—	C_9	= 108	= 42,02 %
3,96 „	—	H_{10}	= 10	= 3,89 „
—	10,79 %	N_2	= 28	= 10,89 „
—	—	Se	= 79	= 30,74 „
—	—	O_2	= 32	= 12,45 „
			257	= 99,99 %

Die Analyse stimmt auf das Carbaminselenglycolsäureanilid $C_6H_5NHCOCH_2SeCONH_2$ nur annähernd, sodaß angenommen werden muß, daß dasselbe bei der Einwirkung von rauchender Salzsäure auf Selencyanacetanilid zwar entsteht, daß aber gleichzeitig schon eine Zersetzung stattfindet, und deshalb die Reindarstellung schwierig ist. Ein zweiter Versuch, dasselbe rein zu erhalten, ergab einen Körper, der bei 139° schmolz. In diesem Falle war die Zersetzung wohl bereits weiter vor sich gegangen und es gelang auch den erhaltenen Körper durch Erwärmen mit verdünntem Alkohol vollends in Diselenglycolsäureanilid überzuführen.

Daß der bei 118—119° schmelzende Körper zum größten Teil wenigstens aus Carbaminselenglycolsäureanilid besteht, geht daraus hervor, daß derselbe ganz analoge Reaktionen zeigte, wie das entsprechende Carbaminthioglycolsäureanilid. So trat beim Ansäuern der ammoniakalischen Lösung des Körpers eine deutliche Entwickelung von Cyansäure auf, welche leicht an dem äußerst stechenden Geruche erkannt wurde. Ferner entstanden beim Versetzen der ammoniakalischen Lösung mit ammoniakalischer Kupfersulfatlösung ebensolche graugelbe Niederschläge, wie bei dem Carbaminthioglycolsäureanilid und es ließ sich aus dem Niederschlage auch eine Verbindung isolieren, welche, wie das Cuprothioglycolsäureanilid, ein braunes Pulver darstellte und jedenfalls als Cuproselenglycolsäureanilid

$$\begin{array}{l} Cu\,Se\,CH_2\,CO\,NH\,C_6H_5 \\ | \\ Cu\,Se\,CH_2\,CO\,NH\,C_6H_5 \end{array}$$

aufzufassen ist.

Die Kupferbestimmung ergab folgendes Resultat:

0,2679 g Substanz gaben 0,0760 g Cu_2S = 0,0607 g Cu = 22,65% Cu.

Die Formel $C_{16}H_{16}N_2Se_2Cu_2$ verlangt: 22,93% Cu,
gefunden: 22,65% Cu.

Das dem Thioglycolsäureanilid entsprechende Selenglycolsäureanilid $HSe\,CH_2\,CO\,NH\,C_6H_5$ konnte nicht erhalten werden, da dasselbe außerordentlich leicht oxydierbar zu sein scheint, jedenfalls noch leichter, als das Thioglycolsäureanilid, welches auch schon durch den Sauerstoff der Luft in Dithioglycolsäureanilid übergeht.

Einwirkung von Ammoniak auf Selencyanacetanilid.

2 g Selencyanacetanilid wurden mit etwa 10 ccm wässerigem Ammoniak erhitzt, wobei sich die Krystalle augenscheinlich veränderten, ohne sich zu lösen. Sie waren schließlich zu einer käsigen Masse zusammengeballt, welche durch Umkrystallisieren aus Alkohol kleine farblose Nadeln lieferte, die bei 158° schmolzen, also denselben Schmelzpunkt zeigten, wie das Diselenglycolsäureanilid, mit welchem sie auch in ihren übrigen Eigenschaften übereinstimmten. Auch ein Gemisch dieser Verbindung mit dem auf die oben beschriebene Weise erhaltenen Diselenglycolsäureanilid zeigte denselben Schmelzpunkt, sodaß also die Bildung von Diselenglycolsäureanilid bei der Einwirkung von Ammoniak auf Selencyanacetanilid mit Sicherheit nachgewiesen ist.

Auch beim Erhitzen von Selencyanacetanilid mit Anilin wurde Diselenglycolsäureanilid erhalten, wobei gleichzeitig ein Geruch nach Dicyan auftrat.

Aus den hier beschriebenen Versuchen geht hervor, daß die Bildung von Diselenglycolsäureanilid aus dem Selencyanacetanilid auf zweierlei Weise verlaufen kann. Bei der Einwirkung von rauchender Salzsäure erfährt die Cyangruppe der Selencyangruppe eine partielle Verseifung, es wird dann Cyansäure abgespalten und durch Oxydation entsteht anstatt Selenglycolsäureanilid Diselenglycolsäureanilid. Bei der Einwirkung von Ammoniak oder Anilin auf Selencyanacetanilid wird dagegen wie beim Selencyanacetharnstoff aus zwei Molekülen ein Molekül Dicyan abgespalten und so direkt das Diselenglycolsäureanilid gebildet.

Selencyanacet-o-toluidid

$$C_6H_4<{CH_3 \atop NHCOCH_2SeCN} = C_{10}H_{10}N_2SeO.$$

4 g Selencyannatrium wurden in etwa 30 ccm siedendem Alkohol gelöst und nach Zusatz von 3 Tropfen Salzsäure mit 5 g Chloracet-o-toluidid versetzt. Nunmehr wurde die Flüssigkeit, in der sich reichlich Chlornatrium abschied, noch etwa 1 Minute lang im Sieden erhalten und filtriert. Das Filtrat wurde mit soviel Wasser versetzt, daß dasselbe noch eben klar blieb. Nach etwa 24stündigem Stehen hatten sich reichlich fast farblose Nadeln abgeschieden. Dieselben wurden mit etwas verdünntem Alkohol und dann mit Wasser gewaschen und getrocknet. Der so erhaltene Körper schmolz bei 126°, war leicht löslich in Alkohol, Eisessig und Essigäther, weniger in Aether und gab nach dem Erhitzen mit Natronlauge Blausäurereaktion.

Analysen:

1. 0,2300 g Substanz gaben 0,4021 g CO_2 = 0,1096 g C = 47,65% C und 0,0784 g H_2O = 0,0087 g H = 3,78% H.

2. 0,2723 g Substanz gaben bei 20° und 759 mm Druck 27,6 ccm feuchten N = 0,0315 g N = 11,58% N.

Gefunden: 1.	2.	Berechnet für die Formel $C_{10}H_{10}N_2SeO$:
47,65%	—	C_{10} = 120 = 47,43%
3,78 „	—	H_{10} = 10 = 3,95 „
—	11,58%	N_2 = 28 = 11,06 „
—	—	Se = 79 = 31,22 „
—	—	O = 16 = 6,32 „
		253 = 99,98%

Diselenglycolsäure-o-toluidid

$$\begin{array}{l} SeCH_2CONHC_6H_4CH_3 \\ | \\ SeCH_2CONHC_6H_4CH_3 \end{array} = C_{18}H_{20}N_2Se_2O_2.$$

Da sich das Selencyanacet-o-toluidid beim Erwärmen mit rauchender Salzsäure nicht löste, wurde dasselbe, etwa 2 g, erst in Eisessig (etwa 10 ccm) durch Erwärmen gelöst und zu dieser Lösung etwa 6 ccm rauchende Salzsäure hinzugefügt. Die Flüssigkeit färbte sich hierbei gelblich und entwickelte reichlich Gasblasen. Dieselbe wurde in etwa 30 ccm Wasser filtriert und es schieden sich aus der stark milchig getrübten Flüssigkeit nach dem Erkalten gelbe krystallinische Massen ab. Dieselben wurden gesammelt, mit Wasser gewaschen und dann in etwa 30 ccm Alkohol durch Erwärmen gelöst, wobei reichlich Cyansäure entwich. Auf Zusatz von Wasser bis zur schwachen Trübung erstarrte die Flüssigkeit beim Erkalten zu einem Krystallbrei von farblosen Nadeln, welche mit wenig verdünntem Alkohol gewaschen und getrocknet wurden. Dieselben schmolzen bei 174—175°, waren wenig löslich in kaltem Alkohol, Eisessig, Aether und Essigäther, leicht löslich in heißem Alkohol.

Analysen:

1. 0,2372 g Substanz gaben 0,4134 g CO_2 = 0,1127 g C = 47,51% C und 0,0887 g H_2O = 0,00986 g H = 4,15% H.

2. 0,2340 g Substanz gaben 0,081 g Se = 34,62% Se.

Gefunden: 1.	2.	Berechnet für die Formel $C_{18}H_{20}N_2Se_2O_2$:
47,51%	—	C_{18} = 216 = 47,57%
4,15 „	—	H_{20} = 20 = 4,40 „
—	—	N_2 = 28 = 6,17 „
—	34,62%	Se_2 = 158 = 34,82 „
—	—	O_2 = 32 = 7,04 „
		454 = 100,00%

Das Carbaminselenglycolsäure-o-toluidid konnte in reinem Zustande nicht erhalten werden, jedenfalls entsteht dasselbe aber als erstes Produkt bei der Einwirkung von rauchender Salzsäure auf Selencyanacet-o-toluidid. Auch bei den noch zu beschreibenden Versuchen konnte zwar stets die Bildung der Carbaminselenglycolsäureverbindungen beobachtet werden, doch konnten dieselben mit Ausnahme des Carbaminselenglycolsäuremethylanilids und -benzylanilids nicht rein isoliert werden.

Selencyanacet-m-toluidid

$$C_6H_4{<}^{CH_3}_{NHCOCH_2SeCN} = C_{10}H_{10}N_2SeO.$$

Selencyanacet-m-toluidid wurde aus Selencyannatrium und Chloracet-m-toluidid ebenso dargestellt, wie das Selencyanacet-o-toluidid aus Chloracet-o-toluidid, und bildete farblose Nadeln. Dieselben schmolzen bei 136° und waren löslich in Alkohol, Eisessig und Aether, leicht löslich in Essigäther und heißem Alkohol.

Analysen:

1. 0,2624 g Substanz gaben bei 20° und 758 mm Druck 26,3 ccm feuchten N = 0,0300 g N = 11,44% N.

2. 0,1968 g Substanz gaben 0,3428 g CO_2 = 0,0935 g C = 47,51% C und 0,0678 g H_2O = 0,00753 g H = 3,82% H.

3. 0,2442 g Substanz gaben 0,07663 g Se = 31,38% Se.

Die Formel $C_{10}H_{10}N_2SeO$ verlangt, wie bei Selencyanacet-o-toluidid angegeben 47,43% C, 3,95% H, 11,06% N, 31,22% Se; gefunden: 47,51% C, 3,82% H, 11,44% N, 31,38% Se.

Diselenglycolsäure-m-toluidid

$$\begin{array}{l} SeCH_2CONHC_6H_4CH_3 \\ | \\ SeCH_2CONHC_6H_4CH_3 \end{array} = C_{18}H_{20}N_2Se_2O_2.$$

Diese Verbindung wurde aus Selencyanacet-m-toluidid auf dieselbe Weise erhalten, wie Diselenglycolsäure-o-toluidid aus Selencyanacet-o-toluidid, und zwar als feine, etwas gelbliche, verfilzte Nadeln, welche bei 158° schmolzen Dieselben waren löslich in Alkohol, weniger in Eisessig, Aether und Essigäther.

Analysen:

1. 0,1491 g Substanz gaben 0,2634 g CO_2 = 0,07183 g C = 48,18% C und 0,0584 g H_2O = 0,0065 g H = 4,36% H.

2. 0,2048 g Substanz gaben 0,0715 g Se = 34,91% Se.

Die Formel $C_{18}H_{20}N_2Se_2O_2$ verlangt, wie bei Diselenglycolsäure-o-toluidid angegeben: 47,57% C, 4,40% H, 34,82% Se; gefunden: 48,18% C, 4,36% H, 34,91% Se.

Selencyanacet-p-toluidid

$$C_6H_4\!<\!\begin{array}{l}CH_3\\NHCOCH_2SeCN\end{array} = C_{10}H_{10}N_2SeO.$$

Selencyanacet-p-toluidid wurde aus Chloracet-p-toluidid und Selencyannatrium in derselben Weise erhalten wie Selencyanacet-o-toluidid aus Chloracet-o-toluidid und zwar als flache Nadeln, welche bei 160° schmolzen. Dieselben waren löslich in Alkohol, Eisessig, Aether und Essigäther, leicht löslich in heißem Alkohol.

Analysen:

1. 0,2262 g Substanz gaben 0,3968 g CO_2 = 0,1082 g C = 47,83% C und 0,0786 g H_2O = 0,00873 g H = 3,86% H.

2. 0,2172 g Substanz gaben bei 22° und 740 mm Druck 22,8 ccm feuchten N = 0,0251 g N = 11,57% N.

3. 0,3552 g Substanz gaben 0,1119 g Se = 31,50% Se.

Die Formel $C_{10}H_{10}N_2SeO$ verlangt, wie beim Selencyanacet-o-toluidid angegeben 47,43% C, 3,95% H, 11,06% N, 31,22% Se; gefunden: 47,83% C, 3,86% H, 11,57% N, 31,50% Se.

Diselenglycolsäure-p-toluidid

$$\begin{array}{l} SeCH_2CONHC_6H_4CH_3 \\ | \\ SeCH_2CONHC_6H_4CH_3 \end{array} = C_{18}H_{20}N_2Se_2O_2.$$

Dieser Körper wurde aus Selencyanacet-p-toluidid in derselben Weise erhalten wie Diselenglycolsäure-o-toluidid aus Selencyanacet-o-toluidid und zwar als farblose Nadeln, welche bei 174° schmolzen. Dieselben waren löslich in Alkohol, Eisessig, Aether und Essigäther, leichter in heißem Alkohol.

Analysen:

1. 0,2172 g Substanz gaben 0,3786 g CO_2 = 0,1032 g C = 47,51% C und 0,0829 g H_2O = 0,0092 g H = 4,24% H.

2. 0,1678 g Substanz gaben 0,05846 g Se = 34,84% Se.

Die Formel $C_{18}H_{20}N_2Se_2O_2$ verlangt, wie bei Diselenglycolsäure-o-toluidid angegeben 47,57% C, 4,40% H, 34,82% Se; gefunden: 47,51% C, 4,24% H, 34,84% Se.

Selencyanacet-m-xylidid (asymm.)

$$C_6H_3{<}^{(CH_3)_2}_{NHCOCH_2SeCN} = C_{11}H_{12}N_2SeO.$$

45 g einer 10%igen Lösung von Selencyankalium in Alkohol wurden zum Sieden erhitzt und nach Zusatz von zwei Tropfen Salzsäure mit 5 g Chloracet-m-xylidid versetzt und noch etwa eine Minute im Sieden erhalten. Das hierbei ausgeschiedene Chlorkalium wurde durch Filtration entfernt und das Filtrat bis zur eben noch verschwindenden Trübung mit Wasser versetzt. Beim Erkalten erstarrte die ganze Flüssigkeit zu einem Krystallbrei aus fast farblosen Nadeln. Dieselben wurden gesammelt, mit etwas verdünntem Alkohol und dann mit Wasser gewaschen und getrocknet. Der erhaltene Körper schmolz bei 148° und war löslich in Alkohol und Aether, leicht löslich in Eisessig, Essigäther und heißem Alkohol.

Analysen:

1. 0,2231 g Substanz gaben 0,4056 g CO_2 = 0,1106 g C = 49,57% C und 0,0872 g H_2O = 0,00969 g H = 4,34% H.

2. 0,2208 g Substanz gaben 0,06478 g Se = 29,34% Se.

Gefunden: 1.	2.	Berechnet für die Formel $C_{10}H_{12}N_2SeO$:		
49,57%	—	C_{10}	= 132	= 49,44%
4,34 „	—	H_{12}	= 12	= 4,49 „
—	—	N_2	= 28	= 10,49 „
—	29,34%	Se	= 79	= 29,58 „
—	—	O	= 16	= 5,99 „
			267	= 99,99%

Diselenglycolsäure-m-xylidid (asymm.)

$$\begin{array}{l} SeCH_2CONHC_6H_3(CH_3)_2 \\ | \\ SeCH_2CONHC_6H_3(CH_3)_2 \end{array} = C_{20}H_{24}N_2Se_2O_2.$$

2 g Selencyanacet-m-xylidid wurden in 15 ccm heißem Eisessig gelöst und mit etwa 10 ccm rauchender Salzsäure versetzt. Unter lebhafter Gasentwickelung färbte sich die Flüssigkeit gelblich. Die klare Lösung wurde in etwa die doppelte Menge Wasser gegossen, wobei sich eine gelbliche zähe Masse abschied, die bald krystallinisch wurde. Diese wurde in heißem Alkohol gelöst und die filtrierte Lösung

mit Wasser bis zur eben eintretenden Trübung versetzt. Alsbald erstarrte die ganze Flüssigkeit gallertartig krystallinisch. Nach einigem Stehen wurde die Mutterlauge durch Absaugen entfernt und die gallertartige Masse mit etwas verdünntem Alkohol gewaschen und darauf getrocknet. Es hinterblieb so ein weißes Pulver, daß unter dem Mikroskope keine deutliche krystallinische Struktur erkennen ließ. Dasselbe schmolz bei 184° und war wenig löslich in Alkohol, Eisessig, Aether und Essigäther, leichter in heißem Alkohol.

Analysen:

1. 0,2412 g Substanz gaben 0,4436 g CO_2 = 0,1210 g C = 50,16 % C und 0,1032 g H_2O = 0,01147 g H = 4,75 % H.

2. 0,1824 g Substanz gaben 0,0600 g Se = 32,89 % Se.

Gefunden: 1.	2.	Berechnet für die Formel $C_{20}H_{24}N_2Se_2O_2$:		
50,16 %	—	C_{20}	= 240 =	49,79 %
4,75 „	—	H_{24}	= 24 =	4,98 „
—	—	N_2	= 28 =	5,81 „
—	32,89 %	Se_2	= 158 =	32,78 „
—	—	O_2	= 32 =	6,64 „
			482 =	100,00 %

Selencyanacet-p-xylidid

$$C_6H_3{<}{(CH_3)_2 \atop NH\,CO\,CH_2\,Se\,CN} = C_{10}H_{12}N_2SeO.$$

Auf die beim Selencyanacet-m-xylidid beschriebene Darstellungsweise wurde aus Chloracet-p-xylidid und Selencyankalium das Selencyanacet-p-xylidid dargestellt. Es wurde in Form farbloser, leichter Nadeln erhalten, welche bei 144—146° schmolzen. Die Löslichkeitsverhältnisse waren dieselben wie die des Selencyanacet-m-xylidids.

Analysen:

1. 0,2801 g Substanz gaben 0,5102 g CO_2 = 0,1391 g C = 49,66 % C und 0,1112 g H_2O = 0,01235 g H = 4,41 % H.

2. 0,1948 g Substanz gaben bei 28° und 766 mm Druck 19,5 ccm feuchten N = 0,02145 g N = 11,01 % N.

3. 0,2777 g Substanz gaben 0,0838 g Se = 30,18 % Se.

Die Formel $C_{11}H_{12}N_2SeO$ verlangt, wie bei Selencyanacet-m-xylidid angegeben: 49,44 % C, 4,49 % H, 10,49 % N, 29,58 % Se; gefunden: 49,66 % C, 4,41 % H, 11,01 % N, 30,18 % Se.

Diselenglycolsäure-p-xylidid

$$\begin{array}{l} Se\,CH_2\,CO\,NH\,C_6H_3(CH_3)_2 \\ | \\ Se\,CH_2\,CO\,NH\,C_6H_3(CH_3)_2 \end{array} = C_{20}H_{24}N_2Se_2O_2.$$

Diese Verbindung wurde aus Selencyanacet-p-xylidid in derselben Weise dargestellt wie Diselenglycolsäure-m-xylidid aus Selencyanacet-m-xylidid und wurde so als ein wenig krystallinisch ausgebildetes, schwach gelbliches Pulver erhalten, welches bei 180—181° schmolz und dessen Löslichkeitsverhältnisse dieselben waren wie die des Diselenglycolsäure-m-xylidids.

Analysen:

1. 0,2175 g Substanz gaben 0,3924 g CO_2 = 0,1070 g C = 49,19 % C und 0,0924 g H_2O = 0,0103 g H = 4,73 % H.

2. 0,2428 g Substanz gaben 0,0786 g Se = 32,37 % Se.

Die Formel $C_{20}H_{24}N_2Se_2O_2$ verlangt, wie beim Diselenglycolsäure-m-xylidid angegeben: 49,79 % C, 4,98 % H, 32,78 % Se; gefunden: 49,19 % C, 4,73 % H, 32,37 % Se.

Selencyanacet-m-chloranilid

$$C_6H_4<^{Cl}_{NHCOCH_2SeCN} = C_9H_7ClN_2SeO.$$

3,5 g Selencyannatrium wurden in etwa 30 ccm siedendem Alkohol gelöst und nach Zusatz von 2 Tropfen Salzsäure mit 5 g Chloracet-m-chloranilid versetzt. Nachdem die Flüssigkeit noch etwa 1 Minute im Sieden erhalten war, wobei sich reichlich Chlornatrium abschied, wurde letzteres durch Filtrieren entfernt. Aus dem Filtrat schieden sich nach Zusatz von Wasser bis zur eintretenden Trübung beim Erkalten reichlich etwas rötlich gefärbte, verfilzte Nadeln ab. Dieselben wurden nach dem Waschen mit verdünntem Alkohol und sodann mit Wasser, aus Alkohol umkrystallisiert und wurden so farblos erhalten. Der Schmelzpunkt derselben lag bei 117—118°. Die Verbindung löste sich leicht in Alkohol, Eisessig, Aether und Essigäther.

Analysen:

1. 0,2623 g Substanz gaben 0,3838 g CO_2 = 0,1047 g C = 39,91 % C und 0,0568 g H_2O = 0,0063 g H = 2,40 % H.

2. 0,2414 g Substanz gaben 0,2984 g Ag_2SeO_3 = 0,06873 g Se = 28,47 % Se und 0,1310 g AgCl = 0,0323 g Cl = 13,37 % Cl.

Gefunden: 1.	Gefunden: 2.	Berechnet für die Formel $C_9H_7ClN_2SeO$:		
39,91 %	—	C_9	= 108	= 39,50 %
2,40 „	—	H_7	= 7	= 2,56 „
—	13,37 %	Cl	= 35,4	= 12,95 „
—	—	N_2	= 28	= 10,25 „
—	28,47 „	Se	= 79	= 28,89 „
—	—	O	= 16	= 5,85 „
			273,4	= 100,00 %

Diselenglycolsäure-m-chloranilid

$$\begin{array}{l} Se\,CH_2CONHC_6H_4Cl \\ | \\ Se\,CH_2CONHC_6H_4Cl \end{array} = C_{16}H_{14}N_2Cl_2Se_2O_2.$$

Bei den halogensubstituierten Aniliden war das zur Darstellung von Diselenglycolsäureverbindungen aus Selencyanacetverbindungen bisher angewendete Verfahren nicht brauchbar. Wurden nämlich die heißen Lösungen der betreffenden Selencyanacetverbindungen in Eisessig mit rauchender Salzsäure versetzt, so trat starke Selenabscheidung ein und somit eine weitergehende Zersetzung. Die Umsetzungsprodukte konnten nicht isoliert werden. Einige Diselenglycolsäureverbindungen konnten aber auf folgende Weise erhalten werden. Die betreffenden Selencyanacetverbindungen wurden mit rauchender Salzsäure etwa ¼ Stunde lang gekocht, wobei der größte Teil ungelöst blieb. Beim Erkalten der Flüssigkeit schieden sich nur noch wenige Krystalle aus. Der ungelöst gebliebene Anteil wurde dann aus Alkohol umkrystallisiert, wobei starke Cyansäureentwickelung auftrat und aus der alkoholischen Lösung krystallisierten auf Zusatz von Wasser die enstandenen Diselenglycolsäureverbindungen aus. Auf diese Weise wurden aus Selencyanacet-m-chloranilid und Selencyanacet-m-bromanilid die entsprechenden Diselenglycolsäureverbindungen erhalten, während die entsprechenden Paraverbindungen auch auf diesem Wege nicht analysenrein erhalten werden konnten und von deren Darstellung deswegen abgesehen wurde.

Das Diselenglycolsäure-m-chloranilid stellte farblose, verfilzte Nadeln dar, welche bei 183° schmolzen. Dieselben waren wenig löslich in kaltem Alkohol, Eisessig, Aether und Essigäther, leicht löslich in heißem Alkohol.

Analysen:

1. 0,2316 g Substanz gaben 0,333 g CO_2 = 0,0908 g C = 39,20 % C und 0,0612 g H_2O = 0,0068 g H = 2,93 % H.

2. 0,3266 g Substanz gaben bei 23° und 751 mm Druck 16,5 ccm feuchten N = 0,01836 g N = 5,62 % N.

Gefunden:		Berechnet für die Formel $C_{16}H_{14}N_2Se_2O_2Cl_2$:
1.	2.	
39,20 %	—	C_{16} = 192 = 38,80 %
2,93 „	—	H_{14} = 14 = 2,83 „
—	5,62 %	N_2 = 28 = 5,65 „
—	—	Se_2 = 158 = 31,93 „
—	—	Cl_2 = 70,8 = 14,31 „
—	—	O_2 = 32 = 6,47 „
		494,8 = 99,99 %

Selencyanacet-p-chloranilid

$$C_6H_4<^{Cl}_{NHCOCH_2SeCN} = C_9H_7ClN_2SeO.$$

Diese Verbindung wurde aus Chloracet-p-chloranilid und Selencyannatrium auf dieselbe Weise erhalten, wie das Selencyanacet-m-chloranilid aus Chloracet-m-chloranilid. Beim Erkalten des Filtrats schieden sich auch ohne Wasserzusatz schon reichlich lange, farblose, teilweise büschelförmig gruppierte Nadeln ab, die mit verdünntem

Alkohol und dann mit Wasser gewaschen und hierauf getrocknet wurden. Dieselben schmolzen bei 178° unter Zersetzung und waren löslich in Alkohol und Eisessig, weniger in Aether und Essigäther.

Analysen:

1. 0,2536 g Substanz gaben 0,3712 g CO_2 = 0,1012 g C = 39,90 % C und 0,0566 g H_2O = 0,0063 g H = 2,48 % H.

2. 0,2555 g Substanz gaben bei 23° und 751 mm Druck 24,1 ccm feuchten N = 0,0268 g N = 10,49 % N.

3. 0,3761 g Substanz gaben 0,4631 g Ag_2SeO_3 = 0,10665 g Se = 28,35 % Se und 0,2062 g AgCl = 0,0509 g Cl = 13,53 % Cl.

Berechnet für die Formel $C_9H_7ClN_2O$, wie beim Selencyanacet-m-chloranilid angegeben: 39,50 % C, 2,56 % H, 12,95 % Cl, 10,25 % N, 28,89 % Se; gefunden: 39,90 % C, 2,48 % H, 13,53 % Cl, 10,49 % N, 28,35 % Se.

Zur Darstellung von Selencyanacet-m-bromanilid und Selencyanacet-p-bromanilid wurden zunächst die in der Litteratur noch nicht beschriebenen Chloracetbromanilide dargestellt.

Chloracet-m-bromanilid

$$C_6H_4<^{Br}_{NH\,CO\,CH_2Cl} = C_8H_7NBrClO.$$

30 g m-Bromanilin wurden in etwa 150 ccm Benzol gelöst und mit einer Mischung von 11 g Chloracetylchlorid und etwa 50 ccm Benzol unter Umrühren in kleinen Portionen versetzt, wobei unter Erwärmung ein dünner Krystallbrei entstand. Dieser wurde durch Absaugen von der Mutterlauge befreit und letztere auf dem Wasserbade eingedampft, wobei ein öliger Rückstand hinterblieb, der beim Erkalten fest wurde. Der Krystallbrei wurde durch Verdunstenlassen vom anhaftenden Benzol befreit und mit dem aus der Mutterlauge erhaltenem Rückstande mit salzsäurehaltigem Wasser verrieben, wobei das entstandene Chioracetyl-m-bromanilid ungelöst blieb, das entstandene salzsaure m-Bromanilin aber in Lösung ging. Das Chloracet-m-bromanilid wurde nun gut mit Wasser gewaschen und dann aus Alkohol umkrystallisiert. Es stellte so farblose Nadeln dar, welche bei 114° schmolzen und in Alkohol leicht löslich waren.

Analyse:

0,2357 g Substanz gaben 0,3382 g CO_2 = 0,0922 g C = 39,11 % C und 0,0607 g H_2O = 0,00673 g H = 2,86 % H.

Gefunden:	Berechnet für die Formel $C_8H_7NBrClO$:		
39,11 %	C_8 = 96	=	38,64 %
2,86 „	H_7 = 7	=	2,82 „
—	N = 14	=	5,65 „
—	Br = 80	=	32,20 „
—	Cl = 35,4	=	14,25 „
—	O = 16	=	6,44 „
	248,4	=	100,00 %

Chloracet-p-bromanilid

$$C_6H_4<{Br \atop NHCOCH_2Cl} = C_8H_7NBrClO.$$

Auf dieselbe Weise, wie das Chloracet-m-bromanilid aus m-Bromnilin und Chloracetylchlorid erhalten wurde, wurde aus p-Bromanilin Chloracet-p-bromanilid als farblose Nadeln erhalten, welche bei 179° schmolzen und in kaltem Alkohol schwer, leichter in heißem Alkohol löslich waren.

Analyse:

0,2010 g Substanz gaben 0,2858 g CO_2 = 0,0779 g C = 38,76 % C und 0,0509 g H_2O = 0,00565 g H = 2,81 % H.

Die Formel $C_8H_7NBrClO$ verlangt wie beim Chloracet-m-Bromanilid angegeben: 38,64 % C, 2,82 % H; gefunden: 38,76 % C, 2,81 % H.

Selencyanacet-m-bromanilid

$$C_6H_4<{Br \atop NHCOCH_2SeCN} = C_9H_7BrN_2SeO.$$

35 g einer 10%igen Lösung von Selencyankalium in Alkohol wurden zum Sieden erhitzt, nach Zusatz von 2 Tropfen Salzsäure mit 5 g Chloracet-m-bromanilid versetzt und noch etwa eine Minute lang im Sieden erhalten. Das hierbei reichlich ausgeschiedene Chlorkalium wurde durch Filtration entfernt. Das Filtrat wurde bis zur eben eintretenden Trübung mit Wasser versetzt, worauf beim Erkalten reichlich etwas rötlich gefärbte, verfilzte Nadeln sich abschieden. Dieselben wurden mit Wasser gewaschen und dann aus Alkohol umkrystallisiert und wurden so farblos erhalten. Der erhaltene Körper schmolz bei 105° und war leicht löslich in Alkohol, Eisessig und Essigäther, weniger in Aether.

Analysen:

1. 0,1847 g Substanz gaben 0,2352 g CO_2 = 0,06415 g C = 34,73 % C und 0,0402 g H_2O = 0,00447 g H = 2,42 % H.

2. 0,2436 g Substanz gaben bei 25° und 764 mm Druck 18,9 ccm feuchten N = 0,0212 g N = 8,71 % N.

3. 0,2472 g Substanz gaben 0,2726 g Ag_2SeO_3 = 0,0628 g Se = 25,40 % Se und 0,1454 g AgBr = 0,0619 g Br = 25,04 % Br.

Gefunden: 1.	2.	3.	Berechnet für die Formel $C_9H_7BrN_2SeO$:		
34,73 %	—	—	C_9	= 108 =	33,96 %
2,42 „	—	—	H_7	= 7 =	2,20 „
—	—	25,04 %	Br	= 80 =	25,16 „
—	8,71 %	—	N_2	= 28 =	8,81 „
—	—	25,40 „	Se	= 79 =	24,84 „
—	—	—	O	= 16 =	5,03 „
				318 =	100,00 %

Diselenglycolsäure-m-bromanilid

$$\begin{array}{l} Se\,CH_2CONHC_6H_4Br \\ | \\ Se\,CH_2CONHC_6H_4Br \end{array} = C_{16}H_{14}Br_2N_2Se_2O_2.$$

Etwa 2 g Selencyanacet-m-bromanilid wurden mit etwa 15 ccm rauchender Salzsäure etwa $^1/_4$ Stunde lang gekocht, wobei der größte Teil ungelöst blieb. Nach dem Erkalten wurde letzterer mit den noch ausgeschiedenen Krystallen gesammelt, mit Wasser gewaschen und dann in heißem Alkohol gelöst, wobei reichlich Cyansäure entwich. Nach Zusatz von Wasser bis zur eben eintretenden Trübung erstarrte die Flüssigkeit beim Erkalten zu einem Krystallbrei aus farblosen, verfilzten Nadeln, welche mit etwas Wasser gewaschen und getrocknet wurden. Dieselben schmolzen bei 198°, waren wenig löslich in Alkohol, Eisessig, Aether und Essigäther, leicht löslich in heißem Alkohol, und gaben nach dem Erhitzen mit Natronlauge keine Blausäurereaktion.

Analysen:

1. 0,2543 g Substanz gaben 0,3080 g CO_2 = 0,0840 g C = 33,04 % C und 0,0546 g H_2O = 0,00607 g H = 2,38 % H.

2. 0,2770 g Substanz gaben bei 21° und 751 mm Druck 11,9 ccm feuchten N = 0,0134 g N = 4,84 % N.

Gefunden: 1.	2.	Berechnet für die Formel $C_{16}H_{14}N_2Br_2Se_2O_2$:		
33,04 %	—	C_{16}	= 192	= 32,88 %
2,38 „	—	H_{14}	= 14	= 2,39 „
—	4,84 %	N_2	= 28	= 4,78 „
—	—	Br_2	= 160	= 27,40 „
—	—	Se_2	= 158	= 27,06 „
—	—	O_2	= 32	= 5,48 „
			584	= 99,99 %

Selencyanacet-p-bromanilid

$$C_6H_4{<}{}^{Br}_{NHCOCH_2SeCN} = C_9H_7BrN_2O.$$

35 g einer 10 %igen Lösung von Selencyankalium in Alkohol wurden zum Sieden erhitzt, nach Zusatz von zwei Tropfen Salzsäure mit 5 g Chloracet-p-bromanilid versetzt und noch etwa eine Minute lang im Sieden erhalten. Das ausgeschiedene Chlorkalium wurde durch Filtration entfernt. Beim Erkalten schieden sich reichlich fast farblose Nadeln aus dem Filtrate ab. Dieselben wurden gesammelt, mit etwas verdünntem Alkohol und dann mit Wasser gewaschen und getrocknet. Der so erhaltene Körper schmolz bei 188° unter Zersetzung und war schwer löslich in Alkohol und Eisessig, leichter in Aether, Essigäther und heißem Alkohol.

Analysen:

1. 0,2255 g Substanz gaben 0,2857 g CO_2 = 0,0779 g C = **34,54 %** C und 0,0450 g H_2O = 0,0050 g H = 2,22 % H.

2. 0,2384 g Substanz gaben bei 21° und 748 mm Druck 18,6 ccm **feuchten** N = 0,0208 g N = 8,73 % N.

Berechnet für die Formel $C_9H_7BrN_2SeO$, wie beim Selencyan-m-Bromanilid angegeben: 33,96 % C, 2,20 % H, 8,81 % N; gefunden: 34,54 % C, 2,22 % H, 8,73 % N.

Selencyanacet-o-anisidid

$$C_6H_4<^{OCH_3}_{NHCOCH_2SeCN} = C_{10}H_{10}N_2SeO_2.$$

40 g einer 10 %igen Lösung von Selencyankalium in Alkohol wurden zum Sieden erhitzt und nach Zusatz von zwei Tropfen Salzsäure mit 5 g Chloracet-o-anisidid versetzt. Die Flüssigkeit wurde noch etwa eine Minute lang im Sieden erhalten und darauf das ausgeschiedene Chlorkalium abfiltriert. Das Filtrat wurde mit Wasser bis zur eben eintretenden Trübung versetzt, worauf dann nach kurzem Stehen sich reichlich fast farblose Nadeln abschieden, welche mit verdünntem Alkohol und dann mit Wasser gewaschen und hierauf getrocknet wurden. Dieselben schmolzen bei 110° und waren in Alkohol, Eisessig und Essigäther leicht löslich, weniger in Aether.

Analysen:

1. 0,2154 g Substanz gaben 0,3518 g CO_2 = 0,09595 g C = **44,55 %** C und 0,0702 g H_2O = 0,0078 g H = 3,62 % H.

2. 0,2348 g Substanz gaben 0,0699 g Se = 29,77 % Se.

Gefunden: 1.	2.	Berechnet für die Formel $C_{10}H_{10}N_2SeO_2$:		
44,55 %	—	C_{10} =	120 =	44,61 %
3,62 „	—	H_{10} =	10 =	3,72 „
—	—	N_2 =	28 =	10,41 „
—	29,77 %	Se =	79 =	29,37 „
—	—	O_2 =	32 =	11,89 „
			269 =	100,00 %

Diselenglycolsäure-o-anisidid

$$\begin{array}{l} SeCH_2CONHC_6H_4OCH_3 \\ | \\ SeCH_2CONHC_6H_4OCH_3 \end{array} = C_{18}H_{20}N_2Se_2O_4.$$

Etwa 2 g Selencyanacet-o-anisidid wurden in 10 ccm heißem Eisessig gelöst und mit 8 ccm rauchender Salzsäure versetzt. Unter Gasentwickelung färbte sich die Flüssigkeit gelblich. Letztere wurde dann in etwa 30 ccm Wasser filtriert und aus der stark milchig getrübten Flüssigkeit schieden sich beim Erkalten gelbliche krystallinische Massen ab, welche durch Umkrystallisieren aus Alkohol feine, etwas gelbliche Nadeln ergaben. Dieselben schmolzen bei 124°, lösten sich in Alkohol und Aether, aber leichter in Eisessig, Essigäther und heißem Alkohol.

Analyse:

0,2093 g Substanz gaben 0,0687 g Se = 32,82% Se.

Gefunden:	Berechnet für die Formel $C_{18}H_{20}N_2Se_2O_4$:
—	C_{18} = 216 = 44,44%
—	H_{20} = 20 = 4,12 "
—	N_2 = 28 = 5,76 "
32,82%	Se_2 = 158 = 32,51 "
—	O_4 = 64 = 13,17 "
	486 = 100,00%

Selencyanacet-p-anisidid

$$C_6H_4<\begin{matrix}OCH_3\\NHCOCH_2SeCN\end{matrix} = C_{10}H_{10}N_2SeO_2.$$

Selencyanacet-p-anisidid wurde aus Chloracet-p-anisidid und Selencyankalium auf dieselbe Weise dargestellt, wie Selencyanacet-o-anisidid aus Chloracet-o-anisidid. Dasselbe wurde erhalten als farblose Blättchen, welche bei 131° schmolzen und in Alkohol, Eisessig und Essigäther leicht löslich waren, weniger in Aether.

Analysen:

1. 0,2000 g Substanz gaben 0,3279 g CO_2 = 0,08943 g C = 44,71% C und 0,0616 g H_2O = 0,00684 g H = 3,42% H.

2. 0,1896 g Substanz gaben 0,0557 g Se = 29,38% Se.

Selencyanacet-p-anisidid verlangt, wie beim Selencyanacet-o-anisidid angegeben: 44,61% C, 3,72% H, 29,37% Se; gefunden: 44,71% C, 3,42% H, 29,38% Se.

Diselenglycolsäure-p-anisidid

$$\begin{matrix}Se\,CH_2\,CO\,NH\,C_6H_4\,OCH_3\\|\\Se\,CH_2\,CO\,NH\,C_6H_4\,OCH_3\end{matrix} = C_{18}H_{20}N_2Se_2O_4.$$

Aus Selencyanacet-p-anisidid wurde auf dieselbe Weise Diselenglycolsäure-p-anisidid erhalten, wie Diselenglycolsäure-o-anisidid aus Selencyanacet-o-anisidid und zwar als gelbliche Blättchen, welche bei 172° schmolzen. Dieselben waren löslich in Alkohol, Eisessig, Aether und Essigäther, leicht löslich in heißem Alkohol.

Analyse:

0,1988 g Substanz gaben 0,0652 g Se = 32,79% Se.

Für Diselenglycolsäure-p-anisidid berechnet, wie beim Diselenglycolsäure-o-anisidid angegeben: 32,51% Se; gefunden: 32,79% Se.

Selencyanacetmethylanilid

$$C_6H_5N<^{CH_3}_{CO\,CH_2SeCN} = C_{10}H_{10}N_2SeO.$$

50 g einer 10% igen Lösung von Selencyankalium in Alkohol wurden zum Sieden erhitzt und nach Zusatz von 3 Tropfen Salzsäure mit 5 g Chloracetmethylanilid versetzt und noch etwa eine Minute lang im Sieden erhalten, worauf das entstandene Chlorkalium durch Filtration entfernt wurde. Das Filtrat wurde bis zur eben eintretenden Trübung mit Wasser versetzt. Beim Erkalten schieden sich derbe farblose Blättchen ab, welche mit verdünntem Alkohol und dann mit Wasser gewaschen und hierauf getrocknet wurden. Dieselben schmolzen bei 78° und waren leicht löslich in Alkohol, Eisessig und Essigäther, weniger in Aether.

Analysen:

1. 0,2449 g Substanz gaben 0,5108 g CO_2 = 0,1393 g C = 47,57% C und 0,1056 g H_2O = 0,0117 g H = 3,97% H.

2. 0,2309 g Substanz gaben bei 23° und 744 mm Druck 24,0 ccm feuchten N = 0,02647 g N = 11,46% N.

3. 0,2379 g Substanz gaben 0,07425 g Se = 31,21% Se.

Gefunden:			Berechnet für die Formel $C_{10}H_{10}N_2SeO$:
1.	2.	3.	
47,57%	—	—	C_{10} = 120 = 47,43%
3,97 „	—	—	H_{10} = 10 = 3,95 „
—	11,46%	—	N_2 = 28 = 11,06 „
—	—	31,21%	Se = 79 = 31,22 „
—	—	—	O = 16 = 6,32 „
			253 = 99,98%

Carbaminselenglycolsäuremethylanilid

$$C_6H_5N<^{CH_3}_{CO\,CH_2SeCONH_2} = C_{10}H_{12}N_2SeO_2.$$

Etwa 3 g Selencyanacetmethylanilid wurden in 10 ccm rauchender Salzsäure durch gelindes Erwärmen gelöst und die Lösung mit der doppelten Menge Wasser versetzt, wobei eine stark milchige Flüssigkeit resultierte, die alsbald zu einem aus Blättchen bestehenden Krystallbrei erstarrte. Die Krystalle wurden mit Wasser gewaschen und getrocknet und schmolzen so bei 123° unter Zersetzung. In Alkohol waren dieselben löslich, beim Erwärmen dieser Lösung entwickelte sich jedoch lebhaft Cyansäure. Beim Aufbewahren hatte sich das Carbaminselenglycolsäuremethylanilid nach etwa 6 Monaten durch Selenabscheidung rötlich gefärbt.

Analysen:

1. 0,2178 g Substanz gaben 0,3561 g CO_2 = 0,0971 g C = 44,58% C und 0,0828 g H_2O = 0,0092 g H = 4,22% H.

2. 0,3861 g Substanz gaben 0,1123 g Se = 29,09% Se.

Gefunden: 1.	2.	Berechnet für die Formel $C_{10}H_{12}N_2SeO_2$:
44,58 %	—	C_{10} = 120 = 44,28 %
4,22 „	—	H_{12} = 12 = 4,43 „
—	—	N_2 = 28 = 10,33 „
—	29,09 %	Se = 79 = 29,15 „
—	—	O_2 = 32 = 11,81 „
		271 = 100,00 %

Diselenglycolsäuremethylanilid

$$\begin{array}{l} SeCH_2CON\!<^{CH_3}_{C_6H_5} \\ | \\ SeCH_2CON\!<^{CH_3}_{C_6H_5} \end{array} = C_{18}H_{20}N_2Se_2O_2.$$

Das Carbaminselenglycolsäuremethylanilid ist im Gegensatz zu den Carbaminselenglycolsäureverbindungen der primären Anilide einigermaßen beständig, beim Erwärmen der alkoholischen Lösung spaltet sich jedoch auch sofort Cyansäure ab. Gegen ammoniakalische Kupfersulfatlösung verhält es sich genau so wie eine Carbaminthioglycolsäureverbindung und es wurde beim Versetzen einer Lösung von 2 g Carbaminselenglycolsäuremethylanilid in Ammoniak mit ammoniakalischer Kupfersulfatlösung ein graugelber Niederschlag erhalten, welcher aus Diselenglycolsäuremethylanilid und Cuproselenglycolsäuremethylanilid bestand. Der Niederschlag löste sich beim Ausschütteln der Flüssigkeit mit Aether vollständig auf. Beim Trocknen des Aethers mit Chlorkalium schied sich ein braunes Pulver ab, während der trockene Aether nach dem Verdunsten einen goldgelben Firnis hinterließ, welcher nach kurzer Zeit erstarrte und dann durch Umkrystallisieren aus Alkohol in Form goldgelber Nadeln erhalten wurde. Dieselben schmolzen bei 94—95° und waren leicht löslich in Alkohol und Eisessig, weniger in Aether und Essigäther.

Analysen:

1. 0,2924 g Substanz gaben 0,5060 g CO_2 = 0,1380 g C = 47,20 % C und 0,1184 g H_2O = 0,01315 g H = 4,53 % H.

2. 0,2900 g Substanz gaben bei 25° und 760 mm Druck 16,75 ccm feuchten N = 0,0187 g N = 6,44 % N.

3. 0,3083 g Substanz gaben 0,1067 g Se = 34,61 % Se.

Gefunden: 1.	2.	3.	Berechnet für die Formel $C_{18}H_{20}N_2Se_2O_2$:
47,20 %	—	—	C_{18} = 216 = 47,57 %
4,53 „	—	—	H_{20} = 20 = 4,40 „
—	6,44 %	—	N_2 = 28 = 6,17 „
—	—	34,61 %	Se_2 = 158 = 34,82 „
—	—	—	O_2 = 32 = 7,04 „
			454 = 100,00 %

Das durch den Chlorcalciumzusatz aus der ätherischen Lösung ausgeschiedene braune Pulver enthielt Kupfer und stellte jedenfalls das

Cuproselenglycolsäuremethylanilid

$$\begin{matrix} Cu\,Se\,CH_2\,CO\,N<^{CH_3}_{C_6H_5} \\ | \\ Cu\,Se\,CH_2\,CO\,N<^{CH_3}_{C_6H_5} \end{matrix} = Cu_2C_{18}H_{20}N_2Se_2O_2$$

dar. Eine Kupferbestimmung ergab die Richtigkeit dieser Annahme.

0,1506 g Substanz gaben 0,0409 g Cu_2S = 0,03265 g Cu = 21,68% Cu.

Die Formel $Cu_2C_{18}H_{20}N_2Se_2O_2$ verlangt: 21,83% Cu.
gefunden: 21,68 „ Cu.

Bemerkenswert ist es, daß das frisch gebildete Cuproselenglycolsäuremethylanilid in wasserhaltigem Aether löslich ist, beim Trocknen des Aethers aber ausfällt und nun auch in wasserhaltigem Aether nicht mehr löslich ist.

Zur Darstellung von Selencyanacetbenzylanilid wurde zunächst das in der Litteratur noch nicht beschriebene

Chloracetbenzylanilid

$$C_6H_5N<^{CH_2C_6H_5}_{CO\,CH_2Cl} = C_{15}H_{14}NClO$$

auf folgende Weise dargestellt. 20 g Benzylanilin wurden in etwa 150 ccm Benzol gelöst und in kleinen Portionen eine Lösung von 8 g Chloracetylchlorid in etwa 50 ccm Benzol hinzugefügt. Unter Erwärmung entstand hierbei ein Krystallbrei, welcher nach dem Erkalten durch Absaugen von der Mutterlauge befreit wurde. Letztere wurde auf dem Wasserbade so lange erwärmt, bis alles Benzol verdunstet war, wobei ein öliger Rückstand hinterblieb, der nach einigem Stehen fest wurde. Der Krystallbrei wurde durch Verdunstenlassen vom anhaftenden Benzol befreit und sodann mit dem aus der Mutterlauge erhaltenen Rückstande mit salzsäurehaltigem Wasser verrieben, wobei alles gebildete salzsaure Benzylanilin in Lösung ging, das gebildete Chloracetbenzylanilid jedoch ungelöst blieb. Dieses wurde dann mit Wasser gewaschen und durch Umkrystallisieren aus Alkohol in Form farbloser Blättchen erhalten, welche bei 80—81° schmolzen.

Analyse:

0,2676 g Substanz gaben 0,1474 g AgCl = 0,0364 g Cl = 13,60% Cl.

Die Formel $C_{15}H_{14}NClO$ verlangt: 13,64% Cl.
gefunden: 13,60 „ Cl.

Selencyanacetbenzylanilid

$$C_6H_5N<^{CH_2C_6H_5}_{CO\,CH_2Se\,CN} = C_{16}H_{14}N_2SeO.$$

35 g einer 10%igen Lösung von Selencyankalium in Alkohol wurden zum Sieden erhitzt, nach Zusatz von 2 Tropfen Salzsäure

mit 5 g Chloracetbenzylanilid versetzt und noch etwa eine Minute lang im Sieden erhalten. Das entstandene Chlorkalium wurde durch Filtration entfernt. Das Filtrat wurde dann mit soviel Wasser versetzt, daß dasselbe noch eben klar blieb. Beim Erkalten schied sich nun das Selencyanacetbenzylanilid als öliger Körper ab, der aber an einem kalten Orte bald krystallinisch erstarrte. Oberhalb dieses festen Kuchens hatte sich noch eine ziemliche Menge farbloser Blättchen abgeschieden, welche mit verdünntem Alkohol und dann mit Wasser gewaschen und getrocknet wurden. Aus dem braunen Kuchen ließen sich durch vorsichtiges Umkrystallisieren aus Alkohol noch weitere Mengen der farblosen Blättchen erhalten. Dieselben schmolzen sämtlich bei 70° und waren leicht löslich in Alkohol, Eisessig, Aether und Essigäther.

Analysen:

1. 0,2210 g Substanz gaben 0,4736 g CO_2 = 0,1291 g C = 58,41 % C und 0,0785 g H_2O = 0,00872 g H = 3,95 % H.

2. 0,2704 g Substanz gaben bei 21° und 761 mm Druck 19,5 ccm feuchten N = 0,0222 g N = 8,22 % N.

3. 0,2026 g Substanz gaben 0,0488 g Se = 24,07 % Se.

Gefunden: 1	2.	3.	Berechnet für die Formel $C_{16}H_{14}N_2SeO$:		
58,41 %	—	—	C_{16}	= 192	= 58,36 %
3,95 „	—	—	H_{14}	= 14	= 4,25 „
—	8,22 %	—	N_2	= 28	= 8,51 „
—	—	24,07 %	Se	= 79	= 24,01 „
—	—	—	O	= 16	= 4,86 „
				329	= 99,99 %

Carbaminselenglycolsäurebenzylanilid

$$C_6H_5N{<}{\begin{matrix}CH_2C_6H_5\\ CO\,CH_2SeCONH_2\end{matrix}} = C_{16}H_{16}N_2SeO_2.$$

2 g Selencyanacetbenzylanilid wurden durch gelindes Erwärmen in 10 ccm rauchender Salzsäure gelöst und die erhaltene nicht ganz klare Lösung durch etwas Glaswolle filtriert. Aus der nach dem Zusatz von etwa 20 ccm Wasser erhaltenen stark milchig getrübten Flüssigkeit schieden sich bald federartig gruppierte, farblose Nadeln ab, welche mit Wasser gewaschen und getrocknet wurden. Dieselben schmolzen bei 140—141° unter Zersetzung und zeigten beim Erwärmen der alkoholischen Lösung lebhafte Gasentwickelung.

Analysen:

1. 0,2495 g Substanz gaben 0,5058 g CO_2 = 0,1379 g C = 55,27 % C und 0,0978 g H_2O = 0,01086 g H = 4,35 % H.

2. 0,2200 g Substanz gaben bei 24° und 754 mm Druck 17,15 ccm feuchten N = 0,01907 g N = 8,66 % N.

Gefunden: 1.	2.	Berechnet für die Formel $C_{16}H_{16}N_2SeO_2$:		
55,27 %	—	C_{16}	= 192 =	55,33 %
4,35 „	—	H_{16}	= 16 =	4,61 „
—	8,66 %	N_2	= 28 =	8,07 „
—	—	Se	= 79 =	22,77 „
—	—	O_2	= 32 =	9,22 „
			347 =	100,00 %

Diselenglycolsäurebenzylanilid

$$\begin{array}{l} Se\,CH_2CON{<}^{CH_2C_6H_5}_{C_6H_5} \\ | \\ Se\,CH_2CON{<}^{CH_2C_6H_5}_{C_6H_5} \end{array} = C_{30}H_{28}N_2Se_2O_2.$$

Um aus dem Carbaminselenglycolsäurebenzylanilid das Diselenglycolsäurebenzylanilid darzustellen wurden etwa 2 g desselben in 10 ccm Alkohol gelöst und mit 10 ccm 10%igem Ammoniak versetzt. Hierauf wurde solange ammoniakalische Kupfersulfatlösung hinzugefügt, bis eine bleibende Blaufärbung auftrat. Hierbei schied sich ein graugelber Niederschlag ab, der wie auch beim Methylanilid beim Ausschütteln mit Aether sich in letzterem löste. Beim Trocknen der ätherischen Lösung mit Chlorcalcium schied sich auch hier ein braungelbes Pulver ab, während die ätherische Lösung beim Verdunsten einen rotgelben Firnis hinterließ, der erst nach etwa 6 Monate langem Stehen krystallinisch erstarrt war, und nunmehr durch Umkrystallisieren aus verdünntem Alkohol in Form schwach gelblicher Nadeln erhalten werden konnte, welche bei 81° schmolzen. Dieselben waren löslich in Alkohol und Aether, leichter in Eisessig und Essigäther.

Analyse:

0,2082 g Substanz gaben 0,4556 g CO_2 = 0,1242 g C = 59,65 % C und 0,0862 g H_2O = 0,0096 g H = 4,61 % H.

Gefunden:	Berechnet für die Formel $C_{30}H_{28}N_2Se_2O_2$:		
59,65 %	C_{30}	= 360 =	59,41 %
4,61 „	H_{28}	= 28 =	4,62 „
—	N_2	= 28 =	4,62 „
—	Se_2	= 158 =	26,07 „
—	O_2	= 32 =	5,28 „
		606 =	100,00 %

Das braungelbe Pulver, welches sich aus der ätherischen Lösung auf Zusatz von Chlorcalcium abschied enthielt Kupfer und erwies sich als Cuproselenglycolsäurebenzylanilid.

Zur Darstellung von Selencyanacetdiphenylamid wurde das ebenfalls in der Litteratur noch nicht beschriebene

Chloracetdiphenylamid

$$(C_6H_5)_2NCOCH_2Cl = C_{14}H_{12}NClO$$

zunächst dargestellt. 20 g Diphenylamin wurden in etwa 150 ccm

Benzol gelöst und diese Lösung in kleinen Portionen mit einer Mischung von 8 g Chloracetylchlorid und etwa 50 ccm Benzol versetzt. Die etwas trübe Flüssigkeit wurde so lange auf dem Wasserbade erwärmt, bis alles Benzol verdunstet war, wobei ein öliger Rückstand hinterblieb, welcher bald krystallinisch erstarrte. Diese Krystallmasse wurde in heißem Alkohol gelöst und beim Erkalten schied sich das Chloracetdiphenylamid in Form schwach blaugefärbter, derber Krystalle ab, welche nach dem Waschen mit Alkohol getrocknet wurden. Dieselben schmolzen bei 118°.

Analyse:

0,2744 g Substanz gaben 0,1608 g AgCl = 0,0397 g Cl = 14,46% Cl

Gefunden:	Berechnet für die Formel $C_{14}H_{12}NClO$:
14,46% Cl	14,42% Cl.

Selencyanacetdiphenylamid

$$\begin{matrix} C_6H_5 \\ C_6H_5 \end{matrix}\!\!>NCOCH_2SeCN = C_{15}H_{12}N_2SeO.$$

3 g Selencyannatrium wurden in etwa 30 ccm siedendem Alkohol gelöst und nach Zusatz von 2 Tropfen Salzsäure mit 5 g Chloracetdiphenylamid versetzt und noch etwa eine Minute im Sieden erhalten. Das entstandene Chlornatrium wurde durch Filtration entfernt. Aus dem Filtrat schieden sich beim Erkalten reichlich fast farblose, nadelförmige Blättchen ab, welche bei 103° schmolzen. Dieselben waren löslich in Alkohol, Eisessig und Aether, leicht löslich in Essigäther und heißem Alkohol.

Analysen:

1. 0,2982 g Substanz gaben 0,6218 g CO_2 = 0,1696 g C = 56,88% C und 0,1004 g H_2O = 0,0111 g H = 3,72% H.

2. 0,2414 g Substanz gaben 0,0607 g Se = 25,14% Se.

Gefunden: 1.	2.	Berechnet für die Formel $C_{15}H_{12}N_2SeO$:		
56,88%	—	C_{15}	= 180 =	57,14%
3,72 „	—	H_{12}	= 12 =	3,81 „
—	—	N_2	= 28 =	8,89 „
—	25,14%	Se	= 79 =	25,08 „
—	—	O	= 16 =	5,08 „
			315 =	100,00%

Diselenglycolsäurediphenylamid

$$\begin{matrix} SeCH_2CON(C_6H_5)_2 \\ | \\ SeCH_2CON(C_6H_5)_2 \end{matrix} = C_{28}H_{24}N_2Se_2O_2.$$

Da sich das Selencyanacetdiphenylamid beim Erwärmen mit rauchender Salzsäure nur wenig löste, so wurden etwa 2 g desselben zunächst in heißem Eisessig gelöst und dann 8 ccm rauchender Salzsäure hinzugefügt, wobei unter lebhafter Gasentwickelung die Flüssigkeit sich gelb färbte. Auf Zusatz von etwa 30 ccm Wasser resultierte eine stark milchig trübe Flüssigkeit, aus der sich bald gelbe krystallinische Massen abschieden. Dieselben wurden gesammelt, mit Wasser gewaschen und getrocknet und stellten so einen bei 101° unter Zersetzung schmelzenden Körper dar. Die Verbrennung ergab aber einen für das Carbaminselenglycolsäurediphenylamid zu hohen Kohlenstoffgehalt. Aus diesem Grunde wurde der Körper, der wahrscheinlich bereits zum Teil in das Diselenglycolsäurediphenylamid übergegangen war, durch Umkrystallisieren aus heißem, verdünntem Alkohol vollends in letzteres übergeführt. Dasselbe wurde so als feine gelbliche Nadeln erhalten, welche bei 123—124° schmolzen. Dieselben waren löslich in Alkohol, Eisessig, Aether und Essigäther, und leicht löslich in heißem Alkohol.

Analysen:

1. 0,1628 g Substanz gaben 0,3462 g CO_2 = 0,0944 g C = 57,99% C und 0,0648 g H_2O = 0,0072 g H = 4,42% H.

2. 0,2128 g Substanz gaben 0,05925 g Se = 27,84% Se.

Gefunden:		Berechnet für die Formel $C_{28}H_{24}N_2Se_2O_2$:
1.	2.	
57,99%	—	C_{28} = 336 = 58,13%
4,42 „	—	H_{24} = 28 = 4,84 „
—	—	N_2 = 24 = 4,16 „
—	27,84%	Se_2 = 158 = 27,33 „
—	—	O_2 = 32 = 5,54 „
		578 = 100,00%

Die im vorstehenden beschriebenen Untersuchungen haben ergeben, daß Verbindungen der Chloressigsäure durch Einwirkung von Selencyankalium leicht in Verbindungen der Selencyanessigsäure übergeführt werden können, wie durch Einwirkung von Rhodankalium in Verbindungen der Rhodanessigsäure. Während sich nun einige der letzteren von der normalen Rhodanessigsäure, andere von der Isorhodanessigsäure ableiten, konnte bei den Selenverbindungen ein analoger Unterschied nicht festgestellt werden. Auch ließ sich nicht entscheiden, ob alle Verbindungen der Isoselencyanessigsäure oder der normalen Selencyanessigsäure angehören. Sie können deshalb vorläufig nur schlechtweg als Verbindungen der Selencyanessigsäure bezeichnet werden.

Ueber das Euphorbon.

Von Dr. W. M. Ottow,
Stabsapotheker I. Kl. der Niederländisch-indischen Armee.

(Eingegangen den 4. III. 1903.)

Die nachstehenden Untersuchungen über das Euphorbon sind im Anschluß an eine experimentelle Studie über die Bestandteile der Blätter von *Phyllanthus Niuri L.*, einer auf der Insel Java unter dem Namen Daon Maniran sehr verbreiteten und als Heilmittel angewendeten Euphorbiacee, ausgeführt, um die Bestandteile letzterer Pflanze damit zu vergleichen. Es schien dies dadurch angezeigt zu sein, als nach Henke[1]) das Euphorbon ein typischer Bestandteil des Milchsaftes aller Euphorbiaarten ist.

Es sei jedoch hier erwähnt, daß unter den Bestandteilen der Phyllanthusblätter von mir bisher kein Körper gefunden wurde, welcher mit dem Euphorbon hätte identifiziert werden können. Dagegen gelang es bei dem Euphorbon mannigfache Widersprüche aufzuklären, welche sich in der Litteratur über die Eigenschaften und die Zusammensetzung dieser Verbindung finden, und hierdurch den Weg für weitere Untersuchungen derselben zu ebnen.

Der krystallisierbare Bestandteil des Euphorbiumharzes wurde zuerst von Dragendorff und Alberti[2]) im Jahre 1864 als warzenähnliche Ausscheidung aus 100jähriger Euphorbiumtinktur beobachtet und beschrieben.

Flückiger[3]), der jenen Körper einige Jahre später näher untersuchte, und ihm den Namen Euphorbon beilegte, stellte ihn durch Fällen eines wässerigen Euphorbiumauszuges mittelst Tannin, Zerlegen des noch feuchten Niederschlages mit Bleiweiß, Auskochen der eingetrockneten Masse mit Alkohol und Umkrystallisieren aus Alkohol dar. Flückiger beschrieb das Euphorbon als einen neutralen, farblosen Körper von scharfem Geschmack, der zwischen 106 und 116° schmilzt und sich in 38000 Teilen kalten Wassers löst. In anderen Lösungsmitteln ist das Euphorbon hingegen leicht löslich. Aus siedendem Alkohol konnte es in kugelrunden Wärzchen erhalten werden, die jedoch unter dem Mikroskop keine Spur wirklicher Krystallisation zeigten. Aus Chloroformlösung krystallisierte es in kurzen, doppelbrechenden Prismen. Die Zusammensetzung des Euphorbons: 79,9% C, 11,66% H und 8,44% O, soll der Formel $C_{18}H_{22}O$ entsprechen. Euphorbon soll von schmelzendem Kalihydrat ebensowenig wie von kochenden verdünnten Säuren angegriffen werden, heftig aber von Brom. Salpetersäure oxydiert es zu Oxalsäure und einer nicht krystallisierenden Säure. Konzentrierte Schwefelsäure löst es

---

1) Dieses Archiv 1886, 757.

2) Pharm. Zeitschr. für Rußl. III, 215; Canstatt's Jahresb. 1864, 103.

3) Wittstein's Viertelj. 1868, 82.

schwer mit gelb-brauner Farbe, welche nach längerem Stehen, ebenso wie es beim Zufügen von Oxydationsmitteln der Fall ist (Salpetersäure, chlorsaures und chromsaures Kalium) in Violett übergeht. Bei der trockenen Destillation wurde ein dickes, braunes Oel erhalten und eine wässerige, schwach saure Flüssigkeit. Die Wirkung des Euphorbons soll eine energisch drastische sein.

Im Jahre 1872 wird die Darstellung des Euphorbons auch von Buchheim[1]) erwähnt, der jedoch dessen Eigenschaften nicht eingehender besprach.

Kurze Notizen über Euphorbon veröffentlichte ferner Hesse in Liebig's Annalen 1878, Bd. 192, 193. Hesse gewann das Euphorbon der Hauptsache nach durch Ausziehen des Euphorbiums mittelst Petroläther und Umkrystallisieren der aus diesem Lösungsmittel ausgeschiedenen krystallinischen Massen aus Aceton und Alkohol. Hesse fand den Schmelzpunkt des Euphorbons bei 113—114°, gab ihm die Formel $C_{15}H_{24}O$ oder deren zweifache Größe und bestimmte die Ablenkung der Ebene des polarisierten Lichtes, die bei Anwendung von 4%iger Chloroformlösung bei 15° + 18,8°, bei Anwendung von Aetherlösung + 11,7° betrug.

Die eingehendsten Untersuchungen über Euphorbon verdanken wir G. Henke, der die Resultate derselben im Jahre 1886 in einem Aufsatz: „Ueber den Milchsaft einiger Euphorbiaceen" veröffentlichte[2]). Aus Gründen, welche nachher angeführt und erwogen werden sollen, behauptet Henke, daß keiner der oben genannten Autoren das Euphorbon in reinem Zustande in Händen hatte.

Henke beschreibt das Euphorbon, das er aus Petrolätherlösung in weißen, glänzenden, geschmacklosen, neutral reagierenden, bei 67—68° schmelzenden Krystallen erhielt, als einen in 10000 Teilen heißem Wasser, in verdünntem Weingeist wenig löslichen, sonst in nahezu allen organischen Lösungsmitteln leicht löslichen Körper, der beim vorsichtigen Erhitzen unverändert sublimiert und bei 18° in 20%iger Chloroformlösung eine Rechtsdrehung der Polarisationsebene um 15,88° zeigt. — Nach Henke wird Euphorbon von verdünnten Säuren und von Alkalien nicht angegriffen; auch schmelzendes Kaliumhydroxyd bewirkt zunächst keine tiefergehenden Veränderungen. Die Zusammensetzung soll der Formel $C_{20}H_{36}O$ entsprechen. Konzentrierte Schwefelsäure färbt es in der Kälte ziegelrot und löst es beim Erwärmen mit roter Farbe auf; durch Zusatz von Wasser wird aus dieser Lösung ein grauer, schmieriger Körper ausgeschieden. Die mit konzentrierter Schwefelsäure erzielte Lösung wird durch Salpetersäure oder salpetersaure Salze schmutzig braun gefärbt. Konzentrierte Salzsäure, sowie trockenes Salzsäuregas durch eine alkoholische Lösung geleitet, sind ohne Einwirkung auf Euphorbon. Konzentrierte und rauchende Salpetersäure färben das Euphorbon gelb oder rot. Beim Erhitzen entstand eine Nitroverbindung, die jedoch nicht krystallinisch erhalten werden konnte. Oxalsäure wurde hierbei nicht gebildet. Durch in Eisessig gelöste Chromsäure trat unter heftiger CO_2-Entwickelung eine vollständige Oxydation des Euphorbons ein. Das bittere Oxydationsprodukt, das durch längeres Erhitzen mit wässeriger

[1]) Liebig's Jahresb. 1872, 801; Canstatt's Jahresb. 1873, 559.

[2]) Dieses Archiv 1886, 729.

Chromsäurelösung (aus Kaliumdichromat und verdünnter Schwefelsäure dargestellt) entstanden war, konnte nicht krystallinisch erhalten werden, eben so wenig dessen Salze — Brom wirkte heftig auf Euphorbon ein und bildete eine dunkelrote Flüssigkeit. In Chloroformlösung mit Bromchloroform versetzt, bis sich die Farbe des Gemisches bei 100° nicht mehr änderte, blieb beim Verdunsten des Chloroforms eine bromhaltige, gelbe, harzige Masse zurück, die teilweise in Alkohol und in Petroläther löslich war, aber ebenfalls nicht krystallinisch erhalten werden konnte. Essigsäureanhydrid löste das Euphorbon in der Kälte nicht. Mit 20 Teilen Essigsäureanhydrid 6 Stunden lang im zugeschmolzenen Rohre bei 150—200° erhitzt, schied sich auf Zusatz von Wasser ein gelblicher Niederschlag aus, der nach längerem Auswaschen die Eigenschaften des unveränderten Euphorbons zeigte. Der trockenen Destillation unterworfen, gab Euphorbon eine dicke, hellgelbe Flüssigkeit, die alsbald harzartig erstarrte. Mit Phosphorsäureanhydrid erhitzt, wurden sowohl Kohlenwasserstoffe der aliphatischen, als auch der aromatischen Reihe gebildet: Heptan, Oktan, Xylol, sowie andere nicht näher charakterisierte aromatische Kohlenwasserstoffe in kleineren Quantitäten.

Diese Untersuchungsergebnisse veranlaßten Henke, den von den oben genannten Forschern als Euphorbon bezeichneten Körper für nicht einheitlich, sondern als unrein zu erklären.

Das Dragendorff-Alberti'sche Euphorbon, das sonst in seinen Eigenschaften ziemlich mit dem Henke'schen übereinstimmt, soll nach Henke auf Grund der sauren Reaktion in alkoholischer Lösung und des höheren Schmelzpunktes, sowie wegen der Tatsache, daß die Lösung in Petroläther und in Chloroform beim Verdunsten keine Krystalle lieferte, mit in Aether unlöslichem Harze verunreinigt gewesen sein.

Das von Buchheim dargestellte Euphorbon konnte aus der Lösung in Petroläther nur selten krystallinisch erhalten werden; nach Henke soll es deshalb mit etwas Kautschuk verunreinigt gewesen sein.

Dem Flückiger'schen Präparate, das ein gelblichweißes, zwischen 106 und 116° schmelzendes, in Petroläther nur etwa zur Hälfte lösliches Pulver darstellte, sollen, weil es einen brennenden Geschmack zeigte, mit Schwefelsäure und Salpetersäure eine Violettfärbung gab und bei der Oxydation mittelst Salpetersäure neben einer amorphen Säure auch Oxalsäure bildete, die beiden im Euphorbium vorkommenden Harze beigemischt gewesen sein.

Aus den abweichenden Resultaten, die bei der Bestimmung des Drehungsvermögens gewonnen wurden, und wegen des hohen Schmelzpunktes des von Hesse dargestellten und untersuchten Euphorbons, zieht Henke den Schluß, daß dieses Präparat mit dem in Aether unlöslichen Harze (welches amorph ist, sauer reagiert, in verdünntem

Weingeist leicht löslich ist und bei 119—120° schmilzt), verunreinigt gewesen sein müsse.

Soweit diesen Beurteilungen Henke's als Kriteria die Farbe, der Geschmack, die Reaktionen etc. zu Grunde liegen, sind sie allenfalls zutreffend. Wenn er aber als Norm für die Schmelzpunkte und für die Krystallisationsfähigkeit aus gewissen Lösungsmitteln sein aus Petrolätherlösung erhaltenes Euphorbon aufstellt, kann ich dem Urteil Henke's auf Grund eigener Beobachtungen nicht zustimmen. Besonders gilt dies von dem Hesse'schen Euphorbon. Denn es zeigen die nachfolgenden Untersuchungen, daß das aus Petroläther gewonnene Euphorbon dieses Lösungsmittel in ziemlich fester Bindung enthält. Infolgedessen besitzt dieses Euphorbon zwar eine außerordentlich große Krystallisationsfähigkeit, jedoch einen beträchtlich niedrigeren Schmelzpunkt als das Rein-Euphorbon.

Auch die Ergebnisse meiner Untersuchungen über die amorphe Modifikation des Euphorbons sind geeignet, die Aussprüche Henke's zu modifizieren.

An dieser Stelle mag noch eine neuere Arbeit über Euphorbon erwähnt werden. Sie rührt aus dem Jahre 1899 von Orlow her, dessen Untersuchungsergebnisse (Farmaz. Journ. 1899, 21, 208) der Hauptsache nach im Repertorium der Chemiker-Zeitung No. 19, 1899, 174, verzeichnet sind. Dieser Chemiker konstatierte die Verschiedenheit in der Höhe der Schmelzpunkte zwischen dem aus Petroläther und dem aus Alkohol dargestellten Euphorbon und erklärte diese Differenz durch die Annahme, daß das aus Alkohol krystallisierte Euphorbon 3 Moleküle Krystallalkohol enthalte. Er fand für Euphorbon dieselbe Zusammensetzung wie früher Hesse. Durch Einwirkung von Schwefelsäure, Jod, Chlor und Benzaldehyd konnte er keine greifbaren Abkömmlinge erhalten. In Chloroformlösung wurde von Orlow mittelst Brom ein stabiles Brom-Euphorbon erhalten, dem er die Formel $C_{15}H_{21}Br_8O$ zuerteilt, das also als ein Substitutionsprodukt anzusehen wäre. Weiter hat sich Orlow noch mit der Untersuchung des Reaktionsproduktes der Salpetersäure, einer Nitroverbindung, beschäftigt.

Machten schon die zahlreichen Widersprüche, welche in der Litteratur über die Zusammensetzung und über die Eigenschaften des Euphorbons vorliegen, eine Wiederaufnahme der Untersuchung dieses Körpers wünschenswert, so erschien dieselbe umsomehr angezeigt zu sein, als das Euphorbon nach Henke ein typischer Bestandteil des Milchsaftes aller Euphorbiaarten ist. Allerdings erstreckten sich die Untersuchungen Henke's nur auf 21 Arten der Gattung Euphorbia, eine relativ kleine Anzahl, wenn man erwägt, daß diese Pflanzengattung etwa 700 Arten umfaßt.

Darstellung des Euphorbons.

Zur Darstellung des Euphorbons wurde, unter Berücksichtigung der bezüglichen Angaben von Henke, 1 kg feingepulvertes, von E. Merck (Darmstadt) bezogenes Euphorbium (Ph. G. III) in einem Perkolator mit Petroläther (Siedepunkt 60—70°) vollständig erschöpft. Von den erst erzielten Lösungen wurde nach der Filtration der Petroläther bis zur Hälfte abdestilliert, und der Destillationsrückstand zur Auskrystallisation beiseite gestellt.

Die sich zuerst ausscheidenden, feinnadelförmigen, gelblich gefärbten Krystalle wurden durch Absaugen gesammelt. Sie erweichten schon bei 67—68°, waren jedoch bei 100° noch nicht völlig geschmolzen, sondern noch trübe. Kleine Mengen dieser Krystalle wurden mit verschiedenen Lösungsmitteln behandelt, um festzustellen, aus welchem Lösungsmittel die bestausgebildeten Krystalle erhalten werden können. Zu diesem Zwecke wurden Petroläther, Methylalkohol, Aethylalkohol, Aceton, Aether und Essigäther benutzt, welche alle die unreinen Krystalle mehr oder weniger leicht schon in der Kälte auflösten. Alle diese Lösungen opalisierten aber auch dann noch, wenn sie filtriert worden waren. Bei der Behandlung mit Aethylalkohol und Methylalkohol blieb ein flockiger Körper in sehr geringer Menge ungelöst.

Die Petrolätherlösung hinterließ, einer langsamen Verdunstung überlassen, lange, weiße Krystallnadeln, die zu lockeren Konglomeraten vereinigt waren.

Methylalkohol schied bald einen hellweißen, spröden Körper in mehr oder weniger deutlich kugelförmigen Gebilden an den Wandungen des Gefäßes ab, die zu einer Kruste vereinigt waren.

Die Aethylalkohol- und Acetonlösungen verhielten sich bei ruhigem Stehen fast ebenso wie die Lösung des Roh-Euphorbons in Methylalkohol.

Aus der Aether- und Essigätherlösung schieden sich an der oberen Wandung des Gefäßes dünne, fest anliegende Schichten von langen, seidenartigen Krystallen aus, später am Boden des Gefäßes mehr mattweiße Körner.

Da Petroläther und Methylalkohol allem Anschein nach zur Umkrystallisation des Euphorbons sich am besten eigneten, wurden auch die aus den später erhaltenen Petroläther-Auszügen des Euphorbiums nach dem Einengen entstehenden Krystalle, nach einmaliger Reinigung aus Petroläther, zum größeren Teil aus Petroläther, zum kleineren aus Methylalkohol umkrystallisiert.

Die letzten Petroläther-Auszüge des Euphorbiums waren weniger gelb gefärbt als die erst gewonnenen und schieden nach dem Einengen die Krystalle verhältnismäßig rein aus. Die Mutterlaugen, aus denen die Isolierung der sich allmählich noch weiter ausscheidenden Krystalle nicht lohnend erschien, erstarrten nach und nach zu einer gelben, honigartigen Masse, die nach längerer Zeit in eine Masse von wachsähnlicher Konsistenz überging.

Im Anfang zeigten die zum Zweck des Umkrystallisierens dargestellten Lösungen des Euphorbons, sowohl die in Petroläther als auch die in Methylalkohol, eine trübe Beschaffenheit, die bei der Anwendung von Methylalkohol leichter beseitigt werden konnte, da sich hier aus den heißen Lösungen beim Erkalten zunächst eine elastische, sehr klebrige, bräunliche, kautschukartige Substanz in feinen Flocken ausschied, die infolge ihrer Beschaffenheit leicht entfernt werden konnte. Nach mehrmaligem Umkrystallisieren wurde jedoch auch die Petrolätherlösung ganz klar erhalten, und beide Lösungen hinterließen Krystalle, die sich hinsichtlich ihrer Schmelzpunkte von den früher gewonnenen Ausscheidungen nicht unterschieden.

Es sei bezüglich der Art der Ausscheidung des Euphorbons bemerkt, daß beim Filtrieren die Petrolätherlösungen eine besonders schöne Efflorescenz zeigten, indem sich das Euphorbon am Rande des Fließpapiers in schwach verästelten, baumartigen Gebilden aufsetzte, eine Erscheinung, die bei der Methylalkohollösung nicht beobachtet wurde. Auch in anderer Beziehung sind die Euphorbon-Ausscheidungen aus beiden Lösungsmitteln von einander verschieden.

Während die aus Petrolätherlösung erhaltenen Krystalle (der Kürze halber in der Folge Petroläther-Euphorbon genannt) lockere Nadeln oder Blättchen, oft zu schönen Rosetten vereinigt, darstellten und bei 67—68^0 anfingen zusammenzusintern, bei 71^0 schmolzen, aber erst bei 75^0 eine klare Schmelze zeigten, war die Ausscheidung aus Methylalkohol (Methylalkohol-Euphorbon) hellweiß, derb, spröde, kleinwarzig oder krustenartig und sinterte erst bei 110^0 zusammen, schmolz bei 114—115^0 und war bei 116^0 ganz klar verflüssigt.

Ein bemerkenswerter Unterschied in den beiderlei Ausscheidungen ist weiter der, daß die verschiedenen Methylalkohol-Mutterlaugen nach und nach an den Wandungen des Gefäßes auch eine amorphe Substanz, weich und mehr oder weniger tropfenartig absetzten und zuletzt überhaupt nur diesen amorphen Körper ausschieden.

Wurde diese Substanz unter Erwärmen von neuem mit Methylalkohol behandelt, dann schied sie sich immer wieder amorph, als ein bei niederer Temperatur schmelzender Körper aus. Es wurde sogar auf diese Weise eine Ausscheidung erhalten, die nach mehrtägigem Aufbewahren im Exsiccator bei 55° erweichte, bei 60—61° schmolz und schon bei 65° eine klare Flüssigkeit bildete. Eine ähnliche Erscheinung wurde beim Verdunsten einer Auflösung von Petroläther-Euphorbon in Aceton beobachtet.

Eigenschaften des Euphorbons.

Von den früher zitierten Forschern, die sich mit der Untersuchung des Euphorbiumharzes bezw. mit der des Euphorbons beschäftigt haben, hat keiner darauf besonders geachtet, daß das Euphorbon die Eigentümlichkeit besitzt, in verschiedenen Formen auftreten zu können.

Zwar erwähnt Flückiger, daß sich das Euphorbon aus siedendem Alkohol von 87 Vol.-% beim Erkalten in kugelrunden Wärzchen, beim schnell gesteigerten Erhitzen als ein lockeres Pulver ausscheidet, und daß die Lösung rasch eingedampft einen glasartigen Rückstand hinterläßt, der allmählich Krystallisationsmittelpunkte bildet. Auf diese Besonderheit geht er aber nicht weiter ein.

Diese verschiedenen Formen des Euphorbons sind abhängig von der Natur des Lösungsmittels, woraus es erhalten wird; mehr noch hat die Art der Erhitzung auf die äußere Beschaffenheit und auf die Löslichkeitsverhältnisse des Euphorbons Einfluß.

Das aus einer Petrolätherlösung sich rein ausscheidende Euphorbon bildet farblose, durchscheinende, bisweilen auch mehr mattweiße, feinnadelförmige Krystalle oder Blättchen von lockerer Beschaffenheit. Diese enthalten, wie sich nachher zeigen wird, das Lösungsmittel in ziemlich fester Bindung. Nach dem Trocknen im Exsiccator sintern sie, wie schon erwähnt, bei 67—68° zusammen, schmelzen bei 71°, werden aber erst bei 75° ganz durchsichtig. Bei weiterer Erhitzung zeigt sich eine eigentümliche Blasenbildung[1]). Diese Petroläther-Euphorbonkrystalle lösen sich leicht in Methylalkohol, Aethylalkohol, Aceton, Aether, Essigäther, Chloroform etc.

Die Methylalkohollösung dieser Krystalle scheidet zunächst einen schneeweißen, undurchsichtigen, sich fest an den Wandungen des Gefäßes ansetzenden Körper in kleinen kugeligen oder warzenförmigen Aggregaten ab. Dieses Methylalkohol-Euphorbon, welches, wie sich nachher zeigen wird, jedoch kein Methylalkohol im Molekül als

---

[1]) Auch bei den weiterhin ausgeführten Schmelzpunktbestimmungen wurden niemals scharfe Schmelzpunkte gefunden. Im Texte bedeutet bei der Schmelzpunktangabe die erste Zahl die Temperatur, bei der die Substanz zusammensinterte, die zweite den wirklichen Schmelzpunkt, d. h. den Punkt, bei dem sich die Substanz verflüssigte, und die dritte die Temperatur, bei der das Flüssiggewordene ganz klar erschien.

Krystallalkohol gebunden enthält, zeigt zwar unter dem Mikroskope keine regelmäßige, polyedrische Begrenzung, wohl aber ebene Bruchflächen in verschiedenen Richtungen, was auf große Spaltbarkeit hindeutet und mit der spröden Beschaffenheit im Zusammenhang steht. Auch im polarisierten Lichte, wie makroskopisch, zeigt Methylalkohol-Euphorbon eine krystallinische Beschaffenheit. Nach dem Trocknen stellt es ein mattweißes, hartes, sprödes, körniges Pulver dar, welches bei 110, 114—115 und 116° schmilzt.

Nach und nach scheiden sich jedoch aus der Methylalkohollösung weiterhin mehr amorphe, weiche Körper mit aus, sodaß spätere Ausscheidungen niederere Schmelzpunkte aufweisen, z. B. 93, 98, 101—102° und 85, 90 und 93°.

Die letzte Mutterlauge scheidet nur eine weiche, amorphe Masse aus, die ganz allmählich eine härtere und trübere Beschaffenheit annimmt und, in dünner Schicht auf einem Uhrglase ausgebreitet und 24 Stunden im Exsiccator aufbewahrt, bei 67, 71—73 und 80° schmilzt. In Methylalkohol gelöst, scheidet sich diese Masse wieder amorph und weich aus und weist nach 2—3tägigem Stehen im Exsiccator 65, 70, 80° als Schmelzpunkt auf. Wiederholt in Methylalkohol gelöst und daraus wieder ausgeschieden, bleiben die Ausscheidungen weich und amorph. Die Schmelzpunkte derselben wurden zuletzt bei 50, 55, 60° gefunden, und nach längerer Aufbewahrung im Exsiccator bei 55, 60 bis 61 und 65°. Nach 2—3 Monaten zeigte diese amorphe Substanz fast ganz ein krystallinisches Aussehen und eine Erhöhung des Schmelzpunktes, nämlich 65, 70—75 und 80°. Sie wurde nun teilweise wieder mit Methylalkohol behandelt und die erhaltene Lösung sehr langsam verdunstet; dieselbe schied aber nur weiche, ganz amorphe Massen aus. Aus Petrolätherlösung hingegen wurden direkt schöne, durchscheinende Nadeln erhalten, die bei 65, 68, 71° (nach mehrtägigem Verweilen im Exsiccator bei 66, 69, 72°) schmolzen, also nur sehr wenig Amorphes enthielten. Diese aus Petrolätherlösung erhaltenen Krystalle wurden hierauf wieder in Methylalkohol aufgelöst. Aus dieser Lösung gelangte im Anfange eine geringe Menge einer mikrokrystallinischen Substanz zur Abscheidung, später jedoch nur weiche, amorphe Massen. Durch wiederholte Behandlung mit Petroläther konnten diese amorphen Produkte, wenigstens teilweise, jedoch wieder in krystallinisches Petroläther-Euphorbon übergeführt werden.

Aceton scheidet aus der Lösung des Petroläther-Euphorbons ebenfalls vorerst hellweiße, undurchsichtige, spröde, zu Krusten vereinigte, kugelige und warzenförmige Krystallkonglomerate aus, die bei 105, 112 und 115° schmelzen. Auch hier gelangt aber aus der Mutterlauge allmählich ein amorpher Körper zur Abscheidung. Während eine der letzten Ausscheidungen von mehr krystallinischer Beschaffenheit 80, 85, 90° als Schmelzpunkt zeigte, wurde bei einer späteren Ausscheidung 78, 80, 86° als Schmelzpunkt gefunden. Die letzte Mutterlauge hinterließ einen Rückstand, der bei 70, 75—78 und 82—83° schmolz.

Aus Aethylalkohollösung scheidet sich Petroläther-Euphorbon in ähnlicher Weise aus wie aus Methylalkohol und aus Aceton; die zuerst erhaltenen, mattweißen, an den Wandungen festsitzenden Massen zeigen einen ähnlichen Schmelzpunkt (110°).

Es ist hiermit der Widerspruch zwischen den Angaben von Henke, der für den Schmelzpunkt des aus Petroläther krystallisierten Euphorbons 67—68° angibt, und denen von Flückiger und Hesse aufgeklärt, die 106—116°, bezw. 113—114° als Schmelzpunkte des Euphorbons fanden. Die verschiedene Höhe der Schmelzpunkte ist dadurch bedingt, daß Flückiger sein vielleicht amorphes Euphorbon enthaltendes Material aus alkoholischen Lösungen gewann, und Hesse sein Euphorbon aus Alkohol und Aceton umkrystallisierte.

Deutlicher krystallinisch (außer in weißen Körnern auch in langen, dünnen, durchscheinenden Nadeln) scheidet sich das Euphorbon aus einer Aether- und Essigätherlösung aus. Das aus Aetherlösung sich in schönen, langen, seidenglänzenden, zu lockeren Rosetten vereinigten Krystallen ausscheidende Euphorbon erweicht bei 110°, schmilzt bei 113—114° und ist bei 115—116° ganz klar geschmolzen.

Petroläther-Euphorbon, in Chloroform gelöst, bleibt beim Verdunsten des Chloroforms als amorphe, durchscheinende, harzartige Masse zurück, die auch bei langer Aufbewahrung ihre Beschaffenheit nicht ändert. Eine größere Menge Methylalkohol-Euphorbon, in Chloroform gelöst, und die Lösung einer langsamen Verdunstung überlassen, hinterließ einen Rückstand, in dem zwar etwas Krystallinisches beobachtet werden konnte, der aber größtenteils amorph und ziemlich weich war. Bei längerer Aufbewahrung nahm dieser Chloroformrückstand eine mehr krystallinische Beschaffenheit an. Der Schmelzpunkt, der nach eintägigem Verweilen im Exsiccator bei 67—68, 76, 90° lag, wurde nach einer Woche bei 71, 80, 90°, nach 14 Tagen sowie nach einem Monat bei 77, 85, 90° und nach etwa 2 Monaten bei 92, 98, 100° gefunden. Höher als 90 und 100° erhitzt, zeigte sich bei 110° eine eigentümliche Blasenbildung.

Auf die eine oder die andere Weise gewonnen, erweist sich das Euphorbon, namentlich in physikalischer Hinsicht, als ein wenig stabiler Körper.

Die chemische Labilität macht sich durch eine allmähliche Gelb- resp. Braunfärbung bei längerer Erhitzung, sowohl bei 70°, als bei 100°, bemerkbar, die mit einer allmählichen Gewichtszunahme verknüpft ist.

Noch mehr ins Auge fallend ist der Mangel an Stabilität in physikalischer Hinsicht, indem sich das krystallinische Euphorbon durch Erhitzung oder bei der Ausscheidung aus Lösungsmitteln unter gewissen Bedingungen derart in seinem Aussehen, in seiner Löslichkeit und in seinem Schmelzpunkt ändert, daß man meinen könnte, es mit einem anderen Körper zu tun zu haben.

Veränderungen in dem Schmelzpunkt des Euphorbons nach dem Erhitzen.

Die Veränderungen, welche das Euphorbon nach dem Erhitzen hinsichtlich der Höhe des Schmelzpunktes zeigt, sind in gewissem Maße abhängig von dem Grad und der Dauer, aber auch von der Schnelligkeit der Erhitzung. Meist wird hierdurch der Schmelzpunkt herabgedrückt. Bei der Erhitzung des Petroläther-Euphorbons wurde gelegentlich auch eine Veränderung in steigender Richtung beobachtet.

Nach 14stündiger Erhitzung bei 60—70° hatte das krystallisierte Petroläther-Euphorbon seinen Schmelzpunkt beträchtlich erhöht; er wurde bei 75, 85 und 90—91° gefunden, und änderte sich nach 14tägigem Verweilen im Exsiccator nicht mehr. Weiter 28 Stunden lang bei 100° erhitzt, zeigte sich wieder der ursprüngliche Schmelzpunkt 70, 71, 75°.

Eine Probe, kurze Zeit auf einem Uhrgläschen direkt auf 100° erhitzt, zeigte einen Schmelzpunkt von 70, 75, 80°; nach mehrtägigem Stehen im Exsiccator 60, 62—63, 67° und schließlich einige Tage später 58, 60, 65°. Bei einer anderen Probe, die etwa 2 Stunden lang direkt auf einem Uhrgläschen im Wassertrockenschrank erhitzt worden war, wurde gleich nach dem Abkühlen, sowohl, als auch nach ein- und zweitägigem Aufbewahren im Exsiccator, als Schmelzpunkt einmal 50, 55 und 60°, ein anderes Mal 60, 62—63, 65° beobachtet.

Nach diesen Erhitzungen war das Petroläther-Euphorbon in eine harte, sehr spröde, kolophoniumartige, gelbliche Masse übergegangen.

Methylalkohol-Euphorbon ging erst nach sehr langer Erhitzung bei 60—70°, rascher bei 100° in eine derartige kolophoniumartige Masse über. Nach etwa 8stündiger Erhitzung bei 60—70° wurde bei demselben Körper 90, 98, 102° als Schmelzpunkt gefunden. 29 Stunden lang bei 60—70° Temperatur erhitzt, wies es einen viel niederen Schmelzpunkt auf: 83, 90, 96—97°. Weiter 6 Stunden lang bei 100° erhitzt, schmolz es, sowohl gleich nach dem Abkühlen, als auch nach ein- und mehrtägigem Verweilen im Exsiccator bei 70, 74—75 und 78°.

Einmal wurde allerdings der Schmelzpunkt von Methylalkohol-Euphorbon, das 7½ Stunden bei 60—70° und 15 Stunden lang bei + 95° erhitzt gewesen war, auch bei 98, 99 und 100° gefunden. Direkt 1—1½ Stunden bei 112—115° erhitzt, fand ich nach dem Erstarren 50, 55 und 60° als Schmelzpunkt. Dieser erhöhte sich in einigen Tagen beim Stehen im Exsiccator bis auf 55, 62 und 65°.

Veränderungen der Löslichkeitsverhältnisse des Euphorbons nach der Erhitzung.

Im allgemeinen kann man sagen, daß das Euphorbon durch Erhitzung in den Lösungsmitteln, woraus es ursprünglich durch

Krystallisation, sowie in Lösungsmitteln überhaupt, schwieriger oder nur zum Teil löslich gemacht wird, und daß es sich (namentlich gilt dies für Methylalkohol und Aceton) nach dem Auflösen aus diesen Lösungen schließlich amorph wieder ausscheidet. Aus Petroläther wurden jedoch öfters wieder krystallinische Ausscheidungen des amorph gewordenen, ursprünglich krystallinisch gewesenen Euphorbons erhalten.

Das nach längerer Erhitzung bei 60—70° und bei 100° wieder den ursprünglichen Schmelzpunkt zeigende Petroläther-Euphorbon löste sich nur zum geringeren Teil wieder leicht in Petroläther auf und schied sich hieraus in blaßgelben Krystallkrusten aus, die den ursprünglichen, sich in 14 Tagen im Exsiccator nicht verändernden Schmelzpunkt von 67—68, 71, 75° zeigten.

Das von Petroläther nicht Gelöste wurde alsdann mit Methylalkohol behandelt, worin es sich leicht löste. Diese Lösung hinterließ jedoch nur einen gelblichen, amorphen, weichen Rückstand, der nach mehrtägigem Aufbewahren im Exsiccator zerrieben werden konnte und 55—58, 60, 64° als Schmelzpunkt aufwies. Dieser stieg nach längerer Aufbewahrung im Exsiccator auf 65, 70 und 73°.

Gelegentlich wurde aus der Petrolätherlösung eines längere Zeit bei 100° erhitzten Petroläther-Euphorbons auch eine Ausscheidung erhalten, die zunächst bei 55, 60, 62°, nach längerer Aufbewahrung im Exsiccator jedoch bei 68, 71, 75° schmolz.

In Aether löste sich ein längere Zeit auf 60—70° (20 Stunden) und auf 100° (13 Stunden) erhitzt gewesenes Petroläther-Euphorbon leicht auf. Nur eine sehr geringe Menge einer flockig-körnigen Substanz blieb ungelöst. Die Aetherlösung hinterließ jedoch nur eine weiche, harzartige, gelblich gefärbte Substanz, die an der Luft allmählich erhärtete, eine trübe Beschaffenheit zeigte und sich nach zweitägigem Aufbewahren im Exsiccator zerreiben ließ, bei 70° zusammensinterte, bei 71° schmolz und bei etwas höherer Temperatur mit Ausnahme einer blasenartigen Trübung klar war. Auch dieser Aetherverdunstungsrückstand löste sich nur zum Teil (etwa zur Hälfte) in Petroläther leicht auf, aus welcher Lösung das Euphorbon wieder in der Form des gewöhnlichen Petroläther-Euphorbons in durchscheinenden, nadelförmigen, bei 68—69, 70—71 und 75° schmelzenden Krystallen zur Abscheidung gelangte. Der in Petroläther schwerlösliche Anteil des Aetherrückstandes, der weniger weich war und, in Aether gelöst, von Petroläther weiß gefällt wurde, wurde nach dem Verjagen des Aethers und des Petroläthers zum Teil in Methylalkohol, zum Teil in Aceton gelöst, was in beiden Fällen mit Leichtigkeit geschah.

Die Methylalkohollösung schied am Boden des Gefäßes weiche Körner aus, die bei 77, 80—87 und 95° schmolzen, am Rande dagegen deutlicher krystallinische Gebilde, die bei 95, 100 und 105° schmolzen. Aus der Acetonlösung schied sich im Anfang eine Substanz in lichtgelben, harten Körnern aus, die bei 122° zusammensinterte, bei 130° schmolz, erst über 150—160° klar wurde, dann Blasenbildung zeigte, und sich nach längerem Verweilen im Exsiccator beim Erhitzen ganz ähnlich verhielt.

Längere Zeit bei 60—70° und bei 100° erhitztes Methylalkohol-Euphorbon löste sich schwierig und nur zum Teil wieder in Methylalkohol auf. Die Lösung schied eine Substanz aus, die bei 85, 90, 93° schmolz. Das von Methylalkohol nicht Wiedergelöste wurde mit Petroläther behandelt, worin es sich größtenteils auflöste. Aus dieser Lösung schied sich eine Substanz aus, die auch nach 14 tägigem Verweilen im Exsiccator bei 55, 60 und 62° schmolz. Das von Petroläther Nichtgelöste konnte durch ziemlich viel Methylalkohol unter Erwärmung zur Auflösung gebracht werden und schied sich hieraus als eine bei 55, 60, 70° schmelzende Substanz aus, welche sowohl nach 3-, als auch nach 7 tägigem Stehen im Exsiccator den Schmelzpunkt 60, 65, 72° aufwies.

Krystallisiertes Methylalkohol-Euphorbon, nach kurzem Erhitzen auf dem Dampfbade in Petroläther gelöst, gab Krystalle, die zum Teil bei 70° schmolzen, bei etwa 100° fast ganz, bei 109° klar geschmolzen waren. Wenn diese Krystalle unter schwachem Erhitzen wieder mit Petroläther behandelt wurden, blieb eine bei 90, 98—100 und 110—115° schmelzende Substanz ungelöst; aus der Petrolätherlösung wurde hingegen einmal eine Substanz erhalten, die bei 58—60, 62—63 und 65°, ein anderes Mal, die bei 66, 71, 73° und in einem dritten Falle bei 60, 65, 72° schmolz.

Amorph aus Methylalkohol ausgeschiedenes Euphorbon, unter schwachem Erhitzen mit Petroläther behandelt, hinterließ beim Verdunsten des Petroläthers einen bei 66, 71 und 73—80° schmelzenden, zum Teil krystallinischen Rückstand. Wurde längere Zeit bei 100° erhitzt gewesenes Methylalkohol-Euphorbon in Aceton gelöst (was sehr leicht von statten ging), so schied sich aus dieser Lösung eine weiche Substanz aus, die sowohl nach einigen Tagen, als auch nach 14 tägigem Stehen im Exsiccator den Schmelzpunkt 70, 73—76 und 86° zeigte.

Obschon amorphes Euphorbon sehr verschiedene Schmelzpunkte aufwies, so wurde dennoch etwa bei 55°, bei 60°, bei 65° und bei 70° eine gewisse Konstanz der Schmelzpunkte beobachtet, sowie ein mehr oder weniger sprungweiser Uebergang von einem Schmelzpunkt zum andern.

Ich habe diese Beobachtungen über die verschiedenen Formen, worin das Euphorbon auftreten kann, etwas ausführlich erörtert, weil sie manche eigentümliche Eigenschaften des Euphorbons erklären, welche wohl zu den Widersprüchen in der Litteratur Veranlassung gegeben haben.

In praktischer Hinsicht zeigen diese Beobachtungen:

1. daß Erwärmung des Euphorbons, sogar unter die Schmelztemperatur, möglichst vermieden werden muß, weil hierdurch das krystallisierte Euphorbon leicht teilweise oder ganz in die amorphe Modifikation übergeht, welche andere Löslichkeitsverhältnisse und Schmelzpunkte aufweist als das ursprünglich krystallisierte Präparat, und

2. daß Petroläther, durch die große Krystallisationsfähigkeit des Petroläther-Euphorbons, im stande ist, mehr oder weniger leicht die verschiedenen Modifikationen des amorphen Euphorbons wieder in krystallinische Form überzuführen, was sonst nur durch sehr langes Aufbewahren und Stehenlassen an der Luft gelingt.

Quantitative Veränderungen des Rein-Euphorbons und des Petroläther-Euphorbons beim Erhitzen.

Das Rein-Euphorbon, wie es sich aus Methylalkohol- oder Acetonlösung im Anfang krystallinisch ausscheidet, stellt nach dem Zerreiben ein luftbeständiges Pulver dar. Das lufttrockene Pulver verliert weder im Exsiccator, noch beim Erhitzen im Vakuum bei 100° an Gewicht. Im Lufttrockenschrank auf 60—70° erhitzt, weist es jedoch eine allmähliche, geringe Zunahme an Gewicht auf; hierbei wird es allmählich gelb gefärbt. Die Zunahme an Gewicht betrug nach 5½ Stunden = 1,2%, nach 12 Stunden = 2%, nach 29 Stunden = 3,57%. Etwas schneller findet Gewichtszunahme und gleichzeitig Gelb- bezw. Braunfärbung statt, wenn das Rein-Euphorbon auf 100° im Lufttrockenschrank erhitzt wird.

Ganz anders verhält sich Petroläther-Euphorbon. Die lockeren Krystalle dieses Körpers sind ebenfalls luftbeständig und verlieren im Exsiccator kaum an Gewicht. Im Lufttrockenschrank, bei 60—70° erhitzt, wurde nach 2½ Stunden eine Gewichtsabnahme von 4,43% beobachtet; nach 6 Stunden betrug dieselbe 4,31%, während nach weiteren 2½—3 Stunden noch eine weitere geringe Zunahme an Gewicht stattfand. Auf 100° erhitzt, verlor die zusammengesinterte Masse, deren Schmelzpunkt sich beträchtlich erhöht hatte, in 7½ Stunden noch 1,77% an Gewicht. Beim weiteren Erhitzen fand jedoch eine allmähliche, geringe Zunahme an Gewicht statt

Für längere Zeit im Exsiccator aufbewahrtes Petroläther-Euphorbon wurde die Gewichtsabnahme beim Erhitzen im Vakuum auf 97° einmal zu 5,7%, ein anderes Mal zu 5,67%, ein drittes Mal zu 5,344% gefunden. Quantitäten von etwa 200 mg, welche sich im Porzellanschiffchen befanden, hatten schon in 2, höchstens 3 Stunden das Maximum der Gewichtsabnahme erreicht. Im Durchschnitt beträgt also die Abnahme beim Erhitzen im Vakuum 5,57%. Das Euphorbon vermag demnach ungefähr diese Menge an (bei 60—70° siedenden) Petroläther molekular zu binden.

Weitere Eigenschaften und Reaktionen des Euphorbons.

Das Euphorbon, welches absolut geschmacklos und in Wasser fast unlöslich ist, wird weder in wässeriger, noch in alkoholischer Lösung von Tannin gefällt. Ebensowenig werden diese Lösungen durch Eisenchlorid gefärbt. Durch konzentrierte Schwefelsäure wird das Euphorbon alsbald mit gelber Farbe gelöst. Diese Färbung geht schnell in eine ziegelrote über; nach 1—2 Stunden Stehen, sofort beim Erhitzen tritt eine blutrote Färbung ein. Die braunrote Färbung, welche sich nach 24 Stunden zeigt, besitzt eine schwache, grünbraune Fluorescenz; letztere tritt nach einigen Tagen und sofort beim Verdünnen mit wenig Wasser deutlicher hervor. Durch weiteren Wasserzusatz wird die Färbung eine mißfarbene.

Durch konzentrierte Schwefelsäure und Salpetersäure entsteht nur eine rotgelbe, keine violette oder schmutzig braune Färbung, welche schon in 2—3 Stunden erbleicht.

In Chloroform gelöst, färbt Euphorbon zugesetzte Schwefelsäure gelbrot, nach 24 Stunden braunrot. Die Chloroformschicht ist ungefärbt und zeigt auch beim Verdunsten keine Färbung.

Wird eine Lösung von Euphorbon in Essigsäureanhydrid unter Abkühlen mit einigen Tropfen konzentrierter Schwefelsäure versetzt, so tritt eine gelbe, bald in rotgelb, in einigen Stunden in dunkelrot übergehende Färbung auf nebst einer schön grünen Fluorescenz. Nach 4—5 Stunden wird die Lösung allmählich schön grün gefärbt. Diese grüne Färbung ist sehr beständig und geht erst in 2—3 Tagen in eine gelbliche über. Wenn die grüne Lösung in Wasser gegossen wird, so entsteht eine smaragdgrüne Flüssigkeit, welche erst nach mehreren Stunden eine gelbe Farbe annimmt. — Phytosterin wird unter denselben Umständen zuerst blau, nach 4—5 Stunden grün gefärbt. Schon nach 7 Stunden tritt eine gelbe Färbung auf, welche allmählich in Rotgelb, Rot und Rotbraun übergeht. Wird die Lösung, so lange sie grün erscheint, in Wasser ausgegossen, so entsteht eine gelbe Flüssigkeit. Eine Fluorescenz wird neben den verschiedenen Färbungen nicht beobachtet.

Wird Euphorbon in wenig Eisessig gelöst, mit etwas Acetylchlorid versetzt und mit einigen Körnchen Zinkchlorid 5 Minuten im Wasserbade erwärmt, so entsteht eine dunkelblutrote Färbung, jedoch zeigt sich nur eine schwache, grünbraune Fluorescenz.

Das Drehungsvermögen des Euphorbons.

Eine Auflösung von 0,399 g Euphorbon in 24,975 ccm Chloroform (oder 1,5976 g in 100 ccm) zeigte bei 20° im 2 dm-Rohr mit dem Landolt-Lippich'schen Polarisationsapparat mit dreiteiligem Gewichtsfelde untersucht (Natriumlicht), eine Ablenkung der Polarisationsebene nach rechts um 0,48°. Das Drehungsvermögen beträgt also in 1,1%iger Chloroformlösung = + 15,02°.

$$[\alpha]_D^{20} = \frac{100 \times 0{,}48}{2 \times 1{,}5976} = +15{,}02^0.$$

In 4%iger Lösung wurde bei 15° eine spezifische Drehung von + 16,8255° und bei 20° von + 16,542° beobachtet:

1,2442 g in 29,8638 g Chloroform zu 31,108 g gelöst, drehte im 2 dm-Rohr die Polarisationsebene bei 15° um 1,97°, bei 20° um 1,925° nach rechts.

Da das spezifische Gewicht der Lösung bei 15° = 1,4637, bei 20° = 1,4547 ermittelt wurde, das Volum der Lösung also bei 15° = 21,253 ccm, bei 20° = 21,384 ccm war, und deshalb in 100 ccm bei 15° = 5,8542 g, bei 20° = 5,81837 g Substanz enthalten sind, ist:

$$[\alpha]_D^{15} = \frac{100 \times 1{,}97}{2 \times 5{,}8542} = +16{,}8255^0 \text{ und } [\alpha]_D^{20} = \frac{100 \times 1{,}925}{2 \times 5{,}81837} = +16{,}542^0.$$

Henke fand α_D = + 15° 88′, Hesse = 18,8°. Da Euphorbon optisch aktiv ist, müssen sich im Molekül desselben ein oder mehrere asymmetrische Kohlenstoffatome befinden.

Zusammensetzung und Molekulargröfsebestimmung des Euphorbons.

Zur Ermittelung der Zusammensetzung des Euphorbons wurden Elementaranalysen ausgeführt von aus Methylalkohol, aus Aceton und aus Petroläther krystallisiertem Euphorbon; die zwei ersten in exsiccatortrockenem Zustande, weil sie im Vakuum erhitzt nichts an Gewicht verloren, Petroläther-Euphorbon hingegen, nachdem es 2—3 Stunden im Vakuum bei 97° bis zum konstanten Gewicht erhitzt worden war.

Durch die gleiche Zusammensetzung dieser drei Produkte war der Beweis geliefert, daß aus Methylalkohol und Aceton das Rein-Euphorbon auskrystallisiert, daß jedoch das Petroläther-Euphorbon ein Euphorbon ist, das eine bestimmte Menge Petroläther in molekularer Bindung enthält. Nicht unerwähnt möchte ich lassen, daß Euphorbon sich nur sehr schwierig vollkommen in CO_2 und H_2O überführen läßt.

Die bei den Elementaranalysen gefundenen Werte sind folgende:

I. 0,17195 g exsiccatortrockenes Methylalkohol-Euphorbon gaben: 0,5306 g CO_2 und 0,1795 g H_2O.

II. 0,174 g desselben Euphorbons gaben: 0,5376 g CO_2 und 0,1812 g H_2O.

III. 0,1656 g desselben Euphorbons gaben: 0,5093 g CO_2 und 0,1715 g H_2O.

IV. 0,1661 g exsiccatortrockenes Aceton-Euphorbon gaben: 0,5122 g CO_2 und 0,1737 g H_2O.

V. 0,1778 g im Vakuum bei 97° bis zum konstanten Gewicht erhitztes Petroläther-Euphorbon gaben: 0,5473 g CO_2 und 0,1835 g H_2O.

Die Bestimmung der Größe des Moleküls wurde nach der Methode der Siedepunktserhöhung mit dem Beckmann'schen Apparat ausgeführt (Zeitschrift für physikalische Chemie 6, Seite 443; 1890):

1,347 g exsiccatortrockenes Methylalkohol-Euphorbon, in 4 Anteilen in 56,776 g kochendem absoluten Aether gelöst, erhöhten den Siedepunkt um 0,135°.

Nach der Formel: M = Konstante für Aether (21,1), multipliziert mit der Anzahl Gramme Substanz in 100 g absolutem Aether gelöst, dividiert durch die beobachtete Siedepunktserhöhung, ergibt sich für M der Wert 371.

Die Formel, welche sich aus diesen Daten für Euphorbon berechnen läßt, und am besten damit übereinstimmt, ist $C_{27}H_{44}O$.

	Gefunden:					Berechnet für
	I.	II.	III.	IV.	V.	$C_{27}H_{44}O$:
C	84,16%	84,26%	83,88 %	84,1 %	83,95%	84,37%
H	11,62 „	11,6 „	11,537 „	11,65 „	11,5 „	11,46 „
			M = 371			M = 384.

Diese Daten weichen nicht unerheblich von denen ab, welche vor anderen Forschern gefunden wurden:

	Dragendorff-Alberti	Flückiger	Hesse	Henke
C	81,1%	79,90%	81,82%	82,25%
H	11,0 „	11,66 „	11,04 „	12,23 „.

Unter Annahme der noch weiter zu bestätigenden Formel $C_{27}H_{44}O$ würde das Euphorbon im Molekül 2 H weniger als Cholesterin und 1 C mehr als Phytosterin enthalten, Körper, welche auch sonst in manchen ihrer Eigenschaften an die des Euphorbons erinnern.

Einwirkung von Essigsäureanhydrid auf Euphorbon.

Zur Aufklärung der Konstitution des Euphorbons war es erforderlich darüber Auskunft zu erhalten, in welcher Weise das O-Atom im Euphorbonmolekül gebunden ist. Es wurde deshalb, um eventuell OH (Hydroxyl) nachzuweisen, zuerst versucht, ein Acetylderivat darzustellen. Dies geschah, mit Rücksicht auf die Empfindlichkeit des krystallisierten Euphorbons gegen Wärme, durch Behandeln von Euphorbon während längerer Zeit mit Essigsäureanhydrid in der Kälte.

2 g Petroläther-Euphorbon wurden zu diesem Zwecke in fein gepulvertem Zustande unter öfterem Umschütteln während 2 Monaten mit 15 g Essigsäureanhydrid in der Kälte in Berührung gelassen. Die Masse, welche dabei allmählich eine körnige, spröde Beschaffenheit annahm, wurde alsdann mit Wasser angerührt und, um einer eventuellen Zersetzung des Acetylproduktes durch Wasser möglichst vorzubeugen, sehr schnell filtriert. Das Filtrat hinterließ beim Verdunsten nur einen sehr geringen, gelblichen amorphen Rückstand. Die auf dem Filter verbleibende, körnige, spröde, sich hart anfühlende, etwas zusammengesinterte, weiße Masse wurde bei gewöhnlicher Temperatur erst an der Luft, nachher im Exsiccator getrocknet, alsdann einige Male aus Petroläther, in dem sie sich ziemlich leicht löste, umkrystallisiert.

Da die hintereinander erhaltenen krystallinischen Ausscheidungen einen beträchtlichen Unterschied in den Schmelzpunkten aufwiesen, Petroläther deshalb nicht schnell genug zum gewünschten Ziele zu führen schien, wurde Methylalkohol zum Umkrystallisieren benutzt. Bei dessen Anwendung konnte bald eine Schmelzpunktkonstanz bei zwei aufeinanderfolgenden Ausscheidungen erreicht werden. Der erzielte Körper schmolz bei 100—102°, verhielt sich auch in anderer Hinsicht auffällig verschieden von Euphorbon. Er bildete farb- und geschmacklose, perlmutterglänzende Krystallblättchen, die in ihrem Aussehen an Acetylphytosterin erinnerten, jedoch weniger seidenglänzend und weniger zusammengebacken waren wie dieses. Aus Petrolätherlösung krystallisiert, bildete das Reaktionsprodukt derbe, durchscheinende Nadeln, die von feinnadelförmigem oder blätterigem Petroläther-Euphorbon wesentlich verschieden waren. In kaltem Methylalkohol löste es sich viel schwieriger auf wie das Rein-Euphorbon. Konzentrierter Schwefelsäure und konzentrierter Schwefelsäure und Salpetersäure gegenüber verhielt es sich jedoch dem Euphorbon ähnlich.

Um bei der Darstellung dieses Körpers weniger von Zeitverhältnissen abhängig zu sein, wurde versucht, durch Erwärmen des Euphorbons mit Essigsäureanhydrid zu derselben Verbindung zu gelangen.

Zu diesem Zwecke wurde Petroläther-Euphorbon eine Stunde lang mit der 10fachen Menge Essigsäureanhydrid im Wasserbade erhitzt und weiter nach der oben beschriebenen Art verfahren. Es wurde auch jetzt ein, dem Aeußeren nach, ähnlicher Körper erhalten, jedoch war die Ausbeute eine geringere, ferner enthielt das Reaktionsprodukt ziemlich viel einer amorphen, klebrigen Substanz.

Nach dreistündiger Erhitzung des Euphorbons mit Essigsäureanhydrid im Wasserbade und nach wiederholtem Umkrystallisieren des Reaktionsproduktes aus Methylalkohol wurde ebenfalls derselbe Körper erhalten. Die Ausbeute war bei diesem Verfahren aber noch geringer. Eine als sekundäres Reaktionsprodukt mitgebildete, braunrot gefärbte Substanz war dermaßen schwierig zu entfernen, daß die zuletzt erhaltenen Krystallblättchen noch schwach bräunlich gefärbt waren, als sie schon denselben Schmelzpunkt (100—102°) zeigten, wie die Krystalle, die bei zweimonatlicher Einwirkung von Essigsäureanhydrid in der Kälte auf Euphorbon erhalten worden waren.

Bei der Elementaranalyse dieses Körpers wurden folgende Werte erhalten:

I. 0,1701 g exsiccatortrockene Substanz gaben 0,51 g CO_2 und 0,167 g H_2O = 81,64 % C und 10,88 % H.

II. 0,1476 g im Exsiccator getrocknete Substanz gaben 0,4439 g CO_2 und 0,1465 g H_2O = 82,022 % C und 11,06 % H.

III. 0,1696 g exsiccatortrockene Substanz gaben 0,5126 g CO_2 und 0,1682 g H_2O = 82,04 % C und 11,01 % H.

Da sich für ein eventuell gebildetes Acetyl-Euphorbon von der Zusammensetzung $C_{27}H_{43}O \cdot OC \cdot CH_3$ ein C-Gehalt von 81,69% und ein H-Gehalt von 10,8% berechnet, schien die Annahme in gewissem Grade berechtigt, daß sich bei der Einwirkung von Essigsäureanhydrid ein Acetylderivat des Euphorbons gebildet habe.

Diese Vermutung fand aber durch die in verschiedener Weise ausgeführten Acetylbestimmungen, bezw. durch das negative Resultat der Versuche, Essigsäure in den Verseifungsprodukten qualitativ nachzuweisen, bisher keine Bestätigung.

Versuche zur Darstellung einer Wasserstoffverbindung des Euphorbons.

Zur Ermittelung, ob sich im Euphorbonmolekül eine ungesättigte Gruppe vorfindet und event. wieviel Aethylenbindungen vorhanden sind, bezw. ob vielleicht eine dreifache Bindung in demselben vorkommt, wurde

1. versucht, ob sich Wasserstoff an das Euphorbon anlagern lasse,
2. das Jodadditionsvermögen nach zwei verschiedenen Methoden bestimmt, und
3. ein Bromabkömmling des Euphorbons dargestellt und analysiert.

Es war anzunehmen, daß, wenn im Euphorbonmolekül eine doppelte oder dreifache Bindung vorhanden ist, diese durch H im statu nascendi aufgehoben, und daß im ersteren Falle eine Verbindung von der Zusammensetzung des Cholesterins gebildet werden würde. Diese Addition des Wasserstoffs wurde sowohl in der Wärme, wie in der Kälte zu realisieren versucht.

1 g Petroläther-Euphorbon wurde auf dem Wasserbade in einem Kolben am Rückflußkühler mit 80 g absolutem Alkohol zum Sieden erhitzt, und nach und nach etwa 6 g Natrium eingetragen, bis die Flüssigkeit eine mehr viscöse Beschaffenheit zeigte. Das rötlich gefärbte Reaktionsprodukt wurde nun in etwa 200 ccm Wasser ausgegossen und die Flüssigkeit mit Essigsäure schwach angesäuert. Die emulsionsartige Ausscheidung, die weder durch Absetzenlassen noch durch Filtrieren gesammelt werden konnte, wurde durch Ausschütteln mit Petroläther isoliert und aus diesem Lösungsmittel wiederholt umkrystallisiert. Es wurden zuletzt gut ausgebildete Krystalle erhalten, die bei etwa 69° schmolzen und, aus Methylalkohol umkrystallisiert, bei 109—110° zusammensinterten, bei 113° schmolzen und bei 115° eine ganz klare Schmelze bildeten.

In Chloroform gelöst, wurde das erhaltene Produkt ebenso wie Rein-Euphorbon durch konzentrierte Schwefelsäure in 24 Stunden braunrot gefärbt; das Chloroform zeigte, auch beim Verdunsten, keine Färbung.

Ebensowenig gelang es durch Einwirkung nascierenden Wasserstoffs in der Kälte auf alkoholische Euphorbonlösung einen Körper mit anderen Eigenschaften zu erzielen. Das Euphorbon scheint unter den skizzierten Bedingungen keinen Wasserstoff zu addieren.

Die Bestimmung der Jodzahl nach dem Verfahren von **Hanus** und von **Hübl** lieferte für die chemische Natur des Euphorbons nur wenig Anhaltspunkte. Nach **Hanus** wurde als Jodzahl der Wert 83,41 und 99,73, nach **Hübl** 103,22 und 87,47 gefunden. **Phytosterin** ergab nach **Hanus** als Jodzahl den Wert 90,2 anstatt 68,28.

Darstellung und Eigenschaften des Dibrom-Euphorbons.

Zur Darstellung einer Bromverbindung des Euphorbons wurden 2 g Petroläther-Euphorbon in 30 ccm Chloroform gelöst und dieser Lösung nach und nach unter Abkühlen eine verdünnte Bromlösung in Chloroform (etwa 0,5 g in 15 ccm) zugesetzt, bis die gelbrote Farbe der Mischung nicht mehr sofort verschwand. Hierbei konnte keine Bromwasserstoffentwickelung beobachtet werden. Demnach schien unter diesen Umständen nur ein Additionsprodukt gebildet worden zu sein.

Die lichtgelbe Flüssigkeit hinterließ beim freiwilligen Verdunsten eine weiche Substanz, die beim Umrühren, nachdem der Chloroformgeruch verschwunden war, in eine lichtgelbe, ziemlich spröde Masse überging. Diese löste sich leicht in Aceton, Aether, Essigäther und Eisessig, weniger leicht in Methylalkohol, schwierig in Petroläther auf. Die gebildete Bromverbindung zeichnete sich nicht durch große Krystallisationsfähigkeit aus, denn beim freiwilligen Verdunsten ihrer Lösungen wurden nur aus der Aetherlösung, besonders am Rande, eine deutliche Ausscheidung von Mikrokrystallen beobachtet. Durch Versetzen einer Aetherlösung mit Petroläther bis zur eben eintretenden Trübung, Aufheben der Trübung durch Zusatz von wenig Aether und langsame Verdunstung dieser Lösung, wurden ebenfalls keine gut ausgebildeten Krystalle erhalten.

Auch der Versuch, durch Acetylierung (Erhitzen mit Acetylchlorid auf dem Dampfbade am Rückflußkühler) zu einer gut krystallisierten Ausscheidung zu gelangen, führte nicht zum Ziele.

Nachdem die weichen, kleberigen Massen soweit wie möglich durch Abpressen zwischen Fließpapier von der Aetherlösung der ursprünglichen Masse befreit waren, konnte auch aus der Petroläther- und Methylalkohollösung dieser gereinigten Substanz etwas Mikrokrystallinisches erhalten werden. Zur Umkrystallisation erwies sich jedoch Aether als am geeignetsten. Aus diesem wurde schließlich ein nur wenig gelbgefärbter Körper erhalten, welcher bei etwa 81° unscharf schmolz. Der Bromgehalt dieses Körpers wurde durch Mischen mit der 40 fachen Menge einer wasserfreien Mischung von 1 Teil Natriumkarbonat und 2 Teilen Kaliumnitrat und allmähliches Erhitzen in einem Porzellantiegel bestimmt. Diese Bestimmungen ergaben, daß 2 Atome Brom angelagert worden waren:

I. 0,1677 g Substanz lieferten 0,1179 g AgBr = 50,17 mg Br = 29,92% Br
II. 0,1694 „ „ „ 0,117 „ „ = 49,787 „ „ = 29,39 „ „

	Gefunden:		Berechnet für
	I.	II.	$C_{27}H_{44}Br_2O$:
Br	29,92%	29,39%	29,41%.

Das Euphorbonmolekül enthält demnach, wie die Ergebnisse des Studiums des Bromeinwirkungsproduktes beweisen, eine doppelte Bindung.

Zu beziehen vom Deutschen Apotheker-Verein in Berlin C. 2.

Formulare zur monatlichen Liquidation über die den Stadtarmen gelieferten Arzneien. Vorgeschrieben in den von der Armendirektion heraus-gegebenen Formulae Magistrales Berolinenses 1903 (S. 44). 25 Stück 1 M. 25 Einlagebogen 1 M.

Vorschriftsmäfsige Formulare für Anmeldungen und Abmeldungen eines Apothekenbesitzers — Apothekenvorstandes — Gehilfen — Lehrlings. beim Königlichen Kreisarzt, à 10 Stück 25 Pf. (unter 10 Stück werden nicht abgegeben). Siehe Bekanntmachung des Königlichen Polizei-Präsidenten von Berlin vom 7. Oktober 1902 (Apotheker-Zeitung 1902, No. 83).

Neu erschienen:

Ergänzungs-Taxe

des

Deutschen Apotheker-Vereins

zur

Königlich Preussischen Arzneitaxe

für

— 1903 —

herausgegeben vom

Deutschen Apotheker-Verein

und in dessen Auftrag bearbeitet von Hermann Stein.
Zweite Ausgabe. Preis 2 Mark.

Zu beziehen durch den **Deutschen Apotheker-Verein Berlin C. 2** und durch jede Buchhandlung.

Diese Zeitschrift erscheint in zwanglosen Heften (in der Regel monatlich einmal) in einem jährlichen Umfange von 40 bis 50 Bogen. Ladenpreis für den Jahrgang Mk. 12,—.

Alle Beiträge für das „**Archiv**" sind an die

Archiv-Redaktion

Herrn Geh. Reg.-Rat Professor Dr. *E. Schmidt* in Marburg (Hessen) oder Herrn Geh. Med.-Rat Professor Dr. *H. Beckurts* in Braunschweig, alle die Anzeigen u. s. w., überhaupt die Archiv-Verwaltung und die Mitgliederliste betreffenden Mitteilungen an den

Deutschen Apotheker-Verein

Berlin C. 2, Neue Friedrichstr. 43

einzusenden.

Signirapparat

allein. Erfindung des Pharmazeut.
J. Pospisil, Stefanau-Olmütz.
Unbezahlbar zum vorschriftsmässigen Signiren der Standgefässe, Schubladen, Preisnotiren etc. liefert schöne, dauerhafte Schilder in allen vorkommenden Grössen in schwarzer, rother und weisser Schrift. **Muster gratis.** Andere Signirapparate sind Nachahmungen. [3

Extr. Filicis Ph. G. IV.

Frisch bereitet.
Dr. Weppen & Lüders,
Blankenburg a. Harz. [5

Schweisshemmend
THEODOR HAHN'S
FLÜSSIGE FORMALINSEIFE
Fl. à 250 gr. Mk. 1.30 } durch die
" " 1000 " " 3.00 } Apotheken.
TH. HAHN & Co. Schwedt a. O. 6

Neu erschienen:

General-Katalog

für Apotheken

von **Dr. Martin Fraenkel, Berlin.**

Preis kartonniert Mark 4.—

Zu beziehen vom:

Selbstverlag des Deutschen Apotheker-Vereins
Berlin C. 2.

von PONCET Glashütten-Werke

BERLIN SO., Köpnickerstr. 54.

Fabrik und Lager

sämmtlicher Gefässe u. Utensilien für chem., pharmac. Gebrauch

Atelier für Emaille-Schriftmalerei

auf Glas- und Porzellangefässe.

Specialität: Einrichtung v. Apotheken, chem. Laboratorien etc.

Preisverzeichnisse gratis und franco. [4

Druck von Denter & Nicolas, Berlin C., Neue Friedrichstrasse 43.

ARCHIV

DER

PHARMAZIE

herausgegeben

vom

Deutschen Apotheker-Verein

unter Redaktion von

E. Schmidt und **H. Beckurts.**

Band 241. Heft 4.

BERLIN.

Selbstverlag des Deutschen Apotheker-Vereins.

1903.

Ausgegeben den 11. Juli 1903.

INHALT.

Eingegangene Beiträge.

E. Rupp, Ueber die Jodometrie des Phosphors.

Derselbe, Ueber eine jodometrische Bestimmung des Chloralhydrats.

Derselbe, Ueber eine jodometrische Bestimmung des Zinks mit Ferrocyankalium.

Derselbe, Ueber eine jodometrische Bestimmung des Hydrargyrum cyanatum.

W. Straub, Ueber eine neue Methode des quantitativen Nachweises von Phosphor in öliger Lösung.

J. Aschan, Untersuchungen einiger vom Cap stammender Aloesorten.

A. Tschirch und **G. Weil,** Ueber den Gurjunbalsam.

H. F. Moschkowitsch, Zur Wertbestimmung der Präparate der Folia Digitalis.

(Geschlossen den 4. VII. 1903.)

Gebrauchsfertige aseptische Verbandstoffe

D. R. G. M. 173 311

nach Angaben von **Prof. Dr. Perthes** (Leipzig)

Vergl. Münchener med. Wochenschrift 1903 No. 6.

Max Arnold

Stammfabrik: Zweiggeschäft:

7] **Chemnitz. ✱ Breslau.**

Mitteilung aus dem Institut für Pharmazie
und Nahrungsmittelchemie an der Universität Jena.

Quantitative Bestimmungen wässeriger Lösungen mit dem Zeiss'schen Eintauchrefraktometer.

Von H. Matthes und B. Wagner.

(Eingegangen den 10. Mai 1903.)

Die physikalisch-chemischen Untersuchungsmethoden haben schon seit Jahren, sowohl bei rein wissenschaftlichen Arbeiten, als auch bei nahrungsmittelchemischen und technischen Untersuchungen Anwendung gefunden.

Besonders für den praktisch arbeitenden Nahrungsmittelchemiker sind derartige Methoden von großer Bedeutung, da sie es ermöglichen in sehr kurzer Zeit und mit geringem Kostenaufwande, meist auch bei geringem Untersuchungsmaterialverbrauch, ein Urteil über die Reinheit chemischer Körper und die quantitative Zusammensetzung reiner einfacher Lösungen zu gewinnen. Auch für den Apotheker ist es von größter Wichtigkeit ein Mittel an der Hand zu haben, um in kurzer Zeit die Reinheit der verschiedensten Präparate feststellen zu können.

Der eine von uns hat in einem Vortrag auf der ersten Jahresversammlung der „Freien Vereinigung deutscher Nahrungsmittelchemiker zu Eisenach“ schon die Aufmerksamkeit der Fachgenossen auf das Zeiß'sche Eintauchrefraktometer zur schnellen Kontrolle chemischer Verbindungen gelenkt.

Wir haben es unternommen, die Anwendungsfähigkeit und die Genauigkeit des Eintauchrefraktometers für Laboratoriumszwecke unter Aufstellung einer Anzahl grundlegender Tabellen näher zu prüfen.

Die Tabellen befinden sich vollständig in der Dissertation von B. Wagner-Jena 1903. Weiter werden dieselben dem Zeiß'schen Eintauchrefraktometer beigegeben.

In der Litteratur befinden sich bis jetzt unseres Wissens über das Eintauchrefraktometer nur die Arbeiten von Strubell[1]), Grober[2]), Strauß[3]) und H. Matthes[4]) sowie in erster Linie von Pulfrich[5]).

---

[1]) Strubell, Urin und Blut. Verhandl. d. XVIII. Kongresses f. innere Medizin, Wiesbaden.

[2]) Grober, Zuckerbestimmung im Harn, Zentralbl. f. innere Medizin. 1900, No. 8.

[3]) Strauß, Mageninhalt, Deutsche Aerzte-Ztg. 15. Febr. 1901, No. 4.

[4]) H. Matthes, Ztschr. f. Untersuchung d. Nahr.- u. Genußm. 1902, 1037 u. folg.

[5]) Pulfrich, Eintauchrefraktometer, Ztschr. f. angew. Chem. 1899, Heft 48, 1168.

Die Anwendung des Eintauchrefraktometers ist gegenüber anderen Refraktometern hauptsächlich der außerordentlich leichten und bequemen Handhabung wegen zu empfehlen. Ferner arbeitet man mit relativ großen Mengen Flüssigkeiten, so daß also eine etwaige Verdunstung des Lösungsmittels und infolge dessen eine Konzentration der betreffenden Lösung viel weniger in Betracht kommt, als bei dem Abbe'schen Refraktometer, bei welchem bekanntlich nur einige Tropfen der Flüssigkeit zwischen zwei Prismen gebracht werden.

Das Eintauchrefraktometer ist jedoch auch zur Untersuchung kleiner Mengen (Tropfen) von Flüssigkeiten geeignet, da ihm ein Hilfsprisma mit matter Brechungsfläche beigegeben ist. Das Prisma kann in den weiter unten beschriebenen Becher eingeschoben werden und liegt es nach dem Aufsetzen des Deckels ohne weiteres fest. Es ist von großer Wichtigkeit, daß man so in die Lage versetzt ist, auch Tropfen bei konstanter Temperatur mit dem Eintauchrefraktometer untersuchen zu können.

Bei dem Eintauchrefraktometer ist das zweite Prisma in Wegfall gekommen. Dieses konnte geschehen, da für die Erzeugung der Grenzlinie nur das dem Fernrohr zugewandte Prisma des Abbe'schen Doppelprismas in Betracht kommt. Man hat jedoch größere Flüssigkeitsmengen zu verwenden und durch die Wahl eines passenden Eintauchgefäßes oder die Haltung des Instrumentes dafür Sorge zu tragen, daß ein den Anforderungen der Methode der Total-Reflexion entsprechender — streifender — Lichteintritt stattfindet. (Strahlengang in Fig. 2 ersichtlich.)

Das Prisma des Eintauchrefraktometers ist mit einem Skalenbereich von —5 bis +105 versehen; entsprechend n D 1,32539 — 1,36640.

Der Vorteil des Eintauchverfahrens besteht darin, daß die Lichtbrechung einer Flüssigkeit sich in gleich einfacher Weise feststellen läßt, wie ihre Temperatur mit Hilfe eines Thermometers oder ihr spezifisches Gewicht mittels eines Araeometers. Außerdem ergibt sich für die Beobachtung der Grenzlinie der Vorzug, daß die Grenzlinie wegen des Wegfalls des zweiten Prismas viel schärfer markiert erscheint, als bei Einschließung der Flüssigkeit zwischen die beiden Glasprismen des Abbe'schen Refraktometers. Es kann daher für die Beobachtung der Grenzlinie eine erheblich stärkere Fernrohrvergrößerung angewandt und dadurch die Genauigkeit des Meßverfahrens entsprechend gesteigert werden.

Einrichtung und Handhabung des Instrumentes nach der Zeiss'schen Liste Fig. 1, 2 und 3.

Handfernrohr von ca. zehnfacher Vergrößerung. Prisma P (brech. Winkel 63°) aus hartem, widerstandsfähigem Glase vom Brechungs index 1,51. Die Prismenfassung ist außen zylindrisch gestaltet. Vor- und einspringende Kanten sind tunlichst vermieden, sodaß das Reinigen des unteren Refraktometerendes mit einigen wenigen Handgriffen bewirkt werden kann.

Der Apparat ist so justiert, daß die Grenzlinie für destilliertes Wasser bei einer Versuchstemperatur von 17,5° C. auf den Skalenteil 15 zu liegen kommt nD = 1,33320.

Um die Lage der Grenzlinie in Bruchteilen eines Intervalles der Skala genauer, als dies durch eine Schätzung möglich ist, messen zu können, ist das Okular mit einer Mikrometereinrichtung *Z* ausgerüstet, mit deren Hilfe die Skala um genau einen Skalenteil bewegt werden kann. Man stellt bei der Messung die Schraube so ein, daß die Grenzlinie mit dem ihr unmittelbar voraufgehenden Teilstrich der Skala zusammenfällt, und liest an der in zehn Teile geteilten Trommel der Mikrometerschraube die gesuchten Zehntel-Skalenteile mit einem Fehler von höchstens $\pm$ 0,1 Skalenteil (im Mittel = $\pm$ 3,7 Einheiten der fünften Dezimale von *n*) direkt ab.

In Anbetracht der relativ starken Fernrohrvergrößerung ist die äußerste Sorgfalt beim Reinigen der Prismenfläche erforderlich. Speziell für die Untersuchung hochprozentiger alkoholischer Lösungen ist das Reinigen der Fläche mittelst eines mit Alkohol (statt Wasser) getränkten, leinenen Lappens zu empfehlen.

Die Achromatisierung der Grenzlinie erfolgt mit Hilfe eines um die Rohrachse drehbaren dreiteiligen Amiciprismas *A*. Die Drehung wird mittelst des in der Mitte des Rohres angebrachten Ringes *R* ausgeführt. Für den Vergleich der bei den einzelnen Flüssigkeiten erhaltenen Kompensatorstellungen unter einander ist der Ring *R* mit einer Teilung 0—10 versehen. Im allgemeinen ist die Ablesung an dieser Teilung um so größer, je höher die Dispersion der Flüssigkeit ist. Im übrigen sind die Zahlen willkürlich gewählte Einheiten.

Das dem Apparate beigegebene aufsteckbare Gefäß *(Fig. 2)* ist für Flüssigkeiten bestimmt, welche wegen Verdunstung oder aus anderen Gründen eine längere Berührung mit der äußeren Luft nicht vertragen. Das Gefäß besteht aus zwei Teilen, einem Mantel *M* und einem mit Glasfenster versehenen Deckel *D*. Die Verbindung dieser Teile mit dem Refraktometer geschieht in einfachster Weise mittelst Bajonettverschluß, die Dichtung ist durch breite Konusflächen erreicht. Alle Metallteile sind vernickelt.

Handhabung: Man steckt zuerst den Mantel auf das Refraktometerende, hält das Instrument in vertikaler Lage mit dem Okular nach unten, füllt das Gefäß nahezu bis zum Rande mit der zu untersuchenden Flüssigkeit und schließt mit dem Deckel zu. Um gekehrt nimmt man am besten zuerst das Refraktometer aus dem Gefäß heraus, entleert dieses und nimmt dann die Teile desselben zum Zwecke des Reinigens auseinander.

Das *Fig. 3* abgebildete Refraktometerprisma ist vollständig freistehend und für alle Flüssigkeiten (auch Säuren etc.), von denen eine zerstörende Wirkung auf die Prismenfassung und auf den Kitt zu befürchten ist, verwendbar.

Hilfsapparate.

Für die Zwecke der Temperaturregulierung und der Beleuchtung dienen die beiden Eintauchgefäße: *A*, für die Aufnahme von 10 Becher-

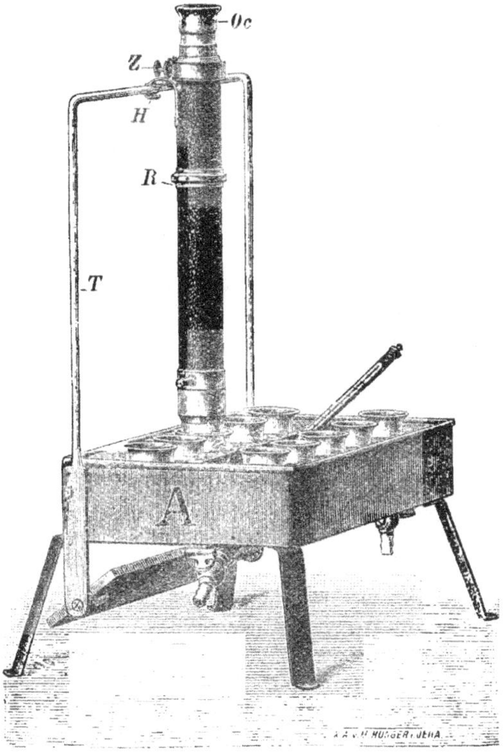

Fig. 1. Eintauchrefraktometer (No. 26) und Gefäß A. ($^1/_5$ natürl. Größe.)

gläsern eingerichtet für Massenuntersuchungen mit Fenster in dem Boden des Gefäßes und Spiegel; *B*, mit Glasfenster in der vorderen Seitenwand und Spiegel. Für die meisten Fälle genügt das Gefäß *A*

Für die Handhabung des mit dem aufsteckbaren Gefäße ausgerüsteten Refraktometers hat die Benutzung des Gefäßes *B* vor der des Gefäßes *A* den Vorzug der größeren Bequemlichkeit.

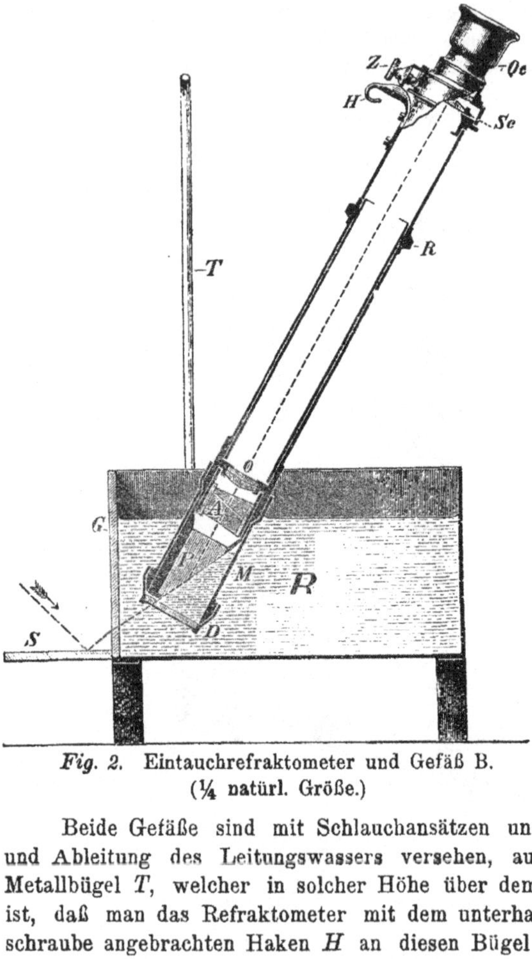

Fig. 2. Eintauchrefraktometer und Gefäß B. (¼ natürl. Größe.)

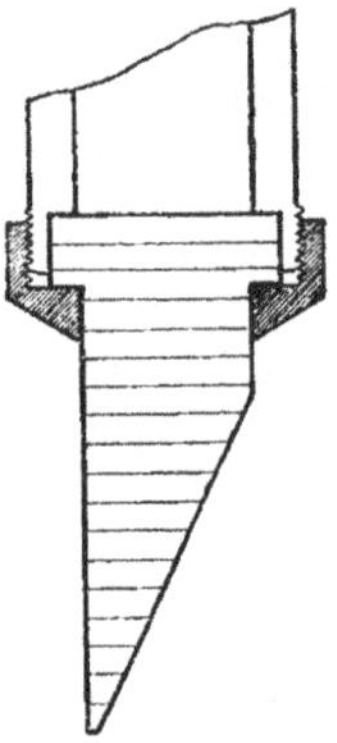

Fig. 3. Refraktometerprisma für Eintauchrefraktometer. Modell II.

Beide Gefäße sind mit Schlauchansätzen und Hähnen für Zu und Ableitung des Leitungswassers versehen, außerdem mit einem Metallbügel *T*, welcher in solcher Höhe über dem Behälter befestigt ist, daß man das Refraktometer mit dem unterhalb der Mikrometerschraube angebrachten Haken *H* an diesen Bügel einfach einhängen kann, damit das untere Ende des Refraktometers in das Wasserbad eintaucht. Die Temperaturbestimmung erfolgt stets im Wasserbad.

Durch die vorbeschriebene Einrichtung und Handhabung ist die Methode zur Bestimmung der Lichtbrechung aller umständlichen

Orientierungen, Einstellungen am Apparat und durch die Anwendung der Tabellen langwierigen Rechnungen entkleidet.

Zur Prüfung der Anwendbarkeitsgrenze des Eintauchrefraktometers wurden zunächst die Skalenteile verschiedener im Laboratorium vorrätiger Reagenslösungen bestimmt. Alsdann wurden verschiedenprozentige Lösungen von Halogenverbindungen der Alkalimetalle hergestellt und in einem Eintauchgefäße mit 20 Bechergläsern die betreffenden Skalenteile ermittelt. Die ersten Versuche fielen recht gut aus, doch stellten sich bei wiederholten Versuchen unter genau denselben Bedingungen kleine Abweichungen ein. Es lag die Vermutung nahe, daß die um 0,1—0,15 Skalenteile stärkere Brechung (entsprechend 4—5 Einheiten der 5. Dezimale von *n D*) durch Verdunsten der Lösungen hervorgerufen sein könnte. Die Titrationen fielen jedoch genau so aus, wie zuvor. Bei sorgfältiger Untersuchung stellte sich heraus, daß Spuren von den Chemikalien in den zwischen Prisma und Nickelfassung angebrachten Kitt eingedrungen waren. So zeigte destilliertes Wasser, in welchem das Refraktometer längere Zeit eingetaucht war, eine höhere Brechung und eben noch sichtbare Halogenreaktion. Diese Abweichungen bei den äußerst minimalen Mengen von Chemikalien sprechen für die Genauigkeit, mit welcher das Instrument anzeigt. Es war nunmehr nötig, die Prismenfassung am Instrument so einzurichten, daß kein Kitt zur Verwendung kam. Die Firma Zeiß hat infolge dieser Versuche die Nickelfassung in Wegfall gebracht und das Glasprisma *(Fig. 3)* direkt nur oben gefaßt. Durch diese Neueinrichtung ist es nunmehr auch möglich, Säuren und Salzlösungen, welche die Nickelfassung angreifen, zu bestimmen.

Bei indifferenten Substanzen, wie Zucker, Extrakt und Alkohol stellten sich keine Abweichungen ein, ebenso fielen die Bestimmungen ein und derselben Salzlösung mit verschiedenen Prozentgehalten genauer aus. Da es jedoch darauf ankommt, stets verschiedene Lösungen neben einander bestimmen zu können, so sind sämtliche im nachstehenden angegebenen Versuche mit dem neuen Instrumente angestellt, und es konnten bis zum Schlusse nicht die geringsten Abweichungen mehr konstatiert werden.

Wie oben erwähnt, ist es von größter Wichtigkeit für zu vergleichende Beobachtungen stets bei derselben Temperatur zu arbeiten und es ist dieses die Grundbedingung bei der in Frage kommenden Art von Refraktometrie.

Der Brechungsindex steigt bei sinkender und fällt bei steigender Temperatur. Daß die Differenzen bei verschiedenen Temperaturen sehr bedeutend sind, noch viel bedeutender als bei der Bestimmung des spezifischen Gewichts, zeigt die nachstehende Skala für destilliertes

Wasser und verschiedenprozentige, den vollen Skalenbereich des Instrumentes umfassende Chlornatriumlösungen.

Skalenteile und Brechungsindices für dest. Wasser bei 10—30° C.

t° C.	Sk.-T. =	Br.-Index	Br.-Ind. Differenz für 1° C.	t° C.	Sk.-T. =	Br.-Index	Br.-Ind. Differenz für 1° C.
30	11,8	1.33196	—	19	14,7	1.333075	8,5
29	12,1	1.33208	12,0	18	14,9	1.33316	8,5
28	12,4	1.332195	11,5	17,5	15,0	1.33320	4} 8,0
27	12,7	1.33231	11,5	17	15,1	1.33324	4}
26	13,0	1.33242	11,0	16	15,3	1.333315	7,5
25	13,25	1.332525	10,5	15	15,5	1.33339	7,5
24	13,5	1.332625	10,0	14	15,7	1.33346	7,0
23	13,75	1.33272	9,5	13	15,85	1.333525	6,5
22	14,0	1.33281	9,0	12	16,0	1.33359	6,5
21	14,25	1.33290	9,0	11	16,15	1.33365	6,0
20	14,5	1.33299	9,0	10	16,3	1.333705	5,5

Die Differenzen für 1° C. bewegen sich in der 4., 5. und 6. Dezimale des Brechungsindex.

Reduktionstabelle

der Refraktometerablesungen auf die Normaltemperatur von 17,5° C. Korrektion für den Bereich der Skalenteile von 12,5—105.

No. 1.	Skalenbereich	12,5—17,5	für	dest. Wasser
„ 2.	„	17,5—22,5	„	1,1% NaCl
„ 3.	„	22,5—27,5	„	2,226% „
„ 4.	„	27,5—32,5	„	3,35% „
„ 5.	„	32,5—37,5	„	4,5% „
„ 6.	„	37,5—42,5	„	5,65% „
„ 7.	„	42,5—47,5	„	6,82% „
„ 8.	„	45—55	„	7,99% „
„ 9.	„	55—65	„	10,37% „
„ 10.	„	65—75	„	12,77% „
„ 11.	„	75—85	„	15,2% „
„ 12.	„	85—95	„	17,64% „
„ 13.	„	95—105	„	20,12% „

Die zwischen 17,5° und 30° liegenden Skalendifferenzen sind zu den bei der betreffenden Beobachtungstemperatur abgelesenen Skalenteilen zu addieren, die von 17,5° abwärtsliegenden von den gefundenen Werten zu subtrahieren.

Auf Grund nachstehender Tabelle war die Annahme wohl berechtigt, daß die Differenzen bei den verschiedenen Skalenteilen für chemisch nahe verwandte Salze unter gleichen Umständen die gleichen seien.

No.	1	2	3	4	5	6	7	8	9	10	11	12 u. 13	No.
	Skalenteile bei 17,5° C.												
t° C.	15	20	25	30	35	40	45	50	60	70	80	90 u. 100	t° C
30	+ 3,20	3,15	3,25	3,40	3,55	3,65	3,90	4,05	4,20	4,60	4,80	5,25	30
29	2,90	2,85	2,95	3,10	3,25	3,35	3,55	3,75	3,90	4,25	4,45	4,85	29
28	2,60	2,55	2,65	2,80	2,95	3,05	3,25	3,45	3,60	3,90	4,10	4,50	28
27	2,30	2,25	2,35	2,50	2,65	2,75	2,95	3,15	3,30	3,50	3,75	4,10	27
26	2,00	1,95	2,05	2,20	2,35	2,45	2,55	2,80	2,95	3,10	3,30	3,65	26
25	1,75	1,75	1,80	1,90	2,05	2,15	2,25	2,45	2,60	2,70	2,95	3,20	25
24	1,50	1,45	1,55	1,60	1,75	1,85	1,95	2,10	2,25	2,35	2,55	2,75	24
23	1,25	1,25	1,30	1,35	1,45	1,55	1,65	1,75	1,90	2,00	2,15	2,35	23
22	1,00	1,00	1,05	1,10	1,15	1,25	1,30	1,40	1,55	1,65	1,75	1,90	22
21	0,75	0,75	0,80	0,85	0,90	0,95	1,05	1,05	1,20	1,25	1,35	1,45	21
20	0,50	0,50	0,55	0,60	0,65	0,65	0,75	0,75	0,85	0,90	0,95	1,05	20
19	0,30	0,30	0,30	0,35	0,40	0,40	0,45	0,45	0,45	0,55	0,55	0,60	19
18	0,10	0,10	0,10	0,15	0,15	0,15	0,15	0,15	0,15	0,20	0,20	0,20	18
17,5	0,00	0,00	0,00	0,00	0,00	0,00	0,00	0,00	0,00	0,00	0,00	0,00	17,5
17	0,10	0,10	0,10	0,10	0,10	0,10	0,15	0,15	0,15	0,15	0,20	0,20	17
16	0,30	0,30	0,30	0,30	0,35	0,35	0,40	0,45	0,45	0,50	0,55	0,55	16
15	0,50	0,45	0,45	0,50	0,60	0,60	0,65	0,75	0,75	0,80	0,85	0,90	15
14	0,70	0,60	0,60	0,70	0,80	0,85	0,90	0,95	1,05	1,10	1,25	1,25	14
13	0,85	0,75	0,75	0,85	1,00	1,10	1,15	1,20	1,35	1,40	1,55	1,60	13
12	1,00												12
11	1,15												11
10	1,25												
No.	1	2	3	4	5	6	7	8	9	10	11	12 u. 13	No.

Diese Annahme erwies sich jedoch bei weiteren Bestimmungen als haltlos und dürfte der Grund hierfür jedenfalls in der verschiedenen Dissoziation zu suchen sein.

Prozentgehaltbestimmungen bei verschiedenen Temperaturen für alle nachfolgenden Tabellen würden zu weit geführt haben; deshalb liegt allen Bestimmungen ein und dieselbe Temperatur von 17,5° C. zu Grunde.

Aus der vorstehenden Tabelle für destilliertes Wasser ist ersichtlich, daß die Aenderung für 1° C. Temperaturerhöhung keine konstante, sondern eine wachsende ist, wie es sich nach den verschiedenen Ausdehnungskoeffizienten des Wassers bei wechselnder Temperatur von selbst versteht.

Mittelwerte sind also verwerflich und daher auch die von van der Willigen für Glyzerin und Wasser angegebenen Konstanten. — Vaubel, S. 341.

Wenngleich in neuerer Zeit vielfach die Temperatur von 15° C. als Normaltemperatur angesehen wird, so sprachen doch mannigfache Zweckmäßigkeitsgründe dafür, die ältere Einheitstemperatur von 17,5° C. den folgenden Bestimmungen zu Grunde zu legen:

1. Die sogenannte Zimmertemperatur soll nach allgemeinen hygienischen Anforderungen mindestens 17,5° C. betragen. In Wirklichkeit nimmt dieselbe teils durch die künstliche Heizung, teils durch die Sonnenwärme eher um ein Geringes zu, als ab.

2. Die bei der Zimmertemperatur bereiteten Lösungen zeigen meist schon eine nahe bei 17,5° C. liegende Temperatur; infolgedessen ist bei dem geringen Wärmeunterschiede auch die Temperatur von 17,5° C. im Eintauchgefäß besser konstant zu erhalten, als eine solche von 15° C.

3. Das Instrument ist von der Firma Zeiß für 17,5° C. justiert und zeigt Wasser bei dieser Temperatur genau den Skalenteil 15.

Da die spezifischen Gewichtsbestimmungen bei 15° C. ausgeführt werden, so wurde auch versucht, bei dieser Temperatur die Refraktometerwerte zu bestimmen; es standen verschiedene Hilfsvorrichtungen zur Erzeugung eines konstant temperierten Wasserstromes zur Verfügung.

Infolge der starken Druckschwankungen von Gas- und Wasserleitung traten jedoch mancherlei Schwierigkeiten entgegen. Es gelang nur selten, längere Zeit eine konstante Temperatur von 15° C. zu erzielen.

Wiederholte Versuche ergaben dagegen, daß bei normaler Zimmerwärme die Wassertemperatur in dem Eintauchgefäße sich ganz bequem ohne alle Hilfsapparate für genügend lange Zeit auf 17,5° C. halten ließ.

Versuchsobjekte waren:

Chlornatrium, Bromnatrium, Jodnatrium, Chlorkalium, Bromkalium, Jodkalium, Mischung von Chlorkalium und Chlornatrium, Salzsäure, Schwefelsäure, Phosphorsäure, Salpetersäure, Essigsäure, Formaldehyd, Rohrzucker, Traubenzucker, Alkohol, Bierextrakt.

Der eingeschlagene Weg war folgender:

Von den chemisch reinen Salzen, Zucker etc. wurden nach dem Trocknen je eine dem oberen Skalenbereiche entsprechende hochprozentige Lösung mit peinlichster Genauigkeit hergestellt.

Von diesen sogenannten Urlösungen wurden alsdann mittels geeichter Meßgeräte, die vor dem Gebrauche alle genau nachgeprüft waren, ca. 20 verschiedene Lösungen mit geringerem Prozentgehalt angefertigt.

Mindestens die Hälfte dieser Verdünnungen sind, soweit es möglich war, maßanalytisch und mehrere gewichtsanalytisch bestimmt worden. Bei Salzen, Zucker und Extraktlösungen führte Abdampfen bis zur Gewichtskonstanz zum Ziele, während bei Säuren die üblichen Methoden der quantitativen Bestimmung ausgeführt wurden. Außer den erwähnten maßanalytischen und gewichtsanalytischen Bestimmungen leistete die spezifische Gewichtsbestimmung und Prozentberechnung nach den Landold'schen Tabellen zur Kontrolle noch gute Dienste.

Es war opportun, unter Prozentgehalt die Anzahl Gramm Substanz in 100 ccm Flüssigkeit gelöst, anzugeben, da man beim Anfertigen von Lösungen z. Zt. doch stets — wie bei der Maßanalyse — die Flüssigkeit mit geeichten Geräten mißt und nicht abwägt.

Solche Lösungen sind sehr rasch und sehr genau herzustellen, da man nur eine exakte Wägung der Substanz auszuführen hat. Mit Hilfe des spezifischen Gewichts läßt sich der Gewichtsprozentgehalt leicht berechnen.

Aufstellung der Tabellen.

Es ist noch nicht angängig, durch Mittelwerte aus einigen Bestimmungen Prozent-Gehaltstabellen festzulegen, da der gesetzmäßige Zusammenhang zwischen Brechung und Konzentration z. Zt. allgemein noch nicht bekannt ist.

Der Versuch, aus den Werten von 4—5 verschiedenprozentigen Lösungen durch lineare Interpolation Tabellen aufzustellen, ergab keine befriedigende Uebereinstimmung zwischen den aus der Tabelle berechneten und direkt beobachteten Werten. Der Anstieg ist kein regelmäßiger. Während sich z. B. eine Lösung von 0—5,007 g NaCl auf die Skalenteile 15—37,2 verteilt, also auf 22,2 Skalenteile, verteil sich die Lösung 5,007—10,012 auf die Skalenteile 37,2—58,5, also nur auf 21,3 Skalenteile.

Einige Verbindungen wie NaCl, KCl, KBr, KJ zeigen in verdünnten Lösungen einen relativ stärkeren Einfluß auf die Lichtbrechung als bei konzentrierteren, und es steigt der Quotient für je ein Skalenteil im umgekehrten Verhältnis.

Bei anderen Verbindungen (Alkohol und Essigsäure) war ein An- und Abstieg zu verfolgen.

Die von Grober, Strubell und Strauß angegebenen Werte sind lediglich als Annäherungs-Mittelwerte zu bezeichnen. Auch Riegler gibt nur Mittelwerte an. Im vorstehenden ist bereits erwähnt, daß derartige Mittelwerte für Prozentbestimmungen zu verwerfen sind. Zur Rechtfertigung dieser Behauptung dürfte das Studium und der Vergleich der Tabellen über verschiedenprozentige Lösungen einer Substanz, z. B. NaCl, beweisführend sein.

Sämtliche Tabellen sind nach gleichen Grundsätzen und unter denselben parallelen Voraussetzungen aufgestellt.

Von den auf Seite 17 erwähnten Urlösungen und den verschiedenen niedrigprozentigen Lösungen wurden mittelst des Eintauchrefraktometers die betreffenden Skalenteile stets dreimal hintereinander abgelesen, z. B. 6%ige NaCl-Lösung brach bei dem 41,5., 41,55., 41,5ten Skalenteile; die Doppelablesung wurde als richtig notiert resp. als Fixpunkt auf Millimeter-Koordinaten-Papier, und zwar die Skalenteile als Ordinaten, die entsprechenden Prozentgehalte als Abszissen verzeichnet[1]). Die Ablesung wurde häufig von verschiedenen Personen unabhängig von einander ausgeführt und kontrolliert.

Zur Erhöhung der Genauigkeit für die graphische Interpolation ist Papier angewandt, bei dem 1 Sk.-T. = 10 mm, 1% = meist etwa 50 mm entspricht, und in jeder Skalen-Dekade sind mindestens eine, meist sogar zwei Beobachtungen angestellt worden, — bei Alkohol sogar für jeden Skalenteil eine.

An der Hand der empirisch gefundenen Werte wurden dann meist nur die Prozentgehalte der Dekaden-Skalenteile 20, 30, 40 usw. berechnet und die Differenz der betreffenden Dekade bis zur dritten Dezimale abgerundet den einzelnen Skalenteilen zu Grunde gelegt.

Die Differenzen gegen die tatsächlich auf Grund analytischer Belege gefundenen Werte, welche sich schließlich bei Aufstellung der Gesamttabelle ergaben, bewegten sich meist in der dritten, selten in der zweiten Dezimalstelle. Z. B. durch genaues Abwiegen der Ursubstanz dargestellte 6%ige NaCl-Lösung quantitativ bestimmt 6,001%, mit dem Refraktometer gemessen und in der Tabelle berechnet 6,002% bei 41,5 Skalenteilen.

Zur Aufstellung der ersten Tabellen wurden sehr viele (etliche Mal über 50) verschiedenprozentige Lösungen mit dem Refraktometer gemessen und die Zwischenwerte einfach interpoliert.

Da ein ziemlich konstanter An- resp. Abstieg ermittelt wurde, so lag die Vermutung nahe, daß sich die Kurven durch Gleichungen zweiten Grades darstellen lassen. Diese Vermutung ist durch die Rechnung bestätigt worden.

Zur Prüfung der Tabellen auf ihre praktische Verwendbarkeit wurden unbestimmte Lösungen sämtlicher Versuchsobjekte — aus möglichst verschiedenen Geschäften entnommen — herangezogen.

Nach Bestimmung der betreffenden Skalenteile und der aus den Tabellen entsprechenden Prozentwerte fand eine Vergleichung mit den

---

[1]) Genaue Angabe siehe B. Wagner, Dissertation, Jena 1903.

maßanalytisch, quantitativ und durch spezifisches Gewicht gefundenen Werten derselben Lösung statt.

Um die Genauigkeit der Methode zu illustrieren, mögen hier einige Beispiele Platz finden:

1. NaCl 10 g in 100 ccm.

	Bezeichnung	Sk.-T. des Eintauch-refrakt. =	Gramm in 100 ccm nach Tab. No. 1	maßanalyt. Gramm in 100 ccm
	0 Normale	58,45	10	10
1	Aus Apotheken	58,4	9,988	9,99
2	Aus Apotheken	58,2	9,941	9,95
3	Aus Apotheken	58,35	9,976	9,65
4	Aus Drogerien	58,4	9,988	9,97
5	Aus Drogerien	56,4	9,512	9,50
6	Aus Drogerien	55,8	9,369	9,32
7	Aus sehr kleinen Materialgeschäften	54,3	9,012	9,00
8	Aus sehr kleinen Materialgeschäften	57,0	9,655	9,59
9	Aus sehr kleinen Materialgeschäften	55,1	9,203	9,25

2. Reine Salzsäure Ph. G. IV.

Bei 1,124 spez. Gew. soll dieselbe 25%, entsprechend 28,1 g HCl in 100 ccm enthalten. Nach der maßanalytischen Bestimmung und den spezifischen Gewichts-Tabellen von Lunge und Marchlewski ist dies nicht genau zutreffend. Aus den Untersuchungen ist hervorgegangen, daß man dem Vorschlage von O. Schmatolla[1]), daß das Arzneibuch bei der Salzsäure einen größeren Spielraum für das spez. Gew. — 1,124—1,126 — gewähren möge, nur beistimmen kann.

Wie aus der Zusammenstellung Seite 253 hervorgeht, weicht die verdünnte Salzsäure (12,5%) aus verschiedenen Geschäften stark von einander ab, und dürfte dies teilweise auf die verschiedene Konzentration der reinen offizinellen Säure, teilweise auch auf das Abdunsten von Salzsäuregas und ungenaues Abwiegen zurückzuführen sein.

Die verdünnte Salzsäure Ph. G. IV soll bei 1,061 spez. Gew. 12,5% entsprechend 13,26 g in 100 ccm enthalten. Nach den erwähnten spezifischen Gewichts-Tabellen entsprechen:

1,061 spez. Gew. 12,39% = 13,15 g in 100 ccm.

Von den aus Apotheken und Drogerien bezogenen Salzsäuren mit spez. Gew. 1,119—1,127 wurden durch exakte Wägungen verdünnte Salzsäurelösungen dargestellt und folgende Werte gefunden:

[1]) O. Schmatolla, Apotheker-Zeitung 1901, No. 40, pag. 349.

Bezeichnung		Spez. Gewicht =	% =	Gramm in 100 ccm	Sk.-T. =	Gramm in 100 ccm nach Tab. No. I	maß-analyt. Gramm in 100 ccm
0	Normale	1,0615	12,49	13,26	92,55	13,26	13,26
1	Aus Apotheken	1,062	12,59	13,38	93,2	13,376	13,375
2	Aus Apotheken	1,060	12,19	12,921	90,50	12,906	12,91
3	Aus Apotheken	1,061	12,39	13,145	91,80	13,133	13,15
4	Aus Apotheken	1,058	11,78	12,463	87,90	12,454	12,45
5	Aus Drogerien	1,065	13,19	14,046	96,95	14,029	14,01
6	Aus Drogerien	1,055	11,18	11,794	84,1	11,792	11,8
7	Aus Drogerien	1,060	12,19	12,921	90,45	12,898	12,9

Die größte Differenz der verschiedenen Säuren untereinander beträgt 12,85 Sk.-T. Auf Salzsäure berechnet = 2,237 g in 100 ccm. Die Schwankungen gegenüber der verd. Säure Ph. G. IV betragen + 4,4 und — 8,45 Sk.-T.

3. KJ 10 g in 100 ccm.

Bezeichnung		Sk.-T. =	Gramm in 100 ccm nach Tab. No. 6	maßanalyt. Gramm in 100 ccm
0	Normale	49	10,003	10
1	Aus Apotheken . . .	48,7	9,915	9,9
2	Aus Apotheken . . .	48,8	9,945	9,95
3	Aus Apotheken . . .	49,1	10,032	9,97
4	Aus Apotheken . . .	49,2	10,061	9,985
5	Aus Apotheken . . .	48,95	9,989	9,999

Vorstehende Beispiele lassen deutlich ersehen, daß die refraktometrischen Bestimmungen sowohl bei reinen Salzlösungen wie Liquores (Säuren etc.) sehr genaue Werte ergeben und sofort erkennen lassen, ob die Salze rein sind, resp. die Liquores den richtigen Gehalt zeigen.

Besonders auffallend trat diese Erscheinung bei dem folgenden Beispiele hervor:

4. Reine Phosphorsäure Ph. G. IV.

Bei 1,154 spez. Gew. soll dieselbe 25 %, entsprechend 28,582 g in 100 ccm enthalten. Nach den neueren Tabellen entspricht ein spez. Gew. von 1,1534 = 25 % (28,81 g in 100 ccm).

Die zur Aufstellung der Tabelle No. 10 benutzte Phosphorsäure von E. Merck-Darmstadt hatte ein spez. Gew. von 1,152 = 24,8 %; sie erwies sich als vollständig rein, sowohl nach den Anforderungen der Pharmakopöe, wie nach den von Krauch[1]) angegebenen weiteren Prüfungsmethoden.

[1]) Krauch, Die Prüfung der chemischen Reagentien, III. Aufl., Verl. Jul. Springer, Berlin.

2 quantitative Analysen ergaben 24,76 und 24,74 % H_3PO_4
2 maßanalytische „ „ 24,753 „ 24,765 „ „

Als Ursubstanz zur Aufstellung der Tabelle wurde im Mittel 24,75 % = 28,5 g in 100 ccm angenommen. Brechung bei 79,85 Sk.-T. = 28,503 g in 100 ccm.

Die zur Kontrolle bezogenen Phosphorsäuren wurden nach den Bestimmungen der Pharmakopöe als rein befunden und gaben nachstehende Resultate:

Bezeichnung	Spez. Gewicht =	% =	Gramm in 100 ccm	Sk.-T. =	Gramm in 100 ccm nach Tab. No. 10	Gramm in 100 ccm quantitativ bestimmt
0 (Merck)	1,152	24,8	28,56	79,85	28,503	28,5
1. T.	1,1544	25,14	29,02	81,00	29,039	29,0
2. M.	1,1542	25,11	28,98	80,85	28,97	—
3. Bl.	1,1598	25,91	30,05	83,4	30,136	—
4. K.*	1,1565	25,44	29,42	**89,9**	31,74	28,5
5. K. I	1,156	25,36	29,31	**88,25**	32,35	28,52
6. W.	1,1574	25,55	29,57	85,00	30,867	—
7. Bu.	**1,1535**	**25,00**	**28,81**	**80,5**	**28,81**	**28,8**
8. A.	1,154	25,1	28,96	80,00	28,582	—
9. Wi. I	—	—	—	84,2	30,501	—
10. Sch.	—	—	—	79,9	28,536	—
11. Wi.	1,151	24,65	28.38	80,00	28,582	—
12. Bu. I	1,1509	24,64	28,35	79,6	28,399	—

* Die sub 4 K bezeichnete Phosphorsäure brach bei 86,9 Sk.-T. und hätte demnach 31,740 g in 100 ccm enthalten müssen. Bei einer officinellen 25 %igen Säure konnte dies unmöglich sein. Das spez. Gew. war 1,1565 = 25,44 Gew.-pCt., entsprechend 29,42 g in 100 ccm und hätte demnach bei 81,85—82 Sk.-T. brechen müssen. Selbstverständlich gab dieser Zwischenfall Veranlassung zu genauer Nachforschung, wo der Fehler zu suchen war. Die Bestimmung der Merck'schen Säure war nicht nur zweimal quantitativ und zweimal maßanalytisch nachgeprüft, auch 8 Verdünnungen waren nach der Geißler'schen Methode mit KOH bestimmt und gaben genaue Werte. Trotzdem wurde eine dritte quantitative Bestimmung der Merck'schen und gleichzeitig zwei Parallelbestimmungen mit der K bezeichneten ausgeführt. Merck wiederum 24,753 % = 28,5 g in 100 ccm, K 28,47 und 28,55. Mittel 28,5 g in 100 ccm.

Trotzdem beide Säuren fast denselben Prozentgehalt hatten, lag der Brechungsexponent um 7,05 Sk.-T., gegenüber der sub 5 K I bezeichneten sogar um 8,4 Sk.-T. auseinander.

Bei der weiteren Prüfung der mit K bezeichneten Phosphorsäure nach Krauch stellte sich heraus, daß dieselbe sehr stark reduzierend auf Kaliumpermanganat einwirkte. Zu 2 ccm wurden über 100 ccm Permanganatlösung ($^1/_{100}$ n) verbraucht.

Es war nicht anzunehmen, daß in einer offizinellen Phosphorsäure etwa die dem verbrauchten Permanganat entsprechenden Mengen ungesättigter und somit giftiger Säuren des Phosphors vorlagen. Die Vermutung auf eine Verunreinigung durch organische Substanzen war sehr wahrscheinlich.

Salzer[1]) gibt zwar in der Litteratur auch eine „merkwürdige Phosphorsäure an, die ca. $^1/_8$ aus einer ungesättigten Säure, und zwar, wie er sagt, aus einer „bis jetzt noch nicht bekannten phosphorigen Säure" bestehen soll.

Die verunreinigende Substanz war spezifisch schwerer und stärker lichtbrechend als die vorliegende Phosphorsäure, und daher lenkte sich der Verdacht sofort auf das indifferente Glyzerin, das ja leider, wie bekannt sein dürfte, bisweilen zur Korrektur des spezifischen Gewichts bei Liquores angewendet wird.

Zur Isolierung wurden nach der Schotten-Baumann'schen Methode 100 ccm der Phosphorsäure mit Natronlauge gesättigt und nach der geeigneten Verdünnung nach und nach abwechselnd Benzoylchlorid und Natronlauge zugegeben. Zuletzt wurde noch vorhandenes Benzoylchlorid durch Natronlauge zersetzt.

Der Aetherauszug hinterließ nach dem Trocknen mit K_2CO_3 eine weiße feste Masse. Leider konnte Glyzerin dadurch nicht sicher identifiziert werden, da es bekanntlich bei der Benzoylierung kein einheitliches Produkt, sondern abwechselnde Mengen von Di- und Tribenzoaten liefert. Der sichere Nachweis wurde nunmehr durch die Isolierung nach der bei der Weinuntersuchung vorgeschriebenen Methode zu führen gesucht und ist auch vollständig gelungen.

Die von Salzer[2]) angeführten Versuche, aus seiner Phosphorsäure organische Substanz zu isolieren, mußten beim Glyzerin fehlschlagen, da Glyzerin einerseits indifferent und andererseits nicht flüchtig und in Aether sehr schwer löslich ist.

Man kann daher geneigt sein, die von Salzer beschriebene Phosphorsäure doch als durch organische Substanz verunreinigt anzusehen und eine Aufklärung durch die bei der obigen Phosphorsäure gemachten Beobachtungen suchen.

Auch zur Bestimmung von NaCl und KCl in Mischungen ist die Methode anwendbar. (Siehe B. Wagner, Dissertation Jena 1903.)

---

[1]) Salzer, Pharm. Ztg. 1894, No. 30 u. 34.

[2]) Salzer, Pharm. Ztg. 1894, No. 30 u. 35.

Abgesehen von den innerhalb der unvermeidlichen Fehlergrenzen liegenden Differenzen der bisher üblichen Methoden machten sich keine weiteren Unterschiede bemerkbar.

Was die weitere Verwendbarkeit des Refraktometers anlangt, so bildet dasselbe, wie schon Grober bei seinen ersten Versuchen erwähnt, ein ausgezeichnetes Hülfsmittel, rasch und sicher Normal-Reagenz- und sonstige Substanz-Lösungen nachzuprüfen. Wie bekannt, dürften Normal-Lösungen im eigentlichen Sinne des Wortes selten in den verschiedenen Apotheken und Laboratorien genau übereinstimmen.

Infolge der Fehlergrenzen an Meßgeräten,[1] die selbst bei geeichten noch als ziemlich hoch bezeichnet werden können, —

z. B.	100	ccm	Kolben +	0,2	ccm,
	1—2	„	Pipette	0,01	„
	2—10	„	„	0,02	„
	10—30	„	Büretten	0,03	„
	30—50	„	„	0,05	„

dürften sehr leicht Unterschiede entstehen.

Die unvermeidlich vielen Manipulationsfehler, sowie die gestatteten Differenzen bei Gewichtssätzen sind von mehr oder weniger bedeutendem Einfluß.

Auch die durch Alter bedingte, häufig äußerlich nicht erkennbare Veränderung der Normal-Lösungen, sowie das individuelle Farbenunterscheidungsvermögen beim Reaktionsumschlag führt Differenzen herbei.

Als grelle Beleuchtung dieser Ausführung mögen die refraktometrischen Bestimmungen von Normal-Lösungen aus 11 verschiedenen Apotheken und die Werte von Grober[2]) mit den für die Bearbeitung der Tabellen äußerst sorgfältig hergestellten verglichen werden. Siehe Tabelle.

Als Beweis für die richtige Titerstellung der letzteren spricht der Umstand, daß die gefundenen Skalenteile derjenigen Lösungen, die tabellarisch bearbeitet wurden, den verlangten Werten vollkommen entsprachen. Auch ist die Genauigkeit der Lösungen, wie früher erwähnt, durch verschiedene quantitative Bestimmungen bestätigt.

Bei Kali- und Natronlaugen ist die Methode nicht so ohne weiteres anwendungsfähig, da hierbei die Bereitung eine zu verschiedene ist. Auflösen von Natrium-Aethylat, Entfernen der Kohlensäure mit Kalk etc.

Die Vorteile der optischen Bestimmungen liegen in der raschen und exakten Ausführbarkeit, welche diejenige der Titration noch über-

1) Bekanntmachung betr. die Eichung chem. Meßgeräte vom 26. VII, 1893.

2) Grober, Zuckerbestimmung im Harn. Zentrbl. f. innere Medizin, 1900, No. 8.

	1/1 N.-HCl	1/1 N.-KOH	1/10 N.-NaCl	1/10 N.-$AgNO_3$	1/10 N.-NH_4CNS	1/10 N.-$Na_2S_2O_3$	30 % CH_3COOH	13,26 g in 100 ccm 12,5 % HCl	17,316 bis 18,158 g in 100 ccm 15,6 bis 16,3 % H_2SO_4
1 W	36,75	43,40	17,91	19,65	—	25,55	69,75	92,55	—
2 K	36,00	42,55	17,80	19,90	20,90	—	71,60	90,00	67,00
3 dR	35,95	41,60	—	19,70	20,25	23,15	70,00	79,80	—
4 O	36,25	43,15	17,55	19,65	—	23,55	70,55	73,70	66,50
5 B	36,60	44,20	17,75	—	19,85	23,35	73,85	89,75	63,45
6 H	38,75	44,65	17,75	19,75	—	23,20	79,00	90,65	65,60
7 S	36,65	—	17,85	19,65	19,60	—	—	94,95	64,85
8 L	36,70	43,30	17,65	19,80	20,50	23,35	69,20	92,00	66,00
9 Os	36,50	41,50	17,70	19,70	20,20	23,50	73,00	93,45	79,50
10 M	37,10	44,00	17,85	19,85	—	22,95	79,10	—	—
11 B	38,20	—	17,40	19,95	20,55	—	71,55	91,55	64,85
Normale	*36,85*	*43,25*	*17,70*	*19,75*	*20,15*	*23,75*	*72,15*	*92,55*	*65,8-68,15*
Gesamt-Diff.	38,75 — 35,95	44,65 — 41,50	17,91 — 17,40	19,95 — 19,65	20,90 — 19,60	25,55 — 22,95	79,10 — 69,20	94,95 — 73,70	79,50 — 63,35
Sk.-T.	2,80	3,15	0,51	0,30	1,30	2,60	9,90	21,25	16,05
+ u. — Diff. geg. d. Normale	+ 1,90 — 0,90	+ 1,40 — 1,75	+ 0,21 — 0,30	+ 0,20 — 0,10	+ 0,75 — 0,55	+ 1,80 — 1,80	+ 6,95 — 2,95	+ 2,40 — 18,95	+ 11,35 — 2,35

	$^1/_{10}$ N.-HCl	$^1/_{10}$ N.-KOH	$^1/_{10}$ N.-NaOH	$^1/_{10}$ N.-$K_2Cr_2O_7$	$^1/_1$ N.-H_2SO_4	$^1/_5$ N.-H_2SO_4	$^1/_{10}$ N.-H_2SO_4	COOH COOK $^1/_{10}$ N.-COOH COOH	½ N.-COOH COOH
2 K	17,90	18,25	17,90	16,95	—	—	—	—	—
4 O	17,45	18,20	17,65	17,15	29,95	—	16,85	—	22,10
9 Os	17,70	—	18,10	—	31,05	—	—	—	21,90
10 M	16,95	17,95	—	17,30	30,20	—	—	—	—
Gr	17,42	—	18,29	—	—	18,34	—	—	22,05
Normale	*17,30*	*18,00*	*18,05*	*17,25*	*30,10*	*18,30*	*16,65*	*17,25*	*22,00*
+ u. — Diff. geg. d. Normal-Lösung	+ 0,60 — 0,35	+ 0,25 — 0,05	+ 0,24 — 0,40	+ 0,05 — 0,30	+ 0,95 — 0,15	+ 0,04 —	+ 0,20 —	— —	+ 0,10 — 0,10

trifft, sowie in der Anwendbarkeit auf Substanzen, bei welchen andere Methoden versagen.

Mit der größten Sicherheit wird in kürzester Zeit angezeigt, ob sich eine Lösung, z. B. eine Normal-Lösung bei längerem Aufbewahren verändert hat. Wie schon jetzt das Refraktometer bei der Untersuchung von Butter und Fett eine wichtige Rolle spielt, so kann das Eintauchrefraktometer bei Revisionen von Apotheken mit großem Vorteil verwendet werden. Stellt man sich Lösungen von bestimmter Konzentration her, so müssen dieselben bei Anwendung reinen Wassers und reiner Substanzen gleiche Refraktionswerte innerhalb kleiner Grenzen zeigen. Im anderen Falle ist sofort angezeigt, daß nicht alles in Ordnung ist, und es muß die genaue chemische Untersuchung durchgeführt werden.

Das Gebrauchsfeld des Zeiß'schen Eintauchrefraktometers ist nicht, wie beim Polarisationsapparat, auf bestimmte Klassen von Verbindungen beschränkt, sondern für fast alle vorkommenden chemischen und physiologisch-chemischen Lösungen ohne Rücksicht spezieller Eigenschaften verwendbar.

Mitteilungen aus dem pharmazeutisch-chemischen Laboratorium der technischen Hochschule in Braunschweig.

Von H. Beckurts.

Ueber die Einwirkung hoher Temperaturen auf Alkaloide beim Schmelzen derselben mit Harnstoff.

I. Mitteilung.

Narkotin und Hydrastin.

Von G. Frerichs.

(Eingegangen den 28. V. 1903.)

Die meisten Alkaloide, welche Sauerstoff enthalten, erleiden beim Erhitzen auf eine Temperatur von 200° und darüber, viele auch schon bei niedrigerer Temperatur, weitgehende Zersetzungen, wobei meistens dunkel gefärbte harzige Massen entstehen, aus welchen wohlcharakterisierte Verbindungen zu isolieren nur in den seltensten Fällen gelingt. Auch die flüchtigen Produkte, welche beim Erhitzen der Alkaloide auftreten, sind meistens komplizierte Gemische meist öliger Körper.

Eine krystallinische Verbindung erhält man, wenn man Narkotin vorsichtig einer trockenen Destillation unterwirft. Man erhält dabei wenige Tropfen eines schwach gefärbten, öligen Destillats, welches bald krystallinisch erstarrt. Krystallisiert man diese Masse aus verdünntem Alkohol um, so erhält man farblose Krystalle, welche bei 100° schmelzen und weder sauren noch basischen Charakter besitzen. Diesen Körper durch trockene Destillation des Narkotins in zur Untersuchung ausreichenden Mengen zu erhalten, ist mit großen Schwierigkeiten verknüpft. Erhitzt man nämlich das Narkotin nur wenig über seinen Schmelzpunkt (173°), so färbt es sich in wenigen Augenblicken dunkel, wobei es sich so stark aufbläht, daß das ganze Destillationsgefäß angefüllt wird und eine Fortsetzung der Destillation unmöglich wird. Etwas bessere Resultate erzielt man, wenn das Narkotin bei Gegenwart von indifferenten Stoffen, wie z. B. Diphenylamin oder hochsiedendem Paraffin, der Destillation unterworfen wird; aber auch hier ist die Ausbeute an krystallinischem Destillationsprodukt nur gering, abgesehen davon, daß auch beträchtliche Mengen des indifferenten Mittels mit überdestillieren, welche schwer von dem neuen Körper zu trennen sind, namentlich das Diphenylamin.

Ein ausgezeichnetes Mittel, die Zersetzung des Narkotins durch hohe Temperaturen zu mäßigen und den oben erwähnten Körper auch ohne Destillation zu erhalten, ist nun die Schmelze mit Harnstoff. Der Harnstoff, welcher bei 130° schmilzt, zersetzt sich allerdings bei höherer Temperatur auch sehr lebhaft, die Zersetzungsprodukte sind aber von anderen Körpern sehr leicht zu trennen. Eine Einwirkung der Zersetzungsprodukte des Harnstoffs, von welchen hauptsächlich Ammoniak und Cyansäure in Frage kommen, auf die Alkaloide scheint nur selten stattzufinden. Beobachtet wurde eine solche Einwirkung, wie in einer späteren Abhandlung gezeigt werden soll, beim Narceïn.

Um die Harnstoffschmelze auszuführen, mischt man das Narkotin mit dem doppelten bis dreifachen Gewicht Harnstoff und erhitzt unter fortwährendem Umschwenken in einem Rundkolben von Jenenser Glas über freier Flamme. Die Menge spielt hierbei keine große Rolle, man kann bequem 50 g Alkaloid auf einmal der Schmelze unterwerfen. Sobald die Masse zu schmelzen beginnt, färbt sie sich gelb, und in wenigen Minuten erhält man eine tief rotgelb gefärbte Flüssigkeit, aus welcher unter lebhaftem Sieden Ströme von Ammoniak entweichen. Nebenbei bemerkt man aber auch deutlich den Geruch organischer Aminbasen. Die Temperatur der Schmelze steigt bei starkem Erhitzen bis auf etwa 220°; eine Messung der Temperatur ist aber bei der Operation nicht nötig. Man erhält die Schmelze einige Minuten lang in lebhaftem Sieden, läßt sie dann etwas abkühlen (bis auf 100—120°) und gießt sie in kaltes Wasser (auf 20 g Alkaloid etwa 100 ccm Wasser). Man erhält dann, wenn die Zersetzung vollständig ist, eine klare, tief rotgelb gefärbte Lösung. Ist die Temperatur der Schmelze weniger hoch gewesen, so löst sich die Masse nicht klar in Wasser, und man erhält harzige Abscheidungen in größerer oder geringerer Menge, welche zum Teil aus unverändertem Narkotin, zum Teil aus anderen Basen bestehen, wie weiter unten näher beschrieben werden soll. Die klare Lösung der Schmelze, oder die von den ungelösten Basen abfiltrierte Flüssigkeit, wird nun mit verdünnter Schwefelsäure oder Salzsäure angesäuert und mit Aether mehrmals ausgeschüttelt. Der Aether färbt sich dabei fast garnicht oder schwach rötlich und zeigt eine blaue Fluorescenz. Beim Abdestillieren verbleibt eine gelblich bis rötlich gefärbte Krystallmasse, welche durch Umkrystallisieren aus verdünntem Alkohol unter Zusatz von etwas Tierkohle in Form farbloser flacher Nadeln erhalten wird, welche bei 100—101° schmelzen. Die Ausbeute beträgt etwa 20—30 % des angewandten Narkotins. An Stelle des Aethers läßt sich auch Essigäther zum Ausschütteln verwenden, welcher den Körper leichter aufnimmt; gleichzeitig werden aber auch mehr färbende Substanzen aufgenommen und das Rohprodukt ist weniger rein, läßt sich aber auch durch Behandlung mit Tierkohle leicht entfärben.

Die Analyse des neuen Körpers ergab folgende Zahlen:

1. 0,1378 g Substanz gaben 0,3150 g CO_2 = 0,0859 g C = 62,33 % C und 0,0642 g H_2O = 0,00713 g H = 5,17 % H.

2. 0,1924 g Substanz gaben 0,4352 g CO_2 = 0,1187 g C = 61,69 % C und 0,0838 g H_2O = 0,0931 g H = 4,83 % H.

3. 0,2344 g Substanz gaben bei 18° und 748 mm Druck 7,5 ccm feuchten Stickstoff = 0,008523 g N = 3,63 % N.

Aus diesen Zahlen berechnet sich die Formel $C_{20}H_{19}NO_7$, welche verlangt C = 62,33 %, H = 4,96 %, N = 3,63 %. Da das Narkotin die Formel $C_{22}H_{23}NO_7$ besitzt, so schien der neue Körper aus dem Narkotin durch Austritt von C_2H_4 entstanden zu sein, eine Vermutung, welche sich aber nicht bestätigte.

Um die Konstitution der neuen Verbindung aufzuklären, wurde die Einwirkung verschiedener Reagentien untersucht.

Durch Auflösen des Körpers in Eisessig und Zusatz von Bromwasser entstand ein krystallinischer Niederschlag, welcher aus Alkohol umkrystallisiert farblose Nadeln lieferte, die bei 171° schmolzen.

Analysen:

1. 0,2331 g Substanz gaben 0,3784 g CO_2 = 0,1032 g C = 44,27 % C und 0,0702 g H_2O = 0,0078 g H = 3,34 % H.

2. 0,2018 g Substanz gaben 0,1390 g AgBr = 0,05915 g Br = 29,31 % Br.

3. 0,2478 g Substanz gaben bei 22° und 747 mm Druck 10 ccm feuchten N = 0,01113 g N = 4,45 %.

Aus dem Kohlenstoff-, Wasserstoff- und Bromgehalt berechnet sich die Formel $C_{20}H_{17}Br_2NO_7$, welche verlangt C = 44,19 %, H = 3,15 %, Br = 29,46 %, N = 2,59 %.

Daß die Stickstoffbestimmung zu hoch ausfiel, wurde auf die Schwerbrennbarkeit des Körpers und die Bildung von Stickoxyden geschoben. Eine weitere Stickstoffbestimmung lieferte ebenfalls ein zu hohes Resultat, da aber die Brombestimmung und die Verbrennung sehr gut stimmende Zahlen geliefert hatten, lag kein Grund vor, an der Richtigkeit der Formel $C_{20}H_{17}Br_2NO_7$ zu zweifeln.

Durch Einwirkung von Chlor auf den neuen Körper wurde eine der Bromverbindung analoge Verbindung $C_{20}H_{17}Cl_2NO_7$ erhalten, welche bei 182° schmolz.

Analyse:

0,1712 g Substanz gaben 0,1078 g AgCl = 0,02666 g Cl = 15,57 % Cl.

Die Formel $C_{20}H_{17}Cl_2NO_7$ verlangt 15,64 % Cl. Die Stickstoffbestimmung ergab in diesem Falle einen zu niedrigen Wert (2,45 % statt 3,08 %).

Versuche, die neue Verbindung durch Erhitzen mit verdünnten Säuren oder mit Kalilauge zu spalten, schlugen fehl, dagegen gelang es durch Schmelzen mit Aetzkali eine so große Menge Protokatechusäure zu erhalten, daß die Anwesenheit zweier Opiansäurereste in dem Molekül der Verbindung $C_{20}H_{19}NO_7$ angenommen werden mußte. Aus 1 g der Verbindung wurden erhalten 0,54 g Protokatechusäure, während bei Anwesenheit nur eines Opiansäurerestes im Molekül theoretisch nur 0,4 g hätten entstehen können, praktisch natürlich noch erheblich weniger erhalten worden wäre. Da der Opiansäurerest des Narkotins 10 Kohlenstoffatome enthält, so stand der Annahme zweier Opiansäurereste auch nichts im Wege.

Durch Einwirkung von konzentrierter Salpetersäure (25 %) wurde die neue Verbindung beim Erhitzen zunächst gelöst und nach kurzer Zeit scheiden sich gelblich gefärbte Krystallnadeln in reichlicher Menge ab, welche bei 160° schmolzen. Die Analyse dieser Verbindung ergab die Formel $C_{10}H_9NO_6$. Eine bekannte Verbindung von derselben Formel ist das Nitromekonin, welches leicht durch Erhitzen von Mekonin mit konzentrierter Salpetersäure erhalten wird, und welches ebenfalls bei 160° schmilzt.

Um weitere Beweise der Identität der Nitroverbindung mit dem Nitromekonin zu erhalten, wurde nach dem von Salomon[1]) angegebenen Verfahren durch Reduktion mit Eisen und Essigsäure die Amidoverbindung dargestellt, welche denselben Schmelzpunkt (171°) zeigte, wie das von Salomon dargestellte Amidomekonin. Auch ergab die Analyse der freien Base, des Chlorhydrats und des Sulfats unzweifelhaft die Identität der Amidoverbindung mit dem Amidomekonin. Die Bildung des Nitromekonins aus der Verbindung $C_{20}H_{19}NO_7$ ließ sich durch Annahme einer Spaltung unschwer erklären und es machte auch keine Schwierigkeiten mehr, aus 2 Mekoninresten unter Austritt von Wasser und Eintritt einer NH-Gruppe eine Formel für die Verbindung $C_{20}H_{19}NO_7$ aufzustellen, welche das ganze Verhalten derselben sehr gut erklärte. Ja es gelang sogar, durch Einwirkung von Hydroxylamin auf Mekonin eine Verbindung darzustellen, welche in ihren Eigenschaften der Verbindung $C_{20}H_{19}NO_7$ völlig glich.

Die Analyse dieser Verbindung ergab:

1. 0,1200 g Substanz gaben 0,2720 g CO_2 = 0,07417 g C = 61,81 % C und 0,0542 g H_2O = 0,00602 g H = 5,02 % H.

2. 0,2800 g Substanz gaben bei 22° und 747 mm Druck 11,6 ccm feuchten N = 0,01291 g N = 4,55 % N.

Berechnet für die Formel $C_{20}H_{19}NO_7$

C	62,33 %
H	4,96 „
N	3,63 „.

1) Ber. d. d. chem. Ges. 20, 887

Die Stickstoffbestimmung war auch in diesem Falle wieder zu hoch ausgefallen. Als nun der Ursache der zu hohen Stickstoffbestimmungen näher auf den Grund gegangen wurde, stellte sich das überraschende Resultat heraus, daß weder der neue Körper und seine Brom- und Chlorderivate noch die aus Mekonin und Hydroxylamin erhaltene Verbindung Stickstoff enthielten, obgleich dieselben bei jeder Analyse nach Dumas reichliche Mengen eines nicht durch Kalilauge absorbierbaren Gases lieferten. Dieses Gas bestand aber nicht aus Stickstoff, sondern brannte beim Anzünden mit heller Flamme und bestand deshalb aller Wahrscheinlichkeit aus Kohlenwasserstoffen. Bei Kontrollversuchen mit Mekonin $C_{10}H_{10}O_4$ und Brommekonin $C_{10}H_9BrO_4$ gelang es auch sehr leicht, reichliche Mengen des brennbaren Gases zu erhalten, sodaß also die beiden stickstofffreien Körper scheinbar Stickstoff enthielten. Aus 0,3 g Brommekonin wurden nicht weniger als 15 ccm des Gases erhalten, was einem Gehalt von etwa 5,5% Stickstoff entsprechen würde, und 0,5 g Mekonin lieferten nicht weniger als 25 ccm des Gases. Die qualitative Prüfung des neuen Körpers auf Stickstoff durch Erhitzen mit metallischem Natrium, welche gleich zu Beginn der Untersuchungen vorgenommen wurde, war zwar negativ ausgefallen, dieser Umstand wurde aber nicht weiter beachtet, da die Reaktion bei Alkaloiden, welche nur sehr wenig Stickstoff enthalten, sehr häufig ausbleibt und weil die quantitative Bestimmung ja die Anwesenheit von Stickstoff ergeben hatte. Auffällig war von Anfang an die geringe Schmelzpunktdifferenz zwischen dem neuen Körper (100—101°) und dem Mekonin (102—102,5°), ebenso zeigten die Schmelzpunkte der Brom- und der Chlorverbindung nur geringe Abweichungen von den für Brom- und Chlormekonin in der Litteratur angegebenen; da aber die sonst so zuverlässige Dumas'sche Methode die scheinbare Anwesenheit von Stickstoff ergeben hatte, so wurde die Möglichkeit der Identität der neuen Verbindung mit dem Mekonin garnicht in Betracht gezogen, namentlich da auch noch einige Unterschiede in dem Verhalten der neuen Verbindung und des von Merck bezogenen Mekonins zu konstatieren waren, welche aber später auf eine geringe Verunreinigung des Merck'schen Mekonins zurückgeführt werden konnten und nach dem Umkrystallysieren desselben nicht mehr hervortraten. Das Merck'sche Mekonin färbte sich z. B. mit konzentrierter Schwefelsäure sofort dunkelgelb, während der neue Körper sich fast farblos darin auflöste. Mit Hilfe der Kjeldahl'schen Methode gelang es nun leicht, nachzuweisen, daß die neue Verbindung und ihre Derivate keinen Stickstoff enthalten, und daß die vermeintliche Verbindung $C_{20}H_{19}NO_7$ mit dem Mekonin $C_{10}H_{10}O_4$ identisch ist, da die

Analysen für Kohlenstoff und Wasserstoff ebensogut auf die Formel des Mekonins stimmen.

Die Formel $C_{20}H_{19}NO_7$ verlangt C = 62,33% H = 4,96%
" " $C_{10}H_{10}O_4$ " C = 61,85 " " = 5,15 ".

Ebenso stimmen auch die Analysen der Brom- und der Chlorverbindung mit den Werten des Brom- und Chlormekonins überein.

	Berechnet für die Formel			
	$C_{20}H_{17}Br_2NO_7$:	$C_{10}H_9BrO_4$:	$C_{20}H_{17}Cl_2NO_7$:	$C_{10}H_9ClO_4$:
C	44,19%	43,95%	52,86%	52,12%
H	3,15 "	3,29 "	3,74 "	3,93 "
Br	29,46 "	29,30 "	—	—
Cl	—	—	15,64 "	15,53 ".

Die Beobachtung, daß manche stickstoffhaltige Verbindungen, namentlich Alkaloide, nach der Dumas'schen Methode infolge Bildung von Kohlenwasserstoffen zu hohe Werte für Stickstoff liefern, wurde schon früher gemacht, so z. B. von Guareschi und Grande[1]), sowie von Wyndham, R. Dunstan und Carr[2]). Der Fall aber dürfte selten sein, daß stickstofffreie Körper soviel nicht durch Kalilauge absorbierbares Gas liefern, daß man dieselben für stickstoffhaltig ansehen muß.

Nicht unerwähnt möge bleiben, daß Freund und Will[3]), welche das Mekonin in der Hydrastiswurzel fanden, dasselbe ebenfalls nach der Dumas'schen Methode auf Stickstoff geprüft haben. Dieselben erhielten einmal aus 0,2494 g 1,8 ccm, aus 0,5974 g 1,9 ccm nicht absorbiertes Gas, so wenig also, daß ein Stickstoffgehalt des Mekonins nicht in Frage kommen konnte. Daß die genannten Forscher nicht größere Mengen nicht absorbiertes Gas erhielten, erklärt sich wohl dadurch, daß die Bildung der Kohlenwasserstoffe erst dann eintritt, wenn das ganze Rohr schon einige Zeit sehr stark erhitzt ist. Bricht man also den Versuch ab, wenn trotz des Brennens aller Flammen noch kein Stickstoff auftritt, so findet man den Körper stickstofffrei, erhitzt man aber noch einige Zeit stark, so tritt plötzlich eine stürmische Gasentwickelung ein, welche nur kurze Zeit anhält, aber soviel Gas liefert, daß man an einen Stickstoffgehalt des Körpers nicht zweifelt.

Aus dem Vorstehenden ergibt sich, daß bei Stickstoffbestimmungen in Alkaloiden und deren Derivaten große Vorsicht angebracht ist. Man sollte es nie unterlassen, wie schon Guareschi

[1]) Chem. Zentralbl. 1898, II., 61.
[2]) Chem.-Ztg. 1896, 219.
[3]) Ber. d. d. chem. Ges. 19, 2797.

und Grande empfahlen, den Stickstoff auf Reinheit und namentlich auf die Anwesenheit brennbarer Gase zu prüfen. Findet man Kohlenwasserstoffe, so empfiehlt sich die Anwendung der Kjeldahl'schen Methode, welche allerdings etwas mehr Material erfordert, um genaue Resultate zu liefern.

Wie erklärt sich nun die Bildung des Mekonins

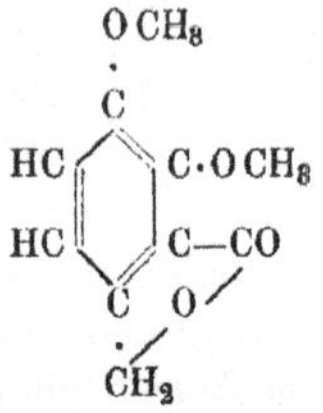

aus dem Narkotin durch Erhitzen. Das Narkotin hat, wie die Untersuchungen von Freund und anderer Forscher ergeben haben, die Konstitutionsformel

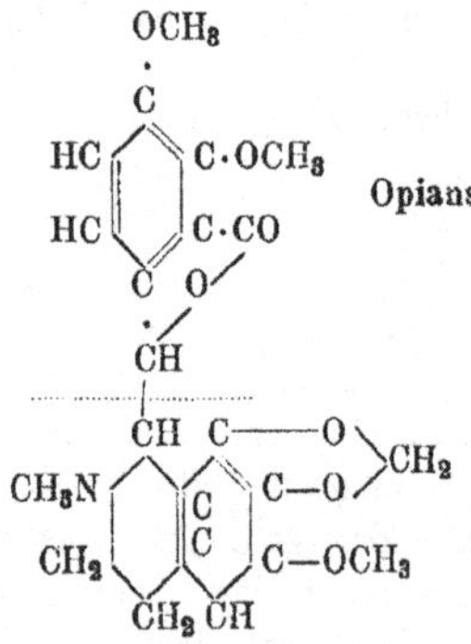

Opiansäurerest

Hydrocotarninrest.

Das Narkotin besteht also aus einem Opiansäurerest und dem Hydrocotarninrest, welche unter Wasserabspaltung zusammengetreten sind.

$$C_{10}H_{10}O_5 + C_{12}H_{15}NO_3 = H_2O + C_{22}H_{23}NO_7.$$

Eine Spaltung in die beiden Komplexe läßt sich leicht herbeiführen. Wendet man zur Spaltung oxydierende Mittel an, wie z. B. Salpetersäure oder verdünnte Schwefelsäure und Braunstein, so erhält man Opiansäure und Cotarnin, das Oxydationsprodukt des Hydrocotarnins; wendet man aber ein reduzierendes Agens an, so bildet sich bei der Spaltung Mekonin, das Reduktionsprodukt der Opiansäure, und Hydrocotarnin. Zur Bildung des Mekonins ist also ein Reduktionsprozeß erforderlich, wie auch aus der Konstitutionsformel des

Narkotins hervorgeht. Trennt man die beiden Komplexe an der durch die punktierte Linie angegebenen Stelle, so besitzt der obere Komplex die Zusammensetzung $C_{10}H_9O_4$, es fehlt also ein Wasserstoffatom an der Formel des Mekronins $C_{10}H_{10}O_4$ und dieses Wasserstoffatom muß durch einen reduzierenden Vorgang eingeführt werden. Bei der hydrolytischen Spaltung des Narkotins, welche beim Erhitzen mit Wasser auf höhere Temperaturen eintritt, erklärt sich die Bildung des Mekonins leichter, da man annehmen kann, daß ein Wasserstoffatom des Wassers an den Rest $C_{10}H_9O_4$ tritt und die Hydroxylgruppe des Wassers mit dem unteren Komplex in der Weise reagiert, daß sie demselben ein Wasserstoffatom entzieht und mit diesem wieder Wasser bildet. Aus dem unteren Komplex entsteht dann dabei Cotarnin. Die hydrolytische Spaltung kann aber auch in der Weise verlaufen, daß die Hydroxylgruppe des Wassers an den Rest $C_{10}H_9O_4$ tritt und damit Opiansäure bildet, während aus dem unteren Komplex + 1 Atom Wasserstoff Hydrocotarnin entsteht. Eine hydrolytische Spaltung ist bei der Harnstoffschmelze natürlich ausgeschlossen. Es bleibt hierbei nur die Annahme übrig, daß das fehlende Wasserstoffatom aus dem Cotarninrest stammt, welcher überhaupt anscheinend eine sehr weitgehende Zersetzung erfährt.

Die Beobachtung, daß das Narkotin bei der Einwirkung hoher Temperaturen Mekonin liefert, ist übrigens, wie sich beim genauen Studium der Litteratur ergab, nicht neu. Es wurde bereits im Jahre 1873 von Matthiessen und Wright[1]) kurz mitgeteilt, daß bei der Einwirkung einer Temperatur von 200° auf Narkotin dieselben Produkte Mekonin und Cotarnin entstehen, wie beim Erhitzen mit Wasser auf 100°. Die Verff. nahmen damals eine glatte Spaltung des Narkotins in Mekonin und Cotarnin an. Später aber äußerten Becket und Wright[2]) die Ansicht, daß beim Erhitzen des Narkotins mit Wasser die Zersetzungsprodukte des Hydrocotarninrestes eine reduzierende Wirkung auf den Opiansäurerest ausüben und so die Bildung des Mekonins bewerkstelligen.

Daß der Hydrocotarninrest des Narkotins bei höherer Temperatur eine weitgehende Spaltung erleidet, zeigte sich auch dadurch, daß es nicht möglich war, aus der vom Mekonin befreiten Lösung der Harnstoffschmelze Cotarnin zu isolieren. Auch spricht der beim Schmelzen mit Harnstoff deutlich auftretende Geruch nach organischen Aminbasen für eine weitgehende Zersetzung des Hydrocotarninrestes. Die Versuche, aus der Lösung der Schmelze außer dem Mekonin noch

---

1) Ber. d. d. chem. Ges. 2, 193.

2) Ber. d. d. chem. Ges. 8, 550.

andere Körper in reinem Zustande und in zur Untersuchung ausreichender Menge zu isolieren, schlugen fehl.

Beobachtet wurde eine geringe Menge eines braunen, öligen Körpers, welcher der sauren Flüssigkeit durch Chloroform entzogen werden konnte und welcher sich in Alkalien, namentlich in Ammoniak mit prächtig gelb-grüner Fluorescenz löste. Aus der mit Natronlauge alkalisch gemachten Mutterlauge konnte durch Chloroform eine gelb gefärbte basische Verbindung ausgeschüttelt werden, welche sich in Säuren farblos löste. Die Menge dieser Base war aber zur weiteren Untersuchung zu gering. Beim Eindampfen der neutralisierten Mutterlauge trat anscheinend durch Oxydation Zersetzung der noch darin enthaltenen Verbindungen ein, wobei dunkele, braune und grüne, Farbstoffe auftraten. Gutcharakterisierte Verbindungen konnten aber aus der eingedampften Mutterlauge nicht erhalten werden.

Wie eingangs erwähnt, löst sich die Harnstoffschmelze des Narkotins, wenn dieselbe nicht hoch genug oder nicht genügend lange erhitzt wurde, nicht klar in Wasser, sondern liefert harzige, bald fest werdende Abscheidungen.

Zur Untersuchung wurden größere Mengen dieser Abscheidung dargestellt und dieselben nach dem Zerreiben mit Alkohol erhitzt. Hierbei blieb eine nicht unbeträchtliche Menge ungelöst, während aus der Lösung sich bald unverändertes Narkotin in reichlicher Menge abschied. Das Filtrat vom Narkotin lieferte auf Wasserzusatz eine weitere Menge einer krystallinischen Verbindung, welche bei 150—155° schmolz, während der Schmelzpunkt des Narkotins bei 173° liegt. Durch wiederholtes Umkrystallisieren des bei 150—155° schmelzenden Produktes konnte bislang noch keine Verbindung von konstantem Schmelzpunkt erhalten werden, sondern derselbe variierte immer von etwa 150—155° und es zeigte sich, daß immer noch etwas unverändertes Narkotin zugegen war. Es wurde deshalb zunächst der in Alkohol unlösliche Körper näher untersucht. In schönen perlmutterglänzenden Blättchen wurde derselbe durch Auflösen in heißem, salzsäurehaltigen Alkohol und nachheriges Uebersättigen mit heißem Ammoniak erhalten. Der Schmelzpunkt dieser Verbindung lag bei 228°. Denselben Schmelzpunkt zeigt nun ein Isomeres des Narkotins,

das Gnoskopin,

welches sich ebenfalls im Opium findet, aber auch, wie T. u. A. Smith nachgewiesen haben, aus dem Narkotin erhalten werden kann und zwar durch Erhitzen mit Essigsäure auf 130°. Die Umwandlung des

Narkotins in Gnoskopin scheint also, wie z. B. auch die des Hyoscyamins in Atropin durch die Einwirkung höherer Temperatur zu erfolgen. Ueber die Art der Isomerie zwischen dem Gnoskopin und dem Narkotin ist näheres nicht bekannt. Es ist nur festgestellt, daß das Gnoskopin bei der Spaltung dieselben Produkte liefert wie das Narkotin, die einzelnen Komplexe sind also nicht verändert, wahrscheinlich ist nur die Art der Bindung zwischen denselben eine andere. Schmilzt man Gnoskopin mit Harnstoff, so treten dieselben Erscheinungen auf wie beim Narkotin und man erhält ebenfalls Mekonin in reichlicher Menge, die Spaltung des Gnoskopins ist also hier die gleiche wie diejenige des Narkotins.

Um die Beziehungen des Gnoskopins zum Narkotin noch weiter aufzuklären, wurde das Verhalten gegen Methyljodid und die Einwirkung von Natronlauge auf das Jodmethylat untersucht. Während das Narkotinjodmethylat eine dickflüssige, nicht krystallisierbare Masse darstellt, erhält man das Gnoskopinjodmethylat leicht krystallinisch, wenn man Gnoskopin mit einen Ueberschuß von Jodmethyl im Einschlußrohr kurze Zeit auf 100° erhitzt. Die Jodmethylate zeigen also noch ähnliche Unterschiede wie die Basen. Erhitzt man nun das Gnoskopinjodmethylat mit überschüssiger Natronlauge und versetzt die entstandene Lösung mit Chlorammonium, so erhält man genau das gleiche Narceïn wie aus dem Narkotinjodmethylat mit Natronlauge. Die Bildung des Narceïns aus dem Narkotinjodmethylat erfolgt nach den Untersuchungen von Freund nach folgendem Schema: Narkotinmethyljodid gibt unter Abspaltung von Jodwasserstoff und Aufnahme von Wasser Narceïn.

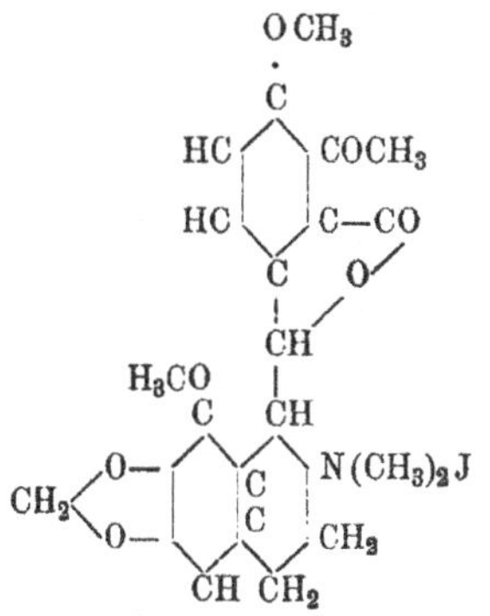

Narkotinmethyljodid.

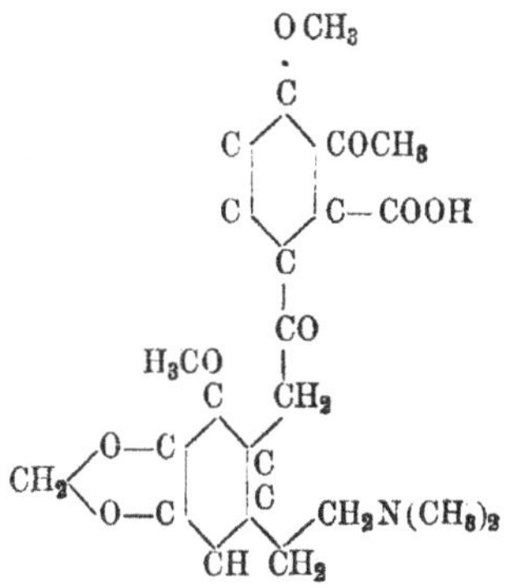

Narceïn.

Da nun das Gnoskopin genau das gleiche Narceïn liefert wie das Narkotin, so kann der Unterschied in der Struktur der beiden Isomeren nur sehr gering sein und kann nur in eine Verschiedenheit der Art der Bindung zwischen den Opiansäurerest und den Hydrocotarninrest bestehen, welche bei der Bildung des Narceïns wieder aufgehoben werden.

Hydrastin.

Von großem Interesse erschien es, das Verhalten des Hydrastins, des nächsten Verwandten des Narkotins, bei der Harnstoffschmelze zu untersuchen.

Das Hydrastin besitzt die Konstitutionsformel:

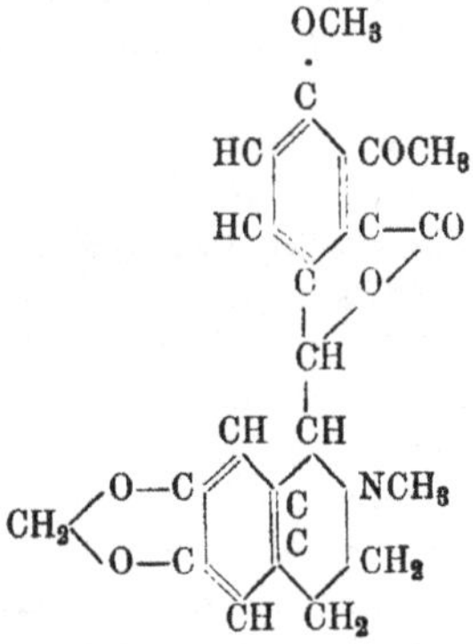

Es unterscheidet sich also vom Narkotin nur durch das Fehlen der OCH_3-Gruppe im unteren Komplex.

Die Harnstoffschmelze lieferte nun, wie erwartet wurde, ein ganz ähnliches Ergebnis wie beim Narkotin. Es wurde ebenfalls Mekonin in reichlicher Menge erhalten, dagegen gelang es nicht, aus der Lösung der stark erhitzten Schmelze weitere gut charakterisierte Körper zu isolieren. Ueber die Veränderungen, welche das Hydrastin bei kürzerer Dauer und weniger hoher Temperatur der Harnstoffschmelze erleidet, sind die Versuche noch nicht abgeschlossen.

Weitere Mitteilungen über das Verhalten von Alkaloiden bei der Harnstoffschmelze sollen demnächst erfolgen. Als vorläufige Mitteilung soll schon jetzt erwähnt werden, daß die nächsten Verwandten des Narkotins und des Hydrastins, also Narceïn, Papaverin und Berberin, sich ganz verschieden verhalten. Das Narceïn liefert beim Schmelzen mit Harnstoff zunächst Narceïnimid, bei höherer Temperatur unter andern einen bei 194° schmelzenden indifferenten Körper.

Das Papaverin scheint außerordentlich beständig gegen hohe Temperatur zu sein; es gelang bis jetzt nicht, durch die Harnstoffschmelze eine Spaltung herbeizuführen, sondern es wurde stets nur unverändertes Papaverin wiedergewonnen. Höchst interessante Ergebnisse verspricht die Einwirkung der Harnstoffschmelze auf das Berberin zu liefern. Es wurde dabei in reichlicher Menge ein gut krystallisierende Base erhalten, welche zum Unterschied von allen anderen Alkaloiden eine dunkelrote Farbe besitzt. Die Salze dieser Base krystallisieren ebenfalls ausgezeichnet und bilden prächtig goldglänzende, dunkelgelbe Krystalle. Auch die Angosturabasen liefern bei der Harnstoffschmelze neue Derivate. So erhält man z. B. aus dem Cusparin bei der Harnstoffschmelze dieselbe bei 251° schmelzende Base, welche Körner und Böhringer aus dem Cusparin beim Schmelzen mit Aetzkali erhielten. Diese neue Base ist also nicht, wie K. und B. annahm, eine durch die Wirkung des geschmolzenen Aetzkalis entstehendes Spaltungsprodukt des Cusparins, sondern entsteht wesentlich durch die Einwirkung der hohen Temperatur.

Auch die Chinaalkaloide scheinen bei der Harnstoffschmelze Spaltungen zu erleiden, greifbare Resultate wurden aber bis jetzt noch nicht erhalten, die Versuche werden jedoch fortgesetzt.

Aus dem pharmakologischen Institut der Universität Leipzig.

Ueber die chemischen Bestandteile der Parakresse (Spilanthes oleracea, Jacquin).

Von Dr. Emil Gerber.

(Eingegangen den 3. VI. 1903.)

Spilanthes oleracea Jacquin aus der Familie der Compositae (Heliantheae), ist eine in Brasilien einheimische krautartige Pflanze und scheint im Laufe des XVIII. Jahrhunderts unter dem Namen Parakresse (Cresson de Brésil) in Europa allmählich bekannt geworden zu sein. Sie gedeiht auch in gemäßigtem Klima und wird vielfach in Gärten aus Samen gezogen. In ihrer Heimat soll sie auch wie bei uns die Kresse gegessen werden. Die Angaben über die medizinische Verwendung der Parakresse in der Literatur reichen, soweit ich es feststellen konnte, nur bis in die ersten Dezennien des XIX. Jahrhunderts zurück. Im Jahre 1823 wurde die Anwendung des Mittels von einem spanischen Arzte Bahi[1]) gegen Skorbut und Zahnschmerzen empfohlen. Kurz darauf rühmte es der Franzose Rousseau[2]) als Antiscorbuticum.

Eine häufigere Verwendung der alkoholischen Tinktur aus *Spilanthes oleracea* als Zahnschmerzmittel hat im Laufe des zweiten Dezenniums des vorigen Jahrhunderts in Frankreich stattgefunden. In Paris verschafften sich zu dieser Zeit die Apotheker Roux und Chaix ein Patent für den Verkauf einer im wesentlichen aus Spilanthes und Pyrethrum hergestellten Tinktur, welche unter dem Namen Paraguay-Roux bis in die neuere Zeit verbreitet war. Béral[3]) gab 1831 mehrere vereinfachte Vorschriften für die Herstellung dieses Zahnschmerzmittels. In Paris machte v. Graefe die Bekanntschaft des Mittels; durch ihn wurde Hufeland[4]) in Berlin darauf aufmerksam gemacht, der es 1835 als Odontalgicum warm empfahl. Herba Spilanthis ist dann in viele europäische Pharmakopöen aufgenommen worden und war offizinell noch in der ersten Auflage des Deutschen Arzneibuches; in einigen Pharmakopöen, z. B. der österreichischen, wird es heute noch geführt.

Im übrigen ist die Literatur über Parakresse eine sehr dürftige. Lassaigne[5]) dürfte der erste gewesen sein, der sich mit der chemischen Untersuchung der Droge beschäftigte. In einer Mitteilung aus dem Jahre 1825, die mir leider nicht im Original zugänglich war, welche auch Rousseau[6]) anführt, hebt er einen reichlichen Gehalt der Pflanze an einem scharfen ätherischen Oele hervor. A. Buchner[7]) bestreitet die Existenz eines solchen Oeles, allerdings auf Grund sehr ungenügender Untersuchung und bezeichnet den Träger des scharfen Geschmackes als ein Weichharz.

Nees von Esenbeck[8]) gibt eine genauere botanische Beschreibung der Pflanze, hebt übereinstimmend mit früheren Beobachtern hervor, daß die Blüten erheblich schärfer schmecken als die Blätter und rühmt nach Beobachtungen an sich selbst die Wirkung der alkoholischen Tinktur bei Zahnschmerzen. Das Vorhandensein von ätherischem Oele stellt auch er, übereinstimmend mit A. Buchner, in Abrede. Walz[9]) glaubte sodann den scharfen Bestandteil von *Spilanthes oleracea* in krystallinischer Form isoliert zu haben. Bei der Destillation größerer Mengen des Krautes erhielt er nur „Spuren von Oel", aber ohne allen Geschmack. Den vermeintlichen krystallinischen scharfen Stoff gewann er auf folgende Weise. Der alkoholische Auszug des Krautes wurde nach dem Entfärben durch Digestion mit Tierkohle abdestilliert; der Destillationsrückstand in Aether aufgenommen, nochmals mit Tierkohle behandelt, hierauf abdestilliert, der Rückstand in wenig

1) Auszug im Journal de Pharmacie, IX, 586, 1823.
2) Bullet. des scienc. méd. de Ferussac, V, 278, 1825.
3) Journal de Pharmacie, XVII, 58, 1831.
4) Hufelands Journal 1835, 122.
5) Journal de Chimie médicinale 1825, pag. 261, zitiert nach Walz.
6) Revue médicale 1825, III, pag. 95.
7) Repertorium der Pharmacie, XXXVIII, 361 (1831).
8) Liebigs Annalen, XVII, 107 und 192.
9) Jahrbuch der Pharmacie, XI, 35 und 283 (1859).

Alkohol aufgenommen und die Lösung mit Wasser bis zur Trübung versetzt. Hierauf schieden sich nach langem Stehen (8 Wochen) federartige farblose Krystalle ab. Eine genauere Untersuchung dieser Krystalle wurde nicht vorgenommen. Von R. Buchheim[1]) ist der Versuch gemacht worden, den scharfen Stoff des Spilantheskrautes in pharmakologischer und chemischer Hinsicht in nähere Beziehung zur Gruppe des Piperins zu bringen. Außer dem Piperin, das bekanntlich als Piperidin aufzufassen ist, in welchem das am Stickstoff haftende Wasserstoffatom durch den Piperinsäurerest ersetzt ist, fand Buchheim im schwarzen Pfeffer einen amorphen, öligen Körper von Konsistenz des Terpentins, das Chavicin, welches an Schärfe des Geschmackes das Piperin bei weitem übertrifft. Durch Einwirkung von siedendem alkoholischen Kali konnte daraus eine Base isoliert werden, deren Sulfat die Eigenschaften des schwefelsauren Piperidins zeigte, während aus dem, nach dem Abdestillieren der Base verbleibenden, in Wasser löslichen alkalischen Rückstand eine amorphe Säure, die Chavicinsäure isoliert wurde.

Das Chavicin wäre demnach wie das Piperin ein Säurederivat des Piperidins.

Eine analoge Konstitution glaubte nun Buchheim auf Grund seiner Untersuchungen den scharf schmeckenden Bestandteilen der Bertramwurzel *(Radix Pyrethri)* und der Parakresse zuerteilen zu können. Aus dem alkalischem Auszuge ersterer Droge erhielt er eine sehr scharf schmeckende, äußerlich dem Chavicin ähnliche amorphe Substanz, das Pyrethrin und aus diesem durch Einwirkung von alkoholischem Kali wiederum Piperidin und Pyrethrumsäure.

Den auf gleiche Weise isolierten und gespaltenen Bestandteil der Parakresse betrachtet Buchheim als identisch mit dem Pyrethrin.

Den Angaben Buchheim's sind keinerlei analytische Belege beigefügt. Herr Geheimrat Professor Dr. R. Boehm schlug mir vor, den Gegenstand einer erneuten experimentellen Untersuchung zu unterziehen. Ich bin diesem Vorschlage nachgekommen und berichte im nachstehenden über die von mir erhaltenen Resultate.

Ich begann meine Versuche mit der Herstellung eines ätherischen Extrakies aus trockener *Herba Spilanthis* und erhielt durch Erschöpfung derselben im Perkolator aus 1 kg Kraut 32,0 g Extrakt, eine Ausbeute, welche sich bei vielen späteren, in verschiedenem Maßstabe wiederholten Extraktionen ziemlich gleich geblieben ist. Das Extrakt besaß den charakteristisch prickelnd-brennenden Geschmack des Krauts. Es war leicht festzustellen, daß der Träger dieses Geschmackes dem Kraute durch Aether vollständig entzogen werden kann.

Das Rohextrakt, von dunkelgrüner Farbe, der Konsistenz des Filixextraktes und angenehmen schwach aromatischem Geruche, erwies sich, nach Lassaigne untersucht, als stickstoffhaltig. Es löste sich in kaltem Alkohol teilweise, in heißem vollständig; von Petroläther

[1]) Archiv für experim. Pathol. und Pharmakologie, 1876, 455.

und Ligroin wurde es nur zum Teile aufgenommen, doch enthielt sowohl der in diesen Lösungsmitteln lösliche, als auch der darin unlösliche Anteil Stickstoff.

Durch Behandlung mit wässerigen verdünnten Säuren ließ sich dem Extrakte keine stickstoffhaltige Substanz entziehen; das Vorhandensein eines Alkaloids war demnach nicht anzunehmen.

Obschon von A. Buchner und von Nees von Esenbeck das Vorkommen von flüchtigem Oel in *Spilanthes oleracea* in Abrede gestellt worden war, schien es doch notwendig, auch diesem Punkte mit Rücksicht auf die Beobachtung von Lassaigne noch näher zu treten.

In kleinem Maßstabe angestellte Vorversuche hatten ein positives Resultat. Ca. 40,0 g des ätherischen Extraktes löste ich in der eben ausreichenden Menge absoluten Alkohols, versetzte mit viel Wasser und unterwarf die milchige Flüssigkeit durch 20 Tage der Destillation mit Wasserdampf. Auf dem Destillate, das niemals deutlich sauer reagierte, zeigten sich bald Oeltropfen. Durch Ausschütteln mit Aether ließen sich im ganzen 8,0 g ätherischen Oeles darstellen. Dasselbe hatte frisch eine schwach grünliche Farbe, einen angenehmen aromatischen Geruch und den charakteristisch brennend-prickelnden Geschmack der Ausgangssubstanz. Da das Oel außerdem sich auch als stickstoffhaltig erwies, so lag es nahe anzunehmen, in ihm den scharfen Stoff des Spilanthes gefunden zu haben. Eine Reaktion auf Schwefel fiel negativ aus. Die zur Orientierung vorgenommenen Analysen ergaben nachstehende Resultate:

I. 0,1570 g gaben 0,1651 H_2O, entsprechend 11,68 % H und
0,4510 CO_2, „ 78,34 „ C.

II. 0,1704 g gaben 0,1751 H_2O, entsprechend 11,42 % H und
0,4900 CO_2, „ 78,42 „ C.

I. 0,32795 g gaben bei 16° C. und 744 mm Barometerstand 7,50 ccm N, entsprechend 2,65 % N.

II. 0,39375 g gaben bei 16° C. und 747 mm Barometerstand 9,00 ccm N, entsprechend 2,64 % N.

Um die nähere Beziehung des ätherischen Oeles zu der Schärfe des Spilantheskrautes mit Sicherheit zu ermitteln, war es unumgänglich, größere Mengen desselben darzustellen.

Da ich auf die Hilfsmittel eines wissenschaftlichen Laboratoriums angewiesen war und außerdem der Preis der Rohdroge kein ganz geringer ist, so konnten die Versuche natürlich nur in beschränktem Maßstabe angestellt werden. Sie sind außerdem außerordentlich zeitraubend gewesen, haben mich indessen doch in den Besitz von ca. 100,0 g des ätherischen Oeles gesetzt, einer Menge, an welcher wenigstens die hauptsächlichsten Eigenschaften in ertorderlichem Maße studiert werden konnten. Ich lasse zunächst den Bericht über die Ergebnisse aller auf das ätherische Oel bezüglichen Experimente folgen.

Das ätherische Oel von Spilanthes oleracea.

Die Dampfdestillation aus dem Kraute selbst ist bei gewöhnlichen Laboratoriumseinrichtungen nicht gut ausführbar. Ich habe daher zweimal das ätherische Extrakt

1. von 27 kg trockenen Krautes = 863,0 g (3,19 %),
2. „ 30 „ „ „ = 1000,0 „ (3,40 „),

der Dampfdestillation, jedesmal in zwei getrennten Destillationsapparaten und 7 Wochen lang unterworfen. Die Ausbeute belief sich im ersten Falle auf 56,0 g Oel (0,207 % des Krautes), im zweiten auf 34,0 g (0,115 % des Krautes), dürfte sich aber im Fabrikbetriebe noch erheblich vermehren lassen.

Da von frischem Kraute ein höherer Gehalt an flüchtigem Oele zu erwarten war, so habe ich auch einmal das Oel aus 9,5 kg der frischen Droge dargestellt. Auch hier mußte ich schließlich vorher zur Bereitung eines ätherischen Extraktes schreiten, woraus in Summa 8,1 g Oel (0,085 % des frischen Krautes, auf trockenes Kraut berechnet 0,27 %) erzielt wurden. In seinen Eigenschaften stimmte das aus frischem Kraute bereitete Oel mit dem aus getrockneten vollständig überein.

Bei zwei quantitativen Bestimmungen des Stickstoffs nach Dumas ergaben:

I. 0,3030 g gaben bei 16° C. und 752 mm Barometerstand 5,18 ccm N, entsprechend 2,00 % N.

II. 0,4040 g gaben bei 14° C. und 758 mm Barometerstand 6,80 ccm N, entsprechend 1,90 % N.

Ehe ich zur Rektifikation einer größeren Menge des Oeles schritt, habe ich zunächst noch einige Beobachtungen mit den 56,0 g Rohöl der ersten Darstellung angestellt.

Bei der Elementaranalyse ergaben sich folgende Werte:

0,4116 g gaben 0,4378 H_2O, entsprechend 11,82 % H und
1,2235 CO_2, „ 81,06 „ C.

0,4510 g gaben bei 15,5° C. und 745 mm Barometerstand 9,35 ccm N, entsprechend 2,40 % N.

Eine Methoxyluntersuchung nach Zeisel gab ein negatives Resultat.

Weiterhin wurde ermittelt, ob Ausschütteln des Rohöles mit 2% wässeriger Chlorwasserstoffsäure (nachheriges Waschen mit Wasser und Trocknen im Wasserstoffstrome) den Stickstoffgehalt des Oeles beeinflußte. Die Analyse ergab, daß dies in erheblichem Maße nicht der Fall ist.

0,2340 g gaben bei 15° C. und 746 mm Barometerstand 4,30 ccm N, entsprechend 2,13% N.

Die durch einen Luftstrom von Aether befreite, zum Ausschütteln des Oeles verwendete wässerige Salzsäure gab auf Zusatz von Kaliumquecksilberjodid nur eine ganz schwache Trübung.

Endlich wurde durch das Rohöl, um etwa anhaftende Reste von Aether zu entfernen, bei 40—50° ein Strom trockenen Wasserstoffgases geleitet und dasselbe nochmals der Elementaranalyse unterworfen.

I.	0,3325 g gaben	0,3563 H_2O,	entsprechend	11,90%	H und
		1,0047 CO_2,	„	82,40 „	C.
II.	0,3409 g gaben	0,3677 H_2O,	entsprechend	11,98%	H und
		1,0297 CO_2,	„	82,38 „	C.
III.	0,4048 g gaben	0,4409 H_2O,	entsprechend	12,10%	H und
		1,2246 CO_2,	„	82,51 „	C.

Ferner ergab die Molekulargewichtsbestimmung nach Baumann und Fromm in Naphtalin ausgeführt folgende Werte:

I. 0,2327 g in 10,0 Naphtalin gelöst gaben eine Depression von 0,75° entsprechend dem Molekulargewichte 223.

II. 0,1461 g gaben eine Depression von 0,49°, entsprechend dem Molekulargewichte 208.

Der Mittelwert dieser Bestimmungen ist 215. Das spezifische Gewicht bei 16° C. 0,847. Bei einem Polarisationsversuche zeigte das Oel im Dezimeterrohre eine Ablenkung von + 1,85°.

Da das Oel in diesem Zustande eine schwach saure Reaktion zeigte, habe ich es vor der Rektifikation noch wiederholt mit Kalilauge von 2% ausgeschüttelt. Aus letzterer schied Schwefelsäure einen verschwindend geringen Niederschlag ab.

Das nunmehr völlig neutrale, von neuem sorgfältig getrocknete Oel wurde im Vakuum rektifiziert. Bei einem Barometerdruck von 35 mm gab eine Oelmenge von 32,3 g folgende Fraktionen:

Unter 135° wenige Tropfen Vorlauf,		
von 136—145°	2,1 g	Destillat,
„ 145—155° (151°)	27,0 „	„
„ 160—190°	1,0 „	„
Rückstand	2,0 „	„

Die zwischen 145—155° bei 35 mm übergegangene Hauptfraktion (84,4% der Gesamtmenge) roch schwächer aromatisch als das Rohöl hatte den scharfen Geschmack des letzteren vollständig verloren und erwies sich nach Lassaigne untersucht als stickstofffrei. Auch die vorher vorhandene geringfügige optische Aktivität war verschwunden.

Bei Atmosphärendruck siedete das Oel bei 245°. Das spezifische Gewicht betrug bei 16° C. 0,846.

Bei der Analyse ergaben sich folgende Werte:

I.	0,2345 g gaben	0,2708 H_2O,	entsprechend	12,83 % H und
		0,7271 CO_2,	„	84,56 „ C.
II.	0,2880 g gaben	0,3361 H_2O,	entsprechend	12,97 % H und
		0,8970 CO_2,	„	84,94 „ C.

Bei der Molekulargewichtsbestimmung ergaben 0,4827 g Substanz, in 10,0 g Naphtalin gelöst, eine Depression von 1,63°. Dies entspricht einem Molekulargewichte von 268.

Die bis jetzt festgestellten Eigenschaften des Hauptanteiles des ätherischen Spilanthesöles lassen zur Genüge erkennen, daß eines der bekannten Terpene $C_{10}H_{16}$ oder ein Sauerstoffderivat eines solchen $C_{10}H_{16}O$ in demselben nicht wohl enthalten sein kann. Gegen ein Terpen $C_{10}H_{16}$ spricht schon der hohe Siedepunkt; gegen eine Verbindung der Formel $C_{10}H_{16}O$, welche nur 78,9% C verlangt, der hohe Kohlenstoffgehalt. Auch ein Sesquiterpen oder ein Sauerstoffderivat $C_{15}H_{24}O$ kann auf Grund der Analysenergebnisse mit ziemlicher Sicherheit ausgeschlossen werden.

Berechnet man aus den gefundenen Kohlenstoff- und Wasserstoffprozenten eine Formel, so gelangt man zu $C_{43}H_{78}O$ und hier widersprechen dann wieder die Resultate der Molekulargewichtsbestimmung, welche mit dem bisher reinsten Präparat nur 268 ergeben haben.

Es lag daher die Vermutung nahe, daß ein Kohlenwasserstoff vorliegt, und daß die für einen solchen noch zu niedrigen Kohlenstoffwerte durch geringfügige Verunreinigungen bedingt sind.

Eine weitere Reinigung des Oeles durch wiederholte Rektifikation versprach von vornherein wenig Erfolg. Es ist allgemein bekannt, wie wenig vollständig die Reindarstellung von Kohlenwasserstoffen auf diesem Wege gelingt.

Die genauere Untersuchung des Oels ergab, daß es gegen salpetrige Säure indifferent ist und auch auf Phenylhydrazin nicht reagiert. Mit Brom verbindet es sich zwar, das Bromprodukt ist aber von öliger Beschaffenheit und soll später noch genauer beschrieben werden.

Auch von metallischem Natrium wird das Oel in absolut ätherischer Lösung sofort angegriffen. Unter lebhafter Wasserstoffentwickelung erfolgt Dunkelfärbung und die Abscheidung eines voluminösen Niederschlages. Nach beendigter Reaktion kann der Reaktionsmasse durch Verdünnen mit Wasser und Ausschütteln mit Aether in wenig verringerter Menge ein Oel von fast unveränderter Zusammensetzung wieder entzogen werden.

0,2750 gaben 0,3196 H_2O, entsprechend 12,91 % H und
0,8541 CO_2, „ 84,70 „ C.

In der wässerig alkalischen Lösung befanden sich minimale Mengen einer durch Säuren fällbaren Substanz, wahrscheinlich einer Säure. Da die Reaktion aber nicht vollständig abläuft, das wiedergewonnene Oel vielmehr, wenn auch in schwächerem Grade, von neuem bei wiederholter Einwirkung von Natrium angegriffen wird, konnte das Verhalten zur definitiven Reinigung des vermuteten Kohlenwasserstoffes nicht ausgenutzt werden. Dies gelang befriedigend durch die Anwendung von Permanganat, wenn auch mit sehr erheblichem Materialverlust.

Sowohl das Rohöl als auch die daraus erhaltene Hauptfraktion reduzieren schon in der Kälte sofort Permanganatlösung; aber auch hier ist die Reaktion in der Kälte schwierig zu Ende zu führen. Die Reinigung durch Oxydation gelang schließlich auf folgende Weise: Das Oel wurde unter successivem Zusatze einer Permanganatlösung und häufigem Umschütteln so lange auf dem kochenden Wasserbade erhitzt, bis eine abfiltrierte Probe die rote Farbe längere Zeit beibehielt. Hierbei wurden für 1,0 g Oel 2,05 g Permanganat verbraucht. Nach beendeter Oxydation wurde der Braunstein von der alkalisch reagierenden Flüssigkeit abfiltriert, sorgfältig mit Wasser gewaschen und hierauf in Wasser verteilt mit Aether wiederholt ausgeschüttelt. Bei der letzteren Prozedur sind Verluste unvermeidlich, weil sich das Braunsteingemenge sehr schwierig und unvollständig mit Aether erschöpfen läßt.

Das alkalische Braunsteinfiltrat enthielt eine organische Säure, von welcher sich durch Ansäuern und Ausäthern leider nur eine eben zur Schmelzpunktbestimmung und Anstellung einiger Reaktionen ausreichende Menge isolieren ließ. Die Säure aus heißem Wasser umkrystallisiert — farblose zu Büscheln vereinigte Nadeln — schmolz glatt bei 180°, löste sich leicht in Ammoniak und Alkalien. Die ammoniakalische Lösung gab mit Silbernitrat und Kupfersulfat krystallinische, mit Baryumchlorid einen amorphen Niederschlag. Näheren Aufschluß über die Natur der Säure können nur erneute Untersuchungen bringen, für welche mir das Material fehlte.

Das bei der Oxydation unangegriffene Oel ergab nun nach einmaliger Rektifikation, wobei es unter einem Drucke von 25 mm bei der Temperatur von 135—138° überging, für einen Kohlenwasserstoff befriedigende Analysenwerte. Bei normalem Drucke war der Siedepunkt 220—225°.

Das nochmals ermittelte spezifische Gewicht betrug bei 15° = 0,845. In seinem sonstigen Verhalten war das Oel nur insofern von dem vor der Permanganatbehandlung verschieden, als es von diesem Reagens auch in der Hitze nicht mehr angegriffen wurde. Die Hauptfraktion des Rohöles war demnach mit geringen Mengen eines sauerstoffhaltigen Anteils verunreinigt gewesen, welche die früheren Analysenresultate beeinflußten und durch die Permanganatbehandlung von dem die Hauptmenge bildenden, gegen Permanganat indifferenten Kohlenwasserstoff getrennt worden sind.

Die Elementaranalyse wurde im Bajonettrohr ausgeführt.

I. 0,1990 g gaben 0,2523 H_2O, entsprechend 14,09 % H und
0,6247 CO_2, „ 85,62 „ C.

II. 0,1714 g gaben 0,2180 H_2O, entsprechend 14,13 % H und
1,5379 CO_2, „ 85,59 „ C.

	Gefunden: I.	Gefunden: II.	Berechnet für $C_{15}H_{30}$:
C	85,62	85,59	85,71
H	14,09	14,13	14,28.

Die Molekulargewichtsbestimmung wurde wieder nach Baumann und Fromm in Naphtalin ausgeführt.

I. 0,2230 g in 10,0 g Naphtalin gelöst gaben eine Depression von 0,77° entsprechend dem Molekulargewichte 202,72.

II. 0,1320 g gaben eine Depression von 0,46° entsprechend der Molekulargröße von 200,86.

Der Mittelwert dieser Bestimmungen ist 201.

Für den Kohlenwasserstoff $C_{15}H_{30}$ ist berechnet 210.

Wie ersichtlich führen Analyse und Molekulargewichtsbestimmung auf die Formel $C_{15}H_{30}$. Der Kohlenwasserstoff, welcher mit keinem der wenigen von dieser Zusammensetzung bereits bekannten identisch ist, mag als Spilanthen bezeichnet werden.

Der Annahme eines ungesättigten Kohlenwasserstoffes entspricht das Verhalten des Spilanthens gegen Brom.

Die Chloroformlösung des Spilanthens wurde unter Kühlung tropfenweise mit Brom versetzt. Die ersten Tropfen des Haloids verwandelten die ursprünglich hellgelbe Farbe der Lösung in ein schönes Dunkelblau, das auf ferneren Bromzusatz allmählich in Violett und zuletzt in Braun überging. Eine Entwickelung von Bromwasserstoff konnte während des ganzen Verlaufs der Reaktion nicht wahrgenommen werden. Ueberschüssiges Brom und Chloroform ließ ich an der Luft verdunsten, nahm dann den dickflüssigen Rückstand in

Aether auf und wusch die ätherische Lösung bis zum Schwinden der Bromreaktion mit Wasser. Die hierauf mit calciniertem Glaubersalz getrocknete Lösung hinterließ ein gelbes dickliches Oel, dessen Analyse zwar nicht genau, aber doch sehr annähernd für die Addition von 2 Atomen spricht.

0,2090 g gaben 0,2183 AgBr, entsprechend 44,44 % Br.

	Gefunden:	Berechnet für $C_{15}H_{30}Br_2$:
Br	44,44	43,24.

Die Untersuchung des bei der ersten Rektifikation des Rohöles im Vakuum im Kolben verbliebenen Rückstandes von 2,0 g — einer etwas brenzlich riechenden braunen harzigen Masse von noch deutlichem scharfem Geschmacke — ergab die Anwesenheit von Stickstoff. Ein kleiner Teil davon löste sich in Kalilauge von 1%. Aus dieser Lösung schieden sich auf Zusatz von Schwefelsäure sehr kleine Mengen, wahrscheinlich einer Fettsäure, ab.

In dem alkaliunlöslichen Teile wurde der Stickstoff bestimmt.

0,4322 g gaben bei 12° C. und 750 mm Barometerstand 10,10 ccm N, entsprechend 2,76 % N.

Da das der Rektifikation unterworfene Rohöl 2,4 % Stickstoff enthielt, so ist bei der geringen Zunahme des Stickstoffgehaltes im Rückstande anzunehmen, daß der stickstoffhaltige Gemengteil des Rohöls bei der Destillation eine teilweise Zersetzung erlitten hat und der Stickstoff teilweise in flüchtiger Form entwichen ist. Irgend welche charakteristische Stoffe ließen sich aus der kleinen Menge des alkaliunlöslichen Harzes nicht abscheiden.

Die bisher mitgeteilten Untersuchungen hatten also zur Auffindung eines flüchtigen Oeles im Kraute von *Spilanthes oleracea* und auch insofern zu einer Bestätigung der Angabe von Lassaigne geführt, als dieses Oel im rohen Zustande einen scharfen Geschmack von gleicher Qualität wie derjenige des Krautes besitzt. Trotzdem kann aber dieses Oel nicht als der natürliche Träger dieser Geschmackswirkung angesehen werden. Es ist vielmehr klar, daß dieser scharfe Stoff wohl nur in geringem Grade die Eigenschaft besitzt, mit Wasserdämpfen flüchtig zu sein und daher, bei der Wasserdampfdestillation in nicht unerheblicher Menge von den Dämpfen mitgerissen, zu einer Verunreinigung des flüchtigen Oeles beiträgt.

War so auch ein gewisser Fortschritt in der Kenntnis der Chemie von *Spilanthes oleracea* gemacht, so konnte doch über die chemische Natur der Schärfe der Pflanze immer noch nichts ausgesagt werden und waren weitere Untersuchungen hinsichtlich derselben unerläßlich.

Spilanthol.

Durch Vorversuche, deren Beschreibung hier nicht notwendig ist, ergab sich, daß das durch Destillation von dem flüchtigen Anteil befreite ätherische Extrakt außer dem scharfen, im folgenden als Spilanthol bezeichneten Stoff nur Chlorophyll, Fett und krystallisierbares Phytosterin enthält und an Wasser und verdünnte Säuren auch in der Hitze keine löslichen Bestandteile abgibt. Die Isolierung des Spilanthols ist mit großen Schwierigkeiten verbunden, da es nicht krystallisiert, mit keinem der etwa in Betracht kommenden Reagentien Verbindungen eingeht und sich den Lösungsmitteln gegenüber sehr ähnlich wie Fette und Phytosterin verhält. Da es aber von Alkalien in wässeriger Lösung auch in der Hitze so gut wie gar nicht, in alkoholischer Lösung erst bei hoher Konzentration des Alkali angegriffen wird, so lassen sich wenigstens die Fette ohne Schwierigkeit durch Verseifung abtrennen. Chlorophyll kann durch Digestion der alkoholischen oder ätherischen Lösung des Extraktes mit Tierkohle leicht beseitigt werden. Die Hauptschwierigkeit bietet die vollständige Abtrennung des Phytosterins. Ich kann mich darauf beschränken, den Weg anzugeben, auf welchem mir die Darstellung phytosterinfreien Spilanthols gelungen ist.

Das von dem ätherischen Oel befreite ätherische Extrakt wird mit wässerigem Alkohol (60%), worin Phytosterin so gut wie unlöslich ist, wiederholt ausgezogen, von den Auszügen der Alkohol vollständig abdestilliert, die hierbei abgeschiedene ölig-harzige Masse zur Verseifung der Fette kurze Zeit mit alkoholischem Kali von 10% digeriert, die Flüssigkeit hierauf mit viel Wasser verdünnt, der Alkohol wiederum vollständig auf dem Dampfbade verjagt und der unverseifbare Anteil hierauf der Flüssigkeit durch Ausschütteln mit Aether entzogen. Der Destillationsrückstand des Aethers, ein rötlich-gelbes dickflüssiges Oel, darf, wenn reines Spilanthol vorliegt, nach dem Ueberschichten mit wenig absolutem Alkohol nach langem Stehen im Exsiccator keine Krystalle absetzen.

Die Eigenschaften des Spilanthols fasse ich in nachstehenden Notizen kurz zusammen: es ist ein rötlich-braun gefärbter Körper von dicker Sirupskonsistenz und schwachem eigenartigen Geruch. Auf der Zunge und den Lippen, nicht aber auf der äußeren Haut, verursachen schon sehr kleine Mengen zunächst einen sehr eigentümlichen, schwer zu beschreibenden Geschmack, dann starkes Brennen, gefolgt von einem nicht unangenehmen und längere Zeit anhaltendem Gefühle des Prickelns und Ameisenlaufens nur in den direkt mit dem Stoff in Berührung gekommenen Schleimhautstellen.

Eine auffallende Vermehrung der Speichelabsonderung habe ich nicht wahrgenommen. Mit dem Geschmacke des Pfeffers haben die durch Spilanthol in der Mundhöhle hervorgerufenen Empfindungen nicht die geringste Aehnlichkeit.

Spilanthol ist leicht löslich in Alkohol, Aether, Aceton, Amylalkohol, Benzol, Xylol, Toluol, Chloroform, Schwefelkohlenstoff, Eisessig und Ligroin, etwas weniger und langsamer in Petroläther. In reinem Wasser, verdünnten Säuren, verdünnten und konzentrierten Lösungen von Aetzkalien und Alkalikarbonaten ist es höchstens in Spuren löslich; auch ist es bei Anwesenheit anderer flüchtiger Körper etwas mit Wasserdämpfen flüchtig. Im übrigen ist es weder bei gewöhnlichem noch bei vermindertem Druck unzersetzt flüchtig. Die alkoholische Lösung gibt mit Ferrichlorid keine Farbenveränderung und verhält es sich ebenso negativ gegen alkoholische Lösungen von Gerbsäure, Pikrinsäure, Bleiacetat und Diazoamidobenzol. Konzentrierte Schwefelsäure bewirkt Dunkelfärbung, rauchende Salpetersäure explosionsartig heftige Oxydation. Auch bei sehr starker Abkühlung ändert Spilanthol seine Konsistenz wenig und krystallisiert es nicht. Gegen wässeriges Alkali ist es auch in der Hitze beständig. Brom wird von Spilanthol reichlich und unter ähnlichen Erscheinungen wie vom Spilanthen aufgenommen; Bromwasserstoffentwickelung findet nicht statt. Die Chloroformlösung des Spilanthols färbt sich anfangs auf Bromzusatz intensiv grün; später geht die Farbe in Braun über. Das wahrscheinlich additionelle Bromderivat war amorph, ölig und zur Analyse schwierig zuverlässig zu reinigen. Ich habe daher von einer weiteren Untersuchung abgesehen.

Das Spilanthol, nach Zeisel untersucht, erwies sich als methoxylfrei. Auch zeigte dasselbe keine optische Aktivität.

I. 0,2434 g gaben bei 15° C. und 742 mm Barometerstand 11,20 ccm N, entsprechend 5,32 % N.

II. 0,2555 g gaben bei 15° C. und 748 mm Barometerstand 11,80 ccm N, entsprechend 5,38 % N.

I.	0,2136 g gaben	0,2039 H_2O,	entsprechend	10,61 % H und
		0,5921 CO_2,	„	75,60 „ C.
II.	0,2845 g gaben	0,2712 H_2O,	entsprechend	10,59 % H und
		0,7873 CO_2,	„	75,47 „ C.

Obige Ergebnisse lassen sich in die Formel $C_{37}H_{64}N_2O_3$ zusammenfassen.

	Gefunden: I.	Gefunden: II.	Berechnet für $C_{37}H_{64}N_2O_3$:
C	75,60	75,47	76,02
H	10,61	10,59	10,95
N	5,38	5,32	4,79.

Phytosterinhaltige Präparate, die ich mehrfach analysiert habe, gaben bei annähernd mit dem obigen übereinstimmenden Gehalt an C und H erheblich niedrigere Stickstoffwerte von 1,5, 3,3, 3,4, 4,1 und 4,2%. Die Eigenschaften des Spilanthols, seine Unfähigkeit zu krystallisieren, seine Indifferenz Reagentien gegenüber bringen es mit sich, daß ein strikter Beweis seiner Einheitlichkeit zunächst nicht möglich ist.

Metallisches Natrium wirkt auf Spilanthol in ätherischer Lösung unter ähnlichen Erscheinungen ein wie auf das ätherische Spilanthesöl. Unter Gasentwickelung und Dunkelfärbung schied sich ein Niederschlag ab. Die Eigenschaften des nach Beendigung der Reaktion durch Ausäthern in alkalischer Lösung wiedergewonnenen Körpers waren wenig von denen des Spilanthols verschieden, nur war der Geschmack jetzt weniger scharf als bitter. Auch die durch die Analyse ermittelte Zusammensetzung war wenig von derjenigen des Ausgangsmaterials abweichend. Offenbar war nur ein Teil der angewandten Substanz in Reaktion getreten. Der bei der Einwirkung des Natriums gebildete Niederschlag war abfiltriert worden; er löste sich leicht in Wasser und enthielt eine Säure in sehr geringer Menge. Die erhaltene Menge reichte eben zur Herstellung des Silbersalzes aus. (Fällung der ammoniakalischen Lösung durch Silbernitrat.) Davon gaben 0,2671 g = 0,0774 Ag, entsprechend 28,96%.

Buchheim glaubte, wie im Anfange dieser Arbeit erwähnt ist, aus seinem Pyrethrin, das er für identisch mit dem scharfen Stoffe des Spilantheskrautes hält, durch energische Einwirkung von alkoholischem Kali Piperidin erhalten zu haben.

Es erübrigte, das Spilanthol auch in dieser Beziehung noch genauer zu untersuchen.

Von verschiedenen Wegen, die ich einschlug, um einen stickstoffhaltigen Komplex aus dem Spilanthol abzuspalten, haben sich nur zwei als gangbar erwiesen, nämlich die von Buchheim selbst angewandte Methode der Einwirkung von alkoholischem Kali, und besser noch als diese, die Einwirkung von rauchender Salzsäure bei höherer Temperatur im geschlossenen Rohr.

Im ersteren Falle erhitzte ich die Lösung von 1 Teil Spilanthol in 5 Teilen absoluten Alkohol mit 2 Teilen Aetzkali 24 Stunden auf dem Wasserbade am Rückflußkühler. Von der mit Wasser verdünnten und mit verdünnter Salzsäure angesäuerten Reaktionsmasse destillierte ich den Alkohol ab, filtrierte von kleinen Mengen abgeschiedenen Harzes ab und unterwarf dann das mit überschüssiger Kalilauge versetzte Filtrat der Destillation mit Wasserdampf; das stark alkalisch reagierende und ammoniakalisch riechende Destillat fing ich teils in reinem Wasser, teils in vorgelegter verdünnter Salzsäure auf.

Bei der Spaltung mittels Salzsäure löste ich 1 Teil Spilanthol in $^1/_2$ Teil mit trockenem Chlorwasserstoff gesättigten Alkohols, fügte 3 Teile rauchender Salzsäure hinzu und erhitzte die Mischung 12 Stunden im zugeschmolzenen Rohre bei 150°.

Der Inhalt des Rohres wurde mit Wasser verdünnt, auf dem Dampfbade die geringe Menge Alkohol verjagt, hierauf die saure Lösung von den harzigen Abscheidungen abfiltriert und gut mit salzsäurehaltigem Wasser ausgewaschen. Die mit Natronlauge stark alkalisch gemachte wässerige Flüssigkeit unterwarf ich wie bei dem anderen Verfahren der Destillation mit Wasserdampf.

Das Resultat war bei beiden Methoden im wesentlichen das gleiche, die Ausbeute an Base bei der Salzsäurespaltung eine etwas bessere. Der Stickstoff wird bei der Spaltung sowohl in saurer als auch in alkalischer Lösung vollständig in Form der flüchtigen Base abgespalten. Die von dieser getrennten Spaltungsprodukte waren in allen Fällen stickstofffrei.

Aus dem mit Salzsäure möglichst genau neutralisiertem Destillat gewann ich das Hydrochlorat der Base in Gestalt einer kaum hygroskopischen farblosen Salzmasse, welche leicht durch Fällung der alkoholischen Lösung mit Aether analysenrein erhalten werden konnte. Die Menge der abdestillierten Base betrug in zwei Fällen aus 3,0 resp. 10,0 g Spilanthol 1,12 resp. 3,50 g (als Hydrochlorat gewogen).

Da die nach beiden Methoden erhaltenen Produkte identisch waren, ist eine gesonderte Beschreibung derselben überflüssig.

Die wässerige Lösung der freien Base roch ammoniakalisch, ähnlich wie Piperidin. Mit Silbernitrat gab sie einen schönen Silberspiegel, Kupfersulfatlösung erzeugte einen blauen Niederschlag. Fehling'sche Lösung wurde weder in der Kälte noch in der Hitze reduziert.

Leider war mein Material nicht hinreichend, um die Siedepunktbestimmung der freien Base ausführen zu können.

Das sorgfältig, wie oben angegeben, gereinigte Hydrochlorat krystallisierte in feinen farblosen krystallwasserfreien Nadeln vom Schmelzpunkt 163° (nicht korrigiert), war sehr leicht löslich in Wasser und Spiritus, fast unlöslich in Aether.

Reaktionen: In konzentrierter wässeriger Lösung gab:

Quecksilberchlorid	keine Reaktion
Pikrinsäure	desgl.
Pikrinsaures Natrium	desgl.
Jod-Jodkalium	desgl.
Kaliumkadmiumjodid	desgl.
Kaliumquecksilberjodid	desgl.

Kaliumwismutjodid	rote Prismen
Neßler's Reagens	starken weißen Niederschlag
Millon's „	desgl.
Ferrocyankali	keine Reaktion
Platinchlorid	nur in konzentrierter Lösung ein krystallinischer Niederschlag
Goldchlorid	desgl.

Ein mit rauchender Salzsäure befeuchteter Fichtenspan wurde nicht gefärbt, weder von der wässerigen Lösung, noch von den Dämpfen des Hydrochlorats.

Die Analysen des bei 100° getrockneten Salzes ergaben folgende Werte:

I. 0,1737 g gaben 0,1669 H_2O, entsprechend 10,67 % H und
0,2800 CO_2, „ 43,97 „ C.

II. 0,1520 g gaben 0,1508 H_2O, entsprechend 11,03 % H und
0,2455 CO_2, „ 44,05 „ C.

III. 0,1780 g gaben 0,1786 H_2O, entsprechend 11,15 % H und
0,2867 CO_2, „ 43,92 „ C.

0,1299 g gaben bei 15° C. und 750 mm Barometerstand 14,45 mm N, entsprechend 13,01 % N.

0,1531 g gaben 0,1992 AgCl, entsprechend 32,17 % Cl.
0,1768 „ „ 0,2332 „ „ 32,61 „ „

Das Platindoppelsalz der Base scheidet sich aus der stark konzentrierten wässerigen Lösung des Hydrochlorats auf Zusatz konzentrierter Platinchloridlösung in Form sehr charakteristischer hellgoldgelber sechsseitiger Tafeln ab. Da es in Wasser ziemlich löslich ist, müssen behufs Erzielung einer guten Ausbeute die jeweiligen Mutterlaugen der abgesaugten Krystalle längere Zeit im Exsiccator zur weiteren Krystallisation stehen gelassen werden. Aus wenig heißem Wasser kann das Doppelsalz umkrystallisiert werden.

Aus alkoholischer Lösung des Hydrochlorats scheiden sich auf Zusatz von alkoholischem Platinchlorid die gleichen sechsseitigen Tafeln des Doppelsalzes ab, das in Alkohol viel schwieriger als in Wasser löslich ist. Umkrystallisieren aus heißem Alkohol ist wegen der erforderlichen großen Menge des Lösungsmittels und unvollständiger Wiederabscheidung der Verbindung aus der verdünnten Lösung nicht vorteilhaft. Ich habe mich davon überzeugt, daß das hier vorliegende Platindoppelsalz nicht wie das des Piperidins[1]) Krystall-Alkohol bindet.

Der Schmelzpunkt des Platindoppelsalzes liegt nach zahlreichen Bestimmungen konstant bei 232—235°. Bei 210° färben sich die Krystalle etwas dunkler, bei 233° tritt plötzliches Aufschäumen ein.

[1]) Liebig's Ann. 237, 241.

Die Analysen des Salzes gaben folgende Werte:

I. 0,1800 g gaben 0,0677 H_2O, entsprechend 4,18 % H und
0,1157 CO_2, „ 17,53 „ C.

II. 0,1437 g gaben 0,0634 H_2O, entsprechend 4,90 % H und
0,0915 CO_2, „ 17,36 „ C.

III. 0,3372 g gaben 0,1316 H_2O, entsprechend 4,34 % H und
0,2159 CO_2, „ 17,47 „ C.

0,1651 g gaben bei 14° C. und 749 mm Barometerstand 6,80 ccm N, entsprechend 4,83 % N.

0,1673 g gaben 0,2567 AgCl, entsprechend 37,94 % Cl.
0,2131 „ „ 0,0743 Pt, „ 34,86 „ Pt.
0,1338 „ „ 0,0470 „ „ 35,12 „ „

Die Ergebnisse meiner Analysen, welche auf eine Base von der Formel $C_4H_{11}N$ stimmen, sind in beifolgenden Tabellen den für Piperidin und Pyrrolidin berechneten Werte gegenübergestellt.

I. Die Hydrochlorate

	des Piperidin	des Pyrrolidin	Berechnet für $C_4H_{11}N \cdot HCl$	Gefunden: I.	II.	III.	Im Mittel
C	49,83 %	44,65 %	43,83 %	43,97 %	44,05 %	43,92 %	43,98 %
H	9,87 „	9,30 „	10,95 „	10,67 „	11,03 „	11,15 „	10,95 „
Cl	29,22 „	33,02 „	32,42 „	—	32,17 „	32,61 „	32,39 „
N	11,52 „	13,02 „	12,80 „	—	13,01 „	—	13,01 „

II. Die Platindoppelsalze

	des Piperidin	des Pyrrolidin	Berechnet für $(C_4H_{11}N \cdot HCl)_2PtCl_4$	Gefunden: I.	II.	III.	Im Mittel
C	20,68 %	17,39 %	17,26 %	17,53 %	17,36 %	17,47 %	17,45 %
H	4,13 „	3,62 „	4,31 „	4,18 „	4,90 „	4,34 „	4,47 „
Cl	36,72 „	38,58 „	38,30 „	—	37,94 „	—	37,94 „
Pt	33,62 „	35,32 „	35,07 „	34,86 „	35,12 „	—	34,99 „
N	4,83 „	5,07 „	5,03 „	—	4,83 „	—	4,83 „

In der Tabelle III folgt die Zusammenstellung der Schmelzpunkte.

III. Die Schmelzpunkte

	des Piperidin	des Pyrrolidin	der Spilanthol-Base
Chlorhydrat	237°	keine Angaben[4])	163°
Platindoppelsalz	198—200°[1]) 195—196°[2])	190—200°[5])	232—235°
Golddoppelsalz	206°[3])	206°[6])	154—156°

[1]) Berl. Ber. 14, 1857.
[2]) Liebig's Ann. 237, 236.
[3]) Berl. Ber. 19, 782.
[4]) Berl. Ber. 20, 443.
[5]) Berl. Ber. 20, 2215.
[6]) Berl. Ber. 24, 3234.

Aus diesen Zahlen ist mit voller Sicherheit zu entnehmen, daß die aus dem Spilanthol entstehende Base weder Pyrrolidin noch Piperidin sein kann, und daß daher R. Buchheim's Annahme, daß die Schärfe des Spilanthols zur Gruppe des Piperins gehört, irrtümlich und unhaltbar ist.

Es war nun zu entscheiden, ob etwa die Spilanthesbase mit einer der bereits bekannten Basen der Formel $C_4H_{11}N$ identisch ist.

Ich lasse nachstehend eine kurze Zusammenstellung der hierauf bezüglichen Daten aus der Literatur folgen:

I.	n. Butylamin	Chlorhydrat F. P. 195° [1])
II.	sec. Butylamin . .	Keine Schmelzpunkte angegeben [2])
III.	iso-Butylamin . . .	Chlorhydrat F. P. 160° [3])
		Platindoppelsalz a) F. P. 200°, b) 225° [4])
		Golddoppelsalz F. P. 131—135° [5])
IV.	tertiär- Butylamin .	Chlorhydrat F. P. 270—280° [6])
V.	Methylpropylamin .	Platindoppelsalz F. P. 200° [7])
VI.	Diäthylamin	Chlorhydrat F. P. 215—217° [8])

Wie ersichtlich, befindet sich auch unter diesen Verbindungen keine, welche mit der von mir gefundenen Base identifiziert werden könnte. Bei Isobutylamin kommen zwar die Schmelzpunkte des Hydrochlorats und des Platindoppelsalzes denjenigen der Spilanthesbase sehr nahe, doch weicht hier der Schmelzpunkt des Golddoppelsalzes (131—135°) von dem der Spilanthesbase (154—156°) soweit ab, daß an die Identität kaum gedacht werden kann. Es muß daher weiteren Untersuchungen überlassen bleiben, die Konstitution der neuen Base aufzuklären.

Meine Bemühungen, über die Zersetzungsprodukte Aufschluß zu erhalten, welche neben der im vorhergehenden charakterisierten Base bei der Einwirkung von alkoholischem Kali oder rauchender Salzsäure aus Spilanthol entstehen, haben nur sehr wenig Erfolg gehabt, einerseits weil die Versuche wegen der Kostbarkeit des Materials nur in kleinem Maßstabe angestellt werden konnten, andererseits weil offenbar die Zersetzung unter den eingehaltenen Bedingungen eine zu weitgehende war.

---

1) Liebig's Ann. 162, 3.

2) Berl. Ber. 26, 132; 7, 512; 7, 1289.

3) Liebig's Ann. 162, 3. Journ. f. prakt. Chemie [2] 64, 401. Chem. Zentralbl. 1902, 1, 23. Monatsh. f. Chem. 19, 524.

4) a) Berl. Ber. 25, 813. b) Journ. f. prakt. Chem. [2] 64, 401.

5) Berl. Ber. 32, 3226.

6) Liebig's Ann. 192, 56.

7) Berl. Ber. 29, 2112.

8) Liebig's Ann. 214, 275.

Der von der Lösung der Base getrennte Anteil der Reaktionsprodukte erwies sich als alkalilöslich. Aus der amorphen, stark gefärbten Masse konnte ich durch Säurefällung und Ausschütteln mit Aether nur kleine Mengen einer braunen mit kleinen Nädelchen durchsetzten Substanz darstellen, aus deren ammoniakalischer Lösung durch Fällung mit Silbernitrat und Baryumchlorid die entsprechenden Salze in gutem Aussehen und zur Silber- und Baryumbestimmung eben ausreichender Menge zu erhalten waren.

0,1584 g Silbersalz gaben 0,0507 Ag, entsprechend 32,00 % Ag.

0,1145 g Baryumsalz gaben 0,4405 $BaSO_4$ = 0,0259 Ba, entsprechend 22,62 % Ba.

Da mir die freie Säure nicht vorlag, kann ich natürlich nur vermutungsweise annehmen, daß es sich vielleicht um eine Fettsäure handelt. Die gefundenen Zahlen würden allenfalls einer Säure von der Formel $C_{14}H_{28}O_2$ entsprechen.

Gefunden:	Berechnet für $C_{14}H_{27}O_2Ag$:
Ag 32,00	32,23.

Gefunden:	Berechnet für $(C_{14}H_{27}O_2)_2Ba$:
Ba 22,62	23,18.

Phytosterine.

Es wurde oben erwähnt, daß sich aus den ätherischen Spilanthesextrakten nach Entfernung der Fette stets Krystalle von Phytosterin abschieden. Es war offenbar auch ein solcher Alkohol, den Walz in nicht ganz reinem Zustand isoliert und für den scharfen Bestandteil der Parakresse angesehen hat. Es ist ziemlich schwierig, die Krystalle von Spilanthol zu trennen und ganz rein darzustellen; sie können schon rein weiß sein und doch noch durch anhaftende Spuren von Spilanthol scharf schmecken. Ich bin zwei verschiedenen Körpern dieser Kategorie begegnet. Der eine schied sich regelmäßig aus den von Fett durch Verseifung befreiten Extrakten nach dem Ueberschichten mit absolutem Alkohol zunächst in großen rhombischen Platten ab. Nach dem Umkrystallisieren der abgesaugten Krystalle aus heißem Alkohol änderte sich die Krystallform; es schieden sich beim Erkalten der Lösung nicht Platten, sondern zu Büscheln vereinigte farblose Nadeln ab.

Während die Krystalle vor der Reinigung noch einen scharfen Geschmack hervorriefen, verloren sie diesen durch das Umkrystallisieren vollständig und erwiesen sich, nach Lassaigne untersucht, als stickstofffrei; der Schmelzpunkt war 132—133°. Die Vermutung, daß ein Phytosterin vorlag, wurde durch den Ausfall folgender Reaktionen bestätigt: Die Lösung der Krystalle in Chloroform nahm auf Zusatz einiger Tropfen konzentrierter Schwefelsäure eine schön rote Farbe an; auf Zusatz einiger Tropfen konzentrierter Schwefelsäure zur Lösung der Krystalle in Essigsäureanhydrid färbte sich diese intensiv rot, das allmählich in Blau und zuletzt in Grün überging (Liebermann'sche Reaktion).

Außer diesem habe ich, allerdings nur einmal und zwar bei der Verarbeitung eines vorher durch Wasserdampfdestillation vom ätherischen Oele befreiten Extraktes einen anderen krystallisierten Körper beobachtet, dessen hoher Schmelzpunkt zunächst nicht für Phytosterin sprach; er hatte sich aus dem wiederholt mit Petroläther behandelten Extrakt in farblosen Nadeln abgeschieden, die nach wiederholtem Umkrystallisieren aus heißem Ligroin bei 175—178° schmolzen. Trotzdem gehört die Substanz nach ihren Reaktionen und ihrer elementaren Zusammensetzung der Cholesteringruppe an. Ihre Chloroformlösung nahm auf Zusatz von konzentrierter Schwefelsäure Rotfärbung und Fluorescenz an und auch die Liebermann'sche Reaktion mit Essigsäureanhydrid und konzentrierter Schwefelsäure verlief wie bei Cholesterin. In Chloroformlösung (1,506%) wurde Rechtsdrehung ($\alpha + 1,6$) konstatiert.

Die Analyse ergab:

0,1509 g gaben 0,1592 H_2O, entsprechend 11,72% H und
0,4626 CO_2, „ 83,60 „ C.

Gefunden:		Berechnet für $C_{26}H_{44}O$:
C	83,60	83,87
H	11,72	11,82.

Das Fett von Spilanthes oleracea besteht größtenteils aus Estern der Cerotinsäure. Durch Zerlegung der Verseifungsprodukte mit Mineralsäuren ließ sich diese Fettsäure leicht darstellen und durch Umkrystallisieren aus heißem Alkohol reinigen; ihr Schmelzpunkt war 78°.

0,2340 g gaben 0,0279 H_2O, entsprechend 13,24% H und
0,6755 CO_2, „ 78,73 „ C.

Gefunden:		Berechnet für $C_{26}H_{52}O_2$:
C	78,73	78,80
H	13,34	13,13.

Bei der Analyse des Baryum- und Silbersalzes gaben:

I. 0,1730 g Baryumsalz 0,0436 g $BaSO_4$ = 0,0256 Ba, entsprechend 14,78% Ba.

Gefunden:		Berechnet für $(C_{26}H_{51}O_2)Ba$:
Ba	14,78	14,79.

II. 0,3836 g Silbersalz 0,0816 Ag, entsprechend 21,27% Ag.

Berechnet für $C_{26}H_{51}O_2Ag$:
Ag 21,47.

Ich habe nicht versäumt, das bereits mit Aether erschöpfte Spilantheskraut auch noch mit Alkohol zu extrahieren und das alkoholische Extrakt zu untersuchen. Es bestand vorwiegend aus indifferenten Pflanzenstoffen, deren genauere Untersuchung kein Interesse bot und enthielt daneben nicht unbeträchtliche Mengen von Cholin, das ich in der oft beschriebenen Weise durch Darstellung und Analyse des Platindoppelsalzes identifizierte.

0,1362 g gaben 0,044 Pt, entsprechend 32,03 % Pt.

Berechnet für $(C_{11}H_{14}NO \cdot Cl)_2 \cdot PtCl_4$:
Pt 31,65.

Endlich habe ich noch festgestellt, daß Spilantheskraut ziemlich viel Kaliumnitrat enthält.

Wie bereits erwähnt, identifiziert Buchheim das Spilanthol mit dem Pyrethrin. Bei einem kleinen Versuche, die Eigenschaften des unreinen Spilanthols mit dem des Pyrethrin zu vergleichen, fand ich, daß auch das ätherische Extrakt von *Radix Pyrethri* ein durch Dampfdestillation isolierbares ätherisches Oel enthält. Dasselbe besaß ähnliche Eigenschaften wie das Rohöl des Spilanthes, war von scharfem Geschmacke und schwach stickstoffhaltig. Leider waren die gewonnenen Mengen zu gering, um weitere Vergleiche anstellen zu können.

Aus dem pharmakologischen Institut der Universität Leipzig.

Ueber die chemischen Bestandteile von Globularia Alypum.

Von Dr. Rudolf Tiemann.

(Eingegangen den 3. VI. 1903).

Die Blätter der *Globularia Alypum L.*, Globulariaceae, waren früher in den Ländern Südeuropas als *Folia Alypi* offizinell und als Purgans oder Emeticum in medizinischer Verwendung. In Frankreich ist die Pflanze unter dem Namen Globulaire Turbith, Séné de Provence, Herbe terrible bekannt und scheint dort als Abführmittel häufig gebraucht zu sein. Sie gehört der südeuropäischen Flora an. In neuerer Zeit ist die Aufmerksamkeit des ärztlichen Publikums von neuem auf die Droge gelenkt worden durch verschiedene günstige Berichte von französischen Aerzten über den Gebrauch von Globulariapräparaten bei verschiedenen Krankheiten. Dem von Schlagdenhauffen aus den Blättern dargestellten Globularin werden dem Coffein ähnliche, herzkräftigende, seinem Spaltungsprodukte, dem Globularetin, stark harntreibende, beiden abführende Wirkungen zugeschrieben[1]). In Frankreich kommt außerdem eine alkoholische Tinktur aus Globularia unter dem Namen „Teinture Prasoide" in den Handel.

Es erschien wünschenswert, die neueren Angaben über Globularia eingehender zu prüfen, und ich unterzog mich daher auf Anregung meines hochverehrten Lehrers, Herrn Geheimrat Prof. Dr. R. Boehm, der Aufgabe, eine chemische Untersuchung der Droge auszuführen.

Bevor ich auf die Ergebnisse meiner eigenen Arbeit näher eingehe, sei es mir gestattet, über die Resultate der Untersuchungen früherer Autoren zu berichten.

Bereits im Jahre 1856 beschäftigte sich G. F. Walz[2]) mit der Untersuchung der Globulariablätter. Er fand darin geringe Mengen ätherischen Oeles, einen Bitterstoff, das Globularin oder Alypin, gelben Farbstoff, Gerbstoff, organische Säure und Harz. Den Bitterstoff stellte er nach der Tanninmethode aus dem mit Bleiglätte gereinigten, alkoholischen Extrakte dar und erhielt ihn als amorphe, gelblichweiße Masse. Der gelbe Farbstoff und die organische Säure wurden nicht näher untersucht. Den Bitterstoff (Globularin) hält Walz[2]) für ein Glykosid. Bei Behandlung desselben mit verdünnter Schwefelsäure erhielt er zwei braune, schmierige, in Alkohol und Aether verschieden lösliche Spaltungsprodukte, Globularetin und Paraglobularetin. Die Annahme der gleichzeitigen Bildung von Zucker und damit der Glykosidnatur des Globularins stützt sich lediglich auf die Beobachtung, daß das Filtrat von obigen harzigen Zersetzungsprodukten Fehling'sche Lösung reduzierte. Die Zusammensetzung des Stoffes, seiner Spaltungsprodukte und den Vorgang der Spaltung drückt Walz auf Grund von Elementaranalysen durch die Gleichung aus: $C_{30}H_{44}O_{14} = C_6H_{12}O_6 + C_{12}H_{14}O_3 + C_{12}H_{16}O_4 + H_2O$.

Eine ausführliche chemische Untersuchung der Blätter und Stengel von Globularia Alypum und zwei nahestehenden anderen Globulariaspezies veröffentlichte 1893 Schlagdenhauffen[3]); er fand in den Blättern, die er successive mit Schwefelkohlenstoff, Aether, Chloroform, Alkohol und Wasser extrahierte, ein Glucosid (Globularin), freie und an Alkalien gebundene Zimmtsäure, Mannit, Gerbstoff und Harz.

Von den Resultaten dieser Arbeit sind besonders die gefundenen reichlichen Mengen von Zimmtsäure und die Angaben des Autors über die Zusammensetzung und Spaltung des auch von ihm für ein Glykosid gehaltenen Globularins von Interesse, weshalb ich schon hier auf diese Punkte etwas näher eingehen möchte.

---

[1]) Nouv. remèdes 1894, 301 und 1897, 737.

[2]) Neues Jahrbuch für Pharmacie 1857, VII. pag. 1.

[3]) Annal. de chim. et physique V. Ser. 1893.

Zimmtsäure fand Schlagdenhauffen bei der stufenweisen Extraktion im ätherischen, chloroformischen und alkoholischen Auszuge. Bei der Extraktion mit Aether und Chloroform erhielt er zimmtsaure Alkalien und bei der dann folgenden Extraktion mit Alkohol freie Zimmtsäure. Die Menge der vom Aether und Chloroform aufgenommenen Zimmtsäure ist aus der Arbeit nicht erkennbar, im alkoholischen Extrakte war 1,75 % Zimmtsäure enthalten. Der Schmelzpunkt der Zimmtsäure war 132°, bei der Oxydation entstand Benzaldehydgeruch, und die krystallographische Messung stimmte mit der für Zimmtsäure überein.

Leider sind aber die zur Bestätigung dieser qualititativen Befunde mitgeteilten analytisch-chemischen Daten unbrauchbar. Bei zwei Analysen der Zimmtsäure wurden 71,06, resp. 70,37 % C und beide Male 6,05 % H gefunden, (im Original sind auch diese Prozente unrichtig berechnet) und auf die theoretischen Werte 70,49 C und 6,07 H für Zimmtsäure bezogen. $C_9H_8O_2$ verlangt aber 72,97 C und 5,41 H. Der analytische Nachweis, daß Zimmtsäure vorlag, ist daher nicht erbracht.

Globularin rekogniszierte Schlagdenhauffen dem bitteren Geschmack nach sowohl im ätherischen als auch im alkoholischen und Chloroform-Auszuge der Blätter; er stellte es aus letzterem dar, indem er die filtrierte wässrige Lösung desselben durch Bleiessigfällung reinigte, und das entbleite Filtrat bei niederer Temperatur eintrocknete. Der als „Globularin“ angesprochene amorphe Rückstand war sehr bitter; seine wässrige Lösung durch Tannin, Brom- und Chlorwasser fällbar; durch Salzsäure und Schwefelsäure wurde sie getrübt. Zwei Analysen, deren Ergebnisse übrigens abermals unrichtig berechnet sind, führen den Autor für dieses Globularin zu der Formel $C_{15}H_{20}O_8$ und für ein durch Säureeinwirkung daraus erhaltenes Spaltungsprodukt zu C_9H_6O. Diese Formel wird als Anhydrid eines Moleküls Zimmtsäure interpretiert. Durch Aufnahme von einem Molekül Wasser soll daraus Zimmtsäure entstehen. Um diese Zimmtsäure — und zwar als krystallinischen Körper — zu erhalten, mußte Schlagdenhauffen sein Globularin erst mit Alkalien kochen und dann ansäuern. Die Elementaranalyse dieses wichtigen, krystallinischen Reaktionsproduktes, der Zimmtsäure, fehlt. — Die hydrolytische Spaltung des Globularins stellt Schlagdenhauffen folgendermaßen dar: $C_{15}H_{20}O_8 = C_6H_{12}O_6 + C_9H_6O + H_2O$. Glykose wurde nicht durch ihr Osazon, sondern nur durch Reduktion von Kupferlösung nachgewiesen.

Die von mir untersuchte Droge war durch die Firma Caesar und Loretz in Halle aus Frankreich bezogen. Herr Dr. Hennings, Kustos des Königl. Botanischen Museums in Berlin, hatte die Güte eine Probe der Blätter mit dem Herbar-Exemplar zu vergleichen und erkannte deren Identität mit *Globularia Alypum*. Sie stimmten am besten mit der Varietät „latifolia Schweinfurth“ überein.

Es erschien zunächst geboten, genau nach Angabe Schlagdenhauffen's die Blätter successive mit Schwefelkohlenstoff, Aether, Chloroform, Alkohol und Wasser auszuziehen. Ich habe dabei bezüglich der Qualität und Quantität der Auszüge von den Angaben

Schlagdenhauffen's ziemlich abweichende Resultate erhalten. Sämtliche Extrakte schmeckten sehr bitter, und da demnach der Bitterstoff auf die verschiedenen Auszüge verteilt ist, ergibt sich die Unzweckmäßigkeit der angegebenen Extraktionsmethode, wenigstens, insoweit es sich um die Isolierung des Bitterstoffs handelt.

Trotz vieler und zeitraubender Versuche konnte Zimmtsäure in den Extrakten nicht nachgewiesen werden. Niemals war bei der Oxydation mit Permanganat Benzaldehydgeruch erkennbar. Auch die mit Alkalien in der Wärme behandelten Extrakte gaben keine Zimmtsäurereaktionen. Obwohl ich auch im weiteren Fortgang meiner Untersuchung stets auf Zimmtsäure fahndete, konnte ich doch niemals und nirgends Spuren davon auffinden und darf daher mit aller Bestimmtheit behaupten, daß in der von mir untersuchten Droge diese Säure nicht vorhanden war.

Zur Darstellung des Bitterstoffes benutzte ich entsprechend den Angaben Schlagdenhauffen's zunächst das Chloroformextrakt. Der hieraus in sehr geringer Ausbeute erhaltene bittere Stoff stellte eine amorphe, schmierige, braune Masse dar, deren befriedigende Reinigung nicht gelang, und deren weitere Untersuchung mir daher überflüssig erschien.

Der Versuch, aus dem durch Bleiessigfällung gereinigten, in Wasser löslichen Anteil des alkoholischen Extraktes ein Glykosid durch Fällung mit Tannin zu isolieren, hatte kein besseres Ergebnis. Es gelang nicht, die Flüssigkeit durch die Tanninfällung zu entbittern, und der Tanninniederschlag war sehr spärlich. Zudem stellte sich hierbei heraus, daß dem alkoholischen Extrakte durch Wasserbehandlung nur ein geringer Anteil des Bitterstoffes entzogen werden kann.

Einem Vorschlage des Herrn Geheimrat Prof. Dr. Boehm folgend, wandte ich ferner die bei der Verarbeitung der Digitalis- und Gratiola-Droge bewährte Bleihydroxydmethode zur Isolierung des Bitterstoffes an. Die grob gepulverte Droge wurde mit ungefähr dem gleichen Gewichte frisch gefällten Bleihydroxyds und ebensoviel 50%igem Alkohol durchgearbeitet und hierauf im Perkolator mit 50%igem Alkohol extrahiert.

Aus dem sehr bitter schmeckenden Perkolate schieden sich nach dem Abdestillieren des Alkohols harzige, in Wasser unlösliche, wohl aber großenteils in Aether lösliche Massen ab, deren weitere Bearbeitung wiederum nicht zur Gewinnung eines einheitlichen Körpers führte.

Um auch auf die Möglichkeit des Vorhandenseins eines bitter schmeckenden Alkaloides Rücksicht zu nehmen, sind weiterhin sowohl Anteile des oben erwähnten Perkolates als auch wässerige Auszüge der Blätter daraufhin untersucht worden. Ich schüttelte die mit

Ammoniak oder Soda alkalisch gemachten wässerigen Flüssigkeiten mit Aether aus, erhielt aber nur amorphe, stickstofffreie Aetherrückstände.

Nach diesen und mancherlei anderen erfolglosen Bemühungen beschloß ich auf Grund verschiedener bisher gemachter Erfahrungen und besonders mit Rücksicht auf den enorm bitteren Geschmack des ätherischen Extraktes der Blätter diese successive mit Aether und dann mit Alkohol zu erschöpfen und die beiden Extrakte getrennt genauer zu untersuchen. Bei der Bearbeitung des ätherischen Extraktes nahm ich lediglich auf den Bitterstoff Rücksicht; das alkoholische Extrakt diente zur Gewinnung eines in größerer Menge vorhandenen zur Oxyflavongruppe gehörigen krystallisierten Körpers.

A. Aetherisches Extrakt.

Bei den Arbeiten Boehm's über Filixstoffe und auch bei sonstigen Verarbeitungen ätherischer Extrakte hat sich die Magnesiamethode zur Isolierung von Pflanzenstoffen vorzüglich bewährt. Ich folgte daher einem Vorschlage des Herrn Geheimrat Prof. Dr. Boehm, diese Methode auch bei der Verarbeitung des ätherischen Globulariaextraktes zu versuchen.

1500 g ätherisches Extrakt wurden mit der zur Bildung eines feinen, trockenen Pulvers hinreichenden Menge gebrannter Magnesia fein verrieben und dann das feine Pulver durchgesiebt. Letzteres — von grünlich-weißer Farbe — wurde in viel Wasser suspendiert und nach 12 Stunden die Flüssigkeit vom Magnesiabrei abgesaugt. Rückstand wie Filtrat schmeckten sehr bitter. Das Filtrat gab auf Zusatz von Schwefelsäure einen reichlichen, flockigen, nach dem Trocknen über Schwefelsäure schmutzig weißen und enorm bitter schmeckenden Niederschlag. Da der Magnesiarückstand noch sehr bitter schmeckte, wurde er noch achtmal mit Wasser ausgezogen, und die Auszüge mit Schwefelsäure gefällt. Anstatt die Suspension der Magnesiaverreibung auf Büchner'schem Trichter abzusaugen, wurde mit Vorteil eine Pukall'sche Zelle angewandt, und so konnte leicht und klar der wässerige Auszug von dem Magnesiabrei getrennt werden.

Der ausgefällte, bittere Stoff verbrannte beim Erhitzen auf dem Platinblech ohne Rückstand. Das Gesamtgewicht der Fällung betrug aus 1500 g Extrakt ca. 150 g.

Um von diesem — vermutlich noch ein Gemenge bildenden — Rohprodukte aus zu einheitlichen, eventuell krystallinischen Stoffen zu gelangen, wurde es in den gebräuchlichen organischen Lösungsmitteln gelöst, jedoch blieb zunächst jedwede Krystallisation aus.

In absolutem Alkohol löste sich der Körper sehr leicht, und nach dem Kochen dieser Lösung mit Tierkohle krystallisierten aus dem Filtrate fünfseitig-prismatische Krystalle von nicht bitterem Geschmack, während die Mutterlauge stark bitter blieb und zur weiteren Darstellung des Bitterstoffes diente.

I. Globularia-Säure.

Die Gesamtsausbeute des krystallinischen Körpers, den ich als Globularia-Säure bezeichne, betrug ungefähr 5 g. Nach wiederholtem Umkrystallisieren aus heißem Alkohol schmolzen die Krystalle glatt unter geringer Gasblasenentwickelung bei 228°—230°. Sie sind leicht löslich in Alkohol, Aceton, Essigäther, Eisessig, weniger leicht in Chloroform und Aether, unlöslich in Wasser. Von den Lösungen der Alkalikarbonate wird die Säure ohne Kohlensäureentwickelung sehr langsam aufgenommen. Ammoniakflüssigkeit, Natronlauge und Kalilauge lösen farblos, Mineralsäure und auch Essigsäure scheiden aus diesen Lösungen den Körper unverändert aus.

Die Ebene des polarisierten Lichtes wird durch eine gesättigte alkoholische Lösung der Säure nicht abgelenkt. Nach der Methode von Lassaigne auf Stickstoff geprüft, erwies sie sich als stickstofffrei. Kaliumpermanganat, einer Lösung in Alkali zugefügt, wurde schon in der Kälte entfärbt, Brom von der Lösung der Säure in Eisessig reichlich absorbiert. Faßbare Produkte der Einwirkung von Sauerstoff oder Brom konnten leider nicht erhalten werden, und ebenso war es nicht möglich, krystallisierte Salze zu erhalten. Die alkoholische Lösung der Säure wird durch Eisenchlorid nicht gefärbt. Konzentrierte Schwefelsäure löst die Krystalle mit gelber Farbe, die allmählich in schmutzig braun übergeht.

Fehling'sche Lösung wird beim Kochen mit der Säure schwach reduziert.

Die Untersuchung auf Methoxylgruppen, nach Zeisel's Methode ausgeführt, ergab ein negatives Resultat.

Die lufttrockene Substanz nimmt im Exsiccator über Schwefelsäure und dann bei 100° getrocknet, kaum etwas an Gewicht ab.

Die Elementaranalyse der sorgfältig umkrystallisierten, bei 100° getrockneten Substanz wurde im offenen, mit Kupferoxyd gefülltem Rohr ausgeführt:

I.	0,3354 g gaben	0,1980 H_2O,	entsprechend	6,56 %	H
		0,8423 CO_2,	„	68,49 „	C.
II.	0,2356 g gaben	0,1418 H_2O,	entsprechend	6,69 %	H
		0,5913 CO_2,	„	68,45 „	C.

Von einer zweiten Darstellung stammende Säure lieferte nach mehrmaliger Umkrystallisation (Schmelzpunkt 228°—230°), mit Kupferoxyd verbrannt, mit den vorhergehenden sehr gut übereinstimmende Resultate:

III.	0,2225 g gaben	0,1344 H_2O,	entsprechend	6,71 % H
		0,5585 CO_2,	„	68,46 „ C.
IV.	0,2258 g gaben	0,1363 H_2O,	entsprechend	6,70 % H
		0,5663 CO_2,	„	68,40 „ C.

Das Mittel dieser vier Analysen ist 68,45 % C, 6,66 % H. Zur Aufstellung der empirischen Formel war zunächst die Bestimmung der Molekulargröße notwendig.

0,2414 g erniedrigten den Erstarrungspunkt von 10,0 Naphtalin um

I.	0,37°,	entsprechend Mol.-Gew.	454
II.	0,37°,	„ „	454
III.	0,38°,	„ „	442
		Mittel =	450.

Bei der acidimetrischen Titrierung (Indikator Phenolphthalein) neutralisierten I. 0,3193 g Säure 0,0775 g KOH; II. 0,2546 g Säure 0,0626 g KOH. Hieraus erhält man für eine einbasische Säure die Mol.-Gew. 230 resp. 227; für eine zweibasische 461 resp. 455, welch letztere Zahlen dem auf physikalischem Wege gefundenen Molekulargewichte (Mittel 450) entsprechen. Man gelangt so für Globulariasäure zu der Formel $C_{26}H_{32}O_7$.

	Gefunden:	Berechnet für $C_{26}H_{32}O_7$:
C	68,45	68,42
H	6,66	7,01
Mol.-Gew.	454	456.

II. Pikroglobularin.

Wie oben erwähnt, enthält die alkoholische Lösung des aus dem Magnesiaauszuge mit Schwefelsäure gefällten amorphen Körpers außer der krystallinischen Säure den Bitterstoff Pikroglobularin.

Nachdem aus dieser Lösung die Säure auskrystallisiert war, wurde der Bitterstoff durch Wasser gefällt, auf dem Saugfilter gesammelt und mit Wasser einige Male gewaschen. Man erhält ihn so als gelblich-weißes Pulver, leicht löslich in Alkohol, Chloroform, Aceton, Essigäther, Eisessig, schwer in Aether und Benzol, sehr wenig löslich in Wasser. Er verbrennt auf Platinblech ohne Rückstand und erweist sich nach Lassaigne geprüft als stickstofffrei. Trotz Anwendung zahlreicher organischer Lösungsmittel konnte er nicht krystallinisch erhalten werden.

Beim Schütteln des getrockneten Pulvers mit Aether nahm letzterer den größten Teil auf und es blieb eine schmierige, braune

Masse ungelöst zurück. Aus der Aetherlösung wurde der Aether abdestilliert, und da auch mit dem dabei verbleibenden Rückstande angestellte Krystallisationsversuche ohne Erfolg waren, wurde dieser Rückstand wieder in Alkohol gelöst und mit Wasser ausgefällt. Die Fällung war anfangs milchig-weiß und schwer von der Flüssigkeit trennbar. Reichlicher Zusatz von Wasser und einige Tropfen Schwefelsäure brachten die Fällung zum schnellen Absetzen.

Das nach dem Absaugen, Waschen und Trocknen verbleibende gelblich-weiße Pulver, das in seinen Lösungen enorm bitter schmeckte, zeigte keinen scharfen Schmelzpunkt; bei 60° erweicht es und schmilzt ungefähr bei 100° unter Blasenentwickelung. Konzentrierte Schwefelsäure färbt den trockenen Körper rot, Eisenchloridlösung die alkoholische Lösung braunrot.

Die Untersuchung auf Methoxylgruppen, nach Zeisel ausgeführt, hatte ein negatives Resultat.

Zur Elementaranalyse wurde die Substanz über Schwefelsäure bis zum konstanten Gewicht getrocknet und dann mit Kupferoxyd verbrannt.

I.	0,3253 g gaben	0,1937 H_2O,	entsprechend	6,61 % H
		0,7985 CO_2,	„	66,95 „ C.
II.	0,3061 g gaben	0,1812 H_2O,	entsprechend	6,58 % H
		0,7512 CO_2,	„	66,93 „ C.

Um mich von seiner Einheitlichkeit und Reinheit zu überzeugen, behandelte ich den, wie oben angegeben, gereinigten Körper nochmals in derselben Weise und analysierte ihn von neuem durch Verbrennung mit Bleichromat. Das Trocknen geschah im Exsiccator über Schwefelsäure bis zum konstanten Gewicht:

III.	0,1490 g gaben	0,0907 H_2O,	entsprechend	6,76 % H
		0,3651 CO_2,	„	66,81 „ C.
IV.	0,1379 g gaben	0,0835 H_2O,	entsprechend	6,72 % H
		0,3378 CO_2,	„	66,80 „ C.

Die gute Uebereinstimmung in den Analysen der beiden verschiedenen fraktionierten Fällungen des amorphen Bitterstoffes sprechen für dessen chemische Reinheit.

Bei der Molekulargewichtsbestimmung gaben I. 0,2834 g, in 10,0 Naphtalin gelöst, eine Depression von 0,45° und 0,44°, entsprechend dem Mol.-Gew. 438 und 448 und II. 0,3324 g eine Depression von 0,52°, entsprechend der Molekulargröße von 445, Mittel 444.

Als empirische Formel für Pikroglobularin von der oben angegebenen Elementarzusammensetzung ergibt sich sonach $C_{24}H_{30}O_7$.

Berechnet C 66,98 %, H 6,97 %, O 26,05 %, Mol.-Gew. 430.

Gefunden im Mittel C 66,87 %, H 6,67 %, O 26,46 %, Mol.-Gew. 444.

Wie so viele Bitterstoffe aus den Pflanzen, so ist auch Pikroglobularin chemischen Reagentien gegenüber sehr wenig reaktionsfähig. Zahlreiche Versuche, durch Einwirkung von Säuren in wässeriger oder alkoholischer Lösung Zucker daraus abzuspalten, sind mit negativem Resultat verlaufen. Pikroglobularin kann demnach nicht für ein Glukosid angesehen werden; auch seine Eigenschaft, im reinen Zustand reichlich in Aether löslich zu sein, spricht gegen ein Glukosid. Irgend welche charakteristische Verbindungen oder Derivate des Körpers waren trotz manigfaltiger Versuche nicht zu erhalten. Bei der Oxydation mit Permanganat wurde nur Oxalsäure gefunden. Bei 10stündiger Digestion mit Natronlauge und Zinkstaub blieb Pikroglobularin unverändert. Der Stoff bietet sonach in chemischer Beziehung zunächst sehr wenig Interesse.

B. Alkoholisches Extrakt.

Die erneute sorgfältige Prüfung auf Zimmtsäure ergab die Abwesenheit derselben. Dagegen enthielt das alkoholische Extrakt reichliche Mengen eines krystallisierbaren Farbstoffglukosids, dessen Darstellung und Eigenschaften nachstehend beschrieben werden sollen.

III. Globulariacitrin.

Das alkoholische, von ätherlöslichen Substanzen freie Globulariaextrakt löste ich in heißem Wasser, wobei ein dunkelgrünes Harz ungelöst zurückblieb, und erwärmte das heiße Filtrat davon 12 bis 24 Stunden auf dem Wasserbade, worauf sich beim Erkalten ein gelber Krystallbrei abschied. Diesen sammelte ich auf Büchner'schem Trichter und krystallisierte ihn zur Reinigung vier- bis fünfmal aus heißem Wasser um. Die Krystalle wurden hierauf durch Auflösung in verdünntem Alkohol und Auskrystallisierenlassen in einer Kohlensäureatmosphäre in Form sehr schöner, gelber, zu Drusen vereinigter, seidenglänzender Nadeln erhalten.

Eine ungefähre, quantitative Bestimmung ergab einen Gehalt von 7% im alkoholischen Extrakte, woraus sich für die getrockneten Blätter 2,5% ergibt. Ich stellte mir 150 g Rohprodukt her und reinigte es in der angegebenen Weise.

In kaltem Wasser ist der Körper schwer-, in heißem Wasser, in Alkohol, in warmem Eisessig und Amylalkohol leicht-, in Aether, Benzol und Chloroform unlöslich, im nicht gelösten Zustande geruch- und geschmacklos, in alkoholischer Lösung etwas bitter. Von Alkalien und Ammoniak wird er leicht und mit dunkelgelber Farbe aufgenommen. Konzentrierte Schwefelsäure löst ihn mit goldgelber Farbe, starke Salpetersäure färbt ihn blutrot, Kupfersulfatlösung wird grün gefärbt und erst nach längerem Kochen reduziert. Nylander's Lösung bleibt unverändert. Die alkoholische Lösung wird durch alkoholische Bleiessiglösung orangerot gefällt, und der Niederschlag ist in Essigsäure leicht löslich. Die Ebene des polarisierten Lichtstrahles wird durch die alkoholische Lösung nicht abgelenkt. Die kalt gesättigte, wässerige Lösung wird durch Eisenchloridlösung intensiv grün gefärbt, und beim Kochen geht diese Farbe in Rotbraun über. Lackmuspapier und Filtrierpapier werden gelb gefärbt. Besonders starkes Färbevermögen zeigen alkalische, wässerige Lösungen des Körpers.

Der Schmelzpunkt ist nicht genau festzustellen, bei 182^0 beginnt der bei 100^0 getrocknete Körper im Roth'schen Apparat zu sintern, bei 190^0 ist unter starker Gasblasenentwickelung Schmelzung eingetreten, und im Kapillarröhrchen ist ein rankenförmig angeordnetes Sublimat zu erkennen.

Da der Körper in seinen Eigenschaften Aehnlichkeit mit den Flavonglykosiden wie z. B. Quercitrin, Queraescitrin u. s. w. zeigte, so versuchte ich mit Erfolg, die Glykosidnatur des Körpers zunächst an einer kleinen Probe nachzuweisen.

Ich löste 2 g in heißem Wasser, setzte 1% Schwefelsäure hinzu und erhitzte einige Zeit zum Kochen. Aus der zuerst klaren Lösung schieden sich nach kurzer Zeit tiefgelbe Nadeln ab. Diese wurden nach dem Erkalten abfiltriert, das Filtrat mit Baryumkarbonat neutralisiert und die vom Baryumkarbonat und Baryumsulfat abfiltrierte Flüssigkeit auf ihr Reduktionsvermögen gegen Fehling's und Nylander's Lösung geprüft. Es trat starke Reduktion ein, wonach ich eine Abspaltung von Zucker als sehr wahrscheinlich ansehen durfte.

Zunächst schritt ich zur Elementaranalyse und verwendete hierzu die viermal aus Methylalkohol umkrystallisierte Substanz.

Die lufttrockenen Krystalle verloren im Exsiccator über Schwefelsäure

Wasser 2,6 — 2,1 — 2,3 — 2,03, im Mittel 2,2 %.

Die exsiccatortrockene Substanz zeigte beim Trocknen bei 100^0 noch folgenden Wasserverlust:

Wasser 1,8 — 1,9 — 1,5 — 1,41 — 1,62 — 1,64, im Mittel 1,64 %.

Von verschiedenen Darstellungen stammende, bei 100^0 bis zur Konstanz getrocknete Präparate wurden mit Kupferoxyd verbrannt:

I. 0,1953 g gaben 0,3806 CO_2, entsprechend 53,17 % C
0,0918 H_2O, „ 5,22 „ H.

II. 0,3140 g gaben 0,6086 CO_2, entsprechend 52,87 % C
0,1382 H_2O, „ 4,89 „ H.

III. 0,3957 g gaben 0,7727 CO_2, entsprechend 53,25 % C
0,1738 H_2O, „ 4,88 „ H.

IV.	0,1767 g gaben	0,3438 CO_2,	entsprechend	53,04 %	C
		0,0850 H_2O,	„	5,37 „	H.
V.	0,2778 g gaben	0,5401 CO_2,	entsprechend	53,01 %	C
		0,1320 H_2O,	„	5,28 „	H.
VI.	0,2991 g gaben	0,5828 CO_2,	entsprechend	53,13 %	C
		0,1347 H_2O,	„	5,00 „	H.

Diese Werte stimmen sehr gut mit der Formel $C_{27}H_{30}O_{16}$ überein, welche aus später anzuführenden Gründen für das Globularia-Farbstoffglykosid angenommen werden muß.

	Berechnet:	Gefunden im Mittel:
C	53,11	53,08
H	4,92	5,10
O	41,97	41,82.

Wie oben erwähnt, führte ich die Spaltung des im heißen Wasser gelösten Glykosides durch Kochen mit 1 % Schwefelsäure aus. Infolge der Schwerlöslichkeit des Glykosides in Wasser konnte ich stets nur geringe Mengen (3—5 g) auf einmal spalten. Es wurde dabei die anfangs schwefelgelbe Lösung immer dunkler, und nach einigen Stunden schwammen in der farblos gewordenen Reaktionsflüssigkeit gelbe Krystallflitter herum. Das Ende der Spaltung erkannte ich daran, daß die gelbe Farbe der Glykosidlösung verschwunden und die Flüssigkeit ganz klar und farblos geworden war. Nach dem Erkalten filtrierte ich und untersuchte das ausgeschiedene Spaltungsprodukt, während das zuckerhaltige Filtrat zur Entfernung der Schwefelsäure mit überschüssigem Baryumkarbonat versetzt und später untersucht wurde.

Wie sich bei der Untersuchung des in Wasser unlöslichen Spaltungsproduktes herausstellte, ist dies mit dem im Pflanzenreiche viel verbreiteten „Quercetin“ identisch.

Die Farbe ist goldgelb, etwas dunkler als die des Glykosides; es ist geschmacklos und geruchlos. Zur Reinigung wird es aus verdünntem Alkohol umkrystallisiert und bildet dann schön seidenglänzende, goldgelbe Nadeln. Die alkoholische Lösung wird durch den Luftsauerstoff dunkel gefärbt, daher die Krystallisation in einer Kohlensäureatmosphäre vorgenommen werden muß.

In kaltem und heißem Wasser ist das Globulariaquercetin so gut wie unlöslich, in Alkohol, Eisessig, Aceton, Essigäther leicht-, in Aether, Benzol und Chloroform schwer löslich. Alkalien lösen es leicht mit gelbroter Farbe, Säuren scheiden es daraus wieder ab. Fehling'sche Lösung wird beim Kochen reduziert und ebenso Silberlösung, die dabei blutrot gefärbt wird. Eisenchloridlösung färbt die alkoholische Lösung dunkelgrün, Bleisalze fällen tiefrot, der Niederschlag ist in Essigsäure leicht löslich. Die alkoholische Lösung dreht die Polarisationsebene nicht. Die Substanz schmilzt nicht scharf; sie bräunt sich bei 250°, verkohlt bei 280°—290° und liefert ein reichliches, rankenförmiges verzweigtes Sublimat.

Die nach Zeisel ausgeführte Prüfung auf Methoxylgehalt fiel negativ aus.

Da das exsiccatortrockene Globulariaquercetin beim Trocknen bei 100° an Gewicht verlor, unternahm ich zunächst die quantitative Krystallwasserbestimmung.

I.	0,9045 g	bei 100° getrocknet ergaben	0,0928 g,	entspr.	10,26	Wasserverlust
II.	1,3055 „	„ „ „ „	0,1371 „,	„	10,42	„
III.	2,2488 „	„ „ „ „	0,2368 „,	„	10,52	„

Gefunden im Mittel 10,4 % Wasserverlust.

Beim weiteren Erhitzen auf 120°—140° tritt kein weiterer Wasserverlust ein. Es stimmen die gefundenen Werte mit der Annahme von 2 Mol. Krystallwasser überein. $C_{15}H_{10}O_7 \cdot 2H_2O$ verlangt 10,6% Wasser.

Bei der Spaltung des Glykosides, welches ich analog dem Quercitrin, Queraescitrin u. s. w. „Globulariacitrin" nennen will, war ich von analysenreinem Material ausgegangen. Deshalb verbrannte ich zunächst das Spaltungsprodukt ohne vorhergehende Umkrystallisation, nachdem ich den abgespaltenen Zucker vollständig ausgewaschen hatte. Getrocknet wurde bei 100° und verbrannt mit Kupferoxyd:

I.	0,1574 g gaben	0,3473 CO_2,	entsprechend	60,06	C
		0,0507 H_2O,	„	3,58	H.
II.	0,1742 g gaben	0,3833 CO_2,	entsprechend	60,02	C
		0,0580 H_2O,	„	3,69	H.

Im Mittel:
C 60,04
H 3,63.

Das dreimal aus Methylalkohol umkrystallisierte und bei 100° getrocknete Präparat hatte folgende Elementarzusammensetzung:

III.	0,2331 g gaben	0,5095 CO_2,	entsprechend	59,64	C
		0,075 H_2O,	„	3,58	H.
IV.	0,2294 g gaben	0,5039 CO_2,	entsprechend	59,90	C
		0,0748 H_2O,	„	3,62	H.
V.	0,1653 g gaben	0,3610 CO_2,	entsprechend	59,56	C
		0,0559 H_2O,	„	3,75	H.

Das Mittel aller 5 Analysen ist:	Berechnet für $C_{15}H_{10}O_7$:	Im Mittel:
C 59,84	59,60	59,70
H 3,64	3,31	3,65.

Somit ist die Uebereinstimmung meines Globulariaquercetins mit dem Quercetin der Formel $C_{15}H_{10}O_7$ in der Elementarzusammensetzung gegeben.

Zur weiteren Bestätigung der Identität des Stoffes mit dem von Herzig, Liebermann u. a. untersuchtem Pentaoxyflavon=Tetraoxyflavonol=Quercetin erachtete ich es für wünschenswert, dasselbe noch durch einige Derivate hindurch einer vergleichenden Untersuchung zu unterziehen. Ich wählte dazu die Acetylierung und Salzbildung.

Das nach der Methode von Liebermann und Hörmann[1]) dargestellte Acetat bestand aus schneeweißen feinen unter sich verfilzten Nadeln und schmolz bei 191°—193°. Nach zweimaligem Umkrystallisieren aus Alkohol in einer Kohlensäureatmosphäre und darauf folgendem Trocknen bei 100° blieb der Schmelzpunkt unverändert.

0,1871 g gaben 0,4025 CO_2, entsprechend 58,68 C
0,0702 H_2O, „ 4,17 H.

Berechnet für Pentacetylquercetin: C 58,59%, H 3,91%.

0,9027 g analysenreines Acetylprodukt übergoß ich nach der Befeuchtung mit einigen Tropfen Alkohol mit ca. 10 ccm Liebermann'scher Schwefelsäure, erwärmte $^3/_4$ Stunde lang gelinde, wobei stechende Essigsäuredämpfe wahrnehmbar waren, verdünnte das Reaktionsgemisch mit dem mehrfachen Volumen Wasser und nach 24stündigem Stehenlassen in der Wärme filtrierte ich das gelbe ausgeschiedene Flavon auf gewogenem Filter ab. Bei 100° bis zur Gewichtskonstanz getrocknet, erhielt ich 0,5279 g Quercetin, daher für $C_2H_4O_2$ 59,31% übrig blieb. Dieser Prozentgehalt an Essigsäure entspricht dem theoretischen Werte für Pentacetylquercetin wofür 59,60% $C_2H_4O_2$ erforderlich sind.

Das bei der Verseifung erhaltene Quercetin gab ohne vorhergehende Umkrystallisation folgende Verbrennungszahlen:

0,2238 g gaben 0,4892 CO_2, entsprechend 59,61 C
0,0695 H_2O, „ 3,45 H.

Berechnet für $C_{15}H_{10}O_7$:
C 59,60
H 3,31.

Auch das von mir dargestellte Acetylquercetin ist demnach mit dem von den früheren Autoren beschriebenen identisch.

Die Salzbildung der Flavone wurde von A. G. Perkin[2]) als ein vorzügliches Kriterium für die Erkennung von phenylierten Phenol-γ-Pyronkörpern, also Flavonen wie Quercetin, Fisetin u. s. w. erkannt.

---

[1]) Ber. II, 1619.

[2]) Journ. of the chemic. soc. of London 67—69.

Es lag deshalb nahe, auch das Globulariaflavon daraufhin zu prüfen. Die Resultate stimmten mit denen Perkin's völlig überein.

Das Flavon, in Eisessig gelöst, gab eine gelbe Lösung, konzentrierte Schwefelsäure färbte diese braunrot, und bei genügender Konzentration der Flavonlösung entstanden im Reaktionsgemisch sogleich braunrote Krystalle. Die entstandene Säureadditionsverbindung ist sehr unbeständig, hält die Säure sehr schwach gebunden und wird durch Wasser sofort in ihre Komponenten zerlegt. Mit konzentrierten Halogenwasserstoffsäuren erhält man ebenfalls stark braurot gefärbte Salze.

Im Chlorwasserstoffadditionsprodukt bestimmte ich den Chlorgehalt, indem ich es mit ungefähr 150 ccm Wasser übergoß, nach 12 Stunden das abgeschiedene Flavon durch Filtration und nachheriges Auswaschen von der salzsäurehaltigen Flüssigkeit trennte und im Filtrate die Salzsäure als Chlorsilber bestimmte:

I. 0,4788 g gaben 0,1885 AgCl, entsprechend 9,73 Cl
II. 0,5780 „ „ 0,2250 „ „ 9,62 Cl
$C_{15}H_{10}O_7$. HCl erfordert 10,48 Cl.

Die geringe Differenz im Chlorgehalte mag davon herrühren, daß Flavonchlorhydrat schon bei gewöhnlicher Temperatur Salzsäure abspaltet, und ich zur Analyse ein bereits mehrere Wochen im Exsiccator aufbewahrtes Präparat verwandt hatte.

Untersuchung des Zuckers.

Es erübrigte zur Aufstellung der Spaltungsformel des Globulariacitrins, den abgespaltenen Zucker genau zu untersuchen.

Oben erwähnte ich die Reduktionsfähigkeit des bei der Glykosidspaltung erhaltenen Filtrates gegen Fehling'sche Lösung. Nachdem ich mir durch Spaltung des Glykosides eine größere Menge Zuckerlösung dargestellt und die Schwefelsäure daraus durch Baryumkarbonat entfernt hatte, gab die Lösung folgende Zuckerreaktionen:

Der Geschmack war sehr süß. Fehling'sche Lösung wurde schon in der Kälte stark reduziert. Nylander's Reagens gab schwarze Bismutabscheidung, ammoniakalische Silberlösung deutlichen Silberspiegel. Die wässerige Lösung des Zuckers mit reiner — nicht selbst gärender — Hefe versetzt, geriet bei 33° in Gärung.

Zur Erkennung der Zuckerart wandte ich die E. Fischer'sche Reaktion[1]) an. 1 g Zuckersirup erwärmte ich mit 2 g salzsaurem Phenylhydrazin, 3 g Natriumacetat und 20 g Wasser. Es schieden sich bald Krystalle ab in der für Osazone charakteristischen Büschel-

[1]) Ber. d. d. chem. Ges. 17, 579.

form. Der Fusionspunkt des bei 100° getrockneten Osazons lag bei 196—200°, und änderte sich auch nach mehrmaligem Umkrystallisieren aus Alkohol nicht. Ein bei diesen Graden schmelzendes Osazon konnte ich in der Literatur nicht ausfindig machen, und es lag der Gedanke nahe, daß ich es mit einem Gemisch von Zuckern bezw. Zuckerosazonen zu tun hatte. In dieser Annahme wurde ich bestärkt durch das Verhalten des Zuckersirups, Kupferlösung schon in der Kälte zu reduzieren. Letztere Eigenschaft kommt der Rhamnose zu. Die Rhamnose ist aber nicht gärungsfähig, und es mußte daher im gärungsfähigen Zuckergemisch noch eine andere, und zwar gärungsfähige Zuckerart vorhanden sein.

Das Nächstliegende war, die Zucker durch Gärung zu trennen. Um mir aber keinen der Zucker zur Untersuchung entgehen zu lassen, sah ich von dieser Trennung ab. Die Zuckerarten durch fraktionierte Krystallisation zu trennen, schien mir nicht angebracht, da der Zuckersirup zunächst keine Spur von Krystallisation zeigte, und da ferner bei der geringen mir zur Verfügung stehenden Zuckermenge die quantitative Trennung und Reinigung nicht gut möglich war.

Ich suchte daher nach anderen Trennungsmethoden und fand eine solche von Will[1]) gelegentlich seiner Hesperidinstudien angegebene Methode. Sie beruht auf der verschiedenen Löslichkeit der Osazone in Aceton und hat sich bei meiner Untersuchung nach einer kleinen Abänderung vorzüglich bewährt.

9 g Zuckergemisch werden in 45 g Wasser gelöst und dem eine Lösung von 18 g Phenylhydrazinchlorhydrat und 27 g Natriumacetat in 135 g Wasser hinzugefügt. Beim Erwärmen dieses Gemisches auf dem Dampfbade entstand bald eine Trübung, und es schied sich das Osazongemisch der beiden Zuckerarten in intensiv gelben, zu Büscheln vereinigten Nadeln ab. Nach zweimaliger Umkrystallisation des Rohproduktes aus 50%igem Alkohol und darauffolgendem Trocknen bei 100° lag der Schmelzpunkt bei 192—194°.

Nach Will (l. c.) kann man Glykosazon durch seine Schwerlöslichkeit in Aceton von dem darin sehr leicht löslichen Osazon der Rhamnose trennen. Bei dem von mir ausgeführten Trennungsversuche fand ich die Angaben Will's im allgemeinen bestätigt, machte jedoch die Erfahrung, daß auch Glykosazon in — namentlich lauwarmem — Aceton ziemlich löslich ist. Die Osazontrennung ging nur durch fraktionierte Krystallisation aus Acetonlösung von statten.

4,5 g des durch öftere Umkrystallisation gereinigten Osazongemisches wurden dreimal mit Aceton ausgekocht, und dann die Acetonlösung von dem winzigen Rückstande lauwarm abfiltriert. Der in

[1]) Ber. d d. chem. Ges. 20, 1188.

Aceton unlösliche, geringe Rückstand (1. Abscheidung) zeigte im Paraffinbade den Schmelzpunkt 205—206°, d. i. der des Phenyl-Glykosazons.

Das Filtrat der Acetonkochung war braunrot gefärbt und setzte nach 12stündigem Stehen eine beträchtliche Menge auch bei 205° schmelzenden Osazons ab (2. Abscheidung). Vom Filtrate der letzteren Abscheidung wurde ⅓ des Acetons abdestilliert, worauf sich nach dem Erkalten wieder bei 205° schmelzendes Glykosazon abschied (3. Abscheidung). Bevor ich diese dritte Osazonabscheidung vornahm, versetzte ich einen kleinen Teil meiner Osazonlösung mit Wasser, filtrierte das dadurch abgeschiedene Osazon ab, krystallisierte es aus Alkohol um, und fand als Schmelzpunkt 173—177°. Dadurch war bewiesen, daß sich in der Acetonlösung noch ein niedriger als bei 205° schmelzendes Osazon befand, und ich setzte daher die fraktionierte Trennung der Osazone durch allmähliches Abdestillieren des Acetons, Abtrennung des sich jeweils ausscheidenden Osazons so lange fort, bis der Schmelzpunkt nicht mehr 205° betrug. Im ganzen erhielt ich fünfmal Abscheidung von Glykosazon.

Nach Abtrennung der fünften Abscheidung erstarrte der Rest der Acetonlösung zum dünnen Krystallbrei.

Durch Absaugen der Mutterlauge von letzteren Krystallen und Waschen mit sehr wenig Aceton erhielt ich 0,64 g bei 176—179° schmelzendes Osazon, die rotbraune Mutterlauge enthielt viel harzige Zersetzungsprodukte.

Um das niedrig schmelzende Osazon zu reinigen, löste ich es in heißem absolutem Alkohol und fällte die Lösung mit heißem Wasser. Auf diese Weise erhielt ich schön gelb gefärbte Krystalle, die nach dem Trocknen bei 100° bei 178—179° schmolzen. E. Fischer[1]) gibt als Schmelzpunkt des Rhamnosazons 180° an. Auch erwähnt er die große Zersetzlichkeit beim Erwärmen und die geringe Ausbeute an Osazon. Meine Erfahrungen stimmten damit überein.

Die Analysen der beiden Osazone beweisen, daß Globulariacitrin Glykose und Rhamnose enthält.

a) Glykosazon.

I. 0,1515 g gaben 0,3351 CO_2, entsprechend 60,32 C
0,086 H_2O, „ 6,31 H.

Berechnet für $C_6H_{10}O_4(N_2HC_6H_5)_2$:
C 60,33
H 6,14.

II. 0,2294 g gaben bei 13° und 737 mm Barometerstand 31,3 ccm N, entsprechend 15,70 N.

Berechnet für $C_6H_{10}O_4(N_2HC_6H_5)_2$
N 15,64.

1) Ber. d. d. chem. Ges. 20, 1091.

b) Rhamnosazon.

I. 0,2170 g gaben 0,5010 CO_2, entsprechend 62,96 C
0,1255 H_2O, „ 6,42 H.

II. 0,1235 g gaben bei 12° und 758 mm Barometerstand 16,8 ccm N, entsprechend 16,18 N.

Berechnet für $C_6H_{10}O_3(N_2HC_6H_5)_2$:
C 63,16
H 6,43
N 16,37.

In einem Rest noch vorhandenen Zuckersirups versuchte ich die Rhamnose, die sich bekanntlich durch vorzügliches Krystallisationsvermögen auszeichnet, durch Einimpfen reiner Rhamnose zur Krystallisation zu bringen. Es schieden sich nach einigen Tagen beim Stehen an feuchter Luft farblose, glänzende Prismen von Rhamnose und nach weiteren 8 bis 14 Tagen Glykose in Form weißer, warziger, blumenkohlähnlicher Anordnung aus.

Die Spaltungsprodukte des Globulariacitrins sind: Quercetin $C_{15}H_{10}O_7$, Glykose $C_6H_{12}O_6$, Rhamnose $C_6H_{12}O_5$. Ich stellte nun zunächst durch quantitative Versuche fest, in welcher Menge Quercetin aus dem Glykoside abgespalten wird. Das durch Schwefelsäure abgeschiedene Flavon wurde nach genügendem Auswaschen mit Wasser gewogen:

I. 2,3991 g Globulariacitrin gaben 1,3055 g = 54,41 % exsiccatortrockenes Quercetin.

II. 4,1508 g Globulariacitrin gaben 2,2488 g = 54,17 % exsiccatortrockenes Quercetin.

Da letzteres 10,4 % Krystallwasser enthält, so berechnet sich für wasserfreies Quercetin im Mittel 48,65 % des Glykosides. Durch Addition der Spaltungsprodukte erhält man die Formel $C_{27}H_{34}O_{18}$. Nimmt man bei der hydrolytischen Spaltung des Glykosides die Aufnahme von 2 Molekülen Wasser an, so kommt man zur Formel $C_{27}H_{30}O_{16}$.

	Gefunden:	Berechnet:
C	53,08	53,11
H	5,10	4,92
Quercetin	48,65	49,51.

Die geringe Differenz im Quercetingehalt dürfte auf geringe Löslichkeit des Quercetins in Wasser beruhen; der Versuch bestätigte dies, indem nach längerem Kochen des Quercetins mit Wasser letzteres mit Eisenchloridlösung schwache Grünfärbung gab.

Die Spaltung des Globulariacitrins geht nach folgender Gleichung vor sich:

$$C_{27}H_{30}O_{16} + 2\,H_2O = C_6H_{12}O_5 + C_6H_{12}O_6 + C_{15}H_{10}O_7.$$

Dem Globulariacitrin ähnliche Farbstoffglykoside wurden von mehreren Autoren, vor allem von Perkin (l. c.), in verschiedenen Pflanzen gefunden. Besonders erlangte technische Wichtigkeit zum Färben das Glykosid der Quercitronrinde, das Quercitrin.

Die aus den Flavonglykosiden abgespaltenen Flavone stimmten bei den meisten Autoren in ihrer Zusammensetzung überein. Zahlreiche Glykoside liefern bei der Spaltung Quercetin z. B. Quercitrin, Sophorin, Queraescitrin, Thujin, Osyritrin. Myrticolorin und Globulariacitrin. Xanthorhamnin ist das Glykosid des Quercetinmonomethyläthers, Apiin liefert bei der Spaltung ein Trioxyflavon, Fustin ein Trioxyflavonol.

Größere Differenzen weisen die Flavonglykoside in Bezug auf das zweite Produkt der Hydrolyse, den Zucker, auf. Die meisten Glykoside dieser Gruppe sind Rhamnoside, z. B. Quercitrin. In vielen Fällen ist nur ein Teil des Zuckers in die schön krystallisierbare Rhamnose überzuführen, und der dabei zurückbleibende Zuckersirup ist — allein auf Grund des Gärungsvermögens — für Glykose angesprochen worden. Eine exakte Trennung der verschiedenen Zuckerarten ist nicht erfolgt, und bedürfen daher die Flavonglykoside, welche neben Rhamnose noch anderen Zucker enthalten, wie z. B. Sophorin, Viola-Quercitrin, Thujin u. s. w. der nochmaligen Untersuchung zur Feststellung der abgespaltenen Zuckerarten und der Glykosidformel. —

Das alkoholische Globulariaextrakt enthielt außer dem Farbstoffglukoside auch ziemlich reichliche Mengen von Cholin, welches in bekannter Weise durch das Platindoppelsalz (gefunden 31,86% Pt, berechnet 31,87% Pt) identifiziert wurde.

Ueber eine gewichts- und massanalytische Bestimmungsmethode des Quecksilbers.

Von Franz M. Litterscheid.

(Eingegangen den 3. VI. 1903.)

Immer mehr machen sich in der analytischen Praxis der Wunsch und das Bestreben geltend, die sich stets wiederholenden maßanalytischen Bestimmungen auch auf die Anwendung einiger weniger, leicht zugänglicher und haltbarer Maßflüssigkeiten und erprobter Grundmethoden zurückzuführen, selbstverständlich, ohne daß man auf Kosten dieser Vereinfachung auf exakte, sicher und rasch durchführbare Methoden und Operationen Verzicht leisten will. Dieses Bestreben hat besonders in den letzten Jahren zur quantitativen Nachprüfung verschiedenster Reaktionen und zur Verbesserung solcher maßanalytischer Methoden Veranlassung gegeben, deren Unsicherheit in der gewählten fehlerhaften Versuchsstellung zu suchen war. Auch hier gab die Ionentheorie manche fruchtbare Anregung.

Da insbesondere die Chromsäure bezüglich ihrer bequemen und exakten maßanalytischen Bestimmbarkeit eine bevorzugte Stellung unter den titrimetrisch bestimmbaren Stoffen einnimmt, ferner auch in Gestalt ihrer Salze Maßflüssigkeiten von fast unbegrenzter Haltbarkeit liefert, so lag es nahe, dieselbe auf ihre allgemeinere Brauchbarkeit in titrimetrischer Hinsicht zu prüfen.

Noch bevor E. Rupp[1][2]) in Verbindung mit Schaumann[1]) und Zimmer[1][2]) seine in gleicher Richtung angestellten Versuche veröffentlicht hatte, waren von mir in der oben skizzierten Absicht einige Studien über die Möglichkeit einer exakten maßanalytischen Bestimmung des Quecksilbers mittels Chromsäure abgeschlossen worden, deren Resultate indessen, da ich mich noch weiterhin mit Untersuchungen über Quecksilberchromate beschäftigte, vorläufig nicht publiziert wurden.

Soweit sich meine Untersuchungen auf Mercuro- und Mercurichromate bezw. Dichromate erstreckten, habe ich den Angaben Zimmer's[2]) nichts hinzuzufügen. Wenn ich im folgenden unter Zugrundelegung einer komplexen Quecksilberverbindung, dem Dimercuriammoniumchromat, $[(NHg^2)^2CrO^4 + 2H^2O]$, eine neue gewichts- und maßanalytische Methode erörtere, so geschieht dieses nicht, weil ich derselben irgendwelche besondere Bedeutung für die Praxis beimesse, sondern vielmehr um die Ergebnisse einer aus den eingangs erwähnten Gründen begonnenen methodischen Untersuchung festzulegen.

Nach Hirzel[3]) wird gelbes Quecksilberoxyd beim Kochen mit wässeriger Ammoniumdichromatlösung in ein orangerotes Pulver verwandelt $(Hg^8N^2H^4Cr^4O^{19})$,

$$8\,HgO + 3(NH^4)^2Cr^2O^7 = \left(N{<}^{Hg}_{Hg}{>}OH^2\right)^2O \cdot 4\,HgO, 4\,CrO^3 + 2\,H^2O$$
$$+ 2(NH^4)^2CrO^4,$$

das beim Kochen mit Kali kein Ammoniak, beim Kochen mit wässeriger Jodkalium- oder Schwefelkaliumlösung allen N als NH^3 abgibt. Beim Digerieren mit wässerigem Ammoniak wird dieser Körper zu einer zitronengelben weniger Chrom enthaltenden Verbindung $[(NHg^2)^2CrO^4 + 2H^2O]$, die sich in gleicher Weise gegen KOH, KJ und K^2S ver-

1) Ztschr. f. anorgan. Chem., Bd. 32, 1902, 362; Bd. 33, 1902, 156.

2) Inaug.-Dissert. Freiburg 1902.

3) Ann. Ch. Ph. 84, S. 258; Michaelis III, S. 1150.

hält. Nach Hensgen[1]) entsteht die letzterwähnte Verbindung auch beim Digerieren einer Lösung von chromsaurem Quecksilber und chromsaurem Ammonium. Beide Verbindungen zersetzen sich beim Erhitzen explosionsartig unter Entwickelung von salpetrigen Dämpfen.

Die Verbindung $[(NHg^2)^2CrO^4 + 2H^2O]$ entsteht, wie ich feststellen konnte, auch auf anderem einfacherem Wege, der, soweit ich es aus der mir zugänglichen Literatur entnehmen konnte, bisher noch nicht bekannt war.

Fügt man zu einer mit Kaliumdichromatlösung im Ueberschuß versetzter Quecksilberchloridlösung in der Kälte Ammoniak bis zur deutlich alkalischen Reaktion, so beobachtet man sofort das Auftreten eines zitronengelben Niederschlages, der sich besonders nach kräftigem Umschütteln schnell zu Boden setzt und bald körnige Struktur annimmt. Nach 20 Minuten bereits kann in dem Filtrate von diesem Niederschlag Quecksilber weder mit H^2S noch, nach entsprechender Vorbehandlung, mit $SnCl^2$ nachgewiesen werden.

Daß diese zitronengelbe Verbindung mit der von Hirzel[2]) resp. Hensgen[3]) auf anderem Wege erhaltenen identisch ist, wird durch folgende Analysenbefunde dargethan.

I. 0,3280 g, lufttrocken, lieferten 0,3098 g HgS = 81,42% Hg.

II. 0,4688 g, lufttrocken, verbrauchten (nach der Destillation mit überschüssigem kalihaltigem Schwefelkalium) 9,8 ccm $^1/_{10}$ N.-HCl = 3,56% NH^3.

III. Die in der Verbindung enthaltene Chrommenge ergibt sich direkt bezw. indirekt aus den gewichts- und maßanalytischen Werten (s. später) zu rund 10,2% CrO^3.

		Gefunden:	Berechnet für $(NHg^2)^2CrO^4 + 2H^2O$.
Hg	=	81,42%	81,64%
NH^3	=	3,56 „	3,47 „
CrO_3	=	10,20 „	10,20 „.

Die Bildung dieser zitronengelben Verbindung läßt sich durch folgende Gleichung veranschaulichen:

$$K^2Cr^2O^7 + 8HgCl^2 + 18NH^4 \cdot OH =$$
$$2KCl + 14NH^4Cl + 2[(NHg^2)^2CrO^4 + 2H^2O] + 15H^2O.$$

Wie schon erwähnt, haben wir es bei dieser Verbindung, da sie mit KOH behandelt kein Ammoniak abspaltet, mit einer komplexen Ammoniakverbindung der Mercurireihe zu tun, und zwar besitzt dieselbe das Kation Dimercurammonium, $Hg^2N^{\cdot}$. Ueber den intimeren Reaktionsverlauf, der bei der Bildung obiger Verbindung aus $HgCl^2$, $K^2Cr^2O^7$

[1]) Rec. trav. chim. S. 187; Michaelis IV, 2, S. 1731.

[2]) l. c

[3]) l. c

und $NH^4 \cdot OH$ obwaltet, gibt die Tatsache näheren Aufschluß, daß dieselbe Verbindung auch entsteht, wenn man in der Kälte zu einer Quecksilberchloridlösung zuerst Ammoniak im Ueberschuß und dann Chromat oder Dichromat hinzufügt. Bei diesem Vorgang geht, wie die untenstehende Formel erläutert, das Kation Mercurammonium $HgH^2N^\cdot$ auf Zusatz des Chromates in das Kation $Hg^2N^\cdot$ über.

I. $4\,HgCl^2 + 8\,NH^4 \cdot OH = 4\,NHgH^2Cl + 4\,NH^4Cl + 16\,H^2O.$

II. $4\,NHgH^2Cl + (NH^4)^2CrO^4 + 2\,H^2O = [(NHg^2)^2CrO^4 + 2\,H^2O] + 4\,NH^4Cl.$

Allgemeine Eigenschaften des Dimercuriammoniumchromats.

Die Verbindung zeigt Lösungsmitteln gegenüber ein verschiedenes Verhalten, je nachdem ob sie mit denselben in feuchtem oder trockenem Zustand zusammengebracht wird. Sie ist in beiden Fällen in Wasser als praktisch unlöslich zu bezeichnen. In feuchtem ausgewaschenem Zustand löst sie sich in verdünnter (10%iger) Salzsäure leicht auf, in trockenem nur sehr wenig, aber leicht in 25% HCl in der Wärme. Die getrocknete Verbindung wird auch beim Kochen mit konz. H^2SO^4 nicht gelöst, jedoch tritt allmählich Zersetzung ein, infolge der die Farbe in Orangerot[1]) übergeht und im Filtrate Hg nachweisbar wird. Behandelt man diese orangerote Verbindung in der Wärme mit Ammoniak, so wird die zitronengelbe Verbindung wieder zurückgebildet. Ebenso wie gegen H^2SO^4 verhält sich die getrocknete Verbindung gegenüber konz. HNO^3. Die feuchte Verbindung wird durch H^2SO^4 und HNO^3 bedeutend leichter angegriffen. Beide Formen lösen sich, wenn sie frei von Ammoniaksalzen sind, nicht in kaltem 10%igem Ammoniak; sind gleichzeitig jedoch reichliche Mengen von Ammoniaksalzen zugegen, so tritt bei der feuchten Verbindung bereits in der Kälte, bei der trockenen erst bei längerem Digerieren Lösung ein. Aus diesem Verhalten ergibt sich, daß Lösungen von Quecksilberoxydsalzen in Gegenwart reichlicher Mengen von Ammoniaksalzen nicht oder doch nur unvollständig mit ammoniakalischer Chromatlösung gefällt werden. Chlorammonium oder Chlornatrium enthaltende Quecksilberlösungen (z. B. Lösungen von Sublimatpastillen) werden nach Zusatz von Chromat oder Dichromat und darauf folgendem Zufügen eines geringen Ammoniakzusatzes gelegentlich überhaupt nicht in das beschriebene zitronengelbe Salz verwandelt, sondern öfters auch, ohne Wechsel der Versuchsbedingungen, nur weiß gefällt[2]). In diesem Falle gelingt es dann manchmal, durch gelindes Erwärmen unter Um

---

[1]) Ueber die Natur dieses Körpers werde ich später berichten.

[2]) Nähere Mitteilungen über diese Verbindung folgt später.

schwenken das weiße Salz in der gewünschten Weise umzuwandeln, jedoch nicht immer.

Das Dimercuriammoniumchromat gibt beim mehrstündigen Trocknen bei 100° kein Wasser ab.

Gravimetrische Bestimmungsversuche.

Da die Abscheidung der Mercurlionen in Form der komplexen Ammoniumchromatverbindung unter gewissen Bedingungen praktisch als quantitativ angesehen werden kann, so stellte sich die Frage ein, ob dieselbe nicht für die gravimetrische Bestimmung der Mercurisalze dienstbar gemacht werden könnte.

Zu meinen diesbezüglichen Versuchen benutzte ich eine Quecksilberchloridlösung 1 : 40. Ich verfuhr nun derart, daß ich 20 ccm (= 0,3693 g Hg) oder 40 ccm (= 0,7386 g Hg) obiger Quecksilberchloridlösung in einem Becherglas mit einem beliebigen Ueberschuß einer Kaliumdichromatlösung (1 : 50 oder 1 : 10) mischte und nun unter kräftigem Umrühren mit einem deutlichen Ueberschuß von Ammoniak versetzte. Das Umrühren bewirkt eine schnellere, kompaktere Abscheidung des Körpers. Nach ½—6stündigem Stehen wurde der Niederschlag auf einem bei 100° getrockneten und gewogenen Filter gesammelt, vorsichtig mit einige Tropfen Ammoniak enthaltendem Wasser ausgewaschen, und schließlich bei 100° bis zum konstanten Gewicht getrocknet.

In welchem Grade sich die Dimercuriammoniumchromatverbindung zur gewichtsanalytischen Bestimmung eignet, mögen folgende Beleganalysen zeigen (s. Tabelle).

$HgCl^2$ 1 : 40	Abfiltriert nach Stunden	Berechnete Menge $(NHg^2)^2CrO^4 + 2H^2O$	Gefundene Menge $(NHg^2)^2CrO^4 + 2H^2O$	Berechnete Menge Hg	Gefundene Menge Hg	Berechnet Hg für $HgCl^2$	Gefunden Hg für $HgCl^2$	Differenz
20 ccm	½	0,4524 g	0,4498 g	0,3693 g	0,3672 g	73,86 %	73,44 %	— 0,42 %
20 „	3	0,4524 „	0,4524 „	0,3693 „	0,3693 „	73,86 „	73,86 „	—
20 „	3	0,4524 „	0,4508 „	0,3693 „	0,3681 „	73,86 „	73,62 „	— 0,24 %
20 „	6	0,4524 „	0,4500 „	0,3693 „	0,3674 „	73,86 „	73,48 „	— 0,38 „
40 „	6	0,9048 „	0,9016 „	0,7386 „	0,7362 „	73,86 „	73,62 „	— 0,24 „

Wie früher bereits mitgeteilt wurde, zersetzt sich das Dimercurammoniumchromat beim Erhitzen explosionsartig. Der Rückstand besteht aus Cr^2O^3. Bei Anwendung eines hohen Tiegels und bei vorsichtigem Erhitzen gelingt es leicht, das Cr^2O^3 quantitativ zu erhalten.

Es wurden versuchsweise Fällungen aus 20 ccm Quecksilberchloridlösung (1 : 40) in Chromoxyd übergeführt.

Berechnete Menge Cr^2O^3	Gefundene Menge Cr^2O^3	Berech. Menge Hg	Gef. Menge Hg	Berech. Menge Hg	Gef. Menge Hg	Differenz
0,03517	0,0350	0,3693 g	0,3684 g	73,86 %	73,68 %	–0,18 %
0,03517	0,0346	0,3693 „	0,3644 „	73,86 „	72,88 „	–0,98 „
0,03517	0,0348	0,3693 „	0,3664 „	73,86 „	37,28 „	– 0,58 „

Diese Uebersicht zeigt, daß die gewichtsanalytische Bestimmung des Quecksilbers nach dem beschriebenen Glühverfahren, abgesehen von dem bereits erwähnten Uebelstande der explosionsartigen Zersetzung, auch infolge des ungünstigen Verhältnisses von 1 Cr^2O^3 : 8 Hg mit großen Fehlerquellen behaftet ist. Eine Wägedifferenz von 0,2 mg verändert das Resultat bereits um 0,4 %.

Titrimetrische Bestimmungsversuche.

Die Grundgleichungen dieses jodometrischen Bestimmungsverfahrens sind folgende:

I.

$$K^2Cr^2O^7 + 8\,HgCl^2 + 18\,NH^4 \cdot OH =$$

$$\begin{array}{ll} 294{,}5 & Hg = 1602{,}4 \\ 4{,}900 & Hg = 26{,}7 \end{array}$$

$$1000\,ccm = 4{,}9$$

$$1\,ccm = 0{,}0049 \quad = \quad 0{,}0267\,Hg$$

$$2\,[(NHg^2)^2CrO^4 + 2\,H^2O] + 2\,KCl + 14\,NH^4Cl + 15\,H^2O$$

$$8\,Hg = 1602{,}4$$

II.

a) $K^2Cr^2O^7 + 6\,KJ + 7\,H^2SO^4 = Cr^2(SO^4)^3 + 4\,K^2SO^4 + 7\,H^2O + 6\,J.$

294,5 — 761,1

(4,9) — (12,68)

b) $2\,(Na^2S^2O^3 + 5\,H^2O) + 2\,J = Na^2S^4O^6 + 2\,NaJ + 10\,H^2O.$

496,6 — 258,7

(24,83) — (12,68)

Man kann also die Kaliumdichromatlösung in derselben Konzentration (4,900 g : 1000 ccm) verwenden, wie sie zur Einstellung der $^1/_{10}$ N.-Natriumthiosulfatlösung zur Verwendung gelangt.

Die Ausführung geschah derart, daß die Quecksilberchloridlösung (1 : 40) im 100 oder 200 ccm - Kolben mit überschüssiger Kaliumdichromatlösung (4,9 : 1000 ccm) gemischt und unter Umschwenken mit ca. 10 % Ammoniak tropfenweise bis zum deutlichen Vorwalten der alkalischen Reaktion versetzt wurde. Während zehn Minuten wurde noch öfters umgeschüttelt, sodann bis zur Marke aufgefüllt und umgeschüttelt. Den Ueberschuß der angewandten Kaliumdichromatlösung ermittelte ich nach 3—6stündigem Stehen in einem aliquoten Teile (meist der Hälfte) des Filtrates. Hierbei wurde das erst Durchgelaufene wegen der Adsorption des Filtrierpapieres verworfen. Die Titration wurde nach dem Ansäuern mit Schwefelsäure (1 : 5) in einer Glasstöpselflasche vorgenommen. Das zur Verwendung gelangte Jodkalium war zuvor auf Jodsäure geprüft worden. Im übrigen wurde wie bei jodometrischen Bestimmungen üblich verfahren und nach 10—15 Minuten das ausgeschiedene Jod mit $^1/_{10}$ N.-Natriumthiosulfatlösung ermittelt (s. Tabelle).

$HgCl^2$ 1:40	$K^2Cr^2O^7$ 4,9 : 1000 ccm angewandt	$K^2Cr^2O^7$ 4,9 : 1000 ccm verbraucht	Berechnet Hg	Gefunden Hg	Berechnet Hg	Gefunden Hg	Abfiltriert nach	Differenz
20 ccm	20 ccm	14,2 ccm	0,3693 g	0,3791 g	73,86 %	75,82 %	10 Min.	+ 1,96 %
20 „	20 „	13,9 „	0,3693 „	0,3711 „	73,86 „	74,22 „	½ Std.	+ 0,36 „
20 „	20 „	**14,0** „ in 4 Versuchen	0,3693 „	0,3738 „	73,86 „	74,76 „	3 „	+ 0,90 „
20 „	20 „	13,8 ccm	0,3693 „	0,3684 „	73,86 „	73,68 „	6 „	— 0,18 „
20 „	20 „	**13,85** „ in 5 Versuchen	0,3693 „	0,3697 „	73,86 „	73,94 „	6 „	+ 0,08 „
40 „	50 „	27,60 ccm	0,7386 „	0,7368 „	73,86 „	73,68 „	6 „	— 0,18 „
40 „	50 „	27,70 „	0,7386 „	0,7395 „	73,86 „	73,95 „	6 „	+ 0,09 „

Diese Uebersicht zeigt, daß man die Fällung vor dem Abfiltrieren des aliquoten Teiles, um genaue Analysenwerte zu erhalten, **mindestens 6 Stunden** lang stehen lassen muß. Ferner muß, da 0,1 ccm $K^2Cr^2O^7$ (4,9 : 1000) bereits 0,00276 g Hg anzeigt, mit sorgsam eingestellten Lösungen gearbeitet werden.

Ich habe ferner versucht, das beschriebene Verfahren in einem Falle der analytischen Praxis zu prüfen. Ueber die Schwierigkeiten, die sich hierbei gelegentlich einstellten, habe ich bereits bei der Erörterung der allgemeinen Eigenschaften des Dimercuriammoniumchromats hingewiesen.

I. Lösung von 3 (g) Sublimatpastillen[1]) zu 500 ccm.

Gewichtsanalytisch als HgS bestimmt, enthielt 1 (g) Sublimatpastille 0,7023 g Hg = 70,23 %.

Maßanalytisch (nach dem Chromatverfahren) wurden gefunden für 1 (g) Sublimatpastille:

1. 50 ccm Sublimatlösung, 20 ccm $K^2Cr^2O^7$-Lösung ad 200 ccm, davon 100 ccm titriert, nach 1stündigem Stehen . . . . . = 0,6942 g Hg = 69,42 %
2. ebenso, nach 2stündigem Stehen . . . . . = 0,7031 „ „ = 70,31 „

[1]) v. Angerer, mit Chlornatriumgehalt.

3. ebenso, jedoch Niederschlag gesammelt, ausgewaschen, Filtrat in toto titriert . . . . . = 0,7075 g Hg = 70,75 %
4. 50 ccm ausgefällt, gewogen . . . . = 0,7094 „ „ = 70,94 „

II. Lösung einer Sublimatpastille zu 200 ccm.

1. wie I. 2. . . . . = 0,7316 g Hg = 73,16 %
2. 100 ccm Sublimatlösung, 50 ccm $K^2Cr^2O^7$ sonst wie I. 2. . . . . = 0,7369 „ „ = 73,69 „

Es wird sich auch hier im allgemeinen empfehlen, den aliquoten Teil erst nach 6stündigem Stehen abzufiltrieren.

Für die Ausführung eines Teiles der Beleganalysen bin ich Herrn Apotheker John zu Dank verpflichtet.

Mitteilung aus dem chemischen Institut der Grossherzoglich Technischen Hochschule zu Darmstadt (Abteilung für Pharmacie).

Ueber die Alkaloide von Dicentra formosa (Andr.) D.C.

Von Privatdozent Dr. Georg Heyl.

(Eingegangen den 8. VI. 1903.)

Von der zur Familie der Fumariaceen gehörenden Gattung Dicentra sind nach Engler-Prantl[1]) etwa 15 Arten bekannt, die in Zentral-, Nord- und Ostasien und Nordamerika vorkommen. Einige dieser Dicentra-Arten sind schon auf Alkaloide untersucht worden, so z. B. *Dicentra formosa* durch J. A. Battandier[2]), ferner *Dicentra spectabilis* durch J. Gadamer[3]) und *Dicentra cucularia* durch R. Fischer[4]). Battandier hat in *Dicentra formosa* das scheinbar den Papaveraceen und Fumariaceen eigentümliche Alkaloid Protopin nachgewiesen, allerdings nur durch die Farbreaktion mit konzentrierter Schwefelsäure. Gadamer gelang es nach einem einfachen Verfahren

---

1) A. Engler und K. Prantl: Die natürlichen Pflanzenfamilien, III. Teil, 2 Abtlg., S. 143.

2) Compt. rend. 1892, S. 1122.

3) Apotheker-Zeitung 1901, S. 621.

4) Chemiker-Zeitung 1902, S. 1010.

aus *Dicentra spectabilis* Protopin in größerer Menge (1%) zu isolieren, so daß aus dieser als Zierpflanze ja weit verbreiteten Art dieses Alkaloid jetzt leicht in größerer Menge dargestellt werden kann. Durch eine geringe Abweichung der Farbreaktion mit konzentrierter Schwefelsäure, welche das aus *Dicentra spectabilis* isolierte Protopin zeigt, vermutet Gadamer, daß noch andere Alkaloide in dieser Art enthalten sind. Die Arbeit von R. Fischer ist mir bis jetzt im Original noch nicht zugänglich gewesen.

Da *Dicentra formosa* bei uns als Ziergewächs häufiger angepflanzt wird und hierdurch in beschränktem Maße zugänglich ist, so erschien es mir von Interesse aus dieser Pflanze das Protopin zu isolieren und womöglich durch Analysen genauer zu identifizieren. Meine Untersuchungen haben ergeben, daß *Dicentra formosa* tatsächlich Protopin enthält, daß aber außer diesem Alkaloid auch noch andere Alkaloide in dieser Pflanze enthalten sind.

Zur Untersuchung gelangten bis jetzt nur die Rhizome von *Dicentra formosa*, die teils aus hiesigen Privatgärten, teils von der Firma Lorenz Lindner in Eisenach bezogen worden waren. Da größere Mengen dieser Pflanze bis jetzt nicht erhältlich waren, so müssen nachfolgende Angaben nur als vorläufige Mitteilung angesehen werden. Im hiesigen Großherzoglichen botanischen Garten wird diese Pflanze z. Zt. in größerer Menge kultiviert und hoffe ich später eingehender über die darin enthaltenen Alkaloide berichten zu können.

Die Verarbeitung geschah in folgender Weise: Die getrockneten und gepulverten Rhizome wurden mit essigsäurehaltigem 80%igem Alkohol wiederholt extrahiert, der Alkohol im Vakuum abgezogen, der Rückstand mit Wasser aufgenommen und abgeschiedene harzige Produkte durch Filtration entfernt. Das braungefärbte Filtrat wurde nach Zugabe von überschüssigem Ammoniak, wodurch ein reichlicher Niederschlag entstand, wiederholt mit Aether ausgeschüttelt. Schüttelt man die alkalisch gemachte Flüssigkeit sofort mit größeren Mengen Aether aus, so wird fast alles Alkaloid von diesem aufgenommen. Eine Nachschüttelung mit Chloroform ergab nur noch ganz geringe Mengen Alkaloid. Nach dem Abdestillieren des Aethers blieben die Rohalkaloide als braune sirupdicke Masse zurück. Beim längeren Stehenlassen in der Kälte schieden sich weiße krystallinische Massen an der Gefäßwandung ab, die — besonders verarbeitet — sich als aus fast reinem Protopin bestehend erwiesen. Die Ausbeute an Rohalkaloid betrug beinahe 3%.

Zur weiteren Reinigung wurde das sirupartige Rohalkaloid in kleinen Portionen in Aether gelöst und die ätherische Lösung mit Weinsäurelösung ausgeschüttelt. Aus der sauren Flüssigkeit wurden nach dem Alkalisieren mit Ammoniak durch sofortiges Ausschütteln mit Aether die Alkaloide wieder entzogen und hinterblieben sie nunmehr nach dem Abdestillieren der Ausschüttelungsflüssigkeit als eine bräunliche Masse, die reichlich mit krystallinischen Ausscheidungen durchsetzt war. Ein Teil dieser Krystalle bestand ebenfalls aus Protopin. Versuche, eine weitere Reinigung der Rohalkaloide durch Ueberführung in die Chlorhydrate herbeizuführen ergaben kein gutes Resultat, da sich dieselben aus Wasser umkrystallisiert stets gallertartig ausschieden.

Viel besser gelang die weitere Reinigung und Trennung durch Ueberführung der Rohalkaloide in die Bromhydrate. Zu diesem Zwecke wurde das Rohalkaloid in absolutem Alkohol gelöst und mit starker Bromwasserstoffsäure genau neutralisiert, wobei sich schon während des Neutralisierens die Bromhydrate krystallinisch ausschieden. Nach dem Absaugen wurden sie mit wenig Alkohol und Aether gewaschen und resultierten sie nach dem Trocknen als eine fast weiße krystallinische Masse. Die Mutterlauge war braunrot gefärbt und enthielt noch reichliche Mengen Alkaloid. Durch Umkrystallisieren der Bromhydrate aus verdünntem Alkohol gelingt es leicht dieselben in eine schwerer und eine leichter lösliche Fraktion zu zerlegen. Längeres Kochen ist hierbei zu vermeiden, da sich die Flüssigkeiten sonst immer dunkeler färben.

Verarbeitung des schwerer löslichen Bromhydrates.

Das schwerer lösliche Bromhydrat stellt wiederholt aus Wasser oder verdünntem Alkohol umkrystallisiert weiße, atlasglänzende Blättchen dar. Aus dem reinen Salz wurde durch Alkali die Base in Freiheit gesetzt und mit Essigäther ausgeschüttelt. Beim langsamen Verdunsten des Essigäthers schied sich die Base in großen, grünlich gelben Krystallen ab, die, wiederholt aus Alkohol unter Entfärbung mit Tierkohle umkrystallisiert, in glänzenden, schwach gelblichen Nadeln erhalten wurde. Der Schmelzpunkt der reinen Base liegt bei 168,5—169°. Die Base ist luftbeständig und verliert im Toluolbad auf 110° erhitzt nichts an Gewicht.

Die alkoholische Lösung des noch nicht völlig reinen Alkaloides fluorescierte anfänglich stark bläulich. Durch öfteres Umkrystallisieren gelingt es, den die Fluorescenz bedingenden Körper abzuscheiden. Derselbe ist in Alkohol schwerer löslich als die Base und krystallisiert daher zuerst in gelben Nädelchen aus. Durch Abgießen der alkoholischen Lösung der Base im geeigneten Moment, sowie durch mechanisches Auslesen der gelben Nädelchen gelang es, eine kleine Portion dieses

Körpers zu isolieren. Derselbe stellt wiederholt aus Alkohol umkrystallisiert grünlich-gelbe Nädelchen dar, die im Schmelzpunktröhrchen erhitzt, von 186° ab erweichen und sich dann unter allmählicher Schwärzung zersetzen. Gegen Reagentien verhält sich dieser Körper folgendermaßen:

Konz. Schwefelsäure: bräunlich, bald intensiv braunrot; mit Wasser verdünnt flockige braungelbe Ausscheidung.

Erdmann's Reagens: bräunliche Färbung.

Fröhde's Reagens: zunächst bräunlich, dann vom Rande aus allmählich olivgrün.

Konz. Salpetersäure: bräunliche Färbung.

In verdünnten Säuren und Alkalien ist die Substanz unlöslich.

Vielleicht ist diese Substanz mit dem von Schlotterbeck und Watkins[1]) aus *Stylophorum distichum* isolierten Farbstoff (? Chelidoxanthin) identisch.

Die Base vom Schmelzpunkt 168,5—169° zeigt gegen Reagentien folgendes Verhalten:

Konz. Schwefelsäure: löst anfänglich farblos, doch wird die Lösung rasch tief violettrot.

Konz. Salpetersäure (1,3): erst farblos, dann vorübergehend blaugrün, später gelb und zuletzt braun.

Erdmann's Reagens: erst farblos, dann bald sich bläuend und in beständige blaue Farbe übergehend. Allmählich vom Rande aus grün, nach einiger Zeit erblassend.

Fröhde's Reagens: Tief blau, allmählich in Blaugrün und Dunkelgrün übergehend, zuletzt blauviolett.

Mandelin's Reagens: Mit wenig der Lösung betupft blau.

Die Elementaranalyse ergab folgende Resultate:

0,1548 g Substanz gaben bei 752 mm Druck und 19,2° 7,1 ccm Stickstoff = 5,21 % N.

0,1881 g Substanz gaben 0,4907 g CO_2 und 0,1078 g H_2O, entsprechend 71,14 % C und 6,42 % H.

Weitere Analysen konnten aus Mangel an Material vorerst nicht ausgeführt werden.

Ein Alkaloid vom Schmelzpunkt 169° ist schon wiederholt von E. Schmidt[2]) und seinen Schülern aus Fumariaceen und Papaveraceen

---

[1]) Berl. Ber. 1902, S. 22, s. dazu Chem.-Ztg. 1902, Rep. S. 357.

[2]) S. dazu: Abhandlung von Ernst Schmidt: Ueber Papaveraceenalkaloide, Arch. d. Pharm. 1901, S. 395.

isoliert und mit dem Namen Homochelidonin belegt worden. König[1]) isolierte z. B. aus *Sanguinaria canadensis* eine kleine Menge eines bei 169° schmelzenden Alkaloides, welches aber aus verschiedenen Lösungsmitteln umkrystallisiert, je nach den Umständen schon einmal bei 159° schmolz. Wintgen[2]) beobachtete dann in *Chelidonium majus* ein Alkaloid von den gleichen Eigenschaften. Fischer[3]) konnte das Vorkommen dieser Base in *Sanguinaria canadensis* bestätigen. Hopfgartner[4]) beobachtete dieses Alkaloid in *Macleya cordata* und Schlotterbeck und Watkins[5]) in *Argemone mexicana* und *Adlumia cirrhosa*.

Das von den genannten Autoren beobachtete Alkaloid zeigte die charakteristische Eigentümlichkeit je nach dem Fällungs- und Lösungsmittel in zwei Formen erhältlich zu sein, die entweder bei 159° oder bei 169° schmelzen. Anfänglich vermutete ich, daß auch die aus Dicentra formosa isolierte Base mit Homochelidonin identisch sei, doch gelang es mir trotz vieler Versuche unter den verschiedensten Bedingungen nicht, die Base in einen Zustand überzuführen, in dem sie schon bei 159° schmolz oder auch nur sinterte. Es scheint demnach die aus Dicentra isolierte Base ein neues bis jetzt noch nicht beobachtetes Alkaloid zu sein.

Verarbeitung des leichter löslichen Bromhydrates.

Die in verdünntem Alkohol etwas leichter lösliche Fraktion der Bromhydrate wurde zunächst durch wiederholtes Umkrystallisieren gereinigt und dann ebenfalls auf die freie Base verarbeitet. Die freie Base wird am zweckmäßigsten mit Aether unter Zugabe einiger Tropfen Essigäther ausgeschüttelt. Aus absolutem Aether, worin sie übrigens recht schwer löslich ist, wiederholt umkrystallisiert, erhält man die Base in schönen weißen Nadeln. Der Schmelzpunkt der reinen Base liegt bei 142—142,5°. Anfänglich nahm ich an, daß diese Base mit Chelidonin identisch sei, da sie in nicht ganz reinem Zustande schon bei 138° schmolz (Chelidonin schmilzt bei 136°). Außerdem hat die Base vom Schmelzpunkt 142,5° eine sehr charakteristische Eigenschaft mit Chelidonin[6]) gemeinsam. Reibt man nämlich die

---

1) Dissertation, Marburg 1890, S. 41 u. 42.
2) Dissertation, Marburg 1898, S. 59 u. 60.
3) Dissertation, Marburg 1900, S. 17—21 u. 32.
4) Monatshefte für Chemie 1898, S. 199.
5) Chem. Centralbl. 1902, II, S. 31 und 1903, I, S. 1142.
6) Schlotterbeck und Watkins, Berl. Ber. 1902, S. 10.

Krystalle in einem dunkelen Raume in einer Glasschale mit einem Glasstabe, so phosphorescieren sie mit prachtvollem bläulichen Lichte. Die gleiche Erscheinung läßt sich auch beim starken Schütteln der Krystalle beobachten. Am schönsten tritt sie auf, wenn die an der Wandung eines Reagierzylinders abgeschiedenen Kryställchen mit einem Glasstabe abgerieben werden.

Im Verhalten gegen Reagentien zeigt die Base vom Schmelzpunkt 142,5° gegenüber dem Chelidonin einige charakteristische Unterschiede. Das zum Vergleich verwendete Chelidonin (Schmelzpunkt 136°) war von E. Merck bezogen und aus *Chelidonium majus* dargestellt worden.

	Konz. H_2SO_4	Konz. HNO_3 (1,3)	Erdmann's Reagens	Fröhde's Reagens
Base vom Schmp. 142,5°	farblos, auch nach längerer Zeit	sofort braunrot, später braun	farblos, nach längerer Zeit schwach grünlich	schmutzig blaugrün, dann dunkelmoosgrün
Chelidonin Schmp. 136°	erst farblos, dann schmutzig violett	farblos, später etwas gelblich	farblos, nach einiger Zeit grünlich, dann bräunlich	moosgrün

Zur Reindarstellung der Base eignet sich besonders das ausgezeichnet krystallisierende Chlorhydrat.

Analysen konnten aus Mangel an Material vorerst nicht ausgeführt werden.

Die Mutterlaugen der Bromhydrate enthielten noch reichliche Mengen Alkaloid. Sie wurden daher wiederum auf die freien Basen verarbeitet, dieselben dann in absolutem Alkohol gelöst und mit Salpetersäure neutralisiert. Dabei schied sich ein ausgezeichnet krystallisierendes Nitrat aus, welches nur insofern seiner Reindarstellung Schwierigkeiten entgegensetzt, als die wässerige Lösung bei längerem Erwärmen sich rasch braun färbt. Die aus dem Nitrat abgeschiedene freie Base ist nicht einheitlich, da sie sowohl bei 142° als auch bei 136° schmelzende Krystalle liefert. Vermutlich ist die eine Base Chelidonin, doch konnte die Gegenwart desselben noch nicht mit Sicherheit festgestellt werden. Die Mutterlaugen der Nitrate sind stark rotbraun gefärbt und noch alkaloidhaltig. Anscheinend enthalten sie noch ein Alkaloid, welches rote Salze liefert (? Chelerythrin, ? Sanguinarin), denn auf Zusatz von Alkali verschwindet unter Fällung die rote Farbe, um auf Säurezusatz wieder einzutreten. Leider war das vorliegende Material zur Untersuchung zu gering.

Protopin.

Protopin ist das Alkaloid, welches in größter Menge in Dicentra formosa enthalten ist. Dasselbe hatte sich teilweise durch Auskrystallisieren aus dem ursprünglichen Rohalkaloid, teilweise infolge seiner Schwerlöslichkeit in Aether während der Verarbeitung der anderen Basen abscheiden lassen. Zur Reindarstellung wurde das Rohprotopin zunächst in das ausgezeichnet krystallisierende Chlorhydrat verwandelt, dieses durch öfteres Umkrystallisieren aus Wasser unter Entfärbung mit frisch ausgeglühter Tierkohle gereinigt und dann durch Zusatz von Alkali und Ausschüttelung mit Chloroform die freie Base gewonnen. Im frisch gefällten Zustande läßt sich das Protopin auch mit Aether ausschütteln, doch muß die ätherische Lösung sofort von der wässerigen Schicht getrennt werden, da das Alkaloid sonst auskrystallisiert und dann nur schwierig aus dem Scheidetrichter zu entfernen ist. Die freie Base wurde aus Alkohol und einem Chloroform-Essigäthergemisch wiederholt umkrystallisiert. Das Protopin schied sich in harten nadelförmigen Krystallen ab, die meist zu kleinen Drusen zusammen getreten waren. Der Schmelzpunkt der Base lag bei 201—202° und konnte selbst durch vielfaches Umkrystallisieren nicht erhöht werden. Ueber den Schmelzpunkt[1]) von Protopin findet man in der Literatur verschiedene Angaben, wonach er zwischen 201—207° liegen soll. Gadamer[2]) beobachtete bei dem aus Dicentra spectabilis isolierten Protopin ebenfalls den Schmelzpunkt 201—202°.

Das aus Dicentra formosa gewonnene Protopin zeigte gegen Reagentien folgendes Verhalten[3]):

Konz. Schwefelsäure: gelb, schmutzig violett, dann grünlichbraun, allmählich sich entfärbend.

Erdmann's Reagens: vorübergehend gelb, rasch violett, dann gelblich grün, schließlich schiefergrau, zuletzt grün.

Konz. Sapeltersäure (1,3): farblos.

Rauchende Salpetersäure (1,5): dunkelgelb, dann hellgelb, allmählich verblassend.

Fröhde's Reagens: tief dunkelviolett.

Konz. Schwefelsäure u. Kaliumbichromat: dunkelblauviolett.

Konz. Schwefelsäure mit Ferrisulfatgehalt: dunkelblauviolett.

Mandelin's Reagens: schmutzig braunviolett, später schiefergrau.

---

1) Siehe dazu die Arbeiten von E. Schmidt und seinen Schülern im Arch. der Pharm. (l. c.), sowie Hopfgartner (l. c.), ferner Schlotterbeck (l. c.).

2) Apotheker-Zeitung 1901, S. 621.

3) Siehe dazu Hopfgartner, Monatshefte für Chemie 1898, S. 184.

Das salzsaure Protopin zeigte folgende Reaktionen:

Konz. Schwefelsäure: blauviolett.

Erdmann's Reagens: dunkelviolett.

Mandelin's Reagens: schmutzig rotviolett, dann rein violett.

Fröhde's Reagens: erst moosgrün, dann blaugrün.

Analyse der freien Base Protopin (Schmp. 201—202°).

Die Substanz wurde bei 105° getrocknet, wobei kein Gewichtsverlust eintrat.

Stickstoffbestimmung nach Dumas.

0,2726 g Substanz lieferten bei 750 mm Druck und 17° 10 ccm Stickstoff = 4,20% N.

Gefunden:	Berechnet für $C_{20}H_{19}NO_5$:
N 420	3,97.

Kohlenstoff- und Wasserstoffbestimmung.

0,2120 g Substanz gaben 0,5278 g CO_2 und 0,0985 g H_2O, entsprechend 67,89% C und 5,20% H.

Gefunden:	Berechnet für $C_{20}H_{19}NO_5$:
C 67,89	67,94
H 5,20	5,43.

Analyse des Protopinchlorhydrates.

Das Chlorhydrat wurde bei 105° getrocknet, wobei keine Gewichtsabnahme zu bemerken war. Es kann also die Angabe von Gadamer[1]), wonach das Chlorhydrat wasserfrei krystallisiert, bestätigt werden.

Chlorbestimmung.

0,2174 g Substanz gaben 0,0803 g Chlorsilber = 9,13% Cl.

Gefunden:	Berechnet für $C_{20}H_{19}NO_5 \cdot HCl$:
Cl 9,13	9,12.

Die Untersuchung über die Alkaloide von *Dicentra formosa* wird fortgesetzt werden, sobald genügendes Drogenmaterial zur Verfügung steht.

Darmstadt, Mai 1903.

---

[1]) Apotheker-Zeitung 1901, 621

Brockhaus' Konversations-Lexikon.

Vierzehnte, vollständig neubearbeitete Auflage. Neue revidierte Jubiläums-Ausgabe. *Elfter* und *zwölfter Band.* F. A. Brockhaus in Leipzig, Berlin und Wien. 1902.

Die vorliegenden neu erschienenen Bände umfassen die Artikel „Lechenich" bis „Pes". Jedes Stichwort ist mit der dem Gesamtwerke eigenen Gründlichkeit erschöpfend abgehandelt. Die überaus zahlreichen Tafeln, Karten und Pläne, die dem Werke beigefügt sind, unterstützen mit den vielen Textabbildungen in ausgezeichneter Weise den textlichen Inhalt. Einer besonderen Empfehlung bedarf der Brockhaus nicht mehr.

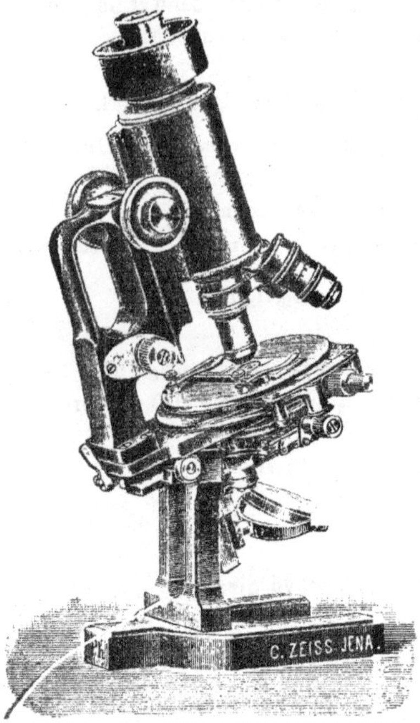

Mikroskope

für

praktische Aerzte u. **Apotheker**

sowie für alle spezial-wissenschaftlichen Zwecke.

Man verlange Katalog No. 8.

Mikrophotographische und Projektionsapparate.

Prospekt No. 131.

Carl Zeiss

Optische Werkstätte, Jena.

Berlin N.W., Dorotheenstr. 29.

London W., Margaret Street, Regent Street.

Wien IX, Ferstelgasse 1, Ecke Maximiliansplatz.

Frankfurt a. M., Kaiserstr. 16.

Hamburg, Rathausmarkt 8.

Diese Zeitschrift erscheint in zwanglosen Heften (in der Regel monatlich einmal) in einem jährlichen Umfange von 40 bis 50 Bogen. Ladenpreis für den Jahrgang Mk. 12,–.

Alle Beiträge für das **„Archiv"** sind an die

Archiv-Redaktion

Herrn Geh. Reg.-Rat Professor Dr. *E. Schmidt* in Marburg (Hessen) oder Herrn Geh. Med.-Rat Professor Dr. *H. Beckurts* in Braunschweig, alle die Anzeigen u. s. w., überhaupt die Archiv-Verwaltung und die Mitgliederliste betreffenden Mitteilungen an den

Deutschen Apotheker-Verein

Berlin C. 2, Neue Friedrichstr. 43

einzusenden.

Signirapparat

allein. Erfindung des Pharmazeut.
J. Pospisil, Stefanau-Olmütz.
Unbezahlbar zum vorschriftsmässigen Signiren der Standgefässe, Schubladen, Preisnotiren etc. liefert schöne, dauerhafte Schilder in allen vorkommenden Grössen in schwarzer, rother und weisser Schrift. **Muster gratis.** Andere Signirapparate sind Nachahmungen. [3

Extr. Filicis Ph. G. IV
Frisch bereitet.
Dr. Weppen & Lüders,
Blankenburg a. Harz. [5

Schweisshemmend
THEODOR HAHN'S
FLÜSSIGE FORMALINSEIFE
Fl. à 250 gr. Mk. 1.30 } durch die
" " 1000 " " 3.00 } Apotheken.
TH. HAHN & Co. Schwedt a. O. 6

Vorschriften

zur Selbstbereitung pharmazeutischer Spezialitäten.

Herausgegeben vom

Deutschen Apotheker-Verein.

Hinter jeder Druckseite eine leere Seite für Nachträge.
In geschmackvollem Umschlage.

Geheftet. Preis Mark 1,—.

von PONCET Glashütten-Werke

BERLIN SO., Köpnickerstr. 54.

Fabrik und Lager

sämmtlicher Gefässe u. Utensilien für chem., pharmac. Gebrauch

Atelier für Emaille-Schriftmalerei

auf Glas- und Porzellangefässe.

Specialität: Einrichtung v. Apotheken, chem. Laboratorien etc.

Preisverzeichnisse gratis und franco. [4

Druck von Denter & Nicolas, Berlin C., Neue Friedrichstrasse 43.

ARCHIV

DER

PHARMAZIE

herausgegeben

vom

Deutschen Apotheker-Verein

unter Redaktion von

E. Schmidt und **H. Beckurts**

Band 241. Heft 5.

BERLIN.

Selbstverlag des Deutschen Apotheker-Vereins.

1903.

Ausgegeben den 31. Juli 1903.

INHALT.

Eingegangene Beiträge.

A. Partheil, Beiträge zur Kenntnis des Vorkommens und der Bestimmung organischer Säuren im Wein.

A. Partheil und **A. Gronover**, Ueber Normal-Propylphosphin.

Dieselben, Ueber die Einwirkung von Trimethylphosphin auf Aethylenchlorhydrin.

Ed. Schaer, Ueber die Erhöhung der oxydierenden Wirkungen gewisser Metallsalze durch alkalische Substanzen, insbesondere durch Pflanzenbasen.

(Geschlossen den 26. VII. 1903.)

Gebrauchsfertige aseptische Verbandstoffe

D. R. G. M. 173 311

nach Angaben von **Prof. Dr. Perthes** (Leipzig)

Vergl. Münchener med. Wochenschrift 1903 No. 6.

Max Arnold

Stammfabrik: Zweiggeschäft:

Chemnitz. ✱ **Breslau.**

7]

Ueber die Jodometrie des Phosphors.

Von E. Rupp.

(Eingegangen den 13. VI. 1903.)

Im Anschluß an die mit Herrn Dr. Finck bearbeitete jodtitrimetrische Bestimmung der phosphorigen und unterphosphorigen Säure, über welch letztere wir in dieser Zeitschrift[1]) berichteten, soll nachstehend eine auf denselben Prinzipien beruhende Gehaltsermittelung von Phosphorpräparaten behandelt werden, bei der ich mich gleichfalls der Mitarbeiterschaft des genannten Herrn zu erfreuen hatte.

Weifser Phosphor.

Läßt man gewöhnlichen Phosphor in Stückchen mit $^{n}/_{10}$ Jodlösung, gleichgültig ob in neutraler oder bikarbonatalkalischer Lösung, in verschlossener Flasche stehen und titriert nach einiger Zeit mit Thiosulfat zurück, so zeigt sich, daß eine Oxydation des Phosphors unter diesen Umständen ganz außerordentlich langsam erfolgt.

Nach 24stündiger Reaktionsdauer haben die Phosphorstückchen noch kaum ihre scharfkantige Beschaffenheit verloren oder sonstwie ihr Volum vermindert.

Ungleich energischer verläuft die Oxydation, wenn der Phosphor sich in Lösung befindet, was am einfachsten in der Weise erreicht wird, daß in das Gemisch aus festem Phosphor und $^{n}/_{10}$ Jodlösung ca. 5 ccm Schwefelkohlenstoff gebracht werden. Dieweil reichliche Mengen von Jod aus der wässerigen Lösung in den Schwefelkohlenstoff übergehen, treffen in ihm Phosphor und Jod in höchst konzentrierter Form aufeinander.

Reinen, kein Jod bindenden Schwefelkohlenstoff stellte ich mir zu diesem Zwecke in der Weise her, daß dieser 24 Stunden lang unter häufigem Schütteln mit ⅓ Volum rauchender Salpetersäure stehen gelassen, sodann mit Wasser gewaschen und durch Destillation rektifiziert wurde.

Als Neutralisationsmittel für den entstehenden Jodwasserstoff bediente ich mich zunächst des Natriumkaliumtartrates, das in einer Menge von 3—5 g jeder Oxydationsprobe beigegeben wurde.

---

[1]) Bd. 240, 663.

Die Berechnungen erfolgten nach der Gleichung:

$$P_2 + 10\,J + 5\,H_2O = P_2O_5 + 10\,HJ$$

$$P = 5\,J$$

$$\frac{P}{50} = J/_{10} = 1000\ \text{ccm}\ ^n/_{10}\,J$$

$$\frac{P}{50000} = 0{,}00062\ g = 1\ \text{ccm}\ ^n/_{10}\ \text{Jod.}$$

Phosphorgewicht g	$^n/_{10}$ Jod angewandt ccm	Reaktionsdauer Stunden	$^n/_{10}$ Thiosulfatverbrauch ccm	$^n/_{10}$ Jodverbrauch ccm	Gefundene Prozente
0,0406	100	7	39,50	60,50	85,45
0,0317	100	17	49,50	50,50	91,25
0,0239	70	21	30,30	39,70	95,24
0,0208	50	23	17,27	32,73	97,56
0,0431	100	24	31,85	68,15	98,03
0,0429	100	24	32,03	67,97	98,23
0,0169	50	24	22,90	27,10	99,42.

Es ist daraus ersichtlich, daß nach 24 Stunden Konstanz der Resultate eintritt, so daß die Reaktionsdauer auf diese Zeithöhe zu bemessen ist.

Analoge Verhältnisse walten ob bei Anwendung von Natriumbikarbonat und Natriumacetat als Neutralisatoren.

Von Bikarbonat, das einen beträchtlich rascheren Wirkungswert in diesem Falle nicht aufweist und infolgedessen keinen Vorteil ergibt, wird zweckmässigerweise abgesehen, da Natriumkaliumtartrat in keiner Weise der Gefahr unterliegt, bei unsachgemäßer Behandlung unter Umständen Jod zu verbrauchen, wie das beim Mononatriumkarbonat der Fall sein kann.

Stärkelösung ist bei obigen Titrationen nicht unbedingt erforderlich, da das Verschwinden der charakteristischen Jodfärbung des Schwefelkohlenstoffs den Titrationsendpunkt mit Schärfe anzeigt.

Die Thiosulfatlösung läßt man unter kreisender Bewegung und nicht zu rasch in das Titrationsgemisch einfließen, um derselben hinlänglich Gelegenheit zu geben, dem Schwefelkohlenstoff das Jod zu entziehen.

Die zur Untersuchung gelangten Quantitäten von Phosphor waren so bestimmt worden, daß die durch Abpressen auf Filtrierpapier von Wasser nach Möglichkeit befreiten Phosphorstückchen auf der Wage gewogen wurden. Es liegt auf der Hand, daß die Wägungen hierbei nur auf etwa $^5/_{10}$ mg genau ausfallen konnten. Da wegen des großen Jodverbrauchs nur durchschnittlich 3 cg Phosphor zur Abwägung gelangten, so mußten also Wägungsfehler von etwa 1% in Kauf genommen werden, die sich in den Resultaten notwendigerweise wiederspiegeln.

Ich war bei obigen Versuchen von einem durch Arsen verunreinigten Phosphor ausgegangen. Da jenes gleich dem Phosphor durch Jod oxydierbar ist

$$As_2 + 5\,H_2O + 10\,J = As_2O_5 + 10\,HJ,$$

was durch diesbezügliche Versuche mit reinen Arsenproben festgestellt worden war, so repräsentiert obige Phosphortitration stets eine Summentitration von Phosphor und Arsen.

In forensischen Fällen werden dieselben wohl stets summarisch als Phosphor bestimmt werden, nicht aber da, wo es sich z. B. um die Wertbestimmung einer Phosphorsorte handelt.

Ich suchte die Einzelbestimmung der beiden ebenfalls auf jodometrischem Wege zu erreichen und verfuhr zu diesem Behufe wie folgt: 0,1 g des obigen Phosphors wurde mit ca. 3 g Jod, etwa 3 g Jodkalium, ebensoviel Bikarbonat, 10 ccm Schwefelkohlenstoff und ca. 50 ccm Wasser, 26 Stunden lang in einem Kochkolben mit langem Halse, öfters umschüttelnd, stehen gelassen.

In der aus Phosphat, Arsenat und Jodid bestehenden Reaktionsmasse wurde die Arsensäure nach dem sehr exakten Verfahren von Younger[1]) bezw. Gooch und Morris[2]) bestimmt. Dasselbe beruht auf der Reduktion von As_2O_5 zu As_2O_3 mit HJ in der Siedehitze.

Es wurde daher der Kolbeninhalt mit verdünnter Schwefelsäure (1 + 5) soweit angesäuert, daß nach eingetretener Neutralität noch etwa 5 ccm Säure im Ueberschusse waren. Hernach wurde auf dem Drahtnetze bei geneigt stehendem Kolben 25—30 Minuten erhitzt, die letzte Jodfärbung durch einige Kubikzentimeter wässeriger schwefliger Säure weggenommen und noch einige Minuten im Sieden erhalten. Nach erfolgter Abkühlung neutralisierte ich mit einem kleinen Ueberschusse von Mononatriumkarbonat, um nun die erzeugte As_2O_3 nach bekannten Prinzipien mit $^n/_{100}$ Jodlösung zu titrieren.

$^n/_{100}$ Jodverbrauch: 4,90 ccm
4,86 „
im Mittel: 4,88 „

Berechnung:

$$As = H_3AsO_4 = H_3AsO_3 = 2\,J$$

$$\frac{As}{200} = {}^J/_{100}$$

0,000375 g As = 1 ccm $^J/_{100}$

4,88 ccm $^n/_{100}$ J = 0,00183 g As = 1,83 %,

also in 0,0429 g Substanz enthalten 0,000787 g As.

1) Chem. Zentralbl. 1900, I., 813.

2) Chem. Zentralbl. 1900, II., 820.

Bei der direkten Oxydation mit Jod

nach $As_2 + 10 J = As_2O_5$

ist $1 As = 5 J$

$$\frac{As}{50000} = 0{,}0015 \text{ g} = 1 \text{ ccm } {}^n/_{10} \text{ J},$$

folglich 0,000787 g As = 0,52 ccm $^n/_{10}$ J, daher 68 —0,52 = 67,48 ccm $^n/_{10}$ J für Phosphor verbraucht.

1 ccm $^n/_{10}$ J = 0,00062 g P

67,48 „ $^n/_{10}$ J = 0,04184 „ „.

Es waren somit in 0,0429 g Substanz enthalten:

0,04184 g P = 97,43 %

0,000787 „ As = 1,83 „

99,26 %.

Die Oxydation der zur Arsenbestimmung dienenden Phosphormenge hätte selbstredend auch durch Salpetersäure erfolgen können; während sich jedoch bei der Behandlung mit Jod der Prozeß ohne jegliches Zutun vollzieht, erfordert die Manipulation mit Salpetersäure sorgfältige Wärmeregulierung und nachträgliches wiederholtes Abdampfen.

Roter Phosphor.

Ein gutes Präparat amorphen Phosphors wurde zwecks Befreiung von sauren Oxydationsprodukten mit einer 3%igen Sodalösung kräftig durchgeschüttelt, auf eine Saugplatte gebracht und mit Wasser und Alkohol gewaschen. Dann wurde zur Entfernung etwaigen weißen Phosphors mit 100 ccm Schwefelkohlenstoff geschüttelt, abermals abgesaugt und mit Alkohol gewaschen. Das so gereinigte Präparat war zwischen Fließpapier gepreßt und im Vakuumexsiccator zur Staubtrockene gebracht worden.

Zur gravimetrischen Bestimmung wurden 10 g in der zwanzigfachen Menge 30%iger Salpetersäure gelöst, freie Salpetersäure durch wiederholtes Abdampfen verjagt und die Lösung auf das Volum eines Liters gebracht.

10 ccm der Lösung ergaben mit Magnesiamixtur gefällt

0,3560 g $Mg_2P_2O_7$
0,3554 „ „
0,03557 „ „
} im Mittel 0,3557 g = 0,0991 g P.

Es lag demnach ein 99,1%iges Präparat von Phosphor vor.

Eine mit 200 ccm der Lösung (= 2 g Substanz) angestellte Probe auf Arsen war negativ verlaufen.

Quantitäten von 2—3 cg des Analysenobjektes wurden mit $^n/_{10}$-Jodlösung und entsprechenden Mengen von Bikarbonat oder einem anderen Neutralisationsmittel in Reaktion versetzt. Der Oxydationsfortgang ließ sich an der Raschheit, mit welcher der zu Boden sitzende Phosphor verschwand, verfolgen. Eine Totaloxydation gelang auf diesem Wege nicht. Die Proben der nachfolgenden Versuchsreihe enthielten, wie besonders nach der Titration mit Thiosulfat zu sehen war, noch mehr oder minder große Partikel roten Phosphors. Die Proben wurden dennoch titriert, um festzustellen, in welcher Zeit etwa eine völlige Umsetzung zu erwarten gewesen wäre.

Phosphormenge g	$^n/_{10}$ Jodmenge ccm	$^n/_{10}$ Thiosulfatverbrauch ccm	Jodverbrauch ccm	Zusatzstoff	Zeitdauer Stunden	Prozent
0,0187	50	38,84	11,16	Natriumkaliumtartrat	18	37,00
0,0146	50	36,44	13,56	„	18	57,58
0,0228	50	28,33	21,67	Natriumbikarbonat	18	58,92
0,0225	50	24,80	25,20	„	18	69,44
0,0237	50	17,70	32,30	5 ccm verdünnter Schwefelsäure	44	84,49

Es war darnach in praktisch belangreichen Zeiträumen überhaupt keine vollkommene Umsetzung zu erwarten.

Ich stellte nunmehr Versuche mit einer konzentrierteren und zwar etwa halbnormalen Jodlösung an, welche durch Auflösen von 13 g Jod und 30 g Jodkalium zu 200 ccm bereitet worden war. 1 ccm derselben entsprach 5,104 ccm $^n/_{10}$ Thiosulfat.

Die Resultate blieben gleich ungünstig, die oxydative Wirkung des Jodes hatte sich also in keiner Weise erhöht, stets blieb unveränderter Phosphor im Rückstand.

Zu einem befriedigenden Endresultate gelangten wir auch hier auf dem Wege, daß wir den Untersuchungsgemischen eine geringe Quantität Schwefelkohlenstoff hinzufügten. Es muß wohl angenommen werden, daß der rote Phosphor, obwohl praktisch genommen in Schwefelkohlenstoff unlöslich, spurweise von letzterem aufgenommen und in dieser Form leicht oxydiert wird. Dieser Lösungsvorgang wiederholt sich dann solange, bis aller feste Phosphor verschwunden ist. Gleichzeitig dürfte wohl auch noch die hohe Jodkonzentration im Schwefelkohlenstoff von günstigem Einflusse sein.

Phosphormenge g	$^n/_2$ Jodmenge Faktor 5,105 ccm	$^n/_{10}$ Thiosulfatverbrauch ccm	$^n/_{10}$ Jodverbrauch ccm	Zusatzstoff	Zeitdauer Stdn.	Gefunden %	Berechnet %
0,0210	10	20,30	30,76	Natriumbikarbonat	18	90,81	99,1
0,0167	10	24,28	26,78	„	26	99,42	99,1
0,0247	15	37,25	39,34	„	26	98,74	99,1
0,0244	15	37,58	39,01	„	26	99,12	99,1

Wie ersichtlich, ist die Reaktion nach etwa 26 Stunden beendet, in der Praxis wird man also etwa 1¼ Tage als geeignete Reaktionsdauer aufwenden.

Als Neutralisationsmittel ist hier nur reines Mononatriumkarbonat verwendbar.

Bei Anwendung von Natriumkaliumtartrat waren nach 24stündigem Stehen der Reaktionsgemische noch Spuren unveränderten Phosphors vorhanden.

Chem. Univers. Laborat. (Ph. Abt.) Freiburg i. B.

Ueber eine jodometrische Gehaltsbestimmung von Chloralhydrat.

Von E. Rupp.

(Eingegangen den 13. VI. 1903.)

Die oxydierende Wirkung des Jods im Sinne der Gleichung:

$$H_2O + 2J = 2HJ + O$$

ist bekanntermaßen eine umso intensivere je vollkommener die entstehende Jodwasserstoffsäure aus dem Reaktionssysteme entfernt wird, bez. je weitgehender die Konzentration freier Wasserstoffionen herabgedrückt wird, da anderenfalls obige Gleichung reversibel verläuft.

Die üblichsten Zusatzstoffe nach dieser Richtung hin bilden die Alkalimonokarbonate. Weniger wirksam erweisen sich Natriumacetat und Natriumkaliumtartrat, welche wohl den Jodwasserstoff zu binden im stande sind,

$$HJ + CH_3COONa = CH_3COOH + NaJ,$$

$$HJ + \begin{array}{l}CH \cdot OH \cdot COOK \\ | \\ CH \cdot OH \cdot COONa\end{array} = \begin{array}{l}CH \cdot OH \cdot COOK \\ | \\ CH \cdot OH \cdot COOH\end{array} + NaJ,$$

hierfür aber selbst Wasserstoffionen in Lösung schicken.

Selbst zwischen diesen beiden Zusatzstoffen besteht noch ein Unterschied insofern, als mit Anwendung von Natriumkaliumtartrat Oxydationen durch Jod noch quantitativ sich vollziehen, die bei Verwendung von Natriumacetat unvollkommen bleiben, so z. B. diejenige von gelbem Phosphor zu Phosphorsäure. Eine Reihe anderer Beispiele ist in den Dissertationen meiner Schüler Finck[1]) und Schiedt[2]) niedergelegt.

Der Grund dieses unterschiedlichen Verhaltens liegt offenkundigerweise in den verschiedenen Konzentrationen der Wassersoffionen, die bei Anwendung von Natriumkaliumtartrat eine geringere ist, da die Hauptmenge des entstehenden sauren Kaliumtartrates als unlöslich aus dem Systeme ausscheidet.

Diese Verhältnisse gestatten ohne weiteres zu folgern, daß die oxydierende Wirkung des Jods in ätzalkalischer Lösung, worin Wasserstoffionen durch die Gegenwart von Hydroxylionen absolut ausgeschlossen sind, die allerenergischste sein muß.

Dies soll nachstehend für eine pharmazeutisch verwertbare Titration des Chloralhydrats dargetan werden, welches durch ätzalkalische Jodlösung glatt in Kohlensäure und Chloroform zerlegt wird, während natriumkaliumtartrat- oder bikarbonathaltige Jodlösung fast keine oder nur teilweise Oxydation herbeiführt. Entfärbt man $^n/_{10}$ Jod mit Normalkalilauge und säuert hernach wieder mit Salzsäure oder Schwefelsäure an, so wird bei der Titration mit Thiosulfat nach nicht allzu ausgedehnter Zeitdauer alles Jod wiedergefunden. Es verbrauchten 20 ccm $^n/_{10}$ J mit n—KOH entfärbt,

bei Säuerung nach	1 Stunde	20,00 ccm	$^n/_{10}$ Thiosulfat
„ „ „	2 Stunden	19,99 „	„
„ „ „	3 „	19,98 „	„

Mit einer Lösung reinen Chloralhydrates in Wasser 1 = 100 wurde nun eine Versuchsreihe angestellt, bei der 25 ccm $^n/_{10}$ Jod mit 2—3 ccm Normalalkali versetzt und 10 ccm der Chlorallösung hinzugegeben wurden. Nach 5—10 Minuten war mit Wasser verdünnt und unter Umschwenken mit Salzsäure angesäuert worden um überschüssiges Jod zurückzutitrieren. Der Verbrauch an $^n/_{10}$ Thiosulfat belief sich auf 13,25—13,3 ccm, so daß also 11,75—11,7 ccm $^n/_{10}$ Jod beansprucht waren.

Nach der Gleichung:

$CCl_3 \cdot COH \cdot H_2O + 2J = 2HJ + CO_2 + CHCl_3$ entsprechen:

1 Molekül Chloralhydrat = 1 Mol. J,
82,75 g „ = 1 J,
0,008275 „ „ = 1 ccm $^n/_{10}$ J,

11,7—11,75 ccm $^n/_{10}$ J = 0,0969—0,09725 g Chloralhydrat = 96,9—97,25 %.

Eine Kontrollanalyse des angewandten Präparates durch eine Halogenbestimmung nach Carius ergab einen Gehalt von 97,1% an $CCl_3 \cdot CH(OH)^2$.

[1]) Jodometrie des Phosphors und seiner Säuren.

[2]) Jodometrie von Ferrocyaniden, Rhodaniden und Xanthogenaten.

Bei Anwendung von Mononatriumkarbonat oder Natriumkaliumtartrat als Zusatzstoffe zur Jodlösung wurden unter sonst gleichen Verhältnissen aber bei mehrstündiger Reaktionsdauer nur 5,3 bez. 1,2 ccm Jodlösung beansprucht.

Wird die zur Oxydation dienende Jodlösung stark natronalkalisch gemacht, so werden ebenfalls viel zu niedrige Resultate erhalten, indem vor Vollzug der Oxydation eine Zerlegung des Chlorals durch das Alkali Platz greift,

$$CCl_3COH + KOH = CHCl_3 + HCOOK.$$

Es darf deshalb nur soviel Alkali zugesetzt werden, daß rotes Lackmuspapier nur eine leichte Bläuung erfährt, bezw. die Jodlösung eine deutlich braunrote Färbung dauernd beibehält.

Eine der Praxis entsprechende Fassung der Untersuchungsvorschrift wäre somit etwa folgende:

25 ccm $^n/_{10}$ Jod werden in einer Glasstöpselflasche mit 2,5 ccm N.-Kalilauge versetzt, dazu 10 ccm einer Chloralhydratlösung 1 = 100 gegeben und 5—10 Minuten stehen gelassen. Nach der Verdünnung mit ca. 50 ccm Wasser und 5 ccm offizineller Salzsäure ist mit $^n/_{10}$ Thiosulfat zu titrieren. Der Verbrauch hieran bewege sich in den Grenzen von 12,9—13,5 ccm = 100—95% Chloralhydrat.

Ueber weitere Titrationen mit Jodlauge wird später berichtet werden.

Chem. Univers.-Laborat. (Ph. Abt.) Freiburg i. B.

Ueber eine jodometrische Gehaltsbestimmung von Hydrargyrum cyanatum.

Von E. Rupp und A. Schiedt.

(Eingegangen den 15. VI. 1903.)

Nach Fordos und Gélis[1]) ist Cyankalium jodometrisch bestimmbar nach der Gleichung

$$KCN + J_2 = KJ + JCN.$$

Wie ein Versuch zeigt, entfärbt auch das offizinelle Mercuricyanid Jodlösung momentan, und läßt sich hierauf eine einfache Gehaltsbestimmung dieses Präparates gründen.

---

[1]) Mohr's Lehrb. d. Titrieranalyse 1896, 330.

Als Komplikation stellt sich nur der Umstand in Weg, daß Stärkelösung bei dieser Titration als Indikator nicht verwertbar ist, da Jodcyan, ähnlich dem freien Jod, Stärke anbläut, so daß lange ehe der Endpunkt der Jodaufnahme herangenaht ist, eine allmählich auftretende Bläuung der Titerflüssigkeit sich einstellt. Das Jodcyan wirkt ganz allgemein auf Jodindikatoren in einer dem freien Jod gleichkommenden Weise ein.

Ein Zusatz von Chloroform z. B. nimmt bald nach begonnener Titration eine Rosafärbung an. Andererseits zeigen Lösungen von Jodcyan eine gelbliche Farbe, so daß die Erkennung des Reaktionsendpunktes keine scharfe ist und leicht ungenaue Resultate gefunden werden.

In nachfolgender Versuchsreihe wurden 10 ccm einer Quecksilbercyanidlösung 1 = 100 mit ca. 0,5 g Mononatriumkarbonat und dann mit $^{n}/_{10}$ Jod bis zur deutlichen Gelblichfärbung versetzt, wozu 15,5 bis 15,6 ccm der Titerflüssigkeit erforderlich waren. Die Titrationsflüssigkeiten bleiben hierbei völlig klar, indem das gebildete Quecksilberjodid sich alsbald mit dem Jodkalium der $^{n}/_{10}$-Jodlösung zum Komplexsalz auflöst.

Nach der Gleichung:

$HgCy_2 + 4\,J = HgJ_2 + 2\,JCy$ entsprechen $4\,J = 252{,}4$ g $HgCy_2$, 1 ccm $^{n}/_{10}$ J = 0,0063095 g $HgCy_2$; daher

$$15{,}5 \text{ ccm } ^{n}/_{10}\text{ J} = 0{,}09765 \text{ g } HgCy_2 = 97{,}65\,\%$$
$$15{,}6 \;\;\text{„} \;\;\text{„} = 0{,}09828 \;\text{„} \;\;\text{„} = 98{,}28 \;\text{„}$$

Die Resultate sind also infolge des diffusen Endpunktes um ca. 2% zu niedrig.

Wir suchten uns des störenden Jodcyans dadurch zu entledigen, daß wir 10 ccm der Cyanidlösung unter Bikarbonatzusatz mit 20 ccm $^{n}/_{10}$ Jod, also einem Ueberschusse, versetzten, sodann mit 5 ccm verdünnter Salzsäure ansäuerten.

Hierdurch sollte das mit Säuren leicht zersetzliche Jodcyan zerlegt, bezw. 1 Molekül Jod regeneriert werden:

$$JCy + \underbrace{HJ}_{\text{aus Jodid der Jodlösg.}} = HCy + J_2.$$

Wie sich zeigte vollzieht sich dieser Prozeß auch vollkommen glatt und ist die nachfolgende Jodresttitration mit Zusatz von Stärkelösung durchführbar, leider wird hierbei jedoch die ganze ursprünglich zugesetzte Jodmenge wiedergefunden. Es gibt also das Quecksilberjodid bei dieser Gelegenheit ebenfalls sein Jod ab, um in das wenig dissociierte Chlorid überzugehen.

$$HgJ_2 + 2\,JCy + 2\,HCl = HgCl_2 + 2\,HCy + 4\,J.$$

Des weiteren wurde an Stelle der $^{n}/_{10}$ Jodjodkaliumlösung alkoholische Jodlösung verwertet, ferner direkt die angesäuerte Mercuricyanidlösung mit $^{n}/_{10}$ Jod behandelt, und anderes mehr, — immer blieb dasselbe Resultat bestehen.

Hingegen gelingt es die Unterwerte der erstangegebenen Titrationsweise zu kompensieren durch eine zweite in umgekehrter Weise vorgenommene Titration.

Es wurden 20 ccm $^{n}/_{10}$ Jodlösung mit ca. 0,5 g Bikarbonat versetzt und sodann mit der obigen Quecksilbercyanidlösung (1 = 100) bis auf einen schwach gelblichen Ton titriert, wie er der Farbe einer Vergleichsflüssigkeit von 1—2 Tropfen und etwas Jodkalium in ca. 30 ccm Wasser entspricht. Der Verbrauch an Cyanidlösung belief sich auf 12,8—12,9 ccm, entsprechend 101,58—102,38% der angewandten $HgCy_2$-Menge.

Wie ersichtlich werden hier zu hohe Resultate erhalten und zwar ist dieser entgegengesetzt gerichtete Fehler annähernd gleich dem des umgekehrten Verfahrens, so daß das Mittel zweier solcher Bestimmungen gut brauchbare Resultate ergibt.

101,58 %		101,58 %	
97,65 „		98,28 „	
199,23 %, im Mittel	99,61 %	199,86 %, im Mittel	99,93 %.
102,38 %		102,38 %	
97,65 „		98,28 „	
200,03 %, im Mittel	100,015 %	200,66 %, im Mittel	100,33 %.

Es liegt auf der Hand, daß die Fehler zweier Titrationen sich nur dann aufheben können, wenn beide Male annähernd gleiche Mengen reagieren. Man wird also zweckmäßigerweise die bei der ersten Titration zur Anfärbung einer bestimmten Cyanidmenge erforderliche $^{n}/_{10}$ Jodlösung, in etwa derselben Kubikzentimeter-Anzahl für die zweite Titration zur Entfärbung durch das Cyanid anwenden.

Endlich sei noch bemerkt, daß die zu Titration I verwendete Cyanidmenge 1 dg nicht übersteigen soll, um die störende Färbung des Jodcyans nicht unnötigerweise zu vergrößern.

Chem. Univers.-Laborat. (Ph. Abt.) Freiburg i. B.

Ueber eine jodometrische Bestimmung des Zinks mit Ferrocyankalium.

Von E. Rupp.

(Eingegangen den 15. VI. 1903.)

Im Verein mit Herrn A. Schiedt hatte ich vor einiger Zeit über eine volumetrische Bestimmung des gelben Blutlaugensalzes[1]) berichtet, aus der hervorging, daß dieses Präparat in einfacher Weise mit $^{n}/_{10}$ Jod titrierbar ist. Die Einwirkungsdauer der im Ueberschuß angewandten Jodlösung bemißt sich hierbei auf verschieden lange Zeiträume, je nachdem essigsaure, neutrale oder bikarbonatalkalisierte Ferrocyanidlösungen vorliegen.

Wir suchten nun die Eigenschaft der Ferrocyanwasserstoffsäure, mit einer Reihe von Schwermetallen unlösliche Salze zu bilden, der indirekten Jodometrie jener Metalle, wie Zink, Kupfer, Mangan, Kobalt, Nickel u. s. w., in der Weise nutzbar zu machen, daß Lösungen betreffender Metallsalze mit einer bekannten, im Uebermaß vorhandenen Menge von Ferrocyankalium zusammengebracht wurden. Von den Niederschlägen sollte sodann abfiltriert und in einem aliquoten Filtratteile überschüssiges Ferrocyankalium jodometrisch zurückgemessen werden.

Die Direkttitration von Schwermetallen mit Ferrocyankalium bildet, wie bekannt, eine schon lange und viel bearbeitete Frage auf dem Gebiete der Maßanalyse. Es sei hier nur auf die Forschungen von Donath und Hattensaur[2]), Moldenhauer[3]), Blum[4]), Lukow[5]), Stone[6]), Hiller[7]), ferner Miller und Mathews[8]) verwiesen.

Aus denselben ist leicht die Schwierigkeit ersichtlich, mit der die Gewinnung einheitlicher Ferrocyanidniederschläge verknüpft ist. So besteht zum Beispiel die Manganfällung je nach den Zusammensetzungsverhältnissen der Mangansalzlösung aus Mn_2FeCy_6 oder $K_2MnFeCy_6$ oder $K_4Mn_4(FeCy_6)^3$.

---

1) Berl. Ber. 35, 2430.
2) Chem.-Ztg. 14, 323.
3) Chem.-Ztg. 15, 223.
4) Ztschr. f. analyt. Chem. 30, 282 u. 284.
5) Chem.-Ztg. 15, 1491; 16, 835; 16, 1428; 17, 164
6) Journ. am. Chem. Soc. 17, 473; 19, 542.
7) Journ. am. Chem. Soc. 18, 1100.
8) Journ. am. Chem. Soc. 19, 547.

Abgesehen davon sind die Titrationsendpunkte nur durch Tüpfelreaktionen zu ermitteln, welche vielfach nur unscharfe Uebergänge erkennen lassen.

Es haben sich daher auch diese Titrationsmethoden für Ag, Pb, Cd, Mn u. s. w. nicht in die Praxis einzuführen vermocht.

Es war nun denkbar, daß an Hand des jodometrischen Ueberschußbestimmungsverfahrens einheitlichere Niederschläge erhaltbar werden, indem hier als gleichbleibende Arbeitsbedingung die gegeben war, daß stets mit einem Ueberschusse von Ferrocyanid gearbeitet wurde, womit sich Gelegenheit zur Bildung konstant zusammengesetzter Kaliumdoppelferrocyanide bot. Ferner konnte hierbei die Erkennung des Reaktionsendpunktes keinerlei Schwierigkeiten zeitigen, da es sich jeweils nur um eine jodometrische Titration der Filtrate handelte.

Die Ferrocyanidniederschläge sind an sich von einer für analytische Zwecke höchst unangenehmen gallertigen Natur und infolgedessen sehr schwer absetzend und schlecht filtrierbar.

Setzt man jedoch dem Fällungsgemische kalt gesättigte Chlornatriumlösung oder ein anderes Neutralsalz wie Natriumacetat zu, so kann nach längerem Stehen klar abgegossen und filtriert werden.

Die zu nachstehend beschriebenen Fällungen dienende Ferrocyankaliumlösung war als Zehntelnormallösung erstellt, die 42,3 g reinsten krystallisierten Salzes erhielt. Der Titer wird derart ermittelt, daß man 10 ccm in einer Glasstöpselflasche mit 20 ccm $^{n}/_{10}$ Jod und 0,3 bis 0,5 g reinem Mononatriumkarbonat 15—20 Minuten bei gewöhnlicher Temperatur und ohne umzuschwenken stehen läßt, hierauf wird unter Zusatz von Stärkelösung mit $^{n}/_{10}$ Thiosulfat zurücktitriert ($0,04229\ g\ K + FeCy_6 + 3aq = 1\ ccm\ ^{n}/_{10}\ J$).

Zinkbestimmung:

Zinksalze reagieren mit Ferrocyankalium, wie von de Koninck und Prost[1]) festgestellt worden ist, in folgender Weise:

$$K_4FeCy_6 + 2ZnSO_4 = Zn_2FeCy_6 + 2K_2SO_4$$

$$3Zr_2FeCy_6 + K_4FeCy_6 = 2\begin{array}{l} FeCy_6 \begin{cases} K \\ Zn \end{cases} \\ \quad\quad\quad > Zn \\ FeCy_6 \begin{cases} Zn \\ K. \end{cases} \end{array}$$

Die Bildung dieses Zinkkaliumferrocyanürs bedingt die eigenartige und umständliche Arbeitsweise bei der maßanalytischen Bestimmung des Zinks nach Galetti[2]), welche nur dann gute Resultate liefert,

[1]) Ztschr. f. angew. Chem. 1896, 460 u. 564

[2]) Ztschr. f. analyt. Chem. 4, 213.

wenn die zu bestimmende Zinklösung mit einem Ueberschuß von Ferrocyankalium versetzt und letzterer mit einer empirischen Titerflüssigkeit die wiederum aus einem Zinksalz besteht, mit Anwendung von Uransalzlösung als Tüpfelindikator zurücktitriert wird.

Nach dem von uns eingehaltenen Verfahren kommen die aufeinander eingestellten Ferrocyankalium- und Chlorzinklösungen in Wegfall. Die Ferrocyanidrestmessung kann in neutraler Lösung ohne daß vom Zinkniederschlage abfiltriert wird, direkt im Fällungsgemische vorgenommen werden.

Zur Ausführung der Bestimmung wurden 10 ccm einer Lösung reinsten, krystallisierten Zinksulfats 1 = 20 mit 20 ccm $^n/_{10}$ Ferrocyankaliumlösung versetzt, mit etwas Wasser verdünnt und 30 Minuten stehen gelassen.

Das Ferrocyanzink fällt zunächst gallertig (dickschleimig) aus, wird dann mehr Ferrocyankalium zugegeben, so wird die Mischung wieder dünnflüssig, und der Niederschlag nimmt eine weißere Farbe an, indem sich das Doppelsalz von Zinkkaliumferrocyanid bildet.

Die Proben wurden nun mit je 20 ccm $^n/_{10}$ Jodlösung 1 Stunde angesetzt. Zur Messung des Jodüberschusses wurden unter Anwendung von Stärkelösung als Indikator verbraucht: 11,55, 11,6 ccm $^n/_{10}$ Thiosulfat.

Somit waren von 0,5 g Zinksulfat 11,55 ccm und 11,6 ccm $^n/_{10}$ Ferrocyankaliumlösung bezw. Jodlösung verbraucht worden.

Da $2 K_4 Fe Cy_6 = 3 Zn$,

$$1 K_4 Fe Cy_6 = 1 J = \frac{3 \cdot 65{,}4}{2} \text{ g Zn}$$

$$1000 \text{ ccm } ^n/_{10} \text{ J} = 9{,}81 \text{ g Zn}$$

$$1 \text{ ccm } ^n/_{10} \text{ J} = 0{,}00981 \text{ g Zn},$$

$$\text{so sind } 11{,}55 \text{ ccm } ^n/_{10} \text{ J} = 0{,}11330 \text{ g Zn},$$

$$11{,}6 \text{ ccm } ^n/_{10} \text{ J} = 0{,}11379 \text{ g Zn}.$$

Es wurden somit 99,64% und 100,08% der angewandten Substanz wiedergefunden.

Läßt man den Niederschlag von Ferrocyanzink nicht einige Zeit mit dem überschüssigen Ferrocyankalium stehen, so werden etwas abweichende Resultate erhalten.

Zum Beispiel wurden beim sofortigen Versetzen der nämlichen Versuche mit 20 ccm $^n/_{10}$ Jodlösung und 0,5 g Natriumbikarbonat nach 15 Minuten 11,9, 11,9 ccm $^n/_{10}$ Thiosulfatlösung verbraucht.

Es steht das mit der von de Koninck[1]) gemachten Beobachtung im Einklange, daß die Umwandlung von Ferrocyanzink in Zinkkaliumferrocyanid einer gewissen Zeit (15 Minuten, weniger in der Wärme)

[1]) Ztschr. f. angew. Chem. 1896, 460 u. 564.

bedarf. Im obigen Falle war die Umsetzung eine noch nicht vollständige gewesen.

Es soll daher die oben eingehaltene Reaktionsdauer von ½ Stunde nicht unterschritten werden, wie andererseits die nachfolgende Oxydationsdauer mit Jod nicht wesentlich über eine Stunde ausgedehnt werden soll.

An Stelle der verwendeten $^{n}/_{10}$ Ferrocyankaliumlösung kann ebensogut eine empirische Lösung angewandt werden, deren Gehalt bezw. Jodtiter praktischer Weise dann der $^{n}/_{10}$ Lösung ungefähr gleichgestellt wird.

Mit anderen Metallen angestellte Titrationsversuche verliefen durchweg negativ. Mochte es zuweilen auch gelingen, unter absolut gleichen Arbeitsbedingungen zu Resultaten von einiger Konstanz zu gelangen, so ging diese doch stets verloren, sobald die Mengenverhältnisse der reagierenden Agentien variiert wurden. Es erweist sich hiermit wiederum die Bindefähigkeit des Komplexions $^{IV}FeCy_6$ als eine so vielartige, daß uns das Ferrocyankalium auf Grund beifolgender Versuchsreihen außer für Zink in jeder Beziehung ungeeignet erscheint als analytisches Fällungsreagens.

Manganfällung.

10 ccm einer Manganlösung, deren Gehalt nicht gravimetrisch bestimmt wurde, da sich die Untersuchung erst nur auf Prüfung konstanter Fällungen erstreckte, wurden mit 20 ccm $^{n}/_{10}$ Ferrocyankalium- und mit Natriumacetatlösung im 200 ccm-Meßkolben bis zur Marke versetzt.

100 ccm des wie bei der Kupferfällung erhaltenen Filtrates wurden der jodometrischen Ferrocyankaliumbestimmung unterzogen.

Hieraus ergab sich ein Verbrauch von 14,2, 14,4, 14,6 ccm $^{n}/_{10}$ Ferrocyankaliumlösung für 10 ccm Manganchlorürlösung.

In einer anderen Versuchsreihe wurden auf 10 ccm Manganlösung 25 ccm $^{n}/_{10}$ Ferrocyankaliumlösung verwendet.

Der Verbrauch an Ferrocyankaliumlösung wurde hierbei zu 14,7, 14,8, 14,6, 14,9 ccm ermittelt.

Kupferfällung.

(Kupfersulfatlösung 1 = 25.)

10 ccm Kupfersulfatlösung wurden im 100 ccm- (bezw. 200 ccm-) Meßkolben mit 25 ccm $^{n}/_{10}$ Ferrocyankaliumlösung versetzt und mit Kochsalzlösung bis zur Marke aufgefüllt.

Nachdem der Niederschlag gut abgesessen war, wurde die darüber stehende klare Flüssigkeit abgegossen und filtriert.

In 50 bezw. 100 ccm des Filtrates wurde der Gehalt an Ferrocyankalium jodometrisch bestimmt.

Daraus ergab sich ein Verbrauch für 10 ccm Kupfersulfatlösung von 12,7, 12,5 ccm, in einer anderen Versuchsreihe von 13,0, 13,0, 13,1 ccm, in einer dritten Versuchsreihe von 13,4, 13,2, 13,6, 13,6 ccm $^n/_{10}$ Kaliumferrocyanidlösung.

Kobaltfällung.

10 ccm Kobaltammoniumsulfatlösung mit 25 ccm $^n/_{10}$ Ferrocyanlösung u. s. w. in der gleichen Weise, wie bei der Manganfällung erörtert, behandelt, ergaben einen Verbrauch von $^n/_{10}$ Ferrocyankaliumlösung von 6,4, 6,8, 6,8, 7,0 ccm. In einer zweiten Versuchsreihe wurden 6,4, 6,4, 6,6, 6,8 ccm $^n/_{10}$ Ferrocyankaliumlösung gebunden.

Nickelfällung.

10 ccm Nickelammoniumsulfatlösung und 25 ccm $^n/_{10}$ Ferrocyanidlösung wurden mit Kochsalzlösung zu 200 ccm ergänzt und analog der Manganlösung behandelt.

Sie verbrauchten 12,8, 11,5 ccm, in einer anderen Versuchsreihe 11,4, 12,0, 12,1 ccm, in einer dritten Versuchsreihe 12,6, 12,4, 12,4 12,3 ccm $^n/_{10}$ Ferrocyankaliumlösung.

Chem. Univers.-Laborat. (Ph. Abt.) Freiburg i. B.

Aus dem pharmakologischen Institut der Universität Leipzig.

Ueber eine neue Methode des quantitativen Nachweises von Phosphor in öliger Lösung.

Von Dr. med. Walther Straub, Privat-Dozent und I. Assistent des Instituts.

(Eingegangen den 19. VI. 1903.)

In einer soeben erschienenen Arbeit[1]) habe ich den Nachweis zu bringen versucht, daß das bei Einwirkung von Phosphor (in öliger Lösung) auf Kupfer bei Gegenwart von Wasser und Luftsauerstoff entstehende Kupfer-Phosphür als Vermittler eines am überschüssigen Phosphor sich abspielenden Oxydationsprozesses dient, der bei geeigneter

---

[1]) Ztschr. f. anorg. Chemie 1903, Heft 4.

Versuchsanordnung erst dann zum Stillstand kommt, wenn aller Phosphor als Phosphorsäure in wässeriger Lösung vorliegt. Bei der Langsamkeit mit der in der zitierten Anordnung der Vorgang der Oxydation überschüssigen Phosphors durch Kupferphosphür sich abspielt, war an eine unmittelbare Nutzbarmachung der Reaktion zu analytischen Zwecken nicht zu denken. Der zum Ziele führende Weg war aber darin vorgezeichnet, daß bei Anwesenheit des Kupfers in Form einer wässerigen Salzlösung die Oxydation des Phosphors sehr viel rascher verläuft. — Schichtet man eine ölige Lösung von Phosphor auf 1%ige Lösung von Kupfersulfat, so bildet sich an der Berührungsstelle von Oel und Wasser sehr rasch eine Schicht jenes schwarzen Phosphürs. Weitere Vorgänge lassen sich durch die einfache Beobachtung nicht erkennen. Untersucht man jedoch die meist noch blau gefärbte wässerige Lösung, so ergibt sich ein beträchtlicher mit der Versuchsdauer zunehmender Gehalt an Phosphorsäure.

In einem speziellen Falle ergab sich, daß ein zweitägiger Aufenthalt von 25 ccm einer 0,1%igen Lösung von Phosphor in Olivenöl auf 50 ccm einer 1%igen Lösung von Kupfersulfat (berechnet auf $CuSO_4 + 5H_2O$) genügte, um allen Phosphor aus dem Oele verschwinden zu lassen. Bei Anstellung der Mitscherlich-Scherer'schen Probe konnte qualitativ kein Phosphor nachgewiesen werden.

Da der Phosphor des Phosphürs durch Behandeln mit Salpetersäure leicht und restlos als Phosphorsäure in Lösung gebracht werden kann, wurde schon in der Ueberschichtung des fraglichen Oels auf Kupfersulfat-Lösung und nachherige Bestimmung des Phosphorsäuregehalts sowohl in der wässerigen Flüssigkeit als auch in dem durch Lösung in Salpetersäure analysierbar gewordenen Phosphür-Phosphor eine brauchbare Methode der Phosphorbestimmung im Oel zu finden sein. (Versuch I und IV). Die Ausführung der Analyse läßt sich aber durch Schütteln methodisch noch wesentlich vereinfachen.

Schüttelt man nämlich 10 ccm einer 0,1%igen Lösung von Phosphor in Olivenöl mit 25 ccm einer 1%igen Lösung von Kupfersulfat, so entsteht zunächst eine schwarzbraune Emulsion, in dem jedes einzelne Oeltröpfchen von einer Schicht Kupferphosphür überzogen wird. Nach 4—5stündigem Schütteln ist diese schwarzbraune Farbe verschwunden; beim ruhigen Stehen trennt sich das Gemisch in zwei Schichten, und aller Phosphor ist nun in der kupfersulfathaltigen wässerigen Lösung nach den gebräuchlichen Methoden der Phosphorsäurebestimmung mit Leichtigkeit zu finden. Auf diese Weise ausgeführt bietet die Methode noch den Vorteil, schon in der Entfärbung der Emulsion einen Indikator für die Beendigung des Oxydationsprozesses zu besitzen.

Die Genauigkeit der Methode ist dann diejenige des Nachweises der Phosphorsäure bei Anwesenheit von Kupfer und Schwefelsäure.

Das Einwandern des Phosphors in die wässerige Lösung erfolgt natürlich nach den Diffusionsgesetzen. Daß trotz der geringen Löslichkeit des Phosphors im Wasser mit relativ großer Geschwindigkeit aller Phosphor das Oel verläßt und in das Wasser diffundiert, dürfte dadurch genügend erklärt sein, daß durch die sofortige Oxydation des Phosphors durch das Phosphür im Wasser beständig der relative Phosphorpartialdruck Null herrscht, weshalb auch der Phosphor restlos und nicht etwa bis zu einem gewissen Gleichgewichtszustand vom Wasser aufgenommen wird.

Daß das Vorhandensein von Kupfer für den Vorgang nicht von spezifischer Bedeutung ist, beweist die Tatsache, daß auch beim Schichten von Phosphoröl auf Salpetersäure, der Phosphor als Phosphorsäure in die wässerige Lösung geht. Die Reaktion erfolgt bei dieser Anordnung indes so langsam, daß ihr keine praktische Bedeutung beikommt. In einem zum Vergleich angestellten Versuch mit Ueberschichtung der wässerigen Lösungen mit dem Phosphoröl war in die Salpetersäure eine nur qualitativ deutlich nachweisbare Menge Phosphor als Phosphorsäure eingedrungen, während zur gleichen Zeit die Kupfersulfatlösung die ganzen in Anwendung gekommenen 0,010 g P oxydiert als H_3PO_4 enthielt.

H. Ekroos[1]) bekam bei seinen Versuchen eine brauchbare Methode der Phosphorbestimmung auszuarbeiten ständige Defizite von etwa 50% der berechneten Menge. Er zog daraus den Schluß, daß im Phosphoröl der Phosphor nicht eine einfache Lösung im Oel darstellt, sondern zum Teil mit irgend einem Bestandteil des Fettes in Verbindung getreten ist. Meine Versuche, mit Phosphor gelöst in Olivenöl sowie auch in Mandelöl, ergaben jedoch, wie besonders die unter B mitgeteilten Analysenbelege lehren, durchaus genügende Resultate. In gut geschlossenen Gefäßen aufbewahrt, erlitt das Phosphoröl niemals Verluste an elementarem Phosphor, dagegen sehr beträchtlich in schlecht verschlossenen Flaschen. Ekroos nahm auf einmal 0,075 g und mehr Phosphor zu 10 ccm Oel in Bearbeitung, mir gelang es von 0,0025 g in 10 ccm gelösten Phosphors noch 0,00248 g als Pyro-Magnesiumphosphat zur Wägung zu bringen. Die Ekroos'sche Hypothese der Phosphorbindung an unbekannte Fettbestandteile dürfte demnach zu verlassen sein.

Gerlinger[2]) fand mit seiner physikalischen Methode des Phosphornachweises gleichfalls Uebereinstimmung mit gefundenem und

[1]) Archiv der Pharmazie 1898, Bd. 236, p. 627.
[2]) Centralblatt für innere Medizin 1902, 23. Jahrg.

berechnetem Titer und erwähnt speziell, daß in geschlossenen Flaschen, ohne besondere Vorsichtsmaßregel, noch nach 6 Wochen die Anfangsphosphorwerte gefunden wurden.

Analysen-Belege.

Die Herstellung einer Phosphor-Lösung in Oel[1]) mit genau bekanntem Gehalt ist bekanntlich eine unsichere Sache[2]). Bei den unter A mitzuteilenden Versuchen legte ich keinen Wert auf große Titergenauigkeit und erwärmte deshalb im geschlossenen Gefäß das Oel mit einem gewogenen Ueberschuß von Phosphor; die wirklich gelöste Menge Phosphor wurde durch Zurückwägen des nach 6stündigem Erwärmen auf dem Wasserbade noch ungelösten Stückes Phosphor bestimmt. Dabei ist reichlich Gelegenheit zur Entstehung von Fehlern und Verlusten gegeben. Die Analysen von Phosphoröllösungen mit möglichst genau bekanntem Titer sind unter B mitgeteilt.

A.

Gehalt des Phosphoröls 1 ccm = 0,0005 g.

I. Versuch.

Scheidetrichter mit 25,0 ccm 1%ige Lösung von ($CuSO_4 + 5H_2O$) und darüber geschichtet 10,0 ccm des Phosphoröls; gut verschlossen, bleibt 3 Tage lang stehen.

An der Berührungsstelle von Oel und Wasser hat sich die Phosphürschicht gebildet, die durch Zugabe von Salpetersäure zur Lösung gebracht wird. Die Phosphorsäure wird in der kupferhaltigen Lösung nach Woy durch Fällen mit Molybdänsäure etc. bestimmt.

$P_2O_7Mg_2$ gefunden 0,0150 g = 0,00352 g P, berechnet 0,005 g.

II. Versuch.

25,0 ccm 1%ige $CuSO_4$-Lösung + 10,0 ccm des Phosphoröls werden 5 Stunden lang geschüttelt, die anfangs trübe braune Emulsion wird schließlich klar und hellblau.

$P_2O_7Mg_2$ gefunden 0,0150 g = 0,00352 g P, berechnet 0,005 g,

d. h. durch Schütteln kann die Dauer des Prozesses der Phosphoroxydation von 3 Tagen auf 5 Stunden abgekürzt werden.

---

[1]) Die hier ausführlich mitgeteilten Analysen beziehen sich auf Phosphor in Olivenöl gelöst, die Analysen von Lösungen in dem leichter lösenden Mandelöl, die therapeutisch gebraucht werden, ergaben keine abweichenden Resultate.

[2]) Vergl. Ad. Fränkel Pharm. Post. 34., 1902, p. 117.

III. Versuch.

25,0 ccm 1%ige $CuSO_4$-Lösung + 10,0 ccm des Phosphoröls werden 1 Stunde lang geschüttelt. Die braune Emulsion wird durch Zugabe von Salpetersäure geklärt — das Phosphür gelöst.

$P_2O_7Mg_2$ gefunden 0,0135 g = 0,00317 g P.

Vergl. II und III ergibt, daß der größte Teil des Phosphors schon durch einstündiges Schütteln entfernt werden kann.

IV. Versuch.

25,0 ccm 1%ige $CuSO_4$-Lösung überschichtet mit 10,0 ccm des auf das Doppelte verdünnten Phosphoröls. Behandlung wie in Versuch I.

$P_2O_7Mg_2$ gefunden 0,0070 = 0,00164 g P, berechnet 0,0025 g.

V. Versuch.

Dieselbe Anordnung wie in No. IV, nur daß 5 Stunden geschüttelt wurde.

$P_2O_7Mg_2$ gefunden 0,0072 g = 0,00169 g P, berechnet 0,0025 g.

In allen Versuchen mit Ausnahme von No. III fiel in dem schließlich zurückbleibenden Oele die angestellte Leuchtprobe negativ aus. Dies sowie die Proportionalität der aus verdünnten und konzentrierteren Oelen erhaltenen Analysenzahlen (vergl. I und II mit IV und V) spricht dafür, daß das Oel die gefundene und nicht die eingewogene Menge Phosphor enthielt.

B.

Zur Herstellung der Lösung werden die abgewogenen 0,084 g Phosphor in möglichst wenig Schwefelkohlenstoff gelöst und zur Lösung sofort 84 ccm Olivenöl gegeben. Zur möglichsten Entfernung des Schwefelkohlenstoffes wird das Gemisch evakuiert, wobei schon nach ein paar Minuten keine Gasblasen mehr entweichen.

Konzentration demnach 1 ccm Oel = 0,001 g Phosphor.

Damit werden folgende Versuche angestellt.

I. Versuch.

5 ccm Phosphoröl + 25 ccm 3%ige Kupfersulfatlösung werden geschüttelt. Nach 4 Stunden ist die braune Färbung durch Kupferphosphür verschwunden. Die sofortige analytische Verarbeitung der wässerigen Lösung ergibt

0,0162 g $P_2O_7Mg_2$ = 0,004699 P, berechnet 0,005 g P.

II. Versuch.

5,0 ccm desselben Phosphoröls werden durch Zugabe von 10,0 ccm Olivenöl auf das Dreifache Volum verdünnt und auf 25,0 ccm 3%ige Kupfersulfatlösung geschichtet.

Nach 3 stündigem Schütteln ist das Phosphür verschwunden. Sofortige Verarbeitung ergibt

0,0168 g $P_2O_7Mg_2$ = 0,00468 g P, berechnet 0,005 g P.

III. Versuch.

10,0 ccm der auf das vierfache verdünnten Phosphoröllösung werden auf 25,0 ccm 3%ige Kupfersulfatlösung gegeben. Nach einstündigem Schütteln ist die Lösung wieder blau. Sofortige Verarbeitung ergibt

0,0089 g $P_2O_7Mg_2$ = 0,00248 g P, berechnet 0,0025 g P.

Diese Versuche ergeben, daß selbst beträchtliche Verdünnung des Phosphoröls die Genauigkeit der Bestimmung nicht beeinträchtigt. Die nötige Dauer des Ausschüttelns ist bei den konzentriertesten Oelen am größten.

Die gefundenen Phosphorwerte sind unter sich proportional und stimmen auch mit den berechneten absoluten genügend überein. Die Phosphorverluste dürften sich durch das Evakuieren des Oels erklären lassen

---

Arbeiten aus dem pharmazeutischen Institut der Universität Bern.

Untersuchungen über die Sekrete.

Von A. Tschirch.

---

52. Untersuchung einiger vom Cap stammender Aloesorten.

Von J. Aschan.

(Eingegangen den 19. VI. 1903).

Von Herrn Dr. Marloth in Capstadt waren vor einigen Monaten an Prof. Tschirch eine Anzahl von Mustern capländischer Aloesorten gesandt worden, die schon im Aussehn, dann auch in ihrem chemischen Verhalten so viel Abweichendes darboten, daß ihre Untersuchung wünschenswert erschien. Besonders eine als „von Aloe ferox stammend" bezeichnete Aloe erwies sich in ihrem Verhalten als ganz verschieden von den bisher vom Cap bekannten Aloesorten. Dann zeigte eine als „von unbekannter Provenienz" bezeichnete Sorte schon in ihrem Aussehn große Abweichungen. Sie war keiner der bisher bekannten Aloesorten ähnlich. Die Untersuchung lehrte, daß sie zum Nataloëtyp gehört, während die Ferox-Aloe zum Captyp gerechnet werden muß.

I. Untersuchung der Aloe von Aloe ferox Miller.

Die zur Untersuchung vorliegende Aloe stammt nach den Erkundigungen, die Herr Prof. Tschirch bei Herrn Dr. Marloth in Capstadt, der auch das Material gütigst einsandte, eingezogen hat, von Aloe ferox Miller.

Die Farbe ist gelbbraun, der Geruch angenehm aromatisch, die Splitter sind durchsichtig. Unter dem Mikroskop zeigen sich keine Krystalle.

Aloin (Feroxaloin).

Um Aloin darzustellen, habe ich verschiedene Methoden geprüft, zunächst die von Léger eingeschlagene: Auflösen in Methylalkohol und fraktionierte Ausschüttelung mit Chloroform — aber mit negativem Resultat. Es war auf diese Weise kein Aloin, sondern nur Emodin zu erhalten. Es ist dies die erste Aloesorte, bei der die Léger'sche Methode nicht zum Ziele führte. Ein anderer Versuch wurde in folgender Weise ausgeführt:

500,0 Aloe wurden mit 1500 ccm Chloroform und 600 ccm wasserfreiem Methylalkohol durch vier Stunden im Wasserbade am Rückflußkühler erhitzt. Nach dem Absetzen wurde abgegossen, im Wasserbade abdestilliert und der Rückstand mit absolutem Aethylalkohol aufgenommen derart, daß eine in der Kälte sirupartige Lösung erhalten wurde, welche dann an einem kühlen Orte zur Krystallisation hingestellt wurde. Auch dieser Versuch verlief negativ, innerhalb zweier Monate hatten sich keine Krystalle abgeschieden.

Nach folgender Methode, welche von Schaefer herrührt[1]) und auf der den Aloinen zukommenden Eigenschaft beruht, in ammoniakalischer Lösung mit alkalischen Erden sehr schwer lösliche Verbindungen einzugehen, die mit Säuren zerlegt, Aloin liefern, ist es mir gelungen, ein sehr schön krystallisierendes Aloin darzustellen. Die Ausbeute war aber gering, etwa 4%. Bei anderen Aloesorten versagte die Methode.

250,0 Aloe wurden in 1500,0 heißem Wasser unter Zusatz von einigen Tropfen Salzsäure gelöst, und die Lösung nach dem Erkalten von dem ausgeschiedenen Harze abgegossen und filtriert; das Filtrat dann mit 250 ccm 20%igem Ammoniak gemischt und eine Lösung von 75,0 Calciumchlorid in 150,0 Wasser rasch unter Umrühren zugesetzt. Der gelbe Niederschlag von Aloinkalk wurde nach 15 Minuten auf einem Filter gesammelt, ausgewaschen und zentrifugiert, sodann mit einem kleinen Ueberschuß von Salzsäure angerieben und zerlegt, hierauf

[1]) Yearbook of pharm. 1898, 178.

die Mischung von Aloin und Calciumchlorid in heißem Wasser konzentriert gelöst, filtriert und bei niederer Temperatur zur Krystallisation gebracht. Nach einem Tage hatten sich schöne gelbe Krystalle ausgeschieden. Aus konzentriertem Alkohol umkrystallisiert, schieden sich hellgelbe nadelförmige Krystalle ab.

Um nach dieser Methode Aloin darzustellen, muß man sehr sorgfältig und rasch arbeiten, da sonst durch die Einwirkung des Ammoniak sich eine braunschwarze Masse bildet, aus der sich keine schön gelben Aloinkrystalle abscheiden lassen.

Die zuerst über Schwefelsäure im Exsiccator und dann im Trockenschranke bei 100° getrockneten Krystalle schmolzen bei 142° zu einer durchsichtigen Masse, ohne sich vorher zu schwärzen.

Die Elementaranalysen ergaben folgende Zahlen:

1.	0,10	liefert 0,220 CO_2	0,05 H_2O	= 60,0 % C	5,55 % H
2.	0,082	„ 0,182 „	0,042 „	= 60,55 „ „	5,69 „ „
3.	0,133	„ 0,293 „	0,065 „	= 60,08 „ „	5,42 „ „
4.	0,048	„ 0,105 „	0,024 „	= 59,65 „ „	5,55 „ „
5.	0,078	„ 0,171 „	0,042 „	= 59,67 „ „	5,96 „ „

oder im Mittel von fünf Analysen:

59,99 % C 5,63 % H.

Diese Zahlen stimmen gut mit der Formel $C_{16}H_{18}O_7$, welche verlangt:

59,62 % C 5,59 % H,

weniger gut auf die Formel $C_{16}H_{16}O_7$, welche verlangt:

60,0 % C 5,0 % H.

Auch die übrigen Analysen von Aloinen, die aus vom Cap stammender Aloe dargestellt wurden, stimmen besser auf $C_{16}H_{18}O_7$ als auf $C_{16}H_{16}O_7$, wenigstens was H betrifft:

Ugandaaloin (Tschirch u. Klaveneß)				Capaloin (Tschirch u. Klaveneß)			Capaloin (Léger)	
59,95	59,64	59,77	59,78 %	59,62	59,84	59,73 %	60,15	59,86 %
5,60	5,36	5,45	5,47 „	5,64	5,49	5,56 „	5,42	5,72 „

Es mag daher noch die Frage offen bleiben, ob man dem Capaloin nicht lieber die Formel $C_{16}H_{18}O_7$ geben sollte. Er wäre dann isomer mit dem Nataloin. Die Derivate stimmen besser auf $C_{16}H_{16}O_7$.

Neuerdings hat aber Léger dem Aloin eine neue Formel gegeben und dieselbe durch Versuche zu stützen gesucht. Er formuliert jetzt: $C_{21}H_{20}O_9$ für Barbaloin (nach Léger identisch mit dem Capaloin) und $C_{28}H_{26}O_{10}$ für Nataloin und vertritt die Anschauung, daß die Aloine Glykoside sind.

So gibt er dem Barbaloin die vorläufige Formel:

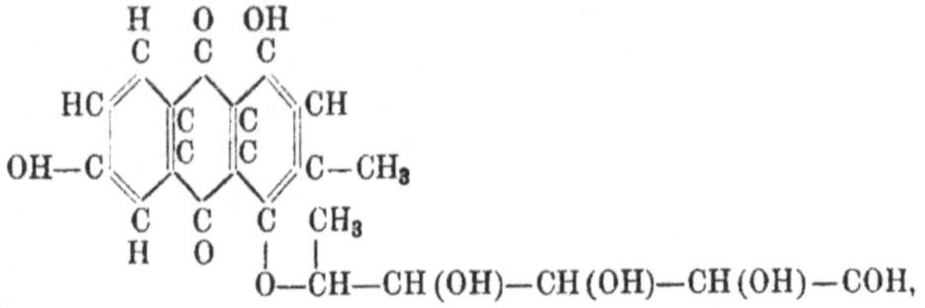

betrachtet also das Aloin als ein Kondensationsprodukt eines Methylisooxychrysasins mit einer Aldopentose. Die Analysenzahlen stimmen aber auf eine solche Formel nicht besser. Hier differiert der C um über ½ %, der H um einen noch höheren Betrag. Sie verlangt:

60,57 % C 4,87 % H.

Da nun Léger nicht von dem Aloin selbst, sondern nur von dem Pentacetyltetrachlorid desselben Molekulargewichtsbestimmungen gemacht hat, habe ich versucht, die Frage, welche Formel dem Aloin zukommt, durch direkte Molekulargewichtsbestimmung zu lösen.

Zur Molekulargewichtsbestimmung des Aloins benutzte ich die von Beckmann angegebene Methode, die auf der Erhöhung des Siedepunktes beruht. Als Lösungsmittel verwendete ich Aceton und zwar wurden nur die bei 56° destillierten Anteile genommen.

Aceton, Siedepunkt 56°.
Konstante Erhöhung für 100,0 Aceton 16,941.

Versuch No.	Aceton g	Substanz in Pastillenform g	Erhöhung des Thermometers für die einzelne Pastille	Erhöhung des Thermometers für die gesamte Substanz	Gefundene Mol.-Gew.
			konst. 1,810		
I.	20,0	0,065	0,016	0,016	343,9
II.	20,0	0,054	0,015	0,031	325
III.	20,0	0,075	0,020	0,051	322
IV.	20,0	0,051	0,013	0,064	324
V.	20,0	0,086	0,020	0,084	333,7
VI.	20,0	0,046	0,012	0,096	329,8

Im Mittel von 6 Bestimmungen 313,1.
Molekulargewicht für $C_{16}H_{18}O_7$ = 322.

Diese Molekulargewichtsbestimmung würde also für die alte Formel und nicht für die neue Léger'sche Formel sprechen, welche 416 verlangt. Die Frage bedarf also erneuter Prüfung.

Das aus konzentriertem Alkohol umkrystallisierte Aloin verliert bei 100° bis zum konstanten Gewicht getrocknet, 3,83% an Gewicht. Es krystallisiert mit einem Molekül Krystallwasser.

Das Feroxaloin ist leicht löslich in Wasser, Alkohol, Aceton, Pyridin, Essigsäure, Mineralsäuren, verdünnten Alkalien und Ammoniak, unlöslich dagegen in Aether, Benzol, Chloroform und Petroläther.

Es reduziert Silbernitrat- und Fehling'sche Lösung, ist löslich in Ammoniak mit gelber Farbe, die nach einigen Minuten in Olivgrün und nach 10 Minuten in Braungrün übergeht, und ist löslich in Natronlauge mit grüngelber Farbe. Fügt man zu dieser Lösung ein Körnchen Kaliumpyrochromat, so färbt sich dieselbe rotbraun, mit Natriumsuperoxyd kirschrot. Dieselbe kirschrote Färbung bekommt man auch, wenn eine wässerige Aloinlösung mit Natriumsuperoxid erhitzt wird. Erhitzt man Feroxaloin mit Salpetersäure, so erhält man eine hellgelbe Lösung, welche erst durch weiteres Erhitzen in Rotgelb übergeht. Es liefert also Chrysaminsäure.

Schoutetensche Reaktion (Fluorescenz nach Boraxzusatz): sehr empfindlich. (Dieselbe Reaktion bei Aloin oder Aloe von unbekannter Provenienz: rotbraun nicht fluorescierend.) Kupfersulfat erzeugt eine intensive Gelbfärbung (Cuproaloinreaktion).

Die Halogenidreaktion (Rotfärbung mit Kupfersulfat, Natriumchlorid und Alkohol), die Jodsäurereaktion (Rotfärbung mit Jodsäure) und die Cyanreaktion (Rotfärbung bei Zusatz von Kupfersulfat und Blausäure) geben alle drei negative Resultate.

Eine alkoholische Lösung des Feroxaloins wird mit 1 Tropfen Piperidin erst gelb, dann rotbraun; die Lösung fluoresziert ein wenig. In konz. H_2SO_4 löst es sich mit gelber Farbe, welche bei Zusatz von einem Körnchen Kaliumbichromat in Dunkelgrün übergeht.

Eine wässerige Lösung gibt mit 1 Tropfen Kupfersulfatlösung eine intensiv gelbe Farbe, bei Zusatz von 1 Tropfen Wasserstoffsuperoxyd geht die Farbe in Gelbgrün, bei schwachem Erwärmen in hell himbeerfarben und bei starkem Erwärmen in tief himbeerfarben über.

Diese Reaktionen kommen ebenso bei anderen Aloinen (z. B. Natal- und Barbadosaloin) vor und sind interessant, weil Chinin dieselben Reaktionen gibt. Beim Chinin verliert sich jedoch die Himbeerfarbe bei starkem Erhitzen und geht in Braun über. Alle diese Reaktionen stimmen überein mit denen, die Capaloin gibt.

Um zu sehen, ob in dem Feroxaloin Methoxylgruppen nachzuweisen sind, wurden zwei Bestimmungen nach der von Zeisel angegebenen Methode ausgeführt, aber mit negativem Resultat. Nach einer Stunde war noch die alkoholische Silbernitratlösung völlig klar, d. h. es war keine Abscheidung der Doppelverbindung von Jodsilber mit Silbernitrat zu bemerken. Demnach enthält das Feroxaloin keine Methoxylgruppe. Tschirch und Klaveneß teilten mit[1]), daß es ihnen gelungen ist, im Capaloin Methoxylgruppen nach dieser Methode nachzuweisen. Also liegt ein Unterschied zwischen Capaloin und diesem Feroxaloin vor.

Léger fand niemals Methoxyl in Barbaloin oder Capaloin. Seine Aloine verhielten sich also genau wie das Feroxaloin.

Tschirch und Klaveneß fanden aber nicht nur in einem Capaloin, sondern auch in einem Ugandaaloin Methoxyl, und zwar genau soviel als einer Methoxylgruppe entspricht:

Ugandaaloin	Capaloin	Berechnet für $C_{15}H_{13}(CH_3O)O_6$:
9,99 9,20%	9,5%	9,68%.

Da ein Versuchsfehler ausgeschlossen ist, so müssen wir annehmen, daß es außer dem Nataloin, das immer ein Methoxyl enthält, auch andere Aloine der Cap- und Barb-Aloingruppe gibt, welche eine Methoxylgruppe enthalten.

Versuche Aloin darzustellen nach der neuen abgeänderten Léger'schen Methode.

Um Aloin nach der neuen, abgeänderten Léger'schen Methode darzustellen, wurden folgende Aloësorten in Arbeit genommen:

Aloe von Aloe ferox Miller (s. oben),
„ Socotra,
„ Zanzibar,
„ Natal unbekannter Provenienz vom Cap (s. weiter hinten),
„ Barbados, nach der neuen holländischen Methode dargestellt.

Von diesen gelang es mir nur bei Barbados- und Natalaloe Aloin zu bekommen. Die Darstellung wurde in folgender Weise ausgeführt: 100,0 Barbadosaloe wurden mit 360 ccm Chloroform und 120 ccm wasserfreiem Methylalkohol am Rückflußkühler durch 4 Stunden erhitzt; nach dem Absetzen wurde abgegossen, im Wasserbade abdestilliert und der Rückstand mit absolutem Aethylalkohol derart aufgenommen, daß in der Kälte eine sirupartige Lösung entstand. Diese Lösung wurde dann an einem kühlen Orte zur Krystallisation gestellt. Nach drei Wochen schieden sich Aloinkrystalle aus. Diese wurden dann aus Alkohol umkrystallisiert und von Isobarbaloin in folgender Weise befreit.

5,0 Barbaloin, dreimal aus Methylalkohol umkrystallisiert, wurden auf dem Wasserbade mit einer Lösung von 7,5 g Natriumchlorid in

[1]) Arch. d. Pharm. 1901, 247.

50 ccm Wasser und 2,5 ccm einer gesättigten Kupfersulfatlösung erhitzt. Die Lösung nahm eine schöne rote Farbe an. Nach zehn Minuten Erwärmen wurde abgekühlt und die ausgeschiedenen Krystalle gesammelt. Dreimal wurde diese Behandlung wiederholt, dann gaben die abgeschiedenen Krystalle nicht mehr die für Isobarbaloin charakteristische Klunge'sche Reaktion. Die Aloinkrystalle wurden dann aus einer Mischung von zwei Volumteilen Chloroform und einem Volumteil Methylalkohol umkrystallisiert. Diese Mischung löst in der Wärme das Barbaloin, das beim Abkühlen sich wieder ausscheidet. Das so dargestellte Barbaloin schmilzt glatt bei 147° zu einer durchsichtigen Masse. Die Molekulargewichtsbestimmungen mit dem Beckmann'schen Apparat ausgeführt, gaben folgende Zahlen:

Lösungsmittel Aceton, Sdp. 56°.
Molekular-Siedeerhöhung für 100,0 Aceton 16,941.

Versuch No.	Aceton g	Substanz in Pastillenform g	Erhöhung des Thermometers	Für die gesamte Substanz	Für die einzelne Pastille	Gefund. Mol.-Gew.
	20,0		konst. 1,242			
I.	20,0	0,033	1,250	0,008	0,008	349,3
II.	20,0	0,047	1,262	0,020	0,012	338,8
III.	20,0	0,047	1,275	0,033	0,013	325,9
IV.	20,0	0,059	1,290	0,048	0,015	328,1
V.	20,0	0,066	1,307	0,065	0,017	328,3
VI.	20,0	0,044	1,319	0,077	0,012	325,6

Gefundenes Molekulargewicht im Mittel . . . . 332,6.
Molekulargewicht der alten Aloinformel $C_{16}H_{16}O_7$ . . . . 320.
Molekulargewicht der neuen Léger'schen Formel $C_{21}H_{20}O_9$. 416.

Es stimmt also auch diese Molekulargewichtsbestimmung auf die Formel $C_{16}H_{16}O_7$ oder $C_{16}H_{18}O_7$ und nicht auf die neue Formel Léger's.

Léger ist der Ansicht, daß die Aloine aufzufassen seien als Vertreter einer neuen Klasse von Verbindungen, nämlich als durch verdünnte Säuren nicht spaltbare Glykoside. Demnach müßte Aloin mit Salzsäure behandelt kein Emodin liefern. Das ist aber nicht der Fall. Herr Prof. Oesterle hat im Laufe der letzten Jahre im ganzen ungefähr 500,0 Emodin durch Kochen des Aloins mit Salzsäure dargestellt.

Da nunmehr im pharmazeutischen Institute eine größere Anzahl ganz reiner Aloine vorhanden war, die gelegentlich früherer Studien und Uebungsarbeiten dargestellt worden waren, haben wir einmal diese sämtlichen Aloine in ihren Reaktionen mit einander und mit dem (niemals reinen) Handelsaloin, das von den Fabriken wohl ausnahmslos aus Barbadosaloe dargestellt wird (es enthält wenigstens immer Isobarbaloin), verglichen. Die Resultate sind in folgender Tabelle zusammengestellt.

Reaktionen der reinen Aloine

	in Wasser		Cuproaloinreaktion	
	in kaltem	beim Erwärmen	in der Kälte	beim Erwärmen
Nataloin	farblos	hell kirschrot	gelbgrün	gelb
Isobarbaloin	gelb	hell braun	„	gelbgrün
Socaloin	„	gelb	„	„
Capaloin	„	„	„	„
Feroxaloin	„	tief gelb	gelb	gelbbraun
Barbaloin	gelblich	gelb	gelbgrün	gelbgrün
„ aus Capaloe (Léger)	gelb	„	gelb	gelb
Aloin des Handels	„	braun	„	„

	Klunge'sche Halogenidreaktion		Histed'sche Reaktion	Jodsäure-reaktion	Schouteten'sche Reaktion
	in der Kälte	beim Erwärmen			
Nataloin	gelbgrün	gelbgrün	positiv	hell kirschrot	negativ
Isobarbaloin	hell kirschrot	tief kirschrot	negativ	tief kirschrot	Fluorescenz
Socaloin	grüngelb	grüngelb	„	tief gelb	„
Capaloin	„	„	„	gelbbräunlich	„
Feroxaloin	„	„	„	gelb	„
Barbaloin	gelbgrün	gelbgrün	„	„	„
Barbaloin aus Capaloe (Léger)	„	„	„	gelbbräunlich	„
Aloin des Handels	kirschrot	tief kirschrot	„	tief kirschrot	„

	Borntraeger'sche Reaktion Farbe des Ammoniaks		Cyanreaktion
	mit Aether ausgeschüttelt	mit Benzol ausgeschüttelt	
Nataloin	farblos	gelb	negativ
Isobarbaloin	„	„	kirschrot
Socaloin	gelb	„	negativ
Capaloin	„	„	„
Feroxaloin	„	„	„
Barbaloin	farblos	„	„
Barbaloin aus Capaloe (Léger)	„	„	„
Aloin des Handels	gelb	„	tief kirschrot

	Chrysaminsäure-reaktion	Wasserstoffsuperoxydreaktion [1])	Meyer'sche Reaktion
Nataloin	negativ	positiv	positiv
Isobarbaloin	—	„	negativ
Socaloin	—	„	„
Capaloin	positiv	„	„
Feroxaloin	„	„	wenig Fluorescenz
Barbaloin	„	„	negativ
Barbaloin aus Capaloe (Léger)	„	„	„
Aloin des Handels	—	„	—

Emodin aus Feroxaloe.

Bei einem Versuch, Aloin nach der Léger'schen Methode darzustellen durch Auflösen in Methylalkohol und fraktioniertes Ausschütteln mit Chloroform, schied sich kein Aloin, sondern ein Körper ab, der alle dem Emodin zukommenden Eigenschaften besaß. Der Versuch wurde in folgender Weise ausgeführt:

500,0 Aloe ferox wurden mit 3 *l* Methylalkohol mehrere Tage lang unter Umschütteln maceriert. Ein gelber, in Braun übergehender Rückstand bleibt ungelöst. Von der filtrierten Lösung wurden 2 *l* Alkohol abdestilliert und der Rückstand mit 2 *l* Chloroform in einem Scheidetrichter durchgeschüttelt. Zu dieser Mischung wurden dann 250,0 Wasser hinzugefügt, wobei das Filtrat sich in zwei Schichten trennte, eine obere von tief brauner und eine untere von hellerer Farbe. Die untere Schicht wurde abgelassen und die Flüssigkeit auf dem Wasserbade abdestilliert. Das Destillat wurde dann wieder mit dem ungelöst gebliebenen Anteil geschüttelt. Diese Behandlung wurde wiederholt, bis das Chloroform farblos ablief. Der Rückstand von dem abdestillierten Chloroformgemisch wurde dann in heißem Alkohol aufgelöst und zur Krystallisation gestellt. Nach einigen Tagen hatten sich Emodinkrystalle ausgeschieden.

Die Ausbeute war sehr gering; denn nur bei den drei ersten Ausschüttelungen hatten sich Emodinkrystalle ausgeschieden. Wird Natalaloe auf dieselbe Weise behandelt, so bekommt man nur Aloin und kein Emodin. Die mehrere Mal aus heißem Alkohol umkrystallisierte und erst über Schwefelsäure im Exsiccator und nachher im Trockenschrank bei 100° getrockneten Krystalle schmolzen bei 212°.

[1]) 1 Tropfen Kupfersulfatlösung und 1 Tropfen Wasserstoffsuperoxyd geben beim Aufkochen eine intensive Himbeerfarbe.

Die aus heißem Toluol umkrystallisierten und dann wie oben getrockneten Krystalle schmelzen bei 216° zu einer blutroten Flüssigkeit.

Die Elementaranalyse ergab folgende Zahlen:

1.	0,058 Substanz liefert	0,029 H_2O	0,143 CO_2	= 67,01%	C	4,37% H
2.	0,098 „ „	0,035 „	0,238 „	= 66,23 „	„	3,96 „ „
3.	0,145 „ „	0,048 „	0,354 „	= 66,71 „	„	3,70 „ „

Gefunden im Mittel:		Berechnet für $C_{15}H_{10}O_5$:
C	66,65%	66,67%
H	4,01 „	3,70 „.

Diese Zahlen stimmen gut überein mit denen, die Tschirch und Pedersen bei Gelegenheit der Emodindarstellung aus Barbadosaloe gefunden haben. Demnach kann man auch für dieses Emodin die Formel $C_{15}H_{10}O_5$ annehmen.

Das Harz der Feroxaloe.

Tschirch und Pedersen haben nachgewiesen, daß das Harz der Barbadosaloe als Zimmtsäureester und Tschirch und Klaveneß, daß das Harz der Cap- und Natalaloe als Paracumarsäureester eines Aloresinotannols aufzufassen ist. Mir ist nicht gelungen, Zimmtsäure oder Paracumarsäure aus dem Harz von Aloe ferox zu isolieren. Das Harz verhielt sich ganz verschieden von den auf gleiche Weise dargestellten Harzkörpern der Cap-, Natal- und Barbadosaloe.

Um Reinharz darzustellen, wurde die Aloe mit Wasser behandelt, bis das Wasser nichts mehr aufnahm. Der in Wasser unlösliche Teil wurde in Alkohol aufgelöst, filtriert und in viel schwach angesäuertes Wasser eingegossen. Das Harz fiel in gelben Flocken aus, und die Flüssigkeit klärte sich vollständig. Das Harz wurde wieder in Alkohol aufgelöst und die Lösung in angesäuertes Wasser eingegossen. Diese Behandlung wurde wiederholt bis das Wasser farb- und geschmacklos war. Das Harz wurde dann auf einem Filter gesammelt, mit destilliertem Wasser gut ausgewaschen und erst zwischen Filtrierpapier und dann über Schwefelsäure im Exsiccator getrocknet. Das so dargestellte reine Harz ist hellbraun, teilweise löslich in Aether mit gelber, in Alkohol, Alkalien und Ammoniak vollständig löslich mit brauner Farbe. Unlöslich in Wasser, Benzol und Toluol, zeigt also dieselben Eigenschaften wie das Harz von Barbados-, Natal- und Capaloe, mit Ausnahme, daß dieses Harz teilweise in Aether lölich ist. Auch war seine Farbe viel heller.

Der in Aether lösliche Teil von diesem Harze reduziert schon in der Kälte Fehling'sche Lösung. Mir ist es nicht gelungen, diesen

Körper krystallinisch zu erhalten. Beim Auflösen in konzentriertem Alkohol z. B. geht er nach einem Tage in einen roten Körper über.

Es scheint, daß auch in dieser, wie in der Barbadosaloe, neben Aloin ein glykosidähnlicher Körper vorkommt. Schüttelt man nämlich eine alkoholische Aloe ferox-Lösung mit Chloroform aus und löst den Chloroformrückstand in Alkohol und gießt in Wasser ein, so entsteht ein hellgelber Körper. Dieser Körper ist löslich in Aceton, Alkohol, Pyridin und teilweise in Aether, unlöslich dagegen in Petroläther, Benzol, Toluol, reduziert Fehling'sche und ammoniakalische Silbernitratlösung, beim Stehen an der Luft bräunt er sich. In Aether aufgelöst und mit Ammoniak geschüttelt, nimmt Ammoniak eine rotbraune (nicht violette) Farbe an, der Aether bleibt farblos. Wenn man mit Benzol ausschüttelt, so erhält man dieselbe Reaktion. Die Cuproaloin-, Halogenid-, Cyan-, Jodsäure-Reaktion, ferner die Histed-sche und die Schouteten'sche Reaktion verlaufen negativ. Um diesen hellgelben Körper krystallinisch zu bekommen, wurde derselbe in konzentriertem Alkohol aufgelöst und zur Krystallisation in die Kälte gestellt. Nach einem Tage schied sich ein rotbrauner nicht krystallinischer Körper ab. Mit Aether behandelt, gibt dieser Körper einen gelben, nicht krystallinischen Rückstand.

Hydrolyse des Reinharzes.

20 g Reinharz wurden mit 150,0 verd. H_2SO_4 in einer Porzellanschale während 4 Stunden zum Sieden erhitzt unter Ergänzung des verdampften Wassers und kochend heiß durch Glaswolle filtriert. Nach dem Erkalten wurde die rotbraun gefärbte Verseifungsflüssigkeit mit Aether ausgeschüttelt. Beim Abdestillieren hinterließ der Aether einen rotbraunen, nach Fettsäuren riechenden Rückstand, welcher dann in heißem Wasser aufgelöst, mit Blutkohle entfärbt, filtriert und zur Krystallisation gestellt wurde. Es schieden sich weiße Krystalle aus, die in Wasser leicht löslich sind. Bei der Analyse erwiesen sich diese Krystalle als Calciumsulfat, aber nicht als Paracumarsäure.

Aus der Verseifungsflüssigkeit schieden sich auch beim Stehen Calciumsulfatkrystalle ab.

Das Feroxaloresinotannol.

Der nach der Hydrolyse zurückgebliebene unreine Harzalkohol wurde dann in Alkohol aufgelöst und durch Fällen mit Wasser gereinigt. Diese Behandlung wurde wiederholt, bis das ausgefällte Aloresinotannol aschefrei war. Der fein zerriebene Harzalkohol bildete ein braunes geschmackloses Pulver. Er löst sich in Ammoniak, kaustischen und kohlensauren Alkalien und Schwefelsäure mit brauner Farbe, in Alkohol, Aceton und Pyridin mit gelber. Bei gewöhnlicher Temperatur ist er unlöslich in Aether, Chloroform und Benzol. Die alkoholische Lösung dieses Harzalkohols gab mit Eisenchloridlösung einen schwarzbraunen, mit Kaliumpyrochromat einen braunen und mit Bleiacetat einen graubraunen Niederschlag. Das bei 100° getrocknete Resinotannol ergab bei der Elementaranalyse folgende Zahlen:

1.	0,165 Substanz	liefert	0,409 CO_2	0,076 H_2O	= 67,66 % C	5,11 % H
2.	0,181 „	„	0,452 „	0,080 „	= 68,10 „ „	4,91 „ „
3.	0,248 „	„	0,620 „	0,106 „	= 68,11 „ „	4,80 „ „

	Im Mittel:	Berechnet für $C_{20}H_{18}O_6$:
C	68,06 %	67,79 %
H	4,94 „	5,08 „.

Nach diesen Analysen und Reaktionen darf man wohl annehmen, daß das Feroxresinotannol verwandt, aber nicht identisch ist mit dem Barb-, Kap- und Nataloresinotannol, denn es wurde gefunden:

	Barbaloresinotannol (Tschirch u. Pedersen)			Nataloresinotannol (Tschirch u. Klaveneß)			Ugandaaloresinotannol (Tschirch u. Klaveneß)	
C	68,30	68,24	68,50 %	64,34	64,63	64,15 %	63,74	64,13 %
H	6,86	6,97	6,99 „	5,68	5,76	5,74 „	5,46	5,52 „.

Das Feroxaloresinotannol steht also in der Mitte zwischen dem Barbaloresinotannol und dem Nataloresinotannol.

Oxydation des Feroxresinotannol.

Um eventuell gebildete Kampfersäure bei der Oxydation mit Salpetersäure nicht zu übersehen, wurden die von Wreden zur Darstellung der Kampfersäure vorgeschlagenen Mengenverhältnisse gewählt. 2 g Feroxresinotannol wurden mit 35,0 Salpetersäure von 1,27 spez. Gew. auf dem Wasserbade erhitzt. Die Einwirkung der Salpetersäure begann zwar schon in der Kälte, doch mußte das Gemisch zwei Tage auf dem Wasserbade erwärmt werden, bis völlige Lösung eingetreten war. Die Lösung stellte nun eine intensiv gelbrot gefärbte Flüssigkeit dar. Der beim Abdampfen derselben verbleibende gelbe Rückstand wurde mit heißem Wasser aufgenommen, in welchem er sich mit roter Farbe löste. Diese Lösung wurde nun mit Aether ausgeschüttelt und diese ätherische Lösung zur Krystallisation gestellt. Es schieden sich rotgelbe Krystalle ab, welche die Chrysaminsäurereaktion gaben. Feroxresinotannol liefert also nicht, wie z. B. Galbaresinotannol in gleicher Weise behandelt, Kampfersäure, sondern Chrysaminsäure.

Um bei der Hydrolyse des Harzes eventl. gebildeten Zucker nachzuweisen, habe ich folgenden Versuch gemacht:

Die Verseifungsflüssigkeit wurde vom Aether befreit, die Schwefelsäure mit $BaCO_3$ ausgefällt. Das gelbbraune Filtrat wurde mit Tierkohle entfärbt und auf folgende Weise auf Zucker geprüft:

Ein Teil von dem Filtrate wurde mit Natronlauge und Fehling'scher Lösung gekocht, eine starke Reduktion trat ein, die andere Hälfte wurde mit Natriumacetat und salzsaurem Phenylhydrazin auf dem Wasserbade eine halbe Stunde erhitzt. Beim Erkalten schied sich das Osazon als ein gelber krystallinischer in Wasser nicht löslicher Niederschlag ab.

Zucker war also nachgewiesen.

Das Harz dieser Feroxaloe verhält sich also ganz anders als das Harz der bisher untersuchten Aloesorten. Es ist weder ein Zimmtsäure- noch ein Paracumarsäure-Ester, sondern besitzt den Charakter eines Glykosides. Es liefert bei der Hydrolyse neben einem Tannol keine Säure, sondern Zucker. Auch sein Aussehn war schon ein ganz anderes.

II. Untersuchung einer Aloe unbekannter Provenienz aus dem Caplande.

Wir verdanken das Material ebenfalls Herrn Dr. Marloth in Capstadt, der die Güte hatte es Herrn Prof. Tschirch zu übersenden. Die Stammpflanze konnte bisher noch nicht festgestellt werden.

Diese, beinahe geruchlose Aloe, gehört zu dem Hepaticatypus. Unter dem Miskroskop zeigt sie massenhaft gelbe Krystalle. Sie gibt die Borntraeger'sche Reaktion, was besonders deshalb bemerkenswert ist, da sie sonst (vergl. unten) zum Typus der Natalaloe gehört, jedenfalls Nataloin enthält.

Aloin (Nataloin).

Die Aloindarstellung wurde nach der Léger'schen Methode durchgeführt.

500,0 Aloe wurden mit 3 *l* Methylalkohol mehrere Tage lang unter Umschütteln maceriert. Ein roter Rückstand bleibt ungelöst, und auch in der Lösung ließ sich ein roter Körper erkennen. Von der filtrierten Lösung wurden 2 *l* Alkohol abdestilliert und der Rückstand mit 2 *l* Chloroform in einem Scheidetrichter kräftig durchgeschüttelt. Hierbei schied sich ein brauner Körper ab, welcher auf einem Filter gesammelt und für sich untersucht wurde. Zu dem Filtrat wurden dann 200 ccm Wasser hinzugefügt, wobei das Filtrat sich in zwei Schichten trennte. Die untere Schicht wurde abgelassen und die Flüssigkeit auf dem Wasserbade abdestilliert. Das Destillat wurde dann wieder mit dem ungelöst gebliebenen Anteile geschüttelt. Diese Behandlung wurde solange wiederholt bis das Chloroformgemisch farblos ablief. Aus der ersten Ausschüttelung hatte sich viel Aloin ausgeschieden. Der Rückstand von dem abdestillierten Chloroformgemisch wurde nun in siedendem verdünnten Alkohol aufgelöst und zur Krystallisation gestellt. Schon nach einigen Stunden war eine Menge Aloin ausgeschieden. Die Krystallform war von der ersten Ausschüttelung bis zu der zuletzt erhaltenen dieselbe. Die Ausbeute betrug etwa 15%.

Die längere Zeit erst über Schwefelsäure im Exsiccator und dann im Wasserbadtrockenschrank getrockneten Krystalle schmolzen bei 202°. Die Analysen ergaben folgende Resultate:

1.	0,20	Substanz liefert	0,435 CO_2	0,114 H_2O	=	59,318% C	6,33% H
2.	0,125	„ „	0,274 „	0,075 „	=	59,781 „ „	6,66 „ „
3.	0,229	„ „	0,503 „	0,128 „	=	59,903 „ „	6,47 „ „

Die aus verdünntem Alkohol umkrystallisierten, bei 196° schmelzenden Krystalle lieferten folgende Analysenzahlen:

1.	0,143	Substanz lieferte	0,315 CO_2	0,073 H_2O	=	60,07% C	5,67% H
2.	0,133	„ „	0,294 „	0,068 „	=	60,28 „ „	5,68 „ „
3.	0,173	„ „	0,382 „	0,088 „	=	60,22 „ „	5,65 „ „

Die zuerst aus Essigsäure und nachher aus Alkohol umkrystallisierten und bei 100° getrockneten Krystalle schmolzen bei 191°, ohne sich vorher zu schwärzen. Die Elementar-Analyse ergab folgende Zahlen:

1.	0,166	Substanz liefert	0,362 CO_2	0,083 H_2O	=	59,45% C	5,55% H
2.	0,210	„ „	0,458 „	0,107 „	=	59,47 „ „	5,66 „ „

	Gefunden im Mittel:	Berechnet für $C_{16}H_{18}O_7$:
C	59,81	59,62
H	5,95	5,59.

Diese Formel stimmt gut mit dem von **Tschirch** und **Klaveneß** aus Natalaloe dargestellten Aloin[1]).

Zur Molekulargewichtsbestimmung des aus Eisessig umkrystallisierten und bei 191° schmelzenden Aloins benutzte ich die Beckmannsche Siedepunktsmethode. Als Lösungsmittel wählte ich Aceton. Das Aceton wurde vorher sorgfältigst gereinigt und nur die bei 56° übergehenden Anteile genommen.

---

[1]) Arch. d. Pharm. 1901, 234.

Lösungsmittel Aceton, Sdp. 56°.
Konstante Erhöhung für 100,0 Aceton 16,941.

Versuch No.	Aceton g	Substanz in Pastillenform g	Erhöhung des Thermometers für die einzelne Pastille	Erhöhung des Thermometers für die gesamte Substanz	Gefundene Mol.-Gew.
I.	20,0	0,0756	konst. 1,352	0,020	320,2
II.	20,0	0,084	0,018	0,038	355,7
III.	20,0	0,086	0,022	0,060	346,6
IV.	20,0	0,100	0,025	0,085	344,4

Im Mittel: 341,7 — Molekulargewicht der Formel $C_{16}H_{18}O_7$: 322.

Es stimmt also auch die Molekulargewichtsbestimmung des Nataloins besser auf die alte Formel wie auf die neue Léger'sche.

Untersuchung des durch Chloroformzusatz ausgeschiedenen braunen Körpers.

Dieser Körper ist vollständig löslich in Ammoniak mit brauner Farbe und mit einem schwarzen Rückstand löslich in: Alkohol mit brauner, Wasser mit roter, Aceton mit gelber Farbe, fast unlöslich in Aether, Benzol und Petroläther.

Ein Teil dieses Körpers wurde mit siedendem verdünnten Alkohol behandelt, filtriert und zur Krystallisation gestellt. Bald schieden sich gelbe aloinähnliche Krystalle aus. Durch Umkrystallisieren aus verdünntem Alkohol bekommt man sehr schöne hellgelbe Krystalle, welche alle die dem Nataloin zukommenden Eigenschaften zeigen. Diese erst über Schwefelsäure im Exsiccator und dann bei 100° getrockneten Krystalle schmolzen bei 196°.

Die Analysen ergaben folgende Resultate:

1.	0,143 Substanz liefert	0,315 CO_2	0,073 H_2O	= 60,07 % C	5,67 % H
2.	0,133 „ „	0,294 „	0,068 „	= 60,05 „ „	5,68 „ „
3.	0,173 „ „	0,382 „	0,088 „	= 60,22 „ „	5,15 „ „

	Im Mittel:	Berechnet für $C_{16}H_{18}O_7$:
C	60,11 %	59,62 %
H	5,50 „	5,59 „.

Diese Zahlen stimmen somit auf die Formel $C_{16}H_{18}O_7$. Die Krystalle bestehen aus Nataloin.

Der in Alkohol unlösliche schwarze Rückstand wurde nicht weiter untersucht.

Alle Reaktionen, dieses aus Aloe von unbekannter Provenienz dargestellten Aloins stimmen mit den dem Nataloin zukommenden überein. Dieses Aloin gibt z. B. nicht die Schouteten'sche Reaktion, dagegen tritt die Histed'sche Reaktion sehr schön ein. Durch Oxydation mit Salpetersäure zersetzt es sich sofort und gibt eine gelbe Flüssigkeit. Nach dem Verdampfen der Säure wurde der Rückstand in Wasser aufgelöst. In dieser Lösung konnte Oxalsäure und Pikrinsäure leicht nachgewiesen werden. Eine wässrige Lösung dieses Aloins nimmt beim Erwärmen nach zwei Minuten eine rote Farbe an, wahrscheinlich infolge einer Oxydation. Es gibt nicht die Borntraeger'sche Reaktion, und die Halogenidreaktion tritt erst beim Erwärmen ein. Man kann im allgemeinen sagen, daß dieses Aloin sehr leicht oxydierbar ist.

Bestimmung von Methoxyl.

Um zu sehen, ob in diesem Aloin auch eine Methoxylgruppe nachzuweisen ist, wie in dem von Tschirch und Klaveneß untersuchten Nataloin, habe ich zwei Bestimmungen nach der von Zeisel angegebenen Methode ausgeführt.

1. 0,2 Aloin liefert 0,146 Jodsilber = 9,636% Methoxyl
2. 0,2 „ „ 0,152 „ = 10,03 „ „

Im Mittel 9,84% Methoxyl, die Formel $C_{15}H_{15}(CH_3O)O_6$ verlangt 9,66%.

Das Molekül enthält also eine Methoxylgruppe.

Reinharz.

Um reines Harz darzustellen, nahm ich die von Aloin befreite Aloelösung. Zuerst wurde das Chloroform verdampft, die Lösung filtriert und in angesäuertes Wasser eingegossen. Das Harz fiel in großen braunen Flocken aus. Das Filtrat wurde nach einem weiter unten angegebenen Verfahren weiter untersucht.

Das Harz wurde dann durch Lösen in Alkohol und Fällen mit Wasser gereinigt. Das so dargestellte Reinharz ist geschmacklos und von brauner Farbe. In Wasser, Aether, Benzol und Chloroform ist es unlöslich.

Verseifung des Reinharzes.

Das Reinharz wurde mit verdünnter Schwefelsäure in einer Porzellanschale mehrere Stunden lang unter Ergänzung des verdampften Wassers gekocht und kochend heiß durch Glaswolle filtriert. Nach dem Erkalten wurde die braungefärbte Verseifungsflüssigkeit mit Aether ausgeschüttelt. Beim Abdestillieren hinterließ der Aether einen braunen nach Buttersäure riechenden Rückstand. Der Rückstand wurde in heißem Wasser aufgelöst mit Tierkohle entfärbt und filtriert.

Bei der Krystallisation schieden sich weiße nadelförmige Krystalle aus, welche bei 100° getrocknet, bei 206° schmolzen und die charakteristischen Paracumarsäurereaktionen gaben. Um Elementaranalysen von dieser Paracumarsäure auszuführen, fehlte es mir an Material.

Das Aloresinotannol.

Der nach der Hydrolyse zurückgebliebene unreine Harzalkohol wurde durch Lösen in Alkohol und Fällen mit Wasser gereinigt. Diese Behandlung wurde so lange wiederholt bis das Aloresinotannol aschefrei war. Es stellt ein braunes geschmackloses Pulver dar, es gibt dieselben Reaktionen und verhält sich gegen die verschiedenen Lösungsmittel ebenso wie das Resinotannol von Natal- und Barbadosaloe. Es ist leicht löslich in Ammoniaklösung, kaustischen und kohlensauren Alkalien, Alkohol, Aceton, Pyridin und Phenol mit brauner Farbe, unlöslich in Aether, Xylol, Toluol, Benzol und Chloroform.

Die alkoholische Lösung gibt mit Eisenchlorid einen schwarzbraunen, mit Bleiacetat einen graubraunen und mit Kaliumpyrochromat einen gelbbraunen Niederschlag.

Bei der Oxydation mit Salpetersäure konnte Chrysaminsäure nicht (wie bei dem Feroxresinotannol) nachgewiesen werden, sondern (wie bei Nataloresinotannol) Pikrinsäure und Oxalsäure. Die Analyse des bei 100° getrockneten Aloresinotannols ergab folgende Zahlen:

1. 0,356 liefert 0,850 CO_2 0,166 H_2O = 65,127% C 5,22% H
2. 0,191 „ 0,457 „ 0,087 „ = 65,25 „ „ 4,65 „ „

Im Mittel:	Berechnet für $C_{28}H_{20}O_8$:	$C_{23}H_{22}O_8$:
C 65,188 %	65,037	64,79 %
H 4,93 „	4,71	5,16 „.

Aus allem vorhergehenden ergibt sich, daß die ausgeführten Reaktionen und Elementaranalysen mit den entsprechenden der Natalaloe übereinstimmen. Somit muß die untersuchte Aloe unbekannter Provenienz als Nataloe angesprochen werden.

Untersuchung des Filtrates der Reinharzdarstellung.

Das Filtrat wurde mit Soda neutralisiert und mit Aether geschüttelt. Beim Abdestillieren des Aethers bleibt ein gelbroter Rückstand, welcher, in Aether aufgelöst und mit Ammoniak geschüttelt, die charakteristische Borntraeger'sche Reaktion gab, welche auf Emodin zurückzuführen ist.

Um Zucker nachzuweisen, wurde das Filtrat von Aether befreit und die Lösung mit Bleiessig gefällt, filtriert, das Blei mit verdünnter

Schwefelsäure, die Schwefelsäure wiederum mit Baryumkarbonat entfernt und filtriert. Aus dem Filtrat hatte sich nach längerer Zeit ein weißer krystallinischer Bodensatz abgeschieden, welcher, in Wasser aufgelöst, Fehling'sche Lösung beim Erwärmen reduziert, und mit Natriumacetat und salzsaurem Phenylhydrazin auf dem Wasserbade eine halbe Stunde lang erhitzt, beim Erkalten einen in Wasser unlöslichen, gelben krystallinischen Niederschlag von Phenylglykosazon gibt. Somit war die Anwesenheit von Zucker nachgewiesen.

Nataloinrot.

Der in Methylalkohol unlösliche rote Rückstand der Aloe wurde dann mit siedendem Wasser so lange behandelt, als das Wasser etwas aufnahm. Das Wasser wurde dann abgedampft und der Rückstand, um ihn rein zu bekommen, mehreremal in Wasser aufgelöst, filtriert und wieder abgedampft. Er ist löslich in Wasser, verdünntem Alkohol, Alkalien und Ammoniak, unlöslich hingegen in Aether, Chloroform, konz. Alkohol, Aceton und Pyridin. Es scheint, daß dieser Körper identisch ist mit dem aus Nataloe dargestellten Aloinrot. In den Lösungen macht sich die rote Farbe besonders beim Erwärmen geltend.

Anhang.

Untersuchung des Bodensatzes von frischem Aloesaft aus Curaçao.

Der Saft, den wir der Güte des Herrn Dr. van Itallie verdanken, hatte einen dicken Bodensatz abgesetzt. In diesem erschienen hellgelbe Krystalle. Dieser Bodensatz wurde auf einem Filter gesammelt, mit Aether gewaschen, in verdünntem Alkohol aufgelöst und zur Krystallisation gestellt. Nach dreimonatlichem Stehen hatte sich kein Aloin, wohl aber eine Menge rotbrauner Krystalle abgeschieden, die sich als Emodin erwiesen. Nach Umkrystallisieren aus konzentriertem Alkohol schmolzen diese bei 218° und gaben die Borntraeger'sche Reaktion.

Aus dem pharmakologischen Institut zu Zürich.

Zur Wertbestimmung der Präparate der Folia Digitalis.

Von H. F. Moschkowitsch aus Cherson.

(Eingegangen den 16. VI. 1903.)

Seit der Darstellung des Digitoxins, welches man als den wirksamsten Bestandteil der Digitalisblätter betrachtet, hat man sich vielfach bemüht, den Wert der Digitalispräparate nach dem Gehalt an Digitoxin zu bestimmen.

In neuerer Zeit wurden nun Versuche gemacht, den Digitoxingehalt der Blätter auf physiologischem Wege zu ermitteln; fast allen diesen Forschungen lag die Idee zu Grunde, daß das Froschherz ein ganz empfindliches Reagens auf die wirksamen Bestandteile der Digitalispflanze darstelle, und daß man auf diese Weise auch direkt eine quantitative Analyse gewinne, je nach der Schnelligkeit, mit welcher der systolische Stillstand des Herzens eintrete unter Anwendung der verschiedenen Präparate.

Die für meine gegenwärtige Mitteilung notwendigen Untersuchungen, für welche mir Blätter der letzten Ernte zur Verfügung standen, nahmen im Mai 1902 ihren Anfang. Zunächst begann ich mit den chemischen Untersuchungen, die darin bestanden, die Blätter nach verschiedenen Methoden auf ihren Digitoxingehalt zu prüfen, um über denselben genaue Angaben zur Verfügung zu haben.

Zuerst habe ich durch Perkolation mit 70%igem Alkohol, also nach der Methode von Keller[1]), das Digitoxin gewonnen. Es ergab sich dabei nach wiederholten Untersuchungen, daß die betreffenden Blätter einen Gehalt von 0,18% Digitoxin besitzen. Das so gewonnene Digitoxin war weiß, mit einem Stich ins Gelbliche, und amorph; es entsprach also den Beschreibungen von Keller[1]) (l. c.). Die vorgenommene Keller'sche Reaktion fiel positiv aus, so daß man unter Berücksichtigung der Analysenangaben von M. Cloetta[2]) wohl berechtigt war, das Präparat als ziemlich reines Digitoxin zu betrachten.

Die zweite zur Gewinnung des Digitoxins in Anwendung gebrachte Methode, welche im Geschäftsbericht von Caesar und Loretz,

---

[1]) C. C. Keller: Ueber die Wertbestimmung von Drogen und galenischen Präparaten. Inauguraldissertation. Zürich 1897.

[2]) M. Cloetta: Ueber die Darstellung und Zusammensetzung der Digitalisglykoside. Arch. f. exp. Pathol. u. Pharmakol., 1901.

1900 (Halle), des näheren angegeben ist, führte ich nach der von Dr. Fromme modifizierten Keller'schen Methode durch, wobei eine Extraktion resp. Maceration die Perkolation der Blätter ersetzt. Nach dieser abgeänderten Methode habe ich einen Digitoxingehalt der Blätter von 0,179—0,18% erhalten, so daß also beide Methoden ungefähr das nämliche Resultat ergeben, und deren Anwendbarkeit mithin annähernd die gleiche sein dürfte. Im Prinzip halte ich aber die Keller'sche Methode trotz der unbequem längeren Darstellungsdauer doch für zuverlässiger, weil durch die Perkolation die Blätter sicher bis zur Erschöpfung ausgezogen werden, während durch die nur dreistündige Maceration möglicherweise doch noch etwas Digitoxin zurückbleiben kann.

Das nach dem zweiten Verfahren erhaltene Digitoxin ist etwas dunkler gefärbt gewesen, und bei der Ausführung der Keller'schen Reaktion bildete sich auf der dunkel grünvioletten Schicht eine bräunlich-rötliche, mit etwas dunklerer Nuancierung als es beim zuerst hergestellten Präparate der Fall war. Es zeigten sich die Wirkungen der beiden amorphen Digitoxinpräparate bei Versuchen an Fröschen ganz identisch, und die Ergebnisse stimmten qualitativ vollkommen überein.

Nachdem ich eine, für meine in Aussicht genommenen Untersuchungen, genügende Menge amorphen Digitoxins zur Verfügung hatte, wandte ich mich der Hauptaufgabe zu: im Tierexperiment die Basis zu suchen für die Wertbestimmung der Digitalisblätter und ihrer galenischen Präparate.

Die Versuche wurden an Winterfröschen der Art: „*Rana temporaria*“ angestellt. Vorerst prüfte ich die Wirkungen des krystallinischen *Digitoxinum Merck,* von welchem ich mit warmem 50%igen Alkohol eine 0,1%ige Lösung herstellte. Diese Lösung injizierte ich in sehr verschiedenen, genau bestimmten Mengen in den Lymphsack am rechten Oberschenkel des Frosches. Zur Feststellung der Wirkung wurde das Sternum sorgfältig ohne Blutverlust entfernt, das Herz jedoch nicht freigelegt, um ein Eintrocknen desselben zu verhindern. Bei der Befestigung der Frösche an den Versuchsbrettchen achtete ich ferner streng darauf, daß die Tiere möglichst wenig stranguliert wurden, um jede mechanische Zirkulationsstörung tunlichst zu vermeiden. Ich begann die Versuche mit Injektionen von 0,2 ccm der Lösung und stieg allmählich mit dem Quantum bis zu 0,5 ccm, so daß ich also 0,2 bis 0,5 mg reiner Substanz in Anwendung brachte. Die kleinste Dosis dieser verwendeten Mengen ruft den Stillstand des Herzens innerhalb einer Stunde hervor, was auch durch viele frühere Versuche schon nachgewiesen wurde.

Die erste Wirkung des angewandten Mittels wurde schon innerhalb weniger Minuten (2—6) bemerkbar: Es traten allgemeine Krämpfe, Unregelmäßigkeit der Herzbewegung und der Herzfüllung ein. Die peristaltischen Bewegungen des Herzens, welche für die Einwirkung der Digitalispräparate bekanntermaßen charakteristisch sind, zeigten sich ebenfalls deutlich. Aber die Endresultate zeigten eine solche Reihe von Unregelmäßigkeiten, daß keine Abhängigkeit zwischen der Menge der injizierten Substanz und dem Eintritt des systolischen Herzstillstandes zu verfolgen war. Ich muß gestehen, daß ich von dieser Willkürlichkeit in der Wirkung des Digitoxins höchst überrascht war, und daß dadurch meine Hoffnung auf dem experimentellen Wege eine genaue Wertbestimmung der Digitalispräparate durchzuführen, einen erheblichen Stoß erlitt. Trotzdem habe ich mit dem amorphen Digitoxin eine dem krystallinischen analoge Versuchsreihe ausgeführt, wobei die Konzentration der Lösung wie vorher 0,1 % war. Auch hier traten die ersten Zeichen der Einwirkung des Mittels, gerade wie beim krystallinischen, zwischen 2 und 6 Minuten ein. Ich glaube hieraus den Schluß ziehen zu dürfen, daß die Resorptionsgeschwindigkeit der beiden Digitoxinarten gleich groß sei, ebenso die Wirkungsintensität. Was die Zeit des Eintritts des systolischen Herzstillstandes anbetrifft, so wiederholte sich auch in dieser Versuchsreihe dieselbe Unregelmäßigkeit, wie bei der vorher erwähnten.

Obwohl nun diese Resultate durchaus nicht zu großen Hoffnungen bezüglich der Zuverlässigkeit der in Frage stehenden Methode berechtigten, habe ich doch die Versuche mit den galenischen Präparaten begonnen. Dieselben konnten möglicherweise günstiger ausfallen; denn man muß stets berücksichtigen, daß bei dem reinen Digitoxin, welches eine wasserunlösliche Substanz ist, die Resorptionsschnelligkeit außerordentlich wechseln kann, und daß hierauf die Unregelmäßigkeiten eventuell zurückzuführen wären. Bei den galenischen Präparaten fällt dieser Umstand weg, da ja dank den übrigen vorhandenen Stoffen das Digitoxin in Lösung gehalten wird, und somit Aussicht auf eine gleichmäßigere Resorption vorhanden ist.

Durch Perkolation habe ich zunächst ein *Extractum fluidum* aus 20 g der Digitalisblätter, welche nach früheren Bestimmungen 0,18% Digitoxin enthielten, bereitet, indem mit 70%igem Alkohol den Blättern das Digitoxin bis zur Erschöpfung entzogen und das Perkolat sodann auf 40 ccm eingedampft wurde. Es enthielt somit 1 ccm des Extraktes = 0,9 mg Digitoxin, oder also annähernd dieselbe Menge, wie bei den Versuchen mit den Lösungen des krystallinischen und des amorphen Digitoxins. Die Injektionen wurden in gleicher Weise und gleicher Dosierung ausgeführt wie bei den Digitoxinlösungen. In Uebereinstimmung mit den beiden früheren Versuchsreihen traten auch hier die ersten Wirkungssymptone wiederum zwischen 2 und 6 Minuten ein, und ebenso war auch hier der Schlußeffekt ein unregelmäßiger und auf jeden Fall nicht der Art, daß man eine Kongruenz zwischen Größe der Dosis und Schnelligkeit des Herzstillstandes hätte konstruieren können.

In Anbetracht der Unregelmäßigkeiten, die innerhalb jeder einzelnen Versuchsreihe herrschen, fand ich es auch für aussichtslos die Wirkungen des galenischen Präparates unter Berücksichtigung seines Digitoxingehaltes zu vergleichen mit den Wirkungen der entsprechenden Dosen der reinen Substanzen und kam ich daher bei dieser Voruntersuchung zum Schluß, daß die Wertbestimmung des Fluidextraktes auf dem angegebenen Wege nicht durchgeführt werden kann, oder wenigstens dürfen irgend welche Schlüsse nur mit sehr großer Vorsicht gezogen werden. Da nun aber die Möglichkeit zu berücksichtigen war, daß das Wintermaterial kein geeignetes gewesen sein möchte, so habe ich im Juli die Versuche abgebrochen um sie mit frisch eingefangenen Fröschen zu wiederholen.

Im September 1902 konnte ich nun meine Untersuchungen fortsetzen. Es zeigte sich, daß bei den frischen Tieren von vornherein ein viel größerer Widerstand vorhanden war, als bei den vom langen Verbleiben im Aquarium nahezu erschöpften Winterfröschen. Die Experimente selbst führte ich genau in derselben schon beschriebenen Weise aus. Es waren auch die Lösungen von reinem Digitoxin und die Extrakte von denselben Konzentrationen und aus Blättern derselben Qualität hergestellt (Qualität in Bezug auf ihren Digitoxingehalt).

In Tabelle I habe ich diese weiteren Versuchsresultate zusammengestellt. Es ist nun nicht zu leugnen, daß der Eintritt des Herzstillstandes viel regelmäßiger erfolgte und die Minutenzahl weniger Willkür zeigte, die Unterschiede also nicht mehr so erheblich sind, ja sogar bei einigen Tieren die Zahlen vollständig übereinstimmen, wenn wir dabei vom Gewichte des Tieres absehen. Aber eine Gesetzmäßigkeit in der Einwirkung des Mittels ist doch auch so nicht zu verfolgen. So ist z. B. unter Anwendung gleicher Volumina der Lösung bei zwei Fröschen der Herzstillstand zu verschiedenen Zeitintervallen nach der Injektion eingetreten, daneben zeigen wieder zwei andere Frösche bei gleichen Injektionsmengen den systolischen Herzstillstand zu gleichen Zeitpunkten. Auf Grund dieser gewonnenen Resultate läßt sich im allgemeinen nur soviel sagen, daß die Gewichte der Tiere bei einigen Versuchen einen Einfluß zu haben scheinen, während in den anderen es nicht der Fall ist.

Tabelle I.

Protokoll über die Versuche an Fröschen mit Injektionen von Digitoxinum crystallisatum.

0,01 g Digitoxinum auf 10 ccm 50%igen Alkohol.

Frosch-Nummer	Gewicht des Frosches in g	Angewandte Digitoxinmenge in mg	Angewandte Digitoxinlösung in ccm	Beginn der Reaktion in Minuten	Stillstand des Herzens nach Minuten	Angewandte Digitoxinmenge auf 100 g Froschgewicht bezogen in mg
53	33,7	0,2	0,2	3	25	0,59
54	39,5	0,2	0,2	7	19	0,50
55	28,2	0,2	0,2	3	26	0,71
56	24,0	0,2	0,2	2	26	0,83
57	39,1	0,3	0,3	4	39	0,76
58	32,8	0,3	0,3	4	19	0,91
59	46,9	0,3	0,3	3	32	0,63
60	38,5	0,3	0,3	2	21	0,77
61	36,9	0,5	0,5	3	14	1,35
62	32,3	0,5	0,5	2	14	1,54
63	31,5	0,5	0,5	2	14	1,58
64	38,7	0,5	0,5	5	20	1,29
65	32,8	0,5	0,5	3	16	1,52
66	39,3	0,5	0,5	4	16	1,27
67	49,3	0,5	0,5	3	28	1,03
68	30,1	0,5	0.5	—	4	1,66
69	39,6	0,5	0,5	2	16	1,26
70	62,1	0,5	0,5	3	22	0,81
71	63,0	0,5	0,5	4	32	0,79

Im nachstehenden gebe ich einige erläuternde Worte zu Tabelle II. Danach zeigen sich die Resultate der Prüfungen des amorphen Digitoxins ebenso schwankend, wie bei dem krystallinischen. Dasselbe, was von mir über jenes gesagt wurde, gilt auch für dieses. Bei den Fröschen No. 80, 82 und 89 erfolgte der Stillstand des Herzens übereinstimmend nach 22 Minuten, und zwar stimmen die Versuche an den 2 Fröschen No. 82 und 89 insofern ganz überein, als der Stillstand des Herzens zu gleicher Zeit nach Einverleibung gleicher Mengen des Giftes (1,25 mg pro 100 g Froschgewicht) erfolgte. Das aber berechtigt uns nicht, mit Sicherheit behaupten zu wollen, daß 1,25 mg Digitoxin pro 100 g Froschgewicht ein Froschherz stets oder mit Wahrscheinlichkeit zum systolischen Stillstande innerhalb von 22 Minuten bringe, denn wir finden in der gleichen Versuchsreihe den Frosch No. 76, der dem Gifte schon nach 12 Minuten erlegen ist, dabei aber bloß 0,54 mg reiner Substanz pro 100 g seines Gewichtes zugeführt erhielt. Es dürfte hier vielleicht am Platze sein, noch auf einen Punkt hinzuweisen: nämlich die Frösche No. 77 und No. 79, welche erst nach 104 resp. 76 Minuten den systolischen Stillstand des Herzens zeigten. Bei beiden kam das erste Einwirkungssymptom nach 6 resp. 3 Minuten zum

Tabelle II.

Protokoll über die Versuche an Fröschen mit Injektionen von Digitoxinum amorphum.

0,01 g Digitoxinum auf 10 ccm 50%igen Alkohol.

Frosch-Nummer	Gewicht des Frosches in g	Angewandte Digitoxinmenge in mg	Angewandte Digitoxinlösung in ccm	Beginn der Reaktion nach Minut.	Stillstand des Herzens nach Minuten	Angewandtes Digitoxingewicht auf 100 g Froschgewicht bezogen in mg	Blättergewicht in g auf 100 g Froschgewicht bezogen
72	32,7	0,2	0,2	3	20	0,61	0,305
73	53,9	0,2	0,2	3	36	0,37	0,185
74	49,5	0,2	0,2	5	33	0,40	0,202
75	46,3	0,2	0,2	2	7	0,43	0,215
76	54,8	0,3	0,3	3	12	0,54	0,291
77	48,3	0,3	0,3	2	15	0,62	0,305
78	72,4	0,3	0,3	6	104	0,41	0,220
79	45,0	0,3	0,3	3	76	0,66	0,353
80	45,4	0,5	0,5	3	22	1,10	0,594
81	35,9	0,5	0,5	5	26	1,39	0,752
82	39,8	0,5	0,5	4	22	1,25	0,678
83	38,5	0,5	0,5	2	21	1,29	0,701
84	34,8	0,5	0,5	3	12	1,43	0,775
85	27,9	0,5	0,5	2	13	1,79	0,967
86	27,8	0,5	0,5	2	18	1,79	0,978
87	33,9	0,5	0,5	3	15	1,47	0,795
88	33,4	0,5	0,5	3	18	1,49	0,808
89	39,7	0,5	0,5	3	22	1,25	0,680

Vorschein, worauf sie sich wieder erholten. Im Laufe der Beobachtung traten in Intervallen peristaltische Bewegungen des Herzens auf, diese verschwanden wieder, so daß sich das Herz von Zeit zu Zeit in regelmäßigen Zügen bewegte. Es wechselten also Ruhepausen mit der charakteristischen Herzperistaltik bis das Herz schließlich unter den gewöhnlichen Erscheinungen stillstand. Diese beiden Fälle dürfen voraussichtlich auf ein schweres Resorptionsvermögen der betreffenden Tiere zurückzuführen sein. Die injizierte Lösung verblieb nämlich sehr lange in den Lymphsäcken, was bei den anderen Versuchen nicht der Fall war. Dies kann auch als ein Beweis dafür dienen, daß das Individuum beim physiologischen Versuche eben auch eine Rolle spielt.

Ich begann nun wieder mit der Hauptaufgabe: der Prüfung der galenischen Präparate. Das Fluidextrakt, welches zur zweiten Versuchsserie verwendet wurde, war von derselben Konzentration, wie bei der ersten. Die Resultate zeigen auch hier wieder keine Gesetzmäßigkeit, wie aus der Tabelle III zu ersehen ist. Um die Verhältnisse nach allen Richtungen zu berücksichtigen, habe ich jeweils neben der absoluten, zur Verwendung gekommenen Menge dieselbe auch stets noch auf je 100 g des Froschgewichtes umgerechnet. Man erhält so Zahlenreihen, die direkt mit einander verglichen werden können. Auch hier bestehen wieder viele Unregelmäßigkeiten: so erliegt Frosch No. 106 nach 16 Minuten der Wirkung einer Extraktmenge mit 1,67 mg Digitoxingehalt pro 100 g Tiergewicht. Dagegen brauchte Frosch

Tabelle III.

Protokoll über die Versuche an Fröschen mit Injektionen von Extractum Folii Digitalis.
20 g 0,18% Folii auf 40 ccm Extractum.

Frosch-Nummer	Gewicht des Frosches in g	Angewandte Lösung in ccm	Digitoxingehalt der Injektion in mg	Blättergewicht in g entspr. der angewandt. Extraktmenge	Beginn der Reaktion nach Minuten	Stillstand des Herzens nach Minuten	Angewandte Digitoxinmenge in mg auf 100 g Froschgewicht bezogen	Blättergewicht in g auf 100 g Froschgewicht bezogen
90	29,8	0,2	0,18	0,1	3	16	0,60	0,335
91	58,5	0,2	0,18	0,1	8	21	0,30	0,170
92	34,4	0,2	0,18	0,1	2	15	0,52	0,290
93	35,7	0,2	0,18	0,1	9	15	0,50	0,280
94	45,0	0,3	0,27	0,15	3	43	0,60	0,333
95	39,5	0,3	0,27	0,15	4	22	0,61	0,379
96	40,8	0,3	0,27	0,15	3	10	0,66	0,367
97	26,0	0,3	0,27	0,15	3	18	1,03	0,576
98	43,8	0,5	0,45	0,25	5	17	1,02	0,570
99	36,5	0,5	0,45	0,25	4	14	1,23	0,684
100	53,8	0,5	0,45	0,25	3	16	0,83	0,464
101	29,3	0,5	0,45	0,25	3	29	1,54	0,853
102	34,4	0,5	0,45	0,25	4	15	1,30	0,726
103	43,2	0,5	0,45	0,25	3	13	1,04	0,578
104	31,9	0,5	0,45	0,25	2	21	1,40	0,783
105	37,2	0,5	0,45	0,25	2	26	1,20	0,672
106	26,8	0,5	0,45	0,25	3	16	1,67	0,932

No. 100 im Extrakte bloß 0,83 mg Digitoxin pro 100 g seines Gewichtes, um zu derselben Zeit den systolischen Herzstillstand zu zeigen. Ferner erreicht Frosch No. 90 bei der nämlichen Zeit den Stillstand des Herzens schon bei 0,6 mg Digitoxingehalt. Da bei diesen Einzelwirkungen keine Uebereinstimmung zu erkennen war, so mußte doch auch noch geprüft werden, ob man vielleicht zu einem allgemein brauchbaren Resultate dadurch käme, daß man die sich aus den zahlreichen Versuchen ergebenden Mittelwerte zum Vergleich herbeizöge. Aber auch so lassen sich wegen der starken positiven und negativen Schwankungen bei den einzelnen Dosen keine richtigen Verhältnisse konstruieren, und würde jetzt nur noch die Frage zu prüfen sein, ob ohne Rücksicht auf die Körpergewichte etwas zu erzielen wäre. Es ist ja einleuchtend, daß ein Frosch, der 0,2 ccm des betreffenden Extraktes injiziert erhielt, langsamer den toxischen Effekt zeigt, als derjenige, welcher mit 0,3 ccm oder 0,5 ccm desselben behandelt wurde. So zeigt auch Frosch No. 91, insofern man keine Bedingungen über die Körpergewichte macht, den Stillstand des Herzens in 21 Minuten nach der Injektion von 0,2 ccm des Extraktes, Frosch No. 97 mit

0,3 ccm in 18 Minuten und Frosch No. 102 in 15 Minuten mit 0,5 ccm, was also ganz ordentlich stimmen würde. Wie individuell verschieden das aber ist, geht daraus hervor, daß z. B. Frosch No. 92 nur 0,2 ccm des Extraktes bekommt und dabei der Herzstillstand in 15 Minuten zu bemerken ist, während Frosch No. 95 mit 0,5 ccm, also bei einer viel größeren Dosis erst nach 22 Minuten denselben zeigt, ja es tritt sogar beim Frosche No. 105 bei einer Injektion von 0,5 ccm der systolische Herzstillstand erst nach 26 Minuten ein.

Die Hauptfrage war nun ja immer die, ob es gelänge, wie Einzelne annehmen, durch das physiologische Experiment die Wertigkeit der verschiedenen Blättersorten zu bestimmen und um diese wichtige Frage auch zu entscheiden, wurden Extrakte hergestellt aus 2 Sorten frisch gesammelter Blätter, von denen die eine 0,258% Digitoxin enthielt, die andere 0,123 %[1]. Die von mir schon untersuchten standen also, was den Digitoxingehalt anbetrifft in der Mitte zwischen den beiden letzt geprüften. Das Fluidextrakt wurde ebenso, wie früher bereitet: 20 g Folia auf 40 ccm der Lösung. Es soll noch nachträglich bemerkt werden, daß die Alkoholwirkung bei den Injektionen des Fluidextraktes ganz ausgeschlossen werden darf, weil beim Eindampfen des Perkolates von ungefähr 200 ccm auf 40 ccm der leicht flüchtige Alkohol fast vollständig entweichen muß.

Tabelle IV und V geben diese Versuchsresultate wieder. Es tritt die Regelmäßigkeit der ersten Einwirkungserscheinungen des Extraktes auf das Froschherz deutlich und mit Beständigkeit nach 2—6 Minuten, wie früher, hervor. Im ferneren finden sich auch hier die Schlußeffekte mit derselben Hartnäckigkeit unregelmäßig wie bei den vorher erwähnten Versuchsergebnissen. Im allgemeinen zwar erscheint unter der Einwirkung des Extraktes aus Blättern von höherem Prozentgehalt an Digitoxin der Herzstillstand etwas rascher, als bei den Extrakta mit niedrigerem Prozent-Digitoxingehalt. Dieser Unterschied kommt allerdings an einzelnen Individuen durchaus nicht rein zum Ausdruck, wir sehen auch, wie in beiden Serien, daß mehrmals die Tiere mit kleinerer Dosis schneller den Herzstillstand zeigen, als die mit größeren Mengen behandelten. Dagegen läßt sich ein dem Digitoxingehalt kongruenter Unterschied konstruieren, wenn man sämtliche Minutenzahlen bis zum Eintritt des Herzstillstandes der 3 Tabellen III, IV und V addiert. Da es sich jeweils um dieselbe Anzahl Frösche mit gleichen Mengen Extrakta der Blätter injiziert handelt, so können diese Minutenzahlen auch direkt mit einander verglichen werden. Sie

---

[1]) Die Blätter verdanke ich der Liebenswürdigkeit der Firma Caesar & Loretz in Halle.

Tabelle IV.

Protokoll über die Versuche an Fröschen mit Injektionen von Extractum Folii Digitalis.
20 g 0,258% Folii auf 40 ccm Extractum.

Frosch-Nummer	Gewicht des Frosches in g	Angewandte Lösung in ccm	Digitoxingehalt der Injektion in mg	Blättergewicht in g entspr. der angewandt. Extraktmenge	Beginn der Reaktion nach Minuten	Stillstand des Herzens nach Minuten	Angewandtes Digitoxingew. in mg auf 100 g Froschgewicht bezogen	Blättergewicht in g auf 100 g Froschgewicht bezogen
107	60,8	0,2	0,258	0,1	5	14	0,42	0,164
108	52,2	0,2	0,258	0,1	3	11	0,49	0,191
109	54,2	0,2	0,258	0,1	3	10	0,47	0,184
110	36,6	0,2	0,258	0,1	2	21	0,70	0,273
111	69,4	0,3	0,387	0,15	3	35	0,55	0,216
112	42,5	0,3	0,387	0,15	4	19	0,91	0,352
113	47,2	0,3	0,387	0,15	5	20	0,82	0,317
114	56,2	0,3	0,387	0,15	5	24	0,69	0,266
115	53,3	0,5	0,645	0,25	3	14	1,21	0,469
116	62,5	0,5	0,645	0,25	4	25	1,03	0,400
117	50,6	0,5	0,645	0,25	3	18	1,26	0,494
118	57,8	0,5	0,645	0,25	4	10	1,14	0,432
119	54,6	0,5	0,645	0,25	6	23	1,18	0,457

Tabelle V.

Protokoll über die Versuche an Fröschen mit Injektionen von Extractum Folii Digitalis.
20 g 0,123% Folii auf 40 ccm Extractum.

Frosch-Nummer	Gewicht des Frosches in g	Angewandte Lösung in ccm	Blättergewicht in g entspr. der angewandt. Extraktmenge	Digitoxingehalt der Injektion in mg	Beginn der Reaktion nach Minuten	Stillstand des Herzens nach Minuten	Angewandtes Digitoxingew. in mg auf 100 g Froschgewicht bezogen	Blättergewicht in g auf 100 g Froschgewicht bezogen
120	35,7	0,2	0,1	0,123	4	40	0,34	0,280
121	36,9	0,2	0,1	0,123	3	27	0,33	0,271
122	71,5	0,2	0,1	0,123	3	43	0,17	0,139
123	34,3	0,2	0,1	0,123	5	25	0,35	0,291
124	60,4	0,3	0,15	0,184	3	59	0,30	0,248
125	48,6	0,3	0,15	0,184	3	30	0,37	0,308
126	45,4	0,3	0,15	0,184	3	26	0,41	0,330
127	29,0	0,3	0,15	0,184	3	14	0,63	0,517
128	43,0	0,5	0,25	0,307	4	26	0,71	0,581
129	47,9	0,5	0,25	0,307	5	16	0,64	0,521
130	42,5	0,5	0,25	0,307	3	31	0,72	0,588
131	69,4	0,5	0,25	0,307	4	16	0,44	0,361
132	33,0	0,5	0,25	0,307	3	25	0,93	0,757

betragen pro Frosch bei den Blättern mit 0,123% Digitoxingehalt 29 Minuten, bei 0,18% = 21 Minuten, und bei 0,258% = 18 Minuten. Es ließe sich vielleicht auf diese Weise die Unregelmäßigkeit des Einzelfalles etwas korrigieren, aber wir werden gleich sehen, daß bei

Anwendung anderer Präparationsverfahren diese Methode schon ihre Brauchbarkeit verliert.

Da in der Praxis die Anwendung der Infuse eine große Rolle spielt, so habe ich mit denselben Blättersorten auch diesbezügliche Wertbestimmungsversuche ausgeführt. Die Infusa wurden nach den Vorschriften der *Pharmakopoea Helvetic. Edit. III* hergestellt.

Die Tabellen VI und VII geben die entsprechenden Resultate wieder; es wurde dabei die stillschweigende Voraussetzung gemacht,

Tabelle VI.

Protokoll über die Versuche an Fröschen mit Injektionen von Infusum Folii Digitalis.
10 g 0,258% Folii auf 20 ccm Infusum.

Frosch-Nummer	Gewicht des Frosches in g	Angewandte Lösung in ccm	Blättergewicht in g entspr. der angewandt. Infusummenge	Digitoxingehalt der Injektion in mg	Beginn der Reaktion nach Minuten	Stillstand des Herzens nach Minuten	Angewandtes Digitoxingew. in mg auf 100 g Froschgewicht bezogen	Blättergewicht in g auf 100 g Froschgewicht bezogen
150	30,3	0,2	0,1	0,258	6	37	0,85	0,330
151	22,1	0,2	0,1	0,258	3	44	1,16	0,457
152	36,5	0,2	0,1	0,258	6	41	0,70	0,273
153	31,0	0,2	0,1	0,258	2	39	0,78	0,322
154	37,4	0,5	0,25	0,645	5	44	1,72	0,668
155	25,2	0,5	0,25	0,645	3	34	2,56	0,992
156	41,7	0,5	0,25	0,645	4	39	1,54	0,599
157	46,5	0,5	0,25	0,645	4	41	1,38	0,537
158	25,4	0,5	0,25	0,645	3	40	2,53	0,984
159	35,7	0,5	0,25	0,645	5	33	1,86	0,700
160	36,4	0,5	0,25	0,645	3	36	1,77	0,688

Tabelle VII.

Protokoll über die Versuche an Fröschen mit Injektionen von Infusum Folii Digitalis.
10 g 0,123% Folii auf 20 ccm Infusum.

Frosch-Nummer	Gewicht des Frosches in g	Angewandte Lösung in ccm	Blättergewicht in g entspr. der angewandt. Infusummengen	Digitoxingehalt der Injektion in mg	Beginn der Reaktion nach Minuten	Stillstand des Herzens nach Minuten	Angewandtes Digitoxingew. in mg auf 100 g Froschgewicht bezogen	Blättergewicht in g auf 100 g Froschgewicht bezogen
161	61,6	0,2	0,1	0,123	4	13	0,15	0,165
162	33,2	0,2	0,1	0,123	4	50	0,37	0,301
163	33,5	0,2	0,1	0,123	4	69	0,36	0,298
164	33,8	0,2	0,1	0,123	3	49	0,36	0,295
165	48,3	0,2	0,1	0,123	5	59	0,25	0,207
166	42,4	0,5	0,25	0,307	3	39	0,72	0,589
167	52,9	0,5	0,25	0,307	4	40	0,58	0,472
168	37,7	0,5	0,25	0,307	4	40	0,81	0,663
169	35,4	0,5	0,25	0,307	3	38	0,86	0,706
170	37,9	0,5	0,25	0,307	4	66	0,81	0,659
171	36,7	0,5	0,25	0,307	4	49	0,83	0,681
172	46,8	0,5	0,25	0,307	4	56	0,65	0,534

daß bei der Herstellung der Infusa stets die gesamte Menge des Digitoxins aus den Blättern in die Lösung übergegangen sei, was zwar wohl nach Keller[1]) nicht ganz richtig ist, wohl aber kann man annehmen, daß die Infuse, die ja alle auf dieselbe Weise hergestellt wurden, unter einander direkt verglichen werden können. Die Einzelversuche zeigen auch hier wieder große Unregelmäßigkeiten untereinander, keinen Zusammenhang zwischen der Höhe der Dosis und der Schnelligkeit des Eintrittes der Vergiftung. Addieren wir hier, wie oben, sämtliche Minutenzahlen in beiden Versuchsreihen mit den Infusa, so ergeben sich bei derselben Blättermenge an der gleichen Anzahl von Fröschen bei den Blättern mit 0,258% pro Frosch: 48 Minuten und bei dem Infus mit 0,123% nur 51 Minuten, d. h. Differenzen, die in gar keinem Verhältnisse zu der Verschiedenheit des Digitoxingehaltes stehen. Ich muß noch ergänzend ausdrücklich betonen, daß die qualitative Einwirkung des Infuses etwas verschieden ist von der des krystallinischen oder amorphen Digitoxins, sowie auch teilweise von der des Fluidextraktes: Die Herzperistaltik ist etwas träger, auch wird das Blut rasch dunkel, venös; einige Male bildete sich bei den beobachteten Tieren im linken Ventrikel ein Blutkoagulum, und es kam dann das Herz zu einem diastolischen Stillstande. Möglicherweise hängt dies etwas mit dem Gehalt an Kalisalzen zusammen, an denen die Blätter ja reich sind. Die Frösche waren auch nach den Injektionen unruhiger, die Krämpfe traten öfter als bei den Injektionen mit den anderen untersuchten Präparaten auf. Diese Fälle sind in den Tabellen nicht angegeben, gerade wie jene, die eine Dauer der Einwirkung von mehr als 2 Stunden bis zum systolischen Stillstande zeigten, welchen Zeitraum ich mir als Grenze festgesetzt hatte. Ein längeres Hinausziehen des Versuches dürfte die Bedingungen zur richtigen Beurteilung noch ungünstiger gestalten, wegen des durch den Versuch bedingten abnormen Zustandes.

Aus dem Mitgeteilten geht wohl die Schlußfolgerung hervor, daß die Wertbestimmung der Präparate der Fol. Digitalis auf der physiologischen Prüfung allein nicht beruhen darf und kann. Damit soll nun nicht gesagt sein, daß diese keinen Wert besitze, sondern es soll nur darauf hingewiesen werden, daß diese Methode der Prüfung eine mangelhafte ist.

Bei den angewendeten Mengen Digitoxins in reiner Substanz und in Form der Blätterpräparationen ergibt sich nun im Durchschnitt eine bedeutend höhere Gifteinwirkung bei den Blätterpräparationen, berechnet auf den gleichen Giftgehalt. Dies kann auf 2 Gründen

[1]) Ber. d. pharm. Ges. 1895.

beruhen: es kann bei den Extrakten die Resorption eine viel günstigere sein, was von vornherein auch anzunehmen ist und zweitens: könnten eventuell in den Blättern auch andere Substanzen mit in Betracht kommen bei der Einwirkung auf das Froschherz. Hierbei wäre namentlich das *Digitalinum verum* in Betracht zu ziehen, von dem jedoch Kiliani[1]) und Cloetta (l. c.) nachgewiesen haben, daß es, wenn es überhaupt nur in minimalen Mengen in den Blättern vorkomme, und zudem wissen wir, daß dieses *Digitalinum verum* bei der Anwendung am Menschen keineswegs die Wirkungen des krystallinischen Digitoxins erreichen kann. Durch die zahlreichen Untersuchungen, namentlich französischer Autoren, ist es nachgewiesen, daß die Wirkung des Digitoxins = Digitaline cristallisée identisch ist mit derjenigen der Droge; sodaß also die Möglichkeit offen gelassen werden müßte, daß das Froschherz vielleicht noch auf andere Substanzen reagiert, die in den Blättern sich finden, und daß dementsprechend die Wirkung eine viel stärkere ist als es dem berechneten Digitoxingehalt entspricht. Diese größere Reaktionsfähigkeit des Froschherzens auf die galenischen Präparate ist jedoch an und für sich noch kein Beweis dafür, daß dies beim Menschen auch so sein werde. Das ist meines Erachtens der schwerwiegendste Einwand gegen die physiologische Wertbestimmung am Froschherzen, weil man hier eine Größe als Maßstab einsetzt, die möglicherweise garnicht auf das menschliche Herz sich anwenden läßt. Daß die in vielen Versuchen beobachteten Unregelmäßigkeiten aber nicht etwa auf dem verschiedenen Gehalt an toxischen Nebensubstanzen allein zurückzuführen sind, das beweist namentlich auch die Unregelmäßigkeit der Einwirkungsdauer bei Anwendung der reinen Substanz. Im allgemeinen haben wir in diesen Versuchen an dem Prinzip festgehalten, daß die Gewichte der Tiere in Betracht zu ziehen seien bei der Berechnung. Es ist ja ein Prinzip, das im allgemeinen in der Pharmakodynamik anzunehmen ist. Prévost[2]), der im übrigen auch die Konstanz der Einwirkung zu konstruieren suchte, kommt zwar zu dem Schlusse, daß die Größe der Frösche keine wesentliche Rolle spiele[3]). Die Unregelmäßigkeiten müssen deshalb dem Individuum zugeschrieben werden; — eine Ansicht, die bei dem verschiedenen Verhalten der Winter- und Sommerfrösche in meinen Experimenten gerechtfertigt erscheint. Ich kann daher hier nur das schon oben Erwähnte wiederholen, daß das Gewicht der Tiere bald Einfluß hat, bald nicht. Wenn daher auch Fraenkel[4]) und

[1]) Dieses Archiv, Bd. CCXXXIII, S. 311.

[2]) Revue médic. de la Suisse romande 1893.

[3]) Revue médic. de la Suisse romande 1895, XV.

[4]) Therapie der Gegenwart. März 1902.

Ziegenbein[1]) glaubten, eine Wertschätzung annehmen zu können, so mag das vielleicht in ihren Versuchen zufällig zugetroffen sein, obwohl die Versuchsbedingungen bei Fraenkel keineswegs einwandsfrei sind. (Injektionen von zu großen Volumina der betreffenden Lösungen.) Die positiven Resultate, welche Ziegenbein bei seinen Versuchen der Wertbestimmung der Digitalisblätter auf physiologischem Wege erzielte, stehen im direkten Widerspruche mit den im vorstehenden niedergelegten Beobachtungen.

Die Resultate, welche C. Focke[2]) bei der physiologischen Wertbestimmung der Digitalisblätter erhielt, konnten leider bei meinen Versuchen keine Berücksichtigung mehr finden, da dieselben bereits abgeschlossen waren. Da nun aber aus allem hervorgeht, daß das Individuum offenbar eine sehr große Rolle spielt, so müßte man sich zum allermindesten bei solchen Wertbestimmungen darüber einigen, daß nur Tiere eines Geschlechtes, derselben Art, aus einer bestimmten Landesgegend, in einer bestimmten Jahreszeit gefangen und annähernd von demselben Gewicht verwendet werden dürfen; sonst gehen die Schwankungen ins Aschgraue, auch ohne dies werden sie wahrscheinlich derart sein, daß man lieber bei den chemischen Untersuchungen verbleibt.

Zum Schlusse nun will ich noch einige Versuche beifügen, welche ein Bild geben sollen über die minimalen Mengen und Konzentrationen des Extraktes, mit welcher noch ein Froschherz zum systolischen Stillstande innerhalb einer Stunde gebracht werden kann.

Zu diesem Zwecke habe ich von den drei erwähnten Blättersorten im Verhältnisse von je 20:80 Extrakta hergestellt. Ich brachte die Blätter mit 300 ccm 70%igen Alkohol nach der schon erwähnten Methode zur Erschöpfung und dampfte die Perkolate nachher auf 80 ccm ein. Die neu hergestellten Extrakta waren danach halb so stark als die früher untersuchten.

Zu diesen letztvorliegenden Versuchen habe ich nur Frösche gewählt, welche den oben aufgestellten Bedingungen bezüglich Identität ganz genügten. Wie die Tabelle VIII zeigt, hat bei allen drei Extrakten eine Menge von 0,2 ccm noch hingereicht, um den systolischen Stillstand des Herzens hervorzurufen. Ich habe deshalb das schwächste der Extrakta noch weiter verdünnt, um so schließlich an die Grenze der Wirksamkeit zu gelangen. Aber erst bei fünffacher Verdünnung ist offenbar diese Grenze erreicht worden, was einer Blättermenge von 0,01 g pro Dose entspricht, sodaß angesichts dieser

---

[1]) Ber. d. pharm. Ges. 1902, H. 8; dieses Archiv 1902, 454.

[2]) Dieses Archiv 1903, 128.

Tabelle VIII.

Protokoll über die Versuche an Fröschen mit Injektionen von Extracta Folii Digitalis.

Frosch-Nummer	Gewicht des Frosches in g	Verhältnis des Blättergewichtes zur Extraktmenge	Digitoxingehalt der Injektion in mg	Blättergewicht in g entsprechend der angewandten Extraktmenge	Angewandte Lösung in ccm	Beginn der Reaktion nach Minuten	Stillstand des Herzens nach Minuten	Gehalt der Blätter an Digitoxin in %
173	30,8	20:80	0,32	0,125	0,5	4	27	0,258 (173–178)
174	35	20:80	0,12	0,05	0,2	6	26	
175	49	20:80	0,12	0,05	0,2	5	40	
176	37,1	20:80	0,12	0,05	0,2	4	15	
177	35,1	20:160	0,16	0,062	0,5	5	20	
178	37,1	20:160	0,06	0,025	0,2	3	19	
179	44	20:80	0,09	0,05	0,2	3	65	0,18 (179–180)
180	40	20:160	0,04	0,025	0,2	6	46	
181	37,4	20:80	0,06	0,05	0,2	7	21	0,123 (181–186)
182	33,2	20:160	0,03	0,025	0,2	4	34	
183	40,1	20:240	0,02	0,016	0,2	6	53	
184	40,2	20:320	0,02	0,018	0,3	6	51	
185	37,5	20:320	0,015	0,012	0,2	5	43	
186	40	20:400	0,01	0,01	0,2	5	58	

kolossalen Ausdehnungsfähigkeit der Reaktion man kaum je dazu kommen wird, im Froschherzen einen sicheren Index zu gewinnen für den zahlenmäßigen Gehalt der beim Menschen in Betracht kommenden wirksamen Substanzen. Da zudem ein 0,123%iger Digitoxingehalt eine schlechte Blättersorte repräsentiert, so kann man wohl nur soviel sagen, daß ein Extrakt aus Digitalisblättern richtig hergestellt in einer Menge, die 0,01 g der Blätter entspricht, bei einem Frosche von ca. 35—40 g Körpergewicht innerhalb einer Stunde den systolischen Stillstand des Herzens herbeiführen sollte. Auf diese Weise könnte die Methode noch am ehesten Verwertung finden, d. h. zur schnellen Orientierung darüber, ob die betreffenden Blätter überhaupt zulässig seien oder nicht.

Arbeiten aus dem pharmazeutischen Institut der Universität Bern.

Untersuchungen über die Sekrete.

53. Ueber den Gurjunbalsam.

Von A. Tschirch und L. Weil.

(Eingegangen den 1. VII. 1903.)

Balsamum Dipterocarpi (Gurjun- oder Gardjanbalsam, Oléo-résine de Dipterocarpus, Wood-oil) ist der Balsam von Bäumen aus der artenreichen Gattung Dipterocarpus Südasiens. Die größte Menge des Balsams, der in Britisch-Indien die Bezeichnung Garjantel, Wood-oil (Holzöl) führt, wird in den Küstenländern der Straße von Malacca und in Birma gewonnen, in der Weise, daß man in der Zeit von November bis Februar eine Höhlung in den Stamm haut, ein Feuer darin anzündet und den nach Entfernung des Feuers in reichem Maße austretenden Balsam in Bambusröhren auffängt; nach Roxburgh liefert ein einziger Stamm von Dipterocarpus turbinatus in einem Jahre, allerdings aus 2 bis 3 Höhlungen 30 bis 40 Gallonen (130—180 *l*) Balsam.

In Indien ist der Gurjunbalsam[1]) jedenfalls schon sehr lange im Gebrauch. 1811 wurde er von Francklin als aus Java stammend erwähnt. Genauere Nachrichten rühren von Roxburgh her, welcher in seinem Werke „Plants of the coast of Coromandel“ Abbildung und Beschreibung liefert, ebenso über die Gewinnung des Balsames Nachricht gibt. O'Shangnessy machte die Beobachtung, daß der Gurjunbalsam eine den Copaivabalsam ähnliche Wirkung äußert, 1868 erfolgte seine Aufnahme in die Pharm. of India; in Deutschland wurde er 1842 bekannt. Der Balsam ist sehr geschätzt bei der Lack- und Firnisfabrikation, ebenso zum Anstreichen. Hooker traf 1850 in den Bergen unweit von Tschittagong „Gardschanbäume“[2]) von 200' Höhe und bezeichnet sie als die schönsten Bäume der Wälder Indiens. Tschirch schildert die Dipterocarpen (Mal. Palaglar) als die Riesen des javanischen Bergwaldes der tieferen Region und findet daselbst besonders Dipterocarpus retusus Bl. und trinervis Bl. (Palaglar mienjak[3]) verbreitet;

[1]) Das Wort Gurjun ist indischen Ursprungs; ebenso Garjan oder Gardschan (Garjantel = Holzöl). Dipterocarpus von δις doppelt, πτερον, Flügel und καρπος, Frucht, wegen der langen zweiflügeligen Früchte.

[2]) Garjan oder auch Gurjun ist der indische Name der Bäume; im deutschen am richtigsten wohl Gardschan zu sprechen.

[3]) Mienjak (mal.) = Oel. Es steht dieses Wort in einem gewissen Gegensatz zu damar = festes Harz und getah = Milchsaft.

Dipterocarpus trinervis sehen wir auf Taf. 80 von Tschirch's Indischen Heil- und Nutzpflanzen abgebildet. Durch Anbohren und Einführen einer Glasröhre konnte Tschirch dem Holze des Baumes in 3 Tagen 550 g eines trüben Harzbalsams entziehen.

Als besonders balsamliefernd werden unter den ungefähr 25 Arten[1]) genannt: Dipterocarpus alatus Roxb., angustifolius Wight et Arnott, crispalatus (?), gracilis Blume, hispidus Thwaites, incanus Roxb., litoralis Bl., retusus Bl., trinervis Bl., turbinatus Gärtn., ceylanicus Thwaites, von denen die meisten in Hinterindien und auf Java, einige auch in Vorderindien und auf Ceylon vorkommen. „Der gewaltige fast kerzengerade Stamm dieser Bäume trägt eine prächtige Krone; er wird nicht selten 100 bis 200 Fuß hoch und verzweigt sich in den oberen Partien. Die breit runzeligen, grob quergerippten großen Blätter geben den Bäumen ein durchaus eigenartiges Aussehen."

Dietrich Brandes[2]) weist auf die mannigfachen Aehnlichkeiten hin, welche die Dipterocarpeen und die Koniferen darbieten, insofern viele Arten aus beiden Familien geschlossene Wälder bilden und beide aromatisch ölige Flüssigkeiten in besonderen Harzräumen produzieren, die mit einem Epithelium von dünnwandigen secernierenden Zellen bekleidet sind. Die mächtigen Kanäle der Stämme dieser Bäume sind oft über 2 cm weit und füllen sich bisweilen so stark mit Balsam, daß der Stamm mit heftigem Knall berstet. Tschirch hat schon in dreijährigen Zweigen Kanäle nachgewiesen und gezeigt, daß die Oelbehälter schizogen entstehen[3]). Hiernach ist wohl die Angabe von Barbosa Rodriguez, daß sich der Balsam erst an älteren Bäumen in Blasen sammele, zu bezweifeln.

Der Balsam ist im allgemeinen dunkelbraun, nach dem Absetzen klar, dickflüssig, besitzt ein spez. Gew. von 0,964 und einen Geruch und Geschmack wie Copaivabalsam, nur etwas bitter, jedoch nicht kratzend. Im auffallenden Lichte ist es grünlich grau, trübe und, namentlich in Verdünnung, grünlich fluoreszierend. Gegen das Licht gehalten erscheint er dunkelrotbraun und völlig klar. In allen Verhältnissen ist er mischbar mit Chloroform, Schwefelkohlenstoff und ätherischen Oelen, wird auch z. T. gelöst von absolutem Alkohol, Amylalkohol[4]), Aether, Essigäther, Aceton, Petroleumäther (Siedepunkt 60—70°). Wird Gurjunbalsam unter Zusatz des fünffachen Gewichtes von Wasser stark geschüttelt, so erhält man eine sehr steife Emulsion, die sich, auch wenn sie verdünnt wird, nicht klärt; bei Zusatz vom doppelten Wasser ballt sich der Balsam, und das hiervon abgegossene Wasser schmeckt bitter, rötet Lackmus und gibt in konzentriertem Zustande bei Zusatz von frischer Gerbsäurelösung einen weißen Niederschlag. Die Emulgierung tritt auch bei

---

1) A. de Candolle, im Prodomus XVI. Bd. 2 (1864) 607—616. — Vergl. auch Thiselton Dyer, Journ. of Botany 1874, 97—108, und Burck, S. 195—204 der hiernach angeführten Annales.

2) Pharm. Journ. Transact. 1894, No. 1277, 497.

3) Tschirch, Angew. Pflanzenanatomie I (1899) S. 217, Fig. 216; S. 514.

4) Mehrere Autoren, darunter auch wir, haben indes gefunden, daß es auch Gurjunbalsam gibt, der sich in Alkohol und in Aether vollständig löst.

dem Copaivabalsam ein, dem nur $^1/_{10}$ Gardschanbalsam zugesetzt ist. Auf 130° erhitzt, trübt sich der Balsam und wird dick, beim Erkalten die frühere Dünnflüssigkeit nicht wieder annehmend; in geschlossenem Rohre auf 220° erhitzt, wird er fast fest. Flückiger erhielt aus Balsam aus Moulmein 45,5 % ätherisches Oel und 54,5 % weiches Harz. Ein aus dem französischen Cochinchina eingeführter Balsam besitzt nach den Flückiger'schen Versuchen im allgemeinen gleiche Eigenschaften, riecht aber beim Erwärmen widerlich, ist sehr dünnflüssig und gibt 72 % ätherisches Oel. Das spezifische Gewicht des Balsams betrug 0,947 und dasjenige des aus demselben gewonnenen Oeles 0,918 bei 16°. Der größte Teil des letzteren siedet bei 255 bis 256° und polarisiert stark nach links. Im französischen Cochinchina unterscheidet man ein gemeines Holzöl (huile de bois ordinaire) von Dipterocarpus turbinatus abstammend, welches als Firnis auf Holz benutzt wird und einen schönen, fast weißen Balsam, von Dipterocarpus crispalatus herrührend. Hauptausfuhrplätze des Gurjunbalsams sind Saigon, Singapore, Moulmein in Tenasserim, Akyab, südlich von Tschittagong.

Nach Lowe enthält der Balsam 65 % ätherisches Oel, 34 % Harz, 1 % Essigsäure. Werner erhielt 20 % ätherisches Oel; Flückiger, wie schon erwähnt, 45,5 % und aus dem Balsam von Cochinchina 72 % ätherisches Oel. Den Resultaten der Elementaranalysen entsprechend fand Werner, daß das ätherische Oel des Gurjunbalsams mit Terpentinöl polymer und mit Copaivaöl isomer ist. Das vom ätherischen Oel befreite Harz gab an heiße Kalilauge eine, auch in Ammoniak lösliche, der Sylvinsäure analog sich verhaltende Harzsäure ab, die von Werner Gurjunsäure genannt wurde. Diese Säure krystallisiert aus Alkohol in farblosen, durchsichtigen, krümeligen Massen, deren Schmelzpunkt bei 220° liegt. Die Salze, die durch Fällen mit Metallsalzen entstanden, waren denen der Sylvinsäure sehr ähnlich. Das Baryum-, Calcium- und Silbersalz war amorph, nur das Kaliumsalz krystallisierte aus Alkohol in Blättchen und war sehr hygroskopisch. Die Analyse der Säure, sowie die des Silber-, Baryum-, Calcium- und Kaliumsalzes führten zu der Formel: $C_{22}H_{34}O_4$. Man erhält sonach die Formel der Säure, wenn man zu der des ätherischen Oeles die der Oxalsäure addiert ($C_{20}H_{32} + C_2H_2O_4 = C_{22}H_{34}O_4$).

Flückiger hat eine Methode angegeben zur Erkennung des Gurjunbalsams. Schüttelt man in einem Reagensrohre eine Mischung von einem Teile Gurjunbalsam mit 19 Teilen Schwefelkohlenstoff und setzt einige Tropfen einer Mischung von gleichen Teilen Salpetersäure und Schwefelsäure zu, so färbt sich die Flüssigkeit intensiv violett. Gegenwart von Harz oder Copaivabalsam verhindern die Reaktion nicht, so daß sie sich zu einer Entdeckung einer Fälschung des Copaivabalsams mit Gurjunbalsam eignet. Derselbe Autor untersuchte[1]) auch Krystallkrusten, die bei der Verarbeitung größerer Mengen Gurjunbalsam im Laboratorium des Hauses Gehe & Cie. in Dresden aus dem Destillationsrückstande erhalten und von den Produzenten als Copaivasäure bezeichnet wurden, weil Gurjunbalsam gelegentlich statt Copaivabalsam benutzt wird. Es gelang ihm, gute farblose und durchsichtige

[1]) Indifferentes Harz aus Gurjunbalsam. Arch. d. Pharm. 1878, S. 58.

Krystalle durch Krystallisieren aus warmem Ligroin bei Winterkälte zu erhalten. Dieses von Flückiger rein dargestellte Gurjunharz schmolz bei 126°, während Werner's Gurjunsäure erst bei 220° schmilzt. Während Werner's Gurjunsäure schwach, aber bestimmt sauer reagierte, war dies bei Flückiger's Gurjunharz durchaus nicht der Fall; es war vollkommen indifferent und ließ sich in keiner Weise mit Basen verbinden. Seine gesättigte Ligroinlösung bewirkte keine Ablenkung der Polarisationsebene. Auch von schmelzendem Kali wurde es nicht im mindesten angegriffen und lieferte weder eine Acetylverbindung noch ein Nitroderivat in krystallinischer Form. Bei 100° getrocknetes, durch wiederholte Krystallisation rein dargestelltes Gurjunharz führt analysiert zu der Formel $C_{28}H_{46}O_2$.

Haußner[1]) untersuchte einen Balsam Sumatras, der unter dem Namen Minjak-Lagam vorlag. Er fand ein linksdrehendes Oel von der Formel $C_{20}H_{32}$. Die Einwirkung von Salzsäure auf das ätherische Oel ergab, daß es sich mit 4 HCl zu Krystallen verbinden ließ. Bei Untersuchung des Destillationsrückstandes, des Harzes also, gelang es Verfasser, auch eine Säure zu erhalten, jedoch nicht in krystallinischer Form. Da die Säure für eine Elementaranalyse außerdem nicht geeignet war, konnte ihre Formel nur auf Grund der Darstellung und Analyse von Salzen ermittelt werden; vom Kupfersalz abgeleitet ließ sich die Formel $C_7H_{14}O_3$ feststellen.

Die s. Zt. im Handel vertretene, jetzt verschwundene Copaivasäure (Metacopaivasäure) Gehe's, Trommsdorff's, Merck's, war aus einem Gurjunbalsam unbekannter Herkunft hergestellt.

Brix[2]), der eine „Metacopaivasäure", Firma Trommsdorff, und eine „Copaivasäure", Firma Merck, untersuchte, fand beide identisch. Sie war ebenso wie die erwähnte „Copaivasäure" Flückiger's von der Firma Gehe & Cie. vollständig indifferent gegen Alkalien, hatte also auch keine sauren Eigenschaften. Der Schmelzpunkt lag bei 126—129°. Der Körper ließ sich leicht acetylieren, und zwar wurden dabei zwei Hydroxylgruppen acetyliert. Auf Grund seiner Analysen stellte er die Formel $C_{20}H_{28}(OH)_2$ auf.

Mach[3]) hat eine „Metacopaivasäure" eingehend studiert und eine Reihe Derivate dargestellt. Er bestätigt die Alkoholnatur des Körpers, findet aber den Kohlenstoffgehalt viel höher und betrachtet ihn als einen Sesquiterpenalkohol $C_{15}H_{23}OH$. Da der Körper ähnliche Reaktionen gibt wie das Cholesterin und das Liebermann'sche Cholestol[4]), so schlägt er den Namen Metacholestol vor und betrachtet ihn als erstes Glied einer Cholesterinreihe.

Auch Keto, der sich im hiesigen pharmazeutischen Institut mit Harzen der Copaivabalsame beschäftigt hat, hat eine Probe krystallinischer „Copaivasäure" von der Firma C. Haaf in Bern in die Untersuchung einbezogen[5]).

---

[1]) Arch. d. Pharm. 1883, S. 241.

[2]) Monatsh. f. Chem. II (1881), S. 507 ff.

[3]) Monatsh. f. Chem. XV (1894), S. 643—641.

[4]) Ber. d. d. chem. Ges. 17 (1884), S. 87 u. 18 (1885), S. 1803.

[5]) Archiv der Pharmazie 1901.

Der Schmelzpunkt seiner Substanz lag bei 132°. Gegen Alkali verhielt sie sich ebenfalls ganz indifferent. Die Elementaranalysen führten zu Zahlen, für die sich die Formel $C_{15}H_{28}O$ aufstellen ließ. Aus einem von der Firma Gehe & Cie. in Dresden gelieferten Bodensalze von Gurjunbalsam konnte dieselbe Substanz in größerer Menge gewonnen werden.

Ueberblicken wir die Resultate, zu denen die Autoren gekommen sind, die über die, in den Preiskuranten der Drogenfirmen als krystallisierte „Copaivasäure", „Metacopaivasäure" bezeichneten Präparate, gearbeitet haben, so finden wir, daß diese Präparate diesen Namen in doppelter Hinsicht fälschlich tragen. Denn einerseits sind sie meistenteils aus Gurjunbalsam dargestellt und andererseits verhalten sie sich ja völlig indifferent gegen Alkalien und können somit gar nicht als Säuren betrachtet werden. —

In China tritt ein fettes Oel in großer Menge auf, welches gleichfalls als Holzöl bezeichnet wird. Dasselbe wird aus dem Samen des zu den Euphorbiaceen gehörenden Tungbaumes, *Aleurites cordata* Müller Arg. (*Dryandra cordata* Thunb.) gewonnen, ist ein trocknendes Oel und wird in China in großem Umfang zu technischen Zwecken verwendet. Eine Verwechselung mit dem Gurjunbalsam ist nicht wohl möglich.

I. Untersuchung verschiedener Gurjun-Balsamsorten des Handels.

Zur Untersuchung gelangten drei verbürgt echte Sorten, eine von der Firma Caesar & Loretz in Halle, eine von der Firma Gehe & Cie. in Dresden und eine solche von der Firma Merck in Darmstadt.

In Bezug auf äußeres Aussehen waren namentlich die beiden zuerst genannten Sorten vollkommen gleich; sie waren ziemlich dünnflüssig, im auffallenden Lichte grünlichgrau fluoreszierend, im durchfallenden Lichte rotbraun und beide etwas trübe, während der dritte, von der Firma Merck bezogene Balsam, vollkommen klar war, im übrigen jedoch dieselbe Konsistenz und Farbe besaß. Das spez. Gew. betrug bei letzterem 0,950, bei den beiden anderen Sorten 0,957. Der Geschmack war etwas bitterer als der des Copaivabalsames, aber nicht kratzend; der Geruch erinnerte an diesen. Mit Chloroform, Schwefelkohlenstoff, Benzol und Aether ließ sich der Balsam in allen Verhältnissen klar mischen. Eine Mischung mit einem gleichen Volumen Alcohol absolutus war trübe, auf weiteren Zusatz entstand eine klare Lösung; ähnlich verhielt sich der Balsam zu Aceton und 95%igen Alkohol. Eisessig gab eine emulsionsartige Mischung, Petroläther gab bis zu zwei Volumen eine klare Lösung, weiterer Zusatz verursachte Trübung, ohne daß jedoch eine flockige Fällung entstand.

Die in der Einleitung angegebenen Identitätsreaktionen ergaben positive Resultate.

Um starkwirkende Chemikalien, welche die zu untersuchenden Körper angreifen und verändern können, zu vermeiden, schlugen wir verschiedene Wege ein, um durch möglichst indifferente Mittel eine Trennung der verschiedenen Bestandteile herbeizuführen.

Alle diese Versuche ergaben jedoch keine befriedigenden Resultate und es wurde bald klar, daß auf diesem Wege nichts zu erreichen war, sondern daß ein neuer Weg zur Trennung gefunden werden müsse. Alle in Arbeit genommenen Proben gaben, nach den bei den Fett- und Harzuntersuchungen üblichen Methoden behandelt, sowohl Säure- und Verseifungszahlen, die, wie aus der beigefügten Tabelle, in der stets der Mittelwert mehrerer Bestimmungen angegeben ist, ersichtlich ist, allerdings sehr niedrig sind.

Säure- und sog. Verseifungszahlen des Gurjunbalsams:

Säurezahl a) direkt titriert:

1.	Gurjunbalsam von Gehe & Cie.-Dresden . . .	8,68.
2.	„ „ Caesar & Loretz-Halle . . .	8,88.
3.	„ „ Merck-Darmstadt	7,93.

b) indirekt:

1.	Gurjunbalsam von Gehe & Cie.-Dresden . . .	11,26.
2.	„ „ Caesar & Loretz-Halle . . .	11,63.
3.	„ „ Merck-Darmstadt	10,42.

Sog. Verseifungszahl a) auf kaltem Wege:

1.	Gurjunbalsam von Gehe & Cie.-Dresden . . .	12,82.
2.	„ „ Caesar & Loretz-Halle . . .	13,27.
3.	„ „ Merck-Darmstadt	12,07.

b) auf heißem Wege:

1.	Gurjunbalsam von Gehe & Cie.-Dresden . . .	16,96.
2.	„ „ Caesar & Loretz-Halle . . .	16,88.
3.	„ „ Merck-Darmstadt	16,18.

Diese Zahlen ließen, wenn sie auch, wie erwähnt, niedrig waren, immerhin Schlüsse auf das Vorhandensein von Harzsäuren ziehen, und es war anzunehmen, daß man mit Alkalien eine Trennung erreichen konnte. Es war aber zu befürchten, daß möglicherweise vorhandene esterartige Verbindungen dabei verseift würden. Da übrigens die Differenz der bei der kalten und heißen Verseifung einerseits und zwischen Säure- und Verseifungszahl andererseits sehr gering ist, läßt sich sehr wohl annehmen, daß dieselbe durch die nicht zu vermeidenden Fehler bei der Titration oder bei der Verseifung eintretende Zersetzung bedingt sein kann und eine wirkliche Esterzahl daher zum mindesten zweifelhaft ist.

Es wurden nun zunächst Versuche mit äußerst schwachen Lösungen von Ammonium- und Natriumkarbonat gemacht (0,5:100). Schon beim Schütteln der ätherischen Lösungen mit diesen Flüssigkeiten machte sich eine sehr unangenehme Eigenschaft dieser Balsame bemerkbar, die diese Untersuchungen ungemein erschweren. Infolge des hohen Prozentgehaltes an ätherischem Oel trennten sich die beiden Schichten sehr schwer, indem sich im Scheidetrichter stets eine emulsionsartige Mischung bildete. Immerhin gaben, nachdem es nach einigen Tagen möglich war, die wässerigen Schichten zu trennen, letztere, auf dem Wasserbade erhitzt, um den gelösten Aether zu entfernen und nach dem Erkalten in mit überschüssiger Salzsäure angesäuertes Wasser gegossen, Fällungen, die allerdings stets sehr schmierige und braun gefärbte Massen repräsentierten und außerdem nach dem Absetzen sehr gering waren. Wir dachten aber durch spätere Reinigungsprozesse auf diese Weise schließlich doch reine Körper zu erhalten, und so behandelten wir denn 500 g in seinem gleichen Volumen Aether gelösten Balsams in der angegebenen Weise. Allein weder hierbei, noch auch, wenn wir stärkere Salzlösungen (1%, 3% und 5%) anwendeten, erhielten wir befriedigende Resultate. Die Harzsäuren fielen stets in sehr minimaler Menge und immer in schmierigen und braungefärbten Massen aus, die außerdem sehr schwer abzufiltrieren und auszuwaschen waren. Sehr oft kam es auch vor, daß, wenn sich nach einigen Tagen die beiden Schichten getrennt hatten, noch eine braungefärbte, ölige Mittelschicht auftrat, die zunächst unbeachtet blieb und dann später für sich verarbeitet wurde.

Einen in mancher Beziehung besseren Erfolg hatten wir dagegen, wenn wir den Balsam mit einer 1%igen Kalihydratlösung schüttelten, denn einerseits trennten sich die Schichten viel rascher und andererseits waren die Fällungen bedeutender.

Auf Grund dieser Erfahrungen haben wir nun folgende Trennungsmethoden eingeschlagen:

Gang der Untersuchung.

A. Mit Kalihydrat ausgeschüttelte Harzsäuren.

500,0 Balsam von der Firma Caesar & Loretz resp. Gehe & Cie. wurden in ihrem gleichen Volumen Aether gelöst und diese ätherische Lösung bis zur Erschöpfung — etwa 10—12 Ausschüttelungen genügten — mit 1%iger Kalihydratlösung ausgeschüttelt. Beim Ansäuern der ersten wässerigen Flüssigkeit fiel ein voluminöser, stark braun gefärbter Niederschlag aus, der sich beim Umrühren allmählich zu einem ölig-klebrigen Klumpen zusammenballte. Die übrigen

Fällungen waren sehr minimal. Die gut ausgewaschenen Säuren hatten nach dem Trocknen auf Tontellern eine graue bis braune Farbe angenommen. In Alkohol waren sie mit brauner Farbe löslich. Da nun offenbar ein Gemisch vorlag, zielten unsere nächsten Versuche darauf hin, dieses Gemisch in einzelne Bestandteile zu zerlegen. Nachdem sich die Strauß'sche Methode, durch Aussalzen mit Salmiak in alkalischer Lösung eine Trennung herbeizuführen, als unbrauchbar erwiesen hatte, kamen wir nach der soeben erwähnten, aus praktischen Gründen eingeschlagenen kleinen Modifikation (vorheriges Erschöpfen des Balsams mit Kalihydratlösung) auf unsere alte Methode zurück, die auch sonst ja seither im pharmazeutischen Institute zu Bern mit Erfolg angewendet worden ist.

B. Trennung mit Ammoniumkarbonat.

Die ätherische Lösung der an das Kalihydrat gegangenen Säure wurde fraktioniert, zuerst mit einer 1%igen wässerigen Ammoniumkarbonatlösung ausgeschüttelt, dann, nachdem wir uns überzeugt hatten, daß beim Eingießen der letzten Ausschüttelungen in verdünnte überschüssige Säure keine Trübung mehr auftrat, mithin also alle an das Ammoniumkarbonat gehende Harzsäure entfernt war, mit einer 1%igen Natriumkarbonatlösung in gleicher Weise weiter behandelt. Nachdem die ätherische Lösung auch nichts mehr an Natriumkarbonatlösung abgab, reinigten wir dieselbe wiederholt durch Ausschütteln mit destilliertem Wasser und zogen dann den Aether vorsichtig auf dem Dampfbade ab. Hierbei verblieb neben dem ätherischen Oele ein gegen Kali sowohl in der Kälte als auch in der Hitze indifferenter Körper zurück. Das ätherische Oel wurde mittelst heißen Wasserdampfes von diesem getrennt und der übrig gebliebene Harzkörper als Resen identifiziert.

Die mit Ammoniumkarbonat ausgeschüttelte Harzsäure war reichlicher vorhanden, als die nachher mit Natriumkarbonat erhaltene; sie betrug etwa 1,5—2% der Balsammenge. Auf dem Tonteller an der Luft getrocknet, stellte sie eine grau bis braun gefärbte Masse dar. Eine Reinigung war nur sehr schwer zu erzielen. In Aether war diese Säure nur sehr schwer löslich, so daß es sich gar nicht verlohnte, die geringen Fällungen zu sammeln, die aus den wässerigen Ausschüttelungsflüssigkeiten erhalten wurden. Durch oft wiederholtes Lösen der Rohsäure in Alkohol und Fällen der alkoholischen Lösung durch schwach saures Wasser, wurde schließlich eine Säure von grauweißer Farbe erhalten; die Lösungen waren aber immer noch bräunlich gefärbt. Versuche mit den verschiedensten Krystallisationsmitteln unter den verschiedensten Bedingungen ergaben auch nach monatelangem Stehen keine krystallisierende Substanz. Da nun allem Anscheine nach ein Gemisch vorlag, mußte auf ein eingehendes Studium dieser Substanz verzichtet werden. Immerhin war es noch möglich, wenn auch ziemlich schwierig — die alkoholischen Lösungen mußten vorher mit Tierkohle einigermaßen entfärbt werden — einige Säurezahlen dieses Körpers festzustellen. Dieselben waren so niedrig, daß wir, allerdings auch mit Rücksicht auf die geringen Mengen Substanz, die wir verwendeten, dieses Mal nicht wie bei den Ausgangsmaterialien mit $^1/_{10}$ Normalkalilauge titrieren konnten, wir uns vielmehr einer $^n/_{20}$ Normalkalilauge zu bedienen genötigt sahen.

Säurezahlen a) direkt titriert:

0,2956 Säure	brauchte	0,67 ccm $^n/_{20}$ KOH,	also 1 g	= 2,26	= 6,3	S.-Z. d.
0,8398 „	„	1,9 „	„ 1 „	= 2,26	= 6,3	
0,976 „	„	2,1 „	„ 1 „	= 2,15	= 6,02	

S.-Z. direkt im Mittel: 6,2.

b) zurücktitriert:

0,9482 Säure	brauchte	2,3 ccm $^n/_{20}$ KOH,	also 1 g	= 2,4	= 6,7	S.-Z. ind.
0,882 „	„	2,4 „	„ 1 „	= 2,7	= 7,56	

S.-Z. indirekt im Mittel: 7,13.

C. Trennung mit Natriumkarbonat.

Die an Natriumkarbonatlösung gehenden Harzsäuren waren nur in sehr geringem Quantum zu erhalten, nachdem, wie erwähnt, die Hauptmenge an Ammoniumkarbonat gegangen war. Es konnten nur etwa 0,5—0,6 % erhalten werden. Dazu kam, daß auch diese geringe Menge Rohsäure hartnäckig eine braune bis graue Färbung beibehielt, die ja wohl etwas behoben werden konnte durch dieselbe Manipulation, wie sie bei der Ammoniumkarbonatsäure angewendet wurde; sie vollständig farblos zu erhalten war jedoch trotz aller möglichen Versuche nicht zu erreichen, leider war eben auch, wie erwähnt, die Ausbeute sehr gering. Bei den Krystallisationsversuchen durch monatelanges Stehenlassen mit den verschiedensten Lösungsmitteln gelang es, unter dem Mikroskope neben hauptsächlich amorpher Substanz Krystallfragmente wahr zu nehmen, denen aber derartig intensiv die verunreinigende Mutterlauge anhaftete, daß sie durchaus nicht in analysenreine Form zu bringen waren. Alle Versuche, sie farblos zu erhalten, verliefen resultatlos, auch die Behandlung mit Tierkohle versagte hierbei ebenso wie das fortgesetzte Umkrystallisieren aus alkoholischer Lösung.

Ueberdestillieren des ätherischen Oeles aus dem Balsam und nachheriges Ausschütteln mit Ammonium- resp. Natriumkarbonat.

Nachdem wir bei unseren seitherigen Arbeiten die geringe Menge der Säuren auf keine Weise in zur Analyse geeignete Form bringen konnten, kamen wir zu der Vermutung, daß der hohe Prozentgehalt an ätherischem Oel störend bei der Verarbeitung der Materialien sei, auf eine Arbeitsmethode zurück, gegen die wir von Anfang an eigentlich Bedenken hatten wegen der eventl. dabei eintretenden Zersetzung.

Wir destillierten mittelst gespannter Wasserdämpfe von 200,0 Balsam das ätherische Oel in eine Vorlage über und erhielten nun, nachdem noch während einiger Tage fortgesetzten Destillierens etwa 70% Oel und somit wohl die Hauptmenge übergegangen war, einen Harzkörper, der zunächst eine gelblich gefärbte, zähflüssige Masse darstellte, die jedoch in der Kälte feste Konsistenz annahm. Die Farbe war sehr bald in Braun übergegangen. Merkwürdigerweise war derselbe nun im Aether ziemlich schwer löslich geworden. Mit seiner ätherischen Lösung wurden nun dieselben vorhin geschilderten Ausschüttelungsversuche mit Ammonium- resp. Natriumkarbonat gemacht. Der Erfolg war genau derselbe wie vorher, denn es gelang auch dieses Mal auf keine Weise, reine Körper zu erhalten.

Auch bei Anwendung des Werner'schen Verfahrens[1]), d. h. Auflösen des nach Abdestillation des ätherischen Oeles zurückgebliebenen Harzkörpers in alkoholischer Kalilauge und Aussalzen mit Salmiak — resultierten ebenfalls nur braun gefärbte amorphe Körper.

Verarbeitung der beim Ausschütteln der ätherischen Lösung mit Ammonium- resp. Natriumkarbonat erhaltenen Abscheidungen.

Diese im vorhergehenden erwähnten Abscheidungen wurden, nachdem sie gut mit destilliertem Wasser ausgewaschen waren, in Alkohol gelöst und in viel mit verdünnter Salzsäure angesäuertes Wasser gegeben. Die gelblichen bis braungelben Fällungen, die schwer zu filtrieren und auszuwaschen waren, wurden getrocknet und wiederum Proben beider in Alkohol und verschiedenen anderen Lösungsmitteln, wie einem Gemische aus Aethyl-Methylalkohol, Alkohol-Aether, Benzol-Alkohol gelöst und mehrere Monate hindurch zur Krystallisation gestellt. Nach einigen Monaten zeigte es sich, daß die dabei erhaltenen Substanzen, unter dem Mikroskope betrachtet, ganz dasselbe Aussehen hatten, wie jene, welche sich beim Ausschütteln mit Ammonium- bezw. Natriumkarbonat in diesen Flüssigkeiten lösten und aus ihnen durch

---

1) Jahresbericht über die Fortschritte der Pharmazie 1863, S. 50.

Fällen mit verdünnter Säure erhalten worden waren — sie glichen der Ammonium- resp. Natriumkarbonatsäure. Daß sie mit diesen in der Tat identisch waren lehrte die Tatsache, daß sie sich in Ammonium- resp. Natriumkarbonat lösten und aus diesen Lösungen durch Säure wieder fällbar waren. Es handelte sich also offenbar bei den Abscheidungen um schwer- oder unlösliche Alkalisalze, nicht etwa um Resene, die man zunächst ja auch hätte an dieser Stelle vermuten können.

Aetherisches Oel.

Das ätherische Oel wurde, wie schon erwähnt, durch Destillation mit Wasserdämpfen erhalten. Selbst nach 5 Monate langem täglich fortgesetztem Destillieren gingen immer noch Spuren von Oel in die Vorlage mit über. Es wurde über $CaCl_2$ getrocknet und eine größere Menge im Fraktionierkolben destilliert. Der Siedepunkt lag bei 255°, das spez. Gew. betrug 0,912 bei + 15°. Während sowohl Flückiger wie auch Werner fanden, daß dasselbe die Polarisationsebene nach links drehe, konnten wir derartiges nicht feststellen, denn bei der Beobachtung bei Natriumlicht mit dem Wild'schen Polaristrobometer konnte eine Ablenkung durchaus nicht beobachtet werden. Die Reaktion war völlig neutral und änderte sich auch nicht, wenn man das Oel der Luft ausgesetzt ließ. Mit Aether, Chloroform, Petroläther war es klar mischbar, mit 96%igem Alkohol trübte es sich sofort. Die anfangs schwach gelbliche Farbe ging allmählich in eine bräunlichgelbe über. Die Ausbeute betrug etwa 82%.

Bitterstoff.

Die Anwesenheit eines Bitterstoffes wurde dadurch nachgewiesen, daß 50 g Balsam mit heißem destilliertem Wasser fortgesetzt digeriert, die Extraktionsflüssigkeiten sodann vereinigt und durch Eindampfen konzentriert wurden. In der konzentrierten Flüssigkeit erzeugte frische Gerbsäurelösung einen ziemlich reichlichen grauweißen Niederschlag; ebenso ließ sich der Nachweis durch Bleiacetat und Eisenchlorid erbringen. Der Geschmack der Flüssigkeit war intensiv bitter.

Gurjoresen.

Der in Alkalien nicht lösliche Harzkörper blieb nach dem Abdestillieren des ätherischen Oeles als harter brüchiger Harzkuchen im Kolben zurück. Bei gewöhnlicher Temperatur war der Körper geruchlos und leicht zu pulverisieren, geringe Erwärmung genügte jedoch, um einen schwachen Geruch hervortreten zu lassen. Gegen Luft und Licht war die Substanz außerordentlich empfindlich, denn, obwohl sie etwa 20 mal in Alkohol gelöst und in salzsäurehaltiges Wasser gegeben wurde, wobei jedesmal anfangs große, weiße Flocken resultierten, hatten letztere schon am anderen Morgen einen Stich ins Gelbliche angenommen; das Auswaschen und das Trocknen geschah immer unter möglichstem Luftabschluß. Als Resen war der Körper durch sein völlig resistentes Verhalten gegen Kali bei gewöhnlicher Temperatur wie in der Hitze charakterisiert. Ein scharfer Schmelzpunkt war nicht zu erhalten, er lag etwa bei 40—43°.

Die Elementaranalyse des im Exsiccator über H_2SO_4 getrockneten Resens gab folgende Resultate:

1. 0,1115 Substanz lieferte 0,328 CO_2 und 0,1048 H_2O.
2. 0,1218 „ „ 0,3468 „ „ 0,1139 „
3. 0,2408 „ „ 0,684 „ „ 0,217 „

	In Prozenten gefunden:				Berechnet für
	1.	2.	3.	Im Mittel:	$C_{17}H_{28}O_2$:
C	77,65	77,64	77,47	77,59	77,27
H	10,20	10,48	10,11	10,26	10,61.

Dieses Resen wurde „Gurjoresen" genannt.

Trockene Destillation des entölten Rohproduktes.

Zur trockenen Destillation verwendeten wir das entölte Rohprodukt des Handels, das wir uns dargestellt hatten behufs Ausführung des erwähnten Werner'schen Verfahrens und der fraktionierten Ausschüttelungen. 60 g davon wurden in einer mit Thermometer versehenen Retorte auf dem Sandbade mittelst eines Rundbrenners allmählich steigend erhitzt und die einzelnen Fraktionen gesondert aufgefangen. Schon bei niedriger Temperatur schmolz die Substanz zu einer Flüssigkeit zusammen, die anfangs schäumte.

Die einzelnen Fraktionen waren folgende:

1. Bei 100—180°: 0,8 wässeriges Destillat, klar und hell.
2. Bei 180—215°: 0,6 gelbliches, öliges Destillat, leicht beweglich und schwach nach Essigsäure riechend.
3. Bei 215—267°: 2,52 grünliches Oel, angenehm riechend.
4. Bei 270°: 3,6 schwarzblaues Oel, angenehm aromatisch riechend.
5. Bei 280—300°: 3,0 blaues Oel, sehr angenehm aromatisch riechend.
6. Bei 300—305°: 23,5 grünes Oel, sehr angenehm aromatisch riechend, mit starker Fluorescenz.
7. Ueber 305°: ca. 3,5 gelbes, festes Destillat, schwach oder kaum riechend, fluoreszierend.
8. In der Retorte blieb Kohle als Rückstand.

Wie aus dieser Zusammenstellung ersichtlich ist, wurden unter anderem auch sehr schön gefärbte und angenehm aromatisch riechende

Oele bei der trockenen Destillation des entölten Harzes erhalten; bei längerem Aufbewahren nahmen dieselben allerdings eine mehr braune Farbe an. Offenbar findet sich auch im Gurjunbalsam die in einigen Kompositen und sehr vielen Umbelliferen vorkommende sehr unbeständige Verbindung, die ein Terpenabkömmling ist, und als Azulen[1]) bezeichnet wird; es ist allerdings anzunehmen, daß das Azulen nicht präexistierend vorhanden ist, sondern erst bei der trockenen Destillation gebildet wird.

Es war uns nun noch darum zu tun, die in den Destillaten etwa vorhandenen flüchtigen organischen Säuren nachzuweisen. Einige der zuerst übergegangenen Fraktionen wurden zusammen in Aether gelöst und dreimal mit 3%iger Sodalösung ausgeschüttelt. Die vereinigten Ausschüttelungsflüssigkeiten dampften wir auf zirka die Hälfte ein und setzten im Filtrat die etwa vorhandenen Fettsäuren mit verdünnter Schwefelsäure in Freiheit. Dieses Filtrat wurde der Destillation mit Wasserdämpfen unterworfen und das übergegangene deutlich sauer reagierende Destillat auf Essigsäure und Ameisensäure geprüft. Die Prüfung auf beide Säuren ergab positive Resultate. Wenige Tropfen der Flüssigkeit mit konzentrierter H_2SO_4 erwärmt, gaben auf Zusatz von Alkohol den charakteristischen Essigäthergeruch. Auf Zusatz von Eisenchloridlösung entstand eine rotbraune Färbung, die sich beim Erwärmen als rotbrauner Niederschlag abschied, die darüber stehende Flüssigkeit hatte sich entfärbt. Durch diese Reaktionen war also Essigsäure nachgewiesen. Die Ameisensäure konnten wir mittelst Quecksilberchlorid- und Silbernitratlösung durch ihre reduzierenden Eigenschaften nachweisen. Auch entstand mit essigsaurem Blei nach langem Stehen unter häufigem Schütteln ein geringer krystallinischer Niederschlag, der sich in viel heißem Wasser löste. Eine Reaktion auf Bernsteinsäure konnte nicht erzielt werden.

Allgemeine Ergebnisse.

Die Ergebnisse der Untersuchung sind folgende.

In ihrem allgemeinen chemischen Verhalten zeigen die Gurjunbalsame Uebereinstimmung mit den seither untersuchten Harzen und Balsamen, indem sie wie diese aus Gemischen von ätherischen Oelen, indifferenten Harzen, Harzsäuren und Bitterstoff bestehen. Den Hauptbestandteil bei dem Gurjunbalsam des Handels macht aber jedenfalls das ätherische Oel aus, es beträgt ca. 80—82°, sodann prävalieren die indifferenten Harzkörper, die Resene, die man auf ca. 16—18% schätzen kann, der Gehalt an Harzsäuren beträgt nur etwa 3%. Durch Aus-

[1]) Tschirch und Hohenadel, über das Sagapen, Archiv d. Pharm. 1895.

schütteln einer ätherischen Lösung successive mit Ammonium- und Natriumkarbonat können diese Harzsäuren in 2 Fraktionen getrennt werden; nur der an Natriumkaıbonat gehende Teil ist krystallinisch, während der größere Anteil, der von Ammoniumkarbonat aufgenommen wird, amorph ist. Zufolge der sehr geringen Menge Säure, die zudem sehr schwer zu reinigen ist, was wiederum einen Verlust der ohnedies geringen Ausbeute nach sich zieht, ist es nicht möglich, einer größeren Partie reiner Säure habhaft zu werden, um sie näher studieren zu können.

Die indifferenten Harzkörper, die sogenannten Resene, sind äußerst schwierig vom ätherischen Oel zu befreien und amorph. Dem Gurjoresen kommt die Formel $C_{17}H_{28}O_2$ zu. Das ätherische Oel zeigt über Chlorcalcium getrocknet einen Siedepunkt von 255°.

II. Versuche mit Hirschsohn's Neutralkörper aus Gurjunbalsam.

Gurjuresinol.

Die folgenden Untersuchungen erstrecken sich auf Materialien, die teilweise von Herrn Dr. Hirschsohn in Dorpat uns gütigst zugesandt wurden, teils von Prof. Tschirch auf seiner Reise nach Indien gesammelt worden sind.

Unter der Bezeichnung Neutralkörper aus Gurjunbalsam lagen uns von Dr. Hirschsohn mehrere Sendungen vor; für diese sowohl wie für die übrigen Sendungen sprechen wir an dieser Stelle Herrn Dr. Hirschsohn unseren verbindlichsten Dank aus.

Laut des uns zur Verfügung gestellten Berichtes waren die unreinen Körper aus Bodensätzen gewonnen, die sich beim längeren Stehen des Balsams gebildet hatten und deren Mengen in den verschiedenen Sendungen, die Hirschsohn in Petersburg erhalten hatte, sehr verschieden waren. Die Bodensätze wurden mit Benzin oder Petroläther gemischt, auf Filter gebracht und noch einigemale mit Benzin gewaschen, bis sie eine helle Färbung angenommen hatten und die größten Mengen des Balsams entfernt waren. Die so erhaltenen Körper wurden dann an der Luft getrocknet. Die als rein bezeichneten Präparate wurden durch wiederholtes Umkrystallisieren aus kochendem 90% igem Alkohol erhalten, z. T. auch aus kochendem Benzol oder absolutem Alkohol.

Die unreinen Körper stellten teils dunkele braune, teils hellere mehr graue Massen dar, waren teilweise spröde, jedoch leicht pulverisierbar, teilweise hatten sie schon pulverförmige Form. Der Geruch war balsamartig. Unter dem Mikroskope betrachtet waren in einzelnen Proben sehr deutlich krystallinische Fragmente zu beobachten, während in anderen dies nicht der Fall war. Es wurden insbesondere die ersteren in Verarbeitung genommen, da die letzteren auch nach mehrwöchentlichem Stehen ihrer alkoholischen Lösungen keine Krystallbildungen zeigten.

Die derben, braunen Massen wurden in einem Kolben mit Rückflußkühler längere Zeit mit 90%igem Alkohol erhitzt, bis sich der größte Anteil gelöst hatte. Nach dem Filtrieren blieben die unlöslichen Verunreinigungen, wie Erde, Holz- und Rindenstückchen, in eine schleimige, braune Masse eingebettet, zurück.

Das Filtrat war zunächst sehr intensiv braun gefärbt und besaß ziemlich starke Fluorescenz. Schon am anderen Tage hatte sich eine feste Kruste von großen, braun gefärbten, pyramidenförmigen Krystallen gebildet. Dieselben wurden zunächst durch Schleudern mittelst einer Zentrifugiermaschine von der Mutterlauge gut befreit, dann noch an der Saugpumpe mit verdünntem Alkohol ausgewaschen, zwischen mehreren Lagen Filtrierpapier durch häufiges Erneuern desselben abgepreßt, nach dem Trocknen wiederum in Alkohol gelöst und von neuem zur Krystallisation gestellt. Durch sehr häufiges, etwa 12 bis 15 maliges Wiederholen dieses Prozesses, wobei die Mutterlaugen natürlich immer hellere Farbe annahmen, gelang es schließlich, den Körper in ganz farblosen, langen, zugespitzten Nadeln aus konzentrierter alkoholischer Lösung zu erhalten. Offenbar verhielt sich der reine Körper bezüglich seiner Krystallisationsfähigkeit polymorph, denn es konnten je nach Anwendung und Konzentration eines Lösungsmittels die verschiedensten Krystalle erhalten werden. Aus sehr verdünnter alkoholischer Lösung, am besten aus reinen Mutterlaugen, von denen die Krystalle schon einige Male entfernt waren, wurden nach einigen Wochen mehrere Zentimeter große und ziemlich breite, pyramidenförmige Krystalle erhalten. Ein Gemisch aus Aethyl- und Methylalkohol ließ den Körper in schönen, kleinen, glänzenden Blättchen krystallisieren; ebenso wurde er aus absolutem Alkohol erhalten. Eine konzentrierte Ligroinlösung lieferte hübsche, zusammenhängende, seidenglänzende, feine Nadeln, während niedrig siedender Petroläther, Sdp. 60^{0}, etwas derbere Nadeln lieferte. Eine Lösung in Aceton, wie sie später zur Bestimmung des Molekulargewichtes angewendet wurde, krystallisierte in derben, breiten Tafeln. Außer in diesen Flüssigkeiten löste sich der Körper auch beinahe in allen anderen organischen Lösungsmitteln, wie Benzol, Toluol, Xylol, Paraldehyd, Tetrachlorkohlenstoff, Chloroform. Sämtliche Lösungen verhielten sich gegen Lackmus vollständig neutral. In Kalilauge verschiedenster Konzentration zeigte die Substanz sich vollkommen unlöslich, sowohl in der Kälte wie auch in der Wärme, ebensowenig war sie in Ammoniak löslich. Eine ätherische Lösung wurde mit Ammonium-, Natrium- und Kalihydratlösungen von verschiedener Stärke ausgeschüttelt und die abgetrennten Flüssigkeiten nach dem Verdampfen des darin gelösten Aethers mit Salzsäure angesäuert. Da bei keiner derselben eine Fällung entstand der Körper sich also unlöslich in Kali und gegen Kali resistent erwies, und ähnlich wie das Amyrin, Resencharakter zeigte, war es klar, daß es sich unmöglich um eine Säure handeln könne, worin wir noch weiter durch die Tatsache bestärkt wurden, daß schon ein einziger Tropfen einer $^{n}/_{10}$ Normalkalilösung genügte, um in einer mit Phenolphtalein versetzten alkoholischen Lösung des Körpers eine Rotfärbung hervorzurufen.

Cholesterinreaktionen:

1. Liebermann'sche Reaktion: Färbungen rotbraun, dunkel, rotbraun.

2. Salkowski-Hesse'sche Reaktion: Chloroform farblos; Schwefelsäuregelblich, rotbraun mit Fluorescenz; Tropfenfärbung rötlich.

3. Mach'sche Reaktion: Rückstand violett, blau, bräunlich, grün.

4. Tschugaeff'sche Reaktion: Flüssigkeit anfangs farblos, nach 24 Stunden blaßgelblich; Fluorescenz schwach eosinartig.

5. Hirschsohn'sche Reaktion: Färbungen rosa, nach 24 Stunden dunkel rot.

Optisches und krystallographisches Verhalten.

Eine 5%ige Lösung des Körpers in Alkohol erwies sich als optisch inaktiv.

Herr Dr. Hugi, Assistent am geologischen Institut der Universität Bern, hat die Güte gehabt, unsere Körper krystallographisch-optisch zu untersuchen, wofür wir ihm unseren besten Dank sagen. Er bezeichnet die untersuchten Körper mit folgenden Nummern: I, II, IIa, III, IV, V, VI. Es lagen Proben sowohl von den noch nicht ganz reinen, großen etwas gelblichen Krystallen, als auch von der ganz reinen farblosen Substanz vor (III, IV). Er teilt darüber folgendes mit: Krystalle III, IV (V, VI). „Dieselben stimmen in den optischen Verhältnissen mit den oben beschriebenen Krystallen überein [1]). Die Winkel dagegen, die sich an diesen mikroskopisch kleinen, sehr scharf ausgebildeten Krystallen mit größerer Genauigkeit messen lassen, zeigen die Größen,

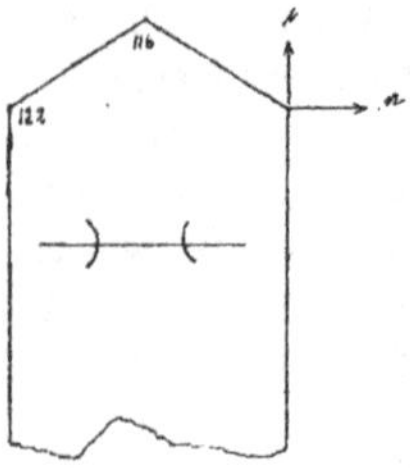

[1]) Siehe die nachher folgenden krystallographisch-optischen Beschreibungen von den übrigen Krystallen (I, II, IIa).

welche in der beigegebenen Skizze angegeben sind. Es sind also diese Krystalle dem rhombischen System einzureihen."

Elementaranalysen.

Die Verbrennungen der bei 60° im Trockenschrank und im Exsiccator über H_2SO_4 getrockneten Substanz, deren Schmelzpunkt bei 131—132° lag, gaben folgende Zahlen:

1. 0,1018 g Substanz verbrannte zu 0,3028 CO_2 und 0,1092 H_2O.
2. 0,1008 „ „ „ „ 0,2998 „ „ 0,1079 „
3. 0,1247 „ „ „ „ 0,3709 „ „ 0,1348 „

	In Prozenten gefunden:				Berechnet für
	1.	2.	3.	Im Mittel:	$C_{15}H_{26}O$:
C	81,12	81,11	81,12	81,11	81,08
H	12,03	11,99	12,11	11,99	11,71.

Molekulargewicht.

Dasselbe wurde nach der Beckmann'schen Methode bestimmt. Lösungsmittel: Aceton vom Sdp. 56°. Konstante molekulare Siedeerhöhung für 100,0 Aceton = 16,941°. Die Werte waren folgende:

1.	2.	3.	4.	5.	Im Mittel:	Berechnet für $C_{15}H_{26}O$:
243	244	236	235	237	239	222.

Es stimmt also das Molekulargewicht mit der Formel $C_{15}H_{26}O$ einigermaßen überein, jedenfalls ist eine Verdoppelung der Formel ausgeschlossen. Der Körper wurde Gurjuresinol genannt.

Zur quantitativen Bestimmung der event. vorhandenen Hydroxylgruppen versuchten wir nun Derivate durch Acetylierung resp. Benzoylierung darzustellen. Nach anfangs vergeblichen Versuchen erhielten wir diesbezügliche Derivate nach folgenden Methoden

Acetylierung.

2 g Gurjuresinol wurden in der nötigen Menge Essigsäureanhydrid unter schwachem Erwärmen gelöst und 2 g frisch entwässertes, gepulvertes Natriumacetat hinzugegeben und das ganze dann 10 Minuten am Rückflußkühler gekocht. Die ausgeschiedene, gut ausgewaschene Masse wurde in Aether gelöst und zur Entfernung etwaiger Essigsäure mit verdünnter Pottaschelösung ausgeschüttelt. Aus mit Alkohol versetzter ätherischer Lösung wurde noch einige Male umkrystallisiert, bis der Schmelzpunkt bei 96° konstant blieb. Die auf diese Weise erhaltenen Krystalle waren warzenförmig, während sie aus Eisessig in feinen Nädelchen erhalten wurden.

Die Analyse des über H_2SO_4 im Exsiccator und vorher bei 60° im Trockenschrank getrockneten Acetylproduktes gab:

1. 0,1294 g Substanz lieferte 0,3432 CO_2 und 0,1244 H_2O.
2. 0,0932 „ „ „ 0,2474 „ „ 0,0896 „

	In Prozenten gefunden:			Berechnet für
	1.	2.	Im Mittel:	$C_{15}H_{25}O(C_2H_3O)$:
C	72,33	72,39	72,36	72,27
H	10,77	10,78	10,77	10,61

Benzoylierung.

Benzoyl-Gurjuresinol wurde nach der Methode von Schotten-Baumann dargestellt. 2 g Substanz wurden mit 100 g 15%iger Natronlauge und 12 g Benzoylchlorid in geschlossenem Kolben stark geschüttelt, bis der Geruch des Säurechlorids verschwunden war. Zeitweise wurde der Kolben gekühlt, nach kurzer Zeit hatte sich ein fester, schmutzig weißer Kuchen gebildet, während die überstehende Flüssigkeit farblos war. Die Reinigung wurde ähnlich der des Acetylproduktes vorgenommen und das Benzoat ebenfalls aus Aether-Alkohol umkrystallisiert. Die auf diese Weise erhaltenen Blättchen hatten bei 60° im Trockenschrank und über H_2SO_4 im Exsiccator getrocknet, einen Schmelzpunkt von 106—107°.

Die Analyse lieferte folgende Werte:

1. 0,1478 g Substanz lieferte 0,4340 CO_2 und 0,1232 H_2O.
2. 0,1008 „ „ „ 0,2956 „ „ 0,0828 „

	Also in Prozenten:			Berechnet für
	1.	2.	Im Mittel:	$C_{15}H_{25}O(C_6H_5CO)$:
C	80,08	79,97	80,02	80,09
H	9,33	9,21	9,26	9,2.

Wie aus den Analysen dieser Derivate hervorgeht, enthält das Gurjuresinol ein acetylierbares resp. benzoylierbares Hydroxyl, was uns berechtigt, für das Gurjuresinol die nähere Formel $C_{15}H_{25}OH$ aufzustellen.

Nach den bisherigen Beobachtungen war nun zur Genüge festgestellt, daß es sich bei dem vorliegenden Körper nur um einen Alkohol handeln könne. Gleichwohl wurde noch sein Verhalten gegen Hydroxylamin und Phenylhydrazin geprüft. Der Körper verhält sich gegen beide indifferent.

Beim längeren Kochen mit einem Chromsäuregemisch, bildete sich eine flüchtige Säure, so daß wohl offenbar Spaltung stattgefunden hatte. — Salpetersäure blieb ohne jede Einwirkung auf den Körper, was auch das Vorhandensein einer Methoxylgruppe ausgeschlossen erscheinen ließ. Zum Nachweis von etwa doch vorhandenen Methoxylgruppen wurde noch nach der Zeisel'schen[1]) Methode verfahren. Da hierbei nicht die geringste Trübung der vorgelegten alkoholischen Silbernitratlösung eintrat, war bestätigt, daß weder Methoxyl- noch Aethoxylgruppen vorhanden sind.

Ueberblicken wir alle diese Resultate, so sehen wir, daß der vorliegende Körper eine Mittelstellung zwischen Alkohol und Phenol einnimmt. Das Gurjuresinol ist ein Harzalkohol oder Resinol.

Die nun zunächst folgenden Arbeiten erstrecken sich auf die Untersuchung eines Balsames von Dipterocarpus turbinatus, der von

[1]) S. Monatsh. f. Chemie 1885, VI, 989.

Tschirch in Java selbst gesammelt worden war, und auf die Bearbeitung eines Gurjuresinols aus der Sammlung des pharmazeutischen Institutes der Universität Bern; dieser letztere Körper stammte ursprünglich aus der Flückiger'schen Privatsammlung.

III. Versuche mit in Java gesammeltem Gurjunbalsam von Dipterocarpus turbinatus.

Dieser aus Java stammende Balsam — die Menge betrug etwa 70 g — war sehr dickflüssig und durch Schleim- und Schmutzpartikelchen verunreinigt. Da in ihm ziemlich bedeutende Krystallanhäufungen wahrzunehmen waren, wurde zunächst die ganze dickflüssige Masse, soweit es möglich war sie aus dem Glase zu entfernen, auf einen Tonteller gestrichen, der insbesondere das ätherische Oel aufsaugen sollte. Die getrocknete Masse wurde dann aus einem Gemische von Alkohol und Aether etwa 5—6 mal umkrystallisiert; ebenso der Rest, der beim Entfernen der Hauptmasse im Gefäße an dessen Wandungen zurückgeblieben war.

Die auf diese Weise erhaltenen rein weißen, nadelförmigen Krystalle hatten bei 60° im Trockenschrank und über H_2SO_4 im Exsiccator getrocknet, einen Schmelzpunkt von 126—129°; bei sehr langsamer Krystallisation aus verdünntem Alkohol wurden nach einigen Wochen mehrere Zentimeter große und ziemlich breite pyramidenförmige Krystalle erhalten, deren Form sehr an die des Neutralkörpers erinnerte, resp. an die des nachher zu besprechenden Gurjuresinols aus der Sammlung des pharmazeutischen Instituts. Die Reaktion der alkoholischen Lösung war neutral; eine Methoxylzahl war nicht zu konstatieren. Der Körper wurde Gurjuturboresinol genannt.

Optisches und optisch-krystallographisches Verhalten des Gurjuturboresinols.

Das Gurjuturboresinol erwies sich als optisch inaktiv. Ueber die krystallographisch-optischen Eigenschaften schreibt Herr Dr. Hugi: „Krystalle II. Es sind Krystalle bis 14 mm Länge, blätterig nach dem Prisma ausgebildet, durch feinste mikroskopische Einschlüsse mehr oder weniger getrübt. Krystalle wahrscheinlich dem rhombischen System zugehörend. Bestimmung nicht vollkommen sicher, weil die Winkel zwischen den Einzelindividuen bedeutende Differenzen aufweisen. Diese bedeutenden Schwankungen gehen am besten aus der beigefügten Skizze mit Zahlen hervor. Zugleich sind in die Skizze auch die

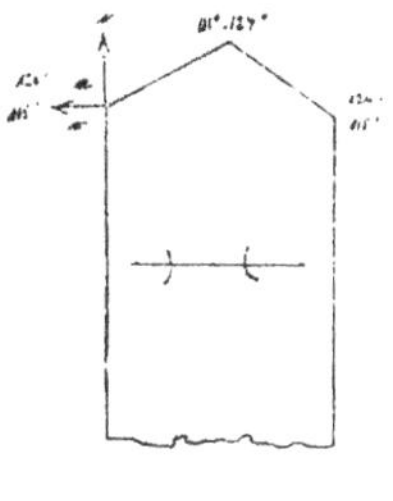

optischen Verhältnisse eingetragen. Es ist zudem die Substanz stark lichtbrechend und auch ziemlich stark doppelbrechend. Der Achsenwinkel beträgt 80—90°. Auf den großen Flächen der Krystallblättchen tritt eine positive Bisectrix aus. Die Krystalle scheinen 2, allerdings nicht deutlich ausgeprägte Spaltbarkeiten zu besitzen, die eine nach (110), die andere nach (101)."

„Krystalle IIa. Von dieser Substanz liegt ein meßbarer Krystall vor. Die optischen Verhältnisse stimmen überein mit den Angaben von II. Da der Krystall IIa dünner und seine Endbegrenzung schärfer ist, lassen sich auch seine Winkel genauer messen; ihre Größe ist in der beigefügten Skizze des Krystalles eingetragen. Auch dieser Krystall erscheint durch mikroskopische Einschlüsse und skelettartige Wachstumsformen der Flächen getrübt."

Cholesterinreaktionen.

Die Cholesterinreaktionen dieser Substanz verliefen beinahe analog denen des Gurjuresinols:

1. Liebermann'sche Reaktion: Färbungen rotbraun, gelblich, dunkel rotbraun.

2. Salkowski-Hesse'sche Reaktion: Chloroform farblos; Schwefelsäure gelblich, rotbraun mit Fluorescenz; Tropfenfärbung rosa.

3. Mach'sche Reaktion: Rückstand rot, violett, gelbgrün.

4. Tschugaeff'sche Reaktion: Flüssigkeit anfangs farblos, nach 24 Stunden blaßgelblich; Flourescenz schwach eosionartig.

Hirschsohn'sche Reaktion: Färbungen rosa, nach 24 Stunden dunkel rot.

Elementaranalysen:

Folgende Werte wurden bei der Verbrennung des Körpers erhalten:

1. 0,0511 g Substanz lieferte 0,1487 CO_2 und 0,045 H_2O.
2. 0,1188 „ „ „ 0,3456 „ „ 0,1055 „
3. 0,0942 „ „ „ 0,2739 „ „ 0,0836 „

	In Prozenten:				Berechnet für
	1.	2.	3.	Im Mittel:	$C_{20}H_{30}O_2$:
C	79,38	79,33	79,28	79,33	79,47
H	9,88	9,95	9,95	9,92	9,93.

Wir haben dieses Resinol mit dem Namen Gurjuturboresinol belegt.

Brix[1]) fand eine Metacopaivasäure (Firma Trommsdorff) und eine Copaivasäure (Firma Merck) identisch, F. 126—129°, und erhielt:

		Berechnet für $C_{20}H_{30}O_2$:
C	79,43	79,47
H	10,40	9,93.

[1]) Monatshefte f. Chemie II, (1881), S. 516.

Unser Gurjuturboresinol dürfte mit der Brix'schen Metacopaivasäure identisch sein.

Das Verhalten gegenüber Alkalien war analog dem Hirschsohn'schen Neutralkörper, es war völlig indifferent.

IV. Versuche mit Gurjuresinol aus der Sammlung des pharmazeutischen Instituts.

Das als Gurjuresinol uns vorliegende Präparat stellte hübsche, große pyramidenförmige Tafeln dar. Es stammt ursprünglich aus der Flückiger'schen Privatsammlung und entspricht dem krystallisierten Gardschanharz Flückigers. Es war aber einem Reinigungsprozeß unterworfen worden durch Umkrystallisieren[1]).

Eine geringe Menge wurde pulverisiert, über Schwefelsäure getrocknet und der Schmelzpunkt genommen. Die Substanz schmolz glatt bei 132° C. Ein Teil davon aus Alkohol umkrystallisiert und bei 60° im Trockenschrank und über H_2SO_4 im Exsiccator getrocknet, hatte den Schmelzpunkt nicht verändert — die Krystalle waren also rein. Auch dieser Körper erwies sich gegen Alkalien vollständig resistent. Seine alkoholische Lösung war neutral, Methoxylgruppen waren nicht nachweisbar.

Optisches und optisch-krystallographisches Verhalten.

Auch dieses Resinol ist optisch inaktiv. Bezüglich der krystallographisch-optischen Eigenschaften erwähnte Herr Dr. Hugi folgendes:

„Krystalle I. Diese Krystalle sind für die mikroskopische Messung nicht günstig ausgebildet und deren Bestimmung durch andere Methoden konnte wegen Mangel an Zeit nicht ausgeführt werden.

Die optischen Eigenschaften dieser Krystalle sind folgende: Stark lichtbrechend, starke Doppelbrechung. Achsenwinkel 80—90°. Optischer Charakter der Hauptzone an den nach der Vertikalachse ausgebildeten Krystallen ist positiv. Ebenso tritt in den großen Flächen der dünnprismatischen Krystalle eine positive Bisectrix aus.“

Cholesterinreaktionen.

Die Cholesterinreaktionen unterscheiden sich nicht von denen des Hirschsohn'schen Neutralkörpers, sodaß wir auf eine Wiederholung verzichten können.

Elementaranalysen:

Folgende Verbrennungszahlen wurden bei den Elementaranalysen erhalten:

1.	0,0624 g	Substanz	lieferte	0,1851 CO_2	und	0,0667 H_2O.
2.	0,1004 „	„	„	0,2992 „	„	0,1073 „
3.	0,1289 „	„	„	0,3821 „	„	0,1379 „
4.	0,1388 „	„	„	0,4126 „	„	0,1484 „

[1]) Der Körper ist benannt in Tschirch, Harze und Harzbehälter, S. 263

	In Prozenten gefunden:					Berechnet für
	1.	2.	3.	4.	Im Mittel:	$C_{15}H_{26}O$:
C	80,90	81,27	80,84	81,06	81,02	81,08
H	11,98	11,98	11,90	11,97	11,96	11,71.

Der Körper ist also mit dem Neutralkörper, d. h. mit Gurjuresinol identisch.

V. Versuche mit Hirschsohn's Natronsalzen aus Gurjunbalsam.

Die unter dieser Bezeichnung uns vorliegenden Körper waren von Herrn Dr. Hirschsohn in der Weise gewonnen, daß er die Benzin- und Petrolätherlösungen, welche er beim Reinigen des Bodensatzes (s. oben) erhalten hatte, mit einem gleichen Volumen verdünnter Natronlauge (1 Natronhydrat, 30 Wasser) gut schüttelte und der Ruhe überließ; nach ca. 1 Woche begannen sich an den Wandungen der Flaschen Krystalle auszuscheiden, und nach zwei Monaten wurde die obenstehende Benzinlösung so gut wie möglich von der unteren breiartigen, mit weißen Körperchen durchsetzten wässerigen Schicht getrennt.

Diese breiartige Masse wurde auf einem Kolatorium von der Flüssigkeit getrennt, und da die weißen Krystalle von der anhängenden braungefärbten Masse sich durch Schütteln mit Wasser einigermaßen trennen ließen, so wurde die Masse einem Schlemmprozeß unterworfen und auf diese Weise der als unreines gurjunsaures Natron aus Gurjunbalsam bezeichnete Körper erhalten. Die Flüssigkeiten wurden gemischt und eingedampft.

Die als rein bezeichneten Präparate waren aus den unreinen in der Weise dargestellt, daß sie in kochendem 70%igen Alkohol wiederholt gelöst und mit Aether versetzt wurden, wobei sich feine Krystallnadeln ausschieden.

Diese Präparate wollten wir hauptsächlich zur Darstellung der Säure verwenden.

Die unreinen Körper stellten durchweg, ähnlich wie die des Neutralkörpers, dunkele, braune Massen dar, die sich jedoch ebenfalls infolge der Sprödigkeit leicht pulverisieren ließen. Der mikroskopische Befund ergab auch, daß in einzelnen Proben krystallinische Fragmente zu finden waren, was hingegen in anderen nicht der Fall war. Es ist dies leicht erklärlich, denn Hirschsohn selbst schreibt, daß bei den aus verschiedenen Jahren stammenden Präparaten (vom Jahre 1887 bis zum Jahre 1897) in manchen Jahren beim Schütteln mit Natronlauge keine Krystallausscheidungen beobachtet werden konnten; es war dann in der wässerigen Lösung nur die erwähnte braungefärbte Masse wahrzunehmen, und wurde in diesem Falle alles zusammen zur Trockene gebracht.

Behufs Reinigung des Körpers wurde in gleicher Weise verfahren wie beim Neutralkörper; natürlich wurden auch dieses Mal besonders diejenigen Präparate in Arbeit genommen, die unter dem Mikroskope Krystalle erkennen ließen, denn die anderen ließen selbst nach monatelangem Stehen in alkoholischer Lösung keine Krystalle wahrnehmen.

Die braunen, derben Massen wurden in einem Kolben mit Rückflußkühler längere Zeit mit 70%igem Alkohol erhitzt und dann von den Verunreinigungen abfiltriert. Auch dieses Filtrat war sehr intensiv braun gefärbt. Die von Krystallen durchsetzte braune Masse wurde zunächst ebenfalls durch Schleudern mittelst einer Zentrifugiermaschine von der anhaftenden Mutterlauge gut befreit, welche Methode auch hier sehr gute Dienste leistete. Nach dem Auswaschen mit verdünntem Alkohol in der Zentrifugiermaschine wurden die Krystalle zwischen mehreren Lagen Filtrierpapier durch häufiges Erneuern desselben abgepreßt, nach dem Trocknen wiederum in Alkohol gelöst und von neuem zur Krystallisation gestellt. Durch sehr häufiges Wiederholen dieses Prozesses, wobei die alkalisch reagierenden Mutterlaugen natürlich immer hellere Farbe annahmen, wurde der Körper schließlich in reinen weißen Nadeln resp. Blättchen erhalten, je nachdem zur alkoholischen Lösung Aether hinzugegeben wurde, was die Krystallisation beschleunigte, oder ohne Zusatz von Aether der Körper der Krystallisation überlassen wurde. Ein Schmelzpunkt des so gereinigten Körpers war nicht zu nehmen, denn selbst bei 280° C. blieb der Körper vollständig unverändert.

Die alkoholische Lösung des durchaus reinen Körpers reagierte neutral. Eine 5%ige weingeistige Lösung lenkte das polarisierte Licht nicht ab. Um zunächst eine Vorprüfung auf Natrium resp. auf das Vorhandensein einer Base zu machen, wurde eine geringe Menge der Substanz auf dem Platinbleche erhitzt und die Reaktion des erkalteten und angefeuchteten Glührückstandes festgestellt; dieselbe war denn auch deutlich alkalisch.

Der Natriumgehalt des bei 100° getrockneten Körpers wurde quantitativ bestimmt durch Veraschen der Substanz im Platintiegel mit einigen Tropfen H_2SO_4 und nochmaliges Glühen bis zur Gewichtskonstanz. Drei auf diese Weise ausgeführte Bestimmungen ergaben einen mittleren Gehalt von 3,6% Natrium.

A. Gurjuresinol.

Der oft umkrystallisierte Körper wurde in Alkohol gelöst, die Lösung dann mit überschüssiger HCl versetzt, um den Körper in Freiheit zu setzen. Da nun aber der Körper in Alkohol löslich ist wurde diese angesäuerte Lösung in viel Wasser gegossen, wobei sich ein feiner, ziemlich reichlicher Niederschlag bildete, der sich nach längerem Stehen absetzte. Der Niederschlag wurde gesammelt und mit destilliertem Wasser gut ausgewaschen, bis keine Chlorreaktion mehr zu erhalten war. Nach dem Trocknen wurde der Körper in Alkohol-Aether gelöst zur Krystallisation beiseite gestellt. Die dabei erhaltenen Krystalle ähnelten schon äußerlich ganz denen des Neutralkörpers und konnten auch, je nach Anwendung des betreffenden Lösungsmittels, in denselben Krystallformen erhalten werden. Der Schmelzpunkt des bei 60° im Trockenschrank und über H_2SO_4 im Exsiccator getrockneten Körpers lag bei 129—130° (F. des Neutralkörpers 131—132°). Die alkoholische Lösung war neutral, Methoxyl war nicht nachweisbar.

Krystallographisch-optisches Verhalten.

Gegen polarisiertes Licht verhielt sich eine 5%ige alkoholische Lösung indifferent. Die krystallographisch-optische Untersuchung (Krystalle V, VI (III, IV) des Herrn Dr. Hugi ergab Identität mit dem Neutralkörper, weshalb wir hinsichtlich dieses Verhaltens auf die diesbezüglichen Angaben (oben) verweisen.

Cholesterinreaktionen.

1. Liebermann'sche Reaktion: Rückstand gelbbraun, braun.
2. Salkowski-Hesse'sche Reaktion: Chloroform farblos; Schwefelsäure gelblich, braun mit Fluorescenz; Tropfenfärbung schmutzig violett.
3. Mach'sche Reaktion: Rückstand violett, blau, gelbgrün.
4. Tschugaeff'sche Reaktion: Flüssigkeit anfangs farblos, nach 24 Stunden schwach gelblich; Fluorescenz schwach eosinartig.
5. Hirschsohn'sche Reaktion: Färbungen rosa, nach 24 Stunden gelbrot.

Elementaranalysen:

Bei den Elementaranalysen wurden folgende Zahlen erhalten:

1. 0,067 g Substanz lieferte	0,1998 CO_2	und	0,0711 H_2O.
2. 0,083 „ „ „	0,2472 „	„	0,0883 „
3. 0,1234 „ „ „	0,3675 „	„	0,1313 „
4. 0,1274 „ „ „	0,3799 „	„	0,1352 „

	In Prozenten:					Berechnet für
	1.	2.	3.	4.	Im Mittel:	$C_{15}H_{26}O$:
C	81,32	81,23	81,20	81,32	81,27	81,08
H	11,89	11,92	11,92	11,80	11,88	11,71.

Die Differenz dieser Verbrennungszahlen ist mit denen des Neutralkörpers verglichen, eine so geringe, daß wir beide Körper als identisch ansehen können. Der Körper ist gleichfalls Gurjuresinol.

Die Prüfung dieses Körpers gegen Alkalien ergab aber, daß eine ätherische Lösung ganz geringe Mengen an Alkalien abgab, was beim

Neutralkörper, der im vorhergehenden untersucht worden war, durchaus nicht der Fall war. Diese Feststellung war insofern von Bedeutung, als dadurch nachgewiesen war, daß der als Natronsalz vorliegende Körper kein reiner war, sondern aus einem Gemische bestand, dessen Hauptbestandteil wohl als identisch mit dem Neutralkörper angesprochen werden darf; denn die sehr geringe Differenz des Schmelzpunktes sowohl, wie die Differenz bei der Elementaranalyse dürfte wohl auf eine minimale Beimengung eines anderen Körpers zurückzuführen sein. Wie bereits erwähnt, war ja die Identität auch durch die krystallographisch-optische Untersuchung des Herrn Dr. Hugi (Krystalle V, VI) bestätigt.

B. Gurjoresinolsäure.

Da nun dieses Präparat beim Schütteln oder besser beim Kochen mit Wasser unter starkem Schäumen sich teilweise löste, wurde eine größere Partie des Körpers durch Kochen mit viel Wasser extrahiert, mehrere Male filtriert, bis das Filtrat ganz klar war und dieses dann mit verdünnter Salzsäure angesäuert. Am besten setzten sich die dabei erhaltenen Fällungen durch Schütteln in einer Flasche zu Boden; dieselben wurden gesammelt, gut ausgewaschen und dann getrocknet. Nach dem Trocknen wurde die Substanz in Aether gelöst und sodann mit 1%igem Natronhydrat mehrmals ausgeschüttelt, die alkalischen Flüssigkeiten auf dem Dampfbade von darin gelöstem Aether befreit, in salzsäurehaltiges Wasser gegeben und die gut ausgewaschenen Fällungen getrocknet.

Mit diesem Körper, der also durchaus zufolge der ganzen Darstellungsmethode den Charakter einer Säure trug, wurden sodann Krystallisationsversuche mit den verschiedensten Lösungsmitteln gemacht. Am besten erwies sich zur Krystallisation ein Gemisch von etwa 4—5 Teilen Aether, 1 Teil Methyl- und 1 Teil Aethylalkohol. Aus dieser Flüssigkeit wurde die Säure in schönen, rein weißen, drusenartig vereinigten Blättchen erhalten. Der Schmelzpunkt des bei 60° im Trockenschrank und im Exsiccator über H_2SO_4 getrockneten Körpers lag bei 254—255°.

Eine 5%ige weingeistige Lösung verhielt sich optisch inaktiv. Methoxyl war nicht nachweisbar.

Cholesterinreaktionen:

1. Liebermann'sche Reaktion: Färbungen rot, rotbraun, dunkel rotbraun.

2. Salkowski-Hesse'sche Reaktion: Chloroform farblos; Schwefelsäure rötlich, gelb, braun mit Fluorescenz; Tropfenfärbung schwach rötlich.

3. Mach'sche Reaktion: Rückstand violett, blau, bräunlich, gelb.

4. Tschugaeff'sche Reaktion: Flüssigkeit anfangs farblos, nach 24 Stunden blaßrötlich; Fluorescenz eosinartig.

5. Hirschsohn'sche Reaktion: Färbungen schwach violett, nach 24 Stunden schmutzig grün.

Elementaranalysen:

Folgende Zahlen wurden bei den Verbrennungen erhalten:

1. 0,1452 g Substanz lieferte 0,3640 CO_2 und 0,1233 H_2O.
2. 0,0690 „ „ „ 0,1728 „ „ 0,0583 „

	In Prozenten:			Berechnet für:
	1.	2.	Im Mittel:	$C_{16}H_{26}O_4$
C	68,36	68,3	68,33	68,09
H	9,52	9,48	8,50	9,22.

Molekulargewicht:

Dasselbe wurde nach der Beckmann'schen Methode bestimmt. Lösungsmittel: Aceton vom Sdp. 56°. Konstante molekulare Siedeerhöhung für 100,0 Aceton = 16,941°. Die Werte waren folgende:

1.	2.	3.	4.	5.	Im Mittel:	Berechnet für $C_{16}H_{26}O_4$:
269	277	286	277	284	278	282.

Es stimmt also das Molekulargewicht mit der Formel $C_{16}H_{26}O_4$ gut überein. Wir nannten die Säure Gurjoresinolsäure.

Salze dieser Säure zur Feststellung der Basizität darzustellen, sowie andere Versuche zur näheren Aufklärung ihrer Konstitution vorzunehmen, war infolge der geringen Ausbeute an krystallisierendem Material nicht möglich; jedoch liegt zweifellos eine Säure vor, wie noch aus den folgenden Titrationsergebnissen hervorgeht.

Titrationen:

0,22 g Säure braucht 4,3 ccm $^{n}/_{10}$ KOH; 1 g = 19,5, 5,6 = 109,2 } S.-Z. d.
0,318 „ „ „ 6,1 „ „ ; 1 „ = 19,2, 5,6 = 107,5 }

1 g Gurjoresinolsäure brauchte 19,5 $^{n}/_{10}$ NaOH = 0,0448 Na = 4,48 %.

Die Formel für das saure Natriumsalz $C_{16}H_{25}NaO_4 \cdot C_{16}H_{26}O_4$ verlangt: 3,92 % Na.

Allgemeine Ergebnisse.

Die Bodensätze, welche sich bisweilen im Gurjunbalsam bilden, enthalten größere Mengen von krystallinischen Substanzen. Diese Körper tragen den Charakter von Phenolen, sind farblos und krystallisationsfähig. In Alkalien sind sie unlöslich, zeigen also auch Resencharakter. In Tschirch's Harze und Harzbehälter werden diese Körper mit dem Namen Gurjuresinol belegt. Zu den Phytosterinen (Cholesterinen) ließen sich mannigfaltige Beziehungen feststellen; Mach hat bereits solche zu den Terpenen konstatiert.

Vergleicht man die Angaben früherer Autoren mit den Ergebnissen vorliegender Arbeit, so findet man, daß alle die Präparate, die in den Preiskuranten der Drogenfirmen unter dem Namen krystallisierte Copaivasäure, Metacopaivasäure, angeführt sind, offenbar alle aus Gurjunbalsam stammen, denn sie verhalten sich alle völlig indifferent gegen Alkalien und sind somit gar nicht als Säuren zu betrachten; sie zeigen große Uebereinstimmung mit den verschiedenen von uns untersuchten, und diese wiederum teilweise Beziehungen unter sich.

Dem Hirschsohn'schen Neutralkörper (Gurjuresinol), der sich völlig indifferent gegen Alkalien verhielt, kommt die Formel zu: $C_{15}H_{26}O$, F. 131—132°; er lieferte ein Monoacetyl- und ein Monobenzoylderivat.

Das Hirschsohn'sche Natronsalz besteht aus einem Gemische von Neutralkörper (Gurjuresinol) mit einer Säure resp. deren Alkalisalz. Für diese Säure wurde die Formel aufgestellt: $C_{16}H_{26}O_4$, F. 254—255°.

Ein aus verbürgt echtem, von Tschirch in Java selbst gesammeltem Balsam von Dipterocarpus turbinatus dargestellter Neutralkörper (Gurjuresinol) zeigt eine andere Zusammensetzung, indem sich für ihn die Formel aufstellen ließ: $C_{20}H_{30}O_2$, F. 126—129°. Sowohl der Schmelzpunkt, als auch die Elementaranalysen stimmen mit der Brix'schen „Copaivasäure" Merck, und der „Metacopaivasäure" Trommsdorff überein, während andererseits das ursprünglich aus der Flückiger'schen Privatsammlung stammende und Flückiger's krystallisiertem Gardschanharz entsprechende Gurjuresinol identisch mit Hirschsohn's Neutralkörper, Keto's Copaivasäure des Handels und Mach's Metacholestol ist. Bei früheren Autoren handelte es sich teilweise um die Untersuchung von Materialien, deren Provenienz sehr unsicher war, so daß gewisse Abweichungen auch leicht erklärlich sind.

Schwer zu beantworten ist die Frage, woher es kommt, daß die meisten Gurjunbalsame des Handels keinerlei krystallinische Bestandteile enthalten, einige jedoch Bodensätze absetzen, aus denen sich Körper mit ganz hervorragendem Krystallisationsvermögen gewinnen lassen. Es können hier drei Möglichkeiten in Betracht gezogen werden. Entweder sind die krystallinischen Bestandteile durch die Behandlung des Balsams an Ort und Stelle, dort, wo der Balsam für den Handel hergerichtet wird, durch Kolieren, Filtrieren etc. entfernt worden, oder sie sind durch die Behandlung des Balsams, z. B. durch Erhitzen, in amorphe Körper übergeführt worden. Bei den Balsamen, welche krystallinische Bodensätze absetzen, müßte alsdann angenommen werden, daß die krystallinischen Bestandteile weder entfernt noch durch Erhitzen in amorphe Körper übergeführt worden sind. Eine zweite Erklärung wäre die, daß die Art der Gewinnung den Unterschied bedingt. Es ist natürlich nicht dasselbe, ob der Balsam durch einfaches-

Tabellarische Uebersicht.

Name und Autor	Herkunft	% C	% H	Formel	Schmelzpunkt	Eigenschaften
Copaivasäure von Gehe & Cie. Flückiger	Gurjunbalsam unbek. Herkunft	81,15 resp. 81,12	11,11 resp. 11,38	$C_{28}H_{46}O_2$	126—130°	Gelang nicht zu acetylieren, indifferent gegen Alkalien.
Metacholestol Mach	Gurjunbalsam unbek. Herkunft	(81,81)[1]	(10,9)[1]	$C_{15}H_{28}OH$	—	Alkoholnatur bestätigt; Mach betrachtet den Körper als Sesquiterpenalkohol und erstes Glied einer Cholesterinreihe.
Copaivasäure des Handels Keto	Gurjunbalsam unbek. Herkunft	81,23	12,0	$C_{15}H_{26}O$	132°	Indifferent gegen Alkalien.
Gurjuresinol	Aus Hirschsohn's Neutralkörper	81,11	11,99	$C_{15}H_{26}O$	131—132°	Indifferent gegen Alkalien; acetylierbar und benzoylierbar.
Gurjuresinol	Aus Hirschsohn's alkoholischer Natronsalzlösung	81,27	11,88	$C_{15}H_{26}O$	129—130°	Ganz geringe Spuren gehen an Alkalien.
Gurjuresinol aus der Sammlung des pharm. Instituts	Gurjunbalsam unbek. Herkunft	81,02	11,96	$C_{15}H_{26}O$	132°	Indifferent gegen Alkalien.
Gurjoresen	Ostindien	77,59	10,26	$C_{17}H_{28}O_2$	40—43°	Besitzt einen Stich ins Gelbliche; indifferent gegen Alkalien.
Metacopaivasäure, (Trommsdorff) *Copaivasäure,* (Merck) Brix		79,43 resp. 79,3	10,40 resp. 10,39	$C_{20}H_{28}(OH)_2$ resp. $C_{20}H_{30}O_2$	126—129°	Indifferent gegen Alkalien; Diacetylprodukt.
Gurjuturboresinol	Dipterocarpus turbinatus Java	79,33	9,93	$C_{20}H_{30}O_2$	126—129°	Indifferent gegen Alkalien.

[1]) Da Mach nur die Formel, nicht auch die Verbrennungsresultate angibt, berechneten wir letztere selbst der Uebersicht resp. Vollständigkeit halber.

Anschneiden oder Anbohren oder durch ein Verfahren gewonnen wird, bei dem Feuer zur Anwendung kommt (Anschwelen). Es gibt aber noch eine dritte Erklärung für diese Erscheinung. Es wäre auch möglich, daß die Balsame mit krystallinischen Abscheidungen von anderen Arten abstammen wie die amorphen Balsame. Daß hier offenbar Unterschiede bestehen, lehrt die Tatsache, daß das Resinol, welches aus einem Balsam isoliert wurde, das von Dipterocarpus turbinatus gesammelt wurde, nicht identisch war mit dem Resinol aus den krystallinischen Bodensätzen.

Nehmen wir an, daß die Analyse des Gurjoresens aus amorphem Handelsbalsam zuverlässige Zahlen lieferte (die Zahlen können, da der Körper amorph ist, nur als vorläufige betrachtet werden), so erhalten wir folgende Reihe für die Neutralkörper der Gurjunbalsame:

Gurjuresinol, krystallisiert.
(Identisch mit Hirschsohn's Neutralkörper, Keto's Copaivasäure des Handels und Mach's Metacholestol) $C_{15}H_{26}O$.

Gurjoresen, amorph . . . . $C_{17}H_{28}O_2$.

Gurjuturboresinol, krystallisiert.
(Identisch mit Brix Copaivasäure von Merck und der Metacopaivasäure von Trommsdorff) . . . . $C_{20}H_{30}O_2$.

Diese Körper werden wohl, wie ihre Formeln zeigen, in naher Beziehung zu einander stehen.

Mit den Säuren dürfte es sich ähnlich verhalten. Sie treten übrigens so stark in den Hintergrund, daß sie, wie auch schon die Säurezahlen der Gurjunbalsame zeigen, neben den resenartigen Resinolen nicht in Betracht kommen.

Das Gurjuresinol bildet, wie bereits Tschirch[1]) hervorhob, mit dem Amyrin zusammen eine besondere Klasse der Resinole: die resenartigen Resinole, d. h. sie sind Harzalkohole, die in Alkalien unlöslich sind, trotzdem sie eine Hydroxylgruppe enthalten. Beide Körper sind wahrscheinlich auch nahe mit einander verwandt, denn wenn man die Formel des Gurjuresinols verdoppelt, erhält man eine dem Amyrin sehr nahe stehende Formel, nämlich $C_{30}H_{52}O_2$. Amyrin hat die Formel $C_{30}H_{50}O$; der Unterschied ist ein H_2O.

Auch zu den Koniferenharzsäuren stehen Amyrin und Gurjuresinol offenbar in Beziehungen, wie einerseits aus der Formel und den Cholestolreaktionen, andererseits aus den ähnlichen Produkten der Zinkstaubdestillation hervorgeht.

[1]) Tschirch, Harze und Harzbehälter, S. 258.

Anzeigen.

Dieselben werden mit 40 Pfg. für die durchgehende und mit 25 Pfg. für die gespaltene Petitzeile oder deren Raum berechnet. **Beilage-Gebühr** für das Tausend der Auflage — z. Z. 4100 — Mk. 10. Für Beilagen, welche nicht dem Format des „Archiv" entsprechen, bleibt besondere Vereinbarung vorbehalten.

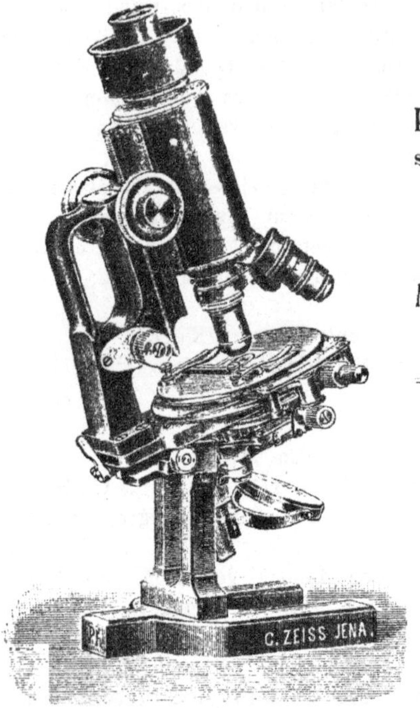

Mikroskope

für

praktische Aerzte u. Apotheker

sowie für alle spezial-wissenschaftlichen Zwecke.

Man verlange Katalog No. 8.

Mikrophotographische und Projektionsapparate.

Prospekt No. 131.

Carl Zeiss

Optische Werkstätte, Jena.

Berlin N.W., Dorotheenstr. 29.

London W., Margaret Street, Regent Street.

Wien IX, Ferstelgasse 1, Ecke Maximiliansplatz.

Frankfurt a. M., Kaiserstr. 16.

Hamburg, Rathausmarkt 8.

Diese Zeitschrift erscheint in zwanglosen Heften (in der Regel monatlich einmal) in einem jährlichen Umfange von 40 bis 50 Bogen. Ladenpreis für den Jahrgang Mk. 12,–.

Alle Beiträge für das „**Archiv**" sind an die

Archiv-Redaktion

Herrn Geh. Reg.-Rat Professor Dr. *E. Schmidt* in Marburg (Hessen) oder Herrn Geh. Med.-Rat Professor Dr. *H. Beckurts* in Braunschweig, alle die Anzeigen u. s. w., überhaupt die Archiv-Verwaltung und die Mitgliederliste betreffenden Mitteilungen an den

Deutschen Apotheker-Verein

Berlin C. 2, Neue Friedrichstr. 43

einzusenden.

Signirapparat

allein. Erfindung des Pharmazeut.

J. Pospisil, Stefanau-Olmütz.

Unbezahlbar zum vorschriftsmässigen Signiren der Standgefässe, Schubladen. Preisnotiren etc. liefert schöne, dauerhafte Schilder in allen vorkommenden Grössen in schwarzer, rother und weisser Schrift. **Muster gratis.** Andere Signirapparate sind Nachahmungen. [3

Extr. Filicis Ph. G. IV

Frisch bereitet.

Dr. Weppen & Lüders,

Blankenburg a. Harz. [5

Schweisshemmend
THEODOR HAHN'S
FLÜSSIGE FORMALINSEIFE
Fl. à 250 gr. Mk. 1.30 } durch die
" " 1000 " " 3.00 } Apotheken.
TH. HAHN & Co. Schwedt a. O. 6

Vorschriften

zur Selbstbereitung pharmazeutischer Spezialitäten.

Herausgegeben vom

Deutschen Apotheker-Verein.

Hinter jeder Druckseite eine leere Seite für Nachträge.

In geschmackvollem Umschlage.

Geheftet. Preis Mark 1,—.

von PONCET Glashütten-Werke

BERLIN SO., Köpnickerstr. 54.

Fabrik und Lager

sämmtlicher Gefässe u. Utensilien für chem., pharmac. Gebrauch

Atelier für Emaille-Schriftmalerei

auf Glas- und Porzellangefässe.

Specialität: Einrichtung v. Apotheken, chem. Laboratorien etc.

Preisverzeichnisse gratis und franco [4

Druck von Denter & Nicolas, Berlin C., Neue Friedrichstrasse 43.

ARCHIV

DER

PHARMAZIE

herausgegeben

vom

Deutschen Apotheker-Verein

unter Redaktion von

E. Schmidt und **H. Beckurts.**

Band 241. Heft 6.

BERLIN.

Selbstverlag des Deutschen Apotheker-Vereins.

1903.

Ausgegeben den 4. September 1903.

INHALT.

Eingegangene Beiträge.

A. Tschirch, Ueber das Alban der Guttapercha.
A. Tschirch und **B. Studer,** Ueber das amerikanische Kolophonium.
Dieselben, Zur Konstitution der Abietinsäure.
A. Partheil und **F. Ferié,** Zur Kenntnis der Fette.
A. Tschirch und **G. Schmidt,** Ueber den Harzbalsam von Pinus laricio Poiret.

(Geschlossen den 30. VIII. 1903.)

Gebrauchsfertige aseptische Verbandstoffe

D. R. G. M. 173 311

nach Angaben von **Prof. Dr. Perthes** (Leipzig)

Vergl. Münchener med. Wochenschrift 1903 No. 6.

Max Arnold

Stammfabrik: Zweiggeschäft:

Chemnitz. ✱ Breslau.

7]

Mitteilungen aus dem pharmazeutischen Institut der Universität Strassburg.

Ueber die Erhöhung der oxydierenden Wirkungen gewisser Metallsalze durch alkalische Substanzen, insbesondere durch Pflanzenbasen.

Von Ed. Schaer.

(Eingegangen den 24. VII. 1903.)

In mehreren unlängst publizierten Abhandlungen[1]) habe ich bereits auf einen eigentümlichen Einfluß alkalischer Substanzen auf das oxydierende Vermögen mancher Metallsalze hingewiesen und dabei die Vermutung geäußert, daß diese Erscheinung möglicherweise auch bei mancherlei technisch-chemischen Prozessen eine zum Teil vielleicht noch übersehene und unerörterte Rolle spiele. Da insbesondere die zweite der erwähnten Mitteilungen in einer pharmazeutischen Kreisen weniger zugänglichen Zeitschrift enthalten ist, außerdem aber seit der Publikation derselben manche neue Beobachtungen hinzugekommen sind, so dürfte es angezeigt scheinen, an diesem Orte die wichtigeren der bis jetzt bekannten Daten im Zusammenhange zu besprechen, wobei die Bemerkung vorausgeschickt werden mag, daß zur Zeit eine eingehendere, zahlreiche neue Fälle beschlagende Studie über dieses Gebiet im Laboratorium des hiesigen pharmazeutischen Instituts an die Hand genommen ist, welche in späterer Zeit, wenigstens auszugsweise, in dieser Zeitschrift mitgeteilt werden soll.

Die ersten Anregungen zu den nachstehenden Beobachtungen und Versuchen gehen, wie schon anderwärts erwähnt worden ist, auf verschiedene Angaben von Prof. F. Schlagdenhauffen (Nancy) aus dem Jahre 1874 (siehe Union pharmaceutique XV (1874). S. 3 u. 37) zurück, welche dem eigentümlichen Verhalten einiger Pflanzenbasen und anderer basischer Stoffe zu Mischungen von Quecksilberchlorid mit Guajaktinktur, sowie von Ferrisalzen und Kupfersalzen mit Pyrogallollösungen gewidmet waren. Während bei den einfachen Mischungen der erwähnten Metallsalze mit der oxydablen Substanz eine Ver-

[1]) „Ueber aktivierende Wirkungen von reduzierenden Substanzen und kolloidalen Edelmetallen, sowie von Alkaloiden und anderen basischen Stoffen auf verschiedene oxydierende Verbindungen", Liebig's Ann. d. Chem., Bd. 323 (1902), sowie „Ueber die Einwirkung anorganischer und organischer alkalischer Substanzen auf das Oxydationsvermögen von Metallsalzen" in Verhdlgn. d. Naturf.-Ges. in Basel, Bd. XVI (1903); Hagenbach-Festschrift, S. 70.

änderung der letzteren unter den angewendeten Mengenverhältnissen nicht zu konstatieren war, traten dagegen energische Oxydationswirkungen mit den entsprechenden Färbungen ein, wenn basische Stoffe, wie z. B. freie Alkaloide beigefügt wurden, während andererseits zahlreiche neutrale Substanzen aus den Gruppen der Glykoside, Bitterstoffe usw. ohne Wirkung blieben. Es führten diese Beobachtungen zu dem Vorschlage, die genannten Mischungen zur Erkennung der Gegenwart freier Alkaloide zu verwerten.

Bei den weiteren an die Angaben Schlagdenhauffen's sich anschließenden Versuchen zeigte sich zunächst, daß jene das Oxydationsvermögen der Ferrisalze, Kupfersalze und Merkurisalze (auch der Silbersalze, Goldsalze etc.) erhöhenden Wirkungen basischer Substanzen, die der Kürze halber von mir als „aktivierende" Einflüsse bezeichnet worden sind, auch bei manchen anderen basischen organischen Körpern (wie Anilin, Chinolin, Antipyrin, Thallin, Acetanilid usw.) vorkommen können und sodann, daß sich dieselben nicht etwa nur bei einigen wenigen oxydablen Materien, wie Guajakharz (bezw. Guajakonsäure) und Pyrogallol nachweisen lassen, sondern auch bei Anwendung mancher anderer oxydationsfähiger Substanzen (so z. B. bei Indigo, Aloin bezw. Isobarbaloin und Natalaloin, Anilin, Phenylendiamin, Guajakol, Brasilin etc.) beobachtet werden.

Was in erster Linie das Verhalten der Kupfersalze betrifft, so habe ich bereits vor einiger Zeit[1]) darauf hingewiesen, daß Lösungen anorganischer und organischer Kupfersalze, welche bei starker Verdünnung ohne Wirkung auf Guajakharz oder auf neutrale Indigolösung sind, schon durch kleine Ammoniakmengen die Eigenschaft erhalten, die Guajakharzlösung zu bläuen und die Indigolösung zu entfärben, sodaß diese Reaktionen zur Erkennung kleiner Mengen von Kupfer oder von Ammoniak benützt werden können. Ebendaselbst wurde gezeigt, daß auch verschiedene Alkaloide, selbst wenn dieselben im freien Zustande aus Kupfersalz kein Kupferoxyd abscheiden, in dem Gemische von Guajakharz- und verdünnter Kupfersalzlösung tiefe Bläuung und ebenso in einem Gemenge von Aloinlösung und etwas Kupfersalz die Aloinrotbildung bewirken. Spätere Versuche haben ergeben, daß, wenn nach der s. Z. von E. Paetzold (Inaug.-Diss. Straßburg 1901) empfohlenen Methode stark verdünnte Lösungen von Kupfersalzen (beispielsweise von Sulfat, Acetat oder Formiat) mit einer 1—2%igen Chloroformlösung des Guajakharzes (oder mit einer ½—1%igen Lösung reiner Guajakonsäure) geschüttelt werden, ohne daß zunächst eine Veränderung eintritt, schon der Zusatz sehr kleiner Mengen

[1]) Vergl. „Ueber Oxydationswirkungen der Kupfersalze", diese Ztschr. 239 (1901), 622.

gewisser Alkaloide, wie Atropin, Kodein, Koniin, Morphin, Veratrin, aber auch verschiedener anderer Pflanzenbasen genügt, um schon in der Kälte oder nach ganz leichter Erwärmung die Bildung von Guajakblau herbeizuführen, d. h. die Abscheidung einer mehr oder weniger tiefblau gefärbten Chloroformschicht zu bewirken, während z. B. das Koffein, sowie Glykoside (Amygdalin, Phloridzin, Salicin usw.) oder andere indifferente Stoffe (Santonin, Pikrotoxin) keinerlei Veränderung der besagten Gemische hervorrufen. Ebenso vermögen auch schon kleine Mengen anderer organischer Substanzen von basischem Charakter, wie z. B. Anilin, Chinolin, Piperidin, Triäthylamin usw. die Bläuung von Guajakharzlösungen durch stark verdünnte Kupfersalze zu veranlassen. Es verdient Erwähnung, daß neben diesen organischen Stoffen von alkalischer Reaktion auch viele anorganische basische Substanzen, sowohl unlösliche, als wasserlösliche, die energische Bläuung der kupfersalzhaltigen Guajakharzlösung bewirken, wobei freilich wegen der großen Empfindlichkeit des Guajakblaus für Alkalien in manchen Fällen nur stark verdünnte alkalische Lösungen verwendbar sind. Zu den aktivierenden anorganischen Stoffen gehören u. a. Kalk- und Barythydrat, Calciumkarbonat, alkalisch reagierende Salze wie Natriumacetat, -phosphat, -salicylat, neutrale Natronseifen.

In ganz analoger Weise wie zu schwach kupfersalzhaltigen Guajakharzlösungen verhalten sich die deutlich basischen Alkaloide, sowie die genannten alkalisch reagierenden anorganischen Substanzen auch zu Mischungen von Pyrogallollösung mit stark verdünnten Kupfersalzlösungen, sowie zu kupfersalzhaltigen Lösungen des Aloins bezw. Isobarbaloins (Léger)[1]. Wird z. B. eine hellgelbe Aloinlösung (in Methylalkohol oder verdünntem Aethylalkohol) mit sehr wenig Kupfersalz versetzt, so nimmt dieselbe zunächst kanariengelbe Farbe, sodann aber, nach Zusatz alkoholischer Lösungen basischer organischer Substanzen (Atropin, Koniin, Piperidin, Triäthylamin usw.) die intensiv purpurrote Färbung an, welche den Aloinrotlösungen zukommt. Diese Reaktionen treten etwas langsamer schon in der Kälte, bedeutend rascher bei gelinder Erwärmung der Gemische ein.

Endlich mag hinsichtlich der Kupfersalze noch bemerkt werden, daß die genannten Pflanzenbasen auch noch anderweitige auffällige

[1]) Es soll hier bemerkt werden, daß nach meinen neuesten Versuchen ein mit dem früher beschriebenen Aloinrot (s. diese Zeitschr. 238 (1900), 42 und 279) identisches oder jedenfalls nahe verwandtes Produkt bei verschiedenen durch Kupfersalze oder andere Substanzen bewirkten Oxydationen auch aus dem „Natalaloin“ gebildet wird, obwohl dieses Aloin bis in die letzte Zeit als von den übrigen Aloinen nicht unerheblich abweichend betrachtet worden ist.

Oxydationswirkungen der Kupferoxydsalze zu veranlassen oder zum mindesten zu erhöhen und zu beschleunigen vermögen; dahin gehört die in der Wärme besonders leicht erfolgende Entfärbung der Indigolösung, ferner die intensive Rötung der kupfersalzhaltigen Paraphenylendiaminlösung. Andererseits scheinen die Alkaloide auf verdünnte Kupfersalzlösungen gegenüber Anilin, Guajakol und Jodkaliumstärkelösung keine aktivierenden Wirkungen zu äußern.

Nicht weniger bemerkenswert sind die Wirkungen alkalisch reagierender Stoffe bei Merkurisalzen, von denen bis jetzt nur Merkurichlorid und Merkuriacetat zu Versuchen verwendet worden sind. Schon in dem anfangs zitierten Aufsatze „Ueber aktivierende Wirkungen etc." war gezeigt worden, daß das Merkurichlorid nicht allein dem Guajakharze gegenüber (in Bestätigung der Beobachtungen Schlagdenhauffen's) sowohl durch die Mehrzahl der freien Alkaloide als auch durch schwerlösliche oder unlösliche anorganische Hydrate und Karbonate, durch gewisse Acetate, Borate und andere alkalisch reagierende Salze aktiviert wird, sondern daß sich analoge Wirkungen auch bei Verwendung anderer oxydabler Stoffe, z. B. des Pyrogallols und des Aloins geltend machen.

Spätere Versuche ergaben, daß die oxydierenden Wirkungen des Merkurichlorids auf Guajakharz, Aloin und Pyrogallol, welche nach dem Gesagten durch die Mehrzahl der freien Pflanzenbasen eingeleitet und beschleunigt werden, durch einige meist den Alkaloiden beigezählte Substanzen, wie besonders Koffein, sodann durch die Glykoside und indifferenten Bitterstoffe keine Erhöhung erfahren, und daß im ferneren auch die antipyretischen Verbindungen Acetanilid, Phenacetin und Antipyrin ohne Wirkung sind, wogegen z. B. Anilin, Chinolin und Thallin in den betreffenden Reaktionsgemischen intensive Oxydationsfärbungen eintreten lassen. Gleichzeitig wurde konstatiert, daß auch bei den Oxydationswirkungen der Merkurisalze, ebenso wie bei denjenigen der Cuprisalze die Aktivierung durch Pflanzenbasen eine allgemeinere Erscheinung darstellt und nicht etwa nur bei denjenigen freien Alkaloiden auftritt, welche wie etwa Koniin bei den Kupfersalzen oder Atropin bei den Merkurisalzen eine wahrnehmbare Abscheidung von Metalloxyd bezw. Oxydhydrat veranlassen. Es kann somit nicht daran gezweifelt werden, daß in vielen Fällen schon der Kontakt mit einem, wenn auch nur schwach basischen Stoffe hinreicht, um die Oxydationswirkungen gewisser Metallsalze in intensivem Grade hervorzurufen.

Endlich geht aus den neuesten auf diesem Gebiete vorgenommenen Beobachtungen auf das deutlichste hervor, daß die erwähnten aktivierenden Wirkungen, sowohl was die Zahl der als Indikatoren für die Oxydationswirkungen verwendbaren organischen Substanzen, als was insbesondere die Auswahl der alkalisch reagierenden Stoffe, also der aktivierenden Verbindungen, betrifft, sich in einem erheblich weiteren Kreise bewegen, als anfänglich vermutet werden konnte. So mag, um nur einiges anzuführen, hier bemerkt werden, daß ähnlich wie bei Kupfersalzen, so auch bei Merkurichlorid sowohl durch zahlreiche freie Alkaloide als besonders auch durch manche Ammoniakderivate wie Triäthylamin, Piperidin etc. nicht allein eine energische Oxydation des Guajakharzes (Guajakonsäure), sowie des Aloins und Pyrogallols, sondern auch (bei mäßiger Temperaturerhöhung) der Indigolösung bewirkt wird.

In ebenso auffälliger, ja teilweise noch schärfer zu beobachtenden Weise zeigen sich die Aktivierungserscheinungen bei einem typischen Merkurisalze, dem Merkuriacetat. Werden auch nur schwache Lösungen dieses Salzes mit Guajakharz-Chloroformlösung (s. o.) und sodann mit kleinen Mengen Atropin[1]) oder Chinin zusammengebracht, so tritt starke Bläuung der nach dem Durchschütteln abgeschiedenen Chloroformschicht ein, schwächere aber immerhin deutliche Bläuung bei Kodein und Veratrin, während dagegen Morphin und Strychnin eigentümlicherweise keine Bläuung hervorrufen, ebensowenig auch das Koffein: In gleicher Art wie die freien Pflanzenbasen wirken auch verschiedene anorganische alkalische Substanzen, so z. B. verdünnte Kalkhydratlösungen, Magnesia usw. bläuend auf die mit dem genannten Merkurisalze gemischte Guajaklösung ein.

Wird ferner Atropin oder Chinin mit einer alkoholisch-wässerigen Aloinlösung (Isobarbaloin) zusammengebracht, welcher etwas Mercuriacetatlösung zugesetzt worden ist, so tritt selbst bei ganz kleinen Mengen der Alkaloide sehr bald die charakteristische himbeerrote

[1]) Während eine verdünnte spirituöse Guajakharzlösung selbst bei Zusatz kaltgesättigter wässeriger Merkurichloridlösung nicht gebläut wird (Versuchsanordnung nach Schlagdenhauffen), tritt dagegen bei Verwendung mäßig konzentrierter Merkuriacetatlösung direkte Bläuung ein. Bei stärkerer Verdünnung der Quecksilbersalzlösung ist eine Grenze zu konstatieren, bei welcher nach einer Minute eine kaum sichtbare Bläuung entsteht. Wird in diesem Momente z. B. Atropin in kleinster Menge gelöst zugegeben, so erscheint sogleich eine tiefe Bläuung. Zur Beobachtung der aktivierenden Wirkungen bei Quecksilberoxydsalzen ist deshalb dieses Verfahren ebenso geeignet, als die Anwendung der Harz-Chloroformlösung.

Erwähnenswert ist an dieser Stelle, daß eine aktivierende Wirkung des Koniins auf die Mischung von Merkurisalz- und Guajakharzlösung deshalb nicht wahrgenommen werden kann, weil dieses Alkaloid ähnlich wie Ammoniak oder verdünnte Kalilauge die Harzlösung gelb färbt und die Bildung des Guajakblaus verhindert.

Farbe des Aloinrotes auf, welches, wie das Guajakblau, als ein Oxydationsprodukt mit locker gebundenem Sauerstoff zu betrachten ist[1]). Es lassen sich diese Reaktionen besonders deutlich in Form von Zonenreaktionen beobachten, wenn als Lösungsmittel für Aloin (und für das zu verwendende Alkaloid) entweder 70%ige Chloralhydratlösung oder Alkohol benützt und die wässerige Lösung des Merkurisalzes hierauf entweder unterschichtet oder überschichtet wird. Die Aloinrotfärbung ist dabei, wenn auch langsamer eintretend, von größerer Haltbarkeit als das Guajakblau.

Zu den Substanzen, welche durch Merkuriacetat unter dem aktivierenden Einflusse der Pflanzenbasen oder anderer schwach alkalischer Stoffe in deutlichster Weise oxydiert werden, gehört auch das Hydrochinon. Wird beispielsweise die wässerige Lösung desselben mit etwas Quecksilberacetatlösung und hernach mit kleinsten Mengen von Atropin oder Chinin versetzt, so erfolgt in kurzer Zeit mehr oder weniger intensive Bräunung der Flüssigkeit, welche unter sonst gleichen Umständen bei Abwesenheit der erwähnten Pflanzenbasen erst nach längerer Zeit eine leichte Färbung annimmt. Kaum ist es notwendig, zu bemerken, daß sowohl bei diesen als bei den früher genannten Reaktionen mit Aloin oder Guajakharzlösung die Glykoside keinerlei Wirkung ausüben. Ebensowenig treten Oxydationsfärbungen auf, wenn Merkuriacetat in Gegenwart von Atropin auf Lösungen von Tyrosin oder von Pyramidon einwirkt, welche beiden Substanzen bekanntlich unter dem Einfluß gewisser Oxydationsfermente rote bezw. blaue Färbungen entstehen lassen, mithin jedenfalls als leichter oxydable Stoffe zu betrachten sind.

Es soll endlich nicht unerwähnt bleiben, daß auch die Indigolösung die im allgemeinen nur durch kräftiger wirkende Oxydationsmittel entfärbt wird, ebensowenig wie bei den Kupfersalzen, gegen Merkurisalze in Verbindung mit freien Alkaloiden indifferent bleibt. Eine durch neutralisierte Indigolösung tiefblau gefärbte Lösung von Merkuriacetat wird nach Zugabe kleiner Mengen von Koniin, Atropin oder Chinin bei mäßiger Erwärmung in merklichem Grade entfärbt, während das Quecksilbersalz für sich allein unter sonst gleichen Bedingungen eine Bleichung der Indigolösung nicht herbeiführt.

Schließlich mögen noch die Ergebnisse einer Reihe von Versuchen mit Silbersalzen mitgeteilt werden. Obwohl diese letzteren sich von den vorhergenannten Metallsalzen (Cupri- Ferri- und Merkurisalzen) durch stärker ausgeprägtes Oxydationsvermögen bezw. leichte Reduzierbarkeit durch zahlreiche anorganische und organische Stoffe

[1]) S. hierüber meine Mitteilungen „Ueber Guajakblau und Aloinrot", Verhdlgn. der Naturf.-Ges. in Basel, Bd. XIII (1901), 287.

(Ferrosalze, Thiosulfate, Aldehyde, Ameisensäure, Pyrogallol etc.) auszeichnen, so schien es doch geboten, auch mit Silbersalzen und zwar sowohl mit Silbernitrat wie mit Silberacetat Beobachtungen anzustellen, da diese Salze in ihren stark verdünnten Lösungen sich gewissen Reagentien gegenüber, wie z. B. gegen Indigblau und Guajakharz indifferent verhalten. Es hat sich bei diesen Versuchen herausgestellt, daß nach mehreren Richtungen deutliche Uebereinstimmungen, in einigen Punkten aber auffallende Abweichungen im Vergleiche mit den Kupfer- und Quecksilbersalzen bestehen. Auch ist bemerkenswert, daß bei den verschiedenen Oxydationsreaktionen die beiden Salze Silbernitrat und Silberacetat keineswegs in allen Fällen dasselbe Verhalten zeigen.

Was zunächst die Reaktionen mit Guajakharz bezw. Guajakonsäurelösung betrifft, so stellte sich heraus, daß von den Alkaloiden in erster Linie Atropin, Veratrin, Chinin und Koniin, sowie auffallender Weise auch das schwach basische Koffein intensive Bläuung der silbernitrathaltigen Guajaklösung bewirken, während sich Morphin, Kodein, Strychnin und Brucin unerwarteter Weise so gut wie negativ verhalten. In etwas verschiedener Art äußern sich die aktivierenden Einflüsse der Pflanzenbasen bei Anwendung von Silberacetatlösungen; hier rufen Atropin, Koniin und Kodein rasche und starke Bläuung der silbersalzhaltigen Mischung hervor, während Morphin, Veratrin und Koffein langsame aber deutliche Bläuung bewirken, Chinin und Strychnin dagegen keine bemerkbare aktivierende Wirkung äußern, ebensowenig wie dies bei den Glykosiden wie Amygdalin, Arbutin, Salicin, Saponin etc. der Fall ist.

Analoge aktivierende Wirkungen, wie solche bei zahlreichen alkalischen anorganischen Substanzen (Kalkhydrat, Calciumkarbonat, Magnesia, Borax, Natriumacetat u. a.) in Betreff der Oxydation des Guajakharzes durch Kupfersalze und Merkurisalze zu konstatieren sind, lassen sich auch bei Anwendung verdünnter Silbersalzlösungen beobachten; im weiteren verdient hervorgehoben zu werden, daß verschiedene organische Stoffe basischer Natur, welche wie Antipyrin, Acetanilid und Phenacetin weder bei Kupfer- noch bei Merkurisalzen eine Bläuung der guajakharzhaltigen Reaktionsmischung bewirken, bei Silbernitrat einen bald schwächeren bald stärkeren aktivierenden Einfluß äußern. So veranlaßt z. B. die kleinste Menge Thallin eine tiefe Bläuung der mit stark verdünnter Silberlösung geschüttelten Guajak-Chloroformlösung und ebenso vermögen die stark basischen Benzolderivate Anilin und Chinolin starke Oxydation des Harzes, d. h. Bildung von Guajakblau einzuleiten.

Aktivierende Einflüsse mancher Pflanzenbasen auf Silbernitrat lassen sich übrigens auch gegenüber anderen oxydablen organischen

Stoffen konstatieren; so wird verdünnte Indigolösung nach Zusatz geringer Mengen Atropin relativ rasch durch solche Silbernitratlösungen[1]) entfärbt, welche an und für sich eine entbläuende Wirkung auf diesen Farbstoff nicht äußern. Ebenso bewirkt stark verdünnte Silberlösung in Gegenwart des genannten Alkaloides intensive Bräunung einer alkoholisch-wässerigen Guajakollösung. Bei diesen beiden letztgenannten Oxydationswirkungen sind jedoch gewisse andere Alkaloide wie beispielsweise Brucin, Koffein (s. oben) und Veratrin, wenigstens bei gewöhnlicher Temperatur, ohne Wirkung.

Was schließlich das Verhalten der beiden Silbersalze auf Aloinlösungen (oxydierende Wirkung unter Bildung von „Aloinrot") betrifft, so zeigt sich auch bei diesen Reaktionen Analogie mit dem Verhalten der Cupri- und Merkurisalze. Während nämlich stark verdünnte Silbernitrat- und Acetatlösungen in der Kälte keine Rötung der Lösungen von (isobarbaloinhaltigem) Aloin oder von Natalaloin bewirken, geht die Aloinrotbildung nach relativ kurzer Zeit vor sich, wenn den Reaktionsmischungen kleine Mengen freier Alkaloide wie Atropin, Koniin, Chinin, Kodein und Morphin zugefügt werden, während Koffein auch hier, zum Unterschiede von der Silbersalz-Guajakharz-Reaktion, keine Wirkung äußert. Kaum bedarf es der Bemerkung, daß auch bei diesen Reaktionen das oben erwähnte Zonen-Verfahren (mit Aloin-Chlorallösung) anwendbar ist.

Vergegenwärtigen wir uns die vorstehend mitgeteilten Tatsachen, die übrigens nur als Ergebnisse vorläufiger Beobachtungen anzusehen sind, und erinnern wir uns, daß die besprochenen „aktivierenden" Einflüsse verschiedenster basischer Stoffe nicht allein in den Fällen wahrzunehmen sind, wo eine nachweisbare Zerlegung der Metallsalze unter Bildung von Metalloxyden stattfindet, sondern auch da, wo nach gegenwärtiger chemischer Einsicht nur eine Kontaktwirkung angenommen werden kann, so muß wohl zugegeben werden, daß die Kenntnis solcher allgemeiner verbreiteter chemischer Erscheinungen vielleicht manche schon längst bekannte Reaktionen der Erklärung näher bringt und aus diesem Grunde ein gewisses theoretisches Interesse beanspruchen darf.

Um nur ein Beispiel dieser Art kurz zu berühren, dessen Erörterung bereits in einer anderen Zeitschrift[2]) erfolgt ist, mag darauf hingewiesen werden, daß sowohl die „Biuret-Reaktion" (auf Harnstoff

---

[1]) Bei Einschaltung von Atropin in das Reaktionsgemenge von Silberacetat und Indigolösung läßt sich weder in der Kälte noch bei mäßiger Erwärmung ein deutlicher aktivierender Einfluß beobachten, so daß an einem verschiedenen Verhalten der beiden Silbersalze bei gewissen Reaktionen nicht zu zweifeln ist.

[2]) Siehe Ztschr. f. analyt. Chemie (Fresenius), 42 (1903), 1.

und Eiweißkörper), als auch die bekannte Reduktion alkalischer Kupferlösungen durch Glukose und andere Zuckerarten (Fehling'sche und Trommer'sche Zuckerprobe) in die Kategorie der Aktivierungen von Kupfersalzen selbst durch schwach alkalische Substanzen zu gehören scheinen, da beide Reaktionen ganz unabhängig von starken, bezw. Aetzalkalien auch bei Gegenwart kleiner Mengen gewisser Alkaloide und organischer Basen (Koniin, Piperidin etc.), sowie von Ammoniak, Magnesia, Barythydrat usw. vor sich gehen. So darf denn wohl angenommen werden, daß eine weitere Verfolgung dieser Serie von Erscheinungen noch mancherlei interessante Fakta zutage fördern wird[1]).

Ueber die Einwirkung von Triäthylphosphin auf Aethylenchlorhydrin.

Von A. Partheil und Dr. A. Gronover.

(Eingegangen den 13. VII. 1903.)

Die Einwirkung von Triäthylphosphin auf Aethylenbromid ist von A. W. Hofmann[2]) studiert worden. Er erhielt bei der Reaktion ein Gemisch der beiden Bromide $C_2H_4Br \cdot P(C_2H_5)_3Br$ und $C_2H_4[P(C_2H_5)_3Br]_2$. Wird das erstere dieser beiden Stoffe, das Bromäthyltriäthylphosphoniumbromid, mit feuchtem Silberoxyd behandelt, so werden beide Bromatome desselben durch Hydroxylgruppen ersetzt und Oxäthyltriäthylphosphoniumhydroxyd, $C_2H_4(OH)P(C_2H_5)_3OH$, wird gebildet.

$$C_2H_4Br \cdot P(C_2H_5)_3Br + Ag_2O + H_2O =$$
$$2\,AgBr + C_2H_4OH \cdot P(C_2H_5)_3OH.$$

Wir sind durch Einwirken von Triäthylphosphin auf Aethylenchlorhydrin zu dem Chlorid dieser Base gelangt, welche wegen ihrer Verwandtschaft mit dem Cholin, $C_2H_4 \cdot OH \cdot N(CH_3)_3OH$ ein gewisses Interesse beanspruchen kann.

Oxäthyltriäthylphosphoniumchlorid, $CH_2OH \cdot CH_2 \cdot P(C_2H_5)_3Cl$.

Das Oxäthyltriäthylphosphoniumchlorid entsteht in fast quantitativer Ausbeute, wenn man molekulare Mengen von Aethylen-

[1]) Neue Beobachtungen über Aktivierungen von Ferrisalzen, Goldsalzen usw. durch basische Stoffe sollen der späteren Mitteilung in der zu Beginn dieser Abhandlung erwähnten größeren Untersuchung vorbehalten bleiben.

[2]) Annalen d. Chem. u. Pharm., Supplem. I, 145.

chlorhydrin und Triäthylphosphin in einem mit Kohlensäure gefüllten Einschmelzrohr zwei Stunden auf 150° erhitzt.

$$CH_2OH \cdot CH_2Cl + P(C_2H_5)_3 = CH_2 \cdot OH \cdot CH_2 \cdot P(C_2H_5)_3Cl.$$

Nach dem Erkalten ist der ganze Rohrinhalt krystallinisch erstarrt. Er wurde in Wasser gelöst, um der Reaktion entgangenes Aethylenchlorhydrin und Triäthylphosphin zu entfernen und die Lösung im Vakuumexsiccator über Schwefelsäure zur Krystallisation eingeengt. Das Chlorid blieb dabei als weiße, sehr hygroskopische Krystallmasse zurück. Feuchtes Silberoxyd schied aus der wässerigen Lösung des Chlorids Chlorsilber ab und beim Verdunsten des Filtrats im Vacuumexsiccator blieb das Oxäthyltriäthylphosphoniumhydroxyd als weiße, stark alkalisch reagierende, äußerst hygroskopische Krystallmasse zurück, die sich ebensowenig wie das Chlorid zur Analyse eignete. Das Chlorid wurde daher in das Platin-, Gold- und Quecksilbersalz verwandelt.

Oxäthyltriäthylphosphoniumplatinchlorid, $[CH_2OH \cdot CH_2 \cdot P \cdot (C_2H_5)_3]_2PtCl_6$.

Löst man Oxäthyltriäthylphosphoniumchlorid in wenig Wasser und versetzt die Lösung mit überschüssiger Platinchloridchlorwasserstoffsäure, so scheidet sich eine gelbliche Krystallmasse aus, welche durch Umkrystallisieren aus heißem Wasser in kleinen, bei 221—222° schmelzenden Oktaëdern erhalten werden kann. Bei der Analyse lieferte das Salz folgende Werte:

0,3625 g Substanz lieferten 0,0968 g Pt und 0,1053 g Cl.

Berechnet für $C_{16}H_{40}P_2O_2PtCl_6$:	Gefunden:
Pt = 26,68%	26,52%
Cl = 29,03 „	29,06 „.

Oxäthyltriäthylphosphoniumgoldchlorid, $CH_2OH \cdot CH_2P \cdot (C_2H_5)_3AuCl_4$.

Das Goldsalz wurde in gleicher Weise wie das Platinsalz aus der konzentrierten Lösung des Chlorids mit Goldchlorid gefällt und aus heißem Wasser umkrystallisiert. Erhitzt man das Salz mit einer zur Lösung unzureichenden Menge Wasser, so schmilzt es unter dem Wasser, auf Zusatz von mehr Wasser geht es vollständig in Lösung. Der Schmelzpunkt des trockenen Goldsalzes liegt bei 171—172°.

Bei der Analyse lieferten 0,2555 g des Salzes 0,1016 g Au und
0,3482 „ desselben 0,1378 „ „.

Berechnet für $C_8H_{20}POAuCl_4$:	Gefunden:
Au = 39,26%	39,7; 39,57%.

Oxäthyltriäthylphosphoniumquecksilberchlorid,
$CH_2OH \cdot CH_2 \cdot P(C_2H_5)_3Cl \cdot HgCl_2$.

Das vermittelst Quecksilberchlorid aus der Lösung des Oxäthyltriäthylphosphoniumchlorids dargestellte Doppelsalz bildete nach dem

Umkrystallisieren aus heißem Wasser kleine derbe Krystalle, welche bei 164° schmolzen.

Bei der Analyse wurden aus 0,4027 g des Salzes 0,14062 g Hg und 0,08662 g Cl (durch Titration nach Volhard) bezüglich 0,088714 g Cl (als Ag Cl) erhalten.

Berechnet für $C_8H_{20}PO\,Hg\,Cl_3$:	Gefunden:
Hg = 35,2 %	34,92 %
Cl = 21,81 „	21,51; 22,03 „.

Normal-Propylphosphin.

Von A. Partheil und Dr. A. Gronover.

(Eingegangen den 13. VII. 1903.)

Das Isopropylphosphin, $\frac{CH_3}{CH_3}\!>\!CH \cdot PH_2$, ist bereits von A. W. Hofmann[1]) dargestellt worden, das Normalpropylphosphin, $CH_3 \cdot CH_2 \cdot CH_2 \cdot PH_2$, ist dagegen bisher noch nicht beschrieben. Wir haben diesen Körper dargestellt, als wir die Einwirkung primärer Phosphine auf Dihalogensubstitutionsderivate zu studieren beabsichtigten, in der Hoffnung dabei bessere Ausbeuten an primärem Phosphin zu erzielen, als sie bei der Herstellung von Aethylphosphin erhalten werden.

Nach der Methode von Hofmann wurden je 21,25 g Normal-Propyljodid, 20,25 g Phosphoniumjodid und 5,1 g Zinkoxyd im Einschmelzrohr ungefär 3 Stunden lang auf 160—170° erhitzt. Beim Zersetzen des Reaktionsproduktes mit Wasser wurden aus einem Rohr etwa 15 g primäres Phosphin gewonnen. Dagegen war sekundäres Propylphosphin nur in geringer Menge entstanden. Es ist uns nicht gelungen, dasselbe in reinem Zustande zu erhalten.

Das primäre Normalpropylphosphin bildete nach dem Abdestillieren, Trocknen und Fraktionieren im Wasserstoffstrom eine farblose, lichtbrechende Flüssigkeit, welche den bekannten, unangenehmen Phosphingeruch zeigte, bei 53—53,5° siedete und sich an der Luft entzündete.

Die Reinheit des Stoffes wurde durch die Bestimmung der Dampfdichte nach dem Verfahren von A. W. Hofmann kontrolliert. 0,124 g Normalpropylphosphin nahmen bei 99° und 427 mm Quecksilberhöhe im Eudiometerrohr 113,4 ccm ein. Die Messung wurde bei 754 mm Barometerstand und 20° Außentemperatur ausgeführt. Aus diesen Werten berechnet sich das Molekulargewicht zu 75,78, während die Formel C_3H_9P 76,09 verlangt.

[1]) Ber. d. d. chem. Ges. 6, 294.

Beiträge zur Kenntnis des Vorkommens und der Bestimmung organischer Säuren im Wein.

Von A. Partheil.

(Eingegangen den 13. VII. 1903).

Zu den interessantesten Problemen der analytischen Chemie gehört die Aufgabe, die in einer Anzahl von Naturprodukten enthaltenen organischen Säuren neben einander zu charakterisieren und quantitativ zu bestimmen. Im Wein beispielsweise kommen Essigsäure, Bernsteinsäure, Milchsäure, Aepfelsäure, Weinsäure, in Beerenweinen auch Zitronensäure vor. Die Salicylsäure ist naturell wohl stets nur in sehr kleinen Mengen in Weinen enthalten, ebenso wie diejenigen Säuren, welche in Form zusammengesetzter Ester an der Bildung des Bouquets der Weine beteiligt sind. Es handelt sich demnach bei der Kennzeichnung und Bestimmung der organischen Säuren des Weines um die Trennung von Monokarbonsäuren, von Dikarbonsäuren und von Oxysäuren der Mono-, Di- und Trikarbonsäuren. Um die Grundlage für die Trennung dieser Säuren zu gewinnen, schien es uns nötig, die Löslichkeit einer Anzahl von Salzen der in Frage kommenden Säuren zu ermitteln.

I. Die Löslichkeit der Malate, Succinate, Tartrate und Zitrate von Blei, Calcium, Baryum und Silber.

Von A. Partheil und Dr. W. Hübner.

Die Bestimmung der Löslichkeit wurde bei allen Salzen in der Weise vorgenommen, daß in Glasstöpselflaschen die abgewogene fein gepulverte Substanz mit einer zur Lösung unzureichenden gewogenen Menge des Lösungsmittels übergossen wurde. Die Flaschen erhielten sodann über den Stöpsel eine Gummikappe und mußten nun dreimal 24 Stunden in einem Ostwald'schen Thermostaten rotieren. Dann wurde abfiltriert und entweder im Filtrat oder aus dem ungelöst gebliebenen das Gelöste bestimmt. Als Lösungsmittel wurde Wasser und Alkohol vom spez. Gew. 0,8092 benutzt. Alle Bestimmungen wurden je zweimal bei 18° C. und bei 25° C. ausgeführt, wo nur eine Zahl angeführt ist, haben beide Bestimmungen denselben Wert geliefert.

Bleimalat, $C_4H_4PbO_5 + 3H_2O$.

Das für unsere Löslichkeitsbestimmungen verwendete Bleimalat war durch Einwirkung von Bleiacetatlösung auf Milchsäure erhalten.

Bei der Analyse lieferte es folgende Werte:
0,3000 g Substanz verloren bei 100° 0,0404 g Wasser.
0,5000 „ „ lieferten 0,3860 g SO_4Pb.
0,5000 „ „ „ 0,3862 „ „

Berechnet für $C_4H_4PbO_5 + 3H_2O$:	Gefunden:
H_2O = 13,6 %	13,46 %
Pb = 52,82 „	52,72; 52,74 „.

Löslichkeitsbestimmung des Bleimalats.

Temperatur	18°	18°	25°	25°
Lösungsmittel	Wasser	Alkohol	Wasser	Alkohol
Angewendete Substanz	2 g	1 g	1 g	1 g
Angewendetes Lösungsmittel	250 g	200 g	200 g	200 g
Rückstand mit NO_3H gelöst, zu 200 ccm aufgefüllt. Je 50 ccm lieferten SO_4Pb	0,3720 g 0,3730 g	0,1910 g 0,1915 g	0,1675 g 0,1685 g	0,1915 g 0,1910 g
Ungelöst gebliebenes Bleimalat	1,928 g	0,9904 g	0,8692 g	0,9904 g
In 100 g Lösungsmittel sind gelöst	0,0288 g	0,0048 g	0,06504 g	0,0048 g
1 Mol Bleimalat erfordert zur Lösung	1364,5 *l*	8187,5 *l*	604,2 *l*	8187,5 *l*

Calciummalat, $C_4H_4CaO_5 + H_2O$.

Das Calciummalat wurde nach den Angaben von Iwig und Hecht[1]) hergestellt. Beim längeren Kochen der mit Kalk bis zur schwach saueren Reaktion versetzten Aepfelsäurelösung scheidet sich das normale Salz ab.

Bei der Analyse verloren 0,3000 g Substanz 0,0281 g H_2O und lieferten 0,0888 g CaO. Eine zweite Bestimmung ergab 0,0885 g CaO.

Berechnet für $C_4H_4O_5Ca + H_2O$:	Gefunden:
Ca = 21,10 %	21,06; 21,13 %
H_2O = 9,48 „	9,36 „.

Löslichkeitsbestimmung des Calciummalats.

Temperatur	18°	18°	25°	25°
Lösungsmittel	Wasser	Alkohol	Wasser	Alkohol
Angewendete Substanz	2,4 g	1 g	1 g	1 g
Angewendetes Lösungsmittel	255 g	200 g	100 g	200 g
Rückstand mit HCl gelöst, zu 200 ccm aufgefüllt. Je 50 ccm lieferten CaO	—	0,0730 g 0,0730 g	—	0,0728 g 0,0726 g
Vom Ungelösten abfiltriert, Filtrat auf 200 ccm aufgefüllt. 25 ccm Filtrat gaben CaO	0,0769 g 0,0770 g	—	0,0315 g 0,03155 g	—
Ungelöst gebliebenes Calciummalat	—	0,9902 g	—	0,9883 g
In 100 g Lösungsmittel sind gelöst	0,9214 g	0,0049 g	0,8552 g	0,00586 g
1 Mol Calciummalat erfordert zur Lösung	20,6 *l*	3878,7 *l*	22,2 *l*	3243,3 *l*

[1]) Annalen d. Chem. u. Pharm. 233, 169.

Baryummalat, $C_4H_4O_5Ba$.

Das Salz wurde nach den Angaben von Liebig[1]) aus einer mit Baryt bis zur schwach sauren Reaktion versetzten Lösung von Aepfelsäure durch Aufkochen im wasserfreien Zustande abgeschieden.

Die Analyse bestätigte die Reinheit des Baryummalates. Je 0,5000 g desselben lieferten 0,4305 und 0,4310 SO_4Ba.

Berechnet für $C_4H_4O_5Ba$:	Gefunden:
Ba = 50,86 %	50,68; 50,74 %.

Löslichkeitsbestimmung des Baryummalats.

Temperatur	18°	18°	25°	25°
Lösungsmittel	Wasser	Alkohol	Wasser	Alkohol
Angewendete Substanz	2 g	1 g	2 g	1 g
Angewendetes Lösungsmittel	150 g	200 g	110 g	200 g
Vom Ungelösten abfiltriert, Filtrat auf 200 ccm aufgefüllt. 25 ccm Filtrat gaben SO_4Ba	0,2015 g 0,2015 g	—	—	—
Ungelöst gebliebenes Baryummalat	—	0,9924 g 0,9923 g	0,5005 g	0,9922 g
In 100 g Lösungsmittel sind gelöst	1,24 g	0,0038 g	1,3631 g	0,0039 g
1 Mol Baryummalat erfordert zur Lösung	21,7 *l*	7090,5 *l*	19,7 *l*	6908,7 *l*

Silbermalat, $C_4H_4O_5Ag_2$.

Das Silbermalat stellten wir nach Liebig's[2]) Angaben aus einer Lösung von Kaliummalat und Silbernitrat dar.

Bei der Analyse lieferten 0,2000 g des Salzes 0,1240 g Ag.

Berechnet für $C_4H_4O_5Ag_2$:	Gefunden:
Ag = 62 %	62 %.

Die Löslichkeit des Silbermalats in Alkohol ergab sich praktisch gleich Null.

Löslichkeitsbestimmung des Silbermalats in Wasser.

Temperatur	18°	25°
Angewendete Substanz	0,5 g	0,5 g
Angewendetes Lösungsmittel	100 g	100 g
Das Filtrat hinterließ nach dem Verdunsten und Glühen Silber	0,074 g 0,074 g	0,0755 g 0,0755 g
In 100 g Wasser sind gelöst	0,119 g	0,1216 g
1 Mol Silbermalat erfordert zur Lösung	292,3 *l*	286,1 *l*

---

1) Annalen 26, 137.

2) Annalen 5, 147.

Bleisuccinat, $C_4H_4O_4Pb$.

Das Bleisuccinat wurde nach der Vorschrift von Doepping[1]) durch Einwirkung von Bleiacetat auf eine Lösung von Natriumsuccinat dargestellt.

Bei der Bleibestimmung lieferten 0,5000 g Bleisuccinat 0,468 und 0,469 g SO_4Pb.

Berechnet für $C_4H_4O_4Pb$:	Gefunden:
Pb = 64,06%	63,92; 64,06%.

Löslichkeitsbestimmung des Bleisuccinats.

Temperatur	18°	18°	25°	25°
Lösungsmittel	Wasser	Alkohol	Wasser	Alkohol
Angewendete Substanz	1,5 g	1 g	1 g	1 g
Angewendetes Lösungsmittel	225 g	200 g	200 g	200 g
Ungelöst gebliebenes Bleisuccinat	1,443 g 1,443 g	0,9945 g 0,9945 g	0,943 g 0,9432 g	0,9940 g 0,9942 g
In 100 g Lösungsmittel sind gelöst	0,0253 g	0,00275 g	0,0285 g	0,0030 g
1 Mol Bleisuccinat erfordert zur Lösung	1276,4 l	11380 l	1133,1 l	10764,6 l

Calciumsuccinat, $C_4H_4O_4Ca + H_2O$.

Das Calciumsuccinat ist von Fehling[2]) und von Miczynski[3]) untersucht worden, der letztere hat die Löslichkeit des Salzes bei verschiedenen Temperaturen festgestellt. Das nach den Angaben der genannten Forscher in der Hitze krystallisierte Salz lieferte bei der Analyse folgende Werte:

0,4000 g Substanz verloren beim Trocknen 0,0412 g Wasser.
0,4000 „ „ lieferten beim Glühen 0,1280 g CaO.
0,2000 „ „ hinterließen 0,0645 g CaO.

Berechnet für $C_4H_4O_4Ca + H_2O$:	Gefunden:
H_2O = 10,35%	10,30%
Ca = 22,95 „	22,85; 23,0 „.

Löslichkeitsbestimmung des Calciumsuccinats.

Temperatur	18°	18°	25°	25°
Lösungsmittel	Wasser	Alkohol	Wasser	Alkohol
Angewendete Substanz	2,5 g	0,5 g	2 g	0,5 g
Angewendetes Lösungsmittel	130 g	200 g	100 g	200 g
Filtrat auf 300 ccm aufgefüllt, 50 ccm enthielten CaO	0,0993 g	—	0,0770 g 0,0772 g	—
Ungelöstes in HCl gelöst, auf 200 ccm aufgefüllt. 50 ccm davon enthielten CaO	—	0,040 g 0,040 g	—	0,040 g 0,040 g
In 100 ccm Lösungsmittel sind gelöst	1,424 g	0,00136 g	1,4358 g	0,00136 g
1 Mol Calciumsuccinat erfordert zur Lösung	12,5 l	12798,5 l	12,1 l	12798,5 l

1) Annalen 47, 285.
2) Annalen 49, 167.
3) Monatshefte 7, 265.

Baryumsuccinat, $C_4H_4O_4Ba$.

Baryumsuccinat ist von Doepping[1]) durch Versetzen einer mäßig verdünnten Natriumsuccinatlösung mit Chlorbaryum erhalten worden. Das von uns in dieser Weise dargestellte Salz erwies sich bei der Analyse als rein.

0,5000 g Substanz lieferten 0,4590 und 0,4600 g SO_4Ba.

Berechnet für $C_4H_4O_4Ba$:	Gefunden:
Ba = 54,2 %	54,02; 54,14 %.

Löslichkeitsbestimmung des Baryumsuccinats.

Temperatur	18°	18°	25°	25°
Lösungsmittel	Wasser	Alkohol	Wasser	Alkohol
Angewendete Substanz	1,5 g	1 g	1 g	1 g
Angewendetes Lösungsmittel	230 g	200 g	150 g	200 g
Das Ungelöste gewogen als SO_4Ba	0,5425 g	—	—	—
Das Ungelöste gewogen als $C_4H_4O_4Ba$	—	0,9970 g	0,3845 g	0,9968 g
In 100 g Lösungsmittel sind gelöst	0,3961 g	0,0015 g	0,4103 g	0,0016 g
1 Mol Baryumsuccinat erfordert zur Lösung	63,9 *l*	16896 *l*	61,7 *l*	15840 *l*

Silbersuccinat, $C_4H_4O_4Ag_2$.

Das Silbersuccinat stellten wir, wie Doepping[2]), durch Versetzen einer mäßig verdünnten Natriumsuccinatlösung mit Silbernitrat her.

Bei der Analyse lieferten 0,5000 g Substanz 0,4280 g Chlorsilber.

Berechnet für $C_4H_4O_4Ag_2$:	Gefunden:
Ag = 64,42 %	64,40 %.

In Alkohol ist das Salz praktisch unlöslich.

Löslichkeitsbestimmung des Silbersuccinats in Wasser.

Temperatur	18°	25°
Angewendete Substanz	0,5 g	0,5 g
Angewendetes Lösungsmittel	100 g	100 g
Filtrat hinterließ beim Eindampfen und Glühen Ag	0,0115 g	0,0130 g
In 100 g Wasser sind gelöst	0,0176 g	0,0199 g
1 Mol Silbersuccinat erfordert zur Lösung	1885,7 *l*	1667,8 *l*

Bleitartrat, $C_4H_4O_6Pb$.

Das zu unseren Löslichkeitsbestimmungen verwendete Bleitartrat stellten wir uns durch Versetzen einer Weinsäurelösung mit Bleiacetat her.

---

[1]) Annalen 47, 253.

[2]) Annalen 47, 284.

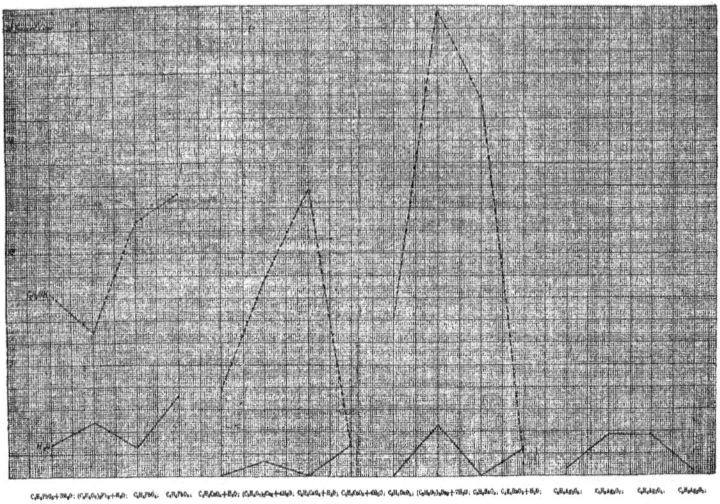

Löslichkeitstabelle der Malate, Citrate, Succinate und Tartrate von Blei, Calcium, Baryum und Silber in Wasser und in Alkohol von 0,8092 spez. Gew. bei 18°.

Die Löslichkeit der Silbersalze in Alkohol ist praktisch gleich Null.

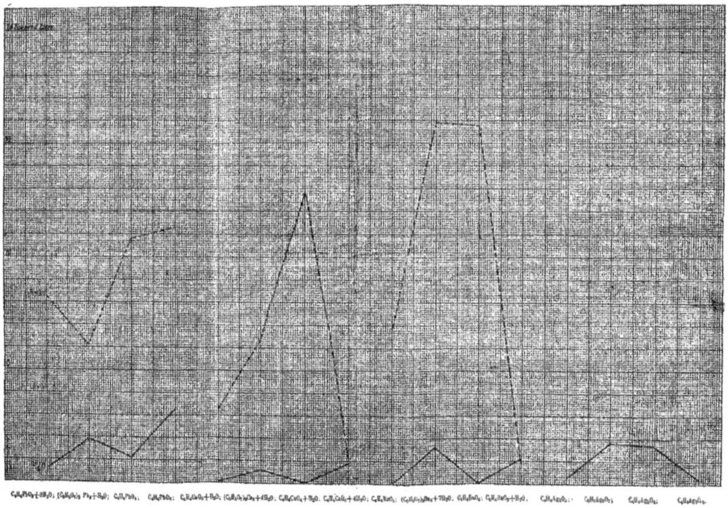

Löslichkeitstabelle der Malate. Succinate, Tartrate und Citrate von Blei, Calcium, Baryum und Silber in Wasser und in Alkohol von 0,8092 spez. Gew. bei 25°.

Die Löslichkeit der Silbersalze in Alkohol ist praktisch gleich Null.

Bei der Analyse lieferten 0,5000 g Substanz 0,4255 und 0,4250 g SO_4Pb.

Berechnet für $C_4H_4O_6Pb$:	Gefunden:
Pb = 58,20%	58,18; 58,04%.

Löslichkeitsbestimmung des Bleitartrats.

Temperatur	18°	18°	25°	25°
Lösungsmittel	Wasser	Alkohol	Wasser	Alkohol
Angewendete Substanz	3 g	3 g	3 g	3 g
Angewendetes Lösungsmittel	250 g	200 g	250 g	200 g
Ungelöst gebliebenes Bleitartrat	2,975 g	2,9944 g	2,973 g	2,9937 g
		2,9942 g	2,9733 g	2,9935 g
In 100 g Lösungsmittel sind gelöst	0,0100 g	0,0028 g	0,0108 g	0,00315 g
1 Mol Bleitartrat erfordert zur Lösung	3549,4 *l*	12676,4 *l*	3286,4 *l*	11267,9 *l*

Calciumtartrat, $C_4H_4O_6Ca + 4H_2O$.

Das Calciumtartrat erhielten wir durch Umsetzen einer neutralen Kaliumtartratlösung mit Chlorcalcium. Die Analyse bestätigte die richtige Zusammensetzung.

0,5000 g Substanz verloren beim Trocknen 0,1375 g Wasser und hinterließen beim Glühen 0,1080 g CaO.

Berechnet für $C_4H_4O_6Ca + 4H_2O$:	Gefunden:
H_2O = 27,70%	27,50%
Ca = 15,42 „	15,42 „.

Löslichkeitsbestimmung des Calciumtartrats.

Temperatur	18°	18°	25°	25°
Lösungsmittel	Wasser	Alkohol	Wasser	Alkohol
Angewendete Substanz	3 g	2 g	3 g	3 g
Angewendetes Lösungsmittel	250 g	200 g	250 g	250 g
Rückstand gelöst in HCl, auf 300 ccm aufgefüllt. 50 ccm davon lieferten CaO	0,1060 g	0,0705 g	0,1050 g	0,1056 g
			0,1048 g	
In 100 g Lösung sind gelöst	0,0185 g	0,0187 g	0,02948 g	0,02352 g
1 Mol Calciumtartrat erfordert zur Lösung	1391 *l*	1406 *l*	882,3 *l*	1105,9 *l*

Löslichkeitsbestimmungen des Calciumtartrats sind bereits von Casselmann[1]), Mohr[2]), sowie von Schmitt und Hiepe[3]) ausgeführt.

Baryumtartrat, $C_4H_4O_6Ba + H_2O$.

Zur Darstellung des Baryumtartrates sättigten wir nach Dulk[4]) eine Lösung von Weinsäure mit Baryt. Das anfangs entstehende

---

1) Jahresbericht 1855, 475.
2) Jahresbericht 1865, 393.
3) Ztschr. f. analyt. Chem. 21, 536.
4) Annalen 2, 53.

amorphe Salz ist nach Vogel und Reischauer[1]) leichter löslich, als das nach einiger Zeit krystallinisch gewordene, welches wir zu unseren Bestimmungen benutzten.

Bei der Analyse lieferte es folgende Werte:

0,5000 g Substanz verloren beim Trocknen 0,0295 g Wasser und lieferten 0,3844 g SO_4Ba. 0,2000 g Substanz lieferten 0,1535 g SO_4Ba.

Berechnet für $C_4H_4O_6Ba + H_2O$:	Gefunden:
H_2O = 5,92 %	5,90 %
Ba = 45,26 „	45,22; 45,10 „.

Löslichkeitsbestimmung des Baryumtartrats.

Temperatur	18°	18°	25°	25°
Lösungsmittel	Wasser	Alkohol	Wasser	Alkohol
Angewendete Substanz	3 g	2 g	1 g	2 g
Angewendetes Lösungsmittel	250 g	200 g	200 g	200 g
Ungelöstes in HCl gelöst, auf 200 ccm aufgefüllt. 25 ccm lieferten SO_4Ba	0,2825 g	0,1862 g	0,0910 g	0,1857 g
			0,0911 g	0,1858 g
In 100 g Lösungsmittel sind gelöst	0,0256 g	0,0320 g	0,0270 g	0,0356 g
1 Mol Baryumtartrat erfordert zur Lösung	1185,3 *l*	948,3 *l*	1123,9 *l*	852,4 *l*

Silbertartrat, $C_4H_4O_6Ag_2$.

Das normale Silbertartrat erhielten wir durch Umsetzen einer Lösung von neutralem Kaliumtartrat mit Silbernitrat. In Alkohol ist es praktisch unlöslich.

Bei der Analyse lieferten 0,5000 g Substanz 0,2965 g Ag.

Berechnet für $C_4H_4O_6Ag_2$:	Gefunden:
Ag = 59,3 %	59,3 %.

Löslichkeitsbestimmung des Silbertartrats in Wasser.

Temperatur	18°	25°
Angewendete Substanz	0,5 g	0,5 g
Angewendetes Lösungsmittel	100 g	100 g
Das Filtrat lieferte beim Eindampfen und Glühen Ag	0,1194 g	0,1205 g
In 100 g Lösungsmittel sind gelöst	0,2012 g	0,2031 g
1 Mol Silbertartrat erfordert zur Lösung	180,8 *l*	179,1 *l*

Bleicitrat, $(C_6H_5O_7)_2Pb_3 + H_2O$.

Das Bleicitrat obiger Zusammensetzung wird nach Heldt[2]) durch Vermischen alkoholischer Lösungen von Zitronensäure und Bleizucker erhalten.

[1]) Jahresbericht 1859, 288.

[2]) Annalen 47, 188.

Bei der Analyse lieferte es folgende Werte:

0,5000 g Substanz verloren beim Trocknen 0,0087 g Wasser und lieferten 0,4404 und 0,4405 g SO_4Pb.

Berechnet für $(C_6H_5O_7)_2Pb_3 + H_2O$:	Gefunden:
H_2O = 1,76%	1,74%
Pb = 60,10 „	60,16; 60,16 „.

Löslichkeitsbestimmung des Bleicitrats.

Temperatur	18°	18°	25°	25°
Lösungsmittel	Wasser	Alkohol	Wasser	Alkohol
Angewendete Substanz	3 g	1 g	3 g	1 g
Angewendetes Lösungsmittel	250 g	200 g	250 g	200 g
Das Ungelöste wurde in Säure gelöst, zu 200 ccm aufgefüllt. 25 ccm lieferten SO_4Pb	0,3235 g	0,1060 g	0,3205 g	0,1080 g
	0,3230 g	0,1061 g	0,3204 g	0,1082 g
In 100 g Lösungsmittel sind gelöst	0,04201 g	0,0156 g	0,05344 g	0,0167 g
1 Mol Bleicitrat erfordert zur Lösung	2373,8 *l*	6518 *l*	1901,1 *l*	6088,7 *l*

Calciumcitrat, $(C_6H_5O_7)_2Ca_3 + 4\,H_2O$.

Das Calciumcitrat wird nach Kämmerer[4]) dargestellt durch Versetzen einer Lösung von zitronensaurem Alkali mit der hinreichenden Menge Chlorcalcium oder durch Neutralisieren von Zitronensäurelösung mit Kalkwasser. Nach der ersten Methode entsteht ein beim Kochen krystallinisch werdender Niederschlag. Derselbe diente für unsere Versuche. Nach der zweiten Methode erhält man erst beim Kochen einen Niederschlag, der gleich krystallinisch ausfällt.

Bei der Analyse lieferten 0,3000 g Substanz 0,0378 g Wasser und 0,0880 und 0,0885 g CaO.

Berechnet für $(C_6H_5O_7)_2Ca_3 + 4H_2O$:	Gefunden:
H_2O = 12,63%	12,60%
Ca = 21,03 „	20,93; 21,06 „.

Löslichkeitsbestimmung des Calciumcitrats.

Temperatur	18°	18°	25°	25°
Lösungsmittel	Wasser	Alkohol	Wasser	Alkohol
Angewendete Substanz	3 g	1 g	1 g	1 g
Angewendetes Lösungsmittel	250 g	200 g	250 g	200 g
Rückstand gelöst in HCl, aufgefüllt auf 300 ccm. 50 ccm lieferten CaO	0,1370 g	0,0485 g	0,0373 g	0,0483 g
				0,0482 g
In 100 g Lösungsmittel sind gelöst	0,08496 g	0,0065 g	0,0959 g	0,0089 g
1 Mol Calciumcitrat erfordert zur Lösung	671,1 *l*	8772 *l*	594,2 *l*	6406,4 *l*

4) Annalen 148, 295.

Baryumcitrat, $(C_6H_5O_7)_2Ba_3 + 7H_2O$.

Das Baryumcitrat stellten wir nach den Angaben von Kämmerer[1]) durch Einwirkung von Barytwasser auf Zitronensäure dar.

Bei der Analyse lieferte das Salz folgende Werte:

0,5000 g Substanz lieferten 0,0685 g Wasser und 0,3828 und 0,3830 g SO_4Ba.

Berechnet für $(C_6H_5O_7)_2Ba_3 + 7H_2O$:	Gefunden:
H_2O = 13,76%	13,70%
Ba = 44,96 „	45,06; 45,08 „.

Löslichkeitsbestimmung des Baryumcitrats.

Temperatur	18°	18°	25°	25°
Lösungsmittel	Wasser	Alkohol	Wasser	Alkohol
Angewendete Substanz	2 g	1 g	1 g	1 g
Angewendetes Lösungsmittel	250 g	200 g	250 g	200 g
Rückstand gelöst in HCl, aufgefüllt auf 300 ccm. 50 ccm lieferten SO_4Ba	0,2420 g	0,1263 g	0,1091 g	0,1260 g 0,1262 g
In 100 g Lösungsmittel sind gelöst	0,0406 g	0,0044 g	0,0572 g	0,00578 g
1 Mol Baryumcitrat erfordert zur Lösung	2257,2 *l*	20828,1 *l*	1602,1 *l*	15855,3 *l*

Silbercitrat, $C_6H_5O_7Ag_3$.

Silbercitrat erhielten wir nach Liebig's[2]) Angabe als pulverigen, weißen Niederschlag durch Einwirkung von Silbernitrat auf Ammoniumcitrat.

Bei der Analyse lieferten 0,5000 g Substanz 0,4180 und 0,4185 g AgCl.

Berechnet für $C_6H_5O_7Ag_3$:	Gefunden:
Ag = 63,13%	62,92; 63,0%.

In Alkohol ist das Silbercitrat praktisch unlöslich.

Löslichkeitsbestimmung des Silbercitrats in Wasser.

Temperatur	18°	25°
Angewendete Substanz	0,5 g	0,5 g
Angewendetes Lösungsmittel	100 g	100 g
Das Filtrat hinterließ beim Verdampfen und Glühen Ag	0,0175 g	0,0180 g
In 100 g Wasser sind gelöst	0,0277 g	0,0284 g
1 Mol Silbercitrat erfordert zur Lösung	180,8 *l*	179,1 *l*

Die Ergebnisse dieser Untersuchung sind in den beiden Tabellen übersichtlich zusammengestellt.

---

[1]) Annalen 148, 295.

[2]) Annalen 26, 118.

II. Die Milchsäure, ein Bestandteil der flüchtigen Säuren des Weines.

Von A. Partheil und Dr. W. Hübner.

(Eingegangen den 1. VIII. 1903.)

Die Beobachtung, daß bei der alkoholischen Gärung des Zuckers Essigsäure entsteht, hat bereits Lavoisier[1]) gemacht. Den Beweis, daß diese Säure in den flüchtigen Säuren des Weines enthalten ist, führte Béchamp[2]). Aus 80 Litern Jungwein gelang es ihm, krystallisiertes Natriumacetat in einer Menge von fast 300 g darzustellen, sodaß er aus dem Salze die Essigsäure in reinem Zustande abscheiden und sie durch Ueberführen in Acetylchlorid sicher charakterisieren konnte. Indessen berichtet Béchamp von den Krystallen des Natriumacetats, sie seien „toutefois constamment enduits d'une couche liquide, deliquescente". Er hat also bereits beobachtet, daß neben der Essigsäure noch etwas anderes in dem Wasserdampfdestillat des Weines vorhanden sein müsse. Wir haben diesen anderen wesentlichen Bestandteil der flüchtigen Säuren des Weines als Milchsäure charakterisieren können.

Schon Duclaux[3]) bemerkt in seiner Arbeit „Recherches sur les vins" zutreffend, daß der von Béchamp für seine Untersuchungen benutzte Wein offenbar bereits begonnen hatte, sich zu verändern. Ein normaler Wein enthält nicht so große Mengen von Essigsäure. Im übrigen gibt Duclaux eine Methode an, welche die Bestimmung der neben der Essigsäure im Wein vorhandenen anderen, mit Wasserdämpfen flüchtigen Glieder der Ameisensäurereihe bezweckt.

So ist es denn üblich geworden, die flüchtigen Säuren des Weines auf Essigsäure zu berechnen und noch vor wenigen Jahren faßte K. Windisch[4]) unsere Kenntnis von den flüchtigen Säuren des Weines in die Worte zusammen: „Die flüchtigen Säuren des Weines bestehen fast ausschließlich aus Essigsäure; andere flüchtige Fettsäuren (Ameisensäure, Buttersäure, höhere Fettsäuren) kommen nur in sehr geringer Menge im Weine vor. Von sonstigen flüchtigen Säuren des Weines ist noch die schweflige Säure zu erwähnen, die mitunter in Weißweinen recht reichlich zu finden ist".

---

[1]) Traité de Chimie, 1805, 1, 148.
[2]) Compt. rend. 56, 969.
[3]) Ann. chim. phys. (5) 2, 233, 289 u. 3, 108.
[4]) K. Windisch, Die chemische Untersuchung und Beurteilung des Weines, Berlin 1896, 71.

Das Vorkommen von Milchsäure im Wein ist unseres Wissens zuerst von Balard[1]) beobachtet worden. Er isolierte die Milchsäure aus einem umgeschlagenen Wein, konnte sie aber auch in zweifellos guten Weinen nachweisen. Später wiesen dann Mach und Portele[2]) die Milchsäure in Weinen nach, die aus südtiroler Trauben gekeltert waren, welche mit einem an Calciumkarbonat reichen Schlamm stark verschmutzt waren. Nach den Arbeiten von Kunz[3]), sowie von Möslinger[4]), kann es keinem Zweifel unterliegen, daß die Milchsäure ein normaler Bestandteil des Weines ist.

Balard hat die Milchsäure nur qualitativ nachgewiesen und sie durch die Krystallform des Zinksalzes charakterisiert. K. Windisch gibt für die quantitative Bestimmung der Milchsäure im Wein das Verfahren von Mach und Portele an. Im Prinzip besteht dasselbe darin, daß die Milchsäure aus dem in geeigneter Weise vorbereiteten Wein durch Extraktion mit Aether abgetrennt wird, in den sie mit der Essigsäure übergeht. Die Trennung der Milchsäure von der Essigsäure kann nach ihren Versuchen durch Destillation mit Wasserdämpfen gut erfolgen. Schließlich wird die Milchsäure in das Bleisalz verwandelt, dieses mit Schwefelwasserstoff zerlegt und die Säure titrimetrisch bestimmt. Kunz hat an diesem Verfahren, abgesehen von seiner Umständlichkeit, zu tadeln, daß dasselbe die Anhydride der Milchsäure nicht berücksichtige, sowie daß, wenn neben der Milchsäure andere Säuren, Weinsäure, Aepfelsäure usw. vorhanden sind, zu viel Milchsäure gefunden werde. Kunz zieht die Milchsäure durch Perforation mit Aether aus und destilliert nach Entfernung des Aethers die flüchtigen Säuren mit Wasserdampf ab. Ein nennenswerter Verlust an Milchsäure ist dabei seiner Meinung nach nicht zu befürchten, wie dies auch die diesbezüglichen Versuche von Mach und Portele gezeigt hätten. Die verbleibenden Säuren verwandelt er in die Baryumsalze, trennt diese mit einem Gemisch von einem Teil Wasser und zwei Teilen Alkohol von 95 Vol.-%, in welchem Baryumlaktat leicht löslich ist, während die übrigen Baryumsalze sich darin nicht lösen, und bestimmt schließlich die Milchsäure im alkoholischen Filtrat als Baryumsulfat. Möslinger destilliert aus 50 oder 100 ccm des zu untersuchenden Weines die flüchtigen Säuren mittelst Wasserdampf ab. Die zurückbleibende Flüssigkeit wird in einer Porzellanschale mit Barytwasser gegen Lackmus abgesättigt, eingedampft, mit Chlorbaryum versetzt und nochmals genau neutralisiert. Im übrigen bedient

[1]) Compt. rend. 53, 1226.

[2]) Landw. Vers.-Stat. 1890, 37, 305.

[3]) Ztschr. Unters. Nahr.- u. Genußm. 1901, 4, 673.

[4]) Ztschr. Unters. Nahr.- u. Genußm. 1901, 4, 1120.

er sich ebenfalls der Alkoholtrennung der Baryumsalze und findet die Menge der vorhandenen Milchsäure aus der Aschenalkalität der alkoholischen Lösung. Er findet bei dem blinden Versuch 98%, bei Milchsäurebestimmungen im Wein 90—95% der vorhandenen Säure. Nach seiner Ansicht besitzt die Methode, „obgleich nicht frei von Fehlern und den Ansprüchen an höchste analytische Genauigkeit nicht genügend, doch den großen Vorzug der schnellen Ausführbarkeit und großer Einfachheit gegenüber den bisherigen, übrigens noch weit ungenaueren Verfahren".

Nachdem der eine von uns mit Herrn Dr. Gronover[1]) zeigen konnte, daß unter geeigneten Bedingungen einer wässerigen Milchsäurelösung durch Perforation mit Aether die Milchsäure durchaus befriedigend genau entzogen werden kann, schien es uns wünschenswert, die wirkliche Fehlerquelle der oben erwähnten Bestimmungsmethoden kennen zu lernen. Wir haben daher die Milchsäure einem eingehenden Studium unterworfen und haben die Fehlerquelle in der Flüchtigkeit der Milchsäure mit Wasserdämpfen gefunden.

Während Kunz, Mach und Portele, sowie Möslinger, die Trennung der Essigsäure von der Milchsäure durch Destillation mit Wasserdämpfen bewerkstelligen, also die Milchsäure für nicht, oder wenigstens für nicht erheblich flüchtig mit Wasserdämpfen ansehen, berichtet Pelouze[2]), daß, wenn man konzentrierte Milchsäure auf 130° erhitzt, eine farblose Flüssigkeit überdestilliert, welche nichts anderes ist, als reines Wasser, welches eine kleine Menge Milchsäure in Auflösung enthält. Strecker[3]) sagt darüber: „Beim Kochen ihrer wässerigen Lösung verflüchtigt sich ein kleiner Teil mit den Wasserdämpfen". Merkwürdigerweise berücksichtigt Strecker diese von ihm gemachte Beobachtung keineswegs. Auf derselben Seite nämlich berichtet er über die Methoden der Milchsäurebestimmung nach Berzelius und Mitscherlich und nach Liebig. Er würde sicherlich auf den in der Flüchtigkeit der Milchsäure mit Wasserdämpfen begründeten Fehler dieser Methoden hingewiesen haben, wenn er nicht die Größe der Flüchtigkeit unterschätzt hätte. Auch Hoppe-Seyler[4]) ist die Flüchtigkeit der Milchsäure mit Wasserdämpfen bekannt; trotzdem läßt er bei der „möglichst vollständigen" Darstellung der Säure aus Muskeln, Galle oder pathologischen Flüssigkeiten die freie Milchsäure enthaltende Flüssigkeit auf dem Wasserbade zum Sirup

[1]) Ztschr. Unters. Nahr.- u. Genußm. 1901, 4, 1172.

[2]) Ann. d. Chem. 53, 112.

[3]) Handwörterbuch von Liebig, Poggendorff und Wöhler, I. Aufl. 5, 283.

[4]) Physiolog. u. patholog. Analyse, 104 u. f.

eindampfen. E. Schmidt[1]) gibt an, daß sich mit den Wasserdämpfen beträchtliche Mengen davon verflüchtigen. Beilstein erwähnt in seinem Handbuch die Flüchtigkeit der Milchsäure ebensowenig, wie Ladenburg in seinem Handwörterbuch. J. A. Müller[2]) sagt, daß wässerige Lösungen von Milchsäure beim Kochen keine nennenswerten Mengen der Säure verlieren und daher ohne große Verluste konzentriert werden können. Dagegen bemerken Mach und Portele, daß sich die Milchsäure beim Eindampfen im Wasserbade zersetzt, weshalb es nötig sei, den Wein vor dem Konzentrieren zu neutralisieren. Andererseits fand J. A. Müller, daß beim Stehen von konzentrierten Milchsäurelösungen im Vakuum über Aetzkali sich beträchtliche Mengen Milchsäure bereits bei gewöhnlicher Temperatur verflüchtigen, daß dabei reichliche Mengen Milchsäureanhydrid entstehen, welches ebenso wie Laktid unter obigen Bedingungen flüchtig ist, und daß die Flüchtigkeit der Milchsäure mit dem zunehmenden Gehalt der Säure an Anhydrid wächst. Wir können die Richtigkeit von Müller's Beobachtungen bestätigen. Beim näheren Studium der Flüchtigkeit der Milchsäure konnten wir feststellen, daß die Milchsäure mit überhitzten Wasserdämpfen quantitativ übergetrieben werden kann, sodaß man auf diese Weise Milchsäure quantitativ bestimmen kann, wenn andere flüchtige Säuren nicht vorhanden sind.

Im Wein kommt die Milchsäure neben der gleichfalls mit Wasserdämpfen flüchtigen Essigsäure vor. Nachdem wir den Nachweis geführt hatten, daß die Milchsäure neben der Essigsäure in dem nach der amtlichen Anweisung erhaltenen Destillat der flüchtigen Säuren des Weines in erheblicher Menge vorhanden ist, lag es uns ob, die bisher bekannten Methoden der Trennung der Milchsäure von der Essigsäure zu prüfen, bezüglich eine brauchbare Methode auszuarbeiten, welche die Bestimmung der Milchsäure neben der Essigsäure gestattet.

Beim Perforieren mit Aether geht auch die Essigsäure in diesen über. Als wir 25 ccm $^1/_{10}$ N.-Essigsäure $9^1/_2$ Stunden mit Aether perforiert hatten, war soviel Essigsäure extrahiert worden, daß zu ihrer Sättigung 23,5 ccm $^1/_{10}$ N.-Kalilauge erforderlich waren.

Vournasos[3]) schlug kürzlich behufs Bestimmung der Milchsäure im Magensaft vor, die Säure in Jodoform überzuführen, dieses mit Wasserdampf überzudestillieren und im Destillat titrimetrisch zu bestimmen. Leider ist es uns nicht gelungen, die Milchsäure quantitativ in Jodoform überzuführen.

---

[1]) Pharm. Chemie, organ. Teil, 4. Aufl., S. 502.

[2]) Bull. Soc. Chim., [3], 15, 1206.

[3]) Ztschr. f. angew. Chemie 1902, 15, 172.

Nach Engelhardt und Maddrell[1]) ist das basische Stannolactat gänzlich unlöslich in Wasser. Trotzdem gelang es nicht, mit Hilfe dieses Salzes Milchsäure quantitativ zu fällen.

Die Fällung der Milchsäure als basisches Bleilactat nach Palm[2]) hat uns nicht bessere Ergebnisse geliefert, als andere Autoren sie ebenfalls erhielten. Palm selbst hat ja auch weder die Milchsäure im Bleiniederschlage nachgewiesen, noch die Fällungsflüssigkeit auf einen Rückstand von Milchsäure geprüft, sondern er hat lediglich aus dem Bleigehalt des Niederschlages auf die Anwesenheit von Milchsäure geschlossen.

Ebensowenig brauchbar erwies sich das Verfahren von Ulzer und Seidel[3]), welche in ähnlicher Weise wie Benedikt und Zsigmondy[4]) das Glyzerin, die Milchsäure in alkalischer Lösung mit Kaliumpermanganat zu Oxalsäure oxydieren wollen.

Prior[5]) bedient sich zur Trennung der flüchtigen Säuren von den nicht flüchtigen organischen Säuren und den primären Phosphaten in Malzauszügen der Destillation im Vakuum. Dabei geht aber die Milchsäure ebenfalls mit über.

Mach und Portele[6]) bewirken das Abdestillieren der Essigsäure nicht im Wasserdampfstrom, sondern sie unterwerfen die Lösung der direkten Destillation. Nachdem vier Fünftel übergegangen sind, füllen sie mit Wasser zum ursprünglichen Volumen auf, destillieren wieder vier Fünftel ab und wiederholen diese Operationen im Ganzen viermal. Dabei geht nur eine geringe Menge Milchsäure mit der Essigsäure über, sodaß man sich des Verfahrens in Ermangelung einer besseren bedienen könnte.

Zu einem bequemen und genauen Verfahren, die Milchsäure neben Essigsäure zu bestimmen, hat uns schließlich die Beobachtung von Pelouze[7]) geführt, daß konzentrierte Milchsäure oder milchsaure Salze beim Erwärmen mit konzentrierter Schwefelsäure Kohlenoxyd liefern nach der Gleichung:

$$CH_3 \cdot CH \cdot OH \cdot COOH = CH_3COH + H_2O + CO.$$

Daneben findet die Bildung kleiner Mengen von Schwefeldioxyd, sowie einer flüchtigen Säure statt. Man kann daher nicht die Milchsäure im Sinne obiger Gleichung zerstören und dann die Essigsäure, welche

1) Ann. d. Chem. 63, 97.
2) Ztschr. f. analyt. Chem. 1873, 22, 223.
3) Monatsh. f. Chemie 18, 138.
4) Chem.-Ztg. 1885, 9, 975.
5) Chemie u. Physiologie des Malzes und des Bieres, Leipzig 1896, 80.
6) Landw. Vers.-Stat. 1890, 37, 305.
7) Ann. d. Chemie 53, 221.

unangegriffen bleibt, abdestillieren, sondern es ist nötig, das gebildete Kohlenoxyd zur Messung zu bringen.

Die Bedeutung der Flüchtigkeit der Milchsäure mit den Wasserdämpfen ist mit der Erkenntnis des Einflusses derselben auf die Bestimmung der flüchtigen Säuren des Weines nicht erschöpft, sie muß vielmehr auch bei der Berechnung der freien und der nicht flüchtigen Säuren berücksichtigt werden. Weiterhin dürfte sie, wenn erst ein umfangreicheres Zahlenmaterial vorliegt, zu einer exakteren Beurteilung der Stichigkeit führen. In eigentümlichem Lichte erscheinen uns jetzt die Methoden, die bisher für die Bestimmung der Gesamtester, der flüchtigen und nicht flüchtigen Ester des Weines benutzt wurden, ebenso wie die Methoden der Bestimmung der Ameisensäure, Essigsäure, Buttersäure und der höheren Fettsäuren, endlich die des Fuselöles im Wein. Vor allem aber ist die Flüchtigkeit der Milchsäure mit Wasserdämpfen natürlich auch bei der Bestimmung dieser Säure im Wein selbst zu beachten.

Experimenteller Teil.

I. Versuche über die Flüchtigkeit der Milchsäure.

Zu unseren Versuchen benutzten wir eine Milchsäure, deren spez. Gew. 1,207 bei 15° C. betrug. Die Reinheit der Säure wurde durch Darstellung und Analyse des Zinksalzes bestätigt. Bei der polarimetrischen Untersuchung erwies sie sich als optisch inaktiv. Den Gehalt derselben bestimmten wir auf titrimetrischem Wege nach R. Kunz[1]) und Wislicenus[2]). Die in der Milchsäure enthaltene Lactylmilchsäure wurde durch halbstündiges Kochen mit einem gemessenen Ueberschuß von Normal-Kalilauge verseift und der Gehalt unserer Säure an Gesamtmilchsäure durch Rücktitrieren zu 91,8% gefunden.

Von dieser Milchsäure stellten wir uns eine Lösung her, welche in 10 ccm 0,45483 g Milchsäure, entsprechend 5,05 ccm Normal-Kalilauge, enthielt.

Versuch 1. 10 ccm dieser Lösung wurden mit 20 ccm Wasser verdünnt und auf dem Wasserbade bis auf 10 ccm eingedampft. Der Rückstand erforderte nach der Verseifungsmethode 4,95 ccm Norm.-KOH zur Sättigung, entsprechend 0,44579 g Milchsäure.

Versuch 2. 10 ccm derselben Lösung wurden mit 20 ccm Wasser verdünnt und auf dem flott siedenden Wasserbade eine Stunde lang erhitzt. Der Rückstand erforderte 2,4 ccm Norm.-Kalilauge, entsprechend 0,21614 g Milchsäure.

1) Zeitschr. d. österr. Apoth.-Vereins 39, 186.

2) Ann. d. Chem. 164, 181.

Versuch 3. 10 ccm Milchsäurelösung wurden 12 Stunden lang in einem Vakuumexsiccator über Aetzkalk und Chlorcalcium gehalten. Sie erforderten dann 5,0 ccm Norm.-Kalilauge, entsprechend 0,4503 g Milchsäure.

Versuch 4. 10 ccm Milchsäurelösung wurden 24 Stunden lang unter denselben Bedingungen, wie beim vorigen Versuch, gehalten. Sie erforderten dann 4,55 ccm Norm.-Kalilauge, entsprechend 0,40977 g Milchsäure.

Angewendet $C_3H_6O_3$: Gefunden:
0,4548 g 1. 0,44579 g 2. 0,21614 g 3. 0,4503 g 4. 0,40977 g

Die Ergebnisse dieser Versuche stehen, wie man sieht, mit den von J. A. Müller gemachten Beobachtungen in vollem Einklang.

II. Versuche über die Flüchtigkeit der Milchsäure mit Wasserdämpfen.

Versuch 1. 50 ccm Milchsäurelösung, enthaltend 0,45480 g Milchsäure, wurden genau nach der Vorschrift der amtlichen Anweisung zur Bestimmung der flüchtigen Säuren des Weines in dem von Windisch abgebildeten Apparat der Destillation mit Wasserdämpfen unterworfen und 200 ccm Destillat aufgefangen. Das Destillat wurde eine halbe Stunde mit 10 ccm Norm.-Kalilauge am Rückflußkühler gekocht und der Alkaliüberschuß mit Normalsäure zurückgemessen. Zur Sättigung der übergegangenen Milchsäure wurden verbraucht 0,8 ccm Norm.-KOH = 0,0720 g Milchsäure.

Versuch 2. Bei der Wiederholung des ersten Versuchs wurden 0,85 ccm Norm.-KOH verbraucht, entsprechend 0,0765 g Milchsäure.

Angewendet: Gefunden im Destillat:
0,4548 g 0,0720; 0,0765 g Milchsäure.

Durch diese Versuche ist bewiesen, daß die Milchsäure mit Wasserdampf nicht in dem Maße flüchtig ist, daß man sie auf diesem Wege quantitativ bestimmen könnte. Wohl aber gelangten wir zu dem gewünschten Ziele, als wir statt des Wasserdampfes überhitzten Wasserdampf anwendeten.

Versuch 1. 10 ccm Milchsäurelösung, enthaltend 0,4548 g Milchsäure, wurden in einem Kolben, der in einem auf 110° gehaltenen Luftbade stand, mit Wasserdampf behandelt, der zuvor einen Dampfüberhitzer passieren mußte. Es wurden 400—500 ccm Destillat gesammelt, in welchem die überdestillierte Milchsäure, wie oben gesagt, bestimmt wurde. Zur Sättigung wurden verbraucht 4,95 ccm Norm.-Kalilauge, entsprechend 0,4457 g Milchsäure. In derselben Weise wurden die folgenden Versuche ausgeführt.

Versuch	Angewendet	Milchsäuregehalt	Verbrauchte KOH	Entspr. Milchsäure
2	50 ccm	0,4548 g	5,05 ccm Norm.	0,4548 g
3	50 „	0,4548 „	5,05 „ „	0,4548 „
4	30 „	0,4818 „	5,45 „ „	0,4908 „
5	30 „	0,3691 „	16,40 „ ¼ „	0,3691 „
6	30 „	0,3691 „	16,35 „ „	0,3680 „

Damit war der Beweis erbracht, daß es möglich ist, Milchsäure aus konzentrierten Lösungen durch Destillation mit überhitzten Wasserdämpfen quantitativ überzudestillieren.

Um zu beweisen, daß die übergegangene Säure tatsächlich unveränderte Milchsäure ist, unterwarfen wir 30 ccm unserer eingangs erwähnten Milchsäure von 91,8% Milchsäuregehalt der Destillation mit überhitzten Wasserdämpfen und führten die übergegangene Säure in das gut charakterisierte Zinksalz über, indem wir das Destillat mit einem kleinen Ueberschuß Zinkkarbonat kochten, filtrierten und zur Krystallisation brachten. Das so gewonnene Zinksalz gab bei der Analyse folgende Zahlen:

0,5000 Substanz lieferten 0,0900 g Wasser und 0,1362 g ZnO.

Berechnet für $(C_3H_5O_3)_2Zn + 3H_2O$:	Gefunden:
H_2O 18,2%	18,0%
für $(C_3H_5O_3)_2Zn$:	
ZnO 33,33%	33,2%.

Im Laurent'schen Halbschattenapparat erwies sich das Destillat optisch inaktiv. Damit ist mithin erwiesen, daß die mit überhitzten Wasserdämpfen überdestillierte Säure unveränderte, inaktive Gärungsmilchsäure war.

III. Nachweis der Milchsäure in den flüchtigen Säuren des Weines.

Die Flüchtigkeit der Milchsäure mit Wasserdämpfen hatte den Gedanken nahe gelegt, daß die Milchsäure auch in das Destillat der flüchtigen Säuren übergehen müsse. Bei der Destillation eines Gemisches von Essigsäure und Milchsäure wurde diese Annahme bestätigt. Der Versuch wurde in folgender Weise ausgeführt. 50 ccm einer Lösung, welche 0,4575 g Milchsäure und 0,06 g Essigsäure enthielt, wurden genau nach der Vorschrift zur Bestimmung der flüchtigen Säuren des Weines in der amtlichen Anweisung der Destillation im Wasserdampfstrom unterworfen und das Destillat mit $^1/_{10}$ N.-Kalilauge titriert. Dann wurde noch soviel $^1/_{10}$ N.-Kalilauge hinzugefügt, daß im ganzen 25 ccm in der Flüssigkeit enthalten waren, darauf $^1/_2$ Stunde am Rückflusskühler gekocht und dann der Alkaliüberschuß zurücktitriert. Es wurden verbraucht:

	I.	II.	
Zur direkten Titration . .	12,4 ccm	13,0 ccm	$^1/_{10}$ N.-Kalilauge
Nach der Verseifung . .	14,2 „	16,7 „	„

Die angewendete Essigsäure würde nur 10 ccm $^1/_{10}$ N.-Kalilauge zur Sättigung erfordern; die mehr verbrauchten 4,2 bez. 6,7 ccm $^1/_{10}$ N.-Kalilauge müssen demnach zur Sättigung mit übergegangener

Milchsäure gedient haben. Wir gingen daher zu Versuchen mit Wein über.

200 ccm eines stichigen, also viel Essigsäure enthaltenden Weines wurden mit Natronlauge neutralisiert und auf dem Wasserbade auf 50 ccm eingedampft. Nach dem Ansäuern mit Phosphorsäure wurde der Verdampfungsrückstand der Destillation mit Wasserdämpfen unterworfen, wobei 200 ccm Destillat gesammelt wurden. Zur direkten Titration wurden 7,65 ccm und nach der Verseifung 8,15 ccm N.-Kalilauge verbraucht.

100 ccm eines anderen stichigen Weines erforderten bei der gleichen Behandlung zur direkten Titration des Destillates 111,2 ccm, und nach der Verseifung 112,1 ccm N.-Kalilauge.

Einige ccm der Destillate der beiden stichigen Weine lieferten die Jodoformreaktion und ließen beim Erhitzen mit Kaliumpermanganat und Schwefelsäure deutlichen Aldehydgeruch erkennen. Ferner lieferten sie die Uffelmannsche[1]) Reaktion: 10 ccm 4 %iger Phenollösung, mit 20 ccm Wasser und einigen Tropfen Eisenchlorid versetzt, färbten sich auf Zusatz des essigsauer gemachten Destillates zeisiggrün. Ebenso trat auch die von Berg[2]) angegebene Reaktion ein: 100 ccm Wasser, 2 Tropfen konzentrierte Eisenchloridlösung und 2 Tropfen konzentrierte Salzsäure lieferten mit der Aetherausschüttelung der angesäuerten Weindestillate eine starke Gelbfärbung. Es war demnach kaum noch zu bezweifeln, daß in unseren Weindestillaten tatsächlich neben Essigsäure Milchsäure vorhanden war.

Um nun die in den flüchtigen Säuren des Weines enthaltene Milchsäure in größeren Mengen zu erhalten und sie alsdann durch Ueberführen in das Zinksalz als solche charakterisieren zu können, unterwarfen wir 10 Liter eines Rheinweines, der bei der Analyse folgende Werte geliefert hatte, der Destillation mit Wasserdampf:

Spez. Gew.	0,9920	
Alkohol	9,06	g in 100 ccm
Extrakt	1,8390	„ „ 100 „
Mineralbestandteile . . .	0,2170	„ „ 100 „
Gesamtsäure	0,5550	„ „ 100 „
Flüchtige Säure	0,1740	„ „ 100 „
Nichtflüchtige Säure . . .	0,3375	„ „ 100 „
Glyzerin	0,5558	„ „ 100 „
Zucker	0,0908	„ „ 100 „
Gesamtschweflige Säure . .	0,0064	„ „ 100 „
Freie schweflige Säure . .	0,000512	„ „ 100 „
Polarisation	± 0	

[1]) Ztschr. f. klin. Med. 8, 392.

[2]) Bull. Soc. chim. (3), 11, 882.

Der Wein war von einem hiesigen Winzer aus 1899 er rheinischen Trauben gekeltert, das Liter kostete 60 Pf. Die Wasserdampfdestillation wurde so geleitet, daß, während 40 Liter Destillat gesammelt wurden, die angewendeten 10 Liter Wein auf etwa 5 Liter konzentriert wurden. Die 40 Liter Destillat erforderten zur Sättigung soviel Barytwasser, als 247,4 ccm Normallösung entsprach. Die mit Barytwasser gesättigte Lösung wurde bis auf etwa 800 ccm eingedampft, neutralisiert, filtriert und das Filtrat durch Auswaschen des auf dem Filter verbliebenen Rückstandes mit heißem Wasser auf 1000 ccm gebracht. Der Filterrückstand erwies sich als Baryumkarbonat. Von der Lösung wurden 10, bezw. 20 ccm in gewogenen Platinschalen auf dem Wasserbad eingedampft und im Trockenschrank zum konstanten Gewicht gebracht, dann in Baryumsulfat verwandelt und wieder gewogen.

1. 10 ccm Destillat lieferten 0,1607 g Rückstand u. 0,1187 g SO_4Ba = 43,4 % Ba
2. 20 „ „ „ 0,3220 „ „ „ 0,2380 „ „ = 43,5 „ „
3. 20 „ „ „ 0,3220 „ „ „ 0,2360 „ „ = 43,2 „ „

Baryumlactat, $(C_3H_5O_3)_2Ba$, enthält 43,5% Ba. Es war somit sehr wahrscheinlich, daß die in dem eingedampften Weindestillat als Baryumsalz enthaltene Säure wesentlich Milchsäure war. In der Tat lieferte das Destillat die Jodoformreaktion, die Aldehydreaktion, die Uffelmannsche und Bergsche Reaktion.

Um jeden Zweifel zu beseitigen, wurde die Baryumsalzlösung mit der berechneten Menge Zinksulfat versetzt. Nach dem Abfiltrieren des Baryumsulfats wurde zur Krystallisation eingedampft. Einige Tropfen der Lösung lieferten beim Verdunsten auf einem Objektträger Krystalle, welche unter dem Mikroskop die Form des Zinklaktates zeigten. Das krystallisierte, lufttrockene Zinksalz lieferte bei der Analyse folgende Zahlen:

0,300 g Substanz verloren 0,0550 g Wasser und lieferten 0,0830 g Zinkoxyd.

Berechnet für $C_6H_{10}O_6Zn + 3H_2O$:	Gefunden:
H_2O 18,16%	18,33%
für $C_6H_{10}O_6Zn$:	
ZnO 33,42%	33,80%.

Durch diese Versuche ist der einwandfreie Nachweis geliefert, daß in das Destillat aus unseren 10 Litern Rheinwein tatsächlich Milchsäure übergegangen war und zwar in einer Menge von etwa 15 g

In derselben Weise gelang es, in einem Moselwein aus dem Wintericher Pfarrgut (Preis 1,80 M die Flasche) den Nachweis des Vorhandenseins der Milchsäure in dem Destillat der flüchtigen Säuren zu führen. Die Analyse des Weines ergab folgende Werte:

Spez. Gewicht	0,9966		
Alkohol	7,33	g in	100 ccm
Extrakt	1,9720	„ „	100 „
Mineralbestandteile . . .	0,1500	„ „	100 „
Gesamtsäure	0,8175	„ „	100 „
Flüchtige Säure	0,1080	„ „	100 „
Nichtflüchtige Säure . . .	0.6825	„ „	100 „
Glyzerin	0,4949	„ „	100 „
Zucker	0,1444	„ „	100 „
Gesamtschweflige Säure . .	0,005376	„ „	100 „
Freie schweflige Säure . .	0,000256	„ „	100 „
Polarisation	± 0		

Aus 700 ccm dieses Weines wurden 2800 ccm Destillat gesammelt, welches, wie oben behandelt, 0,674 g Baryumsalz lieferte, das 0,514 g $SO_4Ba = 44,7\%$ Ba ergab.

Ein stichiger Wein lieferte unter denselben Bedingungen ein Baryumsalz, welches 47,7% Ba enthielt, wohl weil es noch stark mit Baryumacetat verunreinigt war.

Das daraus gewonnene Zinksalz lieferte aus 0,3000 g 0,0530 g Wasser und 0,0810 g Zinkoxyd.

Berechnet für $C_6H_{10}O_6Zn + 3H_2O$:	Gefunden:
H_2O 18,16%	17,7%
für $C_6H_{10}O_6Zn$:	
ZnO 33,42%	32,87%.

In dem Destillationsrückstand dieses Weines wurde das Vorhandensein von Milchsäure qualitativ in folgender Weise erhärtet: Er wurde mit Barytwasser neutralisiert, und, da Chlorbaryum keine Fällung erzeugte, mit dem dreifachen Volumen Alkohol versetzt, tüchtig geschüttelt, filtriert, und das Filtrat auf ein geringes Volumen verdampft. Der Rückstand wurde mit Schwefelsäure angesäuert, das Filtrat mehrere Stunden mit Aether perforiert und die nach dem Verdunsten des Aethers verbleibende Milchsäurelösung mit überhitztem Wasserdampf destilliert. Das Destillat diente zur Darstellung von Zinklactat, welches bei der Analyse folgende Werte lieferte:

0,2499 g Substanz ergaben 0,0450 g Wasser und 0,0690 g Zinkoxyd.

Berechnet für $C_6H_{10}O_6Zn + 3H_2O$:	Gefunden:
H_2O 18,16%	18,0%
für $C_6H_{10}O_6Zn$:	
ZnO 33,42%	33,6%.

Ein Apfelwein ergab bei der Wasserdampfdestillation ein Destillat, welches ein Baryumsalz mit 33,5% Ba lieferte. Das aus demselben dargestellte Zinksalz wurde der Analyse unterworfen.

0,1267 g lieferten 0,0227 g Wasser und 0,0350 g Zinkoxyd.

Berechnet für $C_6H_{10}O_6Zn + 3H_2O$:	Gefunden:
H_2O 18,16%	17,9%
für $C_6H_{10}O_6Zn$:	
ZnO 33,42%	33,5%.

Nach diesen Versuchen kann es keinem Zweifel unterliegen, daß die flüchtigen Säuren des Weines neben Essigsäure beträchtliche Mengen Milchsäure enthalten.

IV. Die Bestimmung der Milchsäure neben Essigsäure.

Nachdem uns die S. 423 u. f. dieses Archivs aufgezählten Verfahren, über welche anderen Ortes[1]) ausführlich berichtet worden ist, zu einer brauchbaren Bestimmung der Milchsäure neben Essigsäure nicht geführt hatten, zeigte uns, wie erwähnt, eine Angabe von Pelouze[2]) den Weg zu dem gesuchten Ziele. Er schreibt: „Vermischt man Milchsäure oder milchsaures Salz mit seinem 5—6 fachen Gewicht Schwefelsäure und setzt das Gemenge einer gelinden Wärme aus, so stellt sich alsbald ein lebhaftes Aufbrausen ein, indem sich eine reichliche Menge Kohlenoxyd entwickelt. Die Mischung färbt sich dunkelbraun und liefert, wenn man sie nach beendigter Gasentwickelung mit Wasser behandelt, einen schwarzen Körper, welcher dem äußeren Ansehen nach der Ulminsäure gleicht". Aus 6 g Ferrolactat = 3,775 g Milchsäurehydrat hat Pelouze annähernd 1 Liter Kohlenoxyd erhalten. Dem Gewicht nach entspricht diese Menge etwa einem Drittel der vorhandenen Milchsäure, die schwarze Masse, welche er erwähnt, beträgt ungefähr ein zweites Drittel, das fehlende Drittel kann seiner Ansicht nach nur Wasser sein. Ameisensäure, welche er als Nebenprodukt bei der Reaktion vermutete, konnte er nicht nachweisen.

Auf diese Beobachtungen von Pelouze suchten wir nun eine Methode der Bestimmung der Milchsäure zu gründen, indem wir 1 g Baryumlaktat mit 4 ccm konzentrierter Schwefelsäure übergossen und im Wasserbade erhitzten. Nachdem die Kohlenoxydentwickelung nachgelassen hatte, wurde mit Wasser verdünnt, die Hauptmenge der vorhandenen freien Schwefelsäure mit Kalilauge abgestumpft und das noch immer sauer reagierende Gemisch mit Wasserdampf destilliert. Unsere Erwartung, auf diese Weise ein säurefreies Destillat zu erhalten, um alsdann die Methode zur Trennung von Milchsäure und Essigsäure benutzen zu können, fanden wir nicht bestätigt. Das Destillat enthielt vielmehr stets Mengen von schwefliger Säure, die mehrere ccm

---

[1]) W. Hübner, Dissert. Bonn 1903, C. Georgi.

[2]) Ann. d. Chem. u. Pharm. **53**, 221.

$^1/_{10}$ N.-Kalilauge zur Sättigung erforderten, sodaß in dieser Form die Methode sich als unbrauchbar erwies.

Als wir jedoch das bei der Einwirkung der Schwefelsäure auf Milchsäure entstehende Kohlenoxyd zur Messung brachten, zeigte sich, daß dasselbe quantitativ im Sinne der Gleichung:

$$\underset{90,06}{CH_3 \cdot CH \cdot OH \cdot COOH} = CH_3COH + H_2O + \underset{28}{CH}$$

entsteht, sodaß man aus dem gemessenen Kohlenoxyd die Menge der vorhandenen Milchsäure berechnen kann. Die Ausführung der Methode gestaltet man nach unseren Erfahrungen am bequemsten folgendermaßen:

Die zu bestimmende Milchsäurelösung, wird mit überschüssigem Barytwasser auf dem Wasserbad $^1/_2$ Stunde erhitzt, auf ein kleines Volumen eingedampft, in ein Fraktionskölbchen gespült und bei mäßiger Wärme im Vacuum zur Trockne gebracht. Der Hals des Fraktionskölbchen wird nun nach dem völligen Erkalten mit einem durchbohrten Stopfen geschlossen, der einen Hahntrichter trägt, das Abzugsrohr aber mit Hülfe eines Gummischlauches mit einem Kalilauge enthaltenden Nitrometer, einem Lungeschen Gasvolumeter oder einer Bunteschen Burette verbunden. Man läßt nun durch den Hahntrichter einige ccm konzentrierte Schwefelsäure zu dem völlig trocknen und kalten[1]) Inhalt des Fraktionskölbchens treten, stellt die Verbindung mit dem Gasmeßrohr her und erhitzt das Kölbchen vorsichtig mit dem Bunsenbrenner. Alsbald tritt die Entwickelung des Kohlenoxyds ein. Das Ende der Reaktion ist scharf zu erkennen. Man wäscht das entwickelte Gas mit etwas Kalilauge, um schweflige Säure und Kohlensäure zu entfernen und liest nach erfolgtem Ausgleich von Temperatur und Druck das Volumen des entstandenen Kohlenoxyds ab.

Da 1 ccm Kohlenoxyd im Normalzustand 0,0012507 g wiegt, und da ferner 28 Gewichtsteile Kohlenoxyd 90,06 Gewichtsteilen Milchsäure entsprechen, erhält man das Gewicht der vorhanden gewesenen Milchsäure aus den auf 0° und 760 mm reduzierten Kubikzentimetern Kohlenoxyd durch Multiplikation mit 0,004022.

Nach diesem Verfahren erhielten wir bei drei aufeinander folgenden Versuchen folgende Ergebnisse:

0,1226 g Milchsäure lieferte	30,62 ccm CO	von 0°	u. 760 mm	= 0,1231 g Milchsäure
0,1226 „ „ „	30,19 „	„ 0°	„ 760 „	= 0,1214 „ „
0,1226 „ „ „	30,35 „	„ 0°	„ 760 „	= 0,1220 „ „

[1]) Bringt man die konzentrierte Schwefelsäure zu dem noch feuchten Rückstand, so erwärmt sich die Mischung spontan und die Kohlenoxydentwickelung beginnt, ehe man die Verbindung mit dem Gasmeßapparat herstellen kann.

Wo die so erzielte Genauigkeit nicht ausreichen sollte, kann man dieselbe durch Absorption des Kohlenoxyds mit salzsaurer Kupferchlorürlösung natürlich noch steigern.

Nachdem wir die Brauchbarkeit der Methode festgestellt hatten, haben wir sie angewendet, um in einigen Weinen die in den flüchtigen Säuren neben Essigsäure befindliche Milchsäure quantitativ zu bestimmen. Wir haben dazu I. den S. 429 erwähnten Rheinwein, II. den S. 431 beschriebenen Wintericher und III. einen ebenfalls aus dem Wintericher Pfarrgut stammenden Moselwein, der die Flasche zu 1 M einstand, benutzt. Letzterer besaß folgende Zusammensetzung:

Spez. Gew.	0,9950	
Alkohol	8,070	g in 100 ccm
Extrakt	1,9100	„ „ 100 „
Mineralbestandteile . . .	0,1690	„ „ 100 „
Gesamtsäure	0,7800	„ „ 100 „
Flüchtige Säure	0,1200	„ „ 100 „
Nichtflüchtige Säure . .	0,6300	„ „ 100 „
Glyzerin	0,5020	„ „ 100 „
Zucker	0,0710	„ „ 100 „
Gesamt- schweflige Säure .	0,006240	„ „ 100 „
Freie schweflige Säure . .	0,000768	„ „ 100 „
Polarisation	± 0	

	I.	II.	III.	
Diese drei Weine gebrauchten bei der direkten Titration der flüchtigen Säuren nach der amtlichen Anweisung	14,5	9,0	10,0	ccm $^1/_{10}$ KOH
Nach dem Verseifen erforderten sie insgesamt	18,0	13,5	13,35	„ „
Der Trockenrückstand dieser Bestimmungen lieferte, mit konzentrierter Schwefelsäure erhitzt Kubikzentimeter CO bei 0° und 760 mm	10,12	12,1	9,93	„ „
			9,57	„ „
Das gefundene CO entspricht Gramm Milchsäure	0,0406	0,0486	0,0399	„ „
			0,0384	„ „
Die gefundene Milchsäure erfordert zur Sättigung Kubikzentimeter $^1/_{10}$ KOH	4,5	5,4	4,33	„ „
Demnach verbleiben für die Essigsäure Kubikzentimeter $^1/_{10}$ KOH	13,5	8,1	9,02	„ „
entsprechend Essigsäure Gramm in 100 ccm Wein	0,1620	0,0972	0,1082	„ „
wogegen die flüchtige Säurezahl ergibt	0,1740	0,1080	0,1200	„ „

Wie man sieht, geht bei der Bestimmung der flüchtigen Säuren nach der amtlichen Anweisung der größere Teil der mit den Wasserdämpfen flüchtigen Milchsäure in Anhydridform über. Immerhin fand sich aber in dem Destillat unserer drei Weine soviel freie Milchsäure, daß dadurch die Essigsäure nach der amtlichen Anweisung um

I.	0,0120 g	für	100	ccm	Wein
II.	0,0108 „	„	100	„	„
III.	0,0118 „	„	100	„	„

zu hoch gefunden wurde. Diese Differenz erscheint uns so hoch, daß wir die Herren Fachgenossen bitten möchten, uns bei der Beschaffung weiteren Zahlenmaterials behilflich zu sein. Der Einzelne ist dazu nicht wohl im stande und die Frage erscheint uns für die Beurteilung der Stichigkeit der Weine von nicht unerheblicher Bedeutung.

Ueber Metalltitrationen mittelst Jodsäure.

Von E. Rupp.

(Eingegangen den 27. VII. 1903)

Die genaue und rasch durchführbare titrimetrische Bestimmbarkeit der Jodsäure, im Verein mit deren Eigentümlichkeit eine Reihe unlöslicher Schwermetallsalze zu bilden, gab Veranlassung, diese Säure auf ihre Verwertbarkeit zu Metallbestimmungen zu prüfen.

Es wurde bei nachfolgenden, mit Herrn Apotheker L. Krauß angestellten Versuchen durchweg einheitlich in der Weise verfahren, daß mit einer bekannten und im Ueberschuß vorhandenen Quantität von Kaliumjodat das in Frage kommende Metallsalz gefällt und in einem aliquoten Teilfiltrate die verbliebene Alkalijodatmenge titrimetrisch festgestellt wurde. Es erfolgten also die Metallbestimmungen auf indirektem Wege. Hierbei ergab sich, daß die Jodatmethode für alle diejenigen Metalle eine einfache Bestimmungsweise abgibt, welche in dem Grade unlösliche und einheitlich zusammengesetze Jodate liefern, daß die gewonnenen Filtrate durch kein Reagens mehr Metallspuren erkennen lassen.

Die Jodatniederschläge sind von einer für analytische Zwecke recht günstigen Beschaffenheit, dicht krystallinisch oder schwer sandig, infolge dessen rasch und klar abfiltrierbar. Sie unterscheiden sich hierdurch vorteilhaft von den entsprechenden Chromatniederschlägen, die bei verschiedenen hier in Betracht kommenden Metallen gleichfalls titrimetrisch verwertbar sind.

Die Jodatmessung erfolgt im Sinne der auf 1 ‰ genauen, von Fessel[1]) eingehend untersuchten Reaktion:

$$HJO_3 + 5 HJ = 6 J + 3 H_2O$$
$$2 J + 2 Na_2S_2O_3 = 2 NaJ + Na_2S_4O_6$$

Die als Fällungsreagens dienende Kaliumjodatlösung wurde nicht als Normallösung sondern als empirische Maßflüssigkeit mit einem Gehalte von ca. 2% KJO_3 erstellt. Das in dem Handelspräparat stets enthaltene Baryumjodat konnte leicht durch mehrmalige Filtration durch ein doppeltes Filter entfernt werden.

Um den J_2O_5-Gehalt bezw. den Thiosulfatwert der Lösung mit der erforderlichen höchsten Genauigkeit zu bestimmen, wurden zweckmäßigerweise 5 ccm der Jodatlösung in einen durch Glasstopfen verschließbaren Erlenmeyer-Kolben gegeben, der etwa 50 ccm Wasser, 1 bis 2 g Jodkalium und ca. 10 ccm verdünnte Schwefelsäure enthielt. Nach ca. 5 Minuten langem Stehen erfolgte die Titration des ausgeschiedenen Jods mit $^n/_{10}$ Thiosulfatlösung. Als Indikator leistete eine 2%ige Lösung von „löslicher Ozonstärke" die besten Dienste.

In ebenderselben Weise wurde die Jodatresttitration in aliquoten Teilen der bei den Metallbestimmungen gewonnenen Filtrate ausgeführt. Betreffs letzterer mag endlich erwähnt werden, daß die ersten durchlaufenden Tropfen der Filtrate stets verworfen wurden, um Konzentrationsveränderungen infolge von Adsorption durch das Filtrierpapier zu umgehen[2]).

Die Titerbeständigkeit der Kaliumjodatlösung erwies sich als eine ausgezeichnete, indem deren Thiosufatwert sich stets unverändert erhielt oder infolge Flüssigkeits-Verdunstung allerhöchstens eine unbedeutende Zunahme erfuhr.

Bestimmung von Baryum.

Zu den folgenden Versuchen wurde eine Baryumnitratlösung mit 25,4728 g $Ba(NO_3)_2$ in 1000 ccm angewandt.

10 ccm dieser Lösung wurden mit 25 bis 30 ccm Jodatlösung mit oder ohne Zusatz von verdünnter Salpetersäure oder Essigsäure nach dem Auffüllen auf 100 ccm kürzere oder längere Zeit stehen gelassen und 50 ccm des Filtrates nach Zusatz von 5 ccm verdünnter Schwefelsäure und ca. 1,5 g Jodkalium in bekannter Weise mit $^n/_{10}$ Thiosulfatlösung titriert.

---

1) Zeitschr. f. anorg. Chem. 23, 67.

2) Ostwald, Analyt. Chem. 1901, 23,

Berechnung:

$$2\,KJO_3 = Ba$$
$$2\,KJO_3 = 12\,J$$
$$Ba = 12\,J$$
$$\frac{Ba}{12} = J$$
$$\frac{Ba}{120000} = 1 \text{ ccm } {}^{n}/_{10} \text{ Thiosulfatlösung.}$$

No.	Ang. Menge der Ba-Lösung ccm	Ang. Jodat-Menge ccm	Zusatz	Re-aktions-dauer	Verbr. Menge $^{n}/_{10}$ Th. ccm	Berechn. Menge $^{n}/_{10}$ Th. ccm	%
1	10	30	ohne	5 Min.	116,86	116,95	99,92
2	10	30	„	„	116,64	116,95	99,73
3	10	25	„	„	115,68	116,95	98,91
4	10	25	„	„	115,64	116,95	98,87
5	10	25	5 ccm verd. HNO_3	„	101,94	116,95	87,16
6	10	25	10 ccm verd. Essigsäure	„	115,88	116,95	99,08
7	10	25	ohne	3 Std.	114,82	116,95	98,17
8	10	25	10 ccm verd. Essigsäure	„	115,06	116,95	98,39
9	10	30	ohne	„	116,70	116,95	99,78
10	10	30	10 ccm verd. Essigsäure	„	117,00	116,95	100,04
11	10	30	„	5 Min.	116,98	116,95	100,02

Die Versuche beweisen, daß Mineralsäuren bei der Titration auszuschließen sind, denn in Salzsäure ist das Baryumjodat noch leichter löslich als in Salpetersäure. Ferner ist ein reichlich bemessener Ueberschuß von Jodatlösung anzuwenden und ein Zusatz von verdünnter Essigsäure nicht unbedingt notwendig, aber doch von günstiger Einwirkung. Mineralsaure Lösungen werden einfach durch Natriumacetatzusatz zur Titration geeignet gemacht.

Mit Strontiumsalzen angestellte Versuche verliefen resultatlos. Die Wasserlöslichkeit des Strontiumjodats vermindert sich in alkalijodathaltigen Flüssigkeiten sehr beträchtlich, doch nicht in dem Grade, daß Sr-freie Filtrate gewonnen werden könnten.

Bestimmung von Blei.

Bleijodat ist nach Pleischl[1]) sehr wenig löslich in Wasser schwierig löslich in Salpetersäure (Rammelsberg[1]). Qualitative Vorversuche mit einer schwach salpetersauren Lösung von Bleinitrat

[1]) Graham-Otto, ausführl. Lehrbuch d. Chem.

zeigten, daß das Filtrat vom Bleijodat-Niederschlage stets bleihaltig war. Es wurde daher die salpetersaure Lösung durch Zusatz von Natriumacetat in eine essigsaure verwandelt (resp. die Konzentration der freien Wasserstoffionen vermindert), wobei nun das Bleijodat quantitativ ausfiel.

Berechnung: $Pb = 2\,KJO_3 = 12\,J$

$$\frac{Pb}{12} = J$$

$$\frac{Pb}{120000} = 1 \text{ ccm } {}^{n}/_{10} \text{ Thiosulfatlösung}$$

$$0{,}00172 \text{ g Pb} = 1 \text{ ccm } {}^{n}/_{10} \quad „$$

Die Versuche wurden so ausgeführt, daß 5 ccm einer schwach salpetersauren Bleinitratlösung (= 0,15027 Pb) mit 1,0 g Natriumacetat und 20 ccm Jodatlösung gemischt, auf 50 ccm bezw. 100 ccm aufgefüllt und nach $^1/_2$ Stunde 25 ccm bezw. 50 ccm des Filtrats mit $^n/_{10}$ Thiosulfatlösung titriert wurden.

Angew. Menge Pb-Lös. ccm	Jodat-Menge	Zusatz	Reaktionsdauer	Verbr. an $^n/_{10}$ Th. ccm	Berechn. Menge $^n/_{10}$ Th. ccm	%
5	20 ccm auf 100 ccm	1,0 Natr. acet.	½ Std.	87,48	87,37	100,11
5	„	1,0 „	½ „	87,44	87,37	100,08
5	20 ccm auf 100 ccm	1,0 „	½ „	87,36	87,37	99,98
5	„	1,0 „	½ „	87,32	87,37	99,95

Man wird dementsprechend die zu analysierenden Bleilösungen stets mit einem Zusatze von Natriumacetat versehen.

Bestimmung von Merkurisalzen.

Merkurijodat soll nach Pleischl und Rammelsberg[1]) in neutralen Flüssigkeiten so löslich sein, daß es durch Fällung nicht dargestellt werden kann. Nach Cameron[2]) soll es fast unlöslich in Wasser, wenig löslich in Salpetersäure, leicht löslich in Salzsäure, Essigsäure und vielen Neutralsalzen sein.

Wie qualitative Vorversuche zeigten, kann von diesen beiden sich widersprechenden Angaben nur die letztere Anspruch auf Richtigkeit machen, indem beim Versetzen von Merkurinitratlösungen in neutraler und schwach saurer Lösung momentan ein pulveriger, gut abfiltrierbarer Niederschlag von Merkurijodat ausfällt. Die bei der

[1]) Graham-Otto, ausführl. Lehrbuch. d. Chem.

[2]) Dammer, Handbuch d. anorg. Chem.

Fällung eingehaltenen Zeitmaße und Säurezusätze sind aus der nachfolgenden Tabelle ersichtlich. Die Jodatzurückmessung in aliquotem Teilfiltrate erfolgte auf dem üblichen Wege.

Die zu den quantitativen Versuchen angewandte schwach saure Lösung von Quecksilberoxyd in Salpetersäure enthielt in 10 ccm = 0,2535 g HgO.

Berechnung: $Hg = 2\,KJO_3 = 12\,J$

$$\frac{Hg}{12} = J$$

$$\frac{Hg}{120000} = 1 \text{ ccm } {}^{n}/_{10} \text{ Thiosulfatlösung}$$

1,001669 g Hg = 1 „ „

0,00180 g HgO = 1 „ „

No.	Angew. Menge Hg-Lös. ccm	Angew. Menge Jodatlösung	Zusatz	Reaktionsdauer	Auf Hg verbr. $^{n}/_{10}$ Thios. ccm	Berechn. Menge $^{n}/_{10}$ Thios. ccm	%
1	10	30 ccm auf 100 ccm aufgef.	—	5 Min.	138,60	140,85	98,42
2	10	„	—	5 „	138,98	140,85	98,67
3	10	„	5 ccm verd. HNO_3	5 „	139,42	140,85	98,97
4	10	„	„	5 „	139,62	140,85	99,12
5	10	„	„	5 „	139,94	140,85	99,35
6	10	„	10 ccm verd. Essigsäure	5 „	138,02	140,85	97,99
7	10	„	„	5 „	137,62	140,85	97,70
8	10	„	ohne	5 Std.	138,74	140,85	98,50
9	10	„	10 ccm verd. Essigsäure	5 „	138,32	140,85	98,13
10	10	„	5 ccm verd. Salpetersäure	5 „	140,08	140,85	99,45
11	10	„	5 ccm verd. Schwefelsäure	5 Min.	139,22	140,85	98,84
12	10	„	„	5 „	139,02	140,85	98,77
13	10	„	„	1 Tag	139,65	140,85	99,14
14	10	„	„	1 „	139,60	140,85	99,11
15	10	„	„	1 Tag im Eisschrank	139,46	140,85	99,01
16	10	Auf 50 ccm aufgef.	„	1 Std.	139,52	140,85	99,05
17	10	„	„	1 Tag	139,98	140,85	99,38
18	10	„	„	1 Tag im Eisschrank	140,28	140,85	99,59

Wie die Versuche 5, 10, 17, 18 zeigen, wird daher am zweckmäßigsten wie folgt verfahren:

Man fällt in mäßig salpetersaurer oder schwefelsaurer Lösung, ergänzt das Volum auf 50 ccm und mißt nach eintägigem Stehen in kühlem Raume mit 25 ccm Filtrat den Jodatüberschuß zurück.

Merkurichloridlösungen setzen sich mit Alkalijodat nicht um, Chloride dürfen daher im Untersuchungsmaterial nicht zugegen sein.

Bestimmung von Merkurosalzen.

Die zu den Versuchen verwendete Merkuronitratlösung enthielt in 5 ccm = 0,0906 g Quecksilber.

Die Ausführung geschah in der Weise, daß 5 ccm obiger (schwach salpetersaurer) Lösung mit oder ohne Zusatz von Salpetersäure mit Jodatlösung gefällt und im aliquoten Filtratteile der Jodatüberschuß zurückgemessen wurde.

Berechnung: $Hg = KJO_3 = 6J$

$$\frac{Hg}{6} = J$$

$$\frac{Hg}{60000} = 1 \text{ ccm } ^n/_{10} \text{ Thiosulfatlösung}$$

0,003335 g Hg = 1 ccm $^n/_{10}$ „

Angew. Hg-Menge	Angew. Jodat-Menge	Zusatz	Reaktions-dauer	Auf Hg verbr. $^n/_{10}$ Thios. ccm	Berechn. Thiosul-fatmenge ccm	%
0,0906 Hg	10 ccm auf 50 ccm	5 ccm verd. HNO_3	2 Std.	27,22	27,13	100,33
0,0906 „	10 „ „ 100 „	„	2 „	26,92	27,13	99,22
0,0906 „	10 „ „ 50 „	ohne	2 „	27,12	27,13	99,96
0,0906 „	10 „ „ 100 „	„	2 „	26,96	27,13	99,36

Das Merkurojodat fällt zuerst amorph aus, geht jedoch nach einigem Stehenlassen in den krystallinischen Zustand über. Diese Umwandlung vollzieht sich in salpetersaurer Lösung viel rascher, auch schwaches Erwärmen begünstigt dieselbe.

Desgleichen sind schwefelsaure Merkurosalzlösungen bestimmbar, und vollzieht sich die Jodatabscheidung ebenfalls innerhalb zwei Stunden quantitativ.

Bestimmung von Silber.

Lösliche Jodate fällen aus Silberlösungen weißes $AgJO_3$ (Gay-Lussac, Rammelsberg), löslich in Ammoniak, sehr schwer löslich in Salpetersäure und Wasser.

Die Bestimmungen wurden in der Weise ausgeführt, daß 10 ccm einer $^n/_{10}$ Silbernitratlösung mit 20 ccm Jodatlösung mit und ohne Zusatz von Salpetersäure resp. Essigsäure gemischt und auf 100 ccm aufgefüllt wurden. Nach 5 Minuten langem Stehen, während dessen öfter umgeschüttelt wurde, filtrierte ich ab. Der entstandene, feinklumpige Niederschlag ließ sich gut abfiltrieren, und das Filtrat gab mit Salzsäure keine Trübung.

50 ccm des Filtrates wurden dann nach Zusatz von ca. 1,5 g Jodkalium und 5 ccm verdünnter Schwefelsäure mit $^{n}/_{10}$ Thiosulfatlösung in oben aufgeführter Weise titriert.

Die Berechnung gestaltet sich folgendermaßen:

$$Ag = HJO_3 = 6\,J$$

$$\frac{Ag}{6} = J$$

$$\frac{Ag}{60000} = 1 \text{ ccm } ^{n}/_{10} \text{ Thiosulfatlösung}$$

$$0{,}001798 \text{ g } Ag = 1 \text{ ccm } ^{n}/_{10} \quad "$$

Angew. Menge Ag	Jodatmenge Titer 5 ccm = 26,95 ccm $^{n}/_{10}$ Th.	Zusatz	Auf Ag verbr. $^{n}/_{10}$ Th.	Gefund. Menge Ag	%
0,1079 g	20 ccm	—	59,40	0,1068	98,98
0,1079 „	20 „	—	59,42	0,10683	99,00
0,1079 „	20 „	5 ccm verd. HNO_3	59,68	0,1073	99,44
0,1079 „	20 „	„	59,66	0,1073	99,44
0,1079 „	20 „	10 ccm verd. Essigsäure	59,64	0,10723	99,37

Wie die Versuche zeigen geht die Bestimmung am Besten in salpetersaurer Lösung.

Die Methode soll der Analyse von Legierungen des Silbers mit Metallen, die gleichfalls durch Jodat fällbar sind, nutzbar gemacht werden, indem zunächst eine Summenfällung ausgeführt und sodann in einem weiteren Materialteile das Silber nach Volhard als Einzelkomponente bestimmt wird, womit durch Differenzrechnung auch die zweite Komponente gegeben ist.

Bestimmung der Jodsäure mit Silbernitrat.

Auf die günstigen Resultate der Silberbestimmung mit Jodsäure hin, lag es nahe, die Methode auch umgekehrt zur Bestimmung von Jodsäure mit $^{n}/_{10}$ Silbernitratlösung zu benützen, um auf diese Weise eine Verbindung zwischen Jodometrie und den Fällungsanalysen mit Silbernitrat zu erreichen.

Es wurden zu diesem Zwecke 20 ccm $^{n}/_{10}$ Silbernitratlösung mit 10 ccm Kaliumjodatlösung gemischt, mit Wasser auf 100 ccm aufgefüllt und nach ca. 5 Minuten 50 ccm des Filtrates nach Volhard mit $^{n}/_{10}$ Rhodanlösung titriert.

Berechnung: $AgNO_3 = KJO_3$

$KJO_3 = NH_4SCN$

$\frac{KJO_3}{10000}$ = 1 ccm n/10 Rhodanlös.

0,0214 g KJO_3 = 1 „ n/10 „

Angewandte Menge KJO_3	Verbraucht n/10 Rhodanlösung ccm	Auf KJO_3 verbraucht ccm	Gefunden KJO_3	%
0,19177	10,70	9,30	0,1990	103,8
0,19177	10,72	9,28	0,1979	103,5
0,19177	10,84	9,16	0,1960	102,2

Es war also durchweg zu viel Jodsäure gefunden worden, d. h. es mußte vom Niederschlage Silbernitrat zurückgehalten worden sein. Diese Resultate stehen im Einklang mit der von Stas[1]) stammenden Angabe, wonach ein aus Silbernitrat und Kaliumjodat durch Umsetzung bereitetes Silberjodat stets silbernitrathaltig ist. Aus diesem Grunde wurden die Versuche mit Silbersulfat wiederholt, welches nach Stas glatte Umsetzungsverhältnisse ergeben soll.

Zu diesem Zwecke wurde zunächst festgestellt, ob sich Silbersulfat nach Volhard ebenfalls titrieren läßt, was der nachfolgenden Titrationsserie entsprechend der Fall ist.

Angewandte Menge Ag_2SO_4	Verbraucht n/10 Rhodanlösung ccm	Gefundene Menge Ag_2SO_4	%
0,08475	5,47	0,0852	100,6
0,08475	5,46	0,0851	100,5

1 ccm n/10 Rhodanlösung = 0,01559 g Ag_2SO_4.

Es wurden nunmehr 50 ccm einer Ag_2SO_4-Lösung (= 13,59 ccm n/10-Rhodanlösung) mit 10 ccm Jodatlösung versetzt, auf 100 ccm aufgefüllt und 50 ccm des Filtrates wie üblich mit n/10-Rhodanlösung titriert.

Angewandte Menge KJO_3	Verbraucht n/10 Rhodanlösung ccm	Auf Jodat verbraucht ccm	Gefunden KJO_3	%
0,1960	4,46	9,13	0,19538	99,7
0,1960	4,45	9,14	0,1956	99,8

Wie sich aus den Resultaten ergibt, werden auf diesem Wege richtige Werte erhalten, womit also auch titrimetrisch die Beobachtungen von Stas erwiesen werden konnten.

[1]) Graham-Otto, ausführl. Lehrb. d. Chem.

Bestimmung von Wismut.

Jodsäure und jodsaures Alkali geben mit Wismutsalzen einen weißen in Wasser nicht löslichen Niederschlag (Pleischl[1]). Ueber die Zusammensetzung des entstehenden Wismutjodats war in der Litteratur nichts Näheres zu finden. Die ausgeführten Analysen zeigten auch, daß je nach den Bedingungen, unter denen die Fällung vorgenommen wird, Niederschläge von ganz verschiedener Zusammensetzung erhalten werden. Es gelang jedoch nicht, konstante Resultate zu erhalten.

No.	Angew. Menge Bi-Lsg. ccm	Jodat-Menge ccm	Verdünnung auf ccm	Zusatz	Dauer	Auf Bi verbr. $^n/_{10}$ Te ccm	Filtrat
1	10	30	50	ohne	10 Min. kalt	137,60	Bi-frei
2	10	30	50	„	10 „ „	137,94	„
3	10	30	100	„	10 „ „	136,20	„
4	10	30	100	„	10 „ „	135,54	„
5	10	30	50	„	1 Std. kalt	138,74	„
6	10	30	50	„	1 „ „	138,32	„
7	10	30	50	„	3 „ „	137,26	„
8	10	30	50	„	18 „ „	134,98	„
9	10	30	50	„	18 „ „	136,04	„
10	10	30	50	„	Auf Wasserbad heiß gefunden	107,68	„
11	10	30	50	„	„	105,40	„
12	10	30	100	„	„	106,12	„
13	10	30	100	„	„	104,20	„
14	10	30	100	„	siedend gefund. 4,2 Min. gekocht	107,60	„
15	10	30	100	„	„	99,86	„
16	10	30	100	1,0 Natr. acet. + 15 ccm Essigsäure	kalt gefunden (10 Min.)	150,12	Bi-haltig
17	10	30	100	5 ccm verd. Salpeters.	3 Std. kalt	153,34	„
18	10	30	100	„	3 „ „	153,59	„
19	10	30	100	5 ccm verd. H_2SO_4	3 „ „	142,84	„

Die Formeln und Jodwerte der ev. annehmbaren Wismutjodate wären:

$Bi(JO_3)^3$ = 18 J; 0,001158 g Bi = 1 ccm $^n/_{10}$ Thiosulfatlösung
$Bi(JO_3)^2\cdot OH$ = 12 J; 0,001713 „ „ = 1 „ „
$BiO\cdot(JO_3)$ = 6 J; 0,00347 „ „ = 1 „ „

Die zu den Versuchen verwendete Wismutlösung enthielt in 10 ccm = 0,15329 g Wismut in salpetersaurer Lösung.

[1]) Gmelin, Handbuch der anorg. Chem. 5, A. II, 835.

Der theoretische Thiosulfatwert für 10 ccm Wismutlösung würde also unter Zugrundelegung obiger Formeln

für I = 132,34 ccm $^{n}/_{10}$ Thiosulfatlösung
„ II = 88,23 „ „
„ III = 44,11 „ „ betragen.

Wie die vorstehende Tabelle zeigt, werden in mineralsaurer und essigsaurer Lösung Jodwerte erhalten, welche auf die Bildung eines sauren Wismutjodates hinweisen. Bei Heißfällung und auch bei Fällungen mit alkalischen Zusätzen entstehen basische Jodate wechselnder Zusammensetzung. Eine mittlere Grenze ist unerreichbar infolge der Nichtexistenzfähigkeit neutraler Wismutsalzlösungen.

Chem. Univers.-Laborat. (Ph. Abt.) Freiburg i. B.

Ueber die Titrimetrie von Merkuro- und von Merkuro- + Merkurisalzlösungen.

Von E. Rupp.

(Eingegangen den 27. VII. 1903.)

Merkurisalze mit Ausschluß des Chlorides sind gleich dem Silber mit Rhodanammonlösung direkt titrierbar, wie von mir gemeinsam mit Herrn Apotheker L. Krauß in den Berichten der Deutschen Chemischen Gesellschaft[1]) dargetan worden ist.

Wir suchten nun in gleicher Weise auch die Bestimmung von Merkurosalzlösungen durchzuführen, indem diese in stark salpetersaurem Zustande unter Zusatz von Eisenalaunlösung mit Rhodanammon auf Eintritt der Eisenrhodanidfärbung titriert wurden. Wider Erwarten erwies sich dieser direkte Weg als nicht begehbar, indem Merkurosalze mit Rhodanammon unter Abscheidung von Quecksilber reagieren, das den Titrationsflüssigkeiten eine grauschwarze Farbe erteilt und die Endreaktion vollkommen verwischt.

Dies und die ungefähren Titrationswerte geben zu erkennen, daß die Umsetzungen im Sinne der Gleichung

$$(HgNO_3)^2 + 2\,NH_4 \cdot CNS = Hg + Hg<^{CNS}_{CNS} + 2\,NH_4 \cdot NO_3$$

verläuft.

Es blieb nun noch der Ausweg, das Merkuronitrat durch Erhitzen mit überschüssiger Salpetersäure in Merkurinitrat zu verwandeln und letzteres dann mit $^{n}/_{10}$ Rhodanlösung zu titrieren.

Zu diesem Zwecke wurden 10 ccm einer Merkuronitratlösung (enthaltend 0,1812 g Hg) auf dem Wasserbade mit 10 ccm konzentrierter

[1]) Band 35, 2015.

Salpetersäure im offenen Kolben erhitzt und nach dem Erkalten in bekannter Weise mit $^n/_{10}$ Rhodanlösung titriert, allein es gelang auf diese Weise infolge der recht bedeutenden Flüchtigkeit des Merkuronitrates nicht, konstante Resultate zu erhalten. Erst nachdem die Proben in einem gut schließenden und verbundenen Stöpselglase ½ Stunde lang im Wasserbade erhitzt und nach dem Erkalten die gebildete salpetrige Säure durch ½ stündiges Durchleiten von Luftentfernt worden, waren die Resultate genau und konstant. Unterläßt man es, die sapetrige Säure zu verjagen, so ist die Endreaktion keine scharfe und die Resultate werden ungenau, wie solches von den Silbertitrationen her bekannt ist.

Angew. Menge Hg	Art und Dauer des Erhitzens	Verbrauchte $^n/_{10}$ Rhodanl.	Gefundene Menge Hg	%
0,1812	1 Std. auf dem Wasserbade im offenen Kolben	14,28 ccm	0,1430	78,9
0,1812	"	14,64 "	0,1466	80,9
0,1812	½ Std. auf HO^2-Bad im Kjeldahl-Kolben	16,29 "	0,1631	90,0
0,1812	"	15,72 "	0,1574	86,8
0,1812	½ Std. im verschlossenen Stöpselglase	18,07 "	0,1809	99,8
0,1812	"	18,09 "	0,1811	99,9

Berechnung:

$HgNO_3$ = $Hg(NO_3)^2$ = Hg = $2 NH_4 \cdot CNS$

131,15 g = 162,15 g = 100,15 g = 76,14 g

0,013115 " = 0,016215 " = 0,010015 " = 1 ccm $^n/_{10}$ Lösung.

Man vermeide es, die Titrationsproben allzusehr zu verdünnen, da alle Manipulationen sich umso rascher abwickeln in je größerer Konzentration gearbeitet wird. Das Ausblasen der Oxydationsgemische mit Luft wird in der Erhitzungsflasche vorgenommen, indem diese mit einem doppelt durchbohrten Korke verschlossen wird, durch den zwei Glasröhren führen, die eine kurz unter dem Korke, die andere am Flaschenboden endigend. Man verbindet sodann deren erstere mit einer gelinde saugenden Wasserstrahlpumpe oder die letztere mit irgend einer Gebläsevorrichtung. Nach ca. 20 Minuten wird die eintauchende Glasröhre quantitativ abgespritzt, die Flüssigkeit mit 2 ccm einer gesättigten oder 5 ccm einer 10%igen Eisenalaunlösung und ev. noch soviel Salpetersäure versetzt bis die Lösung farblos, also die Hydrolyse des Indikators genügend zurückgedrängt ist. Hierauf wird mit $^n/_{10}$-Rhodan auf deutliche Endreaktion titriert.

In der vorangegangenen Arbeit über Metalltitrationen mittelst Jodsäure ist gezeigt worden, daß sowohl Merkuro- wie Merkurinitrat als Jodat bestimmbar ist, — somit auch Mischungen der beiden.

Durch Kombination einer Jodatbestimmung von $Hg^{\cdot} + Hg^{\cdot\cdot}$ mit einer Bestimmung allen Quecksilbers als $Hg^{\cdot\cdot}$ mittelst Rhodan nach erfolgter Oxydation ist nun die Möglichkeit gegeben in einer Lösung beider Quecksilbernitrate die vorhandenen Mengen von Merkuro- und Merkuriionen zu berechnen.

I. Summenbestimmung von $Hg^{\cdot} + Hg^{\cdot\cdot}$.

Es wurden je 5 ccm einer mäßig salpetersauren Merkuronitrat- und Merkurinitratlösung mit 25 ccm Kaliumjodatlösung bekannten Jodwertes gemischt, das Volum auf 100 ccm ergänzt und nach 3 Stunden in 50 ccm des Hg-frei befundenen Filtrates der Alkalijodatüberschuß in bekannter Weise zurückgemessen.

Wie sich ergab waren in toto 97,61—97,81 ccm $^{n}/_{10}$ Thiosulfat durch Hg verbraucht worden.

Angewandt waren:

5 ccm $HgNO_3$-Lösung = 0,0906 g $Hg^{\cdot}$ = 27,13 ccm $^{n}/_{10}$ Thiosulfat
5 „ $Hg(NO_3)^2$- „ = 0,1172 „ $Hg^{\cdot\cdot}$ = 70,42 „ „
(0,003335 g $Hg^{\cdot}$ bez. 0,001669 „ $Hg^{\cdot\cdot}$ = 1,00 „ „).
Berechneter Gesamtwert: 70,42 + 27,13 = 97,55 „ „
Gefundener Gesamtwert: 97,6—97,81 ccm = 100,06—100,26 %.

II. Summenbestimmung als $Hg^{\cdot\cdot}$.

Ebenfalls je 5 ccm der beiden Quecksilberlösungen wurden mit ca. 20 ccm Wasser und 10 ccm konzentrierter Salpetersäure in ein Stöpselglas von ca. 125 ccm Inhalt gespült, wie oben angegeben ½ Stunde im Wasserbade erhitzt, nach dem Erkalten mit Luft ausgeblasen und schließlich mit Rhodanzehntellösung titriert, wovon 20,75 ccm erforderlich waren = 100,05 % des theoret. Verbrauchs von 20,74 ccm, (0,010015 g $Hg^{\cdot\cdot}$ = 1 ccm $^{n}/_{10}$ Rhod., vorhandenes Hg = 0,1172 + 0,0906 = 0,2078 g).

Berechnung auf Grund der gefundenen Titrationswerte:

20,75 ccm $^{n}/_{10}$ Rhodan = 0,2079 g $Hg^{\cdot\cdot}$, 0,2079 g $Hg^{\cdot\cdot}$ in Jodatthiosulfatwert umgerechnet = 124,6 ccm $^{n}/_{10}$ Thiosulfat (0,001669 g $Hg^{\cdot\cdot}$ = 1 ccm). Es entfällt daher die Differenz von

124,6 —97,71 = 26,89 ccm auf vorhandenes $Hg^{\cdot}$
von 97,71 —26,89 = 70,82 „ „ „ $Hg^{\cdot\cdot}$

	Gefunden:	Angewandt:
$Hg^{\cdot}$	0,08968 g	0,0906 g
$Hg^{\cdot\cdot}$	0,1181 „	0,1172 „.

Die stark saure Beschaffenheit der oxydierten Proben ließ uns davon Abstand nehmen den $Hg^{\cdot\cdot}$-Summenwert nach der Jodatmethode zu bestimmen, abgesehen davon, daß die Rhodantitration eine kürzere Zeitdauer erfordert.

Chem. Univers.-Laborat. (Ph. Abt.) Freiburg i. B.

Ueber eine Titration von Hydrargyrum praecipitatum alb.

Von E. Rupp.

(Eingegangen den 27. VII. 1903.)

Ein in Fachzeitschriften des öfteren behandelter Gegenstand ist die Analyse des weißen Präzipitates, für den eine quantitative Gehaltbestimmung rücksichtlich der mit der Darstellungsweise wechselnden Zusammensetzung, in der Tat nicht unangebracht erscheint.

Ich möchte zu diesem Zwecke eine Titration in Vorschlag bringen, die mit dem analytischen Hilfsmaterial des Arzneibuches ohne Umständlichkeit durchführbar ist, und ergänzt durch die an alle Quecksilberverbindungen gestellte Forderung vollkommener Flüchtigkeit, ein ausreichendes Kriterium für ein pharmakopoegerechtes Präparat sein dürfte.

Eine abgewogene Substanzmenge wird mit Salpetersäure umgesetzt zu Merkurinitrat, Ammonnitrat und Salzsäure, sodann durch ein bekanntes Volum überschüssiger $^{n}/_{10}$ Silberlösung die der Quecksilbertitration hinderliche Salzsäure gefällt und das Ganze mit $^{n}/_{10}$ Rhodan titriert, wobei das gebildete Merkurinitrat und das im Ueberschuß zugesetzte Silbernitrat in unlösliche und neben einander bestimmbare Rhodanide übergehen[1]). Es resultiert also die Rhodanverbrauchsmenge aus der im Untersuchungsmaterial vorhanden gewesenen Quecksilber- und Chlormenge. Der Rhodanverbrauch für Quecksilber ist direkt proportional der Hg-Menge, der Rhodanwert für Chlor ist umgekehrt proportional der Cl-Menge, denn je mehr Chlor vorhanden gewesen, um so weniger zurücktitrierbares Silbernitrat wird im Ueberschuß verbleiben. Hiernach möchte es zunächst scheinen, daß auch bei unreinen oder unrichtig zusammengesetzten Präzipitatsorten durch gegenseitige Kompensation ein richtiger Rhodansummenwert zu stande kommen könnte. Eine Betrachtung der stöchiometrischen Verhältnisse zeigt jedoch, daß die wechselseitigen Beziehungen zwischen Hg und Cl Aenderungen der Rhodanwerte in gleichem Sinne veranlassen müssen, denn, enthält eine bestimmte Gewichtsmenge des zu untersuchenden Präparates zu viel Hg, — großer Rhodanwert, so wird es um so weniger Cl enthalten, — großer Rhodanwert.

Enthält es umgekehrt zu viel Cl, — kleiner Rhodanwert, so wird es zu wenig Hg enthalten, — kleiner Rhodanwert. Hierbei bleibt es sich gleichgültig ob das Cl im Moleküle des Präparates selbst oder in

[1]) Berl. Ber. 35, 2015.

einer fremden Beimischung sitzt, als welche Chlorammon und Merkurichlorid in Betracht kommen.

Die Ausführung der Analyse ist die folgende: 0,2 g Präzipitat übergießt man in einem Kochkölbchen mit 25 ccm offizineller 25% iger Salpetersäure und erhitzt lose verschlossen 5 Minuten lang auf dem Wasserbade um vollständige Lösung herbeizuführen.

$$Hg<^{NH_2}_{Cl} + 3\,HNO_3 = Hg(NO_3)^2 + NH_4NO_3 + HCl.$$

Man fügt dann unter Umschwenken 10 ccm $^n/_{10}$ Silberlösung hinzu und spült mit ca. 5 ccm Wasser nach, worauf nochmals 10 Minuten weiter erhitzt wird. Die Lösung erscheint dann vollkommen klar, während das ausgeschiedene Chlorsilber in dichtflockiger Form zu Boden sitzt. Nach dem Erkalten macht man einen Zusatz von ca. 5 ccm 10% iger Eisenalaunlösung und titriert mit $^n/_{10}$ Rhodan auf deutlichen Eintritt der Indikatorreaktion.

$$Hg<^{NO_3}_{NO_3} + 2\,NH_4\cdot CNS = Hg<^{CNS}_{CNS} + 2\,NH_4\cdot NO_3,$$

$$AgNO_3 + NH_4\cdot CNS = AgCNS + NH_4NO_3.$$

$$\underbrace{1\,Hg\cdot NH_2\cdot Cl}_{251{,}8\text{ g}} = \underbrace{1\,AgNO_3}_{\text{für Cl}} + \underbrace{2\,NH_4CNS}_{\text{für Hg,}}$$

daher 0,02518 g Präzipitat = 1 ccm $^n/_{10}$ $AgNO_3$

0,01259 „ „ = 1 „ $^n/_{10}$ Rhodan und

0,2 g Präzipitat = 7,95 ccm $^n/_{10}$ $AgNO_3$ + 15,89 ccm $^n/_{10}$ Rhodan.

Zurückzutitrierende $AgNO_3$-Menge = 10 — 7,95 = 2,05 ccm = 2,05 ccm $^n/_{10}$ Rhodan.

Rhodangesamtverbrauch 15,89 + 2,05 = 17,94 ccm.

Ein in dieser Weise titriertes Präparat beanspruchte pro 0,2 g in mehreren Titrationen je 17,8 ccm Rhodan.

Bei der gravimetrischen Quecksilberbestimmung lieferten 0,3 g = 0,2724 g HgS = 98,41% des berechneten Wertes von 0,2768 g.

Der berechnete Gesamtrhodanwert für das analysierte Präparat pro 0,2 g Substanz = 0,19682 g Präzipitat betrüge somit 17,76 ccm, (15,64 ccm für Hg, 2,12 für unverbrauchtes $AgNO_3$).

Die nahe Uebereinstimmung des gefundenen Rhodanwertes von 17,8 ccm mit dem berechneten von 17,76 ccm zeigt an, daß die restierenden 1,59% jedenfalls nicht aus Salmiak bestanden, da sich in diesem Falle der Silbernitratverbrauch um 0,59 ccm erhöht, also der Rhodanwert um 0,59 ccm verringert haben müßte und 17,21 ccm betragen hätte.

Die Berechnung zeigt, wie deutlich sich gerade diese wichtigste Verunreinigung im Resultate zu erkennen gibt.

Pro praxi dürfte der für obige Mengenverhältnisse zu fordernde Rhodanverbrauch auf 17,7—18,0 ccm festzulegen sein.

Chem. Univers.-Laborat. (Ph. Abt.) Freiburg i. B.

Mitteilungen aus dem pharmazeutisch-chemischen Institut der Universität Marburg.

Von Ernst Schmidt.

163. Ueber das Guanidin.

Ein Beitrag zur Kenntnis seiner Acidylderivate.

Von Dr. Georg Korndörfer.

(Eingegangen den 1. VII. 1903.)

Die Literatur, welche bisher über das Guanidin und seine Derivate vorliegt, ist eine sehr umfangreiche. Umsomehr ist es auffallend, daß bis jetzt sich nur spärliche Angaben darüber vorfinden, wie sich dieser Körper gegen Säurechloride und Säureanhydride verhält[1]).

Das Guanidin enthält 2 Amido- und eine Imidogruppe, man muß daher, unter Berücksichtigung seines stark basischen Charakters, von vornherein erwarten, daß dasselbe mit Säurechloriden und -Anhydriden reagiert. Bei der Acidylierung des Guanidins können mehrere Körper entstehen, und zwar einesteils, je nach der Anzahl der eintretenden Säurereste (Acyle), ein mono-, di-, tri- und tetraacidyliertes Guanidin, andererseits ist auch die Möglichkeit gegeben, daß sich isomere Körper bilden, daß z. B. von einem diacetylierten Guanidin die beiden Formen

$$\underset{\text{Guanidin}}{HN = C\left\langle \begin{matrix} NH_2 \\ NH_2 \end{matrix} \right.} \qquad HN = C\left\langle \begin{matrix} NH\cdot CO\cdot CH_3 \\ NH\cdot CO\cdot CH_3 \end{matrix} \right. \quad \text{und} \quad CH_3\cdot OC\cdot N = C\left\langle \begin{matrix} NH_2 \\ NH\cdot CO\cdot CH_3 \end{matrix} \right.$$

existieren.

Um diese Fragen zu entscheiden, sowie die Beziehungen dieser Acylderivate des Guanidins zu den Kreatininen zu studieren, habe ich zunächst das Verhalten des Guanidins gegen Essigsäureanhydrid untersucht, und zwar ging ich bei diesen Versuchen von dem kohlensaueren Guanidin aus, welches ich mit Essigsäureanhydrid in einem mit langem Steigerohr versehenen Rundkölbchen kochte. Im Anschluß hieran gelangte die Einwirkung des Propionsäureanhydrids auf Guanidinkarbonat, sowie die Einwirkung von Säurechloriden auf Guanidinhydrochlorid zur Untersuchung.

Ueber die Versuche, welche ich über das Glykocyamin, das Glykocyamidin und das Kreatinin anstellte[2]), werde ich in einer zweiten Abhandlung berichten.

---

[1]) Nach D. Mc. Creath entsteht bei der Einwirkung von Benzoësäureanhydrid auf Guanidin Dibenzoylharnstoff (Ber. d. chem. Ges. VII, 1739).

[2]) Inauguraldissertation, Marburg 1903.

I. Ueber die Einwirkung von Säureanhydriden auf Guanidinkarbonat.

A. Essigsäureanhydrid.

Anhydrodiacetylguanidin und Diacetylguanidin.

Die ersten Versuche über die Einwirkung von Essigsäureanhydrid auf Guanidinkarbonat, bei welchem ich 2 Mol. Anhydrid (= 11,5 g) auf 1 Mol. Karbonat (= 10 g) anwandte, führten nicht zu dem gewünschten Resultate. Ich erhielt dabei nur flockige Ausscheidungen, welche keinen scharfen Schmelzpunkt besaßen. Ich fand schließlich, daß man zur Erzielung einer glatten Reaktion das Essigsäureanhydrid in großem Ueberschusse anwenden muß, und daß dasselbe möglichst frei sein muß von Essigsäure. Man verwendet daher am besten ein Präparat, welches man vorher über $CaCO_3$ rektifiziert hat.

5 g Guanidinkarbonat wurden in einem Rundkölbchen, welches mit langem Steigrohr versehen war, mit 25 g Essigsäureanhydrid eine Stunde lang auf dem Drahtnetze oder der Asbestpappe zum schwachen Sieden erhitzt. Wenn das Essigsäureanhydrid von guter Beschaffenheit ist, tritt beim Uebergießen des Guanidinkarbonates zunächst fast keine CO_2-Entwickelung ein. Erst wenn das Erhitzen kurze Zeit stattgefunden hat, beginnt dieselbe und verläuft rasch und stürmisch. Darauf siedet der Inhalt des Kölbchens ruhig. Die anfangs farblose Flüssigkeit färbt sich nach und nach schwach gelblich. Nach einer Stunde wurde das Kölbchen von der Flamme genommen, und der Inhalt desselben in eine Krystallisierschale gegossen. Beim Erkalten erstarrte derselbe zu einem gelblichen Krystallbrei. Man saugt denselben alsdann mittelst der Wasserstrahlluftpumpe ab und krystallisiert das Reaktionsprodukt aus heißem Wasser um. Das Umkrystallisieren muß eventuell wiederholt werden, bis die erhaltene Verbindung scharf bei 210^0—212^0 schmilzt. Das abgesaugte überschüssige Essigsäureanhydrid verjagt man hierauf in einem Schälchen auf dem Wasserbade und erhält dabei einen gelblichen krystallinischen Rückstand. Derselbe wird mit heißem Wasser aufgenommen. Es bleibt hierbei häufig ein gelblicher, flockiger Rückstand. Derselbe wird abfiltriert, und das Filtrat eingedampft. Es krystallisieren alsdann aus demselben farblose glänzende Nadeln, welche bei 152^0 schmelzen. Häufig scheidet sich mit denselben auch noch eine kleine Menge des Körpers vom Schmp. 210^0—212^0 in filzigen Nädelchen aus, welche sich aber leicht von jenen trennen lassen. Die Mutterlauge der 2. Krystallisation liefert in der Regel keine Krystallisation mehr; man erhält beim Eindampfen nur einen gelblichen, in Wasser fast unlöslichen Körper. In verdünnter Salzsäure löst sich dieser leicht; beim Eindampfen und Auskrystallisieren erhält man etwas gelbliche Krystalle, welche das salzsaure Salz des Anhydrodiacetylguanidins sind. Daneben erhält man auch manchmal ganz kleine farblose Kryställchen, welche aus Chlorammonium bestehen und dafür sprechen, daß entweder der gelbe Körper bei der Behandlung mit Salzsäure, oder daß das Guanidin beim Kochen mit Essigsäureanhydrid eine tiefergreifende Zersetzung erleidet.

1. Untersuchung des Körpers vom Schmp. 210—212° (Anhydrodiacetylguanidin).

Der Körper krystallisiert aus Wasser in ganz charakteristischer Form. Er bildet feine verfilzte Nädelchen, welche zuerst in Gruppen anschießen, die Schimmelpilzkolonien sehr ähnlich sehen. In trockenem Zustande bildet er ein weißes Pulver; seine wässerige Lösung reagiert schwach sauer.

Bei der Elementaranalyse gaben 0,1902 g der bei 100° getrockneten Verbindung 0,3334 g CO_2 und 0,0942 g H_2O.

Berechnet für Diacetylguanidin $C_5H_9N_3O_2$:	Berechnet für Diacetylguanidin —1 Mol. H_2O $C_5H_7N_3O$:	Gefunden:
Mol.-Gew. 143,211	Mol.-Gew. 125,195	
C 41,91%	C 47,94%	C 47,81%
H 6,33 „	H 5,64 „	H 5,54 „

0,1845 g lieferten 53,2 ccm N, t = 12,6°, B = 741 mm.

Berechnet für $C_5H_7N_3O$:	Gefunden:
N 33,65%	N 33,41%.

Ich habe auch versucht, den Stickstoff nach der Methode von Kjeldahl zu bestimmen, fand aber hierbei stets zu wenig Stickstoff und zwar ziemlich genau $^2/_3$ der berechneten Menge[1]).

0,1708 g verbrauchten 2,83 ccm N·HCl zur Absättigung des gebildeten NH_3 = 0,0397 g N = 23,26%.

0,1918 g = 3,15 ccm N·HCl = 0,0443 g N = 23,06%.

Die vorstehenden analytischen Daten führen zu der Formel $C_5H_7N_3O$, d. h. zu der eines Anhydrodiacetylguanidins. Diese Formel findet eine Bestätigung durch die Analyse des Hydrochlorids, des Hydrobromids und des Platindoppelsalzes.

Salzsaures Anhydrodiacetylguanidin: $C_5H_7N_3O, HCl + 2H_2O$.

Das salzsaure Salz bildet sich, wenn man die wässerige Lösung des Anhydrokörpers mit HCl schwach ansäuert und die Lösung langsam verdunsten läßt. Dasselbe krystallisiert in kleinen Prismen, welche an der Luft sehr leicht verwittern. Bei 100° verlieren die Krystalle glatt ihr Krystallwasser; über 100° erhitzt, und zwar schon zwischen 105 und 110°, zersetzen sie sich unter Abspaltung von Salzsäure. In großen derben Krystallen habe ich das Salz erhalten beim Verdunsten der mit HCl angesäuerten Mutterlauge der Nadeln vom Schmp. 152°. Außer dem salzsauren Anhydrodiacetylguanidin krystallisierten jedoch

[1]) Aehnliche Beobachtungen sind in der jüngsten Zeit auch von F. Kutscher und H. Steudel bei anderen Guanidinderivaten gemacht worden (Ztschr. f. phys. Chem. 39, 12.)

aus dieser salzsauren Mutterlauge noch kleine, glänzende, farblose Kryställchen aus. Dieselben bestanden aus NH_4Cl; sie enthielten 68,8% HCl, waren beim Erhitzen auf dem Platinblech flüchtig ohne vorher zu schmelzen und gaben mit H_2PtCl_6 sofort einen krystallinischen Niederschlag.

Die wässerige Lösung des salzsauren Anhydrodiacetylguanidins reagiert sauer und kann daher nicht direkt mit $^n/_{10}$ $AgNO_3$-Lösung titriert werden. Einen scharfen Schmelzpunkt besitzt das Salz nicht.

0,1392 g des direkt aus dem Anhydrokörper dargestellten lufttrockenen Salzes verloren bei 100° 0,0244 g an Gewicht.

0,1148 g der getrockneten Verbindung verbrauchten nach der Methode von Volhard 7 ccm $^n/_{10}$ $AgNO_3$-Lösung. Das gefällte AgCl wog 0,1015 g.

Gefunden:		Berechnet für $C_5H_7N_3O, HCl$:
maßanalytisch	HCl 22,23 %	HCl 22,55 %
gewichtsanalytisch	„ 22,48 „	
		für $C_5H_7N_3O, HCl + 2H_2O$:
	H_2O 17,53 „	H_2O 18,23 %.

0,2358 g der aus der salzsauren Mutterlauge der Nadeln vom Schmp. 152° erhaltenen Krystalle verloren bei 100° 0,0430 g an Gewicht = 18,23 %.

0,1928 g des getrockneten Salzes verbrauchten zur Ausfällung der HCl 11,9 ccm $^n/_{10}$ $AgNO_3$-Lösung. Das ausgefällte AgCl wog 0,1696 g.

Gefunden: maßanalytisch HCl 22,50 %,
gewichtsanalytisch „ 22,37 „.

Bromwasserstoffsaures Anhydrodiacetylguanidin: $C_5H_7N_3O, HBr + H_2O$.

Das bromwasserstoffsaure Salz habe ich in derselben Weise dargestellt wie das salzsaure.

Das bromwasserstoffsaure Anhydrodiacetylguanidin sieht dem salzsauren sehr ähnlich; seine wässerige Lösung reagiert ebenfalls sauer. Einen scharfen Schmelzpunkt habe ich auch hier nicht feststellen können.

0,1860 g des lufttrockenen Salzes verloren bei 100° 0,0154 g an Gewicht.
0,1706 g des getrockneten Salzes lieferten 0,1558 g AgBr.

Gefunden:	Berechnet für $C_5H_7N_3O, HBr$:
HBr 39,35 %	HBr 39,27 %
	für $C_5H_7N_3O, HBr + H_2O$:
H_2O 8,28 „	H_2O 8,04 %.

Platindoppelsalz des Anhydrodiacetylguanidins: $(C_5H_7N_3O, HCl)_2PtCl_4$.

Zur Darstellung desselben löste ich ca. 0,5 g des salzsauren Salzes in Wasser, fügte Platinchloridlösung (H_2PtCl_6) im Ueberschuß und einige Tropfen verdünnter HCl hinzu und ließ langsam verdunsten. Das Platindoppelsalz schied sich in durchsichtigen, roten, prismatischen Krystallen aus. Das Salz schmilzt bei 235° unter Zersetzung.

0,2056 g verloren bei 100° nichts an Gewicht und lieferten beim Veraschen 0,0600 g Pt.

Gefunden: Pt 29,19 % Berechnet: Pt 29,52 %.

Ein Golddoppelsalz habe ich nicht erhalten können. Beim Zusammenbringen einer wässerigen Lösung des salzsauren Anhydrodiacetylguanidins mit Goldchloridlösung ($HAuCl_4$) trat beim Stehen der Lösung im Exsiccator Reduktion des Goldchlorids ein, während das unveränderte salzsaure Salz auskrystallisierte.

Ueber die Konstitution dieses Anhydrodiacetylguanidins geben die nachstehenden Erwägungen einen Anhalt. Für ein Diacetylguanidin liegen bezüglich der Konstitution folgende Möglichkeiten vor:

I. II. III.

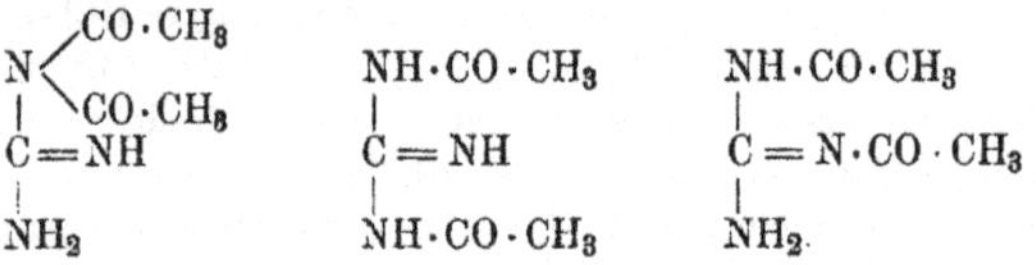

Daß unter obigen Bedingungen eine Verbindung von der Konstitution I sich bilden würde, ist höchst unwahrscheinlich; wären die beiden H-Atome der NH_2-Gruppen des Guanidins leicht durch Acetyl ersetzbar, dann müßte unter den eingehaltenen Versuchsbedingungen auch eine Tetraacetylverbindung entstanden sein, welche ich jedoch nie erhalten habe. Die beiden anderen Formeln bieten beide die Möglichkeit eines Wasseraustrittes, und zwar die Formel

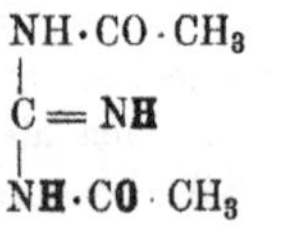

zunächst in der Weise, daß die bezeichneten beiden H- und das O-Atom als H_2O austreten, wodurch folgender Körper (I):

I. 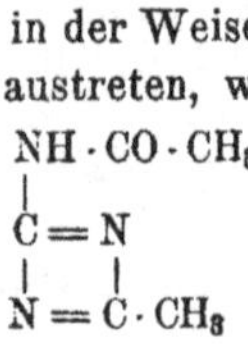 entstünde[1]). Die Formel 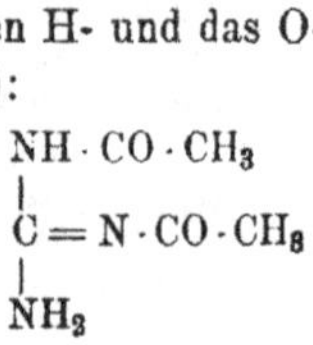

---

[1]) Die zweite an sich wenig wahrscheinliche Möglichkeit des Wasseraustritts:

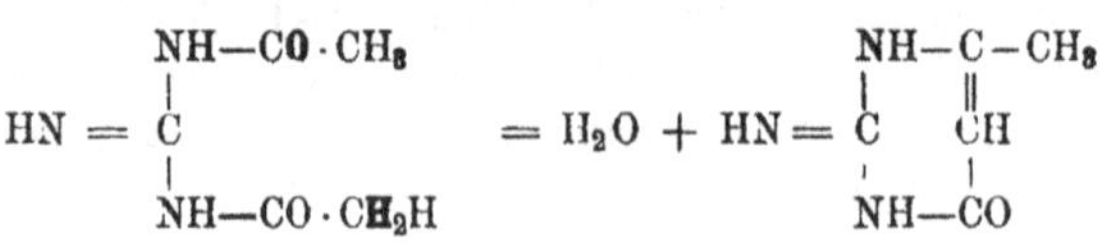

bietet sogar zwei Möglichkeiten eines Wasseraustritts, je nachdem das O-Atom der Gruppe $\overset{NH \cdot CO \cdot CH_3}{|}$ oder das der Gruppe = $N \cdot CO \cdot CH_3$ mit den beiden H-Atomen der intakt gebliebenen NH_2-Gruppe als H_2O zum Austritt gelangt. Bei letzterer Annahme resultiert die Verbindung

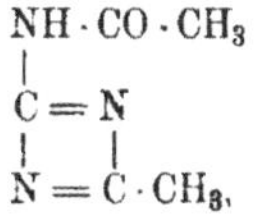

welche bezüglich ihrer Konstitution mit der oben abgeleiteten (I) identisch ist. Bei der ersten Annahme würde ein Körper der Formel (II):

II. 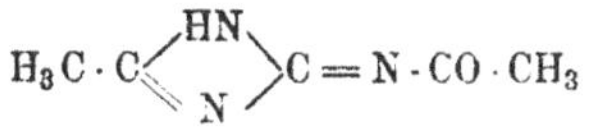

gebildet werden.

Von den zwei in Frage kommenden Konstitutionsformeln erscheint die erste (I) als ziemlich unwahrscheinlich. Wie aus dem experimentellen Teil der Arbeit hervorgeht, ist die Verbindung vom Schmp. 152° ein Diacetylguanidin, welchem man nach seinem chemischen Verhalten mit hoher Wahrscheinlichkeit die Strukturformel

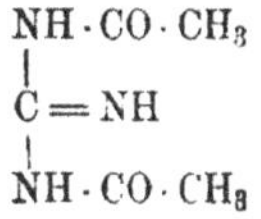

zuerteilen kann. Durch anhaltendes Kochen mit Essigsäureanhydrid läßt sich dieses Diacetylguanidin jedoch nicht in das Anhydrodiacetylguanidin vom Schmp. 210° überführen, sondern dasselbe bleibt unverändert. Auch nach dem weiteren Verhalten des Körpers halte ich die Strukturformel

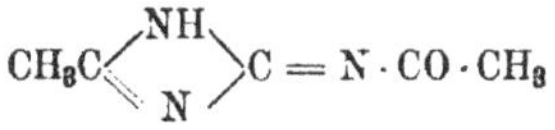

für das vorliegende Anhydrodiacetylguanidin für die wahrscheinlichere. Zur weiteren Charakterisierung dieses Anhydrodiacetylguanidin versuchte ich zunächst die Zahl der vorhandenen Acetylgruppen zu bestimmen. War obige Annahme richtig, so mußte in dem fraglichen Körper noch eine Acetylgruppe als solche enthalten sein.

---

kann hier nicht in Betracht kommen, da die hierbei resultierende Verbindung mit dem Imidomethyluracil (s. S. 464) identisch sein mußte, was jedoch nicht der Fall ist. E. Schmidt.

1. Verseifung mit N.-Kalilauge.

0,4935 g des bei 100° getrockneten Anhydrodiacetylguanidins löste ich zu diesem Zwecke in 20 ccm Wasser, fügte dieser Lösung 9,9 ccm N.-Kalilauge zu und kochte diese Mischung $^1/_2$ Stunde lang am Rückflußkühler. Nach dieser Zeit roch die Flüssigkeit schwach nach Ammoniak. Bei der Rücktitration mit N.-Schwefelsäure ergab sich ein Verbrauch von 4,3 ccm N.-Kalilauge.

Da 1 ccm N.-Kalilauge 0,04303 g Acetyl entspricht, so würden sich 37,29 % C_2H_3O ergeben, während sich für eine Acetylgruppe nur 34,37 % berechnen.

Durch den Geruch nach Ammoniak war bereits angedeutet, daß unter obigen Bedingungen eine tiefergreifende Zersetzung in gewissem Umfange stattgefunden hatte, bei welcher anscheinend ein Teil der angewendeten N.-Kalilauge verbraucht worden war. Zur Kontrolle des obigen Resultats versuchte ich in der titrierten Flüssigkeit die Menge der gebildeten Essigsäure noch direkt zu bestimmen. Ich unterwarf daher dieselbe, nach Zusatz von 10 ccm N.-Schwefelsäure solange der Destillation mit Wasserdämpfen, bis das Destillat nicht mehr sauer reagierte. Zur Titration der überdestillierten Essigsäure waren 43,4 ccm $^1/_{10}$ N.-Kalilauge = 4,34 ccm N.-Kalilauge erforderlich. Das erzielte Resultat weicht von dem bei der ersten Bestimmung erhaltenen kaum ab.

Zur Kennzeichnung der überdestillierten Säure als Essigsäure dampfte ich das neutralisierte Destillat auf ein kleines Volum ein, versetzte es mit Silbernitratlösung und ließ das Gemisch einige Stunden lang im Eisschranke stehen. Es schied sich hierbei Silberacetat in der charakteristischen Krystallform aus.

0,1239 g desselben lieferten 0,0796 g Ag = 64,24 %.

Berechnet für $C_2H_3AgO_2$: 64,64 %.

Da beim direkten Kochen mit N.-KHO eine Zersetzung des Körpers eintrat, führte ich einen zweiten Versuch aus, bei welchem ich weniger N.-Lauge anwandte und nur auf dem Wasserbad erhitzte. 0,5324 g der getrockneten Verbindung löste ich in ca. 20 ccm Wasser, fügte 6 ccm N.-KOH hinzu und erwärmte mit aufgesetztem Rückflußkühler eine halbe Stunde lang auf dem kochenden Wasserbade. Die Flüssigkeit roch jetzt ebenfalls schwach nach NH_3. Zum Zurücktitrieren des überschüssigen Alkalis waren 12,2 ccm $^1/_{10}$ N.-Schwefelsäure erforderlich. Zur Verseifung waren somit verbraucht 4,78 ccm N.-Kalilauge, entsprechend 0,2057 g Acetyl oder 38,6 % C_2H_3O. Das Resultat war somit auch unter diesen Bedingungen ein zu hohes.

2. Verseifung durch N.-Schwefelsäure.

Nach den unbefriedigenden Resultaten, welche die Verseifung mit N.-Kalilauge geliefert hatte, studierte ich die Einwirkung der verdünnten Schwefelsäure auf das Anhydrodiacetylguanidin.

0,4778 g der bei 100° getrockneten Verbindung löste ich zu diesem Zwecke in ca. 20 ccm Wasser, fügte 10 ccm N.-Schwefelsäure zu und unterwarf dann diese Flüssigkeit der Destillation im Wasserdampfstrome, bis das Destillat nicht mehr sauer reagierte. Zur Neutralisation des Destillats waren 48,5 ccm $^1/_{10}$ N.-Kalilauge erforderlich, entsprechend 0,1886 g Acetyl, oder 39,4 % C_2H_3O. Die gefundene Acetylmenge war somit auch hier gegen die berechnete (34,37 %) zu hoch. Da es den Anschein hatte, als würde unter diesen Bedingungen die zweite Acetylgruppe des Anhydrodiacetylguanidins durch Wasseraufnahme regeneriert, so fügte ich dem Destillationsrückstande weitere 10 ccm N.-Schwefelsäure zu und unterwarf das Gemisch von neuem der Destillation. Nach zweistündiger Wasserdampfdestillation erforderte jedoch das Destillat nur noch 2,5 ccm $^1/_{10}$ N.-Kalilauge zur Sättigung, so daß eine weitere Abspaltung von Essigsäure nur in geringem Umfange eingetreten sein konnte.

Zur Kennzeichnung der in dem Destillationsrückstande enthaltenen Verbindungen, führte ich denselben in ein Platindoppelsalz über. Neben Platinsalmiak resultierten hierbei große, gut ausgebildete Krystalle eines Doppelsalzes, welche bei 235° schmolzen.

0,1818 g enthielten 0,0546 g Pt = 29,54 %.

In der analysierten Verbindung lag somit nur das Platindoppelsalz des unveränderten Anhydrodiacetylguanidins vor.

Bei der Einwirkung der verdünnten Schwefelsäure scheint somit ein Teil des Anhydrodiacetylguanidins unter Abspaltung von Ammoniak tiefergreifend zersetzt zu werden, während ein anderer Teil desselben intakt bleibt.

3. Verseifung durch Magnesiumoxyd.

Ich arbeitete nach der Vorschrift von H. Schiff, verwandte aber statt frisch gefällten Magnesiumhydroxyds alkalifreie, gebrannte Magnesia.

0,5798 g der getrockneten Verbindung löste ich in Wasser, fügte eine Anreibung von 3 g gebrannter Magnesia mit Wasser und noch soviel Wasser hinzu, daß die Gesamtmenge etwa 100 ccm betrug, und kochte dann 5—6 Stunden lang am Rückflußkühler. Darauf dampfte ich im Kölbchen direkt auf etwa 40 ccm ein, saugte alsdann mittelst der Wasserstrahlluftpumpe die überschüssige Magnesia ab und wusch dieselbe mit wenig kaltem Wasser aus. Im Filtrat fällte ich schließlich nach Zusatz von NH_3 und NH_4Cl die gelöste Magnesia mit Natriumphosphatlösung.

Ich erhielt 0,2592 g $Mg_2P_2O_7$.

Da ein Mol. $Mg_2P_2O_7$, 2 Mol. $(CH_3COO)^2Mg$ und dieses 4 CH_3, CO-Gruppen entspricht, zeigen 0,2592 g $Mg_2P_2O_7$ 0,2002 g Acetyl an = 34,53 %.

Berechnet für eine Acetylgruppe 34,37 %.

Ich hatte also nach dieser Methode scheinbar (vergl. S. 459) das Vorhandensein einer Acetylgruppe nachweisen können.

Da bei dem Kochen des Anhydrodiacetylguanidins mit Magnesiumoxyd nach der Bestimmung des in Lösung gegangenen Magnesiums eine Acetylgruppe glatt abgespalten zu werden schien, versuchte ich aus dem Filtrat von dem überschüssigen MgO den neu entstandenen Körper zu isolieren.

Ich kochte zu diesem Zwecke 3 g des Anhydrokörpers mit 6 g fein angeriebener gebrannter Magnesia und 100 ccm Wasser 6 Stunden lang und saugte alsdann die überschüssige Magnesia ab. Das alkalisch reagierende Filtrat wurde eingedampft. Beim ruhigen Erkalten schieden sich aus demselben zunächst in geringer Menge feine filzige Nadeln aus, während die Hauptkrystallisation aus durchsichtigen, blätterigen Krystallen bestand, welche sich mit einiger Vorsicht getrennt von den filzigen Nadeln sammeln ließen. Aus der Mutterlauge der ersten Krystallisation schieden sich filzige Nadeln und Blättchen stets gemischt miteinander aus, so daß hier ein Auslesen nicht möglich war. Ich habe in reinem Zustande nur die Blättchen isolieren können.

Der Schmelzpunkt der Blättchen lag nach dem Austrocknen über Schwefelsäure bei 271°, während die Nädelchen bei 265—267° unter Zersetzung schmolzen.

Zur Orientierung über die chemische Natur der vorliegenden Verbindungen führte ich die beiden Körper zunächst in ihre salzsauren Salze über, welche beide in gut ausgebildeten, ganz gleich aussehenden Krystallen erhalten wurden.

Salzsaures Salz der Blättchen.

0,1966 g verloren bei 100° 0,0364 g an Gewicht.

0,1603 g des getrockneten Salzes brauchten zur Ausfällung der HCl 9,9 ccm $^n/_{10}$ $AgNO_3$-Lösung. Das ausgefällte AgCl wog 0,1404 g.

Gefunden: H_2O 18,51 %.

Maßanalytisch	HCl	22,53 %	berechnet auf die getrocknete
Gewichtsanalytisch	„	22,30 „	Substanz.

Die maßanalytische HCl-Bestimmung mußte nach Volhard ausgeführt werden, da die wässerige Lösung sauer reagierte.

Salzsaures Salz der filzigen Nadeln.

Ich benutzte zur Darstellung desselben den Teil der Nadeln, welchen ich gut von den Blättchen trennen konnte. Die Menge des salzsauren Salzes betrug jedoch nur 0,079 g. Dieselben verloren bei 100° 0,0142 g an Gewicht. 0,0648 g des getrockneten Salzes brauchten zur Ausfällung der HCl 3,95 ccm $^{n}/_{10}$ $AgNO_3$-Lösung.

Gefunden: H_2O 17,98%,
HCl 22,25 „, berechnet auf die getrocknete Substanz.

Aus diesen Daten geht hervor, daß die beiden Salze identisch sind. Der Wasser- und Salzsäuregehalt stimmt mit dem des salzsauren Salzes des Anhydrodiacetylguanidins überein.

Bei der Ermittelung der Flüchtigkeit der Blättchen und Nadeln fand ich, daß beide beim Verbrennen auf dem Platinblech einen fixen Rückstand hinterließen, welcher aus MgO bestand. Ich nahm daher an, daß in den beiden Körpern vielleicht Magnesiumsalze des Anhydrokörpers vorlägen und bestimmte infolgedessen in beiden den Gehalt an Magnesium. Die dazu nötige Menge der Nadeln erhielt ich durch Kochen einer neuen Menge des Anhydrodiacetylguanidins mit MgO.

Magnesiumbestimmung in den Blättchen.

Die Blättchen wurden in verdünnter HCl gelöst und nach Zufügen von NH_4Cl und NH_3 wurde das Magnesium durch Natriumphosphat ausgefällt An der Luft verwittern die Blättchen sehr leicht.

0,5075 g verloren bei 100° 0,1095 g an Gewicht = 21,57%.

0,5380 g der getrockneten Substanz lieferten, in obiger Weise behandelt, 0,008 g $Mg_2P_2O_7$.

Gefunden:	Berechnet für $(C_5H_6N_3O)^2Mg$:
Mg 0,325%	Mg 8,94%.

Magnesiumbestimmung in den Nädelchen.

Ich führte diese einfach durch Veraschen im Platintiegel aus.

0,1760 g der getrockneten Verbindung hinterließen 0,004 g MgO = 1,37% Mg.

Der Mg-Gehalt war in beiden Fällen also nur Verunreinigung.

Ich schritt nun zur Elementaranalyse der Blättchen. Beim Verbrennen im beiderseitig offenen Rohr erhielt ich Zahlen, welche mit keinem der theoretisch möglichen Körper übereinstimmten. Die Substanz sublimierte schon bei ganz niedriger Temperatur aus dem Schiffchen und setzte sich an den Rohrwandungen fest. Ich verbrannte dieselben daher im Schnabelrohr mit CuO gemischt.

0,2032 g der getrockneten Verbindung lieferten 0,3104 g CO_2 und 0,1160 g H_2O.

Gefunden:	Berechnet für Diacetylguanidin $C_5H_9N_3O_2$:
C 41,67%	C 41,91%
H 6,33 „	H 6,33 „.

Den Wassergehalt der Blättchen habe ich des öfteren noch bestimmt. Ich habe dabei gefunden, daß, wenn man dieselben analysiert, sobald sie zwischen Fließpapier trocken geworden sind, man Werte erhält, welche ungefähr auf 2 Mol. Krystallwasser stimmen.

Es verloren bei 100° an Gewicht:

0,1797 g 0,0397 g = 22,09%,
0,5075 „ 0,1095 „ = 21,57 „,
0,2310 „ 0,0485 „ = 21,00 „.

Berechnet für ($C_5H_9N_3O_2 + 2H_2O$): H_2O 20,1%.

Beim Liegen an der Luft nimmt der Wassergehalt rasch ab; ich fand nach 2—4 tägigem Liegen der Blättchen an der Luft nur noch 13,79 resp. 10,6% H_2O.

Da die Elementaranalyse ergeben hatte, daß die Blättchen aus Diacetylguanidin bestehen, versuchte ich auch hier die Acetylgruppen durch Verseifen mit $Mg(OH)^2$, welches ich frisch fällte, zu bestimmen.

Ich kochte 0,2525 g der getrockneten Blättchen 8 Stunden lang mit überschüssigem $Mg(OH)^2$. Als ich das Filtrat von der überschüssigen Magnesia nach Zusatz von NH_4Cl und NH_3 mit Natriumphosphatlösung versetzte, trat aber keine Fällung ein, die Flüssigkeit blieb nach stundenlangem Stehen klar.

Die Acetylgruppen werden also aus dieser Verbindung durch $Mg(OH)^2$ nicht eliminiert.

Nach vorstehenden Versuchen ist es mir demnach nicht gelungen, den entacetylierten Anhydrokörper zu erhalten. Ich muß annehmen, daß durch die Einwirkung des MgO wieder Wasser aufgenommen wird, und so aus dem Anhydrodiacetylguanidin Diacetylguanidin entsteht. Für die Tatsache, daß hierbei Magnesium in Lösung geht, und zwar gerade die einer Acetylgruppe entsprechende Menge, fehlt mir vor der Hand eine bündige Erklärung. War jedoch die ausgesprochene Ansicht richtig, dann muß es möglich sein, dieses Diacetylguanidin durch erneutes Kochen mit Essigsäureanhydrid wieder in den Anhydrokörper zurückzuverwandeln.

Rückverwandlung des Diacetylguanidins in Anhydrodiacetylguanidin.

Zur Orientierung kochte ich zunächst eine kleine Menge des Diacetylguanidins, ca. 0,3 g, mit Essigsäureanhydrid im Reagenzglase. Es fand zuerst Lösung statt, dann aber enstand ein Niederschlag, welcher beim weiteren minutenlangem Kochen nicht wieder in Lösung ging. Ich saugte denselben ab; das abgesaugte Säureanhydrid hinterließ nach dem Verdunsten noch eine kleine Menge eines weißen Rückstandes. Dieser sowohl, wie der entstandene Niederschlag lösten sich leicht in verdünnter Salzsäure. Aus der Lösung krystallisierte das salzsaure Salz des Anhydrodiacetylguanidins; ich fand bei der Analyse desselben 18,09% H_2O und 22,6% HCl.

Wegen der Schwerlöslichkeit der erhaltenen Verbindung in Essigsäureanhydrid mußte ich zunächst annehmen, daß der erhaltene Körper nicht identisch sei mit dem Anhydrodiacetylguanidin. Es lag die Annahme nahe, daß derselbe ein Polymerisationsprodukt des Anhydrodiacetylguanidins sein könnte, zumal auch bei der direkten Acetylierung des Guanidinkarbonats in der Mutterlauge der zweiten Krystallisation häufig ein ähnlicher schwer löslicher Körper entstand, der mit HCl behandelt ebenfalls das salzsaure Salz des Anhydrokörpers lieferte.

Nach diesem Vorversuch kochte ich etwas mehr von den Blättchen, ca. 1,5 g, mit Essigsäureanhydrid, bis sich der unlösliche Körper gebildet hatte, und unterwarf diesen nach dem Trocknen bei 100° der Elementaranalyse. Ich fand jedoch zu wenig Kohlenstoff.

0,1892 g gaben 0,2972 g CO_2 und 0,0975 g H_2O.

Gefunden:	Berechnet für $C_5H_7N_3O$ oder $(C_5H_7N_3O)^n$:
C 42,84%	C 47,94%
H 5,76 „	H 5,64 „.

Auch diese Verbindung sublimierte bei der Verbrennung leicht aus dem Schiffchen. Bei der Verbrennung im Schnabelrohr mit CuO gemischt gaben:

0,2074 g 0,3314 g CO_2 = 43,58% C und 0,1162 g H_2O = 6,27% H.

Bei einem neuen Versuch vermehrte ich die Menge des Essigsäureanhydrids bedeutend (auf 1 g Diacetylguanidin 10 g Säureanhydrid). Die Erscheinungen beim Kochen waren zunächst die gleichen, wie bei den früheren Versuchen, jedoch löste sich der ausgeschiedene Körper beim weiteren Kochen vollständig auf. Nach einer Stunde wurde das Kochen unterbrochen. Beim Erkalten erstarrte die Flüssigkeit zu einem Krystallbrei. Derselbe wurde abgesaugt, zunächst zwischen Fließpapier und dann über Aetzkalk getrocknet, bis der Geruch nach Essigsäure verschwunden war. Der Schmelzpunkt dieser Krystallisation lag nicht ganz scharf bei 205° bis 210°.

0,1904 g Substanz verloren bei 100° nichts an Gewicht und gaben bei der Verbrennung mit CuO gemischt 0,3242 g CO_2 und 0,0946 g H_2O = 46,45% C und 5,56% H.

0,1978 g gaben 0,3394 g CO_2 und 0,969 g H_2O = 46,8% C und 5,48% H.

Die gefundenen Werte liegen den für das Anhydrodiacetylguanidin berechneten recht nahe. Ich krystallisierte daher den Rest der Verbindung aus Wasser um. Aus der Lösung schieden sich die charakteristischen, verfilzten Nadeln des Anhydrodiacetylguanidins aus; dieselben schmolzen nach dem Trocknen bei 210° bis 212°.

Es läßt sich also tatsächlich das durch Einwirkung von MgO aus dem Anhydrokörper entstehende Diacetylguanidin durch erneutes Kochen mit Essigsäureanhydrid wieder in diesen zurückverwandeln.

Den bei der direkten Acetylierung des Guanidins mit Essigsäureanhydrid erhaltenen schwerlöslichen, gelblichen Körper unterwarf ich nach dem Absaugen und Trocknen bei 100° ebenfalls der Elementaranalyse.

0,1824 g lieferten 0,3023 g CO_2 und 0,0873 g H_2O = 45,20% C und 5,36% H. Der Wert für C liegt ziemlich in der Mitte zwischen dem C-Gehalt des Diacetylguanidins (41,91% und dem des Anhydrokörpers 47,94%).

Ich versuchte diesen Körper zunächst durch Umkrystallisieren aus Wasser zu reinigen. Er war jedoch auch beim mehrmaligen Kochen mit stets neuen Mengen Wassers nicht vollständig in Lösung zu bringen. Die vereinigten Lösungen ließ ich 24 Stunden im Eisschrank stehen, ohne jedoch eine Ausscheidung des Gelösten zu erhalten. Ich dampfte dieselben daher wieder ein, wobei ein schwacher Geruch nach Essigsäure auftrat. Bei genügender Konzentration schieden sich krystallinische, zum Teil noch etwas gelblich gefärbte Massen aus, welche aber nicht einheitlich aussahen. Ich dampfte daher diese Flüssigkeiten wieder ganz zur Trockne ein und kochte den Rückstand sowohl, wie den Anteil, der sich nicht in Wasser gelöst hatte, mit überschüssiger gebrannter Magnesia. Aus dem Filtrat von derselben erhielt ich dieselben Blättchen, welche bei analoger Behandlung des Anhydrodiacetylguanidins entstanden. Auch beim Kochen mit Essigsäureanhydrid verhielten sich diese Blättchen genau wie jene.

Es läßt sich aus dem Verhalten dieses schwer löslichen Körpers gegen HCl und gegen MgO also der Schluß ziehen, daß er zu dem Anhydrodiacetylguanidin in naher Beziehung stehen muß, während mir für die Annahme, daß er ein Polymerisationsprodukt desselben sei, noch die direkten Beweise fehlen.

Silberverbindung des Anhydrodiacetylguanidins.

Da ich anfänglich vermutete, daß die beim Kochen des Anhydrokörpers mit MgO erhaltenen Blättchen des Mg-Salz desselben dargestellten, so habe ich auch das Verhalten dieser Blättchen gegen $AgNO_3$ geprüft, und dabei gefunden, daß sie mit diesem Reagenz einen Niederschlag liefern.

Zur Gewinnung dieser Silberverbindung löste ich ca. ½ g der getrockneten Blättchen in Wasser auf und fügte dieser Lösung $AgNO_3$-Lösung (1 : 20) im Ueberschuß hinzu. Der Niederschlag wurde bald krystallinisch. Nach dem vollständigen Absetzen im Dunkeln saugte ich ihn ab, wusch ihn mit wenig Wasser nach und trocknete ihn zwischen Fließpapier. Den Ag-Gehalt bestimmte ich durch Veraschen und ein zweitesmal zur Kontrolle in der Weise, daß ich die Ag-Verbindung mit konzentrierter HNO_3 eindampfte, den Rückstand mit Wasser aufnahm und das Ag durch HCl ausfällte.

1. 0,1952 g der bei 100° getrockneten Verbindung lieferten beim Veraschen 0,0701 g Ag.

2. 0,2496 g gaben 0,1188 g AgCl.

Gefunden: nach 1. 35,91% Ag
„ 2. 35,83 „ „.

Berechnet für

Silbersalz des Diacetylguanidins $C_5H_8N_3O_2Ag$:	Silbersalz des Anhydrodiacetylguanidins $C_5H_6N_3OAg$:
Ag 43,15%	Ag 46,50%.

Da der gefundene Ag-Gehalt auf keinen der berechneten Werte stimmte, stellte ich die Ag-Verbindung von neuem dar, und zwar durch direktes Fällen des durch Kochen des Anhydrokörpers mit MgO erhaltenen Filtrates. Den Niederschlag behandelte ich so wie oben angegeben. Die abgesaugte Flüssigkeit versetzte ich mit einigen Tropfen Ammoniakflüssigkeit, wodurch sich noch ein geringer Niederschlag in Flocken abschied, welcher aber beim Stehen nicht mehr krystallinisch wurde.

0,2086 g der getrockneten Verbindung lieferten 0,0796 g Ag = 38,16%.

Eine weitere Menge des obigen Filtrates vom MgO versetzte ich hierauf zunächst mit einigen Tropfen Ammoniakflüssigkeit, fällte dann mit $AgNO_3$-Lösung und fügte schließlich noch soviel NH_3-Flüssigkeit hinzu, bis schwach alkalische Reaktion vorhanden war. Der so erhaltene Niederschlag wurde auch nach 12-stündigem Stehen nicht deutlich krystallinisch. Ich saugte ihn ab, wusch ihn mit wenig Wasser nach und trocknete ihn zwischen Tontellern.

0,1881 g der bei 100° getrockneten Verbindung lieferten beim Veraschen 0,0877 g Ag = 46,62%.

Dieser Wert stimmt auf die Verbindung $C_5H_6N_3OAg$.

Ueberführung des Silbersalzes in Methylanhydrodiacetylguanidin.

2 g der Silber-Verbindung erhitzte ich in einem Druckfläschchen mit 10 ccm CH_3J ¾ Stunden lang im kochenden Wasserbade. Da nach dieser Zeit die Zersetzung beendet zu sein schien, so destillierte ich nach dem Erkalten das überschüssige CH_3J ab und zog alsdann

den Rückstand wiederholt mit Wasser aus. Die Auszüge reagierten schwach alkalisch. Beim Eindampfen derselben schied sich ein weißer, undeutlich krystallinischer Körper aus, welchen ich absaugte. Sein Schmelzpunkt war nicht scharf, er sinterte bei 238° und war bei 255° geschmolzen. Die Mutterlauge der 1. Krystallisation lieferte nach dem Eindunsten noch eine kleine Menge desselben Körpers, so daß die Gesamtausbeute ca. 0,45 g betrug. Da die Menge des erhaltenen Reaktionsproduktes zur Umkrystallisation zu wenig erschien, so führte ich dasselbe in das salzsaure Salz und dieses zum Teil in das Platindoppelsalz über.

Die Lösung in verdünnter Salzsäure schied beim langsamen Verdunsten feine Nadeln aus. Da die Mutterlauge der 1. Krystallisation sich als etwas jodhaltig erwies, so behandelte ich sie zur Entfernung desselben mit AgCl. Nach dem Eindampfen schieden sich wieder Nädelchen aus, welche bei 265° noch nicht schmolzen.

Salzsaures Methylanhydrodiacetylguanidin:
$$2\,[C_5H_6(CH_3)N_3O,\ HCl] + 3\,H_2O.$$

0,1218 g der zwischen Fließpapier getrockneten Nadeln verloren bei 100° 0,0163 g an Gewicht.

0,1055 g des getrockneten Salzes lieferten 0,0854 g AgCl.

Gefunden:	Berechnet für $C_5H_6(CH_3)N_3O, HCl$:
HCl 20,58%	HCl 20,75%
	$C_5H_6(CH_3)N_3O, HCl + 1\frac{1}{2}\,H_2O$:
H_2O 13,38%	H_2O 13,33%.

Platindoppelsalz: $2\,[C_5H_6(CH_3)\,N_3\,O, HCl]^2PtCl_4 + 3\,H_2O$
Dasselbe krystallisierte ebenfalls in Nadeln, welche bei 235°—236° unter Zersetzung schmolzen.

0,1060 g verloren bei 100° 0,0040 g an Gewicht.
0,1020 g des getrockneten Salzes lieferten 0,0290 g Pt.

Gefunden:	Berechnet für $(C_5H_6[CH_3]N_3O, HCl)^2PtCl_4$:
Pt 28,43%	Pt 28,32%
	$(C_5H_6[CH_3]N_3O, HCl)^2PtCl_4 + 1\frac{1}{2}\,H_2O$:
H_2O 3,77%	H_2O 3,77%.

Aus der Existenz der im vorstehenden beschriebenen Silberverbindung des Anhydrodiacetylguanidins, welche sich durch Jodmethyl glatt in ein Methylderivat überführen läßt, sowie aus der Fähigkeit der Anhydroverbindung mit Chlor- und Bromwasserstoff durch Addition gut krystallisierender Salze zu liefern, glaube ich weiter schließen zu dürfen, daß von den beiden in Frage kommenden (s. S. 454) Konstitutionsformeln:

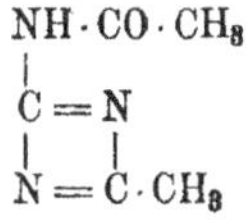

und

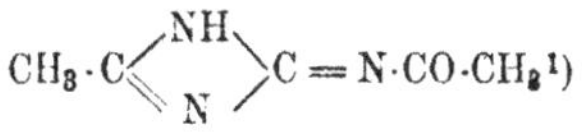

die letztere die wahrscheinlichere ist.

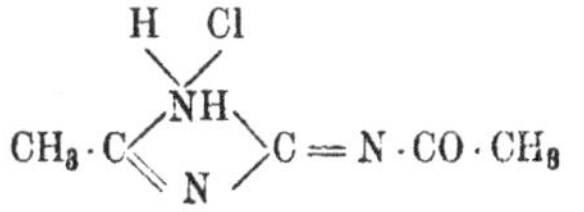

Hydrochlorid.

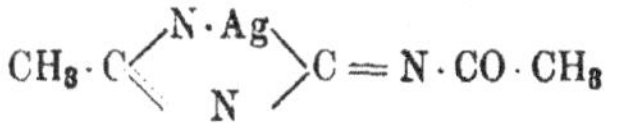

Silbersalz.

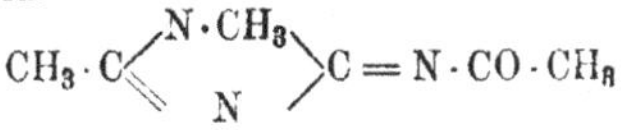

Methylderivat.

2. Untersuchung der Nadeln vom Schmelzpunkt 152°. (Diacetylguanidin).

Bei der Elementaranalyse lieferten 0,2108 g derselben, nach dem Trocknen bei 100°, wobei kein Gewichtsverlust stattfand, 0,3250 g CO_2 und 0,1148 g H_2O.

Gefunden:	Berechnet für Diacetylguanidin $C_5H_9N_3O_2$:
C 42,06%	C 41,91%
H 6,06 „	H 6,33 „.

Die wässerige Lösung der Nadeln reagiert neutral.

---

[1]) Die zunächst als Anhydrodiacetylguanidin bezeichnete Verbindung ist isomer mit dem von R. Behrend (Ber. d. chem. Ges. 19, 220) und von J. Jaeger (Ann. d. Chem. 262, 365) durch Einwirkung von Acetessigäther auf Guanidin, bez. Guanidinkarbonat dargestellten Imidomethyluracil:

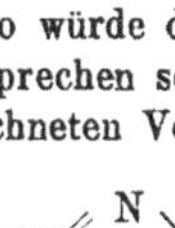

Guanidin.

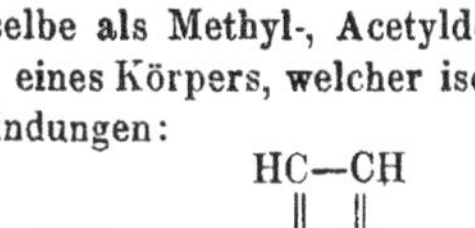

Anhydrodiacetylguanidin.

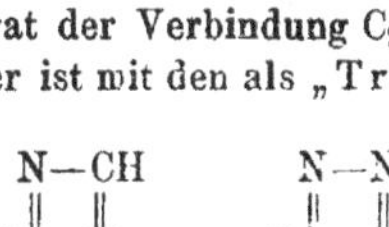

Imidomethyluracil.

Wenn dem Anhydrodiacetylguanidin die vorstehende Strukturformel zukommt, wie es nach den bisher vorliegenden Beobachtungen den Anschein hat, so würde dasselbe als Methyl-, Acetylderivat der Verbindung $C_2N_3H_3$ (I) anzusprechen sein, eines Körpers, welcher isomer ist mit den als „Triazole“ bezeichneten Verbindungen:

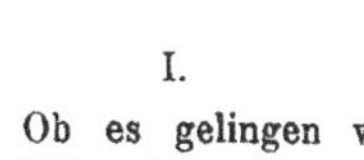

I.

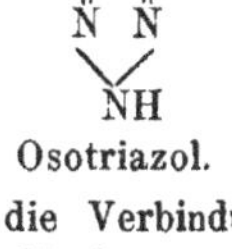

Osotriazol.

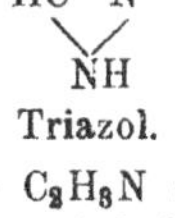

Triazol.

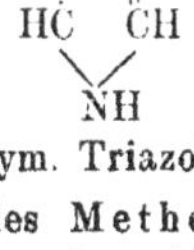

sym. Triazol.

Ob es gelingen wird, die Verbindung C_2H_3N (I) des Methenylguanidin, bez. deren Methylderivat aus dem Anhydrodiacetylguanidin zu isolieren, sollen weitere Versuche lehren. E. Schmidt.

Bestimmung der Zahl der Acetylgruppen.

Ich bediente mich hierzu des Schiffschen Untersuchungsverfahrens unter Anwendung von $Mg(OH)^2$. Bei dem ersten Versuch, wo ich nur 4 Stunden kochte und gebrannte alkalifreie Magnesia anwandte, erhielt ich zu niedrige Werte.

0,4844 g lieferten im Filtrat von der überschüssigen Magnesia 0,2994 g $Mg_2P_2O_7$ = 48,1 % Acetyl.

Berechnet für 2 Acetylgruppen 60,01 %.

Bei einem zweiten Versuche wandte ich frisch gefälltes Magnesiumhydroxyd an und kochte 8 Stunden lang.

0,4776 g lieferten in diesem Falle 0,3660 g $Mg_2P_2O_7$ = 59,36 % Acetyl.

Verhalten des Diacetylguanidins beim Kochen mit Essigsäureanhydrid.

Um dieses Diacetylguanidin mit dem bereits früher beschriebenen (s. S. 459) zu vergleichen, kochte ich 1 g obiger Nadeln eine Stunde lang mit 5 g Essigsäureanhydrid am Rückflußkühler. Beim Erkalten der Lösung schieden sich Nadeln aus, welche ich absaugte und trocknete. Sie schmolzen bei 152°, und erwiesen sich auch in ihrem sonstigen Verhalten als unverändertes Diacetylguanidin. Die vorliegende Verbindung wird somit, zum Unterschied von dem früher beschriebenen Diacetylguanidin, durch Einwirkung von Essigsäureanhydrid nicht verändert.

Die Versuche, ein salzsaures Salz und ein Platindoppelsalz von diesem Diacetylguanidin zu erhalten, verliefen resultatlos. Beim Verdunsten der mit Salzsäure versetzten wässrigen Lösung erhielt ich nur eine sirupöse, nicht krystallisierenden Masse. Die mit Platinchloridlösung (H_2PtCl_6) versetzte salzsaure Lösung wurde im Exsiccator zwar fest, jedoch zerfloß die Masse wieder beim Stehen an der Luft.

Daß das Diacetylguanidin vom Schmp. 152° kein salzsaures Salz mehr zu bilden vermag, geht auch daraus hervor, daß ich dasselbe einmal erhalten habe aus dem mit Salzsäure versetzten, von dem Anhydrokörper abgesaugten Essigsäureanhydrid. Ich hielt die Nadeln damals zuerst für das salzsaure Salz des durch die Einwirkung der Salzsäure entacetylierten Anhydrokörpers. Bei der Prüfung mit $AgNO_3$ erwiesen sie sich aber als chlorfrei, und durch ihren Schmp. bei 152° identifizierten sie sich mit dem Diacetylguanidin.

Aus der Tatsache, daß dieses Diacetylguanidin durch weitere Einwirkung von Essigsäureanhydrid kein Wasser abzuspalten vermag, und daß es mit Säure keine gut charakterisierten Salze mehr bildet, kann man, unter Berücksichtigung der Eigenschaften des früher beschriebenen unsymmetrischen Diacetylguanidins, den Schluß ziehen, daß ihm die Konstitution

$$\begin{array}{l} NH\cdot CO\cdot CH_3 \\ | \\ C = NH \\ | \\ NH\cdot CO\cdot CH_3 \end{array}$$

zukommt, dasselbe also als symmetrisches Diacetylguanidin anzusehen ist. Das Guanidin hat durch den Eintritt der beiden symmetrisch stehenden Acetylgruppen seine basischen Eigenschaften nahezu verloren.

Ein Silbersalz des symmetrischen Diacetylguanidins habe ich in normaler Zusammensetzung nicht erhalten können.

Bei dem 1. Versuch, die Silberverbindung darzustellen, löste ich 1 g des Diacetylguanidins in Wasser und fügte $AgNO_3$-Lösung im Ueberschuß hinzu, wobei jedoch keine Fällung eintrat. Als ich aber NH_3-Flüssigkeit bis zur schwach alkalischen Reaktion zusetzte, erhielt ich einen käsigen Niederschlag, welcher jedoch auch nach eintägigem Stehen keine krystallinische Beschaffenheit annahm. Er wurde abgesaugt, mit wenig Wasser ausgewaschen und im Dunkeln zwischen Tontellern getrocknet. Trotz des Schützens vor Licht trat eine Graufärbung ein. Beim Trocknen bei 100° war kein Gewichtsverlust zu konstatieren.

0,2308 g der getrockneten Verbindung lieferten beim Veraschen 0,1360 g Ag = 58,93 %.

0,1970 g gaben 0,1167 g Ag = 59,18 %.

Eine weitere Menge des Ag-Salzes wurde in der Weise hergestellt, daß die wässerige Lösung des Diacetylguanidins zuerst mit NH_3-Flüssigkeit schwach alkalisch gemacht und dann mit $AgNO_3$-Lösung gefällt wurde. In diesem Falle schied sich sofort ein Niederschlag aus, welcher im Aeusseren mit dem zuerst erhaltenen vollkommen übereinstimmte.

0,1778 g des bei 100° getrockneten Körpers hinterließen 0,1040 g Ag = 58,49 %.

Im Ag-Gehalt stimmen also die nach den beiden Methoden erhaltenen Ag-Verbindungen ziemlich überein.

Ein Ag-Salz von der Zusammensetzung $C_5H_8N_3O_2Ag$ verlangt 43,15 % Ag, kommt also nicht in Betracht. $C_5H_7N_3O_2Ag_2$ enthält 60,45 % Ag, und eine Verbindung von Diacetylguanidin mit Ag_2O: $C_5H_9N_3O_2 + Ag_2O$, fordert 57,86 % Ag. Welche von diesen beiden Verbindungen vorliegt, ist auf Grund der vorliegenden Ag-Bestimmungen nicht zu entscheiden.

Essigsaures Monoacetylguanidin: $CN_3H_4 \cdot COCH_3$, CH_3COOH.

Diese Verbindung habe ich nur zufällig erhalten. Nachdem ich die Bedingungen festgestellt hatte, unter welchen das Anhydrodiacetylguanidin und das symmetrische Diacetylguanidin in befriedigender Ausbeute entstehen, versuchte ich abermals die Menge des Essigsäureanhydrids zu verringern, und kochte zu diesem Zwecke 10 g Guanidinkarbonat mit 30 g Essigsäureanhydrid eine Stunde lang im Kölbchen mit Steigrohr. Beim Erkalten in der Krystallisierschale erstarrte die Flüssigkeit zu einem Krystallbrei, jedoch zeigte derselbe ein anderes Aussehen als die unter den früheren Bedingungen ausgeschiedene Anhydroverbindung. Nach dem Absaugen des Säureanhydrids hinterblieb ein aus feinen, seidenglänzenden Nadeln bestehender Kuchen, welcher aus Wasser umkrystallisiert wurde. Die hierdurch erhaltenen nadelförmigen Krystalle schmolzen nach dem Trocknen im Exsiccator bei 177—178°. Beim Trocknen bei 100° verloren sie nichts an Gewicht.

0,2354 g gaben 0,3218 g CO_2 und 0,1436 g H_2O.

Gefunden:	Berechnet für $C_5H_{11}N_3O_3$:
C 37,29%	C 37,23%
H 6,83 „	H 6,88 „

Um zu entscheiden, ob die entstandene Monoacetylverbindung identisch sei mit derjenigen, welche als Hydrochlorid entsteht bei der Einwirkung von Acetylchlorid auf salzsaures Guanidin, löste ich eine kleine Menge dieses Acetates in wenig Wasser, fügte einige Tropfen verd. HCl und einige ccm absoluten Alkohols, der mit einigen Tropfen Essigäther versetzt war, hinzu und ließ langsam im Exsiccator verdunsten. Ich erhielt dabei rhombische Tafeln, welche bei 142° schmolzen. Krystallform und Schmelzpunkt stimmen mit dem Hydrochorid, des im Nachstehenden beschriebenen Monoacetylguanidins überein.

Zur weiteren Charakterisierung führte ich das Acetat des Monoacetylguanidins durch Einwirkung von H_2PtCl_6 in das Platindoppelsalz über. Etwa 0,5 g der Nadeln löste ich zu diesem Zwecke in Wasser, setzte Platinchloridlösung hinzu und ließ langsam verdunsten. Es krystallisierte ein Platinsalz aus, welches im Aeusseren ebenfalls mit dem Platindoppelsalz des salzsauren Monoacetylguanidins von der Zusammensetzung $[(C_3H_7N_3O, HCl)_2PtCl_4 + 2H_2O]$ übereinstimmte.

0,1799 g des erhaltenen Platinsalzes verloren bei 100° 0,0107 g an Gewicht.

0,1692 g des getrockneten Salzes hinterließen 0,0539 g Pt.

Gefunden:	Berechnet für $(C_3H_7N_3O, HCl)^2PtCl_4$:
Pt 31,86%	Pt 31,80%
	für $[(C_3H_7N_3O, HCl)^2PtCl_4 + 2H_2O]$:
H_2O 5,95 „	H_2O 5,56%.

Die Monoacetylverbindungen des Guanidins, welche durch Einwirkung von Essigsäureanhydrid und von Acetylchlorid erhalten werden, sind demnach identisch.

Das essigsaure Monoacetylguanidin löst sich in Wasser mit schwach alkalischer Reaktion; in Alkohol ist es unlöslich.

Um das Verhalten des Monoacetylguanidins beim erneuten Kochen mit Essigsäureanhydrid festzustellen, wurde 1 g desselben mit 5 g Anhydrid eine Stunde lang am Rückflußkühler gekocht. Beim Erkalten krystallisierten aus der Lösung Nadeln aus, welche nach dem Umkrystallisieren aus Wasser bei 152° schmolzen. Das essigsaure Monoacetylguanidin war also in symmetrisches Diacetylguanidin verwandelt worden. Diese Umwandlung beweist ferner, daß die Acetylgruppe in einer NH_2-Gruppe eingetreten ist.

B. Propionsäureanhydrid.

Anschließend an die Untersuchungen, welche ich über die Einwirkung von Essigsäureanhydrid auf Guanidincarbonat ausführte, habe ich auch einige orientierende Versuche über das Verhalten des Anhydrids der Propionsäure gegen Guanidinkarbonat angestellt. In eingehender Weise werde ich diese Versuche gelegentlich fortsetzen. Ich fand, daß auch hier eine dem Anhydrodiacetylguanidin entsprechende Anhydrobase und ein Dipropionylguanidin gebildet wird, daß neben diesen beiden Verbindungen aber auch noch andere entstehen, welche ich noch nicht näher untersucht habe.

5 g Guanidinkarbonat wurden zu diesem Zwecke mit 25 g Propionsäureanhydrid genau in derselben Weise behandelt, wie es bei der Darstellung des Anhydrodiacetylguanidins (S. 450) angegeben ist. Beim Erkalten schied sich ein gelber, flockiger Körper aus, welchen ich absaugte (Krystallisation I). Das abgesaugte Säureanhydrid erstarrte nach dem Eindampfen krystallinisch (Krystallisation II). Beim Absaugen der als zweites Produkt ausgeschiedenen Kryställchen wurde die Mutterlauge bereits in der Saugflasche krystallinisch. Sie wurde daher mit wenig heißem Wasser aufgenommen. Beim Eindunsten erhielt ich aus dieser Lösung glänzende Nädelchen (Krystallisation III). Die Mutterlauge von diesen lieferte schließlich noch eine kleine Menge der gleichen Nädelchen

Krystallisation I.

Eine kleine Probe wurde zunächst aus Wasser umkrystallisiert, die erhaltenen Kryställchen zwischen Fließpapier abgepreßt und über H_2SO_4 getrocknet. Sie schmolzen scharf bei 159°—160°.

Beim Versuch, die ganze Menge aus Wasser umzukrystallisieren, blieb ein Teil in Gestalt weißer Flocken ungelöst. Das Filtrat von denselben schied zunächst sehr schöne kleine glänzende Nadeln aus, jedoch wurde die Flüssigkeit bald flockig trübe. Die in Wasser schwer löslichen Flocken lösten sich jedoch nach Zusatz von etwas Alkohol und lieferte dann die Lösung beim Erkalten einheitliche, glänzende Nädelchen, welche abermals bei 159°—160° schmolzen. Ich löste daher auch die aus der wässrigen Lösung erhaltenen, mit der flockigen Ausscheidung verunreinigten Nadeln in verdünntem Alkohol und erhielt sie hierdurch rein vom Schmelzpunkt 159°—160°. Die Mutterlauge der beiden Krystallisationen lieferte beim Eindunsten nur einen schmierigen, nicht mehr krystallisierenden Rückstand.

Beim Trocknen der Nädelchen bei 100° fand kein Gewichtsverlust statt.

0,1608 g der getrockneten Verbindung lieferten 0,3144 g CO_2 und 0,1006 g H_2O.

0,1617 g gaben 0,3137 g CO_2 und 0,1006 g H_2O.

Gefunden:

I.	C	53,32 %	II.	C	52,92 %
	H	6,99 „		H	6,96 „.

Berechnet für

Dipropionylguanidin $C_7H_{13}N_3O_2$:		Anhydrodipropionylguanidin $C_7H_{11}N_3O$:	
C	49,07 %	C	54,83 %
H	7,65 „	H	7,42 „.

Das erhaltene Analysenresultat spricht mehr für den letzten Körper. Wegen Mangels an Material habe ich bisher nicht feststellen können, ob die erhaltenen, zu niedrigen Werte durch ungenügende Reinheit bedingt gewesen sind.

Mit H_2PtCl_6 vereinigen sich die Nadeln zu einem gut krystallisierenden Doppelsalz. Dasselbe verliert bei 100° nichts an Gewicht und schmilzt bei 224° unter Zersetzung.

0,1894 g lieferten beim Veraschen 0,0504 g Pt.

Gefunden:	Berechnet für $(C_7H_{11}N_3O, HCl)^2PtCl_4$:
Pt 27,20 %	Pt 27,21 %.

Nach dem Verhalten gegen H_2PtCl_6 bestehen die Nadeln vom Schmp. 159—160°, also aus Anhydrodipropionylguanidin.

Krystallisation II.

Beim Umkrystallisieren aus heißem Wasser schmolz dieses Produkt zunächst zu öligen Tropfen, welche aber nach Zusatz von mehr Wasser in Lösung gingen. Beim Erkalten erstarrte die Lösung zu einer festen Masse, welche aus feinen, langen, verfilzten Nadeln bestand. Dieselben wurden abgesaugt, mit wenig Wasser nachgewaschen und im Vakuum über H_2SO_4 getrocknet. In trockenem Zustande zeigten sie einen starken Seidenglanz. Ihr Schmelzpunkt lag bei 85—86°. Die Mutterlauge lieferte nach dem Eindampfen kleine glänzende Nadeln, welche ich mit Krystallisation III vereinigte.

0,1542 g gaben 0,2809 g CO_2 und 0,1070 g H_2O = 49,68 % C und 7,76 % H.

Berechnet für $C_7H_{13}N_3O_2$:

C 49,07 %
H 7,65 „.

Die Verbindung vom Schmp. 85—86° besteht also aus Dipropionylguanidin.

Krystallisation III.

Dieselbe habe ich noch nicht näher untersucht, da die erhaltenen Nadeln trotz öfteren Umkrystallisieren aus Wasser keinen scharfen Schmelzpunkt zeigten.

II. Ueber die Einwirkung von Säurechloriden auf salzsaures Guanidin.

Die ersten Versuche über die Einwirkung von Säurechloriden auf Guanidin führte ich mit Acetylchlorid und Guanidinkarbonat aus, fand jedoch hierbei, daß das Säurechlorid auf das kohlensaure Salz nur schwer reagiert, wogegen das salzsaure Guanidin sich leicht acidilieren läßt. Am glattesten läßt sich die Acidilierung erreichen, wenn man das Guanidinhydrochlorid mit etwas mehr als der berechneten Menge Säurechlorid in ein Rohr einschmilzt und auf eine geeignete Temperatur, welche bei den einzelnen Säurechloriden verschieden ist, erhitzt. Ich habe das Verhalten des Guanidinhydrochlorids gegen Acetylchlorid, Propionylchlorid, Chloracetylchlorid und Benzoylchlorid untersucht und dabei gefunden, daß stets nur ein Säurerest bei der angegebenen Behandlung in das Molekül des Guanidins eintritt; man erhält infolgedessen immer nur das salzsaure Salz eines monoacidilierten Guanidins. Acetylchlorid liefert schon beim Kochen mit salzsaurem Guanidin ein Acetylderivat, während die anderen Säurechloride beim einfachen Kochen nicht einwirken.

Bei der Einwirkung von Benzoylchlorid habe ich auch ein zweifach benzoyliertes Guanidin erhalten, wenn ich die Schotten-Baumannsche Methode des Benzoylierens anwandte. Das Dibenzoylguanidin bildet keine Salze mehr, wenigstens habe ich ein salzsaures Salz nicht erhalten können.

A. Acetylchlorid.

5 g salzsaures Guanidin kochte ich mit 20 g Acetylchlorid in einem Rundkölbchen am Rückflußkühler bis die Salzsäureentwickelung fast ganz aufgehört hatte. Das feste salzsaure Guanidin verschwand dabei, indem sich unter dem überschüssigen Acetylchlorid allmählich eine sirupöse Masse ansammelte. Das Säurechlorid wurde abdestilliert und der Sirup in ein Becherglas gegossen, wo er sofort krystallinisch erstarrte. Die Salzmasse krystallisierte ich aus absolutem Alkohol um, und erhielt hierbei sehr gut ausgebildete rhombische Tafeln eines salzsauren Salzes. Dieselben schmolzen nach dem Trocknen über H_2SO_4 bei 140—142°. Sie lösten sich sehr leicht in Wasser. Beim Trocknen bei 100° verloren sie nichts an Gewicht.

0,1670 g brauchen zur Ausfällung des HCl 12,15 ccm $^n/_{10}$-$AgNO_3$-Lösung das gefällte AgCl wog 0,1732 g.

0,1856 g sättigten bei der N-Bestimmung nach Kjeldahl 39,9 ccm $^n/_{10}$ ClH.

0,2326 g gaben bei der Verbrennung mit Bleichromat 0,2224 g CO_2 und 0,1270 g H_2O.

Gefunden:			Berechnet für salzs. Monoacetylguanidin $C_3H_7N_3O, HCl$:	
maßanalytisch	HCl	26,55 %	HCl	26,54 %
gewichtsanalytisch	„	26,38 „		
	N	30,1 „	N	30,5 „
	C	26,08 „	C	26,18 „
	H	6,06 „	H	5,81 „

Die rhombischen Tafeln bestehen also aus salzsaurem Monoacetylguanidin.

Die Bildung des salzsauren Monoacetylguanidins beim Kochen von Guanidinhydrochlorid mit Acetylchlorid scheint jedoch nicht immer glatt zu verlaufen. Bei einer zweiten Darstellung, welche ganz in derselben Weise wie vorher zur Ausführung gelangte, erhielt ich zwar auch zunächst rhombische Tafeln, als ich jedoch die Krystallisierschale zur weiteren Abscheidung von Krystallen an der Luft stehen ließ, lösten sich dieselben wieder auf, und ich konnte aus der entstandenen Lösung nicht mehr den Körper vom Schmp. 140° erhalten. Beim Verdunsten der Löung im Exsiccator erstarrte die Lösung zu einer krystallinischen Masse, welche zwischen Fließpapier abgepreßt und aus absolutem Alkohol umkrystallisiert wurde. Die erhaltenen Krystalle schmolzen unscharf zwischen 90° und 100°, erlangten auch beim längeren Liegen im Exsiccator keinen scharfen Schmelzpunkt, hatten aber denselben HCl-Gehalt wie der Körper vom Schmp. 140°.

0,3130 g verbrauchten 9,7 ccm $^{n}/_{10}$-AgNO-Lösung; das gefällte AgCl wog 0,1390 g = 26,60 resp. 26,58% HCl.

In glatter Weise und in befriedigender Ausbeute erhielt ich dagegen stets das salzsaure Monoacetylguanidin bei der Einwirkung von Acetylchlorid auf Guanidinhydrochlorid im zugeschmolzenen Rohr bei der Temperatur des siedenden Wassers. Ich erhitzte zu diesem Zwecke 5 g salzsaures Guanidin mit 5 g Acetylchlorid (etwas mehr als der berechneten Menge) solange in einer Volhard'schen Röhre im kochenden Wasserbade, bis das Salz verschwunden war, und sich am Boden des Rohres eine sirupöse Masse ansammelte, welche beim Erkalten krystallinisch erstarrte. Den Rohrinhalt löste ich in absolutem Alkohol. Die alkoholische Lösung lieferte alsdann 5 g (= 70% der theoretischen Ausbeute) Krystalle vom Schmp. 140—142°, welche 26,40% HCl enthielten.

Wie bereits S. 467 erörtert ist, ist dieses Monoacetylguanidin identisch mit dem, welches unter geeigneten Bedingungen bei der Einwirkung des Essigsäureanhydrids auf Guanidinkarbonat gebildet wird. Demselben kommt die Formel

$$\begin{array}{l} NH_2 - CO \cdot CH_3 \\ | \\ C = NH \\ | \\ NH_2 \end{array}$$

zu.

Platindoppelsalz: $[(C_3H_7N_3O, HCl)^2PtCl_4 + 2\,H_2O]$. Ich erhielt dasselbe, indem ich die wässerige mit einer hinreichenden Menge H_2PtCl_6 versetzte Lösung des salzsauren Monoacetylguanidins langsam im Exsiccator verdunsten ließ. Es krystallisiert in Prismen.

0,2166 g verloren bei 100° 0,0122 g an Gewicht und lieferten 0,0650 g Pt.

Gefunden:	Berechnet für $[(C_3H_7N_3O, HCl)^2PtCl + 2\,H_2O]$:
H_2O 5,63%	H_2O 5,56%
Pt 31,80 „	Pt 31,84 „ für wasserfreies Salz.

Goldsalz: $C_3H_7N_3O, HCl, AuCl_3$. Das Golddoppelsalz krystallisiert ebenfalls in Prismen und wurde wie das Platindoppelsalz dargestellt. Sein Schmelzpunkt liegt bei 170°—171°.

0,2056 g des lufttrocknen Salzes verloren bei 100° nur 0,0006 g an Gewicht und hinterließen 0,0912 g Au.

Gefunden:	Berechnet:
Au 44,49%	Au 44,71%.

B. Chloracetylchlorid.

Bei der Darstellung eines Monochloracetylderivats des Guanidins leitete mich die Erwägung, daß es vielleicht, analog der Bildung des Hydantoins, aus Bromacetylharnstoff durch Entziehung von H Br, möglich sein werde, von dem Chloracetylguanidin durch Abspaltung von H Cl zu dem Glycocyamidin zu gelangen, dessen Beziehungen zum Kreatinin ich in dem 2. Teil der Arbeit, welche ich später publizieren werde, untersucht habe.

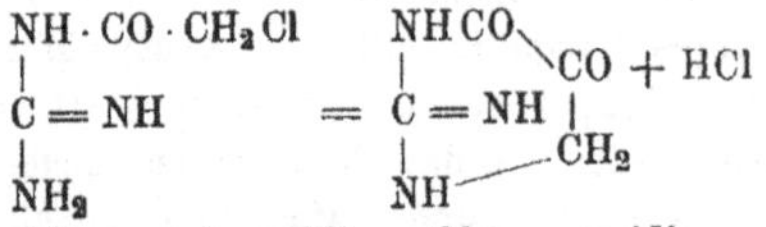

Monochloracetylguanidin Glycocyamidin

Ich habe versucht, diese Abspaltung von Salzsäure durch Einwirkung von alkoholischem Ammoniak sowohl bei gewöhnlicher Temperatur, als auch unter Druck bei höherer Temperatur zu bewirken. Es ist mir jedoch bis jetzt nicht gelungen, aus dem Reaktionsprodukt das Glycocyamidin oder einen anderen wohlcharakterisierten Körper zu erhalten. Auch durch Kochen mit Pyridin bin ich nicht zu dem gewünschten Ziele gekommen. Ich behalte mir indessen weitere Versuche in dieser Richtung vor.

Beim direkten Erhitzen von 1 g salzsaurem Guanidin mit etwa 4 g Chloracetylchlorid in einem mit Steigrohr versehenen Reagenzglas zum schwachen Sieden wirkte dieses nicht auf das Guanidinhydrochlorid ein. Der Inhalt des Reagenzglases färbte sich zwar braun, eine Lösung fand jedoch nicht statt. Das überschüssige Säurechlorid hinterließ beim Verdunsten nur einen geringen, dunkel gefärbten, krystallinischen Rückstand, welcher nach mehrtägigem Stehen im Exsiccator über H_2SO_4 nicht scharf zwischen 50° und 60° schmolz. Das ungelöste Salz krystallisierte ich aus Wasser um. Die erhaltenen Krystalle schmolzen bei 181° und enthielten 38,26% H Cl, bestanden also aus unverändertem salzsauren Guanidin. (Schmp. 184°, 38,2% H Cl.)

Nach diesem negativen Resultate schmolz ich daher 1 g salzsaures Guanidin mit 4 g Chloracetylchlorid in ein Rohr ein, und erhitzte dasselbe 3 Stunden lang auf 100°—105° (Siedepunkt des Chloracetylchlorids). Nach dem Erkalten war der Rohrinhalt krystallinisch erstarrt. Das überschüssige Säurechlorid wurde abgegossen und auf dem Wasserbade verjagt; es hinterließ nur einen geringen krystallinischen Rückstand. Denselben vereinigte ich mit den Krystallen, welche sich direkt im Rohr ausgeschieden hatten, und krystallisierte das Produkt aus absolutem Alkohol um. Ich erhielt dabei eine reichliche Ausscheidung kleiner Nadeln. Die Mutterlauge der 1. Krystallisation lieferte noch eine kleine Menge derselben Nadeln. Dieselben schmolzen nach dem Trocknen über H_2SO_4 bei 178°.

0,1394 g verloren bei 100° nichts an Gewicht und lieferten beim Fällen mit $AgNO_3$ 0,1173 g AgCl.

0,1954 g ergaben bei einer Gesamt-Cl-Bestimmung nach Carius 0,3246 g AgCl. Ich erhitzte auf 250—260°.

Gefunden:	Berechnet für salzs. Monochloracetylguanidin $C_3H_6ClN_3O, HCl$
HCl 21,39 %	HCl 21,19 %
Gesamt-Cl 41,07 „	Gesamt-Cl 41,22 „.

Bei einer 2. Darstellung, wobei ich von 5 g salzsaurem Guanidin ausging, betrug die Menge des erhaltenen salzsauren Monochloracetylguanidins ca. 8 g = 88 % der theoretischen Ausbeute.

Platindoppelsalz: $[(C_3H_6ClN_3O, HCl)^2PtCl_4 + 2H_2O]$. 1 g des salzsauren Salzes löste ich in wenig Wasser und fügte dieser Lösung Platinchloridlösung (H_2PtCl_6) im Ueberschuß zu. Bereits nach wenigen Minuten schieden sich Kryställchen aus, welche mit Platinsalmiak große Aehnlichkeit hatten. Ich goß daher die Flüssigkeit ab, um sie weiter im Exsiccator einzudunsten. Es resultierten hierbei etwas größere, würfelförmige, durchsichtige Krystalle eines Platinsalzes.

Würfelförmige Krystalle.	Platinsalmiakähnl. Krystalle
0,3340 g verl. bei 100° 0,0174 g an Gewicht.	Die Menge derselben betrug nur 0,0796 g; sie verl. bei 100° 0,0044 g an Gewicht.
0,3162 g des wasserfreien Salzes gaben 0,0902 g Pt.	0,0746 g des wasserfreien Salzes lieferten 0,0214 g Pt.
Gefunden:	Gefunden:
H_2O 5,21 %	H_2O 5,53 %
Pt 28,53 „	Pt 28,68 „
berechnet auf wasserfreies Salz.	berechnet auf wasserfreies Salz.

Die beiden Platinsalze sind demnach identisch.

Für $(C_3H_6ClN_3O, HCl)^2PtCl_4$ berechnen sich 28,63 % Pt, für $(C_3H_6ClN_3O\text{-}HCl)^2PtC_4 + 2H_2O$ 5,03 %.

Das wasserfreie Doppelsalz schmilz bei 225°.

Ein Golddoppelsalz liefert das salzsaure Monochloracetylguanidin nicht. Beim Zusammenbringen einer wässerigen Lösung desselben mit Goldchloridlösung ($HAuCl_4$) erhält man zwar sehr schöne, goldgelbe Nadeln, welche aber nur das Golddoppelsalz des salzsauren Guanidins sind.

0,1446 g der Nadeln verloren bei 100° nichts an Gewicht und lieferten 0,0708 g Au = 48,96 % Au.

Berechnet für Guanidingoldchlorid CH_5N_3, HCl, $AuCl_3$ 49,41 % Au.

C. Propionylchlorid.

5 g salzsaures Guanidin kochte ich mit 10 g Propionylchlorid 3 Stunden lang am Rückflußkühler. Eine Lösung des Salzes fand hierbei nicht statt, auch entwickelte sich nur sehr wenig HCl-gas Das Säurechlorid wurde abdestilliert und der Rückstand aus starkem Alkohol umkrystallisiert. Die erhaltenen Krystalle zeigten nach dem Trocknen den Schmelzpunkt des salzsauren Guanidins (185°) und gaben mit Goldchlorid sofort die charakteristischen Nadeln des Guanidingoldchlorids. Es hatte also unter diesen Bedingungen eine Einwirkung der beiden Körper aufeinander nicht stattgefunden.

Ich schmolz daher 2,5 g Guanidinhydrochlorid mit 5 g Propionylchlorid in ein Rohr ein und erhitze dieses im Wasserbade. Das salzsaure Guanidin veränderte sich sehr bald, indem es sich zu lösen schien, schließlich hatte sich unter dem überschüssigen Säurechlorid eine sirupöse Masse angesammelt. Bei diesem Punkte unterbrach ich das Erhitzen. Beim Erkalten erstarrte der Rohrinhalt zu einer festen, krystallinischen Masse. Nach dem Verjagen des überschüssigen Propionylchlorids wurde der Rückstand aus absolutem Alkohol umkrystallisiert. Ich erhielt sehr schöne Nadeln; die Mutterlauge krystallisierte nicht mehr, ich versuchte sie daher zur Darstellung des Platindoppelsalzes zu verwenden.

Die erhaltenen Nadeln schmolzen nach dem Trocknen über H_2SO_4 bei 170—171°.

0,1892 g des lufttrocknen Salzes verloren beim Trocknen bei 100° nur 0,0032 g an Gewicht; 0,1860 g des getrockneten Salzes lieferten 0,0764 g AgCl = 24,12% HCl.

Berechnet für salzsaures Monopropionylguanidin $C_4H_9N_3O$, HCl, 24,04% HCl.

Die Platindoppelsalze aus der Mutterlauge des salzsauren Monopropionylguanidins.

Da die Mutterlauge der 1. Krystallisation nicht mehr krystallisierte, löste ich den sirupösen Rückstand in Wasser und fügte Platinchloridlösung (H_2PtCl^6) hinzu. Beim Verdunsten schied sich ein Platinsalz aus, welches aber nicht einheitlich aussah. Ich sammelte die Krystalle und krystallisierte sie daher aus Wasser, dem etwas HCl und H_2PtCl_6 zugefügt war, um. Die zuerst anschießenden Krystalle bestanden aus langen, schmalen Prismen. Die Mutterlauge von diesen Krystallen und die Mutterlauge der 1. nicht einheitlichen Krystallisation lieferten beim Verdunsten ganz gleich aussehende, derbe Prismen.

I. Analyse der langen, schmalen Prismen.

Dieselben verloren bei 100° nichts an Gewicht; sie schmolzen bei 260° noch nicht.

0,2593 g des getrockneten Salzes gaben 0,0972 g Pt = 37,48%.

Berechnet für Guanidinplatinchlorid $(CH_5N_3, HCl)^2PtCl_4$ 36,91%.

Die schmalen Prismen bestanden also aus Guanidinplatinchlorid.

II. Analyse der derben prismatischen Krystalle.

Beim Trocknen bei 100° fand kein Gewichtsverlust statt.

Das getrocknete Salz schmolz bei 205—206°.

0,1247 g desselben gaben 0,0422 g Pt = 33,84%.

Berechnet für das Pt-Salz des Monopropionylguanidins $(C_4H_7N_3O, HCl)^2$-$PtCl_4$ = 30,44% Pt.

Die derben Krystalle, welche im Aeußeren dem Platinsalz des Monopropionylguanidins glichen, bestanden daher wohl im wesentlichen aus diesem Salz, welches aber mit Guanidinplatinchlorid verunreinigt war.

Durch die Bildung des Guanidinplatinchlorids ist erwiesen, daß trotz des Ueberschusses an Propionylchlorid eine quantitative Ueberführung des Guanidins in das Monopropionylderivat nicht stattgefunden hat. Vielleicht ist dies darauf zurückzuführen, daß die bei der Acidilierung sich bildende Salzsäure einen Teil des Propionylguanidins wieder verseift.

Das Platindoppelsalz des Monopropionylguanidins $(C_4H_9N_3O, HCl)_2PtCl_4$, erhielt ich in analoger Weise wie das Platindoppelsalz des Monoacetylguanidins. Es krystallisiert in Prismen, welche bei 207—208° schmelzen und bei 100° nichts an Gewicht verlieren.

0,1953 g lieferten 0,0596 g Pt = 30,51%.

Berechnet 30,44% Pt.

Golddoppelsalz: $C_4H_9N_3O, HCl, AuCl_3$. Dieses Salz bildet große, tafelförmige Krystalle, welche wasserfrei sind und bei 187° schmelzen.

0,2236 g verloren bei 100° nichts an Gewicht und hinterließen 0,0962 g Au = 43,02%.

Berechnet 43,33% Au.

D. Benzoylchlorid.

1. Salzsaures Monobenzoylguanidin.

Zur Darstellung dieser Verbindung kochte ich 1 g salzsaures Guanidin mit 4 g Benzoylchlorid in einem mit Steigrohr versehenen Reagensglase, bis Lösung eingetreten war. Beim Erkalten der Lösung erhielt ich Krystalle, welche in Wasser leicht löslich waren und nach dem Umkrystallisieren aus Wasser bei 170° schmolzen.

0,1430 g der bei 100° getrockneten Krystalle lieferten 0,1970 g AgCl = 35,03%.

Die fraglichen Krystalle bestanden demnach zum größten Teil noch aus unverändertem Guanidinhydrochlorid, welches 38,2% HCl enthält und bei 184° schmilzt.

Da beim einfachen Kochen keine Einwirkung des Benzoylchlorids auf das Guanidin stattgefunden hatte, schmolz ich 2 g salzsaures Guanidin mit 3 g Benzoylchlorid (etwas mehr als der berechneten Menge) in ein Rohr ein und erhitzte 6 Stunden lang auf 150°. Nach dem Erkalten bildete der Rohrinhalt eine feste, trockene Masse, welche sich leicht herausnehmen und zerreiben ließ. In starkem Alkohol löste sie sich beim Kochen auf; beim Erkalten und langsamen Verdunsten der Lösung schieden sich Nädelchen aus, welche ich absaugte. Die Mutterlauge lieferte bei Verdunsten einen weißen, undeutlich krystallinischen Rückstand, welcher nach dem Trocknen über H_2SO_4 unscharf zwischen 150 und 160° schmolz, und nicht zu weiterer Untersuchung einlud.

Die Nädelchen schmolzen nach dem Trocknen im Exsiccator zwischen 212 und 215°. Sie lösten sich auch in heißem Wasser auf.

0,1912 g verloren beim Trocknen bei 100° nichts an Gewicht und gaben 0,1302 g AgCl.

Gefunden:	Berechnet für salzs. Monobenzoylguanidin $C_8H_9N_3O, HCl$:
HCl 17,35%	HCl 18,26%.

Der Salzsäuregehalt war also für Monobenzoylguanidinhydrochlorid etwas zu niedrig. Ich krystallisierte daher das Reaktionsprodukt nochmals aus heißem, absolutem Alkohol um und sammelte zur Analyse nur die zuerst anschießenden Kryställchen. Dieselben schmolzen etwas niedriger als die früher erhaltenen, nämlich zwischen 210 und 212°.

0,1876 g verloren bei 100° ebenfalls nichts an Gewicht und lieferten 0,1344 g AgCl = 18,22%.

Diese Nädelchen bestanden demnach aus reinem salzsaurem Monobenzoylguanidin.

Platindoppelsalz: $[(C_8H_9N_3O, HCl), PtCl_4 + H_2O]$. Zur Darstellung dieses Salzes verfuhr ich folgendermaßen: ca. 0,5 g salzsaures Monobenzoylguanidin löste ich in absolutem Alkohol und goß diese Lösung in eine alkoholische, im Ueberschuß befindliche Auflösung von krystallisierter Platinchloridchlorwasserstoffsäure. Dabei fiel das Platindoppelsalz direkt als gelber, krystallinischer Niederschlag aus.

Diesen Niederschlag saugte ich ab, wusch ihn mit absolutem Alkohol aus und trocknete ihn zwischen Fließpapier.

0,1710 g des lufttrocknen Salzes verloren bei 100° 0,0043 g an Gewicht.
0,1667 g des getrockneten Salzes gaben 0,0446 g Pt.
0,1406 g des lufttrocknen Salzes lieferten 0,0362 g Pt.

Gefunden:	Berechnet für $(C_8H_9N_3O, HCl)^2PtCl_4$:
Pt 26,75%	Pt 26,47%
im getrockneten Salz	$[(C_8H_9N_3O, HCl)^2PtCl_4 + H^2O)$
Pt 25,75%	Pt 25,87%
im lufttrocknen Salz	
H_2O 2,51%	H_2O 2,39%.

2. Dibenzoylguanidin.

Diese Verbindung habe ich erhalten bei der Benzoylierung des Guanidinhydrochlorids nach der Methode von Schotten-Baumann. 1 g salzsaures Guanidin übergoß ich zu diesem Zwecke in einem Präparatenglas mit ca. 10 ccm 10%iger Natronlauge und fügte unter Umschütteln nach und nach soviel Benzoylchlorid hinzu, bis der Geruch danach bestehen blieb. Hierbei schied sich ein weißes Reaktionsprodukt in käsigen Flocken ab. Letzteres saugte ich ab und wusch es mit kaltem Wasser bis zum Verschwinden der alkalischen Reaktion aus. Nach dem Trocknen wurde es zerrieben, und aus absolutem Alkohol umkrystallisiert. Die erste Krystallisation bestand aus Nadeln; die Mutterlauge von denselben hinterließ dagegen einen weißen, kaum krystallinischen Rückstand.

Die Nadeln schmolzen nach dem Trocknen über H_2SO_4 bei 215°.

0,1660 g lieferten 0,3956 g CO_2 und 0,0678 g H_2O.

Gefunden:	Berechnet für Dibenzoylguanidin $C_{15}H_{13}N_3O_2$:
C 67,44%	C 67,36%
H 4,74 „	H 4,90 „.

Ein salzsaures Salz des Dibenzoylguanidins habe ich nicht erhalten. Als ich 0,5 g der Verbindung in absolutem Alkohol auflöste und der Lösung verdünnte Salzsäure bis zur sauren Reaktion zufügte, erhielt ich beim Verdunsten derselben Nadeln, welche keine Reaktion auf HCl zeigten und wie die ursprüngliche Verbindung bei 215° schmolzen.

Mitteilung aus dem pharmazeutischen Institut der Universität Strassburg i. E.

Eisenchlorid als Reagens auf Weinsäure, Oxalsäure und Zitronensäure.

Von L. Rosenthaler.

(Eingegangen den 3. VIII. 1903.)

Gelegentlich einer später zu veröffentlichenden Untersuchung über Fehling'sche Lösung bemerkte ich, daß dieselbe nach der Neutralisation mit Salzsäure einen gelben Niederschlag mit Eisenchlorid gab, wenn letzteres in großem Ueberschuß zu der erhitzten Flüssigkeit zugesetzt wurde. Die sehr naheliegende Vermutung, daß der Niederschlag ein weinsaures Eisenoxyd sei, konnte ich mit Hilfe der gewöhnlichen Reagentien beweisen, nachdem ich ihn durch Kochen mit Natronlauge zersetzt hatte. Andererseits konnte ich die in der mir zugänglichen Literatur nicht angegebene Tatsache feststellen, daß Eisenchlorid ein sehr brauchbares Reagens auf Weinsäure ist. Wenn man zu der heißen wässerigen Lösung eines neutralen Tartrats Eisenchloridlösung zutröpfelt, so bemerkt man zunächst an der Einfallsstelle der Tropfen einen gelben amorphen Niederschlag, der sich anfangs wieder löst und erst bei weiterem Zusatz von Eisenchlorid sich vollständig abscheidet. Der Niederschlag tritt noch in 0,1%iger Lösung ein, ist gut abzufiltrieren und löst sich leicht in Salz- und Schwefelsäure, schwer in Essigsäure. Auch in Alkalien ist er löslich, so in Ammoniak, Natronlauge und ohne Kohlensäure-Entwickelung in Natriumkarbonatlösung. Beim Erhitzen der beiden letzteren Lösungen tritt Abscheidung von Eisenhydroxyd ein; durch Zusatz von Weingeist wird der Vorgang beschleunigt.

Mit Oxalaten und Citraten gibt Eisenchlorid ebenfalls Niederschläge, allerdings nur in verdünnten Lösungen. So erhält man einen Niederschlag von der Farbe des Eisenhydroxyds, wenn man zu einer kochenden 0,1%igen Kaliumoxalatlösung 1—2 Tropfen Eisenchloridlösung fügt; der analoge Citrat-Niederschlag ist gelblichrot und tritt schon in 1%iger Lösung nicht mehr ein, während dies bei dem Oxalat noch der Fall ist. Weitere Unterschiede zeigen sich zwischen den drei Säuren, wenn man soviel Eisenchlorid zu ihren wässerigen Lösungen hinzugibt, daß die Säuren im Ueberschuß sind. Gibt man z. B. je 4 Tropfen einer 5%igen Eisenchloridlösung zu 2 g einer 25%igen Weinsäurelösung, so zeigt diese eine gelbe Färbung, die analog hergestellte

Oxalsäurelösung ist hellgrün, die Zitronensäurelösung bräunlichgelb gefärbt. Nimmt man statt der freien Säuren die neutralen Salze, so wird die Lösung des Tartrats braun, die des Oxalats grün, die des Citrats gelbgrün. Einige weitere Reaktionen der drei Säuren seien in tabellarischer Form wiedergegeben. Die Versuche mit den freien Säuren wurden mit den Flüssigkeiten angestellt, welche beim Erhitzen von 0,5 g Säure mit 5 Tropfen einer 5%igen Eisenchloridlösung resultierten. Bei den Versuchen mit den neutralen Salzen verwendete ich 25%ige Lösungen, denen ebenfalls 5 Tropfen derselben Eisenchloridlösung zugefügt war.

gibt mit	Eisenchlorid +			
	Weinsäure	Oxalsäure	Zitronensäure	
Rhodanammonium	Rotfärbung	Braunrotfärbung	Rotfärbung	Nach Zusatz von Salzsäure tritt auch bei Oxalsäure Rotfärbung ein.
Ferrocyankalium	Blaufärbung	Schwache Blaufärbung	Blaufärbung	
Jodzinkstärke	Blaufärbung	Keine Reaktion	Blaufärbung	Nach Zusatz von Salzsäure gibt Oxalsäure allmählich Blaufärbung.
Guajaktinktur	Grünfärbung	Keine Reaktion	Grünfärbung	

gibt mit	Eisenchlorid +			
	Tartrat	Oxalat	Citrat	
Rhodanammonium	Keine Reaktion	Keine Reaktion	Keine Reaktion	Nach Salzsäurezusatz Rötung, am wenigsten beim Oxalat.
Ferrocyankalium	Grauviolette Trübung	Grünfärbung	Gelbgrünfärbung	Nach Salzsäurezusatz tritt bei allen Flüssigkeiten Berliner Blau-Bildung ein
Jodzinkstärke	Keine Reaktion	Keine Reaktion	Keine Reaktion	Nach Salzsäurezusatz werden Tartrat- und Citratlösung blau, Oxalatlösung grünlichblau.
Guajaktinktur	Keine Reaktion	Keine Reaktion	Keine Reaktion	

Zur Erklärung dieser Reaktionen darf man annehmen, daß die drei untersuchten Säuren mit Eisenoxyd Verbindungen geben, die, wie es ja auch bei anderen organischen Eisensalzen der Fall ist (wohl wegen zu geringer Dissoziation), nicht im stande sind, die Reaktionen der anorganischen Eisenoxydsalze zu zeigen. Daß diese Reaktionen bei den Salzen erst nach Zusatz von Salzsäure eintreten, ist leicht verständlich. Die Zusammensetzung der Niederschläge, welche die drei Säuren mit Eisenchlorid geben, ihre eventuelle Verwendbarkeit zu quantitativen Bestimmungen und zu Trennungen bleibt noch zu untersuchen

Anzeigen.

Dieselben werden mit 40 Pfg. für die durchgehende und mit 25 Pfg. für die gespaltene Petitzeile oder deren Raum berechnet. **Beilage-Gebühr** für das Tausend der Auflage — z. Z. 4100 — Mk 10. Für Beilagen, welche nicht dem Format des „Archiv" entsprechen, bleibt besondere Vereinbarung vorbehalten.

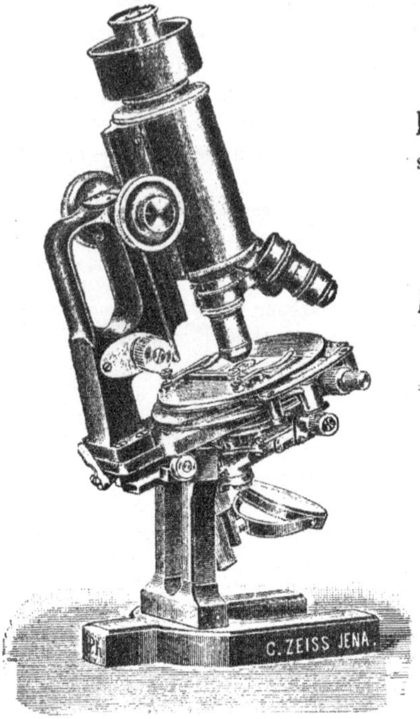

Mikroskope

für

praktische Aerzte u. **Apotheker**

sowie für alle spezial-wissenschaftlichen Zwecke.

Man verlange Katalog No. 8.

Mikrophotographische und Projektionsapparate.

Prospekt No. 131.

Carl Zeiss

Optische Werkstätte, Jena.

Berlin N.W., Dorotheenstr. 29.

London W., Margaret Street, Regent Street.

Wien IX, Ferstelgasse 1, Ecke Maximiliansplatz.

Frankfurt a. M., Kaiserstr. 16.

Hamburg, Rathausmarkt 8.

Diese Zeitschrift erscheint in zwanglosen Heften (in der Regel monatlich einmal) in einem jährlichen Umfange von 40 bis 50 Bogen. Ladenpreis für den Jahrgang Mk. 12,– .

Alle Beiträge für das „**Archiv**" sind an die

Archiv-Redaktion

Herrn Geh. Reg.-Rat Professor Dr. *E. Schmidt* in Marburg (Hessen) oder Herrn Geh. Med.-Rat Professor Dr. *H. Beckurts* in Braunschweig, alle die Anzeigen u. s. w., überhaupt die Archiv-Verwaltung und die Mitgliederliste betreffenden Mitteilungen an den

Deutschen Apotheker-Verein

Berlin C. 2, Neue Friedrichstr. 43

einzusenden.

Signirapp

allein. Erfindung des F

J. Pospisil, Stefa

Unbezahlbar zum vorschrif-
Signiren der Standgefässe
laden, Preisnotiren etc. liefe-
dauerhafte Schilder in al
kommenden Grössen in sc
rother und weisser Schrif
gratis. Andere Signirap
Nachahmungen.

Extr. Filicis Ph. G. IV.

Frisch bereitet.

Dr. Weppen & Lüders,

Blankenburg a. Harz. [5

Schweisshemmend
THEODOR HAHN'S
FLÜSSIGE FORMALINSEIFE
Fl. à 250 gr. Mk. 1.30 } durch die
" " 1000 " " 3.00 } Apotheken.
TH. HAHN & Co. Schwedt a. O. [6

Vorschriften

zur Selbstb eitung

pharma utischer Spezialitäten.

erausgegeben vom

Deutschen Apotheker-Verein.

Hinter jeder Druckseite eine leere Seite für Nachträge.

In geschmackvollem Umschlage.

Geheftet. Preis Mark 1,—.

von F NCET Glashütten-Werke

P LIN SO., Köpnickerstr. 54.

abrik und Lager

sämmtlic sse u. Utensilien für chem., pharmac. Gebrauch

Atelier für Emaille-Schriftmalerei

uf Glas- und Porzellangefässe.

Specialität: ichtung v. Apotheken, chem. Laboratorien etc.

Pr sverzeichnisse gratis und franco. [4

Druck von Dente as, Berlin C., Neue Friedrichstrasse 43.

ARCHIV

DER

PHARMAZIE

herausgegeben

vom

Deutschen Apotheker-Verein

unter Redaktion von

E. Schmidt und **H. Beckurts.**

Band 241. Heft 7.

BERLIN.

Selbstverlag des Deutschen Apotheker-Vereins.

1903.

Ausgegeben den 17. Oktober 1903.

INHALT.

Eingegangene Beiträge.

L. Rosenthaler, Ueber eine spontane Veränderung der Fehling'schen Lösung.

A. Tschirch und **G. Schmidt,** Ueber den Harzbalsam von Pinus Laricio Poiret.

W. Tichomirow, Untersuchungen über den russischen Safran.

(Geschlossen den 9. X. 1903.)

General-Katalog
für Apotheken
von Dr. Martin Fraenkel, Berlin.

Preis kartonniert Mark 4.—

Zu beziehen vom:

Selbstverlag des Deutschen Apotheker-Vereins
Berlin C. 2.

Arbeiten aus dem pharmazeutischen Institut der Universität Bern.

Untersuchungen über die Sekrete.

54. Ueber das Alban der Guttapercha.

Von A. Tschirch.

(Eingegangen am 28. VIII. 1903.)

Ueber die Zusammensetzung des Albans der Guttapercha besteht keine Uebereinstimmung. A. C. Oudemans[1]) gibt ihm die Formel $C_{10}H_{16}O$ resp. $C_{20}H_{32}O_2$, die neuerdings von Obach[2]) bestätigt wurde. Es fanden:

	Obach	Oudemans	
C =	78,96	78,87	78,95
H =	10,58	10,58	10,31.

Oesterle[3]) dagegen fand ganz andere Werte:

C =	83,66	83,80
H =	10,38	10,60

und er formuliert dementsprechend $C_{20}H_{32}O$ resp. unter Berücksichtigung der Molekulargewichtsbestimmung $C_{40}H_{64}O_2$.

E. H. von Baumhauer[4]) nimmt mehrere Körper an. Er betrachtet zwei Substanzen: $C_{10}H_{16}O$ und $C_{10}H_{16}O_2$ als nachgewiesen und meint, daß aus dem Kohlenwasserstoff, der Gutta, die er als das Primäre betrachtet und der er ebenso wie Oudemans die Formel $C_{10}H_{16}$ gibt, (Miller formuliert: $C_{20}H_{30}$) durch Einwirkung der Luft eine ganze Reihe von Oxydationsstufen entstehen. Auch Payen[5]) fand, daß die sauerstofffreie Gutta der Luft, dem Licht und Temperatur-

1) Scheik. Onderz. II deel 3 Stuk. Onderz. 291; Rep. chim. appl. I, pag. 455; Jahresb. d. Chem. 1859, 517.

2) Cantor lectures on Gutta Percha by Dr. Eug. Obach. Soc. for the encourag. of arts etc. London 1898 p. 21; diese Publikation ist auch deutsch erschienen bei Steinkopff & Springer 1899. Eine holländische Uebersetzung des Kolonial-Museums in Haarlem erschien 1898 bei Bussy in Amsterdam.

3) Tschirch und Oesterle, Studien über die Guttapercha, Arch. d. Pharm. 1892, S. 653.

4) Journ. f. prakt. Chem. 78 (1859), S. 277, Chem. Zentrbl. 1860, 186. Jahresb. d. Chem. 1859, S. 518.

5) Rep. chim. appl. I, 517. Jahresb. d. Chem. 1859, S. 519.

änderungen ausgesetzt, sauerstoffhaltig und alkohollöslich wurde. Aehnliche Beobachtungen machten A. W. Hofmann (1857), Miller[1]), Tschirch und Oesterle, Ramsay und andere.

Uebrigens ist bereits Arppe[2]) der Ansicht, daß durch Oxydation des Kohlenwasserstoffes an der Luft mehrere Oxydationsprodukte entstehen. Er isolierte sechs aus der Guttapercha:

α-Harz	—	
β-Harz	= $C_{40}H_{62}O_6$	kryst.
γ-Harz	= $C_{40}H_{62}O_3$	amorph.
δ-Harz	= $C_{40}H_{48}O_8$	amorph.
ε-Harz	= $C_{40}H_{62}O_{16}$	amorph.
ζ-Harz	= $C_{40}H_{62}O$	amorph.

Auch ich[3]) habe dieser Tatsache und den Ergebnissen der Verbrennungen und Molekulargewichtsbestimmungen Rechnung tragend angenommen, daß es mehrere Albane und mehrere Fluavile gibt, die sich im Sauerstoffgehalte unterscheiden, aber nicht immer neben einander vorkommen, sondern sich vertreten. Ich reihte diese Körper unter die Resene ein, unterschied sie durch die griechischen Buchstaben und formulierte:

α-Alban (Oesterle) . . .	$C_{40}H_{64}O_2$
β-Alban (z. Z. unbekannt)	($C_{40}H_{64}O_3$)
γ-Alban (Obach)	$C_{40}H_{64}O_4$
α-Fluavil (Oudemans) . .	$C_{40}H_{64}O_2$
β-Fluavil (Obach) . . .	$C_{40}H_{64}O_3$
γ-Fluavil (Oesterle) . . .	$C_{40}H_{64}O_4$.

Neuerdings ist es Ramsay, Harr. Chick und Frank Collingridge gelungen[4]) aus sehr alter Guttapercha ein Alban zu isolieren, welches sie in einen krystallisierenden und einen amorphen Teil spalten konnten, die folgende Zahlen lieferten:

	kryst. Alban (Nadeln)	amorph. Alban
	F. 201—204°	F. 190—197°
	$C_{17}H_{26}O$	$C_{17}H_{28}O$
verdoppelt	$C_{34}H_{52}O_2$	$C_{34}H_{56}O_2$,

$C_{34}H_{52}O_2$ würde ein Homologes des α-Alban (Oesterle) $C_{40}H_{64}O_2$ sein.

---

[1]) Journ. f. prakt. Chem. 47, 380. Jahresb. d. Pharm. 1866, 62.

[2]) Journ. f. prakt. Chem. 1851, 53, S. 171.

[3]) Tschirch, Harze und Harzbehälter 1900, S. 325.

[4]) Journ. Soc. chem. Industrie 1902, S. 12, des mir freundlichst von Sir William übersandten Separatabdruckes.

Ramsay und seine Mitarbeiter fanden für Krystallalban:

$$C = 82{,}74 \quad 82{,}63$$
$$H = 10{,}87 \quad 11{,}00$$

(die Kohlenstoffzahlen liegen zwischen denen von Oudemans und Obach [78,96] und denen von Oesterle [83,66]). Für das amorphe Alban fanden sie:

$$C = 81{,}88 \quad 82{,}47$$
$$H = 11{,}21 \quad 11{,}24.$$

Da mir ein ganz altes, beim Zerreiben pulverig zerfallendes Stück Guttapercha, das schon mindestens 20 Jahre in der Sammlung des pharmazeutischen Institutes lag, zur Verfügung stand, haben wir dieses mit der gewöhnlichen Handelsguttapercha verglichen.

Untersucht wurde zunächst nur der Albananteil, d. h. die in heißem Alkohol löslichen, beim Erkalten ausfallenden Anteile.

Alban aus alter, pulverig zerfallender Guttapercha.

Das die Form eines Backsteins besitzende Stück war außen graubräunlich, innen fast weiß, zerbrach leicht in schalenförmige Stücke und ließ sich in ein feines Pulver zerreiben. Das Pulver war fast weiß. 180,0 dieser Guttapercha lieferten ungefähr 55 g Rohalban.

Das Pulver wurde zur Darstellung des Albans in einem Kolben am Rückflußkühler mit 96% Alkohol je ca. 4—5 Stunden gekocht und siedend heiß filtriert. Sobald der Alkohol siedet, schmilzt die Guttapercha, wodurch die Extraktion sehr erschwert wird. Das Schmelzen tritt um so rascher ein je weiter die Extraktion vorschreitet. Wir haben daher nach jeder Extraktion die weiche Masse aus dem Kolben genommen, zwischen zwei Glasplatten gepreßt und das Blatt mit der Scheere in feine Streifen geschnitten. Diese wurden dann zur folgenden Extraktion verwendet.

Die Extraktion von 180 g Guttapercha mit je 1 kg starkem Alkohol wurde 16 mal wiederholt. Erst dann war das Produkt gänzlich erschöpft.

Die Filtrate wurden gesondert gehalten und nicht mit einander vereinigt. In die ersten vier Auszüge, die stark gelb gefärbt sind, geht das gesamte in kaltem Alkohol bekanntlich leicht lösliche Fluavil, die späteren Auszüge enthalten nichts mehr davon. Beim Erkalten der heiß filtrierten Auszüge fällt das Alban krystallinisch aus. Aus dem ersten Auszuge fällt es schmierig und gelblich, aus den drei späteren heller, schließlich ganz weiß. Wie die mikroskopische Untersuchung zeigt, ist das auskrystallisierende Produkt auch dann kein einheitlicher Körper, wenn man die Krystallisation fraktioniert vor sich gehen läßt, d. h. wenn man ganz langsam erkalten läßt und alle Stunden die Abscheidungen sammelt. Das mikroskopische Bild zeigt neben ganz farblosen Blättchen Sphaerite mit leicht gelblichem Ton. Je weiter die Extraktion vorschreitet, umsomehr treten die Sphaerite gegen die Blättchen und Nadeln zurück, vom elften Auszuge an scheiden sich keine Sphaerite mehr beim Erkalten ab, sondern nur noch Blättchen. Der sechszehnte Auszug liefert beim Abkühlen große 3—4 mm lange Krystallblättchen.

Die Menge des Albans nimmt natürlich je weiter die Extraktion vorschreitet immer mehr ab. Während der erste Auszug ca. 22 g Alban lieferte, gab der sechszehnte nur noch 0,5 g.

Der Schmelzpunkt der einzelnen Ausscheidungen schwankt stark. Er ist nie scharf, nur die letzten Auszüge geben Krystalle mit ziemlich scharfem Schmelzpunkte.

Krystallisiert man die einzelnen Abscheidungen um, so erhält man zunächst noch keine konstanten Schmelzpunkte und kein reines mikroskopisches Bild.

Die ersten Abscheidungen schmelzen bei 115—130°,
die zehnte Abscheidung schmilzt bei 194—200°,
die sechszehnte Abscheidung schmilzt bei 225—226°.

Alle zeigen neben Krystallblättchen Sphaerite. Setzt man jedoch unter Benutzung der Methode der fraktionierten Krystallisation der langsam erkaltenden Lösung die Umkrystallisierung zehn- bis zwanzigmal fort, so erhält man schließlich scharfe Schmelzpunkte und ein reines mikroskopisches Bild.

Sphaeritalban.

Da die Abscheidungen der ersten fünf Auszüge fast nur Sphaerite und nur wenige Krystallblättchen enthielten, wurden diese vereinigt und zwölfmal aus siedendem Alkohol umkrystallisiert. Der Körper scheidet sich in Form weißer Kugeln ab, die scharf bei 152° schmelzen, sich aber schon bei 135° stark zusammenziehen. Der Schmelzpunkt bleibt auch nach mehrmaligem Umkrystallisieren scharf.

Die Analyse ergab folgende Zahlen:
0,1264 Substanz liefert 0,3826 CO_2 und 0,1138 H_2O
0,1372 „ „ 0,4150 „ „ 0,1247 „.

	Gefunden:		Im Mittel:	Berechnet für $C_{15}H_{22}O$ oder $C_{30}H_{44}O_2$:
C =	82,55	82,49	82,52	82,54 %
H =	10,00	10,09	10,05	10,09 „.

Die Substanz ist in kaltem Alkohol schwer, in heißem leicht löslich, sehr leicht löslich auch in Aether, Chloroform, Aceton, Benzol, Toluol, unlöslich in Wasser und Alkalien.

Die Lösung in Aether-Alkohol dreht die Ebene des polarisierten Lichtstrahles nicht.

Wegen der Eigenschaft sich aus Alkohol stets in kleinen Sphaeriten abzuscheiden wurde der Körper Sphaeritalban genannt. Die Sphaerite besitzen, unter dem Mikroskop bei starker Vergrößerung betrachtet, einen gelblichen Ton.

Krystallalban.

Die Krystallblättchen lassen sich am reinsten aus den Abscheidungen der letzten Auszüge, des elften bis sechzehnten gewinnen, die unter dem Mikroskope fast keine Sphaerite erkennen lassen. Sie fehlen den Abscheidungen der ersten Auszüge fast ganz, treten aber in allen späteren neben den Sphaeriten auf. Diese Abscheidungen sind selbst in siedendem Alkohol nur schwer löslich. Durch mehrmaliges Umkrystallisieren erhält man perlmutterglänzende 3—4 mm lange farblose Blättchen, die auch nach wiederholtem Umkrystallisieren scharf bei 227,5—228^0 schmelzen. Wegen dieses hervorragenden Krystallisationsvermögens mag der Körper Krystallalban genannt werden.

Aus den letzten Auszügen erhielten wir im ganzen ca. 2 g reine Substanz.

Die Analyse ergab folgende Zahlen:

0,2008	Substanz	gaben	0,6231 CO_2	und	0,1690	H_2O
0,2014	„	„	0,6258 „	„	0,1714	„
0,2031	„	„	0,6315 „	„	0,1735	„
0,2042	„	„	0,6347 „	„	0,1727	„.

	Gefunden:				Im Mittel:	Berechnet für $C_{19}H_{26}O$:	$C_{20}H_{28}O$:	$C_{60}H_{80}O_3$:
C =	84,63	84,76	84,80	84,77	84,74	84,44	85,10	84,90%
H =	9,35	9,45	9,48	9,39	9,41	9,06	9,57	9,43 „.

Das Krystallalban wurde nach 2 Monate langem Liegen an der Luft nochmals der Elementaranalyse unterworfen und folgende Zahlen erhalten:

0,2267 Substanz gaben 0,7041 CO_2 = 84,71% C
0,1918 H_2O = 9,41% H.

Es hatte sich also durch Liegenlassen an der Luft nicht verändert.

Zur Entscheidung der Molekulargröße wurden die folgenden Bestimmungen nach der Beckmannschen Siedepunktsmethode mit Aceton als Lösungsmittel vorgenommen.

Siedepunkt des Acetons = 56^0; molekulare Siedepunktserhöhung für Aceton = $16,941^0$.

Substanz in Gramm	Gesamt-substanz in Gramm	Gramm Substanz in 100 g Aceton	Konstanter Siedepunkt	Erhöhung pro Pastille in Graden	Erhöhung für Gesamt-substanz	Gefund. Mol.-Gew	Im Mittel gefunden
—	—	—	1,865	—	—	—	
0,1174	0,1174	0,4428	1,891	0,026	0,026	288,2	
0,1211	0,2385	0,9388	1,922	0,031	0,057	279,0	279,9
0,1612	0,3997	1,5077	1,970	0,048	0,105	277,5	
0,1190	0,5187	1,9566	1,981	0,011	0,116	285,7	
0,1031	0,6218	2,3447	2,013	0,032	0,148	269,0	

Das Gewicht des angewandten Acetons war = 26,5114 g.

Das Molekulargewicht von $C_{19}H_{26}O$ ist = 270, von $C_{20}H_{26}O$ ist = 282.

Molekulargewicht für Krystallalban nach der Gefrierpunktsmethode ergab abweichende Zahlen.

Lösungsmittel: Phenol = 10,0783 g, molekulare Gefrierpunktsdepression = 70.

Substanz in Gramm	Gesamt-substanz in Gramm	Prozent-substanz in 100 g Phenol	Konstanter Gefrierpunkt	Depression für Gesamt-substanz	Mol.-Gew. Gef.	Mol.-Gew. Im Mittel
—	—	—	1,475	—	—	
0,2149	0,2149	2,13	1,145	0,330	451	449,5
0,1686	0,3835	3,805	0,881	0,594	448	

Die Molekulargewichtsbestimmungen geben also keine klare Antwort.

Der Körper ist unlöslich in Wasser, in kaltem Alkohol ist er sehr schwer löslich, auch in heißem nicht leicht. Bei sehr langsamem Erkalten scheidet er sich daraus in farblosen Blättchen ab. In Aether ist er leicht löslich, ebenso in Chloroform und Aceton. Aus der heißen verdünnten Acetonlösung scheidet er sich in schönen 3—4 mm langen Prismen ab. In Wasser und Alkalien löst er sich nicht.

Nach Untersuchung von Dr. Hugi sind die Blättchen stark lichtbrechend, optisch positiv mit zwei optischen Achsen, jedoch sehr kleinem Achsenwinkel. Brechungsexponent ca. 1,7.

Die Lösung des Krystallalbans in Aetheralkohol dreht die Ebene des polarisierten Lichtstrahles nicht.

Die Abscheidung aus dem sechsten bis zehnten Auszuge enthielt Sphaerite und Krystallblättchen etwa im gleichen Verhältnis. Das Produkt wurde bei 45—50^0 so lange mit Alkohol ausgezogen, bis der

Rückstand den Schmelzpunkt 218° zeigte. Durch sehr oft wiederholtes Umkrystallisieren lieferte dieser Rückstand endlich einen Körper vom Schmelzpunkte 228°, der sich als identisch mit dem oben beschriebenen Krystallalban erwies. Die Ausbeute an Krystallalban betrug etwa 15 g.

Die von dem Rückstande abfiltrierten Auszüge ließen zunächst unreine Sphaerite fallen. Aber auch diese lieferten durch wiederholtes Umkrystallisieren ein reines Produkt. Der Schmelzpunkt der reinen Sphaerite lag wieder scharf bei 152°.

Albanan.

Die mit Alkohol vollständig extrahierte Guttapercha wurde nun in kaltem Chloroform gelöst und durch Filtration geklärt. Zur Lösung war eine bedeutende Menge Chloroform (ca. 4 kg) erforderlich. Von der Lösung wurde ein Teil des Chloroforms (ca. ¾) abdestilliert und die Lösung nun in zwei Liter Alkohol unter kräftigem Rühren einfließen gelassen; der größte Teil der gelösten Substanz scheidet sich hierbei sofort als zähe Masse ab. (Es ist dies die Gutta.) Die Fällungsflüssigkeit ist trüb und bleibt trüb auch nach dem Filtrieren. Läßt man die filtrierte Flüssigkeit stehen, so scheiden sich nach einiger Zeit Flocken ab, die, unter dem Mikroskop betrachtet, ganz kleine Haufwerke von feinen Krystallnadeln darstellen.

Da der Name „Alban" für die aus der heißen alkoholischen Lösung beim Erkalten auskrystallisierenden Körper reserviert werden soll, mag diese Substanz Albanan genannt werden.

Diese Nädelchen schmelzen bei 60—61°, sind in Alkohol gänzlich unlöslich, leicht löslich in Chloroform.

Leider war die erhaltene Menge zu gering, um eine Analyse von dem Körper machen zu können (vergl. weiter unten).

Die relativen Mengenverhältnisse der Bestandteile ergaben sich aus folgenden Ausbeuten:

Krystallalban	ca. 15,0,
Sphaeritalban	ca. 30,0,
Albanan	ca. 0,1.

Alban aus Handelsguttapercha.

Das verwendete Stück war frische Handelsguttapercha typischer Beschaffenheit, außen graubräunlich von Farbe, innen gelblich weiß und von weißen Schichten unregelmäßig durchzogen. Es ließ sich in Späne schneiden — die weicheren Stellen wie Seife — aber nicht pulverisieren.

450 g des in Späne zerschnittenen Materials wurden in ganz der gleichen Weise behandelt, wie oben bei der anderen Guttapercha be-

schrieben. Die Ausbeute an Alban betrug aber nur 42 g, also prozentual erheblich weniger als bei dem anderen Material.

Auch das Verhalten der Auszüge ist ein ganz anderes. Schon nach dem sechsten Auszuge nimmt heißer Alkohol nichts mehr auf. Alle Auszüge waren gelb gefärbt und setzten nach 24stündigem Stehen eine gelbe, ölig harzige Masse ab. Gießt man die überstehende Flüssigkeit von dieser ab und läßt die filtrierte Flüssigkeit stehen, so scheidet sich nach einigen Tagen krystallinisches Alban aus, das unter dem Mikroskope betrachtet aus einem Gemenge von Sphaeriten und Nadeln besteht.

Sphaeritalban.

Die abgetrennte ölig harzige Masse wurde mit Alkohol bei 40° im Wasserbade längere Zeit digeriert und dann filtriert. Die Filtrate schieden bei längerem Stehen ein Alban ab, das ausschließlich aus kleinen Sphaeriten bestand. Je länger die Extraktion dauerte, um so bröckeliger wurde die anfangs weiche Masse. Schließlich löste sie sich ganz in Alkohol bei 40° auf, und lieferte die Lösung beim Erkalten ebenfalls Sphaerite.

Nach wiederholtem Umkrystallisieren wurden Sphaerite mit scharfem Schmelzpunkt = 152° erhalten, die ein mikroskopisch reines Bild gaben.

Die Analyse gab folgende Zahlen:

0,1898 Substanz lieferte	—	CO_2 und	0,1764	H_2O
0,1927 „ „	0,5801	„ „	0,1831	„
0,1960 „ „	0,5911	„ „	0,1852	„.

	Gefunden:			Im Mittel:	Berechnet für $C_{15}H_{22}O$ oder $C_{30}H_{44}O_2$:
C =	—	82,10	82,24	82,17	82,54 %
H =	10,32	10,55	10,50	10,44	10,09 „.

Diese Sphaerite stimmten in allen ihren Eigenschaften mit den aus der pulverig zerfallenden Guttapercha isolierten, oben beschriebenen Sphaeriten überein.

Molekulargewicht für Sphaeritalban nach der Gefrierpunktsmethode.

Lösungsmittel: Phenol = 9,1812 g, molekulare Gefrierpunktsdepression = 70.

Substanz in Gramm	Gesamtsubstanz in Gramm	Prozentsubstanz in 100 g Phenol	Konstanter Gefrierpunkt	Depression für Gesamtsubstanz	Molek.-Gew. Gef.	Molek.-Gew. Im Mittel
—	—	—	1,480	—	—	
0,2053	0,2053	2,236	1,119	0,361	433	435,5
0,1884	0,3937	4,288	0,795	0,685	438	

$C_{30}H_{44}O_2$ verlangt = 436.

Isosphaeritalban.

Wie oben erwähnt, scheidet die von der ölig harzigen Abscheidung abgegossene Lauge beim Stehen ein unreines, aus Sphaeriten und Nadeln bestehendes Alban ab. Dies Gemisch löst sich ziemlich leicht bei 60° in Alkohol, in kaltem nur zum Teil. Es wurde deshalb einige Male mit kaltem Alkohol behandelt und filtriert. Aus dem Filtrate schieden sich Sphaerite ab und der Rückstand erschien nun reicher an Nadeln. Wurden diese bei 60° in Alkohol löslichen Nadeln fraktioniert krystallisiert, so wurde schließlich ein Produkt erhalten, welches unter dem Mikroskop betrachtet, nur aus Nadeln bzw. Nadelsphaeriten bestand und scharf bei 142° schmolz.

Die Analysen gaben folgende Zahlen:

0,2002 Substanz gab 0,6035 CO_2 und 0,1848 H_2O
0,2080 „ „ 0,6278 „ „ 0,1929 „.

	Gefunden:		Im Mittel:	Berechnet für $C_{15}H_{22}O$ oder $C_{30}H_{44}O_2$:
C =	82,21	82,32	82,265	82,54 %
H =	10,25	10,30	10,275	10,09 „.

Der Körper ist also isomer mit dem in Sphaeriten krystallisierenden. Sein Schmelzpunkt liegt um 10° niedriger. Isosphaeritalban ist optisch inaktiv.

Molekulargewicht für Isosphaeritalban nach der Gefrierpunktsmethode.

Lösungsmittel: Phenol = 10,8124 g, molekulare Gefrierpunktsdepression = 70.

Substanz in Gramm	Gesamtsubstanz in Gramm	Prozentsubstanz in 100 g Phenol	Konstanter Gefrierpunkt	Depression für Gesamtsubstanz	Molek.-Gew. Gef.	Molek.-Gew. Im Mittel
—	—	—	1,510	—	—	
0,2599	0,2599	2,40	1,122	0,388	432,9	433,9
0,1768	0,4367	4,04	0,814	0,696	435,0	

$C_{30}H_{44}O_2$ verlangt = 436.

Ein in Blättchen krystallisierender Körper von höherem Schmelzpunkt — über 200° — konnte aus der Handelsguttapercha nicht isoliert werden.

Albanan.

Die mit siedendem Alkohol vollständig erschöpfte Guttapercha wurde in Chloroform gelöst und dann wie oben bei der anderen Guttapercha beschrieben weiter behandelt. Sie verhielt sich hierbei gleich. Doch wurde der in Nadeln krystallisierende Körper in größerer Menge erhalten. Um diese Nadeln zu reinigen, wurden dieselben, die ja in Alkohol nicht löslich sind, mit Alkohol übergossen und solange Chloroform hinzugesetzt, bis eben Lösung eingetreten war. Aus diesem Chloroform-Alkoholgemisch krystallisiert das Albanan in feinen, farblosen Nädelchen, die beim Trocknen an der Luft sich zu einer plastischen Masse verfilzen. Sie schmelzen scharf bei 61°.

Die Analyse ergab folgende Zahlen:

0,2265 Substanz lieferte 0,7141 CO_2 und 0,2171 H_2O
0,2028 „ „ 0,6405 „ „ 0,1916 „.

	Gefunden:		Im Mittel:	Berechnet für $C_{30}H_{44}O$:	Berechnet für $C_{30}H_{42}O$:
C =	85,99	86,14	86,07	85,71	86,12 %
H =	10,649	10,498	10,57	10,47	10,04 „.

Das Albanan ist unlöslich in Alkohol und Aceton, leicht löslich in Chloroform, schwerer in Chloroform-Alkohol. Die Lösung in Aether-Alkohol dreht den polarisierten Lichtstrahl nicht.

Molekulargewichtsbestimmungen des Albanans nach der Gefrierpunktsmethode mit Phenol oder Nitrobenzol durchzuführen, war nicht möglich, da sich bereits kurz vor dem Erstarren des Lösungsmittels stets ein Teil des Albanans wieder ausschied.

Die relativen Mengenverhältnisse der Bestandteile ergaben sich aus folgenden Ausbeuten:

Krystallalban	—
Sphaeritalban	ca. 30,0
Isosphaeritalban	ca. 8,0
Albanan	ca. 1.0.

In der durch langes Liegen stark veränderten Guttapercha ist also weniger Albanan enthalten und das Isophaeritalban ist durch Krystallalban ersetzt. Die Normal-Guttapercha enthielt kein Krystallalban und relativ viel Albanan. Die Summe der Körper der Albangruppe ist bei der veränderten Guttapercha größer (ca. 45) als bei der Handelsguttapercha (ca. 39).

Vergleichen wir nun die Resultate, mit denen früherer Autoren, so ist zunächst festzustellen, daß weder Ramsay noch wir in der Albanreihe Körper aufgefunden haben, die weniger als 81 % Kohlenstoff enthalten, und daß der Kohlenstoffgehalt der Rohkrystallisationen steigt, wenn man sie durch Rekrystallisation reinigt. Das Alban von Oudemans und das von Obach waren daher wohl keine reinen Körper, da nirgends gesagt ist, daß sie durch wiederholte Krystallisation gereinigt wurden. Die Ramsay'schen Albane sind jedenfalls mit meinem

Sphaerit- oder Isosphaeritalban nahe verwandt — vielleicht (wenigstens das krystallisierte Alban) sogar dieselben Körper, wie ein Vergleich der Analysen-Mittelwerte lehrt.

Ramsay's kryst. Alban	Ramsay's amorph. Alban	Sphaeritalban aus alter Guttapercha	Sphaeritalban aus neuer Guttapercha	Isosphaerit-alban
C = 82,68	82,17	82,52	82,17	82,26
H = 10,93	11,22	10,05	10,44	10,27.

Da das Alban von Oesterle unter dem Mikroskope neben Blättchen auch Sphaerite zeigt, ist es erklärlich, daß die Analysen-Zahlen und auch der Schmelzpunkt des Oesterle'schen Albans zwischen denen des Krystallalbans und denen des Sphaeritalbans liegen.

Ordnet man die Körper nach ihrem Kohlenstoffgehalt, so erhält man folgende Reihe.

	C	H	O	Schmp.	
Gutta	88,18	11,75	—	—	amorph
Albanan	86,07	10,57	3,36	61°	Nadeln
Krystallalban . . .	84,74	9,41	5,85	228°	Blättchen
Sphaeritalban a) .	82,52	10,05	7,43	152°	Sphaerite
„ b) .	82,17	10,44	7,39	152°	„
Isosphaeritalban .	82,27	10,28	7,45	142°	Nadeln
Fluavil (Obach) .	80,79	11,00	8,21	—	amorph
„ (Oesterle)	77,73	10,11	12,16	82—85°	„

Nehmen wir an, daß der Kohlenwasserstoff das Primäre ist, so zeigt die Albanangruppe gegenüber dem Kohlenwasserstoff die geringste Oxydation, dann folgt die Albangruppe und am stärksten oxydiert ist die Gruppe des Fluavils. Man könnte also von Oxydationsstufen sprechen, vorausgesetzt, daß die Körper wirklich unter einander in so nahen Beziehungen stehen.

Tatsache ist, daß alte pulverig zerfallende Guttapercha sehr viel mehr alkohollösliche Bestandteile der Alban- und Fluavilgruppe enthält wie frische, und daß der Kohlenwasserstoff, die Gutta, an der Luft in einen oder mehrere alkohollösliche sauerstoffhaltige Körper übergeht.

Aber so einfach liegen die Verhältnisse doch nicht, daß etwa in einem Falle ein, im anderen zwei, im dritten drei Atome Sauerstoff aufgenommen werden, die Formeln deuten auf andere, offenbar kompliziertere Verhältnisse:

Gutta . . . . $C_{80}H_{48} = (C_{10}H_{16})_8$,
Albanan . . . . $C_{80}H_{44}O$,
Sphaeritalban . . . . . $C_{80}H_{44}O_2$.

Das Krystallalban steht vorläufig abseits:

Krystallalban . . . . . $C_{19}H_{26}O$ oder $C_{20}H_{26}O$.

Schreibt man seine Formel aber $C_{60}H_{80}O_8$ (die Analysenwerte stimmen auf diese Formel ausgezeichnet), nimmt man also eine weitere Polymerisation an, so tritt auch dieser Körper zu den übrigen in Beziehungen. Leider ergab die Molekulargewichtsbestimmung keine klare Antwort darauf, welche Formel definitiv anzunehmen ist. Wir werden die Sache aber weiter verfolgen.

Immerhin ist es auch jetzt schon nicht sehr gewagt, wenn man die Körper der Albangruppe als Oxypolyterpene, oder mit diesen nahe verwandte Körper, betrachtet. Sie stellen sich bei dieser Auffassung an die Seite der Resene, die ich auch als Oxypolyterpene betrachte — im Gegensatz zu den Resinolsäuren, die ich bekanntlich von einem Hydroreten ableite. In der Tat verhalten sie sich ganz wie Resene, z. B. wie jene Körper, die bei der Verharzung des Terpentinöls entstehen, und ich habe sie ja auch (vergl. weiter oben) unter die Resene eingereiht. Dementsprechend wäre die beim Liegen an der Luft vor sich gehende Veränderung der Guttapercha der „Verharzung“ der ätherischen Oele an die Seite zu stellen, die auf der Bildung von Oxypolyterpenen aus den Terpenen der Oele beruht. Von dem näheren Studium der Albane erwarte ich daher weitere Aufklärung über die noch so wenig bekannte Gruppe der Resene.

Legt man die Vorstellung, daß es sich bei den Körpern der Albangruppe um Oxypolyterpene handelt zu Grunde, so kann man die Formeln vorläufig folgendermaßen schreiben:

Albanan: $C_{80}H_{44}O$.

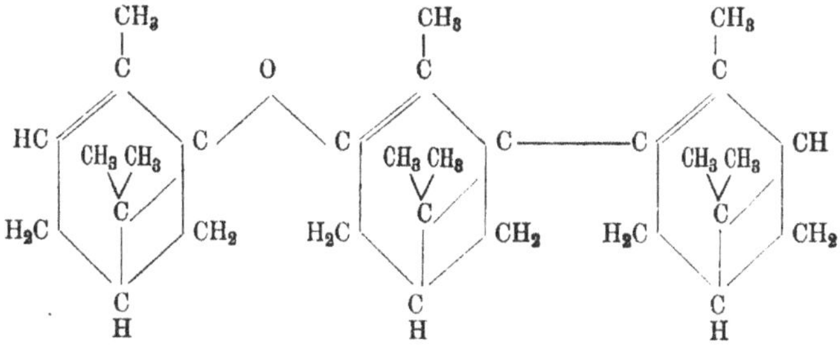

Sphaeritalban: $C_{30}H_{44}O_2$.

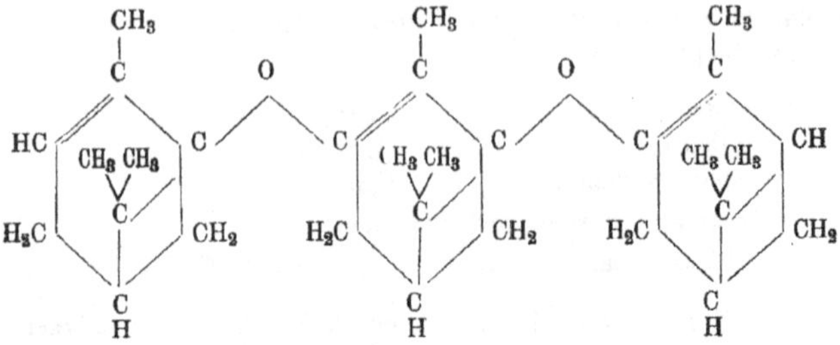

Krystallalban: $C_{60}H_{80}O_3$.

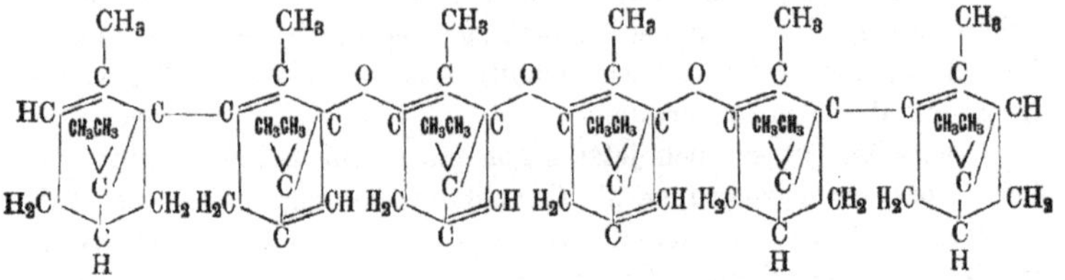

oder = $C_{40}H_{52}O_2$.

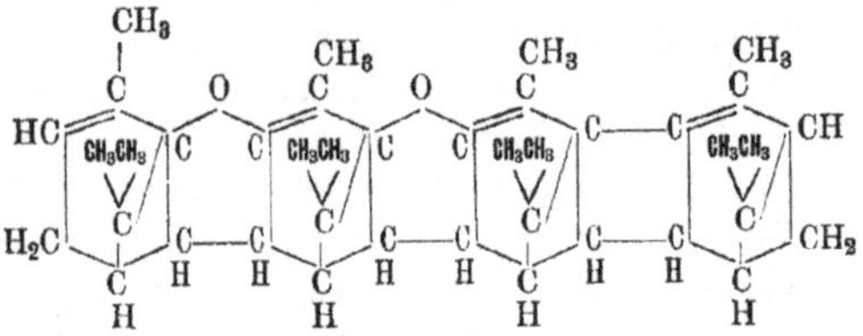

Schon aus diesen Formeln ist ersichtlich, daß die Zahl der möglichen Oxypolyguttaterpene eine sehr große ist. Es wäre daher nicht auffällig, wenn noch weitere Glieder dieser Reihe sowie zahlreiche Isomere in der Guttapercha aufgefunden würden. Solche weiteren Glieder dürften z. B. die Fluavile sein.

Man kann sich also vorstellen, daß das Krystallalban den Sphaeritalbankern enthält. Daraus ließe sich dann die ähnliche Schwefelsäurereaktion erklären. (Siehe weiter unten.)

Jedenfalls aber zeigen schon diese Formeln, daß die Zahl der in der Guttapercha zu erwartenden sauerstoffhaltigen Körper noch sehr viel größer ist, als die ist, welche wir bis jetzt kennen. Die Zahl der möglichen Oxypoly-Guttaterpene ist in der Tat eine sehr große, wie schon ein Blick auf obige Formeln lehrt.

	Albanan	Sphaeritalban	Isosphaeritalban	Krystallalban	Oesterle's Alban	Ramsay's Alban [1])
Schmelzpunkt	61°	152°	142°	228°	195°	201—204°
Krystallform unter dem Mikroskop betrachtet bei starker Vergrößerung.	Kleine Büschel und Drusen von Blättchen (und Nadeln).	Nur Sphaerite mit leichtem gelblichen Ton (auch aus Aceton in Sphaeriten).	Sphaerite mit und ohne Nadelausbildung am Rande. Oft besteht das Sphaerit ganz aus Nädelchen, aus Aceton: große farblose Blättchen.	Sehr große farblose Blättchen.	Große farblose Blättchen neben Sphaeriten mit gelblichem Ton. Die Sphaerite bestehen aus strahlig um einen Punkt gestellten Nädelchen.	Farblose Blättchen. Krystalltrümmer und oft große Sphaerite mit schwach gelblichem Ton.
Einige Krystalle auf dem Uhrglas mit konz. H_2SO_4 benetzt.	Sofort rotbraun, die Substanz wird nicht gelöst.	Sofort mit gelber Farbe gelöst.	Ebenso wie Sphaeritalban.	Nach kurzer Zeit Substanz gelb, allmählich gelöst.	Mit gelber Farbe gelöst.	Mit intensiv gelber Farbe gelöst
Dasselbe mit rauchender HNO_3.	Sofort rosa.	Erst nach einigen Minuten rot.	Nach kurzer Zeit rot.	Farblos.	Schwach rosa nach einiger Zeit.	Nach einer Minute sind rote Stellen bemerkbar.
Einige Milligr. Substanz in Chloroform gelöst u. mit konz. H_2SO_4 vorsichtig unterschichtet.	Nach einer Viertelstunde schwache rotbraune Zone an der Berührungsstelle.	Sofort gelbrote Zone. Die sich in die Schwefelsäure zieht und dieser grüne Fluorescenz verleiht. Chloroformschicht bald rosa.	Ebenso wie Sphaeritalban.	Nach einer Viertelstunde gelbrote Zone.	Nach einer Viertelstunde gelbbraune Zone.	Nach einer Viertelstunde gelbbraune Zone.
Nach 24 Stunden haben sich, wenn man noch etwas Chloroform hinzusetzt, bei allen drei Schichten gebildet.	Unten: farblose Schwefelsäure, darüber: gelbbraune Zone, Mittelschicht: sehr schwach rötlich, obere Schicht: farblos.	Unten: farblose Schwefelsäure, darüber: gelbbraune Zone, Mittelschicht: lebhaft violett, obere Schicht: fleischrot Meergrüne Fluorescenz in den oberen Schichten und in der gelbbraunen Zone.	Ebenso wie bei Sphaeritalban.	Unten: farblose Schwefelsäure, darüber: gelbbraune Zone, Mittelschicht: farblos oder sehr schwach rosa, obere Schicht: farblos.	Unten: farblose Schwefelsäure, darüber: rotbraune Zone, Mittelschicht: rötlich blau, oben: fast farblos. Schwache Fluorescenz in den beiden oberen Schichten.	Unten: farblose Schwefelsäure, darüber: starke, rotbraune Zone, Mittelschicht: stumpf violett, oben: fleischrote Schicht. Starke Fluorscenz in den beiden oberen Schichten.
Nach 2 Tagen.	Oben: farblos, Mitte: violett, unten: braun. Keine Fluorescenz.	Oben: fleischrot, Mitte: tief violett, unten: braun. Sehr starke Fluorescenz in allen Schichten.	Ebenso wie Sphaeritalban.	Oben: Licht rötlich, Mitte: Licht violett, Unten: braun. Schwache Fluorescenz in den oberen Schichten.	—	—

[1]) Ich verdanke der Güte von Sir William Ramsay eine Probe des von ihm dargestellten krystallinischen Albans. Er bezeichnet die Probe als noch nicht ganz rein.

Auf vorstehender Tabelle sind die Reaktionen der untersuchten Körper zusammengestellt.

Das Albanan verhält sich Reagentien gegenüber ganz anders als die Albane. Die Schwefelsäurereaktion der Chloroformlösung ist besonders für das Sphaeritalban und Isosphaeritalban ungemein charakteristisch. Die Fluorescenz tritt noch bei Anwendung von sehr geringen Mengen deutlich hervor. Durch diese Reaktion läßt sich — ebenso wie durch die mikroskopische Untersuchung — nunmehr mit Sicherheit sagen, daß sowohl das Alban Oesterle's wie die mir übersandte, noch nicht ganz reine Probe des Alban Ramsay's neben Krystallalban auch Sphaeritalban enthält. Ob dem Krystallalban die Fluorescenzreaktion in sehr stark abgeschwächtem Maße eigen ist, oder ob die beobachtete Reaktion minimen, nicht zu beseitigenden, durch Analysen- und Schmelzpunktdifferenzen nicht mehr nachweisbaren Spuren von beigemengtem Sphaeritalban zukommt, ist vorläufig noch nicht sicher zu entscheiden. Fluorescenzreaktionen sind bekanntlich außerordentlich empfindlich. Ich werde die Untersuchung fortsetzen.

Bei vorstehender Untersuchung wurde ich in vortrefflicher Weise durch meinen Assistenten, Herrn Dr. Kulka, unterstützt.

Arbeiten aus dem pharmazeutischen Institut der Universität Bern.

Untersuchungen über die Sekrete.

55. Ueber das amerikanische Kolophonium.

Von A. Tschirch und B. Studer.

(Eingegangen den 16. VIII. 1903.)

Die für die industrielle Kolophonium- und Terpentinölproduktion in Betracht fallenden Länder sind: Amerika, Frankreich, Rußland, Portugal, Spanien und Oesterreich.

Für den Groshandel von Bedeutung sind jedoch nur das amerikanische und das französische Produkt, und auch das letztere kommt kaum mehr zur Geltung neben der viel größeren amerikanischen Produktion.

Man kann sich aus folgenden Zahlen[1]) der Terpentinölgewinnung ein Bild machen von der gleichzeitigen Kolophon-Produktion: Im

[1]) Die äther. Oele v. E. Gildemeister u. Fr. Hoffmann, S. 307 u. ff.

Jahre 1897 wurden in Nord-Amerika 67500000 kg Terpentinöl produziert, wovon 50400000 kg ausgeführt wurden.

Französisches Kolophonium wird hauptsächlich im Lande selbst verbraucht, da die Einfuhr fremder Harzprodukte zur Unmöglichkeit gemacht worden ist. Frankreich, speziell das Departement des Landes, exportierte 1897 1937990 kg Oel.

Die russische und österreichische Produktion spielt keine Rolle. Sie ist auch nicht Gegenstand der Großindustrie und das entsprechende Kolophon ist im europäischen Handel nur selten anzutreffen. Vèzes[1]) gibt die Jahresproduktion an Harzprodukten folgendermaßen an: Südost-amerika 200000 *t*, Frankreich 55000 *t*, Zentral-Spanien ca. 2000 *t*.

Die vorliegende Untersuchung bezieht sich nur auf Kolophonium amerikanischer Herkunft, alle anderen Produkte wurden ausgeschieden.

Unter den speziell amerikanischen Kolophonium liefernden Koniferen, fallen nach Mohr's Ermittelungen hauptsächlich die folgenden 2 in Betracht, deren Terpentin bisweilen gemischt der Destillation unterworfen wird.

1. Pinus australis Michaux = Pinus palustris Mil. Long-leaf pine auf trockenem Grund.
2. Pinus heterophylla Elb. Cuban pine auf nassem Grund.

Die erstere ist von hauptsächlicher Bedeutung.

Daneben werden noch, aber selten, zur Harzgewinnung herbeigezogen:

Pinus ecchinata (Short-leaf pine),
Pinus Taeda (Loblolly pine),
Pinus scropita (Pond pine),

für die Großindustrie kommen diese Bäume aber nicht in Betracht.

Diese Koniferen bedecken meistens in gemischten Beständen große Flächen der südlichen und östlichen Staaten von Nord-Amerika: Nord- und Süd-Carolina, Georgia, Alabama, Virginia und hauptsächlich Florida.

Der Terpentin wird meist an den Sammelplätzen selbst in kupfernen Retorten der Wasserdampfdestillation unterworfen, und von da an die Hauptstapelplätze für Terpentinöl und Kolophonium, Vilmington (dem Hafen Nord-Carolinas), Savannah in Georgia, Mobile in Alabama am mexikanischen Golfe geschafft.

„Die großartige amerikanische Harzindustrie hat im östlichen Teile von Nord-Carolina schon im XVII. Jahrhundert begonnen. — Die Einfuhr des nord-amerikanischen Kolophoniums in Deutschland scheint im 2. Jahrzehnt vorigen Jahrhunderts begonnen zu haben"[2]).

[1]) Rev. des progrès réalisés dans l'étude chimiqeu etc. Monit. scientif. du Dr. Quesneville, 1902.

[2]) Flückiger, Pharmakognosie S. 107.

Die Art der Gewinnung des Terpentins weicht von der in Frankreich üblichen, die vor kurzem Herr Prof. Oesterle im Auftrage der Flückiger-Stiftung eingehend studiert und beschrieben hat[1]), ziemlich beträchtlich ab. Man schlägt in den unteren Teil des Baumes mit der Axt eine Vertiefung (box) und diese ist es, in die sich der Balsam von der allmählich nach oben erweiterten Wundstelle her ergießt[2]). Wie uns jedoch Herr Holmes Herty vor kurzem erzählte, macht die mit einigen Modifikationen[3]) von ihm in Amerika eingeführte französische Methode (Befestigen eines Topfes) in den Terpentindistrikten immer mehr Fortschritte und es steht zu erwarten, daß diese neue Cup-Methode, die unstreitig Vorteile bietet — der Mehrertrag beträgt 23% und Windbruch kommt fast nicht mehr vor — die alte Box-Methode allmählich verdrängen wird.

Die sehr umfangreiche Literatur des amerikanischen Kolophoniums übergehen wir an dieser Stelle. Wir verweisen auf Tschirch: „Die Harze und die Harzbehälter", Bornträger 1900, Vèzes, Revue des progrès réalisés dans l'étude chimique de la colophane. (Monit. scientifique du Dr. Quesneville XVI, p. 339 und 426, 1902) und die Dissertation von B. Studer, in der die Kolophon-Literatur ausführlich besprochen und kritisch gewürdigt wird.

I. Das Rohprodukt.

Das hauptsächlich zur Untersuchung herangezogene Kolophonium wurde vom Hause Caesar & Loretz in Halle bezogen, als garantiert von amerikanischer Herkunft.

Dasselbe stellte nuß- bis faustgroße hellgelbe Stücke dar, die ihrer Durchsichtigkeit halber sehr an Bernstein erinnerten. Die Oberfläche der Stücke war muschelig und weiß bestäubt. Das Pulver war rein weiß, und die alkoholische Lösung sehr wenig gelblich gefärbt.

Es löste sich gänzlich in den gewöhnlichen Lösungsmitteln wie Aether, Alkohol, Methyl- und Amylalkohol, Benzol, Chloroform, Terpentinöl, Toluol, Schwefelkohlenstoff. In Anbetracht der von Henriques und Fahrion, auf die Löslichkeit resp. Unlöslichkeit in Petroläther basierten neuen Untersuchungsmethode, wurde von diesem

---

[1]) Ber. d. pharm. Ges. 1901, 217.

[2]) Ausführlich beschrieben und durch Abbildungen erläutert in Charles H. Herty, a new method of Turpentine orcharding U. S. Dep. of agricult. Forestry Bull. 40, Washington 1903.

[3]) Dieselben sind in vorstehend erwähntem Bulletin 40 ausführlich beschrieben und durch Abbildungen erläutert.

und von anderen Kolophonsorten die Löslichkeit in Petroläther bestimmt und die Resultate in einer Tabelle zusammengestellt. Ein Teil des Materials verdanken wir Herrn Dr. Roßbach, dem wir an dieser Stelle bestens dafür danken. Das spezifische Gewicht des Versuchskolophoniums bei 15° betrug 1,090. Die alkoholische Lösung reagierte sauer.

Die Untersuchung des amerikanischen Kolophoniums war vor einigen Jahren Gegenstand einer Arbeit des Herrn Apotheker Casimir Hager. Leider mußte er schon ziemlich früh diese Studien Umstände halber fallen lassen. Herr Hager war nun so freundlich, uns seine bisherigen Resultate zur Verfügung zu stellen.

Es sind dies hauptsächlich eine Serie sehr sorgfältig ausgearbeiteter Säure- und Verseifungszahlen für 13 verschiedene Kolophoniumsorten. Auch überließ er uns ein Quantum der von ihm isolierten Rohsäuren zur Weiterverarbeitung, was immerhin einen ziemlichen Vorsprung gewährte, obschon die Arbeit von Grund auf wieder begonnen werden mußte.

Aus nachstehender Tabelle ist ersichtlich, 1. daß im allgemeinen die dunkleren Kolophoniumsorten höhere direkte Säurezahlen liefern, ohne indes höhere sog. Esterzahlen zu geben; 2. daß die Farbe des Harzes in keiner Beziehung steht zu der Löslichkeit resp. Unlöslichkeit in Petroläther.

Herr Hager, von dem, wie oben bemerkt, die Angaben über Säure- und Verseifungszahlen stammen, bemerkt dazu folgendes:

„Als Lauge gebrauchte ich eine $^{n}/_{2}$ alkoholische Kalilösung, und die Versuche wurden mit je 1 g Harz angestellt.

Für die indirekte Säurezahl, die, wie es Dieterich in seiner „Analyse der Harze“ befürwortet, bestimmt wurde, zog ich nur drei verschiedene Harze herbei und machte von jedem drei Bestimmungen, die aber, obgleich unter denselben Bedingungen gemacht, gar nicht mit einander übereinstimmten. Die Bestimmung der indirekten Säurezahl, in der von Dieterich vorgeschlagenen Weise, scheint demnach überflüssig zu sein.

Sowohl für die direkte Säurezahl, als auch für die Verseifungszahl, machte ich von jedem Harze je zwei Bestimmungen, die mit einander übereinstimmten.

Wiederholte Versuche haben gezeigt, daß es gleichgültig ist, wie lange das Harz mit der Lauge erhitzt wird. Es wurden bei 2-, 1- und $^{1}/_{2}$ stündigem Erhitzen auf dem Dampfbade am Rückflußkühler dieselben Zahlen erhalten, wie bei kurzem Aufkochen. Daher wurde kurz in der Weise verfahren, daß 1 g Kolophonium in 10 ccm Alkohol gelöst, mit 25 ccm alkoholischer $^{n}/_{2}$ Kalilauge versetzt, aufgekocht und sofort mit wässeriger $^{n}/_{2}$ Schwefelsäure zurücktitriert wurde. Als Indikator diente stets Phenolphthalein."

Soweit Hager.

Was die Lösungsversuche in Petroläther anbetrifft, so wurden diese in der Weise ausgeführt, daß man 4—5 g Kolophon sehr fein pulverte, ein Quantum genau abwog, mit kaltem Petroläther übergoß

	Säurezahl direkt		Verseifungszahl		Säurezahl indirekt		Petroläther unlöslich in Prozenten
	verbr. ccm KOH	D.S.-Z.	verbr. ccm H_2SO_4	V.-Z.	verbr. ccm H_2SO_4	I. S.-Z.	
1. Resina pini palustr., gesammelt in Georgia	5,2	146,01	19,4	157,24	—	—	—
2. Resina pini, palustr. gesammelt im Jahre 1897	5,3	148,82	19,1	165,67	—	—	—
3. Kol. Roßbach Marke WW (hellgelb)	5,6	157,24	18,9	171,28	—	—	3,7
4. Kol. Caesar & Loretz gelb (frisches Pulver)	5,7	160,06	18,7	176,96	18,4 17,9 18,6	188,36 199,36 179,71	9,3
Kol. Caesar & Loretz (altes Pulver)	5,1	144,50	17,99	196,28	—	—	69,0
5. Kol. Gehe & Co. hellbraun	5,95	167,07	18,9	171,28	18,0 19,1 19,0	196,56 165,67 168,48	—
6. Kol. Roßbach Marke G braun	5,6	137,24	18,4	165,32	—	—	—
7. Kol. Brückner, Lampe & Co.	4,85	136,18	18,6	179,71	—	—	—
8. Kol. Roßbach Marke H hellbraun	5,7	160,05	18,9	171,28	—	—	—
9. Kol. Roßbach Marke G hellbraun	5,6	157,24	18,9	171,28	—	—	—
10. Kol. Roßbach Marke F braun	5,9	165,67	18,6	179,71	—	—	—
11. Kol. Roßbach Marke E hellbraun (fr. Pulver)	5,7	160,05	19,0	168,48	—	—	3,9
Kol. Roßbach Marke E (altes Pulver)	5,15	154,28	17,92	198,24	—	—	34,0
12. Kol. v. Haaf (Col. rubr, dunkelbraun)	6,0	168,48	18,7	176,90	17,2 17,8 19,6	219,024 202,17 151,63	3,3
13. Kol. aus Chicago bezogen (braun)	5,6	157,24	6,2	173,60	7,3 6,75	205,24 189,0	—

und unter häufigem Umschütteln einige Tage in verschlossenem Gefäß stehen ließ. Die Lösung wurde sodann abfiltriert, der Rückstand auf dem Filter mit frischem Petroläther gut ausgewaschen, dasselbe sodann bei 100° getrocknet und der Rückstand unter Berücksichtigung des Filters gewogen.

Ein längeres Trocknen bei 100° ist unbedingt nötig, da diese unlöslichen Rückstände den Petroläther mit Hartnäckigkeit zurückhalten.

Unter „altem Pulver" verstehen wir im Gegensatze zu dem frisch bereiteten, solches, welches von größeren Stücken direkt aus dem Vorrat des Rohmaterials abgesiebt werden konnte. Dasselbe war in dieser Form mindestens 1 Jahr dem Einflusse der Luft ausgesetzt gewesen, was sich auch in seiner merklich höheren Unlöslichkeit dokumentierte.

Bitterstoff.

Dem bitterlich aromatischen Geschmacke des Harzes entsprechend, ließ sich auch aus dem Kolophonium ein Bitterstoff isolieren. Wir kochten das Harz mit Wasser, wobei es bei 70° erweichte und zu einer braunen zähen Masse sich am Boden des Gefäßes sammelte. Das überstehende Wasser war hell, braun gefärbt und hinterließ nach dem Eindampfen einen braunen, stark bitteren Rückstand, der sich in Alkohol, Aether etc. leicht löste, jedoch wie alle aus den Harzen isolierten Bitterstoffe keine Neigung zum Krystallisieren zeigte. Er reagierte neutral und ergab mit Eisenchlorid-, Bleiacetat- und Gerbsäurelösung die für Bitterstoffe typischen Reaktionen.

2. Methode der Untersuchung.

Zur Untersuchung des Kolophoniums wurde dieselbe Methode benutzt, die Tschirch und seine Schüler bei früheren Harzuntersuchungen erfolgreich angewendet hatten. Es ist dies das systematische Ausschütteln der ätherischen Harzlösung mit wässeriger Ammonkarbonat-, Soda- und Kalihydratlösung, jeweilen solange, bis die Alkalilösungen keine Harzsäuren mehr aufnehmen.

Wir lösten demgemäß 500 g mäßig zerkleinertes Kolophonium im nötigen Quantum Aether und filtrierten die Lösung in einen Scheidetrichter von ca. 5 *l* Inhalt. Alle Unreinigkeiten, wie Sand und kleine Holzreste, blieben auf dem Filter (ca. 0,5 g = 0,1 %) zurück.

Die fraktionierten Ausschüttelungen begannen wir mit 1 % Ammonkarbonatlösung, setzten sie fort mit 1 % Sodalösung um sie mit zuerst 1 %, später 10 % Kalihydratlösung abzuschließen. Bei jeder Aenderung der Ausschüttelungsflüssigkeit, wurde die ätherische Harzlösung, die zurückblieb, sorgfältig mit Wasser ausgewaschen, um sie von anhaftendem Alkali zu reinigen. Den auf diese Weise von den Harzsäuren befreiten Rückstand, befreiten wir durch Destillation vom Aether, und verarbeiteten ihn weiter auf Resen (s. unten).

3. Gang der Untersuchung.

a) Harzsäuren (Resinolsäuren).

Ausschüttelungen mit Ammonkarbonatlösung.

Die bisherigen Autoren, die nach oben beschriebener Methode gearbeitet hatten, waren im Falle gewesen, ihre Ammonkarbonatausschüttelungen nach ca. 150 maliger Wiederholung unterbrechen zu können, da die Lösung keine Säure mehr aufnahm. Allein schon Herr Hager berichtete, daß er über 200 mal ausgeschüttelt hätte, ohne das Harz absolut von der an Ammonkarbonat gehenden Säure, befreit zu haben.

So machten wir uns denn, in der Aussicht, durch diese Manipulation längere Zeit aufgehalten zu werden, an die Arbeit, allerdings mit dem Vorsatze, das Kolophonium, bis auf den letzten Rest, von an Ammonkarbonat gehender Säure zu befreien. Leider konnte, wie das Folgende zeigen wird, dieser Vorsatz wegen Zeitmangel und anderweitigen Ueberlegungen nicht ganz ausgeführt werden.

Wir schüttelten also die ätherische Kolophonlösung vorsichtig mit 1%iger Ammonkarbonatlösung aus — oder besser — um, da bei etwas zu heftigem Schütteln die beiden Schichten sich emulgierten und dann nur schwer wieder getrennt werden konnten. Nach vollständiger Klärung beider Schichten, was am Anfang ca. 1 Tag beanspruchte, später weniger (es geht um so schneller je mehr Aether im Scheidetrichter ist), wurde die untere wässerige Schicht in eine Porzellanschale abgelassen, und bis zum völligen Verschwinden des Aethers auf ein Dampfbad gestellt, nach dem Erkalten durch Watte filtriert und unter Umrühren in verdünnte Schwefelsäure gegossen. Dabei schied sich, wenn der Aether vollständig verjagt, die Lösung genügend abgekühlt und die Schwefelsäure stark genug gewesen war, die Säure in großen weißen Flocken ab, die sich oben auf der Flüssigkeit ansammelten, so daß man vermittelst eines Hebers die untenstehende Flüssigkeit entfernen konnte. Zum Auswaschen der überschüssigen Schwefelsäure, was sehr sorgfältig geschehen mußte, wurde einfach unter gutem Umrühren Wasser nachgegossen, bis das Abgeheberte nicht mehr auf Schwefelsäure reagierte.

Die Säure wurde sodann auf einem Filter gesammelt, und bei gewöhnlicher Temperatur, samt dem Filter auf Tontellern getrocknet.

Die ersten auf diese Weise hergestellten Ausschüttelungen ergaben eine gelblichweiße Säure, die folgenden wurden aber bald ganz rein weiß. Die ersten 20 Ausschüttelungen ergaben Ausbeuten von 0,8—1 g pro Ausschüttelung.

Wir versuchten nun, ob nicht mit stärkerer Ammonkarbonatlösung, vielleicht 10%iger, eine größere Ausbeute erzielt werden könnte. Die

Verhältnisse blieben jedoch genau gleich, und wir schüttelten also mit 1%iger Lösung weiter. Die Ausbeuten, die wegen ihrer voluminösen Beschaffenheit immer ziemlich reichlich erschienen, nahmen nun allmählich, aber sehr langsam ab.

So ergaben die Fraktionen von:

20—26	im Mittel	0,74	g
27—38	„	0,65	„
39—49	„	0,64	„
50—69	„	0,47	„
70—119	„	0,5	„
120—139	„	0,47	„
140—160	„	0,45	„
161—181	„	0,43	„
182—191	„	0,3	„
192—214	„	0,28	„
215—234	„	0,24	„
235—278	„	0,2	„
279—290	„	0,16	„
291—310	„	0,14	„.

Auf diese Weise nahmen die Ausbeuten sehr langsam ab, jedoch waren sie immerhin noch zu groß, um ignoriert zu werden.

Die	350	betrug	0,12	g
	375	„	0,12	„
	400	„	0,12	„
	425	„	0,11	„
	450	„	0,1	„
	475	„	0,1	„
	500	„	0,11	„.

Da die Ausbeute auch nach 600 Ausschüttelungen immer ziemlich konstant, auf 0,1 blieb, hörten wir doch endlich damit auf. Die Gesamtausbeute an Ammonkarbonatsäure die auf diese Weise erhalten wurde, betrug 260,0 g.

Es ist übrigens möglich, daß durch das lange fortgesetzte Ausschütteln eine Veränderung des Harzes Platz gegriffen haben kann, was sich auch äußerlich, durch das Dunklerwerden der Harzlösung dokumentiert.

Folgender Versuch, der angestellt wurde, um zu sehen ob nicht die Erschöpfung mit Ammonkarbonat beschleunigt werden könne, schlug ebenfalls fehl. Wir stellten uns nämlich, nach Maly's Vorschrift (Digestion des zerkleinerten Kolophons mit 70%igem Alkohol während mehrerer Tage, Abpressen des weißen, krystallinischen Rückstandes und Lösen in starkem Alkohol und unter Wasserzusatz umkrystallisieren) ein Quantum dieser sogen. Abietinsäure-Maly dar, lösten davon 10 g in Aether, und versuchten mit dieser Säurelösung die Ausschüttelungen. Allein, als nach der 150sten, die Ausbeuten immer noch fast gleichviel ergaben wie zu Anfang, d. h. 0,05—0,03, gaben wir diesen Versuch als nutzlos auf.

Die getrocknete, in Ammonkarbonat lösliche Säure, versuchten wir nun krystallinisch zu erhalten. Zu diesem Zwecke wurde als Medium die Mischung von Methyl- und Aethylalkohol, die sich für Harzsäuren bis dahin sehr gut bewährt hatte, benutzt.

Beim Eintauchen der Säure in den Alkohol, färbte sie sich zuerst grünlich, um sich darauf ziemlich dunkelbraun zu lösen. Nach längerem Stehen schied sich am Grunde des Becherglases eine dicke braune Schmiere ab, in welcher Krystalle eingeschlossen waren. Diese zu isolieren, machten wir sehr zahlreiche Versuche. Zuerst dachten wir mit einer anderen Krystallisierflüssigkeit besser zum Ziele zu gelangen. Es wurde versucht mit Methyl- und Aethylalkohol einzeln, konzentriert und verdünnt, Petroläther allein, oder in Verbindung mit einem oder beiden der obigen, um Luftabschluß zu bewirken, Essigsäure verdünnt und konzentriert, Amylalkohol, Aether, Aceton etc. Die Erfolge belohnten die angewendete Mühe keineswegs. In einigen Fällen schied sich wieder die braune, krystalleinschließende Schmiere ab, in anderen trocknete die Masse ohne Krystallbildung ein.

Wir versuchten nun die Krystalle durch Abpressen rein zu erhalten. Die braune Schmiere ging aber nicht in das Fließpapier, sondern blieb an dessen Oberfläche haften, und umgab hartnäckig die Krystalle, denen das Abpressen auch nicht zum Vorteil gereichte, indem sie teilweise wieder zerflossen. Die Schmiere auf einer Siebplatte an der Saugpumpe mit starkem Alkohol abzuwaschen, gelang schon besser, indem sie sich schneller löste als die Krystalle, so daß diese auf der Siebplatte zurückblieben, während die gelöste Schmiere in die Saugflasche ging. Allein ganz unlöslich waren die Krystalle eben auch nicht, und bis alle braunen Beimengungen abgewaschen waren, war von den Krystallen nur ein kleiner Rest noch sichtbar, der noch nicht einmal analysenrein war.

Wir abstrahierten deshalb von der Krystallisation der Gesamt-Ammonkarbonatsäure, und versuchten ob man durch Abtrennung mit Bleiacetat zu besseren Resultaten gelangen könne, machten aber zuvor noch einige Versuche mit Petroläther.

Mit Rücksicht auf die Beobachtungen Fahrion's, Henrique's u. a. sowie auch auf unsere, mit unserem Kolophonium angestellten, versuchten wir, ob sich nicht vielleicht diese Säure durch Petroläther in den krystallisierenden und den amorphen, schmierigen Anteil werde zerlegen lassen.

Wir verschafften uns zu diesem Zwecke Petroläther, der bei 60° siedete. In einem Erlenmeyerkolben, mit aufgesetztem Steigrohr, wurde die Säure mit dem Petroläther auf dem Dampfbade ausgekocht, und nach je 5 Minuten langem Kochen der Petroläther abfiltriert und durch neuen ersetzt. Dieses Verfahren wurde so lange fortgesetzt, bis Petroläther nichts mehr löste, was leicht festgestellt werden konnte, indem man einen Tropfen auf einem Uhrglase verdunsten ließ.

Der Rückstand im Kolben war gelblich-braun, firnisartig. Wir lösten denselben in Aether und schüttelten diese Lösung mit 1%iger NaOH-Lösung aus und gossen die wässerige Lösung nach Verjagen des Aethers wie oben in angesäuertes Wasser. Die Säure fiel wieder in weißen Flocken aus, die gewaschen, gesammelt und getrocknet wurden. Diese so getrocknete Säure wurde nun wieder mit Petroläther behandelt, analog wie früher. Dabei zeigte es sich, daß dieser wieder von der Säure löste, aber auch nur eine Zeit lang, und wieder einen gleichen Rückstand hinterließ, der wieder in Aether gelöst, mit NaOH ausgeschüttelt und wie oben behandelt wurde. Die wieder gewonnene Säure wurde von neuem mit Petroläther ausgezogen. Dieses Verfahren wurde so lange wiederholt, bis im Kölbchen nur ein sehr kleiner Rückstand übrig blieb, der sich zur weiteren Verarbeitung nicht mehr lohnte.

Die ersten Petroläthermengen die abgeschüttet wurden, waren jeweilen weiß getrübt und gingen auch trübe durch das Filter. Die späteren Auszüge waren, weil sie weniger Säure enthielten, klar.

Beim Erkalten der gesammelten Auszüge setzte sich am Boden des Gefäßes ein weißer, kleinkörniger Niederschlag ab, der indes keine deutliche krystallinische Struktur zeigte.

Wir versuchten diese Abscheidungen auf einem Filter zu sammeln, allein es erwies sich, daß dieselben darauf zu einer firnisartigen Masse zusammenliefen, die nicht gefaßt werden konnte.

Der von diesen Abscheidungen abfiltrierte Petroläther, der selbst nach wochenlangem Stehen nur mehr minime Abscheidungen zeigte, wurde mit 1% Natronlauge ausgeschüttelt, durch Erwärmen der mitgerissene Petroläther verjagt und die Säure wieder mit angesäuertem Wasser gefällt. Sie schied sich wieder in weißen Flocken aus, die gesammelt, gewaschen und getrocknet und wieder frisch mit Petroläther behandelt wurden, um womöglich größere Ausbeuten der oben erwähnten Ausscheidung zu erhalten, die dann hätte gesammelt werden können, welche Voraussetzung sich aber nicht bewahrheitete.

Hingegen zeigte bei dieser Behandlung mit Petroläther obige Säure, die also doch vollständig darin gelöst gewesen war, wieder dasselbe Verhalten gegen Petroläther, wie die ursprüngliche, d. h. sie löste sich jeweilen auch nur teilweise und konnte nur durch langwieriges Wiederausfällen in Lösung gebracht werden.

Die Ammonkarbonatsäure scheint also in Petroläther vollständig löslich zu sein, welche Fähigkeit aber durch die Art wie die Säure selbst bei der mäßigen Erwärmung auf 60° firnisartig zerfließt, bedeutend beeinträchtigt wird.

Die Säure, die nach jedem Ausfällen in angesäuertem Wasser flockig ist, bietet dem Lösungsmittel viel Angriffspunkte dar, die sich aber infolge der Erwärmung verlieren, und die blasig-firnisartige Masse verhindert nun jedes Eindringen des Petroläthers. Für die Krystallisation der Säure nützte diese langwierige Petroläther-Behandlung nichts, hingegen diente sie als Reinigungsmittel, da beigemischtes Resen, Staub etc. daraus eliminiert wurde.

Behufs Trennung mit Bleiacetat wurde folgendermaßen verfahren.

Es wurde ein beträchtliches Quantum Säure in Alkohol gelöst und die Lösung mit einer konzentrierten alkoholischen Bleiacetatlösung versetzt. Sofort entstand ein voluminöser, gelatinöser Niederschlag. Anfangs gelblich, wurde er zum Schlusse, nach genügender Zugabe von Bleiacetatlösung, fast weiß. Er wurde auf einem Faltenfilter gesammelt, indem man so schnell als möglich filtrierte, um die Bildung von Bleikarbonat durch die Einwirkung der Luft auf das überschüssige Bleiacetat in der Lösung zu verhindern. Das Filtrat wurde in gut verschlossenem Gefäße, während 24 Stunden beiseite gesetzt, nachdem wir durch nochmalige Bleiacetatzugabe uns überzeugt hatten, daß ein Ueberschuß an letzterem vorhanden sei.

Der gesammelte Niederschlag wurde mit frischem Alkohol sorgfältig ausgewaschen, indem man nur die erste Waschflüssigkeit mit der filtrierten Lösung vereinigte, den Rest aber verwarf, um die Lösung nicht allzu sehr mit Alkohol zu verdünnen, was die spätere Fällung erschwert hätte.

Diese Waschungen wurden fortgesetzt, bis ein Tropfen des Ablaufenden in Wasser keine Trübung mehr hervorrief, also keine Harzsäure mehr mit sich führte.

Durch allmähliches Eintragen in mit Schwefelsäure versetzten Alkohol zersetzten wir den Niederschlag. Bleisulfat schied sich in kleinen Flocken ab, und wurden so schnell als möglich von der in Alkohol gelösten Säure abfiltriert, um die Dauer der Einwirkung der überschüssigen Schwefelsäure auf die Harzsäure so viel als möglich abzukürzen.

Das so erhaltene Filtrat, das eine schwefelsäurehaltige Harzsäurelösung darstellte, wurde unter Umrühren in Wasser geschüttet, wobei sich die Säure wie oben in voluminösen, schneeweißen Flocken abschied, die, wie bei der Ammonkarbonatsäure angegeben, gewaschen und getrocknet wurden.

Von der vom unlöslichen Bleisalze abfiltrierten Lösung goß man eine kleine Menge in unangesäuertes destilliertes Wasser um nachzuweisen, ob es sich hier um ein lösliches Bleisalz handele, oder ob überhaupt kein Bleisalz gebildet worden sei. Es schieden sich weiße Flocken aus, die gesammelt, vom überschüssigen Bleiacetat durch Auswaschen getrennt und getrocknet wurden. Diese versetzte man in alkoholischer Lösung mit Salpetersäure um ein allfälliges Salz zu zersetzen und die Harzsäure zu lösen. Diese Lösung wurde wieder in Wasser gegossen wo nun von neuem ein weißer flockiger Niederschlag entstand, während allfällig gebildetes Bleinitrat in Lösung gegangen wäre. In dem Filtrate dieser Lösung konnte jedoch weder mit Schwefelwasserstoff noch durch chromsaures Kali Blei nachgewiesen werden.

Die Ammonkarbonatsäure läßt sich also in zwei verschiedene Teile spalten, von denen der eine mit Blei ein unlösliches Salz bildet, während der andere kein Bleisalz bildet.

Wir werden die erstere als α-, die letztere als β-Abietinsäure bezeichnen.

α- und β-Abietinsäure.

Dieselben stellen beide ein weißliches (die α-Säure ist rein weiß, die β-Säure gelblich), lockeres, geschmack- und geruchloses Pulver dar. Sie krystallisieren beide aus Alkohol in glänzenden Aggregaten von farblosen, rhombischen, tafelförmigen Krystallen.

Die Krystallisation dieser, wie überhaupt aller der hier zu erwähnenden Harzsäuren bildet ziemliche Schwierigkeiten. Die Säuren krystallisieren an und für sich nicht leicht und nur selten rein. Um zu einer für Analysen brauchbaren Säure zu gelangen, bedarf es vieler sorgfältiger Umkrystallisationen, durch welche die Menge der Substanz bedeutend verringert wird. Dazu kommt noch, daß sich die Säuren bei längerem Stehen in der alkoholischen Lösung verändern, und anstatt als Krystalle als braune Schmieren ausfallen. Es war uns aus diesen Gründen nicht möglich so viel analysenreines Material herzustellen als wir zu Salzbildungen, Acetylierungen etc. gewünscht hätten. Wir mußten uns deshalb auf die wichtigsten Reaktionen beschränken.

Die Schmelzpunkte der beiden Säuren liegen sehr nahe bei einander, die α-Säure wird bei 143° weich und ist bei 155° völlig geschmolzen, die β-Säure wird bei 145° weich und ist bei 158° völlig geschmolzen.

Da diese beiden Schmelzpunkte konstant blieben und da die beiden Säuren völlig farblose Lösungen in Alkohol ergaben, nahmen wir an, daß dieselben analysenrein seien. Man setzte sie deshalb, nachdem die gewonnenen Krystalle zwischen gehärtetem Filtrierpapier gut abgepreßt worden waren, fein gepulvert während einiger Tage über Schwefelsäure und trocknete sie sodann im Dampftrockenschrank sehr vorsichtig bei 100°.

Setzt man nämlich diese und ähnliche Säuren, ohne sie vorher eine Zeit lang über Schwefelsäure getrocknet zu haben, direkt in den Dampftrockenschrank, so nehmen sie im besten Falle einen gelblichen Ton an, können aber auch total zerfließen und verderben.

Säure- und Verseifungszahlen.

In Anbetracht, daß unser Vorrat an analysenreiner Säure sehr beschränkt war, mußten wir uns zu diesen Versuchen mit möglichst kleinen Proben begnügen. Um dennoch nicht allzugroße Analysenfehler zu erhalten, arbeiteten wir mit $^{n}/_{10}$ Kalilauge und ebenso mit $^{n}/_{10}$ Schwefelsäure. Wir gingen dabei aus von je 0,2 g Substanz.

α-Abietinsäure.

Säurezahl, direkt:

0,2 verbrauchten 6,30 ccm $^{n}/_{10}$ KOH = 176,40.

Säurezahl, indirekt:

0,2 verbrauchten 6,35 ccm $^{n}/_{10}$ KOH = 178,08.

Verseifungszahl, heiß (2 Stunden):

0,2 verbrauchten 8,76 ccm $^{n}/_{10}$ KOH = 245,28.

Verseifungszahl, kalt:

Nach 24 Stunden: 0,2 verbrauchten 8,60 ccm $^{n}/_{10}$ KOH = 240,80

„ 48 „ 0,2 „ 9,15 „ $^{n}/_{10}$ „ = 256,20.

Die indirekte Säurezahlbestimmung wurde nicht strikte nach Dieterich's Vorschrift ausgeführt, da dieselbe, wie beim Kolophon nachgewiesen, zu keinem brauchbaren Resultate führt.

Man titrierte deshalb die mit Lauge im Ueberschuß versetzte Harzlösung sofort zurück und nicht erst nach zweistündiger Digestion. Was die heiße Verseifung anbelangt, so wurde sie nicht, wie es Hager befürwortet, durch einfaches Aufkochen hergestellt, da Versuche auf diese Weise zu keinem befriedigenden Resultate führten.

Man setzte im Gegenteil nach Dieterich's Vorschrift die Harzlösung mit der überschüssigen Lauge, mit aufgesetztem Kühlrohr 1—2 Stunden auf das Dampfbad, und titrierte nach dieser Zeit sofort die ungebundene Kalilauge zurück.

Die Säurezahl direkt und die Verseifungszahl kalt bestimmten wir auf gewöhnliche Weise.

Die sogenannte Esterzahl ist im obigen Falle sehr hoch, bis zu 80. Die Säure wäre also nach Fahrion eine sehr hoch oxydierte

Harzsäure, sodaß erwartet werden sollte, sie werde einer Formel mit 30 entsprechen. Dies wurde aber durch die Analyse nicht bestätigt.

Elementaranalyse:

0,2083	verbrannte zu	0,6030 CO_2	und	0,1792 H_2O
0,1912	"	" 0,5566	"	" 0,1669 "
0,1551	"	" 0,4478	"	" 0,1344 "

In Prozenten:

	I.	II.	III.	Im Mittel:
C	78,94	78,97	78,67	78,86
H	9,56	9,69	9,62	9,62.

Berechnet für:

	$C_{18}H_{26}O_2$	$C_{19}H_{28}O_2$	$C_{20}H_{30}O_2$	$C_{20}H_{32}O_2$
C	78,83	79,16	79,47	78,94
H	9,49	9,73	9,94	10,35.

Am besten paßt zu den obigen Resultaten die Formel $C_{19}H_{28}O_2$, die wir hiermit für die α-Abietinsäure adoptieren.

Salzbildung.

Kalisalz. 0,2 g Säure neutralisieren 6,30 ccm $^n/_{10}$ KOH = 0,2456 K = 12,28% K.

Die Formel $C_{19}H_{28}O_2$ verlangt für ihr Monokaliumsalz 11,96%.

Silbersalz. Dasselbe bildete ein weißes, sich am Lichte dunkel färbendes, amorphes Pulver. Es wurde hergestellt, indem man die alkoholische Harzsäurelösung mit alkoholischer Silbernitratlösung versetzte und stark verdünnte alkoholische Ammoniaklösung vorsichtig zutropfen ließ, wobei sich das Salz in feinen weißen Flocken ausschied. Nach dem Trocknen bei 70—80° wurde der Silbergehalt im Platintiegel als Silber bestimmt.

Wir fanden: 0,1212 g Salz ergaben 0,032 g Ag = 27,14%.

Das Silbersalz der Formel $C_{19}H_{27}O_2Ag$ verlangt 27,34%.

Molekulargewichtsbestimmung, (nach der Siedemethode).

Gefunden:				Im Mittel:	Berechnet für $C_{19}H_{28}O_2$:
283	291	293	292	289	288.

β-Abietinsäure.

Säurezahl, direkt:

0,2 verbrauchten 6,2 ccm $^n/_{10}$ KOH = 173,6

Säurezahl, indirekt:

0,2 verbrauchten 6,2 ccm $^n/_{10}$ KOH = 173,6

Verseifungszahl (heiß) 2 Stunden:

0,2 verbrauchten 6,75 ccm $^n/_{10}$ KOH = 189,00.

Verseifungszahl (kalt):

Nach 24 Stunden: 0,2 verbrauchten 6,75 ccm $^n/_{10}$ KOH = 189,00.
" 48 " 0.2 " 6,9 " $^n/_{10}$ " = 193,2.

Elementaranalyse:

0,2070 verbrauchten 0,5990 CO_2 und 0,1780 H_2O
0,2113 „ 0,6115 „ „ 0,1812 „
0,1990 „ 0,5766 „ „ 0,1721 „.

In Prozenten:

	I.	II.	III.	Im Mittel:
C	78,91	78,93	79,02	78,95
H	9,49	9,52	9,61	9,54.

Berechnet für:

	$C_{18}H_{26}O_2$	$C_{19}H_{28}O_2$	$C_{20}H_{30}O_2$	$C_{20}H_{32}O_2$
C	78,83	79,16	79,47	78,94
H	9,49	9,73	9,94	10,35.

Auch hier kommt $C_{19}H_{28}O_2$ den gefundenen Werten am nächsten. Die β-Abietinsäure ist demgemäß ein Isomeres der α-Abietinsäure.

Salzbildung und Salzberechnung aus den Titrationen.

0,2 g Säure neutralisieren 6,2 ccm $^n/_{10}$ KOH = 0,2418 K = 12,09% K
Die Formel $C_{19}H_{28}O_2$ verlangt für ihr Monokaliumsalz 11,96%.

Silbersalz. Dasselbe wurde wie dasjenige des α-Salzes dar gestellt und ist demselben in allen Beziehungen gleich.

0,1532 g Säure ergaben 0,041 g Silber = 27,03%.
Das Silbersalz der Formel $C_{19}H_{27}O_2Ag$ verlangt 27,34%.

Molekulargewichtsbestimmung.

Gefunden:					Im Mittel:	Berechnet für $C_{19}H_{28}O_2$:
280	306	295	289	301	294	288.

Nach Beckmann (Zeitschr. f. phys. Chem. 2, 735) werden beim Arbeiten mit konzentrierten Lösungen zu hohe Molekulargewichte gefunden. Dieser Umstand würde die Differenz zwischen dem berechneten Molekulargewicht von **288** und den gefundenen Mitteln von **299** und **294** erklären lassen, sodaß man nicht unbedingt, wie z. B. Fahrion und Koritschoner, nur aus diesem Umstande, bei sonst gleichen oder sehr ähnlichen Resultaten auf eine höhere Formel, z. B. $C_{20}H_{30}O_2$, abstellen zu müssen gezwungen ist. Uebrigens sind die Differenzen relativ sehr klein und im Bereich der Fehlergrenze (allerdings für beide Formeln: 288 und 302).

Die geringe Differenz der Verbrennungsresultate der α- und β-Säure lassen es sehr wahrscheinlich erscheinen, daß man es mit zwei isomeren Säuren zu tun hat, denen beiden die Formel $C_{19}H_{28}O_2$ zukommt.

Cholesterinreaktionen der α- und β-Säure.

Die Beziehungen der Harze zu den Cholesterinen waren schon Berzelius[1]) bekannt. In neuerer Zeit wurde man darauf wieder aufmerksam durch die Arbeiten von Liebermann[2]), Vesterberg[3]), Mach[4]).

Zum Vergleiche führen wir bei jeder Reaktion die Farbveränderungen an Phytosterin aus Grasblättern (Tschirch) und an Isocholesterin (E. Schulze) mit auf.

Für den Gang der einzelnen Reaktionen sei auf die früher erschienenen Publikationen von Tschirch und seinen Schülern verwiesen.

1. Liebermann'sche Cholestolreaktion: Phytosterin: rotviolett, blau, grün. Isocholesterin: rot, gelb. α-Säure: rot, bläulichviolett, schmutzig grünlich-braun. β-Säure ebenso.

2. Salkowski-Hesse'sche Cholesterinreaktion: Phytosterin: Chloroform kirschrot, nach 15 Stunden violett; Schwefelsäure gelb mit starker Fluorescenz; Tropfenfärbung blau, grünlich-gelb. Isocholesterin: Chloroform farblos, dann schwach rosa; Schwefelsäure gelb, ohne Fluorescenz; Tropfenfärbung keine. α-Säure: Chloroform farblos; Schwefelsäure gelbbraun mit schwacher Fluorescenz; Tropfenfärbung keine. β-Säure ebenso.

3. Mach'sche Reaktion: Phytosterin: violettrot, blau, violettgraulich. α-Säure: Rückstand rötlichviolett, schmutzig grün. β-Säure ebenso.

4. Tschugaeff'sche Cholesterinreaktion: Phytosterin: Färbung rosarot, Fluorescenz grünlich, eosinartig. α-Säure: Färbung rosarot, Fluorescenz grünlich, eosinartig. β-Säure ebenso.

5. Hirschsohn'sche Reaktion: Phytosterin: Rückstand grün, braunrot. α-Säure: Rückstand hellgrün, schmutzig rot. β-Säure ebenso.

Rohsäure durch Ausschütteln mit 1%iger Natriumkarbonatlösung erhalten.

Nachdem die ätherische Lösung des Kolophoniums an 1%iger Ammonkarbonatlösung fast nichts mehr abgab, wurde dieselbe auf analoge Weise wie oben mit 1%iger Natriumkarbonatlösung behandelt. Nach 20 Ausschüttelungen, die einen Ertrag von zusammen 158 g ergaben, ging nichts mehr an das Na_2CO_3.

---

[1]) Jahresber. 16, 1837, S. 256; vergl. auch Tschirch, Harze und Harzbehälter.

[2]) Ber. d. d. chem. Ges. 18, 1885, S. 1803.

[3]) Ebenda 20, 1887, S. 1242.

[4]) Monatsh. f. Chem. 15, 1894, S. 627.

Die einzelnen Ausbeuten waren rein weiß und flockig. Nach dem Trocknen der Säure auf Tontellern, bei gewöhnlicher Temperatur, stellten wir mit ihr Krystallisationsversuche an. Aus Aethylalkohol krystallisierte sie relativ leicht, d. h. sie setzte sich zuerst als braune Schmiere nieder, und nach einiger Zeit durchsetzte sich dieselbe mit kleinen Krystalldrusen die nach 8—10 maligem Abpressen zwischen Filtrierpapier, Lösen in Alkohol, Erwärmen mit Tierkohle und Filtrieren, endlich analysenrein wurden; d. h. sie gaben einen fixen Schmelzpunkt und farblose Lösung. Durch jeweiligen Wasserzusatz wurde die Krystalilsation beschleunigt, hingegen wurden die Krystalle immer gelblich.

Die Krystalle stellen Aggregate von glänzenden, rhombischen farblosen Tafeln dar. Die Seitenkanten sind schwach abgerundet.

Wie die oben erwähnten Säuren wurde auch diese zuerst über Schwefelsäure, und sodann vorsichtig auf 100° getrocknet. Ihr Schmelzpunkt lag alsdann bei 153—154°.

Es ist aber möglich, daß durch noch länger fortgesetztes Umkrystallisieren, bei allergünstigsten Bedingungen (d. h. denjenigen, die jeweilen eine möglichst schnelle Krystallisation bewirken, wie Kälte, günstiges Krystallisationsmedium etc.) der Schmelzpunkt noch mehr in die Höhe gegangen wäre. Da aber bei jeder Umkrystallisation eine bestimmte Menge der Substanz verloren geht, d. h. in der Mutterlauge und auf dem Filtrierpapier bleibt, so war uns in Anbetracht unserer bescheidenen Säurevorräte in dieser Beziehung eine Grenze gesetzt.

Um zu sehen ob sich die amorphen Säuren durch Bleiacetat auch hier in 2 verschiedene Teile trennen lassen, wurde die alkoholische Lösung der Säuren mit Bleiacetatlösung versetzt. Es bildete sich auch hier ein dichter, gelatinöser Niederschlag. Man filtrierte davon ab, und versetzte das Filtrat mit einem ziemlichen Ueberschuß von Bleiacetatlösung, und ließ dasselbe bis zum anderen Morgen in verschlossener Flasche stehen. Nach ca. 24 Stunden hatte sich in der Flasche wieder ein dritter Niederschlag gebildet. Nachdem davon abfiltriert war, ließ man das Filtrat wieder mit Bleiacetatüberschuß stehen, und wieder bildete sich ein Niederschlag nach einiger Zeit. Man wiederholte dieses Experiment 4 mal, wobei das Filtrat immer heller wurde. Dasselbe wurde dann um eine allfällig darin vorhandene Säure, die kein Bleisalz bildet, zu isolieren, unter Umrühren in mit Salpetersäure angesäuertes Wasser gegossen. Es bildete sich eine weiße Trübung, aber keine der charakteristischen Säureflocken, woraus wir schlossen, die rückständige alkoholische Lösung enthalte keine oder doch nur Ueberreste der obigen ausgefällten Säure, und daneben noch Resen, das durch die Ausschüttelungen unvermeidlich immer den Rohsäuren in geringem Maße beigemischt bleibt.

Die Natronkarbonatsäure bildet also ein unlösliches Bleisalz, und läßt sich nicht in 2 verschiedene Säuren zerlegen.

Das gewaschene und getrocknete Bleisalz wurde, wie oben beschrieben, zerlegt, durch Eintragen in mit Schwefelsäure versetzten Alkohol, Abfiltrieren vom Bleisulfat und Fällen in Wasser. Die in schneeweißen Flocken ausfallende Säure wurde getrocknet und wieder in Aethylalkohol zur Krystallisation gesetzt, wodurch dieselben Krystalle resultierten, wie von der nicht mit Blei behandelten Säure.

Wir behielten dieses Verfahren zum Reinigen der Säure, von Resen etc., bei. Die Säure wurde γ-Abietinsäure genannt.

γ-Abietinsäure.

Auch bei dieser Säure mußten wir auf äußerste Sparsamkeit bedacht sein, und arbeiteten deshalb auch nur je mit 0,2 g Säure und entsprechend mit $^n/_{10}$ Lösungen.

Säurezahl, direkt:

0,2 verbrauchten 6,5 ccm $^n/_{10}$ KOH = 182,0.

Säurezahl, indirekt:

0,2 verbrauchten 6,55 ccm $^n/_{10}$ KOH = 183,4.

Verseifungszahl (heiß) 2 Stunden:

0,2 verbrauchten 6,75 ccm $^n/_{10}$ KOH = 189,0.

Verseifungszahl (kalt) 24 Stunden:

0,2 verbrauchten 6,55 ccm $^n/_{10}$ KOH = 183,4.

Diese Angaben zeigen, daß diese Säure keine sogen. Esterzahlen besitzt.

Die Elementaranalyse der getrockneten Säure ergab, nach vielen (20) Analysen, die sonderbarerweise immer Resultate lieferten, die sich nicht deckten, endlich Werte, die genügend zu einander stimmten, um als richtige Resultate beibehalten werden zu können.

I.	0,1303	Substanz verbrannten zu	0,3735	CO_2 und	0,1161	H_2O.
II.	0,1909	„ „ „	0,5543	„ „	0,1632	„
III.	0,1702	„ „ „	0,4934	„ „	0,1494	„
IV.	0,1808	„ „ „	0,5237	„ „	0,1590	„
V.	0,1967	„ „ „	0,5714	„ „	0,1769	„

In Prozenten:

	I.	II.	III.	IV.	V.	Im Mittel:
C	78,81	79,19	79,05	78,99	79,22	79,05
H	9,90	9,49	9,74	9,76	9,98	9,77.

Berechnet für

	$C_{18}H_{23}O_2$:	$C_{19}H_{28}O_2$:	$C_{20}H_{30}O_2$:	$C_{20}H_{32}O_2$:
C	78,83	79,16	79,47	78,94
H	9,49	9,73	9,94	10,35

Auch diese Säure scheint demnach der Formel $C_{19}H_{28}O_2$ zu entsprechen, also eine Isomere der α- und β-Abietinsäure zu sein, weshalb wir sie entsprechend γ-Abietinsäure nannten.

Optisches Verhalten der γ-Abietinsäure: $[\alpha]_D = -35{,}75$.

Salzbildung und Salzberechnungen.

0,2 Säure neutralisieren 6,5 ccm $^n/_{10}$ KOH = 0,6335 K = 12,67 % K.
Das Monokaliumsalz der Formel $C_{19}H_{28}O_2$ verlangt 11,96 % K.

Silbersalz. Dasselbe wurde auf ganz gleiche Weise dargestellt wie oben. Es bildete auch ein feines weißes amorphes Pulver, das sich am Lichte schwärzte.

0,2350 g Silbersalz ergaben 0,063 g Ag = 26,93 %.
Das Silbersalz $C_{19}H_{27}O_2Ag$ verlangt 27,34 % Silber.

Methoxylbestimmung.

Dieselbe wurde nach der Zeisel'schen Methode ausgeführt Wir verwendeten zu dem Versuche 1 g Säure, das Resultat war jedoch negativ, die vorgelegte Silbernitratlösung zeigte nicht die geringste Trübung. Die Säure selbst schien von dem Jodwasserstoff sehr wenig oder gar nicht angegriffen zu werden.

Acetylierungsversuch.

1 g Säure brachten wir in einem kleinen Erlenmeyerkolben mit ca. 1 g frisch entwässertem Natriumacetat und ca. 15 g Essigsäureanhydrid. Dieses Gemisch wurde bei aufgesetztem Kühlrohre vier Stunden lang auf freier Flamme erhitzt. Nach dieser Zeit wurde die Lösung, die etwas gelblich geworden war, in kaltes Wasser gegossen. Es schied sich darin ein braunes Oel in Tropfen ab, die sich allmählich am Boden des Gefäßes sammelten. Man wusch dieselben verschiedene Male zuerst mit kaltem, dann mit heißem Wasser aus, um die hartnäckig anhaftende überschüssige Essigsäure zu entfernen. Dabei wurden die Tropfen allmählich fester, so daß man sie von den Wandungen des Gefäßes abkratzen konnte. Nun wurden dieselben, um die letzten Spuren von Essigsäure zu entfernen in Aether gelöst, und diese Lösung in der gewohnten Weise mit 1 %iger Natronhydratlösung ausgeschüttelt und die Säure in angesäuertem Wasser gefällt, wobei dieselbe sich in weißen Flocken sehr schön ausschied. Nach Waschen und Trocknen derselben, stellten wir einen Teil in Aethylalkohol zur Krystallisation. Einen anderen Teil prüften wir auf Essigsäure durch Lösen in verdünnter Kalilauge. Sobald die Lösung erfolgt war, wurde etwas verdünnte Schwefelsäure hinzugesetzt

und von der nunmehr wieder ausfallenden Harzsäure abfiltriert. Dabei entwickelte sich gar kein Geruch nach Essigsäure. Auch bei nachfolgender Destillation blieb dieser aus, ebenso wie die Reaktionen mit Eisenchlorid, Essigäther und die Kakodylreaktion.

Die zur Krystallisation gestellte Säure zeigte nach einigen Tagen die charakteristischen Blättchen der ursprünglichen Säure mit dem Schmelzpunkte von 153—154°.

Eine Acetylierung hatte somit nicht stattgefunden.

Cholesterinreaktionen.

Auch diese erwiesen sich bei dieser Säure ganz ähnlich den vorigen.

Liebermann'sche Reaktion: rot-violett, grünlich-braun.

Salkowski-Hesse'sche Reaktion: Chloroform farblos; Schwefelsäure braungelb mit Fluorescenz; keine Tropfenfärbung.

Mach'sche Reaktion: Rückstand bräunlich, schmutzig grün.

Tschugaeff'sche Reaktion: rosarot mit Fluorescenz; nach 3 Stunden schmutzig rotbraun mit Fluorescenz.

Hirschsohn'sche Reaktion: Rückstand grün, schmutzig rot.

In folgender Tabelle sind die Eigenschaften der drei isomeren krystallisierenden Abietinsäuren übersichtlich zusammengestellt.

Name	Formel	C %	H %	Schmelzpunkt	Optisches Verhalten	Säurezahl	Verseifungszahl
α-Abietinsäure .	$C_{19}H_{28}O_2$	78,86	9,62	155°	wegen Mangel an Material nicht ausgeführt	176,40	245,80
β-Abietinsäure .	$C_{19}H_{28}O_2$	78,95	9,54	158°	wegen Mangel an Material nicht ausgeführt	173,60	189,00
γ-Abietinsäure .	$C_{19}H_{28}O_2$	79,05	9,77	153—154°	$[\alpha]_D = -35{,}75$	182,00	183,40

Die drei im Kolophonium gefundenen Säuren sind somit isomer. Sie unterscheiden sich von einander durch ihre verschiedene Löslichkeit in Alkalilösungen (Ammonkarbonat- und Sodalösung), durch ihre Bleisalze und ihre Schmelzpunkte. Die mit Ammonkarbonat ausgeschüttelten Säuren unterscheiden sich von der mit Soda ausgeschüttelten, dadurch, daß sie Esterzahlen geben, besonders hohe die α-Abietinsäure.

Resen und ätherisches Oel.

Die ätherische Lösung des Kolophoniums, die nichts mehr an Natriumkarbonatlösung abgab, wurde einige Male mit destilliertem Wasser gewaschen, um die letzten Spuren der Sodalösung zu entfernen, und die Harzlösung sodann zuerst mit einer 1%igen Natronhydratlösung aus geschüttelt und dann mit einer 10%igen.

Die Resultate blieben sich ganz gleich, d. h. die Laugen nahmen gar nichts mehr auf, das Kolophonium war somit von Säuren erschöpft.

Die mit der Zeit dunkelbraun gewordene Harzlösung brachten wir in einen großen Kolben und zogen zunächst durch Destillation den Aether ab. Es hinterblieb eine zähflüssige, sehr aromatisch riechende Masse, die wir nun während $1^1/_2$ Monate unausgesetzt der Wasserdampfdestillation, zuletzt unter KOH-Zusatz, unterwarfen, d. h. wir destillierten solange, bis das übergehende Wasser geruch- und geschmacklos war.

Die Menge des ätherischen Oeles, die überging und die wir durch Ausziehen mit Aether und Aussalzen sammelten, war zwar sehr gering, wie ja auch beim Kolophonium zu erwarten war, aber doch dauerte es $1^1/_2$ Monat bis alles Oel übergetrieben war.

Das gesammelte, entwässerte und in der Kälte entätherte Oel war hellgelb und roch nach Terpentinöl sowie etwas kampferartig und machte ca. 0,4—0,7% des Gewichtes des angewandten Kolophoniums aus.

Die in der Kochflasche zurückbleibende Masse war braun, zäh. Beim Erkalten wurde sie konsistenter, so daß sie in der Hand gehalten werden konnte. Doch schon da begann sie nach einiger Zeit zu erweichen. Mit kaltem Wasser geknetet wurde sie bedeutend härter und heller, fast weiß, verlor aber sowohl Farbe wie Konsistenz nach einiger Zeit. Wir versuchten das Resen zu reinigen, d. h. heller und fester, womöglich pulverförmig zu machen durch Lösen in Aether und Ausfällen in Wasser. Das Resen fiel schmierig aus und konnte von den Wänden des Gefäßes abgekratzt werden. Doch schon nach kurzer Zeit nahm es wieder die frühere Konsistenz an, die Farbe hatte sich überhaupt nicht geändert.

Es löste sich in allen schon erwähnten Lösungsmitteln. Andere Versuche, das Resen fester zu bekommen, z. B. durch längeres Erwärmen auf dem Wasserbade oder im Trockenschrank, langem Aufenthalt im Exsiccator etc. verliefen alle gleich resultatlos. Das Resen blieb braun und weich, und deshalb nahmen wir auch keine Elementaranalyse damit vor, da es sich bei einer so gestalteten Substanz unmöglich um einen reinen, oder wenigstens nahezu reinen Körper handeln konnte. Die Ausbeute an Resen betrug 5—6% des Gewichtes des angewandten Kolophoniums.

Die Cholesterinreaktionen ergaben folgendes Resultat:

1. Liebermann'sche Reaktion: rötlich, braun, schwarzbraun.
2. Salkowski-Hesse'sche Reaktion: Chloroform: gelblich; Schwefelsäure: hellbraun mit Fluorescenz; Tropfenfärbung: bräunlich (schwach).
3. Mach'sche Reaktion: Rückstand: rötlich, schmutzig grün.
4. Tschugaeff'sche Reaktion: Flüssigkeit: farblos ohne Fluorescenz.
5. Hirschsohn'sche Reaktion: Rückstand: grünlich, rotbraun.

Destillation im Vakuum.

Die Vakuumdestillation der Harzsäuren ist schon oft vorgenommen worden. Die Resultate gehen ziemlich auseinander. Nach dem einen resultiert daraus überhaupt ein ganz anderer Körper, nach dem andern geht die ursprüngliche Säure in eine Isomere über, nach dritten lassen sich die Harzsäuren gar nicht unzersetzt im Vakuum destillieren.

Zu dieser Vakuumdestillation bedienten wir uns der noch amorphen γ-Abietinsäure. Zuerst versuchten wir die Säure einfach aus einem extrastarken Glaskolben zu destillieren. Jedoch nach 3 Versuchen mußten wir uns überzeugen, daß derselbe trotz aller Vorsichtsmaßregeln nach einiger Zeit regelmäßig platzte.

Wir ließen uns nun ein ca. 20 cm langes gußeisernes Rohr von 2 cm Durchmesser, das in der Mitte schwach knieförmig gebogen war, unten und oben mit einem Gewinde versehen. Auf dieses wurde unten ein starker Gewindekopf aufgeschraubt und oben eine Schraubenmutter, die an ihrem anderen Ende mit einem dünnern, auch gebogenen Eisenrohr verschraubt war. Das dicke Rohr war vorher mit der Säure gefüllt worden.

Nachdem die Verschraubungen hinten und vorn am Rohr, auf dem Schraubstock, absolut luftdicht angezogen worden waren, klemmte man den Apparat über einer freien Flamme ein, und verband das dünnere Ausflußrohr oben mit dem Rezipienten (einem tubulierten Kolbenvorstoß) und diesen mit der Luftpumpe. Wir konnten den Druck hinunterbringen bis auf 60 mm. Die Destillierröhre erwärmten wir nun mit der Flamme möglichst gleichmäßig von unten bis oben. Schon nach kurzer Zeit traten weiße Dämpfe in den Rezipienten über, die sich an den Wänden zuerst ganz weiß, und in feinsten Krystallblättchen ansetzten. Die weißen Dämpfe wurden allmählich dichter, und mit ihnen begann aus der Ausflußröhre eine zähflüssige, hellgelbe Masse auszufließen, die im Rezipienten sofort erstarrte. Die anfangs so hübschen Sublimationen an den Wänden des Vorstoßes, begannen nun auch mehr oder weniger zu einer hellgelben Masse zusammenzufließen.

Nach Beendigung der Destillation war die ganze übergegangene Menge hellgelb, kolophonartig geworden. Ihr Geruch war teerartig, brenzlich.

Wir lösten einen Teil dieser Masse in Aether auf, fügten Alkohol hinzu und stellten zur Krystallisation. Schon nach kurzer Zeit hatte sich die Lösung in ein krystallinisches Gemenge verwandelt. Nach einigen Umkrystallisationen erhielten wir die charakteristischen Büschel von dreieckigen Blättchen der γ-Abietinsäure. Ihr Schmelzpunkt war genau bei 161°. Also noch etwas höher als derjenige, den wir bis jetzt von der γ-Abietinsäure erhalten hatten.

Die Elementaranalysen der gut getrockneten Säure ergaben folgende Resultate:

0,1368 Substanz verbrannten zu 0,3966 CO_2 und 0,1228 H_2O
0,0632 „ „ „ 0,1823 „ „ 0,0564 „

In Prozenten:

	I.	II.	Im Mittel:	γ-Abietinsäure:
C	79,06	78,66	78,83	79,05
H	9,90	9,90	9,90	9,77.

Die geringe Menge an analysenreiner Substanz gestattete uns leider nicht mehr Analysen zu machen, doch können wir auf Grund der annehmbaren Analysenzahlen, und des hohen Schmelzpunktes, der höchstens für größere Reinheit der Säure sprechen würde, die Säure, die aus der Vakuumdestillation resultierte, als mit der γ-Abietinsäure identisch bezeichnen. Die in dem Rezipienten ungelöst zurückgebliebenen Anteile des Destillates, waren nach einigen Tagen von Krystallen völlig durchsetzt.

Allgemeine Ergebnisse und quantitative Zusammensetzung.

Das von uns untersuchte Kolophonium würde also ungefähr folgender Zusammensetzung entsprechen:

1. In Ammonkarbonat lösliche Säuren:
   α-Abietinsäure, unlösliches Bleisalz bildend ca. 30% . . . . } $C_{19}H_{28}O_2$ 52%
   β-Abietinsäure, kein Bleisalz bildend ca. 22% }
2. In Natriumkarbonat lösliche Säure:
   γ-Abietinsäure $C_{19}H_{28}O_2$ 31,6%
3. Aetherisches Oel . . . . 0,4—0,7 „
4. Resen . . . . 5—6 „
5. Bitterstoff . . . . —
6. Unreinigkeiten . . . . 0,1 „
7. Arbeitsverlust . . . . ca. 10 „

Säure aus dem Kolophonium nach Maly's, Flückiger's und Tschirch's Methode hergestellt.

Maly stellt seine Säure dar, indem er das zerkleinerte Kolophonium mit 70%igem Alkohol digeriert, die entstandene Lösung, die gelbbraun ist, dekantiert und das Verfahren noch zwei- bis dreimal wiederholt, bis der Rückstand, den er jeweilen zwischen Filtrierpapier abpreßt, weiß geworden ist. Diesen löst er dann endlich in starkem Alkohol in der Wärme auf und stellt zur Krystallisation. Auf genau dieselbe Weise haben wir uns auch Säure dargestellt, die wir kurz „Maly-Säure" nennen wollen, und zwar mit gutem Erfolge. Die nach 10—12maligem Umkrystallisieren erhaltenen Aggregate sind rhombisch, tafelförmig und farblos und erreichten oft eine Kantenlänge von 1 cm. Sonderbarerweise konnten bei ein und derselben Säure sowohl Krystallisationen in sehr festen, weißen Krusten, wie in den eben beschriebenen Blättchen beobachtet werden. Die Bedingungen, unter welchen die eine oder andere Krystallisationsart entsteht, mit Sicherheit herauszufinden, war uns nicht möglich. Wahrscheinlich ist, daß die Stärke des zur Krystallisation angewendeten Alkohols hierbei eine Rolle spielt.

Die schönsten Krystalle, die sich sofort bildeten, wurden aus einer warmen Lösung der Säure erhalten, der man soviel Wasser zusetzte, bis eben eine Trübung einzutreten begann. Beim allmählichen Erkalten schieden sich die obengenannten Blättchen wunderschön ab. Krusten erhielt man dagegen aus einer Lösung der Säure, die in konzentriertem Alkohol lange stehen blieb. Es hatte sich alsdann am Boden des Gefäßes eine sehr harte Krystallmasse, ohne eigentliche Struktur, abgeschieden, die man nur durch Zersprengen des Gefäßes herausbekommen konnte.

Die, wie bei der α-Abietinsäure beschrieben, getrocknete Säure stellte je nach dem ein weißes Pulver dar oder eine Menge schimmernder Krystallblättchen. Der höchste Schmelzpunkt der Säure war scharf bei 161°, d. h. die Säure beginnt bei 150° zu sintern und zieht sich allmählich zusammen. Bei 161° schmilzt plötzlich die ganze Masse zu einem klaren Tropfen, und zwar gaben sowohl die Säure in Krusten, wie die in Blättchen endlich diesen Schmelzpunkt. Hingegen ist auch hier nicht ausgeschlossen, daß durch länger fortgesetzte Umkrystallisation der Schmelzpunkt noch höher getrieben werden kann.

Die nach der Vorschrift Flückigers, der in eine alkoholische Kolophoniumlösung trockenen Chlorwasserstoff einleitete, worauf die Säure in weißen, bald krystallinisch werdenden Massen ausfällt, bereitete Säure, krystallisierte ebenfalls in schönen dreieckigen Blättchen von der typischen Gestalt, die Mach resp. Grabe beschreibt. Ihren Schmelzpunkt brachten wir auch auf 161°.

Endlich bereiteten wir uns noch eine Säure nach der Methode von Tschirch, durch Ausziehen einer ätherischen Kolophonlösung mit 1—10%iger Natronhydratlösung. Die nach der gewohnten Methode gefällte und getrocknete Säure stellte im Rohzustande ein rein weißes, amorphes Pulver dar. Das vollständige Austrocknen dieser Säure bereitete viele Schwierigkeiten, weil die Säure infolge ihrer voluminös flockigen Form, in der sie ausfällt, das Wasser hartnäckig einschließt. Wir versuchten, durch Trocknen bei ca. 50° die Sache zu beschleunigen, durch Abpressen der ganzen Masse zwischen Filtrierpapier unter der hydraulischen Presse und durch Zentrifugieren der Säure. Der Erfolg blieb auf jede Weise ein ziemlich geringer. Erst durch fortgesetzt erneutes Aufstreichen der Säure auf ungebrannte Tonteller gelangten wir zum Ziele.

Die so bereitete Säure machte mehr Schwierigkeiten zu krystallisieren, als die beiden vorher erwähnten, indem sie neben Krystallen die bekannten braunen Schmieren ausschied, die die Krystalle umgaben. Nach wiederholtem Abpressen und Umkrystallisieren gelangten wir jedoch auch zu einem genügend reinen Produkte, das in Blättchen und Krusten krystallisierte. Den Schmelzpunkt dieser Säure brachten wir indes nur auf 150°.

Methoxylnachweis und Acetylierungsversuche fielen bei allen diesen, nach den 3 Methoden dargestellten Säuren negativ aus.

Maly fand für seine Säure den Schmelzpunkt bei 135°, Flückiger für die seine bei 165°. Mach fand für die nach Flückiger's Methode hergestellte Säure den Schmelzpunkt bei 153—154° und für die nach Maly hergestellte bei 139—140°.

Koritschoner[1]) findet für dieselbe Säure ähnliche Schmelzpunkte 153—154° resp. 143—144°. Für die nach Tschirch hergestellte Säure findet er 153—154 — 160°, je nach dem, ob er rasch oder langsam erhitzt.

Koritschoner schreibt diese Differenzen nicht sowohl dem mehr oder weniger großen Reinheitsgrad dieser Säuren zu, als vielmehr der Verschiedenheit ihrer Darstellungsweise, und vermutet sogar, die einzelnen Säuren seien nicht identisch, sondern isomer.

Diese Frage zu diskutieren ist, nach dem im vorigen Kapitel Mitgeteilten, überflüssig. Denn wie daraus ersichtlich, ist eben diese alte „Abietin-Sylvinsäure", keine reine Säure, sondern ein Gemisch; und alle bisherigen Forscher haben nicht mit reinem Material, sondern mit Gemischen gearbeitet.

Der direkte Nachweis für diese Tatsache wurde erbracht, indem man 10 g reine krystallisierte „Maly-Säure" in Aether löste und mit 1 %iger Ammonkarbonatlösung so gut wie möglich erschöpfte, und sodann mit Natriumkarbonat fertig auszog, ganz wie das Kolophon behandelt worden war. Die abgeschiedenen Säuren verhielten sich ganz den beim Kolophonium an den entsprechenden Stellen gefundenen, analog. Die „Ammonkarbonat-Säure" ließ sich durch Bleiacetat in Isomere trennen, die „Soda-Säure" nicht. Auch krystallisierten alle 3 Säuren und ergaben die entsprechenden Schmelzpunkte.

---

1) Arch. d. Pharm. 1902, S. 568.

Die Elementaranalysen dieser „alten Abietin-Sylvinsäure" ergaben auch von den anderen Säuren verschiedene Zahlen, und zwar wurde sowohl die „Maly-Säure" als diejenige nach Flückiger, als auch diejenige nach Tschirch (in krystallinischem Zustande) zur Analyse herangezogen.

0,2196	Substanz	verbrannten zu	0,6289	CO_2 und	0,1867	H_2O
0,2849	„	„	0,8176	„ „	0,2529	„
0,3314	„	„	0,9503	„ „	0,2824	„

In Prozenten:

	I.	II.	III.
C	78,10	78,02	78,02
H	9,44	9,78	9,46.

Eine Formel aufzustellen und Salze zu bilden und zu berechnen hatte in Anbetracht der Unreinheit der Substanz keinen Wert.

Löslichkeit in Petroläther.

Fahrion[1]) gründet auf die verschiedene Löslichkeit des Kolophoniums in Petroläther eine neue Hypothese, an deren Hand er die Konstitution des Kolophons zu beleuchten sucht, und für die Harzsäure eine eigene Formel aufstellt. Er geht nämlich von folgenden Grundsätzen aus.

Er läßt 2—2,1 g fein gepulvertes Kolophonium mit kaltem Petroläther unter öfterem Umschütteln mehrere Tage im verschlossenen Kolben stehen. Hierauf filtriert er den ungelösten Rückstand ab und wäscht ihn gut mit Petroläther nach. Er bestimmt sodann sowohl von diesem, als auch von dem gelösten Anteile, die Säure- und Verseifungszahlen, und findet im gelösten Anteile eine sehr kleine Aetherzahl (1,6), sodaß der unlösliche Anteil also die Ursache der übrigens beträchtlich höheren Aetherzahl des Kolophoniums wäre. Der petrolätherunlösliche Anteil bedingt demnach die Aetherzahl zum allergrößten Teile. Daraus schließt er: „in dem petrolätherlöslichen Anteile des Kolophoniums hat man es mit den eigentlichen Harzsäuren, in dem petrolätherunlöslichen Anteil dagegen mit Oxydationsprodukten dieser Harzsäuren, mit „oxydierten Harzsäuren" zu tun, deren Menge bei Fortschreiten der Oxydation zunimmt." Diese Oxydation bezeichnet er als Autoxydation der Harzsäuren, die durch Luft und Licht veranlaßt wird.

Er weist auch an verschiedenen Kolophoniumproben, die kürzere oder längere Zeit dem Einflusse von Licht oder Luft ausgesetzt waren, nach, daß in der Tat der petrolätherunlösliche Anteil mit der Dauer

[1]) Zeitschr. f. angewandte Chemie, 1901, S. 1197 ff.

der Einwirkung zunimmt und ebenso, daß die Verseifungs- resp. Aetherzahl entsprechend höher wird.

Auf diese Weise kommt er endlich zu der Schlußfolgerung, daß alle bisherigen Autoren, die seine Hypothese von der Autoxydation der Harzsäuren leider noch nicht gekannt und ihre Versuche bei Luftzutritt gemacht haben, eben nicht mit reinem, sondern oxydiertem Material gearbeitet haben.

Er findet daher, z. B. bei Mach's Formel für Abietinsäure, daß der Sauerstoffgehalt etwas zu hoch sein müsse, und streicht demgemäß ca. 1 % O, das nun dem C und H zu gute kommt. Auf diese Weise gelangt er zu der Abietin-Sylvinsäureformel die ihm paßt, d. h. $C_{20}H_{30}O_2$. Er selbst führt keine eigenen Analysen aus, um seine Behauptungen durch Tatsachen zu stützen.

In Anbetracht der eingehenden Besprechung, die Fahrion dieser „Autoxydations"-Neigung des Kolophoniums zu teil werden läßt, haben wir uns auch etwas mit dieser Sache befaßt.

Schon eingangs haben wir in der ersten Tabelle zwei Vergleiche aufgestellt, um die verschiedenen Löslichkeitsverhältnisse der einzelnen Kolophonarten nach Fahrion'scher Methode zu beleuchten.

Das Kolophon wurde also unter öfterem Umschütteln in verschlossener Flasche in Petroläther stehen gelassen; sodann auf die angegebene Weise der Rückstand bestimmt.

Aus den Daten ist ersichtlich, daß allerdings mit dem Alter des Kolophoniumpulvers (das eine größere Angriffsfläche bietet als die ganzen Stücke) die Unlöslichkeit in Petroläther, sowie die „Aetherzahl" ganz bedeutend zunehmen. Aber warum ist diese Zunahme unbedingt einem Oxydationsvorgange zuzuschreiben?

Wie aus dem vorhergehenden ersichtlich ist, sind aus dem Kolophon 3 isomere Säuren gewonnen worden. Zwei von denselben geben keine oder nur so geringe „Aetherzahlen", daß dieselben vielleicht als Analysenfehler aufgefaßt werden können. Die dritte hingegen gibt ganz beträchtliche Aetherzahlen.

Die Lösungsversuche in Petroläther wurden nun auch auf diese reinen isolierten Säuren ausgedehnt, und zwar nicht auf dieselbe Weise wie Fahrion, sondern indem man von Zeit zu Zeit den Petroläther vom ungelösten Rückstand abgoß und neuen aufschüttete. Wir gelangten auf diese Weise zu dem Resultate, daß alle Säuren und auch das Resen in Petroläther mehr oder weniger löslich seien, und zwar löste sich die

α-Abietinsäure	1 g in ca. 500 ccm Petroläther.
„	gibt hohe Verseifungszahl.
β-Abietinsäure	1 g in ca. 100 ccm Petroläther.
„	gibt niedrige Verseifungszahl.

γ-Abietinsäure . . . . 1 g in ca. 100 ccm Petroläther
„ gibt keine Verseifungszahl.
Resen . . . . 1 g in ca. 50 ccm Petroläther.
Malysäure (kryst.) . . . . . . 1 g in ca. 20 ccm Petroläther.
Kolophonium (Caesar & Loretz) frisches Pulver: 1 g in ca. 60 ccm.
„ „ altes „ 1 „ „ „ 400 „

Aus diesen Ergebnissen ist ersichtlich:

1. daß alle Harzsäuren und jedes Kolophonium mehr oder weniger in Petroläther löslich sind.

2. daß, wie Fahrion schon beobachtet hat, die Verseifungszahl mit der Unlöslichkeit resp. Schwerlöslichkeit in Petroläther zunimmt. Die α-Abietinsäure z. B., die am schwersten in Petroläther sich löst, gibt hohe Verseifungszahlen. Die in Petroläther relativ leicht lösliche γ-Abietinsäure gibt keine Verseifungszahlen.

3. daß sowohl Kolophon (frisches Pulver) als Malysäure leichter löslich sind als die isolierten Säuren. Dieser Umstand wäre damit zu erklären, daß die einzelnen Säuren sich leichter in den verdünnten Lösungen der anderen Säuren und des Resens lösen als in reinem Petroläther, eine Eigentümlichkeit, die auch bei anderen Körpern beobachtet wurde.

Daß nicht die Lösung des Resens allein, diese leichtere Löslichkeit bewirkt, ist von uns in einem besonderen Versuche nachgewiesen worden, allein es läßt sich ja sehr gut denken, daß die Lösung aller Säuren zusammen für jede einzelne Säure ein günstiges Lösungsmedium abgebe.

Was nun die Beziehungen anbelangt, die zwischen der Schwerlöslichkeit in Petroläther, der erhöhten Verseifungszahl und dem Alter des Harzpulvers bestehen, die Fahrion alle auf Rechnung der Autoxydation schreibt, so scheint die Annahme naheliegend, es handele sich da um tiefer greifende Vorgänge. Wäre es nicht denkbar, daß durch irgend einen Einfluß der Luft oder des Lichtes in den Säuren vielleicht mit der Zeit intramolekulare Veränderungen vor sich gingen, daß die β- und γ-Abietinsäuren sich allmählich zu α-Säure transformierten?

Die gleichzeitige Zunahme der Schwerlöslichkeit und die Aetherzahl ließen sich auf diese Weise zwangloser erklären als durch die Annahme einer Autoxydation, für die es bisher an jedem experimentellen Belege fehlt.

Wir bestreiten jedoch nicht, daß bei Harzsäuren Oxydationen oder Zersetzungen oder Veränderungen infolge der Luft oder des Lichtes, die zur Bildung gelber amorpher Körper führen, vorkommen können, experimentell erwiesen sind sie jedoch nicht. Es kann sich hierbei übrigens auch um Polymerisationen handeln.

Arbeiten aus dem pharmazeutischen Institut der Universität Bern.

Untersuchungen über die Sekrete.

55. Zur Konstitution der Abietinsäure.

Von A. Tschirch und B. Studer.

(Eingegangen den 16. VIII. 1903.)

Obschon die Frage der prozentualen Zusammensetzung, d. h. der empyrischen Formel der Abietin-, Pimar- oder überhaupt der Harzsäuren bisher noch nicht definitiv entschieden war, haben sich doch schon seit langen Jahren die Forscher daran gemacht, für obengenannte Harzsäuren eine Konstitutionsformel zu finden.

Die einen begnügten sich damit, auf dem Papier eine Formel, die ihnen zu ihren Hypothesen paßte, zu konstruieren, andere gingen analytisch vor.

Die letzteren lassen sich wieder in zwei Gruppen trennen. Zu der ersten Gruppe kann man diejenigen rechnen, die die Harze, speziell das Kolophonium und seine Derivate, nur dem Einflusse von Reagentien (Säuren und Alkalien) unterwarfen; zu der zweiten Gruppe diejenigen, die durch trockene Destillation, mit oder ohne Zugabe, bei gewöhnlichem oder vermindertem Drucke zu ihrem Ziele zu gelangen suchten.

Wir werden uns im folgenden hauptsächlich mit dieser letzteren Kategorie zu beschäftigen haben, die beiden anderen jedoch, soweit nötig, auch herbeiziehen.

Tschirch hat im Jahre 1900 einen Vorschlag für eine Konstitutionsformel der Abietinsäure publiziert[1]).

An der Hand einer möglichst vollständigen Zusammenstellung der bis jetzt beim Kolophonium und dessen Derivaten hauptsächlich aufgefundenen Produkte der pyrogenen Zersetzung wollen wir die Frage untersuchen, ob sich die bisher beobachteten Reaktionen und Reaktionsprodukte mit der Tschirch'schen Formel in Einklang befinden oder nicht. Dabei soll weniger der Gang als die Resultate der Analysen in Betracht gezogen werden.

Die Hypothese von Tschirch ist folgende:

Destilliert man Abietinsäure mit Zinkstaub im Wasserstoffstrom, so erhält man unter anderem Naphthalin und Methylnaphthalin. Des-

[1]) Internat. pharm. Kongreß in Paris 1900. Pharm. Post 1900, No. 43. Journ. de pharm. et de chimie, Nov. 1900.

gleichen erhält man Naphthalin, wenn man statt Abietinsäure Kolophonium destilliert. Destilliert man hingegen Kolophonium mit gelöschtem Kalk, so resultieren nicht Naphthalin, sondern Terpene. Erhitzt man Pimarsäure mit Jodwasserstoffsäure und rotem Phosphor, so entstehen ebenfalls Terpene. Oxydiert man Abietinsäure oder Pimarsäure, so erhält man Terebinsäure (Dimethylparakonsäure), die auch aus Pinen über Pinon hin zu erhalten ist. Nimmt man die Oxydation der Abietinsäure mit Permanganat in alkalischer Lösung vor, so erhält man die Ketonsäure $C_{10}H_{16}O_3$, die α-Pinonsäure, dieselbe Säure, die man auch bei der Oxydation des Pinens mit Kaliumpermanganat erhält[1]).

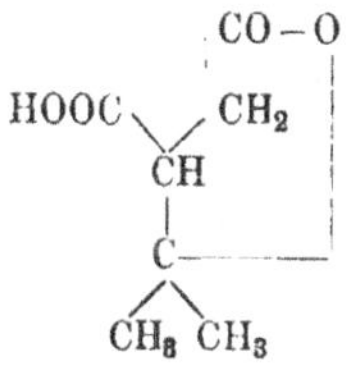

Terebinsäure.

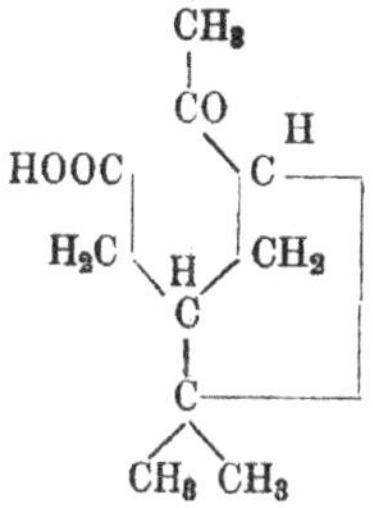

α-Pinonsäure.

Diese Resultate lassen es nun sehr gut denkbar erscheinen, daß die Konstitutionsformel der Kolophoniumharzsäuren sich sowohl aus einem Naphthalinkern wie aus einem Terpenkern aufbaut, d. h. einen Dreierring darstellt, wie zum Beispiel der Fichtelit, ein seit längerer Zeit bekannter Kohlenwasserstoff, der neben Reten auf den fossilen Stämmen von Pinus uliginosa gefunden wurde[2]), und der folgendermaßen formuliert wird:

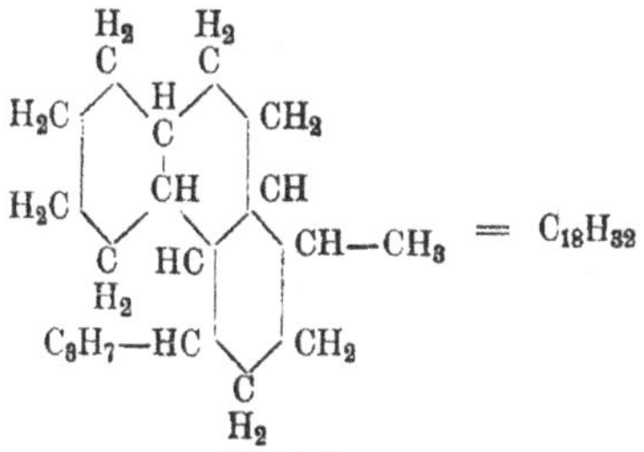

Fichtelit.

[1]) Vergl. die Ausführungen in Tschirch, Die Harze und die Harzbehälter S. 97 und 103, dort die Literatur.

[2]) Hell, Ber. 22, 499; Bromeis, Lieb. Ann. 37, 304; Bamberger, Ber. 22, 635 und 3362; Clark, Lieb. Ann. 103, 237.

Die Pimar- und Abietinsäure wären also nach Tschirch Derivate dieses Kohlenwasserstoffes, resp. eines verwandten hydrierten Retens, des Oktohydroretens, durch welche Annahme der Umstand leicht erklärt werden könnte, daß bei der Einwirkung von Wärme man entweder Naphthalin oder Terpene erhält, höchst selten beide Körper zusammen. Tschirch proponiert also für die Abietinsäure $C_{19}H_{28}O_2$, die Formel

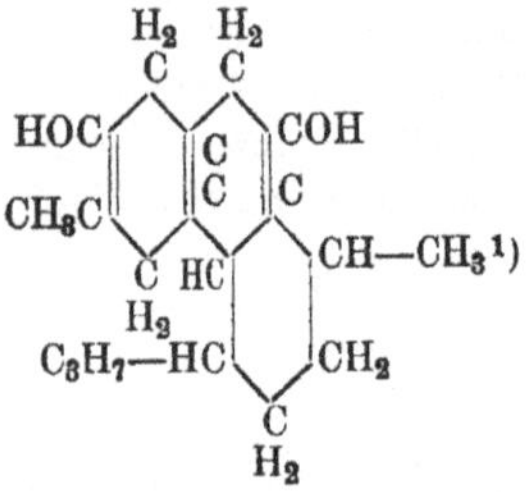

resp.

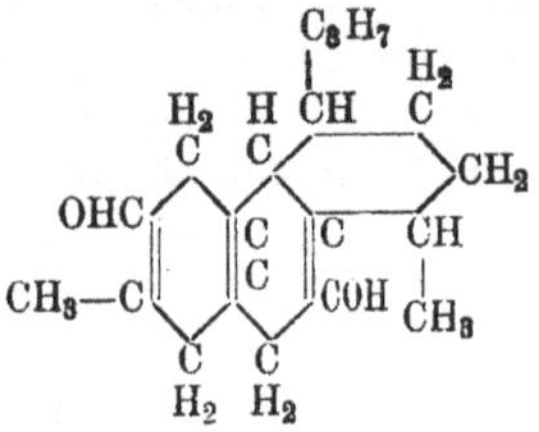

und für die Pimarsäure $C_{20}H_{30}O_2$:

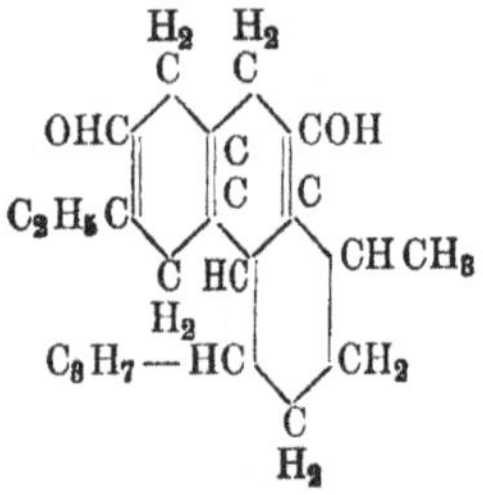

resp.

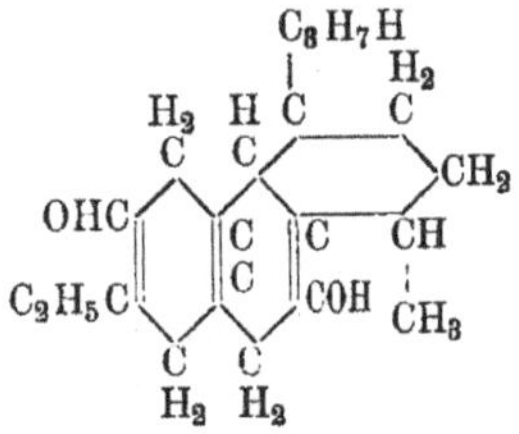

oder

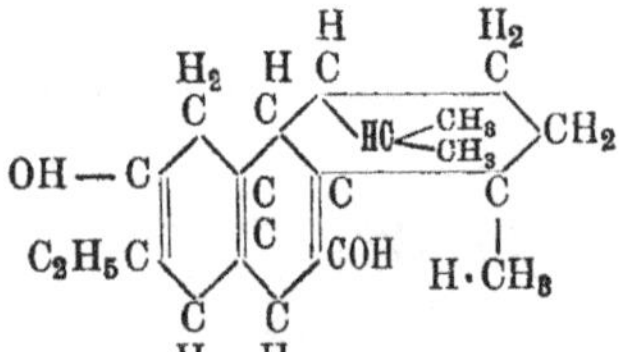

(Stellung der OH- und CH_3- bez. C_2H_5-Gruppen unbekannt.)

Diese Formeln gründen sich auf die Analysenergebnisse dieser beiden Säuren, sowie auf die Annahme, daß OH-Gruppen und nicht COOH-Gruppen vorhanden sind. Tschirch läßt übrigens die Frage offen, ob —OH-Gruppen oder —COOH-Gruppen vorliegen.

---

[1]) Wir treten im folgenden nicht auf eine Diskussion der Terpenformel ein, die außerhalb des Rahmens unserer Untersuchung liegt, sondern wählen hier aus praktischen Gründen den einfachsten Ausdruck für das Terpen, obwohl es sehr wahrscheinlich ist, daß derselbe in dieser Form nicht richtig ist.

Bei der Entstehung von Naphthalin und dessen Homologen würde eine Sprengung der Ringe im Sinne des Striches zu denken sein:

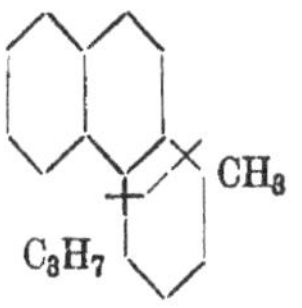

und bei der Bildung von Terpenen eine Sprengung in diesem Sinne:

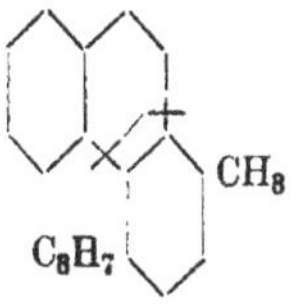

Bekanntlich wird amerikanisches Kolophonium im größten Stile der trockenen Destillation unterworfen. Man erhält dabei einen leicht siedenden Anteil von hell rötlich-brauner Farbe und der Konsistenz des Terpentinöls die „Harzessenz" oder der „Harzspiritus" und einen schwerer siedenden Anteil von tiefbrauner Farbe und der Konsistenz eines dicken Sirups, das „Harzöl"[1]), beide sind vielfach Gegenstand der Untersuchung gewesen[2]).

Schon Unverdorben hat Kolophonium durch trockene Destillation zersetzt, die Produkte aber leider nicht weiter bearbeitet. Er gibt an Essigsäure, ätherisches Oel und Harz dabei erhalten zu haben.

Daß er Essigsäure findet, kann uns, da es sich um trockene Destillation eines organischen Körpers handelt, nicht weiter verwundern.

Pelletier und Walter[3]) destillierten ebenfalls Kolophonium. Aus den niedrig siedenden Anteilen (vive essence) isolierten sie Toluol und einen anderen, Retinyl genannten (C_9H_{12}, vielleicht Cumol), bei 150° siedenden Kohlenwasserstoff. Im Huile fixe, das bei 280° destilliert, fanden sie einen Kohlenwasserstoff „Retinol" ($C_{32}H_{32}$) bei 236° siedend, und im Rückstand (matière grasse) einen weißen krystallinischen Körper, den sie als Metanaphthalin bezeichneten (Sdp. 325°, Schmp. 67°) und Naphthalin.

Dumas[4]) bestreitet, daß ersterer Körper mit Naphthalin isomer sei, er habe im Gegenteil die Zusammensetzung $C_{28}H_{24}$. Er nennt ihn Resisteren,

---

[1]) Wir verdanken Proben der Harzessenz Herrn Dr. Roßbach und Proben des Harzöles den Gebr. Wolzendorff.

[2]) Vergl. die Zusammenstellung in Fehling's Handwörterbuch Bd. II. S. 775 und Tschirch Harze und Harzbehälter.

[3]) Liebigs Ann. 28 (1838), S. 296; Ann. de chim. et phys. 67, S. 269.

[4]) Compt. rendus 1838, 1, S. 460.

Daß die gefundenen Resultate zu der Tschirch'schen Formel passen, ist leicht nachzuweisen.

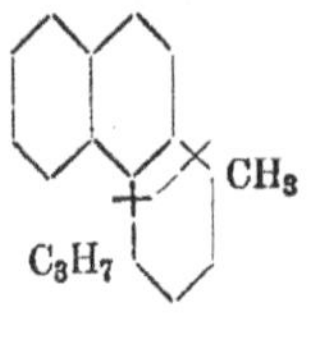

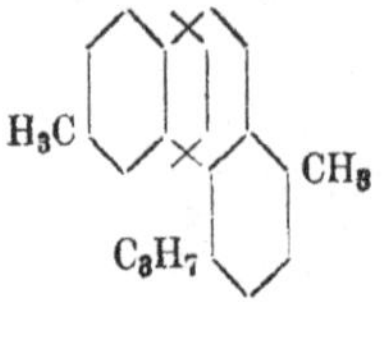

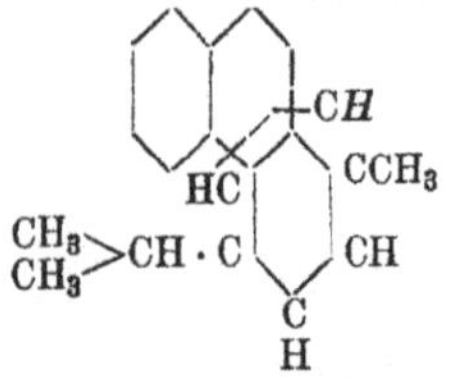

Naphthalin: $C_{10}H_8$. Toluol: $C_6H_5 \cdot CH_3$. Cumol: $C_6H_4<^{C_3H_7}_{CH_3}$.

Fremy[1]) destillierte Kolophonium einmal ohne Zugabe und erhält ein bei 250° siedendes Oel ($C_{20}H_{30}O_2$), das er aber nicht näher analysiert, sodann destillierte er Kolophonium mit Kalk, wobei ein ätherartig riechendes Oel übergeht. Dieses fraktioniert er und findet einen leicht flüchtigen Bestandteil, der bei 78° siedet ($C_{10}H_{18}O$), den er „Resinon" benennt und einen schwer flüchtigen, bei 148° siedend ($C_{30}H_{48}O$), den er „Resinéon" tauft.

Da weitere Angaben über diese Körper fehlen, können sie nicht zum Vergleiche herangezogen werden.

Schiel[2]) erhielt bei der trockenen Destillation des Kolophoniums Kolophonin, eine leichtbewegliche, farblose, stark lichtbrechende Flüssigkeit ($C_{11}H_{18}O_2$), die bei 90—100° siedet, daneben bei 190—195° ein Terpen $C_{10}H_{16}$ und als höchst siedenden Körper, einen fluoreszierenden und einen nicht fluoreszierenden Anteil.

Hier tritt also ein Terpen auf, aber kein Naphthalin, also Sprengung des Naphthalinkerns:

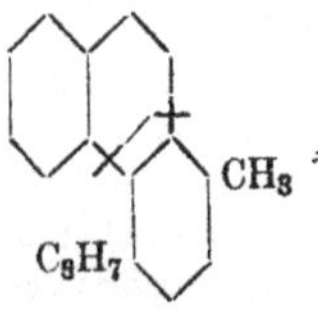
$= C_{10}H_{16}$

Aehnliche Resultate erhält Anderson bei der Kolophondestillation[3]).

Er findet vorerst in den bei 70—80° übergehenden Teilen Essigsäure neben Heptylen C_7H_{14}. Sodann zwischen 125 und 150° einen Körper, der in seinem Verhalten dem von Schiel (s. o.) gefundenen Kolophonin entspricht. Er benennt ihn auch demgemäß, doch scheint seine Zusammensetzung eine andere zu sein: $C_7H_{14}O_2$. Bei 157° geht eine ölige Flüssigkeit über ($C_{20}H_{34}O$) Er nennt sie Tereben. Es ist dies ein Terpen, resp. Diterpen $[(2 \times C_{10}H_{13}) + H_2O]$.

In Betreff der Essigsäure und des Heptylen bleibt zu bemerken, daß Kohlenwasserstoffe (aliphatische) in jeder Form von der oben aufgestellten

1) Ann. de chim. 59, 1835, S. 5; Liebigs Ann. 15, 1835, S. 277.
2) Liebigs Ann. 115 (1860), S. 96.
3) Chem. News, 20, S. 76.

Abietin- oder Pimarsäureformel abgeleitet werden können, solange wenigstens ihr C-Gehalt 19 resp. 20 Atome nicht übersteigt.

Curie[1]) destillierte Kolophon allein und mit Schwefel. Im ersteren Falle gibt er an, in den über 360° siedenden Anteilen unzersetztes Kolophon, Säuren und Phenole gefunden zu haben, eine wenig exakte Angabe. In den allerhöchst siedenden Anteilen entdeckt er festes Metanaphthalin (Resisteren). Im anderen Falle beschreibt er einen Körper, der bei 400° überdestilliert, und den er Colophthalin ($C_{11}H_{10}$) nennt, ein Körper mit sehr merkwürdigen Eigenschaften.

Tilden[2]) konstatiert in den niedrigst siedenden Fraktionen (unter 80°) Isobutylaldehyd und 2 Kohlenwasserstoffe, zwischen 95 und 99° ein Heptan C_7H_{16} und zwischen 103 und 104° ein Heptin C_7H_{12}. In höheren Fraktionen findet er ein Terpen $C_{10}H_{16}$.

Im Verein mit Armstrong nimmt Tilden obige Arbeit wieder auf und entdeckt zwischen 170—200° einen Kohlenwasserstoff $C_{10}H_{20}$, über den leider nähere Angaben fehlen.

Wohl am eingehendsten bis dahin hat sich Renard[3]) mit der Harzdestillation befaßt. Unter verschiedenen Malen publizierte er neue Resultate seiner Studien, so daß er zuletzt auf eine ganze Menge von bestimmten Destillationsprodukten des Kolophoniums zurückblicken kann.

Wahrscheinlich decken sich zwar einige dieser Körper unter einander. Immerhin soll der Vollständigkeit halber hier die ganze Serie wiedergegeben werden.

Renard macht folgende Beobachtungen. Es destilliert über bei:

35— 38°	Pentan C_5H_{12},
35— 40°	Amylen C_5H_{10},
60— 62°	Isobutylaldehyd C_4H_8O.
64— 66°	C_6H_{14},
67— 70°	C_6H_{12},
70— 80°	Essigsäure CH_3COOH,
95— 98°	Hexahydrotoluol C_7H_{14},
96— 98°	Valeraldehyd $C_5H_{10}O$,
103—105°	Tetrahydrotoluol C_7H_{12},
103—105°	Hepten C_7H_{14},
111°	Toluol C_7H_8,
120—123°	Hexahydroxylol C_8H_{16},
128—130°	Tetrahydroxylol C_8H_{14},
129—132°	Okten C_8H_{14},
136°	Xylol C_8H_{10},
147—150°	Hexahydrocumol C_9H_{18},
140°	C_9H_{16},

[1]) Chem. News, 30, S. 189; Jahresber. 1874, S. 453.

[2]) Ber. d. d. chem. Ges. 13, 1880, S. 1604.

[3]) Compt. rendus 91, S. 419; Ber. d. d. chem. Ges. 20, S. 2000, 1880; Journ. Chem. Soc. Abstr. 1880, S. 893; Bull. Soc. Chim. 36, S. 215; Ber. d. d. chem. Ges. 14, S. 2583.

151° Cumol C_9H_{12},
154—157° Terebenthen $C_{10}H_{16}$,
169—173° Terpene $C_{10}H_{16}$,
171—173° Hexahydrocymol $C_{10}H_{20}$.
173—175° Valeriansäure C_4H_9COOH,
175—178° Cymol $C_{10}H_{14}$,
193—195° m.-Aethylpropylbenzol $C_{11}H_{16}$,
260° $C_{16}H_{28}$,
höchstsiedende Anteile: Naphthalin $C_{10}H_8$.

Diese Körper von der Tschirch'schen Harzsäureformel abzuleiten, kann keine Schwierigkeiten bereiten, wenn man bedenkt, wie tiefgreifend und mannigfaltig die Veränderungen sind, die von der Wärme hervorgerufen werden. Natürlich hat Renard diese Körper nicht in den Produkten einer einzigen Destillation gefunden, sondern er hat deren mehrere vorgenommen, und die Produkte stets von neuem untersucht. Die aliphatischen Körper zum Vergleiche heranzuziehen ist unnötig, ebenso die schon früher besprochenen aromatischen Verbindungen noch einmal hier zu erwähnen. Bei den übrigen kann die Abspaltung wie folgt gedacht werden:

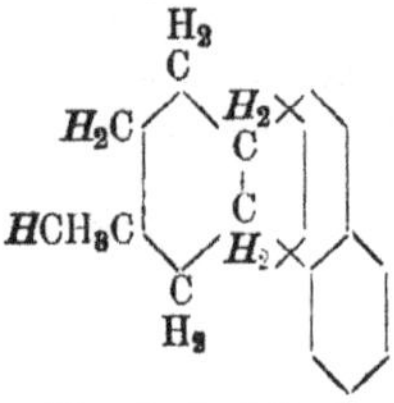

Hexahydrotoluol.

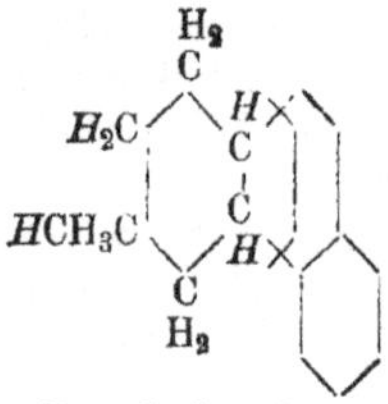

Tetrahydrotoluol.

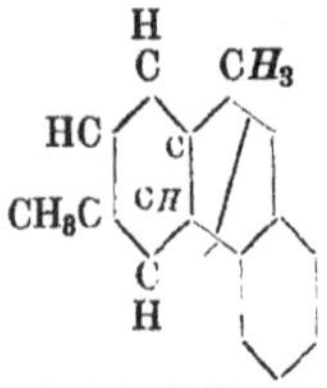

Xylol: C_8H_{10}.

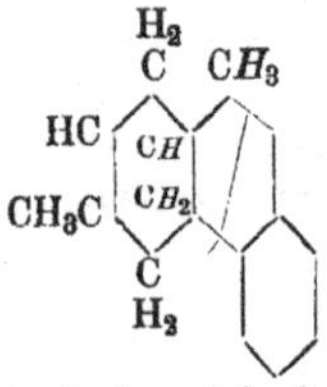

Tetrahydroxylol: C_8H_{14}.

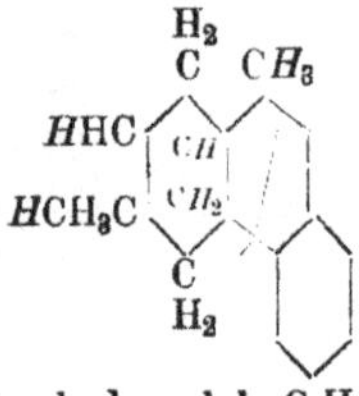

Hexahydroxylol: C_8H_{16}.

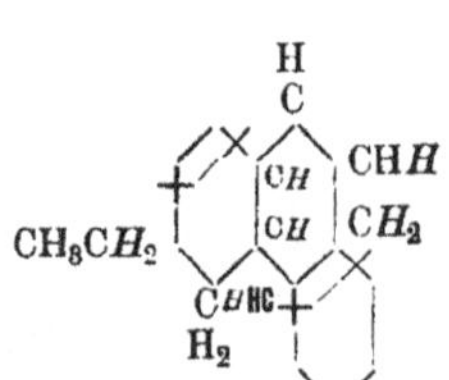

Tetrahydrocumol: C_9H_{16}.

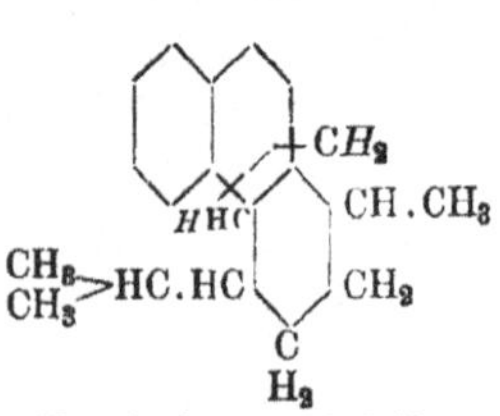

Hexahydrocumol C_9H_{18}.

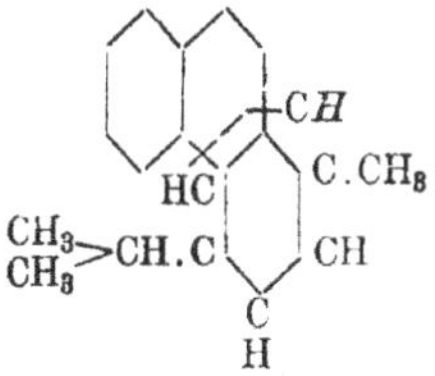

Cymol: $C_{10}H_{14}$.

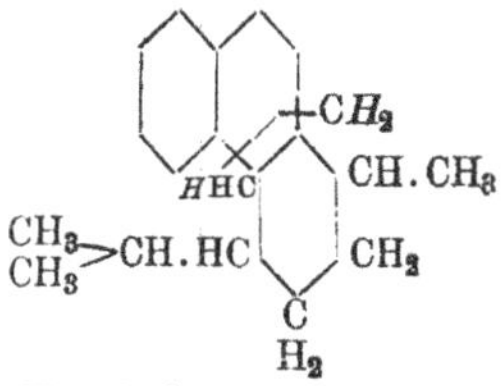

Hexahydrocymol: $C_{10}H_{20}$.

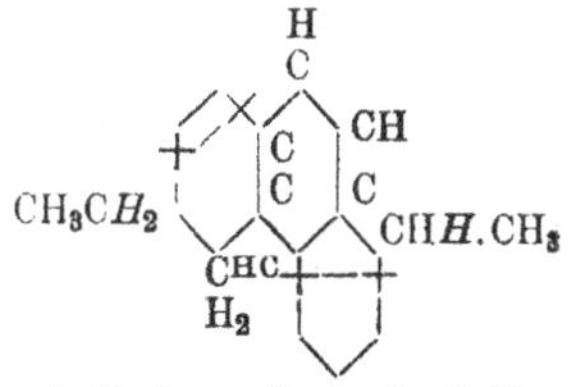

m-Aethylpropylbenzol: $C_{11}H_{16}$.

Kelbe[1]) isolierte aus der Harzessenz (dem niedrig siedenden Produkt der trockenen Destillation des Kolophoniums) Toluol, bei 108—115° übergehend, Isobuttersäure bei 110—115°, einen Kohlenwasserstoff C_9H_{12}, Kapronsäure (Methylpropylessigsäure) zwischen 150—160°, Valeriansäure, Metaisocymol bei 170—178°, Oenanthylsäure, Methylalkohol, Octyl-, Nonyl-, Undecylsäure, sowie 25% unzersetztes Kolophon.

Mit seinen Schülern Looff und Bauer[2]), nahm er die Untersuchungen wieder auf, fand aber wenig Neues. So fanden sie einen Kohlenwasserstoff, der bei 190—200° überdestillierte und den sie als Isobutyltoluol ($C_{11}H_{16}$) erkannten. — Die Abspaltung kann beim Isobutyltoluol wie folgt gedacht werden.

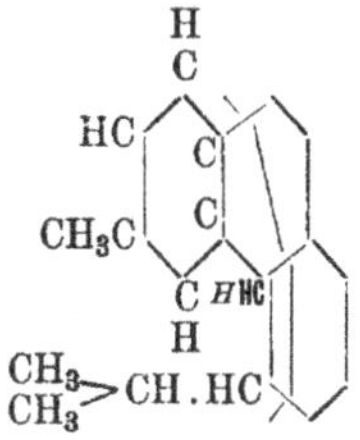

Später fand Renard[3]) im Fichtenteer und zwar in der Fraktion 250—280° einen Kohlenwasserstoff $C_{14}H_{22}$ und einen der Formel $C_{14}H_{26}$, der (vielleicht) das Dodekahydrür des Ditolyls ($H_6 \cdot C_7H_7$—) ist. In den oberhalb 300° siedenden Anteilen fand Renard[4]) Biterebentyl $C_{20}H_{30}$ und viel Bitere-

1) Liebigs Annalen 210, 1881, S. 1.

2) Ber. d. d. chem. Ges. 16, 1883, S. 351.

3) Compt. rend. 119, 652 und 654; Ber. 27 (1894), Ref. S. 789.

4) Compt. rend. 119, 1276; Ber. 28 (1895), Ref. S. 61.

bentylen $C_{20}H_{28}$, in den höchstsiedenden Anteilen, ebenso wie Ekstrand, Reten. Die Phenole bestanden aus: 40% Monophenole, 20,3% Guajakol und 37,5% Kresol und Homologe.

Das Biterebentyl $C_{20}H_{30}$ ist homolog dem Oktohydroreten, dem hydrierten Reten, $C_{18}H_{26}$, das nach der Hypothese Tschirch's der Abietinsäure zu Grunde liegen würde.

Morris[1]) findet in der Harzessenz einen Kohlenwasserstoff, Heptin C_7H_{12}, der bei 100—105° siedet, er analysiert ihn näher, und findet, daß er das Hydrat des „Methylpropylisoallylenglykols" darstelle.

Er macht auch einen Versuch Kolophon mit Schwefel zu destillieren. Das Resultat ist ein Kohlenwasserstoff, der aus Benzol und Alkohol in hellgelben Säulen krystallisiert vom Schmelzpunkte 84—85° = $(C_5H_6)_5$.

Bruylants[2]) destillierte Pimarsäure unter Zugabe von Kalk und konstatierte im Destillate: Aethylen C_2H_4, Propylen C_3H_6, Amylen C_5H_{10}, Aceton $CO(CH_3)_2$, Methyläthylketon $CH_3—CO—C_2H_5$, Diäthylketon $CO(C_2H_5)_2$, Toluol C_7H_8, Xylol C_8H_{10}, Methyläthylbenzol C_9H_{12}, Terpen $C_{10}H_{16}$, Diterpen $C_{20}H_{32}$.

Für uns ist unter denen in Betracht fallenden einzig neu das Methyl äthylbenzol C_9H_{12}.

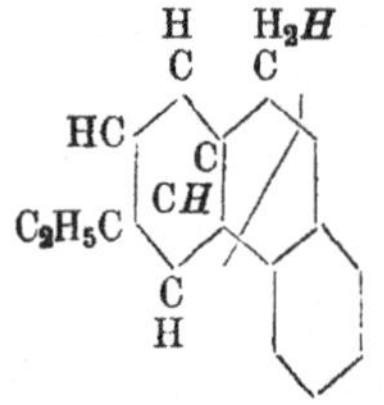

Aehnliche Resultate erhielt Ciamician[3]), der Abietinsäure mit Zinkstaub im Wasserstoffstrom destillierte. Er reinigt das Destillat sodann mit Wasserdampf und entfernt aliphatische Säuren und Phenole durch Auskochen mit met. Natrium. Er findet: Toluol, Methyläthylbenzol, Naphthalin, m-Naphthalin.

Smith destillierte mit überhitztem Wasserdampf und isolierte Benzol, und (bei höherer Temperatur) Toluol.

Wallach und Rheindorff[4]) destillieren Kolophonium, ohne es, wie sie bemerken, zuvor durch Wasserdampfdestillation vom ätherischen Oel befreit zu haben. Sie konstatieren Pinen und Dipenten. ($C_{10}H_{16}$ und $H_{20}H_{32}$). Die Bildung von Dipinen oder Diterpen ist an Hand der Aldolkondensation leicht erklärlich.

---

[1]) Diss., Würzburg 1882.

[2]) Ber. d. d. chem. Ges. 11, 1878, S. 447; Bull. de l'Acad. roy. belge (2), 61 u. 62.

[3]) Sitzungsber. d. Wiener Akad. 1877; Ber. d. d. chem. Ges. 11, 1878, S. 269.

[4]) Liebigs Ann. 271, 1892, S. 302.

Kraemer und Spiller[1]) suchen, gestützt auf ihre Destillationsprodukte (Kolophon trocken), eine Formel der Abietinsäure aufzustellen. Sie finden einen Kohlenwasserstoff $C_{18}H_{28}$, von dem sie das Molekulargewicht bestimmen, und setzen nun bei der Destillation folgenden Vorgang voraus,

$$C_{19}H_{28}O_2 \rightarrow C_{18}H_{28} + CO_2,$$

wodurch sie die Mach'sche Abietinsäureformel zu unterstützen suchen.

Liebermann[2]) behandelt Pimarsäure mit Jodwasserstoffsäure und rotem Phosphor und erhält einen Kohlenwasserstoff, wahrscheinlich $C_{20}H_{34}$. Brenzchinovasäure liefert bei analoger Behandlung denselben Körper.

Haller[3]), ein Schüler Liebermann's, setzt seine Arbeiten mit Koniferenharzen auf die angegebene Weise fort. Er konstatiert Terpene.

Vesterberg[4]) untersucht auf analoge Weise Pimarsäure und findet Kolophendihydrür $C_{20}H_{34}$. (Zuerst Kolophen.)

Emmerling[5]) destilliert Abietinsäure mit Chlorzink. Dabei resultiert Heptylen C_7H_{14}.

Laurent[6]) destilliert Pimarsäure im Vakuum, und glaubt im Destillate eine neue Säure, Piromarsäure, gefunden zu haben.

Ebenso destillieren Bischoff und Nastvogel[7]) Kolophonium unter vermindertem Drucke (30 mm). Bei 248—250° geht ein farbloses Oel über, das beim Erkalten erhärtet und krystallinisch wird. Die Masse ist rechtsdrehend und entspricht $C_{40}H_{58}O_3$. Sie nennen sie Isosylvinsäureanhydrid. Bei 216—219° geht ein Diterpen $C_{20}H_{32}$ (Kolophen) über. Diese Untersuchung wird an anderer Stelle noch zur Besprechung gelangen.

Tschirch und Koritschoner[8]) zersetzten den Harzbalsam von Pinus palustris durch trockene Destillation und fanden neben Essigsäure, Ameisensäure und Bernsteinsäure, in den höchst siedenden Anteilen einen krystallisierenden Körper, den sie als Reten identifizierten. Ebenso fanden Tschirch und Schmidt in den Produkten der trockenen Destillation der Harzsäuren von Pinus Laricio Reten (vergl. die folgende Abhandlung).

Die nahen Beziehungen zwischen Reten und der Harzsäureformel Tschirch's haben schon Tschirch und Koritschoner des näheren besprochen, sodaß wir uns hier auf die vergleichende Darstellung beschränken können.

---

1) Ber. d. d. chem. Ges. 32, 1900, S. 3614.
2) Ber. d. d. chem. Ges. 17, 1884, S. 1884.
3) Ber. d. d. chem. Ges. 18, 1885, S. 2165.
4) Ber. d. d. chem. Ges. 19, 1886, S. 2167.
5) Ber. d. d. chem. Ges. 12, 1879, S. 1444.
6) Ann. de chim et de phys. 1839, 2. Ser., 72, S. 383.
7) Ber. d. d. chem. Ges. 23, 1890, S. 1919.
8) Archiv d. Pharm. 240, S. 570, 1902.

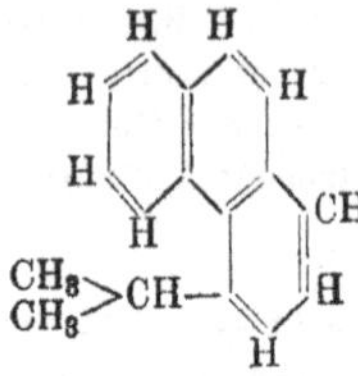

Reten $C_{18}H_{18}$.

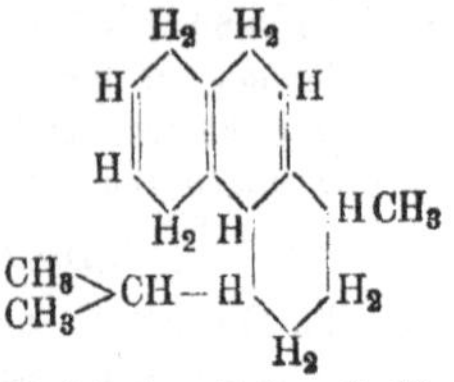

Hydriertes Reten $C_{18}H_{26}$ (Octohydroreten).

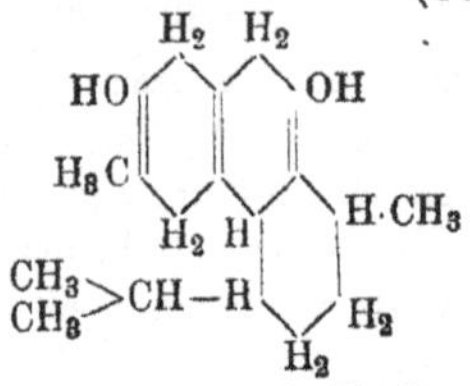

Abietinsäure $C_{19}H_{28}O_2$.

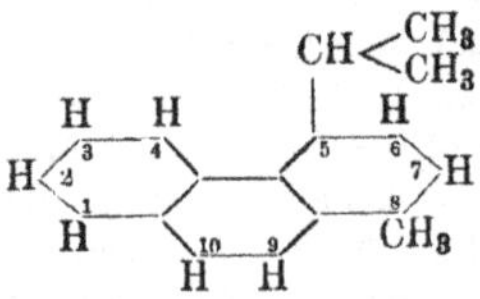

oder

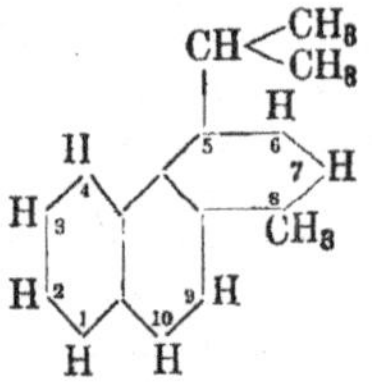

Auch wir haben einige trockene Destillationen ausgeführt mit Rohkolophonium, mit vom ätherischen Oel durch anhaltendes Wasserdampfeinleiten befreitem Kolophonium, mit amorpher Abietinsäure, bei rascher und bei langsamer Erhitzung etc. Gleich zum Voraus ist zu bemerken, daß die Resultate nach jeder Methode und mit jedem Material ungefähr dieselben waren, sodaß wir nicht auf jede einzelne Destillation eingehen, sondern uns zur Beschreibung des Vorganges an den Typus halten werden.

75 g „Malysäure" wurde in eine tubulierte mit Thermometer versehene Retorte gebracht und dieselbe auf dem Sandbade sehr langsam erhitzt. Zuerst ging brenzlich stechend riechendes Wasser über, sodann von 144—210° ein leichtflüssiges, stechend riechendes, hellgelbes Oel, bei 210—260° ein nämliches Produkt, zusammen ca. 10 g, bei 260—300° destillierte eine sirupartige, aromatisch teerig riechende, hellgelb opalescierende Flüssigkeit 14,7 g, von 300—360° ein dickeres Produkt, sonst dem vorigen ähnlich 7 g. Ueber 360° tritt noch ein braunes, sirupiges, teerig phenolartig riechendes Oel über 14,3 g. Die beiden letzten Fraktionen zeigten starke blaue Fluorescenz. In der Retorte blieb nur glänzende Kohle zurück.

In den ersten wässerigen Anteilen konnte direkt Essigsäure und Ameisensäure nachgewiesen werden. Krystallisationen von Bernsteinsäure waren weder in der Vorlage noch im Retortenhals wahrzunehmen. Jedoch konnte man in den zwei folgenden Fraktionen solche nachweisen, indem man einen Teil derselben in Aether löste und diesen mit (1%) Natriumhydroxydlösung ausschüttelte, mit verdünnter Schwefelsäure zersetzte und die ausfallende braune Schmiere durch Filtrieren entfernte und das Filtrat zur Trockene eindampfte. Der Rückstand wurde mit heißem Alkohol ausgezogen und vom ungelösten Natriumsulfat abfiltriert. Die gesammelten Auszüge destillierte man alsdann ab und löste den Rückstand in Wasser. In dieser Lösung wiesen wir nun Bernsteinsäure bestimmt nach. Sie scheint ein stetes Produkt der Destillation der Koniferenharze zu sein, ist sie doch schon fast bei jeder trockenen Destillation der verschiedenen Koniferenharze aufgefunden worden. Mit einem Teil der höher siedenden Anteile machte man einzeln, d. h. fraktionsweise, Versuche, die Substanzen zu reinigen, d. h. von Säuren und Phenolen zu befreien, durch Ausziehen der ätherischen Lösung mit 1% Natronhydratlösung und durch Auskochen der wieder vom Aether befreiten und gut entwässerten Oele mit Stückchen metallischen Natriums am Rückflußkühler.

Die so gereinigten Substanzen suchten wir nun zu fraktionieren, um womöglich konstant siedende Körper zur Analyse zu bringen. Es war uns indes unmöglich bei irgend einer Fraktion fixe Siedepunkte zu erhalten, die Gewähr für einen einheitlichen Körper geboten hätten. Das Thermometer veränderte sich, trotz aller Vorsichtsmaßregeln, fortwährend. Die besten Resultate waren doch nur innerhalb 10° fix. Die dabei übergehenden Oele waren anfangs farblos bis gelblich-hellbraun, nach mehrtägigem Stehen an der Luft wurden sie alle dunkler.

Wir sahen also von einer näheren Analyse dieser Körper ab und stellten den Rest der Fraktionen wie sie waren in die Kälte, um eine allfällige Krystallisation zu erleichtern.

Nach ca. 6 Monaten hatten sich in den höchstsiedenden, dunkel gewordenen Anteilen, feste Klumpen gebildet, die wir zwischen Filtrierpapier abpreßten und aus Alkohol umkrystallisierten. Es bildeten sich dabei schuppenförmige, farblose, glänzende Krystalle, die getrocknet und analysiert wurden. Die Krystalle schmolzen bei 98°.

Die Elementaranalyse ergab:

0,1008 Substanz verbrannten zu 0,3403 CO_2 und 0,0699 H_2O.

In Prozenten:	Berechnet für $C_{18}H_{18}$ (Reten):
C 92,06	C 92,30
H 7,70	H 7,69.

Diese Krystalle waren also Reten

Denselben Körper hatte offenbar auch schon Kelbe[1]) erhalten, als er Harzöl (die höher siedenden Destillationsprodukte des Kolophons) mit Schwefel- oder mit Phosphorpentachlorid destillierte. Er gibt nämlich an, bei hoher Temperatur einen krystallinisch erstarrenden Körper gefunden zu haben, der aus Alkohol in perlmutterglänzenden Blättchen krystallisierte, die bei 94—95° schmolzen.

Er ist auch von Knauß, Fehling[2]) und Fritzsche[3]) im Teer harzreicher Nadelhölzer gefunden worden. In sehr beträchtlicher Menge erhielt ihn Ström[4]) aus dem norwegischen Nadelholzteer (aus 30 kg Teer 250,0 chemisch reines Reten). Der bei der Teerdestillation zum Zwecke der Teerölbereitung am Ende der Operation gewonnene feste „Teertalg" besteht sogar, wie Ekstrand[5]) zeigte, fast ausschließlich aus Reten. Reten findet sich ferner als Begleiter des Fichtelits in den Torflagern bei Redwitz (Bayern), im Erdharze von Kiefernstämmen in einem Braunkohlenlager bei Uznach (Schweiz) — sog. Scheererit — und im Erdharze von Fichtenstämmen aus Torfmooren bei Holtegaard (Dänemark)[6]). Renard[7]) fand Reten im Teer von Pinus maritima, der Seestrandskiefer.

Wie leicht übrigens Reten in großen Mengen aus Harzöl entsteht, beweist der Umstand, daß auf dieser Darstellung des Retens ein Patent beruht[8]). Nach diesem mischt man Harzöl mit ca. ⅓ seines Gewichtes Schwefel und erhitzt das Ganze in einem eisernen Gefäß mit Rückflußkühler, bis die Schwefelwasserstoffentwickelung vorüber ist. Durch Ausziehen der Rückstände mit Alkohol, Benzin, Petroläther etc. und Umkrystallisieren wird das Reten gereinigt.

In der Absicht, diese Vorschrift auf ihre Richtigkeit zu prüfen, beschafften wir uns aus einer Fabrik Harzöl, das industriell, zu billigen Druckfarben, als Riemenschmiere etc. gebraucht wird. Die Firma Gebr. Wolzendorff in Breslau-Gräbschen hatte die Güte uns eine Partie Harzöl zu übersenden, wofür wir ihr hiermit unseren besten Dank sagen. Das Produkt war in der Kälte honigartig und durch und durch von kleinsten Krystallnädelchen durchsetzt, die leider auf

---

1) Liebigs Ann. 210, 1881, S. 1.

2) Liebigs Ann. 106, 388.

3) Jahresber. 1858, 440; Petersb. Akad. Bull. XVII, 68; J. p. Ch. 75, 281; Chem. Zentrbl. 1858, 876.

4) Arch. d. Pharm. 1899, S. 542.

5) Liebigs Ann. 185, 1877, 75.

6) Beilstein II, S. 276 (Fritzsche 1860).

7) Monit. scientifique 1895, p. 91; vergl. auch oben.

8) Aktiengesellschaft für chemische Industrie in Rheinau (Baden); D. P. 43802 v. 12. Sept. 1887, Kl. 12.

keine Weise isoliert werden konnten. In der Wärme wurde es zähflüssig, braun, durchsichtig und stark blau fluoreszierend.

Als Reaktionsgefäß benutzten wir eine ziemlich hohe, runde, eiserne Schale, auf der in einer Rinne der gewölbte und durchlochte Deckel mit Gips eingegossen werden konnte. In der Durchbohrung des Deckels steckte ein weites Glasrohr als Rückflußkühler.

Schon nach mäßiger Erhitzung begann die Reaktion, indem sich neben übelriechenden Dämpfen, Ströme von Schwefelwasserstoff entwickelten. Nach ca. ½ Stunde war die Reaktion beendet.

Nach dem Erkalten, d. h. nach ca. 16 Stunden, öffneten wir den Deckel und fanden die Gefäßwand bedeckt mit braunen, schimmernden Schuppen, während im Gefäß drin ein dicker schwarzer Teer war. Wir lösten die Krystalle vorsichtig heraus und krystallisierten sie zweimal aus Alkohol, mit Hilfe von Tierkohle, um und gelangten zu schneeweißen, perlmutterglänzenden Schuppen, vom Schmelzpunkt 98°. Es war also in der Tat Reten gebildet worden.

Der Vorgang ist so zu deuten:

In dem Harzöl sind hydrierte Retene vorhanden. Der Schwefel wirkt auf diese dehydrierend. Er nimmt Wasserstoff aus dem Molekül. Der Wasserstoff bildet mit dem Schwefel Schwefelwasserstoff.

Etwas ähnliches ist auch denkbar, wenn man, wie Kelbe, Phosphorpentachlorid anwendet. Es wird sich da Salzsäure bilden, und wahrscheinlich neben Reten, viel Chlorierungsprodukte.

Das Vorkommen von hydrierten Retenen im Harzöl ist ein weiterer Beleg für die Richtigkeit der Tschirch'schen Hypothese, daß den Koniferenharzsäuren hydrierte Retene zu Grunde liegen, sie sich von diesen also ableiten lassen.

Das Tetrahydroreten z. B. ist eine farblose Flüssigkeit, die schon durch längeres Liegen an der Luft in Reten übergeht.

Da nun, wie bemerkt, die höchsten Fraktionen der trockenen Destillation des Kolophoniums nach längerer Zeit an der Luft Reten ausscheiden, so erscheint die Annahme von Tetrahydroreten in denselben ganz plausibel.

Uebrigens wird wohl bei der trockenen Destillation nicht nur Tetrahydroreten, sondern es werden auch höher hydrierte Retene entstehen.

Resümieren wir also: Unter den vielen aufgezählten Destillationsprodukten des Kolophoniums oder der Harzsäuren haben wir keines gefunden, das mit der Tschirch'schen Formel in Widerspruch stände. Dagegen sprechen viele (Naphthalin, Reten, Terpen etc.) deutlich dafür.

Der Vollständigkeit halber wollen wir noch einige von anderer Seite gemachte Vorschläge für die Harzsäureformel anführen.

Einer der ersten, der die Entstehung des Kolophoniums oder der Harze im allgemeinen zu deuten suchte, war Rose[1]), der die Ansicht der meisten damaligen Forscher vertrat, die Harze seien Oxydationsprodukte der Terpene. Er ging an Hand von mehr oder weniger gut stimmenden Analysen soweit, für sämtliche Harze ein Harzradikal aufzustellen, von welchem sich dieselben durch Oxydation ableiten sollten[2]). Als Radikal nahm er die Dumas'schen Formel des Terpentinöls $C_{10}H_{16}$ an, und schrieb den Harzen die Formel zu

$$2\,(C_{10}H_{16}) + O = C_{20}H_{32}O.$$

Diesem „Harzradikal" $C_{20}H_{32}$ pflichteten auch Berzelius, Liebig, Thomson und Laurent bei. Tschirch hat aber gezeigt, daß bei der Oxydation des Terpentinöls an der Luft fast ausschließlich Resene entstehen und nicht die bekannten Harzsäuren.

Eine andere Theorie der Harzbildung bringt später Franchimont[3]), gestützt auf unzureichendes Analysenmaterial und auf eine sehr zweifelhafte Formel. Er teilt die Harze in zwei Reihen. Die eine Reihe $C_{36}H_{60}O_{3}$ leitet er vom Benzoterpen C_6H_{10} ab, dem er folgende Konstitution zuschreibt:

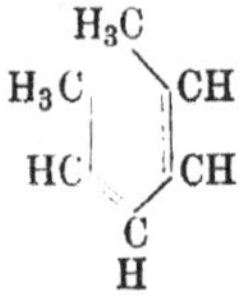

und die andere Reihe vom Naphthoterpen $C_{10}H_{16}$, das er sich wie folgt denkt:

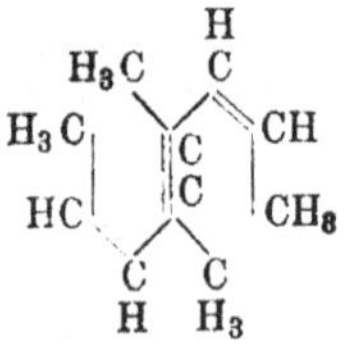

Er nimmt also für beide Reihen offene Ringe an[4]).

---

1) Poggend. Ann. 1834, 33, S. 33; 46, S. 322; 48, S. 61; 49, S. 219; 1841, 53, S. 365.

2) Vergl. die Darstellung dieser Hypothese in Tschirch: Harze und Harzbehälter, S. 48.

3) Arch. néerl. sc. ex. et nat. VI, 1871, S. 426; Acad. Proefschr., Leiden, 1871.

4) Vergl. die Besprechung dieser Hypothese in Tschirch: Harze und Harzbehälter, S. 96.

Aus neuerer Zeit stammt ein Vorschlag von Bischoff und Nastvogel[1]), dem viel beigestimmt worden ist. Sie destillieren Kolophonium bei 30 mm Druck und finden im Destillat einen krystallinischen Körper der Formel $C_{40}H_{58}O_3$, den sie Isosylvinsäureanhydrid nennen. Daneben isolieren sie noch ein „Kolophen", das sie $C_{20}H_{32}$ formulieren und das sie als ein Diterpen auffassen.

Die krystallinische Masse des Isosylvinsäureanhydrids lösen sie in Alkali, ziehen mit Aether aus und fällen mit verdünnter Essigsäure, was ihnen ein farbloses Produkt ergibt, das der Formel $C_{20}H_{30}O_2$ entspricht. Sie benennen dasselbe Isosylvinsäure und glauben, daß diese mit Abietinsäure (Sylvinsäure) isomer sei.

Sie resümieren: die Hauptresultate der trockenen Destillation des Kolophoniums bei vermindertem Drucke sind Kolophen und Isosylvinsäureanhydrid:

$$\underset{\text{Isosylvinsäure}}{2\,C_{20}H_{30}O_2} = \underset{\text{Isosylvinsäure-anhydrid.}}{C_{40}H_{58}O_3} + H_2O$$

Bei der Konstitutionsentwickelung ihrer Körper gehen sie von der Kekulé'schen Terpenformel aus.

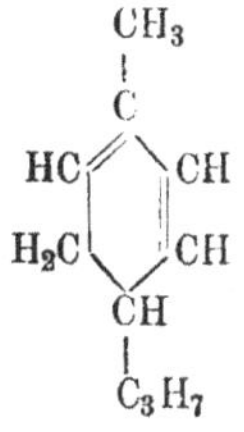

Demgemäß geben sie dem Kolophen $C_{20}H_{32}$ folgende Formel:

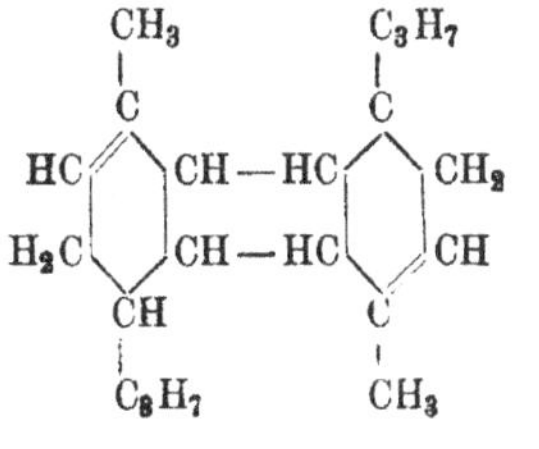

Diese Formel noch einmal verdoppelt und oxydiert, ergibt diejenige des Isosylvinsäureanhydrides $C_{40}H_{58}O_3$:

[1]) Ber. d. d. chem. Ges. 23, 1890, S. 1919.

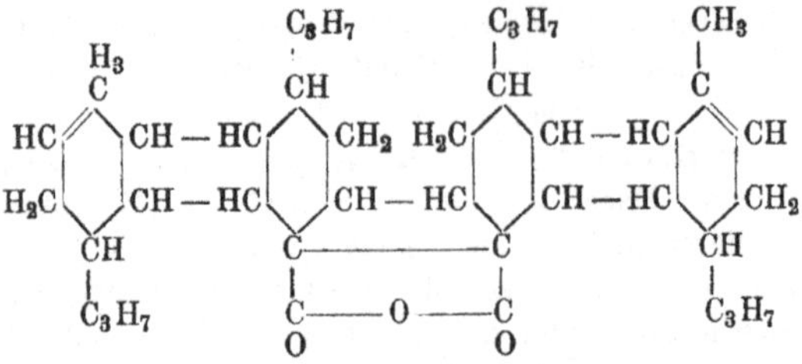

Bruylants[1]) stellte eine Hypothese der Entstehung der Pimarsäure auf. Er nimmt an, diese Säure sei durch Verbindung zweier Moleküle Terpentinöls $C_{10}H_{16}$ entstanden. In einem von diesen muß die Propylgruppe C_3H_7 durch Oxydation in Propionyl $C_3H_5O_2$ umgewandelt sein.

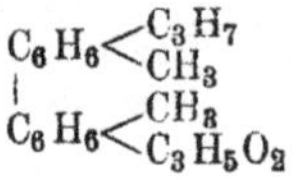

Er folgert aus dieser Konstitutionsformel, daß das Molekül unter der Einwirkung der Wärme sich zersetzt und freies, nicht oxydiertes Tereben liefern wird, während der oxydierte Teil $C_{10}H_{14}O_2$:

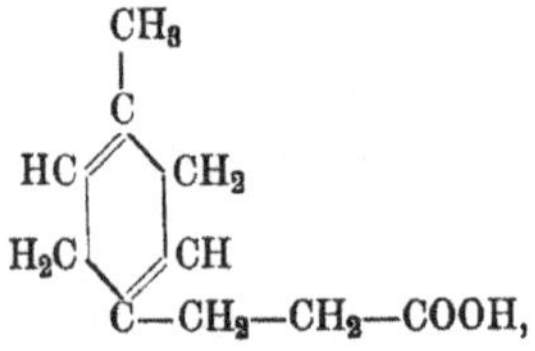

die aromatischen Kohlenwasserstoffe:

$$C_6H_5—CH_3$$
$$CH_3—C_6H_4—CH_3$$
$$CH_3—C_6H_4—C_2H_5,$$

sowie Propion-, Essig- und Ameisensäure oder ihre entsprechenden Acetone geben wird.

Oudemans[2]) erhält bei der Destillation der Podocarpinsäure mit Zinkstaub einen Kohlenwasserstoff $C_{15}H_{12}$, das Mesanthren (Methylanthracen). Die trockene Destillation des Calciumpodocarpates

---

1) Ber. d. d. chem. Ges. 11, 1878, S. 447. Bull. de l'acad. roy. belg. (2) 61 und 62.

2) Lieb. Ann. 170, 1873, S. 213. Vergl. Tschirch: „Die Harze und die Harzbehälter“, S. 111.

ergab ihm einen Kohlenwasserstoff, das Carpen C_9H_{14}, das sich den Terpenen sehr analog verhielt, dann ein p-Kresol (C_7H_8O) und eine phenolartige Substanz und Hydrocarpol ($C_{16}H_{20}O$). Er denkt sich die Zersetzung etwa so:

$$\underset{\text{Calcium-podocarpat}}{C_{34}H_{42}CaO_6} = CaCO_3 + CO + \underset{\text{phenolartige Substanz}}{C_{16}H_{22}O} + \underset{\text{Hydrocarpol.}}{C_{16}H_{20}O}$$

$$\underset{\text{phenolartige Substanz}}{C_{16}H_{22}O} = \underset{\text{Carpen}}{C_9H_{14}} + \underset{\text{Kresol.}}{C_7H_8O}$$

Die trockene Destillation der reinen Podocarpinsäure verläuft in der Weise, daß zunächst ein Anhydrid entsteht,

$$2\,(C_{17}H_{22}O_3) = C_{34}H_{42}O_5 + H_2O,$$

und daß dieses Anhydrid bei weiterer Erhitzung zersetzt wird in CO, CO_2 und Hydrocarpol, wobei als sekundäre Produkte auftreten: Methan, Methantrol und Wasser und wahrscheinlich auch Carpen und p-Kresol. Gestützt auf diese sehr sorgfältigen Voruntersuchungen stellt dann Oudemans als erster, der versuchte, die Konstitution einer Harzsäure aus deren Zersetzungsprodukten und Reaktionen abzuleiten, folgende Formel der Podocarpinsäure auf.

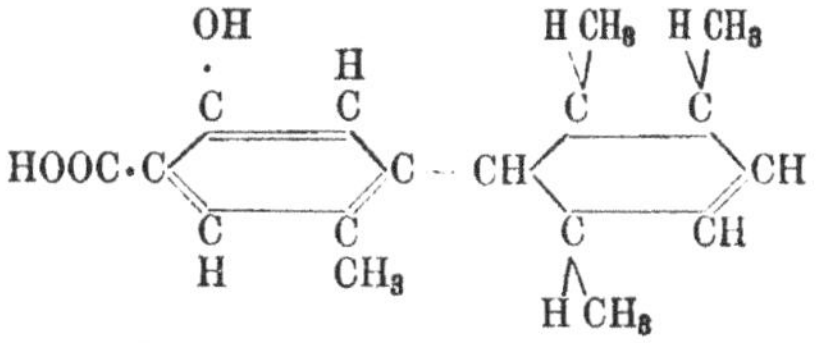

Auch andere Forscher haben ähnliche Ansichten über die Konstitution der Harzsäuren geäußert, ohne sich indes so dezidiert auszusprechen.

Bruno Bruhn[1]) geht, ohne selbst Untersuchungen anzustellen, näher auf die Vorschläge von Bischoff und Nastvogel ein und bringt seinerseits andere, die aber in vielen Beziehungen mit diesen übereinstimmen, so im Verhältnis des Kolophens zum Isosylvinsäureanhydrid, das er Sylvinsäure benennt; dann in der Vorstellung der Oxydationsvorgänge, durch Verwandeln einer Methylgruppe in eine Karboxylgruppe etc.

---

[1]) Chem.-Ztg. 1900, S. 1105.

Er geht dabei aus von der Wagner-Baeyer'schen Pinenformel und schreibt also das Kolophen (Dipinen):

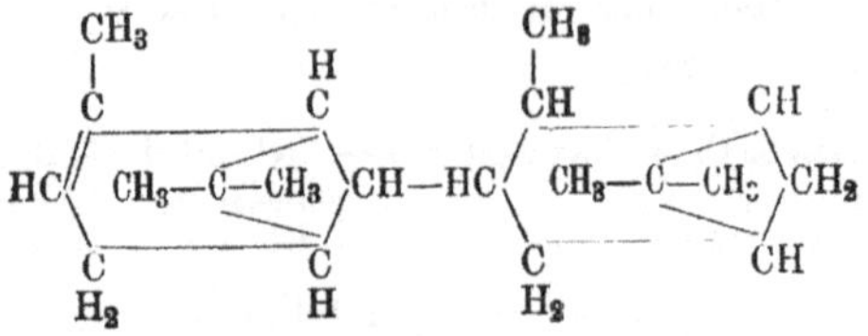

Durch Oxydation einer Methylgruppe gelangt er zur Sylvinsäure $C_{20}H_{30}O_2$:

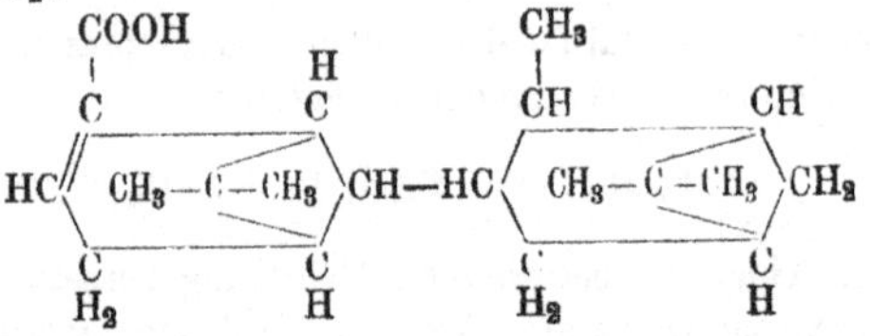

Maly hatte gefunden, daß die aus dem Kolophon isolierte krystallisierte Säure an der Luft, besonders beim Erwärmen, an Gewicht zunehme, d. h. Sauerstoff absorbierte. Darauf gründet Bruhn seine Hypothese der Entstehung der Abietinsäure. Er nimmt an, eine zweite Methylgruppe desselben der Oxydation leichter zugänglichen Ringes, werde oxydiert und dabei CO_2 abgespalten.

1) 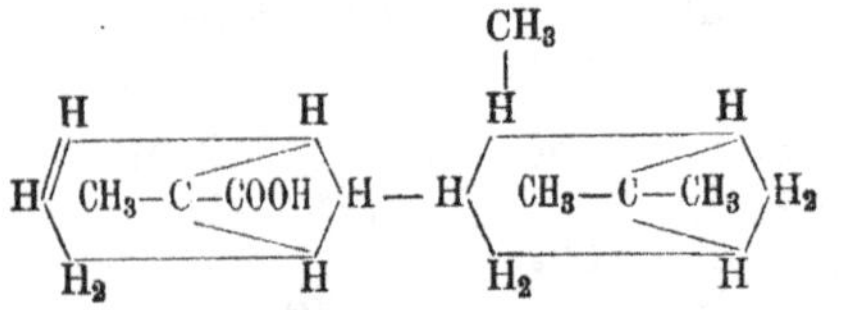 = $C_{19}H_{28}O_2$.

oder 2) 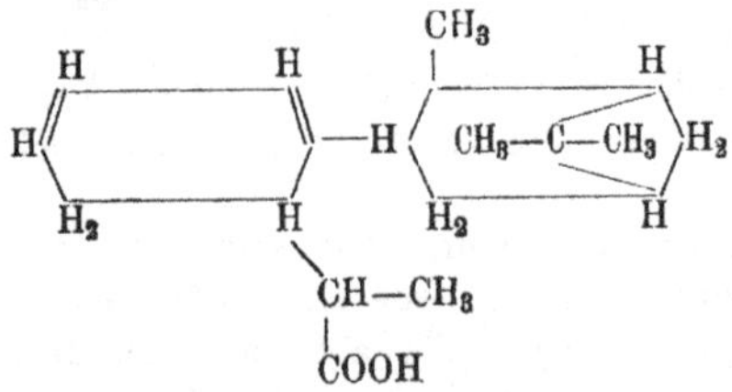

Bruhn hält letztere Formel (2) für wahrscheinlicher.

Dem Harzöl, dem höchstsiedenden Anteile der trockenen Kolophondestillation, schreibt er eine einheitliche Zusammensetzung zu, und zwar glaubt er, „dasselbe werde außer wechselnden, aber nur geringen Mengen Kolophen (Dipenten) einen Körper enthalten, in den das Abietinsäuremolekül leicht übergehen kann".

„Wenn aus der obigen Formel CO_2 austritt, so entsteht ein Körper, der nur zwei Wasserstoffatome abzuspalten braucht, was bei der Temperatur leicht geschehen kann, um in

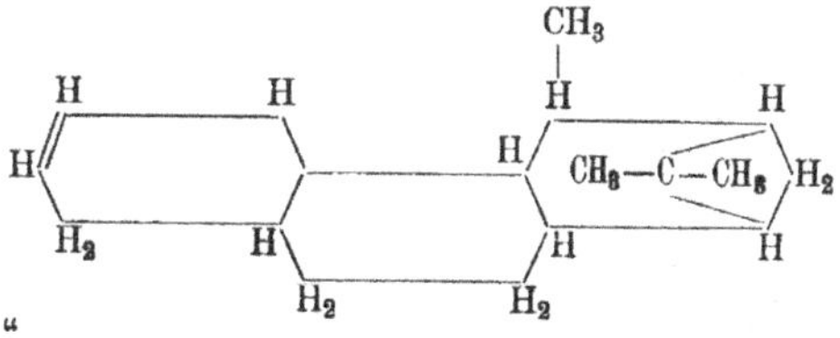

überzugehen."

Obige Formel als die Formel des Harzöles zu bezeichnen, halten wir für unrichtig, da wir das Harzöl auf Grund der an ihm isolierten verschiedentlichen Substanzen nicht für einen einheitlichen Körper ansehen. Obige Formel stellt ein Derivat des Phenantrens dar. Ebenso ist Reten ein solches, und zwar ein 8 Methyl-5 Metaäthylphenantren.

Diese Bruhn'sche Abhandlung ist, wenn auch rein theoretischer Natur, für uns interessant. Indem er durch Ueberlegung, wir durch Untersuchung zu demselben Endziele gelangen, reichen sich beide Vorstellungen die Hand, und das Resultat erhärtet noch mehr den von Tschirch proponierten Dreierring für die Harzsäuren.

Fahrion[1]) kalkuliert, daß, da Pinen beim Erhitzen mit Jod in Cymol übergeht, auch die Sylvinsäure zwei, teilweise hydrierte Benzolringe, zwei Methylgruppen und zu letzteren in p-Stellung zwei Seitenketten mit dem Kern C_8 enthalte, nur mit der Abänderung, daß in einer der vier Seitenketten eine Methyl- zur Karboxylgrupge oxydiert ist. Die Stellung dieser Gruppen zu einander nimmt er als p an. Im ferneren glaubt er, daß die Sylvinsäure zwei Doppelbindungen hat.

Diese Spekulationen stimmen mit der Bruhn'schen Spekulation besser überein, als mit dem Tschirch'schen Dreierringe.

So wie die Sachen jetzt liegen, hat also die Vorstellung von Tschirch, daß sich die Harzsäuren der Koniferen, speziell die Abietinsäure von einem hydrierten Reten ableiten lassen, das meiste für sich. Sie steht mit allen Beobachtungen im Einklang und keine spricht dagegen.

Daß die Harzsäuren der Koniferen und auch einige andere Harzprodukte, wie Amyrin, Gurjuresinol, Benzoresinol, die Copaivasäuren zu den Cholesterinen Beziehungen zeigen, ist durch zahlreiche

[1]) Zeitschr. für angewandte Chemie XIV, 1901, S. 1208.

Reaktionen von uns festgestellt worden. Dadurch, daß jeder im pharmazeutischen Institut isolierte Harzkörper mit den Cholesterinreagentien geprüft wurde[1]), konnte festgestellt werden, daß in der Tat vielfach gleiche oder doch ähnliche Reaktionen, wie mit dem Phytosterin und Cholesterin erhalten werden können. Es darf also wohl angenommen werden, daß beide Körperklassen den gleichen oder einen ähnlichen Kern enthalten werden. In der Tat ist ja bereits schon von anderer Seite[2]) das Cholesterin zu den Terpenen und damit indirekt zu den Retenharzsäuren in Beziehung gebracht worden.

Vielleicht leitet sich also auch das Cholesterilen $C_{26}H_{42}$ vom Reten oder einem einfacheren Körper der Formel

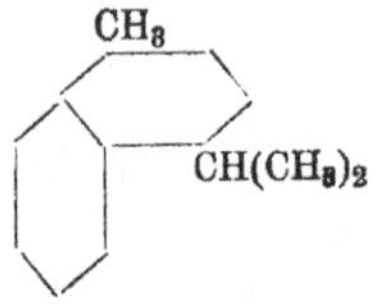

also einem Terpenderivate ab.

Liebermann und Haller's Cholestol (Oxychinoterpen), Vesterberg's Amyrilene tragen ja ebenso wie das Cholesterilen, das Kolophen und Kolophenhydrür den Charakter von Polyterpenen oder Derivaten derselben.

Aus pflanzenphysiologischen Gründen erscheint es mir viel wahrscheinlicher, daß die keiner Pflanze fehlenden, als normale Bestandteile des Plasmas zu betrachtenden Phytosterine die Muttersubstanzen der Koniferenharzsäuren sind, als die Gerbstoffe, deren Beziehungen zu den Harzsäuren entferntere sind.

Immerhin bestehen auch hier Beziehungen. Wenigstens bei den gerbstoffartigen Substanzen, die in den Harzkörpern aufgefunden wurden und die Resinotannole genannt wurden.

Behandelt man nämlich das Galbaresinotannol mit Salpetersäure, so erhält man[3]) weder Pikrinsäure noch Styphninsäure, sondern Kamphersäure und Kamphoronsäure,

---

[1]) Vergl. die No. 31—50 der Unters. über die Sekrete, und Tschirch: Harze und Harzbehälter, S. 332.

[2]) Liebermann, Ber. d. d. chem. Ges. 18 (1885), S. 1808; Walitzky, J. d. russ. chem. Ges. 8, 235; ferner bemerkt Beilstein (nach Weyl): α-Cholesterilen, α- und β-Cholesteron, Kampher und Terpentinöl geben mit HCl und $FeCl_3$ dieselbe Reaktion wie Cholesterin.

[3]) Tschirch und Conrady, Arch. Ph. 1894.

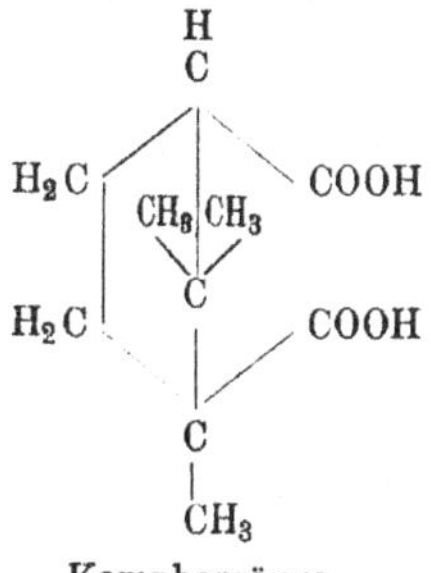

Kamphersäure.

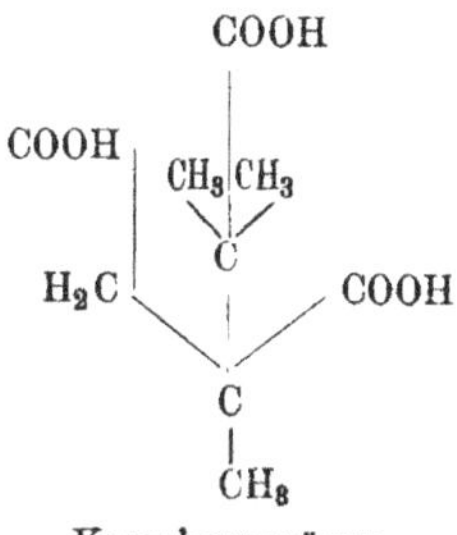

Kamphoronsäure.

zwei Körper, die sich sehr leicht zu den Terpenen in Beziehung setzen lassen.

Andererseits liefern andere Resinotannole, wie das Toluresinotannol, Peruresinotannol, Asaresinotannol bei gleicher Behandlung neben Oxalsäure Pikrinsäure — die Resinotannole des Akaroid gehen fast glatt in Pikrinsäure über — oder Trinitroresorcin (Styphninsäure), wie z. B. das Ammoresinotannol.

Man könnte nun hier an eine ähnliche Spaltung denken, wie sie oben bei der Abietinsäure angenommen wurde und den Resinotannolen einen Kern zu Grunde legen, der sich aus einem Benzolkern einerseits und aus einem Terpenkern andererseits aufbaut:

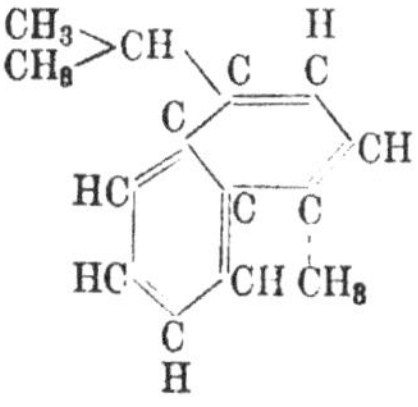

$= C_{14}H_{16}$.

Die Spaltung würde alsdann beim Galbaresinotannol im Benzolkern erfolgen, der abgesprengt und dessen Reste zu CO_2 und H_2O oxydiert würden:

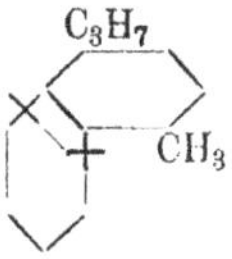

Der abgesprengte Terpenkern würde dann gleichfalls weiter oxydiert, zunächst zu Kamphersäure, dann zu Kamphoronsäure. Bei den übrigen Resinotannolen dagegen könnten wir die Spaltung als im Terpenkerne erfolgend annehmen:

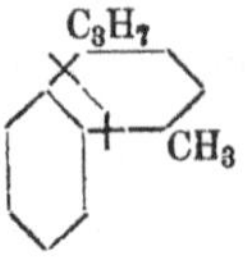

während der Benzolkern, an dem wir ja ein oder mehrere Hydroxyde annehmen müssen — die Resinotannole tragen den Charakter von Phenolen — zu Pikrinsäure resp. Styphninsäure nitriert würde.

Ein solcher Kern müßte unter gewissen Bedingungen bei der Zinkstaubdestillation Naphthalin liefern. Und in der Tat konnte dasselbe unter den Produkten der Zinkstaubdestillation des Toluresinotannols und der Tannole des Acaroids nachgewiesen werden.

Noch wissen wir ja immer noch nicht warum die Harze eine so natürliche Körperklasse bilden, obwohl sie so außerordentlich verschiedene Verbindungen enthalten. Vielleicht läßt sich aber über Terpene und Cholesterine hin eine Brücke schlagen zwischen den Resinolsäureharzen einerseits und den Tannolharzen andererseits, die jetzt noch ziemlich unvermittelt neben einander stehen.

Zur Kenntnis der Fette.

Von A. Partheil und Dr. F. Ferié.

(Eingegangen den 20. VIII. 1903.)

Die Grundlage für die Erkenntnis der chemischen Zusammensetzung der Fette lieferte Scheele[1]), indem er 1783 das Olivenöl, das Schweineschmalz und die Butter durch Verseifung mit Bleiglätte in die Bleisalze der *Fettsäuren* und in *Glyzerin* zerlegte. Chevreul[2]) erkannte zuerst in den Fetten und fetten Oelen esterartige Verbindungen der Fettsäuren mit Glyzerin.

Pebal[3]) empfiehlt, die einzelnen Fettsäuren durch fraktionierte Fällung ihrer alkoholischen Lösung mit Bleiacetat zu trennen. Dabei

[1]) C. W. Scheele, Briefe und Aufzeichnungen. Herausgegeben von A. E. Nordenskiöld. Stockholm, 1892, 366.

[2]) Recherches sur les corps gras.

[3]) Ann. d. Chem. u. Pharm. 91, 141.

entstehen zuerst vorwiegend die Bleisalze der hochmolekularen Säuren, der Stearinsäure, der Palmitinsäure und der Oelsäure.

Erlenmeyer und Hell[1]) sättigten das Säuregemisch fraktioniert mit Silberkarbonat, dem sie vor dem Silbernitat den Vorzug gaben, weil ein Ueberschuß davon leichter entfernt werden kann, als ein Ueberschuß des Nitrates.

Die von David[2]) angewendete Trennungsmethode beruht darauf, daß sich die festen Fettsäuren, wie Stearinsäure und Palmitinsäure schwerer in einem Gemisch von Alkohol und Essigsäure lösen, als die Oelsäure.

Van Haaren (Privatmitteilung) versuchte eine Trennung der Fettsäuren durch fraktionierte Destillation im Vakuum zu ermöglichen. Da aber die höher siedenden Säuren bereits bedeutend unter ihrem Siedepunkt mit den Dämpfen der niedriger siedenden Säuren übergehen, und zwar um so leichter, je rascher der während der Destillation hindurchgezogene Luftstrom den Apparat passiert, so ließ sich die Methode für die Praxis der quantitativen Fettanalyse nicht verwerten.

Saunders[3]) verwendete zur Trennung des Bleioleates von den Bleisalzen der festen Fettsäuren Alkohol von 0,82 spez. Gew.

Varrentrapp[4]) benutzte dazu Aether, und Farnsteiner[5]) trennte die Bleisalze mit Benzol, weil er fand, daß die Löslichkeit der Bleisalze der festen Fettsäuren in Benzol bedeutend geringer ist, als in Aether. Farnsteiner[6]) zeigte ferner die Ausführbarkeit der Trennung einzelner ungesättigter Säuren von einander, indem er die Oelsäure mit Hilfe von salpetriger Säure in Elaïdinsäure überführte und diese durch die Bleisalze von den anderen ungesättigten Säuren schied. Endlich stellte er fest, daß trockenes Baryumoleat beim Erwärmen sehr leicht in Benzol löslich ist, welches 5% eines 95%igen Alkohols enthält. Beim Erkalten der Lösung scheidet sich das Salz krystallinisch wieder aus. Diese Tatsache wurde von Farnsteiner zur quantitativen Bestimmung der Oelsäure benutzt.

Die Trennung der Fettsäuren mit Hilfe der Bleisalze enthält eine Fehlerquelle, indem leicht gemischte Bleisalze entstehen. Als Schumacher[7]) eine Lösung von ölsaurem Blei in Benzol mit einer Benzollösung von Stearinsäure versetzte, erhielt er einen weißen Nieder-

---

1) Ann. d. Chem. u. Pharm. 160, 296.
2) Compt. rend. 86, 1416.
3) Jahresber. d. Chem. 1880, 831.
4) Benedikt-Ulzer, Analyse d. Fette u. Wachsarten, 3. Aufl., 166.
5) Zeitschr. f. Nahrungsmittelchemie 1898, 390.
6) Zeitschr. f. Nahrungsmittelchemie 1899, 1.
7) Privatmitteilung von Dr. Schumacher.

schlag eines Bleisalzes. Er konnte leicht feststellen, daß es sich dabei um ein gemischtes Bleisalz der Stearinsäure und Oelsäure handelte, indem er durch Salzsäure die freien Fettsäuren abschied und die Jodzahl derselben bestimmte.

Die Bildung dieser gemischten Salze ist bedingt durch die Zweiwertigkeit des Bleies, sie konnte vermieden werden, wenn man dafür ein einwertiges Metall verwendete. Als solches schien uns das Lithium am ehesten geeignet. Wir haben daher, um die nötige wissenschaftliche Grundlage für die Trennung der Säuren zu finden, die Lithiumsalze der in Frage kommenden Fettsäuren dargestellt und deren Eigenschaften, insbesondere die Löslichkeitsverhältnisse in Wasser und in Alkohol, untersucht. Die dabei erzielten Resultate ließen hoffen, daß man mit Hilfe der Lithiumsalze zu einer brauchbaren Methode der Trennung der in den Fetten enthaltenen Säuren würde gelangen können.

Die Trennung der Oelsäure von der Stearinsäure und Palmitinsäure läßt sich damit durchaus befriedigend ausführen. Aus einer Lösung von Stearinsäure, Palmitinsäure und Oelsäure werden durch Lithiumacetatlösung Stearin- und Palmitinsäure in Form ihrer Lithiumsalze vollständig ausgefällt, während Lithiumoleat in Lösung bleibt. Sind außer den genannten Säuren noch Laurinsäure und Myristinsäure vorhanden, so bleibt das Lithiumlaurinat und ein kleiner Teil des Myristates mit dem Oleat in Lösung, während die Hauptmenge des Lithiummyristates mit dem Palmitat und Stearat ausfällt.

Während die höheren Glieder der Fettsäurereihe, Palmitinsäure und Stearinsäure sehr zur Bildung gemischter Bleisalze mit der Oelsäure neigen, ist dies bei den mittleren Gliedern, wie besondere Versuche lehrten, nicht der Fall. Zur Trennung der Laurin- und Myristinsäure von der Oelsäure konnten wir daher wieder auf Farnsteiners Methode zurückgreifen.

Die Trennung des Lithiummyristates vom Palmitat und Stearat läßt sich mit befriedigender Genauigkeit erzielen, indem man das Gemisch der Lithiumsalze in heißem Alkohol löst, dessen Menge sich aus den späterhin zu besprechenden Löslichkeitsbestimmungen ergibt. Beim Erkalten krystallisiert das palmitinsaure und stearinsaure Lithium wieder heraus.

Die Trennung der Oelsäure von den sogenannten Leinölsäuren durch Ueberführen der betreffenden Säuren in die Baryumsalze und Ausziehen der Baryumsalze der Leinölsäurereihe mit Aether ist bekannt. Sie versagt aber vielfach in der Praxis. Wir fanden, daß dies daran liegt, daß die trockenen Baryumsalze in Aether kaum löslich sind, daß sie sich aber in wasserhaltigem Aether leicht lösen.

Die im vorstehenden angedeuteten Tatsachen gestatten nun, die wichtigsten der in den Fetten vorkommenden Säuren in folgende fünf Gruppen zu zerlegen.

1. Stearinsäure und Palmitinsäure,
2. Myristinsäure,
3. Myristinsäure und Laurinsäure, nach Farnsteiner über die Bleisalze von der Oelsäure getrennt,
4. Oelsäure,
5. Säuren der Leinölsäurereihe.

Die Einzelheiten der Trennung werden im experimentellen Teil erörtert werden.

Außer mit Lithiumacetat haben wir auch versucht, mit Rubidiumjodid eine Trennung der in den Fetten vorkommenden Säuren auszuführen. Indessen wurden dadurch Stearin- und Palmitinsäure nur unvollständig gefällt, während das Laurinat, Myristat und Oleat des Rubidiums in Alkohol leicht löslich sind.

Die zunächst mit reinen Säuren ausgearbeitete Trennungsmethode der Fettsäuren haben wir sodann zur Analyse einiger Fette verwendet. Das Butterfett sollte nach den älteren Angaben, z. B. von Winter-Blyth[1]), aus etwa 50% eines Gemisches von Stearin und Palmitin, 42,2% Olein, 7,7% Butyrin und kleinen Mengen der Acyline verschiedener flüchtiger Fettsäuren bestehen. Dementgegen fanden Koefoed[2]) (I) und C. A. Browne jun.[3]) (II) in Butterfett:

	I.	II.
Stearinsäure	2,0	1,83%
Palmitinsäure	28,0	38,61 „
Myristinsäure	20,0	9,89 „
Laurinsäure	8,0	2,57 „.

Auch Hehner und Mitchell[4]) fanden einen ähnlich geringen Gehalt von Stearinsäure im Butterfett, während es von Velsen[5]) durch fraktionierte Destillation der Fettsäuren der Butter gelang, etwa 7% einer Säure abzuscheiden, welche alle Eigenschaften der Myristinsäure zeigte. Unsere Versuche ergaben eine Bestätigung dieser neueren Angaben über die Zusammensetzung des Butterfettes. In Margarine und in amerikanischem Schweineschmalz fanden wir ziemlich hohe Gehalte an Säuren der Leinölsäurereihe. Da man bisher annahm, daß

---

[1]) Benedikt-Ulzer, 3. Aufl., 545.

[2]) Chem. Zentralbl. 1891, 2, 918.

[3]) Journ. of the Am. chem. Soc. 1899, 807.

[4]) Analyst 249, 321.

[5]) Dieses Archiv 238, 275.

diese Säuren nur in Fetten pflanzlichen Ursprunges vorkämen, vermuteten wir, daß sich darauf der Nachweis eines Zusatzes von Margarine oder Schmalz zu Butter würde gründen lassen. Dabei stellte sich indessen heraus, daß auch in dem Butterfett Säuren der Leinölreihe, wenn auch in geringerer Menge, enthalten sind.

Durch die Untersuchung menschlicher Muskeln, welche kürzlich Herr Dr. Gronover im hiesigen Institut für Herrn Professor Dr. Rumpf ausführte, wurden wir auf die Untersuchung des Menschenfettes geführt. Das dazu nötige Material wurde uns durch die liebenswürdige Vermittelung des Herrn Prof. Rumpf aus dem hiesigen pathologisch-anatomischen Institut zur Verfügung gestellt.

Schon Chevreul[1]) hat sich mit der Untersuchung des Menschenfetts beschäftigt. Heintz[2]), der die festen Fettsäuren durch fraktionierte Fällung ihrer alkoholischen Lösung mit Magnesiumacetat trennte, nahm zuerst das Vorhandensein von Stearophansäure, Anthropinsäure, Margarinsäure, Palmitinsäure, Oelsäure und noch anderer flüssiger Säuren neben Glyzerin in dem Menschenfett an. Nachdem er die Stearophansäure als identisch mit Stearinsäure und Anthropinsäure, sowie Margarinsäure als Gemische von Stearin- und Palmitinsäure erkannt hatte, glaubte er, daß das Menschenfett aus Triolein, Tristearin und Tripalmitin nebst einer kleinen Menge des Glyzerides einer kohlenstoffärmeren Säure bestünde. Hinsichtlich der quantitativen Zusammensetzung gibt er nur an, daß Stearin in größerer Menge vorkomme, als Palmitin.

Langer[3]) fand erhebliche Unterschiede in der Zusammensetzung des Fettes von Erwachsenen und von Kindern. Er fand, von einer kleinen Menge mit Wasserdampf flüchtiger Fettsäuren abgesehen, etwa folgende Mengenverhältnisse:

	Kind.	Erwachsener.
Trioleïn	67,75	89,80 %
Tripalmitin	28,97	8,16 „
Tristearin	3,28	2,04 „.

Der Gehalt an flüchtigen Fettsäuren ist in dem Fett der Neugeborenen größer, als in dem Erwachsener. Redtenbacher[4]) gibt an, daß die flüchtigen Fettsäuren durch Oxydation aus der Oelsäure entstehen, und daß fast alle Fette flüchtige Säuren, wie Baldriansäuren, Capronsäure und Caprylsäure enthalten.

---

[1]) Recherches sur les corps gras d'origine animal.
[2]) Ann. d. Chem. u. Pharm. 84, 297.
[3]) Monatsh. f. Chem. 1881, 382.
[4]) Ann. d. Chem. u. Pharm. 59, 41.

Im verflossenen Jahre hat sich Jaeckle[1]) mit der Untersuchung des Menschenfetts beschäftigt. Er trennte die gesättigten von den ungesättigten Säuren nach Farnsteiner mit Hilfe der Bleisalze, schied aus der Lösung der vom Oleat befreiten Bleisalze der festen Fettsäuren in heißem Benzol mit Schwefelsäure die freien Säuren ab und destillierte das Benzol im Wasserstoffstrom ab. Einen Teil der erhaltenen festen Fettsäuren führte er in die Silbersalze über und schloß aus dem Silbergehalt, daß keine höheren festen Fettsäuren, als Stearinsäure, keine niedrigeren, als Palmitinsäure im Menschenfett vorhanden sind. Einen anderen Teil der festen Fettsäuren unterwarf Jaeckle der fraktionierten Krystallisation aus Alkohol und identifizierte dann die einzelnen Fraktionen durch Bestimmung des Molekulargewichts. Er fand nur Oelsäure, Palmitinsäure und Stearinsäure, und zwar mehr Palmitinsäure, als Stearinsäure. Säuren mit mehr Doppelbindungen, als Oelsäure konnte er im Menschenfett ebensowenig nachweisen, wie gemischte Triglyzeride. In diesen beiden Punkten weichen unsere Ergebnisse von denen jenes Forschers ab.

Gemischte Glyzeride sind von Hansen[2]) aus ausgepreßtem Rinder- und Hammeltalg erhalten. Außer Tristearin fand er Dipalmitoolein, Dipalmitostearin, Stereopalmitoolein, Dioleostearin und Dioleopalmitin. Tripalmitin konnte er nicht nachweisen.

Klimont[3]) wies in der Kakaobutter ein Palmitostearooleoglyzerid und ein zweites gemischtes Glyzerid der Formel $C_{51}H_{96}O_6$ nach. Im Oleum stillingiae fand er[4]) ein Oleodipalmitin. Ueber gemischte Glyzeride aus den festen Bestandteilen des Olivenöls berichten Holde und Stange[5]).

Für Butterfett ließ Browne jun.[6]) die Frage nach der Existenz gemischter Triglyzeride unentschieden, nachdem früher schon Blyth und Robertson[7]) ein krystallinisches Buttersäurepalmitinsäureölsäureglyzerid daraus isoliert hatten.

Im Menschenfett konnte Jaeckle, wie erwähnt, gemischte Glyzeride nicht nachweisen. Unsere Untersuchungen haben das Vorhandensein von *Dioleostearin* darin ergeben.

---

1) Zeitschr. f. physiol. Chem. 1902, H. 1.
2) Archiv f. Hygiene 42, 1.
3) Ber. d. d. chem. Ges. 34, 2636.
4) Chem.-Ztg. 1903, 607.
5) Ber. d. d. chem. Ges. 34, 2402.
6) Journ. of the Am. Chem. Soc. 1899, 807.
7) Journ. Lond. Chem, Soc. Proc. 1889, 5.

Experimenteller Teil.

I. Die Lithiumsalze der höheren Fettsäuren und der Oelsäure.

Stearinsäure, $C_{18}H_{36}O_2$ = 284,36.

Die zu unseren Untersuchungen benutzte Stearinsäure war von Kahlbaum bezogen und im Vakuum rektifiziert. Bei der Elementaranalyse lieferten

I. 0,1354 g Stearinsäure = 0,0171 g Wasserstoff und 0,1030 g Kohlenstoff.
II. 0,1350 „ „ = 0,0172 „ „ „ 0,1029 „ „

Berechnet für $C_{18}H_{36}O_2$:	Gefunden: I.	II.
C = 75,98 %	76,08	76,02 %
H = 12,78 „	12,65	12,69 „.

Zur weiteren Kontrolle der Reinheit wurde die Säure in alkoholischer Lösung, Phenolphthalein als Indikator, mit alkoholischer $^n/_{10}$ Kalilauge titriert. Dabei verbrauchten:

I. 0,4409 g Stearinsäure = 15,5 ccm $^1/_{10}$ N.-KOH.
II. 0,4604 „ „ = 16,2 „ $^1/_{10}$ „

Molekulargewicht berechnet:	Gefunden: I.	II.
284,36	283,6	284,2.

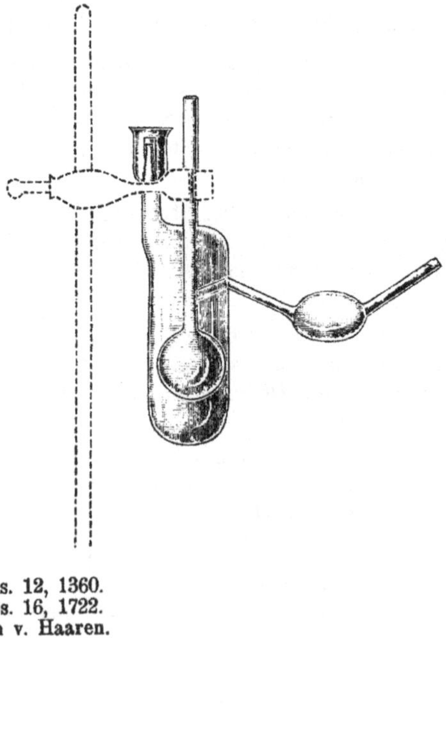

Den Siedepunkt der Stearinsäure fanden Carnelly und Williams[1]) unter gewöhnlichem Druck bei 359—383°. Krafft[2]) bestimmte ihn unter 75 mm bei 252°, van Haaren[3]) unter 16 mm im Benzoesäurebade zu 235—236°. Wir fanden ihn bei 17 mm zu 238°.

Wir bedienten uns für die Destillation der Stearinsäure und der übrigen Fettsäuren eines Fraktionskolbens, der in einen größeren, als Bad

---

[1]) Ber. d. d. chem. Ges. 12, 1360.
[2]) Ber. d. d. chem. Ges. 16, 1722.
[3]) Privatmitteilung von v. Haaren.

dienenden Kolben eingeschmolzen war. Die nebenstehende Figur erläutert die nähere Einrichtung des Apparates. Das Bad wurde mit Benzoesäure, bei den niedriger siedenden Fettsäuren mit Nitrobenzol, beschickt und mit Hilfe eines kleinen Sandbades erhitzt. Das als Luftkühler für das Bad dienende Steigrohr ist mit dem Bade durch einen Quecksilberverschluß verbunden.

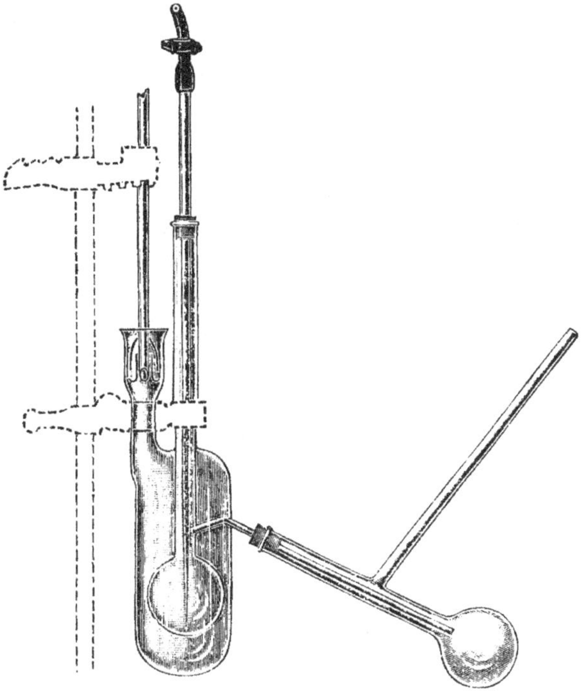

Den Schmelzpunkt der Stearinsäure gibt Heintz[1]) zu 69,2° an. van Haaren bestimmte ihn zu 71°. Unsere Säure schmolz bei 70,5°. Den Brechungsindex unserer Stearinsäure bestimmten wir mit Hilfe eines Abbé-Zeiß'schen Refraktometers. Bei 71° lag die Grenze der totalen Reflexion bei 13,3 Skalenteilstrichen.

Die Stearinsäure besitzt demnach bei 71° n_D = 1,4325.

Stearinsaures Lithium, $C_{17}H_{35}COOLi$.

a) Stearinsäure wurde in Alkohol gelöst, die Lösung mit einem geringen Ueberschuß von Lithiumkarbonat versetzt und längere Zeit

[1]) Ann. d. Chem. u. Pharm. 92, 295.

auf dem Wasserbade erwärmt. Die heiße, alkoholische Lösung wurde filtriert. Beim Erkalten des Filtrats schied sich das Lithiumstearat in kleinen, weißen Krystallschuppen aus. Sie wurden auf der Nutsche abgesogen, mit kaltem Alkohol gewaschen und getrocknet.

b) Eine Lösung von Stearinsäure in Alkohol wurde unter Zusatz von Phenolphthalein mit alkoholischer Kalilauge neutralisiert, die Lösung mit etwas mehr als der berechneten Menge Lithiumacetat in konzentrierter wässeriger Lösung versetzt und das hierbei sich abscheidende Lithiumstearat abgesogen, gewaschen und getrocknet. Beide Methoden liefern, wie nachstehende Analysen zeigen, ein reines Salz. Für die Darstellung der Lithiumsalze zum Zwecke ihrer näheren Untersuchung haben wir uns der Methode a) bedient, das Lithiumoleat für die späteren Fettanalysen wurde nach b) gewonnen. Analyse I und II sind mit nach a), III und IV mit nach b) hergestellter Substanz ausgeführt.

I. 0,5275 g Substanz lieferten 0,5155 g Stearinsäure und brauchten 17,6 ccm $^1/_{10}$ HCl.

II. 0,5088 g Substanz lieferten 0,4980 g Stearinsäure und brauchten 17,3 ccm $^1/_{10}$ HCl.

III. 0,5204 g Substanz lieferten 0,5080 g Stearinsäure und brauchten 17,45 ccm $^1/_{10}$ HCl.

IV. 0,5429 g Substanz lieferten 0,5290 g Stearinsäure und brauchten 17,75 ccm $^1/_{10}$ HCl.

Berechnet für $C_{18}H_{35}O_2Li$:	Gefunden: I.	II.	III.	IV.
$C_{18}H_{36}O_2$ = 97,92 %	97,72	97,86	97,63	97,61 %
Li = 2,24 „	2,34	2,37	2,35	2,28 „.

Löslichkeitsbestimmung des Lithiumstearates.

Versuchsanordnung.

Um die Löslichkeit des Lithiumstearates (und der übrigen Lithiumsalze) festzustellen, wurde in einer Glasstöpselflasche von Jenaer Glas, welche etwa 250 ccm faßte, eine überschüssige Menge fein zerriebenes Lithiumstearat mit 200 ccm destilliertem Wasser übergossen. Die mit einer Gummikappe verschlossene Flasche wurde an einer Welle befestigt, die in einem etwa 40 *l* Wasser fassenden Thermostaten angebracht war. Vermittelst einer Turbine wurde die Welle mit den daran befindlichen Flaschen in rotierende Bewegung versetzt, wodurch eine andauernde innige Berührung des zu lösenden Salzes mit dem Lösungsmittel ermöglicht wurde. Der Thermostat wurde mit einem Mikrobrenner erwärmt, die Temperatur wurde mit Hilfe eines Ostwald'schen Thermoregulators konstant gehalten. Nach einer Rotationsdauer von 48 Stunden wurde die Lösung abfiltriert und in einem aliquoten Teile des Filtrates der Gehalt an Lithiumstearat bestimmt. Die Löslichkeitsbestimmungen wurden bei 18° und bei 25° ausgeführt, um sie mit den Messungen von Ostwald und von Kohlrausch vergleichbar zu machen. Der Alkohol, der zu allen unseren Löslichkeitsbestimmungen verwendet wurde, besaß das spez. Gew. 0,797.

Für das Lithiumstearat ergaben sich folgende Werte:

Nach einer Rotationsdauer von 48 Std. waren enthalten in 100 ccm	Wasser von 18°	25°	Alkohol 0,797 18°	25°
I. Versuchsreihe: g Lithiumstearat	0,0098	0,0106	0,0400	0,0530
II. Versuchsreihe: „ „	0,0102	0,0114	0,0420	0,0534

Ein Mol (290,38 g) Lithiumstearat verlangt zur Lösung:

	Wasser von 18°	25°	Alkohol 0,797 18°	25°
I. Versuchsreihe . . . . Liter	2962,0	2738,0	725,6	543,7
II. Versuchsreihe . . . . . „	2845,0	2546,0	691,1	547,6
Mittel. Liter	2903,5	2642,0	708,3	545,6

Palmitinsäure, $C_{16}H_{32}O_2 = 256,32$.

Die ebenfalls von Kahlbaum bezogene und durch Vakuumdestillation gereinigte Palmitinsäure lieferte bei der Verbrennung folgende Werte:

I. 0,1231 g Palmitinsäure ergaben 0,0155 g H und 0,0921 g C.
II. 0,1693 „ „ „ 0,0212 „ „ „ 0,1271 „ .

Berechnet für $C_{16}H_{32}O_2$:	Gefunden: I.	II.
C = 75,00 %	74,91	75,06 %
H = 12,61 „	12,59	12,52 „.

Bei der Titration erforderten:

I. 0,3637 g Palmitinsäure 14,1 ccm $^1/_{10}$ N.-KOH.
II. 0,3404 „ „ 13,2 „ $^1/_{10}$ „

Molekulargewicht berechnet:	Gefunden: I.	II.
256,32	257,8	257,9.

Palmitinsäure siedet nach Carnelly und Williams[1]) unter gewöhnlichem Druck bei 339—356°, nach Krafft[2]) unter 100 mm bei 268,5°, nach van Haaren[3]) unter 16 mm bei 216—217° C. Unsere Bestimmungen ergaben bei 20 mm 219° C. Den Schmelzpunkt der Palmitinsäure fand Krafft bei 62°, van Haaren bestimmte denselben bei 63°, wir ermittelten 62,5°.

Die Refraktion beobachteten wir bei 74,5° bei 8 Skalenteilstrichen des Refraktometers. Hieraus berechnet sich für die vorliegende Palmitinsäure bei 74,5° n_D = 1,4284.

Palmitinsaures Lithium, $C_{15}H_{31}COOLi$.

Das Lithiumpalmitat wurde, wie das Stearat, aus einer alkoholischen Palmitinsäurelösung und Lithiumkarbonat in geringem Ueberschuß erhalten. Durch Umkrystallisieren aus heißem Alkohol erhielten wir es in kleinen, weißen, glänzenden Schuppen.

Zwei Analysen lieferten folgende Zahlen:

I. 0,5133 g Substanz ergaben 0,5010 g Palmitinsäure und verbrauchten 19,35 ccm 1/10 HCl.

II. 0,5020 g Substanz ergaben 0,4890 g Palmitinsäure und verbrauchten 19,1 ccm 1/10 HCl.

Berechnet für $C_{15}H_{31}O_2Li$:		Gefunden: I.	II.
$C_{16}H_{32}O_2$	= 97,7 %	97,59	97,40 %
Li	= 2,67 „	2,65	2,66 „.

Die wie beim Stearat ausgeführten Löslichkeitsbestimmungen ergaben folgende Werte:

Nach einer Rotationsdauer von 48 Std. waren enthalten in 100 ccm	Wasser von 18°	25°	Alkohol 0,797 18°	25°
I. Versuchsreihe: g Lithiumpalmitat	0,0114	0,0174	0,0798	0,0952
II. Versuchsreihe: „ „	0,0106	0,0186	0,0794	0,0959

Ein Mol (262,38 g) Lithiumpalmitat verlangt zur Lösung:

	Wasser von 18°	25°	Alkohol 0,797 18°	25°
I. Versuchsreihe . . . . Liter	2301,0	1542,5	328,7	275,5
II. Versuchsreihe . . . . „	2475,0	1410,0	330,4	273,5
Mittel. Liter	2388,0	1476,2	329,5	274,5

[1]) Ber. d. d. chem. Ges. 12, 1360.

[2]) Ber. d. d. chem. Ges. 12, 1670.

[3]) Privatmitteilung.

Myristinsäure, $C_{14}H_{28}O_2 = 228,28$.

Die von Kahlbaum bezogene Myristinsäure reinigten wir durch Vakuumdestillation und darauf folgendes Umkrystallisieren aus Alkohol.

So vorbereitet, lieferte die Säure bei der Elementaranalyse folgende Werte:

I. 0,1537 g ergaben 0,0190 g H und 0,1134 g C.
II. 0,1532 „ „ 0,0189 „ „ „ 0,1128 „ „

Berechnet für $C_{14}H_{28}O_2$:	Gefunden: I.	II.
C = 73,62 %	73,77	73,48 %
H = 12,39 „	12,36	12,34 „

Zur Titration verlangten:

I. 0,3323 g Myristinsäure = 14,4 ccm $^1/_{10}$ N.-KOH.
II. 0,3460 „ „ = 15,05 „ $^1/_{10}$ „

Molekulargewicht berechnet:	Gefunden: I.	II.
228,28	230,7	229,9.

Den Siedepunkt der Myristinsäure ermittelte Krafft[1]) unter einem Druck von 15 mm zu 196,5°. van Haaren fand bei 15 mm 197°, unsere Säure besaß bei 16 mm den Siedepunkt 199°.

Der Schmelzpunkt der Myristinsäure liegt nach Krafft bei 53,8°, van Haaren fand ihn bei 54°, wir ermittelten 53,7°.

Die Refraktionsbestimmung ergab bei 76,5° = 3,5 Skalenteile. Hieraus ergibt sich für die Myristinsäure bei 76,5° $n_D = 1,4248$.

Myristinsaures Lithium, $C_{13}H_{27}COOLi$.

Das Lithiummyristat wurde wie die vorhergehenden Salze dargestellt und durch Umkrystallisieren aus Alkohol in Gestalt kleiner, weißer Schuppen erhalten.

Die Analyse lieferte folgende Werte:

I. 0,4845 g Substanz ergaben 0,4730 g Myristinsäure und verbrauchten 20,25 ccm $^1/_{10}$ N.-HCl.

II. 0,5320 g Substanz ergaben 0,5190 g Myristinsäure und verbrauchten 22,50 ccm $^1/_{10}$ N.-HCl.

Berechnet für $C_{14}H_{27}O_2Li$:	Gefunden: I.	II.
$C_{14}H_{28}O_2$ = 97,43 %	97,62	97,57 %
Li = 3,00 „	2,93	2,95 „.

---

1) Ber. d. d. chem. Ges. 16, 1719.

Die Löslichkeitsbestimmung des Lithiummyristates ergab folgende Werte:

Nach einer Rotationsdauer von 48 Std. waren enthalten in 100 ccm	Wasser von 18°	25°	Alkohol 0,797 18°	25°
I. Versuchsreihe: g Lithiummyristat	0,0236	0,0236	0,1841	0,2070
II. Versuchsreihe: „ „	0,0234	0,0232	0,1839	0,2130

Ein Mol (234,31 g) Lithiummyristat verlangt zur Lösung:

	Wasser von 18°	25°	Alkohol 0,797 18°	25°
I. Versuchsreihe . . . . . Liter	992,8	992,8	127,3	111,5
II. Versuchsreihe . . . . . „	1014,0	1010,0	127,5	110,0
Mittel. Liter	1003,4	1001,4	127,4	110,7

Laurinsäure, $C_{12}H_{24}O_2 = 200,24$.

Die von Kahlbaum bezogene Säure reinigten wir durch Vakuumdestillation. Sie gab bei der Elementaranalyse folgende Werte:

I. 0,1597 g Laurinsäure lieferten 0,0191 g H und 0,1151 g C.
II. 0,1250 „ „ „ 0,0151 „ „ „ 0,0901 „ „.

Berechnet für $C_{12}H_{24}O_2$:	Gefunden: I.	II.
C = 72,01%	72,06	72,11%
H = 12,11 „	11,96	12,08 „.

Bei der Titration erforderten:

I. 0,3446 g Laurinsäure = 17,10 ccm $^1/_{10}$ N.-KOH.
II. 0,4230 „ „ = 20,94 „ $^1/_{10}$ „

Molekulargewicht berechnet:	Gefunden: I.	II.
200,24	201,5	202,0.

Den Siedepunkt der Laurinsäure bestimmte Krafft[1]) bei 100 mm zu 215°. van Haaren destillierte die Laurinsäure aus dem Nitrobenzoldampfbade und fand bei 15 mm den Siedepunkt 175°. Wir ermittelten bei 16 mm 177°.

Den Schmelzpunkt der Laurinsäure fand van Haaren bei 43 bis 44°. Unsere Laurinsäure schmolz bei 43°.

Bei der Refraktionsbestimmung der Laurinsäure fanden wir bei 76° 2 Skalenteile des Refraktometers. Daraus ergibt sich für die Laurinsäure bei 76° $n_D = 1,4236$.

[1]) Ber. d. d. chem. Ges. 13, 1415.

Laurinsaures Lithium, $C_{11}H_{23}COOLi$.

Das in üblicher Weise dargestellte Lithiumlaurinat krystallisierte aus Alkohol in weißen, glänzenden Krystallschuppen.

Die Analysen ergaben folgende Zahlen:

I. 0,5000 g Substanz lieferten 0,4892 g Laurinsäure und brauchten 23,90 ccm $^1/_{10}$ N.-HCl.

II. 0,5250 g Substanz lieferten 0,5100 g Laurinsäure und brauchten 24,20 ccm $^1/_{10}$ N.-HCl.

Berechnet für $C_{12}H_{23}O_2Li$:	Gefunden: I.	II.
$C_{12}H_{24}O_2$ = 97,07 %	97,34	97,14 %
Li = 3,40 „	3,36	3,23 „.

Die Löslichkeitsbestimmungen des Lithiumlaurinats ergaben folgende Werte:

Nach einer Rotationsdauer von 48 Std. waren enthalten in 100 ccm	Wasser von 18°	25°	Alkohol 0,797 18°	25°
I. Versuchsreihe: g Lithiumlaurinat	0,1582	0,1722	0,4190	0,4420
II. Versuchsreihe: „ „	0,1578	0,1730	0,4170	0,4428

Ein Mol (206,27 g) Lithiumlaurinat verlangen zur Lösung:

	Wasser von 18°	25°	Alkohol 0,797 18°	25°
I. Versuchsreihe . . . . Liter	130,3	119,8	49,2	46,66
II. Versuchsreihe . . . . „	130,7	119,2	49,4	46.57
Mittel. Liter	130,5	119,5	49,3	46,62

Oelsäure, $C_{18}H_{34}O_2$ = 282,34.

Die uns vorliegende Oelsäure besaß eine viel zu hohe Jodzahl. 0,2360 g derselben banden 0,2321 g Jod; die Jodzahl war demnach 98,3, während reine Oelsäure die Jodzahl 89,8 besitzt. Die Verunreinigung mußte in höher ungesättigten Säuren bestehen. Um diese zu beseitigen, wurde die Säure in das Baryumsalz [1]) verwandelt und die Baryumsalze der höher ungesättigten Säuren mit Aether entfernt. Das zurückbleibende Baryumoleat wurde mit Salzsäure zersetzt; die

[1]) Ann. d. Chem. u. Pharm. 101, 252

Oelsäure wurde mit Aether ausgeschüttelt und der Aether im Wasserstoffstrom abdestilliert. So wurde die Oelsäure als fast farblose, geruchlose, neutral reagierende Flüssigkeit erhalten.

0,2665 g dieser Säure banden 0,2405 g Jod, einer Jodzahl von 90,1 statt 89,8 entsprechend.

Die Elementaranalyse ergab folgende Werte:

I. 0,1520 g Oelsäure lieferten 0,0184 g H und 0,1159 g C.
II. 0,1855 „ „ „ 0,0224 „ H „ 0,1421 „ „.

Berechnet für $C_{18}H_{34}O_2$:	Gefunden: I.	II.
C = 76,52 %	76,26	76,6 %
H = 12,16 „	12,11	12,08 „.

Zur Titration erforderten:

I. 0,4218 g Oelsäure 14,9 ccm $^1/_{10}$ N.-KOH,
II. 0,4057 „ „ 14,23 „ $^1/_{10}$ „

Molekulargewicht berechnet:	Gefunden: I.	II.
282,34	283,1	285,0.

Den Siedepunkt der Oelsäure fand van Haaren bei Verwendung eines Benzoësäuredampfbades unter 16 mm Druck bei 235°. Wir bestimmten ihn unter 20 mm Druck zu 241°.

Die Refraktion der Oelsäure beobachteten wir bei 77° C. zu 24 Skalenteilstrichen. Daraus berechnet sich für die Oelsäure bei 77° $n_D = 1,4407$.

Oelsaures Lithium, $C_{17}H_{33}COOLi$.

Das Lithiumoleat ist von Schoen[1]) durch Fällen des Ammoniumsalzes der Oelsäure mit Lithiumchlorid erhalten worden. Wir stellten es dar, indem wir eine wässerige Lösung von Kaliumoleat mit einer 10%igen, wässerigen Lithiumacetatlösung fällten. Es entstand ein weißer, flockiger Niederschlag des Lithiumoleates, der aus Alkohol in kleinen, weißen Krystallbüscheln anschoß. Es ist löslich in heißem Wasser, aus dem es sich beim Erkalten wieder ausscheidet.

Bei der Analyse wurden folgende Werte erhalten:

I. 0,4705 Lithiumoleat lieferten 0,4595 g Oelsäure und brauchten 15,5 ccm $^1/_{10}$ N.-HCl.

II. 0,5070 Lithiumoleat lieferten 0,4974 g Oelsäure und brauchten 16,8 ccm $^1/_{10}$ N.-HCl.

---

1) Ann. d. Chem. u. Pharm. 244, 263.

Berechnet für $C_{18}H_{33}O_2Li$:	Gefunden: I.	II.
$C_{18}H_{34}O_2$ = 97,92%	97,65	98,13%
Li = 2,43 „.	2,31	2,33 „.

Die Löslichkeitsbestimmungen des Lithiumoleates ergaben folgende Zahlen:

Nach einer Rotationsdauer von 48 Std. waren enthalten in 100 ccm	Wasser von 18°	Wasser von 25°	Alkohol 0,797 18°	Alkohol 0,797 25°
I. Versuchsreihe: g Lithiumoleat	0,0678	0,1315	0,9080	1,0030
II. Versuchsreihe: „ „	0,0670	0,1325	0,9088	1,0150

Ein Mol (228,37 g) Lithiumoleat verlangen zur Lösung:

	Wasser von 18°	Wasser von 25°	Alkohol 0,797 18°	Alkohol 0,797 25°
I. Versuchsreihe . . . . Liter	425,3	219,3	31,76	28,76
II. Versuchsreihe . . . . „	430,3	217,6	31,73	28,41
Mittel. Liter	427,8	218,4	31,74	28,58

Der Uebersicht halber stellen wir die Löslichkeitsverhältnisse der untersuchten Lithiumsalze und die Refraktionen der zugehörigen Säuren in den folgenden Tabellen zusammen.

Ein Mol Salz erfordert zur Lösung Liter	Wasser von 18°	Wasser von 25°	Alkohol 0,797 18°	Alkohol 0,797 25°
Lithiumstearat	2903,5	2642,0	708,3	545,6
Lithiumpalmitat	2388,0	1476,2	329,5	274,5
Lithiummyristat	1003,4	1001,4	127,4	110,7
Lithiumlaurinat	130,5	119,5	49,3	46,62
Lithiumoleat	427,8	218,4	31,74	28,57

(Fortsetzung folgt.)

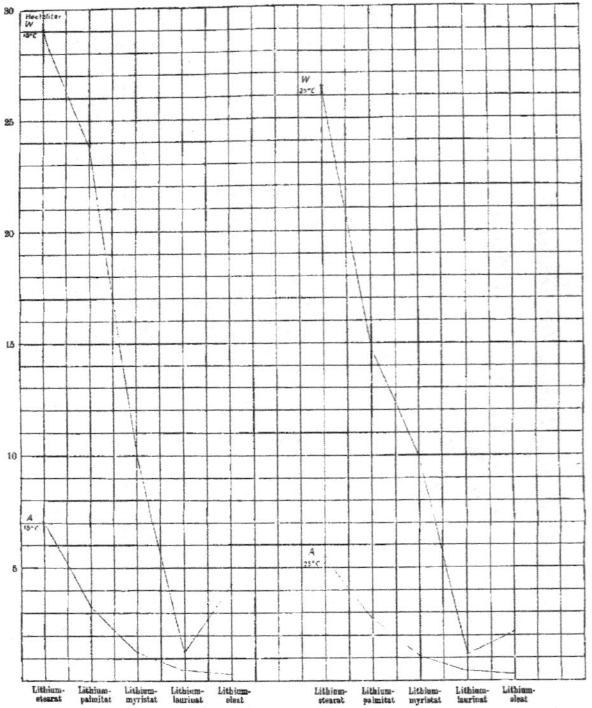

Löslichkeitstabelle der fettsauren Lithiumsalze in Wasser und Alkohol vom spez. Gew. 0,797 bei 18 u. 25° C.

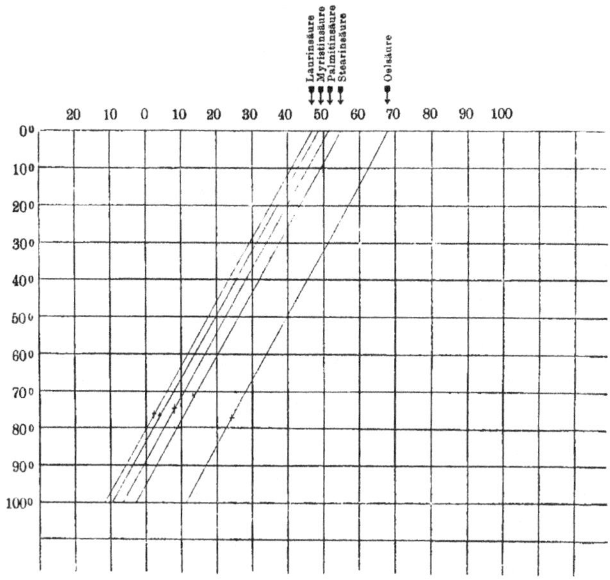

Refraktion der Fettsäuren.

Anzeigen.

Dieselben werden mit 40 Pfg. für die durchgehende und mit 25 Pfg. für die gespaltene Petitzeile oder deren Raum berechnet. **Beilage-Gebühr** für das Tausend der Auflage — z. Z. 4100 — Mk. 10. Für Beilagen, welche nicht dem Format des „Archiv" entsprechen bleibt besondere Vereinbarung vorbehalten.

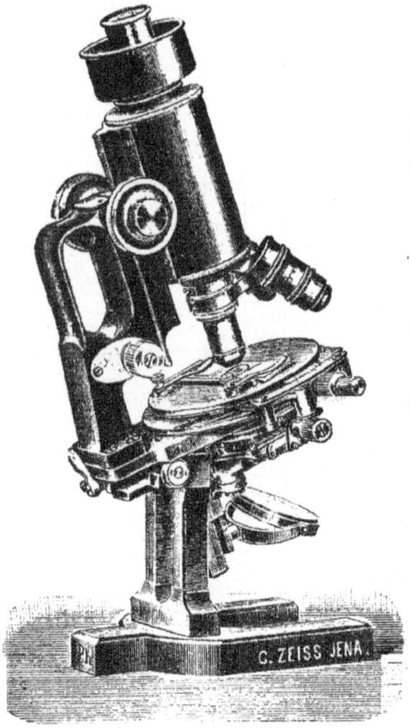

Mikroskope

für

praktische Aerzte u. **Apotheker**

sowie für alle spezial-wissenschaftlichen Zwecke.

Man verlange Katalog No. 8.

Mikrophotographische und Projektionsapparate.

Prospekt No. 131.

Carl Zeiss

Optische Werkstätte, Jena.

Berlin.
Frankfurt a. M.
Hamburg.
London.
St. Petersburg.
Wien.

Diese Zeitschrift erscheint in zwanglosen Heften (in der Regel monatlich einmal) in einem jährlichen Umfange von 40 bis 50 Bogen. Ladenpreis für den Jahrgang Mk. 12,–.

Alle Beiträge für das „**Archiv**" sind an die

Archiv-Redaktion

Herrn Geh. Reg.-Rat Professor Dr. *E. Schmidt* in Marburg (Hessen) oder Herrn Geh. Med.-Rat Professor Dr. *H. Beckurts* in Braunschweig, alle die Anzeigen u. s. w., überhaupt die Archiv-Verwaltung und die Mitgliederliste betreffenden Mitteilungen an den

Deutschen Apotheker-Verein

Berlin C. 2, Neue Friedrichstr. 43

einzusenden.

Signirapparat

allein. Erfindung des Pharmazeut.
J. Pospisil, Stefanau-Olmütz.
Unbezahlbar zum vorschriftsmässigen Signiren der Standgefässe, Schubladen, Preisnotiren etc. liefert schöne, dauerhafte Schilder in allen vorkommenden Grössen in schwarzer, rother und weisser Schrift. **Muster gratis.** Andere Signirapparate sind Nachahmungen. [3

Extr. Filicis Ph. G. IV.

Frisch bereitet.
Dr. Weppen & Lüders,
Blankenburg a. Harz. [5

Schweisshemmend
THEODOR HAHN'S
FLÜSSIGE FORMALINSEIFE
Fl. à 250 gr. Mk. 1.30 } durch die
" " 1000 " " 3.00 } Apotheken.
TH. HAHN & Co. Schwedt a. O. [6

Vorschriften

zur Selbstbereitung pharmazeutischer Spezialitäten.

Herausgegeben vom

Deutschen Apotheker-Verein.

Hinter jeder Druckseite eine leere Seite für Nachträge.
In geschmackvollem Umschlage.

Geheftet. Preis Mark 1,—.

von PONCET Glashütten-Werke

BERLIN SO., Köpnickerstr. 54.

Fabrik und Lager

sämmtlicher Gefässe u. Utensilien für chem., pharmac. Gebrauch

Atelier für Emaille-Schriftmalerei

auf Glas- und Porzellangefässe.

Specialität: Einrichtung v. Apotheken, chem. Laboratorien etc.

Preisverzeichnisse gratis und franco [4

Druck von Denter & Nicolas, Berlin C., Neue Friedrichstrasse 43.

ARCHIV

DER

PHARMAZIE

herausgegeben

vom

Deutschen Apotheker-Verein

unter Redaktion von

E. Schmidt und **H. Beckurts.**

Band 241. Heft 8.

BERLIN.

Selbstverlag des Deutschen Apotheker-Vereins.

1903.

Ausgegeben den 21. November 1903.

INHALT.

Eingegangene Beiträge.

C. Focke, Ueber Wertbestimmung der Digitalisblätter und das Verhältnis des Giftwertes zum Digitoxingehalt.
K. G. Kuylenstjerna, Enthält Capaloin Methoxyl?
J. Gadamer, Ueber rechtsdrehendes sec. Butylamin.
W. Urban, Ueber alkylierte d-Butyl-Thioharnstoffe und -Harnstoffe.
Derselbe, Darstellung von Löffelkrautöl und -Spiritus aus den Samen von Cochlearia officinalis.
G. Kaßner, Bildung von Mennige durch Licht und Luft.

(Geschlossen den 15. XI. 1903.)

Vierteljahresschrift für praktische Pharmazie.

Der Deutsche Apotheker-Verein wird vom nächsten Jahre ab neben seinen übrigen Zeitschriften eine selbständige „Vierteljahresschrift für praktische Pharmazie" herausgeben, **die lediglich den Bedürfnissen, der pharmazeutischen Praxis** dienen soll. Sie soll insbesondere auch den Apotheker über die neuen Arzneimittel, deren Herstellung oder Gewinnung, Zusammensetzung, physikalische, chemische und therapeutische Eigenschaften, Prüfung und Preis, sowie über neue Apparate, Maschinen u. s. w. zuverlässig, schnell und übersichtlich unterrichten.

Billigste Bezugsart: Postabonnement (nur für das ganze Jahr) M. 5,—.

Unter Kreuzband:

Inland, Österreich-Ungarn u. deutsche Kolonien M. 5,50. Ausland: M. 6,—.

II. Trennungsmethoden.

A. Die Trennung der gesättigten Fettsäuren von der Oelsäure.

In der Hoffnung, auf Grund der verschiedenen Löslichkeit der Lithiumsalze zu einer Methode der Trennung der Oelsäure von den gesättigten Fettsäuren gelangen zu können, lösten wir je 0,2500 g Oelsäure und Stearinsäure in 98%igem Alkohol, neutralisierten die Lösung mit alkoholischer Kalilauge und setzten eine alkoholische Lösung von ölsaurem Lithium in geringem Ueberschuß hinzu. Das ausgeschiedene Lithiumstearat wurde auf einem gewogenen Filter gesammelt, mit 98%igem Alkohol gewaschen, getrocknet und gewogen.

Für 0,2500 g Stearinsäure sind berechnet:	Gefunden:
Lithiumstearat = 0,2552	0,2358 g.

Das Lithiumstearat wurde mit Wasser übergossen und unter Erwärmen auf dem Wasserbade mit Salzsäure zersetzt. Die abgeschiedene Fettsäure wurde nach dem Auswaschen und Trocknen in Chloroform gelöst und zur Bestimmung der Jodzahl benutzt, um einen eventuellen Gehalt von Oelsäure darin nachzuweisen.

0,2250 g Fettsäure addierten nur soviel Jod, als 0,1 ccm $^1/_{10}$ N.-Thiosulfat entspricht. Der Versuch lehrt, daß das ausgefallene Lithiumsalz frei ist von Lithiumoleat, indessen ließ die Fällung des Lithiumstearates in quantitativer Beziehung zu wünschen übrig. Bessere Resultate wurden erhalten, als wir die Methode folgendermaßen abänderten:

0,2500 Stearinsäure wurden in 50 ccm absolutem Alkohol gelöst, mit alkoholischer Kalilauge neutralisiert und mit 50 ccm Wasser versetzt. Nun wurde eine 10%ige Lösung von Lithiumacetat in 50%igem Alkohol im Ueberschuß hinzugefügt, das ausgefallene Lithiumstearat auf gewogenem Filter gesammelt, mit Alkohol von 50% gewaschen, getrocknet und gewogen.

Für 0,2500 g Stearinsäure sind berechnet:	Gefunden:
Lithiumstearat = 0,2552	0,2495 g.

In gleicher Weise wurden aus 0,2500 g Palmitinsäure statt der berechneten 0,2558 g Lithiumpalmitat gefunden 0,2525 g; Myristinsäure statt der berechneten 0,2565 g Lithiummyristat gefunden 0,2347 g.

In entsprechenden Lösungen von Laurinsäure und von Oelsäure entstand durch Lithiumacetatlösung nicht die geringste Fällung. Man durfte nach diesen Versuchen erwarten, daß man mit Lithiumacetat die Stearinsäure und Palmitinsäure quantitativ, die Myristinsäure größtenteils würde abscheiden können und sie so von gleichzeitig vorhandener Laurinsäure und Oelsäure würde trennen können. Oelsäure von Laurin- und Myristinsäure läßt sich aber mit Hilfe von Farnsteiner's[1]) Methode trennen, wie nachstehende Versuche zeigen.

0,2500 g Stearinsäure wurden in Benzol gelöst und mit einem kleinen Ueberschuß von ölsaurem Blei, ebenfalls in Benzol gelöst, versetzt. Das ausgeschiedene Bleisalz wurde nach einiger Zeit auf einem gewogenen Filter gesammelt, getrocknet und gewogen.

Für 0,2500 g Stearinsäure berechnen sich:	Gefunden:
Bleistearat = 0,3401	0,3967 g.

Aus dem erhaltenen Bleisalz wurde mit Salzsäure die Säure abgeschieden und die Jodzahl derselben bestimmt. Die Säure hatte 0,03584 g Jod gebunden, enthielt demnach 0,0398 g Oelsäure.

In derselben Weise wurden 0,2500 g Palmitinsäure behandelt.

Für 0,2500 g Palmitinsäure berechnen sich:	Gefunden:
Bleipalmitat = 0,3498	0,3693 g.

Die aus dem Bleisalz durch Salzsäure abgeschiedene Fettsäure addierte 0,0217 g Jod, woraus sich ein Oelsäuregehalt von 0,0241 g ergibt.

Ferner wurden gleiche Mengen Myristinsäure und Oelsäure, und andererseits Laurinsäure und Oelsäure in Alkohol gelöst, unter Verwendung von Phenolphthalein mit alkoholischer Kalilauge neutralisiert, die Kaliumsalze mit 10%iger Bleiacetatlösung in die Bleisalze verwandelt und diese nach Farnsteiner mit Benzol getrennt. Aus den getrennten Bleisalzen wurden mit Salzsäure die Säuren in Freiheit gesetzt und ihre Jodzahlen bestimmt.

0,1825 g	Laurinsäure	hatte 0,0018 g	Jod gebunden
0,2085 „	Myristinsäure	„ 0,0012 „	„ „

0,1965 g der von der Myristinsäure getrennten Oelsäure hatten die 13,94 ccm $^1/_{10}$ N.-Thiosulfat entsprechende Jodmenge gebunden. Daraus berechnet sich die Jodzahl 89,99.

0,1797 g der von der Laurinsäure getrennten Oelsäure banden die 12,78 ccm $^1/_{10}$ N.-Thiosulfat entsprechende Jodmenge, woraus die Jodzahl 90,2 folgt.

Die Versuche zeigen deutlich, daß aus Benzollösungen, welche Stearin- oder Palmitinsäure neben Oelsäure enthalten, gemischte Bleisalze fallen, daß aber die Bleisalze der Laurin- und Myristinsäure unter den gleichen Bedingungen frei von Oleat erhalten werden. Dasselbe ist der Fall, wenn ein Gemisch aller fünf Säuren vorliegt.

Je 0,2500 g Stearin-, Palmitin-, Myristin-, Laurin- und Oelsäure wurden in Alkohol gelöst, unter Verwendung von Phenolphtalein mit alkoholischer Kalilauge gesättigt und mit 10%iger alkoholischer Lithium-

[1]) Ztschr. f. Nahrungsmittelchemie 1898, 390.

acetatlösung die Stearinsäure, Palmitinsäure und der größte Teil der Myristinsäure ausgefällt. Es wurden 0,7170 g Lithiumsalze gewogen. Aus dem Filtrat von der Lithiumsalzfällung wurden die noch vorhandene Myristinsäure, die Laurinsäure und Oelsäure als Bleisalze abgeschieden und mit Benzol getrennt. Aus den Bleisalzfraktionen wurden mit Salzsäure die Säuren abgeschieden und davon die Jodzahl bestimmt.

0,2780 g Myristinsäure + Laurinsäure banden soviel Jod, als 0,2 ccm $^{1}/_{10}$ N.-Thiosulfatlösung entspricht. Ihre Jodzahl würde 0,91 betragen. Die Säuren sind also praktisch frei von Oelsäure.

0,2500 g der von den anderen Säuren getrennten Oelsäure banden das 14,32 ccm $^{1}/_{10}$ N.-Thiosulfat entsprechende Jod, was einer Jodzahl von 72,64 entspricht.

Ob die hier zu niedrig gefundene Jodzahl durch eine im Verlauf der Operationen eingetretenen Polymerisation der Oelsäure verschuldet wurde, müssen wir dahingestellt sein lassen.

B. Untersuchungen über die Bestimmung der Säuren der Leinölsäurereihe und die Trennung derselben von der Oelsäure.

Da die Trennung der Baryumsalze der Säuren der Leinölsäurereihe mit Aether vielfach versagt, stellten wir uns nach den Angaben Schülers[1]) das sog. leinölsaure Baryum her, um dessen Eigenschaften kennen zu lernen.

Leinöl wird mit Natronlauge verseift. Der entstandene gelatinöse Seifenleim wird mehrmals ausgesalzen und die Seife, möglichst von der Lauge befreit, in vielem Wasser gelöst und mit einem Ueberschuß von Chlorcalcium gefällt. Die sich abscheidende körnige Kalkseife wird ausgewaschen, dann möglichst vom Wasser getrennt und in einem Cylinder mit Aether übergossen. Dabei gehen die Kalksalze der flüssigen Fettsäuren leicht in Lösung, die der festen Säuren bleiben ungelöst. Das ätherische Filtrat wird in der Kälte mit Salzsäure zersetzt und der Aether von der ätherischen Lösung bei möglichst niedriger Temperatur im Wasserstoffstrom abdestilliert. Die erhaltene Säure wird in Alkohol gelöst, mit Ammoniak im Ueberschuß versetzt und durch Chlorbaryum als Baryumsalz gefällt; dieses wird dann aus Aether umkrystallisiert.

Das Salz stellte ein weißes, körniges Pulver dar, erwies sich aber nach dem Trocknen als nahezu unlöslich in gewöhnlichem Aether. Wurde aber der Aether zuvor mit Wasser gesättigt, so löste sich das Baryumsalz dieser sog. Leinölsäuren leicht darin auf.

---

[1]) Annalen 101, 252.

C. Fettanalysengang.

Auf Grund dieser Vorversuche haben wir folgenden Gang für die Fettanalyse ausgearbeitet, der sich bei den im Nachfolgenden zu besprechenden Fettanalysen bewährt hat.

Ungefähr 1 g des zur Untersuchung vorliegenden Fettes wird mit 15 ccm einer annähernd $^1/_2$ normalen alkoholischen Kalilauge auf dem Wasserbade verseift und die Seife in 100 ccm 50%igem Alkohol gelöst. Nach Zusatz von Phenolphthalein wird der Ueberschuß an Kalilauge mit verdünnter Essigsäure neutralisiert und mit einer 10%igen Lösung von Lithiumacetat in 50%igem Alkohol die Lithiumsalze der höheren festen Fettsäuren ausgefällt. Die Mischung wird nun auf dem Wasserbade auf etwa 60° erwärmt, wobei der ganze Niederschlag wieder in Lösung geht. Beim Erkalten scheidet sich nun das stearinsaure, das palmitinsaure und der größte Teil des myristinsauren Lithiums krystallinisch aus. Sie werden abfiltriert, mit 50%igem Alkohol gewaschen, getrocknet und grob gewogen. Man löst diese Lithiumsalze in 100 ccm heißem, absolutem Alkohol. Beim Erkalten der Lösung fällt das Stearat und Palmitat aus, das Myristat bleibt in der Lösung. Stearat + Palmitat werden abfiltriert, bei 100° getrocknet und gewogen. Von der Lösung des Myristates wird der Alkohol auf dem Wasserbade verdampft, das zurückbleibende Salz bei 100° getrocknet und ebenfalls zur Wägung gebracht. Das Myristat wird sodann mit Salzsäure zerlegt und die ausgewaschene und getrocknete Myristinsäure durch eine titrimetrische Molekulargewichtsbestimmung identifiziert. Aus dem Gemisch von Stearat und Palmitat werden ebenfalls die Säuren mit Salzsäure abgeschieden und nach dem Auswaschen mit Alkali titriert oder in die Baryumsalze verwandelt. Aus dem, auf die eine oder andere Weise gefundenen Molekulargewicht des Gemisches wird der Gehalt an Stearinsäure und Palmitinsäure berechnet.

In der von den ausgefällten Lithiumsalzen abfiltrierten Lösung sind noch enthalten die Salze eines kleinen Teiles der Myristinsäure, der Laurinsäure, Oelsäure und etwa vorhandener Säuren der Leinölsäurereihe. Diese werden nach Farnsteiner durch Bleiacetatlösung in die Bleisalze übergeführt, die dann durch Behandlung mit heißem Benzol in die Bleisalze der gesättigten und der ungesättigten Fettsäuren getrennt werden. Nach dem Wägen der Bleisalze der gesättigten Fettsäuren werden dieselben mit Salzsäure in Freiheit gesetzt und aus ihrem mittleren Molekulargewicht der Gehalt an Myristinsäure und Laurinsäure berechnet.

Von der Benzollösung der Bleisalze der ungesättigten Fettsäuren wird das Benzol im Wasserstoffstrom abdestilliert und die zurückbleibenden Bleisalze werden mit verdünnter Salzsäure zersetzt. Die erhaltenen freien Fettsäuren werden in Alkohol gelöst, mit Kalilauge unter Verwendung von Phenolphthalein neutralisiert und durch eine alkoholische 10%ige Baryumacetatlösung in die Baryumsalze verwandelt. Aus diesen wird mit wasserhaltigem Aether das Baryumsalz der Säuren der Leinölsäurereihe extrahiert und das Gewicht der in Aether löslichen Baryumsalze sowie das des Baryumoleates bestimmt.

III. Butter- und Schmalzanalysen nach der Lithiummethode.

Die zur Untersuchung vorliegende Butter A hatte die Jodzahl 35,24 und die Reichert-Meißl'sche Zahl 33,1.

7,1683 g geschmolzenes Butterfett wurde mit 30 ccm einer annähernd normalen alkoholischen Kalilauge auf dem Wasserbade verseift und aus der entstandenen Seife mit destilliertem Wasser 250 ccm Lösung hergestellt. Zu den beiden folgenden Analysen wurden je 50 ccm dieser Seifenlösung = 1,4336 g Butterfett verwendet. Sie wurden mit 50 ccm absolutem Alkohol versetzt, nach Zusatz von Phenolphthalein mit verdünnter Essigsäure neutralisiert und wie oben beschrieben, mit Lithiumacetat gefällt.

	I.	II.
Der Lithiumsalzniederschlag wog	0,5170	0,5420 g
Daraus wurden mit absolutem Alkohol abgetrennt . . .	0,3588	0,3705 „

Lithiumpalmitat + Lithiumstearat. Das daraus hergestellte Baryumsalz lieferte aus 0,2165 g = 0,0758 g SO_4Ba, woraus als mittleres Molekulargewicht des Fettsäuregemisches 265,8 folgt. Nach der Formel von Zulkowski berechnet sich daraus der Prozentgehalt des Fettsäuregemisches zu 26,74% Stearinsäure und 73,26% Palmitinsäure. Da Stearinsäure + Palmitinsäure 24,49% des angewendeten Butterfettes beträgt, so enthält dieses 6,54% Stearinsäure und 17,95% Palmitinsäure.

	I.	II.
Das in Alkohol gelöst gebliebene Lithiummyristat wog	0,1563	0,1650 g.

Das Molekulargewicht der daraus freigemachten Myristinsäure wurde zu 233,1 statt 228,28 gefunden. Das Butterfett enthielt 10,65% Myristinsäure.

Das Filtrat von den Lithiumsalzen wurde mit Bleiacetatlösung versetzt und so lange auf dem Wasserbade erwärmt, bis der Alkohol verflüchtigt war und die Bleisalze als Pflaster an den Wandungen des Gefäßes hafteten. Dann wurde mit Benzol getrennt.

	I.	II.
Die Bleisalze der gesättigten Fettsäuren wogen	0,3620	0,3329 g.

Das Molekulargewicht der daraus abgeschiedenen Fettsäuren betrug 204,6. Da die Laurinsäure das Mol.-Gew. 200,24 besitzt, konnte die abgeschiedene Säure nur Spuren von Myristinsäure enthalten.

Die Benzollösung der Bleisalze der ungesättigten Säuren wurde mit Salzsäure zersetzt, das Benzol im Wasserstoffstrom abdestilliert und die zurückbleibenden ungesättigten Fettsäuren gewogen. Ihr Gewicht betrug:

I.	II.
0,4385	0,4375 g.

Die Säuren wurden in die Baryumsalze verwandelt und durch Ausziehen mit wasserhaltigem Aether ein Gehalt von 5,40% an höher ungesättigten Säuren in dem Butterfett festgestellt.

Die vorstehende Analyse hat demnach folgende prozentische Zusammensetzung dieses Butterfettes ergeben:

	I.	II.
Stearinsäure	6,54	6,76 %
Palmitinsäure	17,95	18,52 "
Myristinsäure	10,65	11,52 "
Laurinsäure	17,08	15,71 "
Ungesättigte Säuren	30,80	30,54 "
Davon 5,40% höher ungesättigte Säuren		
	83,02	83,05 %.

Die Butter B, welche wir in gleicher Weise untersuchten, besaß die Jodzahl 36,43 und die Reichert-Meißl'sche Zahl 28,6. Das Ergebnis der Analyse war:

	I.	II.
Stearinsäure	10,33	10,65 %
Palmitinsäure	14,23	14,68 "
Myristinsäure	12,25	11,50 "
Laurinsäure	14,44	15,32 "
Ungesättigte Säuren	33,03	32,25 "
Davon 4,15% höher ungesättigte Säuren		
	84,28	84,40 %.

Bei einer Margarine, welche die Jodzahl 69,49 besaß, war das Ergebnis der Analyse folgendes:

	I.	II.
Stearinsäure	19,57	18,72 %
Palmitinsäure	6,22	5,95 "
Myristinsäure	13,72	14,94 "
Laurinsäure	6,83	7,25 "
Ungesättigte Säuren	46,91	47,21 "
Davon 20,3% höher ungesättigte Säuren		
	93,25	94,07 %.

Endlich unterwarfen wir eine Probe amerikanisches Schweineschmalz, welche die Jodzahl 65,78 besaß, der Analyse mit folgendem Ergebnis:

	I.	II.
Stearinsäure	8,16	8,64 %
Palmitinsäure	4,36	4,59 "
Myristinsäure	14,03	14,68 "
Laurinsäure	13,08	10,27 "
Ungesättigte Säuren	53,73	54,37 "
Davon 10,03% höher ungesättigte Säuren		
	93,36	92,55 %.

Diese Analysenbefunde bestätigen, wie schon erwähnt, die Angaben von Browne und Koefoed, daß in der Butter erheblich weniger Stearinsäure, als man früher annahm, dagegen große Mengen Myristinsäure enthalten sind. Diese finden wir auch in der Margarine und im amerikanischen Schmalz wieder. Sie lehren ferner, daß auch in der Butter und im amerikanischen Schmalz relativ erhebliche Mengen höher ungesättigter Säuren, als Oelsäure vorhanden sind, deren Vorkommen früher nur in Pflanzenfetten bekannt war. Daß in allen vier untersuchten Fetten neben Oelsäure noch eine andere ungesättigte Säure vorhanden sein muß, ergibt sich auch aus der Jodzahl und dem Gehalt an ungesättigten Säuren in denselben, bezüglich der daraus berechneten Jodzahl der ungesättigten Säuren.

	Jodzahl	Ungesättigte Säuren	Jodzahl der ungesättigten Säuren
Butterfett A	35,24	30,67 %	114,9
Butterfett B	36,43	32,64 „	111,6
Margarinefett	69,49	47,06 „	147,6
Amerikanisches Schmalz	65,78	54,05 „	121,7.

Die Jodzahl der Oelsäure beträgt nur 89,8.

IV. Untersuchungen über Menschenfett.

Von den uns zur Verfügung stehenden 7 Proben Menschenfett, welche Leichen verschiedenen Alters und Geschlechtes entstammten, bestimmten wir zunächst die üblichen Konstanten, über welche folgende Tabelle Aufschluß gibt.

	I.	II.	III.	IV.	V.	VI.	VII.
Menschenfett, Herkunft:	Bauchfell Mann, 40 J.	Brust Mann, 40 J.	Bauchfell Frau, 33 J.	Brust Mann	Niere Mann	Bauchfell Frau, 48 J.	Brust Frau
Jodzahl	66,30	66,31	63,12	64,95	57,89	58,5	57,21
Reichert-Meißl'sche Zahl	1,97	2,12	1,38	1,58	1,09	1,12	2,07
Köttstorfer'sche Zahl	196,25	195,1	198,1	193,6	194,4	194,2	195,0
Hehner'sche Zahl	94,4	96,0	95,52	94,1	94,85	94,98	93,92

Die beiden Fette V und VI wurden der Analyse nach der Lithiummethode unterworfen. Dabei wurden Myristinsäure und Laurinsäure in denselben nicht gefunden. Im übrigen wurden folgende Werte erhalten:

	Fett V. I.	Fett V. II.	Fett VI. I.	Fett VI. II.
Stearinsäure	12,30	12,26	12,46	12,33 %
Palmitinsäure	29,25	29,13	27,12	26,84 „
Ungesättigte Säuren	49,07	48,11	52,93	53,09 „
	90,62	89,50	92,51	92,26 %.

Da die verhältnismäßig hohe Jodzahl des Menschenfettes einen bedeutend größeren Gehalt, als gefunden wurde, an ungesättigten Säuren berechnen läßt, wenn man auf Oelsäure berechnet, so scheint die Annahme berechtigt, daß auch im Menschenfett ziemlich erhebliche Mengen an höher ungesättigten Säuren, als die Oelsäure, vorhanden sind. Da inzwischen unser Material anderweitig verarbeitet war, war es uns nicht mehr möglich, darüber nähere Untersuchungen anzustellen.

Zur Untersuchung auf gemischte Glyzeride vereinigten wir die Reste unserer verschiedenen Menschenfettproben. Der feste Anteil wurde von dem Flüssigen durch Auspressen getrennt und etwa 150 g festes Oel gewonnen. Dieser feste Anteil des Menschenfettes wurde zuerst fünfmal aus je 500 ccm, dann fünfmal aus je 250 ccm, dann noch zehnmal aus kleineren Mengen absolutem Alkohol umkrystallisiert. Der Schmelzpunkt war durch diese Operationen auf 54,5°, die Verseifungszahl auf 207,5 gestiegen, während die Jodzahl, die nach dreimaligem Umkrystallisieren 17,8 betrug, auf Null fiel. Da die Verseifungszahl des Tripalmitins 208,4 beträgt, schlossen wir, daß es sich um diesen Stoff handeln dürfte, eine Annahme, welche durch folgende Analysen bestätigt wurde.

1,3971 g des Stoffes wurden mit alkoholischer Kalilauge verseift und das erhaltene Kaliumsalz in der üblichen Weise mit einem geringen Ueberschuß von Lithiumacetat in das Lithiumsalz übergeführt. Nach dem Auswaschen und Trocknen wog es 1,3578 g, entsprechend 1,3416 g Fettsäure, während die angewendete Menge Tripalmitin 1,3458 g Palmitinsäure hätte liefern müssen. Dieser Befund bestätigt also die schon aus dem negativen Ausfall der Jodzahlbestimmung erschlossene Abwesenheit von ungesättigten Säuren in dem aus dem festen Anteil des Menschenfetts krystallisierten Stoff.

Die aus obigem Lithiumsalz abgeschiedene Fettsäure zeigte nach dreimaligem Umkrystallisieren aus Alkohol den Schmelzpunkt 62°. Bei der Elementaranalyse lieferte sie folgende Werte:

I. 0,2130 g Substanz lieferten 0,0269 g H und 0,1594 g C
II. 0,2086 „ „ „ 0,0262 „ „ „ 0,1567 „ „.

Berechnet für $C_{16}H_{32}O_2$:	Gefunden: I.	II.
C = 75,00%	74,84	75,11%
H = 12,61 „	12,63	12,56 „.

Die Jodzahl des Trioleins beträgt 86,06, es konnte sich also um diesen Stoff nicht handeln. Wohl aber konnte Dioleostearin vorliegen, dessen Jodzahl sich zu 59,13 berechnet. Diese Annahme wurde durch folgende Analyse bestätigt: 1,0779 g des flüssigen Fettes wurden mit alkoholischem Kali verseift und aus der Seifenlösung die festen Fettsäuren als Lithiumsalz ausgefällt. Dieses Lithiumsalz wog 0,3525 g und enthielt 0,3447 g feste Fettsäure, während 1,0779 g Dioleostearin 0,3453 g Stearinsäure enthalten.

Die aus obigem Lithiumsalz abgeschiedene Fettsäure schmolz nach dreimaligem Umkrystallisieren aus Alkohol bei 68,5° und lieferte bei der Elementaranalyse folgende Zahlen.

I. 0,1967 g Substanz ergaben 0,0239 g H und 0,1500 g C.
II. 0,1991 „ „ „ 0,0250 „ „ „ 0,1511 g „.

Berechnet für $C_{18}H_{36}O_2$:	Gefunden: I.	II.
C = 75,91 %	76,25	75,88 %
H = 12,78 „	12,66	12,56 „.

Die Säure ist demnach Stearinsäure. Da diese Säure in der für Dioleostearin geforderten Menge in dem flüssigen Fett vorhanden war und dasselbe auch durch erneutes Auflösen in Aether und Ausfällen mit Alkohol seine Zusammensetzung nicht mehr änderte, so kann es keinem Zweifel unterliegen, daß der vorliegende Stoff das gemischte Glyzerid Dioleostearin ist.

Nach diesen Untersuchungen besteht demnach der feste Anteil des Menschenfettes hauptsächlich aus dem Triglyzerid der Palmitinsäure. Die Stearinsäure bildet im Verein mit zwei Oelsäureresten ein gemischtes Glyzerid, das Dioleostearin. Die Entscheidung der Frage, ob der Rest der Oelsäure als Triolein, oder zusammen mit Palmitinsäure als gemischtes Glyzerid im Menschenfett vorhanden ist, muß weiteren Untersuchungen vorbehalten bleiben.

Damit ist erwiesen, daß der fragliche Stoff tatsächlich Tripalmitin war.

Aus dem beim Pressen erhaltenen flüssigen Anteil des Menschenfettes krystallisierte beim weiteren Abkühlen noch ein Teil festes Fett aus. Es konnte ebenfalls als Tripalmitin identifiziert werden.

Der filtrierte flüssige Anteil des Menschenfettes besaß die Jodzahl 64,1. Wir versuchten nun, aus diesem Fett reines Triolein zu erhalten, indem wir das Fett in der doppelten Menge Aether lösten und die Lösung mit der fünffachen Menge 95 % igem Alkohol versetzten. Das sich ausscheidende flüssige Fett wurde im Vakuum von Alkoholäther befreit und besaß nun die Jodzahl 63,07. Durch Wiederholung des Verfahrens ging die Jodzahl auf 62,77 herab.

Bonn, im August 1903.

Arbeiten aus dem pharmazeutischen Institut der Universität Bern.

Untersuchungen über die Sekrete.

56. Ueber den Harzbalsam von Pinus Laricio Poiret (Oesterreichischer Terpentin).

Von A. Tschirch und Georg Schmidt.

(Eingegangen den 16. VIII. 1903).

Der österreichische Terpentin wird von der Schwarzföhre Pinus Laricio Poiret in Nieder-Oesterreich gesammelt. Die Harzdistrikte befinden sich bei Pirnitz, Mödling, Baden, Guttenstein, zwischen Wiener Neustadt und Neunkirchen, im Piesting- und Triestingthale. Die Methode der Gewinnung ist ähnlich wie in Nord-Amerika, d. h. es wird am Fuße des Baumes eine Höhlung (Schrott, Grandel) mit der Axt in beistehend gezeichneter Form ausgeschlagen. Ueber derselben wird Rinde und Splint mit der Axt (Dechsel) entfernt, also eine Wunde hergestellt. Diese Wunde wird alljährlich nach oben hin vergrößert und dies viele Jahre fortgesetzt. Schließlich liegt die obere Wundstelle viele Meter über der Grandel. Um den Harzfluß möglichst quantitativ in die Grandel zu leiten, werden schräggestellte Holzspäne in die Wunde eingesteckt. Die Spuren dieser Holzspäne sind auf der riesigen Wundfläche des beistehend abgebildeten Baumes noch sichtbar, ebenso unten die tiefe Grandel[1]).

Die jährliche Produktion beträgt (nach Stöger) 50000 Meterzentner, davon entfallen 15% auf Terpentinöl und 48% auf Kolophonium.

Wir verdanken unser Material der Güte des Großdrogenhauses Fritz in Wien. Es entstammt der Dampfraffinerie von Rudolf Zimmermann in Pirnitz bei Gutenstein in Nieder-Oesterreich.

Das Rohprodukt.

Der Balsam von Pinus Laricio Poiret ist bisher noch keiner chemischen Untersuchung unterworfen worden.

Das vorliegende Harzprodukt war zähflüssig, undurchsichtig und von der Konsistenz eines dicken Honigs. Es besaß angenehmen, stark

---

[1]) Wir verdanken die oben reproduzierte Photographie Herrn Dr. Mitlacher, Assistent am pharmakologischen Institut der Universität Wien, dem wir für dieselbe, sowie für mannigfache Auskünfte unseren besten Dank sagen. Ueber die österreichische Harzindustrie ist zu vergleichen: Stöger, Mitteil. a. d. forstl. Versuchswesen in Oesterreich 1881, S. 408.

terpentinölartigen Geruch und bitteren, etwas kratzenden Geschmack. Bei längerem Stehen schied es sich in einen flüssigen, öligen und in einen festen Anteil, welch letzterer unter dem Mikroskop betrachtet, kleine an Pimarsäure erinnernde, wetzsteinförmige Krystalle erkennen ließ. Die Lösung des Balsams in Alkohol rötete blaues Lackmuspapier, woraus man auf das Vorhandensein von Harzsäuren schließen durfte.

Löslichkeit.

Der Balsam war vollständig löslich in Aethylalkohol, Aceton, Essigäther, Aether, Methylalkohol, Terpentinöl, Chloroform, Amylalkohol, Pyridin, Benzol, Toluol, Tetrachlorkohlenstoff; fast löslich in heißem Eisessig, sich beim Erkalten als milchige Trübung ausscheidend, Schwefelkohlenstoff, Petroläther; unlöslich in Wasser, jedoch demselben einen bitteren Geschmack verleihend.

Da Bamberger[1]) im Ueberwallungsharze der Schwarzföhre Methoxyl und Paracumarsäure fand, wurde der Harzbalsam zunächst auf diese beiden Körper geprüft.

Bestimmung von Methoxyl.

1,5 Balsam wurden mit Jodwasserstoff im Glyzerinbade längere Zeit erhitzt. Jedoch zeigte sich in der vorgelegten Silbernitratlösung selbst nach $^5/_4$stündigem Kochen nicht die geringste Trübung, und war somit durch diesen Versuch die Abwesenheit von Methoxyl nachgewiesen.

Es geht daraus hervor, daß die von Wiesner als Ueberwallungsharze bezeichneten Harzausscheidungen, welche bei Verletzung die Wunde des Baumes überfließen und an den Wundrändern antrocknen, anders geartete Produkte sind, als vorliegender Harzbalsam der Schwarzföhre.

Versuch zum Nachweis von Paracumarsäure.

200 g Balsam wurden der Wasserdampfdestillation unterworfen und, nachdem der größte Teil des ätherischen Oeles übergetrieben war, zur Hydrolisierung mit Kaliumkarbonatlösung versetzt. Die Hydrolysierung mit Kaliumkarbonat wurde vorgenommen, um etwa abgespaltene Paracumarsäure als paracumarsaures Kalium zu binden. Um die Paracumarsäure in Freiheit zu setzen, wurde die im Destillierkolben sich ansammelnde Flüssigkeit abgegossen, heiß filtriert und mit heißer, verdünnter Schwefelsäure versetzt, wobei ein schmieriger, hellbrauner Niederschlag entstand, von dem die darüber stehende Flüssigkeit mittelst Saugpumpe heiß abgetrennt wurde. Die ätherische Ausschüttelung des Filtrates zeigte nach Abdestillation des

[1]) Sitzungsber. d. Kaiserl. Akad. d. Wissensch. in Wien 1891, Juli.

Aethers keinen Rückstand. Somit war Paracumarsäure nicht vorhanden, und ist auch dadurch bewiesen, daß der vorliegende Harzbalsam nicht mit dem Ueberwallungsharze identisch ist.

Untersuchung des Rohharzes.

Vor allem wurde der Balsam von den darin herumschwimmenden größeren Rindenstücken befreit. Dieselben wurden für die mikroskopische Untersuchung reserviert. Das spezifische Gewicht betrug bei 15° = 1,875.

Die Titration ergab folgende Zahlen (im Mittel):

Säurezahl:

a) direkt: 111,2; 113,8; 114,9; 112,9. Im Mittel: 113,2.
b) indirekt: 119,4; 115,6; 118,5; 117,5. Im Mittel: 117,62.

Verseifungszahl:

a) kalt: nach 24 Std. 113,28; nach 48 Std. 113,28; nach 72 Std. 113,28; nach 96 Std. 113,28. Im Mittel: 113,28.
b) heiß: nach 1 Std. 123,9; nach 2 Std. 120,12; nach 3 Std. 123,7; nach 4 Std. 132,9. Im Mittel: 125,15.

Ueberblickt man die gefundenen Resultate, so läßt sich feststellen, daß im Mittel die Säurezahl zwischen 113,2 und 117,62, die Verseifungszahl zwischen 113,28 und 125,15 schwankt.

Trockene Destillation des Rohharzes.

100 g Balsam wurden in einer geräumigen Retorte, in deren Tubus ein Thermometer eingeführt war, auf dem Sandbade der trockenen Destillation unterworfen. Die Substanz bräunte sich beim Erhitzen und wurde nach kurzer Zeit dünnflüssiger, bei längerem Erhitzen immer dunkler und dickflüssiger, nahm zum Schluß eine schwarze Farbe an und in der Retorte blieb poröse Kohle zurück.

Das erste Uebergangsprodukt, 30 g (bis ca. 100°), war ein farbloses ätherisches Oel von charakteristischem Terpentingeruch, dünnflüssig, klar und leicht beweglich. — Zwischen 100 und 130° gingen 18 g eines Produktes über, das ebenfalls noch klar und leicht beweglich war, indessen schon gelbe Färbung zeigte. Bei 130—140° wurden 12 g eines empyreumatisch riechenden, gelb gefärbten Oeles von der Konsistenz eines dicken Sirups erhalten. Zwischen 140 und 200° wurde das Destillationsprodukt immer dunkler gefärbt, nahm zähflüssige Konsistenz und ausgesprochen teerartigen Geruch an. Die Menge betrug 15 g. Die Temperatur wurde dann bis auf 260° erhöht. Das nun erhaltene Destillat, 12,0, war dunkelbraun, wurde beim Stehen fast schwarz und zeigte starke Fluorescenz. Der bei 330° übergehende Anteil war von zähflüssiger Konsistenz. Im Rückstand hinterblieben ca. 3,0 Kohle. Während der trockenen Destillation ließ sich eine Sublimation von Bernsteinsäure im Retortenhals nicht wahrnehmen.

Im Destillate wurde mit den gewöhnlichen Reagentien Ameisensäure, Essigsäure und Bernsteinsäure nachgewiesen.

Bitterstoff.

Zum Nachweis desselben in dem vorliegenden Balsam lösten wir 200 g des Harzbalsams in Alkohol und filtrierten die alkoholische Lösung in mit Salzsäure angesäuertes Wasser, wobei sich die Harzmasse zu Boden setzte. Das Filtrat wurde nach der Neutralisation mit Natronlauge bei gelinder Wärme eingedampft. Die Flüssigkeit wurde bei zunehmender Konzentration dunkler, und schied sich bei weiterem Einengen eine braune Substanz aus. Dieselbe wurde mit absolutem Alkohol mehrmals ausgezogen und ein Teil derselben zur Krystallisation gestellt. Es war jedoch nicht möglich, einen krystallinischen Bitterstoff zu erzielen, und mußten wir uns daher auf einen qualitativen Nachweis des Bitterstoffs beschränken.

Gerbsäure bewirkte eine Trübung in der Bitterstoffauflösung und nach einiger Zeit schieden sich Flocken am Boden des Reagensglases ab. Durch Eisenchlorid wurde eine graugelbe flockige Fällung hervorgerufen, auf Zusatz von Bleiacetatlösung schied sich ein weißer Niederschlag aus.

Die Harzsäuren.

Der Balsam wurde in Aether gelöst und nacheinander mit 1% Ammonkarbonatlösung, 1% Natriumkarbonatlösung und schließlich mit 1% Kalilauge ausgeschüttelt, solange, bis jede dieser Lösungen nichts mehr aufnahm. Die einzelnen Ausschüttelungen wurden nach Verjagen des Aethers mit verdünnter Salzsäure zerlegt, die Abscheidungen gut ausgewaschen und getrocknet. Nachdem die ätherische Lösung an Alkali nichts mehr abgab, wurde der Aether abdestilliert und zur Entfernung des ätherischen Oeles mit Wasserdampf behandelt. Im Rückstand blieb schließlich das Resen.

I. Behandlung des Balsams mit Ammonkarbonatlösung.

Laricopininsäure.

500 g Balsam wurden in Aether gelöst und mit je einem Liter 1%iger Ammonkarbonatlösung ausgeschüttelt. Um eine Zersetzung zu verhüten, wurde der Scheidetrichter vor Licht geschützt und nach jeder Ausschüttelung die Flüssigkeit durch Aether auf ihr anfängliches Volumen aufgefüllt. Sobald Klärung eingetreten war, wurde der Ammonkarbonatauszug abgezogen, der in dem Ammonkarbonatauszug gelöste Aether verjagt, nach dem Erkalten filtriert und unter Umrühren in mit Salzsäure versetztes Wasser gegossen. Die Säure schied sich

bei den ersten Fällungen als gebräunte, dann gelbliche und später rein weiße, lockere, voluminöse Masse ab, die sich teils zu Boden senkte, teils an der Oberfläche schwamm. Die Fällungen wurden einzeln gesammelt, gut ausgewaschen, bis das abfließende Wasser keine Chlorreaktion mehr gab, und auf Tontellern ohne Anwendung von Wärme und unter Abschluß von Licht getrocknet. Die Fällungen betrugen anfangs 1 g, gingen aber bald bis auf 0,1 g herunter. Die Ammonkarbonatausschüttelungen wurden solange fortgesetzt, bis nichts mehr aufgenommen wurde. Allerdings nahm dies eine geraume Zeit in Anspruch, da sich folgende Schwierigkeiten in den Weg stellten:

1. Bei Anwendung einer konzentrierten Ammonkarbonatlösung werden braun gefärbte, resenartige Bestandteile mit in Lösung geführt, die beim Eingießen des Ammonkarbonatauszuges in angesäuertes Wasser unangenehme Störungen hervorrufen.

2. Wird der in dem wässerigen Ammonkarbonatauszuge aufgelöste Aether nicht regelmäßig im Scheidetrichter wieder ersetzt, so bilden sich Emulsionen, die erst nach tagelangem Stehen verschwinden. Auch sind die einzelnen Fällungen der Ammonkarbonatauszüge aus möglichst verdünnten Harzlösungen ergiebiger, als aus konzentrierten.

Es empfiehlt sich daher, mit Aether durchaus nicht zu sparen und nur mit einer 1%igen Ammonkarbonatlösung die Ausschüttelungen vorzunehmen, da man unter den angeführten Verhältnissen die besten Resultate erzielt. Trotzdem waren fast 500 Ausschüttelungen notwendig und erst bei der 480. wurde nichts mehr von Ammonkarbonat aufgenommen. Die durch die Ammonkarbonatausschüttelungen erhaltene Säure nannten wir Laricopininsäure.

Sie bildet ein weißes voluminöses Pulver und löst sich vollkommen in Aether, Aethyl-, Methyl-, Amylalkohol, Benzol, Eisessig, Essigäther, Chloroform, Aceton, Schwefelkohlenstoff. Die Versuche, die Säure aus genannten Lösungsmitteln in Krystallform überzuführen, schlugen leider fehl. Es wurde nun versucht die Säure zu reinigen. Zu diesem Zwecke lösten wir die Laricopininsäure in wässeriger Kalilauge und setzten allmählich Stückchen von reinem Kaliumhydroxyd hinzu. Hierbei setzten sich zähe braune Massen ab. Wir fügten nun so lange Kaliumhydroxydstückchen hinzu, bis in der darüber stehenden Flüssigkeit auf weiteren Zusatz keine Fällung mehr eintrat. Nun trennten wir den abgeschiedenen Teil von der darüber stehenden Flüssigkeit und fügten zu letzterer Salzsäure. Da eine Fällung sich selbst nach 24 stündigem Stehen nicht zeigte, war durch diesen Versuch bewiesen, daß eine Trennung auf diesem Wege nicht möglich ist, daß vielmehr die Säure quantitativ durch starkes Kali ausgefällt wird. Ebenso mißglückte der Versuch der Trennung der alkoholischen Säurelösung mittelst alkoholischer Bleiacetatlösung. Die Lösung wurde durch Bleiacetat nicht gefällt. In Petroläther schien sich die Säure anfangs nicht völlig zu lösen, da nach wiederholtem heißen Ausziehen mit Petroläther eine zähe braune Masse zurückblieb. Dieselbe wurde in Aether gelöst, mit 1%iger Ammonkarbonatlösung ausgeschüttelt und die Auszüge ebenso weiter behandelt, wie vorhin bei den Ammonkarbonatausschüttelungen beschrieben wurde. Die Fällungen waren wieder weiß und wurden nach dem Trocknen weiter mit Petroläther behandelt, worin sich schließlich alles auflöste. Aus der Petrolätherlösung der Säure hatte sich inzwischen ein gelblich gefärbter Bodensatz gebildet, der unter dem Mikroskop betrachtet, krystallinische Struktur erkennen ließ. Er wurde zur nochmaligen Reinigung in Aether gelöst, mit Sodalösung ausgezogen, in der üblichen Weise gefällt, ausgewaschen und getrocknet. Die Substanz stellte ein schneeweißes amorphes Pulver dar und wurde, da sie in größerer Menge in krystallinischer Form nicht zu erhalten war, zur Elementaranalyse verwandt.

Die Elementaranalyse ergab von der über konzentrierter Schwefelsäure getrockneten Säure folgende Resultate:

1. 0,0908 g Substanz lieferten 0,2544 g CO_2 und 0,0760 g H_2O.
2. 0,1116 „ „ „ 0,3130 „ „ „ 0,0940 „ „
3. 0,1372 „ „ „ 0,3852 „ „ „ 0,1160 „ „

	Gefunden: 1.	2.	3.	Im Mittel:	Berechnet für $C_{21}H_{30}O_3$:
C	76,41	76,49	76,57	76,44	76,36 %
H	9,28	9,35	9,39	9,31	9,09 „.

Bei der Bestimmung der Säure- und Verseifungszahlen der Rohsäure wurden folgende Werte erhalten:

Säurezahl:

a) direkt: 175,8; 176,3; 177,9; 177,9. Im Mittel: 176,97.
b) indirekt: 178,8; 178,0; 178,1; 177,9. Im Mittel: 178,2.

Verseifungszahl:

a) kalt: nach 24 Std. 222,25; nach 48 Std. 222,25; nach 72 Std. 222,25; nach 96 Std. 222,25. Im Mittel: 222,25.

b) heiß: nach 1 Std. 220,8; nach 2 Std. 236,9; nach 3 Std. 251,0; nach 4 Std. 262,9. Im Mittel: 242,9.

Hiernach liegt die Säurezahl im Mittel zwischen 176,97 und 178,2, die Verseifungszahl zwischen 222,25 und 242,9.

Die Säure war optisch inaktiv. Sie begann bei 75° zu sintern und schmolz bei 80°.

Methoxyl war nicht nachzuweisen.

Cholesterinreaktionen.

1. Liebermann'sche Reaktion: Rot, violett, blau, braun, gelbbraun.

2. Salkowski-Hesse'sche Reaktion: Chloroform farblos; Schwefelsäure gelb, ohne Fluorescenz.

3. Salkowski'sche Reaktion: Tropfenfärbung des Chloroforms nicht wahrnehmbar.

4. Mach'sche Reaktion: Rötlich, grün, schmutzig grün.

5. Hirschsohn'sche Reaktion: Hellgrün, bläulich, grünblau, tiefblau, braun.

6. Tschugaeff'sche Reaktion: Rosarot, mit eosinartiger Fluorescenz.

II. Behandlung des Balsams mit 1%iger Natriumkarbonatlösung.

Laricopinonsäure.

Nach Erschöpfung der ätherischen Lösung des Harzbalsams mit 1%iger Ammonkarbonatlösung wurde mit 1%iger Natriumkarbonatlösung auf gleiche Weise fraktioniert ausgeschüttelt und das erhaltene Natriumsalz der Säure mittelst verdünnter Salzsäure zerlegt. Sie schied sich als anfangs gelbliche, später völlig weiß gefärbte flockige Masse aus und stellte nach dem Trocknen ein weißes, farbloses, amorphes Pulver dar. Die Säure löste sich ebenfalls in den vorhin bei der Laricopininsäure erwähnten Lösungsmitteln, und es gelang auch, sie aus einem Gemisch von Aethyl- und Methylalkohol in eine krystallinische Form überzuführen. Nach mehrmaligem Umkrystallisieren aus genanntem Lösungsmittel erhielten wir farblose Krystalle vom Schmp. 97°. Die Säure wurde Laricopinonsäure genannt. Sie ließ sich ebenso wenig wie die Laricopininsäure nach den vorhin erwähnten Methoden in zwei Komponenten zerlegen; durch Kalistückchen ließ sie sich völlig ausscheiden. Mit verdünnter alkoholischer Bleiacetatlösung entstand keine Fällung, wohl aber mit einer konzentrierten Bleiacetatlösung. Eine 5%ige alkoholische Lösung der Säure verhielt sich, im Polarisationsapparat betrachtet, optisch inaktiv. Auch konnte Methoxyl nach dem Zeisel'schen Verfahren nicht nachgewiesen werden. Die weingeistige Lösung der Säure reagierte schwach sauer.

Cholesterinreaktionen.

1. Liebermann'sche Reaktion: Rot, violett, blau, rötlichbraun, braun.

2. Salkowski-Hesse'sche Reaktion: Chloroform farblos; Schwefelsäure gelbbraun ohne Fluorescenz.

3. Salkowski'sche Reaktion: Tropfenfärbung in der Porzellanschale nicht wahrnehmbar.

4. Mach'sche Reaktion: Rot, violettrot, schmutzig grün.

Harzungsmethode von Nieder-Oesterreich.

(Mitlacher phot.).

5. Hirschsohn'sche Reaktion: Blaßrot, hellgelb, grün, bräunlich in dunkelbraun übergehend.

6. Tschugaeff'sche Reaktion: Rötlich mit eosinartiger Fluorescenz.

Die Elementaranalyse ergab von der im Exsiccator über konzentrierter Schwefelsäure getrockneten Substanz folgende Werte:

1. 0,1944 g Substanz lieferten 0,5192 g CO_2 und 0,1552 g H_2O.
2. 0,2280 „ „ „ 0,6068 „ „ „ 0,1804 „ „
3. 0,2180 „ „ „ 0,5592 „ „ „ 0,1644 „ „

	Gefunden: 1.	2.	3.	Im Mittel:	Berechnet für $C_{20}H_{28}O_4$:
C	72,83	72,58	72,62	72,67	72,28 %
H	8,87	8,79	8,69	8,77	8,43 „.

Molekulargewichtsbestimmung.

Dieselbe wurde nach der Beckmann'schen Methode mit Aceton als Lösungsmittel ausgeführt und ergab folgende Resultate:

Siedepunkt des Acetons = 56°. Konstante Siedeerhöhung für 100 g Aceton = 16,941°.

Versuch No.	Gramm Lösungsmittel Aceton	Gramm Substanz in Pastillenform	Gesamte Substanzmenge	Beobachtete Erhöhung für das Thermometer	die Pastille	die Gesamtsubst.	Gefundenes Molekulargew. Einzelwert	Mittel	Molekulargewicht berechn. f. $C_{20}H_{28}O_4$.
				Konst. = 290					
1.	25,17	0,0306	0,0306	296	0,006	0,006	343		
2.	25,17	0,0356	0,0662	303	0,007	0,013	342		
3.	25,17	0,0772	0,1434	321	0,018	0,031	311	319	332
4.	25,17	0,0402	0,1836	331	0,010	0,041	301		
5.	25,17	0,0432	0,2268	340	0,009	0,050	299		

Die gefundenen Werte stimmen demnach ziemlich gut mit der Formel $C_{20}H_{28}O_4$ überein.

Maly, welcher verschiedene Harze einer Analyse unterzog, verfuhr in der Weise bei der Isolierung von Harzsäuren, daß er die Harze mit 70%igem Alkohol solange auszog, bis nichts mehr von diesem aufgenommen wurde. Wir haben in derselben Weise auch den Harzbalsam von Pinus Laricio behandelt. Jedoch war es unmöglich von der auf diesem Wege hergestellten Säure einen konstanten Schmelzpunkt zu erhalten. Trotzdem die Substanz aus Aethylalkohol etwa 15 mal umkrystallisiert wurde, fängt dieselbe, trotz allmählicher Erwärmung und gleichbleibender kleiner Flamme bei 86° an, an den Wandungen des Schmelzröhrchens zusammenzusintern, beginnt dann bei 99° zu schmelzen, und war schließlich völlig bei 108—110° geschmolzen; Beweis genug, daß die nach diesem Verfahren isolierte Harzsäure ein

Gemisch ist. Auch die Verbrennungszahlen stimmen nicht mit denen der reinen Laricopinonsäure überein.

1.	0,1152 g	Substanz lieferten	0,3042 g CO_2	und	0,0888 g H_2O.
2.	0,1054 „	„ „	0,2776 „	„ „	0,0826 „ „
3.	0,1010 „	„ „	0,2658 „	„ „	0,0800 „ „

	Gefunden:			Im
	1.	2.	3.	Mittel:
C	72,01	71,80	71,77	71,86 %
H	8,56	8,70	8,80	8,69 „.

Die erhaltenen Resultate nähern sich im Kohlenstoff- und Wasserstoffgehalt denen der Formel der Laricopinonsäure und würden wahrscheinlich schließlich mit derselben in Uebereinstimmung zu bringen sein, wenn die Umkrystallisation aus Aethylalkohol noch sehr oft wiederholt worden wäre. Eine sichere Trennung der beiden Säuren ist also auf dem Maly'schen Wege nicht zu ermöglichen.

Salze der Laricopinonsäure.

1. Kaliumsalz. Wir lösten die Laricopinonsäure in einem Gemisch von $^2/_3$ absolutem Alkohol und $^1/_3$ Aether, und fügten etwas festes Kaliumkarbonat hinzu. Sobald sich jedoch die Säure mit einem Teil des Kaliumkarbonates gesättigt hatte, trat eine Braunfärbung ein. Wir erhitzten nun ca. 17 Stunden am Rückflußkühler auf dem Wasserbade und filtrierten von dem ungelöst gebliebenen Kaliumkarbonat ab. Das Filtrat war klar, aber gebräunt, und schied im Vakuum amorphe braune Massen ab, die zu einer Bestimmung des Kaliumgehaltes nicht verwertet werden konnten.

Wie früher erwähnt, war die alkoholische Lösung der Säure durch Zusatz von Kaliumstückchen quantitativ völlig ausfällbar. Den in dieser Weise durch Kaliumstückchen ausgeschiedenen Niederschlag befreiten wir mittelst einer Saugpumpe vom überschüssigen Alkali, lösten die eine Hälfte in einem Gemisch von gleichen Teilen Aethyl- und Methylalkohol, die andere in reinem Aethylalkohol und überließen der Krystallisation. Es schieden sich schmierige, bräunliche Massen ab, die selbst nach dreiwöchentlichem Stehen unter dem Mikroskop betrachtet, keine krystallinische Struktur erkennen ließen.

Schließlich machten wir noch einen dritten Versuch, indem wir die alkoholische Lösung genau mit Halbnormalkalilauge absättigten und das Lösungsmittel allmählich abdunsten ließen. Leider führte auch dieser Versuch zu einem negativen Resultat und erhielten wir nur braune, ölartige Abscheidungen, die zu einer Analyse nicht zu benutzen waren.

Somit waren wir gezwungen, das von der Laricopinonsäure gebundene Kalium aus der Titration zu berechnen.

Es verbrauchten 100 g Laricopinonsäure = 12,52 g Kalium. Die Formel $C_{20}H_{27}KO_4$ verlangt 11,75 g Kalium.

2. Silbersalz. Das Silbersalz erhielten wir, indem wir eine alkoholische Lösung der Laricopinonsäure mit alkoholischer Silbernitratlösung im Ueberschuß versetzten. Alsdann wurde tropfenweise sehr verdünnte alkoholische Ammoniaklösung hinzugefügt. Das Silbersalz fiel in Form weißer voluminöser Flocken aus, die gesammelt wurden. Der Niederschlag wurde durch Auswaschen mit destilliertem Wasser vom überschüssigen Silbernitrat befreit und getrocknet. Das Sammeln und Auswaschen muß nach der angegebenen Methode sehr schnell ausgeführt werden, da das Silbersalz leicht eine Zersetzung erfährt und die reine, weiße Farbe hierbei in Violett und schließlich in Schwarz übergeht. Es war unlöslich in Alkohol, Chloroform und Aether, jedoch wurde es durch den geringsten Zusatz von Ammoniakflüssigkeit in Lösung gebracht.

Zur Bestimmung des Silbergehaltes wurde die Substanz im Porzellantiegel verascht und nach starkem Glühen das metallische Silber in Salpetersäure gelöst, darauf nach der bekannten Weise im Tiegel mit Salzsäure gefällt und als Chlorsilber gewogen.

0,3488 g Substanz ergaben 0,1120 g Chlorsilber = 0,0842 metallisches Silber oder 24,17%.

Die Formel $C_{20}H_{27}O_4$ Ag verlangt 24,77% Ag.

3. Bleisalz. Dasselbe erhielten wir durch Fällen der alkoholischen Säurelösung mit konzentrierter Bleiacetatlösung. Es entstand hierbei ein weißer voluminöser Niederschlag. Derselbe wurde auf einem Filter gesammelt, durch Auswaschen von überschüssigem Bleiacetat befreit und getrocknet. Er war in Alkohol, Aether, Chloroform, Wasser unlöslich. Das Blei wurde als Bleisulfat bestimmt, indem der nach dem Veraschen entstandene Rückstand mittels Salpetersäure gelöst und dann mit Schwefelsäure als Bleisulfat gefällt und nach Abrauchen der Schwefelsäure als solches zur Wägung gebracht wurde.

0,3096 g Substanz ergaben 0,1082 g Bleisulfalt = 23,90% metallisches Blei. Die Formel $(C_{20}H_{27}O_4)_2Pb$ erfordert 23,82% Pb.

4. Baryumsalz. Das Baryumsalz stellten wir durch Fällen der alkoholischen Säurelösung mittelst frisch bereiteter Barythydratlösung dar. Es setzte sich auch hier ein Niederschlag in Form weißer Flocken zu Boden. Das Baryumsalz war nach dem Auswaschen und Trocknen ebenfalls unlöslich in Wasser, Alkohol und Aether. Der

Versuch, es mittelst siedenden Chloroforms in Lösung zu bringen, fiel negativ aus.

Das Baryum wurde als Baryumsulfat gewogen.
0,2532 g Baryumsalz ergaben 0,6740 g Baryumsulfat = 17,13 % Ba
Die Formel $(C_{20}H_{27}O_4)_2Ba$ verlangt einen Gehalt von 17,43 Ba.

Titration der Laricopinonsäure.

Säurezahl:

a) direkt: 182,8; 180,9; 179,9; 180,7. Im Mittel: 181,07.
b) indirekt: 185,9; 183,6; 185,9; 186,4. Im Mittel: 185,45.

Verseifungszahl:

a) kalt: nach 24 Std. 199,6; nach 48 Std. 199,6; nach 72 Std. 221,5; nach 96 Std. 221,5. Im Mittel: 210,05.
b) heiß: nach 1 Std. 259,3; nach 2 Std. 260,5; nach 3 Std. 267,6; nach 4 Std. 242,7. Im Mittel: 257,2.

Acetylierungsversuche.

Wir versuchten auch ein Acetylderivat durch Kochen der Säure mit Essigsäureanhydrid und entwässertem Natriumacetat darzustellen, jedoch mit negativem Erfolg. Ebenso mißlang die Acetylierung mit Acetylchlorid im Bombenrohr und die Benzoylierung nach der gebräuchlichen Schotten-Baumann'schen Methode. Die isolierten Substanzen zeigten nach diesen Operationen denselben Schmelzpunkt wie vorher und auch die Löslichkeitsverhältnisse hatten sich nicht geändert.

III. Ausschüttelungen mit 1%iger Kaliumhydroxydlösung.

Nachdem Natriumkarbonatlösung nichts mehr aus der ätherischen Lösung aufnahm, versuchten wir etwaige noch vorhandene Säuren durch Ausschütteln mit 1 %iger Kaliumhydroxydlösung zu isolieren. Jedoch ging nichts mehr in Lösung und waren somit alle Säuren aus der ätherischen Lösung entfernt und konnten nur noch Resen und ätherisches Oel in der Aetherauflösung des Balsams enthalten sein.

Trockene Destillation der Harzsäuren.

Da, wie oben erwähnt, die Ausschüttelungen mit 1%iger Ammonkarbonatlösung eine geraume Zeit in Anspruch nahmen, stellten wir uns noch einmal eine ätherische Lösung von 400 g Harzbalsam her und versuchten mit einem stärkeren Alkali als Ammon- und Natriumkarbonat, also mit Kaliumhydroxydlösung die Harzsäuren rascher in toto zu isolieren. Wir verwendeten hierzu eine 1%ige Kaliumhydroxydlösung und verfuhren genau so, wie es im Beginn der Arbeit bei der Ausschüttelung mit 1%iger Ammonkarbonatlösung beschrieben wurde. Bereits nach der sechsten Ausschüttelung wurde fast nichts mehr von der Kaliumhydroxydlösung aufgenommen und war mit dem siebenten

Auszuge die ätherische Lösung an Harzsäuren vollkommen erschöpft. Das Gesamtgewicht der Fällungen betrug nach dem Auswaschen und Trocknen 236 g. Einen Teil der getrockneten Gesamtsäure unterwarfen wir nun in einer Retorte, in welche ein Thermometer eingeführt war, der trockenen Destillation.

Die bis zu 150° übergehenden Anteile waren gelbbraun, ölartig und die späteren Fraktionen wurden beim Erhöhen der Temperatur immer dunkler und zähflüssiger bis bei 320° nichts mehr überging. Die vereinigten Fraktionen wurden dann in Aether gelöst und mit Chlorcalcium einige Tage getrocknet. Nach dem Vertreiben des Aethers wurde der leichtflüssige, schwarzbraune Rückstand nach dem Verfahren von Ciamician[1]) mit metallischem Natrium am Rückflußkühler fünf Stunden lang erhitzt. Nach dem Abgießen der Lösung von dem Natriumstückchen wurde die Flüssigkeit noch einmal der fraktionierten Destillation unterworfen.

Bis 150° ging ein klares, helles, leicht bewegliches Oel über, was einen ausgesprochen terpenartigen Geruch wahrnehmen ließ.

Bei 150—200° nahm das Produkt gelbe Farbe an, und war schon nicht mehr so dünnflüssig, wie die vorhergehende Fraktion.

Zwischen 200 und 250° wurde das Destillat noch dickflüssiger, schwärzte sich und zeigte prachtvolle Fluorescenz, analog wie bei der trockenen Destillation des Rohharzes.

Die Temperatur wurde dann noch bis auf 320° erhöht. Das Destillat nahm dickflüssige Konsistenz an und färbte sich rötlich dunkelbraun.

Aus dem zwischen 200 und 250° übergehenden fluorescierenden Anteil hatten sich kleine Blättchen abgeschieden. Die darüber stehende Flüssigkeit wurde abgegossen und das ausgeschiedene Krystallisationsprodukt zwischen Filtrierpapier getrocknet. Es wurde dann aus heißem Aethylalkohol mehrmals umkrystallisiert und schmolzen die Krystalle bei 98,5°.

0,097 g Substanz gaben 0,3276 g CO_2 = 92,11 % C;
0,0656 g H_2O = 7,51 % H;
$C_{18}H_{18}$ verlangt C = 92,30 %; H = 7,69 %.

Zur Charakterisierung des Kohlenwasserstoffes stellten wir noch die Pikrinsäureverbindung her und fanden den Schmelzpunkt derselben bei 123°. Sowohl die Elementaranalyse als auch der Schmelzpunkt des Pikrates deuten mit Sicherheit auf Reten hin.

Tschirch und Koritschoner[2]) erhielten bei der trockenen Destillation des Harzes von Pinus palustris Müll. und Tschirch und

[1]) Berl. Ber. Bd. 11, S. 269.
[2]) Arch. d. Pharm. 1902, 571

Studer bei der gleichen Behandlung der Harzsäuren des Kolophoniums ebenfalls Reten. — Tschirch gründete darauf seine Hypothese, daß die Koniferenharzsäuren Derivate eines hydrierten Retens sind. (Vergl. den Aufsatz von Tschirch und Studer.)

Resen.

Nach vollständiger Erschöpfung der ätherischen Lösung des Balsams durch 1%ige Kalilauge wurde zur Beseitigung des anhaftenden Alkalis die ätherische Lösung wiederholt mit Wasser durchgeschüttelt. Aus der ätherischen Schicht wurde dann der Aether abdestilliert und der Rückstand unter Zusatz von etwas Kaliumkarbonat der Wasserdampfdestillation unterworfen, um ihn vom anhaftenden ätherischen Oel zu befreien. Die Destillation wurde täglich fortgesetzt. Nach fünf Monaten etwa erschien das übergehende Wasser klar und war das ätherische Oel mit den Wasserdämpfen völlig übergetrieben. Im Kolben blieb eine dunkelbraune, noch nicht vollständig harte Masse zurück. Durch Kneten mit fließendem Wasser gelang es dieselbe in eine feste pulverisierbare Masse überzuführen. Dieser Körper erwies sich in der Kälte sowohl, als auch in der Wärme gegen Kali resistent und war somit als Resen identifiziert. Durch Lösen in Aethylalkohol, Digerieren mit Tierkohle und Fällen mit angesäuertem Wasser gelang es die schwarzbraune Farbe des Resens in Braungelb überzuführen. Da es jedoch nicht in analysenreine Form überzuführen war, mußte von einer Elementaranalyse abgesehen werden. Es war löslich in Aethylalkohol, Methylalkohol, Aether, Essigäther, Chloroform, Petroläther, Essigsäure, Aceton und beim Erwärmen in 80%iger Chloralhydratlösung. Die Ausbeute betrug etwa 2%. Die Versuche, das Resen aus genannten Lösungsmitteln in Krystallform überzuführen, mißlangen. Es wurde mit dem Namen Laricopinoresen belegt.

Aetherisches Oel.

Das bei der Wasserdampfdestillation übergetriebene ätherische Oel wurde durch Aether ausgeschüttelt, die ätherische Lösung über Chlorcalcium getrocknet und der Aether abdestilliert. Das ätherische Oel bildet eine farblose, leicht bewegliche Flüssigkeit von angenehmem Geruch nach Terpentin. Der Geschmack ist aromatisch, ein wenig brennend. Es ist löslich in Aether, Alkohol, Methylalkohol, Benzol, Schwefelkohlenstoff, Essigäther, Petroläther. Der Siedepunkt liegt zwischen 154 und 164°. Die Hauptmenge geht zwischen 155—160° über. Das spezifische Gewicht betrug 0,872. Die Ausbeute belief sich auf 35%.

Allgemeine Ergebnisse und quantitative Zusammensetzung.

Die Ergebnisse vorliegender Arbeit sind kurz folgende:

Der Harzbalsam von Pinus Laricio Poiret besteht aus:

I. Zwei freien Harzsäuren, von denen die eine amorph, die andere krystallinisch ist.

1. Durch Ausschütteln mit 1%iger Ammonkarbonatlösung: Laricopininsäure. Sie ist amorph und hat die Formel $C_{21}H_{30}O_8$.
2. Durch Ausschütteln mit 1%iger Natriumkarbonatlösung: Laricopinonsäure. Sie ist krystallinisch und hat die Formel $C_{20}H_{28}O_4$.

II. Einem ätherischen Oel, das schwer aus dem eigentlichen Harzkörper zu entfernen ist.

III. Einem Resen, das sich gegen Kalihydrat völlig indifferent verhält, aber nicht in analysenreiner Form zu erhalten war.

IV. Etwas Bitterstoff, Wasser und verunreinigende Substanzen.

In 100 Teilen Harzbalsam sind enthalten:

Sodalösliche Bestandteile ca. 59%	an Ammonkarbonat	25%
	an Natriumkarbonat	34 „
Sodaunlösliche Bestandteile ca. 37%	ätherisches Oel	ca. 35 „
	Resen	2 „
Wasser, Bitterstoff und verunreinigende Substanzen		ca. 3—4 „

Botanischer Teil.

Zur Untersuchung gelangte ein Zweig von Pinus Laricio Poir., der uns von Herrn Hofrat Vogl durch die Liebenswürdigkeit des Herrn Dr. Mitlacher, Assistent am k. k. pharmakologischen Institut in Wien, zugesandt worden war.

Wie Herr Dr. Mitlacher mitteilt, stammt der Zweig von einem jüngeren, noch nicht benutzten Pechbaume in Vorderbrühl bei Wien.

Der Querschnitt der etwa 12 cm langen und 1 mm breiten Nadeln ist plankonvex. Die Epidermiszellen sind außerordentlich stark verdickt, die Spaltöffnungen eingesenkt mit großen Vorhöfen. Das Hypoderm besteht aus einer Reihe kleiner Zellen. An dasselbe lehnen sich kleine isolierte Bastfaserbündel an, die in den Ecken etwas mächtiger werden. Die Mesophyllzellen zeigen die charakteristische Membranfaltung. Im Blatt sind bis neun Harzgänge vorhanden; bis zur Spitze des Blattes reichen aber nur zwei, nämlich die Gänge der Ecken; bis zur Basis fünf, die beiden Kanäle der Ecken und drei auf der

Rückenseite; die übrigen sind kürzer. In der Tabelle von Stempowski[1]) ist infolge einer Verwechselung der Abbildungen unter Fig. 6 ein Querschnitt durch die Spitze, nicht durch die Mitte des Blattes abgebildet.

Der Sproß zeigt einen rundlichen Querschnitt. Jüngere Sprosse sind nur mit der Epidermis und einem sklerotischen Hypoderm bedeckt. Bei älteren ist unter dieser Schicht Periderm entstanden, welches nach innen durch Phellogen abgeschlossen ist und zu sklerotisieren pflegt. Relativ frühzeitig tritt bei dieser Pflanze Borkebildung ein, durch welche Teile der primären Rinde abgestoßen werden. Schließlich kann die ganze primäre Rinde abgeworfen werden. Die primäre Rinde führt zu äußerst dickwandige, kollenchymatische Zellen, dann folgt ein lockeres Parenchymgewebe, dessen Zellen bisweilen einen braunen Inhalt führen, und in welche die zahlreichen schizogenen Sekretbehälter eingebettet sind. Die sekundäre Rinde ist ziemlich regelmäßig gebaut. Ihre Zellen sind radialstrahlig, in regelmäßigen Reihen angeordnet. Einige Zellen führen einen braunen Inhalt, sodaß die ganze sekundäre Rinde bräunlich gesprenkelt erscheint. Einige dieser braunen Zellen führen Oxalatkrystalle, die in die braune Masse eingebettet und ziemlich regelmäßig ausgebildet sind. Durchzogen wird die sekundäre Rinde von Markstrahlen, deren Zellen ein ziemlich weites Lumen besitzen. Der Holzkörper ist sehr mächtig ausgebildet, zeigt deutliche Jahresringe und zahlreiche Harzgänge, deren Durchmesser jedoch den Durchmesser der Harzgänge der Rinde bei weitem nicht erreicht. Die Harzgänge sind über den ganzen Querschnitt des Holzkörpers verteilt, besonders reichlich aber liegen sie in den inneren Schichten, selbst in der Markkrone. Das Mark besteht vorwiegend aus dünnwandigem Parenchym, einige Zellen desselben enthalten einen braunen Inhalt.

Vergleicht man die aus dem Harz ausgelesenen Stengelteile mit gleich dicken Sprossen von Pinus Laricio, so läßt sich leicht feststellen, daß beide mit einander übereinstimmen. Da auch die aus dem Harze ausgelesenen Nadeln anatomisch vollständig mit den Nadeln von Pinus Laricio übereinstimmen, so unterliegt es keinem Zweifel, daß der untersuchte Harzbalsam in der Tat von Pinus Laricio Poiret gesammelt wurde.

Anhang.

Da nunmehr von uns eine größere Zahl von Harzsäuren aus den Koniferenharzprodukten isoliert wurde, mag einmal an dieser Stelle das gewonnene Material übersichtlich geordnet werden, um zu sehen, ob sich nicht gewisse Gesetzmäßigkeiten auffinden lassen.

---

[1]) Schweiz. Wchschr. f. Chem. u. Pharm., 30. Mai 1903.

Vergleichung der seither isolierten Harzsäuren der Koniferen.

Name der Säure	Schmelzpunkt Grad	Gefunden in Prozenten C	Gefunden in Prozenten H	Berechnete Formel	Direkte Säurezahl	Verseifungszahl heiß
Mittelst Ammonkarbonatlösung isolierte Harzsäuren.						
*Picipimarinsäure	130—135	73,50	10,25	$C_{12}H_{20}O_2$	286,60	288,00
*Mancopalinsäure	175	68,44	8,37	$C_8H_{12}O_2$	397,60	397,60
*Mancopalensäure	100—105	67,80	9,71	$C_8H_{14}O_2$	392,00	392,00
Palabieninsäure	110	75,30	9,34	$C_{13}H_{20}O_2$	187,99	235,50
*Kaurinsäure	192	71,95	9,25	$C_{10}H_{16}O_2$	330,40	334,60
*Canadinsäure	135—136	77,33	11,95	$C_{19}H_{34}O_2$	191,82	191,80
*Piceapimarinsäure	130—132	75,13	9,38	$C_{13}H_{20}O_2$	261,91	262,13
*Pimarinsäure	118—119	75,77	10,02	$C_{14}H_{22}O_2$	251,94	255,27
Abieninsäure	114—115	74,94	9,25	$C_{13}H_{20}O_2$	176,40	257,60
Laricopininsäure	75—80	76,36	9,09	$C_{21}H_{30}O_3$	176,97	242,90
α-Abietinsäure	155	78,86	9,62	$C_{19}H_{28}O_2$	176,40	245,80
β-Abietinsäure	158	78,95	9,54	$C_{19}H_{28}O_2$	173,60	189,00
Beljiabieninsäure	113—115	75,00	9,32	$C_{13}H_{20}O_2$	182,28	255,00
Mittelst Sodalösung isolierte Säuren.						
*α-Mancopalolsäure	85—90	70,35	10,63	$C_{10}H_{18}O_2$	325,50	330,40
*β-Mancopalolsäure	83—88	70,39	10,46	$C_{10}H_{18}O_2$	322,50	330,00
α-Palabietinolsäure	90—95	77,42	9,59	$C_{16}H_{24}O_2$	193,76	311,92
β-Palabietinolsäure	90—95	77,22	9,53	$C_{16}H_{24}O_2$	190,40	299,04
*α-Kaurolsäure	81—83	73,41	10,14	$C_{12}H_{20}O_2$	279,30	282,00
*β-Kaurolsäure	85—87	73,27	10,11	$C_{12}H_{20}O_2$	278,10	283,40
*Silveolsäure	138	76,17	9,28	$C_{14}H_{20}O_2$	223,60	227,70
Canadolsäure	143—145	79,22	9,74	$C_{19}H_{28}O_2$	191,85	328,38
Laricinolsäure	147—148	79,35	9,74	$C_{20}H_{30}O_2$	190,40	395,92
Abietolsäure	145—153	79,88	9,57	$C_{20}H_{28}O_2$	189,00	350,00
Laricopinonsäure	97	72,28	8,43	$C_{20}H_{28}O_4$	181,07	257,20
*γ-Abietinsäure	153—154	79,05	9,77	$C_{19}H_{28}O_2$	182,00	183,40
*Pimarsäure	144—146	79,43	9,95	$C_{20}H_{30}O_2$	185,66	185,97
*Piceapimarsäure	144—145	79,46	9,95	$C_{20}H_{30}O_2$	192,02	191,01
Palabietinsäure	153—154	79,10	9,89	$C_{19}H_{28}O_2$ [1]	182,00	320,88
α-Abietinolsäure	95—96	77,34	9,55	$C_{16}H_{24}O_2$	218,40	285,60
β-Abietinolsäure	93—94	77,15	9,44	$C_{16}H_{24}O_2$	217,00	266,00
α-Larinolsäure	80—81	78,90	9,72	$C_{18}H_{26}O_2$	198,80	316,40
β-Larinolsäure	85—86	78,67	9,68	$C_{18}H_{26}O_2$	196,00	302,40
*α-Canadinolsäure	95	78,55	10,59	$C_{19}H_{30}O_2$	199,89	200,70
*β-Canadinolsäure	95	78,64	10,59	$C_{19}H_{30}O_2$	197,79	198,88
*α-Piceapimarolsäure	95	79,79	11,65	$C_{25}H_{44}O_2$	165,62	165,53
*β-Piceapimarolsäure	94	79,55	11,69	$C_{25}H_{44}O_2$	165,08	165,31
*α-Pimarolsäure	90—91	78,73	9,65	$C_{18}H_{26}O_2$	195,91	195,32
*β-Pimarolsäure	89—96	78,81	9,57	$C_{18}H_{26}O_2$	196,44	198,85
*α-Silvinolsäure	unter 100	75,82	10,97	$C_{15}H_{26}O_2$	229,60	233,00
*β-Silvinolsäure	unter 100	75,01	10,90	$C_{14}H_{24}O_2$	243,60	250,60
*α-Picipimarolsäure	95—96	78,23	10,38	$C_{18}H_{28}O_2$	200,00	200,00
*β-Picipimarolsäure	93—94	78,56	10,30	$C_{18}H_{28}O_2$	205,50	207,00
Beljiabietinsäure	153—154	79,26	9,83	$C_{19}H_{28}O_2$ [1]	182,00	333,20
α-Beljiabietinolsäure	95—96	77,69	9,83	$C_{16}H_{24}O_2$	210,00	274,40
β-Beljiabietinolsäure	95—96	77,67	9,85	$C_{16}H_{24}O_2$	210,00	257,00

Die mit einem Stern versehenen Säuren zeigen keine „Verseifungszahlen".

[1]) Tschirch und Koritschoner adoptierten die Formel $C_{20}H_{30}O_2$.

Wie aus vorstehender Tabelle ersichtlich, finden sich sowohl unter den mit Ammonkarbonat, wie unter den mit Natriumkarbonat ausgeschüttelten Säuren solche, welche sog. „Verseifungszahlen“ geben und solche, welche sie nicht geben.

Der Typus der Säuren mit Verseifungszahlen ist die α-Abietinsäure und mag daher diese Gruppe die Abietinsäuregruppe genannt werden. Zu ihr gehören:

α-Abietinsäure	Palabietinsäure
β-Abietinsäure	α-Palabietinolsäure
Abieninsäure	β-Palabietinolsäure
Beljiabieninsäure	Abietolsäure
Palabieninsäure	α-Abietinolsäure
Laricopininsäure	β-Abietinolsäure
	Canadolsäure
	Laricinolsäure
	Laricopinonsäure
	α-Larinolsäure
	β-Larinolsäure.

Diese Säuren entstammen in erster Linie amerikanischen Koniferenprodukten, dem amerikanischen Kolophonium und dem Harze von Pinus palustris, sowie der kanadischen Tanne (Abies canadensis) ferner der sibirischen Tanne (Abies sibirica), und der Edeltanne (Abies pectinata), ferner der Lärche und der Schwarzföhre. Sie krystallisieren meist in Blättchen und Tafeln.

Nach ihrem Kohlenstoffgehalt geordnet gruppieren sie sich folgendermaßen:

Abieninsäure	$C_{18}H_{20}O_2$	α-Abietinolsäure	$C_{16}H_{24}O_2$
Beljiabieninsäure .	$C_{18}H_{20}O_2$	β-Abietinolsäure	$C_{16}H_{24}O_2$
Palabieninsäure . .	$C_{18}H_{20}O_2$	α-Beljiabietinolsäure .	$C_{16}H_{24}O_2$
α-Abietinsäure . . .	$C_{19}H_{28}O_2$	β-Beljiabietinolsäure .	$C_{16}H_{24}O_2$
β-Abietinsäure . . .	$C_{19}H_{28}O_2$	α-Palabietinolsäure . .	$C_{16}H_{24}O_2$
Laricopininsäure . .	$C_{21}H_{30}O_3$	β-Palabietinolsäure . .	$C_{16}H_{24}O_2$
		α-Larinolsäure	$C_{18}H_{26}O_2$
		β-Larinolsäure	$C_{18}H_{26}O_2$
		Beljiabietinsäure	$C_{19}H_{28}O_2$
		Palabietinsäure	$C_{19}H_{28}O_2$
		Canadolsäure	$C_{19}H_{28}O_2$
		Laricinolsäure	$C_{20}H_{30}O_2$ oder $C_{19}H_{28}O_2$
		Abietolsäure	$C_{20}H_{28}O_2$
		Laricopinonsäure . . .	$C_{20}H_{28}O_4$.

In dieser Gruppe finden sich also vielfach Isomerien und Homologien. Die Säuren sind offenbar nahe mit einander verwandt.

Der Typus der Säuren ohne Verseifungszahlen ist die Pimarsäure und mag daher diese Gruppe die Pimarsäuregruppe genannt werden. Zu ihr gehören:

Pimarinsäure	Pimarsäure
Picipimarinsäure	Piceapimarsäure
Piceapimarinsäure	α-Pimarolsäure
Kaurinsäure	β-Pimarolsäure
Canadinsäure	α-Picipimarolsäure
Mancopalinsäure	β-Picipimarolsäure
Mancopalensäure	α-Piceapimarolsäure
	β-Piceapimarolsäure
	Silveolsäure
	α-Silvinolsäure
	β-Silvinolsäure
	α-Canadinolsäure
	β-Canadinolsäure
	γ-Abietinsäure
	α-Kaurolsäure
	β-Kaurolsäure
	α-Mancopalolsäure
	β-Mancopalolsäure.

Diese Säuren entstammen der Gattung Picea und Dammara, ferner dem Harze von Pinus silvestris und Pinus maritima.

Sie krystallisieren meist in derben Drusen oder sind amorph. Nach ihrem Kohlenstoffgehalt gruppieren sie sich folgendermaßen:

Mancopalinsäure	$C_8H_{12}O_2$*
Mancopalensäure	$C_8H_{14}O_2$
Kaurinsäure	$C_{10}H_{16}O_2$*
Picipimarinsäure	$C_{12}H_{20}O_2$*
*Piceapimarinsäure	$C_{13}H_{20}O_2$
*Pimarinsäure	$C_{14}H_{22}O_2$
Canadinsäure	$C_{19}H_{34}O_2$*

Die mit einem * versehenen Säuren sind die Glieder zweier homologer Reihen.

α-Mancopalolsäure	$C_{10}H_{18}O_2$ }
β-Mancopalolsäure	$C_{10}H_{18}O_2$ }
α-Kaurolsäure	$C_{12}H_{20}O_2$ }
β-Kaurolsäure	$C_{12}H_{20}O_2$ }
Silveolsäure	$C_{14}H_{20}O_2$
β-Silvinolsäure	$C_{14}H_{24}O_2$
α-Silvinolsäure	$C_{15}H_{26}O_2$
α-Pimarolsäure	$C_{18}H_{26}O_2$ }
β-Pimarolsäure	$C_{18}H_{26}O_2$ }
α-Picipimarolsäure	$C_{18}H_{28}O_2$ }
β-Picipimarolsäure	$C_{18}H_{28}O_2$ }
γ-Abietinsäure	$C_{19}H_{28}O_2$
α-Canadinolsäure	$C_{19}H_{30}O_2$
β-Canadinolsäure	$C_{19}H_{30}O_2$
Pimarsäure	$C_{20}H_{30}O_2$ }
Piceapimarsäure	$C_{20}H_{30}O_2$ }
α-Piceapimarolsäure	$C_{25}H_{44}O_2$ }
β-Piceapimarolsäure	$C_{25}H_{44}O_2$ }

Auch die Säuren dieser Gruppe sind offenbar nahe mit einander verwandt, wie die vielfach zu beobachtenden Isomerien und Homologien zeigen.

Bemerkenswert ist es, daß fast alle, jedenfalls die bei weitem überwiegende Zahl aller Koniferen-Harzsäuren zwei Atome Sauerstoff im Molekül besitzen, also entweder ein Karboxyl oder zwei Hydroxyle enthalten dürften, bei der Salzbildung binden sie ein Atom Metall, es sind also einbasische Säuren.

Verhältnismäßig selten kommt es vor, daß ein Harzkörper sowohl Säuren mit Verseifungszahlen wie solche ohne Verseifungszahlen enthält — Beispiele hierfür sind das amerikanische Kolophonium und der Kanadabalsam — für gewöhnlich gehören die Harzsäuren eines Harzes entweder alle zur Abietinsäuregruppe oder alle zur Pimarsäuregruppe. Eine gewisse Gesetzmäßigkeit in den Beziehungen dieser Harzsäuregruppen zu den Pflanzengattungen tritt deutlich hervor. Man wird z. B. bei einem Terpentin, der Verseifungszahlen gibt, immer zunächst an die Gattung Abies oder an amerikanische Koniferen denken können, niemals an Picea oder südasiatische Koniferen.

Was nun diese „Verseifungszahl" betrifft, so habe ich schon an anderer Stelle darauf hingewiesen, daß es sich hier nicht um Verseifung von Estern oder Aethern handeln kann, sondern offenbar um die Bindung weiterer Atome Alkali, die erst in der Siedehitze erfolgt. Wie dieser Vorgang aber im einzelnen zu deuten ist, vermag ich z. Z. noch nicht zu sagen. Eine auf diesen Punkt gerichtete Untersuchung wird hier vielleicht Aufklärung bringen.

In vorstehenden Tabellen ist für die Pimarsäure die Formel $C_{20}H_{30}O_2$ und für die Abietinsäure die Formel $C_{19}H_{28}O_2$ beibehalten worden. Aber ich bin auch heute noch nicht in der Lage zu sagen, ob dies wirklich richtig ist. Die Zahlen, sowohl der Elementaranalysen als auch der Molekulargewichtsbestimmungen, geben — obwohl hunderte von Bestimmungen gemacht wurden — keine klare Antwort.

	$C_{19}H_{28}O_2$	$C_{20}H_{30}O_2$
verlangt C =	79,16	79,47
H =	9,72	9,93.

Diese Zahlen liegen so nahe bei einander und so ganz innerhalb der Fehlerquellen der Analysen, daß ich mir kein definitives Urteil erlauben möchte. Immerhin betrachte ich es als möglich, daß Abietinsäure (und ihre Isomeren die Palabietinsäure und die Beljiabietinsäure) nicht homolog, sondern isomer mit der Pimarsäure sind.

Tschirch.

Mitteilung aus dem pharmazeutischen Institut der Universität Strassburg i. E.

Ueber eine spontane Veränderung der Fehling'schen Lösung.

Von L. Rosenthaler.

(Eingegangen den 8. IX. 1903.)

Erhitzt man frischbereitete Fehling'sche Lösung unmittelbar nach dem Zusammenmischen der Kupfersulfat- und der Seignettesalzlösung und fügt dann tropfenweise Salzsäure bis zum Eintreten der saueren Reaktion zu, so bemerkt man keine anderen Erscheinungen, als sie durch die Veränderung der Reaktion bedingt sind. Stellt man dann durch Zusatz von Natronlauge die alkalische Reaktion wieder her, so nimmt die Flüssigkeit wieder das ursprüngliche Aussehen an. Wiederholt man den Versuch eine Stunde später, so beobachtet man Folgendes: Nach Zusatz einiger Tropfen Salzsäure, doch solange die Flüssigkeit noch alkalische Reaktion besitzt, entsteht ein Niederschlag von Kupferoxydul, der sich auf weiteren Zusatz von Salzsäure wieder löst. Erhitzt man die saure Lösung unter Beifügung eines Ueberschusses von Natronlauge, so fällt das Kupferoxydul von neuem aus. Aeltere Lösungen zeigen dasselbe Verhalten in erhöhtem Maße. Andererseits ist schon längst bekannt, daß Fehling'sche Lösung bei der Aufbewahrung sich spontan verändert; sie kann einen Bodensatz von Kupferoxydul bilden oder wenigstens beim Erhitzen unter Abscheidung von Kupferoxydul sich teilweise zersetzen. Beide Erscheinungen dürften wohl auf dieselbe Ursache zurückzuführen sein, die auch die Reaktion mit Salzsäure bedingt. Daß die hierbei eintretende Kupferoxydulbildung auf der spezifischen Einwirkung der Salzsäure beruhen könnte, erschien deshalb von vornherein wenig wahrscheinlich. Diese Einwirkung wäre nur möglich gewesen, wenn alkalische Kupferlösung Chloride oxydieren könnte, was nicht der Fall ist; sie ist vollends dadurch ausgeschlossen, daß nicht oxydierbare Säuren, wie Schwefelsäure, Phosphorsäure, ja sogar Salpetersäure ebenfalls die Kupferoxydulbildung veranlassen. Auch organische Säuren, wie Milchsäure, Ameisensäure und Essigsäure verhalten sich ebenso. Wegen des Vorkommens saurer phosphorsaurer Salze im Harn ist es bemerkenswert, daß saures phosphorsaures Kalium und andere saure Salze dieselbe Erscheinung verursachen.

Da mit der Reduktion des Kupfersalzes die Oxydation eines anderen Körpers Hand in Hand gehen muß, so kann der oxydierte

Körper nur die Weinsäure sein, umsomehr als diese zwei oxydierbare Hydroxylgruppen besitzt.

Um etwaige Oxydationsprodukte aufzufinden, wurde die Fehling'sche Lösung konzentriert und nach dem Erkalten mit Schwefelsäure angesäuert. Die Flüssigkeit, aus der sich bald etwas Weinstein ausschied, wurde in einen Perforationsapparat gebracht und mehrere Tage lang mit Chloroform ausgezogen. Nach dem Verdunsten des Chloroforms blieb eine sauer reagierende, erst sirupförmige, dann allmählich krystallisierende Masse zurück, deren mit Ammoniak neutralisierte Lösung außer einigen auch mit Weinsäure eintretenden Fällungen folgende der Weinsäure nicht zukommende Reaktionen gab:

Mit Kobaltnitrat rote Fällung,
„ Zinkacetat weiße Fällung,
„ Mangansulfat weiße Fällung,
„ Kupfersulfat blaugrüne Kryställchen.

Diese Niederschläge sind für Tartronsäure (Oxymalonsäure) charakteristisch. Es liegt nun nahe, anzunehmen, daß aus der Weinsäure COOH—CHOH—CHOH—COOH durch Oxydation der beiden alkoholischen Hydroxylgruppen zunächst Dioxyweinsäure COOH—CO—CO—COOH resp. $COOH-C\!\genfrac{}{}{0pt}{}{OH}{OH}\!-C\!\genfrac{}{}{0pt}{}{OH}{OH}\!-COOH$ entsteht. Diese geht beim Erwärmen mit Säuren unter Abspaltung von Kohlensäure und Wasser in Tartronsäure über:

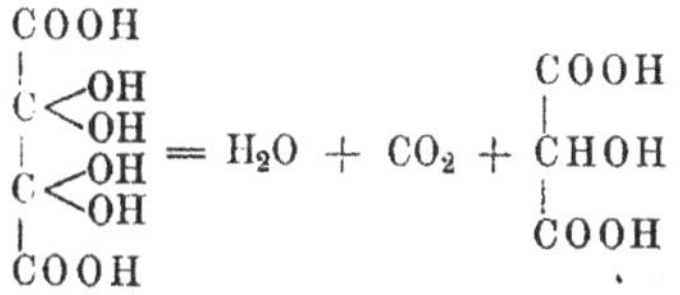

Dioxyweinsäure Tartronsäure.

Der Nachweis der Tartronsäure in der angesäuerten Fehling'schen Lösung gestattet somit die Annahme, daß in der alkalischen Lösung dioxyweinsaures Natron vorhanden war. Dieses Salz ist in kaltem Wasser und kalter Fehling'scher Lösung nur in geringem Maße löslich, mehr beim Erwärmen. Erwärmt man frisch bereitete alkalische Kupferlösung mit wenig dioxyweinsaurem Natron, so tritt eine geringe an den Wänden des verwendeten Gefäßes bemerkbare Bildung von Kupferoxydul ein; in stärkerem Maße ist das der Fall, wenn man zu der erhitzten Lösung etwas Salzsäure gibt. Eine mit dioxyweinsaurem Natrium versetzte frisch bereitete Fehling'sche Lösung verhält sich in dieser Beziehung also gerade so, wie eine ältere Fehling'sche

Lösung, in der übrigens der spontan oxydierte Teil der Weinsäure nur einen kleinen Teil der in derselben vorhandenen ausmacht, was aus der Menge des beim Erhitzen mit Säure abgeschiedenen Kupferoxyduls hervorgeht.

Die Untersuchung erstreckte sich weiter darauf, ob noch etwa andere Oxydationsprodukte der Weinsäure nachzuweisen wären. Als Endprodukte kamen Oxalsäure und Ameisensäure in Betracht. Die Prüfung hierauf führte jedoch zu keinem einheitlichen Ergebnis. Nur in einer von vier untersuchten Lösungen verschiedenen Alters konnte ich Oxalsäure nachweisen. Es sei dahingestellt, ob hier nicht eine Verunreinigung der Weinsäure vorlag. Ameisensäure konnte ich in zwei ¼—½ Jahr alten Lösungen nachweisen: Wenn dieselben nach dem Ansäuern mit Schwefelsäure destilliert wurden, so resultierten schwachsaure Destillate, die Silbernitrat, Kaliumpermanganat, Quecksilberchlorid und Quecksilberoxydulnitrat reduzierten. Bei den ebenso dargestellten Destillaten einer drei Wochen alten und einer über ein Jahr alten Lösung traten diese Reaktionen nicht ein. Letzteres Verhalten läßt an die a priori nicht ganz von der Hand zu weisende Möglichkeit denken, daß auch Formiate einer langsamen Oxydation durch alkalische Kupferlösung ausgesetzt sein könnten.

Als praktische Folgerung ergibt sich aus diesen Beobachtungen die Regel, wenn möglich nur ganz frisch bereitete Fehling'sche Lösung zur Untersuchung auf reduzierende Substanzen zu verwenden, wie es auch das Deutsche Arzneibuch wünscht. Dann hat man keinen Irrtum zu befürchten, auch wenn die zu untersuchende Lösung vor dem Beifügen der alkalischen Kupferlösung sauer reagiert. Will man eine sauer reagierende Flüssigkeit[1]) mit nicht frisch bereiteter Fehling'scher Lösung untersuchen, so neutralisiert man am besten die saure Lösung vorher. Selbstverständlich überzeugt man sich in diesem Fall davon, daß die alkalische Kupferlösung nicht schon beim Erwärmen mit Wasser sich zersetzt.

Nicht ganz ohne Bedeutung sind diese Verhältnisse für die Untersuchung des Harnes auf Glykose, da der Harn normalerweise sauer reagiert. Seine saure Reaktion soll hauptsächlich durch die Gegenwart von saurem phosphorsaurem Natron bedingt sein; auch kann er Milchsäure, Essigsäure und dergleichen enthalten. Für sein Ver-

---

[1]) Ich habe hier besonders den in der Pflanzenanalyse häufig vorkommenden Fall im Auge, daß man einen Rückstand auf glykosidische Beschaffenheit zu prüfen hat. Zu diesem Zweck erwärmt man ihn mit einer Säure, nachdem man sich davon überzeugt hat, daß er für sich allein Fehling'sche Lösung nicht reduziert, und prüft die resultierende Flüssigkeit wieder mit Fehling'scher Lösung.

halten gegen Fehling'sche Lösung im Sinne dieser Untersuchung kommt seine Gesamtazidität in Betracht. Führt man den anfangs geschilderten Versuch mit nicht frisch bereiteter Fehling'scher Lösung aus, so überzeugt man sich beim Zutröpfeln der Säure, daß die im Harn vorhandene Säure nicht genügt, um bei einem Reagensglasversuch eine Zersetzung der alkalischen Kupferlösung hervorzurufen. Anders ist es, wenn man umgekehrt verfährt, also die Säure erhitzt und die Fehling'sche Lösung zutröpfelt. Bringt man in dieser Weise eine 1‰ige Lösung von saurem phosphorsaurem Natron oder Essigsäure mit Fehling'scher Lösung zusammen, so erhält man einen wenn auch schwachen, so doch deutlich wahrnehmbaren Niederschlag von Kupferoxydul. Es war deshalb zu erwarten, daß ein nicht zu schwach saurer Harn, mit Fehling'scher Lösung in derselben Weise behandelt, ebenfalls geringe Ausscheidungen von Kupferoxydul geben wird, auch wenn er keine reduzierenden Substanzen enthält. Der Versuch ergibt die Richtigkeit dieser Annahme. Allerdings sind diese Ausscheidungen beim Harne nicht so leicht wahrzunehmen, als bei der wässerigen Lösung einer Säure, umsomehr als gleichzeitig andere durch das Alkali hervorgerufene Niederschläge entstehen können. Allgemein wird sich desto mehr Kupferoxydul bilden können, je saurer der Harn und je älter die Fehling'sche Lösung ist.

Mitteilungen aus dem pharmazeutischen Institut der Universität Berlin.

Ueber die Wertbestimmung des Nelkenöles[1].

Von H. Thoms.

(Eingegangen den 12. X. 1903.)

Der wesentliche Bestandteil des Nelkenöles, des *Oleum Caryophyllorum*, ist das Eugenol:

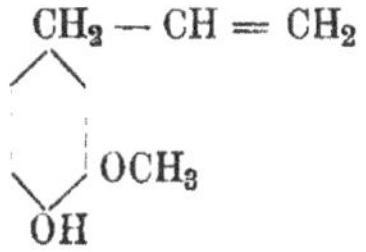

also ein (1)Allyl-(3)methoxy-(4)oxy-Benzol. Durch die Einwirkung

[1] Auf Grund eines auf der Naturforscherversammlung in Kassel in der Abteilung „Pharmazie und Pharmakognosie" am 21. September 1903 gehaltenen Vortrages in erweiterter Form bearbeitet.

von alkoholischer Kalilauge geht die Allyl- in die Propenylverbindung, das sog. **Isoeugenol**, über:

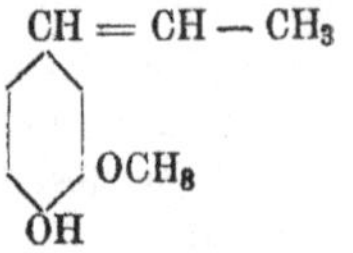

und letzteres liefert bei der Oxydation den Monomethyläther des Protokatechualdehyds, das **Vanillin**:

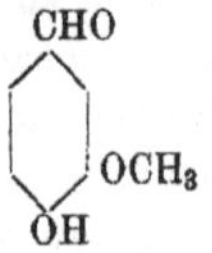

Das Nelkenöl bezw. das darin enthaltene Eugenol ist daher ein technisch wichtiges Ausgangsmaterial für die Vanillindarstellung geworden. Die Bedeutung des Nelkenöles als Arzneimittel tritt demgegenüber ganz zurück, und nur ist noch die Verwendung des Oeles als Parfümeriemittel von erheblicher Wichtigkeit.

Je größer der Gehalt eines Nelkenöles an Eugenol, desto wertvoller ist es natürlich für die Vanillinfabrikation. Im Handel werden daher die Nelkenöle nach ihrem Eugenolgehalte abgeschätzt, und somit ergibt sich der Wunsch, über eine verläßliche Eugenolbestimmung zu verfügen, als ein zwingender zu erkennen.

Diese Umstände waren es, welche mich vor 12 Jahren veranlaßten, eine Methode für die Eugenolbestimmung im Nelkenöl auszuarbeiten. Ich habe über eine solche in der Sektion „Pharmazie und Pharmakognosie" auf der 64. Versammlung der Gesellschaft Deutscher Naturforscher und Aerzte in Halle a. S., 1891, berichtet[1]).

Die Methode besteht darin, daß 5 g Nelkenöl mit 20 g Natronlauge (15%) übergossen und mit 6 g Benzoylchlorid versetzt werden. Unter Wärmeentwickelung tritt sogleich die Bildung von Benzoyleugenol

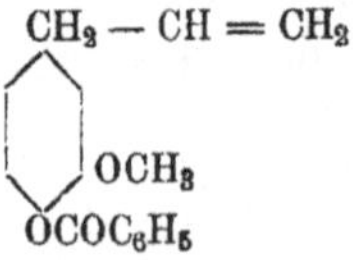

ein, welches mit Wasser gewaschen und aus 25 ccm Alkohol von 90 Gewichtsprozent unter ganz bestimmten Bedingungen umkrystallisiert wird.

[1]) Ber. d. d. pharm. Ges., Jahrg. I, 1891, S. 278.

Das auskrystallisierte Benzoyleugenol wird auf einem bei 101° ausgetrockneten Filter gesammelt und bis zum konstanten Gewicht getrocknet.

Bezeichnet a die gefundene Menge Benzoesäureester, b die angewandte Menge Nelkenöl (gegen 5 g), und filtriert man 25 ccm alkoholischer Lösung vom Ester ab, so findet man den Prozentgehalt des Nelkenöles an Eugenol nach der Formel:

$$\frac{4100\,(a + 0{,}55)}{67 \cdot b}.$$

Diese Formel resultiert aus den beiden Gleichungen:

$$\underbrace{268}_{\substack{\text{Molekular-Gewicht}\\ \text{des Benzoyleugenols}}} : \underbrace{164}_{\substack{\text{Molekular-Gewicht}\\ \text{des Eugenols}}} = (a + 0{,}55) : \text{Gefund. Menge Eugenol.}$$

Daher b:

$$\frac{164\,(a + 0{,}55)}{268} = 100 : x$$

$$x = \frac{164\,(a + 0{,}55) \cdot 100}{268 \cdot b} = \frac{4100\,(a + 0{,}55)}{67 \cdot b}.$$

Die Zahl **0,55** bedeutet die Gewichtsmenge Benzoyleugenol, welche von 25 ccm 90%igen Alkohols bei 17° in Lösung gehalten wird und daher dem Befunde hinzugezählt werden muß.

Nach der vorstehenden Methode hatte ich zu jener Zeit eine größere Anzahl Nelkenölsorten des Handels untersucht und darin Gehalte an Eugenol von 76,8% bis 90,64% gefunden.

Schimmel & Co. prüften die Methode nach und konnten bereits in ihrem Aprilbericht 1892 (S. 28) über die Brauchbarkeit derselben berichten. Sie hatten reines Eugenol, sowie Gemische von Eugenol und Caryophyllen zu ihren Versuchen verwendet und dabei Resultate erhalten, deren Fehlergrenze kaum über 1% hinausging. Schimmel & Co. fanden bei einem Gemisch von

90% Eugenol + 10% Caryophyllen = 90,6% und 89,2%
80% Eugenol + 20% Caryophyllen = 78,94%.

Die Methode arbeitet hiernach also mit völlig hinreichender Genauigkeit. Allerdings wiesen Schimmel & Co. bereits damals darauf hin, daß die Probe als Pharmakopöe-Probe sich weniger eignen würde und schlugen vor, an Stelle von Nelkenöl Eugenol in das Arzneibuch aufzunehmen. Als Prüfung würde dann außer der Bestimmung des spezifischen Gewichtes und des Siedepunktes nur die klare Löslichkeit in 2 oder 1%iger Kalilauge zu fordern sein.

Trotz dieser wenig ermunternden Empfehlung meiner Methode ist diese dennoch im Laufe der nachfolgenden Jahre sehr häufig benutzt worden, und zwar stets dann, wenn es sich um den exakten Nachweis und die quantitative Bestimmung von Eugenol handelte. Und dabei verschlug es nichts, daß diese Methode, wie sich später herausstellte, in dem Falle keine genauen Resultate liefern sollte, wenn das betreffende Oel neben freiem Eugenol in größerer Menge auch verestertes enthielt.

Zu der Zeit, als ich meine Methode ausarbeitete, war es noch nicht bekannt, daß das Nelkenöl außer Eugenol und einem Sesquiterpen, dem Caryophyllen, noch andere Körper enthalte. Später zeigten indes Schimmel & Co.[1]), daß im Nelkenöl auch Furfurol und Amylmethylketon vorkommen. Im Jahre1898 wies Ernst Erdmann[2]) nach, daß im Nelkenöl das Eugenol teilweise mit Essigsäure zu Aceteugenol verestert sei. Da Erdmann in der Verseifungslauge auch Salicylsäure entdeckte, und da diese als solche im Nelkenöl von ihm nicht aufgefunden werden konnte, so vermutet er, daß sie als Acetsalicylsäure mit Eugenol verestert vorhanden sei. Später haben Schimmel & Co. festgestellt, daß im Nelkenöl auch Benzoesäure[3]) verestert vorkomme, und daß ferner in demselben Methylheptylketon[4]) enthalten sei, ein Keton, welches ich zuerst neben großen Mengen Methylnonylketon im deutschen Rautenöl auffand[5]).

E. Erdmann hatte gelegentlich der von ihm bewirkten Entdeckung von Eugenolestern im Nelkenöl darauf aufmerksam gemacht, daß das Aceteugenol in der Kälte nur langsam und unvollständig verseift werde, wodurch der an Essigsäure gebundene Anteil des Eugenols der quantitativen Bestimmung fast ganz entgehe, wenn man diese nach meiner Methode vornähme. Der dadurch begangene Fehler könne sich auf 1,7 bis 2% belaufen. Behufs quantitativer Bestimmung der Gesamtmenge des Eugenols sei es daher notwendig, vorher das Aceteugenol zu verseifen, was man durch kurzes Erwärmen mit Natronlauge vom spez. Gew. 1,180 auf 100° erreichen könne.

Im Jahre 1895 hatte dann Umney[6]), vermutlich veranlaßt durch die Bemerkungen in Schimmels Aprilbericht 1892, eine einfache Methode zur Bestimmung des Eugenols im Nelkenöl veröffentlicht. Nach dieser Methode wird eine gemessene Menge (10 ccm) Nelkenöl mit 10%iger Alkalilösung behandelt, und das nicht gelöste Oel als Nichtphenole volumetrisch bestimmt. Nach des Verfassers eigener Angabe werden hierbei zu hohe Resultate an Eugenol erhalten. Durch

[1]) Aprilbericht 1897, S. 50.
[2]) Journ. f. prakt. Chem., N. F., Bd. 56, 143.
[3]) Aprilbericht 1902, 44.
[4]) Aprilbericht 1903, 52.
[5]) H. Thoms, Ber. d. d. pharm. Ges. 1901, 3.
[6]) Pharm. Journ. (London) 25, III, 950 (1895).

die starke Lauge wird zweifellos ein großer Teil der Terpene in Lösung gehalten.

A. Verley und Fr. Bölsing[1]) in Courbevoie bei Paris, welche die Umneysche Methode nachgeprüft haben, gelangen zu dem Resultat, daß man beim Ausschütteln mit 3—4% iger Lauge besser fahre. Unter bestimmten Voraussetzungen (z. B. bei einem aus Eugenol und Nelkenölterpenen synthetisch hergestellten Oele) erreiche man mit dieser Methode sogar eine Genauigkeit bis ½%. Hingegen hätten zahlreiche Analysen, die nach Umneys modifizierter Methode ca. 95% Eugenol ergaben, gegenüber 80—85% nach Thoms und etwa ebensoviel nach Verley und Bölsing (siehe weiter unten) die Gewißheit erbracht, daß die Methode Umney nur eine sehr geringe Zuverlässigkeit besitze.

Verley und Bölsing publizieren gleichzeitig eine neue Methode[2]) und stellen die Resultate dieser in Vergleich zu den nach meiner Methode erzielten Ergebnissen.

Verfasser verestern das Eugenol mit Essigsäureanhydrid bei Gegenwart von Pyridin und titrieren die überschüssige Säure zurück. Sie fanden nun, daß bei normalen Nelkenölen, d. h. solchen, die gegen 80% Eugenol enthalten, ihre Methode mit der meinigen gute Uebereinstimmung zeigt, daß aber bei Nelkenölen mit abnorm hohem Terpengehalt meine Methode viel zu niedrige Resultate gäbe. Sie führen dies darauf zurück, daß das Eugenolbenzoat eine zu große Löslichkeit in dem beigemischten Terpen (denn es handelte sich in diesem Falle um eine Fälschung) besitzt.

Verley und Bölsing fassen daher die Resultate ihrer Versuche, wie folgt, zusammen:

1. Zur Bestimmung des Eugenols im Nelkenöl eignet sich — vorausgesetzt, daß das Oel kein anderes Phenol oder keinen Alkohol enthält — die Methode, das Eugenol durch Essigsäureanhydrid in Gegenwart von Pyridin quantitativ zu verestern und die nicht absorbierte Säure zu titrieren.
2. Die Methode Umney kann zu den größten Irrtümern Anlaß geben, selbst bei Nelkenölen, deren physikalische Eigenschaften durchaus normale sind.
3. Die Methode Thoms gibt bei Nelkenölen mit abnorm hohem Terpengehalt viel zu geringe Resultate.

Zu ganz entgegengesetzten Resultaten kommen nun neuerdings Schimmel & Co.[3]). Diese haben die Verley und Bölsing'sche Methode mit der Umney'schen verglichen. Sie haben die letztere

---

[1]) Ber. d. d. chem. Ges. 34, 3359 (1901).

[2]) Ber. d. d. chem. Ges. 34, 3354 und 3359 (1901).

[3]) Aprilbericht 1903, S. 53.

etwas modifiziert, indem sie zur Ausschüttelung der Nelkenöle nicht eine 10%ige Kalilauge, sondern nur eine 5%ige Natronlauge verwenden. Die hiermit erhaltenen Resultate seien durchaus zufriedenstellend. Im Gegensatz hierzu seien die mit dem von Verley und Bölsing vorgeschlagenen Acetylierungsverfahren erhaltenen Resultate derartige, daß sie sich den Ausführungen der Autoren bezüglich der Zuverlässigkeit ihrer Methode nicht anschließen könnten. Eine von Schimmel & Co. veröffentlichte Tabelle erbringt die Beweise für ihre Behauptungen. Schimmel & Co. sagen, sie müßten sich umsomehr wundern, daß sie nicht zu annähernd ebenso guten Resultaten gekommen seien, wie Verley und Bölsing, als diese zur Titration $^1/_1$ Normallauge, Schimmel & Co. dagegen eine $^1/_2$ Normallösung benutzt haben. Die Uebereinstimmung der nach ihrem Verfahren erhaltenen Resultate mit denen nach der von Thoms empfohlenen Methode sei sehr wenig beweiskräftig, da diese nur unter ganz genauer Einhaltung der in der Vorschrift angegebenen Bedingungen — was aber sehr schwer ausführbar sei — annähernde Werte gäbe.

Schimmel & Co. halten nach alledem auch weiterhin das von Umney vorgeschlagene und von ihnen in angegebener Weise modifizierte Verfahren zur Eugenolbestimmung für das „zweckmäßigste und zuverlässigste".

> „Hiernach werden 10 ccm Oel in einer Bürette oder in einem Cassiakölbchen mit 5%iger Natronlauge[1]) längere Zeit durchgeschüttelt und das Gemisch sodann der Ruhe überlassen, nur wird durch zeitweises leichtes Drehen des Gefäßes um seine Längsachse dafür gesorgt, daß auch an der Glaswand haftende Oeltropfen an die Oberfläche steigen. Die nicht an Alkali gebundenen Anteile des Oeles werden volumetrisch bestimmt und der Eugenolgehalt aus der Differenz der ursprünglichen Oelmenge und der Nichtphenole gefunden."

Schimmel & Co. teilen sodann mit, „um Unannehmlichkeiten zu vermeiden", daß sie Garantieen für den Eugenolgehalt von Nelkenölen nur auf Grund der soeben beschriebenen Methode übernehmen. Sie meinen, daß die dadurch ermittelten Volumprozente keinen besonders großen Unterschied von den Gewichtsprozenten ergeben könnten.

Die neueste Arbeit über die Eugenolbestimmung im Nelkenöl hat E. C. Spurge[2]) zum Verfasser. Er vergleicht die bisher bekannten Methoden an mehreren Nelkenölen und gelangt zu folgenden Ergebnissen:

---

[1]) In dem Oktoberbericht 1903 empfehlen Schimmel & Co. zum Ausschütteln eine 3%ige Natronlauge, da die 5%ige Lauge hochprozentige Nelkenöle (etwa 95% Eugenol) glatt löse.

[2]) Pharm. Journal (London) 1903, No. 1717 und No. 1718.

a) Keine der bekannten Methoden gäbe absolut genaue Resultate.
b) Nelkenöl enthält beträchtliche Mengen Eugenolester, von 7—17%, wenn auf Eugenolacetat berechnet.
c) Die Methode nach Thoms gestattet, die Eugenolester nur teilweise zu bestimmen; sie sei indes einer Verbesserung fähig, aber mit Rücksicht auf ihre Langwierigkeit („tediousness") sei es besser, andere Methoden anzuwenden.
d) Umney's Methode sei schnell und bequem, und die Resultate, selbst wenn unkorrigiert, seien genauer als die nach der Thoms'schen Methode erhaltenen.
e) Das freie Eugenol könne bestimmt werden mit 1% Genauigkeit nach Verley und Bölsing's Methode, welche ebenso schnell ausführbar wie einfach sei.
f) Für eine Pharmakopöe-Methode sei diejenige Umney's, vielleicht verbunden mit der Bestimmung des spezifischen Gewichtes, genau genug, da sie sicher die einfachste sei.

Nachdem ich nun 12 Jahre lang zu allem, was man Gutes oder Schlechtes über meine Eugenolbestimmungsmethode und über diejenigen anderer Autoren zu berichten wußte, geschwiegen habe, möge man mir freundlichst gestatten, auch wieder einmal in dieser Angelegenheit das Wort zu ergreifen.

Als ich vor 12 Jahren meine Methode ausarbeitete, war von dem Nelkenöl bekannt, daß es Eugenol und Caryophyllen enthalte. Die weiteren Bestandteile des Oels wurden erst nach und nach aufgefunden, und bis in die neueste Zeit hinein hat man neue Körper darin entdeckt. Es lag daher für mich außer dem Bereich der Möglichkeit, diese hinsichtlich ihres Einflusses auf die Eugenolbestimmung nach meinem Verfahren zu untersuchen. Das ist jetzt möglich, und ich habe es nicht unterlassen, eine solche Untersuchung auszuführen. Ueber die Ergebnisse der Arbeit möchte ich an dieser Stelle berichten.

Es ergab sich für mich die folgende Fragestellung:

1. Arbeitet meine vor 12 Jahren empfohlene Methode genau genug, wenn es sich nur um reines Eugenol oder nur um ein Gemisch des letzteren mit Caryophyllen handelt?
2. Welche Anteile des in Form von Eugenolestern vorhandenen Eugenols entgehen der Bestimmung nach meiner Methode?
3. Läßt sich meine Methode derartig modifizieren, daß sie eine Bestimmung des freien neben dem veresterten Eugenol im Nelkenöl gestattet?

Die Beantwortung der Frage 1 war von mir bereits vor 12 Jahren erbracht worden, und Schimmel & Co. hatten zu jener Zeit die Richtigkeit meiner Resultate bestätigt

Dennoch habe ich neuerdings in gemeinsamer Arbeit mit meinem Assistenten, Herrn Diesfeld, das Verfahren in seiner ursprünglichen Form und ferner unter Einhalten gewisser, näher zu besprechender Modifikationen nochmals revidiert. Für diese Versuche wurden ein reines Eugenol und ein reines Caryophyllen benutzt.

Das Eugenol war klar löslich in 1%iger Natronlauge, sein spezifisches Gewicht 1,072 bei 15° C., sein Siedepunkt 248°. Das aus einer Fabrik ätherischer Oele bezogene Caryophyllen erwies sich als stark eugenolhaltig; es wurde durch Erhitzen mit 10%iger alkoholischer Natronlauge und nach Abtrennen des Alkohols und häufigem Ausschütteln mit Wasser von den letzten Anteilen Eugenol befreit und rektifiziert. Sein Siedepunkt lag bei 136—137° unter 20 mm Druck; sein spezifisches Gewicht betrug 0,9076 bei 15° C.

Ueberführung des reinen Eugenols in Benzoyleugenol unter Berücksichtigung der oben mitgeteilten Vorschrift.

5,0 g Eugenol lieferten 7,70 g Benzoyleugenol, das sind

$$\frac{4100\,(7,70 + 0,55)}{67\cdot5} = \mathbf{100,9} \text{ (statt 100)}.$$

Bestimmung des Eugenolgehaltes in Gemischen von Eugenol und Caryophyllen.

a) 5 g eines Gemisches aus 5 Teilen Eugenol + 2 Teilen Caryophyllen (= 71,4% Eugenol) lieferten 5,22 g Benzoyleugenol, das sind

$$\frac{4100\,(5,22 + 0,55)}{67\cdot5} = 70,6\,\%\ \text{Eugenol}.$$

b) 5 g eines Gemisches aus 5 Teilen Eugenol + 1 Teil Caryophyllen (= 83,3% Eugenol) lieferten 6,35 g Benzoyleugenol, das sind

$$\frac{4100\,(6,35 + 0,55)}{67\cdot5} = 84,44\,\%\ \text{Eugenol}.$$

c) 5 g eines Gemisches aus 3,5 Teilen Eugenol und 1,5 Teilen Caryophyllen (= 70% Eugenol) lieferten 5,185 g Benzoyleugenol, das sind

$$\frac{4100\,(5,185 + 0,55)}{67\cdot5} = 70,19\,\%\ \text{Eugenol}.$$

Bei Versuchen Eugenol-Caryophyllengemische, deren Gehalt an Eugenol wesentlich unter 70% beträgt, nach meiner Methode zu bestimmen wurden Resultate erhalten, welche mit dem tatsächlichen Gehalt an Eugenol nicht in Einklang zu bringen waren. Dies liegt wahrscheinlich daran, daß von dem auskrystallisierenden Benzoyleugenol Sesquiterpen in nicht unwesentlicher Menge zurückgehalten wird, und daß auch der Lösungskoeffizient des Benzoyleugenols in dem

Alkohol durch die Beimengung einer größeren Menge Sesquiterpen eine Aenderung erfährt; die angegebene Korrektion von 0,55 trifft daher nicht mehr zu.

Durch die vorliegende Versuchsreihe wurde also erneut festgestellt, daß in Eugenol-Caryophyllengemischen, deren Eugenolgehalt nicht unter 70% heruntergeht, meine Methode bis auf ca. 1% genaue Resultate liefert.

Das von Schimmel & Co. in deren Aprilberichte 1892 gefällte Urteil, „meine Methode arbeite mit vollständig ausreichender Genauigkeit" konnte daher von mir neuerdings bestätigt werden. Bei Oelen mit geringem Eugenolgehalt läßt jedoch die Genauigkeit der Methode zu wünschen übrig.

Es war nunmehr ferner zu versuchen, welchen Einfluß ein Gehalt des Nelkenöles an Eugenolestern auf meine Bestimmungsmethode für Eugenol ausübt. Da es sich hierbei vorwiegend um Eugenolacetat handelt, wurde dieses zu einem Gemisch mit Eugenol und Caryophyllen verwendet; in einem zweiten Versuch an Stelle des Acetats das Benzoat.

Das zu diesen Versuchen verwendete Benzoat schmolz bei 70°, das frisch bereitete Eugenolacetat war durch Fraktionieren gereinigt; sein Siedepunkt lag bei 163—164° unter 13 mm Druck (Thermometer ganz im Dampf), sein Schmelzpunkt bei 30°.

a) 5 g eines Gemisches aus 7 Teilen Eugenol, 3 Teilen Caryophyllen und 1 Teil Eugenolacetat (entsprechend 63,63% freiem Eugenol und 70,1% Gesamteugenol) lieferten 5,09 g Benzoyleugenol, das sind

$$\frac{4100\ (5{,}09 + 0{,}55)}{67 \cdot 5} = 69{,}02\%\ \text{Eugenol.}$$

b) 5 g eines Gemisches aus 7 Teilen Eugenol, 3 Teilen Caryophyllen und 1 Teil Eugenolbenzoat (entsprechend 63,63% freiem Eugenol und 69,2% Gesamteugenol) lieferten 5,08 g Benzoyleugenol, das sind

$$\frac{4100\ (5{,}08 + 0{,}55)}{67 \cdot 5} = 68{,}9\%.$$

Aus diesen beiden Versuchen geht hervor, daß Eugenolacetat zum weitaus größten Teil in Eugenolbenzoat übergeführt wird, und daß im Gemisch bereits vorhandenes Eugenolbenzoat ebenfalls zum großen Teil mit zur Wägung gelangt.

Steigt der Gehalt an Estern, so fallen allerdings die Bestimmungen ungünstiger aus. Deshalb erscheint es notwendig, bei Ausführung einer Gesamteugenolbestimmung zuvor eine Verseifung der Ester vorzunehmen.

Unter Berücksichtigung der durch die nochmalige Prüfung meiner Eugenolbestimmungsmethode gewonnenen Erfahrungen trete ich daher heute erneut für die Brauchbarkeit dieser Methode ein und empfehle für sie die folgende Ausführung:

5 g Nelkenöl werden mit 20 g Natronlauge (15%) übergossen und auf dem Wasserbade ½ Stunde lang erwärmt. Auf der Flüssigkeit scheidet sich alsbald die Sesquiterpenschicht ab. Der Inhalt des Becherglases wird noch warm in einen kleinen Scheidetrichter mit kurzem Abflußrohr gegeben und die sich gut und bald absetzende warme Eugenol-Natronlösung in das Becherglas zurückgegeben. Das im Scheidetrichter zurückbleibende Sesquiterpen wäscht man zweimal mit je 5 ccm Natronlauge (15%) und vereinigt diese mit der Eugenol-Natronlösung.

Hierauf gibt man zu letzterer 6 g Benzoylchlorid und schüttelt um, wobei sich unter starker Erwärmung die Bildung des Benzoyleugenols sogleich vollzieht. Die letzten Anteile unangegriffenen Benzoylchlorids zerstört man durch kurzes Erwärmen auf dem Wasserbade.

Man verfährt nun weiter genau so, wie früher angegeben: Man filtriert nach dem Erkalten die über dem erstarrten Ester befindliche Flüssigkeit ab, spült mit 50 ccm Wasser die etwa auf das Filter gelangten Kryställchen in das Becherglas zurück und erwärmt, bis der Krystallkuchen wieder ölförmig geworden ist. Man läßt nach sanftem Umschütteln abermals erkalten, filtriert die überstehende klare Flüssigkeit ab und wäscht in gleicher Weise noch zweimal mit je 50 ccm Wasser den wieder geschmolzenen Kuchen aus.

Das dann im Becherglase zurückbleibende Benzoyleugenol ist von Natriumsalz und überschüssigem Natron frei. Es wird noch feucht in demselben Becherglas mit 25 ccm Alkohol von 90% übergossen, auf dem Wasserbade unter Umschwenken erwärmt, bis Lösung erfolgt ist. Man setzt das Umschwenken des vom Wasserbade entfernten Becherglases so lange fort, bis das Benzoyleugenol in klein krystallinischer Form sich ausgeschieden hat. Das ist nach wenigen Minuten der Fall.

Man kühlt nunmehr auf eine Temperatur von 17° ab, bringt den kleinkrystallinischen Niederschlag auf ein Filter von 9 cm Durchmesser und läßt das Filtrat in einen graduierten Zylinder einlaufen. Es werden bis gegen 20 ccm desselben mit dem Filtrate angefüllt. Man drängt die auf dem Filter im Krystallbrei noch vorhandene alkoholische Lösung mit soviel Alkohol von 90 Gewichtsprozent nach, daß das Filtrat im ganzen 25 ccm beträgt, bringt das noch feuchte Filter mit dem Niederschlag in ein Wägegläschen (letzteres war vorher mit dem Filter bei 101° ausgetrocknet und gewogen) und trocknet bei 101° bis zum konstanten Gewicht. (Von 25 ccm 90%igen Alkohols werden bei 17° = 0,55 g reines Benzoyleugenol gelöst, welche Menge dem Befunde hinzugezählt werden muß.)

Bezeichnet a die gefundene Menge Benzoësäureester, b die angewandte Menge Nelkenöl (gegen 5 g), und filtriert man 25 ccm alkoholischer Lösung vom Ester unter den oben erläuterten Bedingungen ab, so findet man den Prozentgehalt des Nelkenöles an Eugenol nach der Formel

$$\frac{4100\,(a + 0{,}55)}{67 \cdot b}.$$

Man ermittelt so die in dem Nelkenöl enthaltene Gesamtmenge Eugenol, also sowohl das freie, wie das veresterte. Daß die vorstehend formulierte Methode tatsächlich mit hinreichender Genauigkeit arbeitet, beweisen die Ergebnisse nachstehender Analysen:

a) Ein Gemisch aus 7 Teilen Eugenol,
3 „ Caryophyllen,
0,5 „ Benzoyleugenol,
1 „ Aceteugenol,

enthaltend **70,44%** Gesamteugenol, ergab nach vorstehender Methode 5,2447 g Benzoyleugenol.

Daher gefunden $\frac{4100\,(5{,}2447 + 0{,}55)}{67 \cdot 5}$ = **70,91%** Eugenol.

b) Ein Gemisch aus 5 Teilen Eugenol,
5 „ Caryophyllen,
0,5 „ Benzoyleugenol,
1 „ Aceteugenol,

enthaltend **53,02%** Gesamteugenol, ergab nach vorstehender Methode 3,6784 g Benzoyleugenol.

Daher gefunden $\frac{4100\,(3{,}6784 + 0{,}55)}{67 \cdot 5}$ = 51,75% Gesamteugenol.

Will man neben der Bestimmung des Gesamteugenolgehaltes auch eine solche des im Nelkenöl vorhandenen freien Eugenols ausführen (durch Subtraktion des letzteren vom ersteren würde man die in veresterter Form vorhandene Menge Eugenol feststellen können), so verfährt man wie folgt:

5 g Nelkenöl werden in 20 g Aether gelöst und diese Lösung in einem Scheidetrichter schnell mit 20 g 15%iger Natronlauge ausgeschüttelt; mit je 5 g Natronlauge der gleichen Stärke wird der Aether nachgewaschen, die vereinigten Eugenol-Natronlösungen werden auf dem Wasserbade zum Austreiben des gelösten Aethers schwach erwärmt und sodann in gewöhnlicher Weise benzoyliert.

Das obige Gemisch a, welches 60,87% freies Eugenol enthält, lieferte 4,5180 g Benzoyleugenol, das sind

$$\frac{4100\,(4{,}5180 + 0{,}55)}{67 \cdot 5} = 62{,}02\%\ \text{Eugenol.}$$

Das obige Gemisch b, welches 43,48% freies Eugenol enthält, lieferte 2,9258 g Benzoyleugenol, das sind

$$\frac{4100\,(2{,}9258 + 0{,}55)}{67 \cdot 5} = 42{,}56\%\ \text{Eugenol.}$$

5 g eines Gemisches, welches aus gleichen Teilen Eugenol und Caryophyllen, also ohne Zusatz von Estern, hergestellt war (entsprechend 50% Eugenol) lieferte 3,47 g Benzoyleugenol, das sind

$$\frac{4100\,(3{,}47 + 0{,}55)}{67 \cdot 5} = 49{,}2\%\ \text{Eugennol.}$$

Ein durch Destillation von Nelken, die im botanischen Garten zu Victoria in Kamerun gezogen waren, selbst dargestelltes, sehr wohlriechendes Nelkenöl erwies sich, nach vorstehender Methode geprüft, als bestehend aus 79,87 % Gesamteugenol; davon waren 9,04 % Eugenol in veresterter Form vorhanden.

Die vorstehenden Versuche beweisen also die Brauchbarkeit der Benzoylmethode der Eugenolbestimmung.

Sollte in Anbetracht der leichteren Ausführbarkeit der Umneyschen Methode dieser als Pharmakopöemethode der Vorzug gegeben werden, so wird man aber ergänzend die Identifizierung des Phenols als Eugenol hinzufügen müssen. Das wird geschehen können, indem man eine Probe der Alkaliphenolatlösung benzoyliert, das Benzoyleugenol mit Wasser wäscht, aus Alkohol umkrystallisiert und seinen Schmelzpunkt bestimmt. Das Benzoyleugenol schmilzt bei 70,5°.

Kommt es darauf an, in exakter Weise das Eugenol im Nelkenöl zu bestimmen, so glaube ich aber, daß meine Methode nicht entbehrt werden kann. Für die Zweckmäßigkeit dieser spricht ferner der Umstand, daß sie in ihrer vorstehend bekanntgegebenen Modifikation, sowohl das freie, wie das veresterte Eugenol zu bestimmen ermöglicht.

Zum Schluß möchte ich noch darauf hinweisen, daß meiner Ansicht nach es wohl besser unterblieben wäre, in dem Arzneibuch für das Deutsche Reich, Ausgabe IV, das Nelkenöl durch Eugenol zu ersetzen. Wenn überdies in dem Arzneibuch Oleum Caryophyllorum mit Eugenol für gleichbedeutend gehalten wird, so trifft dies nicht zu. Das Nelkenöl hat zufolge seines Estergehaltes einen sehr aromatischen Geruch, wegen dessen es als Parfümeriemittel z. B. bei *Mixtura oleosa balsamica* und zu anderen Zwecken angewendet worden ist, während das ganz reine Eugenol nur einen äußerst schwachen Geruch besitzt.

Rheïn aus Aloë-Emodin.

Von O. A. Oesterle.

(Eingegangen den 15. X. 1903.)

In einer vorläufigen Mitteilung[1]) habe ich die Vermutung ausgesprochen, daß bei der Oxydation von Aloë-Emodin unter gewissen Bedingungen eine Substanz gebildet wird, welche mit dem im Rhabarber aufgefundenen „Rheïn" übereinstimmt.

Zur Darstellung des Rheïns aus Aloë-Emodin werden 3 g Aloë-Emodin[2]) in 140—150 ccm Eisessig gelöst und der siedenden Lösung 3 g Chromsäure zugesetzt. Das Gemisch hält man ungefähr eine Stunde lang im schwachen Sieden und gießt es hierauf in mit Schwefelsäure angesäuertes Wasser. Nach dem Auswaschen durch Dekantieren, Absaugen mit der Pumpe und Trocknen beträgt die Menge des Oxydationsproduktes ca. 70%. Dieses Produkt wird nun im Soxhlet'schen Extraktionsapparat mit Chloroform so lange ausgezogen, bis das abfließende Chloroform nur noch schwach gelb gefärbt ist und schließlich aus Pyridin umkrystallisiert. Die Ausbeute an einmal umkrystallisiertem Rheïn beträgt 9—10% des verwendeten Emodins.

Die beträchtliche Menge (ca. 60%), welche dem Oxydationsprodukte durch Chloroform entzogen wird, ließ vermuten, daß die Ueberführung des Emodins in Rheïn nur unvollständig, die Oxydation also nicht ausreichend gewesen sei. In der Tat ergab die Untersuchung des Chloroform-Extraktes einen Körper vom Schmelzpunkte des Emodins. Weder Erhöhen der Chromsäuremenge noch Verlängern der Oxydationsdauer ergab aber eine wesentliche Steigerung der Ausbeuten an Rheïn. Auffallend dagegen war es, daß, wenn der durch Chloroform extrahierte Anteil der Oxydation mit Chromsäure unterworfen wurde, die Ausbeuten an Rheïn ganz erheblich größer wurden. Mit der Untersuchung dieser Verhältnisse bin ich noch beschäftigt.

Durch wiederholtes Umkrystallisieren aus Pyridin und jeweiliges Auswaschen der erhaltenen Krystalle mit wenig Alkohol wurde das Rheïn gereinigt. Der Schmelzpunkt des auf diese Weise erhaltenen Materials liegt bei 314°. Obgleich dieser Schmelzpunkt mit demjenigen

---

[1]) Schweiz. Wchschr. f. Chemie u. Pharmazie 1902, 600.

[2]) Aloë-Emodin stelle ich aus Barbaloin durch Erhitzen mit verdünnter Salzsäure (alkoholische Lösung) dar (vergl. Archiv d. Pharm. 1899, 82). Die von Léger geäußerte Ansicht, daß das Aloin zu einer „neuen Klasse von Glykosiden, nämlich solchen, welche durch verdünnte Säuren nicht zerlegbar sind" gehöre, ist daher nicht richtig (Comptes rend. tome CXXXIV, S. 1586).

übereinstimmt, den Tschirch und Heuberger[1]) für das aus Rhabarber dargestellte Rheïn gefunden haben, stellte ich behufs weiterer Reinigung das Acetat dar. Mehrmaliges Umkrystallisieren aus Eisessig unter Zuhilfenahme von Blutkohle bewirkte ein Ansteigen des anfänglich bei 236° liegenden Schmelzpunktes auf 247—248°. Aus dem Acetat mit diesem konstant bleibenden Schmelzpunkte wurde durch Erwärmen mit verdünnter Kalilauge und Zusatz von Säure das Rheïn wieder abgeschieden und nochmals aus Pyridin umkrystallisiert. Der Schmelzpunkt blieb bei 314°. Auf diese Weise dargestelltes Rheïn bildet sublimierbare kleine gelbe Nadeln (die Farbe ist heller als diejenige des Präparates von Tschirch und Heuberger), welche sich in Alkohol, Methylalkohol, Aceton, Eisessig, Chloroform, Aether, Petroläther, Benzol und Toluol sehr schwer mit gelber Farbe lösen. Als Krystallisationsmittel können diese Flüssigkeiten nicht verwendet werden, da sich die sehr geringen Mengen gelösten Rheïns nur als Wärzchen ohne erkennbare krystallinische Struktur daraus abscheiden. Kochendes Wasser löst, indem es sich gelb färbt, nur Spuren Rheïn, in pyridinhaltigem Wasser dagegen ist es löslicher. Als Krystallisationsmittel eignet sich, wie schon oben erwähnt, am besten Pyridin. Aus der heiß gesättigten Lösung scheidet sich das Rheïn sehr rasch in wohlausgebildeten kleinen Nadeln aus. Da sich Emodin ebenfalls in Pyridin löst, sich aber beim Erkalten der Lösung nur sehr langsam ausscheidet, bietet dieses Krystallisationsmittel den Vorteil, daß Spuren von Emodin, welche durch die Chloroformextraktion nicht entfernt wurden, in den Pyridinlaugen zurückbleiben.

In konzentrierter Schwefelsäure löst sich Rheïn mit roter Farbe, diese Lösung wird wie diejenige des Emodins durch ein Körnchen Natriumnitrat allmählich gelb gefärbt. Erwärmt man die rote Lösung mit wenig Kaliumpersulfat, so färbt sie sich violett. Erhöht man den Zusatz von Kaliumpersulfat und erhitzt man stärker, so erfolgt Entfärbung.

In verdünntem Ammoniak ist Rheïn leichter löslich als Emodin, die rote Lösung besitzt einen Stich ins Violett und geht wie diejenige des Emodins am Licht allmählich durch Violett in Blau über. Aus der roten ammoniakalischen Lösung scheiden Chlorbaryum und Chlorcalcium rot gefärbte Flocken aus, und die überstehende Flüssigkeit wird farblos. Eine ammoniakalische Emodinlösung wird durch Chlorbaryum und Chlorcalcium ebenfalls rot gefällt (der Niederschlag ist heller und erfolgt nicht so rasch), die Flüssigkeit bleibt aber rot gefärbt.

Auch in dem Verhalten der alkoholischen Lösung gegen Silbernitrat lassen sich Rheïn und Aloë-Emodin von einander unterscheiden.

[1]) Archiv d. Pharmazie 1902, 611.

Silbernitrat erzeugt in einer alkoholischen Rheïnlösung sofort einen gelben Niederschlag; eine Lösung von Emodin in Alkohol wird durch Silbernitrat kaum verändert.

In verdünnter Kali- und Natronlauge ist Rheïn mit roter Farbe löslich, mit 50%iger Kalilauge bildet es violette Klumpen, die sich auf Wasserzusatz rot lösen. Säuren scheiden aus diesen alkalischen Lösungen das Rheïn als gelbe gallertige Masse aus. Auch in Lösungen von Natrium- oder Kaliumkarbonat ist Rheïn rot löslich; setzt man zu einer Kaliumkarbonat enthaltenden Rheïnlösung noch Kaliumkarbonat in Substanz zu und erwärmt man, bis sich alles gelöst hat, so erfolgt bald nach dem Erkalten eine gallertige, rot gefärbte Ausscheidung. Setzt man aber, an Stelle der Pottasche, der Lösung 50%ige Kalilauge zu, so scheiden sich in der roten Flüssigkeit violette Flocken aus. Diese Erscheinung hat übrigens schon O. Hesse bei seinem aus Rhabarber dargestellten Rheïn beobachtet.

Die Acetylierung des Rheïns wurde in der üblichen Weise mit Essigsäureanhydrid und entwässertem Natriumacetat ausgeführt. Wie Tschirch und Heuberger machte auch ich dabei die Beobachtung, daß das in Essigsäureanhydrid nur wenig lösliche Rheïn sich auf Zusatz des Natriumacetates rasch löst. Acetylrheïn (Schmp. 247 bis 248°) bildet, aus Eisessig krystallisiert, kleine, glänzende, gelbe Nadeln. Im Vergleich zu Emodinacetat ist es in Alkohol, Benzol, Toluol, Aceton und Essigäther schwer löslich, konzentrierte Schwefelsäure und Alkalien lösen es mit roter Farbe.

Die Analyse des aus Aloë-Emodin dargestellten, bei 140° getrockneten Rheïns ergab:

1. aus 0,2053 Substanz 0,4713 CO_2 und 0,0581 H_2O
2. „ 0,2498 „ 0,5746 „ „ 0,0747 „

In Prozenten:

1.	62,61 C	2. 62,73 C
	3,14 H	3,32 H.

Die Analyse des Acetates ergab:

1. aus 0,2030 Substanz 0,4585 CO_2 und 0,0632 H_2O
2. „ 0,2411 „ 0,5437 „ „ 0,0771 „

In Prozenten:

1.	61,59 C	2. 61,50 C
	3,46 H	3,55 H.

Die Zahlen, welche durch die Analyse bis jetzt ermittelt wurden, sind:

	Rheïn aus Rhabarber				Rhein aus Aloë-Emodin	
	Hesse	Tschirch u. Heuberger				
für Rheïn . . .	62,95 % C	63,84	63,65	63,76 % C	62,61	62,73 % C
	3,54 „ H	3,09	2,74	2,71 „ H	3,14	3,32 „ H
für Acetylrheïn	61,75 % C	62,47	61,56	62,58 % C	61,59	61,50 % C
	3,60 „ H	3,28	3,19	3,25 „ H	3,46	3,55 „ H.

	Berechnet wurden: von Hesse	von Tschirch u. Heuberger
für Rheïn . . .	$C_{15}H_{10}O_6$	$C_{15}H_8O_6$
	62,93 % C	63,41 % C
	3,49 „ H	2,81 „ H
für Acetylrheïn	$C_{15}H_8(C_2H_3O)_2O_6$	$C_{15}H_6(C_2H_3O)_2O_6$
	61,62 % C	61,95 % C
	3,78 „ H	3,26 „ H.

Meine Zahlen stimmen gut mit denjenigen, welche Hesse gefunden hat überein; sie entsprechen eher den von Hesse aufgestellten Formeln als denjenigen von Tschirch und Heuberger. Jedenfalls aber herrscht kein Zweifel, daß der durch Oxydation aus Aloë-Emodin gewonnene Körper mit dem Rheïn des Rhabarbers identisch ist, da auch im chemischen Verhalten, soweit ich es zu vergleichen im stande war, kein Unterschied zu erkennen ist. Der Grund weshalb der Schmelzpunkt des Acetates nicht mit demjenigen übereinstimmt, welchen sowohl Hesse als auch Tschirch und Heuberger gefunden haben (236°), ist wohl darin zu suchen, daß die geringen Mengen Material eine weitgehende Reinigung nicht ermöglichten. Arbeiten, die Herr Prof. Dr. Tschirch mit einem seiner Schüler unternommen hat, und welche demnächst veröffentlicht werden sollen, haben in der Tat ergeben, daß der Schmelzpunkt der Acetylverbindung des natürlichen Rheïns dadurch, daß reines Material zur Acetylierung verwendet wird, und durch wiederholte Reinigung des Acetates steigt und 247—248° erreicht.

Tschirch und Heuberger sahen sich durch die Zahlen, welche ihnen die Analyse lieferte, sowie durch die Tatsache, daß bei der Acetylierung nur zwei Acetylgruppen in das Molekül eintreten, veranlaßt, für das Rheïn eine neue Formel zur Diskussion zu stellen. Sie nehmen an, daß das Rheïn möglicherweise nicht, wie Hesse abgeleitet hat, die Struktur eines Tetraoxymethylanthrachinons besitzt, sondern ein Methylenäther eines Tetraoxyanthrachinons sei. Aus Mangel an Material war es ihnen jedoch nicht möglich die Frage zu entscheiden; derselben näher zu treten wird eine meiner nächsten Aufgaben sein.

Pharmazeutisches Institut der Universität Bern.

Ueber eine titrimetrische Bestimmung des Magnesiums.

Von E. Rupp.

(Eingegangen den 16. X. 1903.)

In ähnlicher Weise wie dies für die Jodsäure[1]) dargetan worden, habe ich im Verein mit Herrn cand. chem. Bergdolt die Arsensäure der Metalltitration dienstbar zu machen versucht.

Hierbei wurde in erster Linie das Magnesium in Betracht gezogen, dessen Ammondoppelarsenat ja auch in der gravimetrischen Analyse eine Rolle spielt.

Es war zunächst geboten die genaueste und einfachste volumetrische Bestimmungsweise der Arsensäure zu ermitteln, und wurden daher die verschiedenartigsten Reduktionsmittel zwecks Ueberführung von As_2O_5 in As_2O_3 erprobt, welch letzteres alsdann jodometrisch gemessen werden sollte.

Nach einer von Rohmer[2]) gemachten Beobachtung lassen sich große Mengen pentavalenten Arsens mit $HCl + SO_2$ rasch reduzieren und übertreiben, wenn die Lösung Bromwasserstoffsäure enthält. Es sollte nun zunächst festgestellt werden, ob durch HBr sich nicht in der Weise eine direkte Titration ermöglichen ließe, daß die angesäuerte As_2O_5-Lösung mit $KBr + KJ$ in Reaktion versetzt und durch Messung der ausgeschiedenen Jodmenge der As_2O_5-Wert bestimmt wurde. In den nachstehenden diesbezüglichen Versuchsreihen wurde von einer bestimmten Menge As_2O_3 ausgegangen, diese mit der eben erforderlichen Jodmenge von 11,2 ccm $^n/_{10}$-Lösung in As_2O_5 übergeführt, und die nach erfolgter Reduktion zur Bindung ausgeschiedenen Jods benötigte Thiosulfatmenge mit dem ursprünglichen Jodwerte verglichen. Es wurde nach der erstmaligen Titration in den angegebenen Zeitfristen so oft mit Thiosulfat auf farblos titriert, bis nach 5 Minuten langem Stehen keine Jodabscheidung mehr erfolgte.

I. As_2O_5 + ca. 25 ccm H_2O, + 5 ccm verdünnter H_2SO_4 + 1 g KJ + 1 g KBr,

nach 3 Stunden	7,2 ccm	
+ 1 Stunde	1,5 „	
+ ½ „	0,9 „	
+ ½ „	0,5 „	
+ ½ „	0,5 „	gelinde erwärmt
+ ½ „	0,3 „	„ „
+ ½ „	0,1 „	„ „
+ 15 Stunden	0,1 „	„ „
	11,1 ccm Thiosulfat.	

[1]) Dieses Archiv 241, 435.

[2]) Berl. Ber. 34, 33.

II. $As_2O_5 + H_2O + KJ + KBr$ + 5 ccm verdünnter HCl,

nach 3 Stunden . . .	7,4	ccm	
+ 1 Stunde	1,7	„	
+ 1 „	1,8	„	
+ ½ „	0,65	„	
+ ½ „	0,25	„	
+ ½ „	0,15	„	
+ 15 Stunden . . .	0,2	„	
+ ½ Stunde	0,1	„	gelinde erwärmt
	0,08	„	
	11,33	ccm	Thiosulfat.

Vergleichsversuche ohne KBr:

III. $As_2O_5 + H_2O + H_2SO_4 + KJ$,

nach 3 Stunden . . .	7,1	ccm	
+ 1 Stunde	1,40	„	
+ ½ „	0,8	„	
+ ½ „	0,55	„	
+ 15 Stunden . . .	0,45	„	
+ ½ Stunde	0,3	„	gelinde erwärmt
+ ½ „	0,2	„	„ „
+ ½ „	0,1	„	„ „
	10,95	ccm	Thiosulfat.

IV. $As_2O_5 + H_2O + HCl + KJ$,

nach 3 Stunden . . .	7,4	ccm	
+ 1 Stunde	1,75	„	
+ ½ „	0,7	„	
+ 15 Stunden . . .	0,5	„	
+ ½ Stunde	0,3	„	gelinde erwärmt
+ ½ „	0,2	„	„ „
+ ½ „	0,1	„	„ „
+ ½ „	0,1	„	„ „
+ ½ „	0.1	„	„ „
	11,15	ccm	Thiosulfat.

Vorteile waren also nicht erzielt worden. Im einen wie im anderen Falle, vollzieht sich die Reduktion auch bei häufiger Wegnahme des freien Jods nur sehr allmählich. Ebenso resultatlos verliefen Versuche mit Ferrosalzen, Oxalsäure, Ameisensäure. Es ergab sich, daß ein Gleichgewichtszustand zwischen As_2O_3 und As_2O_5 allenthalben sich einstellt, wenn sehr angenährt $^2/_3$ der angewandten As_2O_5-Menge (Jodwert 7,4) reduziert sind. Es mag hierin eine Bestätigung für die von A. Joly[1]) verfochtene Verbindungsfähigkeit der

[1]) Journ. f. prakt. Chemie 31, 432.

arsenigen Säure mit Arsensäure erblickt werden. Eine obigem Jodwerte entsprechende Verbindung $As_2O_5 \cdot 2\,As_2O_3 + H_2O$ beschreibt Joly als rectanguläre Blättchen. Eine Konstitutionsformel, welche prozentisch in voller Uebereinstimmung mit der Joly'schen Bruttoformel steht, läßt sich in ganz zwangloser Weise wie folgt ableiten. 2 Moleküle arseniger Säure reagieren in Form der metarsenigen Säure mit 1 Molekül Arsensäure unter Wasserabspaltung nach der Gleichung:

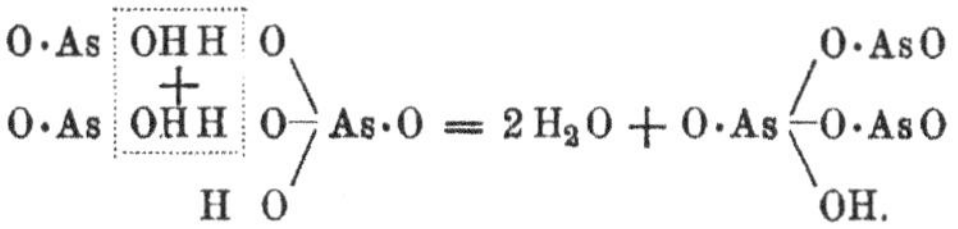

Es würde also die Verbindung eine Diarsenylarsensäure darstellen. Daß unter den bei obigen Titrationen obwaltenden Verhältnissen nicht die neutrale Triarsenylverbindung sich bilden wird, da ja in saurer Lösung gearbeitet wurde, steht nur im Einklange mit den bekannten Saturationsverhältnissen der Arsensäure. Die Joly'sche Formel ist bimolekular,

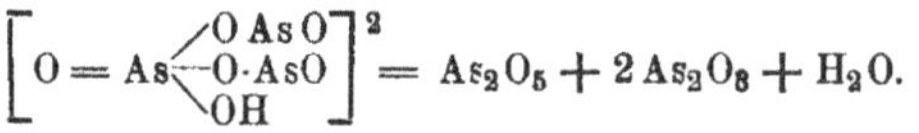

Das Molekül H_2O wurde von Joly durch das Minusgewicht des Erhitzungsrückstandes ermittelt. Nach obigem wäre dasselbe jedoch kein Krystallwasser, sondern entsteht durch extramolekulare Abspaltung in folgender Weise:

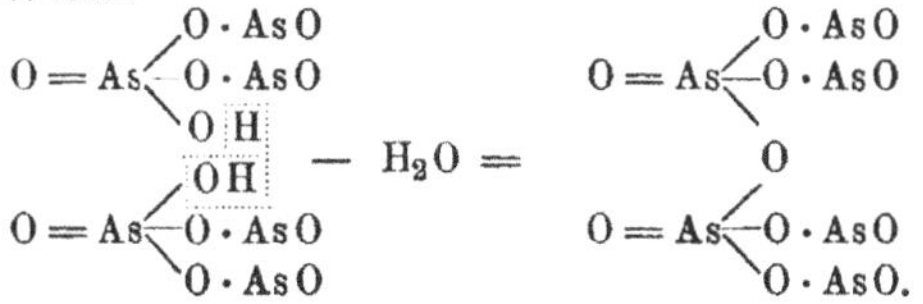

Es restiert also eine Tetraarsenylpyroarsensäure. In speziell präparativer Behandlung dieser Frage wird späterhin die Darstellung der Mono- und Triarsenylarsensäure versucht und die Konstitution der übrigen von Joly dargestellten Verbindungen von $As_2O_3 + As_2O_5$ erforscht werden. Vom gleichen Standpunkte aus sollen auch die mannigfaltigen und betreffs ihrer Konstitution so verschiedenartig interpretierten Antimonsäurederivate in Angriff genommen werden.

Für die Titration der Arsensäure blieben somit nur noch die beiden Wege offen, durch Kochen mit Jodwasserstoff bezw. $H_2SO_4 + KJ$ frei werdendes Jod in Jodkalium überzudestillieren und zu titrieren, oder wie von Gooch und Morris[1]) und schon viel früher in derselben

[1]) Chem. Zentr.-Bl. 1900, II., 820.

Weise von Jounger[1]) vorgeschlagen, im Destillationsrückstande die gebildete As_2O_3 mit Jod zu titrieren. Letzteres Verfahren ist das zuverlässigere und liefert genaue Resultate. Man bringt die Arsensäurelösung mit 5—10 ccm verdünnter H_2SO_4 3—5 g Jodkalium und einigen Siedestückchen aus Glas oder besser Platin in einen langhalsigen Kochkolben und erhitzt in geneigter Stellung 10—15 Minuten auf freier Flamme. Nachdem die Jodfärbung auf weingelb zurückgegangen, verdünnt man mit Wasser auf das ursprüngliche Volum, setzt ca. 5 ccm Schwefligsäurelösung hinzu, wodurch vollständige Entfärbung eintritt, kocht nochmals 2—3 Minuten, saturiert nach dem Erkalten mit einem kleinen Ueberschusse von Bikarbonat und titriert mit Jodlösung. 10 ccm As_2O_3-Lösung, welche zur Oxydation 10—10,03 ccm $^n/_{10}$ Jod bedurften, verlangten nach der auf obige Weise durchgeführten Wiederreduktion 10—10,02 ccm $^n/_{10}$ Jod zur abermaligen Ueberführung in As_2O_5. Die zu nachfolgenden Bestimmungen verwertete Arsenatlösung war bereitet worden durch Versetzen einer heißen ca. 3—4%igen Arsensäurelösung mit Soda bis keine CO_2-Entwickelung mehr erfolgte, enthielt also im wesentlichen das einfach saure Salz Na_2HAsO_4. Der Jodwert betrug 4,43 ccm. $^n/_{10}$-Lösung pro 1 ccm = 0,03145 g H_3AsO_4 = 31,45 g im Liter.

Magnesiumbestimmung.

Die Bestimmung von Magnesium oder Arsensäure als arsensaures Ammonium-Magnesium erfordert bekanntlich eine durch den merkbaren Löslichkeitsfaktor dieses Doppelsalzes bedingte Korrektur, die nach den von Fresenius aufgestellten Tabellen[2]) erfolgt. Dieselbe wird zumeist nur nach der Menge des angewandten Waschwassers festgesetzt, da die in der ursprünglichen Lösung selbst auftretenden Fehlbeträge nur von ganz untergeordneter Bedeutung sind. Von einer volumetrischen Indirektbestimmung, durch Messen überschüssiger Arsensäure in aliquotem Filtratteile war hier also bei Einhaltung gewisser Konzentrationsgrade eine Umgehung der Korrektur zu erhoffen. Dieses Vorteiles begibt sich die von Meade[3]) empfohlene Titrationsmethode für Magnesium und Zink vollkommen, indem dort die erhaltenen Arsenatniederschläge ganz wie für gewichtsanalytische Zwecke zu sammeln und auszuwaschen sind und dann eben anstatt getrocknet und gewogen, in HCl gelöst und mit KJ versetzt werden, worauf das ausgeschiedene Jod mit Thiosulfat titriert wird. Abgesehen hiervon steht diese direkte Titrierbarkeit von H_3AsO_4 im Widerspruch mit

---

1) Chem. Zentr.-Bl. 1900, I., 813.

2) Zeitschr. f. anal. Chem. 10, 54.

3) Journ. of Amer. Chem. Soc. 21, 746 und 21, 353.

obiger, ganz analog zusammengesetzter Versuchsreihe No. IV. Es ist hier so wenig wie dort die As_2O_5-Reduktion ohne mehrmalige Jodwegnahme eine totale.

In nachstehenden Versuchsreihen wurden zu 0,5 g Chlorammonium 10 ccm konzentriertes Ammoniak und 10 ccm Arsenatlösung in ca. 50 ccm Wasser bei Siedehitze 0,3 g krystallisiertes Magnesiumsulfat, in Wasser gelöst, hinzugefügt und das Volum auf 100 ccm gebracht. Die Mischung wurde sodann zu Beginn des öfteren kräftig durchgeschüttelt, hierauf verschieden lange Zeiträume stehen gelassen und alsdann in 50 ccm Filtrat nach dem Ansäuern mit Schwefelsäure in der oben ausgeführten Art der As_2O_5-Ueberschuß festgestellt.

Berechnung: H_3AsO_4 bzw. Na_2HAsO_4 = 1 $MgSO_4$ = 1 Mg.

H_3AsO_4 = 2 J

1 Mg = 2 J

24,36 g „ = 2 J

0,001218 g „ = 1 ccm $^n/_{10}$ J.

$^n/_{10}$ J-Verbrauch pro 50 ccm	pro Mg in toto	Gefunden Prozent der angew. Menge
nach 1 stündig. Stehen 10,15 ccm	24,0 ccm	98,48
„ 3 „ „ 10,05 „	24,2 „	99,28
„ 12 „ „ 10,0 „	24,3 „	99,69
„ 24 „ „ 10,0 „	24,3 „	99,69

Es wurden also ohne Korrektur schon nach 12 stündigem Stehenlassen in kühler Temperatur brauchbare Werte gewonnen. In einigen weiteren Versuchen wurden zu 10 ccm verdünnter und $NH_3 + NH_4Cl$-haltiger Arsenatlösung in der Siedehitze 5 ccm $MgSO_4$-Lösung (= 0,029405 g Mg) langsam zugesetzt, das Volum auf 100 ccm ergänzt, und über Nacht stehen gelassen, hernach wie oben weiter behandelt. Titer der Arsenatlösung: 10 ccm = 56,9 ccm $^n/_{10}$ J.

$^n/_{10}$ J-Verbrauch für 50 ccm	$^n/_{10}$ J-Verbrauch pro toto	$^n/_{10}$ J-Verbrauch für Mg	Mg gefunden
16,22 ccm	32,44 ccm	24,46 ccm	0,02935 g = 99,81 %
16,28 „	32,56 „	24,34 „	0,02921 „ = 99,33 „
16,09 „	32,18 „	24,72 „	0,02966 „ = 100,88 „
16,20 „	32,40 „	24,50 „	0,02940 „ = 99,98 „

Kaltfällung erwies sich als unstatthaft. Es werden diesen Falles zu hohe Resultate erhalten, indem die Niederschläge vermutlich lösliches Arsenat adsorbieren.

Ueber weitere Titrationen mittelst Arsensäure wird später berichtet werden. Bis jetzt wurde Baryum als ebenfalls mit Arsenatlösung bestimmbar ermittelt.

Die beiden Bestimmungen werden somit auch verwertbar sein zu einer titrimetrischen Trennung von Baryum und Magnesium. Durch Fällung als Doppelsalze der Arsensäure wird die Summe beider Komponenten bestimmt werden. Ein anderer Lösungsteil wird mit bekannten Mengen von Kaliumchromat behandelt, vom Niederschlag, der nur aus Baryumchromat bestehen kann, abfiltriert und durch Restbestimmung des K_2CrO_4 das Baryum gefunden. Daß Wismut auf diesem Wege titrimetrisch faßbar sein muß, ist klar ersichtlich aus den Arbeiten von Salkowski[1]), der die gravimetrische Bestimmung dieses Metalls als Arsenat empfohlen hat, und aus der von Kuhara[2]) gezogenen Nutzanwendung in Form einer Titration des Arsenats mit Uranacetat nach Bödecker[3]). Erfolgbringende Versuche mit Zink sind zur Zeit im Gange. Da das Zinkammonarsenat zum Unterschied vom Ammoniummagnesiumdoppelsalz auch in essigsaurer Lösung fällbar ist, so wird sich hier die Möglichkeit zu einer titrimetrischen Trennung von Zink und Magnesium bieten, indem einmal in essigsaurer Lösung nur das Zink, ein anderes Mal in ammoniakalischer Lösung Zink und Magnesium gefällt wird. Von verschiedenen Schwermetallen, die außerdem noch nach dieser Methode als bestimmbar erprobt werden sollen, dürfte in erster Linie auch das Mangan von Interesse sein. Da die Bestimmung dieses Metalles als Ammonmanganophosphat nach Kenna[4]) gravimetrisch die weitaus besten Analysenwerte liefert, so steht von dem isomorphen Arsenat auch eine zuverlässige Titriationsmethode zu erwarten.

Chem. Universit.-Laborator. (Phil. Abt.), Freiburg i. B.

---

[1]) Zeitschr. f. anal. Chem. 8, 205.
[2]) Chem. News 41, 153.
[3]) Liebigs Anal. 117, 195.
[4]) Chem. Zentr.-Bl. 1891, I., 1002.

Mitteilungen aus dem pharmazeutischen Institut der Universität Strassburg i. E.

Ueber Saponine der Samen von Entada scandens.

Von L. Rosenthaler.

(Eingegangen den 18. X. 1903.)

Die Mimosacee *Entada scandens* Benth. ist ein in den Tropen verbreiteter Baum, dessen Samen vielfache Verwendung finden. U. a. dienen sie zum Waschen der Haare und leinener Gewebe, ferner als Brechmittel und sogar als Fiebermittel. Die Verwendung der Samen als Waschmittel ließ von vornherein vermuten, daß sie saponinartige Körper enthielten, was durch die Untersuchung bestätigt wurde. Gleich anderen saponinhaltigen Samen wie denen der Kornrade und den Njuju-Samen können die Samen von *Entada scandens* als Nahrungsmittel Verwendung finden, wenn das Saponin durch Auswaschen und Rösten beseitigt und unschädlich gemacht ist. Das Material zu dieser Untersuchung hatte die Verwaltung des Buitenzorger Gartens mit gewohntem Entgegenkommen zur Verfügung gestellt.

Zur Darstellung der Saponine wurden die gepulverten Samenkerne zunächst mit Aether entfettet und dann mit 90%igem Alkohol mehrmals ausgekocht. Beim Erkalten des alkoholischen Auszugs fiel ein Teil des Saponins aus, ein weiterer Teil wurde daraus durch Fällen mit Aether gewonnen. Die konzentrierte wässerige Lösung des so gewonnenen Roh-Saponins wurde mit Barytwasser versetzt. Es entstand ein kleiner Niederschlag, der nach dem mit Barytwasser vorgenommenen Auswaschen in Wasser suspendiert und mit Kohlensäure behandelt wurde. Die vom ausgeschiedenen Baryumkarbonat abfiltrierte Flüssigkeit hinterließ beim Abdampfen geringe Mengen eines amorphen Körpers, dessen wässerige Lösung beim Schütteln stark schäumt und beim Kochen mit Säuren eine Zersetzung erleidet: Es scheidet sich ein unlöslicher Körper (Sapogenin) ab, die Flüssigkeit reduziert Fehling'sche Lösung. Die wässerige Lösung dieses Saponins wird außer durch Barytwasser durch Bleiacetat, stärker durch Bleiessig gefällt. Mit konzentrierter Schwefelsäure tritt lediglich Braunfärbung ein. Zur Feststellung der Zusammensetzung genügte die erhaltene Menge der Substanz nicht.

Die Flüssigkeit, aus der das durch Barytwasser ausgefällte Saponin a entfernt war, wurde durch Einleiten von Kohlensäure vom überschüssigen Baryumhydroxyd befreit und eingedampft. Es hinterblieb eine braune amorphe Masse, deren wässerige Lösung beim Schütteln gleichfalls schäumte und sich beim Kochen mit Säuren als Glykosid erwies. Zur Reinigung wurde der Rückstand mit 90%igem Alkohol ausgekocht, die alkoholische Lösung zunächst mit wenig Chloroform und dann fraktioniert mit Aether gefällt. Die Lösung des zuletzt ausgefallenen Niederschlags gab mit verdünnter Schwefelsäure einen Niederschlag von schwefelsaurem Baryum. Da eine Entfernung des Baryums durch Schwefelsäure wegen der zu befürchtenden Spaltung zu vermeiden war, so wurde die Lösung mit schwefelsaurem Natrium versetzt, das ausgeschiedene Baryumsulfat abfiltriert und das Filtrat zur Entfernung des überschüssigen Natriumsulfats der Dialyse unterworfen. Als Dialysator wurden die Diffusionshülsen von Schleicher & Schüll in Düren benutzt. Die Reinigung der Saponine durch Dialyse empfiehlt sich überhaupt, wenn man leicht dialysierbare Körper von den schwer diffundierenden Saponinen zu trennen hat. Dies ist sehr oft der Fall, da bei der gewöhnlichen Darstellung der Saponine durch Auskochen mit Alkohol und nachheriges Fällen mit Aether Körper wie Salze und Zuckerarten den Saponinen fast immer beigemengt sind. Zur Beschleunigung des Vorgangs und zur Vermeidung von Schimmelbildung wird die Dialyse am besten auf dem Dampfbade vorgenommen.

Die nach Beendigung der Dialyse in den Hülsen verbliebene Flüssigkeit gab beim Verdunsten über Schwefelsäure im Vakuum keine Krystalle. Der Rückstand bildete nach dem Zerreiben ein weißliches hygroskopisches Pulver (Entada-Saponin b), das beim Erhitzen auf 110° hellbraune Färbung annahm. Es löst sich leicht in Wasser, schwer in Aethylalkohol, etwas besser in Methylalkohol. Unlöslich ist es in Aether und Petroläther. In seiner konzentrierten wässerigen Lösung verursacht Bleiessig eine Fällung, Bleiacetat nicht. Mit konzentrierter Schwefelsäure gibt es eine dunkelrot violette Färbung, die allmählich in Braun übergeht. Der Aschengehalt beträgt 1,6 %. Die Elementaranalyse gab folgendes Resultat:

		Berechnet für $C_{15}H_{22}O_{10}$:
C	49,97 %	49,72 %
H	6,61 „	6,07 „.

Die Spaltung dieses Saponins wurde mit 10%iger Salzsäure vorgenommen. Der dabei entstehende Zucker gibt mit Phenylhydrazin ein bei 194° schmelzendes Osazon und dürfte deshalb mit Galaktose identisch sein. Ferner entsteht ein, nach der Reinigung mit Kohle weißes krystallinisches in Alkohol und Aether leichtlösliches Sapogenin und ein dunkelbrauner in den genannten Lösungsmitteln unlöslicher amorpher Körper, der sich auch in Ammoniak nur sehr schwer löste. Die Elementaranalyse ergab für das Sapogenin:

		Berechnet für $C_{30}H_{50}O_6$:
C	70,89 %	71,14 %
H	9,85 „	9,80 „.

Ein Acetylsaponin stellte ich aus dem Entada-Saponin b durch Behandeln mit Essigsäureanhydrid und Natriumacetat[1]) her. Es ist ein weißes, in Wasser unlösliches, in Alkohol und Aether leichtlösliches Pulver, das mit weingeistiger Kalilauge leicht Saponin und essigsaures Kalium bildet. Die Verbrennung lieferte folgendes Resultat:

		Berechnet für $C_{21}H_{28}O_{18}$:
C	51,42 %	51,64 %
H	6,07 „	5,74 „.

Der Ester ist somit die Triacetylverbindung des Entada-Saponins b.

Ueber Bestandteile des unreifen Johannisbrotes.

Von L. Rosenthaler.

Kocht man unreife Früchte der *Ceratonia Siliqua* L. mit weinsäurehaltigem Weingeist aus, verdunstet den Weingeist und extrahiert die wässerige Lösung des Rückstandes im Perforationsapparat mehrere Tage lang mit Chloroform, so scheiden sich allmählich aus dem Chloroform Krystalle ab, die durch Umkrystallisieren aus Chloroform leicht gereinigt werden können. Die Krystalle sind frei von Stickstoff und verbrennen auf dem Platinblech, ohne einen Rückstand zu hinterlassen. Sie sind leicht löslich in Wasser, Alkohol und Aether, schwerer in Chloroform. Ihre wässerige Lösung reagiert schwach sauer, färbt Eisenchlorid tiefblau und bräunt sich beim Erwärmen mit Natronlauge. Mit Bleiacetat gibt sie einen weißen Niederschlag, der auf Zusatz von Natronlauge eine rötliche Färbung annimmt und in mehr Natronlauge sich löst. Die Eigenschaften der Krystalle stimmen mit denen einiger Phenolgruppen besitzender Körper überein.

Macht man die Flüssigkeit, aus der sich die Krystalle abschieden, alkalisch und perforiert wiederum mit Chloroform, so hinterläßt das Chloroform nach dem Verdunsten einen Rückstand, der mit einigen Alkaloidreagentien Fällungen gibt. Ob diese Reaktionen einem Alkaloide zuzuschreiben sind, wird wohl die eingehende Untersuchung der unreifen Früchte von *Ceratonia Siliqua* L. zeigen, welche zur Zeit im hiesigen pharmazeutischen Institut vorgenommen wird.

---

[1]) Siehe u. a. d. Ztschr. Bd. 240 (1902), S. 64.

Mitteilungen aus der pharmazeutischen Abteilung des Eidgenössischen Polytechnikums.

Beiträge zur Kenntnis der Cocablätter.

Von C. Hartwich.

(Eingegangen den 15. X. 1903.)

In der letzten Zeit habe ich Gelegenheit gehabt, eine größere Anzahl Muster von Cocablättern durchzusehen und zu untersuchen, wobei einige interessante Resultate zu Tage traten. Die untersuchten Muster entstammten zum Teil der pharmakognostischen Sammlung des Polytechnikums, zum größeren Teil verdanke ich sie den Herren Blembel Gebr. in Hamburg, E. H. Worlée & Co. in Hamburg, Dr. Greshoff in Haarlem und Dr. Busse in Berlin.

Die Untersuchung hat gezeigt, daß sämtliche Muster von zwei Formen geliefert werden, die schon ohne weiteres makroskopisch unterschieden werden können, insofern die Blätter der einen, am häufigsten vorkommenden Form derb, in der Droge meist unzerbrochen und relativ groß sind, die der anderen kleiner, dünner, meist zerbrochen. Diese zweite Form liegt mir vor aus Südamerika in mehreren Mustern, die als „Truxillo“ bezeichnet sind, also aus Peru stammen, ferner von Java und aus Kamerun. Sie stammen von Erythroxylum Coca var. Spruceanum Burck. Die der ersten Form liegen mir vor in Mustern aus Südamerika, die bezeichnet sind als „Bolivia“, „Huanuco“, „Cuzko“ (die beiden letzteren also aus Peru), „Huanta“, und die ferner aus Ceylon und Java stammen. Auf der letzteren Insel soll man die Kultur dieser Form jetzt aufgegeben haben. Sie wurde vor einigen Jahren von Burck von Erythroxylum Coca getrennt und als besondere Art unter dem Namen Erythroxylum bolivianum beschrieben[1]). Die Untersuchung meines Materials, das aus Herbarpflanzen und aus den verschiedenen Handelssorten bestand, hat mir aber gezeigt, daß diese Trennung nicht richtig ist, und daß man E. bolivianum wieder zu E. Coca ziehen muß. Nachträglich sehe ich, daß auch Holmes[2]) derselben Ansicht ist.

Neben diesen beiden Formen existiert eine dritte, die als E. Coca var. novo granatense beschrieben wird, und die mir in Herbarexemplaren aus Trinidad vorliegt. Sie soll vielfach in Indien kultiviert werden und die „Truxillo-Coca“ des Handels liefern. Wie

---

[1]) Pharm. Journ. and Trans. III, Band 22, 1892, S. 817 und Pharm. Jahresber. 1891, S. 79; 1892, S. 85.

[2]) Pharm. Journ. and Trans

ich schon oben erwähnte, bestanden meine Truxillo-Muster ausschließlich aus der Varietät Spruceanum. Ich werde die Merkmale, die sich aus der Untersuchung der Blätter ergeben, gleich zu besprechen haben.

Das Blatt der ersten Form, also derjenigen, die von Burck als E. bolivianum von E. Coca abgetrennt wurde, ist von sehr wechselnder Gestalt und da es die offenbar am meisten im Handel vorkommende Sorte ist, scheint es mir wünschenswert, darauf ganz besonders aufmerksam zu machen. Die Blätter werden beschrieben z. B. als eirund, verkehrt-eiförmig oder länglich (Vogl), oval, eirund, verkehrt-eilänglich (Tschirch-Oesterle). Im allgemeinen müssen danach breite Blätter vorherrschen, wie auch ovale Blätter meist als die typische Form abgebildet werden. Davon gibt es nun aber zahlreiche Ausnahmen, insofern die Blätter oft außerordentlich schmal, wir können sie nicht anders als „lanzettlich“ bezeichnen, vorkommen. Ich habe zuerst geglaubt, diese Blätter trotz des mit der typischen Form übereinstimmenden Baues als von einer andern Art abstammend ansehen zu sollen, bis ich bei Herbarmaterial aus Buitenzorg breite und schmale Blätter am selben Zweig antraf. *(Taf. I, Fig. 9, 10.)* Während bei den ovalen Blättern die größere Breite des Blattes in der oberen Hälfte liegt *(Taf. I, Fig. 9, 10, 11)*, kommen zahlreiche vor, bei denen die größere Breite in der unteren Hälfte liegt, sie wechseln ebenfalls in der Breite von der umgekehrt-eiförmigen, zur lanzettförmigen Gestalt. *(Taf. I, Fig. 8.)* Zwischen diesen beiden Formen, bei denen also einmal die größere Breite oben, einmal unten liegt, kommen welche vor, die regelmäßig oval sind, also die größte Breite in der Mitte haben. — Man kann nicht sagen, daß die eine oder die andere dieser drei Formen in irgend einer Handelssorte ausschließlich vorkommen, immerhin verleihen sie einer Sorte hier und da, wenigstens nach meinem Material, ein besonderes Gepräge. So finde ich in Sorten aus Bolivia, Huanta und Huanuco relativ häufig schmale Blätter, bei Bolivia und Huanta solche, deren größte Breite in der unteren Hälfte liegt, wogegen bei den Blättern von Ceylon und Cuzko breite Formen von ovalem Umriß oder solche, deren größte Breite in der vorderen Hälfte liegt, prävalieren. Indessen möchte ich davor warnen, auf diese Merkmale zur Bestimmung der Sorten zu großes Gewicht zu legen. Die Größe der Blätter ist erheblichen Schwankungen unterworfen, die längsten von mir gefundenen befinden sich unter den Sorten von Ceylon 9,5 cm, Huanta 9,5 cm, Cuzko 8,5 cm, Bolivia 9,0 cm, Huanuco erreicht 8 cm. Indessen ist das nicht konstant, mir liegen Muster vor aus Bolivia mit nur 6,5 und 7,0 cm und Cuzko mit 7 cm. Eine untere Grenze der Größe möchte ich nicht angeben, bei Sorten von Bolivia und Cuzko sind Blätter von 1,5 cm nicht selten.

Bemerkenswert ist dann das Verhältnis von Länge und Breite, bei den meisten Blättern ist es wie 2:1, z. B. Bolivia und Cuzko 7,0:3,5, Huanta 6:3,5, Cuzko 8,5:4,0. Bei schmalen Blättern kann es erreichen: Huanuco 8:2,5, Huanta 9,5:3,7; bei breiten: Cuzko 5,5:3,5, Bolivia 4,5:3,5.

Die Basis des Blattes ist überall gleich gebildet, d. h. ganz wenig in den Blattstiel verschmälert.

Die Spitze des Blattes ist meist mehr oder weniger stumpf oder sogar ausgerandet und ihr ein feines Spitzchen aufgesetzt. Nur bei schmalen Blättern, z. B. von Bolivia und Huanta *(Taf. I, Fig. 8)* kommt es vor, daß das Spitzchen nicht besonders aufgesetzt ist, sondern, daß der Rand des Blattes gleichmäßig in die Spitze ausläuft.

Dann ein Wort über die Nervatur des Blattes. Nach den Angaben der Literatur entspringen die Sekundärnerven vom Primärnerven fast unter einem rechten Winkel. Die Angabe bei Tschirch-Oesterle, daß der Winkel fast ein rechter sei, nie ein spitzer, ist natürlich ein Lapsus calami, denn danach wäre der Winkel ein stumpfer, was die Verfasser nicht haben sagen wollen. Auf dem abgebildeten Blatt beträgt der Nervenwinkel bis 70°.

Wenn man eine größere Anzahl Blätter durchmustert, so kann man leicht welche finden, welche die Tendenz haben, den Nervenwinkel möglichst dem rechten zu nähern und solche, bei denen er viel spitzer ist. Indem ich stets nur die mittleren Sekundärnerven berücksichtigte, habe ich folgende Werte gefunden: Ceylonblätter mit Tendenz zu spitzem Nervenwinkel 55—75°, mit Tendenz zu rechtem Winkel 75:90°. Huanucoblätter (ausgezeichnet durch kleine Nervenwinkel) 52—73° und 62—80°, Huantablätter 62—87°. Wie man sieht, ist es nicht richtig, bei der Charakteristik des Blattes einen besonders großen Wert auf die Größe des Nervenwinkels zu legen. Schmale Blätter haben nicht, wie man vielleicht erwarten sollte, die Tendenz, besonders spitze Winkel zu bilden. Oft gehen allerdings die Sekundärnerven eine kurze Strecke (wenige Millimeter) fast unter rechtem Winkel, biegen dann aber bald etwas nach oben um; man wird für die Berechnung stets die Hauptrichtung berücksichtigen müssen.

Bezüglich des weiteren Verlaufes der Nerven geben Tschirch und Oesterle an, daß die Sekundärnerven weit vom Blattrande entfernt durch Bogenanastomosen mit einander in Verbindung treten. Dadurch entsteht eine breite, oft ein Drittel der Blatthälfte einnehmende Randzone, die ihrerseits wieder reichlich durch zahlreiche Nervenanastomosen fazettiert ist. Ich habe solche Blätter auch gefunden, finde aber doch, daß bei der großen Mehrzahl der Blätter die genannte Anastomose nicht deutlicher hervortritt als andere, sodaß man die Nervation besser als dictyodrom oder netzläufig bezeichnet.

Neben dem Hauptnerven verlaufen bekanntlich häufig zwei auf der Unterseite erhabene Linien, deren Beschreibung ich nichts hinzuzufügen habe, doch möchte ich auf eine interessante Tatsache aufmerksam machen. Man findet in der älteren Literatur hier und da angegeben, daß diese beiden Streifen Gefäßbündel seien, die dem Hauptnerven gleichwertig durch das Blatt laufen. Natürlich ist das falsch, wenn man aber Blätter, welche diese Streifen auf der Unterseite besonders deutlich zeigen, genauer ansieht, so findet man, daß die feineren Nerven dritten und vierten Grades gern in ihrer Richtung verlaufen. Es hat das offenbar folgenden Grund: Wie meines Wissens zuerst von Nevinny[1]) gezeigt wurde, sind die Blätter in der Knospe in der Richtung der Streifen gefaltet oder geknickt, und die Knickstellen liegen frei nach außen. Es ist nun ganz erklärlich, daß die jungen, neu entstehenden Nerven diese frei liegenden Streifen bevorzugen.

Im Querschnitt des Blattes ragt der Mittelnerv nicht nur stark auf der Unterseite, sondern auch auf der Oberseite hervor. Burck bezeichnete diese Hervorragung auf der Oberseite als eine „kammartige", sie war ihm mit ein Grund, E. bolivianum, das diese Hervorragung sehr deutlich hat, von E. Coca zu trennen. Wenn es nun auch keinem Zweifel unterliegt, daß die Stärke der Vorragung ein gutes Mittel ist, diese Form von den beiden anderen zu unterscheiden, so fehlt sie diesen doch nicht vollständig *(Taf. I, Fig. 1—3).* Bei anderen Arten der Gattung Erythroxylum kommt sie ganz allgemein vor.

Das Gefäßbündel des Mittelnerven besteht aus einem bogenförmigen Xylemteil, dem das Phloëm vorgelagert ist. Außerdem sind Fasern vorhanden, die vor dem Phloëm als eine zusammenhängende Schicht liegen, nur bei den Ceylonblättern sind sie in einzelne Gruppen aufgelöst. Außerdem liegen zwei kleinere Fasergruppen jederseits vor dem Xylem. Bei den beiden Varietäten Spruceanum und Novo-Granatense ist der Faserbelag oft viel weniger ausgebildet, worauf unten noch einzugehen sein wird.

Das beste Merkmal, die typische, von Burck als E. bolivianum abgetrennte Form mikroskopisch von den anderen zu unterscheiden, bieten stark verdickte und schwach verholzte Idioblasten im Schwammparenchym des Blattes, die sich in der Form von den anderen, normalen, verzweigten Zellen des genannten Gewebes nicht unterscheiden.

---

[1]) Nevinny, Das Cocablatt, Wien 1886.

(Taf. I, Fig. 12). Sie fehlen den anderen Formen. Ich habe sie bei anderen Arten der Gattung auch nicht gefunden. Sonst ist die Tendenz, Idioblasten im Blattgewebe zu bilden, bei der Gattung verbreitet. Es handelt sich in diesen Fällen aber um faserförmige Zellen, die sich zwischen die Palissaden einkeilen und dann zwischen diesen und der Epidermis ausbreiten. Ich fand sie bei mehreren Arten und habe unten noch darauf einzugehen.

Die zweite Varietät, die Cocablätter für den Handel liefert, ist, wie ich oben schon sagte, Var. Spruceanum. Die Blätter sind nach Größe und Form viel gleichmäßiger als die der ersten. Sie sind breitlanzettlich bis eiförmig, an der Basis mehr oder weniger in den Blattstiel verschmälert, oben ebenfalls mit aufgesetztem Spitzchen, das aber in der Droge fast ausnahmslos abgebrochen ist. Der Rand des Blattes ist zuweilen wenig nach unten umgeschlagen. Farbe meist ein mattes Gelbgrün, nur selten kommen lebhaft grüne Blätter vor. Da die Blätter viel weniger derb sind, wie die anderen, so sind sie meist zerbrochen, weshalb diese Droge sich viel unansehnlicher präsentiert. Von den mir vorliegenden vier Mustern sind die amerikanischen Blätter von „Truxillo" am längsten und breitesten, z. B.: 5,2 : 2,6 cm, 5,6 : 2,5 cm, 4,5 : 2,2 cm, kürzer und schmäler sind die Blätter aus Java: 5,2 : 1,8 cm, am kleinsten und schmalsten sind Blätter aus Kamerum: 5,0 : 1,6 cm. Der Nervenwinkel bleibt von einem Rechten immer ziemlich weit entfernt, bei Blättern von Buitenzorg habe ich 62—68° gefunden, bei Truxilloblättern 55—70° (ausnahmsweise 78°). Der Verlauf der Nerven ist dem der ersten Form analog, doch sind hier die Bogenanastomosen in der äußeren Hälfte relativ deutlich. Die Streifen neben dem Hauptnerven sind spärlich und wenig deutlich. Der Mittelnerv ragt auf der Unterseite und Oberseite wenig hervor. *(Taf. I, Fig. 3).* Die Form seines Gefäßbündels ist dieselbe wie bei der ersten Form, doch ist im allgemeinen der Faserbelag schwächer, er beschränkt sich meist auf den Phloëmteil des Blattes und wenn das der Fall ist, kann man dieses Merkmal benutzen, um Bruchstücke der Blätter als nicht zur ersten Form gehörig zu erkennen. Indessen würde es nicht richtig sein, das Merkmal auch im umgekehrten Sinne zu verwenden, daß also Blätter, bei denen die kleinen Faserbündel auf beiden Seiten des Xylems vorhanden sind, als nicht zu dieser Form gehörig angesehen werden würden. Ich habe sie gefunden bei Blättern von Kamerun und bei denen von Truxillo, bei welch letzteren der Faserbelag sogar recht kräftig ausgebildet war. Die Palissaden sind kurz und selten geteilt.

Die dritte Form Var. Novo Granatense gelangt nicht in den Handel, indessen sei sie doch der Vollständigkeit wegen kurz beschrieben. Bei einem mir vorliegenden Exemplar von Trinidad sind die Blätter oval bis breit lanzettlich, die Spitze wenig ausgerandet mit aufgesetztem Spitzchen, der Grund sehr wenig in den Blattstiel vorgezogen. Sie messen in Länge und Breite 6,0 : 2,6 cm bis 3,1 : 2,7 cm. Der Nervenwinkel schwankt von 58—80° und zwar sind es in einigen Fällen gerade auffallend breite Blätter, die einen kleinen Nervenwinkel haben. Die Anastomosen in der äußeren Hälfte des Blattes sind sehr wenig ausgeprägt, die Streifen neben dem Hauptnerven wenig deutlich. Die Konsistenz des Blattes ist dieselbe wie die von Spruceanum. Der Hauptnerv ragt auf der Unterseite stark hervor wie bei der typischen Form, auf der Oberseite ist die Hervorragung kaum merklich, jedenfalls bei dieser Varietät am schwächsten. *(Taf. I, Fig. 2).* Die Palissaden sind fast alle geteilt.

Das ist das, was über das Aussehen und den Bau der Blätter zu sagen ist. Es konnte nicht meine Aufgabe sein, hier die Angaben über den Bau, die sich in zahlreichen pharmakognostischen Hand- und Lehrbüchern fanden, zu wiederholen. Ich mache nun noch auf den Bau der Papillen der Unterseite des Blattes aufmerksam, der aus *Taf. I, Fig. 13* auch ohne weitere Auseinandersetzungen ersichtlich ist.

Von besonderer Wichtigkeit ist nun die Frage nach dem arzneilichen Wert resp. dem Gehalt an wirksamen Alkaloiden bei den einzelnen Formen und Varietäten. Die Angaben hierüber in der Literatur gehen sehr weit auseinander. Das hat seinen Grund darin, daß erstens die verschiedenen Methoden sehr verschiedene Resultate liefern, dann darin, daß der Alkaloidgehalt durch unsorgfältiges Trocknen oder nachlässige Aufbewahrung ungünstig beeinflußt werden soll, und endlich darin, daß in der Tat der Alkaloidgehalt ein sehr wechselnder sein kann, je nach der Sorte resp. nach der Varietät und nach dem Alter der Blätter. — Was den ersten Grund anlangt, so sind eine Reihe von Zahlen, die Dohme in Pharm. Rundschau 1895, S. 203 mitteilt, recht lehrreich. Er fand im Durchschnitt bei Untersuchung derselben Sorte nach folgenden Methoden:

Keller	0,79 %
Schweißinger	0,505 „
Thompson	0,27 „
Beckurts	0,265 „
Lyon	0,165 „
Lyon (modifiziert)	0,31 „.

Betreffs des zweiten Punktes kann ich nur ein paar von Knowlton (Pharm. Jahresber. 1896, S. 95) mitgeteilte Zahlen angeben, er fand bei derselben Sorte im Schatten getrocknet 0,6%, an der Sonne getrocknet 0,4%.

Was den dritten Punkt anlangt, so sind die Angaben in der Literatur zahlreich, es können aber nur Zahlen mit einander verglichen werden, die nach derselben Methode erhalten sind. Dabei stellt sich zunächst als sehr wichtig und beachtenswert heraus, daß junge Blätter viel gehaltreicher sind als alte, es sind diesbezügliche Untersuchungen besonders an javanischen Blättern von Greshoff u. a. gemacht worden.

So fand man bei der Varietät Spruceanum:

junge Blätter	alte Blätter
1,93—2,10%	0,75—0,83%
2,21 „	0,86 „
2,30—2,40 „	0,70—1,75 „.

Weiter hat sich bei diesen Untersuchungen die sehr auffallende Tatsache ergeben, daß in Java die Varietät Spruceanum viel gehaltreichere Blätter liefert, als die als „Bolivianum" bezeichnete; letztere enthielt 0,55%. Infolgedessen hat man in Java die Kultur der letzteren aufgegeben. Das ist um so auffallender, weil bisher bei südamerikanischen Blättern die derben, gut erhaltenen Blätter der letzteren Varietät als besser galten und entsprechend höher bezahlt wurden, als die unansehnlichen meist zerbrochenen Blätter der ersteren. Damit steht auch im Einklang, daß die südamerikanischen Truxilloblätter, die ja von der Varietät Spruceanum gesammelt werden, weniger gehaltreich sind als die anderen. Es scheint also, als ob die Varietät Spruceanum einer Steigerung des Alkaloidgehaltes durch sorgfältige Kultur ganz besonders zugängig wäre.

Herr Dr. Panchaud hat in meinem Laboratorium verschiedene Sorten untersucht und dabei folgendes gefunden: die Zahlen sind auf die trockenen Blätter berechnet; der Wassergehalt beträgt 10—14,8%.

Truxillo	0,78 %	(V. Spruceanum)
Cuzko	0,91 „	(typicum)
Huanta	0,859 „	(typicum)
Ceylon	0,83 „	(typicum)
Java	1,22 „	(V. Spruceanum)[1]

Aus all diesen Zahlen geht deutlich hervor, daß die am meisten gehaltreichen Blätter zur Zeit junge Blätter der Varietät Spruceanum aus Java sind.

Ich füge noch ein paar allerdings recht niedrige Zahlen von Blättern seltener Provenienz bei. Nitzberg fand in Blättern von Jamaica 0,2—0,33%, Boehringer in solchen aus Kamerun, die allerdings nachlässig getrocknet waren, 0,28% (Tropenpflanzer 1902, S. 42).

[1]) Vergl. darüber Schweiz. Wchschr. f. Chem. u. Pharm. 1903, „Arbeiten der schweiz. Pharmakopöe-Kommission".

Verwechselungen und Verfälschungen der Cocablätter.

Ueber solche, sowie über Substitutionen der Blätter ist in der Literatur sehr wenig zu finden. Ich fasse das im folgenden mit dem Ergebnis eigener Untersuchungen zusammen.

Beim sorgfältigen Durchmustern zahlreicher Muster habe ich unter südamerikanischen Blättern hier und da vereinzelt fremde Blätter gefunden, wie sie auch bei sorgfältiger Behandlung gelegentlich in die Droge kommen können, ich kann sie einfach übergehen.

Etwas anderes war es mit einem Muster von

Cuzkoblättern.

Diese enthielten in nicht ganz geringer Anzahl fremde Blätter, die beschrieben werden müssen. Die Blätter sind recht übereinstimmend in der Größe, sie messen 6,9—7,2 cm in der Länge, 2,9—3,4 cm in der Breite. Die Form ist schlank eiförmig oder verkehrt-eiförmig, in den kurzen Blattstiel wenig vorgezogen, oben sind sie zugespitzt oder wenig ausgerandet, das aufgesetzte Spitzchen der echten Blätter fehlt. Sie sehen zahlreichen Stücken der echten Blätter so ähnlich, daß ich das betr. Muster wiederholt durchgesehen habe, bis mir die falschen Blätter auffielen. Am meisten ist das der Fall durch die meist bräunliche bis rotbraune Farbe der Unterseite und durch das verhältnismäßig starke Hervortreten der Nerven ebenfalls auf der Unterseite. Der Verlauf der Nerven ist derselbe wie bei den echten Blättern, der Nervenwinkel beträgt 48—60°, ist also ziemlich klein. Die Falten neben dem Mittelnerv fehlen.

Der Bau des Blattes läßt weitere Merkmale resp. Unterschiede vom echten Blatt erkennen. Der Mittelnerv ragt ebenso auf der Oberseite und Unterseite hervor, wie bei den echten Cuzkoblättern. *(Taf. I, Fig. 4.)* Die Epidermiszellen sind beiderseits geradlinig polygonal, Spaltöffnungen nur auf der Unterseite. Sie sind ziemlich schmal und haben zwei Nebenzellen. *(Taf. II, Fig. 4, 5.)* Papillen fehlen der Unterseite. Die beiderseitigen Epidermiszellen sind ziemlich hoch. Das Blatt ist bifacial gebaut, die Oberseite führt eine Reihe von Palissaden, die zuweilen gefächert sind und dann Einzelkrystalle von Oxalat enthalten. Einzelkrystalle finden sich auch ziemlich reichlich im Parenchym des Mittelnerven. Der letztere besteht aus einem großen, bogenförmigen Bündel, das normal gelagert ist, also das Phloëm an der Unterseite hat und zwei gegenüberliegenden, kleinen Bündeln, die umgekehrt orientiert sind. Alle drei sind durch Faserbelege geschützt. *(Taf. I, Fig. 4.)* Die wichtigsten anatomischen Unterschiede vom echten Blatt sind: Der Bau des Mittelnerven, das Fehlen der Papillen der Unterseite, die schlanke Form der Spaltöffnungen.

Tafel I

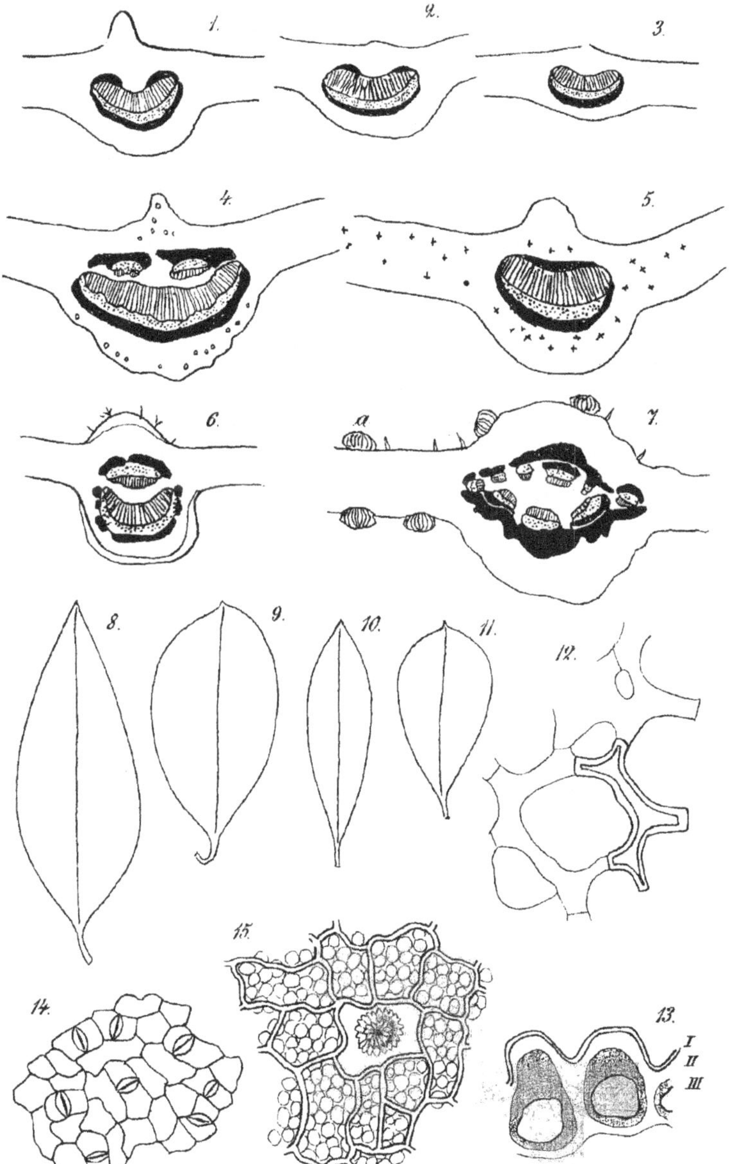

Tafel II

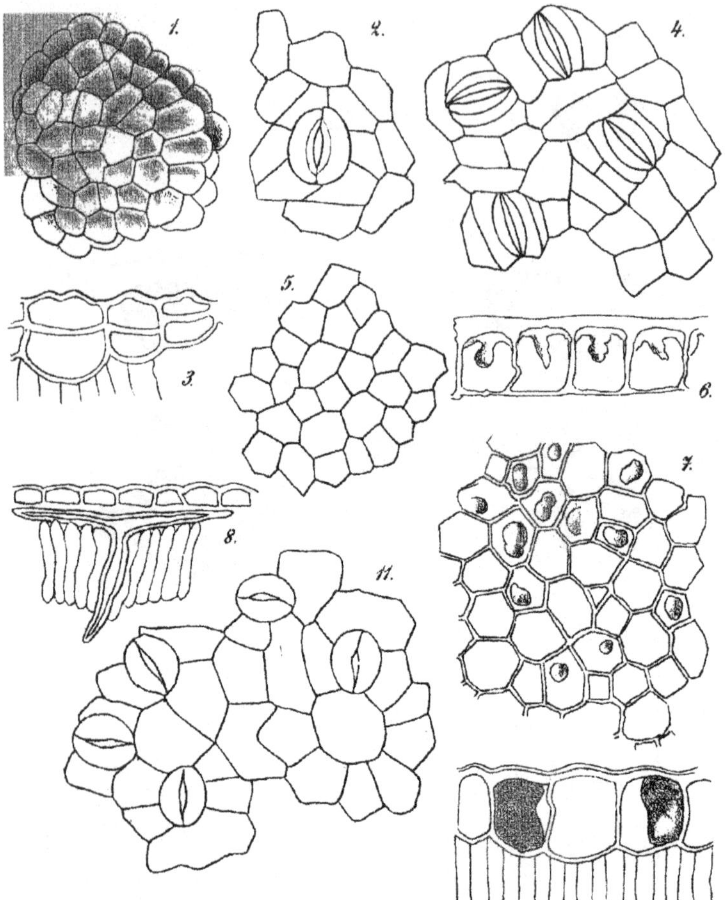

An der Zugehörigkeit zur Gattung Erythroxylum besteht kein Zweifel. Sehr nahe verwandt im Bau ist E. pulchrum. Das Blatt dieser Art ist im äußeren nicht von den falschen Cupkoblättern zu unterscheiden, die einzigen anatomischen Unterschiede sind: eine starke Entwickelung des Faserbeleges am Mittelnerven und Fehlen der Krystalle in den Palissaden. Beide Merkmale schließen aber die Zugehörigkeit der falschen Blätter zu E. pulchrum keineswegs aus, so daß ich sie bis auf weiteres zu dieser Art stelle.

Westindische Cocablätter.

Die Droge war vor etwa 15 Jahren im Handel. Die Blätter sind bis 6,0 cm lang, bis 2,7 cm breit, umgekehrt-eiförmig bis elliptisch, an der Spitze abgestutzt oder ausgerandet mit aufgesetztem Spitzchen, das aber meist abgebrochen ist, mit kurzem Blattstiel, ganzrandig, doch läßt ein Blatt auf einer Seite drei Zähne erkennen. Bräunlich grün, ziemlich dünn, Mittelnerv und Sekundärnerven auf der Unterseite vorragend. Nervenwinkel ziemlich schwankend, 50—70°. Falten neben dem Mittelnerv fehlen. Sonst sieht das Blatt einem südamerikanischen Blatt von V. Spruceanum recht ähnlich.

Der Mittelnerv ragt auf der Ober- und Unterseite stark hervor, sein Gefäßbündel ist bogenförmig, es hat auf der Phloëm- und Xylemseite einen Faserbeleg. *(Taf. I, Fig. 5.)* Die Epidermiszellen der Ober- und Unterseite sind geradlinig polygonal, doch finden sich an der Oberseite auch Formen, die etwas wellig sind, die Zellen der Oberseite sind in ganz auffallender Weise größer als die der Unterseite. Die der Unterseite sind papillös. Spaltöffnungen mit zwei breiten Nebenzellen nur an der Unterseite. *(Taf. II, Fig. 14.)* Ziemlich kurze Palissaden nur an der Oberseite; das Blatt ist also bilateral gebaut.

Sehr auffallend im Blatt sind große Oxalatdrusen. Sie finden sich besonders reichlich im Blattstiel, dann im Mesophyll und auch in den Palissaden, wo die betr. Zellen, die sie enthalten, ganz den Charakter dieser Zellen einbüssen. *(Taf. I, Fig. 15.)*

Ob dieses Blatt von einer Art der Gattung Erythroxylum stammt, kann ich auf Grund des mir vorliegenden Materials nicht mit Sicherheit sagen. Index Kewensis führt als in Westindien heimisch folgende Arten auf: Erythroxylum alaternifolium A. Rich. (Cuba), E. areolatum L. (Ind. occident.), E. minutifolium Griseb. (Cuba), E. obovatum Macford (Jamaica), E. obtusum D. C. (Cuba), E. ovatum Cav. (Ind. occident.), E. rufum Cav. (Ind. occident.), E. spinescens A. Rich. (Cuba), E. subcordatum Bert. (S. Domingo). Von diesen habe ich nur E. obtusum und E. ovatum untersuchen können, beide sind mit dem vorliegenden

Blatt nicht identisch. Von den westindischen Arten sollen übrigens Cocain enthalten: E. areolatum 0,033% und E. ovatum 0,02%.

Im allgemeinen fügt sich das Blatt dem Bau nach ganz gut in die Gattung Erythroxylum ein mit einziger Ausnahme der Oxalatdrusen, die ich bei keiner einzigen Art gefunden habe, alle untersuchten führten Einzelkrystalle. Natürlich muß es das recht zweifelhaft machen, ob wir das Blatt einem Erythroxylum zuweisen dürfen, ganz unmöglich erscheint es aber doch nicht, ich erinnere z. B. an Hyoscyamus, wo H. niger Einzelkrystalle, H. albus Drusen hat.

Cacaoblätter.

In London sind die Blätter von Theobroma Cacao L. als Coca vorgekommen, vielleicht ist die Verwechselung durch die Aehnlichkeit beider Namen zu erklären. Kleine Cacaoblätter sehen übrigens manchen spitzigen und relativ schmalen Formen der Cocablätter gar nicht unähnlich. Das Blatt ist bilateral gebaut, rundliche Spaltöffnungen ohne Nebenzellen finden sich nur an der Unterseite *(Taf. II, Fig. 11)*, die Epidermiszellen beider Seiten sind geradlinig polygonal oder selten ganz wenig buchtig. Die stärkeren Nerven der Oberseite tragen einzellige Haare, die oft zu Büschelhaaren zusammengestellt sind. Der Mittelnerv besteht aus einem ansehnlichen Bündel, das ein kleines Mark einschließt, er hat einen schön ausgebildeten Faserbeleg. *(Taf. I, Fig. 6.)* Oxalat findet sich im Mesophyll reichlich in Form von Einzelkrystallen. Am meisten charakteristisch sind Schleimzellen im Mesophyll, nicht selten erscheinen Epidermiszellen stark vergrößert und gegen das Mesophyll vorgewölbt, ich zweifle nicht daran, daß auch sie Schleim enthalten, wenn schon das an meinen mit Chloralhydrat stark aufgehellten Präparaten nicht mehr zu erkennen war.

Janablätter.

Die Muster gingen mir 1902 von den Herren Blembel Gebr. und E. H. Worlée & Co. in Hamburg zu mit der Angabe, daß die Blätter in Peru wie Coca gekaut werden. Sie stammen ab von Dodonaea viscosa L., Familie der Sapindaceae. Die Art ist über alle Tropenländer verbreitet. Die Verwendung der Pflanze ist ziemlich mannigfaltig: die mit Harzüberzug versehenen Aeste werden zerklopft und zu Fackeln verwendet, das Holz zu Keulen und Zaunpfählen. In Indien benutzt man die Blätter zu Bädern gegen Rheuma, bei Halsentzündung, gegen Hämorrhoiden etc. Die Samen sind eßbar. Als Substitution der Cocablätter habe ich sie nur einmal erwähnt gefunden, nämlich bei Parke, Davis & Co. (The Pharmacology of the newer materia medica 1889, S. 385.) Sie kamen damals in England vor.

Die Blätter sind bis 10 cm lang, bis 1,6 cm breit, schlank lanzettlich, nach unten in den Blattstiel verschmälert. Sie sind ganzrandig, der Rand nach unten etwas umgebogen, der Mittelnerv ragt unterwärts deutlich vor. Der Nervenwinkel ist recht konstant, er schwankt wenig um 70°, der Mittelnerv enthält eine Anzahl keinerer Bündel, die ein deutliches Mark umschliessen *(Taf. I, Fig. 7).* Alle diese Bündel werden von einem Fasermantel eingeschlossen.

Das Blatt ist zentrisch gebaut, an der Oberseite erkennt man 2—3 Reihen langer, an der Unterseite zwei Reihen kurzer Palissaden. Spaltöffnungen ohne Nebenzellen sind auf beiden Seiten, die Epidermiszellen polygonal mit wenig gebogenen Wänden. *(Taf. II, Fig. 2.)* Sie sind nicht selten durch eine tangentiale Wand getrennt, sie führen dann anscheinend Schleim. *(Taf. II, Fig. 3).* Den Gefäßbündeln liegen Zellen mit Einzelkrystallen von Oxalat an. Das Mark der Mittelnerven hat Drusen. Zahlreiche Zellen der Epidermis der Oberseite sind zu kurzen, einzelligen Haaren ausgestülpt, beide Seiten tragen ansehnliche Drüsenhaare, die nach dem Typus der Labiatendrüsen gebaut sind, die Zellen des Köpfchens sind aber außerordentlich zahlreich und lassen, von oben gesehen, eine bestimmte Anordnung nicht erkennen, wie das z. B. bei den Labiaten der Fall ist. *(Taf. II, Fig. 1).* Diese Drüsenhaare sind das am meisten charakteristische Element des Blattes. Ihr Sekret überzieht die Blätter und Zweige und macht sie glänzend. — Ueber die Bestandteile möchte ich für jetzt nur sagen, daß die Blätter ein Alkaloid enthalten, ich hoffe über dasselbe bald weitere Mitteilungen machen zu können.

Aus Anlaß dieser Arbeit habe ich auch alle Erythroxylumarten, die mir hier im Herbarium des Polytechnikums zu Gebote standen, untersucht und dabei eine Reihe ganz interessanter Eigentümlichkeiten gefunden, die ich kurz mitteilen möchte, wenn diese Sachen auch über das engere pharmakognostische Interesse an der Droge hinaus gehen. Immerhin ist eine genauere botanische Kenntnis der Gattung nicht unnütz mit Rücksicht auf die oben beschriebenen falschen Cuzkoblätter und darauf, daß auch andere Arten, als E. Coca die für diese charakteristischen Alkaloide enthalten sollen.

1. Der bilaterale Bau war allen (13) untersuchten Arten eigentümlich.

2. In den allermeisten Fällen (E. ovatum, subrotundum, mucronatum, campestre, brevipes, Grisebachii, microphyllum, acutifolium, tortuosum, exaltatum, citrifolium, pulchrum, squamatum) ragt der Mittelnerv oberseits stark hervor, nur bei E. obtusum war das nicht der Fall.

Ich habe schon oben angeführt, daß Burck bei E. Coca auf dieses Merkmal besonderes Gewicht glaubte legen zu sollen.

3. Die Ausbildung des Mittelnerven ist recht verschieden. Einfach bogenförmig, mit der konvexen Seite nach unten ist er bei E. ovatum, campestre, brevipes, microphyllum, squamatum, obtusum und subrotundum. Dem bogenförmigen großen Nerven ist jederseits ein kleines, umgekehrt orientiertes Bündel gegenübergestellt bei E. tortuosum, exaltatum und pulchrum; dem Hauptbündel ist ein fast gleich großes gegenübergestellt, welche beide dann ein Mark einschließen, bei E. mucronatum, Grisebachii, acutifolium und citrifolium.

4. Faserbelege der Bündel sind immer vorhanden mit Ausnahme von E. campestre, wo sie völlig fehlen.

5. Eine papillenartige Vorwölbung der Epidermiszellen der Unterseite findet sich nur bei E. ovatum und subrotundum, bei allen anderen untersuchten Arten fehlt sie, wobei natürlich E. Coca, wie hier überhaupt, außer Betracht bleibt.

6. Die Epidermiszellen der Oberseite sind geradlinig polygonal bei E. ovatum, subrotundum, obtusum, pulchrum, tortuosum, Grisebachii, brevipes, mucronatum und campestre, etwas buchtig sind sie bei E. acutifolium, microphyllum, exaltatum und squamatum, deutlich wellig nur bei E. citrifolium.

7. Die Epidermiszellen der Unterseite sind geradlinig polygonal bei E. tortuosum, campestre und ovatum, etwas buchtig sind sie bei E. pulchrum, microphyllum, deutlich wellig bei E. squamatum, exaltatum, acutifolium, mucronatum, Grisebachii und obtusum.

8. Spaltöffnungen finden sich durchweg nur an der Unterseite, sie haben stets zwei Nebenzellen.

9. Trichome fehlen.

10. Einige Arten enthalten im Mesophyll höchst charakteristische faserförmige Idioblasten, es sind dies: E. mucronatum, citrifolium, acutifolium, squamatum. Diese Zellen durchsetzen in der Regel die Palissadenschicht, indem sie deren Zellen auseinanderdrängen und breiten sich dann zwischen Palissaden und Epidermis aus, sodaß eine T-förmige Gestalt zu stande kommt. In seltenen Fällen fehlt der in den Pallissaden liegende Teil. Diese Zellen ähneln einigermaßen denen in den Blättern von Olea europaea. *(Taf. II, Fig. 8, 9, 10).*

11. Besonders interessant ist die Epidermis bei einigen Arten gebaut. Bei E. obtusum erkennt man, wenn man die abgezogene Epidermis der Oberseite ansieht, in zahlreichen Zellen Körper von unregelmäßig rundlichem Umriß. Im Querschnitt durch das Blatt sieht man, daß dies zapfenförmige Cystolithen sind, die von der Außenwand in die Lumen hineinhängen. Sie sind unverholzt und lassen zuweilen

Andeutung einer Schichtung erkennen. Die Radialwände der Zellen zeigen in der oberen Hälfte eine besonders starke Verdickung, diese Leisten sind stark kutikularisiert. *(Taf. II, Fig. 6, 7.)* Bei E. brevipes sind die Epidermiszellen der Oberseite nicht selten durch eine tangentiale Wand geteilt, die obere Hälfte der Zelle ist dann die weitaus kleinere. Schleim habe ich in ihnen nicht sehen können.

12. Das Blatt von E. tortuosum hat einen von den übrigen untersuchten Arten abweichenden Bau. Die Epidermiszellen sind beiderseits geradlinig polygonal, Spaltöffnungen nur an der Unterseite. Die Epidermiszellen der Oberseite sind außergewöhnlich groß und hoch, sie führen meist einen großen, dunkelen Inhaltsklumpen. Das Mesophyll besteht aus 5 Zellschichten. Die beiden, der Oberseite zunächst liegenden, sind schmale Palissaden. Die dritte besteht aus etwas breiteren und kürzeren Zellen, die aber auch noch den Charakter von Palissaden haben. Die Zellen der vierten sind ungefähr kubisch, ich möchte sie aber auch den Palissaden anschließen, so daß für das Schwammparenchym nur eine einzige Schicht freilich großer, gestreckter Zellen bleibt, die in der Mitte eingezogen sind, sodaß hier große Interzellularräume entstehen. Sie erinnern in der Form an die „Trägerzellen“ in der Samenschale vieler Leguminosen. *(Taf. II, Fig. 12.)*

Erklärung der Figuren.

Tafel I.

In Fig. 1—7 bezeichnen geschwärzte Partien: Faserbelege; gestrichelte: Xylem; punktierte: Phloëm.

Fig. 1. Querschnitt durch das Blatt von Erythroxylum Coca typicum.

Fig. 2. Querschnitt durch das Blatt von Erythroxylum Coca var.: Novo Granatense.

Fig. 3. Querschnitt durch das Blatt von Erythroxylum Coca var.: Spruceanum.

Fig. 4. Querschnitt durch ein „falsches Cuzkoblatt“. Die kleinen Kreise bedeuten Einzelkrystalle von Calciumoxalat.

Fig. 5. Querschnitt durch ein Blatt der „westindischen Coca“. Die kleinen Kreuze bedeuten Oxalatdrusen.

Fig. 6. Querschnitt durch das Blatt von Theobroma Cacao. Die Doppelkontur oben und unten bedeutet Collenchym.

Fig. 7. Querschnitt durch das Blatt der Dodonaea viscosa. a) Drüsenhaare.

Fig. 8—11 in $^1/_2$ der natürlichen Größe.

Fig. 8. Blatt von Erythroxylum Coca typicum, Sorte „Huanta“.

Fig. 9 und 10. Blätter von Erythroxylum Coca typicum aus Buitenzorg. Beide Blätter sind von demselben kleinen Zweig gepflückt.

Fig. 11. Blatt von Erythroxylum Coca typicum aus Bolivien.

Fig. 12. Idioblast aus dem Schwammparenchym des Blattes von Erythroxylum Coca typicum.

Fig. 13. Papillen von der Unterseite des Blattes wie Fig. 12. I. Kuticula. II. Kutikularisierte Schicht. III. Celluloseschicht.

Fig. 14. Epidermis der Unterseite des Blattes der „westindischen Coca“.

Fig. 15. Epidermis der Oberseite des Blattes der „westindischen Coca“. Man erkennt unter den Epidermiszellen die Palissaden und eine große Oxalatdruse.

Tafel II.

Fig. 1. Drüsenhaar vom Blatt der Dodonaea viscosa, von oben gesehen.

Fig. 2. Epidermis der Unterseite des Blattes von Dodonaea viscosa.

Fig. 3. Verdoppelte Epidermiszellen des Blattes von Dodonaea viscosa.

Fig. 4. Epidermis der Unterseite der „falschen Cuzkoblätter“.

Fig. 5. Epidermis der Oberseite der „falschen Cuzkoblätter“.

Fig. 6. Epidermis der Oberseite des Blattes von Erythroxylum obtusum im Querschnitt durch das Blatt.

Fig. 7 wie Fig. 6, aber von oben gesehen.

Fig. 8, 9, 10. Faserförmige Idioblasten aus dem Blatt von Erythroxylum squamatum.

Fig. 11. Epidermis der Unterseite des Blattes von Theobroma Coca.

Fig. 12. Querschnitt durch das Blatt von Erythroxylum tortuosum.

Ueber Corydalisalkaloide.

2. Mitteilung.

Von J. Gadamer.

(Eingegangen den 21. X. 1903.)

In meiner ersten ausführlichen Mitteilung über Corydalisalkaloide[1]) habe ich darauf hingewiesen, daß Herr Daniel Bruns sich mit der eingehenden Untersuchung des Corybulbins und des von mir neu aufgefundenen Isocorybulbins unter meiner Leitung beschäftige. Eine kurze Mitteilung[2]) über das Corybulbin habe ich gemeinsam mit Herrn Bruns bereits im Jahre 1901 veröffentlicht, da James J. Dobbie, Alex. Lauder und Photios G. Paliatseas in der Sitzung der

[1]) Dieses Archiv 240, 19 (1902).

[2]) Dieses Archiv 239, 39 (1901).

Chemical Society am 6. Dezember 1900 über die Ueberführung des Corybulbins in Corydalin berichteten, wir uns aber das Recht der Weiterbearbeitung der in Angriff genommenen Aufgabe wahren wollten.

Die beim Beginn der Arbeit leitende Absicht war, wie in unserer letztgenannten Abhandlung ausführlicher mitgeteilt wurde, die vermutlich nahen Beziehungen des Corybulbins zum Corydalin aufzudecken. Durch die Veröffentlichung der englischen Forscher war jedoch dieser Teil der Aufgabe im wesentlichen erledigt. Die von ihnen verwirklichte Ueberführung des Corybulbins in Corydalin durch Behandlung mit Jodmethyl in alkalischer Lösung bewies, daß die von Ziegenbein bereits im Jahre 1896 ausgesprochene Vermutung, wonach das Corydalin als O-Methylcorybulbin aufzufassen sei, wohl begründet gewesen ist, daß also

Corybulbin nach $C_{18}H_{15}N(OCH_3)_3OH$,
Corydalin „ $C_{18}H_{15}N(OCH_3)_4$

zusammengesetzt ist, wobei der Kern $C_{18}H_{15}N$ in beiden Alkaloiden die gleiche Struktur besitzt und die Stellung der Methoxyl- resp. Hydroxylgruppen an diesem Kerne ebenfalls die nämliche ist. Da nun inzwischen die Konstitution des Corydalins durch Dobbie und Lauder[1]) auf rein chemischem Wege im wesentlichen festgelegt und von mir[2]) auch auf physikalisch-chemischem Wege bestätigt worden ist, blieb die Hauptaufgabe bezüglich des Corybulbins, den Nachweis zu führen, an welcher Stelle die Phenolhydroxylgruppe steht, bezüglich des Isocorybulbins festzustellen, ob die von Ziegenbein und mir vermutete nahe Beziehung zum Corybulbin und damit zum Corydalin Bestätigung fände, und wo dann im Isocorybulbin die Hydroxylgruppe ihren Platz fände. Diesen Teil der Aufgabe haben wir jedoch nur zum kleinsten Teil lösen können, da das Ausgangsmaterial zur erfolgreichen Oxydation, die darüber Aufschluß geben könnte, nicht in ausreichender Menge zu beschaffen war. Inzwischen ist jedoch Herr Bruns mit der Darstellung größerer Mengen von Corybulbin beschäftigt, so daß hoffentlich in nicht allzu ferner Zeit die Antwort auf diese offene Frage wird gegeben werden können.

Das uns zur Verfügung stehende Material haben wir zur Untersuchung in etwas anderer Richtung benützt und wir sind dabei zu bemerkenswerten Resultaten gelangt, die nicht nur von Interesse für die Konstitution des Corybulbins und Isocorybulbins sind, sondern auch von Einfluß auf unsere Anschauungen über die Konstitution der sogenannten Pseudoammoniumbasen sein dürften. Soweit das Untersuchungsergebnis von letzterem allgemein chemischen Interesse ist, soll

---

1) Transact. of the Chemic. Society 81, 145 ff. (1902)

2) Dieses Archiv 240, 42 ff. (1902).

es erst bei einer späteren Gelegenheit bei einer Publikation über das Berberin und verwandte Körper ausführlicher Verwendung finden, während zunächst nur das speziell für Corybulbin und seine Konstitution wichtige hier erörtert werden soll. Zu dem Zwecke erscheint es erforderlich, zuvor auf die Konstitution des Corydalins etwas einzugehen, da ohne genauere Kenntnis derselben die nachstehenden Untersuchungen des Herrn D. Bruns über das Corybulbin und Isocorybulbin nicht recht verständlich sein dürften. Das Corydalin ist dem Canadin (Hydroberberin) außerordentlich ähnlich gebaut (vergl. dieses Archiv 240, 43 ff. [1902]) und findet nach den Arbeiten von Dobbie und Lauder in nachstehendem Formelbild I Veranschaulichung:

I.

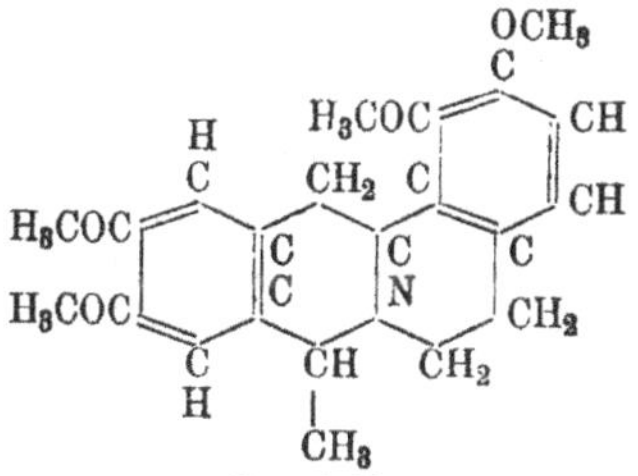

Corydalin.

II.

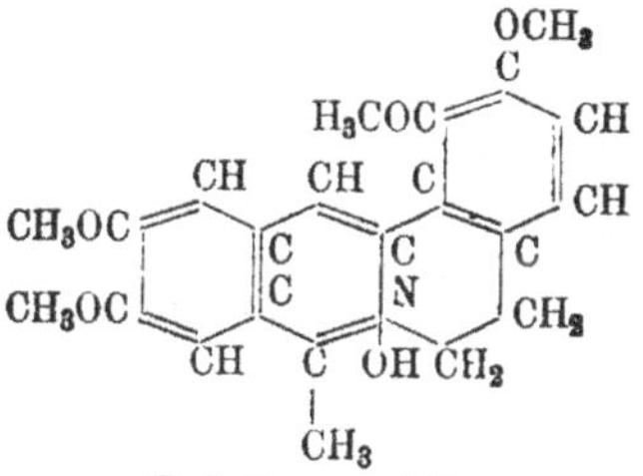

Dehydrocorydalin.
(Ammonbase.)

III.

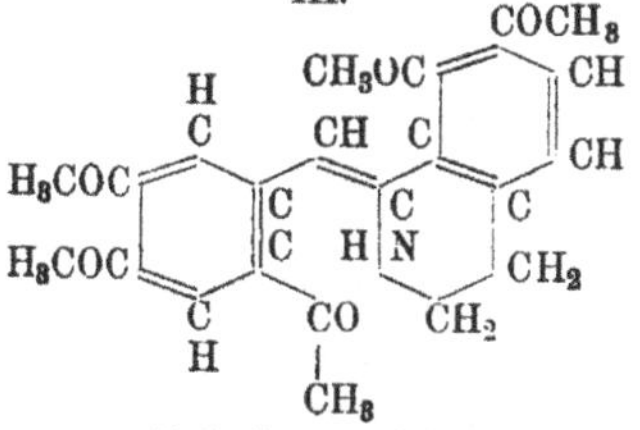

Dehydrocorydalin.
(Pseudoammonbase, Ketoformel.)

IV.

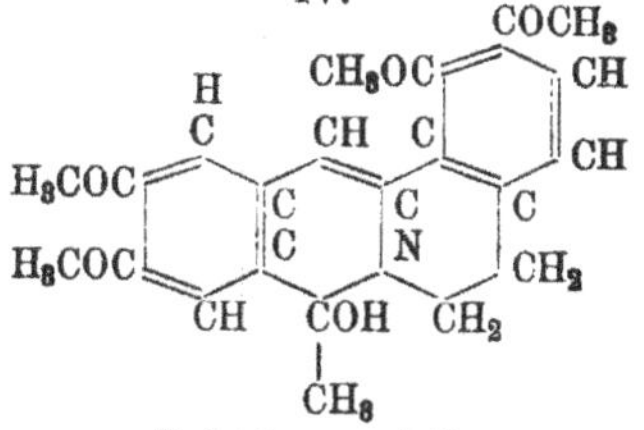

Dehydrocorydalin.
(Pseudoammonbase, Karbinolformel.)

Durch Oxydation mit Jod geht es in das optisch inaktive Dehydrocorydalin unter Einführung zweier Doppelbindungen über, eine quartäre Base (II), die aber auch als Pseudoammoniumbase III auftreten kann. Die Richtigkeit letzterer Ketoformel, welcher die Karbinolformel IV gegenübersteht, ist inzwischen von Herrn Haars, der sich neben anderem auch mit der Konstitution des Corydalins beschäftigt, worüber ich in Kürze berichten werde, bewiesen worden. Bei der Reduktion geht das Dehydrocorydalin unter Wasserstoffaufnahme in eine, bisweilen zwei, mit dem Corydalin isomere optisch inaktive Basen über, eine, welche stets erhalten wird und von mir als i-Corydalin (Schmp. 135° C.)

bezeichnet worden ist, und bisweilen eine zweite (Schmp. 158—159° C.), die wegen ihrer Spaltbarkeit in optische Antipoden (dieses Archiv 240, 46 ff.) als r-Corydalin beschrieben worden ist. Welche Bedeutung diese beiden optisch inaktiven Corydaline für die Erschließung der Konstitution besitzen dürften, habe ich bereits früher (l. c.) erörtert.

Bei der von uns vermuteten, von Dobbie und Lauder bewiesenen nahen Beziehung des Corybulbins zum Corydalin erregte es unser Interesse, das Verhalten des Corybulbins bei analoger Behandlung kennen zu lernen. Daß auch Corybulbin durch Oxydation mit alkoholischer Jodlösung in eine wasserstoffärmere, gelbgefärbte, berberinartige Dehydroverbindung übergeht, hat schon Ziegenbein im Jahre 1896[1]) mitgeteilt; in der eingangs zitierten, vorläufigen Mitteilung haben wir sodann gezeigt, daß durch Reduktion der Dehydroverbindung ebenfalls eine, mit dem Corybulbin isomere, optisch inaktive Base zurückgewonnen wird. Diese Versuche sind fortgesetzt worden, weil wir hofften, unter Umständen ebenfalls noch eine zweite inaktive Verbindung, die dem r-Corydalin entspräche, zu erhalten. Die zahlreichen Reduktionsversuche haben jedoch stets nur zu einem bei 220—222° C. schmelzenden, durch d-Bromkampfersulfosäure nicht spaltbarem Isomeren geführt, das demnach als i-Corybulbin zu bezeichnen sein wird. Daß auch eine spaltbare Modifikation erhältlich sein wird, erscheint mir nicht zweifelhaft, da auch beim Corydalin, wie ich mit Herrn Haars festgestellt habe, zahlreiche Versuche nur die i-Verbindung liefern, während einmal unter vielleicht 20 oder 30 Fällen auch die r-Verbindung erhalten wird, obwohl anscheinend die Arbeitsbedingungen die gleichen sind.

Einen bemerkenswerten Unterschied gegenüber dem Verhalten des Dehydrocorydalins zeigt das freie Dehydrocorybulbin. Während das erstere nach der obigen Konstitutionsformel (III) als eine Pseudoammoniumbase in Ketoform auftritt und — ganz wie das Berberin — durch Alkali aus dem Sulfat abgeschieden und durch Schütteln mit Aether gelöst werden kann, tritt das Dehydrocorybulbin stets nur als echte Ammoniumbase auf. Der Unterschied ist auf die Wirkung der freien Phenolhydroxylgruppe zurückzuführen, welche mit der Ammoniumhydroxylgruppe ein inneres Salz, ein Phenolbetaïn bildet. Das freie Dehydrocorybulbin ist daher in Wasser löslich, krystallisiert daraus ausgezeichnet und ist in Chloroform und Aether und ähnlichen Lösungsmitteln völlig unlöslich. Darauf ist auch zurückzuführen, daß das Dehydrocorybulbin nicht wie Berberin oder Dehydrocorydalin eine Chloroform-, Aceton- etc. Verbindung zu liefern vermag. Dazu wird das Dehydrocorybulbin erst befähigt, wenn die freie Hydroxylgruppe,

---

[1]) Dieses Archiv 234, 534 ff. (1896)

beispielsweise durch Benzoylierung, beseitigt wird. Das Benzoyldehydrocorybulbin bildet eine Chloroform- und Acetonverbindung und reagiert auch mit gelbem Schwefelammonium unter Bildung eines Polysulfides.

Das Isocorybulbin, von dem übrigens zweifelhaft ist, ob es a priori in den Corydalisknollen vorkommt oder sich erst bei der Verarbeitung der Knollen gebildet hat, zeigt in seinem ganzen Verhalten, so weit es bei der geringen Menge an verfügbarem Material untersucht werden konnte, so große Aehnlichkeit mit dem Corybulbin, daß die Isomerie nur auf der relativen Stellung der freien Hydroxylgruppe zu den Methoxylgruppen beruhen kann. Direkt bewiesen hat dies Herr Bruns dadurch, daß er bei der Entmethoxylierung des Corydalins, Corybulbins und Isocorybulbins dieselbe Base, das Apocorydalin Dobbie und Lauder's, erhalten hat, nämlich $C_{18}H_{19}NO_4 = C_{18}H_{15}N(OH)_4$. Vom Isocorybulbin konnte nur die Oxydation mit Jod, die darauffolgende Reduktion (= i-Isocorybulbin) und das freie Dehydroisocorybulbin studiert werden, wobei, wie gesagt, vollständiger Parallelismus mit dem Corybulbin beobachtet wurde.

Ueber Corybulbin und Isocorybulbin.

Von Dr. Daniel Bruns[1]).

I. Corybulbin.

Die Darstellung des Ausgangsmaterials gestaltete sich in der Weise, daß zunächst die Rohalkaloide nach der von Gadamer[2]) näher beschriebenen Methode gewonnen wurden. Es dürfte dabei interessieren, daß aus 20 kg Knollen 7350 g dickes Extrakt erhalten wurden, aus dem 550 g direkt krystallisierbare, 600 g amorphe Alkaloide, die aber, wie Gadamer l. c. gezeigt hat, auch noch zum großen Teil in krystallisierte Form übergeführt werden können, durch Ausschütteln mit Aether isoliert wurden. Der Alkaloidgehalt betrug also, ohne das Corytuberin, 5,75%. Diesem hohen Gesamtalkaloidgehalte steht aber leider ein sehr niedriger an Corybulbin gegenüber, indem aus den krystallisierten Alkaloiden durch Auskochen mit Alkohol nur 37 g = 0,185% Rohcorybulbin als alkohol-unlöslicher

---

[1]) Auszug aus einem Teil der Inauguraldissertation, welche am 18. Mai 1903 von der philosophischen Fakultät Marburg angenommen worden ist.

[2]) Dieses Archiv 240, 21 ff. (1902).

Rückstand gewonnen werden konnten — allerdings hatte Ziegenbein 1894 aus 10 kg gar nur 4 g = 0,04 % isolieren können.

Zur weiteren Reinigung wurde, da Essigäther stets gelb gefärbte Krystalle lieferte, die Rohbase in möglichst wenig Chloroform gelöst und dann mit etwa der dreifachen Menge Alkohol überschichtet. Da Corybulbin in Alkohol fast unlöslich ist, schied sich in dem Maße, wie die Vermischung des Chloroforms mit dem Alkohol vor sich ging, Corybulbin als ziemlich große, rein weiße Krystalle aus. Aus den Mutterlaugen ließ sich durch Abdestillieren auf die Hälfte ein etwas weniger reines, gelbliches Präparat gewinnen, das für viele Zwecke doch brauchbar war.

Das reine Alkaloid zeigte den von Ziegenbein festgestellten Schmelzpunkt 237—238; eine Elementaranalyse bestätigte die Formel $C_{21}H_{25}NO_4$.

0,1426 g Sbst.: 0,0866 g H_2O; 0,3720 g CO_2.

	Berechnet:	Gefunden:
C	71,0	71,15
H	7,0	6,8.

Corybulbin ist in Alkohol fast unlöslich, schwerlöslich in Aether und Essigäther, leichter in Chloroform (ca. 1:100); es ist wie das Corydalin sehr lichtempfindlich, und dreht den polarisierten Lichtstrahl nach rechts: $[\alpha]_D = +303,3^0$.

Salzsaures Corybulbin. Das Chlorhydrat des Corybulbins ist im Gegensatz zu dem des Corydalins sehr leicht erhältlich und gut krystallisierbar. Zur Darstellung desselben wurde zerriebenes Corybulbin in Wasser suspendiert mit verdünnter Salzsäure bis zur schwach sauren Reaktion versetzt und bis zur Lösung erwärmt. Beim Erkalten schieden sich Krystalle aus, die noch einmal aus schwach salzsäurehaltigem Wasser umkrystallisiert in derben, farblosen Prismen erhalten wurden. In Wasser ist es wegen eintretender Dissociation schwer löslich, leichter daher nach dem Ansäuern mit etwas Salzsäure. Es schmilzt unter Zersetzung bei 245—250° C. und ist wasserfrei.

0,1689 g Sbst.: 0,0618 g AgCl.

Berechnet für $C_{21}H_{25}NO_4 \cdot HCl$:	Gefunden:
9,05	9,0.

Corybulbingoldchlorid. Ziegenbein[1]) hatte bei der Darstellung des Corydalingoldchlorids gefunden, daß dasselbe nur dann

[1]) a. a. O

normale Zusammensetzung zeigte, wenn es, frisch gefällt, sofort abgesogen und analysiert wurde, daß dagegen dem aus Alkohol umkrystallisierten Körper die anormale Formel: $(C_{22}H_{27}NO_4 \cdot HCl)_2AuCl_3$ zukam. Um festzustellen, ob auch beim Corybulbin dieselben Erscheinungen aufträten, versuchte ich das Corybulbingoldchlorid herzustellen.

Zu dem Zwecke gab ich zu einer kalt gesättigten, mit Salzsäure angesäuerten Lösung von Corybulbinchlorid Goldchloridlösung im Ueberschuß. Den entstandenen bräunlich-gelben Niederschlag versuchte ich aus Alkohol umzukrystallisieren. Er löste sich in Alkohol sehr leicht mit dunkelrotbrauner Farbe auf, ohne sich jedoch selbst nach dem vollständigen Verdunsten des Lösungsmittels wieder krystallinisch abzuscheiden. Ich versetzte dann eine andere alkoholische Lösung des Niederschlages mit dem gleichen Volumen Wasser und ließ die klare Lösung langsam im Exsiccator über Aetzkalk verdunsten. Bereits nach kurzer Zeit trat hier Zersetzung unter Abscheidung brauner Flocken ein.

Ich versuchte nun so zum Ziele zu gelangen, daß ich eine alkoholische Corybulbinchloridlösung in überschüssige Goldchloridlösung hineinfiltrierte. Im Anfang trat auch hier eine geringe Reduktion ein, dann blieb die Lösung klar. Sie wurde filtriert und im Exsiccator über Aetzkalk stehen gelassen. Es trat bald Trübung ein und nach 12stündigem Stehen hatte sich ein klares, rotbraunes Oel in Tröpfchen abgeschieden, das aber auch nach wochenlangem Stehen in der Kälte nicht krystallinisch wurde. Endlich trat auch hier Zersetzung ein.

Den letzten Versuch wiederholte ich in verdünnt-alkoholischer Lösung, aber mit demselben Erfolg, nur daß hier die Zersetzung des Goldchlorids weit schneller erfolgte.

Da ich also auf keine Weise das gebildete Goldsalz in den krystallinischen Zustand überführen konnte, beschloß ich, es amorph zu analysieren, um über seine Zusammensetzung Aufschluß zu bekommen. Als ich aber den auf oben angegebene Weise erhaltenen Niederschlag der Analyse unterwarf, fand ich einen um 2% zu geringen Goldgehalt (berechnet 28,3; gefunden 26,3%); sodaß wohl unverändertes Alkaloid mechanisch mit niedergerissen worden ist.

Ich stellte mir nun den Niederschlag in der Weise her, daß ich die kalt gesättigte wässerige Corybulbinchloridlösung nach dem Ansäuern mit verdünnter Salzsäure in überschüssige Goldchloridlösung hineinfiltrierte. Den ausgeschiedenen bräunlich-gelben Niederschlag sog ich sofort ab, wusch ihn mit möglichst wenig Wasser nach trocknete ihn zwischen Fließpapier, dann im Exsiccator und unterwarf ihn sofort der Analyse. Er zeigte die normale Zusammensetzung.

0,2696 g Sbst: 0,0768 g Au.

Berechnet für $C_{21}H_{25}NO_4 \cdot HAuCl_4$:	Gefunden:
Au 28,4	28,5.

Corybulbin-Platinchlorid. Bei der Darstellung des Platindoppelsalzes lagen die Verhältnisse ganz ähnlich, wie beim Golddoppelsalz. Auch hier ließ sich der durch überschüssige Platinchloridlösung in einer Lösung von Corybulbinchlorid erzeugte Niederschlag weder aus absolutem noch aus verdünntem Alkohol umkrystallisieren. Das zur Analyse verwandte Material stellte ich mir auf dieselbe Weise her, wie beim Goldsalz.

Der amorphe, weißlich-gelbe Niederschlag zeigte, sofort analysiert, die normale Zusammensetzung.

0,2690 g Sbst: 0,0465 g Pt.

Berechnet für $(C_{21}H_{25}NO_4)_2 \cdot H_2PtCl_6$:	Gefunden:
Pt 17,4	17,3.

Einwirkung von Jod auf Corybulbin.

Durch Einwirkung von Jod in alkoholischer Lösung wird das Corybulbin, wie ich bereits früher[1]) mitgeteilt habe, zu Dehydrocorybulbin oxydiert. Die Eigenschaften des dabei entstehenden Dehydrocorybulbinjodids, das bei 210—211° C. schmilzt, sowie das Goldsalz habe ich ebenfalls bereits damals beschrieben; es sind daher jetzt nur noch das Chlorid, das Platindoppelsalz und das freie Dehydrocorybulbin nachzutragen.

Dehydrocorybulbinchlorid.

Zur Herstellung des salzsauren Salzes des Dehydrocorybulbins versetzte ich eine heiße, wässerige Lösung des Jodids mit etwas Salzsäure und gab Chlorsilber im Ueberschuß hinzu. Nach einigem Kochen filtrierte ich die Lösung vom ausgeschiedenen Jodsilber ab, das ich dann noch mehrmals mit Wasser auskochte. Die nach dem Erkalten ausgeschiedenen Krystalle wurden gesammelt und aus heißem Wasser umkrystallisiert.

Das Dehydrocorybulbinchlorid bildet wasserfreie, rein gelb gefärbte, kleine Nadeln vom Schmelzpunkt 225—227°. Es ist in allen Lösungsmitteln bedeutend leichter löslich als das Jodid.

0,1994 g Substanz über H_2SO_4 und bei 100° getrocknet, verloren nichts.
0,1994 g Sbst: 0,0728 g AgCl.

Berechnet für $C_{21}H_{21}NO_4 \cdot HCl$:	Gefunden:
Cl 9,14	9,0.

[1]) Archiv d. Pharm. 239, 41 (1901).

Platinsalz des Dehydrocorybulbins. Das Platinsalz des Dehydrocorybulbins stellte ich mir her, indem ich eine wässerige Lösung von Dehydrocorybulbinchlorid nach dem Ansäuern mit Salzsäure mit Platinchloridlösung im Ueberschuß versetzte. Die entstandene hellgelbe, amorphe Ausfällung wurde nach dem Absaugen aus verdünntem angesäuerten Alkohol umkrystallisiert.

Ich erhielt so das Dehydrocorybulbinplatinchlorid als kleine, hellbraune Nadeln, die bei 236° scharf schmolzen. Es ist unlöslich in Wasser, kaum löslich in absolutem, leichter in heißem, verdünntem Alkohol. Es erwies sich als wasserfrei.

0,2078 g Sbst: 0,0361 g Pt.

Berechnet für $(C_{21}H_{21}NO_4)_2H_2PtCl_6$:	Gefunden
Pt 17,5	17,4.

Freies Dehydrocorybulbin.

Ziegenbein[1]) hatte vergeblich s. Z. versucht, das freie Dehydrocorydalin zu erhalten. Er folgte damals dem Vorgang Gazes[2]), der aus Acetonberberin das freie Berberin dargestellt hatte, und versuchte auch aus der Acetonverbindung des Dehydrocorydalins den gewünschten Körper zu isolieren. Er erhielt auch kleine, gelbe Krystalle, deren Menge aber zu gering war, um ihre Zusammensetzung feststellen zu können. Nach dem, was wir jetzt über das Berberin-Gaze wissen, bestanden diese Nadeln aus salzsaurem Dehydrocorydalin. Das freie Dehydrocorydalin ist daher bisher noch nicht bekannt[3]). Um so leichter ist das freie Dehydrocorybulbin darzustellen.

Bei Gelegenheit des später zu erwähnenden Versuches, eine Chloroformverbindung des Dehydrocorybulbins herzustellen, wurde ich nämlich darauf aufmerksam, daß bei Zusatz von Natronlauge zu einer wässerigen Ausschüttelung von Dehydrocorybulbinjodid eine intensive Rotfärbung der Flüssigkeit und nach kurzer Zeit eine Abscheidung roter krystallinischer Massen eintrat. Ich vermutete, hier die freie Base vor mir zu haben und beschloß, die Reaktion weiter zu verfolgen.

---

[1]) a. a. O.

[2]) Arch. d. Pharm. 1890, 609.

[3]) Der Körper, den Dobbie und Marsden als freies Dehydrocorydalin beschreiben (Transact. of the chem. Soc. 1897, 658/59), ist jedenfalls anders zusammengesetzt, als nach Analogie des freien Berberins erwartet werden kann. J. Gadamer.

Zu dem Zweck rieb ich 3,0 g Dehydrocorybulbinjodid mit Wasser an und machte die Mischung mit 10%iger Natronlauge alkalisch. Das trübe Gemisch erwärmte ich nun vorsichtig auf der Asbestplatte, bis sich die abgeschiedenen Krystalle wieder gelöst hatten, filtrierte und ließ nun langsam erkalten. Nach dem Erkalten hatten sich reichliche Mengen schön ausgebildeter Krystalle abgeschieden, die durch Absaugen von der Mutterlauge getrennt und durch Umkrystallisieren aus heißem Wasser weiter gereinigt werden konnten.

Das auf diese Weise erhaltene Dehydrocorybulbin bildete schöne, dunkelrotviolette glänzende Nadeln, deren Schmelzpunkt bei 175° bis 178° liegt. Es ist in Aether unlöslich, in kaltem Wasser schwer, in heißem leicht, in Alkohol fast unbegrenzt mit tiefroter Farbe löslich. Setzt man zu diesen wässerigen oder alkoholischen Lösungen tropfenweise Jodwasserstoffsäure, so färben sie sich allmählich wieder gelb, und es scheiden sich, namentlich bei einigem Eindunsten die charakteristischen Nadeln des Dehydrocorybulbinjodids ab. Eine Probe der Substanz im Reagensglase in Wasser gelöst, mit Silbernitrat versetzt, gab nach dem Zerstören der organischen Substanz mit rauchender Salpetersäure eine klare Lösung: Abwesenheit von Jod. Eine weitere Probe der Substanz im Platintiegel verkohlt und verascht, hinterließ keinen wägbaren Rückstand: Keine Natriumverbindung.

Es lag also in der Tat freies Dehydrocorybulbin vor, eine sehr bemerkenswerte Tatsache, da die Eigenschaften desselben ganz andere sind als die des freien Berberins und des inzwischen von Haars dargestellten Dehydrocorydalins. Während diese freien Basen den Charakter von Pseudoammoniumbasen tragen und als solche namentlich amorph in Aether leicht löslich sind, und mit Chloroform, Aceton und Schwefelammonium Verbindungen eingehen, ist von alledem beim Dehydrocorybulbin nichts der Fall. Es ist aber gewissermaßen auch keine echte Ammoniumbase, denn es reagiert nicht alkalisch, während Berberin und Dehydrocorydalin in Wasser als echte Ammoniumbasen stark alkalische Reaktion besitzen. Es sind dies Widersprüche, die aber nur scheinbare sind und sich aufklären, wenn wir die Resultate der Analyse heranziehen.

Aus den dabei gewonnenen Daten geht zur Evidenz hervor, daß wir es hier garnicht mit einer freien Base, sondern mit einem inneren Salze einer solchen, einem Phenolbetaïn, zu tun haben, das dadurch entstanden ist, daß nach Abspaltung der Säure durch das Alkali die am N-Atom entstandene Hydroxylgruppe mit dem Wasserstoff der bereits vorhandenen Hydroxylgruppe als Wasser austritt, und so eine innere Bindung bewirkt wird:

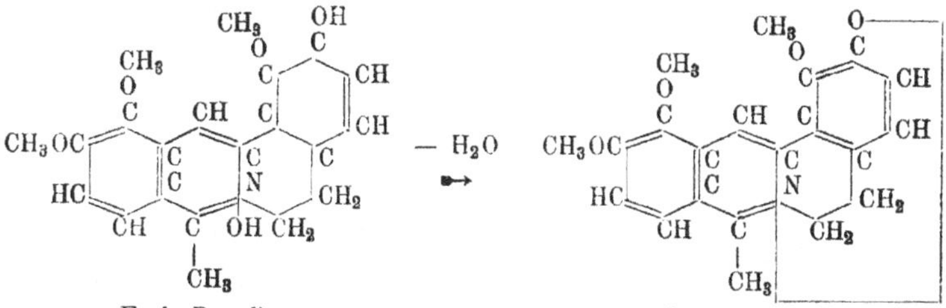

Freie Base[1]). Inneres Salz.

Aus der Bildungsweise geht ferner ohne weiteres hervor, daß die freie Base an sich sehr stark basische Eigenschaften besitzen muß, daß sie sogar stärker basisch als das Natriumhydroxyd sein muß, weil im anderen Falle beim Alkalisieren des Jodids nicht das Phenolbetaïn sondern ein Dehydrocorybulbinnatrium hätte entstehen müssen.

Das Dehydrocorybulbin krystallisiert mit 5 Molekülen Krystallwasser, von denen vier bereits beim Trocknen über Schwefelsäure hinausgehen, während das letzte erst nach längerem Trocknen im Vakuum bei 95° entfernt werden kann. Erhitzt man die Substanz im Wassertrockenschrank bei Luftzutritt, so tritt bereits nach kurzer Zeit Zersetzung ein.

1. 0,1591 g verloren über H_2SO_4: 0,0258 g H_2O.

2. 0,1813 „ „ „ „ 0,0290 „ „

3. 0,4829 „ „ im Vakuum bei 95° längere Zeit getrocknet 0,0981 g.

	Berechnet für		Gefunden:		
	$(C_{21}H_{21}NO_4 + H_2O) + 4H_2O$:	$C_{21}H_{21}NO_4 + 5H_2O$:	1.	2.	3.
H_2O	16,32	20,4	16,21	16,0	20,3.

4. 0,1333 g über H_2SO_4 getrocknete Substanz gaben: 0,0786 g H_2O und 0,3306 g CO_2.

5. 0,1523 g über H_2SO_4 getrocknete Substanz gaben: 0,0885 g H_2O und 0,3789 g CO_2.

6. 0,1704 g im Vakuum getrocknete Substanz gaben im CuO-Rohr mit vorgelegter Cu-Spirale verbrannt: 0,0918 g H_2O und 0,4434 g CO_2.

7. 0,1647 g im Vakuum getrocknete Substanz gaben ebenso verbrannt 0,0878 g H_2O und 0,4301 g CO_2.

	Berechnet für		Gefunden:			
	$(C_{21}H_{21}NO_4 + H_2O)$:	$C_{21}H_{21}NO_4$:	4.	5.	6.	7.
C	68,2	71,7	67,6	67,8	71,0	71,2
H	6,3	6,0	6,6	6,5	6,0	6,0.

(Fortsetzung folgt.)

[1]) Die Stellung der OH-Gruppe ist noch nicht festgestellt, in der Zeichnung ist sie willkürlich angenommen, sie kann auch an Stelle jeder der drei vorhandenen Methoxylgruppen gedacht werden.

Anzeigen.

Dieselben werden mit 40 Pfg. für die durchgehende und mit 25 Pfg. für die gespaltene Petitzeile oder deren Raum berechnet. **Beilage-Gebühr** für das Tausend der Auflage — z. Z. 4100 — Mk. 10. Für Beilagen, welche nicht dem Format des „Archiv" entsprechen, bleibt besondere Vereinbarung vorbehalten.

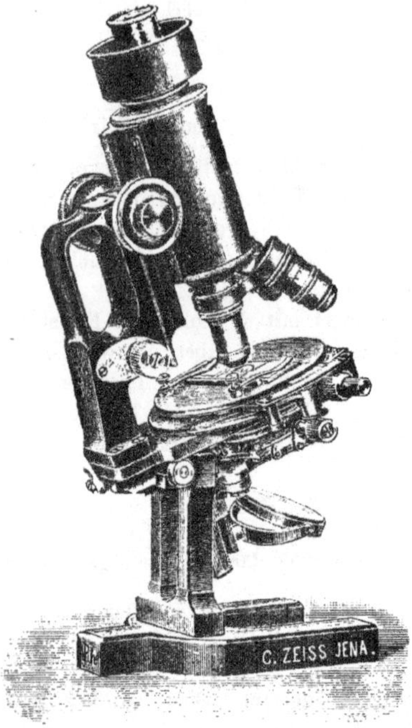

Mikroskope

für

praktische Aerzte u. **Apotheker**

sowie für alle spezial-wissenschaftlichen Zwecke.

Man verlange Katalog No. 8.

Mikrophotographische und Projektionsapparate.

Prospekt No. 131.

Carl Zeiss

Optische Werkstätte, Jena.

Berlin.
Frankfurt a. M.
Hamburg.
London.
St. Petersburg.
Wien.

Diese Zeitschrift erscheint in zwanglosen Heften (in der Regel monatlich einmal) in einem jährlichen Umfange von 40 bis 50 Bogen. Ladenpreis für den Jahrgang Mk. 12,–.

Alle Beiträge für das „**Archiv**" sind an die

Archiv-Redaktion

Herrn Geh. Reg.-Rat Professor Dr. *E. Schmidt* in Marburg (Hessen) oder Herrn Geh. Med.-Rat Professor Dr. *H. Beckurts* in Braunschweig, alle die Anzeigen u. s. w., überhaupt die Archiv-Verwaltung und die Mitgliederliste betreffenden Mitteilungen an den

Deutschen Apotheker-Verein

Berlin C. 2, Neue Friedrichstr. 43

einzusenden.

Signirapparat

allein. Erfindung des Pharmazeut.
J. Pospisil, Stefanau-Olmütz.
Unbezahlbar zum vorschriftsmässigen Signiren der Standgefässe, Schubladen, Preisnotiren etc. liefert schöne, dauerhafte Schilder in allen vorkommenden Grössen in schwarzer, rother und weisser Schrift. **Muster gratis.** Andere Signirapparate sind Nachahmungen. [3

Extr. Filicis Ph. G. IV.

Frisch bereitet.
Dr. Weppen & Lüders,
Blankenburg a. Harz. [5

Schweisshemmend
THEODOR HAHN'S
FLÜSSIGE FORMALINSEIFE
Fl. à 250 gr. Mk. 1.30 } durch die
" " 1000 " " 3.00 } Apotheken.
TH. HAHN & Co. Schwedt a. O. [6

Vorschriften

zur Selbstbereitung pharmazeutischer Spezialitäten.

Herausgegeben vom

Deutschen Apotheker-Verein.

Hinter jeder Druckseite eine leere Seite für Nachträge.

Geheftet. Preis Mark 1,—.

von PONCET Glashütten-Werke

BERLIN SO., Köpnickerstr. 54.

Fabrik und Lager

sämmtlicher Gefässe u. Utensilien für chem., pharmac. Gebrauch

Atelier für Emaille-Schriftmalerei

auf Glas- und Porzellangefässe.

Specialität: Einrichtung v. Apotheken, chem. Laboratorien etc.

Preisverzeichnisse gratis und franco [4

Druck von Denter & Nicolas, Berlin C., Neue Friedrichstrasse 43.

ARCHIV

DER

PHARMAZIE

herausgegeben

vom

Deutschen Apotheker-Verein

unter Redaktion von

E. Schmidt und H. Beckurts.

Band 241. Heft 9.

(Schluss des Bandes.)

BERLIN.

Selbstverlag des Deutschen Apotheker-Vereins.

1903.

Ausgegeben den 15. Dezember 1903.

INHALT.

Eingegangene Beiträge.

M. Pleifsner, Untersuchung über die relative innere Reibung von Speisefetten und fetten Oelen.

P. Farup, Ueber die Zusammensetzung des fetten Oeles von Aspidium spinulosum.

J. Gadamer, Ueber rechtsdrehendes sec. Butylamin.

W. Urban, Ueber d-Butyl-Thiobarnstoffe und -Harnstoffe.

J. Gadamer und **T. Amenomiya**, Ueber die optischen Funktionen der asymmetrischen Kohlenstoffatome im Ecgonin.

E. Schmidt, Ueber Rhamnoside.

N. Waliaschko, Ueber das Rutin der Gartenraute.

(Geschlossen den 9. XII. 1903.)

Abonnementseinladung

auf die

Vierteljahresschrift für praktische Pharmazie.

Der Deutsche Apotheker-Verein wird vom nächsten Jahre ab neben seinen übrigen Zeitschriften eine selbständige „Vierteljahresschrift für praktische Pharmazie“ unter Redaktion von **Dr. Salzmann, Dt.-Wilmersdorf-Berlin** und **W. Wobbe, Pankow b. Berlin** herausgeben, **die lediglich den Bedürfnissen, der pharmazeutischen Praxis** dienen soll. Sie soll insbesondere auch den Apotheker über die neuen Arzneimittel, deren Herstellung oder Gewinnung, Zusammensetzung, physikalische, chemische und therapeutische Eigenschaften, Prüfung und Preis, sowie über neue Apparate, Maschinen u. s. w. zuverlässig, schnell und übersichtlich unterrichten.

Billigste Bezugsart: Postabonnement (nur für das ganze Jahr) M. 5,—.
Unter Kreuzband:
Inland, Österreich-Ungarn u. deutsche Kolonien M. 5,50. Ausland: M. 6,—.

Chloroformverbindung des Dehydrocorybulbins.

Entsprechend dem von E. Schmidt[1]) bereits früher dargestellten Berberinchloroform war es Ziegenbein[2]) auch gelungen, eine Verbindung des Dehydrocorydalins mit Chloroform darzustellen. Meine Versuche, auch das Dehydrocorybulbin mit Chloroform zu kondensieren, sind negativ verlaufen.

Ich verfuhr zunächst nach dem Vorgange Ziegenbein's, indem ich 0,5 g feingepulvertes Dehydrocorybulbinjodid mit 25 ccm Wasser aufschwemmte, dann mit 15 ccm Chloroform versetzte und endlich mit 10 % Natronlauge stark alkalisch machte. Die durch die Natronlauge intensiv rot gefärbte Mischung erwärmte ich zeitweilig unter häufigerem Umschütteln auf dem Wasserbade. Die rotgefärbte Chloroformlösung trennte ich dann im Scheidetrichter von der wässerigen Lösung und ließ sie nach zweimaligem Auswaschen mit reinem Wasser freiwillig verdunsten. Es hinterblieb ein geringer, rotbrauner Rückstand, der sich in Chloroform und Alkohol glatt löste und aus keinem dieser beiden Lösungsmittel in krystallinischem Zustande erhalten werden konnte. Aus der wässerigen Lösung erhielt ich nach dem Erkalten Krystalle, die ich, wie vorstehend erörtert, als freies Dehydrocorybulbin charakterisieren konnte.

Ich versuchte dann von der freien Base ausgehend diese in alkoholischer Lösung bei Gegenwart von Alkali mit Chloroform zu kondensieren, aber trotz mehrfach abgeänderter Versuchsbedingungen gänzlich ohne Erfolg.

Einwirkung von Aceton auf Dehydrocorybulbin.

Ich versuchte die Acetonverbindung des Dehydrocorybulbins in derselben Weise herzustellen, in der es Ziegenbein[3]) gelungen war, das Dehydrocorydalin mit Aceton zu kondensieren. Ich brachte zu dem Zweck 0,5 g Dehydrocorybulbinjodid mit 5 g Aceton zusammen und erhitzte die Mischung so lange am Rückflußkühler, bis das Salz sich gelöst hatte. Die heiße Lösung versetzte ich sodann mit einigen Kubikzentimetern 10%iger Natronlauge. Die Flüssigkeit färbte sich daraufhin sofort dunkelrot und nach dem Erkalten hatten sich rote Krystalle abgeschieden, die aus Wasser umkrystallisiert sich als freies Dehydrocorybulbin kennzeichnen ließen. Eine Einwirkung des Acetons hatte also nicht stattgefunden.

1) Arch. d. Pharm. 1887, 146.
2) Ebenda 1896, 515.
3) a. a. O.

Einwirkung von Schwefelammonium auf Dehydrocorybulbin.

Ebensowenig glückte es mir, eine Verbindung des Schwefelammoniums mit Dehydrocorybulbin zu erhalten. E. Schmidt[1]) konnte aus dem Berberin ein Berberinpolysulfid gewinnen und Ziegenbein[2]) glückte es auch, das Dehydrocorydalin in der gleichen Weise mit Schwefelammonium in Reaktion treten zu lassen.

Ich versuchte auf demselben Wege zum Ziele zu gelangen. Zu dem Zwecke löste ich 0,5 g Dehydrocorybulbinjodid in verdünntem Alkohol, erhitzte bis zum Sieden und fügte zu der heißen Lösung möglichst dunkel gefärbte Schwefelammoniumlösung. Die Färbung der Lösung veränderte sich dabei nur wenig ins Rötliche. Nach dem Erkalten hatten sich allerdings wenig rotgefärbte Nadeln abgeschieden, die aber nach dem raschen Absaugen und kurzem Auswaschen mit Alkohol und Aether starke Jodreaktion zeigten, so daß, wenn überhaupt eine Einwirkung stattgefunden hatte, diese nur von untergeordneter Bedeutung sein konnte.

Der negative Ausfall dieser Versuche hat nichts Ueberraschendes, wenn wir uns vergegenwärtigen, daß der Körper, der aus den Salzen des Dehydrocorybulbins durch Alkali abgeschieden wird, von mir als ein Betaïn charakterisiert worden ist. In dem Molekül dieses inneren Anhydrids war eben die reaktionsfähige Atomgruppe der Pseudoammoniumbasen, die mit dem Chloroform usw. hätte in Wechselwirkung treten können, nicht vorhanden. Beruhte aber der Mißerfolg meiner Versuche nur auf der Bildung dieses inneren Anhydrids, so konnte man hoffen, doch noch diese Kondensationsprodukte zu erhalten, wenn man zunächst in dem Dehydrocorybulbinjodid die freie Hydroxylgruppe veresterte und dadurch die Bildung eines inneren Anhydrids unmöglich machte.

Ich versuchte daher, nachdem mir eine Acetylierung trotz mannigfacher Versuche nicht gelungen war, das Dehydrocorybulbin zu benzoylieren.

Benzoyl-Dehydrocorybulbin.

Zunächst versuchte ich ein Benzoylprodukt in der Weise darzustellen, daß ich 1 g Dehydrocorybulbinchlorid mit 5 g Benzoylchlorid zusammenbrachte, und das Gemisch am Rückflußkühler 1 Stunde lang auf 160°—170° erhitzte. Es entwichen große Mengen Chlorwasserstoff, aber gleichzeitig färbte sich die Lösung sehr dunkel. Nach dem Erkalten hatten sich nur sehr geringe Mengen eines krystallinischen

---

1) Arch. d. Pharm. 1887, 148.

2) Arch. d. Pharm. 1886, 516.

Körpers abgeschieden, auch war aus der sehr dunkel gefärbten Lösung keine weitere Krystallisation zu erzielen.

Bessere Resultate zeitigte ein Versuch, als ich nach dem Schotten-Baumann'schen Verfahren arbeitete. Nachdem ein kleiner Vorversuch günstig ausgefallen war, versetzte ich 1 g Dehydrocorybulbinchlorid mit 2—3 g Benzoylchlorid und 20—30 ccm 20%iger Natronlauge. Zunächst färbte sich die ganze Mischung unter Bildung des freien Dehydrocorybulbins intensiv rot. Nach längerem Schütteln des verschlossenen Gefäßes stieg die Temperatur, die Farbe der Mischung wurde immer heller, bis sie nach etwa halbstündigem Schütteln unter häufigem Abkühlen, um die Temperatur nicht zu hoch steigen zu lassen, rein gelb geworden war. Ich ließ den gelben Niederschlag etwas absetzen und sog ihn dann ab. Nach kurzem Auswaschen mit Wasser krystallisierte ich ihn aus wenig Alkohol um.

Das Benzoyl-Dehydrocorybulbin bildet kleine, gelbe Nadeln, die in Alkohol sich sehr leicht mit schön grüner Fluorescenz lösten. Im durchfallenden Licht war die Lösung rein gelb gefärbt. Die Nadeln begannen im Schmelzröhrchen bereits bei 140° zu sintern, schmolzen dann aber scharf zwischen 173—174°. Zur Kennzeichnung des erhaltenen Körpers verwandte ich das salzsaure Salz desselben.

Benzoyldehydrocorybulbinchlorid.

Zur Darstellung des salzsauren Salzes löste ich die freie Base in wenig Alkohol und säuerte die Lösung mit verdünnter Salzsäure schwach an. Es schied sich sofort ein gelber Niederschlag ab, der sich aber beim vorsichtigen Erwärmen vollständig wieder löste. Nach dem Erkalten erhielt ich dann das Salz in kleinen voluminösen Nadeln, die durch Umkrystallisieren aus Alkohol weiter gereinigt werden konnten.

Das Benzoyldehydrocorybulbinchlorid bildet kleine, gelbe Nadeln, die sich in Alkohol leicht, in Wasser etwas schwerer lösen. Es ist bei 250° noch nicht geschmolzen, doch tritt bereits bei 190° eine intensive Braunfärbung, also wohl Zersetzung ein. Das Salz krystallisiert mit zwei Molekülen Krystallwasser.

0,3274 g Substanz bei 100° getrocknet, verloren 0,0192 g.

Berechnet für $(C_{21}H_{20}NO_4 \cdot CO \cdot C_6H_5)HCl + 2H_2O$:	Gefunden
H_2O 6,7	5,9.

Für ein Salz mit einem Molekül Wasser würde sich berechnen $H_2O = 3{,}5\%$.

0,3058 g bei 100° getrocknete Substanz gaben 0,0857 g AgCl.

Berechnet für		Gefunden:
$C_{21}H_{21}NO_4 \cdot HCl$:	$C_{21}H_{20}NO_4 \cdot CO \cdot C_6H_5HCl$:	
Cl 9,4	7,4	6,93.

Benzoyldehydrocorybulbinnitrat. Bei der Chlorbestimmung im salzsauren Salz fiel beim Ansäuern der wässerigen Lösung mit Salpetersäure sofort ein dicker gelber Niederschlag aus, der sich nach dem Zusatz eines gleichen Volumens Alkohol beim Erwärmen wieder löste. Aus dem Filtrat schied er sich dann nach dem Erkalten wieder in Nadeln aus, die aus verdünntem Alkohol umkrystallisiert wurden. Das Nitrat krystallisiert in langen, dünnen, sehr voluminösen Nadeln von rein gelber Farbe. Sein Schmelzpunkt liegt zwischen 230—231°.

Chloroformverbindung des Benzoyldehydrocorybulbins.

Um zu versuchen, die so erhaltene Benzoylverbindung mit Chloroform zu kondensieren, schüttelte ich 0,5 g Benzoyldehydrocorybulbin im Scheidetrichter mit Chloroform an und versetzte die Mischung mit dem gleichen Volumen 30%iger Natronlauge. Bei kräftigem Schütteln verschwand die Gelbfärbung des Gemisches und machte einer schmutzig rötlichen Platz. Nachdem ich noch einige Zeit unter zeitweiligem Erwärmen kräftig geschüttelt hatte, fügte ich Wasser hinzu, um die entstandene Emulsion zu zerstören. Nach Trennung der Schichten zeigte sich die Chloroformlösung gelblich gefärbt mit einem Stich ins Rötliche, während die wässerige Flüssigkeit ungefärbt war. Die Chloroformlösung wurde filtriert und der freiwilligen Verdunstung überlassen. Es blieb ein gelblich-rötlicher Rückstand zurück, der sich in Alkohol nicht löste. Ich wusch ihn daher einmal mit Alkohol nach, löste ihn dann in wenig erwärmtem Chloroform und überschichtete die rot gefärbte Lösung mit dem 5—6 fachen Volumen Alkohol. Nach achttägigem Stehen im verschlossenen Gefäß hatten sich gut ausgebildete, derbe, gelbliche, in Rosetten angeordnete Nadeln abgeschieden. Nach dem Trocknen zwischen Fließpapier schmolz der erhaltene Körper scharf bei 176° unter Braunfärbung. Bei 100° getrocknet erlitten die Krystalle keinen Gewichtsverlust.

0,0980 g gaben nach Carius analysiert 0,0723 g AgCl.

Berechnet für $C_{21}H_{20}NO_4 \cdot CO \cdot C_6H_5 \cdot CHCl_3$:	Gefunden:
Cl 18,5	18,3.

Acetonverbindung des Benzoyldehydrocorybulbins.

Zur Darstellung der Acetonverbindung löste ich 0,5 g Benzoyldehydrocorybulbinchlorid in Aceton, gab das doppelte Volumen Wasser hinzu, filtrierte die Lösung und versetzte sie mit einigen Kubikzentimetern 30%iger Natronlauge. Es schieden sich sofort ölige Massen ab, die nach eintägigem Stehen in der Kälte erstarrt waren. Sie wurden abgesogen und aus siedendem Aceton umkrystallisiert.

Ich erhielt so die Acetonverbindung in Form kleiner gelbbräunlicher Nadeln, die bei 201—202° schmolzen. Sie erwiesen sich als wasserfrei.

0,1384 g Substanz gaben: 0,0808 g H_2O und 0,3689 g CO_2.

Berechnet für $C_{21}H_{20}NO_4 \cdot CO \cdot C_6H_5 \cdot (CH_3)_2CO$:	Gefunden:
C 72,5	72,7
H 6,1	6,5.

Einwirkung von Schwefelammonium auf Benzoyldehydrocorybulbin.

0,5 g Benzoyldehydrocorybulbinchlorid löste ich in wenig Alkohol und versetzte die erwärmte Lösung mit dem zehnfachen Volumen möglichst dunkelgelber Schwefelammoniumlösung. Die Flüssigkeit wurde dann wiederum vorsichtig erwärmt, bis sich der zunächst entstandene amorphe Niederschlag wieder gelöst hatte, und dann in der Kälte einige Zeit stehen gelassen. Aus der roten Lösung schieden sich kleine, lebhaft rot gefärbte Nadeln ab, die nach dem Absaugen und Auswaschen durch ihr Verhalten gegen Säuren als Polysulfide gekennzeichnet werden konnten. Sie entwickelten, mit verdünnter Salzsäure übergossen, einen starken Geruch nach Schwefelwasserstoff; die Rotfärbung verschwand dabei momentan und bald schieden sich rein gelb gefärbte Nadeln ab.

Versuche, das Benzoyldehydrocorybulbin zu oximieren.

Gadamer[1]) ist es gelungen, das Berberin, das ja in seinem Verhalten die größte Aehnlichkeit mit dem Dehydrocorydalin und Dehydrocorybulbin zeigt, zu oximieren und dadurch Anhaltspunkte dafür zu geben, welcher Art die Gruppe sein könnte, die auch bei den Kondensationen mit Chloroform und Aceton die Reaktion bewirke. Da ich vom Benzoyldehydrocorybulbin ausgehend auch jene Kondensationsprodukte erhalten hatte, war es interessant, auch die Oximierung dieses Körpers zu versuchen.

Ich verfuhr zunächst in derselben Weise, wie Gadamer das Berberin oximiert hatte. Ich suspendierte zu dem Zweck 1,0 g Benzoyldehydrocorybulbinchlorid in 30 ccm Wasser und fügte der Mischung das doppelte Volumen 30%iger Natronlauge hinzu. Nach kurzem Umschütteln schüttelte ich dann die Flüssigkeit mit Aether aus. Nach dem Zusatz der Natronlauge färbte sich die Mischung schmutzig rot; es schied sich ein amorpher Körper aus, der sich kaum in Aether löste. Die klar abfiltrierte ätherische Lösung versetzte ich nun mit

---

[1]) Privatmitteilung.

10 ccm einer alkoholisch-ätherischen Hydroxylaminlösung[1]) Nach kurzer Zeit trübte sich die Flüssigkeit; es schieden sich bald geringe Mengen amorpher Flöckchen ab, ohne daß aber selbst nach tagelangem Stehen in der Kälte eine krystallinische Abscheidung eintrat. Die abgeschiedenen Flocken wurden getrennt und durch eine N-Bestimmung in denselben nachgewiesen, daß es sich nicht um ein Oxim handeln konnte.

0,0997 g Substanz gaben 2 ccm Stickstoff t = 9,1°; b = 755 m.

Berechnet für		Gefunden:
$C_{21}H_{20}NO_4 \cdot CO \cdot C_6H_5 \cdot NOH$:	$C_{21}H_{20}NO_4 \cdot CO \cdot C_6H_5$:	
N 5,8	2,9	2,4.

Nach dem langsamen vollständigen Verdunsten des Aethers hinterblieben nur geringe Mengen harzartigen Rückstandes, in dem anscheinend kleine Krystalle eingebettet lagen. Doch war die Menge der letzteren zu gering, um sie überhaupt sammeln zu können.

Der durch das Alkali abgeschiedene, amorphe Körper, der sich in Aether nicht gelöst hatte, wurde abgesogen und erwies sich als ein rötlich-weißes Pulver, das sich in Alkohol nur schwer löste, auf Zusatz von Salzsäure jedoch eine gelbe, grün fluorescierende Lösung lieferte, ähnlich der Lösung des Benzoyldehydrocorybulbinchlorids.

Einen weiteren Versuch, das Benzoyldehydrocorybulbin zu oximieren, stellte ich in der Weise an, daß ich den durch 30%ige Natronlauge in der wässerigen Anschüttelung des Chlorids entstandenen amorphen Niederschlag absog, mit wenig Wasser nachwusch und ihn in absolutem Alkohol suspendierte. Als ich dieser Mischung dann etwas Hydroxylaminchlorhydrat zusetzte, löste sich der Körper nach kurzer Zeit mit intensiv rotbrauner Farbe auf, die aber bei weiterem Zusatz von Hydroxylaminchlorhydrat sich aufhellte und in Gelbrot überging. Zugleich schied sich ein krystallinischer Niederschlag aus, der sich nach dem Absaugen als NaCl erwies. Das noch einmal mit etwas Hydroxylaminchlorhydrat versetzte Filtrat erwärmte ich nun am Rückflußkühler zwei Stunden lang auf dem Dampfbade und setzte die Lösung in einer bedeckten Schale der Kälte aus. Selbst nach tagelangem Stehen schieden sich keine Krystalle ab, so daß eine Oximbildung auch hier ausgeschlossen sein dürfte.

Endlich löste ich noch freies Benzoyldehydrocorybulbin in Alkohol auf, setzte etwas mehr als die zur Reaktion notwendige Menge Hydroxylaminchlorhydrat hinzu und erwärmte die Mischung

[1]) 2,2 g Hydroxylaminchlorhydrat wurden mit 4,6 g krystallisiertem Natriumkarbonat unter Alkohol zusammengemischt, die Mischung wurde dann einige Zeit auf dem Dampfbade erwärmt und schließlich mit Aether auf 110 ccm aufgefüllt. 1 ccm Filtrat = 0,2 g Hydroxylaminchlorhydrat.

vier Stunden lang auf dem Dampfbade. Nach dem Erkalten der Lösung zeigte sich dann keine Abscheidung, doch erhielt ich nach tagelangem Stehenlassen der grün fluorescierenden Lösung in der Kälte geringe krystallinische Abscheidungen, deren Menge aber zu klein war, als daß ich ihre Natur hätte feststellen können.

Werfen wir einen kurzen Blick zurück, so scheint mir aus den letzten Versuchen hervorzugehen, daß meine oben entwickelte Ansicht über die Natur des freien Dehydrocorybulbins richtig ist. Wäre der Körper die unveränderte freie Base, so müßte er wie das Berberin und Dehydrocorydalin gelb gefärbt sein und im stande sein, Chloroform und andere Körper zu kondensieren. Beides ist nicht der Fall. Er ist intensiv rotviolett gefärbt und alle Versuche, ihn mit jenen Körpern zu verbinden, sind fehlgeschlagen. Ersetzen wir jedoch das Wasserstoffatom des ihm innewohnenden Hydroxyls durch einen Säurerest, machen wir dadurch bei dem Freiwerden der Base eine innere Ringbildung unmöglich, so sehen wir jene vorausgesetzten Eigenschaften alle wieder auftreten. Die entstehende Base ist gelb gefärbt und gibt glatt Chloroform-, Aceton- und Schwefelammoniumverbindungen. Der Mißerfolg der Oximierung scheint noch auf den angewandten Methoden zu beruhen; weitere dahinzielende Versuche werden noch folgen müssen.

Reduktion des Dehydrocorybulbins. i.-Corybulbin.

Bei der Reduktion des Dehydrocorybulbins entsteht, wie bereits in einer früheren[1]), vorläufigen Abhandlung mitgeteilt wurde, ein optisch inaktives Corybulbin, ebenso wie aus dem Dehydrocorydalin inaktive Corydaline erhalten werden. Während aber beim Corydalin unter Umständen zwei verschiedene, durch den Schmelzpunkt scharf unterschiedene, inaktive Corydaline, von denen das eine spaltbar ist, entstehen, habe ich beim Corybulbin stets nur eine Verbindung erhalten, welche nach der Reinigung durch Umkrystallisieren (siehe Corybulbin) bei 220—222° schmolz. Das i.-Corybulbin ist in Alkohol schwer, aber doch bedeutend leichter löslich als das naturelle Corybulbin

0,1414 g Sbst.: 0,0873 g H_2O und 0,3683 g CO_2.

	Berechnet für $C_{21}H_{25}NO_4$:	Gefunden:
C	70,98	71,03
H	7,04	6,91.

i.-Corybulbinchlorid. Zu einer Aufschwemmung der freien Base in Wasser gab ich Salzsäure bis zur schwach sauren Reaktion, erwärmte die Mischung bis zur Lösung, filtrierte und ließ erkalten.

[1]) Dieses Archiv 239, 43 (1901).

Die nach dem Erkalten abgeschiedenen Krystalle wurden aus an gesäuertem Wasser umkrystallisiert.

Das i.-Corybulbinchlorid krystallisiert in farblosen Prismen, die sich schwer in kaltem, leicht in angesäuertem warmen Wasser lösen. Es erwies sich als wasserfrei.

0,2070 g gaben 0,0734 g AgCl.

Berechnet für $C_{21}H_{25}NO_4 \cdot HCl$:	Gefunden:
Cl 9,05	8,8.

i.-Corybulbinnitrat. Aus dem Filtrat der Chlorbestimmung im Chlorid schied sich nach dem Erkalten das Nitrat in kleinen, farblosen Nadeln aus. Ihr Schmelzpunkt lag bei 207—208°.

i.-Corybulbingoldchlorid. Die Verhältnisse lagen hier ganz ähnlich, wie beim naturellen Corybulbin. Auch hier erhielt ich durch Hinzufügen einer Goldchloridlösung im Ueberschuß zu einer mit Salzsäure angesäuerten i.-Corybulbinchloridlösung einen amorphen Niederschlag, der aus keinem Lösungsmittel umkrystallisiert werden konnte, da die erzielten Lösungen sehr bald der Zersetzung anheimfielen. Auch hier verwandte ich zur Analyse ein Material, das ich mir durch Hineinfiltrieren einer wässerigen i.-Corybulbinchloridlösung in überschüssige Goldchloridlösung und sofortiges Absaugen hergestellt hatte. Der bräunlich-gelbe Körper ward nur wenig mit Wasser nachgewaschen, möglichst rasch zunächst zwischen Fließpapier, dann im Exsiccator getrocknet und analysiert.

0,2194 g Sbst.: 0,0620 g Au.

Berechnet für $C_{21}H_{25}NO_4 \cdot HAuCl_4$:	Gefunden:
Au 28,4	28,3.

i.-Corybulbinplatinchlorid. Auch hier wurde der durch Einfiltrieren der Salzlösung in die Platinchloridlösung gewonnene amorphe Niederschlag unmittelbar analysiert, da er sich nicht umkrystallisieren ließ. Bemerkenswert ist, daß das amorphe i.-Corybulbinplatinchlorid einen scharfen Schmelzpunkt = 223° zeigte und mehr gelbbräunlich aussah, während das aus naturellem Corybulbin hergestellte Platinsalz ganz hellgelbe Färbung zeigte.

0,1570 g Sbst.: 0,0274 g Pt.

Berechnet für $(C_{21}H_{25}NO_4)_2H_2PtCl_6$:	Gefunden:
Pt 17,4	17,45.

Versuch das i.-Corybulbin in seine Komponenten zu spalten.

Nachdem H. Wagner[1]) vergebens versucht hatte, das gewöhnlich entstehende i.-Corydalin vom Schmelzpunkt 135° in seine beiden

[1]) Inaugural-Dissert. Marburg 1901.

Komponenten zu spalten, ist es Gadamer[1]) gelungen, das bisweilen unter noch nicht näher bekannten Bedingungen bei der Reduktion des Dehydrocorydalins entstehende i.-Corydalin vom Schmelzpunkt 158° in eine rechts- und linksdrehende Modifikation teilweise zu spalten. Gadamer weist darauf hin, daß theoretisch die Bildung zweier i.-Corydaline möglich ist, von denen das eine dem Typus Traubensäure-i.-Weinsäure, das andere dem der Traubensäure angehören könnte. Letzteres allein kann in seine Komponenten zerlegt werden, während ersteres kaum gespalten werden dürfte. Das i.-Corydalin vom Schmelzpunkt 135° würde der inaktiven, dasjenige vom Schmelzpunkt 158° der racemischen Form entsprechen.

Um zu sehen, welchem Typus mein i.-Corybulbin angehörte, versuchte ich auch dieses zu spalten. Ich verwendete zu diesem Zweck dasselbe Mittel, das auch Gadamer mit Erfolg zur Spaltung des i.-Corydalins verwandt hatte, das monobromkampfersulfonsaure Ammonium.

0,5 g i.-Corybulbinchlorid wurden in möglichst wenig Wasser heiß gelöst und mit einer heißen Lösung von 0,18 g o.-bromkampfersulfonsaurem Ammon in wenig Wasser versetzt. Zunächst trat keine Veränderung der Lösung ein. Ich ließ die Flüssigkeit nun langsam im Exsiccator über Aetzkalk verdunsten. Nach einiger Zeit schied sich an der Oberfläche der Flüssigkeit eine gelatinöse Haut ab, die aber bald darauf wieder verschwand. Dann schieden sich kleine hellgelbliche Knöpfchen ab. Letztere wurden durch Absaugen von der Mutterlauge getrennt, in Wasser gelöst, und die mit Ammoniak alkalisch gemachte Lösung alsdann mit Chloroform ausgeschüttelt. Die Chloroformlösung erwies sich im polarisierten Lichtstrahl als inaktiv. Die Krystalle hatten also aus unverändertem i.-Corybulbinbromkampfersulfat bestanden. Die Mutterlauge gab bei weiterem Verdunsten noch mehr Krystallisationen. Diese gaben aber ebenfalls, aus alkalischer Lösung durch Chloroform ausgeschüttelt, gegen den polarisierten Lichtstrahl inaktive Lösungen. Eine Spaltung in optisch aktive Komponenten hatte also nicht stattgefunden.

Ich suchte dann noch bei allen Darstellungen des i.-Corybulbins durch kleine Variationen vielleicht einmal auf einen mit meinem i.-Corybulbin isomeren Körper zu stoßen, der dann die racemische Form sein könnte. Bisher hatten diese Bestrebungen jedoch keinen Erfolg.

---

[1]) Arch. d. Pharm. 240, 50 (1902).

II. Isocorybulbin.

In den am schwächsten basischen Anteilen der amorphen Corydalisalkaloide haben Gadamer und Ziegenbein[1]) ein neues Alkaloid aufgefunden, das sie Isocorybulbin nannten. Elementaranalyse, die Anzahl der vorhandenen Methoxylgruppen und das optische Verhalten wiesen auf eine Isomerie mit Corybulbin hin und zwar, daß diese Isomerie wahrscheinlich nur auf einer Verschiedenheit der Stellung der einen Hydroxylgruppe zu den drei Methoxylgruppen beruht. Das Alkaloid unterschied sich von dem Corybulbin besonders durch seine Löslichkeit in Alkohol, seinen Schmelzpunkt und die Schwerlöslichkeit seines Chlorids.

Alle diese Beobachtungen konnte ich an dem mir zur Verfügung stehenden Material bestätigen. Leider war dessen Menge so gering, daß ich mich darauf beschränken mußte, nur die charakteristischten Reaktionen des Corybulbins mit ihm zu wiederholen.

Es standen mir nur wenige Gramm noch stark verunreinigten, gelb gefärbten Materials zur Verfügung. Ich versuchte, den Körper zunächst durch direkte Umkrystallisierung aus Alkohol zu reinigen. Aus den erzielten rotgelben Lösungen erhielt ich jedoch immer nur gelblichweiße Krystallmassen, deren Schmelzpunkt nicht über 173° hinaus stieg. Ich versuchte nun einen anderen Weg einzuschlagen. Ich suspendierte die Base in viel Wasser, säuerte mit Salzsäure an, hielt das Gemisch einige Zeit im Sieden, filtrierte die Lösung ab und wiederholte das Auskochen mit dem Rückstand mit schwach salzsäurehaltigem Wasser so lange, bis alles in Lösung gegangen war. Nach dem Erkalten wurde das auskrystallisierte salzsaure Salz in Wasser suspendiert, mit Ammoniak zersetzt und die freie Base mit Aether ausgeschüttelt. Die ätherische Lösung wurde im Scheidetrichter von der wässerigen getrennt, filtriert und in einer flachen Schale, vor Licht geschützt, der freiwilligen Verdunstung überlassen. Der krystallinische Rückstand wurde dann aus Alkohol umkrystallisiert. Alle Operationen sind sorgfältig vor Licht geschützt auszuführen.

Ich erhielt so das Isocorybulbin auch in rein weißen Blättchen, die den scharfen Schmelzpunkt 179—180° zeigten. Die sich später ausscheidenden, schwach gelblichen Krystalle können zu manchen Operationen, besonders zu Oxydationsversuchen unbedenklich benutzt werden. Das spez. Drehungsvermögen hatten Gadamer und Ziegenbein bereits bestimmt und zu +299,8 gefunden.

0,1471 g rein weiße Blättchen gaben 0,0954 g H_2O und 0,3817 g CO_2.

Berechnet für $C_{21}H_{25}NO_4$:	Gefunden:
C 70,94; H 7,09.	C 70,8; H 7,25.

[1]) Arch. d. Pharm. 1902, 50.

Oxydation von Isocorybulbin mit Jod. Dehydroisocorybulbinjodid.

1 g Isocorybulbin suspendierte ich in 50 ccm Alkohol, gab 3,0 g Jod hinzu und erhitzte einen Tag lang im Autoklaven auf 95—100°. Nach dem Erkalten leitete ich in die tiefbraune Flüssigkeit, in der gelbbraune Superjodide ausgeschieden am Boden lagen, Schwefligsäureanhydrid ein, um das überschüssig angewandte Jod zu binden. Die hellgelbe, mit SO_2 gesättigte Flüssigkeit erwärmte ich nun so lange auf dem Dampfbade, bis die Superjodide vollständig zersetzt waren. Es resultierte eine rotgelb gefärbte Lösung, in der kleine, rotgelbe Nadeln suspendiert waren. Auch diese wurden durch längeres Kochen der Flüssigkeit in Lösung übergeführt, die Lösung filtriert und zum Erkalten beiseite gestellt. Die ausgeschiedenen Krystalle wurden gesammelt und aus verdünntem Alkohol umkrystallisiert.

Das Dehydroisocorybulbinjodid bildet derbe, bräunlich-gelb gefärbte Nadeln, die bei 260° noch nicht schmelzen. Sie lösen sich in Wasser, Alkohol und in einem Gemisch beider viel schwerer auf als das Dehydrocorybulbinjodid.

Im Gegensatz zu diesem erwies es sich als wasserfrei.

0,2334 g Sbst.: 0,1145 g AgJ.

Berechnet für $C_{21}H_{21}NO_4HJ$:	Gefunden:
J 26,5	26,5.

Dehydroisocorybulbinnitrat. Aus dem Filtrat von der Jodbestimmung schied sich nach dem Erkalten das Nitrat in Form kleiner, bräunlich-gelber Nadeln ab, die ebenfalls bei 260° noch nicht geschmolzen waren.

Freies Dehydroisocorybulbin.

Leider reichte die mir jetzt noch zur Verfügung stehende Menge nur zu einem qualitativen Vorversuch aus. Dieser zeigte mir aber, daß auch das Dehydroisocorybulbinjodid durch Natronlauge krystallinisch gefällt wird. Die alkalische Lösung sieht jedoch mehr braunrot, der abgeschiedene Körper rein braun aus.

Weitere Untersuchungen werden, sobald mehr Material vorhanden ist, folgen.

Reduktion des Dehydroisocorybulbins. i.-Isocorybulbin.

0,75 g Dehydroisocorybulbinjodid wurden in Wasser suspendiert, etwas angeätztes granuliertes Zink hinzugegeben, und mit Schwefelsäure stark angesäuert. Ich erwärmte dann die Mischung so lange auf dem Dampfbade, bis die Flüssigkeit völlig farblos geworden war. Die farblose Lösung wurde sodann in einen Scheidetrichter filtriert, mit 30% Ammoniak alkalisch gemacht und mit Aether mehrmals ausgeschüttelt. Die ätherische Lösung wurde filtriert, freiwillig verdunsten gelassen, und der verbleibende Rückstand aus Alkohol umkrystallisiert.

Das i.-Isocorybulbin bildet feine, weiße Nadeln, die sich häufig in filzig aussehenden Rosetten anordnen. Sein Schmelzpunkt liegt zwischen 165—167°. 0,26 g in 1 dm-Rohr in Chloroformlösung polarisiert, drehte den polarisierten Lichtstrahl nicht.

0,1530 g i.-Isocorybulbin gaben 0,0964 g H_2O und 0,3985 g CO_2.

Berechnet für $C_{21}H_{25}NO_4$:	Gefunden:
C 70,94	71,03
H 7,09	7,05.

Das Verhalten des Isocorybulbins bei der Oxydation mit Jod und darauf folgender Reduktion stimmt also mit dem des Corybulbins überein. Bemerkenswert ist in beiden Fällen, daß der Schmelzpunkt des i.-Körpers ca. 15° niedriger liegt, als der des naturellen Alkaloids.

	Schmelzpunkt des + - Körpers	i. - Körpers
Corybulbin:	237°	220—222°
Isocorybulbin:	179—180°	165—167°.

Ich habe schon vorher erwähnt, daß Gadamer[1]) die Isomerie des Isocorybulbins mit dem Corybulbin, die auch durch meine Versuche bestätigt wurde, durch die verschiedene relative Stellung der Hydroxylgruppe zu den drei vorhandenen Methoxylgruppen erklärte. Der Beweis dafür konnte einerseits dadurch erbracht werden, daß man das Isocorybulbin mit Jodmethyl bei Gegenwart von Alkali behandelte. Es mußte dann ebenso, wie das für das Corybulbin bereits durch Dobbie und Lauder[2]) festgestellt worden ist, in Corydalin übergehen. Andererseits kann man diese Isomerie auch dadurch beweisen, daß man das Corybulbin, Isocorybulbin und Corydalin entmethoxyliert und die entstehenden Produkte vergleicht. Wenn obige Ansicht richtig ist, müssen sie identisch sein. Es wäre dies zugleich ein weiterer Beweis dafür, daß das Corydalin sich tatsächlich nur durch eine Methoxylgruppe von den beiden anderen Basen unterscheidet. Den letzteren Weg schlug ich ein.

Entmethoxylierung des Corydalins.

Bereits Dobbie und Lauder[3]) haben das durch Entmethoxylierung des Corydalins entstehende Jodid isoliert und als $C_{18}H_{19}NO_4 \cdot HJ$ charakterisiert. Sie gaben dem Salze den Namen Apocorydalinjodid. Ihrer Vorschrift folgte auch ich.

1) Arch. d. Pharm. 1902, 52.

2) Journ. of chem. soc. 1901, Tr. 7.

3) Journ. of chem. soc. 1892. LXI, Tr. 609.

2 g Corydalin wurden in einem Rundkolben mit 65 ccm rauchender Jodwasserstoffsäure (sp. Gew. 1,7) übergossen und zwei Stunden lang am Rückflußkühler im Sieden erhalten. Sodann wurde die heiße Flüssigkeit in eine Schale entleert und über Nacht an einem kalten Ort stehen lassen. Die am anderen Morgen ausgeschiedenen Krystalle wurden abgesogen und aus heißem Wasser umkrystallisiert.

Das Apocorydalinjodid bildet gelbe, warzenförmige Krystallmassen, die wenig charakteristisches zeigten. Beim Erhitzen im Schmelzröhrchen fangen sie bereits bei 200° an, sich dunkel zu färben und zersetzen sich dann zwischen 250—260°.

Apocorydalinchlorid.

Da das Jodid wenig charakteristische Eigenschaften besaß, und auch Dobbie und Lauder[1]) bereits erwähnten, daß es nur sehr schwer frei von Jod erhalten werden könnte, führte ich es zur besseren Charakterisierung ins Chlorid über.

Zu dem Zwecke löste ich das Jodid in Wasser, setzte etwas Chlorsilber und einige Tropfen Salzsäure hinzu und erwärmte einige Zeit. Heiß filtriert gab die Lösung nach dem Erkalten nur eine geringe Menge eines pulverigen Niederschlages. Auf Zusatz von Salzsäure bis zur stark sauren Reaktion fiel jedoch ein dicker, gelblicher Niederschlag aus, der sich bald krystallinisch zu Boden setzte. Er wurde abgesogen und aus salzsäurehaltigem Wasser umkrystallisiert.

Das Apocorydalinchlorid bildet derbe, schwach gelbliche Tafeln, leicht löslich in Wasser, schwer in salzsäurehaltigem Wasser. Es schmilzt unter lebhaftem Aufschäumen bei 220—222°. Es ist wasserfrei.

0,1832 g Sbst.: 0,0740 g AgCl.

Berechnet für $C_{18}H_{19}NO_4 \cdot HCl$:	Gefunden:
Cl 10,14	10,0.

Versuche das Gold- und Platindoppelsalz des Apocorydalins darzustellen.

Zur weiteren Kennzeichnung des entmethoxylierten Körpers versuchte ich noch, das Gold- und Platindoppelsalz desselben darzustellen, doch in beiden Fällen ohne Erfolg. Es trat immer sehr bald Reduktion ein, eine Reaktion, die durch das Vorhandensein der vier freien Hydroxylgruppen seine Erklärung finden dürfte.

Gab ich zur wässerigen Lösung des Apocorydalinchlorids Gold- bezw. Platinchloridlösung, so trat schon nach kurzer Zeit in der zunächst klaren Lösung braune Trübung, dann Abscheidung amorpher brauner Flocken ein. Arbeitete ich in alkoholischer Lösung, so blieb die Flüssigkeit längere Zeit klar, doch trat auch hier nach einiger Zeit beim Aufbewahren im Exsiccator Reduktion ein.

[1]) a. a. O.

Entmethoxylierung des Corybulbins.

Die Entmethoxylierung des Corybulbins führte ich ebenso, wie die des Corydalins durch Erhitzen mit rauchender Jodwasserstoffsäure am Rückflußkühler aus. Die nach dem Erkalten der sauren Lösung erhaltenen Krystalle des Jodids führte ich auch hier durch Behandeln mit Chlorsilber und Salzsäure in das Chlorid über und krystallisierte dieses aus mit Salzsäure angesäuertem Wasser um.

Das Apocorydalinchlorid, aus Corybulbin gewonnen, sieht äußerlich genau so aus, wie das aus dem Corydalin dargestellte. Es bildet wie dieses, derbe, schwach gelbliche Krystalle, die sich leicht in Wasser lösen, deren konzentrierte wässerige Lösung aber durch Zusatz von Salzsäure wieder gefällt wird. Sein Schmelzpunkt liegt unter heftigem Aufschäumen ebenfalls zwischen 220 — 222°. Ebenso ist auch sein Reduktionsvermögen gegen Gold- und Platinchloridlösung das gleiche, wie das des Apocorydalinchlorids aus Corydalin. Auch die Analyse bestätigte die Identität beider Salze.

Die Krystalle waren wasserfrei.

0,2218 g Substanz gaben 0,0891 g AgCl.

Berechnet für $C_{18}H_{19}NO_4 \cdot HCl$:	Gefunden:
Cl 10,14	9,93.

Entmethoxylierung von Isocorybulbin.

Aus Mangel an Material verarbeitete ich hier den Rückstand von der Methoxylgruppenbestimmung auf das Apocorydalinchlorid. Nach längerem Stehen hatte sich auch hier das Jodid in Krystallen ausgeschieden, die abgesogen und mit Chlorsilber und Salzsäure in das Chlorid übergeführt wurden.

Das Chlorid bildet auch hier derbe, schwach gelbliche Krystalle, die in ihren Löslichkeitsverhältnissen mit den beiden anderen Chloriden übereinstimmen. Auch sie sind in Wasser leicht löslich und werden aus dieser Lösung durch Salzsäure wieder abgeschieden. Sie schmelzen ebenfalls unter Aufschäumen bei 220 — 222°. Auch ihr großes Reduktionsvermögen gegen Gold- und Platinchloridlösung habe ich konstatieren können. Leider war ihre Menge zu klein, als daß ich auch hier durch eine Analyse ihre Identität hätte sicher stellen können, aber ich glaube, die angeführten charakteristischen Eigenschaften des Salzes genügen, um es mit Sicherheit als mit den beiden anderen identisch erklären zu können.

Aus dieser Identität der drei Salze wird einerseits bei Berücksichtigung, daß das Corydalin vier, die beiden anderen Alkaloide je drei Methoxylgruppen besitzen, noch einmal auf anderem Wege bewiesen, daß das Corydalin nichts weiter als ein O-Methylcorybulbin ist, andererseits auch mit aller Schärfe nachgewiesen, daß die Verschiedenheit des Corybulbins und Isocorybulbins nur auf einer verschiedenen Stellung der Hydroxylgruppe zu den vorhandenen Methoxylgruppen beruht. Weiteren Aufschluß über die Stellung der Hydroxylgruppe würde man erlangen können, wenn man die beiden Basen mit Salpetersäure oder mit Kaliumpermanganat oxydierte und die entstehenden Produkte vergliche. Wegen Mangel an Material muß diese interessante Untersuchung auf später verschoben werden.

Im Laufe der Untersuchungen waren Zweifel darüber entstanden, ob das Isocorybulbin primär in den Corydalisknollen vorkäme, oder ob es erst sekundär bei der Verarbeitung der Alkaloide entstanden wäre. Als einzige Operation, bei der die Möglichkeit einer sekundären Bildung vorlag, kam nur ein Versuch in Frage, bei dem eine Lösung von Corydalin enthaltendem Rohbasengemisch, welches als solches nicht mehr krystallisierte, in Ligroin mit Salzsäuregas behandelt worden war. Man könnte annehmen, daß dadurch ev. eine Abspaltung einer Methylgruppe veranlaßt und damit ein Isomeres vom Corybulbin gebildet worden wäre. Ich beabsichtigte nun die Frage dadurch zu entscheiden, daß ich jenen Versuch mit reinem Corydalin wiederholte. Ließ sich in den entstehenden Produkten Isocorybulbin nachweisen, so war die Möglichkeit der sekundären Bildung dadurch bewiesen, wenngleich trotzdem das Isocorybulbin präexistent sein kann, im anderen Falle konnte man es sicher als primär in der Wurzel existierend annehmen.

Zu dem Zwecke löste ich 2 g Corydalin in Ligroin und sättigte die kalte Lösung mit Chlorwasserstoff. Ich überließ dann die Mischung einige Tage sich selbst, sog dann die ausgeschiedenen salzsauren Salze ab, löste sie wiederum in Wasser und schüttelte die mit Ammoniak alkalisch gemachte Lösung mehrmals mit Aether aus. Die ätherische Lösung der Basen ließ ich freiwillig verdunsten und krystallisierte den Rückstand fraktioniert aus Alkohol um. In den einzelnen Fraktionen bestimmte ich den Schmelzpunkt, sonderte die höher als 135°, dem Schmelzpunkt des Corydalins, schmelzenden Anteile aus und unterwarf sie weiter der fraktionierten Krystallisation aus Alkohol.

Ich bekam auf diese Weise endlich ein Produkt, dessen Schmelzpunkt bei 175—180° lag, dessen Menge aber zu gering war, um es mit Sicherheit als Isocorybulbin charakterisieren zu können. Immerhin geht aus diesem Versuch hervor, daß die Möglichkeit einer sekundären Bildung des Isocorybulbins nicht ohne weiteres von der Hand zu weisen ist. Die Versuche, die diese Frage definitiv entscheiden sollen, werden fortgesetzt werden.

Pharmazeutisch-chemisches Institut Marburg und Breslau.

Untersuchungen über den russischen Safran.

Von Professor Wladimir Tichomirow-Moskau.

(Eingegangen den 27. IX. 1903.)

Unsere Kenntnisse des russischen Safrans sind bisher leider noch sehr ungenügend und lückenhaft. Wir wissen nur, daß in Transkaukasien, und zwar im Gouvernement Elisabethpol: in der Umgebung von Elisabethpol, Tiflis, Derbent und Baku, am Kaspi-See und in dem benachbarten Nord-Persien (jenseits des Stromes Araks), Safran gebaut wird, um zu lokalen Zwecken verwendet zu werden, ohne daß derselbe jedoch Zentral-Rußland, resp. Moskau als Handelsartikel erreicht.

Welches ist nun die Stammpflanze dieses transkaukasischen und persischen Safrans? Vermutlich, ja sogar höchst wahrscheinlich der echte *Crocus sativus, varietas α-autumnalis L.* aus Afganistan (Kandahar, Kaschmir) und Nordindien stammend. Jedoch finden sich in Süd-Rußland: Krim (Taurien) auch *Crocus sativus, varietas β-Pallassii Maw = C. Pallassii Marschall-Bieberstein* mit *C. speciosus Marsch.-Biebr.* vergesellschaftet. Letztere Art ist auch in dem Kaukasus und in Nord-Persien heimisch. Wie weit konnten also die beiden genannten Crocusarten in Bezug auf die Safrangewinnung in Frage kommen?

Bisher war diese Frage ganz und gar offen. Ich benutzte daher mit großer Freude die Gelegenheit, den Safran, aus Narben und Stielen von *Crocus Pallasii* und *C. speciosus Marsch.-Biebr.* bestehend, zu untersuchen.

Dieser glückliche Zufall bot sich mir durch die höchst liebenswürdige Unterstützung von Herrn Stanislaw Alexandrowitsch Mokrżecky, dem tüchtigen Krim-Flora-Kenner und offiziellen Entomologen des Sympheropol-Gouvernements, sowie Vorsteher des Sympheropol'schen landwirtschaftlichen Museums.

Vor allem halte ich mich daher für verpflichtet, dem genannten Herrn, sowohl für das schöne Herbarmaterial, als auch für die sauber präparierten Narben beider Crocusarten meinen besten, herzlichsten Dank auszusprechen.

Wie aus dem nachstehenden hervorgeht, hat sich für die Safrangewinnung *Crocus Pallassii Marsch.-Biebr.* als vorzüglich, *C. speciosus Marsch.-Biebr.* als gut herausgestellt.

Ich beginne meine Mitteilung mit den bezüglichen Angaben der bisherigen Autoren. Von den großen, hier in Frage kommenden Crocusarten vervollständige ich die ersteren durch eigene systematische und histologische Beobachtungen, und schließe mit einer vergleichenden Prüfung ihrer Narben und Stiele als schätzenswerte Handelsware, indem ich, soweit es hierbei nötig erscheint, auch den echten Safran: *Crocus sativus, var. α-autumnalis L.* zum Vergleich mit heranziehe. Die Diagnosen gründen sich hauptsächlich auf Boissier's klassische Flora orientalis.

Abteilung I: Involucrati.

Seria: Reticulati.

1. *Crocus sativus varietas α-autumnalis (domesticus mihi) L.* kann wohl als so bekannt betrachtet werden, daß eine besondere Artbeschreibung hier zu entbehren ist. Die Abbildungen dieser Pflanze sind in allen Atlassen offizineller Pflanzen weit verbreitet, die Monographie von G. Maw: A monographie of the genus Crocus, Plate 20, mit eingerechnet.

Synonyme: *Crocus graecus Hedr. = C. Orsini Parlat.*

Heimat: Bekanntlich ist die Kultur der echten Safranpflanze sehr alt, so daß ihr Vaterland nicht mehr sicher zu ermitteln ist. Frucht und Same sind wegen der eingebüßten Befruchtungsfähigkeit unbekannt. Die Heimat betreffend, finden wir bei Boissier: Flora orientalis, Vol. V, p. 100, Gattung No. 9, „Habitat circa Athenas, Cicladibus, Creta, in montibus supra Smyrnam".

2. *Crocus sativus, var. β-Pallassii Maw = C. Pallassii Marschall-Bieberstein.* Diagnosis: „Perigonii tubus duplo longior[1]) faux flavescens, stigmata antheris subbreviora vel eis subaequantia vel vix superantia". Boissier: Flora orientalis, Vol. V, pag. 100, No. 9.

Synonyme: *C. Pallassii* (Species) Marschall-Bieberstein: Flora Taurico-Caucasica, III, pag. 35 = *C. autumnalis Mr.-Biebr.:* Flora Taurico-Caucasica, I, pag. 27 = *C. Pallassii Regel.*

Heimat: „Habitat Tauria (Marschall-Bieberstein, Steven), Dalmatia, Hungaria (Boissier l. c.)".

Nach den Angaben des vor einigen Jahren dahingeschiedenen Prof. J. Schmalhausen-Kiew: Flora von Mittel- und Südrußland (inkl. Krim und Kaukasus) Bd. II, S. 467, Kiew 1897; Kuschnerew (russisch) findet sich *Crocus sativus β-Pallassii* in der Krim, und zwar bei Sympheropol, wie auch in Dalmatien, Rumänien, Dobrudscha und in Klein-Asien.

Mein Material, welches ich Herrn Mokrżecky aus Sympheropol verdanke, wurde von ihm im Gouvernement und Bezirk Sympheropol gesammelt, und zwar in Wäldern in der Umgegend der Dörfer Kaïasch

[1]) *Crocus sativus α-autumnalis L.:* Perigonii tubo limbo sesquilongiore (Boissier l. c.)

und Chan-Eli, wo *Crocus sativus β-Pallassii Maw* mit *C. speciosus Marsch.-Biebr.* vergesellschaftet Ende September und im Oktober zu blühen pflegt.

Abteilung II: Nudiflori.

Seria: Annulati.

Crocus speciosus Marschall-Bieberstein. (Flora Taurico-Caucasica, I, 27). Diagnosis: Cormi (Bulbi) tunices tenuiter membranaceis . . . inferne in annulos horizontaliter circumcissis . . . . flore autumnali amplo, spatha diphylla, vaginis occultata, perigonii valde exerto limbo violaceo duplo longiore, laciniis obovato oblongis basi interdum lutescenti, suffusis externis acutiusculis, fauce glabra, filamento minute velutino, anthera lutea subduplo breviore, stigmatibus croceis stamina superantibus in lacinias breves subincrassatas multifidis.

Abbildungen: G. Maw: Monographie of the genus Crocus, Plate 64; Botanical Mag., Plate 3861; Reichenbach in Plantae orientalis als *Crocus multifidus Rchb.*

Heimat: Nach Boissier, Flora orientalis, Vol. V, pag. 114, No. 43 findet sich diese Crocusart in der Krim (in umbris Tauria: Marschall-Bieberstein, Steven), in Klein-Asien, und zwar auf dem Berge Kalatdag, zwischen Baïrut und Trapezunt, im Nord- und Südkaukasus bis zu dem Schwarzen Meere, auf Talisch, Karabach. Auch am Kaspisee, gegenüber von Kisil-Agatsch und Lenkoran, sowie an den Persischen Nordufern wurde die Pflanze gefunden. Nach Busse blüht sie im Oktober und November. Die Pflanze kommt auch in Transilvanien und Ungarn vor. Nach den erschöpfenden botanisch-geographischen Arbeiten und Untersuchungen von Dr. Gustav Radde[1]), den großen Kaukasus-Naturkenner, erscheint *Crocus speciosus Marsch.-Biebr.* als Vertreter der Gebirgsflora des Kaukasus, wo er bei 1500 1700 russischen Fuß über den Meeresspiegel auftritt. (Vegetation der Erde, III, Grundzüge der Pflanzenverbreitung in den Kaukasusländern von Dr. G. Radde, SS. 333, 426, 433). Nach Schmalhausen (l. c. Bd. II, S. 467) findet sich *Crocus speciosus Marsch.-Biebr.* in Südwest-Rußland (Podolien, im Bezirk Balta, Dorf Nostoïti selten), in den Bergwäldern der Krim und auf dem Kaukasus. Man vergleiche ferner W. J. Lipsky: Kaukasus-Flora, St. Petersburg, 1899 (russisch): Conspectus florae Caucasi, pag. 460 (Species No. 375).

Mein Material, welches ich durch Herrn Mokrżecky erhielt, stammt aus dem Gouvernement und dem Bezirk Sympheropol, und

[1]) Der auf naturwissenschaftlichem Gebiete hochgeschätzte Vorstand des Tifliser Museums ist erst vor kurzem aus seiner noch immer regen geistigen Tätigkeit in hohem Alter vom Tode dahingerafft worden.

zwar ist dasselbe in einem Walde des Dorfes Chan-Eli am 1. Oktober 1901 gesammelt worden, wo es mit *Crocus Pallassi Marsch.-Biebr.* vergesellschaftet gefunden wurde.

Ich komme jetzt auf einige systematische Beobachtungen über das mir vorliegende Material zu sprechen. Was *Crocus sativus β-Pallassie Maw* = *C. Pallassii Marsch.-Biebr.* anbetrifft, so weist schon die zweideutige Beschreibung genannter Forscher als Varietas — Maw und Species — Marschall-Bieberstein auf eine große Uebereinstimmung mit der typischen Form: *Crocus sativus α-autumnalis L.* hin. Die Blüten kommen einzeln vor, jedoch ist hier die Aufmerksamkeit besonders auf zwei Tatsachen zu lenken:

1. Daß nach Boissier das Blütenrohr bei *Crocus sativus β-Pallassii Maw* doppelt so lang erscheint wie der Perigonsaum selbst (die Totallänge der Blüte betrug bei meinem *Crocus sativus β-Pallassii* 5—8 cm, die des Saumlappens 2,5—4 cm; bei *Crocus sativus-α* [1]) beträgt die Blütenrohrlänge 6—8, die des Perigonsaumlappens 2,5—3,5 cm. (Verfasser.)

2. Die, ebenso wie bei *Crocus sativus-α*, lebhaft karmosinrot gefärbten Narben (hat auch gelbliche Stiele) erscheinen mehr aufrecht und sind kürzer; sie sind so lang oder auch länger als die gelben Staubbeutel, während die Narben bei dem echten *Crocus sativus L.* bekanntlich länger als die Antheren und dabei auch herabhängend sind (Narbenlänge bei *C. sativus β-Pallassii Maw* = 2 cm, Staubbeutellänge = 13 mm; bei *C. sativus α-autumnalis L.* beträgt die Narbenlänge 2,5—3 cm, die Staubbeutellänge 12—14 mm).

Herbstblüten, wie auch der echte *Crocus sativus L.*: Blütenhülle bläulich-violett, gestreift mit Purpuradern. Die drei Hauptnerven besonders auffallend. Blütenröhre blaßviolett, weißlich. Perigonsaum gelblich, mit Haaren versehen wie bei *C. sativus α- L.*

Sowohl die netzadrig fein geaderten, braunen Schuppen der unterirdischen Pflanzenachse, als auch die weißlichen Hüllblätter der Blütenröhre lassen sich in nichts von *C. sativus α- L.* unterscheiden.

Die Messungen meiner Herbar-Exemplare lieferten bei *Crocus sativus β-Pallassii Maw* = *C. Pallassii Marschall-Bieberstein* folgende Resultate: Die Höhe der blühenden Pflanze über dem Erdboden = 8—16 cm; die Länge (Höhe) der Zwiebel (richtiger Knolle: cormus) = 1 cm; die Breite im größten Durchmesser = 1—2 cm.

Wurzellänge: 3—4 cm; im Durchmesser sind sie $^1/_8$ mm dick.

---

[1]) Die Messungen sind an blühendem *Crocus sativus α-autumnalis L.* nach lebenden und nach Herbar-Exemplaren von Villmorin, aus Belgien (Ardennen) stammend, vorgenommen.

Die Länge der ganzen Blüte beträgt 7—12 cm; die Blütenröhrenlänge 5—8 cm, die der Perigonlappen 2,5—4 cm, ihr größter Durchmesser ist 13 mm bis 1 cm lang.

Die totale Länge des Gymnöceums ist 6—13,5 cm; die Ovariumlänge beträgt 5—7 mm; die des Stieles 10—11 cm; die der Narben 2 cm.

Die Länge der Staubfäden ist 17—20 mm, die Länge des Staubbeutels 13 mm, die des Fadens 5—6 mm.

Was *Crocus speciosus Marschall-Bieberstein,* auch eine Herbstblüte, anbetrifft, so beträgt die totale Höhe der blühenden Pflanze über dem Erdboden 17—28 cm (*Crocus β-Pallassii* 8—16 cm).

Die Länge (Höhe) der Knolle beträgt 17 mm bis 1 cm, ihr größter Durchmesser 2,5 cm. Die Wurzellänge ist 3—4 cm.

Die Länge der ganzen Blüte über dem Erdboden beträgt 20 bis 25 cm (bei *C. sativus β-Pallassii Maw* 7—12 cm). Die Länge der Blütenlappen ist 4—5 cm. Der größte Durchmesser des Perigonlappens ist 16—18 mm. Die Narbenlänge beträgt bis 1 cm.

Die Staubfädenlänge ist 3 cm, die des Staubbeutels 2 cm.

Diese Art hat elegante, doppelt so große Blüten als *Crocus sativus β-Pallassii Maw*; dieselben sind jedoch ebenso gefärbt. Der Blütensaum erscheint trichterförmig; die Blütenröhren sind schlank und bedeutend verlängert. Die dichotomierenden Narben sind aufrecht (s. *Tafel II, Fig. 8, A).* Letztere erscheinen lebhaft orangerot gefärbt; an ihrem oberen Teile, an der Basis, sowie auch der Stiel, sind sie gelblich gefärbt. Die bläulich-violetten Blütenhüllblätter sind wie bei der vorigen Art: *C. sativus β-Pallassii Maw,* purpurn gestreift, jedoch entbehrt hier der Blütensaum der Haare und hat derselbe auch keine gelbliche Färbung. Charakteristisch ist auch für *C. speciosus* die wagerechte, parallele Ringelung der braunen Knolle (s. *Tafel II, Fig. 8, C, annl blb).*

Safran von den beiden Krim- und Kaukasus-Arten stammend[1]).

I. Crocus sativus β-Pallassii Maw.

Die Narben stehen nach ihrer äußeren Beschaffenheit der besten österreichischen Ware vollständig gleich und sind von letzterer nicht zu unterscheiden. Rotbraune Narben, in organischer Verbindung mit blaßgelben Stielen, keine Spur von gelben Staubbeuteln, infolge deren sauberen Entfernung, enthaltend. Die Fasern der Ware ballen sich beim Zusammendrücken mit dem Finger nicht zusammen; sie besitzen

[1]) Wie bereits erwähnt, sehr sorgfältig von Herrn Mokrzecky persönlich in Sympheropol von wild wachsenden Pflanzen gesammelt.

Tafel I.

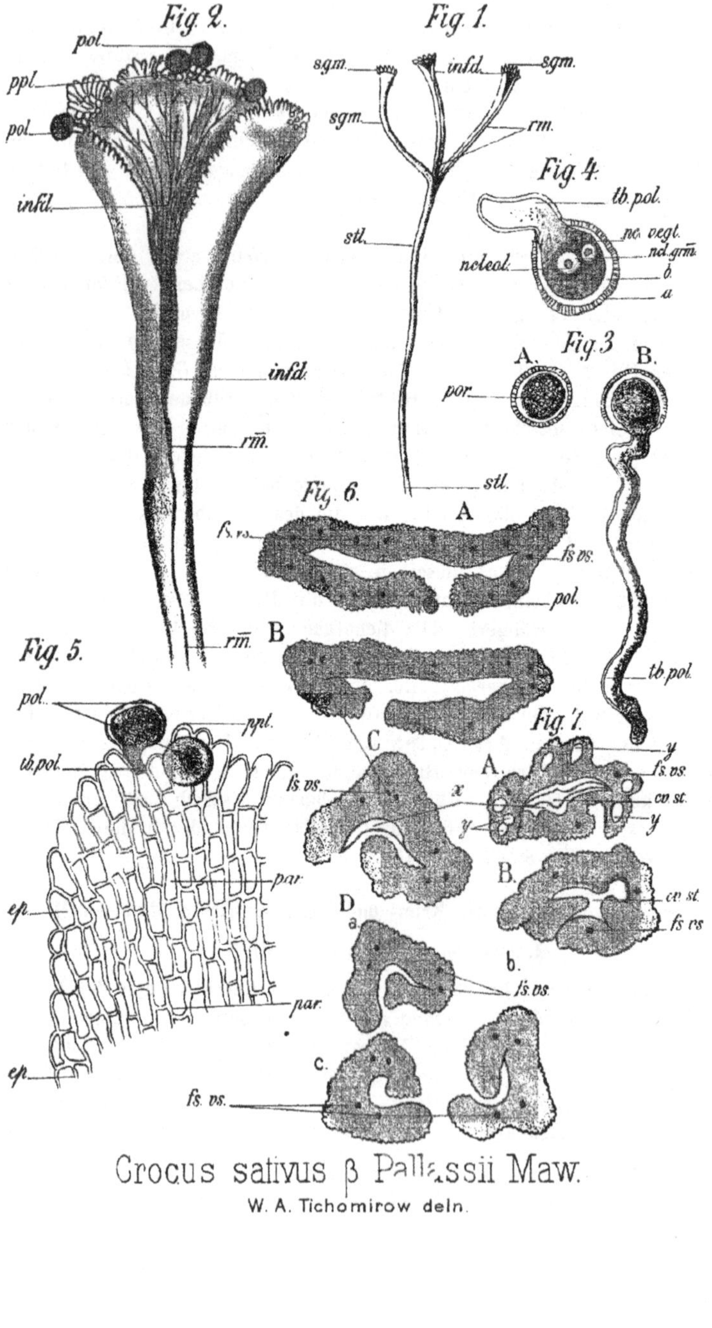

Crocus sativus β Pallassii Maw.

W. A. Tichomirow deln.

sehr starken charakteristischen Geruch und Geschmack und färben den Speichel intensiv gelb.

Was die Morphologie der Narben und Stiele anbetrifft, so finde ich hier nirgends einen Unterschied von dem echten Safran. Die trichterförmig, am Scheitel erweiterten, mit Epithelpapillen versehenen Narben, die sich allmählich zur Basis verjüngen und von ihnen aus bis an die Narbenbasis gespalten sind, sind ganz wie bei der echten Ware beschaffen (s. *Tafel I, Fig. 1, 2, 6 A—D, ppl, fs, vs, rm).*

Bekanntlich entbehrt die echte Safranpflanze der Befruchtung: ihre Pollenzellen, die nur sehr selten und nur dann und wann keimen, dringen nicht in das Narbengewebe ein. Bei *Crocus sativus* β *Pallassii* liegen diese Verhältnisse ganz anders. Die Pollenkörner treiben hier massenhaft ihre Keimschläuche aus, um sich in das Narbengewebe weiter zu vertiefen.

Auch wie bei der typischen Form erscheinen die Pollenzellen vollständig oder doch beinahe sphärisch, ohne besondere, für das Austreten der Pollenschläuche bestimmte Stellen (s. *Tafel I, Fig. 3 und 4).* Die Zellwand des Pollenkerns ist ebenso wie bei dem echten Safran bedeutend verdickt und besteht dieselbe aus einem inneren, homogenen, strukturlosen und aus einem äußeren Teile. Diese Exine ist von engen Porenkanälen durchzogen. Von oben betrachtet, erscheinen die letzteren bei Präparaten, die mit Anilinviolett gefärbt sind, farblos auf dem violetten Felde der Exine (s. *Tafel I, Fig. 3 A, B, por; Fig. 4 a, b).*

Obgleich ich es nur mit trockenem Material zu tun hatte, gelang es mir doch in manchen günstigen Fällen mit Hilfe einer konzentrierten Chloralhydratlösung (5 Teile Chloralhydrat, 2 Teile Wasser) bei keimenden Pollenkörnern die Gegenwart von einem generativen (geschlechtlichen) und von einem vegetativen Zellkern zu konstatieren (s. *Tafel I, Fig. 4 ncl, grm, ncl vegt).* Keimende Pollenzellen selbst traten, wie schon erwähnt, sehr häufig auf (s. *Fig. 2 pol und 5 tb pol).*

Beiläufig bemerkt, stimmt die Pollen-Zellstruktur bei *Crocus speciosus* (s. *Tafel III, Fig. 11)* mit der von unserem *C. sativus Pallassii* vollständig überein.

Die vergleichenden Messungen von Pollenkörnern genannter Crocusarten (in Chloralhydratlösung beobachtet) lieferten mir folgende Durchmessergrößen:

1. *C. sativus varietas α-autumnalis L.* (echter Safran) 40—55 μ.
2. *C. sativus var. β-Pallassii Maw.* 64—80 μ.
3. *C. speciosus Marschall-Bieberstein* 64—81 μ.

Was die Morphologie der Narben anbetrifft, so erscheinen die letzteren, wie schon erwähnt, an ihren Scheiteln trichterförmig erweitert und an ihrer inneren Seite bis zum Stielanfang aufgeschlitzt, wobei der Narbentrichter (infundibulum) selbst allmählich in eine Rinne (rima) übergeht, wovon man sich auf passenden Querschnitten leicht überzeugen kann *(s. Tafel I, Fig. 2, infd, rm; Fig. 6, A—D).* Die Verhältnisse liegen hier also genau so, wie bei *Crocus sativus α L.*

Schreitet man auf Serien von Querschnitten allmählich von oben nach unten vor, so läßt sich die Verminderung der Gefäßbündelzahl basipetal nachweisen; so finden sich bei *Fig. 6, A, fs, vs,* welche der tutenförmigen Narbenerweiterung entspricht, 16 Gefäßbündel-Querschnitte, bei *B* sind sie bereits auf 9 vermindert, bei *C* auf 6, bei *D* sogar auf 4. Ihre zwei Paare erscheinen hier als Bifurcationen von je 2 Gefäßbündeln, die selbst als Zweige von 3 Gefäßbündeln der Narbenbasis und des Stieles[1]) erscheinen *(s. Tafel I, Fig. 7, A, fs, vs).* Nicht selten sieht man dabei die innere Narbenoberhaut von dem innenliegenden Parenchym als eine sehr dünne Membran glatt abgelöst *(s. Fig. 6; Fig. 7, A, (Stiel), x).* Der Stielkanal ist vollständig geschlossen, seine Hülle erscheint ziemlich eng und faltig; hier und da ist die innere Oberhaut auch hier von ihrer Wand abgelöst. In der nächsten Nähe der Narbenbasen erscheint die verdickte Stielwand mit schleimigen Räumen lysigenen Ursprungs, wie wir weiter sehen werden, versehen *(s. Tafel I, Fig. 7, y).*

In histologischer Beziehung lassen sich bei *Crocus Pallassii,* verglichen mit *C. sativus, var. L.*, keine wesentlichen Unterschiede nachweisen; nur konnte ich hier in der Region der Narbenteilung und niedriger, dicht am Stielscheitel, besondere Schleimbehälter, zerstreut im Parenchym (wie auch bei *C. speciosus*) konstatieren. Diese Schleimbehälter bestehen aus großen, rundlichen, dünnwandigen Zellen, erfüllt mit Schleim. In ihrem jüngsten Zustande erscheinen dieselben in dieser Weise gebaut, später beginnen jedoch diese Zellen vom Zentrum aus nekrobiotisch abzusterben, indem durch Zellwandzerstörung Schleimhöhlen lysogenen Ursprungs entstehen *(s. Tafel III, Fig. 17, 18, y).*

Die Oberhautzellen, samt ihren Auswüchsen: epithelialverlängerten Narbenpapillen —, und die Parenchymzellen der Narbengewebe enthalten, wie bei dem echten Safran, die für uns besonders in Betracht kommenden, wichtigen Chromatophoren *(s. Tafel III, Fig. 19, 20, 21, 22, chr).* Die letzteren, im fetten Oel (Mandelöl) betrachtet, erscheinen abgerundet, vielkantig, isodiametrisch, bis doppelt so lang als breit, tief orangerot gefärbt. Das dieselben umgebende, feinkörnige Plasma der Zelle ist gelbrötlich. In Wasser und in Chloralhydrat lösen sich die Chroma-

[1]) Vgl. auch Tafel III, Fig. 15, fs, vs.

Tafel II.

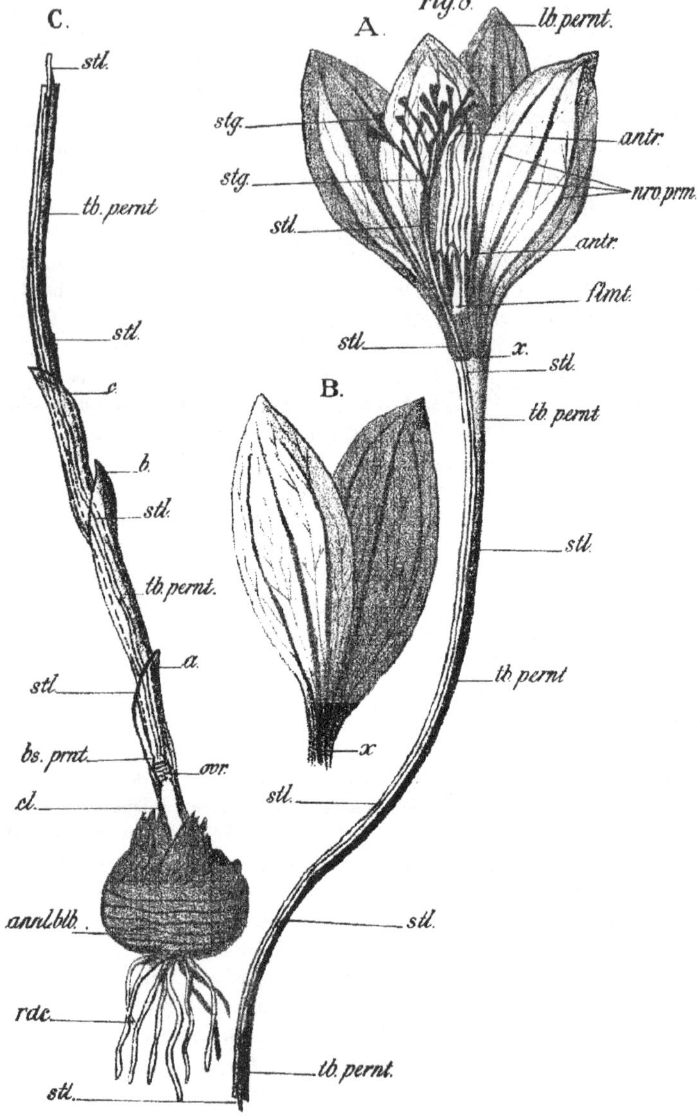

Crocus speciosus Marschall Bieberstein
Natürliche Grösse.
W. A. Tichomirow deln.

tophoren rasch auf, wobei sie als gelbrötliche, beständige Tropfen aus der Zelle in die umgebende Flüssigkeit gelangen *(s. Tafel III, Fig. 23, gt).* Die Chromatophoren messen 2—16 μ (selten mehr); erscheinen sie nicht isodiametrisch, so ist ihre Breite, bei derselben Länge, 1—8 μ.

Die innere Oberhaut der Narben ist einschichtig, aus viereckig abgerundeten Zellen bestehend. Die letzteren erscheinen im Querschnitte tangential gestreckt. Mit Anilinviolett werden die Epidermiszellen weit stärker gefärbt, als die Elemente des nebenliegenden Parenchyms. Wie schon oben erwähnt wurde, löst sich die innere Oberhaut der Narben (und des Stieles) als eine feine Membran leicht von der inneren Parenchymwand ab *(s. Tafel I, Fig. 6, c; 7, A, x).*

Das Xylem der Gefäßbündel der Narben und des Stieles besteht aus engen Spiral- und Ringgefäßen, das Phloem aus zarten, in der Länge etwas gestreckten Zellen. Siebröhren konnten hier nicht bemerkt werden. Die äußere Stieloberhaut besitzt sehr zerstreute Spaltöffnungen, die im allgemeinen nicht leicht zu finden sind. Der Schließzelleninhalt besteht bei ihnen aus einer feinkörnigen plasmatischen Masse, in der ein langgestreckter Zellkern eingebettet zu liegen pflegt.

II. Crocus speciosus Marschall-Bieberstein.

Die wiederholt di- und trichotomierenden Narben von *C. speciosus Marsch.-Biebr.* lassen sich beim ersten Anblick erkennen und ebenso leicht wie sicher von den drei einfachen, an ihren oberen Enden tutenförmig erweiterten Narben von *C. β-Pallassii Maw* unterscheiden *(s. Tafel II, Fig. 8, A, stg; Tafel III, Fig. 9 stg und Tafel I, Fig. 1, sgm).* Zu Safran getrocknet, erscheinen die Narben von einer helleren, orangegelblichen Farbe (wie auch bei der lebenden Pflanze). Die Stiele sind hier auch mehr blaß als bei *C. sativus β-Pallassii,* dessen tief rotbraune Narben auch im trockenen Zustande einen stärkeren, spezifischen Geruch besitzen. *Crocus speciosus* riecht als Ware schwächer.

Die Gefäßbündelverzweigung der Narben behält bei *C. speciosus* auch ihren dichotomierenden Typus, ebenso lassen sich auf den Narbenpapillen zahlreiche keimtreibende Pollenzellen beobachten *(s. Tafel III, Fig. 10, fs, vs, pol).* Bei den letzteren finde ich in der Struktur keinen Unterschied von den Pollenzellen von *C. sativus β-Pallassii (s. Tafel III, Fig. 11).*

Was die Chromatophoren anbetrifft, so unterscheiden sich dieselben auch nicht im geringsten von den Zellinklusionen dieser Art bei *C. sativus Pallassii,* wie es aus den Abbildungen auf *Tafel III, Fig. 12, chrm und 13* zu ersehen ist.

Die drei einfachen Narbenbasen erscheinen bei *C. speciosus*, wie auch weiter bei ihrer beginnenden Verwachsung, auf der inneren Seite gerinnt, wobei sich auch oft auf dem Querschnitte die abgelöste innere Oberhaut beobachten läßt. Was jedoch die Gefäßbündelzahl betrifft, so treten die drei Leitbündel des Stieles als solche in die Narbenbasen ein, um höher zu dichomieren anzufangen *(s. Tafel III, Fig. 14, 15, x, fs, vs).*

Die Zellen der inneren Oberhaut der Narben und des Stieles erscheinen im Querschnitt tangential gestreckt; dieselben nehmen Anilinviolett begierig auf, wobei jedoch die innen anliegenden Parenchymgewebe den Farbstoff in viel geringerem Maße aufspeichern *(s. Fig. 16, ep, par).* Beim Präparieren löst sich diese innere Oberhaut leicht von den anliegenden Parenchymelementen als ein sehr dünnes Häutchen, ebenso wie bei der vorigen Art, ab *(s. Tafel III, Fig. 14, 15, x).*

Was die Schleimbehälter anbelangt, so lassen sich dieselben in den Regionen der Narbenverwachsung und an den oberen Stielteilen bei *Crocus speciosus* besonders gut beobachten. Wie schon erwähnt, erscheinen sie zuerst als Gruppen von schleimenthaltenden Zellen in dem sie umgebenden, kleinzelligen Parenchym *(s. Tafel III, Fig. 17, y, par),* um dann später, durch lysigene, zentrifugalschreitende Wände zerfallend, schleimerfüllte Räume zu bilden *(s. Tafel III, Fig. 18, y).*

Safran von Crocus sativus β-Pallassii Maw = C. Pallassii Marschall-Bieberstein.

Bei der Safranprüfung muß bekanntlich die Ware eine bestimmte Färbekraft besitzen, sie soll ferner genügend rein mit konzentrierter Schwefelsäure auf Crocin, bezw. Polychroit reagieren und darf endlich gewisse Grenzen im Aschengehalt nicht übersteigen. Die russische Pharmakopöe (V. Auflage, 1902) fordert, ebenso wie auch die Pharmacop. germanica und helvetica, sowie die der Vereinigten Staaten von Nord-Amerika, daß 1 Teil des zu prüfenden Safrans 100000 Teile destillierten Wassers deutlich gelb färben soll, wogegen die Pharmacop. austriaca sich mit nur 30000 Teilen Wasser begnügt. Werden nach Caesar & Loretz (Hager's Handbuch der pharm. Praxis von Fischer und Hartwich, I. B., S. 966) 0,3 g guten Safrans im Laufe von mehreren Stunden mit 300 g destillierten Wasser ausgezogen und wird alsdann 0,1 ccm dieses Auszuges (0,0001 g Safran) mit 100 ccm Wasser versetzt, so soll noch eine, wenn auch schwache, so doch noch erkennbare gelbliche Färbung wahrnehmbar sein. Unter diesen Bedingungen färbt also 1 Teil

Tafel III.

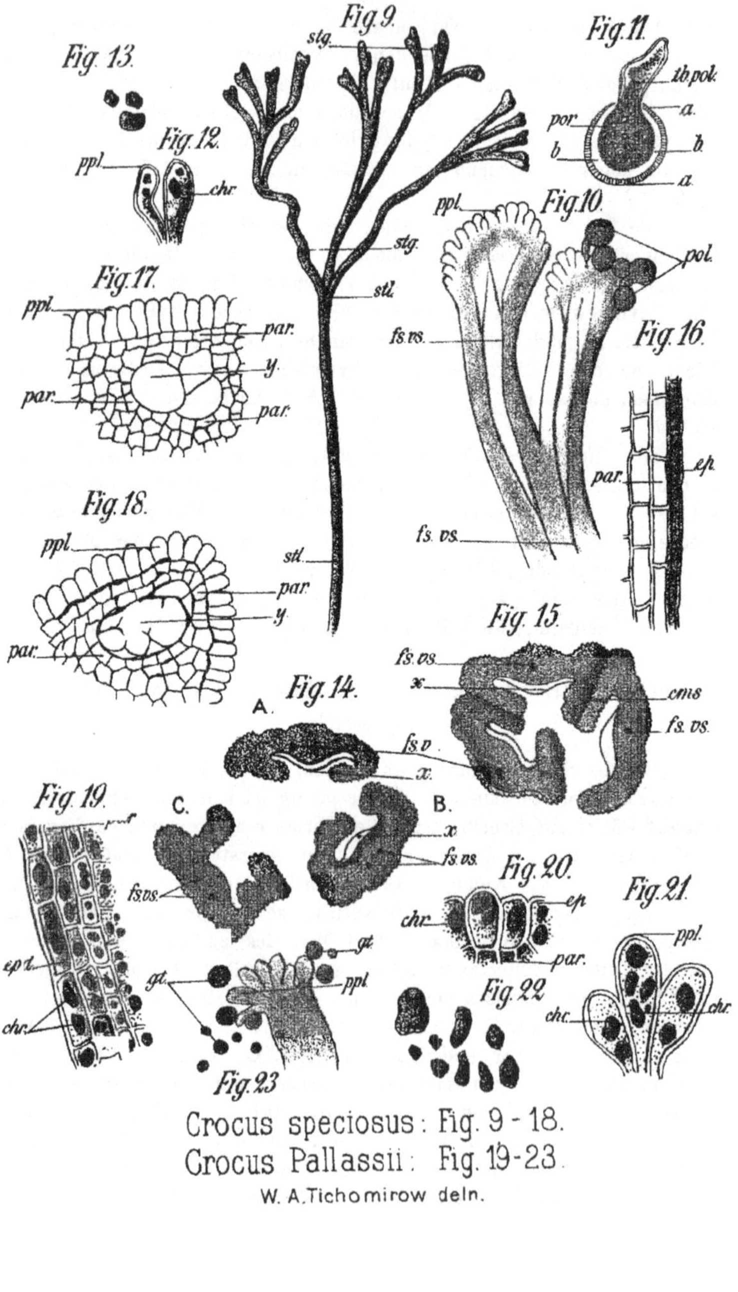

Crocus speciosus: Fig. 9 - 18.

Crocus Pallassii: Fig. 19-23.

W. A. Tichomirow deln.

Safran 1000000 Teile Wasser. Dies ist die allerhöchste Grenze der Färbekraft des besten Safrans.

Der reine Safran muß ferner bekanntlich eine gute Crocinreaktion zeigen, indem die in einer weißen Porzellanschale fein zerriebenen Narben beim Zufließenlassen einiger Tropfen konzentrierter Schwefelsäure sich vorübergehend tiefblau, dann violett und endlich dauernd rotbraun färben.

Der Aschengehalt schwankt beim echten Safran bekanntlich sehr bedeutend: nach Koenig von 4,25—4,5 %, nach Hilger bis 8 %. Die russische Pharmakopöe gestattet nicht mehr als 8 % Asche, die deutsche, die schweizer und die amerikanische Pharmakopöe 7,5, die englische 7, die österreichische 8 % Asche. Vergleichen wir nun diese Pharmakopöeforderungen bei den getrockneten Narben und Stielen von *Crocus sativus β-Pallassii Maw = C. Pallassii Marschall-Bieberstein*, so ergibt sich folgendes:

Die oben erwähnte Probe von Caesar & Loretz ergab ein entschieden positives Resultat, denn ich konnte stets, wenn auch schwach, jedoch sicher die gelbliche Farbe des wässerigen Auszuges konstatieren. Bei einem Verhältnis von 1 : 100000 erschien die Färbung des Auszuges lebhaft gelb. Hieraus folgt, daß in dieser Beziehung *Crocus Pallassii* der allerbesten Safranware vollständig gleich steht, und auch beiläufig gesagt, in Bezug auf die Stärke des Geruches und des Geschmackes nichts Besseres zu wünschen ließ.

Bei der Crocinreaktion, sowohl bei der Einwirkung eines Tropfens konzentrierter Schwefelsäure auf die zerriebenen Narben und Stiele, als auf die im unverletzten Zustande befindlichen Organe, trat sofort eine prächtige Blaufärbung ein, die, wie gewöhnlich, rasch in Violett und schließlich in ein bleibendes Rotbraun überging, genau so, wie es bei der allerbesten Handelsware zu beobachten ist.

Der Aschengehalt der geprüften Narben (mit Stielen) betrug nur 4,8 %, gegen 7—8 %, welche die genannten Pharmakopöen gestatten.

Wie bekannt, darf der wässerige Safranauszug auf Zusatz von Kalilauge, Salzsäure und Eisenchlorid seine gelbe Farbe nicht verändern. Genau so verhält sich auch der Auszug der Narben und Stiele von *C. Pallassii Marsch.-Biebr.*

Alle die genannten Eigenschaften des wilden Safrans der Krim (und auch des Kaukasus) von *C. Pallassii* weisen unfehlbar darauf hin, daß, wenn derselbe einmal in Kultur genommen würde, wie er es im höchsten Grade verdient, sich als Ware in seinen vorzüglichen Eigenschaften nur der besten Sorte von *Crocus austriacus* zur Seite stellen dürfte.

Safran von Crocus speciosus Marschall-Bieberstein.

Die getrockneten, wiederholt zerschlitzten Narben von *C. speciosus Marsch.-Biebr.* erscheinen heller gefärbt, als die der vorigen Art; die Narben sind gelblich rot, die Stiele kommen sogar farblos vor. Auch der Geruch kam mir weniger stark vor, allerdings war auch der Vorrat an getrocknetem Material bedeutend geringer, wie von *C. Pallassii.* Aus diesem Grunde konnte daher auch der Aschengehalt nicht ermittelt werden. Die Crocinreaktion verlief jedoch ebenso scharf und schön wie bei *C. Pallassii.*

Der wässerige Auszug zeigte bei einer Verdünnung von 1 : 100000 noch eine sattgelbe Farbe; auf Zusatz von Kalilauge, Salzsäure und Eisenchlorid erlitt derselbe keine Veränderung. Also auch hier finden wir alle die Merkmale [1]), welche die Pharmakopöen verlangen.

Faßt man die Eigenschaften der Narben und Stiele der beiden Crocusarten zusammen, so kann *Crocus sativus β-Pallassii Maw = C. Pallassii Marschall-Bieberstein* als eine, einen vorzüglichen, *C. speciosus Marsch.-Biebr.* als eine, einen guten Safran liefernde Art bezeichnet werden. Letztere ist daher aus der Reihe der Verfälschungen (s. Berg's Warenkunde) zu streichen.

Jedenfalls ist es der Mühe wert, unsere beiden, in der Krim und auf dem Kaukasus wildwachsenden Crocusarten in Kultur zu nehmen, da Rußland dann in der nächsten Zukunft nach und nach der Einfuhr fremden Safrans entbehren könnte und der Krim und dem Kaukasus hierdurch eine neue Quelle des Wohlstandes erwachsen würde.

Moskau, den 24. September 1903.

Pharmazeutisches Laboratorium der Universität.

Erklärung der Abbildungen [2]).

Tafel I.

Fig. 1—7 *Crocus sativus β-Pallassii Maw = C. Palassii Marschall-Bieberstein.*

Fig. 1. Oberer Teil des Stieles: *stl;* mit drei Narben: *sgm; rm:* die innere Narbenrinne. Vergrößerung 5 mal.

Fig. 2. Eine von den drei Narben. *ppl:* Narbenepithel-Papillen; *pol:* Blütenstaubkörner, zwei davon keimend; *infd:* trichterförmige Erweiterung der Narbe; *rm:* Narbenspalte. Vergrößerung 20 mal.

---

[1]) Der Aschengehalt konnte, wie erwähnt, aus Mangel an Material nicht ermittelt werden.

[2]) Alle Abbildungen sind Originale und bisher noch nicht veröffentlicht.
Der Verfasser.

Fig. 3. Pollenstaubzellen. *A:* eine noch ruhende Pollenzelle, durch Methylanilinviolett (5, B) gefärbt; *por:* die farblos bleibenden Poren, von der Oberfläche aus betrachtet. *B:* die gekeimte Pollenzelle; *tb. pol:* Pollenschlauch. Vergrößerung 580. Hartnack. Präparat in Glyzerin-Chloralhydrat.

Fig. 4. Die keimende Pollenzelle. *a:* äußerer, mit Porenkanälen versehener Teil der Zellwand (Exine); *b:* innerer Teil der Zellwand (Intine); *ncl. grm:* Befruchtungs, *ncl. vegt:* vegetativer Zellkerne; *nclcl:* Zellkörnchen; *tb. pol:* Keimschlauch. 1200. Hartnack (Wasserimmersion). Konzentrierte Chloralhydratlösung (5:2).

Fig. 5. Narbe im Längsschnitt. *ppl:* Narbenpapillen; *pol:* Pollenzellen; *tb. pol:* Keimschlauch; *ep:* äußere Oberhaut; *par:* Parenchym der Narbe. 300. Hartnack, Chloralhydrat-Glyzerin.

Fig. 6. Narbe im Querschnitt. Die Schnitte basipetal einander folgend, mit der trichterförmigen Erweiterung (Scheitel) der Narbe beginnend und in der Richtung zur Narbenbasis geführt, nach den Buchstaben *A, B, C, D; pol:* Pollenstaubzelle; *fs.vs:* Gefäßbündel. *D:* Region der drei auseinanderstrebenden Narben, *a, b, c.* Vergrößerung 40. Hartnack, Chloralhydrat.

Fig. 7. *A:* Stiel im Querschnitt, unmittelbar unter der Vereinigung der Narben. *cv. st:* Kanal des Stieles; *x:* die sich ablösende innere Oberhaut; *y:* die Schleimbehälter; *fs. vs:* Gefäßbündel.

B: Querschnitt des Stieles in seiner unteren Hälfte; *cv. st:* Kanal des Stieles; *fs. vs:* die drei Gefäßbündel des Stieles. Vergrößerung 40.

Tafel II.

Crocus speciosus Marschall-Bieberstein.

Fig. 8. Die ganze Pflanze in natürlicher Größe.

A: Oberer Teil der Blüte; *lob. pernt:* Perigonsaumlappen (Lobi perianthii); *nrv. prm:* die drei Hauptnerven; *x:* Perigonsaum, zum Teil abgeschnitten; die zwei Lappen desselben *(B)* abgeschnitten; *tb. pernt*: Perigonröhre; *antr:* Staubbeutel; *flmt:* Filamente der Staubfäden; *stg:* die drei sich wiederholt teilenden Narben; *stl:* Stiel.

B: Die innere Fläche von zwei an ihrer Basis *(x)* abgeschnittenen Perigonblättern.

C: Unterer Teil der blühenden Pflanze, samt Deckblättern, Schuppen des kurzen Stengels, der unterirdischen Knolle und den Wurzeln; *stl:* Stiel; *tb. pernt:* Perigonröhre; *ovr:* Fruchtknoten; *a, b, c:* schuppige Deckblätter; *cl:* kurzer Stengel; *annl. blb:* die an ihrer Basis typisch geringelte Knolle; *rdc:* Wurzeln. Der von Deckblättern eingehüllte Teil der Perigonröhre, durch gesperrte Striche bezeichnet.

Tafel III.

Fig. 9—18 *Crocus speciosus Marschall-Bieberstein.*

Fig. 9. Oberer Teil des Stieles: *stl;* mit drei geschlitzten Narben: *stg.* Vergrößerung 20.

Fig. 10. Oberer Teil von einer der drei dichotomisch geschlitzten Narben. *ppl:* Narbenpapillen; *fs. vs:* Gefäßbündel; *pol:* Blütenstaubzellen, zwei in Keimung begriffen. Vergrößerung 40. Chloralhydrat-Glyzerin.

Fig. 11. Eine keimende Blütenstaubzelle. *a:* mit Porenkanal versehener äußerer Teil der Zellwand (Exine); *b:* innerer Teil derselben (Intine); *por:* Porenkanäle, von der Oberfläche aus betrachtet; *tb. pol:* Pollenschlauch. 1200. Hartnack (Wasser-Immersion), Chloralhydrat.

Fig. 12. Narbenpapillenzellen, in fettem Oel (Mandelöl) beobachtet; *chr:* Chromatophoren. 1200. Hartnack.

Fig. 13. Chromatophoren, frei. 1200. Hartnack, Mandelöl.

Fig. 14. *A, B, C:* Die drei Narbenbasen im Querschnitt; *fs. vs:* Gefäßbündel; *x:* die abgelöste innere Oberhaut. 40. Chloralhydrat-Glyzerin.

Fig. 15. Narbenquerschnitt in der Fläche ihrer Verschmelzung zum Stiel; *cms:* Kommissur der Narben mit einander; *x:* die abgelöste innere Oberhaut. 40. Chlorhydrat-Glyzerin.

Fig. 16. Querschnitt der inneren Wand des Stieles. *ep:* die innere Oberhaut; *par:* das Parenchym. 580. Hartnack, Präparat mit Methylanilinviolett (5, B) gefärbt. Glyzerin.

Fig. 17. Querschnitt in der Region der beginnenden Narbenverwachsung. *ppl:* Papillenzellen der äußeren Oberhaut; *par:* Parenchym; *y:* Schleimzellen. 330. Chloralhydrat-Glyzerin.

Fig. 18. Lysigenverschleimende Zellen in älterer Lebensperiode. *y:* durch Necrobiose zerstörte Zellwände; *pp:* Papillen; *par:* Parenchym. 330.

Fig. 19—23 *Crocus sativus β-Pallassii Maw = C. Pallassii Marschall-Bieberstein.*

Fig. 19. Längsschnitt des Stieles. *epd:* äußere Oberhaut; *par:* Parenchym; *chr:* Chromatophoren. 580. In Mandelöl.

Fig. 20. Narbenquerschnitt. *ep:* äußere Oberhaut; *par:* Parenchym; *chr:* Chromatophoren. 1200. Mandelöl.

Fig. 21. Narbenzellenpapillen: *ppl; chr:* Chromatophoren. 1200. Mandelöl.

Fig. 22. Chromatophoren, frei. 1200. Mandelöl.

Fig. 23. Narbenquerschnitt. *ppl:* Narbenpapillen, in Chloralhydratlösung beobachtet; *gt:* Tropfen des Farbstoffs (Crocin), aus dem Narbengewebe austretend und sich nachher vollständig in der umgebenden Flüssigkeit lösend.

Näheres über die Wertbestimmung der Digitalisblätter und über das Verhältnis des Giftwertes zum Digitoxingehalt.

Von Dr. med. C. Focke-Düsseldorf.

(Eingegangen den 31. X. 1903.)

Im Anfang dieses Jahres hatte ich durch tierexperimentelle Untersuchungen nachgewiesen[1]), daß die zwischen den Digitalisblättern verschiedener Apotheken bestehenden erheblichen Kraftunterschiede nur zum kleineren Teile (mit Differenzen bis zu etwa 100%) auf Reife- und Standortverschiedenheiten zurückzuführen sind, während der weitaus größte Teil jener Kraftunterschiede (mit Differenzen bis zu 500% und mehr) auf dem „Altern" der getrockneten Blätter beruht, welch letzteres wieder allein von der Einwirkung der beim Trocknen zurückgebliebenen resp. nachher eingedrungenen Feuchtigkeit herrührt; ferner daß der bedeutendste Verlust hierdurch stets in den ersten Wochen nach der Ernte der Blätter aufzutreten pflegt. Dementsprechend hatte ich als beste Präparation und Aufbewahrung der Blätter vor allem eine rasche scharfe Trocknung bis zu 1,5% Wassergehalt, dann Pulverung und luftdichten Verschluß in Gläsern bezeichnet, eine Forderung, die von den in Betracht kommenden größeren Drogenfirmen Deutschlands inzwischen durch die Praxis anerkannt worden ist.

Gleichzeitig hatte ich meine Methode der physiologischen Wertbestimmung von Digitalis als zweckmäßiger hingestellt gegenüber derjenigen, die bisher gebräuchlich war. Während man sonst die niedrigste Dosis suchte, die überhaupt noch gerade den Herzkammerstillstand bei Fröschen von nahezu gleichem Gewicht hervorruft, hatte ich nachgewiesen, daß es zuverlässiger ist, mittlere Dosen zu benutzen und aus ihnen mit Berücksichtigung des Froschgewichtes und der Wirkungszeit einen Giftwert V zu berechnen. Meine Mitteilungen bezüglich der Methode hatte ich auf das Notwendigste eingeschränkt und zu ihrer Begründung insbesondere keine Protokolle gegeben, weil es mir zweifelhaft war, ob für eine so eingehende Darlegung das hinreichende Interesse vorlag.

Seitdem habe ich die Untersuchungen fortgesetzt, wodurch nicht nur die Ergebnisse gefestigt und vermehrt werden konnten, sondern auch die Methode vervollkommnet worden ist; und da inzwischen, wie die pharmazeutische und ärztliche Presse zeigt, das Interesse an der

[1]) In diesem Archiv 1903, Heft 2 (März).

Digitaliswertbestimmung doch lebhaft geworden ist, so halte ich mich für verpflichtet, meine diesjährigen Untersuchungen nebst einigen Folgerungen hier vorzulegen.

Das mir vorschwebende Ziel bleibt dasselbe: nicht hinzuwirken auf die Herstellung einer neuen Spezialität, sondern wenn möglich zu erreichen, daß unsere wichtige Digitalisdroge in allen Apotheken in nahezu gleicher Wirkungsstärke erhältlich sein möchte.

I. Meine jetzige Untersuchungsmethode.

Eine genaue Wiedergabe meiner jetzigen Untersuchungsmethode soll im Zusammenhang vorangestellt werden, einerseits weil das damals darüber Angegebene eben einer Ergänzung bedarf, andererseits um möglichst gleichartige Nachprüfungen an anderen Orten zu erleichtern. Eine Begründung einzelner Punkte folgt im II. Abschnitt.

1. Die Frösche. Es handelt sich natürlich nur um die braunen Frösche, *Rana temporaria*. Indessen halte ich vergleichende Untersuchungen an Winter- und Frühjahrsfröschen nicht für maßgebend (vergl. Abschnitt II); deshalb sollen die Tiere frühestens von Ende Juni an gesammelt werden. Die betreffende Sendung kommt in den Keller in einen, mit Zinkblech ausgekleideten Kasten, dessen Boden mit Wasser bedeckt ist; das Wasser wird häufig erneuert, in der ersten Zeit mindestens täglich. Zur Untersuchung sollen die Tiere nicht vor dem dritten Tag ihrer Gefangenschaft kommen. An diesem Tage werden die zur Untersuchung bestimmten 4—6 Exemplare wenigstens 6 Stunden vorher in einigen Einmachgläsern in das höchstens 17° C. haltende Untersuchungszimmer auf den Fußboden gestellt. Sie brauchen zu der geeigneten Jahreszeit, d. h. Juli bis September, nicht nach dem Geschlecht ausgewählt zu werden (vgl. Abschnitt II).

2. Das Infus. Zur Herstellung des Infuses nahm ich bisher das Blätterpulver sowohl in der groben als auch feinen Form, weil der Unterschied für das Resultat nicht sehr erheblich ist; künftig werde ich die Proben aber der Gleichmäßigkeit halber nur feingepulvert verwenden. Es kommen 2 g in einen kleinen Porzellantopf, der in einem etwas größeren Gefäße steht. Zunächst schütte ich in das äußere Gefäß soviel kochendes Wasser, daß es bis zur halben Höhe des Porzellantöpfchens reicht; darauf gieße ich 24 ccm des kochenden Wassers auf das Pulver, rühre mit einem Glasstab um, lege den Deckel fest auf und lasse 30 Minuten stehen. Dann wird durch ein feines Leinenläppchen in ein Reagensröhrchen filtriert, unter schließlichem kräftigen Ausdrücken des Filters. Dabei erhält man etwas weniger als 20 ccm Filtrat; bis zu diesem Quantum, welches am Reagensglas

markiert ist, wird mit Wasser durch eine Pipette nachgefüllt, sodaß stets ein 10%iges Infus entsteht. (Bei solchen Proben, die vorheriger Erfahrung gemäß von ausnahmsweise geringer Kraft sind, wird das Filtrat über dem kochenden Wasserbade noch auf 10 ccm eingeengt; die mit diesem 20%igen Infus gewonnenen Resultate werden natürlich auf das 10%ige umgerechnet.) Das Infus wird vor Licht geschützt gehalten und spätestens einige Stunden nach der Herstellung untersucht.

3. Die Wertfeststellung am Frosch. Das Tier wird in der üblichen Weise auf ein Brettchen befestigt. Mit chirurgischer Pinzette und Scheere wird aus der vorderen Brustwand ein Streifchen entfernt und der Herzbeutel gespalten; das soll rasch geschehen und es darf dabei keine Nebenverletzung oder Blutung vorkommen, was nach einiger Uebung gut gelingt. Dann bewirkt ein leichter Fingerdruck auf das Abdomen des Frosches, daß der Kammerteil des Herzens aus der Oeffnung hervortritt; er bleibt in dieser Lage, so daß er genau beobachtet werden kann. Nun wird ein reichliches Quantum des Infuses in beide Oberschenkel-Lymphsäcke injiziert, z. B. bei einem Tier a von 25—30 g Gewicht je 0,3 also zusammen 0,6 ccm der Pravaz'schen Spritze. Dasselbe geschieht bei Frosch b. (Ein ziemlich hohes Quantum ist bei den ersten Tieren, die eine vorläufige Orientierung über den Wert des Infuses geben sollen, nötig, um keine Fehlwirkung, d. h. keine Stillstandszeit über 20 Minuten zu erhalten; wenn man dieses Quantum in nur einen Oberschenkel injiziert, so spannt sich die Haut und es tritt leicht Flüssigkeit aus der Stichöffnung aus. Letzteres läßt sich freilich auch durch sofortiges Anlegen einer Klemme verhindern; aber die Spannung ist der Resorption nicht so günstig wie die Verteilung der Injektion auf beide Seiten, wobei eine Klemme nicht nötig ist.) Lagen die Zeiten bis zum systolischen Kammerstillstand zwischen 10 und 15 Minuten, d. h. etwa in der Mitte des günstigen Zeitintervalls, so erhalten 2 weitere Frösche c und d eine mit Berücksichtigung ihrer Größe relativ ebenso voluminöse Dosis. Waren die Zeiten kürzer als 10 Minuten, so erhalten c und d eine relativ geringere Menge; waren die Zeiten länger als 15 Minuten, so erhalten c und d eine wenn möglich noch etwas größere Menge, oder wenn dieses nicht mehr angeht, so muß eben das Infus auf die Hälfte eingedampft werden. Und wenn einer der ersten Frösche unter 7 oder über 20 Minuten aufwies, so muß noch ein 5. Frosch herangezogen werden; ein 6. ist selten notwendig. Jedenfalls müssen vier Versuche mit Zeiten zwischen 7 und 20 Minuten vorliegen. Bei einiger Uebung kommt man mit 5 Fröschen als Durchschnitt für jede Untersuchung reichlich aus. — Bald nach dem definitiven Eintritt der Dauersystole, also durchschnittlich 15 Min. nach der Injektion, wird

das Tier in der bekannten Weise durch Zerstörung der Medulla getötet und gewogen.

Zur Berechnung, die sehr einfach ist, dienen nur die Zahlen derjenigen Tiere, bei denen die Dauersystole zwischen 7 und 20 Min. eingetreten war. Für jedes Tier wird der Wert $v = \frac{p}{d \cdot t}$ (Gewicht, dividiert durch Dosis × Zeit) festgestellt, wobei es genügt, wenn die Froschgewichte auf das nächste halbe Gramm und die Zeiten auf die nächste halbe Minute abgerundet werden. Der Durchschnitt aus den 4 oder 5 Werten von v bildet den Giftwert V der untersuchten Blätterprobe. (Bezüglich der Wahl des Zwischenraumes von 7—20 Min.; s. Abschnitt II.)

II. Begründung der Methode.

1. Welches im Durchschnitt **die zur Wertbestimmung physiologisch günstigste Zeitdauer** bis zum Ventrikelstillstand ist, darauf habe ich stets besonders geachtet. Am Ende des vorigen Jahres glaubte ich noch, daß man unter 10 Min. nicht gut gehen könne und aufwärts bis zu 35 Min. gehen dürfe. Es hat sich bei weiterer Beobachtung jedoch immer mehr gezeigt, daß die höheren Zahlen schon von 20 an besser vermieden werden, daß hingegen die Zahlen abwärts bis zu 7 Min. noch sehr gut benutzt werden können[1]). Zur Klärung dieser Verhältnisse habe ich aus meinen Untersuchungsprotokollen und aus denen, die Ziegenbein veröffentlicht hat, für 2 Blätterproben mit einem Giftwert von 5,0 resp. 3,5 die nachfolgende schematische Tabelle I für die approximativen Zeiten zusammengestellt, in denen bei steigender Dosis, aber **bei gleichbleibendem Froschgewicht** der Kammerstillstand ungefähr eintritt.

Bei jeder Dosengröße ist der daraus hervorgehende Wert v angeführt. Man sieht, wie den Zeiten zwischen 7 und 20 Min. Giftwerte entsprechen, die einander sehr nahe liegen. Sobald aber die Dosis höher wird, so daß t unter 7 sinkt, so werden die Unterschiede größer, indem v zunächst vom Mittelwert sich aufwärts entfernt, dann bei den höchsten Dosen wieder allzusehr sinkt. Andererseits beginnt nach geringeren Dosen mit Zeiten von 20—35 Min. eine unter den Mittelwert herabgehende Verminderung von v, infolge deren auch in meinem damaligen Bericht der Wert von einigen geringwertigen Proben um einige Prozent zu niedrig ausgefallen sein kann, ohne daß dadurch das

[1]) Anm. In der damaligen Bemerkung (S. 131, Z. 12) „eine kürzere Zeit als 7 Min. konnte ich auch bei weiterer Dosenverstärkung überhaupt nicht erzielen", hatte ich einen Druckfehler übersehen; es mußte heißen: 5 Minuten.

Tabelle I.

Bei einem Frosch von 30 g Gewicht (p)

würde bei einer Blättersorte A mit Giftwert 5,0

nach einer ccm-Dosis (d) des 10 % igen Infuses von	die Zeit (t) betragen Minuten: ungefähr von — bis —	die Zeit (t) betragen Minuten: durchschnittlich	folglich wäre $v = \frac{p}{d \cdot t}$	Zur Bestimmung	Demnach durchschnittlicher Gesamt-Giftwert V
0,125 (Minimaldosis)	50—100—∞	Die höheren Zeiten ganz unregelmäßig	(durchschnittlich etwa 2,5)	Zu unregelmäßig	
0,2	25—70		(etwa 3,2)		
0,3	17—35	26	(3,8)		
0,4	12—20	16	4,7	Allein brauchbar	
0,5	10—14	12	5,0		= 5,0
0,6	8—11	9½	5,2		
0,7	7—9	8	5,3		
0,8	5½—7	6¼	6,0	Zu unregelmässig	
0,9—1,5 (auf ½ Volumen eingedampft)	5	5	6,1—4,0		

würde bei einer Blättersorte B mit Giftwert 3,5

nach einer Dosis (d) des 10 % igen Infuses von	die Zeit (t) betragen Minuten: ungefähr von — bis —	die Zeit (t) betragen Minuten: durchschnittlich	folglich wäre $v = \frac{p}{d \cdot t}$	Zur Bestimmung	Demnach durchschnittlicher Gesamt-Giftwert V
0,18 (Minimaldosis)	50—100—∞	Ganz unregelmäßig	(durchschnittlich etwa 1,7)	Zu unregelmäßig	
0,3	25—70		(etwa 2,0)		
0,4	20—40	30	(2,5)		
0,5	16—28	24	(2,7)		
0,6	12—20	16	3,1	Allein brauchbar	
0,7	10—15	12½	3,4		
0,8	9—12	10½	3,5		= 3,5
0,9	8—10	9	3,7		
1,0	7—9	8	3,7		
1,1	5—7	6	(4,5)	Zu unregelmässig	
1,2—2,0 (auf ½ Volumen eingedampft)	5	5	(5,0—3,0)		

Ergebnis im ganzen geändert würde. Nach den minimalen Dosen und folglich maximalen Zeiten von 35 bis über 100 Min., die ich stets als ungeeignet betrachtet habe, sieht man die größte Unregelmäßigkeit entstehen. Bei einer Zeit (t) von 7—20 Min. sind die Giftwertschwankungen am geringsten und deshalb bei Auswahl dieser Zeiten die Giftwertbestimmungen am genauesten. Wenn man sieht, wie sich in dem obigen, auf tatsächliche Beobachtungen gegründeten Schema für die eine Blättersorte die Werte 4,7—5,3 ergeben, für die andere Sorte 3,1—3,7, d. h. wenn durchschnittlich in dem einen Falle V = 5,0, in dem anderen = 3,5 ist, so wird man zugeben müssen, daß der Stärkeunterschied beider Sorten durch die Werte 5,0 und 3,5 vortrefflich bezeichnet wird. — Welche Zuverlässigkeit und Konstanz auf diesem Wege erzielt wird, dafür bietet die Tabelle II in ihrem zweiten Teile ein deutliches Beispiel.

2. Eine Folge dieser Beschränkung auf das Zeitintervall von 7—20 Min. ist der nicht zu unterschätzende Vorteil einer erheblich kürzeren Dauer der Versuche. Es darf das immerhin wohl hervorgehoben werden, da es doch für den Untersucher nicht gleichgültig ist, ob er von 4—6 Objekten jedes 1—1 $^1/_2$ Stunden zu beobachten hat oder durchschnittlich nur $^1/_4$ Stunde; abgesehen davon, daß wir auch aus Wohlwollen dem Tier gegenüber die kürzere Anordnung vorziehen sollten, wenn ihr Wert dem der längeren gleich ist. Nun ist aber meines Erachtens die kürzere Anordnung der längeren sogar überlegen, wenigstens bei einer gleichen Zahl von Fröschen, weil bei der Methode der maximalen Zeiten immer einzelne Tiere zum Herzstillstand, also zur Ermöglichung eines Urteils, überhaupt nicht gelangen, und dann weil das letzte Vergiftungsstadium nach minimalen Dosen sich oft mit so langen Pausen hinzieht, daß auch bei großer Geduld die Notierung des definitiven Stillstandes nicht selten mit einer ziemlichen Unsicherheit verbunden ist. Nur wenn man darauf hält, daß der Herzstillstand in mehreren Fällen mit nahe an einander gelegenen Mindestdosen erreicht ist, gibt es auch bei dieser Methode eine befriedigende Genauigkeit; aber dann gebraucht man jedesmal 8—10 Frösche. Es wäre dann also nicht nur die vierfache Zeit, sondern auch die doppelte Tierzahl erforderlich.

Für die wünschenswerte Einheitlichkeit der Giftwertbestimmung bei den Digitalisblättern wäre es sehr wertvoll, wenn diejenigen Autoren, die für die Erreichung gleichmäßig eingestellter Präparate eintreten, die hier dargestellte Methode einer wohlwollenden Prüfung unterziehen würden.

Auch eine einheitliche Bezeichnung des Giftwertes wäre sehr nötig. Wenn man ihn einerseits bezeichnet durch die Zahl der

Milligramme, die im Minimum erforderlich sind, um bei 100 g Frosch die Dauersystole zu erzielen, und andererseits durch den Giftwert V, so besteht zwischen beiden Bezeichnungen natürlich eine gewisse Relation. Die eine Zahl läßt sich in die andere umrechnen, und zwar, weil bei ersterer Methode ein Froschgewicht von 100 g zu Grunde liegt, überdies aber v bei Zeiten unter 20 Min. etwa doppelt so groß wird als bei den maximalen Zeiten (s. Tabelle I, Zeile 1), so ist die Milligrammzahl in die Zahl 2 × 100 zu dividieren. Also wenn z. B. 100 g Froschgewicht noch gerade von 0,040 g einer bestimmten Probe zum Herzstillstand gebracht werden, so ist $V = \frac{200}{40} = 5{,}0$. Man sollte nun doch jedenfalls die frühere unpraktische Bezeichnung („Giftwert = so und so viel Gramm: 100 g Froschgewicht"), die sich umgekehrt zu dem wahren Wert der Blätter bewegt, ersetzen durch eine Bezeichnung, die ähnlich wie V dem Blätterwert parallel geht. — Zu welchen logischen Schwierigkeiten jene Milligramm-Bezeichnung fortwährend führen muß, sieht man aus manchen Sätzen der Autoren, die sie noch benutzen. Z. B. sagt Ziegenbein: „Der Giftwert betrug (scil. bei verwelkten Grundblättern) nur 0,16 g auf 100 g Frosch, während die gesunden entsprechenden Blätter 0,04 g zeigten". Nach meiner Bezeichnung würde es etwa lauten: „Der Giftwert betrug nur 1,2, während die gesunden entsprechenden Blätter 5,0 zeigten". — Wenn jedoch die Minimaldosen-Methode festgehalten werden soll und infolgedessen auch die überaus handliche Bezeichnung V keine Gegenliebe findet, so könnte man wenigstens den reciproken Wert der Milligrammzahlen wählen. Also statt zu sagen 0,16 g: 100 g Froschgewicht, was schwächer ist als 0,04 g, könnte man rechnen $\frac{1}{0{,}16}$ und $\frac{1}{0{,}04}$; das wäre für die bessere Sorte ein Giftwert = 25,0, für die geringere ein Giftwert = 6,2; und damit wäre vor allem das Bedürfnis der praktischen Brauchbarkeit erfüllt. (Dieser neue Giftwert stände dann zu V in dem einfachen Verhältnis von 5 : 1.)

3. Was die von mehreren Seiten gestellte Forderung betrifft, nur Frösche ein und desselben Geschlechts, d. h. nur männliche zu benutzen, so ist das zwar wegen der verschiedenen Größe der Generationsorgane vollkommen berechtigt während des Frühjahres, in welchem aber aus anderen Ursachen keine gleichmäßigen Ergebnisse zu erwarten sind (vgl. unten). In der sonst zur Untersuchung überhaupt geeigneten Jahreszeit, d. h. von Ende Juni bis Ende September, konnte ich auch in diesem Jahre in der Reaktionsfähigkeit zwischen Männchen und Weibchen keine größeren Unterschiede finden, als zwischen den Männchen unter einander. Man kann sich davon aus den Tabellen II und V

Tabelle

Der Untersuchung No.	Datum 1903	Rana tempor. Herkunft	Geschlecht	Gewicht (in Gramm) = p	Von Blättern der gleichen Qualität, Dosis des Infuses (in ccm) = d	Zeit bis zum systolischen Dauerstillstand (in Min.) = t	$\frac{p}{d \cdot t}$ = V	Giftwert V	
Ia	21. April	Waren im vorigen Jahre bei Elberfeld gefangen und haben in einem dortigen Laboratorium überwintert.	m.	37	0,4	(noch nicht nach 46 Min., dann getötet)	—	3,05	Durchschnitt 2,66.
b			„	46	0,6	(27)	—		
c			„	25	0,6	20	2,0		
d			„	35½	1,0	8	4,4		
e			„	42	0,7	19	3,1		
f			„	36	0,7	19½	2,7		
IIa	23. April	Im vorigen Jahr bei Bonn gefangen und in einem dortigen Laboratorium überwintert.	m.	42	0,7	(noch nicht nach 40 Min., dann getötet)	—	3,12	
b			„	28	0,6	17	2,7		
c			„	37	0,7	14½	3,7		
d			„	35	0,7	15	3,3		
e			„	38	0,8	16½	2,8		
IIIa	25. April	Jetzt bei Mettmann gefangen (Sendung 1)	m.	31	0,6	16	3,2	2,80	
b			„	24	0,5	19½	2,5		
c			„	27	0,6	16	2,8		
d			„	24½	0,5	18	2,7		
IVa	7. Mai	„	m.	24	0,4	15½	4,0	3,45	
b			„	17	0,35	17	2,8		
c			„	17	0,55	15	2,0		
d			„	17	0,4	8½	5,0		
Va	16. Mai	Jetzt bei Mettmann gefangen (Sendung 2)	m.	30	0,5	(38)	—	2,42	
b			„	21	0,4	16	3,3		
c			„	25	0,5	19	2,6		
d			„	15	0,4	20	1,8		
e			„	28	0,6	19	2,0		
VIa	24. Mai	Jetzt bei Niederkassel, linksrheinisch, gefangen	m.	31	0,7	(34)	—	2,52	
b			„	27	0,7	15	2,6		
c			„	28	0,7	18½	2,1		
d			„	26	0,7	14	2,6		
e			„	35	0,7	17½	2,8		
VIIa	4. Juni	Von Mettmann (Sendung 1)	m.	25	0,6	18	2,3	2,50	
b			„	22	0,5	15	3,0		
c			„	26	0,6	17	2,5		
d			„	33	0,8	18½	2,2		

II.

Der Untersuchung No.	Datum 1903	Rana tempor. Herkunft	Geschlecht	Gewicht (in Gramm) = p	Von Blättern der gleichen Qualität, Dosis des Infuses (in ccm) = d	Zeit bis zum systolischen Dauerstillstand (in Min.) = t	$\frac{p}{d \cdot t}$ = v	Giftwert V	
VIII a	30. Juni	Jetzt bei	w.	31	0,7	13	3,4	4,37	Durchschnitt 4,36.
b		Mettmann	„	28	0,75	8	4,6		
c		gefangen	m.	34½	0,7	(5)	—		
d		(Sendung 3)	w.	30	0,6	9½	5,5		
e			„	36	0,6	15	4,0		
IX a	2. Juli	Jetzt bei	w.	43	0.6	(34)	—	4,30	
b		Niederkassel,	„	42½	0,6	20	3,5		
c		linksrhein.,	„	52	0,7	18	4,1		
d		frisch	m	38	0,6	14½	4,3		
e		gefangen	w.	47	0,8	11	5,3		
X a	21. Juli	Jetzt bei	w.	27	0,5	(6½)	—	4,17	
b		Mettmann	„	17½	0,3	17	3,8		
c		gefangen	m.	24	0,4	13	4,6		
d		(Sendung 4)	„	18	0,35	12½	4,1		
e			w.	15	0,25	14	4,2		
XI a	7. August	Vor 12 Tagen	w.	15	0,3	11	4,5	4,57	
b		bei Mettmann	m.	18	0,35	11½	4,4		
c		gefangen	w.	15	0,35	8½	5,0		
d		(Sendung 5)	m.	52	0,75	(25)	—		
e			w.	15½	0,3	11½	4,4		
XII a	25. August	Vor einigen	w.	29	0,65	9	5,0	4,35	
b		Tagen bei	„	26½	0,[illegible]5	12	4,0		
c		Kaiserswerth	„	24	0.6	9	4,4		
d		gefangen	„	33	0,75	10½	4,0		
XIII a	16. Septbr.	Jetzt bei	m.	26	0,5	1[illegible]½	4,2	4,45	
b		Mettmann	w.	30½	0,65	10	4,7		
c		gefangen	m.	27	0,5	11	4,9		
d		(Sendung 7)	w.	22	0,4	13½	4,0		
XIV a	1. Oktbr.	Jetzt bei	m.	21½	0,5	8	5,3	5,10	Durchschnitt 5,00.
b		Mettmann	„	22	0,5	8	5,5		
c		gefangen	„	23	0,6	7	5,4		
d		(Sendung 8)	„	31½	0,8	9	4,3		
XVIII a	19. Oktbr.	„	w.	95	1,3	13½	5,4	5,00	
b			m.	28	0,5	13½	4,1		
c			w.	27	0,45	9½	6,3		
d			m.	30	0,55	13	4,2		
XIX a	30. Oktbr.	„	w.	27	0,5	10½	5,0	4,85	
b			„	29	0,45	13	4,9		
c			„	24	0,45	11½	4,6		
d			m.	14	0,3	9½	4,9		

überzeugen, und es sollte deshalb obige Forderung als nur hinderlich fallen gelassen werden!

4. Anders verhält es sich jedoch mit der verschiedenen Reaktionsfähigkeit der Frösche je nach der Jahreszeit. Daß hier merkbare Unterschiede vorliegen, darauf haben andere Autoren schon hingewiesen; aber eine spezielle Untersuchung in dieser Richtung war nicht bekannt. Da ich selbst es als sehr wertvoll betrachtet hätte, wenn es möglich gewesen wäre, alle Untersuchungen aus jeder Jahreszeit und von verschiedenen Orten unter einander zu vergleichen, so habe ich dieser Frage eine eigene Untersuchungsreihe gewidmet.

Ich wählte eine grobgepulverte größere Probe aus Mettmann, die im August vorigen Jahres über einem Gasofen ausgebreitet sehr scharf nachgetrocknet worden war und einen Wert von 4,4 ergeben hatte; sie war luftdicht aufbewahrt worden und wies nach einer genauen Bestimmung, die Herr Apotheker Feuth hier vorzunehmen die Freundlichkeit hatte, einen Wassergehalt von nur 1,7% auf. Dieses Pulver verteilte ich im April dieses Jahres in eine größere Anzahl kleiner Arzneifläschchen mit engem Halse, die fest verkorkt wurden. Von diesen unter einander also ganz gleichen Proben stellte ich dann den Giftwert zu verschiedenen Zeiten des Jahres und an Fröschen von verschiedener Herkunft fest. Sämtliche Zahlen dieser Untersuchungsreihe sind in ihrer zeitlichen Reihenfolge und absichtlich ohne irgend eine Kürzung in Tabelle II zusammengestellt.

Das Ergebnis ist auch ohne Kommentar deutlich. Im ersten Teile der Tabelle, der vom Frühjahr bis zum Anfang des Juni reicht, verhalten sich die Giftwerte ganz anders als im zweiten Teile, der von Ende Juni bis Ende September reicht. Zwar finden sich im 1. Teile auch einige höhere Werte verstreut, wie z. B. bei Frosch Id und IVd; aber im Durchschnitt dieser Frühjahrsuntersuchungen wäre der Giftwert der Probe recht niedrig, nämlich 2,66. Die niedrigen Werte zeigen sich nicht nur bei denjenigen Tieren, die in der Gefangenschaft (Gruppe I und II) und die im Freien (III, IV, VII) überwintert hatten und also monatelang nüchtern gewesen waren, sondern auch bei denjenigen, die erst im Mai gefangen waren (V und VI) und also bereits einige Gelegenheit zur Nahrungsaufnahme gefunden hatten. Auch sind bei allen Tieren dieser Gruppen die Einzelwerte unter einander recht ungleich. Es liegt nahe, anzunehmen, daß an dieser ungleichmäßigen und im ganzen herabgesetzten Reaktionsfähigkeit der ungenügende Ernährungszustand die Schuld trägt. — Dagegen sind im 2. Teile die Zahlen bei allen Tieren, die eben von Ende Juni bis Mitte September gefangen waren nicht nur höher, sondern sie weisen auch in ihren Endresultaten eine sehr erhebliche Gleichmäßigkeit auf. Da der höchste Giftwert in diesem Vierteljahr 4,57 war und der niedrigste 4,17, so beträgt die während dieser Sommermonate aus den verschiedenen zum Teil wohl unvermeidlichen Fehlerquellen entspringende Unsicherheit nur 9%. Und diese Gleichmäßigkeit wäre nach meinen letzten Erfahrungen (s. unter 5 unten) wohl noch besser gewesen, wenn ich die Blätter stets in feingepulvertem Zustande zu den Aufgüssen benutzt hätte, wie das künftig geschehen soll. Jedenfalls wird durch die Kontrollreihe die Zuverlässigkeit, die die Methode im Sommer besitzt, besser bewiesen als durch lange Auseinandersetzungen.

Wenn man nun nach dem Ergebnis der Frühjahrsuntersuchungen (2,66) gesagt hätte, daß die Probe, die im vorigen August den Wert 4,4 gehabt hatte, bedeutend abgenommen habe, so wäre das falsch gewesen; sie hat in diesem Sommer durchschnittlich 4,36 und nach den beiden August-Untersuchungen 4,45 gezeigt, also garnicht abgenommen.

Aus dem 3. Teil der Tabelle ergibt sich schließlich, daß bei allen Tieren, die in den letzten Tagen des September gefangen waren, der Giftwert im Oktober, durchschnittlich 5,0, deutlich noch etwas höher war, als in den drei vorhergegangenen Monaten. Es ist wohl anzunehmen, daß auch dieses mit dem Ernährungszustande zusammenhängt, der sich im Freien vor dem Beginn der Ueberwinterung vermutlich auf der größten Höhe befindet[1]).

Da ich die hier angeführten Tatsachen überdies, wenngleich in Ermangelung einer so zusammengehörigen Reihe weniger auffallend, in den beiden vorhergehenden Jahren auch schon ähnlich beobachtet hatte, so wird es jedenfalls am besten sein, nur die Sommermonate (Juli, August, September) zu vergleichenden Digitaliswertbestimmungen zu benutzen.

5. Als die Versuche der ersten beiden Teile von Tabelle II beendet waren, erhob sich für mich aufs neue die Frage, ob man für das zur Konservierung bestimmte Pulver die grobe oder die feine Form wählen solle? — Früher hatte ich die grobe vorgezogen, weil sie mir die geeignetste schien für den Uebergang von den ganzen Blättern zum Pulver, auch weil sie für den praktischen Gebrauch

1) Bei der heute am 20. XI. (bei der Korrektur) wiederholten Untersuchung erhielt ich an Fröschen von derselben Sendung einen Giftwert von nur 3,3. Demnach sinkt die Reaktionsfähigkeit der Frösche, von dem um die Mitte des Oktober erreichten höchsten Punkte, bei Beginn des Winters ziemlich rasch ab in der Richtung auf das für das Frühjahr geltende Minimum. Auch beginnt schon jetzt der Einfluß des Geschlechtes sich bemerkbar zu machen.

ausreichte, und weil ich schließlich in der Wirkungsstärke zwar zwischen ganzen Blättern und Pulver überhaupt größere Unterschiede, zwischen groben und feinen Pulvern aber nur kleine Unterschiede bemerken konnte. Nun hatte ich kürzlich eine vor mehreren Jahren erschienene Arbeit von Karl Dieterich kennen gelernt[1]), worin derselbe auf erhebliche Unterschiede im Aschengehalt zwischen grob und fein gesiebten Blättern, besonders auch Digitalisblättern aufmerksam macht. Daraufhin untersuchte ich dieselbe Probe, die am 1. Oktober als grobes Pulver (Versuch XIV) den Wert 5,1 gehabt hatte, kurz hintereinander mit den Abänderungen in der Form des Pulvers, die die Tabelle III zeigt.

Tabelle III.

Es ergab	v	V
1. die Probe im ganzen fein gepulvert. (Versuch XVII)	5,6 4,5 5,6 5,0 5,0	5,14
2. der durch ein Haarsieb gegangene feinste Teil, ca. ¼ der Probe. (Versuch XV)	6,0 6,6 6,0 5,6	6,05
3. der auf dem Haarsieb gebliebene gröbere Teil, ca. ¾ der Probe. (Versuch XVI)	4,4 5,5 5,2 4,9	5,00

Daraus sieht man zunächst wieder, daß das feine Pulver aus der ganzen Droge zwar etwas, aber nur minimal stärker war als das grobe Pulver. Dagegen waren die an Menge geringen feinsten Teile des groben Pulvers, die sich beim Schütteln während des Transportes oder Gebrauches allmählich im unteren Raum des Glases zu sammeln pflegen, um etwa 20% stärker als die an Menge überwiegenden abgesiebten groben Teile! Nun sind ja zwar diese Untersuchungen nicht zahlreich genug, um allein daraus sicher ein Gesetz ableiten zu können; da aber ähnliche Unterschiede auch bei anderen Spezies-Arten bekannt sind, so halte ich es doch für notwendig, daß zu den Untersuchungen nur noch das feine Pulver benutzt wird. Und da das feine Mahlen im großen mit der Maschine ebenfalls keine Mühe macht, so komme ich auch für die Apotheke zu dem Schluß, daß im Interesse einer gleichmäßigen Mischung in den

[1]) Pharm. Ztg. 1898, No. 77.

Gläsern die feine Pulverung besser ist als die grobe. Darin schließe ich mich also Ziegenbein an, der schon früher gefordert hat, daß die Blätter überall in der feinen Pulverform konserviert werden sollten. Das feine Pulver bietet ja im Gebrauch auch den Vorteil, daß es nicht nur zu Aufgüssen, sondern ebenso unmittelbar zur Pulver- und Pillenbereitung dienen kann.

Fasse ich die Hauptergebnisse des vorstehenden Abschnittes II kurz zusammen, so sind es folgende:

a) Digitalis-Wertbestimmungen an Winter- und Frühlingsfröschen sind nicht maßgebend. Dagegen sind solche Bestimmungen von Ende Juni bis Ende September wahrscheinlich ohne weiteres vergleichbar, wenn sie an frisch gefangenen Tieren und in gleichmäßiger Weise vorgenommen wurden. Dabei kommt es in dieser Jahreszeit auf das Geschlecht der Frösche nicht an; und auch ihr Herkunftsort scheint, wenigstens im Rheinland, ohne Einfluß zu sein.

b) Zur physiologischen Digitalis-Wertbestimmung ist es sehr zu empfehlen, die Testzeit für den Kammerstillstand nicht möglichst hoch, sondern möglichst aus dem Intervall von 7—20 Min. zu wählen. Diese Versuchsanordnung ist vorteilhaft, nicht nur wegen der kurzen Zeit und des relativ geringen Tierverbrauchs, sondern sie liefert auch die zuverlässigsten Resultate, besonders wenn unter Berücksichtigung des Froschgewichtes von mehreren Tieren der Mittelwert erhoben wird, der dann sofort praktisch brauchbar ist (Giftwert V).

c) Eine einheitliche Bezeichnung des Giftwertes seitens aller Untersucher ist dringend erwünscht, mag sie nun erreicht werden durch allgemeine Annahme von V oder dadurch, daß an Stelle der bisher üblichen Minimaldosenbezeichnung, deren reciproke Zahlen gesetzt werden, damit diese mit dem wirklichen Wert der Blätter in gleichem Sinne steigen und fallen.

d) Digitalisblätter, deren zweckmäßigste Behandlung gleich nach der Ernte als bekannt gelten kann, sollten nur als feines Pulver auf ihren Giftwert untersucht und nur als feines Pulver (in luftdicht geschlossenen trocken aufbewahrten Gläsern) vorrätig gehalten werden.

III. Das Verhältnis des Giftwertes zum Digitoxingehalt.

Wenn man das eingangs bezeichnete Ziel im Auge behält, nämlich daß das Digitalisblätterpulver von allen Apotheken in möglichst gleicher Stärke geführt werde, so wird man zugeben, daß dieses nur dann erreicht werden könnte, wenn die in den Apotheken vorhandenen Digitalisblätterpulver bezüglich ihrer Stärke einer regelmäßigen Kontrolle unterlägen. Diese Kontrolle müßte natürlich durch die Pharmakopöe vorgeschrieben werden! Denn wenn auch mehrere Drogenfirmen[1]) sich schon in dankenswertem Vorgehen anheischig gemacht haben, auf Grund physiologischer Untersuchungen stets gleichmäßig „eingestellte" Digitalisblätterpulver von einem gewissen Normal-Wirkungswert zu liefern, so wird dadurch doch die Gleichmäßigkeit im ganzen nicht gefördert, weil ja kein Apotheker verpflichtet ist, diese natürlich auch etwas teureren Sorten zu beziehen. Es würde auch nicht einmal im Interesse des Staates liegen, wenn an diesem und jenem Orte einzelne Apotheker von einer wichtigen offizinellen Droge spezielle Qualitäten führten und im übrigen die bisherige Ungleichmäßigkeit bestehen bliebe! Somit wird die Einführung einer Kontrolle durch Aufnahme einer diesbezüglichen Vorschrift in die Pharmakopöe zur unumgänglichen Notwendigkeit.

Da fragt sich nun zunächst, weil doch alle übrigen Prüfungsvorschriften der Pharmakopöe physikalischer oder chemischer Natur sind, ob man nicht mit derartigen Hilfsmitteln an Stelle der physiologischen Prüfung auskommen könnte? Und weil hier die Keller-Fromme'sche Digitoxinbestimmung in erster Linie in Betracht kommt, so wäre vor allem die Frage zu beantworten: steht der Gehalt der getrockneten Blätter an Digitoxin vielleicht zu dem Wirkungswert V in einem konstanten Verhältnis? — dann könnte ja die Digitoxinbestimmung in die Pharmakopöe eingeführt werden.

Als ich mir diese Frage zuerst vor zwei Jahren vorlegte, schien mir das Vorhandensein eines solchen konstanten Verhältnisses zwischen den beiden Werten recht wahrscheinlich. Denn obwohl es bei der überwiegenden Mehrzahl aller Digitaliskenner und besonders bei den meisten Klinikern feststeht, daß die Wirkung des Digitoxins mit derjenigen der Droge nicht identisch ist, so bleibt es doch zweifellos, daß das Digitoxin deren wirksamster Bestandteil ist; eine Parallelität seines quantitativen Vorhandenseins mit der Wirkungsstärke der Blätter wäre also ganz gut denkbar. Etwas zweifelhaft wurde diese Vermutung durch die von der Firma Gehe & Co. mitgeteilte Tatsache, daß ein bestimmtes unzweckmäßig aufbewahrtes Digitalispulver „am Krankenbett versagte", während sein ursprünglicher Digitoxingehalt fast unvermindert geblieben war[2]). Dann war auch Ziegenbein nach

---

[1]) Siebert und Ziegenbein in Marburg, die Universitätsapotheke in Rostock, und Caesar & Loretz in Halle a. S.

[2]) Handelsbericht von Gehe & Co., Dresden-Neustadt, April 1898, S. 25

Tabelle IV.

	Blätterprobe		Physiologische Untersuchung (Focke)				Chemische Untersuchung (Fromme)				Verhältnis	
	Gemeinsame Bezeichnung	Art	Datum	Giftwert V a) unmittelbar	Giftwert V b) nach Berücksichtigung des Wassergehalts umgerechnet auf ganz trockene Blätter	Bemerkung	Datum	Wassergehalt %	Rein-Digitoxin im ganz trockenen Pulver %	Bemerkung	Es entspräche V = Digitoxin %	
1901	B	Bei Mettmann gepflückt am 9. Juli 01. Gut an der Luft getrocknet	23.-30. Juli	6,1	**6,5**	—	19. Aug.	6,6	**0,248**	—	0,038	Frische Blätter
1901	C	dito gepflückt am 10. Aug. 01	19. Aug.	5,3	**5,6**	—	19. Aug.	5,9	**0,145**	—	0,026	Frische Blätter
1902	a) Fromme	?	8. Sept.	5,5	**5,7**	—	18. Aug.	ca. 5,0	**0,291**	—	0,051	Frische Blätter
1902	c) Fromme	?	9. Sept.	2,0	**2,1**	—	26. Aug.	ca. 5,0	**0,123**	—	0,059	Frische Blätter
1902	D	Blätter B, seit Aug 01 offen verwahrt, am 23. Juli nachgetrocknet, Glas L	10. Aug.	2,5	**2,6**	Abschwächung in 1 Jahr um 60 %	Ende Aug.	5,1	**0,232**	Abschwächung nur um 7,5 %	0,089	Alte Blätter
1902	E	dito Glas K	9. Aug.	2,0	**2,05**	ebenso um 68 %	Ende Aug.	1,8	**0,240**	ebenso nur um 4 %	0,117	Alte Blätter

Tabelle

Blätterproben von Caesar & Loretz	Der Untersuchung No.	Der Untersuchung Datum 1903	Rana tempor. Geschlecht	Rana tempor. Gewicht (in g) = p	Dosis des 10% igen Blätterinfuses (in ccm) = d	Zeit bis zum systolischen Dauerstillstand (in Minuten) = t	$\frac{p}{d \cdot t}$ = v	Giftwert V	
I.	3a	14. Juli	w.	25	0,65	11½	3,3	2,75	2,70
	b		„	21	0,6	17	2,0		
	c		„	32	0,5	(noch nicht nach 40 Min., dann getötet)	—		
	d		„	25	0,55	17	2,7		
	e		„	19	0,4	16	3,0		
I.	4a	16. Juli	w.	32	0,9	17	2,0	2,80	
	b		m.	28	0,5	17½	3,3		
	c		w.	20	0,4	20	2,5		
	d		„	29	0,5	17	3,4		
I.	11a	19. August	w.	40	1,0	16	2,5	2,55	
	b		m.	26	1,0	11½	2,2		
	c		w.	49	1,4	(22½)	—		
	d		„	24	0,9	7½	3,5		
	e		m.	20	0,7	13½	2,0		
II.	6a	29. Juli	m.	25	0,6	(6)	—	4,44	
	b		w.	10	0,3	11	3,0		
	c		m.	21	0,6	8	4,4		
	d		„	27	0,6	9	5,0		
	e		w.	11	0,3	7	5,4		
	f		„	17	0,4	9½	4,4		
III.	7a	31. Juli	m.	23	0,5	12	3,8	4,92	
	b		w.	22	0,45	(6)	—		
	c		m.	21	0,35	13	4,6		
	d		w.	32	0,6	12½	6,2		
	e		„	37	0,8	9	5,1		
IV.	9a	14. August	w.	48	0,8	9	6,6	6,50	
	b		„	23	0,5	(6)	—		
	c		„	26	0,5	8	6,5		
	d		„	19	0,3	9½	6,6		
	e		m.	19	0,25	12	6,3		

V.

Blätterproben von Caesar & Loretz	Der Untersuchung No.	Der Untersuchung Datum 1903	Rana tempor. Geschlecht	Rana tempor. Gewicht (in g) = p	Dosis des 10% igen Blätterinfuses (in ccm) = d	Zeit bis zum systolischen Dauerstillstand (in Minuten) = t	$\frac{p}{d \cdot t}$ = v	Giftwert V
V.	10a	17. August	m.	52	1,0	9½	5,4	4,82
	b		„	20	0,3	16½	4,0	
	c		„	13	0,3	(5)	—	
	d		w.	16	0,25	11½	5,5	
	e		„	15	0,25	13½	4,4	
VI.	15a	15. September	m.	23½	0,5	14	3,3	3,36
	b		w.	35½	0,75	15	3,1	
	c		m.	19	0,4	11½	4,1	
	d		„	18	0,45	12	3,3	
	e		„	23	0,7	10½	3,1	
VII.	16a	16. September	m.	28½	0,6	12	3,9	4,60
	b		w.	39	0,75	10	5,2	
	c		m.	26	0,55	11	4,3	
	d		w.	45	0,75	12	5,0	
VIII.	17a	17. September	m.	38	0,65	16	3,6	3,62
	b		„	33½	0,6	19	3,0	
	c		w.	25	0,5	14	3,5	
	d		„	23	0,5	10½	4,4	
	e		„	45	1,0	(21)	—	
IX.	19a	21. September	w.	18	0,5	14	2,57	2,96
	b		m.	22	0,6	14	2,61	
	c		w.	28	0,5	14	4,00	
	d		m.	22	0,5	(21)	—	
	e		„	27	0,7	14½	2,65	
X.	18a	19. September	w.	22½	0,55	11½	3,55	3,61
	b		m.	22½	0,6	10	3,75	
	c		w.	26½	0,5	14½	3,66	
	d		„	38	0,8	(28)	—	
	e		m.	26	0,5	14	3,71	
	f		„	24	0,5	14	3,42	

seinen Versuchen zu der Meinung gelangt, daß eine konstante Beziehung der gedachten Art fehle[1]).

Im Sommer 1901 resp. 1902 war nun bei mehreren Proben, deren Giftwert ich festgestellt hatte, wenige Tage vorher oder nachher auch der Digitoxingehalt bestimmt worden, und zwar von Herrn Apotheker Dr. Fromme (Halle a. S.) selbst, dem ich für sein wiederholt bewiesenes freundliches Entgegenkommen auch an dieser Stelle meinen besten Dank sage. Die gewünschte Klarheit hatte sich indessen aus den damaligen Untersuchungen noch nicht ergeben. Es hatte sich zwar herausgestellt, daß bei zwei älteren Blätterproben (Tab. IV, Probe D und E), die nach ungünstiger Aufbewahrung mehr als die Hälfte ihres Giftwertes (60 resp. 68%) verloren hatten, der Digitoxingehalt tatsächlich nur ganz unbedeutend (nämlich nur um $7^1/_2$ resp. 4%) herabgegangen war; woraus man den Schluß ziehen konnte, daß bei älteren Blättern jedenfalls keine Parallelität der Gift- und Digitoxinwerte besteht (s. Tabelle IV).

Bei den frischen Proben konnte man wohl annehmen, daß das Verhältnis des Giftwertes zum Digitoxingehalt in dem, immerhin noch erheblichen Spielraum zwischen 1:0,04 und 1:0,06 seine Lage habe (genauer zwischen 0,038 und 0,059) unter der weiteren Voraussetzung, daß bei der einen Probe (C mit dem Verhältnis 1:0,026) irgend ein Fehler untergelaufen sein könne. Eine gewisse Stütze fand diese Annahme dadurch, daß bei drei gleichzeitig von uns untersuchten Tinkturen sich das Verhältnis zwischen 1:0,055 und 0,051 ergeben hatte[2]).

Um völlige Klarheit zu erlangen, haben wir nun in diesem Jahre (1903) eine größere Reihe von 10 frischen Proben gemeinsam untersucht.

Die Proben wurden von der Firma Caesar & Loretz, die an den Untersuchungen ein reges Interesse nahm, ohne Angabe der Herkunft geliefert. Fromme trocknete jede Probe zuerst bei 30—40° C. nach, pulverte sie grob, stellte den Feuchtigkeitsgehalt sowie den Digitoxingehalt fest und übersandte mir sofort einen Teil in einem festverkorkten Fläschchen, welches nur mit einer Nummerbezeichnung versehen war. Darauf wurde von mir der Giftwert festgestellt. Um bei den Wertbestimmungen jede etwaige Beeinflussung des einen Untersuchers durch die Befunde des anderen völlig auszuschließen, wurde die Liste der Resultate erst nach Beendigung der ganzen Serie

[1]) H. Ziegenbein, Wertbestimmung der Digitalisblätter. Archiv d. Pharmazie 1902, Heft 6, S. 466, These 6.

[2]) Auf eine Besprechung der Digitalistinkturen hoffe ich an anderer Stelle zurückkommen zu können.

beiderseits gleichzeitig an einem vereinbarten Tage abgesandt. In der Tabelle V lege ich das Protokoll meiner Giftwertbestimmungen vor, zu denen nur Frösche aus den Sendungen 3 bis 7 von Mettmann benutzt worden waren; während die Digitoxin- und Giftwerte nebeneinander gestellt sind in Tabelle VI.

Tabelle VI.

Blätterprobe von Caesar & Loretz	Chemische Untersuchung (Fromme)			Physiolog. Untersuchung (Focke)			Verhältnis
	Datum	Wassergehalt ca 14 Tage nach der Ernte (%)	Rein-Digitoxin (%) in den ganz trockenen Blättern	Datum	Zahl d. Frösche	Giftwert V des ganz trockenen Pulvers	Es entspräche 1 V = Digitoxin (%)
I	6. Juli	6,0	**0,250**	14. Juli 16. „ 19. Aug.	14	**2,70**	0,090
II	24. „	2,5	**0,293**	29. Juli	6	**4,44**	0,066
III	21. „	4,1	**0,220**	31. „	5	**4,92**	0,044
IV	16. „	8,5	**0,277**	14. Aug.	5	**6,50**	0,042
V	12. „	4,3	**0,240**	17. „	5	**4,80**	0,052
VI	31. „	6,2	**0,195**	15. Sept.	5	**3,36**	0,058
VII	25. „	5,2	**0,330**	16. „	4	**4,57**	0,072
VIII	6. Sept.	3,1	**0,265**	17. „	5	**3,62**	0,073
IX	8. „	2,2	**0,210**	21. „	5	**2,96**	0,071
X	17. „	1,2	**0,200**	19. „	6	**3,61**	0,055

Das Ergebnis hat unsere Hoffnungen bezüglich einer Parallelität der beiderseitigen Werte leider enttäuscht. Wie man sieht, schwankt das Verhältnis V: Digitoxin von 1:0,042 bis zu 1:0,090, und zwar nach jeder Beziehung mit der allergrößten Regellosigkeit!

Da es nun für den arzneilichen Wert der Blätter am Krankenbett nicht auf ihren Digitoxingehalt, sondern auf ihren physiologischen Wert ankommt, so wäre die Aufnahme einer Digitoxinbestimmung in die Pharmakopöe nutzlos; und wenn man überhaupt eine Kontrolle einführen will, so müßte es eine physiologische sein. Das wäre allerdings ein Novum. Jedoch würde sich ein zweckmäßiger kurzer Wortlaut für solche Vorschrift leicht finden lassen; und auch ihrer Durchführung würden allzugroße Schwierigkeiten nicht entgegenstehen. — Wenn dadurch die erstrebte Gleichmäßigkeit erreicht wäre, dann erst würde unsere Droge ihren verdienten Platz in der Pharmakotherapie richtig ausfüllen. Nebenbei würde dann der erhöhte Anspruch an die Qualität der Blätter sein Aequivalent finden müssen in einer gebührenden Erhöhung ihres bisher so überaus geringen Preises; aber wie gerne zahlt der Patient 10 Pf mehr für seine Arznei, wenn sie dafür besser und gleichmäßiger wirkt. Kurzum: So lange die Chemie nicht eine zuverlässigere Art der Prüfung für den arzneilichen Wert der Digitalisblätter gefunden hat als bisher, wäre die Schaffung einer physiologischen Prüfungsvorschrift notwendig.

Zum Schlusse möchte ich noch kurz die Frage berühren, wie es zu erklären ist, daß überhaupt der Giftwert aus den Blättern schwinden kann ohne entsprechendes Schwinden ihres zweifellos wirksamsten Bestandteiles? — Zu einer vorläufig mir ausreichend erscheinenden Erklärung bin ich durch die geistreiche Bemerkung Kellers geführt worden, die jedenfalls wohl auf tatsächlichen Beobachtungen ruht, daß nämlich das im Wasser fast unlösliche Digitoxin „durch die Gegenwart von Extraktivstoffen und anderen Digitalisglukosiden in wässeriger Lösung erhalten wird“[1]). Daran schließe ich den Satz: wenn diese Extraktivstoffe und anderen Glukoside, die an sich nur wenig wirksam sind, die aber das Digitoxin im Tierkörper erst zur vollen Wirkung bringen, weil sie es gelöst halten, durch den Einfluß der Feuchtigkeit in den Blättern abnehmen, so muß damit der Giftwert der betreffenden Blätter ebenfalls abnehmen, auch wenn ihr Digitoxingehalt sich nicht wesentlich vermindert hat. Es würde sich daraus erklären, warum der Giftwert dem Digitoxingehalt nicht parallel geht; es wäre eher zu vermuten, daß er dem Quantum jener anderen Bestandteile parallel geht. Ebenso würde dadurch erklärt, warum man bei Anwendung einer Extraktionsmethode mit höherprozentigem Alkohol zur physiologischen Untersuchung bei ein und derselben Probe an einer größeren Zahl von Tieren so unregelmäßige Resultate erhält. Wenn z. B. Moschkowitsch (in diesem Archiv 1903, Heft 5) zu wesentlich negativen Ergebnissen gelangt ist, so liegt das bei einem Teil seiner Versuche (Tab. VI und VII) wohl fast allein an der Benutzung zu kleiner Dosen und dementsprechend zu hoher Stillstandzeiten; im übrigen aber ohne Zweifel auch sehr an der Anwendung eines 70%igen Alkohols zur Extraktion. Denn es geht zwar dabei das alkohollösliche Digitoxin nahezu ganz, aber von den anderen wasserlöslichen Stoffen relativ zu wenig in Lösung; und darum wird ein großer Teil des gleichsam ohne hinreichende Begleitung gelösten Digitoxins bei jeder Injektion infolge der Berührung mit den alkalischen Gewebssäften ausfallen. Da dieses Ausfallen natürlich in

[1]) C. C. Keller (Zürich): Die Glukoside der Digitalisblätter und ihre quantitative Bestimmung. — Schweiz. Wochenschr. f. Chem. u. Pharm. 1897, S. 277.

unregelmäßiger Weise geschieht (und die ev. nachherige langsame Wiederauflösung und Resorption ebenfalls), so entsteht die unregelmäßige Wirkung.

Hiernach wäre es jetzt für die Chemie eine nicht nur wissenschaftlich recht interessante sondern auch praktisch vermutlich wichtige Aufgabe: festzustellen, welcher Bestandteil der Digitalisblätter es im wesentlichen ist, der in wässerigen Aufgüssen ihr Digitoxin gelöst erhält? — und dann für diesen Bestandteil eine handliche quantitative Analyse zu finden. Daraufhin wäre erst zu erforschen, ob die Quantität dieses Bestandteils dem Giftwert parallel geht.

Einstweilen, d. h. solange die Chemie noch keine Methode der Digitaliswertbestimmung gefunden hat, deren Resultate sich mit dem physiologischen Giftwert gleichmäßig bewegen, muß der Bestimmung des letzteren der Vorrang eingeräumt werden.

Arbeiten aus dem pharmazeutischen Institut der Universität Bern.

Untersuchungen über die Sekrete.

Von A. Tschirch.

57. Enthält Capaloin Methoxyl?

Von K. G. v. Küylenstjerna.

(Eingegangen den 6. XI. 1903.)

Von A. Tschirch und J. Klaveneß[1]) ist gezeigt worden, daß im Capaloin, wie im Nataloin und Ugandaaloin, eine Methoxylgruppe vorhanden ist. Das ist später aber von Léger bestritten worden, welcher im Capaloin keine Methoxylgruppe nachweisen konnte. Um zu ermitteln, ob der Methoxylnachweis etwa in Beziehung zu den Krystallisationsmitteln steht, habe ich Capaloin dargestellt und dasselbe sowohl aus Aethylalkohol wie aus Methylalkohol und auch aus Aceton umkrystallisiert. Die so aus den verschiedenen Lösungsmitteln erhaltenen Produkte wurden jedes für sich auf Methoxyl geprüft, und zwar nach dem Trocknen bei 100° C.

Das Capaloin wurde nach der Methode von Léger dargestellt: 450 g gewöhnliche Capaloë des Handels wurden mit 500 ccm Methyl-

[1]) Arch. d. Pharm., Bd. 239, H. 4, 1901.

alkohol im Dampfbad gelöst und filtriert. Nach dem Erkalten wurden allmählich $2^1/_4$ *l* trockenes Chloroform hinzugefügt. Die Mischung wurde kräftig durchgeschüttelt und 24 Stunden in einem Scheidetrichter sich selbst überlassen. Sie hatte sich alsdann in zwei Schichten getrennt, eine obere, dunklere und eine untere von hellerer Farbe. Die untere Schicht wurde abgelassen und die Flüssigkeit auf dem Wasserbade abdestilliert, das abdestillierte Chloroformgemisch wurde dann wieder mit dem ungelöst gebliebenen Anteile geschüttelt. Diese Behandlung wurde fünfmal wiederholt, d. h. solange, als das abgetrennte Chloroformgemisch noch gelb gefärbt war. Die in dem Kolben zurückgebliebenen klebrigen Massen wurden mit Hilfe einer Mischung von gleichen Teilen trockenen Chloroforms und absoluten Alkohols zur Sirupkonsistenz gebracht. Nach einigen Wochen erstarrte die ganze Masse zu einem Krystallbrei. Die Mutterlauge wurde abgesaugt. Um die Krystalle ganz von der Mutterlauge zu trennen, wurden dieselben mit kaltem absoluten Alkohol abgesaugt. Die Mutterlauge wurde wieder im Kühlschrank zur Krystallisation gestellt. Ein Teil von dem erhaltenen Produkt wurde aus Methylalkohol einige Male umkrystallisiert und ein anderer Teil aus Aceton unter Kühlung und ein dritter Teil aus Aethylalkohol krystallisiert, wobei man in allen drei Fällen das Capaloin in schönen, gelben Nadeln erhält. Der Schmelzpunkt liegt bei 138—139° C. Um zu ermitteln, ob in dem Capaloin nach Umkrystallisieren aus den drei oben erwähnten Lösungsmitteln Methoxylgruppen vorhanden seien, wurden Analysen nach der Zeisel'schen Methode ausgeführt, nachdem die Substanz bei 100° C. getrocknet war.

Capaloin aus Methylalkohol umkrystallisiert:

1. 0,2577 *g* Capaloin gaben 0,1907 *g* Jodsilber = 9,76% Methoxyl.

Capaloin aus Aethylalkohol umkrystallisiert:

2. 0,2584 *g* Capaloin gaben 0,1838 *g* Jodsilber = 9,38% Methoxyl.

Capaloin aus Aceton umkrystallisiert:

3. 0,2432 *g* Capaloin gaben 0,1742 *g* Jodsilber = 9,44% Methoxyl.

$C_{15}H_{13}O_6 \cdot OCH_3$ verlangt 9,68%.

Es ist also erwiesen, daß es in der Tat Capaloine gibt, welche eine Methoxylgruppe enthalten. Die Reaktion ist also nicht etwa auf eine Methylalkoholverbindung des Aloins zurückzuführen. Auch diese Methoxylbestimmung stimmt wieder besser auf die alte Formel $C_{16}H_{16}O_7$ wie auf die neue Léger'sche $C_{21}H_{20}O_9$, welche 7,40% Methoxyl verlangen würde.

Ueber die Darstellung von Löffelkrautöl und -Spiritus aus dem Samen von Cochlearia officinalis.

Von Dr. W. Urban.

(Eingegangen den 12. XI. 1903.)

Gelegentlich einer Untersuchung über d-Butylthioharnstoffe und -Harnstoffe brauchte ich größere Mengen von Löffelkrautöl, welches fast reines sec. Butylsenföl ist. Der Preis dieses Oeles ist verhältnismäßig hoch, und so wollte ich versuchen, dasselbe aus anderem als dem üblichen Material darzustellen, nämlich statt aus dem Kraut von *Cochlearia offic.* aus dem Samen, nachdem J. Gadamer bei einem Vorversuch das reichliche Vorkommen von Senföl in demselben konstatiert hatte.

Das frische Kraut, aus welchem das Oel gewöhnlich gewonnen wird, liefert 0,04—0,065% Ausbeute[1]); aus getrocknetem erhielt Gadamer[2]) 0,224% statt der nach vorher ausgeführten Gehaltsbestimmungen zu erwartenden 0,305%. Da 100 kg frisches Kraut rund 10 kg trockenes liefern, ist die Darstellung aus frischem Kraute weit lohnender, als aus trockenem, zumal da Schimmel & Co.[3]) aus diesem nur 0,18% Ausbeute zu erzielen vermochten. Der Preis des trockenen Krautes ist nun von dem des Samens wenig oder garnicht verschieden; deshalb wäre die Darstellung aus dem Samen, wenn dieser eine bessere Ausbeute als das Kraut lieferte, eventuell lohnend.

Ich ließ mir daher von der Samenhandlung Metz & Co. in Steglitz bei Berlin Löffelkrautsamen kommen, dessen Gehalt an d-Butylsenföl ich in der von Gadamer[4]) angegebenen Weise bestimmte; ich destillierte hierbei das Senföl in 75 ccm $^n/_{10}$ Silberlösung und 15 ccm Ammoniak hinein. Hierbei ermittelte ich einen Gehalt von 0,485—0,492% d-Butylsenföl; dabei war es von keinem bemerkbaren Einfluß, ob bei der Bestimmung ein Zusatz von weißem Senfmehl stattgefunden hatte oder nicht.

Dieses Resultat ermutigte mich damals (August 1900), einen Versuch zur Darstellung des Oeles aus dem Samen in etwas größerem Maßstabe zu machen.

---

[1]) Briefliche Mitteilung von Schimmel & Co.

[2]) Arch. d. Pharm. 1899, S. 93 ff.

[3]) Briefliche Mitteilung.

[4]) Arch. d. Pharm. 1899, S. 372 ff.

4,5 kg Samen wurden gestoßen und durch Auspressen von der Hauptmenge des fetten Oeles befreit. Leider war ich dann gezwungen, den Samen in diesem Zustande ca. 4 Wochen liegen zu lassen, ehe ich zur Destillation schreiten konnte. Der Gehalt an ätherischem Oel ging dabei zurück; einige Gehaltsbestimmungen, die ich damit ausführte, ergaben nur noch 0,25% Oelgehalt. Die praktische Ausbeute blieb dahinter noch weit zurück. Das Destillat wurde mit Aether ausgeschüttelt und der Rückstand der ätherischen Lösung wurde mit alkoholischem Ammoniak behandelt. Die resultierenden Krystalle waren nach der Behandlung mit Tierkohle rein weiß und zeigten den Schmelzpunkt 137°; sie bestanden, wie auch die Untersuchung im Laurentschen Halbschattenapparat zeigte, aus reinem d-Butylthioharnstoff[1]).

Damit war erwiesen, daß das ätherische Oel aus dem Samen von Cochlearia offic. identisch ist mit dem aus dem Kraut gewonnenen. Eine praktische Verwendung dieser Beobachtung ist vielleicht im Großbetriebe möglich; da jedoch mein Versuch im kleinen so wenig Erfolg hatte, wiederholte ich ihn nicht. Eine andere Verwendung im pharmazeutischen Laboratorium lag indessen nahe, nämlich die Darstellung des Spiritus Cochleariae aus dem Samen statt aus dem Kraut. Dieses Verfahren hätte vor allen Dingen den Vorzug, daß das Ausgangsmaterial wesentlich haltbarer und zugleich kompendiöser wäre als das Kraut. Ich nahm daher kürzlich auf Veranlassung von Herrn Prof. Gadamer diese Versuche wieder auf.

Ich ließ mir wieder im September 1903 von Metz & Co. ein Muster Samen kommen, fand jedoch zu meinem Erstaunen bei einer Gehaltsbestimmung, die ich in üblicher Weise vornahm, nur 0,3% Oel. Da mir die genannte Firma mitteilte, daß das gesandte Muster von älterer Ernte stamme, die neue aber in einigen Wochen hereinkomme, erbat ich mir ein Muster der neuen Ernte, das ich im Oktober erhielt. Aber auch hierbei erreichte der Gehalt nicht den vor 3 Jahren festgestellten. Zugleich machte ich die eigentümliche Beobachtung, daß ich durch Zusatz von weißem Senf höhere Resultate erzielte als ohne ihn. Ich führte je zwei Versuche mit und ohne diesen Zusatz aus und erhielt folgende Resultate:

					Mittel:
Ohne Senfmehl:	I.	0,2394	II.	0,2492	0,2443
Mit Senfmehl:	III.	0,3474	IV.	0,3654	0,3564.

Der Senfölgehalt war aber immer noch höher als der des Krautes und so nahm ich die Darstellung des *Spiritus Cochleariae* aus dem Samen in Angriff.

---

[1]) Arch. d. Pharm. 1899, S. 97 ff.

Darstellung des Spiritus Cochleariae.

Das Arzneibuch verlangt einen Löffelkrautspiritus von 0,06 bis 0,07% Senfölgehalt. Wie man sich aber durch Nachrechnen leicht überzeugen kann, würde dieser Gehalt nur erreicht werden, wenn das Ausgangsmaterial einen Gehalt von 0,3—0,35% Senföl hat, also mehr als im Kraut bisher bei der Bestimmung nach Gadamer gefunden ist. Da nun der Same im Durchschnitt, wie oben erwähnt, etwa 0,35% enthielt, machte ich einen Versuch im kleinen, der Vorschrift des Arzneibuches im wesentlichen folgend, indem ich aus 40 g Samen, den ich pulverte und vom fetten Oel befreite[1]), 10 g weißem Senfmehl, 400 g Wasser und 150 g 90%igem Alkohol 200 g Löffelkrautspiritus darstellte. Bei der von der Pharmakopöe vorgeschriebenen Gehaltsbestimmung verbrauchten aber 50 ccm Filtrat nicht 2,2—2,5 ccm $^{n}/_{10}$ Rhodanammoniumlösung, sondern nur 0,9 ccm; der Spiritus war also viel zu stark, und der aus dieser Berechnung ermittelte Gehalt des Samens hätte demnach 0,533% Oel betragen!

Wie war das aber zu erklären? Ich vermutete, daß ich bei den kürzlich vorgenommenen Gehaltsbestimmungen den Fehler gemacht hatte, keinen hinreichenden Ueberschuß von Silberlösung vorgelegt zu haben. Ich machte daher noch eine Bestimmung, bei der ich statt 50 ccm 75 ccm Silberlösung vorlegte und zugleich, um Verluste zu vermeiden, einen langen Vorstoß bei der Destillation benutzte, der bis auf die Oberfläche der ammoniakalischen Silberlösung reichte, und ich erhielt hierbei ein Resultat, welches mit den früheren übereinstimmte, nämlich 0,49% Senföl.

Nunmehr führte ich eine zweite Darstellung von Löffelkrautspiritus aus, unter Anwendung folgender Mengenverhältnisse:

200 g Löffelkrautsamen,
50 g weißes Senfmehl,
3 kg Wasser und
1,125 Alkohol (90%)

und fing 1,5 kg Destillat auf. Dieser Löffelkrautspiritus entsprach nunmehr völlig den Anforderungen des Arzneibuches.

Es wäre demnach zu erwägen, ob nicht der Spiritus Cochleariae aus dem Samen statt aus dem Kraute darzustellen wäre, da man an dem Ausgangsmaterial immerhin spart, und da andererseits, wie schon erwähnt, der Same vor dem Kraut den Vorzug der größeren Haltbarkeit und des geringeren Volumens hat.

---

[1]) Anm. Das Entfetten dürfte nach meinen Versuchen an dem Samen von Sinapis nigra entbehrlich sein. J. Gadamer.

Versuche zur Darstellung des Glukosides von Cochlearia officinalis.

Wegen seines höheren Oelgehaltes bildete aber der Same auch ein besseres Ausgangsmaterial zur eventuellen Darstellung des Glukosids, welches jedenfalls dem ätherischen Oel zu Grunde liegt, als das Kraut. Dieses Glukosid mußte, falls es dem Sinigrin analog zusammengesetzt war, in einer Menge von ungefähr 1,75% im Samen enthalten sein.

Ich versuchte das Glukosid aus einer Menge von 4 kg Löffelkrautsamen, im April 1901 von Metz & Co. in Steglitz bezogen, mittelst des Verfahrens zu gewinnen, welches Gadamer[1]) zur Gewinnung des Sinigrins aus dem schwarzen Senf angewandt hatte.

Der gepulverte Same wurde zunächst mit Petroläther erschöpft, um ihn vom fetten Oel zu befreien, hierauf mit Alkohol ausgekocht und mit dem vom Filtrat abdestillierten Alkohol noch zweimal ebenso behandelt. Die vereinigten Alkoholextrakte wurden auf etwa 200 ccm eingedampft. Der scharf abgepreßte, ausgekochte Samen wurde getrocknet, der Preßkuchen zerrieben und 12 Stunden mit der dreifachen Menge destillierten Wasser maceriert, abgepreßt und noch drei Stunden mit der doppelten Menge Wasser maceriert. Die vereinigten wässerigen Auszüge wurden, da sie sauer reagierten, mit Baryumkarbonat neutralisiert, filtriert und im Vakuum vom Wasser zum größten Teile durch Destillation befreit. Das zurückgebliebene Extrakt wurde zweimal mit Alkohol ausgekocht, wobei sich kautschukartige Massen ausschieden, und die vereinigten Filtrate auf 50 ccm eingeengt. Dieses Extrakt wurde zur Hälfte in eine Dialysierhülse gebracht, nachdem etwas Chloroform zugesetzt war, um die Ansiedelung von Schimmelpilzen zu verhüten, ein Mittel, welches sich jedoch nicht bewährte. Jeden Tag wurde das Dialysat abgegossen und die Hülse wieder in destilliertes Wasser gesetzt. Die ersten Dialysate gaben mit Silbernitrat einen weißen, schnell grau werdenden Niederschlag, der die dem sinigrinsauren Silber: $C_4H_5NAg_2S_2O_4$ entsprechende Verbindung enthalten mochte. Um dieselbe in die eventuell gut krystallisierende Ammoniakverbindung überzuführen, wurde der Niederschlag abgesaugt, in Ammoniak gelöst, filtriert und über Schwefelsäure ins Vakuum gebracht. Aus der schnell schwarz werdenden Flüssigkeit schieden sich jedoch jedesmal nur mikroskopische Chlorsilberkrystalle aus.

Die in der Dialysierhülse zurückgebliebene Flüssigkeit wurde in eine große, flache Schale über Aetzkalk gebracht. Nach längerer Zeit war ein trockenes, sprödes Extrakt zurückgeblieben, das an der Luft schnell Feuchtigkeit anzog. Ich nahm in zwei Proben dieses trockenen Extrakts, natürlich unter Zuhilfenahme einer ausreichenden Menge von

---

[1]) Habilitationsschrift, Marburg 1897

weißem Senfmehl, Senfölbestimmungen vor, die einen Gehalt von 4,5% Butylsenföl ergaben; unter der Annahme, daß das Glukosid dem Sinigrin analog zusammengesetzt ist, nur daß für die Allylgruppe die Butylgruppe zu setzen wäre, würde das einem Glukosidgehalte von 16,8% entsprechen.

Die andere Hälfte des noch nicht dialysierten Extrakts wurde mit Alkohol ausgekocht. Das Filtrat trübte sich beim Erkalten; der Niederschlag wurde in Wasser gelöst und mit Silbernitrat versetzt; die im ersten Moment weiße Fällung zersetzte sich augenblicklich unter Schwärzung.

Das vom Alkohol Ungelöste wurde mit Wasser aufgenommen und ein Teil der Lösung der Dialyse unterworfen. Das Dialysat enthält kein Chlorid mehr; der Niederschlag mit Silbernitrat war jedoch ebenso zersetzlich wie die früher erhaltenen.

Der Rest der wässerigen Lösung wurde mit Alkohol bis zur beginnenden Trübung versetzt und über Aetzkalk in den Exsiccator gebracht, um durch allmähliche Konzentration des Alkohols das im Alkohol event. unlösliche Glukosid zur Abscheidung zu bringen. Allmählich schied sich am Boden der Krystallisierschale eine anscheinend krystallinische Substanz aus, die an der Luft zerfließlich war. Die Lösung dieser Substanz gab mit Silbernitrat ebensolche leicht zersetzliche Niederschläge wie die Dialysate. Ob diese krystallinische Substanz das gesuchte Glukosid war, konnte sonach nicht entschieden werden, da sie weder in Gestalt ihrer Silberverbindung noch rein erhalten werden konnte. Die Versuche wurden daraufhin bis auf weiteres aufgegeben, da keine Hoffnung mehr war, auf dem betretenen Wege das Ziel zu erreichen. Soviel scheint aber aus den Versuchen hervorzugehen, daß das dem sec. Butylsenföl zu Grunde liegende Glukosid leicht zur Abspaltung von Schwefel neigt und sich so wesentlich von dem Sinigrin und verwandten Glukosiden unterscheidet.

Mitteilungen aus der pharmazeutischen Abteilung des chemischen Instituts der Königl. Universität Münster i. W

Ueber die Bildung von Mennige durch Licht und Luft.

Beitrag zur chemischen Wirkung des Lichtes.

Von Georg Kaßner.

(Eingegangen den 15. XI. 1903.)

Daß das Sonnenlicht die Fähigkeit besitzt, die von ihm getroffene Oberfläche vieler Metallverbindungen zu verändern, ist seit langem bekannt[1]). Meistens beruht diese Wirkung auf einer Reduktion der betreffenden Verbindung; so werden z. B. viele Mercurisalze partiell in Mercurosalze zerlegt, letztere aber weiter unter Abscheidung metallischen Quecksilbers grau gefärbt, Silbersalze desgleichen unter Abtrennung metallischen Silbers zerlegt. Eisenoxydsalze werden unter dem Einflusse des Lichtes mehr oder weniger in Eisenoxydulverbindungen übergeführt, wobei die Anwesenheit organischer Stoffe die Reduktion wesentlich befördert. Aber auch Oxydationswirkungen sind unter Mitwirkung des Lichtes vielfach beobachtet[1]) worden. Abgesehen von dem als Lichtoxydation erkannten Ausbleichen vieler Pflanzenfarben, der Vergilbung von Holzschliffpapier usw. sind es die durch das Licht bewirkten Zersetzungen der Alkalijodide, welche unter Abscheidung von Jod und Aufnahme von Sauerstoff vor sich gehen und besonders hier hervorgehoben sein mögen. Sind doch die Wirkungen des Lichtes auf anorganische Körper sicher leichter zu verfolgen und auch eindeutiger, als diejenigen, welche bei organischen Materien beobachtet werden. Eine Oxydationswirkung des Lichtes ist nun zweifellos auch zu konstatieren, wenn man Bleioxyd bei Anwesenheit von Luft dem Licht aussetzt. Zwar ist eine derartige Beobachtung bereits von Schoenbein[2]) gemacht worden, welcher fand, daß Bleioxyd, besonders das auf nassem Wege erzeugte, sich im Lichte allmählich dunkler gelb, orange und braun färbt, wobei sich ein Gemenge von Bleioxyd und Bleidioxyd bildet. Auch führt Becquerel[3]) schon an, daß eine solche Veränderung nur bei Gegenwart von Sauerstoff, nicht aber im Vakuum und in einer Wasserstoffatmosphäre eintrete.

---

[1]) Vergl. z. B. Eder, Die chemischen Wirkungen des Lichtes, 1891, Halle.

[2]) Fortschr. d. Physik 1850, S. 522; 1856, S. 522.

[3]) Becquerel, La Lumière 1868; durch Neues Handwörterbuch der Chemie von Fehling 1886, Bd. IV, S. 117.

Nichtsdestoweniger stellte ich mir die Aufgabe, die Lichtoxydation des gelben Bleioxyds in einem längere Zeit währenden Versuch zu verfolgen, um vielleicht Anhaltspunkte für eine Erklärung dieses Vorganges und anderer in das Gebiet der Photochemie gehörender zu gewinnen. Die gewählte Materie ist für solche Versuche besonders deswegen trefflich geeignet, weil sie als gelber Körper die komplementären blauen aktinischen Strahlen des Spektrums lebhaft verschluckt und weil sich mit ihr ohne Anwendung von Lösungsmitteln, welche nur die Erscheinungen komplizieren, auskommen läßt.

Ich habe nun gefunden, daß bei lange fortgesetzter Einwirkung von Licht und Luft auf Bleioxyd ein Körper von roter Farbe entsteht, welcher nach Entfernung des überschüssig beigemengten Oxyds in seiner Zusammensetzung einer basischen Mennige entspricht und der Formel nach zwischen Pb_5O_6 und Pb_6O_7 steht.

Experimenteller Teil.

Da ich einst wahrgenommen hatte, daß ein frisch bezogenes gelbes Bleioxyd in Gestalt von Massicot nach mehrtägigem Stehen am Sonnenlicht auf der Oberfläche eine rötliche Färbung angenommen hatte, beschloß ich die Lichteinwirkung soweit wie möglich zu treiben, um ein der Analyse zugängliches Produkt zu erhalten.

Es lag mir also wesentlich daran, die Natur des hierbei gebildeten Körpers festzustellen. Zu diesem Zwecke brachte ich in ein Erlenmeyerkölbchen ca. 6 g lufttrockenes Massicot, verschloß dasselbe mittelst eines gut schließenden Korkstopfens, um Anziehung von Wasser und Kohlensäure aus der Luft möglichst zu verhindern und stellte dann das Gefäß an ein von der Mittagssonne grell beschienenes Fenster. Hatte sich nach einiger Zeit die Oberfläche des Präparats rot gefärbt, so wurde dasselbe gut durchgeschüttelt, um wieder neue unbelichtete Partien des Pulvers an die Außenfläche zu bringen, da ja wegen der Undurchsichtigkeit des Bleioxyds die Wirkung des Lichtes nicht in die Tiefe dringt. Auch wurde der Stopfen des Gefäßes dabei von Zeit zu Zeit gelüftet, um den etwa verbrauchten Sauerstoff zu ersetzen.

So wurde denn das Kölbchen mit Massicot vom Jahre 1895 ab bis Mitte 1903, also 8 Jahre lang, unter periodischem Umschütteln und Lüften dem Sonnenlichte ausgesetzt, wobei das Durchschütteln des Inhalts in letzter Zeit freilich weniger regelmäßig erfolgte, als in den ersten Jahren.

Zuweilen adhärierte das feine Pulver nach lebhaftem Umschütteln an der Glaswand wie von elektrischer Anziehung festgehalten, indem es fast über das ganze Glas hin eine zusammenhängende Schicht bildete, welche nach der Rotfärbung der dem Glase anliegenden Oberfläche mittelst eines Glasstabes oder Platindrahtes immer wieder abgekratzt wurde.

Ohne Zweifel entstehen beim Schütteln von Bleioxyd durch Reibung an der Glaswand elektrische Kräfte, welche die Anziehung und das Festbacken des Pulvers bewirken. Das so behandelte Massicot nahm nun bald eine rötliche und von Jahr zu Jahr dunkler rote Farbe an, so daß es jetzt nach 8 Jahren ein lebhaft ziegelrotes Pulver bildet.

Um die Frage zu entscheiden, ob außer dem Licht auch noch andere Faktoren an der Färbung durch Oxydation beteiligt sind, wobei ich zunächst an die Mitwirkung von Feuchtigkeit dachte, wurde eine kleine Probe Massicot durch Erhitzen im Luftbade bis auf über 200° C. gut getrocknet und in ein durch Erhitzen vorher ebenfalls gut ausgetrocknetes Reagensglas eingeschmolzen.

Das für beide Versuche verwendete Massicot stammte von der Firma E. Merck, war als purissimum bezogen und löste sich in verdünnter Essigsäure ohne Färbung, ohne Brausen und ohne eine Trübung zu hinterlassen völlig klar auf.

Das im Reagensglas eingeschmolzene gelbe Bleioxyd wurde ebenfalls mehrere Jahre, doch nicht ganz so lange wie die andere Probe im Erlenmeyerkolben dem Sonnenlichte ausgesetzt.

Untersuchung des ziegelroten Produktes.

Bei der qualitativen Prüfung ergab sich durch Erhitzen im Glühröhrchen nur ein so minimaler Anflug von Feuchtigkeit, daß der Wassergehalt bei der zur Verfügung stehenden geringen Menge des Präparats quantitativ kaum bestimmbar erschien und sich daher dessen Feststellung erübrigte. Dieselbe Erscheinung zeigte sich erfreulicherweise bezüglich des Gehaltes an Kohlensäure. Auch hier waren beim Uebergießen des mit Wasser zuvor angerührten Pulvers mit verdünnter Salpetersäure nur wenige Bläschen dieses Gases zu beobachten, so daß die Menge von Wasser und Kohlensäure zusammen noch sicher innerhalb eines Prozentes zu liegen schien. Im übrigen ergab der Zusatz von verdünnter Salpetersäure eine reichliche braune Fällung von Bleidioxyd; mit Salzsäure entstand beim Erwärmen Chlor.

Zur quantitativen Bestimmung des disponiblen Sauerstoffes, d. h. des in dem Präparat enthaltenen Bleisäureanhydrids, wurden 1,5270 g Substanz in einem Bunsen'schen Apparat mit Salzsäure gekocht und das ausgetriebene Chlor in Jodkaliumlösung geleitet. Das ausgeschiedene Jod wurde mit Natriumthiosulfatlösung titriert.

Ich verbrauchte 15,5 ccm einer $Na_2S_2O_3$-Lösung, von welcher 11,2 ccm = 10 ccm $^1/_{10}$ N.-Jodlösung waren. Hieraus berechnet sich der Betrag an PbO_2 auf 0,1652 g = 10,8 % des ziegelroten Präparats.

Da ich aber wahrgenommen hatte, daß bei der Behandlung des Präparats mit verdünnter Salpetersäure kurz nach dem Zusatz der Säure auf dem Grunde des Gefäßes etliche zitronengelbe[1]) Partikelchen aus der bräunlich gefärbten Flüssigkeit zum Vorschein kamen, welche unverändertes Massicot waren, das durch Umhüllung in der ziegelroten Grundmasse der Lichtwirkung entzogen geblieben war, suchte ich das mechanisch beigemischte Bleioxyd nach einem dem Verfahren von Loewe[2]) analogen Verfahren zu entfernen. Dasselbe bestand in der Extraktion des Oxyds mittelst konzentrierter Lösung von Bleiacetat, etwa entsprechend dem Verfahren des Deutschen Arzneibuchs zur Darstellung des Bleiessigs.

0,2946 g Substanz wurden mit 2 g reinem krystallisiertem Bleizucker in einem kleinen Mörser innig verrieben, die Mischung verlustlos in ein Kölbchen gebracht, mit 0,4 g destilliertem Wasser versetzt und in gut verkorktem Gefäß etwa eine halbe Stunde im Wasserbade digeriert.

Es kam hierbei alsbald unter Verflüssigung der Masse ein feurigeres Rot zum Vorschein. Die Mischung wurde hierauf mit Wasser verdünnt und auf ein tariertes Filter gegossen. Das äußerst feine Pulver ging anfangs mit durchs Filter, und mußte das Filtrat mehrere Male wieder zurückgegossen werden, ehe dasselbe klar erhalten wurde.

Schließlich wurde der sorgfältig und behutsam ausgewaschene Niederschlag mitsamt dem Filter bei 110° C. getrocknet und gewogen; ich erhielt von 0,2946 g 0,1677 g feurig rotes Pulver. Mithin waren dem Präparat auf die angewandte Menge noch 0,1269 g durch Bleiacetatlösung ausziehbares Bleioxyd = 43,1 % beigemischt gewesen. Die restierenden 56,9 % enthalten demnach die oben gefundenen 10,8 % PbO_2, sodaß auf das bleioxydfreie rote Präparat 18,9 % PbO_2 kommen.

Für die Formel Pb_5O_6 berechnen sich 21,1 % PbO_2.
„ „ „ Pb_6O_7 „ „ 17,6 „ „

Es steht somit das von mir isolierte rote Produkt der Zusammensetzung nach zwischen Pb_5O_6 und Pb_6O_7.

Wenn die von mir angewandte Methode im stande ist, das bloß mechanisch beigemischte Bleioxyd quantitativ herauszunehmen, so ist zu folgern, daß es basische Verbindungen des Bleiorthoplumbates mit Bleioxyd gibt, und daß der von mir isolierte Körper eine solche darstellt.

Uebrigens hat Loewe bereits hervorgehoben, daß in den Handelssorten der Mennige vielfach Körper der Zusammensetzung Pb_4O_5 und Pb_5O_6 vorkommen, und ich selbst habe aus Analysen meiner Schüler konstatieren können, daß eine sonst vortreffliche Mennige nur zu

[1]) Anm.: Selbstverständlich verschwand bei einigem Umschütteln auch das noch vorhandene und beobachtete gelbe Oxyd durch Auflösung in der sauren Flüssigkeit.

[2]) Dingl. polyt. Journ., Bd. 271. Loewe verwandte eine 10—12 %ige Lösung von Bleinitrat zur Extraktion von Bleioxyd aus Mennige.

90,76% der theoretischen Formel Pb_3O_4 entsprach, also noch ca. 10% überschüssiges, wohl in Gestalt einer basischen Verbindung gebundenes Bleioxyd enthielt. Es steht somit wohl nichts im Wege, den durch Lichteinwirkung auf reines Bleioxyd unter Mitwirkung des Luftsauerstoffs hervorgegangenen roten Körper als basisches Bleiorthoplumbat bezw. als basische Mennige zu bezeichnen.

Untersuchung des (gelb gebliebenen) Präparats aus dem zugeschmolzenen Reagensglas.

Da die im Glasrohr eingeschmolzene Probe getrockneten gelben Bleioxyds jahrelang ihre gelbe Farbe bewahrt hatte, lag nichts näher als anzunehmen, daß dieselbe keine Veränderung durch das Licht erfahren habe, um den Schluß zu ziehen, daß für die Oxydation von Bleioxyd durch das Licht wenigstens eine gewisse, wenn auch sehr geringe Menge Feuchtigkeit notwendig sei, wie sie in der lufttrocken verwendeten Massicotprobe des ersten Versuchs enthalten war. Dieser Schluß wäre jedoch ein voreiliger, denn die nähere Prüfung ergab, daß auch diese Probe durch das Licht, wenn auch nicht in sichtbarer Weise, oxydiert worden war.

Leider war die zum Versuch verwendete Menge Substanz in einer gewissen Unterschätzung ihres Gewichtes zu groß oder, was dasselbe ist, der mit ihr zusammen abgeschlossene Luftraum in einer Art Ueberschätzung des Gefäßvolumens zu klein gewählt worden, um ein von vornherein in die Augen springendes Resultat zu geben. So aber zeigte die qualitative Prüfung des Pulvers und die quantitative Untersuchung des eingeschlossenen Gasrestes die tatsächlich stattgefundene Oxydation.

Gewicht des Glasgefäßes samt Inhalt	3,4541 g
Gewicht des Glasgefäßes nach Zertrümmerung und Entfernung des Inhalts	2,7880 „
folglich vorhandene Menge Substanz	0,6661 g.

Die Zertrümmerung des Glasgefäßes wurde unter Wasser ausgeführt und das entwichene Gas verlustlos in eine Hempel'sche Bürette übergeführt. Ich erhielt 8,0 ccm Gas. Dasselbe wurde in eine Phosphorpipette übergeleitet, in welcher das Volumen durch Absorption des noch vorhandenen Sauerstoffs bis 7,1 ccm abnahm. Folglich waren in dem Gase noch 0,9 ccm Sauerstoff vorhanden = 11,2 %. Da nun in der atmosphärischen Luft rund 20,6 Vol.-% Sauerstoff enthalten sind, so waren demnach von dem eingebrachten Sauerstoff unter der Einwirkung des Lichtes 45,6 % zur Oxydation des Bleioxyds verbraucht worden.

Das isolierte Pulver enthielt demnach, wie in der Tat bei der Untersuchung erkannt wurde, eine wenn auch geringe Quantität Bleidioxyd, ließ beim Uebergießen mit verdünnter Salpetersäure deutlich Ozongeruch erkennen und gab damit eine lichtbraune Färbung und Fällung.

Die vorhandene Menge Bleidioxyd konnte freilich nur gering sein, da sich aus dem Volumen des verbrauchten Sauerstoffs — 0,7 ccm — ohne Berücksichtigung der Barometer- und Temperaturkorrektion nur rund 0,0148 g PbO_2, welche im Gesamtgewicht des Pulvers von 0,6661 g enthalten waren, berechnen.

Hätte der Luftraum über dem Bleioxydpulver im richtigen Verhältnisse zu dessen Oxydierbarkeit gestanden, so wäre auch bei diesem Versuch, also bei Ausschluß von Feuchtigkeit, eine erhebliche Farbenänderung unter reichlicherer PbO_2-Bildung erfolgt.

Immerhin ist die Tatsache sehr interessant, daß unter dem Einfluß des Lichtes fast 50% des in der Luft vorhandenen Sauerstoffes zur Oxydation von Bleioxyd verbraucht worden sind. Indessen mag bemerkt werden, daß es noch einer Wiederholung des Versuchs bedarf, um ganz sicher zu sein, daß wirklich auch bei totaler Abwesenheit von Feuchtigkeit Oxydation des Bleioxyds erfolgt.

Es wird das letztere neuerdings in mit Phosphorsäureanhydrid getrockneter Luft einzuschließen sein, so wie Panzer[1]) seine Arsenspiegel behandelte, deren Oxydation im Licht er nur bei Anwesenheit von Feuchtigkeit und Sauerstoff konstatieren konnte. Neue Versuche darüber sind bereits in Angriff genommen.

Versuch einer Erklärung des Oxydationsvorganges.

Da es immer mehr als Tatsache betrachtet wird, daß das direkte Sonnenlicht in den sogenannten chemisch wirksamen Strahlen eine wenn auch quantitativ geringe Ionisierung der Gasmoleküle bewirkt, so wird man annehmen können, daß die unter der Lichtwirkung aus den Molekülen des Luftsauerstoffes gebildeten Sauerstoffionen es sind, welche sofort nach ihrer Entstehung sich an das Bleioxyd anlagern und dasselbe zu Bleidioxyd oxydieren. Bei dem reichlich vorhandenen basischen Oxyd (PbO) findet dieses Gelegenheit und Zeit, sich mit demselben zu einem Bleisalz der Bleisäure zusammenzulagern. Vermutlich findet die erwähnte Ionisation an der Oberfläche des vom Lichte getroffenen farbigen Körpers besonders energisch statt. Indessen

[1]) Verh. d. Vers. Dtsch. Ntf. u. Aerzte 1902, II., 1. Hälfte; durch Chem. Zentralbl. 1903, Bd. II, S. 821.

zeigt das Beispiel der Zerlegung und Oxydation von Jodkalium, daß auch farblose, also fast keine Lichtwellen absorbierenden Stoffe den Folgen der von mir angenommenen Ionisation des Sauerstoffes unterliegen.

Es wird bei dieser Annahme auch die Oxydation durch das Licht einen wesentlich anderen Charakter tragen, als die in dem letzten Jahrzehnt von verschiedenen Forschern, wie z. B. Manchot, Baur, Job, Engler usw. studierten Vorgänge der Autoxydation leicht oxydabler Körper.

Bei den Autoxydationen, von welchen Engler[1]) zwei Fälle unterscheidet, nämlich 1. direkte, wie z. B. bei der Oxydation der Leichtmetalle zu Superoxyden und 2. indirekte Autoxydationen, wie solche bei Metallsalzlösungen (Ferro-Chromo-Manganosalzen) beobachtet wurden und bei denen Spaltungsstücke des Salzes den Sauerstoff in Beschlag nehmen, um sodann das Metallsalz selbst zu peroxydieren, werden stets in der primären Reaktion ganze Moleküle des Luftsauerstoffes in Beschlag genommen und angelagert.

In dem von mir untersuchten Falle der Oxydation des Bleioxyds unter Einwirkung des Sonnenlichts ist es anscheinend nur atomistischer Sauerstoff, der zur Anlagerung befähigt ist, da ohne das Licht nicht die geringste Veränderung des der Luft ausgesetzten Präparats erfolgt, die gewöhnlichen Moleküle des Sauerstoffs hier ganz und gar indifferent sind.

Der zweite Umstand, welcher die Bleioxydoxydation im Sonnenlicht wesentlich von den bei der Autoxydation — wenigstens der indirekten — beobachteten Vorgängen unterscheiden läßt, ist die Möglichkeit der Sauerstoffaufnahme anscheinend ganz ohne Mitwirkung von Wasser. Waren doch in dem oben beschriebenen zweiten Versuch mit dem völlig trockenen Massicot von dem zugleich mit ihm eingeschlossenen Sauerstoff fast 50% an das Bleioxyd übertragen worden.

Nun führt aber Engler[2]) an, daß nach seiner und Weißberg's Annahme, die übrigens durch zahlreiche Befunde gestützt wird, stets bei Autoxydationen[3]) als erstes Anlagerungsprodukt des molekularen Sauerstoffs das Wasserstoffsuperoxyd auftrete, zu dessen Bildung natürlich die Gegenwart von Wasser gehört.

---

[1]) Ber. d. d. chem. Ges. 36, S. 2642, 1903.

[2]) Ber. d. d. chem. Ges. l. c.

[3]) Anm. Emil Baur kommt allerdings bei der Autoxydation von Cerosalzen zu einem anderen Resultat; er findet dort nicht das von Engler erörterte Aktivierungsverhältnis 1:1, sondern eine höhere Aufnahme von Sauerstoff, entsprechend dem Verhältnis 2:1, und hält darum Engler's Theorie für nicht zutreffend (Ber. d. d. chem. Ges. 36, S. 3038, 1903).

Uebrigens hatte ja früher auch M. Traube in seinem klassischen Versuch mit Zink und Wasser beim Schütteln mit Luft die Bildung von Wasserstoffsuperoxyd direkt nachgewiesen.

Die Zwischenbildung von Wasserstoffsuperoxyd ist aber in den von mir untersuchten Fällen, in dem zweiten Versuche anscheinend noch sicherer wie im ersten, ganz und gar ausgeschlossen.

Endlich kommt noch hinzu, daß Bleidioxyd und Wasserstoffsuperoxyd sich gegenseitig zersetzen, also gar nicht miteinander bestehen können. Freilich hatte ich in meiner Arbeit über das Bleiperoxyd[1]) (nicht zu verwechseln mit dem Bleidioxyd, dem gewöhnlich Bleisuperoxyd bezeichneten Körper) gezeigt, daß es eine interessante Verbindung gibt, welche sowohl Bleidioxyd als auch in geringem Betrage die Sauerstoffkette —O—O— der wahren Peroxyde enthält, aber dieser Körper war nur bei höheren Temperaturen und auch nur aus wasserhaltigem Material erhalten worden. Er zeigte vor allem die Eigenschaft, beim Einbringen in Wasser Sauerstoff abzuspalten, welcher offenbar aus einer gegenseitigen Zersetzung des Peroxyds und des Bleidioxyds stammte. Das von mir am Licht erhaltene rote Oxydationsprodukt des Bleioxyds verhielt sich aber beim Uebergießen mit Wasser ganz indifferent, spaltete also keinen Sauerstoff ab, enthielt demnach kein Peroxyd.

Gerade die beim Blei ermittelte Existenz einer in trockenem Zustande beständigen Verbindung des Dioxyds mit einem Peroxyd, deren Bildung aber durch Licht- und Lufteinwirkung nicht hervorgerufen werden konnte, scheint mir mit ein beweiskräftiger Umstand dafür zu sein, daß bei der Lichtoxydation des Bleioxyds nur die Anlagerung von Atomen Sauerstoff und nicht eine solche von Molekülen stattfindet. Somit würde dieselbe einen Gegensatz zu den von Engler u. a. unter „Autoxydation" verstandenen Erscheinungen bilden. Der Fall der höheren Oxydation des Bleioxyds unter dem Einfluß des Lichtes scheint demnach sehr einfach zu liegen. In den Fällen aber, wo es sich um die gleichzeitige Einwirkung des Lichtes und der Luft auf wasserhaltige oder wenigstens Wasserstoff enthaltende Körper handelt, wie z. B. bei der Oxydation wässeriger organischer Substanzen oder bei der Oxydation des an sich wasserfreien Terpentinöls im Sonnenlicht würde man alsdann neben der bereits bekannten, in überwiegendem Maße erfolgenden Anlagerung von Molekülen indifferenten Sauerstoffs, auch eine Einwirkung von durch das Licht erzeugten Sauerstoff-Atomen bezw. -Ionen anzunehmen haben.

Selbstverständlich ginge dann die beim Terpentinöl und vielen Stoffen bekannte Aktivierung des als Molekül aufgenommenen Sauer-

[1]) Arch. d. Pharm. Bd. 237, S. 409 und Bd. 238, S. 449.

stoffs noch nebenher. Diese Aktivierung muß als ein Energie verzehrender Prozeß aufgefaßt werden; die Möglichkeit für das Auftreten der zur Umwandelung des gewöhnlichen in aktivierten Sauerstoff, mit einem Worte für die Erhöhung des Sauerstoffpotentials erforderlichen Kräfte bietet die Materie selbst, bez. die in ihr enthaltenen oxydablen Bestandteile, vor allem ihr Ueberschuß an Wasserstoff. Die für die Ionisierung des Luftsauerstoffs dagegen in Wirkung tretenden Kräfte bringt das Sonnenlicht mit, sind also unabhängig von der Materie, oder werden nur insofern von ihr beeinflußt, als letztere absorbierend oder umwandelnd auf die Strahlenarten wirkt (optische und chemische Sensibilisatoren).

Jedenfalls werden zumeist immer Autoxydationsvorgänge stattfinden, die jedoch im Sonnenlicht komplizierter verlaufen müssen, als die bisher unter Ausschluß oder Vernachlässigung der Lichteinwirkung studierten Fälle. Auch soll mit meinen Ausführungen zunächst noch nichts gesagt werden über das Wesen anderer Wirkungen des Lichtes, z. B. der eigentümlichen Reduktionswirkung auf Silber- und Quecksilbersalze. In diesen Fällen überwiegt vielleicht, bei der geringeren Affinität der Edelmetalle zum Sauerstoff, die durchs Licht hervorgerufene Dissociation der Metallsalzmoleküle ihre Neubildung aus dem durch Sauerstoffionisation entstandenen Sauerstoffatomen.

Ist nun die von mir lediglich zunächst für die Oxydation des Bleioxyds gegebene Erklärung richtig, so müßte wohl auch durch bloßes Ueberleiten ozonhaltiger Luft über Bleioxyd und zwar bei Ausschluß direkter Sonnenbestrahlung dieselbe Wirkung hervorgebracht werden können, da ja Ozon ein leicht abspaltbares Atom Sauerstoff enthält. Ich unternahm daher folgenden Versuch.

Kohlensäurefreie und durch Schwefelsäure getrocknete Luft wurde mittels eines Funkeninduktors innerhalb einer Siemens'schen Ozonröhre ozonhaltig gemacht und sodann in eine trockene Waschflasche übergeleitet, in welcher sich ca. 2 g Massicot vorfanden.

Schon nach kurzer Zeit beobachtete ich eine Farbenänderung des Oxyds. Es nahm im allgemeinen eine schmutzig braune Farbe an; da, wo es in sehr dünner Schicht lag, wurde es tiefbraun wie reines Bleidioxyd.

Eine herausgenommene Probe des durch Ozon oxydierten Präparats entwickelte mit Salzsäure Chlor, gab mit verdünnter Salpetersäure rein braunes Bleidioxyd.

Mit Wasser allein angerührt zeigte es keine Gasentwickelung, es war also frei von Peroxyd [1]).

[1]) Vergl. das oben S. 703 über den Unterschied zwischen Bleiperoxyd und PbO_2 Gesagte.

Daß nun hier die Farbe ins Braune ging und nicht den bei den Versuchen im Licht erhaltenen roten Ton zeigte, hängt offenbar mit der Schnelligkeit der Oxydation durch Ozon zusammen.

Das neben dem primär entstandenen Bleidioxyd gelagerte Bleioxyd hat nicht Zeit, sich mit dem Bleisäureanhydrid zum Plumbat zu vereinigen, während bei den geraume Zeit in Anspruch nehmenden Versuchen am Licht die Verbindung beider Komponenten erfolgen konnte.

Vielleicht ist aber zum Eintritt der Rotfärbung, d. h. der Plumbatbildung, neben der Zeit auch die Gegenwart einer geringen Menge Wasser, wie sie ein lufttrockenes Präparat stets enthält, erforderlich.

Also auch das Resultat des mit Ozon vorgenommenen Oxydationsversuches scheint die von mir ausgesprochene Ansicht zu unterstützen, daß es nur der durch Belichtung entstandene atomistische oder aktive Sauerstoff ist, welcher die höhere Oxydation des Bleioxyds bewirkt. Es mag dahin gestellt sein, ob sich die wirksamen Sauerstoffionen im ganzen Luftraum gleichmäßig bilden, oder ob sie, was ich für wahrscheinlicher halte, auf der Oberfläche oder in den Poren des vom Licht getroffenen farbigen, also Lichtwellen verschluckenden bezw. in chemische Energie umsetzenden Körpers besonders reichlich entstehen.

Neuerdings fand Harries[1]), daß sich beim Durchleiten von ozonhaltigem Sauerstoff durch Jodbenzol Sauerstoff anlagert und Jodosobenzol $C_6H_5J = O$ entsteht, was man für einen der Bildung von Bleidioxyd analogen Vorgang wird halten können.

Ich kann diese Arbeit nicht beschließen, ohne der interessanten Mitteilungen von Giacomo Ciamician und P. Silber[2]) über chemische Lichtwirkungen zu gedenken.

Diese Forscher arbeiteten in der Weise, daß sie die einzelnen zu untersuchenden organischen Substanzen in Lösungsmitteln wie Alkoholen, Wasser, Aether, Benzol und dergleichen gelöst, in Glasgefäße einschmolzen und dann dem Lichte aussetzten. Hierdurch machten sie sich allerdings von der Mitwirkung des Luftsauerstoffs ganz unabhängig. So fanden Ciamician und Silber, daß eine Mischung von Chinon mit Alkohol Hydrochinon und Aldehyd ergab, Glyzerin führten sie durch Chinon im Licht in Glyzerose, Mannit in Mannose über.

Phenanthrenchinon gab, da es in Wasser kaum löslich ist, m Mannit nur wenig Mannose.

---

[1]) Ber. d. d. chem. Ges. 36, S. 2996 (1903).

[2]) Ber. d. d. chem. Ges. 34, 1530, 2040 (1901); 35, II, 1992 (1902); 3 3593, 35, 4128 (1902).

Aus o-Nitrobenzaldehyd in reinem Zustande sowohl, wie in Alkohol oder besser in Benzol gelöst, erhielten sie o-Nitrosobenzoësäure und diverse andere Produkte.

Eine Lösung von Nitrobenzol in verdünntem Alkohol gab Anilin und Aldehyd, in absolutem Alkohol entstand dagegen kein Aldehyd, sondern hauptsächlich Chinaldin ($C_{10}H_9N$).

Die Genannten ermittelten ferner, daß Stilben in Benzol gelöst in ein Polymeres übergeht, Cumarin ($C_9H_6O_2$) in Hydrodicumarin $C_{18}H_{12}O_4$, trockene Zimtsäure, wie schon Riiber fand, in Truxillsäure, mit einem Worte, daß ungesättigte Verbindungen große Neigung zeigen in Polymere überzugehen. Was nun die besonders wirksamen Strahlen anbelangt, welche die beobachteten Oxydations-, Reduktions- und Polymerisationsprozesse hervorrufen, so fanden Ciamician und Silber, wie sie von vornherein erwarteten, daß es vorzugsweise das blaue Licht[1]) ist, unter dessen Einfluß sich die Reaktionen vollziehen, während das rote Licht keine bemerkenswerte Wirkung ausübt.

Hält man die Befunde der italienischen Forscher zusammen mit dem Ergebnis meiner Beobachtungen über die Oxydation des Bleioxyds, so glaube ich, daß es jetzt schon möglich ist, die außerordentlich zahlreichen älteren (man vergleiche z. B. Eder, die chemischen Wirkungen des Lichtes) sowie die beobachteten neueren Erscheinungen unter einem einheitlichen Gesichtspunkte zusammenzufassen, für welchen meiner Ansicht nach die Bleioxydoxydation einen Fingerzeig gibt.

Ich bin nämlich der Meinung, daß die erste und oft einzige Wirkung der Sonnenstrahlen in den beschriebenen Fällen eine ionisierende, aufspaltende ist, und daß dann die erhaltenen reaktionsfähigen Spaltstücke sekundär bekannte chemische Reaktionen, wie z. B. Oxydationen, Anlagerung von Hydroxylgruppen u. s. w. bewirken[2]). Eine derartige Wirkung des Sonnenlichtes würde ein Analogon finden in den Erscheinungen der Elektrolyse, bei welcher die primär entstandenen verhältnismäßig einfachen Ionen im stande sind, auf andere im Elektrolyten enthaltenen Stoffe einzuwirken und je nach Umständen die kompliziertesten Reaktionsprodukte zu er-

---

[1]) D. h. die stark brechbaren Strahlen des Spektrums.

[2]) Anm. Diese Anschauung wird auch z. B. durch eine Beobachtung von Bevan unterstützt, welcher fand, daß Chlor sich mit Wasserstoff mit größerer Leichtigkeit verbindet, wenn es vor der Vermischung mit dem gleichen Volumen Wasserstoff belichtet worden ist. Vorbelichtung von Wasserstoff hatte dagegen keinen Einfluß. (Proc. Royal. Soc. London 72, 5—6 durch Chem. Centralbl. 1903, Bd. II, S. 542.)

zeugen. In den ungesättigten Verbindungen der aromatischen Reihe werden z. B. nach obiger Annahme durch das Licht die doppelte Bindung der Seitenketten, als besonders dem Angriff ausgesetzt, aufgespalten und die freien Valenzen zweier benachbarter Moleküle miteinander verschmolzen.

Im Chinon, das ja auch in der Wärme als ein oxydierendes und zwar rein chemisches Agens bekannt ist, wird durch das Licht Sauerstoff labil gemacht und dieser in statu nascendi auf den daneben befindlichen Alkohol zur Bildung von Aldehyd geworfen. In den Nitrokörpern, bei denen anscheinend kompliziertere Folgereaktionen stattfinden, dürfte der Sauerstoff der Nitrogruppe durch Ionisation teilweise (bezw. successive) oder ganz für Oxydationszwecke zur Verfügung kommen u. s. w.

Es ist übrigens hervorzuheben, daß auch schon Ciamician und Silber[1]) bei ihren Versuchen mit Chinon und Alkoholen erwähnen, daß aus den Alkoholen ganz dieselben Produkte erhalten werden, als wie mit unterbromigsaurem Alkali, welches doch auch als ein labile Sauerstoffatome führendes Reagens betrachtet werden kann.

In einem Gemisch mehrerer, in einem verschiedenen Grade durch das Licht beeinflußter Substanzen, werden die Reaktionen sich zuerst in einer bestimmten einfachen Reihe abwickeln, dann aber recht komplizierte Verhältnisse und Produkte geben. Dieselben werden in Zahl und Art noch erhöht werden müssen, wenn bei Zutritt von Luft noch die Vorgänge der „Autoxydation" hinzukommen, sowie die der „Sauerstoffaktivierung". Eine treffliche Uebersicht über das Gebiet der Sauerstoffaktivierung und deren wichtigste Fälle gab übrigens E. Baur[2]).

Ich will den hier mitgeteilten Gedanken nicht weiter ausspinnen, sondern ihn der allgemeinen Diskussion und Prüfung überlassen, zu deren Anregung ich aus den Ergebnissen des relativ einfachen und übersichtlichen Falles der Oxydation des Bleioxyds durch Sauerstoff der Luft unter dem Einflusse des Lichtes veranlaßt worden bin.

Ich fasse die Ergebnisse und Schlußfolgerungen aus dieser Arbeit wie folgt zusammen:

1. Durch gleichzeitige Einwirkung von Licht und Sauerstoff auf Bleioxyd bei gewöhnlicher Temperatur wird letzteres zu Plumbaten oxydiert, welche sich bei langdauernder Einwirkung der Zusammensetzung der Mennige nähern.

2. Die unter dem Einfluß des Sonnenlichts erfolgte Oxydation des Bleioxyds wird auf Anlagerung freier Atome Sauerstoff zurück-

[1]) Ber. d. d. chem. Ges. 34, S. 1530, 1901.

[2]) Ztschr. f. angew. Chem. 1902, S. 53.

geführt und ist vermutlich eine Folge der Ionisation des Luftsauerstoffs durch das Licht.

3. Die unter dem Einflusse des Sonnenlichts erfolgte Oxydation des Bleioxyds (und wahrscheinlich noch vieler anderer wasser- oder wasserstofffreier Substanzen) ist eine Erscheinung, welche wesentlich anderer Natur ist, als die unter der Bezeichnung Autoxydation verstandenen Vorgänge der Oxydation durch indifferenten Sauerstoff, bei denen in primärer Reaktion ganze Moleküle Sauerstoff an die oxydablen Stoffe oder deren Teilstücke angelagert werden, und bei denen in sekundärer Reaktion oft die Aktivierung folgt.

4. Der Fall der Oxydation des Bleioxyds durch Sauerstoff unter dem Einflusse des Lichtes scheint wegen seiner Uebersichtlichkeit und des Fernbleibens störender Nebenreaktionen geeignet zu sein, einen Ausgangspunkt für eine einheitliche Erklärung der chemischen Wirkungen des Lichtes zu bilden

Verzeichnis

über Band 241 des Archivs der Pharmazie (Jahrgang 1903).

I. Autorenverzeichnis.

II. Sachverzeichnis.

A.

B.

C.

D.

H.

J.

K.

L.

M.

N.

O.

P.

Q.

R.

S.

Druck von Denter & Nicolas, Berlin C.

Spotted something that isn't quite right?

Let us know and we'll fix it for future reprints.
And as a thank you for your diligence, we'll
send you a free Sothis book of your choice.

publisher@sothis.press

This page intentionally left blank

Except of course for that line above. And this one.
And whilst we have your attention, perhaps you'd
like to follow us on Instagram @sothis.press. Go on.

Made in the USA
Monee, IL
08 November 2026

68028679R00454